T0192861

Physikalische Chemie II: Quantenmechanik und Spektroskopie

Marcus Elstner

Physikalische Chemie II: Quantenmechanik und Spektroskopie

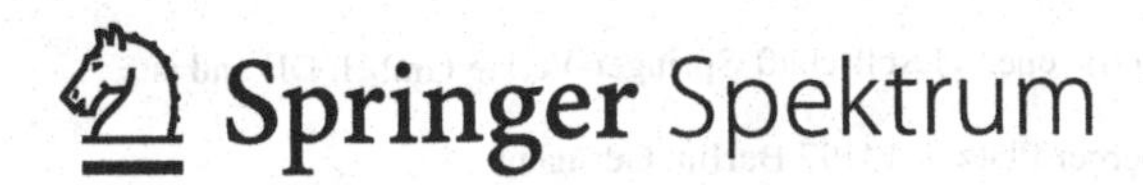

Marcus Elstner
Institut für Physikalische Chemie
Karlsruher Institut für Technologie (KIT)
Karlsruhe, Baden-Württemberg
Deutschland

ISBN 978-3-662-61461-7 ISBN 978-3-662-61462-4 (eBook)
https://doi.org/10.1007/978-3-662-61462-4

Die Deutsche Nationalbibliothek verzeichnet diese Publikation in der Deutschen Nationalbibliografie; detaillierte bibliografische Daten sind im Internet über http://dnb.d-nb.de abrufbar.

© Springer-Verlag GmbH Deutschland, ein Teil von Springer Nature 2021
Das Werk einschließlich aller seiner Teile ist urheberrechtlich geschützt. Jede Verwertung, die nicht ausdrücklich vom Urheberrechtsgesetz zugelassen ist, bedarf der vorherigen Zustimmung des Verlags. Das gilt insbesondere für Vervielfältigungen, Bearbeitungen, Übersetzungen, Mikroverfilmungen und die Einspeicherung und Verarbeitung in elektronischen Systemen.
Die Wiedergabe von allgemein beschreibenden Bezeichnungen, Marken, Unternehmensnamen etc. in diesem Werk bedeutet nicht, dass diese frei durch jedermann benutzt werden dürfen. Die Berechtigung zur Benutzung unterliegt, auch ohne gesonderten Hinweis hierzu, den Regeln des Markenrechts. Die Rechte des jeweiligen Zeicheninhabers sind zu beachten.
Der Verlag, die Autoren und die Herausgeber gehen davon aus, dass die Angaben und Informationen in diesem Werk zum Zeitpunkt der Veröffentlichung vollständig und korrekt sind. Weder der Verlag, noch die Autoren oder die Herausgeber übernehmen, ausdrücklich oder implizit, Gewähr für den Inhalt des Werkes, etwaige Fehler oder Äußerungen. Der Verlag bleibt im Hinblick auf geografische Zuordnungen und Gebietsbezeichnungen in veröffentlichten Karten und Institutionsadressen neutral.

Planung/Lektorat: Désirée Claus
Springer Spektrum ist ein Imprint der eingetragenen Gesellschaft Springer-Verlag GmbH, DE und ist ein Teil von Springer Nature.
Die Anschrift der Gesellschaft ist: Heidelberger Platz 3, 14197 Berlin, Germany

Vorwort

A physicist is an attempt of an atom, to understand itself
(*Michio Kaku*)

In diesem Buch werden die grundlegenden Konzepte der Quantenmechanik und Spektroskopie eingeführt, wie sie in vielen Grundlagenvorlesungen zur physikalischen Chemie in den ersten Semestern des Chemie-Bachelorstudiums gelehrt werden. Das Buch ist in sechs Teile gegliedert, das dient der Übersicht; es soll helfen, die Grundlagen, Näherungen, Modelle und wesentliche Konzepte in den ersten vier Teilen deutlich herauszuheben, die bei der Anwendung auf den Atom- und Molekülaufbau und die Spektroskopie in Teil V und VI relevant sind.

Das Buch kann modular verwendet werden: Die Kapitel zum Formalismus und Interpretation (I–V) können beim ersten Lesen übersprungen werden, die anderen Kapitel sind so gehalten, dass auf diese nicht direkt Bezug genommen wird. Ohne sie können die Anwendungen der Quantenmechanik in der Chemie gut nachvollzogen werden. Die Kapitel zum Formalismus dienen der Vertiefung der mathematischen Struktur der Quantenmechanik. Sie greifen den mathematischen Formalismus auf, so wie er in dem jeweiligen Teil des Buches entwickelt wurde, und stellen ihn systematisch dar. In jedem Kapitel zum Formalismus kommen daher neue Elemente hinzu. Die Kapitel zur Interpretation setzen dann jeweils an dem bis dahin dargestellten Formalismus an, und entwickeln die Fragestellungen und Probleme der Interpretation in jedem Teil ein Stück weiter. Einige Ableitungen in Teil II sind etwas umfangreicher: Für manche – oder beim ersten Lesen – mag es ausreichen, den Problemansatz und die sich daraus ergebenden Lösungen zu verstehen. Deshalb geben einige Kapitel mehrere Varianten (A, B, C) zur Auswahl. Die kürzeren Varianten (A, B) sind in sich schlüssig lesbar, da hier nur Details der mathematischen Lösung ausgelassen werden, das physikalische Problem und die quantenmechanischen Lösungsfunktionen aber in ihrer Bedeutung erklärt werden.

Kap. 1 und 2 dienen der Wiederholung, die klassische Mechanik und die Wellentheorie werden aber schon mit Blick auf die Quantenmechanik zusammen gefasst. Die mathematische Darstellung der Quantenmechanik macht Anleihen bei beiden Theorien. Sie ist eine Wellentheorie, daher findet man alle Phänomene einer Wellenbeschreibung als Quanteneffekte wieder, die mathematischen Operatoren der Quantenmechanik, die Beobachtungsgrößen darstellen, werden

den analogen Größen der Mechanik entsprechend aufgebaut. Wenn bekannt, können diese Kapitel übersprungen werden.

Kap. 3 und 4 geben eine Einführung in den grundlegenden Formalismus der Quantenmechanik. Es gibt viele Weisen, die Schrödinger-Gleichung zu motivieren, aber es gibt keine exakte Ableitung. Das mag ein erstes Verständnisproblem in sich tragen. Wie kommt man darauf, warum gilt die dann? Kap. 3 stellt die experimentelle Ausgangslage vor, die Phänomene, die nicht mehr im Rahmen der klassischen Physik untergebracht werden konnten. Das Ziel dieses Buches ist es, die Hintergründe der Quantentheorie stärker auszuleuchten und am Beispiel der Quantenmechanik zu verstehen, was die Besonderheit der naturwissenschaftlichen Theoriebildung ausmacht. Eine axiomatische Darstellung kann sehr kompakt in die Theorie einführen, und hilfreich bei der Anwendung der Theorie sein. Dann bleibt aber die Frage offen, wie man darauf kommt, und warum genau diese Gleichungen die Quantenwelt beschreiben. Deshalb soll in diesem Buch die Entwicklung der Quantentheorie in wesentlichen Zügen nachverfolgt werden. Es soll klar werden, welche Fragen gestellt wurden, welche Kontroversen und unterschiedlichen Sichtweisen auftraten, und wie schließlich die neuen empirischen Befunde durch die Quantentheorie dargestellt werden konnten.

Denn es gibt keinen direkten Weg von den experimentellen Ergebnissen zu dem Formalismus der Quantenmechanik. Daher kann es helfen zu sehen, dass die Gründerväter der Quantenmechanik durchaus mit denselben Problemen konfrontiert waren, die auch heute noch beim Lernen auftreten. Vielleicht wird einiges klarer wenn man sieht, wie die Physikergemeinde Jahrzehnte um die Gleichungen der Quantenmechanik gerungen hat, wie sie Stück für Stück an Evidenz zusammengetragen hat und wie genauso wilde, wie umstrittene, Spekulationen in die Theoriebildung eingegangen sind. Diesen Prozess kann man nur historisch nachverfolgen und sich dabei ein Bild machen, wie diese Theorie entstanden ist. Und dennoch waren die Physiker am Ende entsetzt über ihre eigene Kreation, sodass beispielsweise R. Feynman später sagt, dass niemand die Quantenmechanik wirklich verstehe. Hilfreich ist zu sehen, dass auch schon in den klassischen Theorien einiges nicht verstanden wurde, dass die direkte Reaktion auf die Newton'sche Mechanik genauso heftig war wie die Diskussion um die Quantenmechanik. Dies werden wir in Kap. 6 vertiefen, und daher wurde die Mechanik schon in Bezug auf diese Problematik in Kap. 1 dargestellt. Was kann man verstehen, was kann man mit der Theorie erklären und was nicht? Wenn Feynmans Diktum absolut wäre bliebe es unklar, wieso wir die Quantenmechanik zur Erklärung von Moleküleigenschaften, Bindungen, Reaktionen etc. einsetzen können, was wir ja faktisch tun. Das wollen wir etwas entwirren.

In Teil II werden die wichtigsten Lösungen der Quantenmechanik für einfache physikalische Modellprobleme vorgestellt. Dies sind Modelle wie ein Rotor, ein harmonischer Oszillator oder ein Teilchen in einem Coulomb-Potenzial. Die Lösungen der klassischen Mechanik kennen wir, wie sehen die Lösungen der Quantenmechanik aus? Diese Lösungen führen direkt auf die in Teil III vorgestellten chemischen Modellvorstellungen, welche die Anwendung der Quantenmechanik auf Moleküle leiten. Man kann damit die grundlegenden Prinzipien der Molekülspektroskopie und chemischen Bindung direkt darstellen. Beim Erstkontakt empfiehlt es sich sicher, zu jedem Problem aus Teil II direkt die entsprechende Anwendung in Teil III zu betrachten, entsprechende Hinweise gibt es in jedem Kapitel aus Teil II. Für ein übergreifendes Verständnis der Quantenmechanik jedoch ist es günstig, die Modellpotenziale auch mal zusammenfassend in den Blick zu bekommen, um Gemeinsamkeiten und Unterschiede der Lösungen zu verstehen. Ebenso ist wichtig zu verstehen, welche chemischen Konzepte aus den Anwendungen der Modellpotentiale auf Moleküle resultieren. Daher die strukturierte Darstellung in Teil III.

In Teil IV wird die Wechselwirkung mit magnetischen Feldern eingeführt sowie der Elektronenspin. Hier ist das erste Mal von Messung die Rede, was zwei längere Kapitel zum Formalismus und zur Interpretation nach sich zieht, denn die Messung ist das Sahnestück der Quantenmechanik und immer für eine Diskussion gut. In Teil V und VI folgen dann die Anwendungen auf die Elektronenstruktur von Atomen und Molekülen sowie die Spektroskopie.

> **Jeder Physiker hat eine Philosophie, und wer behauptet, keine zu haben, hat in der Regel eine besonders schlechte.**
> (*C. F.* v. *Weizsäcker*)

Ungewöhnlich an diesem einführenden Lehrbuch sind die umfangreichen Kapitel zur Interpretation. Anfangs waren hier nur kurze Hinweise und Einschübe geplant, aber mehr und mehr kristallisierte sich die Einsicht heraus, dass die sogenannten philosophischen Probleme der Quantenmechanik nicht praktisch irrelevante Probleme sind, die man an die Philosophie ‚outsourcen' kann, sondern dass sie

- genuin auch mit didaktischen Problemen und Verständnisproblemen der Lernenden zusammenhängen,
- die Konzeptionalisierung und Darstellung der Anwendungen des Formalismus auf die Chemie durchdringen.

Die didaktischen Probleme ergeben sich aus dem Folgenden: Meist wird nur die Born'sche Minimalinterpretation der Quantenmechanik vorgestellt. Diese bezieht sich aber nur auf die an einem Messgerät zu erwartenden Messanzeigen. Eigentlich also dürfte man nur über Messgeräte und ihre Ausschläge reden. Das tut aber niemand, ja, wir kommen aber gar nicht umhin, auch über die Quantenobjekte wie Elektronen selbst zu reden. Wenn wir aber über Elektronen in Atomen und Molekülen reden, bildliche Darstellungen geben, so geht das klar über die Minimalinterpretation hinaus. Und genau das ist ein Teil des sogenannten philosophischen Problems der Quantenmechanik: Nämlich, dass sie uns eigentlich kein Bild der Welt gibt und damit nicht erlaubt, über die mikroskopischen Vorgänge so zu reden, wie wir über die Umlaufbahn des Mondes um die Erde reden. Wir können nicht, ohne uns in Widersprüche zu verstricken, über die Quantenteilchen selbst reden, zumindest nicht so ohne Weiteres: Wir müssen dazu entweder den Formalismus abändern (Bohm'sche Quantenmechanik, Kollaps-Theorien) oder weitere Annahmen machen. Das passiert aber meist nicht explizit, sodass gar nicht so klar wird, worüber da geredet wird, schlimmstenfalls werden sogar falsche Interpretationen verwendet [28]. Dies ist der Grund, warum das explizite Thematisieren der Interpretationsmöglichkeiten in der Lehre als wichtig angesehen wird [41, 3, 4, 22]. Es sollten zumindest die Zusatzannahmen dargelegt werden, die einer bildlichen Darstellung – und wir scheinen nicht ganz ohne sie auszukommen [22] – zugrunde gelegt werden.

In den Kapiteln zur Interpretation (I–V) soll dargelegt werden, warum eigentlich der Formalismus nur einen Bezug auf Experimente hat und was die schwierigen Aspekte sind, die solch vielfältige Interpretationsmöglichkeiten eröffnen, wie wir sie nun in der Diskussion um die Quantenmechanik vorfinden. Es gibt nicht eine Interpretation, sondern eine Vielzahl, die ein recht unterschiedliches Bild der Quantenmechanik ergeben. Es gibt keinen Konsens unter Quantenforschern, was genau nun die ‚richtige' Interpretation ist, und vermutlich kann es auch gar keinen geben. Auf der anderen Seite scheint das in der Anwendung gar kein so großes Problem darzustellen, irgendwie scheinen wir das in der Lehre und Forschung in den Griff bekommen zu haben, oder vielleicht doch nicht?

Die Darstellung der Quantenmechanik und Spektroskopie fokussiert meist auf Quanteneffekten wie Energiequantisierung und Unbestimmtheit. Superpositionen, Verschränkung und Nichtlokalität, auf denen die neuen Quantentechnologien wie Quantencomputing oder Quantenkryptografie basieren, sind weniger das Thema. Da sie aber bei den Interpretationsfragen zentral sind, beschäftigen sich die Interpretationskapitel auch damit und können so ein elementares Verständnis vermitteln. Diese Effekte sind durchaus für die Chemie relevant, wie wir sehen werden.

Dieses Buch resultiert aus den Vorlesungen, die ich seit 2010 am KIT in Karlsruhe an der Fakultät für Chemie und Biowissenschaften abhalte. Der Umfang und das mathematische Anspruchsniveau orientieren sich an den traditionell an der TH Karlsruhe (jetzt KIT) gehaltenen Vorlesungen, die Mathematik aber ist in diesem Rahmen so einfach wie möglich gehalten. Zuerst als Vorlesungsskript abgefasst, folgte es in der inhaltlichen Auswahl im Wesentlichen den Vorlesungen, wie sie von Prof. M. Kappes, Prof. W. Freyland und PD Dr. P. Weis in Karlsruhe gehalten wurden. Die Kollegen Kappes und Weis haben mir zum Einstieg ihre Vorlesungsunterlagen zur Verfügung gestellt, die sehr hilfreich und inspirierend waren, und wofür ich mich an dieser Stelle herzlich bedanken möchte. Danken möchte ich auch den Kolleginnen und Kollegen Prof. K. Hauser, Prof. U. Nienhaus, Prof. M. Olzmann, Prof. B. Luy und Prof. R. Schuster für die vielfältigen interessanten Diskussionen zu physikalisch–chemischen Fragestellungen die Lehre betreffend. Herrn PD. Dr. L. Heinke, Frau Prof. A. Ulrich und Herrn PD. Dr. S. Höfener danke ich für die kritische Durchsicht einiger Kapitel des Buches und hilfreiche Korrekturvorschläge. Herrn Prof. M. Gutmann danke ich für die vielen Diskussionen zu konzeptionellen Fragen der Physik und Physikgeschichte. Frau J. Schweer und Herrn Dr. T. Ludwig danke ich für umfangreiche kritische Kommentare und anregende Diskussionen zum Manuskript, und Frau V. Perez

Wohlfeil danke ich für die Anfertigung der Abbildungen und Hilfe bei der Fertigstellung des Buchmanuskripts.

Marcus Elstner

Inhaltsverzeichnis

Teil I Grundlagen

Teil V Atome und Moleküle

Teil I
Grundlagen

In Teil I werden die Grundlagen gelegt. Wir starten mit den klassischen Theorien der Mechanik und Wellenlehre. Auf diese greift die Quantenmechanik zurück, indem sie beide Aspekte zu integrieren versucht, den Teilchen- und den Wellencharakter der subatomaren Phänomene. Auch die Anwendungskapitel greifen an verschiedenen Stellen auf Konzepte der klassischen Mechanik zurück, daher wiederholt Kap. 1 in kompakter Weise die Grundlagen der Mechanik, soweit sie für dieses Buch relevant sind. Analoges gilt für die Wellenbeschreibung. Die Schrödinger-Gleichung, die Grundgleichung der Quantenmechanik, ist eine Wellengleichung. Kap. 2 stellt die Grundlagen der Wellenbeschreibung dar. Diese beiden Kapitel können, wenn schon bekannt, beim ersten Lesen überflogen oder auch übersprungen werden.

Da die Quantenmechanik auf einer Wellengleichung basiert, ist es wichtig zu verstehen, was dadurch schon alles impliziert ist: Die Wellenphänomene, wie Interferenz, Quantisierung oder Unbestimmtheit, wie in Kap. 2 erörtert, sind daher zentral für das Verständnis der Quantenmechanik. Materie, in mikroskopischer Auflösung betrachtet, zeigt eben diese Phänomene. Den Aufbau molekularer Systeme zu verstehen, heißt zu verstehen, dass Quantisierung, Interferenz, Unbestimmtheit etc. sich dort als wesentliche Phänomene zeigen werden.

Kap. 3 beschreibt die wesentlichen Experimente, die nicht mehr mit den alten, klassischen Theorien erklärbar waren. Der Weg zur neuen Theorie war aber alles andere als geradlinig, die Theorie springt nicht aus neuen Daten heraus, sondern es war ein gewundener Weg mit steilen Hypothesen, die nicht von allen Zeitgenossen geteilt wurden. Dies wird ansatzweise ausgeführt, um beim Lernen zu helfen. Kap. 4 stellt dann den Formalismus der Quantenmechanik dar, wie er als Reaktion auf die Experimente in Kap. 3 entwickelt wurde. Es gibt viele Wege zur Schrödingergleichung, wir wählen den mathematisch einfachsten und verwenden die Analogie zu anderen Wellenphänomenen, wie in Kap. 2 dargestellt. Eine neue Theorie kann man sich nur schrittweise plausibel machen, und das ist ein Weg, der für die Gründerväter sicherlich ebenso schwer war wie für heutige Studierende, die sich dieses aneignen müssen. Entwicklungen, die im Nachhinein als logischer Weg rekonstruiert werden, sind es nicht unbedingt für den Lernprozess und waren es auch nicht für die Entwickler.

In Kap. 5 wird der bis dahin entwickelte Formalismus zusammenfassend dargestellt, in Kap. 6 werden die Schwierigkeiten der Interpretation vorgestellt. Interpretation ist nichts Abgehobenes, etwas nur für Philosophen. Interpretation heißt, sich ein Bild der Dinge machen, von denen die Quantenmechanik handelt. Wir machen Abbildungen, zeichnen Elektronen, die auf eine Oberfläche treffen, Licht, das auf ein Molekül fällt, Orbitale etc. Sind dies Bilder des Mikrokosmos, und inwieweit kann die Quantenmechanik uns solch ein Bild des Mikrokosmos überhaupt liefern? Das ist das Thema der Interpretationskapitel.

Lernziele In diesem Teil sollten Sie übergreifend Folgendes verstehen:

- Wie die Schrödinger-Gleichung motiviert ist. Sie ist zwar nicht in strengem Sinne ableitbar, aber man kann verstehen, warum man auf eine solche Beschreibung kommt. Die zentralen Experimente in Kap. 3 haben nicht zwingend auf eine solche Formulierung geführt in dem Sinn, dass man sie direkt aus den Phänomenen ableiten könnte, aber es wurde eine Beschreibung gefunden, die die Phänomene sehr gut wiedergibt.
- Welche Wellenphänomene durch den Formalismus schon impliziert sind. Durch die Art und Weise der Beschreibung reproduziert die Theorie Phänomene, ohne diese selbst im Detail erklären zu können. Dies einzusehen, hilft vielleicht im Umgang mit der Theorie.
- Wenn die Schrödinger-Gleichung Wellen beschreibt, wie erhält man dann die Eigenschaften von Teilchen?
- Was die zentralen Aspekte des Formalismus sind. Die Wellenfunktion, die den Zustand beschreibt und die Operatoren, die Observable repräsentieren.
- Dass der Formalismus in wesentlichen Aspekten einer statistischen Theorie entspricht, aber auf keinen Fall entsprechend interpretiert werden darf.

Klassische Mechanik

1

Am Anfang steht die Mechanik. Dieses Kapitel gibt eine Darstellung der klassischen Mechanik, insofern sie als Grundlage für die Quantenmechanik und Spektroskopie in diesem Buch benötigt wird.

In Abschn. 1.1 werden die Grundlagen der Newton'schen Mechanik vorgestellt:

- Das 2. Axiom Newtons stellt ein **Bewegungsgesetz** dar,

$$F = ma,$$

  das besagt, dass eine Kraft zu einer Beschleunigung a von Körpern der Masse m führt.
- Nun muss man wissen, was eine Kraft ist: Wichtig sind unterschiedliche **Kraftgesetze,** z. B. das einer harmonischen Feder, das der Gravitation oder die Coulomb-Kraft.
- In das 2. Axiom eingesetzt, führen diese Kraftgesetze zu den **Bewegungsgleichungen,** deren Lösungen die **Bahnkurven (Trajektorien)** der Körper sind, $x(t)$ und $v(t)$ beschreiben die Bewegung eines Körpers.

In Abschn. 1.2 wird die **Energie** eingeführt. In der **Hamilton'schen Mechanik,** die eine modernere Form der Mechanik darstellt, ist die zentrale Größe die **Gesamtenergie**

$$H = T + V.$$

Hieraus lassen sich mit Hilfe des Hamilton-Formalismus ebenfalls die **Bewegungsgleichungen** ableiten. Diese Darstellung ist insofern wichtig, da in der Quantenmechanik die Hamilton-Funktion H zu einem Operator wird. Der erste Schritt bei der Lösung von Problemen der Quantenmechanik besteht daher immer in der Bestimmung von H.

© Springer-Verlag GmbH Deutschland, ein Teil von Springer Nature 2021

M. Elstner, *Physikalische Chemie II: Quantenmechanik und Spektroskopie*,
https://doi.org/10.1007/978-3-662-61462-4_1

Wichtige **Anwendungen der Quantenmechanik in der Chemie** greifen auf Konzepte der Mechanik zurück. Die Quantenmechanik kann nur wenige Probleme analytisch lösen, nämlich Probleme, die aus einem Teilchen in einem Potenzial bestehen. Ein zentraler Schritt ist daher die Einführung von **Relativkoordinaten** in Abschn. 1.3, die es erlauben, die Wechselwirkung von zwei Teilchen auf ein Einteilchenproblem umzuformen. Dies kann man verwenden, um die **Schwingungs- und Rotationseigenschaften von Moleküldimeren** zu beschreiben. Die quantenmechanische Beschreibung wird auf diese Konzepte zurückgreifen. Das einfachste Atom, das **Wasserstoffatom,** besteht ebenfalls aus zwei Teilchen. Hier führt die Verwendung von Relativkoordinaten zu einer wesentlichen Vereinfachung der Rechnungen.

1.1 Newton'sche Mechanik

Isaac Newton will die Bewegung von Körpern mathematisch beschreiben, dazu benötigt er einige grundlegende Konzepte, die er in seinem Hauptwerk, der *Principia Mathematica* (1687), ganz am Anfang einführt. Die Konzepte sind uns heute selbstverständlich, ganz anders als zu Newtons Zeit. Und dennoch, auch heute noch haben diese Begriffe einige knifflige Aspekte, die wir uns mal zuerst ansehen wollen. Wie werden diese Begriffe eingeführt, wie werden sie definiert? Was bedeuten sie?

Das Ziel der *Principia Mathematica* ist es die Kräfte zu identifizieren, welche die Bewegungen der Körper bedingen. Dazu muss man zunächst wissen, wie sich die Körper ohne Kräfte bewegen, das ist in dem **1. Newton'schen Axiom** ausgedrückt. Sie bewegen sich **geradlinig-gleichförmig**. Aber was ist geradlinig? Und was heißt es, in gleichen Zeitintervallen gleiche Strecken zurückzulegen? Wie ist ein Zeitintervall definiert?

1.1.1 Raum und Zeit

Zeit „Was ist also die Zeit? Wenn mich niemand darüber fragt, so weiß ich es; wenn ich es aber jemandem auf seine Frage erklären möchte, so weiß ich es nicht." (Augustinus). Wir haben offensichtlich Probleme zu erläutern, was das Phänomen Zeit in seinem Kern ausmacht, wir haben aber gar kein Problem, mit Zeit in praktischer Hinsicht umzugehen. Und genau das greift Newton auf. Zeit geben wir z. B. in Tagen an, ein Tag verweist aber damit auf eine **Bewegung,** d. h. die Rotation der Erde. Wenn wir also eine beliebige Bewegung, wie z. B. die Reise von München nach Rom, zeitlich ausmessen wollen, so geben wir das in Einheiten der Erdbewegung wieder. Zeit ist also ein **Maß**, mit dessen Hilfe wir **Bewegungen vergleichen,** eine Bewegung in Einheiten einer anderen messen. Daher kann man lapidar sagen, Zeit ist das, was eine Uhr misst. Aber genau genommen misst diese nichts, sie erzeugt eine Vergleichsbewegung (z. B. Pendel). Mit Hilfe dieser Vergleichsbewegung messen wir andere Bewegungen aus. Jede natürliche Bewegung unterliegt irgendwelchen Störungen, ist daher nicht perfekt periodisch. Man kann in praktischer Hinsicht möglichst ungestörte Bewegungen finden oder konstruieren, diese nennen wir Uhren.

Aber für Newton ist klar, dass man im Universum nirgends eine absolut ungestörte Bewegung finden kann, also eine Bewegung, die in einem absoluten Sinn periodisch ist. Für die mathematische Darstellung, wie wir gleich sehen werden, benötigt man eine solche aber als Referenz, daher führt Newton die sogenannte **mathematische Zeit** ein. Diese ist gekennzeichnet durch einen absolut gleichmäßigen Ablauf, sie fließt sozusagen kontinuierlich. Wir denken uns hier eine ideal periodische Bewegung, die mathematische Zeit ist also eine **Idealisierung.** Und diese Idealisierung ist zentral für die Darstellung von Bewegung als mathematische Graphen, wie in Abb. 1.1 gezeigt.

Wissen wir nun, **was** Zeit ist, was ihr ‚Wesen' ausmacht, was für eine Art ‚Ding' sie ist? Existiert sie wirklich, oder ist sie nur eine Einbildung, wie manchmal behauptet wird? Wir sehen hier schon eine Eigenart der Physik, die uns immer wieder begegnen wird: Wir können physikalische Größen auf eine Art einführen, sodass sie messbar und mathematisch handhabbar (darstellbar) sind, aber grundlegende Fragen ihr ‚Wesen' betreffend, werden dabei gar nicht tangiert. Lapidar können wir also sagen, Zeit wird ‚operational' definiert als das, ‚was Uhren anzeigen'.[1]

Raum Jeder weiß, was Raum ist, aber wenn man genauer darüber nachdenkt, scheint es zu sein wie mit der Zeit. Zunächst würde man sagen, Raum ist das, worin sich Körper befinden, wir haben eine Vorstellung von Zimmern in einem Haus. Dann aber kommen Folgefragen wie: Existiert der Raum sozusagen vor den Körpern und wird durch diese nur gefüllt wie ein Zimmer, bevor man es bezieht? Gibt es den Raum auch dann, wenn keine Körper drin sind? Dies wird als **absoluter Raum** bezeichnet. Oder, im Gegensatz, ist der Raum nur durch Körper und ihre Beziehungen (z. B. Abstände) überhaupt erst gegeben? Von einem Raum ohne Körper zu reden, macht dann keinen Sinn. Dies sind alte Fragen, über die jahrhundertelang gestritten wurde. Newton neigt zu Ersterem, seine Formulierung des Problems benötigt sogar den absoluten Raum, die Vorstellung einer ‚Hülle', die auch ohne Körper existiert.[2] Damit macht er eine starke Forderung mit den daraus resultierenden Problemen, aber er versucht, sich aus dieser Debatte herauszuziehen: Er lässt sich nicht auf die philosophische Debatte ein, was für eine Art Ding sein absoluter Raum nun sei, sondern betont die für die Physik wichtigen Eigenschaften. Wichtig für Newton ist

[1] Immer, wenn man eine neue Theorie einführt, besteht das Problem, neue Größen zu definieren. Eine Definition führt nun etwas Neues auf etwas Altes zurück, wenn das Neue nun wirklich neu sein soll, wie kann es dann durch Altes ausgedrückt werden? Genau! Sehr schwierig. Im Prinzip ist dies ein zirkuläres Unternehmen. Konkret: Bewegung ist gegeben durch den Quotienten von Strecke und Zeit, wie kann man dann Zeit ‚definieren', wenn man dafür Bewegung braucht, und die Zeit offensichtlich schon zur Definition von Bewegung benötigt wird? Nun, offensichtlich geht das dadurch, indem man eine Referenz(-bewegung) nimmt und sagt, ‚das IST qua Setzung ab jetzt meine Zeit'. Danach weiß man offensichtlich immer noch nicht, was Zeit ihrem Wesen nach ist, aber man hat ein Maß an der Hand, mit dem man operieren kann. Gibt es Zeit? Und wenn ja, auf welche Weise? Gute Frage, schauen Sie mal im Internet nach! Hier finden Sie schöne Beiträge, z. B. von Julian Barbour.

[2] Und er glaubt, den absoluten Raum durch ein Gedankenexperiment (Eimerexperiment) auszeichnen zu können.

die **Homogenität** des Raumes, denn diese ist zentral für sein Kraftkonzept. Damit ist gemeint, dass der Raum selbst keine Eigenschaft hat, Körper zu bewegen oder abzubremsen, auch gibt es keine Vorzugsrichtung. Der Raum ist sozusagen eine eigenschaftslose Hülle, in dem sich Körper bewegen.[3] Newton braucht ihn zudem als Grundlage der Ortsmessung. In diesem Raum kann man die **Orte** x eines Körpers feststellen, eine **Bewegung** eines Körpers ist dann die Veränderung dieser Orte x.[4] Und schließlich ist für Newton selbstverständlich, dass der Raum eine **euklidische Geometrie** hat. Damit ist klar, was geradlinig bedeutet. Der Raum ist schon so ‚gebaut', dass in ihm Geraden existieren. Man weiß also, was geradlinig bedeutet, und kann Strecken ausmessen.

Mit der Festlegung von Raum (Orten x) und Zeit (t) kann man nun Geschwindigkeiten v und Beschleunigungen a einführen. Dies sind die Differenzenquotienten,

$$v = \frac{\Delta x}{\Delta t}, \qquad a = \frac{\Delta v}{\Delta t},$$

und mit Hilfe der Differentialrechnung kann man dies auch so ausdrücken:

$$v = \frac{\mathrm{d}x}{\mathrm{d}t}, \qquad a = \frac{\mathrm{d}v}{\mathrm{d}t}.$$

Heute redet man von der **Newton'schen Raumzeit:** Hier stellt man Bewegung in einem Koordinatensystem dar, wie in Abb. 1.1 gezeigt. Die **Bahnkurven** (Trajektorien) von Körpern sind die Auftragungen der Orte vs. der Zeit. Ein ruhender Körper würde durch eine horizontale Gerade dargestellt. Hier sehen wir die Bedeutung der **mathematischen Zeit.** Wir nehmen an, dass die Zeit mit absoluter Gleichmäßigkeit abläuft, ein ruhender Körper wird durch eine horizontale Kurve dargestellt, die mit der Zeit kontinuierlich länger wird.[5] Ein sich mit konstanter Geschwindigkeit bewegender Körper wird dann durch eine Gerade beschrieben, bei der x mit der Zeit

---

[3]Dies wurde in der Geschichte der Menschheit durchaus anders gedacht. Wenn man auf der Erde steht und Körper beobachtet, sieht man, dass sie in bestimmte Richtungen tendieren und am liebsten eigentlich in Ruhe sind (Aristoteles). Es gibt ein Oben und Unten, Körper streben immer nach unten, auch dies könnte eine Eigenschaft des Raumes sein. Auch konnte man sich lange ein Vakuum nicht vorstellen, es kann doch nicht sein, dass irgendwo nichts ist. Daher war der Raum in vielen Konzepten durch ein Medium gefüllt, später Äther genannt. Und dieser Äther kann nun Eigenschaften haben, er kann Wirbel aufweisen, in denen die Körper (Planeten) rotieren (Descartes), er bremst ab etc. All dies hat Newton aus dem Raum ‚entfernt', und das Prinzip der Homogenität des Raumes (und auch der Zeit) hat heute eine zentrale Stelle in der Physik.

[4]Der Raum ist die Hintergrundfolie, anhand derer man von absoluten Orten überhaupt erst reden kann. Wenn man nur über Relationen von Körpern reden kann, d. h. von Abständen zweier Körper, dann kann man von einem einzigen Körper im Universum gar nicht sagen, ob er sich bewegt oder nicht, man braucht eine Referenz, bezüglich derer sich der Körper bewegt. Newton braucht die Abstraktion dieses einzigen Körpers im Universum, z. B. in seinem 1. Axiom. Daher meint er, den absoluten Raum zu brauchen. Ernst Mach hat sich dieses Konzept später vorgenommen und durch eine massive Kritik die konzeptionellen Grundlagen der allgemeinen Relativitätstheorie gelegt.

[5]Die oben beschriebene Idealisierung ist also eine Voraussetzung für die mathematische Darstellung.

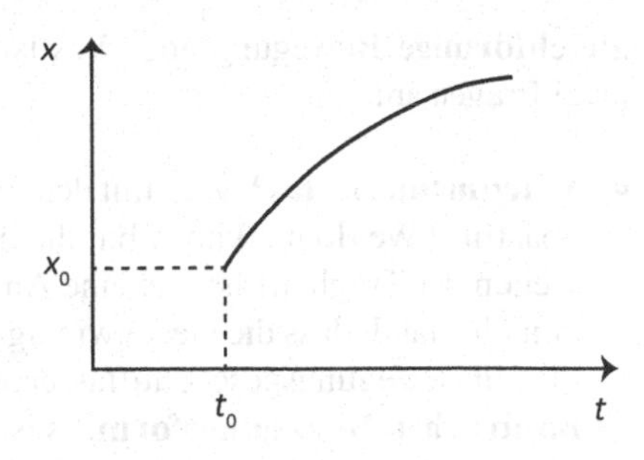

Abb. 1.1 Darstellung einer Bewegung in einer Dimension x vs. Zeit t

linear anwächst. Jede Abweichung von dieser Geraden weist auf eine beschleunigte Bewegung, die Tangente an der Kurve ist die Geschwindigkeit (1. Ableitung), die Krümmung die Beschleunigung (2. Ableitung).

1.1.2 Masse, Kraft und Trägheit

Seit der Antike wird Kraft als eine Einwirkung auf einen Körper **von Außen** aufgefasst, der seine Bewegung verändert, z. B. durch Zug oder Stoß. Dies ist direkt im Alltag erfahrbar. Wir müssen eine Kraft aufwenden, um uns auf dem Fahrrad zu beschleunigen oder abzubremsen. Diese Veränderung der Bewegung aber wird in Bezug auf die Bewegung beschrieben, die der Körper ohne die auf ihn von Außen einwirkende Kraft verfolgt. Und damit stellt sich die Frage was der Körper macht, wenn keine Kraft auf ihn einwirkt? Dies wurde in der Geschichte sehr unterschiedlich formuliert, und zur Zeit Newtons kommt ein massiver Umschlag in der Betrachtungsweise.

Natürliche Bewegung In der Antike und Scholastik galt die ‚Kreisbewegung' der Planeten als die ideale Bewegungsform. Daher war es zunächst gar nicht weiter zu begründen, dass sich Planeten scheinbar auf Kreisbahnen bewegen, sie wurden als die **natürlichen Bewegungen** angesehen. Wenn auf Planeten keine Kräfte einwirken, z. B. durch Stoß mit Meteoriten, dann bewegen sie sich eben auf einer Kreisbahn. Aber auf der Erde, so die damalige Auffassung, gelten andere Gesetze, hier war der **natürliche Zustand** der der Ruhe (Aristoteles). Macht Sinn, auf Erden wird alles abgebremst, bis es zum Stillstand kommt, im Himmel scheint alles ohne Ende zu kreisen. D. h., in dieser Perspektive brauchte man beispielsweise eine Kraft, um einen Körper auf der Erde auf konstanter Geschwindigkeit zu halten, aber keine Kraft, um einen Planeten auf einer Kreisbahn zu halten.

Galilei Nun kommt Galilei ins Spiel, er widmet sich der Reibung (Luft- und Haftreibung). Er erkennt, dass Körper durch Reibung, d. h., eine von Außen wirkende Kraft, abgebremst werden. Es ist gerade nicht eine ihnen innewohnende Tendenz, zur Ruhe zu kommen, sondern eine von außen einwirkende Kraft. Ohne Reibung bewegen sie sich mit gleichbleibender Geschwindigkeit, sie führen eine **geradlinig-**

gleichförmige Bewegung aus, dies ist das **Trägheitsprinzip**.[6] Da schließen sich zwei Fragen an:

- **Warum tun sie das?** Oder mit dem Physiker Feynman gefragt: „Why does it keep coasting? We do not know, but that is the way it is!". Warum tun sie das? Hmm, wegen der Trägheit! Ist das eine Antwort? Nein, denn Trägheit behauptet ja nur den Umstand, dass die Geschwindigkeit gleich bleibt. Mit Galilei können wir das als ein Bewegungsgesetz auffassen. Es ist sozusagen die neue Formulierung der **natürlichen Bewegungsform**, es ist das, was Körper tun, wenn man sie in Ruhe lässt. Und das kann man nicht begründen, das ist eben so!
- **Gilt das immer?** Galilei hat den **Trägheitssatz** im Labor etabliert, also auf der Erde, gilt der aber auch im Kosmos? Er scheint das zu verneinen, denn die Erfahrung lehrt, dass wenn man einen Körper in den Himmel schießt, er sich nie geradlinig fortbewegt. Er geht immer in eine gekrümmte Flugbahn über. Daher die Annahme, dass sich ein Körper, wenn er sich von der Erde wegbewegen würde, in eine Kreisbahn einbiegen würde. Bei Galilei gelten immer noch zwei verschiedene Gesetze auf der Erde und im Himmel.

Newton vereinheitlicht dies, für ihn gilt der Trägheitssatz auch im Kosmos. Was Galilei für die Reibung geleistet hat, erweitert er auf die Schwerkraft. Dass Körper, die in die Luft geschossen werden, auf eine Parabel oder Kreisbahn um die Erde einbiegen, liegt an der Erdanziehungskraft. Die Newton'sche Betrachtungsweise hat zwei wesentliche Elemente: (i) Wie oben ausgeführt, ist der Raum nun reine Hülle, die es erlaubt, Bewegungen festzustellen, dazu benötigt man die **absolute Zeit** und den **absoluten Raum,** (ii) in dem die **natürliche Bewegung** ungestört ablaufen kann. Diese ist immer geradlinig-gleichförmig, wenn Ablenkungen davon auftreten, sind Kräfte dafür verantwortlich. Daher die Bedeutung der Homogenität von Raum und Zeit. Wenn Bewegungsänderungen auftreten, dann sind dafür ausschließlich Kräfte verantwortlich, die ‚von außen' an den Körpern angreifen.[7] Aber dies war für die Zeitgenossen nicht unbedingt einsichtig. Die Gravitationskraft war zur Zeit Newtons sehr umstritten. Daher war das Ziel seines Hauptwerks zu zeigen, dass die Bewegungen von Körpern auf der Erde und im Himmel den gleichen Gesetzen und den gleichen Kräften unterliegen. Er formuliert eine einheitliche Theorie der Bewegung.

---

[6]Damit ist eine Kraft nicht für eine Bewegung mit konstanter Geschwindigkeit nötig, eine Kraft führt zur Beschleunigung des Körpers. Dass wir auf Erden zur Aufrechterhaltung einer gleichförmigen Bewegung Kräfte benötigen liegt daran, dass man die Reibung als Kraft auffassen kann, die kompensiert werden muss. Und das ist der Grund für die Formel $F = ma$. Eine Kraft führt zu einer Beschleunigung eines Körpers, und nicht zu einer konstanten Geschwindigkeit.

[7]Der Raum beispielsweise, ist nicht an einigen Stellen ‚gestaucht', sodass bei gleicher Geschwindigkeit eine größere Strecke zurückgelegt wird. Die Zeit läuft nicht plötzlich schneller, sodass sich ohne äußere Kräfte die Geschwindigkeit eines Körpers ändert. Es gibt kein ‚oben' und ‚unten', also ausgezeichnete Richtungen im Raum, die sozusagen ‚von selbst' dafür sorgen, dass sich Körper in Bewegung setzten. Und es gibt kein Medium im Raum, das sich selber bewegt, und damit die Körper mitreißt (Descartes'sche Wirbel).

Das Problem ist, dass man die auf die Planeten wirkenden Kräfte weder direkt sehen kann, noch messen. Zudem war es für viele Zeitgenossen absurd anzunehmen, dass unsichtbare Kräfte über sehr große Entfernungen wirken sollten, das war völlig unplausibel. Newton unterscheidet zwei Typen von Kräften, **innere** (‚inhärent') und **äußere Kräfte**. Die Trägheitskraft ist die innere Kraft,[8] alles andere sind äußere Kräfte, deren Wirkungen von anderen Körper ausgehen, wie magnetische und Gravitationskräfte. Damit weiß man immer, wenn äußere Kräfte vorhanden sind, nämlich wenn sich andere Körper in der Umgebung befinden.

Kraft ist das Vermögen, Gegenstände zu verformen oder Körper zu beschleunigen, so definieren wir das heute. Man sieht hier, es ist nicht gesagt, **was** eine Kraft ausmacht (ihr ‚Wesen'), **wie** genau sie wirkt (der ‚Mechanismus'), sondern nur, was sie bewirkt: nämlich zu verformen und zu beschleunigen. Kräfte können Beschleunigungen hervorrufen, dies ist die Aussage der berühmten Gleichung $F = ma$.

Ganz klar steht hier der Mensch (oder das Pferd) Pate, denn er kann beides, Verformen und Beschleunigen. Einfach zu verstehen ist eine Feder oder ein Gummiband: Diese können Kräfte auf Körper ausüben, wie Mensch und Pferd. Wir haben direkte Wechselwirkungen zwischen Körpern, vermittelt über diese Feder. Man erkennt hier eine ähnliche Situation wie bei der Zeit: Es wird nicht definiert, was Kräfte **ihrem Wesen nach** sind, und man muss auch nicht den Mechanismus genau kennen, nach dem sie wirken. Man bekommt sie mathematisch in den Griff, indem man sie auf eine Referenz bezieht. Eine Kraft ist eine Wirkung, die Gegenstände verformen kann: Man nimmt also eine Feder als **Kraftmesser** zur Eichung. Man verwendet eine Verformung, nichts anderes ist der eingedrückte Kraftmesser, als Standard für andere Kräfte.

So weit, so klar, aber dann wird es schwieriger. Gibt es auch Kräfte, die nicht direkt auf einer materiellen Verbindung von Körpern beruhen? Ja, offensichtlich, es gibt Magnete, die kennt man seit der Antike. Diese können, quasi spukhaft, andere magnetische Körper bewegen, ohne direkten materiellen Kontakt. Üben sie nun eine Kraft aus, obwohl man diese nicht direkt sieht? Wie kann man sich vorstellen, dass dies funktioniert, was ist der Mechanismus? All das hat man nicht verstanden. Aber offensichtlich können Magnete die obigen Wirkungen hervorbringen: Daher nennt man diese Wirkungen Kräfte. Und wir können verschiedene Kräfte vergleichen. Die Referenz ist der Kraftmesser. Alles, was den Kraftmesser um so und so viel eindrückt ist eine Kraft. Damit ist das Problem auf Erden für viele Anwendungen gelöst, Laborexperimente hat man sozusagen ‚im Kasten'.

[8] Dieses Konzept einer Kraft war Gegenstand vielfältiger Kritik, z. B. von Euler. Newton meint damit, dass man zum Abbremsen eine Kraft auf einen Körper ausüben muss, und man nach dem 3. Axiom dem Körper dann eine Gegenkraft, eben diese innere Kraft, zuschreiben muss. Und das ist mysteriös: Wie kann ein Körper eine Kraft ausüben, und ‚woher weiß der Körper, wann er das tun muss'? Die Trägheit hat etwas Eigenartiges an sich, und die Neuformulierung der Mechanik (über Variationsprinzipien) nach Newton war auch dadurch motiviert, dies anders zu formulieren.

Und wie ist das mit den Planeten? Kann man die planetarischen Bewegung durch Kräfte verursacht verstehen? Hooke hatte die Idee, dass die Planetenbewegung auf einer Anziehungskraft beruht, Newton greift das auf. Das Problem dabei ist:

- Wie kann man diese bestimmen? Man kann nicht einfach eine Feder zwischen Planeten hängen, um deren Anziehungskraft zu bestimmen.[9] Gibt es also wirklich eine Anziehung, und wie genau kann man die ausweisen?
- Was soll der Mechanismus sein, der die Anziehung zwischen entfernten Körpern in einem leeren Raum vermittelt? Keine der Modellvorstellungen, die diese **Fernwirkung** erklären wollten, war wirklich überzeugend.

Eine direkte Bestätigung durch Messung oder Angabe eines Mechanismus war also nicht möglich. Daher half nur Nachdenken und die Mathematik. Und nur Newton war gut genug in Mathe, um ein solches Projekt zu stemmen. Und es war eine Mammutaufgabe, die er in seinem Hauptwerk, der *Philosphiae Naturalis Principia Mathematica,* auf etwa 500 Seiten gelöst hat. Die astronomischen Daten zeigten klar, dass die Planeten Kreis-(Ellipsen)Bahnen folgen. Wenn sich ein Körper auf einer Kreisbahn bewegt, dann tritt eine Zentrifugalkraft auf. Wenn diese nicht durch eine Anziehungskraft kompensiert würde, wäre die Kreisbahn nicht möglich, so argumentiert Newton. Newton verwendet ein rein mathematisches Argument, um auf die Gravitation zu schließen. Aus den Bewegungen der Planeten mathematisch auf die Kräfte zu schließen, das ist das Programm Newtons.

Er gibt für die Bewegungen der Körper eine **mathematische Beschreibung,** d. h., er gibt Formeln an, die diese Bewegungen quantitativ erfassen, aber er gibt keine **physikalischen Mechanismen** an, die eine physikalische **Erklärung** mit sich bringen, **warum** die Körper sich anziehen. Daher nennt Newton sein Werk ‚Mathematische Prinzipien der Naturphilosophie'. Das ist das Neue, was die Physik nach Newton auszeichnet: Phänomene in eine Formel zu bringen, die man aber nicht direkt erklären kann. Dies ist ein zentrales Moment der naturwissenschaftlichen Beschreibung, die Revolution, die Newton eingeleitet hat, wir werden dies in Kap. 6 wieder aufgreifen. Die Zeitgenossen Newtons hätten gerne gewusst, wie genau die Körper das machen, dass sie sich anziehen. Newton ist sich dieser Leerstelle durchaus bewusst, was man gerne hätte, ist eine Theorie der Gravitation, und alles, was er formulieren konnte, war eine mathematische Beschreibung dieser Anziehung, ohne sie selbst erklären zu können. Aber, und das ist sein zentrales Argument: Man versteht zwar nicht **das Wesen** des Phänomens, kann es aber trotzdem in der Theorie dinghaft machen, mit ihm rechnen, andere Phänomene erklären (wie z. B. die Gezeiten) und es technisch nutzbar machen.

Masse Weiter hat Newton die Masse m eines Körpers eingeführt als Maß dafür, wie schwierig es ist, ihn zu beschleunigen. Denn es ist klar: Es ist mehr Aufwand,

---

[9]Oder zwischen beliebige Massen, ein Versuch, der erst wesentlich später möglich war (Eötvös-Experiment).

einen LKW auf 100 km/h zu beschleunigen als einen PKW. In der Geschichte wurde diese Größe *quantity of matter* genannt, Newton hat hier die Größe m eingeführt. Wenn man eine neue Größe einführt, so erwartet man, dass diese definiert wird. Newton definiert sie über Dichte und Volumen $m = \rho V$, und hier reibt man sich die Augen: Einerseits ist das zirkulär,[10] da in der Dichte schon die Masse enthalten ist. Zum anderen wird wieder, wie bei Raum und Zeit nicht gesagt, was Masse denn genau sein soll, warum mehr Masse schwerer zu beschleunigen ist, etc. Mit den Definitionen von Newton (und später Mach) kann man die Massen von Körpern in eine Relation setzten: Man nimmt eine Referenzmasse (das Urkilogramm) und drückt alle anderen Massen in dieser Einheit aus. Dies ist eine Operation, die dem Parameter m numerische Werte zuweist, aber keine Einsicht in das **Wesen** der Masse eröffnet.

1.1.3 Axiome

Die folgenden Gesetze, im Deutschen meist als Axiome bezeichnet, sind der Kern der **Newton'schen Mechanik (NM):**

1. **Trägheitssatz:** Ein Körper verharrt in Ruhe oder in einer gleichförmig-geradlinigen Bewegung, sofern keine Kraft auf ihn einwirkt,
$$m\mathbf{v} = \text{konstant}.$$
2. **Aktionsprinzip:** Die Änderung der Bewegung eines Körpers geschieht proportional zur einwirkenden Kraft und geschieht in der Richtung, in die die Kraft wirkt,
$$\mathbf{F} = m\mathbf{a}.$$
3. **Wechselwirkungsprinzip:** Kräfte treten paarweise auf. Übt Körper A auf Körper B eine Kraft aus, so gibt es eine Gegenkraft von Körper B auf A.
4. **Superpositionsprinzip der Kräfte:** Dies ist ein Zusatz zu den Axiomen, der besagt, dass sich Kräfte linear addieren. Die Gesamtkraft ist die (Vektor)- Summe der Einzelkräfte.

Eine kräftefreie Bewegung ist also in der Abb. 1.2 durch eine Gerade gegeben, das Wirken von Kräften sieht man an einer Krümmung der Kurve. Wir haben also folgendes gemacht: (i) Das 1. Axiom formuliert die neue Referenz, das, was Körper ohne Kräfte machen, (ii) das 2. Axiom versteht Kräfte als äußere Einwirkungen, die

[10] Wie z. B. von Ernst Mach kritisiert. Seit Mach wird das 3. Axiom verwendet, um die Masse zu definieren. Seitdem wird um eine Definition von Masse gerungen, was bis heute nicht wirklich geklappt hat [26,35].

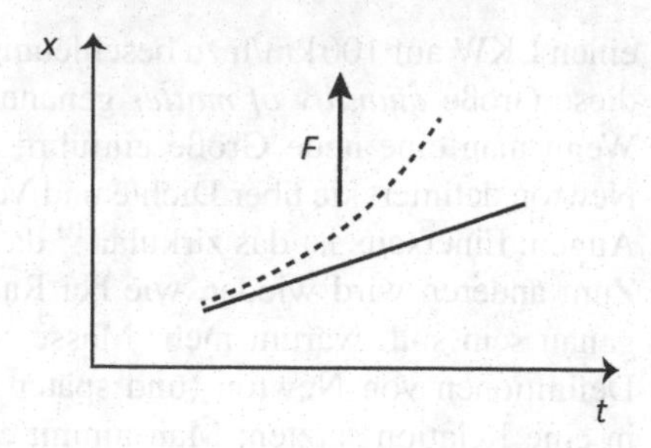

Abb. 1.2 Beschleunigte (gepunktete) vs. unbeschleunigte Bewegung

eine Veränderung der Bewegung bewirken. Eine Veränderung benötigt eine Referenz, daher brauchen wir hier zwei Axiome. Damit man aus der Bewegung dann auf wirkliche Kräfte schließen kann (oder deren Fehlen), muss man dafür sorgen, dass nicht die Eigenschaften des Raumes und der Zeit selber für die entsprechenden Effekt verantwortlich sind. Daher ist die Homogenität des Raumes und der Zeit so wichtig, die Körper können gar nichts anderes machen, als so weiter zu machen wie bisher, wenn keine Kraft auf sie wirkt. D. h., sie bleiben in Ruhe oder fliegen weiter mit gleicher Geschwindigkeit geradeaus. Eine Ursache für Bewegungsänderungen können nur Kräfte sein. Für Newton ist das 1. Axiom damit eine maßgebliche Referenz der Bewegung.

Nun haben wir die grundlegenden Begriffe (Raum, Zeit, Masse, Kraft) eingeführt und Gesetze angegeben, die sagen, wie sich Körper bewegen. Daran schließen sich zwei Fragen an: (i) Was bedeuten diese Axiome und (ii) was kann man damit berechnen?

1.1.4 Die Axiome verstehen

Seit über 300 Jahren wird um das Verständnis der Newton'schen Mechanik gerungen. Schüler und Studierende, aber auch Lehrende haben oft Probleme, die Konzepte der Masse, der Trägheit, der Kräfte zu verstehen. Die Literatur hierzu ist überbordend.[11] Wenn man glaubt, dass das Verstehen von der richtigen Methode der Darstellung und Einübung abhängt, wird ein wichtiger Punkt übersehen: Es gibt hier ein tiefer liegendes erkenntnistheoretisches Problem, das dann eben auch zu einem didaktischen Problem wird. Und wenn man sich auf dieses Thema ein bisschen einlässt, kann man die Eigenart der physikalischen Begriffsbildung, die im Kern den Erfolg der Theorien verbürgt, besser verstehen.

Definitionen Um eine Theorie zu verstehen, so möchte man meinen, sollte man zunächst die darin auftretenden Grundbegriffe verstehen. D. h., die Begriffe sollten über nachvollziehbare Definitionen eingeführt werden. Und obwohl Newton seinem

---

[11] Es gibt Literatur zur Physikdidaktik die unterschiedliche Lehrkonzepte und spezifische Lernschwierigkeiten aber auch häufige Fehlvorstellungen diskutiert. Es gibt erkenntnistheoretische und historische Schriften, die die Eigenart der physikalischen Begriffsbildung thematisieren.

Hauptwerk ein Kapitel mit Definitionen voranstellt, helfen diese nur begrenzt.[12] Zwei Dinge sind, wie oben ausgeführt, an dieser Stelle verwirrend:

- **Operationale Definitionen** Newton sagt nicht, was Raum und Zeit sind, er gibt keine Definition dieser Begriffe, die ihre Bedeutung klären würden, sondern er diskutiert nur, wie man Zeit mißt. Raum und Zeit sind seit Jahrtausenden Gegenstand des Nachdenkens, und doch sind sie Grundlagen der Physik, wo man meinen möchte, dass klar ist, was man darunter verstehen sollte. Dem ist aber nicht so, bis heute wird beispielsweise spekuliert, ob Zeit nur eine Illusion sei. Wie aber kann eine Illusion die Grundlage der physikalischen Beschreibung sein? Auch wirft die Definition der Masse Fragen auf, wie oben diskutiert, und bis heute gibt es keine zufriedenstellende Definition der Masse [2,26,35]. In allen Fällen wird nicht erklärt **was** diese ‚Dinge' genau sind. Es wird nur gezeigt, wie man den entsprechenden Parametern t und m Werte zuordnen kann. Die Physik bedient sich sogenannter **operationaler** Definitionen, wo eben festgelegt wird, **wie man etwas misst,** aber überhaupt nicht berührt wird, **was das Wesen dieser ‚Dinge' ist** oder **warum sie so auftreten.**
- **Definitionen und Axiome sind gleichlautend** Newton gibt zwar in seinem Hauptwerk Definitionen von Trägheit und verschiedenen Kräften, aber diese Definitionen haben in der Folge zu verwunderten Kommentaren geführt, so etwa in den Werken zur Mechanik von Physikgrößen wie Mach, Kirchhoff und Hertz.[13] Denn Newton beginnt in seinem Werk mit Definitionen, die teilweise gleichlautend mit den Axiomen sind. Und diese Verwirrung hält an: So wird oft gefragt, ob das 2. Axiom nur eine Definition von Kraft ist [14,32,33,67] und ob das 1. Axiom einfach nur ein Spezialfall des 2. Axioms ist. Wenn dem so ist, warum braucht man dann das 1. Axiom?

Keine der Definitionen oder Axiome klärt das ‚Wesen' der Dinge oder sagt, warum die Vorgänge in einer bestimmten Weise ablaufen. Die Definitionen und Axiome bilden die Grundlage einer mathematischen Beschreibung. Die ersten beiden Axiome klären die Unterscheidung von inhärenten und externen Kräften, also, welchen Bewegungen die Teilchen von sich aus folgen, und welche ‚von außen aufgezwungen' werden. Diese Unterscheidung klappt nur mit der Forderung der Homogenität von Raum und Zeit, nämlich dass Raum und Zeit stabile Maße für die Feststellung der

---

[12]Eine **Definition** ist z. B. ein Satz, der einen Begriff auf andere, bekannte Begriffe zurückführt, so ist ein Schimmel definiert als ein weißes Pferd. Wenn man ‚weiß' und ‚Pferd' kennt, dann ist klar, was ein ‚Schimmel' ist. Und so kann man auch verstehen, was ein Einhorn sein soll, auch wenn man nie eins gesehen hat. Es gibt aber auch andere Definition, wie etwa Hinweisdefinitionen ‚Das ist ein Pferd'.

[13]So schreibt etwa Hertz in seinem Buch Die ‚Prinzipien der Mechanik' (1894): ‚Eine erste solche Wahrnehmung scheint mir die Erfahrung zu bilden, dass es sehr schwer ist, gerade die Einleitung in die Mechanik denkenden Zuhörern vorzutragen, ohne einige Verlegenheit, ohne das Gefühl, sich hier und da entschuldigen zu müssen, ohne den Wunsch, recht schnell über die Anfänge hinwegzugelangen zu Beispielen, die für sich reden.'

Bewegung sind, aber nicht selbst Ursachen einer Bewegungsänderung. Das erste Axiom beschreibt also eine **Referenz** der Bewegung, von der aus die Rede von Kräften überhaupt erst sinnvoll wird. Konzeptionell ist dies unabdingbar, ein Punkt, der in der mathematischen Form $0 = ma$ und $F = ma$ verschwimmt. Das dritte und vierte Axiom benötigt Newton, um die Bewegungen analysieren zu können, beispielsweise auch, um aus der Zentrifugalkraft auf die Gravitationskraft **schließen** zu können. Mach verwendet später das dritte Axiom, um Masse zu definieren, was Eingang in einige der heutigen Lehrbücher gefunden hat. Allerdings ist dies wieder eine operationale Definition die nicht sagt, was Masse ist, sondern unter Verwendung einer Referenzmasse relative Massen zu definieren erlaubt.

Erklärung vs. mathematische Beschreibung Trägheit und Gravitationskraft werden nicht erklärt. Es wird nicht gesagt, **warum** Körper träge sind, wie oben ausgeführt, oder **warum sie sich anziehen** (Abschn. 1.1.5). Eine **Erklärung** ist eine Antwort auf eine **Warum-Frage,** und diese Antwort kann in der Angabe eines **Mechanismus** des Phänomens bestehen. Trägheit und Anziehung der Massen bleiben in der Newton'schen Mechanik unerklärt, daher werden sie als Axiom und Gesetz eingeführt. Das zweite Axiom zeigt, wie man Kräfte mit Referenz auf das erste Axiom aufspüren kann, sagt aber nichts über die ‚Natur' dieser Kräfte. Newton hat dies dann mit Hilfe der empirischen Daten Keplers gemacht (Abschn. 1.1.5). Es gelingt, Formeln für diese Phänomene zu finden, ohne aber eine Erklärung dieser Phänomene angeben zu können (s. Kap. 6). Und eigentlich ist das klar: Warum-Fragen finden kein Ende. Wenn wir ein Phänomen auf ein anderes zurückführen, worauf beruht dann dieses? Wir müssen irgendwo einen Punkt setzten, den wir als die Grundlage der Beschreibung festlegen. Diese grundlegenden Phänomene finden dann als Axiome oder Gesetze einen zentralen Platz, sie bilden damit die Grundlage der Theorie. Wir können Phänomene also mathematisch **beschreiben** und **Vorhersagen** treffen, auch wenn wir ihr Zustandekommen nicht wirklich verstehen. Dies ist ein Charakteristikum der modernen Physik nach Galilei und Newton. Wir thematisieren dies hier deshalb etwas ausführlicher, da uns das gleiche Problem in der Quantenmechanik wieder begegnen wird.

Status der Gesetze: Empirisch oder Definition? Nun kann man sagen, keine Erklärung zu haben ist kein Problem, solange man die Gesetze und Axiome direkt aus Experimenten erhält, die Gesetze also direkt empirisch verifizierbar sind. Ist das so? Für Newton waren die Axiome Gesetze, d. h. Sätze, die man durch Experimente überprüfen kann. Und Newton nennt diese auch ‚laws'. Warum nennt man sie heute Axiome? Dazu Jammer ([34] S. 104): „Wir vermögen heute zu sehen, dass diese Gesetze Annahmen sind, die einer experimentelle Verifizierung nicht zugänglich sind, für Newton jedoch waren sie Tatsachen unmittelbarer Erfahrung." Wie ist es möglich, die gleichen Sätze so unterschiedlich einzuschätzen?

Der Grund ist der folgende: Das erste Axiom redet von einer **geradlinigen, gleichförmigen** und **kräftefreien** Bewegung. Dies sieht auf den ersten Blick harmlos aus, aber: Man muss wissen, was das bedeutet! Wenn man weiß, was Zeit ist und was genau der Raum ist, dann kann man diese Sätze in der Tat experimentell überprüfen – im Rahmen der erforderlichen Genauigkeit. Dazu muss man nämlich wissen, was **gleichförmig** bedeutet, d. h., man braucht eine Uhr, und **geradlinig,** d. h., man braucht ein Lineal, das ‚gerade' ist und Abstände misst. Auf Erden ist das hinreichend genau festgelegt, Galilei nahm eine Wasseruhr oder seinen Puls und hatte damit zeitliche Maßstäbe. Wenn man aber fragt, woher weiß ich denn, dass die Uhr *wirklich* gleichförmig tickt und dass das Lineal *wirklich* gerade ist, dann hat man ein Problem. Und vor allem: Gilt dies auch für kosmologische Maßstäbe? Für Galilei offensichtlich nicht, wie oben angesprochen, im Kosmos biegen die Körper wieder in eine Kreisbewegung ein. Die Geradlinigkeit der Bewegung scheint kein universelles Phänomen zu sein, sie scheint nur auf der Erde relevant zu sein.

Für Newton jedoch waren dies Begriffe gerade nicht Gegenstand empirischer Überprüfung, es war von vorneherein klar, was sie bedeuten sollen. **Kräftefrei:** Hier wird die Unterscheidung von inhärenten und externen Kräften relevant. Da Raum und Zeit homogen sind, also nicht selbst Beschleunigungen (Bewegungen) von Körpern hervorrufen, inhärente Kräfte aber nur für eine geradlinig-gleichförmige Bewegung sorgen, können externe Kräfte nur von anderen Körpern ausgehen.[14] Daher muss man dafür sorgen, dass keine anderen Körper in der Nähe sind, dann ist die Bewegung, die im 1. Axiom beschrieben wird, kräftefrei. Die Festlegung von inhärent-extern macht den Term **kräftefrei** operationalisierbar. Damit ist das Abweichen von der Geradlinigkeit ein Indikator für das Wirken von Kräften, und diese können nur von anderen Körpern ausgehen.[15] **Geradlinig und Gleichförmig:** Woher weiß Newton nun, wie sich die Körper bewegen, dass diese nicht plötzlich völlig unmotiviert nach links abbiegen? Nun, das liegt an der Struktur des **absoluten** Raums: Dieser ist euklidisch, darüber ist die Geradlinigkeit definiert. Und wenn der Raum homogen ist, keine äußeren Kräfte vorliegen, dann können Körper gar nichts anderes tun, als sich geradlinig-gleichförmig zu bewegen. Für Newton war die Struktur des Raumes und der Zeit keine empirische Frage, denn wie sollte man das feststellen?[16] Die Struktur des Raumes zu einer empirischen Frage zu machen, führt in einen Zirkel. Man kann das für die Zeit schön sehen: Bei Newton ist die Zeit absolut, ihre Eigenschaft ist das ‚gleichmäßige Fließen'. Kann man dies nun

[14]In der Antike und Scholastik gab es eine klare Auszeichnung von oben und unten. Und Körper bewegen sich ‚natürlicher Weise' von oben nach unten, dafür braucht es keine externen Kräfte. Daher die große Bedeutung der Homogenität (und Isotropie) des Raumes für Newton.

[15]Damit redet das 1. Axiom streng genommen nur von einem einzelnen Körper im Universum. Das ist als Denkmöglichkeit angelegt, und die beschriebene Bewegung kann real immer nur näherungsweise realisiert sein: Im Universum gibt es eben immer andere Körper, die dann über die Gravitation wechselwirken. Das war auch schon Newton klar, er sagt explizit, dass es denkbar sei, dass es keinen einzigen kräftefreien Körper im Universum gibt. Dann ist das 1. Axiom etwas eigenartig, redet es doch über Dinge, die es so nicht gibt, auch deshalb wird es als Hypothese gesetzt. Und man sieht, Newton braucht den absoluten Raum, er muss einen einzigen Körper im Universum denken können. Denn in einem relativen Raum kann man die Bewegung eines einzelnen Körpers gar nicht feststellen. In Bezug worauf genau sollte er sich bewegen?

[16]Der Mathematiker Gauß hat in den 1820er Jahren versucht, die Frage nach der Geometrie des Raumes empirisch zu beantworten, er konnte bei Landvermessungen allerdings keine Abweichung von der euklidischen Winkelsumme von 180° feststellen.

empirisch feststellen? Nun haben wir gesehen, dass wir die Zeit immer nur aus Bewegungen ‚destillieren' können. Um die Gleichförmigkeit eines sich geradlinig bewegenden Körpers vermessen zu können, benötigen wir eine Uhr, die ja auf einer (irgendwie gearteten) gleichförmigen Bewegung selbst beruht. Wir können also nie die Gleichförmigkeit in absoluter Weise auszeichnen, sondern nur nach maximal ungestörter Bewegung suchen (z. B. Atomuhr).

Operationalismus und Empirismus Ende des 19. Jahrhunderts hat man dann aber versucht, die Newton'sche Physik von allen unbeweisbaren Annahmen zu befreien, der absolute Raum und die absolute Zeit sollten aus der Physik entfernt werden. Man hat dann die ganze Konstruktion umgedreht: Geradlinig-gleichförmig ist dann genau durch die **Bewegung** eines Körpers **definiert,** auf den keine Kräfte wirken! Diese Bewegung **definiert** Geradlinigkeit und Gleichförmigkeit. D. h., gleiche Zeitintervalle werden über gleiche Strecken definiert, die ein kräftefreier Körper zurücklegt. Eine bestimmte Strecke definiert dann ein Zeitintervall. Aus dem 1. Axiom wird eine Definition. Wir verstehen nun das obige Zitat von Jammer: Während Galilei und Newton dachten, sie hätten Maßstäbe die es ihnen erlauben zu zeigen, dass die kräftefreie Bewegung geradlinig-gleichförmig ist, wird nun diese Bewegung dafür verwendet, zu definieren was geradlinig und gleichförmig ist. Wenn wir also die Beschleunigung a damit festlegen können, enthält nun das $F = ma$ zwei undefinierte Größen, m und F. Mach hat die Masse m mit Hilfe des 3. Axioms definiert,[17] dann sieht es so aus, als sei das 2. Axiom eine Definition von Kraft. Aber hier ist die Kraft nur über ihre **Wirkung** definiert, es ist nicht klar, **was** die Kraft selbst ‚ihrem Wesen nach' sein soll.[18] Und nun sieht es für manchen Autor so aus, als seien die Axiome keine Naturgesetze, sondern reine Definitionen. Definitionen haben aber immer ein Maß an Beliebigkeit, damit wird es unklar, wie der Newton'sche Formalismus zu verstehen ist [14,32,33,67]. Und es wird unklar, was ihr empirischer Gehalt ist; was ist empirisch an den Gesetzen? Oder sind es reine Konventionen? Oder eine Mischung?

Bezug auf Referenzen Nun kann die Sache offensichtlich nicht so schlimm sein, wie es zunächst scheint. Das Hauptproblem ist, $F = ma$ als Definition der Kraft F aufzufassen: Denn wenn das so wäre, dann gäbe es keinen Unterschied zwischen

---

[17] Was jedoch nicht absolut zufriedenstellend geklappt hat [26,35].

[18] Eine Wirkung ist, eine Abweichung von der natürlichen Bewegung hervorzurufen. Damit ist die Bestimmung der natürlichen Bewegung zentral. Newton hat die Euklidische Geometrie zugrunde gelegt, man kann das ganze Problem auch anders lösen, wie die Allgemeine Relativitätstheorie (ART) zeigt: In dieser treten keine Gravitationskräfte auf, wie bei Newton, sondern die Massenverteilung führt, bestimmt durch die Einstein'schen Feldgleichungen, zu einer kräftefreien Bewegung, die nicht geradlinig ist. Hier wird das Problem der Referenz anders gelöst: In der Newton'schen Mechanik (NM) führt die Annahme einer bestimmten natürlichen Bewegung zu der Annahme von Gravitationskräften, wenn eine nicht-geradlinige Bewegung feststellt wird. In der ART ist die natürliche Bewegung in einem Raum einer bestimmten Massenverteilung nicht geradlinig, aber kräftefrei. Das 1. Axiom kann in dieser Perspektive also als eine nicht-empirische Setzung angesehen werden, die als Konsequenz die Feststellung von Gravitationskräften nach sich zieht. In der NM gibt es Gravitationskräfte, in der ART nicht, und dies hängt u. A. an der Referenzbewegung.

Kraft und Beschleunigung, also der Kraft und ihrer Wirkung, worauf schon Kirchhoff aufmerksam gemacht hat.[19] Wenn aber Kräfte nur in Bezug auf Bewegung definiert sind, dann wird die Mechanik in der Tat schwer verständlich, dann kann man F und a synonym verwenden. a ist das Resultat des Wirkens einer Kraft F, aber da F nicht selbst definiert ist, sondern nur über seine Wirkung, bekommen wir zirkelfrei keinen gehaltvollen Begriff der Kraft. Daher der Vorschlag von Hertz und Kirchhoff, die Kraft aus dem Vokabular der Physik zu eliminieren, oder maximal als abkürzende Rede beizubehalten. Nun haben wir aber durchaus einen Begriff von Kraft, oft **statische Kraft** genannt, der sich im Verformen von Körpern zeigt. Dies sind z. B. Federkräfte, die auch gleichzeitig zur Standardisierung und Eichung dienen (siehe die Kraftmesser der Physikalisch-Technischen Bundesanstalt: PTB). Wir haben also Referenzen für Kräfte, in gewisser Weise Maße, mit denen wir andere Kräfte vermessen können. Und diese Referenzen standardisieren wir und stellen sie an ausgezeichneten Orten zur Verfügung (z. B. PTB). Und über diese statischen Federkräfte vermessen wir auch andere Kräfte, wie wir im nächsten Abschnitt sehen werden. Kraft wird also zu einem **Maßbegriff**. Wir wissen, wie man Kräfte misst, kennen aber nicht unbedingt ihr ‚Wesen'. Darüber hinaus gibt es in der Physik selbst keine andere Definition der Kraft, als über ihre Wirkungen, nämlich zu beschleunigen oder zu verformen. Allerdings wissen wir aus unserer Alltagserfahrung sehr gut, was es heißt, eine Feder einzudrücken, wir haben also aus unserer Erfahrung einen vorwissenschaftlichen Begriff von Kraft. In der Mechanik aber haben wir die Kraft nur über ihre Wirkungen definiert, und wir kennen zum Teil nicht den Mechanismus ihrer Wirkung (s. u.), es scheint, wissenschaftlich können wir den Kraftbegriff inhaltlich nicht füllen. Aber wir können Kräfte ganz klar vermessen, indem wir sie mit einer Referenzkraft, der Federkraft vergleichen. Damit können wir der statischen Kraft F eine Größe geben, und ihre funktionale Abhängigkeit bestimmen. Also angeben, wie die Kraft von den Massen oder Ladungen und den Abständen abhängen. Die Rolle des 2. Axioms ist es dann, diese Größen in Beschleunigungen von Körpern umzurechnen. Analog funktioniert das mit der Masse: Aus unserem Alltag haben wir ein sehr klares Verständnis davon, was eine schwere Masse bedeutet, auch wenn wir in unseren Theorien keine eindeutigen Definitionen finden können. Wir können die Gewichte von Körpern vergleichen, haben also schon vor der Wissenschaft Vorrichtungen geschaffen, die dieses ermöglichen (Balkenwaage). Daher legen wir wieder eine Referenz an einen Ort (Urkilogramm, bis 2019 in Paris), zur Standardisierung aller anderen Massen. Die Bedeutung mechanischer Begriffe, so scheint es, lässt sich nicht in den Theorien selbst bestimmen, sondern greift auf Vortheorien und eine vorwissenschaftliche Praxis zurück. Und sie bezieht sich auf Referenzen: ‚Diese Masse ist zwei Mal die Masse des Urkilogramms'. Damit ist nicht **definiert,** was das Wesen der Masse ist, aber man kann dem Parameter m in den Axiomen einen Wert zuweisen.

[19]G. Kirchhoff, Vorlesungen über Mathematische Physik, Leipzig, 1876, bemerkt die ‚Unvollständigkeit der Definition' von Kräften und schlägt vor, diese nur als eine vereinfachende Redeweise zu verstehen, nicht aber als **Ursachen** der Bewegung.

Fazit Oft wird die Quantenmechanik als unverständlich, okkult und rätselhaft dargestellt, und eben als nicht verstehbar, im Gegensatz zur klassischen Mechanik. Die Axiome der Quantenmechanik werden manchmal als Hypothesen dargestellt, die man hinnehmen muss, um dann mit dem Formalismus rechnen zu können. Dabei wird dann vergessen, dass die gleiche Diskussion mit jeder neuen physikalischen Theorie aufkocht. Wir vergessen gerne, dass es gerade die Stärke der Physik ist, Phänomene, die man sich nicht erklären kann, mathematisch zu beschreiben.

Verständnisprobleme, so die grundlegende Annahme des Autors dieses Buches, resultieren dabei aus den oben genannten Umständen. Man kann Physik sehr viel besser verstehen, wenn man genau aufzeigt, wo die Probleme liegen, für die eine Formel gefunden wird: Welche Begriffe gar nicht in der Weise definiert werden (operationale Definitionen), dass man sich darunter etwas vorstellen kann (Masse, Temperatur...); dass die grundlegenden Axiome z. T. Setzungen sind, um welche die Naturforscher manchmal Jahrhunderte gerungen haben, und die auch vielen Forschern dieser Zeit nicht sofort klar waren. Manche Dinge sind bis heute nicht verstanden oder nicht direkt einleuchtend. Wenn man diese Punkte herausarbeitet, muss sich niemand zu doof für die Physik halten: Es ist eben kein individuelles Verständnissproblem, sondern ein sehr interessantes erkenntnistheoretisches Problem der Physik. Und dies soll man der Physik nicht im negativen Sinne anlasten, oder sogar ihre Geltung oder Objektivität bezweifeln. Es ist, im Gegenteil, die Stärke der Physik, wie sie uns einen mathematischen Zugang der uns umgebenden Natur in all ihrer Rätselhaftigkeit erlaubt. Und dies kann man nur wirklich verstehen, wenn man sieht, wie unser begrifflicher Zugang, d. h., die mit jeder Theorie neu eingeführten Begriffe, eine verläßliche Beschreibung überhaupt erst ermöglichen.

Mal heißen die Grundannahmen einer Theorie Axiome, mal Hauptsätze, mal Prinzipien, aber immer sind sie nicht in strenger Form beweisbare Sätze. Sie sind nicht direkt aus der Natur ablesbar, und sind meist dadurch legitimiert, dass das ganze Theoriegebäude, das sich auf sie stützt, in einem klar eingegrenzten Rahmen verdammt gut funktioniert. Axiome sind die zentralen Sätze im Kern einer Theorie, die zugleich die neuen Begriffe einführen und damit Definitionen sind, einen empirischen Gehalt haben, aber nicht komplett empirisch verifizierbar sind.

1.1.5 Kräfte

Die Kraft F in Axiom 2 ist allgemein; was man nun braucht, ist eine explizite **Kraftformel.**

Drei Beispiele

- Die Kraft, die man benötigt, um eine Feder zu dehnen oder zu komprimieren, ist durch das **Hook'sche Gesetz** ($x = 0$ Gleichgewichtslage)

$$F_k = -kx \tag{1.1}$$

mit der Kraftkonstanten k gegeben.

- Die Kraft zwischen zwei Massen m und M mit dem Abstand r ist durch das **Newton'sche Gravitationsgesetz**

$$F_G = G\frac{mM}{r^2} \tag{1.2}$$

mit der Gravitationskonstanten G gegeben. Wie kam Newton da drauf? Er folgt der Vermutung, dass es zwischen Massen wie Mond und Erde oder Erde und Sonne Kräfte gibt, die wie die Anziehungskräfte von zwei Magneten keine direkte Vermittlung wie über eine Feder benötigen. Aber wie kann man diese feststellen, und wie kommt man auf die Formeln? Das ist das große Thema der *Principia Mathematica* Newtons. Zunächst zeigt er allgemein, welche Kräfte nötig sind, um Körper auf Kreisbahnen zu halten. Die astronomischen Daten seiner Zeit zeigen, dass sich die Planeten eben auf solchen Bahnen befinden. Gäbe es keine Kräfte, würden sie sich geradlinig bewegen und nicht auf einer Kreisbahn. Daher muss es eine analoge Kraft geben, die die Planeten auf den Kreisbahnen hält. Diese Kraft ist dann proportional dem inversen Abstandsquadrat und den Massen. Die **Gravitationskonstante G** rechnet das auf die entsprechenden Maßeinheiten um. Wir sehen: Es wird aus den Bewegungen auf Kräfte geschlossen, Newton gibt aber keinen **physikalischen Mechanismus** an der **erklärt, warum** sich die Massen anziehen. Wie machen die Massen das, dass sich eine effektive Anziehung ergibt? Wie kann sich eine solche Anziehung über große Strecken in dem leeren Raum bemerkbar machen, was vermittelt diese Anziehung? Darauf kann er keine Antwort geben, obwohl er sich in der Spätzeit seiner Forschung viel mit diesem Problem auseinander gesetzt hat. Er gibt eine **mathematische Formel** an, die diese Anziehung **quantitativ beschreibt.** Sein Argument ist ein mathematisches. Deshalb, und mit voller Absicht, nennt er sein Werk *Philosophiae Naturalis Principia Mathematica,* er gibt die mathematischen Prinzipien der Naturbeschreibung an, aber keine Erklärung der grundlegenden Phänomene: Ein Vorgehen, das für die Physik stilbildend wurde und dem sagenhaften Erfolg der Physik zugrunde liegt.
- Charles Augustin de Coulomb wusste um das Newton'sche Gravitationsgesetz und hat die Kräfte zwischen Ladungen mit Hilfe einer **Torsionswaage** vermessen, dabei wird die Anziehungskraft zwischen zwei Ladungen über die Verdrillung eines dünnen Fadens gemessen. Wir sehen, hier werden die Kräfte anders bestimmt, nämlich über Verformungen, wie in Abschn. 1.1.2 angesprochen. Wir verwenden eine Referenzverformung, den Kraftmesser, im Prinzip eine Feder, um die Größe der Kraft zu bestimmen. Als Ergebnis dieser Untersuchungen veröffentlichte er ein Kraftgesetz, das nach ihm als das **Coulomb'sche Gesetz** benannt wurde:

$$F_C = \frac{1}{4\pi\epsilon}\frac{qQ}{r^2}. \tag{1.3}$$

Auch hier ist die Ursache der Kraftwirkung, also warum sich Ladungen anziehen oder abstoßen, nicht das Thema, sondern es wird eine mathematische Formel angegeben, die die Stärke der Kraft in Abhängigkeit von Größe der Ladung und Abstand angibt. Und diese lässt sich anhand der Verformung einer Feder normieren. Die Massenanziehung wurde erst viel später auf die gleiche Weise ausgemessen (Eötvös-Experimente).

Mit Federkräften haben wir eine Referenz, auf die wir andere Kräfte beziehen. Wir stellen Kräfte z. T. durch **Eindrücken** von Federn fest, und können sie daran normieren. Und diese Federn sind etwas ganz und gar Gegenständliches: Wir stellen sie als Referenzen in unsere Normungsanstalten (PTB). Damit sind nicht nur die Einheiten von Kräften festgelegt (die man natürlich immer ändern kann), sondern auch die Art und Weise, wie man durch Vergleich mit anderen Kräften eine Kraft feststellt.

1.1.6 Die Axiome anwenden

Werden die Kräfte in das 2. Axiom eingesetzt, ergeben sich die **Bewegungsgleichungen**, deren Lösungen die **Trajektorien** der Körper sind.

Bewegungsgleichungen Was wir am Ende aber haben wollen, ist die Bewegung der Körper unter Einwirkung von Kräften, d. h. die **Trajektorien,** die durch die Zeitentwicklung von $x(t)$ und $v(t)$ gegeben ist. Wir wollen das mal exemplarisch für den **harmonischen Oszillator** machen. Dazu setzen wir das Kraftgesetz Gl. 1.1 in das 2. Axiom ein,

$$F = ma = m\ddot{x} = F_k = -kx,$$

d. h., wir müssen nun die **Differentialgleichung 2. Ordnung**

$$\ddot{x} + \frac{k}{m}x = 0$$

lösen.

Lösung: Trajektorien Die Funktionen, die gleich ihrer 2. Ableitung sind, sind die Sinus- und Kosinusfunktionen, wir erhalten also als spezielle Lösung

$$x(t) = A\cos(\omega t), \qquad v(t) = A\omega\sin(\omega t)$$

mit

$$\omega = \sqrt{\frac{k}{m}}.$$

Die Amplitude A wird über die Anfangsbedingung bestimmt. Wenn wir z. B. anfangs ($t = 0$) eine Auslenkung x_0 und eine Geschwindigkeit $v_0 = 0$ haben, dann gilt für die obigen Lösungen $A = x_0$.

Anfangsbedingungen, Zustand Um die Differentialgleichungen lösen zu können, benötigen wir die (x_0, v_0) am Anfang, also die Anfangsbedingungen. Für eine vollständige Lösung brauchen wir somit diese beiden Größen. Wenn wir zu einem späteren Zeitpunkt $(x(t), v(t))$ haben, können wir wieder die Kraft ausrechnen und können von diesem **Anfangszustand** aus die Differentialgleichungen lösen.

- Der **Zustand eines Körpers** ist in der Mechanik also durch (x, v) gegeben.
- Erinnern Sie sich an die Thermodynamik: Hier ist der Zustand durch Druck und Volumen (p, V) gegeben. Aus diesem kann man alle anderen Größen durch die Zustandsgleichungen z. B. $T(p, V)$ oder $U(p, V)$ berechnen.
- Interessant wird das in der Quantenmechanik, hier wird der Zustand durch eine Wellenfunktion $\Psi(x, t)$ repräsentiert.

Der **Zustand** eines Körpers ist in der Mechanik vollständig durch die Koordinaten und die Geschwindigkeit (Impuls: $p = mv$) zum Zeitpunkt t

$$x(t),\ p(t)$$

bestimmt. Zentrales Anliegen in der Physik ist daher die Beschreibung von Zustandsänderungen, also die Bestimmung von $x(t)$ und $p(t)$ für $t > t_0$. Dazu stellt man die **Bewegungsgleichungen** auf, deren Lösung die gesuchten **Bahnkurven (Trajektorien)** $x(t)$, $p(t)$ ergeben. Dies ist nun mit Hilfe der obigen Axiome möglich.

Exkurs: Reibung Die **Luftreibung** eines Körpers, als ein prominentes Beispiel, kann durch eine **Reibungskraft** F_R beschrieben werden, die für kleine Geschwindigkeiten proportional zur Geschwindigkeit ist (Stokes-Reibung):

$$F_R = -\gamma v.$$

Dann muss man die Bewegungsgleichung

$$m\ddot{x} = -kx - \gamma v$$

lösen, was zu gedämpften Schwingungen führt, je nach Stärke der Reibung (γ).

Ab einer bestimmten Geschwindigkeit ist sie proportional zum Geschwindigkeitsquadrat (Newton-Reibung):

$$F_L = \frac{1}{2} A c_W \rho_{Luft} v^2$$

mit der Querschnittfläche des Körpers A, der Dichte der Luft ρ_{Luft} und dem Widerstandsbeiwert c_W.

1.2 Energie und Hamilton'sche Mechanik

Die Energie wurde erst in der Mitte des 19. Jahrhunderts in die Physik eingeführt, in der Thermodynamik durch Mayer und Joule. Die grundlegende Arbeit für die Mechanik wurde von Hermann Helmholtz um 1847 mit dem Titel *Über die Erhaltung der Kraft* veröffentlicht. Diese Größe war unter den Gelehrten der Zeit umstritten, und so hatten die drei Forscher mit Schwierigkeiten bei der Publikation zu kämpfen. Dies ist oft ein Zeichen des Neuen und sagt auch, dass diese Begriffsbildung zu dieser Zeit alles andere als offensichtlich war. Obwohl der Begriff der *Energie* 1807 von Thomas Young eingeführt wurde, wurde Kraft und Energie (u. a. auch in den Werken von Joule und Mayer) lange Zeit nicht trennscharf verwendet. 1884 hat die Göttinger Philosophische Fakultät einen Preis für eine Arbeit ausgeschrieben, die die Geschichte der Begriffsverwendung analysiert. Max Planck hat hier die Arbeit *Das Prinzip der Erhaltung der Energie* (1887) eingeschickt und damit die Begrifflichkeiten auf klärende Weise dargelegt, wie sie heute verwendet werden.

Der Begriff ‚Energie' geht auf den griechischen Ausdruck *energeia* zurück, der eine spezifische philosophische Bedeutung hatte. In die Physik wurde der Begriff eingeführt, um die **Wirkung** bewegter Körper quantifizieren zu können. Diese Wirkungen, wie etwa die Höhe, die ein Körper mit der Anfangsgeschwindigkeit v erreicht, oder das Loch, das er beim Aufprall in weicher Materie hinterlässt, lassen sich nicht durch den Impuls mv angeben. Zwei Körper mit unterschiedlichen Massen, aber gleichem Impuls haben unterschiedliche Wirkungen, so weit war das klar. Im Jahr 1686 schlug Gottfried Wilhelm Leibnitz mv^2 als die relevante Größe vor (hier fehlt noch der Faktor $\frac{1}{2}$), die als Maß für die Bewegung eines Körpers zu wählen sei, und nannte sie ‚vis viva', lebendige Kraft. Die Unterscheidung zwischen Impuls mv, der Kraft F, die nach Newton zu einer Veränderung des Impulses führt, und der Größe mv^2, die die Wirkung bewegter Körper angibt, klar herauszuarbeiten, war eine Aufgabe, die fast zwei Jahrhunderte gedauert hat. Wie Planck in seiner Schrift ausführt, gab diese Namensgebung ‚vis viva' reichlich Anlass zu Verwechslung mit der Newton'schen Kraft, weshalb es sinnvoll erschien, hier einen neuen Begriff zu prägen.

In Bd. I (Kap. 4) wurde die Energie als gespeicherte Arbeit eingeführt. Die entlang eines Weges geleistete Arbeit ΔW berechnet sich im einfachsten Fall als ‚Kraft mal Weg', $\Delta W = F\Delta x$, wenn die Kraft entlang des Weges konstant ist. Allgemein integriert man die Kraft $F(x)$ entlang des Weges:

$$\Delta W = \int F(x)\mathrm{d}x. \tag{1.4}$$

Damit kann man die **kinetische und potenzielle Energie** aus den Kräften, bzw. der geleisteten Arbeit bestimmen.

1.2.1 Kinetische und potenzielle Energie

Um das Integral 1.4 auszuführen, muss man einen Integrationsweg wählen, und wie wir bei der Diskussion in der Thermodynamik gesehen haben, hängt das Ergebnis nicht von dem genauen Weg, sondern nur von den Endpunkten ab, da E eine Zustandsgröße ist.

Kinetische Energie Wir wählen daher einen besonders einfachen Weg mit konstanter Beschleunigung ‚a' des Körpers. Wenn wir ein Zeitintervall ‚t' beschleunigen, dann kennen wir den Ort x_1 und die Endgeschwindigkeit v zur Zeit t (wir starten die ‚Stoppuhr' bei $t = 0$):

$$v(t) = a \cdot t \qquad x_1(t) = \frac{1}{2}at^2.$$

Wir kennen die Kraft, die wir bei der Beschleunigung aufwenden müssen, sie ist $F = ma$, und für konstantes ‚a' lässt sich das Integral Gl. 1.4 sehr einfach lösen:

$$\begin{aligned} E &= \int_0^{x_1} F(x)\mathrm{d}x = \int_0^{x_1} ma\mathrm{d}x = ma \int_0^{x_1} \mathrm{d}x = m \cdot a \cdot x_1 = m\frac{1}{2}a^2t^2 \\ &= \frac{1}{2}mv^2. \end{aligned} \tag{1.5}$$

Dies ist die Arbeit, die aufgewendet wurde, um ein Teilchen der Masse m aus der Ruhe auf die Geschwindigkeit v zu beschleunigen. Da man diese Arbeit beim Abbremsen prinzipiell wiedergewinnen kann, wird diese gespeicherte Arbeit als Energie bezeichnet (siehe PCI, Einführung der Energie). Man bezeichnet diese kinetische Energie anstatt mit dem Buchstaben E mit T.

Die potenzielle Energie ist eine **Lageenergie,** es ist die Arbeit, die man aufwenden muss, um ein Teilchen an eine bestimmte Position im Raum zu bringen. Wir verwenden die gleiche Definition der Energie Gl. 1.4, müssen uns nun aber genau überlegen, von wo nach wo wir einen Körper bringen.

- **Harmonischer Oszillator:** Eine Feder komprimieren wir um die Strecke $\Delta x = x_1 - x_0$, wobei wir $x_0 = 0$ wählen (Abb. 1.3).

$$V(x_1) = \int_0^{x_1} F(x)\mathrm{d}x = \int_0^{x_1} kx\mathrm{d}x = \left[\frac{1}{2}kx^2\right]_0^{x_1} = \frac{1}{2}kx_1^2. \tag{1.6}$$

  Wie Abb. 1.3 zeigt, müssen wir von außen eine Kraft aufwenden, um eine Feder zu dehnen oder komprimieren. Diese Kraft ist der Federkraft Gl. 1.1 $F_k = -kx$ entgegengesetzt, daher verwenden wir bei der Berechnung der Energie das Negative der Federkraft. Es wird Arbeit aufgewendet, daher ist sie positiv. Diese Arbeit ist an der Koordinate x_1 in der Feder gespeichert, es ist die potenzielle Energie $V(x_1)$ an dieser Stelle.

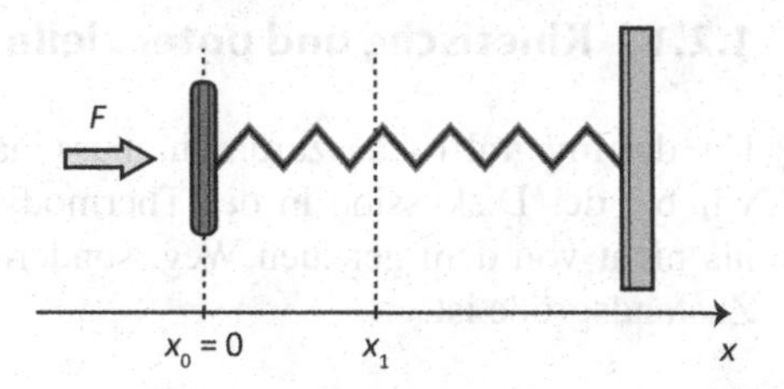

Abb. 1.3 Kompression einer Feder von x_0 auf x_1. Dabei muss eine Kraft $F = kx$ aufgewendet werden, die der Federkraft $F_k = -kx$ entgegengesetzt ist

- **Gravitationspotenzial:** Die Gravitationskraft zwischen zwei Massen m und M ist anziehend, d. h., wenn man zwei Massen im Abstand r hat, muss man Arbeit verrichten, um diese zu trennen. Wir berechnen daher die potenzielle Energie als die Arbeit, zwei Körper von einem unendlich großen Abstand zu einem Abstand r zu bringen. Diese Arbeit ist negativ, d. h., bei diesem Prozess kann Arbeit geleistet werden:

$$V(r) = \int_{\infty}^{r} F(x')\mathrm{d}r' = \int_{\infty}^{r} \frac{GmM}{r^2}\mathrm{d}r' = -\left[\frac{GmM}{r'}\right]_{\infty}^{r} = -\frac{GmM}{r}. \quad (1.7)$$

  Dies nennen wir die potenzielle Energie dieser beiden Körper. Dies ist die Energie, die wir z. B. aufwenden müssen, um eine Rakete von der Erdoberfläche (Abstand r zum Erdmittelpunkt) aus der Erdumlaufbahn zu bewegen. Man bezeichnet diese potenzielle Energie anstatt mit dem Buchstaben E mit V.
- **Coulomb-Potenzial:** Analog kann man die Energie von zwei Punktladungen q und Q berechnen, man erhält die Coulomb'sche potenzielle Energie:

$$V_{\text{Coul}}(r) = \frac{1}{4\pi\epsilon_0}\frac{qQ}{r}. \quad (1.8)$$

  Man erhält ebenfalls ein negatives, d. h., attraktives, Potenzial, wenn die Ladungen q und Q unterschiedliche Vorzeichen haben.

Die Potenziale sind schematisch in Abb. 1.4 wiedergegeben.

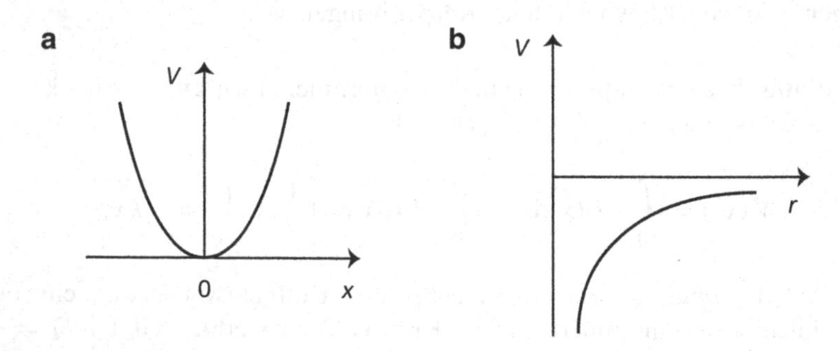

Abb. 1.4 Potenzial des harmonischen Oszillators und $-\frac{1}{r}$ Potenzial, das sowohl für die Gravitation als auch für die Wechselwirkungen von Ladungen (Coulomb) gilt

Die Gesamtenergie E eines Körpers hängt damit von x und p ab,

$$E(x, p) = \frac{p^2}{2m} + V(x) \tag{1.9}$$

ist also eine Funktion der Zustandsvariablen (x, p). Der Zustand des Systems bestimmt die Energie. Aus der Energie erhalten wir die Kraft durch Ortsableitung:

$$F = -\frac{\mathrm{d}E}{\mathrm{d}x},$$

oder allgemein ($\vec{r} = (x, y, z)$):

$$F_x = -\frac{\partial E}{\partial x}, \qquad \vec{F} = -\left(\frac{\partial E}{\partial x}, \frac{\partial E}{\partial y}, \frac{\partial E}{\partial z}\right) = -\nabla E(\vec{r}).$$

Die Kraft ist also ein Vektor, hat einen Betrag und eine Richtung.

1.2.2 Hamilton'sche Mechanik

Die Mechanik wurde nach Newton weiterentwickelt und hat eine sehr abstrakte Form angenommen, die Newton'schen ‚Gesetze' sind in der Form nicht mehr als Axiome nötig. In der **Hamilton'schen Mechanik**, die wir hier leider nicht ableiten können, geht man von der **Hamilton-Funktion** aus (d. h. effektiv der Gesamtenergie),

$$H = T + V \tag{1.10}$$

mit der kinetischen $T = p^2/2m$ und potenziellen Energie $V(x)$. Man kann nun zeigen, dass sich die Bewegungsgleichungen für ein spezielles System wie folgt ableiten lassen:

$$\dot{x} = \frac{\partial H}{\partial p}, \qquad \dot{p} = -\frac{\partial H}{\partial x}. \tag{1.11}$$

- Die zweite Gleichung entspricht dem 2. Newton'schen Gesetz

  $$\dot{p} = m\dot{v} = ma, \qquad -\frac{\partial H}{\partial x} = -\frac{\partial V}{\partial x} = F,$$

  die erste stellt eine Verbindung zwischen der Geschwindigkeit und dem Impuls her, $\dot{x} = p/m$.
- Wir erhalten jeweils eine DGL 1. Ordnung für Impuls p und Ort x. Wenn wir die Anfangsbedingungen spezifiziert haben, können wir diese für $x(t)$ und $p(t)$ lösen.

- Der **Zustand** eines klassischen Systems wird, wie oben schon besprochen, durch x und p festgelegt, dessen zeitliche Entwicklung durch die **Bewegungsgleichungen** beschrieben.

Beispiel 1.1

Harmonischer Oszillator Zunächst bestimmen wir die Gesamtenergie, d. h. die Hamilton-Funktion,

$$H = \frac{p^2}{2m} + \frac{1}{2}kx^2,$$

wobei wir die potenzielle Energie Gl. 1.6 des harmonischen Oszillators verwenden. Nun bilden wir die Ableitungen Gl. 1.11,

$$\dot{x} = \frac{p}{m}, \qquad \dot{p} = m\dot{v} = ma = -kx.$$

Dies sind die Bewegungsgleichungen des harmonischen Oszillators, wie wir sie oben schon im Rahmen der Newton'schen Mechanik abgeleitet haben. Auf diese Hamilton-Funktion werden wir in der Quantenmechanik aufbauen. ◄

1.2.3 Erhaltungssätze

Wir haben oben die Newton'sche Forderung der Homogenität des Raumes diskutiert. Er fordert das Gleiche auch für die Zeit, sie soll gleichförmig sein. Heute würde man noch die Forderung der **Isotropie** des Raumes hinzufügen, die besagt, dass keine Raumrichtung ausgezeichnet ist. Aus diesen drei Forderungen lassen sich drei wichtige Erhaltungssätze ableiten (Nöther-Theoreme):

- Aus der **Homogenität** der Zeit folgt die **Energieerhaltung.**
- Aus der **Homogenität** des Raumes folgt die **Impulserhaltung.**
- Aus der **Isotropie** des Raumes folgt die **Drehimpulserhaltung.**

Die Impulserhaltung ist sozusagen die moderne Variante dessen, was in Newtons 1. Axiom steht. Dadurch, dass es keine Inhomogenitäten im Raum gibt, ändert ein Körper seinen Bewegungszustand nicht, wenn keine Kraft auf ihn wirkt. Was ein Körper ohne Kraft macht, ist damit durch die Eigenschaft des Raumes schon gegeben. Diese Erhaltungssätze sind zentral, Theorien müssen so gestaltet sein, dass sie Ihnen genügen.

Beispiel 1.2

Impulserhaltung Bei Stoßprozessen muss der Impuls vor und nach dem Stoß erhalten sein. So kann man beispielsweise berechnen, wie groß die Geschwindigkeit eines PKW nach einer Kollision mit einem anderen PKW ist, wenn man annimmt, dass der Stoß völlig elastisch oder völlig inelastisch abläuft. ◄

Beispiel 1.3

Energieerhaltung Die Energie kann bei Umwandlungsprozessen nicht verloren gehen. Beispielsweise stehen Sie mit Ihrem Fahrrad auf einem Hügel der Höhe h. Unter Bezugnahme auf das Gesamtgewicht von Ihnen und Ihrem Fahrrad können Sie dann die kinetische Energie berechnen – und daraus die Geschwindigkeit – die Sie haben, wenn Sie unten angekommen sind. Natürlich muss man dabei von Reibungseffekten zunächst mal absehen. ◂

Diese Beispiele sollen zeigen: Wenn man physikalische Probleme hat, deren Lösung einzig durch Energie- oder Impulserhaltung bedingt ist, dann kann man eine Lösung angeben. Man benötigt dann keine Theorie wie z. B. die Newton'sche Mechanik, die dynamische Gesetze, Potenziale und damit Bewegungsgleichungen bereithält. Man muss nicht explizit die Trajektorien, d. h. die Lösungskurven, berechnen, um die gewünschte Information zu bekommen. Wir werden später bei der Diskussion des Photoeffekts und Compton-Versuchs in Kap. 3 genau dies wiederfinden. Diese Versuche fanden dadurch eine Erklärung, noch bevor die Quantenmechanik, die hier zuständig ist, entwickelt wurde.

1.2.4 Relativistische Mechanik

Das ganze Buch wird sich mit nicht-relativistischen Phänomenen beschäftigen. Relativistische Effekte machen sich bemerkbar, wenn für die Geschwindigkeiten der Körper $v > 0.1c$ gilt (c: Lichtgeschwindigkeit).

In der Chemie sind durchaus relativistische Effekte relevant: So bewegen sich, im klassischen Bild, die Kernelektronen schwerer Elemente mit solch hohen Geschwindigkeiten, dass diese relevant sind. Wenn man diese Elektronen nicht-relativistisch beschreibt macht man Fehler bei der Berechnung ihrer Eigenschaften. Ein Beispiel ist die Farbe von Gold: Wenn man das nicht-relativistisch beschreibt, hätte es die Farbe von Silber, solch einen Wertverlust will man nicht hinnehmen.

Aber in diesem Buch wird nur ein Mal eine relativistische Formel benötigt, und das ist bei der Diskussion des Compton-Effekts in Kap. 3. Hier benötigen wir die **Energie relativistischer Teilchen,**

$$E^2 = mc^2 + c^2 p^2. \tag{1.12}$$

$E = mc^2$ ist die Ruheenergie, die berühmte Formel von Einstein. Selbst Teilchen, die sich nicht bewegen, haben diese Energie, man redet von der **Masse-Energie-Äquivalenz**. Eine bekannte Anwendung ist beispielsweise der Kernzerfall: Der Unterschied in den Massen der Reaktanden und Produkte wird in Strahlungsenergie umgesetzt.

$c^2 p^2$

korrespondiert dann mit der kinetischen Energie in der nicht-relativistischen Mechanik für Teilchen mit dem Impuls p.

1.3 Anwendungen in der Chemie

Ein Atom macht keine Chemie, zwei schon. Die physikalische Chemie ist die Anwendung der Physik, der Mechanik, Thermodynamik, Elektrodynamik und Quantenmechanik, auf die chemischen Eigenschaften von Molekülen. In diesem Buch werden wir zunächst Probleme behandeln, die zwei Körper betreffen, wie

- die elektronische Struktur des Wasserstoffatoms, d. h. die Wechselwirkung von einem Elektron mit einem Proton,
- z. B. die Schwingungs- und Rotationseigenschaften von Moleküldimeren,
- die chemische Bindung von Moleküldimeren, ihre angeregten Zustände eingeschlossen.

Die zwei Atome im Moleküldimer können sehr komplizierte Bewegungen ausführen, die wir jedoch durch Zerlegung in Komponenten einfach behandeln können, wie in Abb. 1.5 dargestellt. Ein Dimer

- kann eine **Translationsbewegung** ausführen, wobei sich der Molekülschwerpunkt mit der Schwerpunktgeschwindigkeit v_Z bewegt,
- kann um den Schwerpunkt **rotieren,** und
- es kann um den Molekülschwerpunkt **Schwingungen** ausführen.

Bei zweiatomigen Molekülen sind die bisher eingeführten Konzepte direkt anwendbar, wenn man auf entsprechend einfache Koordinaten transformiert. Für Rotation und Vibration ist nur der Abstand der Kerne wichtig. Die beiden Atome haben sechs Freiheitsgrade, die durch die sechs Koordinaten der beiden Atome (x, y, z-Bewegung für beide Atome) gegeben sind. Wenn man auf Relativkoordinaten transformiert, beschreibt ein Freiheitsgrad den Abstand der Atome. Drei Freiheitsgrade entfallen auf die Translation des Schwerpunktes, zwei auf die Rotation. Um Rotation und Vibration diskutieren zu können, soll zunächst noch einmal das Konzept der Relativbewegung wiederholt werden (siehe Kap. 20 in Bd. I).

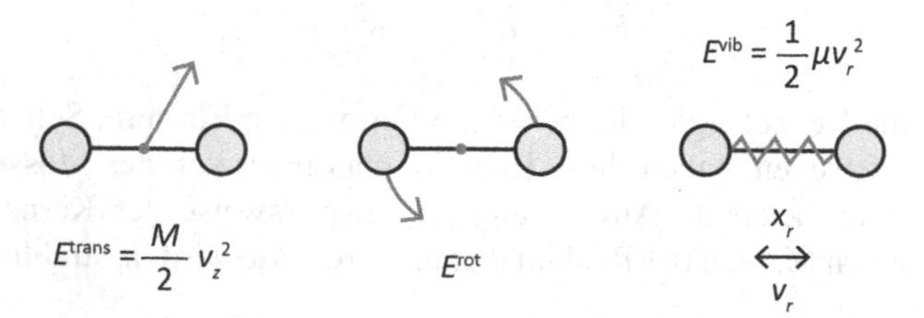

Abb. 1.5 Translations-, Rotations- und Vibrationsbeiträge zur Energie eines Dimers bei $T \neq 0$

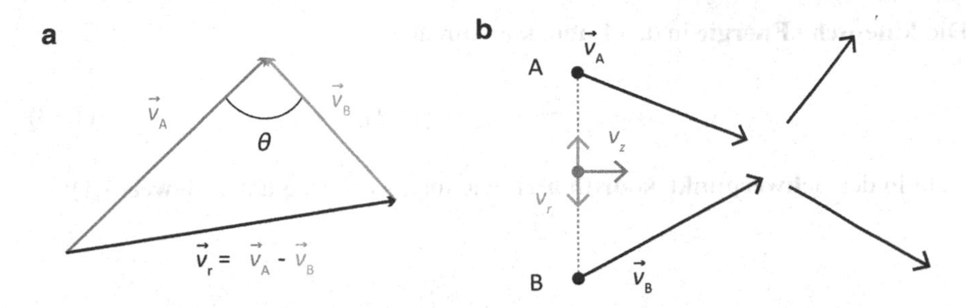

Abb. 1.6 (**a**) Relativgeschwindigkeit v_r und (**b**) Geschwindigkeit des Massenzentrums v_Z

1.3.1 Relativkoordinaten für zweiatomige Moleküle

Üblicherweise beschreiben wir mechanische Systeme in **Laborkoordinaten**, das ist einfach ein beliebiges ortsfestes Koordinatensystem (x, y, z). Bei der Betrachtung von Kollisionen ist es sinnvoll, **Relativkoordinaten** zu verwenden, wodurch dann die **Relativgeschwindigkeit** v_r und die **Geschwindigkeit des Massenzentrums** v_Z definiert sind.[20]

Wir definieren zunächst (Abb. 1.6):

$$M = m_A + m_B \qquad \mu = \frac{m_A m_B}{m_A + m_B} = \frac{m_A m_B}{M}$$

$$\vec{v_A} = (v_{Ax}, v_{Ay}, v_{Az}) \qquad v_A = |\vec{v_A}| = \sqrt{v_{Ax}^2 + v_{Ay}^2 + v_{Az}^2}$$

(analog v_B). M ist die Gesamtmasse, μ wird **reduzierte Masse** genannt.

Betrachten wir nun die Bewegung des Schwerpunkts. Der Gesamtimpuls ist:

$$M\vec{v_Z} = m_A\vec{v_A} + m_B\vec{v_B}.$$

Umformen gibt die Schwerpunktsgeschwindigkeit und Relativgeschwindigkeit:

$$\vec{v_Z} = \frac{m_A\vec{v_A}}{M} + \frac{m_B\vec{v_B}}{M}$$
$$\vec{v_r} = \vec{v_A} - \vec{v_B}.$$

[20]Relativkoordinaten haben wir schon in Bd. I, Kap. 20 eingeführt.

Die **kinetische Energie** in den **Laborkoordinaten**

$$E_{\text{kin}} = \frac{1}{2} m_A v_A^2 + \frac{1}{2} m_B v_B^2 \tag{1.13}$$

sieht in den **Schwerpunktskoordinaten** wie folgt aus (siehe unten **Beweis** 1.1):

$$E_{\text{kin}} = \frac{1}{2} M v_Z^2 + \frac{1}{2} \mu v_r^2 . \tag{1.14}$$

Analog zu den Geschwindigkeiten definieren wir die Koordinaten

$$\text{(a)} \quad \vec{R} = \frac{m_A \vec{r_A}}{M} + \frac{m_B \vec{r_B}}{M}$$

$$\text{(b)} \quad \vec{r} = \vec{r_A} - \vec{r_B}$$

$$\text{(b}'\text{)} \quad r = |\vec{r}\,| = \sqrt{(x_A - x_B)^2 + (y_A - y_B)^2 + (z_A - z_B)^2}.$$

$\vec{R}$ ist der Ortsvektor des Schwerpunktes des Moleküls, und $\vec{r}$ ist der Vektor, der den Abstand zwischen den Atomen beschreibt. Wir haben die Vektoren hier durch Pfeile gekennzeichnet, im Folgenden werden wir Vektoren fett gedruckt darstellen.

Beweis 1.1 Aus der obigen Schwerpunktsgeschwindigkeit v_Z und Relativgeschwindigkeit erhalten wir:

$$\text{(a)} \quad \vec{v_Z} \frac{M}{m_B} = \frac{m_A \vec{v_A}}{m_B} + \vec{v_B}$$

$$\text{(b)} \quad \vec{v_r} = \vec{v_A} - \vec{v_B}$$

(a) + (b):

$$\vec{v_Z} \frac{M}{m_B} + \vec{v_r} = \frac{m_A \vec{v_A}}{m_B} + \vec{v_B} + \vec{v_A} - \vec{v_B} \qquad | \cdot \frac{1}{m_A}$$

$$\vec{v_Z} \frac{1}{\mu} + \frac{\vec{v_r}}{m_A} = \frac{\vec{v_A}}{\mu}$$

$$\vec{v_A} = \vec{v_Z} + \vec{v_r} \frac{m_B}{M}$$

Analog aus:

$$\text{(a}'\text{)} \qquad \vec{v_Z}\frac{M}{m_A} = \frac{m_B\vec{v_B}}{m_A} + \vec{v_A}$$

folgt mit (a') – (b):

$$\vec{v_B} = \vec{v_Z} - \vec{v_r}\frac{m_A}{M}$$

$$v_A^2 = v_Z^2 + 2\vec{v_Z}\,\vec{v_r}\frac{m_B}{M} + v_r^2\frac{m_B^2}{M^2}$$

$$v_B^2 = v_Z^2 - 2\vec{v_Z}\,\vec{v_r}\frac{m_A}{M} + v_r^2\frac{m_A^2}{M^2}.$$

In Gl. 1.13 einsetzen ergibt Gl. 1.14.

1.3.2 Translation

Die Translation eines Moleküls wird also durch die Masse M und den Ortsvektor des Massenschwerpunkts $\vec{R}$ beschrieben mit der **kinetischen Energie**

$$E_{\text{kin}}^{\text{trans}} = \frac{1}{2}Mv_Z^2. \qquad (1.15)$$

In der Quantenmechanik betrachten wir immer ein Teilchen in einem abgeschlossenen Gebiet, z. B. die Bewegung zwischen zwei Wänden, zwischen denen es hin und her reflektiert wird.

Klassisch kann sich hier ein Dimer mit beliebigen Geschwindigkeiten bewegen. D. h., man würde erwarten, dass man bei einer Messung dieser Bewegung, wie wir sie später diskutieren werden,

- beliebige Geschwindigkeiten v_Z, d. h. beliebige kinetische Energien T, feststellen kann.
- Und, man kann dem Teilchen beliebige Energiemengen zuführen, je mehr Energie, desto schneller bewegt es sich.

In der Quantenmechanik werden wir die Teilchen als in einem Kasten eingeschlossen betrachten, wie beim idealen Gas in der kinetischen Gastheorie. Dann werden wir finden, dass die Energien **quantisiert** sind, d. h., man sieht nur bestimmte Geschwindigkeiten, und man kann nur bestimmte Energiemengen zuführen.

1.3.3 Moleküldimere als starre Rotoren

Hier gehen wir in zwei Schritten vor:

- Zunächst betrachten wir die Rotation eines Körpers der Masse m auf einer Kreisbahn mit dem Radius r. Dafür werden wir die Energie der Rotation E_{rot} berechnen.
- In einem zweiten Schritt werden wir das Moleküldimer betrachten und sehen, dass wir die gleiche Energieformel verwenden können, wenn wir für r den Abstand im Dimer, d. h. die Relativkoordinate, verwenden und für die Masse m die reduzierte Masse μ.

Der Drehimpuls eines Teilchens Betrachten wir die Bewegung eines Körpers auf einer Kreisbahn. Der **Drehimpuls** eines Teilchens wird größer mit

- der Masse m,
- der Geschwindigkeit v entlang der Umlaufbahn
- und dem Abstand r vom Kreismittelpunkt.

Der Drehimpuls kann also durch das Produkt

$$L = mvr = pr$$

charakterisiert werden oder mit der **Winkelgeschwindigkeit** $\omega = v/r$ und dem **Trägheitsmoment** $I = mr^2$ als

$$L = m\omega r^2 = I\omega$$

geschrieben werden. Die **kinetische Energie** der Drehbewegung ist:

$$E = E_{\text{kin}} = \frac{1}{2}mv^2 = \frac{1}{2}mr^2\omega^2 = \frac{1}{2}I\omega^2 = \frac{L^2}{2I}. \tag{1.16}$$

Die Energie des Systems ist also proportional dem Quadrat des Drehimpulses, wir werden später wieder darauf zurückkommen.

Impulse kennen wir jedoch als Vektoren, die Größe $\boldsymbol{mv}$ aber ändert dauernd ihre Richtung wie in Abb. 1.7 ersichtlich. D. h., selbst bei konstanter Geschwindigkeit ändert sich der Impuls dauernd.

Daher suchen wir eine Größe, die bei konstanter Bahngeschwindigkeit konstant ist. Dies ist der Drehimpuls $\mathbf{L}$, der senkrecht auf der Ebene steht, die durch $\mathbf{r}$ und $\mathbf{p}$

Abb. 1.7 Kreisbewegung

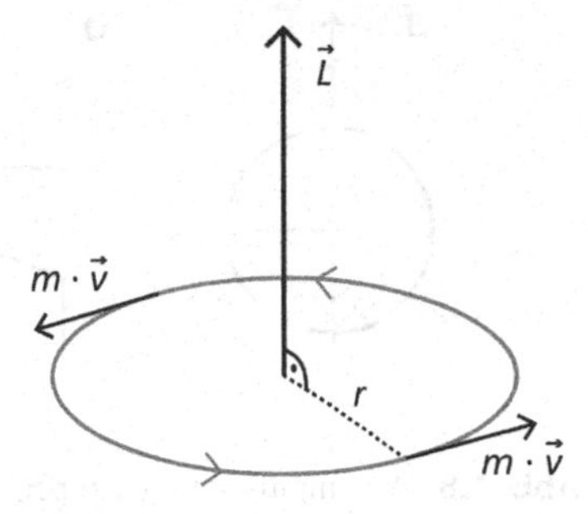

aufgespannt ist. Daher bietet es sich an, das Kreuzprodukt zu verwenden:

$$\mathbf{L} = m\mathbf{r} \times \mathbf{v}. \tag{1.17}$$

Das Kreuzprodukt kann für zwei Vektoren wie folgt berechnet werden:

$$\mathbf{a} \times \mathbf{b} = \begin{pmatrix} a_1 \\ a_2 \\ a_3 \end{pmatrix} \times \begin{pmatrix} b_1 \\ b_2 \\ b_3 \end{pmatrix} = \begin{pmatrix} a_2b_3 - a_3b_2 \\ a_3b_1 - a_1b_3 \\ a_1b_2 - a_2b_1 \end{pmatrix} = \tag{1.18}$$

$$= (a_2b_3 - a_3b_2)\mathbf{e_1} + (a_3b_1 - a_1b_3)\mathbf{e_2} + (a_1b_2 - a_2b_1)\mathbf{e_3}.$$

Mit

$$\mathbf{r} = \begin{pmatrix} x \\ y \\ z \end{pmatrix}, \qquad \mathbf{p} = \begin{pmatrix} p_x \\ p_y \\ p_z \end{pmatrix}$$

finden wir die Drehimpulskomponenten in x, y und z-Richtung:

$$\mathbf{r} \times \mathbf{p} = \begin{pmatrix} yp_z - zp_y \\ zp_x - xp_z \\ xp_y - yp_x \end{pmatrix} = \begin{pmatrix} L_x \\ L_y \\ L_z \end{pmatrix} = \mathbf{L}. \tag{1.19}$$

Für eine Drehbewegung in der x-y-Ebene benötigen wir demnach nur L_z. Die kinetische Energie der Drehbewegung ist durch Gl. 1.16 gegeben, d. h., wir müssen das **Skalarprodukt** $L^2 = \mathbf{L} \cdot \mathbf{L}$ bilden. D. h., für die Energie benötigen wir nur den Betrag des Drehimpulsvektors.

Drehimpuls starrer Körper Interessant, insbesondere für spätere Anwendungen in der Quantenmechanik, sind auch die Drehimpulse starrer Körper, wie z. B. der einer Kugel in Abb. 1.8a. Um dies zu bestimmen, betrachtet man ein Volumenelement

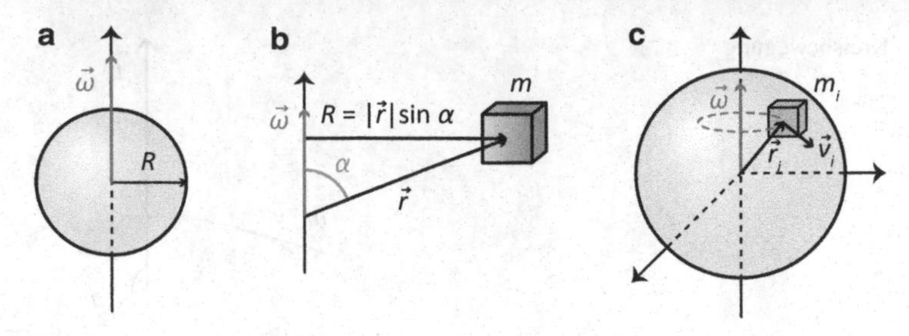

Abb. 1.8 Drehimpuls starrer Körper, (**a**) Kugel, (**b**) Massenelement dm und (**c**) Berechnung des Trägheitsmoments für eine Kugel

(Abb. 1.8b) und integriert dies dann entsprechend der Geometrie des Körpers, um das Trägheitsmoment zu erhalten:

$$I = \sum_i m_i r_i^2 \rightarrow \int r^2 \mathrm{d}m.$$

dm ist dann die Masse des infinitesimalen Volumenelements. Für eine Kugel erhält man dann bei Berechnung dieses Integrals (Abb. 1.8c) das Trägheitsmoment

$$I = \frac{2}{5} m r^2$$

und den Drehimpuls

$$L = I\omega.$$

Moleküldimer Betrachten wir nun die Drehbewegung des Dimers um den Massenmittelpunkt und nehmen für den Moment an, dass sich der Atomabstand nicht durch die Drehbewegung ändert. Wir haben die Abstände r_A und r_B (Beträge der Vektoren!) vom Massenmittelpunkt und erhalten als Gesamtträgheitsmoment (Abb. 1.9)

$$I = m_\mathrm{A} r_\mathrm{A}^2 + m_\mathrm{B} r_\mathrm{B}^2. \tag{1.20}$$

Abb. 1.9 Relativkoordinaten und Abstände im Dimer

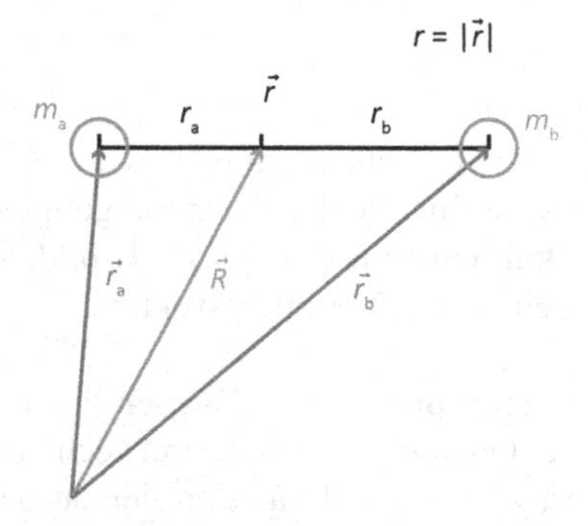

Für den Schwerpunkt gilt:

$$m_A r_A = m_B r_B,$$

und wir erhalten mit $r_A = r - r_B$

$$m_A(r - r_B) = m_B r_B$$

$$r_B = \frac{m_A}{m_A + m_B} r, \qquad r_A = \frac{m_B}{m_A + m_B} r. \tag{1.21}$$

Wenn wir das nun in den Ausdruck für I einsetzen, ergibt sich:

$$I = m_A r_A^2 + m_B r_B^2 = \frac{m_A m_B}{m_A + m_B} r^2 = \mu r^2. \tag{1.22}$$

Wir können also die Ergebnisse für die Drehbewegung des Teilchens auf der Kugeloberfläche direkt für das Dimer nutzen, wenn wir den Dimerabstand r und die reduzierte Masse μ in der Formel 1.16 verwenden.

Durch die Relativkoordinaten stellen wir das Dimer nun so dar, als würde, wie im Beispiel Abb. 1.7, anstatt der Masse m eine Masse μ mit dem Relativabstand r rotieren.

$$E = E_{\text{kin}} = \frac{1}{2}\mu v_r^2 = \frac{1}{2}\mu r^2 \omega^2 = \frac{1}{2} I \omega^2 = \frac{L^2}{2I}. \tag{1.23}$$

Klassisch kann ein Dimer mit beliebigen Frequenzen rotieren. D. h., man würde erwarten, dass man bei einer Messung dieser Rotation, wie wir sie später diskutieren werden,

- beliebige Drehimpulse L (Umdrehungsgeschwindigkeiten), d. h. beliebige Energien E, feststellen kann.
- Und man kann dem Rotor beliebige Energiemengen zuführen, je mehr Energie, desto schneller dreht er sich.

Beides stellt sich für mikroskopische Systeme als falsch heraus, tatsächlich sind diese Energien **quantisiert,** d. h., man sieht nur bestimmte Rotationsgeschwindigkeiten, und man kann nur bestimmte Energiemengen zuführen.

1.3.4 Moleküldimer als harmonischer Oszillator

Die kinetische Energie der Relativbewegung beim harmonischen Oszillator ist nach Gl. 1.14 durch

$$E_{\text{kin}}^r = \frac{1}{2}\mu v_r^2, \tag{1.24}$$

gegeben, d. h., sie hängt nur von der Relativkoordinate ab, ebenso wie die potenzielle Energie

$$E_{\mathrm{pot}}^{r} = \frac{1}{2}k(r - r_0)^2. \tag{1.25}$$

(r_0: Gleichgewichtsabstand des Dimers) Dies führt also auf die Gleichungen des harmonischen Oszillators für ein ‚effektives' Teilchen mit der relativen Masse μ. Wir können somit die Ergebnisse des harmonischen Oszillators direkt auf die Molekülschwingungen eines Dimers anwenden, wenn wir die Masse m durch die reduzierte Masse μ ersetzen.
Wie aber erhalten wir die Kraftkonstante k, die die ‚Stärke' der Bindung repräsentiert? Um die potenzielle Energie des Dimers zu erhalten, kann man etwas Ähnliches machen, wie oben bei der Bestimmung der Gravitations- oder Coulomb-Energie. Man integriert die Kraft von einem unendlichen Abstand der beiden Atome bis hin zum Gleichgewichtsabstand. Für jeden Abstand hat man dann einen Energiewert, dies ist die Bedeutung der potenziellen Energie des Moleküldimers.

Wenn man nun die Energie der Bindung in Abhängigkeit vom Abstand der Kerne berechnet, dann erhält man eine **Bindungsenergiekurve** wie durch die untere Kurve in Abb. 1.10 gezeigt. Diese Bindung kann man durch das sogenannte **Morse-Potenzial** modellieren,

$$V(x) = D_e\left[\left(1 - \mathrm{e}^{-a(r-r_0)}\right)^2 - 1\right].$$

Die Kurve hat ein Minimum für den Gleichgewichtsabstand $r = r_0$, an diesem Punkt hat das Molekül die **Bindungsenergie** D_e (oder **Dissoziationsenergie**). Wenn wir chemische Reaktionen des Dimers oder die Dissoziation betrachten wollen, dann brauchen wir definitiv solch eine Kurve. Wenn wir aber nur kleine Schwingungen um die Gleichgewichtslage r_0 betrachten wollen, können wir die Funktion noch etwas vereinfachen, denn dann wird sie besser lösbar.

Dazu führen wir eine Taylor-Entwicklung dieses Potenzials um die Ruhelage r_0 aus,

$$V(r) = V_0 + V'(r_0)(r - r_0) + \frac{1}{2}V''(r_0)(r - r_0)^2 + \ldots, \tag{1.26}$$

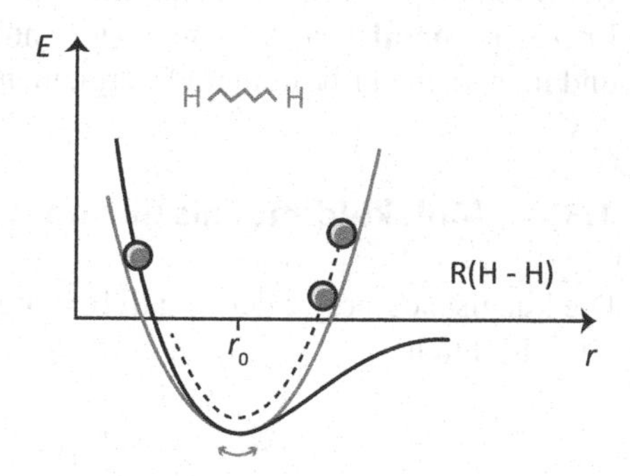

Abb. 1.10 Morse-Potenzial und Näherung durch einen harmonischen Oszillator

d. h., wir vernachlässigen in dieser **harmonischen Approximation** alle Terme höherer Ordnung. Dies ist für Molekülschwingungen in den meisten Fällen schon eine sehr brauchbare Näherung. Da das Potenzial bei $r = r_0$ ein Minimum hat, gilt $V'(r_0) = 0$, und die Konstante V_0 ändert nichts an den Lösungen des harmonischen Oszillators, sie verschiebt sozusagen nur das Potenzial auf der y-Achse, die Schwingungsfrequenzen bleiben dadurch unverändert. Daher kann man $V_0 = 0$ wählen, dann wird das Potenzial in Abb. 1.10 auf die r-Achse verschoben. Nun nennen wir $V''(r_0) = k$ und erhalten damit die potenzielle Energie des harmonischen Oszillators

$$E_{\text{pot}} = \frac{1}{2}k(r - r_0)^2.$$

Klassisch kann ein Dimer mit beliebigen Frequenzen schwingen. D. h., man würde erwarten, dass man bei einer Messung dieser Schwingungen, wie wir sie später diskutieren werden,

- beliebige Schwingungsamplituden, d. h. beliebige Energien, feststellen kann. Eine Feder hat eine bestimmte Schwingungsfrequenz, diese ist, wie oben diskutiert, durch $\omega = \sqrt{\frac{k}{m}}$ gegeben.
- Und man kann dem Oszillator beliebige Energiemengen zuführen, je mehr Energie, desto größer die Amplitude seiner Schwingung.

Beides ist für mikroskopische Systeme nicht zutreffend, tatsächlich sind diese Energien **quantisiert,** d. h., man sieht nur bestimmte Schwingungsenergien, und man kann nur bestimmte Energiemengen zuführen.

1.3.5 Das Wasserstoffatom als Coulomb-Problem

Für das Wasserstoffatom werden wir die Bewegung des Elektrons um das Proton betrachten, d. h., auch das ist eine Relativbewegung. Die potenzielle Energie ist dann durch das **Coulomb-Potenzial** gegeben. Dieses hat die gleiche Form wie das **Gravitationspotenzial,** man könnte also ähnliche Lösungen erwarten. Für die Gravitationskraft ist das relativ einfach, man kann die Bewegung eines Satelliten auf einer Kreisbahn um die Erde über das Kräftegleichgewicht bestimmen.

Beispiel 1.4

Geostationäre Bahn Zentrifugalkraft: $F_Z = m\omega^2 r$ (r: Abstand von Erdmittelpunkt, ω: Kreisfrequenz)
Schwerkraft: $F_G = \frac{GMm}{r^2}$ (G: Gravitationskonstante, M: Erdmasse)

$$F_G = F_Z, \qquad m\omega^2 r = \frac{GMm}{r^2}$$

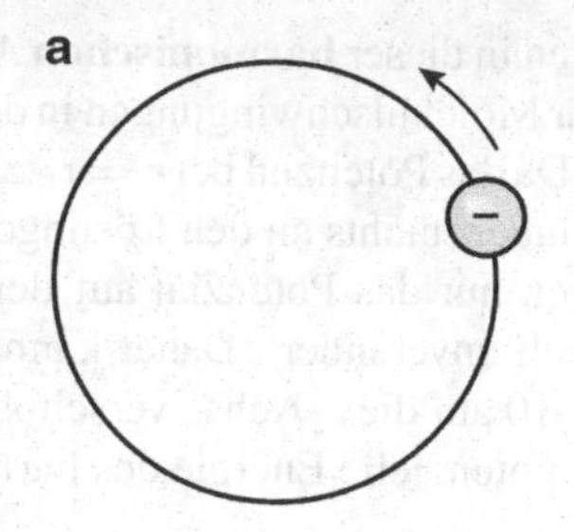

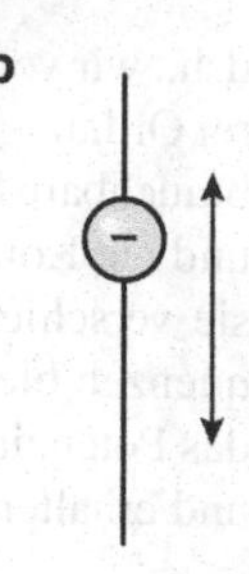

Abb. 1.11 (**a**) Bewegung einer Ladung auf einer Kreisbahn mit konstanter Winkelgeschwindigkeit. Dies ist eine beschleunigte Bewegung. (**b**) Seitenansicht dieser Bewegung. In beiden Fällen ist die positive Ladung des Protons nicht dargestellt

$$r = \sqrt[3]{\frac{GM}{\omega^2}}.$$

Für ω werden nun die Werte für die Erdrotation eingesetzt,

$$\omega = \frac{2\pi}{t} = \frac{2\pi}{24\,\mathrm{h}},$$

und man erhält den Radius für die geostationäre Bahn. ◀

Hier rotiert der Satellit um die Erde, die geostationäre Bahn ist nur ein Beispiel, es sind beliebige Bahnen um die Erde möglich. Kann man sich also analog vorstellen, dass ein Elektron in dieser Weise um ein Proton kreist? D. h., man berechnet die Kreisbahn (Abb. 1.11a), indem man anstatt F_G einfach die Coulomb-Kraft verwendet? Dies ist der falsche Ansatz, da

- die Experimente zu den Spektren der Atome nahelegen, dass nicht jede Energie im Atom erlaubt ist, man redet von einer Energiequantisierung. Diese Energiequantisierung kann man im Rahmen der klassischen Physik nicht reproduzieren.
- Es gibt aber noch ein weiteres, fundamentales Problem: Betrachten wir das rotierende Elektron von der Seite (Abb. 1.11b), so sieht es aus wie eine Ladung, die sich entlang einer Achse auf und ab bewegt. Dabei wird diese Ladung andauernd beschleunigt und wieder abgebremst. Eine solche Oszillation eines elementaren Dipols[21] wird **Hertz'scher Dipol** genannt. Und aus der Elektrodynamik weiß man, dass beschleunigte Ladungen Energie abstrahlen. Wenn das Elektron also auf einer Kreisbahn wäre, so würde es Energie abstrahlen und unweigerlich in den Kern stürzen.

[21] Bestehend aus der negativen Elektronenladung und der positiven Ladung des Protons.

1.4 Zusammenfassung

In diesem Kapitel haben wir die Grundlagen der **klassischen Mechanik,** soweit für dieses Lehrbuch relevant und Voraussetzung, kurz zusammengefasst. Wir haben vier charakteristische Elemente dieser Theorie festgestellt:

- Die **Axiome** der Newton'schen Mechanik, insbesondere das 2. Axiom

$$F = ma,$$

  und der **Trägheitssatz**. Letzterer sagt aus, was ein Körper macht, wenn keine Kraft auf ihn einwirkt. Dies werden wir auch in anderen Theorien benötigen, z. B. bei der Beschreibung von Wellen im nächsten Kapitel.
- Zentral sind dann die konkreten **Kräfte** ***F(x)***, die diese Einwirkungen beschreiben. In modernen Theorien werden diese Wechselwirkungen über die **Potenziale** ***V(x)*** dargestellt. Wichtig für dieses Buch sind insbesondere der **harmonische Oszillator** und das **Coulomb-Potenzial.**
- Die **Bewegungsgleichungen,** die durch Einsetzen der Wechselwirkungen erhalten werden. Sie beschreiben die zeitliche Entwicklung des Systems.
- Diese erlauben es, aus einem **Anfangszustand** (x_0, v_0) **eine Trajektorie** $(x(t), v(t))$ **zu berechnen, die Bahnkurve der Teilchen.** Dies sind die Lösungen der Bewegungsgleichungen.
- Der **Zustand** eines mechanischen Systems ist also durch die Orte und Geschwindigkeiten (x, v) gegeben. Wenn man einen Zustand hat, kann man
  - Zustände in der Zukunft oder auch der Vergangenheit berechnen.
  - andere physikalische Größen berechnen, die Funktionen $f(x, v)$ des Zustands sind, z. B. die Energie

$$E(x, v) = \frac{1}{2}mv^2 + V(x).$$

Physikalische Theorien sind meist **axiomatisch** aufgebaut, d. h., einige zentrale Axiome stehen im Zentrum der Theorie. Diese sind nicht wirklich offensichtlich, also beispielsweise direkt aus der Natur herauszulesen. Sie springen einen nicht direkt an, wenn man in die Natur schaut. Vielmehr haben einige sehr clevere Leute teilweise Jahrzehnte lang darum gerungen, und ihre Ergebnisse waren für ihre damaligen Kollegen nicht sofort einleuchtend. Denn:

- Die Axiome definieren nicht immer zufriedenstellend, was grundlegende Objekte und Vorgänge auszeichnet und warum sie ablaufen. In der Newton'schen Mechanik ist das der Trägheitssatz und die Massenanziehung. Heute haben wir uns daran gewöhnt, aber für die Zeitgenossen waren das dicke Brocken.
- Die Axiome haben eine eigenartige Mischexistenz aus empirischem Gehalt und Definition. Sie sind aber zentral für die Theorie, sie geben die grundlegenden Formeln und Begriffe an.

- **Wechselwirkungen:** Die Potenziale $V(x)$ sind dann zentral für die Anwendungen, die Axiome geben nur das formale Gerüst, die Potenziale enthalten die konkreten Wechselwirkung für das zu lösende Problem.
- Analytisch lösbar sind aber nur sehr einfache Probleme. Daher untersuchen wir nur einige sehr einfache Potenziale, den harmonischen Oszillator und 1/r-Potenziale (Coulomb). Oft muss man dann die Probleme von Interesse noch so umformen, nähern und vereinfachen, dass sie mit diesen Potenzialen behandelbar werden.
  – Ein Beispiel für eine solche Umformung ist die Transformation auf Schwerpunktskoordinaten. Dies erlaubt die Lösungen für ein Dimer mit den Mitteln, die für ein einzelnes Teilchen entwickelt wurden (Rotation und Schwingung).
  – Ein Beispiel für eine Näherung ist die Bindungsenergiekurve von Dimeren: Qualitativ werden die durch ein **Morse-Potenzial** beschrieben, aber eine einfache Lösung für kleine Schwingungen um den Gleichgewichtsabstand findet man durch die harmonische Näherung.

Wellen

2

Die grundlegenden Experimente der Quantenmechanik, die wir in Kap. 3 besprechen werden, haben deutlich gemacht, dass Materie unter bestimmten Bedingungen Welleneigenschaften zeigt. Die Formulierung der Quantenmechanik nach Schrödinger verwendet dann auch einen Wellenformalismus, um Materie zu beschreiben. Zudem ist die Beschreibung von Licht für die physikalisch-chemische Spektroskopie in Teil IV von großer Bedeutung. Deshalb werden wir in diesem Kapitel die Wellenbeschreibung in ihren Grundzügen rekapitulieren.

In Abschn. 2.1 führen wir die allgemeine Beschreibung ein.

- Die Ausbreitung vieler Wellen kann durch die **Wellengleichung**

$$\frac{1}{v^2}\frac{\partial^2 y}{\partial t^2} - \frac{\partial^2 y}{\partial x^2} = 0$$

beschrieben werden. Diese ist eine **partielle Differentialgleichung (PDG)** 2. Ordnung und beschreibt die Wellenausbreitung in x-Richtung, im allgemeinen Fall findet man die Ableitung nach den drei Raumkoordinaten (x, y, z). Diese Gleichung beschreibt die **ungestörte** Ausbreitung der Welle im Raum, ist sozusagen das Pendant des 1. Newton'schen Axioms für Wellen. Störungen kann man durch einen Term $F(x, t)$ auf der rechten Seite der Gleichung einbeziehen, dies wäre dann analog zum 2. Axiom Newtons.

- Die einfachste Lösung dieser Wellengleichung ist

$$y(x, t) = a \sin(kx - \omega t)$$

mit der **Amplitude** a, dem **Wellenvektor** k und der **Schwingungsfrequenz** ω. Diese beschreibt eine unendlich ausgedehnte Welle, die sich in positive x-Richtung ausbreitet.

© Springer-Verlag GmbH Deutschland, ein Teil von Springer Nature 2021

M. Elstner, *Physikalische Chemie II: Quantenmechanik und Spektroskopie*,
https://doi.org/10.1007/978-3-662-61462-4_2

- Komplexere Lösungen können durch Überlagerung dieser einfachen Lösungen erhalten werden, ein zentrales Konzept ist das des **Wellenpakets,** das auch räumlich lokalisierte Wellenphänomene zu beschreiben erlaubt.

Wellen zeigen einige charakteristische Eigenschaften (Abschn. 2.2), die in der Quantenmechanik wichtig werden:

- **Interferenz:** Wellenzüge können sich konstruktiv und destruktiv überlagern, bekannt sind die Beugungsmuster am Einfachspalt und Interferenzmuster am Doppelspalt, die sich aus der Wellennatur erklären lassen.
- **Unbestimmtheitsrelation:** Wellen sind ausgedehnte Objekte, im Gegensatz zu den Punktteilchen der Mechanik. Die obige Sinuswelle hat eine genau definierte Wellenlänge, nämlich $\lambda = 2\pi/k$, ist aber unendlich ausgedehnt, d. h. verschwindet nicht für $x \to \pm\infty$. Allerdings kann man auch lokalisierte Wellenphänomene beschreiben, sogenannte Wellenpakete. Diese sind dann auf einen räumlich eingeschränkten Bereich lokalisiert, allerdings beschreibt man diese durch eine Überlagerung vieler ebener Wellen mit unterschiedlicher Wellenlänge. Damit ist eine genaue Wellenlänge für dieses Paket nicht mehr definiert, und man findet eine Unbestimmtheitsrelation für Lokalisierung und Wellenlänge.
- **Dispersion:** Wellen unterschiedlicher Frequenz können eine unterschiedliche Ausbreitungsgeschwindigkeit haben. Man kennt dies für Licht in Medien, wie z. B. Wasser oder Glas. Daher spaltet sich das weiße Licht durch ein Prisma in seine farbigen Komponenten auf.

Diese Eigenschaften kann man in einem Wellenbild **verstehen,** sie folgen sozusagen fast natürlich aus der Wellenbeschreibung. Und umgekehrt, wenn diese Eigenschaften auftreten, weist das auf den Wellencharakter hin.

Wellengleichungen können für verschiedene Wellenphänomene wie Wasserwellen, Saitenschwingungen etc. aus den entsprechenden Materialeigenschaften abgeleitet werden. Für **elektromagnetische Wellen,** die die Ausbreitung von Licht beschreiben, gelingt dies aus den grundlegenden Gleichungen der Elektrodynamik. Im Vakuum breiten sich elektromagnetische Wellen mit Lichtgeschwindigkeit aus und zeigen keine Dispersion. Man kann zeigen, dass die **Energie einer elektromagnetischen Welle** proportional zum Quadrat der elektrischen Feldstärke ist.

Die **Diffusion von Teilchen** haben wir in Bd. I (Kap. 21) ebenfalls über eine partielle Differentialgleichung beschrieben (Abschn. 2.4). Sie zeigt zwar keine Wellenlösungen, ist aber von ihrer Struktur her der Schrödinger-Gleichung in der Quantenmechanik sehr ähnlich, daher werden wir sie bei der Diskussion zum Vergleich nochmals heranziehen.

2.1 Wellen

Mit Wellen beschreibt man Phänomene, die eine ganz andere Qualität haben, als die bewegten Körper der klassischen Mechanik in Kap. 1. Der einfachste Ausgangspunkt sind homogene Medien wie Wasser oder Festkörper. Wellen beschreiben dann die **Ausbreitung einer Störung in diesem Medium.** Diese Störungen – bei Wasserwellen sind es Erhebungen und Vertiefungen gegenüber der Wasseroberfläche, bei Schallwellen sind es Verdichtung und Expansion des Mediums – können sich mit einer bestimmten Geschwindigkeit ausbreiten und dabei **Impuls und Energie transportieren.** Das ist ersichtlich an den Wellen am Strand, die Körper umwerfen können, im Extremfall Phänomene wie Tsunamis, aber auch an Schallwellen in Luft oder in anderen Körpern. Diesen Typ Wellen nennt man **mechanische Wellen.**

Da unsere Vorstellung von Wellen fast zwangsläufig an ein Medium gebunden ist, hat man bei der Beschreibung von Lichtwellen, oder allgemeiner, **elektromagnetischen Wellen,** lange Zeit ebenfalls an ein Medium geglaubt, in dem sich diese Wellen ausbreiten. Denn was sollte oszillieren, analog zum Wasser, wenn nicht das Trägermedium? Man nannte dieses Medium, das Lichtwellen unterstützt, Äther. Die Äthertheorie gilt heute als widerlegt, u. a. von dem berühmten Experiment von Michelson und Morely. Elektromagnetische Wellen benötigen kein Trägermedium, es handelt sich um **Oszillationen elektrischer und magnetischer Felder, senkrecht zur Ausbreitungsrichtung der Welle.**

Man unterscheidet **longitudinale** und **transversale** Wellen (Abb. 2.1). Bei longitudinalen Wellen, wie etwa Schall- oder Druckwellen, ist die Schwingungsrichtung parallel zur Ausbreitungsrichtung, in diesen Beispielen verdichtet sich das Medium periodisch. Bei transversalen Wellen, wie etwa Wasserwellen oder elektromagnetischen Wellen, ist die Schwingungsrichtung senkrecht zur Ausbreitungsrichtung.

Die Wellenbeschreibung ist zunächst nur an Phänomene gebunden, die eine Wellenform haben und sich ausbreiten. Man kann verschiedene Phänomene, Wellen mit oder ohne Trägermedium, in diese mathematische Form packen, obwohl sie physikalisch sehr unterschiedlichen Ursprungs sind.

Wir werden nun zunächst die **allgemeine Wellengleichung** einführen, dies ist eine partielle Differentialgleichung, die Wellenphänomene beschreibt. Sie hat die

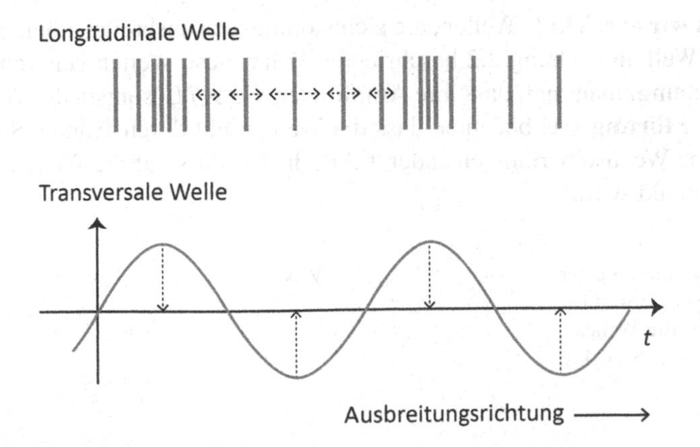

Abb. 2.1 Longitudinale und transversale Wellen

Rolle für Wellen, die die Newton'schen Axiome für Teilchen haben. Ihre **Lösungen,** die **Wellenfunktionen,** beschreiben die Ausbreitung von Wellen in Raum und Zeit.

2.1.1 Wellengleichungen

Betrachten wir nun eine Welle beliebiger Form. Wenn sich diese Welle frei ausbreiten kann, d. h. nicht durch eine Wechselwirkung mit der Umgebung verändert wird (‚störungsfrei'), dann wird die Welle nach einer Zeit t mit der Ausbreitungsgeschwindigkeit v um vt weitergewandert sein, wie in Abb. 2.2 dargestellt.

Wie nun ändert sich die Wellenamplitude $y(x,t)$ mit der Zeit? Wir bilden die partielle Ableitung mit der Kettenregel:

$$\frac{\partial y}{\partial t} = \frac{\partial y}{\partial x}\frac{\partial x}{\partial t} = \pm v\frac{\partial y}{\partial x}. \tag{2.1}$$

Dies ist eine **partielle Differentialgleichung 1. Ordnung,** welche die Ausbreitung von Wellen beschreibt, man nennt sie eine **Wellengleichung.** Sie hat aber noch einen Schönheitsfehler: Wie man an dem ‚±' in der Gleichung sieht, braucht man unterschiedliche Gleichungen für Wellen, die sich in positive oder negative x-Richtung ausbreiten, sie unterscheiden sich durch das Vorzeichen. Kann man eine Wellengleichung finden, die die beiden Ausbreitungsrichtungen gleich behandelt?

Gl. 2.1 fragt nach der Änderung der Amplitude $y(x,t)$ mit der Zeit. Die Ableitung $\frac{\partial y}{\partial x}$ ist die Steigung der Welle am Ort x. Die zeitliche Änderung der Amplitude ist also proportional der Steigung. Bilden wir die 2. Ableitung von $y(x,t)$ mit der Zeit, so erhalten wir eine **Wellengleichung** 2. Ordnung:

$$\frac{\partial^2 y}{\partial t^2} = v^2\frac{\partial^2 y}{\partial x^2} \rightarrow \quad \frac{1}{v^2}\frac{\partial^2 y}{\partial t^2} = \frac{\partial^2 y}{\partial x^2}. \tag{2.2}$$

Was haben wir erreicht? Wellen, die sich störungsfrei ausbreiten können, werden durch eine Wellengleichung 2.2 beschrieben. D. h., diese Wellen gehorchen dieser Wellengleichung, man sagt, dass ihre Amplituden $y(x,t)$ Lösungen der Wellengleichung sind. **Störungsfrei** bedeutet, dass die Welle nicht durch Wände, Spalte oder irgendwelche Wechselwirkungen anderer Art, die Einfluss auf die Wellenamplitude haben, abgelenkt wird.

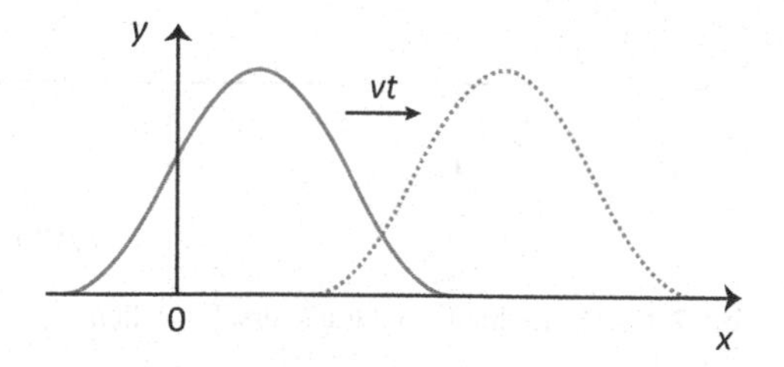

Abb. 2.2 Ausbreitung einer Welle beliebiger Form: In der Zeit t legen die Wellen die Strecke $x = vt$ zurück

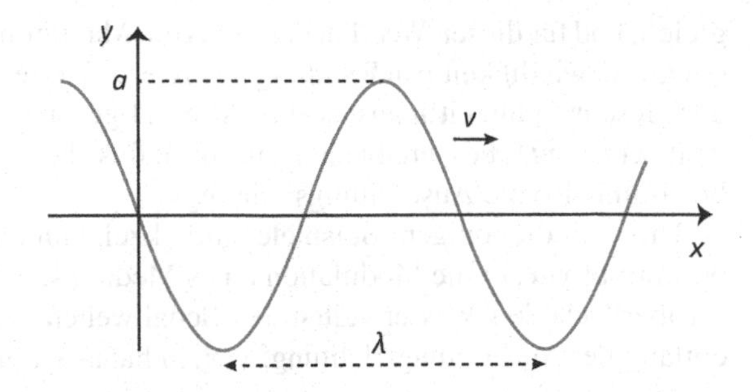

Abb. 2.3 Sinus-/Kosinuswelle und ihre wichtigsten Parameter, die Wellenlänge und Ausbreitungsgeschwindigkeit v. Die Welle breitet sich in positive x-Richtung aus und behält dabei ihre Form bei

Hier bekommen wir eine interessante Parallele zu dem 1. Axiom Newtons. Dieses beschreibt die Bewegung von Teilchen, die nicht unter dem Einfluss einer Wechselwirkung stehen. Dann bewegen sie sich geradlinig gleichförmig. Die Teilchen können gar nichts anderes machen, als sich weiter mit gleicher Geschwindigkeit geradeaus zu bewegen. Analog hier bei der Welle: Wenn diese nichts ‚stört', kann gar nichts anderes passieren, als dass sie sich weiter geradlinig ausbreitet, wie in Abb. 2.2 dargestellt. Und dies wird durch die Wellengleichung 2.2 beschrieben. Alle $y(x,t)$, die dieser Wellengleichung gehorchen, folgen genau dieser Bewegung.

2.1.2 Wellenfunktion

Wie man leicht durch Einsetzen sieht, sind

$$y(x,t) = a\sin(kx - \omega t), \quad y(x,t) = a\cos(kx - \omega t), \tag{2.3}$$

spezielle Lösungen der Wellengleichung Gl. 2.2, man kann auf beiden Seiten dann die Sinus-/Kosinusfunktionen kürzen und erhält

$$\omega^2 = v^2 k^2. \tag{2.4}$$

Die **Wellenzahl** k hängt mit der Wellenlänge λ über $k = \frac{2\pi}{\lambda}$ zusammen

Das Argument des Sinus in Gl. 2.3 können wir umformen,

$$kx - \omega t = k\left(x - \frac{\omega}{k}t\right) = k(x - vt).$$

Mit $v = \frac{\omega}{k}$ definieren wir die Ausbreitungsgeschwindigkeit der Welle, wir erhalten

$$y(x,t) = a\sin[k(x - vt)].$$

Die Wellenzüge bewegen sich mit der Geschwindigkeit v in positive x-Richtung. Um das zu sehen, betrachten wir ein Maximum der Welle zur Zeit t, dieses ist durch einen bestimmten Wert x gegeben. $x - vt$ hat für dieses Maximum einen bestimmten Wert, und da vt linear mit der Zeit anwächst, muss sich der Ort des Maximums um genau $\Delta x = vt$ in dieser Zeit verändern. Nur dann bleibt das Argument $k(x - vt)$ des Sinus gleich, und für diesen Wert hat der Sinus ein Maximum. Das Maximum läuft also mit der Geschwindigkeit v in Richtung positiver x-Werte, d. h., die Welle breitet sich mit der Geschwindigkeit v aus, wie in Abb. 2.4 gezeigt. Die Wellenfunktion $y(x,t) = a\sin[k(x+vt)]$ beschreibt dann eine nach links laufende Welle, das Vorzeichen $\pm vt$ bestimmt also die Ausbreitungsrichtung.

Um auf die obigen Beispiele zurückzukommen: Bei mechanischen Wellen beschreibt $y(x,t)$ die Modulation eines Mediums, z. B. die ‚Auslenkung' der Wasseroberfläche bei Wasserwellen, bei Schallwellen die ‚Verdichtung' des Mediums entlang der Ausbreitungsrichtung. $y(x,t)$ hat also eine anschauliche Bedeutung.

2.1.3 Eigenschaften der Wellengleichung

In der Mathematik werden partielle Differentialgleichungen nach ihrer mathematischen Form und ihren Eigenschaften klassifiziert. Wir konzentrieren uns hier auf zwei Eigenschaften von Gl. 2.2, die physikalisch bedeutsam sind:

Homogenität Eine Gleichung der Form

$$\left(\frac{\partial^2 y}{\partial x^2} - \frac{1}{v^2}\frac{\partial^2}{\partial t^2}\right) y(x,t) = 0$$

nennt man **homogen,** da sie nur von $y(x,t)$ oder dessen Ableitungen abhängt. Dagegen nennt man eine Gleichung der Form

$$\left(\frac{\partial^2 y}{\partial x^2} - \frac{1}{v^2}\frac{\partial^2}{\partial t^2}\right) y(x,t) = F(x,t) \tag{2.5}$$

inhomogen, da noch ein weiterer Term als Funktion von x und t auftritt.

Der Term $F(x,t)$ wird Quellenterm oder Kraftterm genannt und repräsentiert einen äußeren Einfluss auf die Wellenausbreitung. Wir können daher diese Gleichung sehr gut mit Newtons 2. Axiom vergleichen, das die Ablenkung von der Gradlinigkeit durch Kräfte beschreibt. Analog hier: $F(x,t)$ beschreibt die Veränderung der Wellenamplitude durch äußere Einflüsse; Referenz ist die ungestörte Bewegung, beschrieben durch die homogene Differentialgleichung.

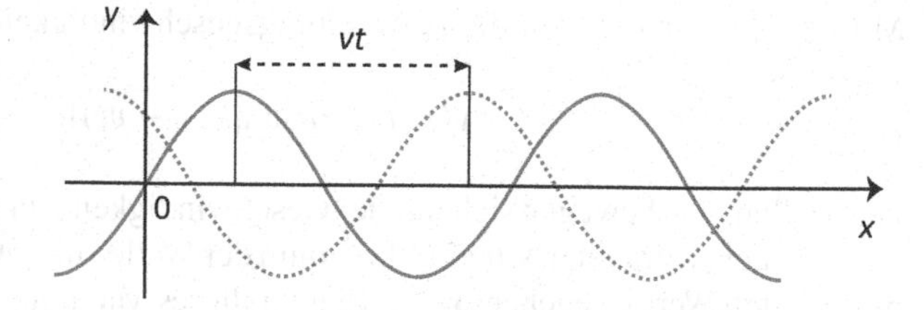

Abb. 2.4 Ausbreitung einer Sinus-/Kosinuswelle: In der Zeit t legen die Wellenmaxima, bzw. beliebige Punkte auf der Welle, die Strecke $x = vt$ zurück

Linearität der Wellengleichung Diese besagt, dass, wenn man zwei Lösungen der Wellengleichung $y_1(x,t)$ und $y_2(x,t)$ gefunden hat, ihre Summe

$$y(x,t) = y_1(x,t) + y_2(x,t)$$

ebenfalls eine Lösung ist. Das ist eine zentrale Eigenschaft der Wellengleichung, die wir später nutzen werden, und gilt auch für mehr als zwei Lösungen.

Sind die $y_i(x,t)$ spezielle Lösungen der Wellengleichung, so ist eine Überlagerung

$$y(x,t) = \sum_i a_i y_i(x,t) \tag{2.6}$$

ebenfalls eine Lösung: Solch eine Überlagerung nennt man auch eine **Superposition** von Wellen.

Bei linearen Wellengleichungen ist die **Superposition** von Lösungen wieder eine Lösung,

$$y(x,t) = a_1 y_1(x,t) + a_2 y_2(x,t).$$

So sind $\sin(kx - \omega t)$ und $\cos(kx - \omega t)$ Lösungen der Wellengleichung, also auch:[1]

$$y(x,t) = a_1 \cos(kx - \omega t) + a_2 \sin(kx - \omega t).$$

Die Wellengleichungen haben auch komplexe Lösungen. Beispielsweise kann man mit $a_1 = a$ und $a_2 = ia$ die folgende Lösung konstruieren:

$$y(x,t) = a\cos(kx - \omega t) + \mathrm{i}a \sin(kx - \omega t),$$

was aber nichts anderes als

$$y(x,t) = a\mathrm{e}^{\mathrm{i}(kx - \omega t)} \tag{2.7}$$

ist. Dies ist die **allgemeine Darstellung einer ebenen Welle** mit Realteil $\cos(kx - \omega t)$ und Imaginärteil $\sin(kx - \omega t)$.

2.1.4 Wellenpakete

Viele Wellenphänomene sind räumlich begrenzte Phänomene, denken Sie hier an Tsunamis, Schockwellen, die durch ein Medium laufen, oder Laserpulse, die u. a. dafür verwendet werden, um chemische Reaktionen zu initiieren (Photochemie). Solche Wellen mit einer Pulsform kann man als eine Überlagerung von ebenen Wellen beschreiben.

[1] Dies sieht man einfach durch Einsetzen dieser Funktion in die Wellengleichung.

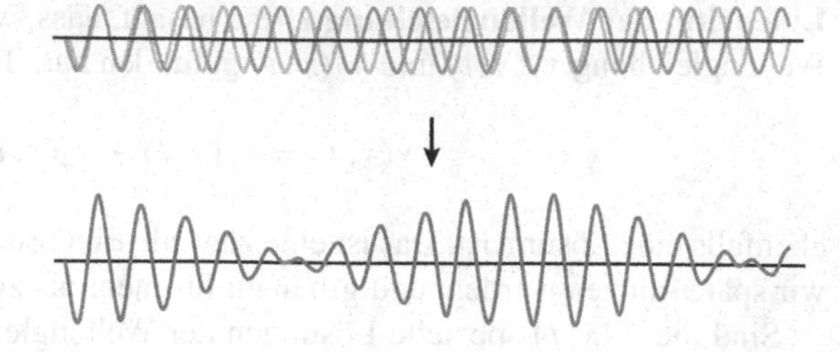

Abb. 2.5 Superposition zweier ebener Wellen mit leicht unterschiedlichen Wellenvektoren k und Frequenzen ω

Durch eine Superposition von zwei ebenen Wellen mit leicht unterschiedlichen Wellenzahlen erhalten wir ($\Delta k = k_1 - k_2$, $\hat{k} = \frac{1}{2}(k_1 + k_2)$, $\Delta\omega = \omega_1 - \omega_2$, $\hat{\omega} = \frac{1}{2}(\omega_1 + \omega_2)$):[2]

$$\begin{aligned} y(x,t) &= a\cos(k_1 x - \omega_1 t) + a\cos(k_2 x - \omega_2 t) \\ &= 2a\cos\left(\frac{1}{2}\Delta k x - \frac{1}{2}\Delta\omega t\right)\cos(\hat{k}x - \hat{\omega}t) \\ &= 2a\cos\left[\frac{1}{2}\Delta k(x - v_g t)\right]\cos[\hat{k}(x - v_p t)]. \end{aligned} \tag{2.8}$$

- Der $\hat{k}$-Term beschreibt die schnellen Oszillationen, die sich aus der mittleren Frequenz ergeben, welche sich mit der **Phasengeschwindigkeit**

$$v_p = \frac{\hat{\omega}}{\hat{k}} \tag{2.9}$$

ausbreiten. Diese ‚schnell schwingenden' Wellen werden durch die mittlere Schwingungsfrequenz und den mittleren Wellenvektor beschrieben.
- Diese schnellen Schwingungen werden jedoch durch eine Einhüllende moduliert, die sich mit der **Gruppengeschwindigkeit**

$$v_g = \frac{\Delta\omega}{\Delta k} \approx \frac{\partial\omega}{\partial k} \tag{2.10}$$

ausbreitet (Δk-Term).[3]

Das in Abb. 2.5 gezeigte Muster wird auch Schwebung genannt. Denken Sie hier an zwei gegeneinander verstimmte Stimmgabeln, die leicht unterschiedliche Schallwellen aussenden. Das ergibt einen Ton, dessen Frequenz die mittlere Frequenz der

[2] Siehe Additionstheoreme für Sinus und Kosinus, z. B.: $\cos x_1 + \cos x_2 = 2\cos\left[\frac{1}{2}(x_1 + x_2)\right]\cos\left[\frac{1}{2}(x_1 - x_2)\right]$.

[3] v_g erhält man analog zu Ausbreitungsgeschwindigkeit der Wellen in Abschn. 2.1.2: $(\Delta k x - \Delta\omega t) = \Delta k(x - \frac{\Delta\omega}{\Delta k}t) = \Delta k(x - v_g t)$.

beiden Stimmgabeln ist, aber periodisch zu- und abnimmt, und zwar mit der Frequenz $\Delta\omega$. Diese Schwebung breitet sich dann mit der Gruppengeschwindigkeit v_g aus.

Diese Überlagerung kann man noch weitertreiben, allgemein kann man die Überlagerung schreiben als:

$$y(x,t) = \sum_j a_j \sin(k_j x - \omega_j t), \tag{2.11}$$

oder mit komplexen Wellenfunktionen:

$$y(x,t) = \sum_j a_j \mathrm{e}^{\mathrm{i}(k_j x - \omega_j t)}. \tag{2.12}$$

Man kann also beliebige Wellenformen nach ebenen Wellen entwickeln. Umgekehrt kann man beliebige Wellenformen danach analysieren, durch welche ebenen Wellen sie dargestellt sind. Man nennt eine solche Darstellung eine **Fourier-Reihe.** Allerdings sind die so dargestellten Funktionen immer unendlich ausgedehnt.

Wenn man räumlich lokalisierte Wellen beschreiben möchte, muss man von der Summe zum Integral über k übergehen:

$$y(x,t) = \int_{-\infty}^{\infty} a(k)\mathrm{e}^{\mathrm{i}(kx - \omega(k)t)}\mathrm{d}k. \tag{2.13}$$

Die diskreten Amplituden a_j aus Gl. 2.12 werden zu einer kontinuierlichen Funktion $a(k)$, ebenso die Frequenzen ω_j. Dies nennt man eine **Fourier-Analyse,** die

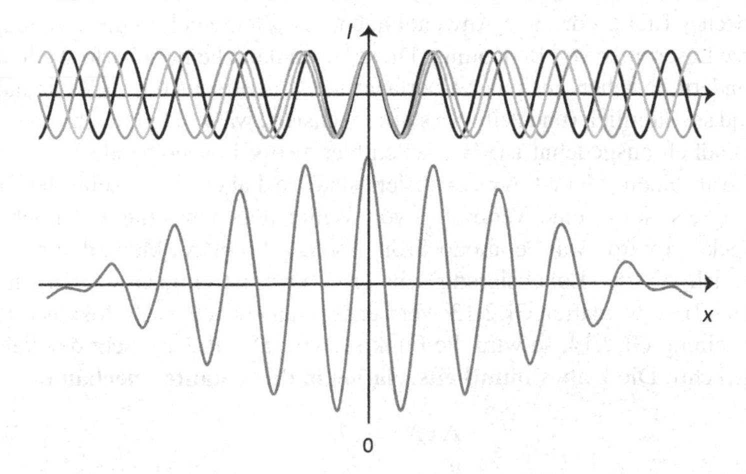

Abb. 2.6 Gauß'sches Wellenpaket. Es werden ebene Wellen in einem begrenzten Bereich um k_0 überlagert. Die Amplitude der Wellen folgt der Gauß-Verteilung, d. h., je mehr die Wellenzahl von k_0 abweicht, desto geringer ist der Beitrag. Dies führt dazu, dass die resultierende Funktion $y(x, t)$ (Gl. 2.13) räumlich lokalisiert ist, und die Einhüllende ebenfalls eine Gaußform hat

Integralform erlaubt eine Darstellung lokalisierter Wellen. Von besonderem Interesse sind **Gauß'sche Wellenpakete.** Hier sind die Amplitudenfaktoren $a(k)$ nur in einem begrenzten Bereich von null verschieden und folgen einer Gauß-Verteilung,

$$a(k) = \left(\frac{\alpha}{\pi}\right)^{\frac{1}{4}} \mathrm{e}^{-(\alpha/2)(k-k_0)^2}. \tag{2.14}$$

Dies gibt ein **Wellenpaket,** das räumlich lokalisiert ist. Interessant ist hier, dass eine Gauß-Verteilung der Frequenzen, wie an $a(k)$ zu sehen ist, zu einem **Wellenpaket** führt, das räumlich gaußförmig lokalisiert ist (Abb. 2.6).

2.2 Eigenschaften: Unbestimmtheit, Dispersion, Interferenz und Randbedingungen

Mit der Wellenbeschreibung gehen vier charakteristische Eigenschaften einher, die in der Quantenmechanik eine prominente Rolle einnehmen. Hier sehen wir, dass wir uns diese automatisch einhandeln, wenn wir eine Wellenbeschreibung für ein Phänomen wählen.

2.2.1 Unbestimmtheit

Diese Eigenschaften sind in vielen Bereichen sehr wichtig. Ein Beispiel ist z. B. die Informationsübertragung in Glasfaserkabeln. Hier kann man nicht mit unendlich ausgedehnten ebenen Wellen arbeiten, man muss die Information in ‚Lichtpaketen' durch die Kabel schicken. Ein weiteres Beispiel ist die Laserspektroskopie. Es gibt Laser, die Licht einer Wellenlänge (λ, $k = 2\pi/\lambda$) abstrahlen, sogenanntes monochromatisches Licht. Für viele Anwendungen, vor allem auch in der Chemie, sind aber kurze Laserpulse von Bedeutung. Diese haben dann keine scharfe Wellenlänge mehr, sondern bestehen aus einer Überlagerung von verschiedenen Wellenlängen. Dafür sind sie räumlich (und zeitlich) stark lokalisiert, während monochromatisches Licht unendlich ausgedehnt ist. Wir sehen hier also schon Folgendes: Wollen wir Pulse, die in einem Gebiet Δx lokalisiert sind, so haben diese keine bestimmte Wellenlänge, sondern eine Verteilung von Wellenlängen in einem Bereich Δk.[4] Und umgekehrt wird zwar bei monochromatischem Licht Δk klein, dafür aber der Raumbereich Δx der Lokalisierung sehr groß. Dies ist einfach eine Eigenschaft der Fourier-Transformation Gl. 2.13: Verwendet man eine eine sehr lokalisierte Frequenzverteilung Gl. 2.14, so wird die Funktion $y(x, t)$ (Gl. 2.13) sehr delokalisiert, und umgekehrt. Die **Unbestimmtheitsrelation in der Quantenmechanik**

$$\Delta x \Delta k \geq\ ?, \tag{2.15}$$

[4]Die Breite der Verteilung Δk kann durch den Parameter a in der Gauß-Verteilung Gl. 2.14 abgeschätzt werden.

die wir später noch genauer kennenlernen werden, ist daher nicht eine Besonderheit der Quantenmechanik, sondern beispielsweise auch von der Signalübertragung mit Wellen bekannt.

Diese Unbestimmtheitsrelation tritt bei einer Wellenbeschreibung generell auf: Eine Lokalisierung des Wellenpakets erhält man nur durch Überlagerung vieler Wellen mit unterschiedlicher Wellenlänge. Eine genauere räumliche Lokalisierung erhält man nur um den Preis einer ungenaueren Bestimmtheit der Wellenzahl k.
Wellen müssen also nicht immer weit ausgedehnte Objekte sein, man kann mit dem Wellenformalismus durchaus lokalisierte Phänomene beschreiben. Sobald diese lokalisiert sind, kann man nicht mehr von einer wohldefinierten Wellenzahl reden, denn sie resultieren ja aus Überlagerung verschiedener Wellen mit unterschiedlichen Wellenzahlen.

2.2.2 Dispersion

Durch Einsetzen kann man leicht zeigen, dass eine ebene Welle (Gl. 2.7) die Wellengleichung 2.2 nur erfüllt, wenn gilt:

$$\omega = vk. \tag{2.16}$$

Wir finden damit

$$v_p = \frac{\hat{\omega}}{\hat{k}} = \mathrm{v}, \quad v_g = \frac{\Delta\omega}{\Delta k} \approx \frac{\partial\omega}{\partial k} = \mathrm{v}, \tag{2.17}$$

d. h., Phasen und Gruppengeschwindigkeit sind gleich. Die Gruppengeschwindigkeit v_g ist die Geschwindigkeit, mit der sich das Maximum der einhüllenden Gauß-Kurve in Abb. 2.6 fortbewegt. Die Phasengeschwindigkeit ist die Geschwindigkeit, mit der sich ein Wellenzug mit dem Wellenvektor k ausbreitet, so wie in Abb. 2.3 dargestellt.

Wenn $v_p = v_g$ gilt, bewegen sich alle Wellenzüge eines Wellenpakets mit gleicher Geschwindigkeit, wenn $v_p \neq v_g$ gilt, dann sind einige Wellenzüge schneller, andere langsamer als das Maximum der Gauß-Kurve, das Wellenpaket wird breiter, man sprich von einem **Zerfließen des Wellenpakets.**

Allgemein kann man schreiben

$$\omega = f(k).$$

Diese Gleichung wird Dispersionsrelation genannt.

Beispiel 2.1

Betrachten Sie die Dispersionsrelation

$$\omega = ak^2$$

mit der Konstante a. Berechnen Sie v_p und v_g. Diese Dispersionsrelation werden wir für die Lösungen der Schrödinger-Gleichung finden, d. h., die Wellenpakete der Schrödinger-Gleichung zeigen Dispersion. ◄

2.2.3 Interferenz

Das **Superpositionsprinzip** erlaubt also, neue Lösungen durch Überlagerung beliebig vieler ebener Wellen zu konstruieren, wie etwa in Abb. 2.7 gezeigt. Diese stellt eine Überlagerung von zwei Wellen gleicher Frequenz, Wellenzahl und Amplitude dar. Wenn zwei Wellen die gleiche Wellenlänge haben, so können sie je nach Phase sich gegenseitig verstärken oder auslöschen.

Diesen Umstand macht man sich z. B. in den sogenannten Noise-cancelling-Kopfhörern zu Nutze. Um Außenlärm abzuschirmen, wird dieser am Kopfhörer mit einem Mikrofon aufgenommen und mit einer Phasenverschiebung von π wieder vom Kopfhörerlautsprecher abgestrahlt. Damit heben sich die Schallwellen des ‚Außenlärms' auf.

Die Auslöschung und Addition von Wellen, wie sie durch die Superposition oben beschrieben wird, nennt man allgemein Interferenz. Wenn sich an einem Ort das Wellental einer Welle mit dem Wellenmaximum einer anderen Welle überlagert, so löschen sich an diesem Ort die Wellen gerade gegenseitig aus (gleiche Amplitude vorausgesetzt).

Interferenz am Doppelspalt Wenn eine ebene Welle auf einen Spalt trifft, so wird nach dem Huygens'schen Prinzip von der Öffnung eine Kugelwelle ausgestrahlt,

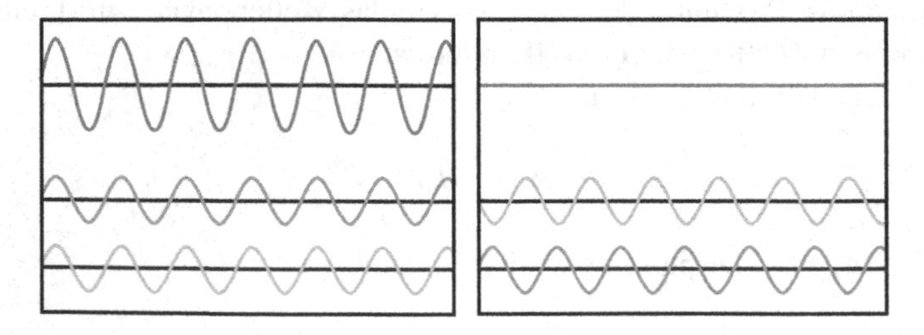

Abb. 2.7 Superposition zweier ebener Wellen mit gleicher und entgegengesetzter Phase

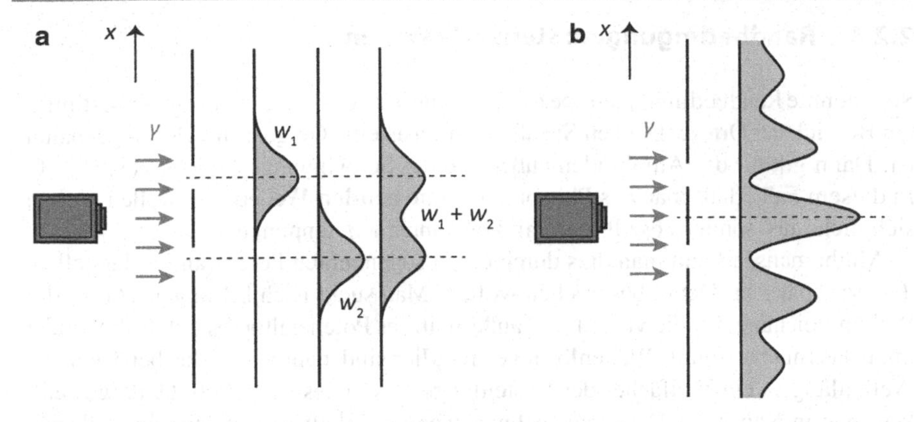

Abb. 2.8 Beugung an zwei Einzelspalten und Interferenz am Doppelspalt

man findet also hinter dem Spalt ein Beugungsbild. Wenn man einen Doppelspalt zuerst durch den einen, dann durch den anderen Spalt beleuchtet, erhält man am Schirm einfach eine Überlagerung der beiden Beugungsmuster aus den Einzelspalten (Abb. 2.8a). Wenn jedoch beide Spalte gleichzeitig geöffnet sind, erhält man ein Interferenzmuster (Abb. 2.8b). Dieses resultiert aus der Interferenz der beiden Strahlen aus den Einzelspalten. Maßgeblich ist der Wegunterschied von den Einzelspalten zu den Orten am Schirm. Ist der Wegunterschied ein Vielfaches der Wellenlänge λ, so gibt es konstruktive Interferenz, die Wellen verstärken sich, ist der Wegunterschied ein Vielfaches von $\lambda/2$, so gibt es destruktive Interferenz, die beiden Wellenzüge löschen sich genau aus, wie in Abb. 2.8 schematisch dargestellt.

Die Interferenz, d. h., die Auslöschung und Verstärkung von Wellenzügen kann man fast bildlich **verstehen:** Denken wir an zwei Wasserwellen, bei denen sich ein Wellenberg und ein Wellental ‚treffen': Hier kommt es dann zur Auslöschung der Wellenzüge. Umgekehrt addieren sich die Wellenberge, die resultierende Welle wird verstärkt.

Für uns relevant sind Interferenzversuche mit Licht. Wichtig hier noch die Definition der Intensität (am Ort x zur Zeit t) als:

$$I = |y(x, t)|^2. \tag{2.18}$$

Die Intensität I gibt die ‚Menge' des Lichts an einem Ort an. Die Intensität ist im Gegensatz zur Amplitude, die komplexwertig sein kann, immer eine **reelle** und **positive** Größe.

2.2.4 Randbedingungen: stehende Wellen

Sogenannte Randbedingungen spezifizieren die Werte von $y(x, t)$ in einem bestimmten Bereich der Orte x. Denken Sie als Beispiel an eine Geigenseite, die eingespannt ist. Dann gilt für die Amplituden außerhalb des Schwingungsbereichs $y(x, t) = 0$. In diesem Fall erhält man das Phänomen der **stehenden Wellen,** die Wellen breiten sich nicht aus, sondern oszillieren mit konstanten Knotenpunkten.

Mathematisch kann man dies durch einen sogenannten Potenzialtopf darstellen, den wir später im Detail besprechen wollen. Man sucht nach Lösungen $y(x, t)$ der Wellengleichung, für die $y(x, t) = 0$ außerhalb des Potenzialtopfes gilt. Dabei findet man, dass nur bestimmte Wellenlösungen möglich sind, nämlich solche, bei denen die Wellenlänge λ ein Vielfaches der Kastenlänge L ist. Dies ist in Abb. 2.9 dargestellt. Wie wir in Kap. 7 im Detail ausrechnen werden, erhält man in diesem Fall eine Lösung, welche die Randbedingungen ($y(x, t) = 0$ für $x < -L/2$ und $x > L/2$) nur erfüllt, wenn

$$k_n = \frac{n\pi}{L}, \quad n = 1, 2, 3 \quad \ldots \tag{2.19}$$

gilt.

Sobald Randbedingungen vorhanden sind, treten stehende Wellen auf. Damit sind nicht mehr alle Wellenlängen möglich, sondern nur noch solche, die mit den Randbedingungen kompatibel sind.

Diese Ausbildung von stehenden Wellen kann man auch als Interferenzphänomen verstehen. Alle Wellenlängen, die nicht ein Vielfaches der Kastenlänge sind, werden an den Wänden derart reflektiert, dass sie als zurücklaufende Welle mit der einlaufenden Welle destruktiv interferieren.

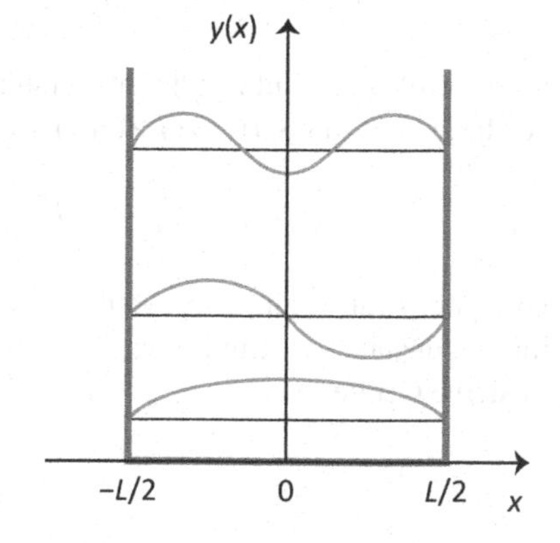

Abb. 2.9 Kasten und stehende Wellen $y(x)$. Die Knotenpunkte, d. h., die ‚Nulldurchgänge' der Welle, die durch die durchgezogenen Linien verdeutlicht werden, bleiben konstant. Die Welle schwingt um diese ‚Nulllinie'

2.3 Elektromagnetische Wellen

Die Wellengleichung 2.2 ist eine spezielle partielle Differentialgleichung 2. Ordnung, die viele Wellenphänomene der Natur beschreibt, aber nicht alle! Es gibt auch noch andere Differentialgleichungen, die ebenfalls eine Wellenausbreitung beschreiben. Woher weiß man nun, welche Wellengleichung für welches Phänomen einschlägig ist? Oft kann man diese aus den Eigenschaften der Materialien, beispielsweise für mechanische Wellen wie Druckwellen, ableiten. So kann man beispielsweise die DGL für Saitenschwingungen aus den mechanischen Eigenschaften der Saiten herleiten.

Ebenso kann man auch für elektromagnetische Wellen vorgehen: Aus der **Elektrostatik** und **Magnetostatik** weiß man, wie elektrische ($\mathbf{E} = (E_x, E_y, E_z)$) und magnetische ($\mathbf{B} = (B_x, B_y, B_z)$) Felder entstehen, die elektrischen Felder können durch Ladungen, aber auch durch Magnetfelder erzeugt werden, die Magnetfelder können durch magnetische Dipole, aber auch durch elektrische Ströme erzeugt werden. Die entsprechenden Gesetze werden als **Maxwell-Gleichungen** zusammengefasst.

2.3.1 Wellengleichungen

Aus den Maxwell-Gleichungen können die folgenden partiellen Differentialgleichungen

$$\frac{\partial^2}{\partial t^2} E(x,t) = \mathrm{c}^2 \frac{\partial^2}{\partial x^2} E(x,t) \tag{2.20}$$
$$\frac{\partial^2}{\partial t^2} B(x,t) = \mathrm{c}^2 \frac{\partial^2}{\partial x^2} B(x,t)$$

hergeleitet werden, welche die Ausbreitung der E- und B-Felder in x-Richtung beschreiben. Diese haben die Form der oben abgeleiteten Wellengleichung 2.2 mit der Phasengeschwindigkeit $v_p = c$, die im Vakuum gleich der Lichtgeschwindigkeit c ist. Die Lösungen dieser partiellen Differentialgleichungen sind damit analog zu den oben diskutierten Lösungen $y(x,t)$ der Wellengleichung, die einfachsten Lösungen haben die Sinus-/Kosinusform.

Wenn man die Ausbreitung nicht auf die x-Richtung einschränkt, erhält man im Dreidimensionalen mit dem **Laplace-Operator**

$$\Delta = \nabla^2 = \left(\frac{\partial^2}{\partial x^2} + \frac{\partial^2}{\partial y^2} + \frac{\partial^2}{\partial z^2} \right)$$

die Gleichungen:

$$\frac{\partial^2}{\partial t^2} E(\mathbf{r},t) = \mathrm{c}^2 \Delta E(\mathbf{r},t) \tag{2.21}$$
$$\frac{\partial^2}{\partial t^2} B(\mathbf{r},t) = \mathrm{c}^2 \Delta B(\mathbf{r},t).$$

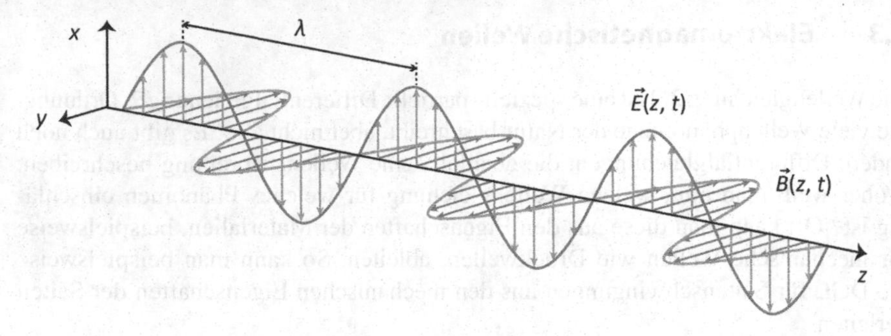

Abb. 2.10 Ausbreitung elektromagnetischer Wellen. Gezeigt sind die elektrischen und magnetischen Feldstärken als Vektoren im Raum, die sich wellenförmig ausbreiten. Hier ist die Ausbreitung in z-Richtung dargestellt

Die Lösungen sind als **ebene Wellen** darstellbar, wie in Abb. 2.10 gezeigt. Die oszillierenden elektrischen und magnetischen Felder stehen senkrecht zueinander, und sind senkrecht zur Ausbreitungsrichtung. Sie sind **transversale Wellen,** da die Schwingungsrichtung senkrecht zur Ausbreitungsrichtung ist. Beispiel für **longitudinale Wellen** sind Druckwellen, wo die Schwingungsrichtung parallel zur Ausbreitungsrichtung ist. Wie oben beschrieben, können durch Superposition solcher Wellen mit unterschiedlichen Wellenlängen Wellenpakete erzeugt werden.

2.3.2 Interferenz und Dispersion

Mit elektromagnetischen Wellen kann man Interferenzexperimente am Doppelspalt durchführen, wie oben beschrieben. Man erhält die Dispersionsrelation

$$\omega = \mathrm{c}k. \tag{2.22}$$

D. h., die elektromagnetischen Wellen zeigen im Vakuum keine Dispersion, siehe Abschn. 2.2.2, da Gruppengeschwindigkeit und Phasengeschwindigkeit gleich sind ($v_p = v_g = \mathrm{c}$).

Anders ist das in einem Medium, z. B. in Glas, mit einer von 1 verschiedenen Dielektrizitätskonstanten ϵ. Dann haben Lichtwellen unterschiedlicher Wellenlänge eine unterschiedliche Phasengeschwindigkeit v_p. Damit breiten sich die verschiedenen Komponenten, die das Wellenpaket bilden, unterschiedlich schnell aus, und die Gauß-Kurve wird mit der Zeit immer breiter. Man nennt dies das **Zerfließen des Wellenpakets** oder die **Dispersion** des Wellenpakets.

2.3.3 Energie einer Welle

Wie kommt man nun dazu, einer elektromagnetischen Welle eine Energie zuzuordnen? Dazu betrachten wir zunächst kurz einen Plattenkondensator: In Bd. I

(Abschn. 15.2) hatten wir die Arbeit betrachtet, die nötig ist, einen Plattenkondensator zu laden. Dazu muss man Ladungen von der einen Platte auf die andere bringen, für einen Plattenkondensator der Kapazität (A: Fläche der Platte, d: Abstand der Platten)

$$C = \epsilon_0 \epsilon_r \frac{A}{d}$$

erhält man die Arbeit

$$W = \frac{1}{2} C U^2,$$

die nötig ist, eine Spannung U am Kondensator zu erzeugen. Das elektrische Feld ist durch $E = U/d$ gegeben.

Nun fragen wir nach der **Energiedichte** $\boldsymbol{u}$, das ist die Energie, die pro Volumenelement im Feld des Kondensators gespeichert ist. Der Kondensator hat das Gesamtvolumen $V = Ad$, damit erhalten wir

$$u = \frac{W}{V} = \frac{1}{2} \epsilon_0 \epsilon_r E^2.$$

Die **Energiedichte** eines elektrischen Feldes ist also proportional dem Quadrat der elektrischen Feldstärke in diesem Volumenelement.

So erhält man im Vakuum ($\epsilon_r = 1$) für den elektrischen Feldanteil der elektromagnetischen Welle ($E = |\mathbf{E}|$):

$$u_\mathrm{e} = \frac{1}{2} \epsilon_0 E^2. \tag{2.23}$$

Analog kann man die Energie eines Magnetfelds einer Spule aus dem durch sie fließenden Strom berechnen, man erhält daraus die Energiedichte des oszillierenden magnetischen Feldes (μ_0: magnetische Permeabilität, $B = |\mathbf{B}|$) als:

$$u_\mathrm{m} = \frac{1}{2\mu_0} B^2. \tag{2.24}$$

Aus den Maxwell-Gleichungen kann man das Verhältnis von B und E bestimmen, $E = \mathrm{c}B$, und erhält damit die **Energiedichte des elektromagnetischen Feldes:**

$$u_\mathrm{em} = \epsilon_0 E^2. \tag{2.25}$$

Diese Energiedichte ist proportional zum Quadrat der Amplitude der Wellen und breitet sich mit der Welle senkrecht zur Schwingungsrichtung mit Lichtgeschwindigkeit aus.

Körper können Strahlung absorbieren, aber auch emittieren, wir werden das am Beispiel des schwarzen Körpers (Kap. 3) diskutieren. Wenn eine Welle auf einen Körper trifft, so wird sie ihre Energie kontinuierlich an diesen abgeben. Je länger ein Körper bestrahlt wird, desto mehr Energie wird die Welle auf diesen übertragen.

2.4 Statistische Beschreibung von Materie: Diffusion

Partielle Differentialgleichungen kommen bei der mathematischen Beschreibung der Ausbreitung verschiedenster Phänomene zum Einsatz. In Bd. I (Kap. 21) haben wir schon zwei weitere Phänomene kennengelernt, die Ausbreitung von Temperatur- und Konzentrationsgradienten. Diese tauchten bei der thermodynamischen Beschreibung der Materie auf.

Im Bd. I (Kap. 21) haben wir ein System mit N Teilchen betrachtet, die sich ungeordnet bewegen. Allerdings gibt es einen Konzentrationsgradienten in Abb. 2.11a, der dazu führt, dass im Mittel mehr Teilchen von links nach rechts diffundieren als andersherum.

Wir betrachten die Teilchenkonzentration $c(x, t)$, d. h. die Anzahl der Teilchen pro Volumen am Ort x zur Zeit t. Für die Bewegung dieser Teilchen haben (Bd. I) wir die Diffusionsgleichung abgeleitet **(2. Fick'sches Gesetz):**

$$\frac{\partial c(x,t)}{\partial t} = -D\frac{\partial^2 c(x,t)}{\partial x^2}. \tag{2.26}$$

Dies ist eine partielle DGL 1. Ordnung in der Zeit t und 2. Ordnung in x: Es treten keine Inhomogenitäten $F(x)$ auf, d. h., man berücksichtigt keine weiteren Kräfte oder Potenziale, die Einfluss auf die Bewegung der Teilchen haben. Anders als bei der Wellengleichung gibt es aber keine Schwingungslösung. Dies liegt an der ungleichen Ordnung der Zeit- und Ortsableitung, die Sinus-/Kosinusfunktionen können keine Lösung dieser Gleichung sein. Eine komplexe Funktion (eben Wellen) kommt aus demselben Grund nicht in Frage, eine einfache Ableitung führt auf der linken Seite zur Multiplikation mit ‚i', auf der rechten Seite mit $\mathrm{i}^2 = -1$.

> Wenn man aber in Gl. 2.26 D durch die komplexe Zahl $\mathrm{i}D$ ersetzt, dann sind ebene Wellen eine Lösung: Probieren Sie das mal aus. Dies ist die **Form** der Schrödinger-Gleichung, wie wir in Kap. 4 sehen werden. Aus diesem Grund diskutieren wir hier die Diffusionsgleichung.

Für bestimmte Anfangs- und Randbedingungen erhält man eine relativ einfache Lösung: Wir betrachten eine punktförmige Anfangsverteilung (bei $t = 0$ sind N Teilchen auf eine kleine Fläche A konzentriert), dann ergibt sich die Konzentration zur Zeit t als (Abb. 2.11b):

$$c(x,t) = \frac{n}{A\sqrt{\pi Dt}}\mathrm{e}^{-\frac{x^2}{4Dt}}.$$

Dies beschreibt eine Diffusion nur in x-Richtung, mit der Zeit wird die Gauß-Verteilung der Konzentration immer breiter.

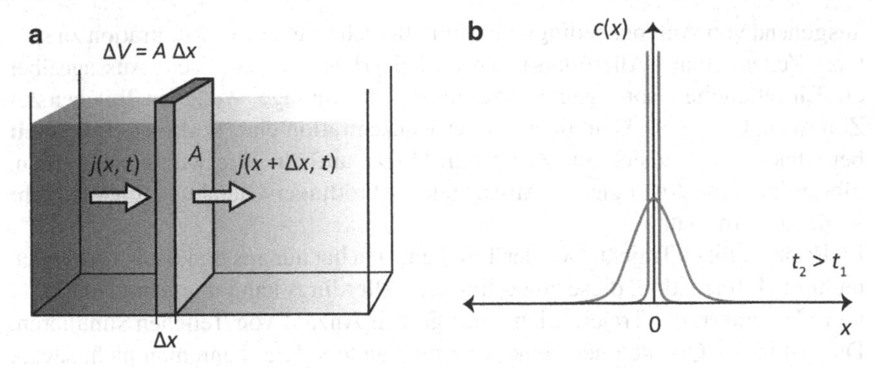

Abb. 2.11 (a) Diffusion durch ein Volumen ΔV und (b) zeitliche Entwicklung einer punktförmigen Anfangskonzentration

Wahrscheinlichkeiten:

Die Größe

$$p(x,t)dx = \frac{c(x,t)dx}{N}$$

kann auch als Wahrscheinlichkeit verstanden werden, am Ort x zur Zeit t ein Teilchen zu finden, da gilt:

$$\int c(x,t)\mathrm{d}x = N.$$

Man kann sich das so vorstellen: Man färbt bei $t = 0$ ein Teilchen und möchte dessen Trajektorie mit Hilfe der Diffusionsgleichung voraussagen. Was kann man über das Teilchen zur Zeit t aussagen, d. h., welche Information hat man über das Teilchen zu späteren Zeiten?

Wenn man die N Teilchen mit Hilfe der klassischen Mechanik beschreiben würde, hätte man Information über alle Teilchentrajektorien, d. h., man könnte genau voraussagen, wo sich das Teilchen zur Zeit t aufhält. Die Beschreibung mit der Diffusionsgleichung kann das nicht. Man kennt nämlich weder den Anfangsimpuls genau, im Rahmen der kinetischen Gastheorie nehmen wir hier eine Maxwell-Verteilung an, noch den Anfangsort, man weiß nur, dass es sich zu Beginn in dem eingeschränkten Anfangsvolumen aufhält. Dementsprechend erhält man auch nur eine Wahrscheinlichkeitsaussage über den Aufenthaltsort zur Zeit t. Mit der Diffusionsgleichung 2.26 erhält man nur die Wahrscheinlichkeit $p(x,t)\mathrm{d}x$, das Teilchen zur Zeit t in einem Intervall zwischen x und $x + \mathrm{d}x$ zu finden.

Im Vorgriff auf die Quantenmechanik kann man dabei schon einmal feststellen:

- Die Größe $c(x,t)$ beschreibt eine Konzentration, d. h. eine Anzahl pro Volumeneinheit. Die Diffusionsgleichung stellt ein dynamisches Gesetz für die Konzentration dar. Bei dieser Beschreibung wird also auf **Trajektorien** $\boldsymbol{x(t)}$, $\boldsymbol{p(t)}$ einzelner Teilchen verzichtet. Diese Gleichung ist eine deterministische Gleichung, da sie ausgehend von Anfangsbedingungen eine Berechnung der Konzentration zu späteren Zeiten erlaubt. Allerdings macht sie keinerlei deterministische Aussage über ein Einzelteilchen, sondern nur eine statistische Aussage. Wenn ein Teilchen zur Zeit t_0 am Ort x_0 ist, kann man aus der Konzentration eine **Wahrscheinlichkeit** berechnen, dass es sich zur Zeit t_1 am Ort x_1 aufhält. Wie wir sehen werden, gibt es hier eine Analogie zur Aussage der Schrödinger-Gleichung, die eine sehr ähnliche Form hat.

- Im Prinzip gibt es Trajektorien der Teilchen, man hat nur aus praktischen Gründen nicht die Information, diese zu bestimmen. Allerdings kann man heute mit Hilfe von Computern die Trajektorien einer großen Anzahl von Teilchen simulieren. Dies ist in der Quantenmechanik prinzipiell anders. Hier kann man nicht sagen, das Teilchen hat sich auf einer Trajektorie von x_0 nach x_1 bewegt.

2.5 Zusammenfassung und Fragen

Zusammenfassung Systeme, die durch partielle Differentialgleichungen (PDG) beschrieben werden, werden durch die Lösungsfunktion

$$y(x, t)$$

mathematisch dargestellt. Diese Lösung kann je nach System Wellenform haben, aber auch z. B. eine reine Diffusion darstellen.

$y(x, t)$ ist die Lösung einer PDG, deren Form von dem konkreten physikalischen System abhängt. Viele Wellenphänomene können durch die **Wellengleichung**

$$\frac{1}{v^2}\frac{\partial^2 y}{\partial t^2} = \frac{\partial^2 y}{\partial x^2}$$

beschrieben werden. Diese Gleichung beschreibt die **ungestörte Ausbreitung** von Wellen. Störungen können über einen **Quellterm** $F(x, t)$ berücksichtigt werden.

Herleitung Man kann diese Wellengleichungen für verschiedene Phänomene ableiten. Für die Schallausbreitung z. B. aus den Materialgleichungen des entsprechenden Materials, für Licht erhält man die Wellengleichung aus den Grundgleichungen der Elektro- und Magnetostatik. Die Geschwindigkeit v hängt dabei von den Materialeigenschaften ab, bei Licht ist sie die Lichtgeschwindigkeit c.

Lösungen Die einfachsten Lösungen sind **ebene Wellen**

$$y(x, t) = ae^{\mathrm{i}(kx-\omega t)}.$$

Da die Wellengleichung linear ist, gilt das **Superpositionsprinzip.**

Wellenpakete können durch eine Fourier-Analyse beschrieben werden,

$$y(x,t) = \int_{-\infty}^{\infty} c(k)\mathrm{e}^{\mathrm{i}(kx-\omega(k)t)}\mathrm{d}k,$$

die **Unbestimmtheitsrelation** beschreibt den Zusammenhang von räumlicher Lokalisierung und Zusammensetzung aus ebenen Wellen. Bei Lichtwellen im Vakuum ist die Ausbreitungsgeschwindigkeit unterschiedlicher Wellenlängen gleich. Daher sind **Phasengeschwindigkeit** und **Gruppengeschwindigkeit** gleich, ein Wellenpaket bereitet sich unter Beibehaltung seiner Form aus. Diese ist anders bei einer Ausbreitung in einem Medium: Hier wird das Wellenpaket auseinanderlaufen, man spricht von **Dispersion.**

Interpretation Die **Funktion** $y(x,t)$ hat zwei Bestandteile, die Amplitude und die Funktion (Sinus, Kosinus ...), die die Wellenform beschreibt. Was Wellenphänomene sind, wissen wir sehr gut auch aus dem Alltag, eine Wellenfunktion beschreibt das Phänomen daher sehr intuitiv. **Was** die Amplitude ist, ist auch klar: Es ist etwas Anschauliches, die Höhe eines Wellenzugs bei Wasserwellen, die Stärke der Verdichtung bei Schallwellen etc. Auch bei Licht können wir uns die elektrischen und magnetischen Felder als Amplituden noch vorstellen.

Wellenphänomene Die Phänomene der **Unbestimmtheit, Dispersion, Interferenz** und **stehende Wellen,** treten bei einer Wellenbeschreibung immer auf. Sie sind sozusagen die eingebauten Eigenschaften bei dieser Beschreibungsform. Und umgekehrt, wenn diese Phänomene auftreten, weist das darauf hin, dass eine Wellenbeschreibung für das Phänomen angemessen ist. Diese Phänomene lassen sich im Wellenbild auf einfache Weise **verstehen,** sie entstehen durch eine Überlagerung von Wellenzügen, bei denen sich die Amplituden verstärken oder auslöschen können. Und hier haben wir eine direkte Anschauung dieser Phänomene, da wir uns etwas unter den Amplituden vorstellen können.

Diffusion von Teilchen wird durch das 2. Fick'sche Gesetz beschrieben,

$$\frac{\partial c(x,t)}{\partial t} = -D\frac{\partial^2 c(x,t)}{\partial x^2}.$$

Diese PDG hat keine Wellenlösung, sondern beschreibt die zeitliche Entwicklung einer Konzentration $c(x,t)$. Eine Gauß-Verteilung der Teilchen wird sich mit der Zeit verbreitern, da die Teilchen unterschiedliche Anfangsorte und Impulse haben.

Die Beschreibung zielt auf ein System von N Teilchen (**Ensemble** von Teilchen) bzw. die Verteilung dieser Teilchen, beschrieben durch die Konzentration. Durch die Diffusionsgleichung erhalten wir also eine **deterministische Beschreibung** dieses Ensembles. Über einzelne Teilchen kann man keine genaue Aussage treffen, wohl aber **statistische** Aussagen machen. Dies liegt nur an dem Unwissen über die genauen Trajektorien der einzelnen Teilchen. Wir nehmen aber an, dass sich die Teilchen auf Trajektorien bewegen, wir kennen diese nur nicht. **Wahrscheinlichkeitsaussagen** resultieren also aus dem **Unwissen** des Beobachters, nicht aber, weil die Natur genuin statistisch wäre.

Fragen Erinnern (Erläutern/Nennen)

- Wie sieht die einfachste Wellenfunktion $y(x, t)$ für Wellen aus? Wie unterscheidet sich diese für nach links und nach rechts laufende Wellen? Was ist die Wellenlänge, was der k-Vektor?
- Geben Sie die Wellengleichung und das 2. Fick'sche Gesetz an!
- Geben Sie deren Lösungsfunktionen $y(x, t)$ an!
- Was ist ein Wellenpaket, was ist die Phasen- und was die Gruppengeschwindigkeit? (Formeln)
- Was ist Dispersion bei der Diffusion, was bei Wellenpaketen? Wodurch ist die Dispersion bedingt?

Erklären (Verstehen)

- Erklären Sie die Form der Wellengleichung. Warum drückt diese die Kontinuität des Wellenphänomens aus? Was ist die Verbindung zu Newtons 1. Axiom?
- Erklären Sie die Form der Lösungsfunktionen $y(x, t)$ für die Wellengleichung und das 2. Fick'sche Gesetz. Warum gibt es für die eine eine Wellenlösung, für die andere nicht?
- Erklären Sie im Wellenbild die Phänomene Interferenz, Unbestimmtheit, Dispersion und stehende Wellen.
- Wie kommt man auf die Diffusionsgleichung? Was sind die grundlegenden Annahmen?
- Wodurch ist die Unbestimmtheitsrelation bedingt?

Anwenden

- Setzen Sie den Ansatz für ebene Wellen in die Wellengleichung ein, und berechnen Sie die Dispersionsrelation.
- Setzen Sie den Ansatz für ebene Wellen in die Diffusionsgleichung ein: Warum ist dies keine Lösung dieser PDE?
- Ersetzen Sie in der Diffusionsgleichung D durch $\mathrm{i}D$. Setzen Sie den Ansatz für ebene Wellen in die Diffusionsgleichung ein: Warum ist dies jetzt eine Lösung dieser PDE?

3 Grundlegende Experimente

Die Theorien über **Teilchen** und **Wellen,** wie bisher kurz rekapituliert, beschreiben diametrale Eigenschaften:

- Teilchen sind **lokalisiert,** Wellen **delokalisiert,**
- Teilchen bewegen sich **geradlinig** (z. B. durch Blenden), Wellen zeigen **Beugungs- und Interferenzerscheinungen,**
- Teilchen geben ihre Energie in **diskreter** Weise ab (z. B. Stoß), Wellen **kontinuierlich.** Wellen geben die Energie gleichmäßig über den Zeitraum der Bestrahlung ab.

Die Gegenüberstellung macht deutlich, dass es sich um konträre Phänomene handelt, es kann nicht beides gleichzeitig vorliegen. Und dennoch, Licht scheint sich unter bestimmten Umständen einmal so und ein andermal so zu verhalten. In der Geschichte der Physik wurden dann auch beide Vorstellungen von Licht propagiert, je nachdem, auf welche Eigenschaften fokussiert wurde. Experimente um 1900 haben die Situation dann verschärft und die Notwendigkeit einer Synthese der Vorstellungen in den Blick gerückt.

Zum einen lässt sich die **Wechselwirkung von Licht mit Materie** durch **Teilcheneigenschaften** beschreiben. Bei den Versuchen zum **schwarzen Strahler** (1900) geht es darum, theoretisch zu fassen, wie Materie, in diesem Fall Wände, Energie in Form von Licht abstrahlen. Um die gemessene Strahlung zu beschreiben, hat **Max Planck** die **Quantenhypothese** eingeführt, die besagt, dass Energie nur in bestimmten Paketen

$$E = \hbar\omega$$

übertragen werden kann. Beim **Photoeffekt** (1905) wird die Energie des Lichts von Materie absorbiert, dabei werden Elektronen aus dem Material geschlagen. Einstein interpretiert dieses $E = h\nu$ so, dass Licht sich so verhält, ‚als ob' es aus Energieportionen besteht, die bei der Wechselwirkung auf die Elektronen übertragen

© Springer-Verlag GmbH Deutschland, ein Teil von Springer Nature 2021
M. Elstner, *Physikalische Chemie II: Quantenmechanik und Spektroskopie*,
https://doi.org/10.1007/978-3-662-61462-4_3

werden. Sind diese Energieportionen nun als **Lichtteilchen (Photonen)** aufzufassen? Teilchen haben einen Impuls, die Interpretation des **Compton-Experiments** (1923) durch Stöße von Photonen mit Elektronen hat die Fachwelt von der Quantenhypothese überzeugt. Dabei konnten die experimentellen Daten dadurch erklärt werden, dass Licht als Teilchen mit dem Impuls

$$p = \hbar k$$

aufgefasst wurde. Man kann also Licht einer bestimmten Wellenlänge bzw. Frequenz einen Impuls und eine Energie zuordnen. Weitere Experimente wiesen auch auf einen Drehimpuls des Lichts hin.

Zur selben Zeit gab es dann zum einen Experimente, zum anderen aber theoretische Überlegungen, auch Körpern Welleneigenschaften zuzugestehen. Materie kann Licht nur bei bestimmten Wellenlängen absorbieren. Dies hat **Niels Bohr** dann dadurch erklärt, dass in Atomen nur bestimmte Umlaufbahnen der Elektronen um die Kerne erlaubt sind. Wenn die Energie des Lichts quantisiert ist, so könnte doch auch die Energie und der Drehimpuls der Elektronen im Atom quantisiert sein. Dies führte auf das **Bohr'sche Atommodell. Louis de Broglie** hat die obigen Relationen für Licht andersherum gelesen: Teilchen mit einer bestimmten Energie und Impuls kann dann eine Frequenz und Wellenlänge zugeordnet werden. Damit kann man die Umlaufbahnen im Atom erklären: Es sind nur solche Bahnen erlaubt, die ganzzahlige Vielfache der Wellenlänge sind, sodass sich im Ergebnis **stehende Wellen** ausbilden. Zudem kann man erklären, warum auch Teilchen, die den Doppelspaltversuch durchlaufen, auf dem Schirm ein Interferenzmuster hinterlassen. Materie hat ganz offensichtlich auch Eigenschaften, die sich nur im Wellenbild erklären lassen.

3.1 Quanteneigenschaften des Lichts

Dass Licht Energie transportiert und einen Druck auf Gegenstände (Strahlungsdruck) ausüben kann, wird auch durch die klassische Wellentheorie des Lichts beschrieben. Dass jedoch diese Energie nur **portionsweise** vorliegen soll bzw. ausgetauscht werden kann und dass dies **lokalisiert** stattfindet, wie z. B. beim Stoß zweier Körper, das ist neu und in klassischen Wellentheorien nicht enthalten.

3.1.1 Geschichte und Konzepte

Was Licht ist, wurde in der Geschichte der Physik von Anfang an kontrovers diskutiert: Licht hat eine ganze Reihe von Eigenschaften, deren einheitliche mathematische Beschreibung eine Herausforderung war. Licht zeigt nämlich sowohl Teilchen- als auch Welleneigenschaften, für die zunächst unterschiedliche Beschreibungsweisen entwickelt wurden:

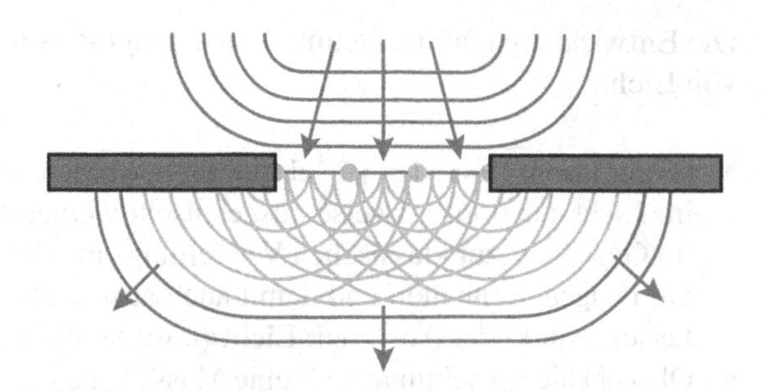

Abb. 3.1 Beugung und Interferenz an Spalten

- Newton war ein Vertreter der **Korpuskulartheorie** des Lichts, mit der er bestimmte Aspekte der Lichtausbreitung wie Schatten, Reflexion oder Brechung zu beschreiben versuchte. Für ihn bestand Licht aus kleinen, sehr schnellen Teilchen, die sich geradlinig fortbewegen. Die verschiedenen Brechungseigenschaften der unterschiedlichen Lichtfarben müssten dann aber ebenfalls aus den Teilcheneigenschaften zu erklären sein, was nicht zum Erfolg führte. Prinzipiell ist aber ein Korpuskelbild noch mit der **Strahlenoptik (geometrische Optik)** kompatibel, die mit Hilfe der Abbildungsgesetze Effekte wie Vergrößerung oder Verkleinerung von Abbildern erklären kann, wie sie etwa im Fotoapparat oder im Auge relevant sind.
- Etwa zur gleichen Zeit führten Fresnel und Huygens Beugungs- und Interferenzexperimente durch und begründeten damit die **Wellenoptik.** Diese basiert auf dem Huygen'schen Prinzip, nach dem von jedem Punkt einer beugenden Fläche Elementarwellen ausgehen, deren Überlagerung die entstehenden Effekte erklären können (Abb. 3.1). Mit dieser Darstellung lassen sich Phänomene wie Beugung, Interferenz erklären, die der Strahlenoptik nicht zugänglich sind. Die geometrische Optik ist aber als Grenzfall in dieser Theorie enthalten. Die Experimente von Hertz wiesen Licht als elektromagnetische Strahlung aus, was als eine eindeutige Bestätigung der Wellennatur des Lichts schien. Licht als Wellen darzustellen, ist seitdem gängige Praxis.

  Die heutige **klassische Wellentheorie** beschreibt Licht durch eine Wellengleichung, und die Lösungen dieser Gleichung sind die elektromagnetischen Wellen wie in Abschn. 2.3 diskutiert. Die Amplituden dieser Wellen sind beliebig, und die Energie ist mit der Amplitude verbunden, d. h., diese Wellen können beliebige Energiemengen transportieren. Die Energie ist aber als **Energiedichte** dargestellt, sie wird, z. B. beim Auftreffen auf einen Körper, kontinuierlich in diesen eingetragen. So, wie man beim Sonnenbad eben kontinuierlich wärmer wird. Zugeordnet ist den Wellen auch eine **Impulsdichte,** mit dem Feld ist also auch ein Impuls verknüpft, der z. B. den Strahlungsdruck erklärt.

Die Entwicklung der Quantenmechanik hängt stark an Experimenten zum Verhalten von Licht:

- Experimente Ende des 19. Jahrhunderts wurden so interpretiert, dass die Energie im Licht nur portionsweise ausgetauscht werden kann bzw. vorliegt. Dies stand im Gegensatz zur klassischen Vorstellung eines Wellenfeldes, das beliebige Energiemengen beinhalten und damit auch austauschen kann. Um dies begrifflich zu fassen, wurde der Ausdruck **Lichtquant** verwendet.
- Obwohl diese Lichtquanten keine Masse haben und der Impuls in der klassischen Mechanik durch $p = mv$ an eine Masse gekoppelt ist, scheinen sie einen Impuls übertragen zu können, was in den 1920er-Jahren festgestellt wurde. Offensichtlich manifestiert sich hier ein Teilchencharakter, und um dem gerecht zu werden, wurde der 1923 von Lewis vorgeschlagene Begriff **Photon** verwendet. Oft ist auch die Rede von Lichtteilchen.
- Massebehafteten Körpern kann ein Drehimpuls, über $L = mrv$ (Kap. 1), zugeordnet werden. Obwohl Photonen keine Masse haben und damit auch das Konzept der Ausdehnung des Teilchens etwas eigenartig anmutet, haben sie einen Drehimpuls, der z. B. in der Spektroskopie eine wichtige Rolle spielt.
- Besteht Licht nun aus Photonen? Nun, es kommt darauf an. Man muss sich sehr anstrengen, um Licht zu präparieren, das aus einzelnen Photonen besteht. Für gewöhnliche Lichtquellen, die in den meisten Experimenten der Chemie zum Einsatz kommen, kann man sagen: Nein!

3.1.2 Energieportionen

Zunächst zwei Experimente, welche die **Quantisierung** der Lichtenergie zum Thema haben. Bei den Experimenten zu **schwarzen Körpern** wird Energie aus der Materie auf Licht übertragen, beim **Photoeffekt** wird Licht von Körpern (Oberflächen) absorbiert. Beide Experimente wurden mit Hilfe der **Lichtquantenhypothese** interpretiert.

A. Schwarzkörperstrahlung

Elektromagnetische Strahlung kann von Körpern absorbiert und auch abgestrahlt werden. Das kann man manchmal sogar wahrnehmen, wenn man sich abends vor eine von der Sonne aufgeheizte Wand stellt. Um dies systematisch untersuchen zu können, wurden experimentell sogenannte schwarze Körper verwendet. Ein **schwarzer Körper** ist in der Physik der Fachbegriff für einen idealisierten Körper, der Strahlung **vollständig** absorbiert. Realisieren lässt sich dieses Konzept näherungsweise durch einen Kasten mit einem Loch. Licht, das in dieses Loch eintritt, wird im Kasten komplett absorbiert, die Wahrscheinlichkeit eines Wiederaustritts ist sehr gering.

Wenn man diesen schwarzen Körper nun heizt, stellt sich ein thermodynamisches Gleichgewicht zwischen der Strahlung in dem Kasten und den Wänden ein, es bildet sich ein Strahlungsfeld im Kasten. Das Spektrum des durch das Loch emittierten Lichts wird gemessen. Die sogenannte Energiedichte $u(\nu, T)$, wie in Abschn. 2.3 für

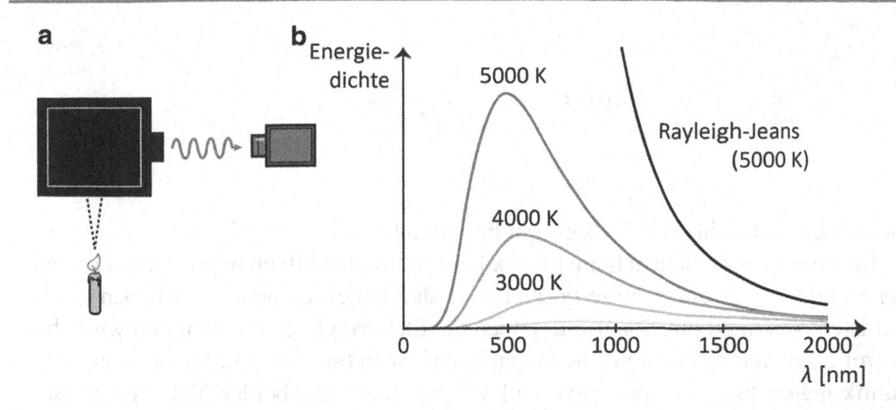

Abb. 3.2 Spektrum des schwarzen Körpers. Dargestellt ist die Energiedichte vs. Wellenlänge. Die Energiedichte ist die Energie pro Frequenzintervall (bzw. pro Wellenlängenintervall)

das elektromagnetische Feld eingeführt, ist temperaturabhängig (Abb. 3.2). $u(\nu, T)$ gibt die Intensität des ausgestrahlten Lichts pro Frequenzintervall bei einer bestimmten Temperatur wieder.

Der Physiker **Wien** hatte 1896 eine Formel vorgeschlagen,[1] die den hochfrequenten Teil (kleine Wellenlängen) des Spektrums gut beschreibt,

$$u(\nu, T) = \alpha \nu^3 \mathrm{e}^{-b\nu/T} \tag{3.1}$$

jedoch im niederfrequenten Bereich zu geringe Intensitäten im Vergleich zum gemessenen Spektrum aufweist.

Rayleigh und Jeans (s. Abschn. 3.5) konnten eine Formel aus der Thermodynamik und Elektrodynamik ableiten,

$$u(\nu, T) = \frac{8\pi \nu^2}{\mathrm{c}^3} \mathrm{k}T, \tag{3.2}$$

welche die Spektren für kleine Frequenzen (große Wellenlängen) sehr gut wiedergibt, für große Frequenzen jedoch völlig versagt, da sie hier gegen unendlich geht. Man nennt dies die Ultraviolettkatastrophe (s. Abb. 3.2). Beide, Thermodynamik und Elektrodynamik, sind Theorien der klassischen Physik, welche hier offensichtlich an ihre Grenzen stoßen.

Als Max Planck im Jahr 1900 von der guten experimentellen Übereinstimmung der beiden Gleichungen in den jeweiligen Grenzen erfuhr, konnte er innerhalb weniger Stunden eine Interpolationsformel angeben [29][2],

[1] Diese basiert auf der Hypothese, dass die Strahlung von Molekülen im schwarzen Körper ausgesendet werden, und diese Moleküle der Maxwell'schen Geschwindigkeitsverteilung gehorchen.

[2] Für große ν kann man das ‚-1' im Nenner vernachlässigen, man erhält die Wien-Formel, für kleine ν entwickeln Sie die Exponentialfunktion bis 1. Ordnung, dann steht das Rayleigh-Jeans-Gesetz schon da.

$$u(\nu, T) = \frac{8\pi\nu^2}{c^3}\frac{h\nu}{e^{h\nu/kT} - 1}, \tag{3.3}$$

die das Spektrum in Abb. 3.2 sehr gut beschreibt.

In seinem ersten Schritt hatte Planck beide Formeln einfach interpoliert. Das Vorgehen ergab zwar die richtige Formel, war aber unbefriedigend: Wir haben es hier mit Lichtwellen zu tun, daher muss doch die Elektrodynamik gelten, und wir haben es mit einem thermodynamischen Gleichgewicht zu tun, daher muss die Thermodynamik gelten, und der Spektralverlauf sollte sich aus den beiden Theorien ableiten lassen, d. h., es muss mehr als nur eine Interpolationsformel ableitbar sein. Aus den klassischen Theorien ließ sich aber nur die Rayleigh-Jeans-Formel ableiten, die offensichtlich ungenügend ist.

Ende 1900 hatte er dann eine Herleitung der Formel Gl. 3.3 (siehe Abschn. 3.5), aber um welchen Preis? Er hat angenommen, dass die Energie zwischen Wand und Strahlungsfeld nur portionsweise ausgetauscht werden kann, d. h., die Energie des Strahlungsfeldes E kann nicht beliebige Energiemengen aufnehmen, die Energie des Strahlungsfeldes ändert sich nicht kontinuierlich, sondern sie macht Sprünge, und zwar in der folgenden Form ($n = 0, 1, 2, \ldots$):

$$E_n = n h\nu.$$

Nur mit dieser zusätzlichen Annahme (**Quantenhypothese**) konnte er Gl. 3.3 aus der Thermodynamik und Elektrodynamik ableiten. Das **Planck'sche Wirkungsquantum h** mit

$$h = 6{,}62 \cdot 10^{-34}\,\text{Js}$$

kann durch einen Fit an die experimentelle Kurve gewonnen werden. Er selbst war damit gar nicht zufrieden:[3]

> Kurz zusammengefasst kann ich die ganze Tat als einen Akt der Verzweiflung bezeichnen. Denn von Natur bin ich friedlich und bedenklichen Abenteuern abgeneigt. Aber ich hatte mich nun schon 6 Jahre mit dem Problem des Gleichgewichts zwischen Strahlung und Materie herumgeschlagen, ohne einen Erfolg zu erzielen; ich wusste, dass dieses Problem fundamental für die Physik ist, ich kannte die Formel, welche die Energieverteilung im normalen Spektrum wiedergibt; eine theoretische Deutung musste daher um jeden Preis gefunden werden, und wäre er noch so hoch. Die klassische Physik reichte nicht aus, das war mir klar.

Planck hatte die Quantisierung als einfachen Rechentrick eingeführt: Der Energieaustausch zwischen Körpern und Strahlungsfeld ist nur portionsweise erlaubt. Die

[3] Zitiert nach Ref. [29], S. 18.

physikalische Notwendigkeit ergab sich daraus, dass ohne diese Quantisierung die Energie aus der Wand ganz in das Feld strömen würde. Um das zu verhindern musste er die Konstante **h** einführen. Einstein beschreibt die Bedeutung so:[4]

> Die Rechengröße aber hat in der Natur eine sehr reale Bedeutung, in dem Sinne, dass Strahlung nur in Quanten der Größe $h\nu$ entsteht oder verschwindet. Wenn nun eine Glocke anschlägt, so ertönt sie stark, wenn man stark anschlägt, und schwächer, je schwächer man anschlägt, sie nimmt eine größere oder kleinere Energiemenge auf.

Die Glocke nimmt jede beliebige Energiemenge auf, warum ist das bei dem Strahlungsfeld anders? Der Kontrast zur klassischen Physik ist klar, und nun ist die Frage, wie man den interpretieren soll, hierzu gab es zwei Möglichkeiten:

- Planck hat lange an der klassischen Physik festgehalten und hat versucht, die Quantisierung aus einer spezifischen Wechselwirkung der Körper mit dem Strahlungsfeld zu erklären. Die Quantisierung ist nicht eine Eigenschaft des Lichts selbst, sondern tritt wegen der speziellen Bedingungen in diesem Versuch auf. Butter gäbe es prinzipiell ja auch in allen kontinuierlichen Mengen, jedoch wird sie im Geschäft immer nur in Portionen von 250 g verkauft [29]. Es ist diese spezielle Art der Wechselwirkung, die zu dem Phänomen der Quantisierung führt, sonst ist alles wie gewohnt in der klassischen Physik.
- Es war wohl Einstein, der gegen Planck auf der Quantisierung des Strahlungsfeldes selbst insistierte, wenn auch sehr vorsichtig [29]. Deshalb ist er eine zentrale Figur bei der Entwicklung der Lichtquantenhypothese, die er maßgeblich am Photoeffekt entwickelt hat.

Beispiel 3.1

Sonnenspektrum Betrachtet man die Sonne als schwarzen Strahler, so kann man anhand des Frequenzmaximums der Sonnenstrahlung bei etwa 500 nm nach Gl. 3.3 auf eine Oberflächentemperatur von ca. 6000°C schließen. ◄

B. Der Photoeffekt

Wird eine Metalloberfläche mit Licht bestrahlt, so treten Elektronen aus, deren kinetische Energie gemessen wird, wie in Abb. 3.3 skizziert. Experimentell wird die kinetische Energie mit Hilfe der Gegenfeldmethode bestimmt. Hierbei müssen die Elektronen in einem Kondensator ein Gegenfeld überwinden, ehe sie an der Elektrode registriert werden können. Man kann das Feld so einstellen, dass keine Elektronen mehr ankommen, dies ist dann ein Maß für die kinetische Energie E_{kin} der Elektronen.[5]

---

[4] Zitiert nach Ref. [29], S. 19.

[5] Wenn die Elektronen die Potenzialdifferenz U durchlaufen, haben sie eine potenzielle Energie eU. Nun kann man die Spannung U so einstellen, dass keine Elektronen mehr ankommen, man also keinen Strom mehr misst. Dann gilt $eU = E_{\text{kin}}$.

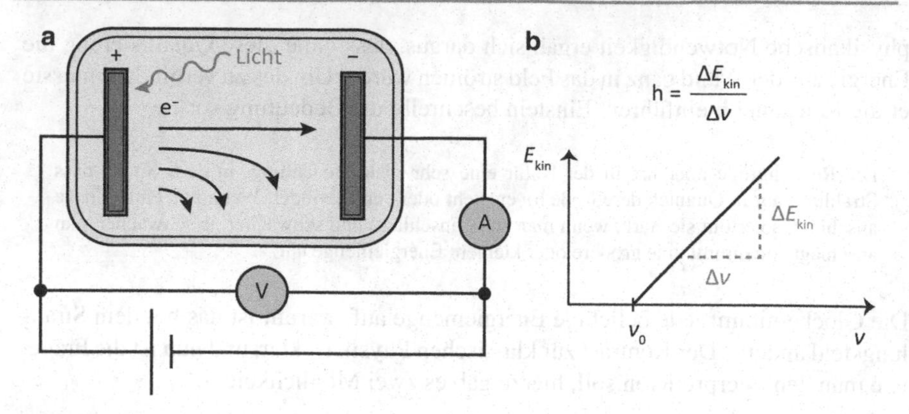

Abb. 3.3 (a) Licht ab einer bestimmten Frequenz löst Elektronen aus der Metallelektrode. Die Elektronen, die an der Elektrode ankommen, können als Photostrom gemessen werden. Dazu müssen sie aber eine Potenzialdifferenz U durchlaufen, die dann ein Maß für deren kinetische Energie ist. (**b**) Diese kinetische Energie wird über der Lichtfrequenz aufgetragen. Aus der Steigung kann man h bestimmen

Elektronen sind im Metall gebunden, d.h., um ein Elektron aus dem Metall zu lösen, muss eine bestimmte Energie, die sogenannte Austrittsarbeit W_A, aufgebracht werden.

Klassische Erklärung des Effekts: In der klassischen Elektrodynamik ist die Energie (Energiedichte u) des elektromagnetischen Feldes proportional zum Quadrat der elektrischen Feldstärke **E** (siehe Kap. 2),

$$u \sim |\mathbf{E}|^2,$$

sie hängt aber nicht von der Frequenz ab. Die klassische Wellenvorstellung hält durchaus ein Modell bereit, das Auslösen der Elektronen zu erklären. Die Elektronen können im Kristall schwingen, eine eingestrahlte Lichtwelle regt diese Schwingungen an, je länger eingestrahlt wird, desto heftiger die Schwingungen, bei entsprechend großer Amplitude der Schwingung (des Feldes) kann das Elektron aus dem Metall fliegen.

- Je länger wir uns in die Sonne legen, desto wärmer wird es. Wir sammeln kontinuierlich die Energie des Sonnenlichts an. Analog in dem Versuch: Es müsste eine bestimmte Zeit vergehen, um die entsprechende Energie zur Verrichtung der Austrittsarbeit W_A des Elektrons anzusammeln.
- Der Effekt sollte frequenzunabhängig sein. Bei entsprechend langer Einstrahlzeit oder hoher Lichtintensität sollte bei jeder Frequenz ein Elektron ausgelöst werden.

Experimentelle Befunde Man stellt jedoch Folgendes fest (Abb. 3.3b):

- Der Photostrom setzt kurz nach der Bestrahlung ein und ist proportional zur eingestrahlten Lichtintensität.

- Es treten nur Elektronen aus, wenn das Licht eine Mindestfrequenz ν_0 hat.
- Die kinetische Energie des Elektrons hängt von der Frequenz des Lichts ab.

Damit kann dieser Effekt nicht im klassischen Wellenbild erklärt werden.

Erklärung des Effekts mit der Lichtquantenhypothese: Eine **Ad-hoc**-Erklärung des Photoeffekts hat Einstein 1905 mit seiner **Lichtquantenhypothese** publiziert, die an Plancks Quantenhypothese direkt anknüpft und seine ursprüngliche Idee erweitert. Die elektromagnetischen Wellen der Frequenz ν sind demnach kein kontinuierliches Feld, sondern bestehen aus einzelnen Portionen **(Lichtquanten),** mit der Energie

$$E = \mathrm{h}\nu. \tag{3.4}$$

Wenn solch ein Lichtquant auf das Metall trifft, wird ein Teil dessen Energie in die Austrittsarbeit W_A investiert, der Rest geht in die kinetische Energie des Elektrons:

$$\mathrm{h}\nu = W_\mathrm{A} + \frac{1}{2} m_\mathrm{e} v^2. \tag{3.5}$$

Die Energie des austretenden Elektrons hängt also direkt von der Frequenz des Lichts ab. Damit lässt sich auch die Mindestfrequenz ν_0 erklären. Hier reicht die Energie des Photons gerade, die Austrittsarbeit zu leisten,

$$\mathrm{h}\nu_0 = W_\mathrm{A},$$

die Elektronen erhalten keine kinetische Energie. Proportional zur Erhöhung der Frequenzen wächst die kinetische Energie der Elektronen. Die Lichtquantenhypothese kann also das Experiment erklären.

Interpretation Interessant und diskussionsbedürftig bei dem Vorgehen ist dabei Folgendes:

- **Postulat** Man sieht hier den Aspekt, der gegenüber der Planck'schen Behandlung des schwarzen Körpers hinzukommt: Einstein versteht die Quantisierung nicht mehr durch die Wechselwirkung der Strahlung mit dem Körper bedingt, sondern **postuliert,** dass das ‚Lichtfeld' selber quantisiert ist.
- **Welche Theorie beschreibt das?** Einstein hat keine Quantentheorie des Lichts vorgelegt: Er hat nicht eine Quantenvariante der Wellengleichung vorgelegt und damit die Absorption des Lichts und das Emittieren des Elektrons, d. h. die Licht-Elektron-Wechselwirkung, beschrieben. Dies kommt wesentlich später mit der **Quantenelektrodynamik (QED)** in den 1940er-Jahren (Feynman, Schwinger, Tomanaga).
  Er hat die Energieerhaltung verwendet, wie in Abschn. 1.2.2 besprochen, also etwas, das immer gelten muss, egal, bei welchen Phänomenen Energie umgewandelt wird. Hier wird in Gl. 3.5 die Energie des Lichts auf der rechten Seite

in Austrittsarbeit und kinetische Energie des Elektrons umgewandelt. Und für die Energie des Lichts hat er die Planck'sche Formel eingesetzt. Damit hat man dann nur eine Formel, die den Versuch quantitativ wiedergibt, analog zu der Planck'schen Interpolationsformel für den Schwarzen Körper.
Daher stellt sich die Frage, ob dies eine **Ad-hoc-Hypothese** ist, die den Photoeffekt vielleicht nur zufällig richtig beschreibt? Oder ob es eine Modellvorstellung ist, die sich in gewisser Weise aus einer zu entwickelnden Theorie ableiten lässt, die aber dann eventuell eine andere Interpretation hat?

- **Mikroskopisches Verständnis** Er hat also keine Theorie vorgelegt, die das mikroskopische Geschehen erklärt, sondern ein **Korpuskelmodell** des Lichts, bei dem Licht aus vielen teilchenartigen Gebilden mit jeweils der Energie $h\nu$ besteht.[6] Damit hat er eine sehr einfache Anschauung der Phänomene vorgeschlagen, aber trifft diese wirklich zu?

Die Einführung der Lichtquanten an dieser Stelle war für viele seiner Kollegen an dieser Stelle nicht zwingend, es war eine gewagte Spekulation, so sagt z. B. Planck:

> Dass Einstein in seinen Spekulationen gelegentlich auch einmal über das Ziel hinausgeschossen sein mag, wie z. B. in seiner Hypothese der Lichtquanten, wird man ihm nicht allzu schwer anrechnen dürfen; denn ohne einmal ein Risiko zu wagen, lässt sich auch in der exakten Naturwissenschaft keine wirkliche Neuerung einführen.[7]

Bis zum Jahr 1923, in dem der Compton-Effekt (s. u.) publiziert wurde, war die Physikergemeinde gespalten. Etwa die Hälfte der Physiker vertrat Einsteins Lichtquantenhypothese, die andere Hälfte konnte sich dem nicht anschließen. Und in der Tat, man hätte das auch anders handhaben können: Spätere Rechnungen haben gezeigt, dass man den Photoeffekt auch beschreiben kann, wenn man Atome quantisiert betrachtet, beschrieben mit der Schrödinger-Gleichung, das Feld aber klassisch in die Rechnung einbezieht [23], was ja genau Plancks Position war. Eine solche Rechnung nennt man **quasi-klassisch.** Das ist aus heutiger Sicht nicht mehr unbedingt verwunderlich, da man viele Quanteneffekte quasi-klassisch beschreiben kann (siehe Abschn. 3.3).

Licht ist, wie man heute weiß, wesentlich komplizierter, als ursprünglich angenommen. Ein einfaches und kohärentes Modell des Lichts ist immer noch nicht in Sicht,[8] so schrieb Einstein im Jahr 1951,

---

[6] Siehe [29]. Dabei hat sich Einstein selber zunächst vorsichtiger ausgedrückt: Man könne die Phänomene so behandeln, **‚als ob'** Licht quantisiert sei. Damit könnte er den Modellcharakter dieser Vorstellung betont haben, siehe Abschn. 3.3.
[7] Zitiert nach [48].
[8] Und wie wir unten sehen werden, benötigt man das Photonenmodell bei vielen Anwendungen in der Chemie gar nicht (Abschn. 3.3).

> Die ganzen 50 Jahre bewusster Grübelei haben mich der Antwort der Frage ‚Was sind Lichtquanten‘ nicht näher gebracht. Heute glaubt zwar jeder Lump, er wisse es, aber er täuscht sich.[9]

Aber der Reihe nach: Eine weitere Teilcheneigenschaft ist der Impuls. Wenn sich also diese hypothetischen Lichtteilchen so verhalten wie massenbehaftete Teilchen beim Stoß, dann sollte doch das Teilchenbild greifen. Und so schien es dann auch: Mit dem Compton-Versuch (1923) waren dann alle Skeptiker überzeugt, es machte für sie dann Sinn, von **Lichtteilchen** zu reden.

3.1.3 Impuls des Photons: Compton-Effekt

Die Auffassung, dass Licht aus Teilchen besteht, hat eine lange Geschichte, den prominentesten Vertreter hatten wir mit Newton schon benannt. Teilchen haben eine Masse und damit einen Impuls, Lichtteilchen können damit einen Druck auf eine Wand ausüben.[10] Schon Kepler hatte damit die Form von Kometenschweifen erklärt, da der Kometenschweif immer von der Sonne weggerichtet ist. Experimentell gelang der Nachweis des Strahlungsdruckes um 1900, die Experimente und Ergebnisse waren in der Physikergemeinde bekannt, und es war die Frage, wie man den Impuls des Lichts erklären kann.

Compton untersuchte die Streuung von γ-Strahlung an Elektronen. Diese ließ er auf Graphit einstrahlen, da hier die Elektronen nur lose gebunden sind, und hat die gestreute Strahlung in Abhängigkeit vom Streuwinkel gemessen (Abb. 3.4a). Dabei konnte folgendes festgestellt werden:

- Röntgenstrahlung der Wellenlänge λ löst in Graphit Elektronen aus. Dabei wird die Röntgenstrahlung gestreut.
- Die gestreute Strahlung hat eine größere Wellenlänge $\lambda' > \lambda$.
- $\Delta\lambda = \lambda' - \lambda$ hängt nur von Streuwinkel θ ab.

Wellenbeschreibung Nach der klassischen Wellentheorie des Lichts könnte die Strahlung Schwingungen des Elektrons um die Kernpositionen im Atom anregen. Dadurch wird ein Hertz'scher Dipol angeregt, der Strahlung emittiert. In diesem Fall jedoch hätte die ‚gestreute‘ Strahlung dieselbe Frequenz wie die Ausgangsstrahlung. Im Experiment findet man jedoch eine Verschiebung der Frequenz der gestreuten Strahlung ins Längerwellige, die Strahlung verliert Energie durch die Streuung. Daher scheint diese Beschreibung nicht zuzutreffen.

---

[9] Zitiert nach [29], S. 137.

[10] Wie die Teilchen des idealen Gases, dessen Druck auch eine Wand wir in Kap. 16, Bd. I, über die Impulsänderung durch die Reflektion, berechnet haben.

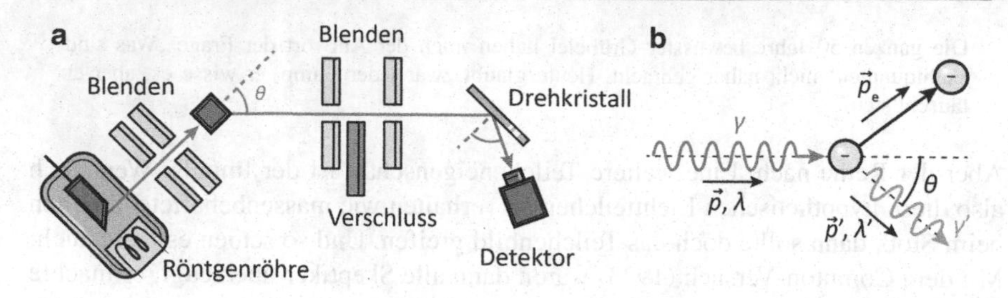

Abb. 3.4 (**a**) Schematischer Aufbau des Compton-Versuchs. (**b**) ‚Stoß' eines Lichtteilchens mit einem Elektron

Erklärung im Teilchenbild: Beim Stoß zweier Teilchen verwendet man in der Mechanik ein Bild, wie in Abb. 3.4b gezeigt, es wird Impuls und Energie auf das gestoßene Teilchen übertragen, und zwar abhängig vom Winkel. Die Winkelabhängigkeit der gestreuten Lichtteilchen ist damit ein zentraler Hinweis für den Teilchencharakter bzw. den Impuls der Lichtquanten. Um diesen Teilchenaspekt auszudrücken, wurden die Lichtquanten auch Photonen genannt. Ein Impuls ist jedoch in einem Teilchenbild immer mit einer Masse verknüpft,

$$p = mv.$$

Wenn Impuls übertragen wird, heißt das dann, dass das Photon eine Masse hat, wie z. B. Newton noch annahm? Auf der anderen Seite hatte Einstein zu dieser Zeit die **Energie-Masse-Äquivalenz**

$$E = mc^2$$

festgestellt, man kann also einer Energie formal auch eine Masse zuordnen.[11]

Um den Lichtquanten einen **Impuls** zuordnen, betrachtet man die Energie eines freien Teilchens mit Masse m nach der **speziellen Relativitätstheorie:**

$$E^2 = c^2 p^2 + m^2 c^4. \tag{3.6}$$

Diese Energie hat zwei Teile, zum einen die relativistische **Ruheenergie,** d. h. das Masse-Energie-Äquivalent $E = mc^2$, und zum anderen die kinetische Energie ($c \cdot p$), die mit dem Impuls des Teilchens verbunden ist. Wenn wir für die Lichtquanten eine Ruhemasse $m = 0$ annehmen,[12] so können wir ihnen über die Energie

$$E = cp = h\nu \tag{3.7}$$

[11] Siehe die Diskussion in Ref. [29] Abschn. 3.5 und 5.2.

[12] Dies wird in der Quantenelektrodynamik (QED) begründet, die aufgrund von Symmetrieüberlegungen eine Photonenmasse ausschließen kann. Wenn Photonen eine Masse hätten, würden sie sich nicht mit Lichtgeschwindigkeit ausbreiten, und eine weitere Konsequenz, die aus der QED folgt, wäre, dass die elektrostatische Wechselwirkung nicht dem Coulomb-Gesetz folgen würde, sondern einem Gesetz, das eine exponentielle Abstandsabhängigkeit aufweist.

einen Impuls p zuordnen, d. h.

$$p = \frac{\mathrm{h}\nu}{\mathrm{c}} = \frac{\mathrm{h}}{\lambda} = \hbar k. \quad (3.8)$$

Der einzige Trick besteht hier also nur darin, die spezielle Relativitätstheorie, die für massebehaftete Körper entwickelt wurde, auch für masselose Teilchen anzuwenden.

Der Rest ist dann ganz einfach und soll hier nicht ausgebreitet werden. Man wendet die **Impulserhaltung** und die **Energieerhaltung** für den Stoß von Photon mit Elektron an und kann damit die Energieverteilung der gestreuten Photonen, d. h., deren Wellenlängen, gut erklären. Der ganze Witz besteht darin, dass wie beim Stoß von Billardkugeln das Photon Energie und Impuls auf das Elektron überträgt. Damit hat das gestreute Photon weniger Energie, was sich nach $E = \mathrm{h}\nu$ in einer längeren Wellenlänge niederschlägt. Es ist erstaunlich: Durch die Relation von Impuls und Wellenlänge lassen sich die gemessenen Größen, also die Wellenlängenverschiebung mit den Streuwinkel, sehr gut berechnen, wenn man den Umweg über den Stoß zweier Körper nimmt.

Interessant ist: Es wurde keine Quantentheorie der Wechselwirkung von Licht mit Materie entwickelt, sondern nur Erhaltungssätze und einfache Umrechnungsformeln von Wellen- zu Teilcheneigenschaften eingeführt.

3.1.4 Drehimpuls des Photons

Massenbehaftete Körper haben in der klassischen Physik einen Drehimpuls L, wie in Abschn. 1.3.3 besprochen. Zentral für die Berechnung von L sind also Masse und Ausdehnung des Objekts. Wie beim Impuls des Lichts ist die Existenz eines Drehimpulses dieses masselosen Objekts nach klassischer Vorstellung absolut unverständlich. Zudem müsste man sich hier nun auch noch eine Ausdehnung vorstellen.

Und dennoch, es scheint einen zu haben. Oder, nach dem oben Gesagten, zumindest wechselwirkt es mit Materie in solch einer Weise, dass die Zuschreibung eines Drehimpulses gerechtfertigt ist. Der direkte Nachweis des Drehimpulses des Lichts gelang erst 1936 durch R. A. Beth, der diesen durch Einstrahlung von Licht auf Quartzplättchen mit Hilfe einer Torsionswaage gemessen hat.

Bei Behandlung der Spektroskopie (Teil VI) werden wir verwenden, dass Photonen einen Drehimpuls von $L = \hbar$ besitzen, dies hat direkte Konsequenzen bei der Absorption von Licht durch Atome und Moleküle. Hier nimmt Materie die Energie $\mathrm{h}\nu$ auf, und ebenso muss die Drehimpulserhaltung für $L = \hbar$ gewährleistet sein, d. h., bei Lichtabsorption wird sich der Drehimpuls der Elektronen in Atomen und Molekülen um $\hbar$ ändern (Spektroskopie).

3.1.5 Stehende Wellen

In Abschn. 2.2.4 hatten wir Wellen betrachtet, die bestimmten Randbedingungen unterworfen sind, wir erhalten das Bild **stehender Wellen,** wie in Abb. 2.9 gezeigt. Durch die Randbedingungen des Kastens wird erzwungen, dass die Amplitude der Wellen am Kastenrand verschwinden müssen, es sind nur Wellenzahlen möglich, für die gilt (Gl. 2.19)

$$k_n = \frac{n\pi}{L}, \qquad n = 1, 2, 3 \ldots$$

Lichtwellen breiten sich mit einer Phasengeschwindigkeit aus, die gleich der Lichtgeschwindigkeit ist,

$$\mathrm{c} = \frac{\omega}{k}.$$

Dies in die Planck'sche Energieformel eingesetzt, ergibt ($\omega = 2\pi\nu$, $\hbar = \frac{\mathrm{h}}{2\pi}$)

$$E = \mathrm{h}\nu = \hbar\omega = \hbar c k_n = \hbar c \frac{n\pi}{L}. \tag{3.9}$$

Da nur bestimmte Wellenlängen möglich sind, kann das Licht nur bestimmte Frequenzen besitzen.[13]

3.2 Welleneigenschaften von Teilchen

Nun geht es um die Beschreibung von Teilchen, Elektronen, Protonen, Atomkernen, ganzen Atomen bis zu Molekülen. Diese Teilchen haben eine Masse m und teilweise eine Elementarladung $\pm e$, welche erstmals durch die Öltröpfchenversuche von **Millikan** genau bestimmt wurde.

Wie ist die Materie aus diesen Elementarteilchen aufgebaut? Es ist klar, die Massenanziehung ist ein Vielfaches kleiner als die elektrostatischen Wechselwirkungen, daher wird die Coulomb-Kraft eine zentrale Rolle beim Atomaufbau spielen. Zunächst geht man vom Teilchenbild aus, Elektronen könnten um die Atomkerne kreisen, wie Planeten um die Sonne. Das aber führt zu Widersprüchen, wie schon in Abschn. 1.3.5 beschrieben: Die Stabilität von Atomen lässt sich so nicht verstehen. Dies berücksichtigt **Niels Bohr** durch ein **Postulat,** dass nur bestimmte Bahnen erlaubt sind, d. h., dass der Drehimpuls der Elektronen quantisiert ist.

Aber wie kann man das verstehen? Wellen kann ein Impuls zugeschrieben werden, $p = \frac{\mathrm{h}}{\lambda}$, wie bei der Erklärung des Compton-Versuchs verwendet. **De Broglie** dreht

[13] Damit sieht es so aus, als wären nur bestimmte Energien $E = \mathrm{h}\nu$ möglich. Sind dies die Lichtquanten? Vorsicht, betrachten Sie nochmals Abb. 2.9. Wir haben es hier mit Wellen $y(x) = a \sin(k_n x)$ zu tun. Mit k_n ist eine Wellenlänge bestimmt, aber was ist mit der Amplitude? Für die Amplitude a gibt es bisher keine Einschränkung, und damit sind immer noch beliebige Energien möglich, wir werden dies in Abschn. 3.3 wieder aufgreifen.

die entsprechende Formel einfach um und postuliert Welleneigenschaften von Elektronen, $\lambda = \frac{h}{p}$. Die Bohr'schen Bahnen sind in dieser Perspektive dann als stehende Wellen des Elektrons zu verstehen. Wenn Elektronen aber als Wellen aufzufassen sind, dann müssten sie Beugungs- und Interferenzphänomene zeigen, also klassische Welleneigenschaften. Und in der Tat, der experimentelle Nachweis der Elektronenbeugung an Kristallen (Davisson und Germer) geschah schon einige Jahre später. Das mit der Wellenlänge von Teilchen scheint irgendwie Sinn zu machen. Doppelspaltexperimente mit Elektronen, wie bei Licht, gelangen allerdings erst über 40 Jahre später.

3.2.1 Teilchenmodelle des Atoms

Rutherford'sches Atommodell Die Streuversuche von α-Teilchen an Goldfolien in Rutherfords Labor ergaben, dass die meisten Teilchen die Folie ungehindert passieren konnten, nur wenige wurden gestreut oder reflektiert. Daraus schloss Rutherford (1911), dass die gesamte Masse des Atoms in einem positiv geladenen Atomkern konzentriert sein muss, um den die Elektronen herum verteilt sind. Das von ihm entworfene Atommodell nimmt in Analogie zum Planetenmodell an, dass sich die Elektronen auf Umlaufbahnen um den Kern bewegen, so wie die Planeten um die Sonne. Die Größe der Kerne wurde zu $r \geq 10^{-15}$ m abgeschätzt, die der Atome zu $r \geq 10^{-10}$ m. Da die Elektronen selber sehr klein sind, scheint der Raum um die Kerne größtenteils leer zu sein. Die zentrale Kraft ist hier nicht die Gravitationskraft, sondern die Coulomb-Anziehung. Beide zeigen jedoch ein $1/r$-Verhalten, weshalb hier starke Ähnlichkeiten auftreten sollten.

Es gibt jedoch (mindestens) zwei gravierende Probleme mit diesem Modell:

1. Die Kreisbewegung ist eine beschleunigte Bewegung, wobei Energie abgestrahlt werden müsste. Daher würde das Elektron auf seiner Umlaufbahn Energie verlieren und würde sehr schnell in den Kern stürzen (siehe Abschn. 1.3.5).
2. Klassisch sind alle Umlaufbahnen erlaubt, ein Satellit beispielsweise kann in beliebigen Abständen von der Erde kreisen. Atome emittieren Strahlung, jedoch nur mit bestimmten, charakteristischen Frequenzen. Dies deutet eher darauf hin, dass die Elektronen nur bestimmte Energien haben können und nicht ein kontinuierliches Spektrum von Energien.

Spektrallinien des Wasserstoffatoms So wurde festgestellt, dass angeregte Wasserstoffatome ein Spektrum von diskreten Frequenzen emittieren, wie in Abb. 3.5 dargestellt. Für die vom Wasserstoffatom ausgesendete Strahlung fand Johannes Rydberg (1888) folgende Formel:

$$\frac{1}{\lambda} = \mathrm{R_H}\left(\frac{1}{n^2} - \frac{1}{m^2}\right) \tag{3.10}$$

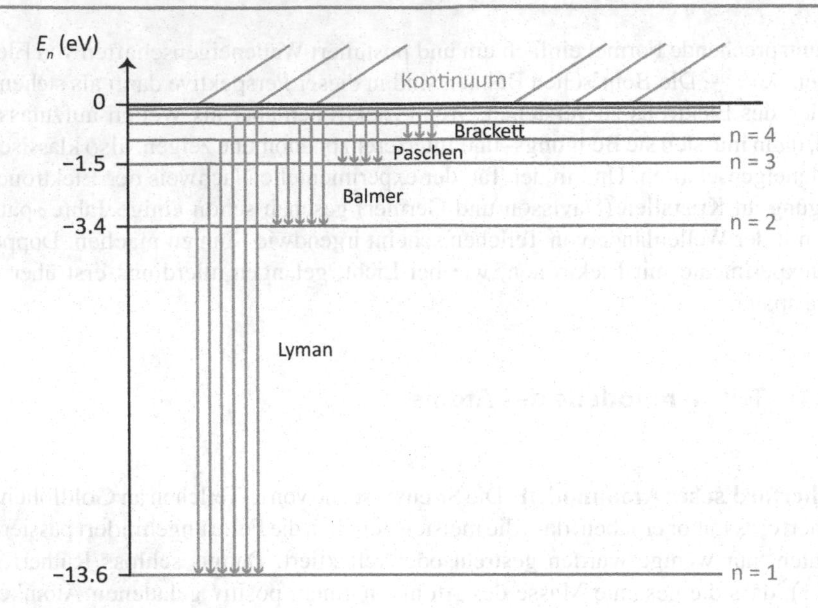

Abb. 3.5 Termschemen zum Emissionsspektrum des Wasserstoffatoms

R_H ist eine Konstante, die sogenannte Rydberg-Konstante die sich experimentell aus den Spektren bestimmen lässt. Sie kann aber auch durch andere Konstanten ausgedrückt werden, wie wir gleich sehen werden. Multipliziert man diese Gleichung mit hc, so erhält man mit der Definition

$$E_n = \frac{R_H hc}{n^2} \tag{3.11}$$

folgende Formel:

$$h\nu = E_n - E_m. \tag{3.12}$$

Diese kann man wie folgt interpretieren: Die Atome senden Licht der Frequenz ν aus, entsprechend der Rydberg-Formel. Gemäß der Energieerhaltung muss damit das Atom Energie abgeben, nämlich genau die Differenz $E_n - E_m$, d. h., man kann die Emission von Licht als Übergang zwischen je zwei diskreten Zuständen des Atoms darstellen. Im Atom scheinen nur bestimmte, diskrete Energiezustände möglich zu sein. Die einzelnen Spektralserien in Abb. 3.5 erhält man für verschiedene Übergänge, Abb. 3.5 kann als Abbild der Energiezustände im Atom gelesen werden. Es gibt einen Grundzustand $E_1 = R_H hc$, dies scheint der Zustand minimaler Energie zu sein.

Bohr'sches Atommodell (1913) Es sieht also so aus, ‚als ob' die Atome

1. nur in bestimmten Energiezuständen existieren können und
2. der Übergang zwischen solchen Zuständen durch Aufnahme (bzw. Abgabe) eines Photons der entsprechenden Energie erfolgt.

Dies sind die **Bohr'schen Postulate,** also Annahmen, die er nicht streng beweisen konnte, sondern sich als Interpretation der Rydberg-Formel ergeben. Als direkte Konsequenz muss dann auch die Existenz eines Grundzustandes, also eines energetisch tiefsten Zustandes angenommen werden. Auch dieser Umstand, der keine Analogie in der klassischen Physik hat, wird uns noch öfter begegnen.

Bohr analysierte das Problem im Rahmen der klassischen Mechanik, für die Umlaufbahnen des Elektrons im Wasserstoffatom kann man ansetzen, dass die Coulomb-Kraft gleich der Zentrifugalkraft ist:

$$\frac{1}{4\pi\epsilon_0}\frac{e^2}{r^2} = \frac{mv^2}{r}. \tag{3.13}$$

Klassisch sind nun beliebige Kreisbahnen, d. h. beliebige Abstände ‚r' sind möglich, die sich dann durch die Geschwindigkeiten v des Elektrons auf der Kreisbahn unterscheiden. Eleganter formuliert man das mit dem Bahndrehimpuls

$$L = mvr,$$

und was Bohr hier auffiel, war die Tatsache, dass die Einheiten des Bahndrehimpulses die gleichen wie die des Wirkungsquantums $\hbar$ sind. Könnte es sein, dass, wie bei Photonen, deren Energie in Einheiten von $\hbar$ quantisiert ist, im Atom der Drehimpuls der Elektronen in Einheiten von $\hbar$ quantisiert ist? Er macht also den Ansatz ($n = 1, 2, 3 \ldots$)

$$L = n\hbar,$$

substituiert v durch L in Gl. 3.13 und erhält für die Radien der Kreisbahnen je nach Drehimpuls n,

$$r_n = \frac{4\pi\epsilon_0 n^2\hbar^2}{me^2}, \tag{3.14}$$

mit dem kleinsten möglichen Drehimpuls ($n = 1$) ergibt sich

$$r_1 \approx 0.52910^{-10}\,\mathrm{m} = a_\mathrm{B}. \tag{3.15}$$

Das ist ziemlich nah an den Abschätzungen für den Atomradius, wie oben beschrieben. Da der Drehimpuls quantisiert ist, sind also Bahnen mit kleinerem Radius als r_1 nicht möglich.

Damit ist auch sofort die Energie quantisiert, wenn man Gl. 3.14 verwendet, erhält man

$$E_n = \frac{mv^2}{2} - \frac{e^2}{4\pi\epsilon_0 r} = \frac{L^2}{2mr^2} - \frac{e^2}{4\pi\epsilon_0 r} = -\frac{1}{2}\frac{e^2}{4\pi\epsilon_0 r} \tag{3.16}$$

$$= -\frac{1}{2}\left(\frac{e^2}{4\pi\epsilon_0}\right)^2 \frac{m}{\hbar^2}\frac{1}{n^2} = -\frac{\hbar^2}{2m_e a_B^2}\frac{1}{n^2} = -\frac{E_R}{n^2},$$

was mit den oben diskutieren Spektrallinien übereinstimmt. Für den Grundzustand ($n = 1$) erhält man die Ionisationsenergie

$$-E_1 = E_R = 13.61 \text{ eV}, \tag{3.17}$$

die durch die **Rydberg-Energie** $E_R = \frac{\hbar^2}{2m_e a_B^2}$ ausgedrückt wird.

Dies ist ein **Modell** der Atome, denn es verwendet nur die klassische Mechanik und zusätzliche Postulate, die nicht weiter erklärt werden können. Die Vorstellung einer kreisenden Ladung auf stabilen Bahnen widerspricht jedoch eklatant der Elektrodynamik (Hertz'scher Dipol). Es kann einige Aspekte des atomaren Geschehens sehr gut wiedergeben, nämlich

- dass in Atomen nur bestimmte Energiezustände möglich sind, und
- dass Übergänge zwischen dieses durch Absorption/Emission von Licht stattfinden.

Das Modell funktioniert sehr gut für Atome und Ionen mit einem Elektron, kommt dann aber schnell an seine Grenzen, komplexere Atome kann es nicht beschreiben. Auch sagt es voraus, dass die Elektronen im Grundzustand einen Drehimpuls ($n = 1$) haben, das ist klassisch auch gar nicht anders zu denken, es gilt jedoch $n = 0$ (Kap. 11). Das Modell kann also nur einige wenige Aspekte des Atomaufbaus beschreiben.

> a_B und E_R beschreiben typische atomare Größenordnungen, wir werden später Abstände und Energien in diesen sogenannten **atomaren Einheiten** angeben.

3.2.2 Materie als Welle

De Broglie (1923) drehte die Planck-Einstein-Überlegungen einfach um. Wenn Licht auch Materieeigenschaften haben kann, warum kann dann umgekehrt nicht Materie auch Welleneigenschaften aufweisen. Zur Beschreibung des Compton-Effektes haben wir Lichtwellen der Wellenlänge $\lambda = 2\pi/k$ einen Impuls zugeordnet:

$$p = \hbar k.$$

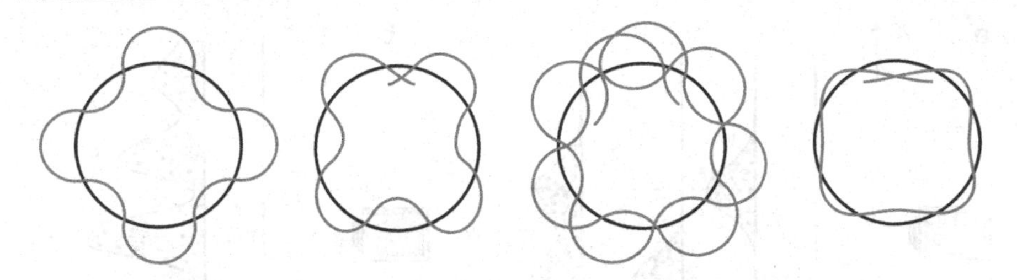

Abb. 3.6 Wellen auf einer Bohr'schen Kreisbahn. Wenn der Kreisumfang nicht ein ganzzahliges Vielfaches der Wellenlänge ist, löscht sich die Welle durch destruktive Interferenz nach ein paar Umläufen aus

Umgekehrt können wir dann Materie eine Wellenlänge zuordnen,

$$\lambda = \frac{2\pi}{k} = \frac{2\pi\hbar}{p} \tag{3.18}$$

Anwendung auf Zustände gebundener Teilchen Damit kann man die Bohr'schen Quantenbedingungen für den Drehimpuls, $L = mvr = n\hbar$, uminterpretieren, wir erhalten mit $p = mv$:

$$pr = n\hbar \qquad \rightarrow \qquad 2\pi r = n\lambda. \tag{3.19}$$

Wenn Materie durch Wellen beschrieben wird, die sich auf den Bohr'schen Bahnen bewegen, so muss der Bahnumfang $2\pi r$ ein ganzzahliges Vielfaches der Wellenlänge λ sein, sonst würde sich die Welle selbst ‚auslöschen' (Interferenz), wie in Abb. 3.6 skizziert. Bitte beachten sie hier eine Analogie der Kreisbewegung mit dem Verhalten von Wellen in einem Kasten (Abb. 2.9). Auch dort sind nur bestimmte Wellenlängen möglich, was zum Auftreten von bestimmten Energien Gl. 3.9 führt. Das Phänomen ist das Gleiche: beim Kasten resultiert die destruktive Interferenz durch die Reflexion an den Wänden, bei der Kreisbewegung durch direkte Überlagerung auf der Kreisbahn. Wir werden diesen Umstand später wieder aufgreifen.

Modell und Erklärung Das Bohr'sche Modell führt zusätzliche Postulate ein, die aber selbst nicht erklärt werden. Es wird nicht gesagt, warum die Elektronen nur auf bestimmten Bahnen bleiben. Es muss scheinbar so sein, aber was ist der Mechanismus dahinter? Die Wellenhypothese scheint in gewisser Weise eine Erklärung bereit zu halten, die Bahnen resultieren aus einer Interferenzbedingung. Damit scheint die Existenz bestimmter Umlaufbahnen und diskreter Energien etwas verständlicher, eine Art Mechanismus bietet sich hier an. Interferenz, Randbedingungen etc. die typischen Welleneigenschaften (Abschn. 2.2) können wir für Wellen sehr gut verstehen, bei Wasserwellen wird uns das sogar bildlich plausibel. Wir bekommen eine Anschauung, die das Phänomen zu erklären scheint. Zudem tritt bei einer stehenden Welle keine beschleunigte Ladung auf, da sich nun nichts mehr bewegt, das Problem der stabilen Bahnen ist damit auch gelöst.

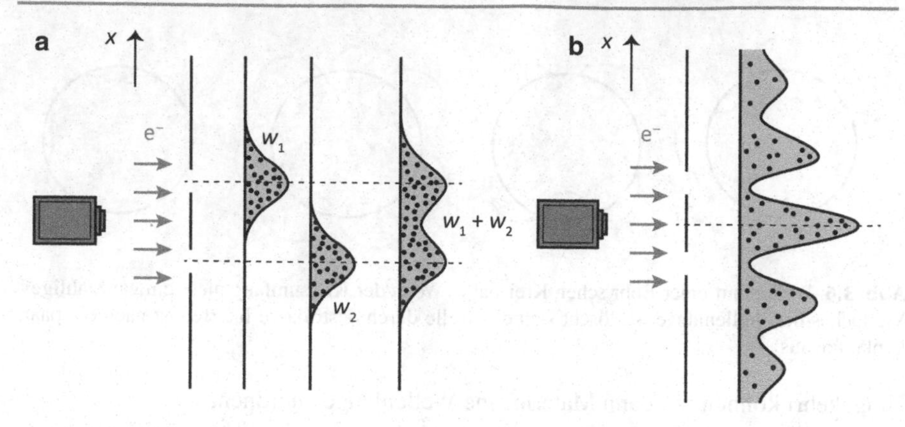

Abb. 3.7 Beugung an zwei Einzelspalten und Interferenz am Doppelspalt

In Abschn. 6.4 werden wir uns genauer ansehen, wie in der Physik erklärt wird. Man kann nach einem Mechanismus für ein Phänomen suchen: Wie entsteht es, welche Kräfte oder Ursachen sind hier am Werk, dass das so in Erscheinung tritt? Hier bringt das Wellenmodell teilweise eine Erklärung, aber um den Preis, das Rätsel nur verschoben zu haben: Denn nun besteht das Problem darin zu erklären, **warum** Teilchen Wellen sein sollen! Wie kann man sich das vorstellen, warum ist das so? Und wir werden sehen, dass dies nicht weiter erklärbar ist. Erinnern Sie sich an die Diskussion zur klassischen Mechanik (Abschn. 1.1). Bestimmte Phänomene können wir nur in Formeln kleiden, wir können sie sehr genau beschreiben, aber nicht weiter erklären. Aber, eine zusammenfassende Beschreibung hat auch einen Erklärwert. Wenn man sieht, dass viele Aspekte des Verhaltens der Quantenteilchen als Wellenphänomene zu fassen sind. Aha, auch an dieser Stelle kann man das Phänomen durch den Wellencharakter erklären. So auch der nächste Versuch.

Anwendung auf Beugung und Interferenz freier Teilchen Die de Broglie'schen Überlegungen zu Materiewellen waren reine Spekulation, der Nachweis des Wellencharakters der Materie erfolgte erst einige Jahre später, als Beugungsexperimente mit Elektronen (Davisson und Germer 1927) durchgeführt wurden.

Im Abschn. 2.2.3 haben wir Interferenzversuche mit Photonen betrachtet und dabei Abb. 2.8 diskutiert. Man kann nun die selben Versuche mit Elektronen, Neutronen oder Atomen machen (seit ca. 1940), man erhält ein analoges Ergebnis, wie in Abb. 3.7 gezeigt.

Man kann den Versuch auf unterschiedliche Weise durchführen, immer erhält man das gleiche Interferenzmuster:

- Man verwendet einen Teilchenstrahl mit großer Intensität, dann ist das Interferenzmuster sofort sichtbar.
- Man macht einen Versuch mit so geringer Intensität, so dass jeweils nur ein Teilchen im Apparat ist: Dann sieht man nur einzelne Schwärzungen, d. h., man sieht das Eintreffen einzelner Teilchen. Erst wenn viele Teilchen die Apparatur durchlaufen haben, ist das Interferenzmuster sichtbar.

- Als Gedankenexperiment kann man viele Doppelspaltexperimente durchführen, durch die jeweils nur ein Teilchen geht: Summiert man die Schwärzungen auf den Schirmen in ein Bild, so ergibt sich das Gleiche wie oben.

Wichtig sind dabei zwei Beobachtungen:

- Die Lage der Interferenzmaxima hängt von der Wellenlänge ab, und die mit Hilfe der De-Broglie-Beziehungen berechneten Wellenlängen für Elektronen erklären das Interferenzmuster, d. h., Teilchen mit der Masse m und der Geschwindigkeit v scheinen wirklich eine Wellenlänge $\lambda = \mathrm{h}/p$ zu haben.
- Auf dem Schirm sieht man eine Häufigkeitsverteilung. Wichtig ist, dass dies keine kontinuierliche Verteilung ist: Man sieht einzelne Einschläge am Schirm, erst sehr viele ‚Einschläge' ergeben ein Interferenzmuster, wie man es von Licht kennt. Man kann sich den Schirm, auf dem die Elektronen auftreffen, auch aus sehr vielen Teilchendetektoren aufgebaut vorstellen. An jedem Ort entlang des Schirms steht ein Detektor, und es wird immer ein Teilchen detektiert. Man sieht nie, dass ein Teilchen über einen großen Raumbereich ‚verschmiert' ist, d. h., von mehreren Detektoren gleichzeitig registriert wird.

Was ist die Welle? Aus diesen Experimenten wird klar:

- **Einzelne Teilchen haben Teilchencharakter:** Es treffen einzelne Teilchen am Schirm auf, d. h., einzelne Teilchen sind durch die Apparatur gelaufen, es muss nicht das Kollektiv vieler Teilchen in der Apparatur sein. Und diese sind immer lokalisiert. Man sieht nie eine ‚Teilchenverschmierung', wie man das bei Wellen vermuten könnte. Ein einzelnes Teilchen **ist keine Welle.**
- Viele Teilchen, wir nennen diese ein **Ensemble von Teilchen,** folgen dann der Verteilung, wie sie das Interferenzmuster vorgibt. Das Interferenzmuster gibt die Häufigkeitsverteilung an, d. h., es gibt Orte am ‚Schirm', an denen viele Teilchen ankommen, und Orte, wo wenige/keine ankommen. Am Schirm manifestiert sich also wieder ein Teilchenbild.[14] D. h., der **Wellencharakter** äußert sich offensichtlich für das **Ensemble,** einzelne Teilchen führen immer nur zu einzelnen Einschlägen am Schirm, es macht also keinen Sinn zu sagen, ein Teilchen sei gleichzeitig Welle und Teilchen. Ein Teilchen ist immer ein Teilchen.
- Für einzelne Teilchen kann man keine Vorhersage machen, wo sie am Schirm auftreffen werden. Allerdings ist der Auftreffort nicht völlig zufällig, die Wahrscheinlichkeit des Eintreffens folgt dem Interferenzmuster, d. h., die **relativen Häufigkeiten,** die man auf dem Schirm ablesen kann (‚Höhe der Maxima'), kann man als **Wahrscheinlichkeiten** für die Einzelereignisse deuten.

[14] Und dies ist auch bei Licht so: Wenn man z. B. eine Photoplatte verwendet, sieht man einzelne Schwärzungen, wenn man Licht mit sehr geringer Intensität verwendet.

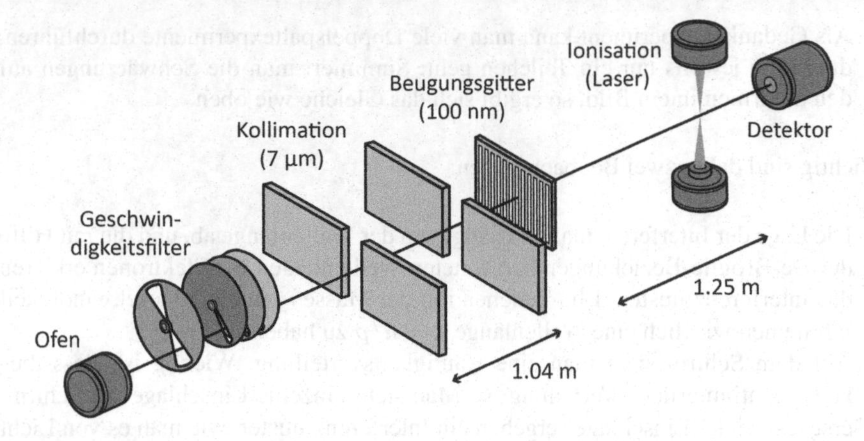

Abb. 3.8 Interferenzversuche mit C60, nach Nairz et al., Am. J. Phys. 71, 319 (2003)

Diese Wellenvorstellung ist offensichtlich extrem erfolgreich, sie kann die Experimente gut reproduzieren. Aber was genau **ist** die Welle? Was genau ist das Objekt in der Natur, dem man die De-Broglie-Wellenlänge λ zuordnen soll? Ganz offensichtlich äußert sich die Welleneigenschaft nur für das Ensemble, der ‚Wellencharakter' zeigt sich daher nicht für einzelne Teilchen. Man sieht nur einzelne Auftrefforte. Bei dem Versuch mit großer Intensität interferieren Teilchen womöglich miteinander, aber wie ist das bei geringer Intensität? Muss man da sagen, das Teilchen interferiere mit sich selbst? Aber was genau soll das bedeuten? Ist ein Elektron nun gleichzeitig ein Teilchen und eine Welle? Von Anfang an wurde gerätselt, was genau die Welle sein soll, und das ist bis heute so geblieben. Dies werden wir in den Kapiteln zur Interpretation weiter ausführen.

Gibt es eine Grenze? Interferenz ist offensichtlich eine Quanteneigenschaft, man sieht nie Autos auf der Autobahn miteinander interferieren. Und so wurde anfangs vermutet, dass diese Phänomene nur im Mikrokosmos auftreten, im Makroskopischen aber die Gesetze der klassischen Physik gelten. Aber wo genau ist diese Grenze? Interferenzversuche wurden inzwischen mit Photonen, Elektronen, Atomen und großen Molekülen (C60) bis hin zu Makromolekülen durchgeführt. Man muss die Apparatur dabei deutlich verändern (Abb. 3.8), aber Anton Zeilinger (Wien) ist der Meinung, dass es nicht wirklich eine Grenze nach oben gibt, z. B. hält er Interferenzversuche mit Bakterien für möglich.

3.3 Vertiefung: Was ist Licht?

Lernschwierigkeiten Wir haben Experimente, Formeln und Hypothesen kennen gelernt, sowie neue Konzepte, die offensichtlich eine erfolgreiche Beschreibung der Experimente erlauben. Ergibt sich daraus ein konsistentes Bild der Lichtquanten?

Bilder scheinen wichtige Elemente beim Verstehen zu sein, fügt sich daher dies alles zu einem konsistenten Bild zusammen?

Oder bleiben Fragezeichen im Hintergrund, eher so eine Ahnung, es nicht richtig verstanden zu haben, obwohl es doch in Büchern schwarz auf weiß steht und logisch sein sollte? Falls es Ihnen so geht – Sie sind nicht alleine, wie auch das obige Einstein-Zitat ausdrückt. Eine konsistente Vorstellung der Vorgänge, die bei der Interaktion von Licht mit Materie stattfinden, ist immer noch nicht wirklich entwickelt, wir agieren immer noch mit Hilfsvorstellungen,[15] ein bekannter Physiker hat sogar einen Photonenführerschein vorgeschlagen, da die meisten Leute über Photonen reden würden, ohne das Konzept wirklich zu verstehen [40].

Warum ist es wichtig das zu thematisieren? Weil man dadurch sehen kann, dass die neuen Konzepte, die eine Revolution in der wissenschaftlichen Beschreibung der Natur mit sich brachten, nicht sozusagen logisch aus Experimenten folgen. Dies bedeutet im Gegenzug nicht, dass sie beliebig und oder gar falsch oder nicht vertrauenswürdig sind. Die Quantenmechanik ist eine der erfolgreichsten Theorien überhaupt, ein Großteil unserer Alltagstechnik basiert inzwischen auf ihr. Es geht darum zu verstehen, wie mit Hilfe dieser neuen Konzepte verlässliches, d. h., reproduzierbares und technisch anwendbares, Wissen über die Natur erst möglich wird, d. h.,

- wie bestimmte Hypothesen (z. B. die Axiome der Quantenmechanik (Kap. 5)) es erlauben, große Bereiche der Naturphänomene verlässlich zu strukturieren.
- wie Modelle helfen, diese Phänomene quantitativ zu erfassen (Teil II).
- wie aber dennoch – trotz immensem quantitativen Erfolgs – Vagheiten bei der Interpretation des Formalismus bleiben.

Alles nur Modelle? Am Bohr'schen Atommodell kann man sehr schön sehen, was in diesem Fall das Wort ‚Modell' bedeutet:

- Es bezieht sich auf die klassische Mechanik, eine Theorie die für den Anwendungsbereich nicht adäquat ist.[16]
- Es werden Zusatzannahmen (Postulate) eingeführt, die nicht weiter begründbar, aber zur Erklärung der Daten essentiell sind.
- Es vermittelt ein Bild des atomaren Geschehens, kreisende Elektronen, das gemäß der Quantenmechanik falsch ist. Aber es gibt immerhin eine Anschauung, mit der man operieren kann.[17]
- Es formuliert aber keine Theorie der Atome, die alle Aspekte des Atombaus quantitativ korrekt beschreiben kann. Dies geschieht erst durch die Quantenmechanik.

---

[15] Siehe die Zeitschrift *OPN Trends* – „The Nature of Light: What Is a Photon?", October 2003, und das Buch [23].

[16] Und in der de Broglie'schen Erweiterung auch auf die Wellentheorie: Das Modell kombiniert also ad hoc Teilchenbahnen und Wellen.

[17] Wir werden später sehen, dass die Quantenmechanik keine Anschauung des mikroskopischen Geschehens erlaubt (Kap. 13 und 21).

Betrachten wir auf diesem Hintergrund die Beschreibung von Licht, die Lichtquantenhypothese:

- Wie beim Atommodell gehen Aspekte der Mechanik (siehe Compton-Versuch) und der Wellentheorie (schwarzer Strahler) in die Beschreibung ein.
- Es gehen **ad hoc** Annahmen in die Beschreibung ein: Die Planck'sche Formel $E = \mathrm{h}\nu$ und die Impulsformel $p = \hbar k$.
- Diese erlauben scheinbar eine Anschauung dessen, was Lichtquanten bzw. Photonen sind. Sie geben eine Anschauung einzelner Photonen.
- Es wird ebenfalls keine geschlossene Theorie des Lichts vorgelegt, dies passiert erst später mit der Quantenelektrodynamik (QED).

Ein Modell der Lichtquanten erlaubt uns also, die oben diskutierten Versuche mathematisch zu beschreiben. Es kann aber sein, dass dieses Modell ebenso zu kurz greift, wie das Bohr'sche Atommodell. Zudem scheint es uns eine Anschauung zu geben, was wir uns unter Lichtquanten vorstellen können. Also, wenn es ein entsprechendes Mikroskop gäbe, wie diese unter diesem Mikroskop aussehen würden. Aber diese Anschauungen könnten genauso limitiert sein, wie die des Bohr'schen Atommodells.

Was wissen wir denn nun über Licht? Wir haben Experimente besprochen, deren Ergebnisse allesamt **klassische Beobachtungsgrößen** sind:[18] Es ist (i) eine Energiedichte beim schwarzen Strahler, $u(\nu)$, (Abschn. 2.3.3), (ii) ein Strom (Gegenspannung) beim Photoeffekt, und (iii) ein Streuwinkel von Röntgenstrahlung und die Wellenlänge λ' der gestreuten Strahlung, also ebenfalls Größen, die mit Hilfe der klassischen Wellentheorie beschrieben werden.

Die Experimente allein können damit gar keine Theorie und Vorstellung der Lichtquanten geben. Es sind also die Hypothesen, die investiert wurden, sowie die zwei neuen Formeln $E = \mathrm{h}\nu$ und $p = \hbar k$, deren **Interpretation** das Bild der Lichtquanten generiert. Und wir haben schon gesehen, dass es unterschiedliche Interpretationen geben kann, nämlich

- dass das Licht selber quantisiert ist (Einstein).
- dass die Wechselwirkung dazu führt, dass die Energieübergabe nur portionsweise stattfindet (Planck). Damit macht man keine Aussage über das Wesen des Lichts, sondern verwendet Erhaltungssätze zur Beschreibung der Wechselwirkung.
- oder dass die Beschreibung von Licht ein Modell ist, welches nur bestimmte Aspekte des Verhaltens von Licht wiedergibt. Licht verhält sich unter bestimmten Umständen so, **als ob** es ein Teilchen sei: D. h., man kann für diese Situation eine Teilchenbeschreibung anwenden.

[18] Und das kann ja nicht anders sein, da es vor der Quantenmechanik nur die klassischen Theorien gab, und die Messgeräte diesen gemäß funktionieren.

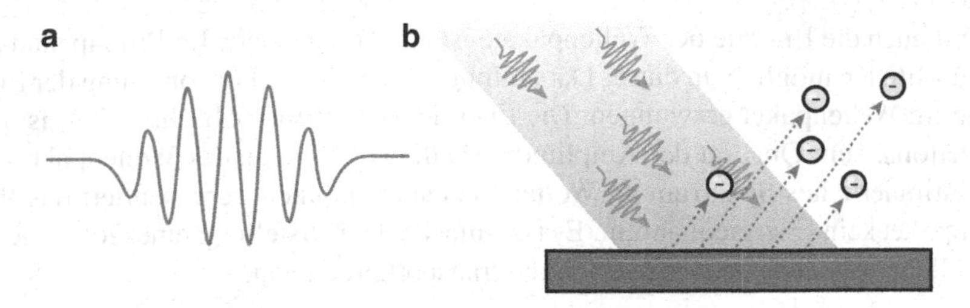

Abb. 3.9 Suggestive Darstellung von Photonen als Wellenpaketen

3.3.1 Modelle des Lichts

Wir wollen hier drei geläufige Modellvorstellungen der Lichtquanten diskutieren, die in Darstellungen der Thematik fast zwangsläufig auftauchen [37,39,53,61,62].

Photonen als Kügelchen Dies ist die Korpuskelvorstellung Newtons, und die obigen Versuche – vor allem das Compton-Experiment – scheinen diese Vorstellung zu stützen. Korpuskeln sind lokalisiert, haben eine bestimmte Energie und einen Impuls (Drehimpuls). **Sind** Lichtquanten also Teilchen? Üblicherweise wird gesagt, sie seien beides, Teilchen und Welle. Dabei ist meist impliziert, dass sich die beiden Aspekte in verschiedenen Experimenten zeigen. Beim Compton-Stoß scheint der Teilchenaspekt eine Rolle zu spielen, aber gleichzeitig wird eine Wellenlänge gemessen, wie geht das zusammen? Zudem, wie wir in Abschn. 2.1.4 und 2.2 gesehen haben, ist zur Beschreibung eines lokalisierten Phänomens ein Wellenpaket nötig, dem man gar keine genau bestimmte Wellenlänge zuordnen kann. Wie kann das Teilchen gleichzeitig lokalisiert sein und aber auch eine bestimmte Wellenlänge aufweisen? Hier gibt es offensichtlich eine gewisse Spannung – schwer zu verstehen.

Photonen als Wellenpakete Wie in Kap. 2 diskutiert, kann man die Lokalisierung durch Wellenpakete darstellen. Eine geeignete Überlagerung von ebenen Wellen führt zu einem lokalisierten Wellenpaket (wie z. B. das Gauß'sche Wellenpaket).[19] **Sind** Photonen solche Wellenpakete, treffen solche Wellenpakete dann auf Materie, wie z. B. in Abb. 3.9 suggestiv dargestellt? Wie in Abschn. 3.3.3 diskutiert, lassen sich viele in der Chemie verwendeten Lichtquellen in der Tat durch eine solche Darstellung repräsentieren. Aber dies wären aber nicht die Photonen, die Einstein vielleicht in seinen frühen Arbeiten vorschwebten.

- Denn ein Wellenpaket besteht eben nicht aus Lichtquanten $h\nu$ mit genau einer Frequenz ν, es besteht ja gerade aus einer Überlagerung von vielen ebenen Wellen.

[19] Diese Wellenpaketbeschreibung wurde um 1910 von den Gegnern der Lichtquantisierung ins Spiel gebracht ([29]), daher ist es eine Ironie der Geschichte, wenn sie als Modell für Photonen verwendet wird.

- Und auch die Energie der Wellenpakete ist nicht quantisiert: Im Prinzip sind alle Amplituden möglich, in dieser Darstellung wird nicht die Portionierung der Energie im Wellenpaket erzwungen. Die Energie einer Welle (Abschn. 2.3.3) ist proportional zum Quadrat der Amplitude. Da die Amplituden des Wellenpakets ein kontinuierliches Spektrum an Werten annehmen können, repräsentiert das Wellenpaket kein Energiequantum. Es ist einfach eine Darstellung eines lokalisierten Wellenpakets, das beliebige Energien transportieren kann.

Ist ein Wellenpaket nun ein Photon? Offensichtlich nicht! Sind es viele Photonen? Wie viele? All das ist gar nicht genau definiert! Ein Wellenpaket ist eben eine lokalisierte Darstellung klassischer Wellen und ist damit eine Repräsentation von **klassischem Licht,** das wir im nächsten Abschnitt genauer definieren werden.[20]

Photonen als ebene Wellen Sind Photonen eventuell ebene Wellen, wie in Abschn. 3.1.5 besprochen? Gl. 3.9 zeigt, dass im Kasten nur bestimmte Wellenlängen möglich sind, d. h., nur bestimmte Frequenzen. Beschreibt dies die Lichtquantisierung? Die Antwort ist nein, denn diese Formel beschreibt immer nur noch klassische Wellen, denn es sind – wie beim Wellenpaket – beliebige Amplituden möglich. Um Lichtquanten zu beschreiben benötigt man eine Quantisierung der Amplituden, und die korrekte Darstellung gelingt erst mit der **Quantenelektrodynamik (QED)**, die in den 1940er-Jahren entwickelt wurde. In ihr wird die Energiequantisierung explizit berücksichtigt.

3.3.2 Semi-klassische Beschreibung: Wellenpakete

Nun kann man nach dem Status von Modellen fragen, sind sie ein Abbild der Wirklichkeit, oder betonen sie bestimmte Aspekte? Wie oben schon angemerkt, hat sich Einstein selber zunächst vorsichtiger ausgedrückt: Man könne die Phänomene so behandeln, **‚als ob'** Licht quantisiert sei. Dies ist analog zu vielen Modellen in der Physik: Wir können Gase mikroskopisch behandeln, **als ob** sie harte Kugeln ohne eine Wechselwirkung untereinander seien (ideales Gas), man kann Atomkerne so behandeln, **als ob** sie Flüssigkeitentröpfchen seien, etc. Damit behält man sich vor, dass man in diesem Moment nur bestimmte Aspekte eines Phänomens betrachtet, die in der mathematischen Behandlung eben eine bestimmte Form haben. Ob das nun ‚wirklich' so ist, kann man für den Moment offen lassen.

Offensichtlich beschreibt keines der einfachen Modelle die vielen Lichtphänomene umfassend, und der Formalismus der QED ist sehr aufwändig. Interessanter Weise benötigen wir für die Anwendungen der Chemie oft nur eine klassische Beschreibung des Lichts, wie wir in Teil VI explizit sehen werden. Wir koppeln dort

[20] Abb. 3.9 suggeriert, dass jedes Wellenpaket **ein** Photon repräsentiert. In Kap. 20 und 21 werden wir jedoch sehen, dass man einzelnen Objekten gar keine Wellenpaketbeschreibung zuordnen kann, die Wellenpakete beschreiben Ensemble von Teilchen.

ein klassisches elektromagnetisches Feld in den quantenmechanischen Formalismus für die Moleküle (Kap. 30 und 32), solche **semi-klassischen** Verfahren sind für viele praktische Rechnungen etabliert.[21]

Diese semi-klassische Vorstellung von Wellenpaketen trägt der Energiequantisierung nicht wirklich Rechnung, ob man die aber auch wirklich braucht, werden wir im nächsten Abschnitt diskutieren. Das Einstein'sche Modell des Lichts aber hat heute eher einen Status wie das Bohr'sche Atommodell [48], es ist ganz klar limitiert, aber erklärt in seiner Einfachheit einige experimentelle Daten überzeugend und bildhaft. Aber womöglich war die ‚gewagte' Spekulation für die Entwicklung der Quantenmechanik entscheidend: Sie hat, wie wir gesehen haben, Bohr und de Broglie zu ähnlichen Annahmen bezüglich der Natur von Elektronen animiert, die eine zentrale Rolle in der Entwicklung des Formalismus der Quantenmechanik hatten. Und es ist nicht so, dass Einstein komplett unrecht hatte: Wie wir gleich sehen werden, gibt es Photonen, und es gibt Effekte, die nur im Photonenbild zu erklären sind.

3.3.3 Besteht Licht aus Photonen?

Nicht-klassisches Licht In den zentralen Experimenten wurde der Quantencharakter des Lichts offensichtlich nicht direkt nachgewiesen, er ist also zunächst eine theoretische Spekulation.[22] Daher stellt sich die Frage, ob man Lichtquanten direkt experimentell nachweisen kann. Ein Klick eines Photomultipliers (Abb. 3.10a) ist kein Beweis des Teilchencharakters, er basiert auf dem Auslösen eines Elektrons durch den Photoeffekt, das dann zur Detektion verstärkt wird. Ob hier ein Teilchenbild, wie bei der Erklärung des Compton-Effekts ursprünglich angewendet, zum Tragen kommt, oder eine Beschreibung mit klassischem Licht ([23] Kap. 2) dem Effekt näher kommt, kann man womöglich gar nicht feststellen. Man sieht ja nur das Auftreffen von Licht und das Auslösen von Elektronen. Ob das nun ein einzelnes Photon war oder ein ‚Klumpen' von Photonen oder gar ein klassisches Wellenpaket, kann man so gar nicht entscheiden. Denn dazu müsste man einzelne Photonen gezielt erzeugen können.

Man muss also anders vorgehen, und es stellt sich die Frage, was nun genau der Indikator für den Teilchencharakter sein soll. Hier bietet sich die **Unteilbarkeit** an. Wenn $h\nu$ die kleinsten möglichen Energiemengen im Licht sind, dann müsste es unmöglich sein, ihre Träger, die Photonen, zu teilen. Betrachten wir dazu den Versuch

[21] In semi-klassischen Rechnungen zur Beschreibung der Wechselwirkung von Licht mit Materie wird die Materie mit Hilfe der Schrödinger-Gleichung quantisiert, das Licht jedoch klassisch behandelt. In dieser Darstellung gelingt es, den Photoeffekt, den Compton-Effekt, den Laser und viele andere Phänomene der Licht-Materie-Wechselwirkung quantitativ korrekt zu beschreiben ([23] Kap. 2, [39] Kap. 5). In dieser Darstellung scheint eher das Bild Plancks zum Tragen zu kommen, dass die Materie nur Energieportionen aus dem Licht entnimmt, wobei das Licht selbst ein kontinuierliches Feld ist.

[22] Wirklich gemessen wurden ja, wie oben festgestellt, rein klassische Größen.

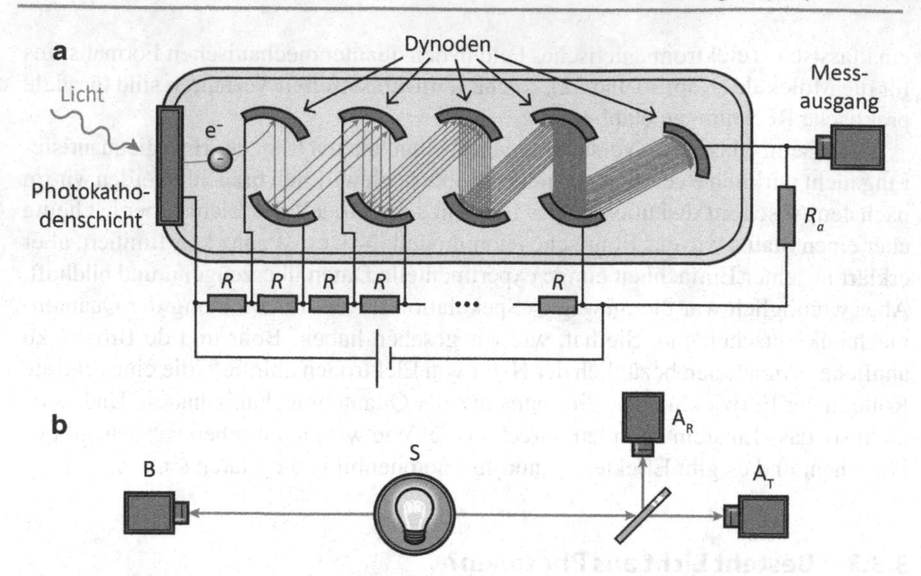

Abb. 3.10 (**a**) Photomultiplier, (**b**) Versuch zur Detektion einzelner Photonen

in Abb. 3.10b, wie von Hanburry-Brown und Twiss 1956 durchgeführt: Hier wird Licht aus einer Strahlenquelle ‚S' durch einen Strahlteiler[23] geschickt, und dann an den Detektoren A_T und A_R registriert. Wenn die Intensität so gering wird, dass im Prinzip nur noch einzelne Photonen jeweils am Strahlteiler ankommen, dann müssen diese, da sie ja definitionsgemäß unteilbar sind, einen der Wege nehmen und dann nur an einem der Strahlteiler registriert werden. Ein Wellenpaket jedoch, das klassisches Licht beschreibt, würde sich teilen und an beiden Detektoren gleichzeitig registriert werden. Man misst nun die Korrelation P der Detektorklicks. Wenn Licht aus klassischen Wellenpaketen besteht, werden sich diese am Strahlteiler teilen, und die beiden Detektoren werden immer gleichzeitig anschlagen, man erhält für diese eine perfekte Korrelation, die durch einen Korrelationswert $P = 1$ beschrieben wird. Für einzelne Photonen würde man erwarten, dass immer nur ein Detektor anschlägt, d. h., man erwartet hier eine Korrelation $P = 0$.

Für die meisten Lichtquellen erhält man **nicht** das Ergebnis $P = 0$, auch für Laser ergibt sich $P = 1$. Man kann die auftretende Korrelation dadurch verstehen, dass Licht als **klassisches Wellenpaket** aufgefasst wird, welches sich am Strahlteiler in zwei Teile spaltet, die dann synchron an den Detektoren A_T und A_R registriert werden. Man nennt Licht aus solchen Quellen daher **klassisches Licht.**

Nicht-klassisches Licht, das man in der Tat als aus einzelnen Photonen bestehend betrachten kann, ist gar nicht so einfach zu erzeugen, dies gelang erst Clauser (1976)

[23] Ein Strahlteiler ist ein optisches Bauelement, das Lichtstrahlen teilt. Als einfachste Realisierung stellen Sie sich eine Glasscheibe vor, die mit einem Winkel von 45° in den Strahlengang gebracht wird. Ein Teil des Strahls wird reflektiert, ein Teil wird durchgelassen. Durch entsprechende Beschichtung des Glases kann der Strahl so geteilt werden, dass die beiden Teilstrahlen die gleiche Intensität haben.

und Grangier, Roger und Aspect (1986). Man regt hierzu Ca-Atome an, die zwei Photonen bei leicht unterschiedlicher Wellenlänge wieder ausstrahlen. Nun wird das eine Photon in (Abb. 3.10b) in Detektor B registriert, und der dient als Trigger zur Registrierung des anderen Photons in den Detektoren A. Erst jetzt kann man sich sicher sein, dass immer nur ein Photon den Strahlteiler passiert, und in der Tat, nun werden einzelne Photonen registriert, d. h. die Klicks der Detektoren A_T und A_R sind antikorreliert mit $P = 0$, wobei man die Klicks in Detektor A nur zählt, wenn gleichzeitig Detektor B angeschlagen hat.

Offensichtlich senden die meisten Quellen Licht aus, das eher als klassisches Wellenpaket zu beschreiben ist. Man kann aber sehr spezifische Lichtquellen verwenden, die tatsächlich einzelne, unteilbare Lichtquanten aussenden.

Wenn man bei den Experimenten mit klassischen Lichtquellen versucht, einzelne Photonen auszusenden, dann muss man mit sehr niedrigen Intensitäten arbeiten. Sonst wären ja immer mehrere Photonen im Experiment, und dann wäre eine Korrelation nicht verwunderlich. Man könnte hinter einer Strahlungsquelle nun einen Verschluss anbringen, der immer nur für eine Zeit $2\Delta t$ geöffnet ist, dann ist das Photon auf die Strecke $2c\Delta t$ beschränkt, und man kann die Ankunftszeit am Detektor auf $\pm\Delta t$ genau messen (und das wird bei den obigen Antikorrelationsversuchen genau gemacht). Nun haben wir oben die Unbestimmtheitsrelation für Wellenpakete kennengelernt, und wie wir später sehen werden, kann man dies als

$$\Delta x \Delta p \geq \frac{1}{2}\hbar$$

schreiben. Die Unbestimmtheit ist also durch das Wirkungsquantum beschränkt. Durch diese räumliche Lokalisierung hat das Wellenpaket aber dann eine Frequenz-Unschärfe von $\Delta\omega = \frac{2\pi}{\Delta t}$, woraus man eine Frequenz-Zeit-Unschärfe erhalten kann,

$$\Delta\omega\Delta t \geq 2\pi$$

oder mit $E = \hbar\omega$ die **Energie-Zeit-Unschärferelation**

$$\Delta E \Delta t \geq \mathrm{h}.$$

Diese Energie-Unschärfe ist nun interessant: Für einen Lichtpuls, der zeitlich begrenzt ist, gibt es eine Unschärfe der Energie. Wenn man nun, entsprechend der Lichtquantenhypothese annimmt, dass sich ein Lichtpuls aus N Lichtquanten der

Energie $E = h\nu$ zusammensetzt, so bedeutet die Unschärfe der Energie $E = Nh\nu$, dass die genaue Zahl N unbestimmt ist, es ergibt sich offensichtlich bei jedem begrenzten Wellenpaket eine Unbestimmtheit in der Photonenzahl.[24]

Ein Wellenpaket, wie wir oben schon diskutiert haben, kann damit gar nicht aus einer ganzzahligen Anzahl von Photonen bestehen. Es gibt eine Art Unbestimmtheitsrelation zwischen der Lokalisierung einer Welle und Photonenzahl. Wenn man Licht nicht so präpariert, wie gerade beschrieben, dann ist es in einem Zustand, dessen Teilchenzahl unbestimmt ist. D. h., für alle Lichtquellen, die üblicherweise in der Chemie verwendet werden, ist die Photonenzahl gar nicht definiert, d. h., man kann nicht sagen, der Lichtpuls besteht aus N Photonen. Wie wir später diskutieren werden, ist das eine fundamentale Eigenschaft des Lichts. Es ist nicht so, dass wir das nur nicht genau messen können, wir müssen sagen, dass Licht in diesen Zuständen **keine Teilchenzahl hat.**[25] In der Chemie kommen wir meist mit klassischen Lichtquellen aus, dies betrifft definitiv die herkömmlichen Versuche zur Spektroskopie, wie in Teil VI diskutiert. Dort werden Lichtpulse verwendet, die sich gut mit klassischen Wellenpaketen beschreiben lassen, dies gilt auch für gepulste Laser. Das ändert sich, wenn Versuche an einzelnen Atomen und Molekülen durchgeführt werden. Hier findet man, dass das emittierte Licht nichtklassische Eigenschaften hat (‚antibunching'), die nicht durch die klassischen Wellengleichungen beschrieben werden können, man benötigt dann den Formalismus der Quantenelektrodynamik ([39] Kap. 5).

3.4 Zusammenfassung

Am Ende des 19. und Anfang des 20. Jahrhunderts gab es eine Reihe von Experimenten, die ein bis dato ungewöhnliches Verhalten der Natur nahelegten.

- Zum einen, dass die Energie bzw. der Energieaustausch zwischen Licht und Materie **quantisiert** ist.
- Zum anderen, dass sowohl Licht als auch Materie beides, Teilchen- als auch Wellencharakter, unter den entsprechenden experimentellen Bedingungen zeigen. Diese wurde in der Anfangszeit **Welle-Teilchen-Dualismus** genannt.

[24] Man kann dann noch eine weitere Unbestimmtheit-Relation für Licht ableiten,

$$\Delta N \Delta \phi \geq 1.$$

ϕ ist die Phase des Licht. Diese Relationen sagen, dass man Licht niemals vollständig vermessen kann, bitte beachten Sie, dass wir diese Relationen aus der klassischen Lichttheorie erhalten haben. Sie resultieren aus den Eigenschaften von Wellenpaketen.

[25] Das ist analog zu x und p: Für das Wellenpaket ist das sogar anschaulich: Dieses hat offensichtlich keinen genauen Ort, es ist ein ausgedehntes Objekt.

Es sieht also zunächst so aus, als ob Licht aus **Energiequanten** der Größe

$$E = \mathrm{h}\nu$$

bestehe. Wir haben gesehen, dass dies nicht generell so ist, dass aber zumindest der Energieaustausch durch diese Quanten beschrieben wird, d. h. nicht kontinuierlich möglich ist. Weiter kann man formal dem Licht einen Impuls

$$p = \hbar k$$

zuweisen. Ohne eine ausgearbeitete Theorie des Lichts zu haben (QED, die wesentlich später kam), kann man aber immerhin mit der **Energie- und Impulserhaltung** die experimentellen Ergebnisse des **Photoeffekts** und des **Compton-Effekts** verstehen. In diesen Versuchen verhalten sich Photonen, **‚als ob'** sie klassische Teilchen mit der entsprechenden Energie und Impuls seien.

Bis heute haben wir kein konsistentes Bild, d. h. eine mikroskopische Vorstellung des **Photons,** und manche Autoren mahnen, diesen Begriff sehr vorsichtig zu verwenden. Es **ist** kein Energiekügelchen, das wie eine Billardkugel andere Teilchen ‚kickt', es **ist** aber auch kein **Wellenpaket,** obwohl dies eine sehr nützliche Beschreibung ist. Dies gibt uns eine Warnung, unsere Beschreibungen nicht zu ‚wörtlich' zu nehmen und zu glauben, dass es die Dinge so gibt, wie es der Theorie nach scheint. Photonen verhalten sich unter unterschiedlichen Bedingungen mal so, mal so, **was** sie letztendlich ‚wirklich' sind, ist immer noch schwer zu fassen.

Materie kann Licht nur in bestimmten Mengen, **Energiequanten,** aufnehmen. Dies regte die Theorie an, dass Elektronen nur in bestimmten Energiezuständen im Atom/Molekül existieren können, Änderungen dieser Zustände erfolgen durch Aufnahme oder Abstrahlung von Lichtquanten, die dieser Energiedifferenz entsprechen **(Bohr'sches Atommodell). De Broglie** regte an, die obigen Energie- und Impulsrelationen einfach mal andersherum zu lesen, und damit Teilchen eine Wellenlänge und Frequenz zuzuordnen. Wir haben zwei Phänomene zu beschreiben:

- Die **Quantisierung** der Teilchenzustände, wenn sie in einem **Potenzial gebunden** sind, wie im Coulomb-Potenzial des Wasserstoffatoms.
- Die **Interferenzerscheinungen freier Teilchen,** wenn sie das Doppelspaltexperiment durchlaufen.

Beides kann durch den postulierten Wellencharakter der Materie zunächst rudimentär erklärt werden. Quantisierung durch das Phänomen der **stehenden Wellen** in statischen Potenzialen, Interferenz durch den Wellencharakter. Das Bohr'sche Atommodell basiert jedoch auf der klassischen Physik mit ein paar Zusatzannahmen, für eine quantitativ korrekte Beschreibung der atomaren Phänomene benötigt man eine neue Theorie, die wir im nächsten Kapitel einführen werden.

Zunächst sieht es so aus, als hätten sowohl Photonen also auch Elektronen einen **dualen Charakter,** seien Welle und Teilchen zugleich und sich in diesem Phänomen ähnlich. Aber, Photonen sind schwer zu fassen und ganz andere Phänomene als Materieteilchen mit Ruhemasse m. Zweitens sind beide eher ‚weder-noch' als ‚beides-zugleich'. Ein Elektron ist ein Teilchen, es zeigt keine Welleneigenschaften, die Eigenschaften eines Teilchens sind gar nicht vorhersagbar, sondern nur statistisch zu fassen, wie wir im nächsten Kapitel sehen werden. Der Wellencharakter erscheint erst für viele Elektronen. Das mit dem Dualismus ist daher etwas komplexer. Wir kommen darauf zurück.

3.5 Zur Vertiefung: Herleitung der Strahlungsformeln aus der Thermodynamik

- Klassisch hat man versucht, mit Hilfe der Thermodynamik dieses Spektrum zu beschreiben. Die Energiedichte $u(\nu, T)$ des Strahlungsfeldes bei einer bestimmten Temperatur T kann man erhalten, wenn man weiß, wie viele Freiheitsgrade das Strahlungsfeld im Hohlraum hat und welche Energie jeder Freiheitsgrad hat, also:
  $u(\nu, T) \sim$ (Anzahl der Freiheitsgrade der Strahlung einer Frequenz) · (mittlere Energie eines Freiheitsgrades)
  Die **Freiheitsgrade** sind nun definiert durch die Möglichkeiten der elektromagnetischen Welle einer Frequenz, eine stehende Welle zwischen den Wänden zu bilden. Stehende Wellen bilden sich, wenn die Kantenlänge ein Vielfaches der Wellenlänge ist (Frequenz $\nu = c/\lambda$). In drei Dimensionen gibt es hier viele Möglichkeiten, wobei man die Anzahl $N(\nu)$ relativ leicht bestimmen kann (ohne Beweis):

$$N(\nu) = \frac{8\pi \nu^2}{c^3}. \tag{3.20}$$

  Wie erhält man nun die **mittlere Energie** des Lichts bei der Temperatur T? Die **Boltzmann-Verteilung** gibt die Wahrscheinlichkeit an, ein System in einem Zustand der Energie E zu finden:

$$\text{Wahrscheinlichkeit von } E \sim e^{-\frac{E}{k_B T}}.$$

  Die mittlere Energie der Wellen bei der Temperatur T ist damit:

$$\bar{E} = \frac{\int E e^{-\frac{E}{k_B T}} \mathrm{d}E}{\int e^{-\frac{E}{k_B T}} \mathrm{d}E}. \tag{3.21}$$

  Der Nenner ist die Normierung der Verteilungsfunktion, so wie wir sie bei der Maxwell-Verteilung kennengelernt haben. Den Nenner kann man elementar integrieren und erhält dafür $k_B T$. Den Zähler kann man mit Hilfe partieller Integration auch elementar integrieren, und man erhält $(k_B T)^2$. Damit wird $\bar{E} = k_B T$, und man erhält Gl. 3.2:

$$u(\nu, T) = N(\nu)\bar{E} = \frac{8\pi \nu^2}{c^3} k_B T.$$

- Was hat nun Max Planck (um 1900) hier gemacht? Er hat angenommen, dass die Energie zwischen Wand und Strahlungsfeld nur portionsweise ausgetauscht werden kann, d. h., die Energie des Strahlungsfeldes E kann nicht alle Energiewerte annehmen, sie ist nicht kontinuierlich, sondern sie macht Sprünge, und zwar in der folgenden Form ($n = 0, 1, 2, \ldots$):

$$E_n = n\mathrm{h}\nu.$$

Damit wird aber aus dem Integral Gl. 3.21 eine Summe

$$\bar{E} = \frac{\sum_n E_n \mathrm{e}^{-\frac{E_n}{\mathrm{k_B}T}}}{\sum_n \mathrm{e}^{-\frac{E_n}{\mathrm{k_B}T}}} = \frac{\sum_n n\mathrm{h}\nu \mathrm{e}^{-\frac{n\mathrm{h}\nu}{\mathrm{k_B}T}}}{\sum_n \mathrm{e}^{-\frac{n\mathrm{h}\nu}{\mathrm{k_B}T}}}. \tag{3.22}$$

Diese Summen kann man geschickt umformen und erhält:

$$\bar{E} = \frac{\mathrm{h}\nu}{\mathrm{e}^{\frac{\mathrm{h}\nu}{\mathrm{k_B}T}} - 1}. \tag{3.23}$$

Mit $u(\nu, T) = N(\nu)\bar{E}$ bekommen wir Gl. 3.3.

4 Die Schrödinger-Gleichung

Die **Quanteneigenschaften** des Lichts, wie in Abschn. 3.1 dargestellt, ließen sich auf einfache Weise erklären, wenn man Licht eine Energie und einen Impuls gemäß

$$E = \hbar\omega, \qquad p = \hbar k$$

zuschreibt. Einer Welle mit der Frequenz ω und dem Wellenvektor k kann man damit eine Energie und einen Impuls **zuordnen.** Die Welleneigenschaften der Materie, wie in Abschn. 3.2 erläutert, kann man erhalten, wenn man diese Gleichungen umgekehrt liest, wie von **de Broglie** vorgeschlagen. Einem Teilchen der Energie E und Impuls p kann man dann eine Schwingungsfrequenz und eine Wellenlänge zuordnen. Dass dies Sinn macht, sieht man daran, dass die Beugungs- und Interferenzversuche sehr gut durch die derart zugeordneten Wellenlängen beschrieben werden.

Nun hat man durch diese Formeln, die **ad hoc** postuliert wurden, noch keine Theorie entwickelt. Die Quantentheorie des Lichts, die Quantenelektrodynamik ist nicht Gegenstand dieses Buches. Wohl aber die Quantentheorie der Materie, die wir in diesem Kapitel einführen wollen. Mit der Zuordnung einer Wellenlänge zu einem Impuls ist es nur in seltenen Fällen getan, um eine Beschreibung von Atomen und Molekülen zu erhalten, benötigen wir mehr. Für Wellenphänomene brauchen wir eine Wellengleichung, wie in Kap. 2 diskutiert. Wenn Elektronen eine Wellenlänge ‚haben', welcher Wellengleichung gehorchen sie dann, und was ist ihre Wellenfunktion? Man kann eine solche Gleichung nicht exakt ableiten, wohl aber durch Analogien mit der Wellentheorie motivieren. Entsprechende Überlegungen in Abschn. 4.1 führen uns zu einer Wellengleichung für Teilchen der bekannten **Schrödinger-Gleichung** (Schrödinger 1926):

$$i\hbar\frac{\partial}{\partial t}\Psi(x,t) = \left[\hat{T} + V(x)\right]\Psi(x,t).$$

Da dies eine **lineare Wellengleichung** ist, erhält man automatisch die in Kap. 2 aufgeführten Welleneigenschaften wie **Interferenz** und **Dispersion.** Wenn man diese

© Springer-Verlag GmbH Deutschland, ein Teil von Springer Nature 2021

M. Elstner, *Physikalische Chemie II: Quantenmechanik und Spektroskopie*,
https://doi.org/10.1007/978-3-662-61462-4_4

Wellen in Potenzialen betrachtet, erhält man stehende **Wellen,** wie für Licht in Kap. 3 diskutiert. Da die Wellengleichung linear ist, kann man **Wellenpakete** betrachten und erhält aus den analogen Überlegungen von Kap. 2 eine **Unbestimmtheitsrelation.**

Es bleiben dann zwei Fragen:

- Zum einen, was die Lösungen dieser Gleichung, die Wellenfunktionen Ψ, bedeuten. Bei Wasserwellen sind die Wellenamplituden die Höhe oder Tiefe der Wellenberge bzw. Wellentäler. Bei elektromagnetischen Wellen sind diese elektrische und magnetische Felder, d. h., in diesen Anwendungen hat die Amplitude eine physikalische Bedeutung. Was bedeutet die Wellenfunktion in der Quantenmechanik? Max Born hat eine Interpretation vorgeschlagen, die **Wahrscheinlichkeitsinterpretation.** Diese erlaubt es, einen Bezug zum Experiment herzustellen, sie ist daher zentral bei der Verwendung des Formalismus (Abschn. 4.2).
- Des Weiteren muss man noch zeigen, wie andere Observablen in der Theorie mathematisch dargestellt sind und wie man diese ausrechnet (Abschn. 4.3). In der klassischen Mechanik sind diese Observablen einfache Funktionen von x und p, wie ist das nun in dieser neuen Theorie?

Und schließlich werden wir für die Anwendungen in Teil II die Schrödinger-Gleichung noch etwas vereinfachen (Abschn. 4.4), wenn man nur **zeitunabhängige Potenziale** $V(x)$ betrachtet, kann man die **zeitunabhängige Schrödinger-Gleichung** verwenden.

4.1 Eine Wellengleichung für Materie

In einem ersten Schritt werden wir eine Wellengleichung für freie Teilchen motivieren und dann diskutieren, wie diese zu interpretieren ist.

4.1.1 Wellengleichung, Dispersionsrelation und Teilchenenergie

Die **De-Broglie-/Einstein-Beziehungen** sind die Brücke, den Wellen Teilcheneigenschaften (Energie und Impuls) und Teilchen Welleneigenschaften (Wellenlänge, Frequenz) zuordnen. Man kann diese in beide Richtungen lesen. Wir werden nun sehen, wie das mathematisch funktioniert, d. h. wie man von einer Wellengleichung auf eine Teilchenenergie kommt, und umgekehrt.

Von einer Wellengleichung zur Energie Wellengleichungen beschreiben die Ausbreitungen von Wellen: Kennt man die Wellenfunktion zu einem Zeitpunkt t_0, so kann man diese zu späteren Zeitpunkten $t > t_0$ berechnen.

- Die Wellengleichung (Kap. 2)

$$\frac{\partial^2}{\partial t^2}y(x,t) - c^2\frac{\partial^2}{\partial x^2}y(x,t) = 0 \tag{4.1}$$

hat die Lösung

$$y(x,t) = Ae^{i(kx-\omega t)}.$$

Diese gibt an, wie sich die Welle zeitlich ausbreitet. Wenn man $y(x,t)$ in die Wellengleichung einsetzt, erhält man die Gleichung

$$\omega^2 y(x,t) - c^2k^2 y(x,t) = 0 \tag{4.2}$$

und damit die **Dispersionsrelation** (siehe Kap. 2)

$$\omega^2 = c^2k^2, \tag{4.3}$$

(bzw. $\omega = ck$), die besagt, dass die Frequenz eine Funktion der Wellenzahl bzw. der Wellenlänge ist.

- In Kap. 3 haben wir die **De-Broglie-Beziehungen** kennengelernt,

$$p = \hbar k, \qquad E = \hbar\omega. \tag{4.4}$$

Diese stellen eine **Brücke** des Wellenbildes mit einem Teilchenbild dar.

- Einsetzen in die Dispersionsrelation ergibt dann eine **Energie-Impuls-Beziehung** für relativistische, masselose Teilchen, wie in Abschn. 3.1.3 diskutiert,

$$E^2 = c^2p^2.$$

Die spezielle Form der Wellengleichung, 2. Ableitungen nach Zeit und Ort, die für Lichtwellen gilt, führt also direkt zu einer bestimmten Energiegleichung. Dies ist die relativistische Energie masseloser Teilchen. Diese besagt, wie die Energie von dem Impuls abhängt. Eine andere Form der Wellengleichung, wie wir gleich sehen werden, führt also zu einer anderen Energie-Impuls-Beziehung.

Das Vorgehen ist in Abb. 4.1 wiedergegeben. Wir haben gefragt, wie man aus einer Wellengleichung mit Hilfe der Postulate eine Teilchenenergie erhält.

Von einer Energie zur Wellengleichung Nun wollen wir die Fragerichtung umdrehen, die **De-Broglie**-Perspektive einnehmen und fragen, wie man aus einer Energieformel für Punktmassen auf eine Wellengleichung kommt (Abb. 4.2). Wir machen das zuerst nochmals an den Photonen deutlich:

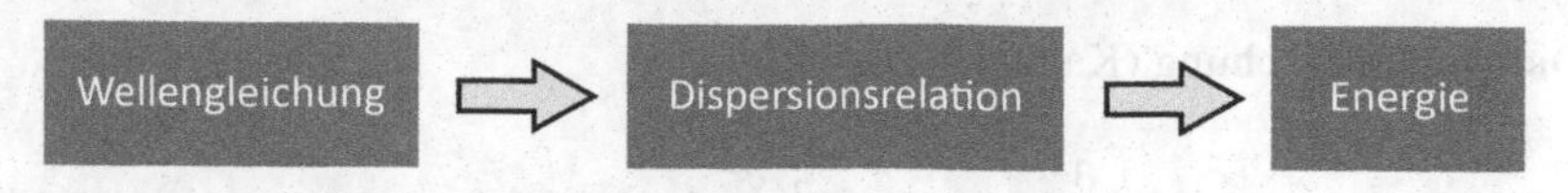

Abb. 4.1 Von der Wellengleichung zur Energie klassischer Teilchen

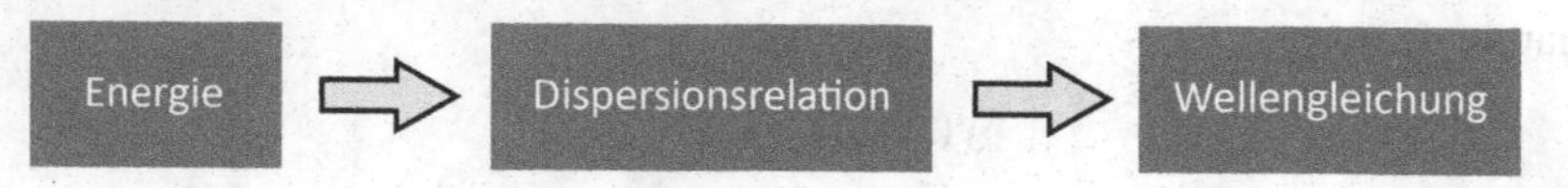

Abb. 4.2 Von der klassischen Energie zur Wellengleichung

- In die Energie $E^2 = \mathrm{c}^2 p^2$ für masselose relativistische Teilchen (Kap. 3) die De-Broglie/Einstein-/Planck-Beziehungen $p = \hbar k$ und $E = \hbar\omega$ einsetzen, liefert die Dispersionsrelation
$$\omega^2 = \mathrm{c}^2 k^2.$$
- Nun multiplizieren wir beide Seiten mit der Wellenfunktion
$$\omega^2 y(x,t) = \mathrm{c}^2 k^2 y(x,t).$$
Wir kennen die Wellenfunktionen für diese freien Teilchen $y(x,t)$, es sind ebene Wellen.
- Dies ist Gl. 4.2, zu Gl. 4.1 kommt man offensichtlich, wenn man ω^2 und k^2 durch die entsprechenden Ableitungen ersetzt. Damit ist diese Gleichung der Wellengleichung identisch, wenn man zwei **Ersetzungen** vornimmt:
$$\omega \to \frac{\partial}{\partial t}, \qquad k \to \frac{\partial}{\partial x}.$$
Aber Achtung: Die Wellenfunktion ist komplexwertig, d. h., bei jeder Ableitung wird auch noch mit der komplexen Zahl ‚i' multipliziert,
$$\frac{\partial}{\partial t}\mathrm{e}^{\mathrm{i}(kx-\omega t)} = -i\omega\mathrm{e}^{\mathrm{i}(kx-\omega t)} \qquad \text{bzw.} \qquad \mathrm{i}\frac{\partial}{\partial t}\mathrm{e}^{\mathrm{i}(kx-\omega t)} = \omega\mathrm{e}^{\mathrm{i}(kx-\omega t)}$$
und
$$\frac{\partial}{\partial x}\mathrm{e}^{\mathrm{i}(kx-\omega t)} = \mathrm{i}k\mathrm{e}^{\mathrm{i}(kx-\omega t)} \qquad \text{bzw.} \qquad -\mathrm{i}\frac{\partial}{\partial x}\mathrm{e}^{\mathrm{i}(kx-\omega t)} = k\mathrm{e}^{\mathrm{i}(kx-\omega t)}.$$
Wir können also ω und k durch die entsprechenden Ableitungen ersetzen, dürfen aber das ‚i' und das Vorzeichen nicht vergessen, d. h., wir müssen eigentlich ersetzen:
$$\omega \to \mathrm{i}\frac{\partial}{\partial t}, \qquad k \to -\mathrm{i}\frac{\partial}{\partial x}.$$

Man kommt also von der Energie

$$E^2 = c^2 p^2$$

auf die Wellengleichung 4.1, wenn man effektiv die Energieformel auf beiden Seiten mit der Wellenfunktion multipliziert und die folgenden Ersetzungen

$$E \rightarrow i\hbar \frac{\partial}{\partial t}, \qquad p \rightarrow -i\hbar \frac{\partial}{\partial x} \tag{4.5}$$

vornimmt. Gl. 4.5 werden die **Ersetzungsregeln** genannt.

Aus der klassischen Mechanik wissen wir, dass die Eigenschaften des Systems durch die Energie bestimmt sind, und offensichtlich kann man über die obigen drei Schritte die Wellengleichung in eine Energie umsetzen. Die Physik masseloser relativistischer Objekte wie Photonen wird durch die relativistische Energieformel beschrieben, der die Wellengleichung korrespondiert.

4.1.2 Die freie Schrödinger-Gleichung

Wir suchen nun eine Beschreibung für massebehaftete nicht-relativistische Teilchen, wie Elektronen und Atomkerne, die sich mit Geschwindigkeiten $v < 0.1c$ bewegen.[1] Die resultierende Wellengleichung wird sich also von der Wellengleichung von Licht unterscheiden. Mit dem gerade diskutierten Rezept wollen wir diese nun aufstellen. Dazu starten wir

1. mit der **kinetischen Energie** eines freien Teilchens,

$$E = p^2/2m.$$

2. Multiplikation mit der **Wellenfunktion** $\Psi(x, t)$

$$E\Psi(x,t) = \frac{p^2}{2m}\Psi(x,t) \tag{4.6}$$

und **Ersetzungsregeln** (Gl. 4.5) führen zur **freien Schrödinger-Gleichung**

[1] Es gibt auch relativistische Gleichungen, und die sind in der Chemie durchaus relevant. Schwere Atome, hier ist die Anziehung der Elektronen durch die hohe Kernladungszahl so groß, dass sich die Elektronen so schnell bewegen, dass relativistische Effekte relevant werden. Dies geht jedoch über Fokus dieser Einführung hinaus, und ist daher nicht Thema dieses Buches.

$$i\hbar \frac{\partial}{\partial t}\Psi(x,t) = -\frac{\hbar^2}{2m}\frac{\partial^2}{\partial x^2}\Psi(x,t). \tag{4.7}$$

Anstatt $y(x, t)$ wie in Kap. 2 verwenden wir hier das griechische Ψ als Symbol für die Wellenfunktion, eine Wahl, die sich in den Darstellungen der Quantenmechanik durchgesetzt hat.

3. Die Energie $E = p^2/2m$ wird mit den Einstein-De-Broglie-Relationen Gl. 4.4 also zu einer **Dispersionsrelation,**

$$\hbar\omega = \frac{\hbar^2 k^2}{2m}, \tag{4.8}$$

die ω und k verbindet.

Wir haben nun also eine Wellengleichung, die der nicht-relativistischen Energie von Teilchen der Masse m über die Dispersionsrelation und Ersetzungsregeln korrespondiert.

Gl. 4.7 beschreibt die Ausbreitung eines freien quantenmechanischen Teilchens, analog zum 1. Axiom Newtons für klassische Teilchen. Eine **spezielle Lösung** ist die ebene Welle

$$\Psi(x,t) = a e^{i(kx-\omega t)}, \tag{4.9}$$

die unendlich ausgedehnt ist. Wichtig ist:

- Die obige Motivation der Schrödinger-Gleichung ist keine **exakte Herleitung** aus irgendwelchen gesicherten mathematischen Prinzipien. Sie verdankt sich einer Analogie und Ad-hoc-Ersetzungsregeln, die den Charakter von **Postulaten** haben.[2]
- Es wurde eine Wellengleichung gesucht, da es **empirische Hinweise** auf Welleneigenschaften gab. Empirisch ist daher die Wahl einer Beschreibungsform, die Welleneigenschaften direkt impliziert. Und dennoch kann man nicht sagen, dass die Schrödinger-Gleichung ein empirisches Gesetz wäre in der Weise, wie das Gasgesetz pV = konst. empirisch ist, wo man eine Relation zwischen wohldefinierten Größen (p, V) durch eine Gleichung ausgedrückt hat. Die Schrödinger-Gleichung basiert auf Ideen und Konzepten, die sich in Hypothesen manifestiert haben, wie in Abschn. 3.3 dargestellt.

[2] Es gibt verschiedene Möglichkeiten, diese Gleichung zu motivieren, keine stellt eine exakte Ableitung dar.

Man macht also einen **Ansatz,** indem man eine Wellenbeschreibung fordert, die empirisch motiviert ist, in die genaue Form gehen aber weniger empirische Daten, als Postulate (de Broglie, Einstein) ein. Daher wird die Gleichung nicht **Gesetz** genannt, sondern oft als **Postulat** oder auch als **Axiom** bezeichnet (Kap. 5). Es ist die grundlegende Gleichung, aus der alles andere abgeleitet wird: Nämlich die Beschreibung von Atomen und Molekülen, wie ab Teil II ff. ausgeführt.

4.1.3 Schrödinger-Gleichung mit Potenzial

Die freie Schrödinger-Gleichung Gl. 4.7 beschreibt die **ungestörte** Ausbreitung einer Materiewelle, bzw. eines Wellenpaktes, das aus ebenen Wellen aufgebaut ist. Sie ist daher analog zu Newtons 1. Axiom zu sehen, das die ungestörte Ausbreitung von Teilchen beschreibt.

Eine **Störung** kann nun z. B. eine Wand sein, oder eine Wechselwirkung mit anderen Teilchen, z. B. über das Gravitations- oder Coulomb-Potenzial. Diese Störung beziehen wir in die Beschreibung mit ein, indem wir die ‚ungestörte' Gleichung (1. Axiom)

$$ma = 0$$

durch einen Störterm

$$ma = F$$

erweitern (2. Axiom).

Damit stellt sich die Frage, wie man analog zum Übergang vom 1. zum 2. Newton'schen Axiom diese Wechselwirkung für Materiewellen berücksichtigen kann. Allgemein wollen wir diese Wechselwirkungen immer als Potenziale

$$V(x)$$

schreiben, die Newton'schen Kräfte erhält man durch eine Ableitung.

Die Potenziale führen zu einer **Abweichung** von der **freien Ausbreitung eines Wellenpakets,** wie durch die **freie Schrödinger-Gleichung** beschrieben. Wie man solch eine Abweichung in Wellengleichungen allgemein berücksichtigt, ist in Abschn. 2.1.3 schon diskutiert worden, man geht von der **homogenen** Wellengleichung Gl. 4.7

$$i\hbar\frac{\partial}{\partial t}\Psi(x,t) + \frac{\hbar^2}{2m}\frac{\partial^2}{\partial x^2}\Psi(x,t) = 0$$

zu einer **inhomogenen Wellengleichung** über, indem man einen **Quellterm** (‚Kraftterm') einbezieht, was dann in Analogie zu Gl. 2.5 für Gl. 4.7 wie folgt aussieht:

$$i\hbar\frac{\partial}{\partial t}\Psi(x,t) + \frac{\hbar^2}{2m}\frac{\partial^2}{\partial x^2}\Psi(x,t) = F(x,t). \tag{4.10}$$

Beachten Sie die Analogie zu den Newton'schen Axiomen. Was ist nun $F(x, t)$? Dazu schreiben wir die Gleichung nochmals etwas um, und verwenden die Darstellung

$$T = \frac{p^2}{2m} \to \hat{T} = -\frac{\hbar^2}{2m}\frac{\partial^2}{\partial x^2}.$$

$\hat{T}$ ist also eine Darstellung der kinetischen Energie mit Hilfe der Ersetzungsregeln.[3] Und wir erhalten:

$$i\hbar\frac{\partial}{\partial t}\Psi(x, t) = \hat{T}\Psi(x, t) + F(x, t). \tag{4.11}$$

Der Störterm soll die Wechselwirkung eines Teilchens – beschrieben durch $\Psi(x, t)$ – mit einem Potenzial $V(x)$ (z. B. Coulomb-Potenzial) repräsentieren. Denken Sie hier z. B. an die Wechselwirkung eines Elektrons mit dem positiven Kernpotenzial im Wasserstoffatom. Wenn wir nun

$$F(x, t) = V(x)\Psi(x, t)$$

wählen, dann erhalten wir die besonders einfache Form

$$i\hbar\frac{\partial}{\partial t}\Psi(x, t) = \hat{T}\Psi(x, t) + V(x)\Psi(x, t) = \left[\hat{T} + V(x)\right]\Psi(x, t). \tag{4.12}$$

Diese Form $F(x, t)$ motiviert sich aus der Darstellung der Gesamtenergie $H = T + V$ in der klassischen Mechanik. Diese Schritte kann man nachvollziehen, es ist klar, dass im Quellterm die Wechselwirkung stehen muss.

- Aber warum das Potenzial $V(x)$ und nicht die Kraft $F(x)$ wie bei Newton? Das kann man sicher dadurch verstehen, dass dann zwei Energieterme auf der rechten Seite von Gl. 4.12 stehen. Ständen dort ein Energieterm und ein Kraftterm, dann käme das mit den Einheiten nicht hin.
- Warum die Aufspaltung des Quellterms in Potenzial und Wellenfunktion, warum keine andere Darstellung? Auch hier wieder ein Konsistenzargument: Die Zeitableitung auf der linken Seite wird zur Multiplikation der Wellenfunktion mit einer Energie führen (durch die Ersetzungsregeln), daher muss auf der rechten Seite auch eine Energie stehen.[4]

[3] Um die Ableitungen von der klassischen kinetischen Energie zu unterscheiden, verwenden wir hier den ‚Hut' auf T.

[4] Was ja bei der freien Schrödinger-Gleichung schon durch die kinetische Energie T der Fall ist.

Somit scheint Gl. 4.12 die einfachste konsistente Weise zu sein, den Quellterm durch eine potenzielle Energie auszudrücken.

Die Schrödinger-Gleichung folgt also aus der Forderung, Wellenphänomene beschreiben zu können, die genaue Form erhält man durch Berücksichtigung von drei Bedingungen: (i) der Struktur der partiellen Differentialgleichung, nämlich dem Grad der Zeit- und Ortsableitungen, die eine Wellenlösung erlauben,[5] (ii) der Dispersionsrelation, die konsistent mit der klassischen Energieformel sein muss, und (iii) der Darstellung der Inhomogenität, die ein Wechselwirkungspotenzial konsistent in die Gleichung einbezieht. Wir erhalten sie also durch eine Vielzahl von Überlegungen und Schritten, die alle keine strenge Ableitung darstellen, daher ist die Schrödinger-Gleichung zunächst nur eine gut begründete Annahme, die sich in der Anwendung beweisen muss. Dazu benötigen wir ein paar weitere Postulate (Abschn. 4.3), geeignete Modelle für die Potenziale $V(x)$, die mathematisch gut lösbar sind (Teil II), und schließlich noch weitere Näherungen, um Eigenschaften wie Energien ausrechnen zur können (Teil V). Erst dann kann man wirklich mit den experimentellen Daten, z. B. aus der Spektroskopie, in Teil V und Teil IV vergleichen.

4.2 Teilchen in einer Wellenbeschreibung

Mit der Wellengleichung für Materie werden wir jedoch ins Kap. 2 zurückkatapultiert: Materie zeigt nun die Welleneigenschaften aus Abschn. 2.2, die wir in Abschn. 4.2.1 kurz rekapitulieren wollen. **Wichtig:** Das, was wir im Folgenden **Quantenphänomene** nennen wollen, nämlich Interferenz, Unbestimmtheit etc., erhält man als direkte **mathematische Folge** der Beschreibung durch eine Wellenfunktion (Abschn. 4.2.1). Und dies sind Phänomene, die wir mit einer Teilchenvorstellung nicht zusammenbringen, sie bilden einen Kern der **Interpretationsprobleme der Quantenmechanik.**

Die Lösungen der Schrödinger-Gleichung sind Wellenfunktionen. Was genau beschreibt die Wellenfunktion? (Abschn. 4.2.2) Diese ist ausgedehnt, während wir bei Teilchen von lokalisierten Phänomenen ausgehen. Wir benötigen einen weiteren Kniff, die **statistische Interpretation,** um die Teilchenaspekte der Wellenbeschreibung aufzudrücken (Abschn. 4.2.3, 4.2.4).

4.2.1 Eigenschaften der Materiewellen: Quantenphänome

Die Lösungen von Wellengleichungen haben eine Reihe von Eigenschaften, wie in Abschn. 2.2 allgemein diskutiert. Die Lösungen der Schrödinger-Gleichung zeigen diese dann selbstverständlich ebenso, im Kontext der Quantenmechanik wollen wir diese im Folgenden als **Quantenphänomene** bezeichnen.

[5] So erlaubt die Diffusionsgleichung keine Wellenlösung, die Multiplikation mit ‚i' ermöglicht genau das.

Wellen Die Beschreibung durch eine Wellengleichung wird bestimmten Phänomenen gerecht, nämlich der **Interferenz** und dem Auftreten von **diskreten Energien:**

- **Interferenz:** Die Interferenzversuche mit Teilchen (Abschn. 3.2.2) motivieren eine Wellenbeschreibung. Dass diese Relation $p = \hbar k$ quantitativ korrekt ist, kann man an den Interferenzversuchen sehen. Die Geschwindigkeiten bzw. Impulse der Teilchen kann man über einen Geschwindigkeitsfilter bestimmen. Die entsprechende **De-Broglie-Wellenlänge** λ ist in Übereinstimmung mit dem Beugungsmuster bei Bestrahlung von Kristallen (Davisson und Germer 1927), sowie mit dem Abstand der Maxima bei Interferenzversuchen in Abschn. 3.2.2.
- **Stehende Wellen und Quantisierung:** Sobald Wellen Randbedingungen unterworfen sind, treten stehende Wellen auf. Dabei können nur noch bestimmte Wellenlängen vorkommen.
  - Wir haben dies zuerst in Abschn. 3.1.5 für einen Kasten diskutiert, hier sind nur Wellenlängen möglich, die ein halbzahliges Vielfaches der Kastenlänge L sind. Da Wellenlänge (bzw. Wellenvektor k) und Energie zusammenhängen, sind also für stehende Wellen nur bestimmte Energien möglich.
  - Ein analoges Phänomen haben wir mit der De-Broglie-Hypothese für das Bohr'sche Atommodell (Abschn. 3.2.2) diskutiert. Teilchen auf ‚Kreisbahnen' können ebenfalls nur bestimmte Wellenlängen haben, der Umfang der Kreisbahn muss ein ganzzahliges Vielfaches der Wellenlänge sein.

  Wir werden in Teil II dieses Buches verschiedene Potenziale berechnen, der Kasten ist ja nur ein sehr einfaches Beispiel für ein Potenzial $V(x)$, das auf die Teilchen wirkt. Und wir werden immer finden, dass nur bestimmte stehende Wellen in diesen Potenzialen möglich sind. Dies ist die Grundlage der **Quantisierung der Energie,** den klar definierten Wellenlängen korrespondieren dann bestimmte Energien, wie schon für das Bohr'sche Atommodell in Abschn. 3.2.1 diskutiert.

Teilchen Wie passt die Wellendarstellung aber mit den Teilcheneigenschaften zusammen, z. B., dass sie lokalisiert sind? Kann man dies eventuell durch eine Darstellung der Teilchen als Wellenpakete erhalten?

- **Lokalisierung:** Da die Schrödinger-Gleichung **linear** ist, kann man, wie in Abschn. 2.1.3 besprochen, eine allgemeine Lösung durch Überlagerung von ebenen Wellen erhalten, entweder durch eine Summe (Fourier-Reihe) oder durch ein Integral (Fourier-Transformation),

$$\Psi(x,t) = \sum_k a_k \mathrm{e}^{\mathrm{i}(kx-\omega t)}, \qquad \Psi(x,t) = \int a(k)\mathrm{e}^{\mathrm{i}(kx-\omega t)}\mathrm{d}k. \qquad (4.13)$$

  Das (Fourier-)Integral kann räumlich lokalisierte Wellen darstellen, eine spezielle Form ist das Gauß'sche Wellenpaket (Abb. 4.3a siehe auch Abschn. 2.1.4)

$$a(k) = \left(\frac{\alpha}{\pi}\right)^{\frac{1}{4}} \mathrm{e}^{-(\alpha/2)(k-k_0)^2}. \qquad (4.14)$$

Dies beschreibt eine Gauß-Verteilung der Wellenzahlen $k = \frac{2\pi}{\lambda}$, die Breite dieser Gauß-Verteilung ist $\sigma_k = 1/\alpha$. Dies in Gl. 4.13 eingesetzt, ergibt ein Wellenpaket, wie in Abb. 4.3b dargestellt. Die räumliche Breite des Wellenpakets wird mit einer entsprechenden Standardabweichung σ_x beschrieben.

- **Dispersion:** Die Dispersionsrelation $\omega(k)$ ist zentral für die Beschreibung der Wellenausbreitung, aus ihr kann man die Phasen- und Gruppengeschwindigkeit ausrechnen,

$$v_p = \frac{\hat{\omega}}{\hat{k}} \qquad v_g = \frac{\Delta\omega}{\Delta k} \approx \frac{\partial\omega}{\partial k}. \tag{4.15}$$

Für Lichtwellen im Vakuum hatten wir $v_p = v_g = \mathrm{c}$ erhalten. D. h., Wellenzüge unterschiedlicher Frequenz breiten sich gleich schnell aus. Ein Lichtwellenpaket im Vakuum breitet sich daher aus, ohne seine Form zu ändern. Die Schrödinger-Gleichung hat jedoch eine Dispersionsrelation Gl. 4.8

$$\omega \sim k^2,$$

damit gilt $v_p \neq v_g$. Wie in Abschn. 2.2 diskutiert, wird solch ein Wellenpakt mit der Zeit zerfließen, d. h., die gaußförmige Einhüllende in Abb. 4.3b wird analog zur Gauß-Funktion der Dissipationsgleichung in Abb. 2.4 mit der Zeit stetig breiter (mehr Details in Abschn. 20.3.1).

- **Unbestimmtheitsrelation:** Aus der Beschreibung durch ein Wellenpaket folgt, wie schon in Abschn. 2.2 dargestellt, eine Unbestimmtheitsrelation,

$$\sigma_k \sigma_x \geq \frac{1}{2}. \tag{4.16}$$

Man kann die Unbestimmtheitsrelation elementar aus den Eigenschaften des Wellenpakets verstehen. σ_k und σ_x sind umgekehrt proportional: Je schmäler die Gauß-Funktion in Abb. 4.3a, desto breiter die in Abb. 4.3b. D. h., je kompakter wir das Wellenpaket in seiner räumlichen Ausdehnung machen, desto mehr ebene Wellen müssen wir überlagern, und umgekehrt. Wenn der Impuls eines Quantenteilchens durch $p = \hbar k$ gegeben ist, das Wellenpaket aber durch eine Verteilung von Impulsen Gl. 4.14 bestimmt ist, welchen Impuls hat dann ein Teilchen genau, das durch ein Wellenpaket beschrieben wird? Und wo genau befindet es sich, an welchem Ort ist es? Impuls und Ort scheinen nicht genau bestimmbar, das ist die Aussage der Unbestimmtheitsrelation Gl. 4.16: Das Produkt von ‚Orts- und Impulsungenauigkeit' ist immer größer als $\frac{\hbar}{2}$, denn die Streuungen sind umgekehrt proportional.[6] In der Quantenmechanik wird diese mit $\hbar\Delta k = \Delta p$ als $\Delta x \Delta p \geq \frac{\hbar}{2}$ geschrieben.[7]

[6] In Kap. 12 werden wir diese Relation ableiten, und dessen Bedeutung in Kap. 13 genauer diskutieren.

[7] Mit $\sigma_x = \Delta x$, $\hbar\sigma_k = \Delta p$.

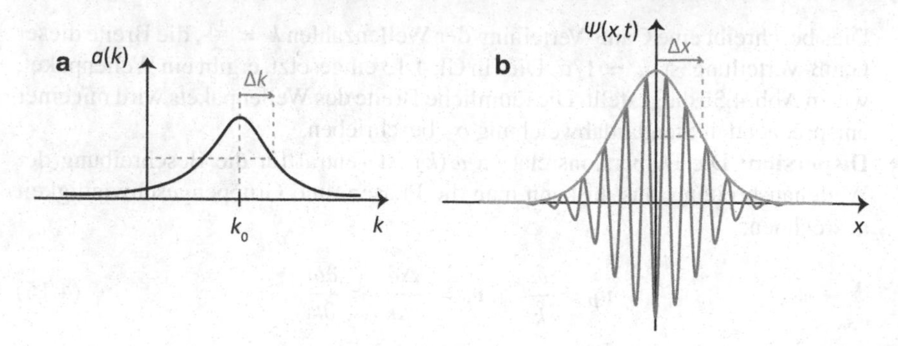

Abb. 4.3 (**a**) Wellenpaket Gl. 4.13 mit gaußverteilten Impulsen. (**b**) Wellenpaket im Ortsraum: Man sieht sehr gut die gaußförmige Einhüllende und die Oszillationen der ebenen Welle. In der Quantenmechanik bezeichnet man die Standardabweichungen mit $\Delta k = \sigma_k$ und $\Delta x = \sigma_x$

Teilchen = Wellenpaket? Teilchen sind lokalisiert, können die Teilcheneigenschaften über Wellenpakete repräsentiert werden? Sind Teilchen also nichts anders als Wellenpakete? Beschreibt die Ausdehnung des Wellenpakets eventuell sogar die Ausdehnung des Teilchens? Nun haben wir schon für Lichtquanten gesehen, dass die ‚Teilcheneigenschaft' **Unteilbarkeit** durch Wellenpakete nicht abgebildet wird (Abschn. 3.3), das Ganze ist etwas komplizierter. Was genau also beschreiben diese Wellen(-pakete), wie hängt das mit den Teilchen zusammen?

4.2.2 Was schwingt?

Wir finden also **Wellenlösungen** für Materie, dies können für die **freie Schrödinger-Gleichung** (Gl. 4.7) ebene Wellen Gl. 4.9 oder Wellenpakete Gl. 4.13 sein. Die Lösungen der Schrödinger-Gleichung mit Potenzial (Gl. 4.12) sind ebenfalls Schwingungslösungen, die wir in Teil II berechnen werden. Wir bezeichnen diese Wellenlösungen als **Wellenfunktion** Ψ.

Was ist die Amplitude? Die Amplitude a in Gl. 4.9 ‚schwingt' mit der Frequenz ω und breitet sich mit dem Wellenvektor k aus. Für einen Vergleich mit dem Experiment müssen wir wissen, worauf sich die Lösung in der Natur bezieht. Was genau ist die Amplitude a, die die Schwingungen ausführt? Bei Wasser ist das klar, es ist die Erhebung über den Wasserspiegel, hier haben wir eine direkte Anschauung. Bei **Lichtwellen** sind es elektrische und magnetische Felder, die schwingen, die Amplituden haben eine klare Bedeutung.

Die Lösung Ψ der freien Schrödinger-Gleichung beschreibt die Ausbreitung von Teilchen, aber was genau beschreibt sie, worauf bezieht sich die Amplitude, was genau schwingt da? Ist es – analog zur Wasserwelle – die Materiemenge, die man an einem bestimmten Ort finden kann?

Probleme der Interpretation von Ψ Die Interpretation ist zunächst schwierig, denn die Wellenfunktion Ψ

- ist komplex:[8] Die ebenen Wellen oder das Wellenpaket sind komplexe Funktionen. In der Physik jedoch beschreiben nur reelle Zahlen oder Funktionen physikalische Sachverhalte: Die Wellenfunktion selbst kann also in der Form keine physikalische Bedeutung haben.
- Man könnte den Realteil (oder Imaginärteil) von Ψ verwenden, aber dann stellt sich immer noch das Problem, wie genau man sich das Schwingen vorstellen soll. Wellen haben positive und negative Auslenkungen, was genau sollen die negativen Auslenkungen sein, wäre das eine ‚negative Materieverteilung'? Bei einer Wasserwelle fehlt an diesen Stellen Wasser in Bezug auf die Wasseroberfläche. Wie aber kann eine Materiemenge an einem Raumbereich negative Werte annehmen, bzw. ‚schwingen'?

Man kann aber Folgendes versuchen: Die **Intensität einer Lichtwelle,** d. h., die ‚Menge des Lichts', ist proportional zum Quadrat der Wellenamplitude $I = |y(x,t)|^2$ (Gl. 2.18, Abschn. 2.2.3). Könnte daher die ‚Menge der Materie' durch das Betragsquadrat der Wellenfunktion beschrieben sein? Da $\Psi(x,t)$ eine komplexe Funktion ist, nimmt man das **Betragsquadrat,**

$$|\Psi|^2 = \Psi^*\Psi,$$

was eine Multiplikation mit dem komplex Konjugierten bedeutet. Das Ergebnis ist reell und positiv für alle x und t.

Schrödingers Materiewelle Die Wellenfunktion, so die erste Interpretation, die Erwin Schrödinger vorgeschlagen hat, repräsentiert, wie bei Wasserwellen, die Materie- bzw. Ladungsverteilung eines Teilchens. So, wie z. B. ein Tropfen Wasser über einen Raumbereich verteilt ist, könnte das Wellenpaket in Abb. 4.3b ein Objekt beschreiben, das über einen Raumbereich irgendwie ‚verschmiert' ist. Diese Materieverteilung ist nicht durch Ψ beschrieben, sondern durch $|\Psi|^2$. Damit wäre die mathematische Form von $|\Psi|^2$ ein direktes Abbild der Form des Teilchens. Das Teilchen hätte dann eine Ausdehnung, entsprechend dem Wellenpaket und im Gegensatz zu den Punktteilchen der Mechanik, die sowieso keine sehr realistischen Abbildungen der Teilchen sind. Ist das Elektron also ein ‚verschmiertes' Objekt, wie Schrödinger es anfangs vorschlug? Die Schrödinger-Gleichung beschreibt also die Ausbreitung der Wellenfunktion, und damit direkt die Ausbreitung des Teilchens?

Delokalisierung und Dispersion Aber dieses Bild der Materieverteilung lässt sich nicht konsistent durchhalten:

- Wenn das Wellenpaket in Abb. 4.3b eine Materieverteilung repräsentieren würde, dann würde diese im Lauf der Zeit aufgrund der **Dispersion** (Abschn. 4.2.1) immer breiter werden, das Elektron, bzw. seine Masse und Ladung, würde sich immer

[8] Siehe die Einführung der ebenen Wellen in Gl. 2.7.

breiter verteilen.[9] Das ist kontraintuitiv und wird auch experimentell so nicht festgestellt.
- Ein Wellenpaket kann durch einen Strahlteiler in zwei Teile geteilt werden: In diesem Fall müsste sich das Teilchen halbieren, was nicht sinnvoll erscheint.
- Wenn das Quadrat der Wellenfunktion direkt eine Materieverteilung wäre, dann müsste bei jedem Teilchendurchgang durch den Doppelspalt in Abb. 3.7 eine kontinuierliche Schwärzung des Schirms zu sehen sein. Die Wellenfunktion ist über den ganzen Schirm **delokalisiert,** die Teilchen scheinen sich aber durch einzelne punktförmige Schwärzungen auf dem Schirm zu manifestieren.

Es macht also keinen Sinn, das Quadrat der Wellenfunktion als direktes Abbild der Teilchen zu sehen. Die Interpretation als Materieverteilung macht in dieser Form keinen Sinn, aber was dann?

Worauf bezieht sich die Wellenfunktion? Den **Doppelspaltversuch** haben wir zuerst für Wellen in Abb. 2.8 betrachtet. Das Interferenzmuster, d. h., der grau ausgefüllte Bereich am Schirm in Abb. 2.8, repräsentiert die Intensität $I = |y(x,t)|^2$ (Gl. 2.18) des am Schirm ankommenden Lichts. Und die Intensität ist gegeben durch das Quadrat der Wellenamplituden.

Analog wird bei dem Versuch mit Teilchen (Abschn. 3.2.2) die Intensität, d. h., der graue Bereich am Schirm, durch das Amplitudenquadrat $|\Psi|^2$ abgebildet. Die Schrödinger-Gleichung, bzw. deren Lösung Ψ, kann also das Interferenzmuster exakt beschreiben. Und hier fallen zwei Dinge auf (siehe auch Abschn. 3.2.2):

- In Abb. 3.7 sieht man, dass die einzelnen Teilchen lokalisierte Einschläge hinterlassen. Offensichtlich kann die Lösung Ψ dies gar nicht beschreiben: Sie gibt nur die Einhüllende um all diese Einschläge wieder. $|\Psi|^2$ kann sich also **nicht** auf ein **einzelnes Elektron** beziehen. Einzelne Elektronen zeigen keine Welleneigenschaften, wie oben beschrieben. Einzelne Elektronen finden wir immer lokalisiert und nie verteilt. Das weist auf Punktteilchen hin, und nicht auf ausgedehnte Materieverteilungen. Die Wellenfunktion, bzw. ihr Betragsquadrat, macht zunächst keine Aussage, wo genau ein Teilchen am Schirm auftreffen wird.
- Aber die Häufigkeit der Teilchen am Schirm wird sehr gut durch das Amplitudenquadrat $|\Psi|^2$ wiedergegeben. $|\Psi|^2$ scheint die **Verteilung** eines Ensembles von Teilchen zu beschreiben. Ein **Ensemble** nennen wir ein Kollektiv von Teilchen, die auf die gleiche Weise erzeugt wurden und daher in bestimmten Eigenschaften übereinstimmen. In diesem Versuch haben alle Teilchen die gleiche Masse, Geschwindigkeit und Ausbreitungsrichtung. Und damit haben sie die gleiche **De-Broglie-Wellenlänge,** nur deshalb sieht man Interferenz.

[9]Eine mathematische Beschreibung finden Sie in Abschn. 12.3.1 und 20.3.1.

4.2.3 Wahrscheinlichkeiten

Worauf bezieht sich die Wellenfunktion? Wir haben also folgende Situation:

- Die Wellenfunktion (bzw. ihr Betragsquadrat) beschreibt die **Verteilung der Teilchen** hinter dem Schirm im Doppelspaltversuch. Diese Verteilung ist exakt vorhersagbar. Die Schrödinger-Gleichung macht also **exakte Vorhersagen für Teilchenensemble.**
- **Einzelne Teilchen** treffen unvorhersehbar auf dem Schirm auf, für diese ist keine Vorhersage möglich. Die Wellenfunktion scheint keine Aussage über **einzelne Teilchen** zu machen, sondern nur über die **Verteilung vieler Teilchen.**
- Die Wellenbeschreibung ist **kontinuierlich,** wir haben eine Funktion $\Psi(x, t)$, die über ganze Raumbereiche ausgedehnt ist, aber die Teilchen werden immer an einem Punkt **lokalisiert** gefunden. D. h., die Beschreibung bisher taugt gar nicht, um Aussagen über Teilchen zu machen, sie kann gar nicht über Teilchen ‚reden'.

Diffusion Aber wir kennen eine Theorie, in der genau das der Fall ist, die Beschreibung von Teilchen durch die Diffusionsgleichung (Gl. 2.26), die der Schrödinger-Gleichung nicht unähnlich ist.[10] Diese gibt eine Vorhersage darüber, wie sich eine Verteilung von Teilchen mit der Zeit entwickelt. Betrachten wir die Gaußverteilung, die wir in Abschn. 2.4 als eine Lösung der Diffusionsgleichung diskutiert haben[11]

$$c(x, t) \approx c_0 e^{\frac{-x^2}{4Dt}} . \tag{4.17}$$

Ein Tropfen Tinte wird sich im Wasser mit der Zeit kontinuierlich ausbreiten, wie in Abb. 2.4b schematisch dargestellt. c_0 ist die Konzentration von Teilchen zu einem Anfangszeitraum, und die Exponentialfunktion beschreibt die Verteilung dieser Konzentration über die Koordinate x. Mit der Zeit wird die Verteilung $c(x, t)$ immer flacher und breiter.

Die **Diffusionsgleichung** beschreibt eine Konzentration, d. h. eine **Verteilung von Teilchen.** Die einzelnen Teilchen sind lokalisiert, für große Zahlen kann man die Körnung, d. h. die Zusammensetzung des Stoffes aus Punktmassen, vernachlässigen und die Konzentration durch eine kontinuierliche Größe $c(x, t)$ darstellen.

- Wir machen das diskret und nähern durch $c(x, t)$ die Konzentration an, die man in dem Intervall zwischen x und $x + dx$ zur Zeit t vorfindet, wie in Abb. 4.4 gezeigt.

---

[10] Es gibt einen signifikanten Unterschied: Die Diffusionsgleichung hat keine Wellenlösungen ($\sin / \cos / \exp(i(kx - \omega t))$), d. h., das Phänomen der Interferenz taucht nicht auf. Wenn eine Anfangsverteilung $c(x, t)$ durch einen Doppelspalt laufen würde, gäbe es keine Auslöschung von Wellenzügen. Dies sollte auch nicht sein, denn $c(x, t)$ beschreibt eine klassische Materieverteilung, und diese sollte sich nicht auslöschen können.

[11] Wir vernachlässigen hier die schwache Zeitabhängigkeit der Amplitude, um den Sachverhalt klarer herauszuarbeiten.

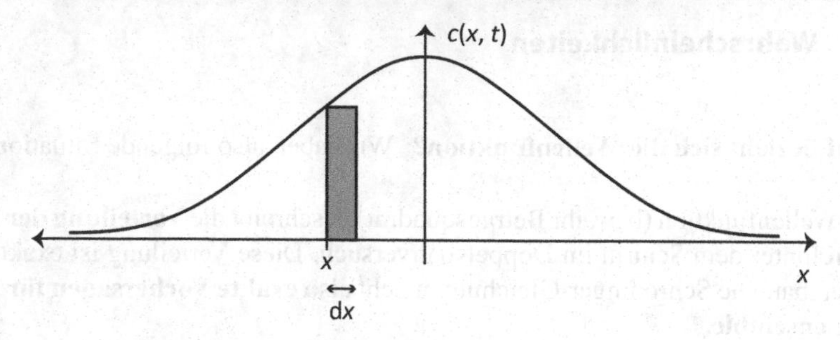

Abb. 4.4 Diskrete Darstellung der Konzentration

- Da die Konzentration als Teilchenzahl pro Volumen definiert ist, ist im eindimensionalen Fall die Teilchenzahl in dem Intervall zwischen x und $x + \mathrm{d}x$ durch

$$n(x, t) = c(x, t)\mathrm{d}x$$

gegeben (Abb. 4.4).
- Wenn insgesamt N Moleküle vorliegen, ist

$$p(x, t) = \frac{n(x, t)}{N} = \frac{c(x, t)\mathrm{d}x}{N}$$

die **Wahrscheinlichkeit,** zur Zeit t eines der N Teilchen in dem Intervall $[x, x + \mathrm{d}x]$ zu finden. Wahrscheinlichkeiten erhält man also aus **relativen Häufigkeiten** einer **Verteilung.**

Die Diffusionsgleichung gibt mit $c(x, t)$ also eine exakte Beschreibung der **Teilchenverteilung,** aber für einzelne Teilchen nur **Wahrscheinlichkeitsaussagen** $p(x, t)$.
Durch den Kniff der **Wahrscheinlichkeitsinterpretation** kann man mit Hilfe einer **kontinuierlichen Funktion Wahrscheinlichkeitsaussagen** über einzelne Teilchen machen.

Interpretation der Interferenzexperimente Nun kann man für die Wellenfunktion analog vorgehen, und

$$p(x, t) = |\Psi(x, t)|^2\mathrm{d}x$$

als die Wahrscheinlichkeit ansehen, ein Teilchen zur Zeit t in dem Intervall $[x, x + \mathrm{d}x]$ zu finden. Damit kann man das Interferenzmuster Abb. 3.7 interpretieren. Analog zu Abb. 4.4 müssen wir den Schirm hinter dem Doppelspalt in kleine Abschnitte $\mathrm{d}x$ unterteilen und dann zählen, wie viele Teilchen wir darin vorfinden (Abb. 4.5).

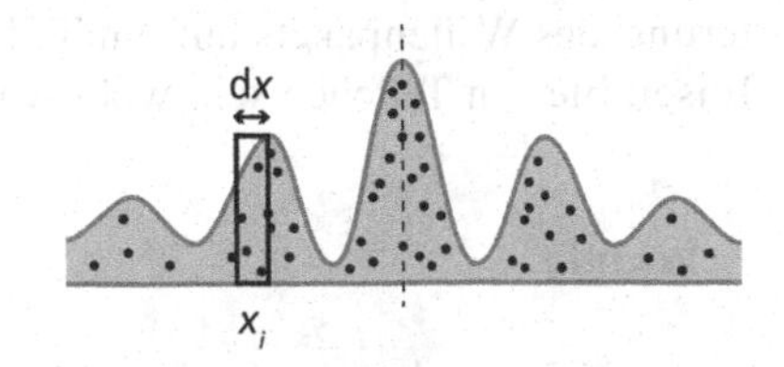

Abb. 4.5 Segmente am Schirm

- Wenn 100 Teilchen die Apparatur durchlaufen, kommen $n(x,t) = 100 \cdot |\Psi(x,t)|^2 \mathrm{d}x$ im Teilstück dx an.
- Wenn 1 Teilchen die Apparatur durchläuft, ist $p(x,t) = |\Psi(x,t)|^2 \mathrm{d}x$ die Wahrscheinlichkeit dafür, es im Teilstück $[x, x + \mathrm{d}x]$ vorzufinden.

Somit können wir mit der Wahrscheinlichkeitsinterpretation die relativen Häufigkeiten, die sich durch die Anzahl der diskreten Punkte auf dem Schirm darstellen lassen, durch eine kontinuierliche Funktion $|\Psi(x,t)|^2$ repräsentieren. Damit kann man eine kontinuierliche Wellenfunktion mit einem diskreten Teilchenbild zusammenbringen.

Normierung Die Wahrscheinlichkeit, dass ein Teilchen irgendwo auf dem Schirm auftrifft, ist 1! Daher muss gelten:

$$\int |\Psi(x,t)|^2 \mathrm{d}x = 1. \tag{4.18}$$

Das Integral ‚summiert' sozusagen alle Wahrscheinlichkeiten in den Teilstücken dx. Insgesamt findet man aber nur ein Teilchen, daher muss das Integral 1 ergeben. Dies nennt man **Normierung der Wellenfunktion,** die Integration über den ganzen Raumbereich ergibt ‚1'. Im Folgenden werden wir Wellenfunktionen immer als normiert ansehen oder explizit einen Normierungsfaktor ausrechnen. Das ist völlig analog zum Vorgehen bei der Maxwell'schen Geschwindigkeitsverteilung $f(v)$, die ja auch eine **Wahrscheinlichkeitsverteilung** darstellt. Diese haben wir auch normiert.

Interpretation der Dispersion Das Quadrat der Wellenfunktion beschreibt also eine Verteilung von Teilchen, wie am Interferenzmuster festgestellt. Betrachten wir ein Wellenpaket wie in Abb. 4.3 dargestellt. Wenn wir dieses quadrieren, dann überdeckt die Gauß-Funktion einen Bereich, in dem man Teilchen finden kann. Offensichtlich beschreibt das Wellenpaket **nicht** die Verschmierung der Masse und Ladung eines Elektrons über diesen Bereich. Es beschreibt die Verteilung vieler Teilchen über diesen Bereich, wie man sie bei einer Messung feststellen könnte. Aufgrund der Dispersionsrelation $\omega \sim k^2$ wird eine anfangs lokalisierte Wellenfunktion $\Psi(x,t)$ mit der Zeit immer breiter, völlig analog zum Diffusionsphänomen. Die Verbreiterung des Wellenpakets auf ein Teilchen zu beziehen, macht keinen Sinn, für ein Ensemble von Teilchen sehr wohl; völlig analog zur Diffusionsgleichung.

Wichtig

- Wellenfunktionen beschreiben also nicht die Materie-(Ladungs)verteilung **eines** Teilchens.
- Einzelne Teilchen werden nicht durch ein Wellenpaket repräsentiert.

4.2.4 Die Born'sche Regel

Unser Problem, wie man **diskrete Teilchenorte,** die man ja im Experiment feststellt, mit einer **kontinuierlichen Funktion,** die eine Verteilung von Teilchen beschreibt, zusammenbringt, scheint also über den Kniff der Wahrscheinlichkeit zu funktionieren.

Der Physiker Max Born hat diesen Gedanken bei der Interpretation der Ergebnisse von Stoßvorgängen (1926) entwickelt.[12] Das Problem ist die kontinuierliche Darstellung der Wellenfunktion, die Darstellung von Teilchen durch Wellen. Er sagt: ‚...will man nun dieses Resultat korpuskular umdeuten, so ist nur eine Interpretation möglich:' die **Wahrscheinlichkeitsinterpretation.** In der Folge hat sich die[13]

Born'sche Wahrscheinlichkeitsinterpretation durchgesetzt, wobei die Wellenfunktion folgende Bedeutung hat:

$$|\Psi(\boldsymbol{r},t)|^2 \mathrm{d}^3\boldsymbol{r} \tag{4.19}$$

ist die Wahrscheinlichkeit dafür, das Teilchen zur Zeit t in dem Volumenelement $\mathrm{d}^3 r$ zu finden.

$\Psi(\boldsymbol{r},t)$ ist eine komplexwertige Funktion. Das Betragsquadrat einer komplexen Zahl a wird folgendermaßen ausgerechnet: $|a|^2 = a^* a$, wobei a^* das komplexkonjugierte von a ist. Damit erhält man:

[12] M. Born., Zur Quantenmechanik der Stoßvorgänge, Zeitschrift für Physik 37, 863.
[13] $\boldsymbol{r} = (x, y, z)$ ist der Ortsvektor bei der Darstellung in drei Dimensionen, $\mathrm{d}^3\boldsymbol{r}$ dann ein Volumenelement.

$$\int |\Psi(\boldsymbol{r},t)|^2 \mathrm{d}^3\boldsymbol{r} = \int \Psi^*(\boldsymbol{r},t)\Psi(\boldsymbol{r},t)\mathrm{d}^3\boldsymbol{r}. \tag{4.20}$$

Dies führt (physikalisch) zwingend zur **Normierung der Wellenfunktion,**

$$\int |\Psi(\boldsymbol{r},t)|^2 \mathrm{d}^3\boldsymbol{r} = 1. \tag{4.21}$$

Diese Bedingung heißt mathematisch **Quadratintegrabilität** und besagt, dass das Teilchen irgendwo im Raum zu finden ist.

- Ψ beschreibt also keine Materieverschmierung, sondern hat eigentlich nur einen statistischen Gehalt. Während die erste Interpretation unter **Materiewelle** gehandelt wurde, hat sich inzwischen die Interpretation als **Wahrscheinlichkeitswelle** durchgesetzt (Born).
- Ψ wird genau genommen **Wahrscheinlichkeitsamplitude** genannt, da erst ihr Quadrat zu einer Wahrscheinlichkeit wird. Das ist analog zum Licht, wo erst das Quadrat der Amplitude die Intensität ergibt.
- $|\Psi(\boldsymbol{r},t)|^2$ wird **Wahrscheinlichkeitsdichte** genannt, da erst nach Multiplikation mit einem Volumenelement $|\Psi(\boldsymbol{r},t)|^2\mathrm{d}^3\boldsymbol{r}$ eine Wahrscheinlichkeit resultiert: $|\Psi(\boldsymbol{r},t)|^2$ ist eine Wahrscheinlichkeit pro Volumen.

- Wir verwenden eine kontinuierliche Beschreibung für Teilchen, die selbst als diskret anzusehen sind. Dies erreichen wir durch zwei Tricks:
  - Wir beziehen die Wahrscheinlichkeit auf ein Volumenelement, wir verwenden also ein Vorgehen wie bei der kinetischen Gastheorie oder der Diffusion, die eine kontinuierliche Verteilung für diskrete Teilchen verwenden.
  - Wir fordern, dass die Wellenfunktion normiert ist. Damit forcieren wir die Beschreibung einer diskreten Zahl von Teilchen.
- Was breitet sich nun aus? Eine **Wahrscheinlichkeitswelle!** Was ist das? In der klassischen Physik gibt es keine Zufallsprozesse in der Natur; Zufälle, und damit Wahrscheinlichkeiten, treten nur auf, wenn nicht genügend Wissen über ein Objekt zur Verfügung steht. Ist $\Psi(\boldsymbol{r},t)$ dann eine ‚Unwissenheitswelle', die sich da ausbreitet?

Ein Gespensterfeld? Die Rede von einer Wahrscheinlichkeitswelle ist eine moderne Formulierung, Born hat die Interpretation in einer Zeit eingeführt, in der die ersten Erfolge der Quantenmechanik beeindruckend waren, es aber schon mehrere konkurrierende Interpretationen gab. So schreibt er,[14]

[14] M. Born, Zur Quantenmechanik der Stoßvorgänge, Zeitschrift für Physik 37, 803.

> ... aber über die physikalische Interpretation der Formeln sind die Meinungen geteilt. Die von Heisenberg begründete, von ihm gemeinsam mit Jordan und dem Verfasser dieser Mitteilung entwickelte Matrizenform der Quantenmechanik geht von dem Gedanken aus, dass eine exakte Darstellung der Vorgänge in Raum und Zeit überhaupt unmöglich ist, und begnügt sich daher mit der Aufstellung von Relationen zwischen beobachtbaren Größen, ...

Die erste Formulierung der Quantenmechanik konnte also gar nicht in dem Sinne interpretiert werden, dass ein Bild der Welt entsteht, das die mikroskopischen Vorgänge verständlich macht. Er schreibt weiter,

> Schrödinger auf der anderen Seite scheint den Wellen, die er nach de Broglies Vorgang als die Träger der atomaren Prozesse ansieht, eine Realität von derselben Art zuzuschreiben, wie sie Lichtwellen besitzen; er versucht ‚Wellengruppen aufzubauen, welche in allen Richtungen relativ kleine Abmessungen' haben und die offenbar die bewegte Korpuskel direkt darstellen sollen.

Dass das nicht zufriedenstellend ist, haben wir oben diskutiert, aber was ist Ψ sonst? Born knüpft an

> ... eine Bemerkung Einsteins über das Verhältnis von Wellenfeld und Lichtquanten an; er sagte etwa, dass die Wellen nur dazu da seien, um den korpuskularen Lichtquanten den Weg zu weisen, und er sprach in diesem Sinne von einem ‚Gespensterfeld'. Dieses bestimmt die Wahrscheinlichkeit dafür, dass ein Lichtquant, der Träger von Energie und Impuls, einen bestimmten Weg einschlägt; dem Felde selbst aber gehört keine Energie und kein Impuls zu.

Born macht folgenden Vorschlag:

> Ich möchte also versuchsweise die Vorstellung verfolgen: Das Führungsfeld, dargestellt durch eine skalare Funktion Ψ der Koordinaten aller beteiligten Partikeln und der Zeit, breitet sich nach der Schrödinger'schen Differentialgleichung aus. Impuls und Energie aber werden so übertragen, als wenn Korpuskeln (Elektronen) tatsächlich herumfliegen. Die Bahnen dieser Korpuskeln sind nur so weit bestimmt, als Energie- und Impulssatz sie einschränken; im übrigen wird für das Einschlagen einer bestimmten Bahn nur eine Wahrscheinlichkeit durch die Werteverteilung der Funktion Ψ bestimmt.

Nach dieser Vorstellung, die in der Theorie von de Broglie/Bohm[15] weiterlebt, fliegen Quantenteilchen herum, so wie es die Teilchen der kinetischen Gastheorie auch machen. Nur werden sie zusätzlich noch durch die Wellenfunktion in die Bahnen gelenkt, um der Wahrscheinlichkeitsverteilung zu gehorchen.[16]

Nur eine statistische Theorie? Demnach wäre $|\Psi(\boldsymbol{r},t)|^2 \mathrm{d}^3 r$ die ‚Wahrscheinlichkeit dafür, dass das Teilchen zur Zeit t in dem Volumenelement $\mathrm{d}^3 \boldsymbol{r}$ **ist**'. Die Teilchen bewegen sich durch den Raum, und $|\Psi(\boldsymbol{r},t)|^2$ gibt uns ein Maß dafür an die Hand, **wo**

---

[15] Siehe Abschn. 6.2.3.

[16] So ‚leitet' die Wellenfunktion beispielsweise beim Doppelspaltexperiment in Abb. 3.7 die Teilchen derart, dass sie in der Summe die dargestellte Häufigkeitsverteilung am Schirm reproduzieren.

sie sich gerade befinden. Das wäre dann komplett analog zur Konzentration $c(\boldsymbol{r}, t)$, und wir haben die Wahrscheinlichkeitsinterpretation auch in Analogie dazu motiviert. In dieser Sichtweise scheint die Quantenmechanik eine statistische Theorie zu sein, wie die kinetische Gastheorie.

Die Standardinterpretation der Quantenmechanik Warum aber schreiben wir heute in Anschluss an Gl. 4.19, $|\Psi(\boldsymbol{r}, t)|^2 \mathrm{d}^3\boldsymbol{r}$ sei die ‚Wahrscheinlichkeit dafür, das Teilchen zur Zeit t in dem Volumenelement $\mathrm{d}^3\boldsymbol{r}$ **zu finden**'. **‚Zu finden'** macht einen **Bezug auf eine Messung,** d. h., wenn wir messen, werden wir ein Teilchen an diesem Ort finden. Aber ist es da nicht auch ohne Messung? Wie sollte es vor der Messung ‚nicht da' sein, aber nach der Messung schon? So schreibt David Bohm[17]

> [P]roperties of matter do not, in general, exist separately in a given object in a precisely defined form. They are, instead, incompletely defined potentialities realized in more definite form only in interaction with other systems, such as a measuring apparatus. The wave function describes all these potentialities, and assigns a certain probability to each. This probability does not refer to the chance that a given property, such as a certain value of the momentum, actually exists at this time in the system, but rather to the chance that in interaction with a suitable measuring apparatus such a value will be developed ...

Es ist unmöglich, sich das vorzustellen. Und doch zwingt uns die Quantenmechanik dazu, genau diese Unterscheidung zu machen, eine Unterscheidung die in den Arbeiten von Born noch nicht auftaucht. Zudem kommt die Quantenmechanik, wie sie üblicherweise vorgestellt wird, gerade ohne die Born'sche Vorstellung von Trajektorien aus. Wie die Quantenobjekte von A nach B kommen, darüber macht die Quantenmechanik in ihrer Standardinterpretation keine Aussage, Trajektorien sind es aber nicht. Denn diese würden die Unbestimmtheitsrelation für Ort und Impuls verletzen.

> Die **Born'sche Interpretation,** so wie wir sie heute darstellen, bezieht die **Wahrscheinlichkeiten auf mögliche Messwerte.**

Wir dürfen eben gerade nicht die Vorstellung haben, wie wir sie von der kinetischen Gastheorie gewohnt sind. Alle Aussagen der Quantenmechanik beziehen sich nur auf die Werte, die man **messen** kann, und nicht auf Eigenschaften, die Teilchen unabhängig von einer Messung **haben** können. Diese Unterscheidung ist knifflig (Abschn. 5.2.2), aber zentral. Daher widmen wir ihr die Kapitel zum Formalismus (I-IV) und Interpretation (I-IV).

[17] D. Bohm, Quantum Theory, Prentice Hall 1995. Weiter schreibt er: ‚In fact, quantum theory requires us to give up the idea that the electron, or any other object has, by itself, any intrinsic properties at all. Instead, each object should be regarded as something containing only incompletely defined potentialities that are developed when the object interacts with an appropriate system.'

4.3 Zustand, Operatoren, Observable und Erwartungswerte

Wir haben die klassische Mechanik verlassen und können damit einem Teilchen keine Trajektorie mehr zuordnen, das Einzige, was wir in der Quantenmechanik noch haben, ist die Wellenfunktion. In der Mechanik sind Teilcheneigenschaften Funktionen des Orts und Impulses, z. B. die Energie $E(x, p)$. Wenn man Orte und Impulse kennt, dann kennt man auch diese Funktionen. Alle Eigenschaften eines Teilchens, die man gemäß der Theorie kennen kann, nennt man **Observable.**

Die Information, die man benötigt, um alle anderen Observablen zu bestimmen, nennt man Zustand. In der Mechanik ist dies (x, p), in der Thermodynamik (p, V), was ist das in der Quantenmechanik? Und wie bestimmt man daraus dann die anderen Eigenschaften?[18]

4.3.1 Der Zustand

Klassische Physik Der Begriff des Zustands ist zentral in physikalischen Theorien:

- Er besteht in der Angabe von Werten für Variablen, welche die Eigenschaften eines Systems beschreiben; in der klassischen Mechanik etwa der Ort und Impuls (x, p).
- Bei Kenntnis des Zustands kann man dann alle anderen Beobachtungsgrößen berechnen. Diese sind **Funktionen** $f(x, p)$ des Zustands, wie z. B. die Energie $E(x, p)$.[19]
- Mit Hilfe der **Bewegungsgleichungen** (Abschn. 1.1.6) kann man **zukünftige Zustände** berechnen. Damit kann man auch alle anderen Eigenschaften zu einer späteren Zeit berechnen.

Quantenmechanik In der Quantenmechanik repräsentiert die Wellenfunktion $\Psi(x, t)$ den Zustand, denn sie hat eine analoge Funktion wie der Zustand in der Mechanik:

- Analog zu (x, p) in der klassischen Mechanik reicht die Wellenfunktion $\Psi(x, t)$ aus, um mit Hilfe der Schrödinger-Gleichung die Wellenfunktion, d. h., den Zustand, für Zeiten $t' > t$ zu berechnen.
- Mit Hilfe der Wellenfunktion kann man die anderen Observablen, wie z. B. die Energie eines Teilchens, berechnen, wie wir nun im Folgenden sehen werden.

---

[18] Wir wollen in diesem Kapitel wieder nur die x-Koordinate betrachten, und nicht den Ortsvektor $\boldsymbol{r}$, um die Formeln einfach zu halten.

[19] In der Thermodynamik ist der Zustand durch (p, V), gegeben, andere Größen lassen sich als Funktionen $f(p, V)$ darstellen, als etwa $T(p, V)$, $U(p, V)$, $S(p, V)$ (Zustandsfunktionen!).

Daher ist der **quantenmechanische Zustand** durch die Wellenfunktion $\Psi(x,t)$ bestimmt. Die Wellenfunktion beinhaltet die vollständige Information, die man über ein System haben kann. Wie wir sehen werden, unterscheidet sich der Informationsgehalt jedoch von dem des klassischen Zustands (x, p).

- Allerdings hat der Zustand $\Psi(x,t)$ selbst keine physikalische Bedeutung, wir haben $|\Psi(x,t)|^2$ als eine **Wahrscheinlichkeitsdichte** interpretiert.
- Da der Zustand nicht durch die grundlegenden Variablen (x, p) gegeben ist, können andere Größen nicht als Funktionen dargestellt werden. Dies hat weitreichende Konsequenzen, wie wir sehen werden.
- Als Verteilungsfunktion enthält der Zustand keine exakte Information beispielsweise über den genauen Ort einzelner Teilchen, wir werden nur Wahrscheinlichkeitsaussagen machen können.

4.3.2 Ortserwartungswerte

Wahrscheinlichkeitsverteilung In der kinetischen Gastheorie (Bd. 1, Kap. 16) haben wir ebenfalls nur Wahrscheinlichkeitsaussagen machen können, als **Verteilungsfunktion** haben wir dort die Maxwell-Verteilung $f(v)$ kennen gelernt (in Anhang 4.6 wird die grundlegende Idee der Verteilungsfunktionen und Mittelwertbildung kurz rekapituliert). Die Quantenmechanik hat – zumindest formal – eine Ähnlichkeit mit der **kinetischen Gastheorie:**

- **Wahrscheinlichkeitsverteilung:** Beide Theorien haben als zentrale Größen eine Wahrscheinlichkeitsverteilung:

$$f(v)\mathrm{d}v, \qquad |\Psi(x)|^2\mathrm{d}x \tag{4.22}$$

  sind dann jeweils
  - die Wahrscheinlichkeit, bei einem Teilchen eine Geschwindigkeit zwischen v und $v + \mathrm{d}v$ zu finden und
  - die Wahrscheinlichkeit, ein Teilchen zwischen x und $x + \mathrm{d}x$ zu finden.
- **Mittelwerte:** In der kinetischen Gastheorie können wir ebenfalls keine Aussagen über die genauen Geschwindigkeiten von einzelnen Teilchen machen, aber wir können Mittelwerte, z. B. der Geschwindigkeit v berechnen:

$$\langle v\rangle = \int v f(v)\mathrm{d}v, \qquad \rightarrow \qquad \langle x\rangle = \int x|\Psi(x)|^2\mathrm{d}x. \tag{4.23}$$

Können wir dann Mittelwerte für den Ort in der Quantenmechanik analog berechnen, wie Gl. 4.23 vorschlägt? Wir verwenden einfach $|\Psi(x)|^2\mathrm{d}x$ zur Mittelung?

Was bedeutet das? In einer Wellenbeschreibung können wir offensichtlich lokalisierte Teilchen nur über den ‚statistischen Kniff' repräsentieren, wie gerade ausgeführt. Betrachten wir dazu nochmal das Wellenpaket $\Psi(x, t)$ in Abb. 4.3b. Dieses erstreckt sich über einen bestimmten Raumbereich Δx, ein Wellenpaket hat immer eine gewisse Ausdehnung. Nun wissen wir offensichtlich nicht genau, wo sich das Teilchen aufhält, aber $|\Psi(x, t)|^2 \mathrm{d}x$ gibt die Wahrscheinlichkeit an, es an einem bestimmten Ort x zu finden. Mit dem Integral Gl. 4.23 bilden wir offensichtlich eine Art Mittelwert $\langle x \rangle$. Wir würden dann sagen, im Mittel finden wir das Teilchen am Ort $\langle x \rangle$.

Erwartungswert des Ortes *x* In der Quantenmechanik reden wir nicht von **Mittelwerten,** sondern Integrale vom Typ Gl. 4.23 werden **Erwartungswerte** genannt. Dies reflektiert u. A., dass die Mittelwertbildung in der Quantenmechanik zwar vordergründig nach den Regeln der klassischen Statistik abläuft, in der Interpretation jedoch wesentlich abweicht (Kap. 5, 6, 12).

Mit $|\Psi|^2 = \Psi^*\Psi$ können wir den Erwartungswert Gl. 4.23 auch wie folgt schreiben:

$$\langle x \rangle = \int \Psi^* x \Psi \mathrm{d}x. \tag{4.24}$$

Diese Schreibweise ist an dieser Stelle nicht zwingend, aber wird hier schon für die spätere Verwendung vorbereitet. Die Abb. 4.6 zeigt ein klassisches und ein ‚quantenmechanisches Teilchen' in einem Potenzial. Um etwa die potenzielle Energie des klassischen Teilchens auszurechnen, müssen wir nur die Höhe h kennen und erhalten,

$$E_{\text{pot}} = mgh. \tag{4.25}$$

Bei dem klassischen Teilchen wissen wir immer, an welchem Ort es sich aufhält. Quantenmechanisch haben wir aber ein Problem: Das Teilchen ist ja an keinem festgelegten Ort, wir kennen nur die Wahrscheinlichkeit

$$|\Psi(x)|^2 \mathrm{d}x,$$

es im Intervall $[x, x + \mathrm{d}x]$ anzutreffen. Wir müssen also wieder Erwartungswerte bilden.

Funktionen des Ortes *f(x)* In der kinetischen Gastheorie haben wir nicht nur den Mittelwert $\langle v \rangle$ betrachtet, sondern auch $\langle v^2 \rangle$, $\langle v^3 \rangle$, also Funktionen $g(v)$ der Geschwindigkeit (Bd. 1, Kap. 16), man bildet einfach den Erwartungswert $\langle g(v) \rangle$ der Funktion.

Analog können wir auch für Funktionen des Ortes, $g(x)$, Erwartungswerte bilden, indem wir $g(x)$ in das Integral einsetzen, $\langle g(x) \rangle$. So ist beispielsweise die potenzielle Energie in Abb. 4.6 durch $V(x) = mgh(x)$ gegeben, die ‚Höhe' $h(x)$ ändert sich mit x, ist eine Funktion von x. Wir erhalten damit:

$$\langle V(x) \rangle = \int \Psi^* mgh(x) \Psi \mathrm{d}x. \tag{4.26}$$

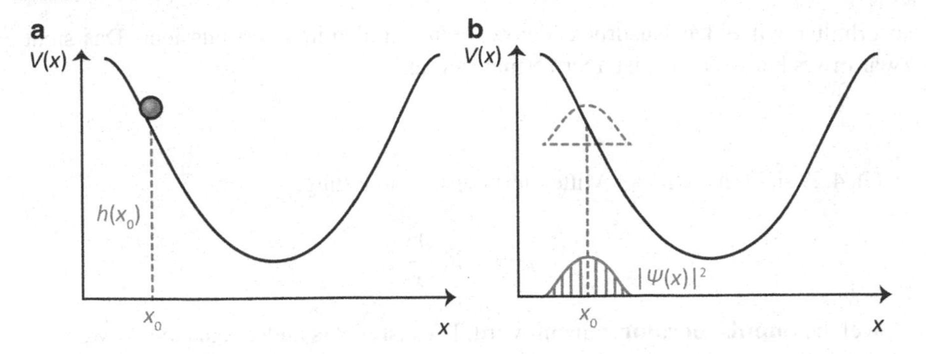

Abb. 4.6 (**a**) Die potenzielle Energie eines Teilchens ist durch den Ort x bestimmt. (**b**) Für eine Wahrscheinlichkeitsverteilung von Teilchen entlang der x-Achse müssen wir dann den Mittelwert dieser Verteilung berechnen

4.3.3 Impulserwartungswerte

Für den Impuls ist die Situation ein klein wenig komplizierter. Das Problem besteht darin, dass $\Psi(x, t)$ eine Funktion von x ist, aber nicht von p. Um den Mittelwert von p berechnen zu können, bräuchten wir eine Verteilungsfunktion, die von p abhängt (analog $f(v)$ von Maxwell).[20] Die Quantenmechanik erlaubt uns die Berechnung mit Hilfe der Ersetzungsregeln über einen kleinen Umweg. Betrachten wir die ebene Welle ($E = \hbar\omega$, $p = \hbar k$):

$$\Psi(x, t) = A\mathrm{e}^{\mathrm{i}(kx-\omega t)} = A\mathrm{e}^{\frac{\mathrm{i}}{\hbar}(px-Et)}. \tag{4.27}$$

Wenn die Wellenfunktion durch eine ebene Welle beschrieben wird, dann kennen wir den Impuls schon. Aber wie sieht das für allgemeinere Wellenfunktionen aus, z. B. für ein Wellenpaket, das aus einer Überlagerung von verschiedenen Impulsen besteht? Wir verwenden folgenden Trick: Wir bilden die Ableitung von Gl. 4.27 nach dem Ort

$$\frac{\partial \Psi}{\partial x} = \frac{\mathrm{i}p}{\hbar}\Psi$$

bzw.

$$p\Psi = -\mathrm{i}\hbar\frac{\partial \Psi}{\partial x}, \tag{4.28}$$

multiplizieren beide Seiten von links mit Ψ^* und integrieren

$$\langle p \rangle = \int \Psi^* p \Psi \mathrm{d}x = -\mathrm{i}\hbar \int \Psi^* \frac{\partial}{\partial x}\Psi \mathrm{d}x = \left\langle -\mathrm{i}\hbar\frac{\partial}{\partial x} \right\rangle, \tag{4.29}$$

[20] Diese könnte man auch über eine Fourier-Transformation ausrechnen, betrachten Sie dazu nochmals Gl. 4.13 und 4.14. $a(k)$ ist die Fourier-Transformierte von $\Psi(x)$, und mit der Ersetzungsregel für den Impuls erhält man aus $a(k)$ genau eine Verteilungsfunktion für die Impulse.

so erhalten wir einen Ausdruck, der wie ein Impulsmittelwert aussieht. Das sieht zwar etwas komisch aus, ist aber formal richtig.

Gl. 4.29 sieht aus wie der Mittelwert der Ortsableitung,

$$\hat{p} = -\mathrm{i}\hbar \frac{\partial}{\partial x},$$

welche **Impulsoperator** genannt wird. Dies ist nichts anderes als die Anwendung der obigen Ersetzungsregeln.

Diese Ableitung nennt man einen **Operator,** da sie eine Operation an der Wellenfunktion darstellt. Diese Operation verändert die Wellenfunktion, es entsteht eine neue Funktion, die Ableitung. Um Operatoren zu kennzeichnen, versieht man sie mit dem ‚Hut', wie bei $\hat{p}$.

Interpretation Betrachten Sie nochmals das Wellenpaket in Abb. 4.3. Offensichtlich erhält man das Wellenpaket, wenn man mehrere ebene Wellen mit unterschiedlichen Wellenlängen überlagert, man hat eine Verteilungsfunktion für die Wellenvektoren k, was durch die Funktion $a(k)$ in Abb. 4.3b ausgedrückt wird. Durch die De-Broglie-Beziehung ist jedem k ein Impuls p zugeordnet, d. h., Gl. 4.29 ermittelt den Erwartungswert des Impulses, sozusagen den mittleren Impuls des Wellenpakets.

Beispiel 4.1

Setzen Sie zunächst für die Wellenfunktion in Gl. 4.29 eine ebene Welle an. Was erhalten Sie als Erwartungswert? Wie wäre das bei einem Wellenpaket? ◄

Funktionen des Impulses *f(p)*, wie z. B. die kinetische Energie, kann man analog behandeln, man erhält für die Mittelwerte:

$$\langle f(\hat{p}) \rangle = \int \Psi^* f\left(-\mathrm{i}\hbar \frac{\partial}{\partial x}\right) \Psi \mathrm{d}x = \left\langle f\left(-\mathrm{i}\hbar \frac{\partial}{\partial x}\right)\right\rangle. \tag{4.30}$$

4.3.4 Operatoren, Observable und Erwartungswerte

Die Ableitung nach dem Ort x ist eine mathematische Operation, sie führt eine Funktion in ihre Ableitung über. Man nennt sie daher auch **Operator.** Auch die Multiplikation ist eine Operation, daher werden in der Quantenmechanik x und p auch Operatoren genannt.

In der Quantenmechanik weichen die klassischen Größen x und p (und Funktionen davon) den entsprechenden Operatoren. Der Übergang von der klassischen Mechanik zur Quantenmechanik kann folgendermaßen beschrieben werden:

Zustand:

$$x, p \longrightarrow \Psi(x, t)$$

Observable:

$$x, p, f(x, p) \longrightarrow x, (-\mathrm{i}\hbar\frac{\partial}{\partial x}), f[x, (-\mathrm{i}\hbar\frac{\partial}{\partial x})]$$

Die Observablen werden zu Operatoren, und ihre **Erwartungswerte** sind die **Beobachtungsgrößen.**

Ebenso wird die klassische Energiefunktion $E(x, p)$ zu einem Operator, indem einfach x und p durch die Ableitungen/Operatoren ersetzt werden. Der Operator der Energie ist der **Hamilton-Operator**

$$\hat{H} = -\frac{\hbar^2}{2m}\frac{\partial^2}{\partial x^2} + V(x).$$

Damit kann man die Schrödinger-Gleichung kompakt schreiben als

$$\mathrm{i}\hbar\frac{\partial}{\partial t}\Psi = \hat{H}\Psi.$$

Der Hamilton-Operator nimmt in der Quantenmechanik die Rolle der Energie an, er folgt aus der klassischen Energie (bzw. Hamilton-Funktion)

$$E = \frac{p^2}{2m} + V$$

durch die Ersetzungsregeln. Daher ist die Energie in der Quantenmechanik durch den Erwartungswert von $\hat{H}$ gegeben:

$$E = \langle\hat{H}\rangle = \int \Psi^*\hat{H}\Psi \mathrm{d}x. \tag{4.31}$$

Das Problem besteht nun darin, die Wellenfunktion Ψ zu bestimmen. Ist diese bekannt, kann E ausgerechnet werden.

In der Quantenmechanik werden die **Observablen** als **Operatoren** dargestellt. Um deren **Erwartungswerte** zu ermitteln, berechnet man die Integrale wie oben dargestellt.

4.4 Zeitunabhängige Schrödinger-Gleichung

In Teil II betrachten wir zeitunabhängige Potenziale $V(x)$, damit ist der Hamilton-Operator $\hat{H}$ nicht explizit zeitabhängig. Für die Lösung von

$$\mathrm{i}\hbar\dot{\Psi}(x,t) = \hat{H}\Psi(x,t) \tag{4.32}$$

bietet sich ein Separationsansatz an, d. h., wir lösen die Schrödinger-Gleichung mit dem Ansatz

$$\Psi(x,t) = \Phi(x)f(t). \tag{4.33}$$

Einsetzen ergibt

$$\mathrm{i}\hbar\Phi(x)\dot{f}(t) = f(t)\hat{H}\Phi(x). \tag{4.34}$$

Nun teilen wir durch $\Psi(x,t)$

$$\frac{\mathrm{i}\hbar}{f(t)}\dot{f}(t) = \frac{1}{\Phi(x)}\hat{H}\Phi(x). \tag{4.35}$$

Die rechte Seite hängt nur von x, die linke nur von t ab. Soll die Gleichheit allgemein gelten, d. h., für beliebige x und t, so müssen beide Seiten konstant sein. Wir nennen die Konstante E und erhalten für die rechte und linke Seite die beiden Gleichungen:

$$\mathrm{i}\hbar\dot{f}(t) = Ef(t) \tag{4.36}$$

$$\hat{H}\Phi(x) = E\Phi(x). \tag{4.37}$$

Die Lösung der ersten Gleichung ist

$$f(t) = A\mathrm{e}^{-\frac{\mathrm{i}}{\hbar}Et}. \tag{4.38}$$

Die Lösung der zweiten Gleichung hängt vom Potenzial $V(x)$ ab, und dazu werden wir im Folgenden eine Reihe von Beispielen betrachten. Wenn wir die Konstante A in der Normierungskonstante von Φ berücksichtigen, so können wir schreiben:

$$\Psi(x,t) = \Phi(x)\mathrm{e}^{-\frac{\mathrm{i}}{\hbar}Et}. \tag{4.39}$$

Wenn $V(x)$ keine Zeitabhängigkeit enthält, müssen wir also nur noch die **stationäre Schrödinger-Gleichung**

$$\hat{H}\Phi(x) = E\Phi(x) \tag{4.40}$$

lösen, die Zeitabhängigkeit ist dann durch $\mathrm{e}^{-\frac{\mathrm{i}}{\hbar}Et}$ gegeben.[21]

4.5 Zusammenfassung

Ausgehend von den Beobachtungen in Kap. 3 wurde nach einer Wellenbeschreibung für Materie gesucht. Die resultierende Schrödinger-Gleichung,

$$\mathrm{i}\hbar\frac{\partial}{\partial t}\Psi(x,t) = \left(\hat{T} + V(x)\right)\Psi(x,t)$$

wurde durch Analogien zur Wellenbeschreibung von Licht motiviert. Und in der Tat zeigen die Lösungen $\Psi(x,t)$ auch die bekannten **Welleneigenschaften,** nämlich **Interferenz, Dispersion** und das Phänomen der **stehenden Wellen.** Eine Lokalisierung kann man über **Wellenpakete** erhalten, und hieraus erklärt sich die **Unbestimmtheitsrelation** zwanglos, wie wir in Kap. 12 sehen werden.

Diese Wellengleichung lässt sich aber weder aus **fundamentaleren Prinzipien** ableiten, noch erhält man sie direkt aus der **Empirie,** es gehen Annahmen und Postulate ein, daher kann man die Schrödinger-Gleichung auch selbst als Postulat ansehen. Man kann die Richtigkeit der Gleichung eben nicht **direkt** an der Gleichung selbst begründen, sondern sieht ihre Angemessenheit daran, dass sie eine Vielzahl von korrekten Beschreibungen erlaubt. Diese sind Gegenstand des Rest des Buches.

In Analogie zur Zustandsdefinition in der klassischen Mechanik und Thermodynamik nennt man $\Psi(x,t)$ auch den Zustand des quantenmechanischen Systems. Diese Angabe reicht aus, (i) um zukünftige Zustände mit Hilfe der Schrödinger-Gleichung zu berechnen und (ii) aus dem Zustand die Erwartungswerte der Observablen zu ermitteln.

Zentral ist die **Born'sche Wahrscheinlichkeitsinterpretation**.

$$|\Psi(x,t)|^2$$

wird als Wahrscheinlichkeitsdichte gedeutet. Die Wellenfunktion ist nur eine Funktion des Ortes und der Zeit: Damit ist zunächst gar nicht klar, wie man andere Eigenschaften, wie Impuls und Energie erhält. Dies geht über die **De-Broglie-**Ersetzungsregeln. **Observablen** in der Quantenmechanik werden durch **Operatoren**

[21] Mehr zur Zeitabhängigkeit finden Sie in Abschn. 20.2.

dargestellt. Für diese kann man mit Hilfe der Wellenfunktion dann die **Erwartungswerte** berechnen.

Die Deutung von $|\Psi(x,t)|^2$ als Wahrscheinlichkeitsdichte bewerkstelligt den Spagat zwischen Verteilungsfunktion für ein **Ensemble** von Teilchen, eben das, was man beim Doppelspaltexperiment am Schirm direkt sieht, und dem Teilchenbild. Man hat eine kontinuierliche Beschreibung $\Psi(x,t)$ von diskreten Objekten. Das ist aus klassischen Beschreibungen wie der Diffusionsgleichung bekannt. Die kontinuierliche Darstellung beschreibt die **Verteilung** in einem **Ensemble.** Dies kann in eine **Wahrscheinlichkeitsaussage** für einzelne Objekte dieses Ensembles umgemünzt werden.

Für **zeitunabhängige Potenziale** erhält man die **zeitunabhängige Schrödinger-Gleichung**

$$\hat{H}\Phi(x) = E\Phi(x).$$

Deren Lösungen werden wir in Teil II genauer betrachten.

4.6 Anhang: Verteilungen und Mittelwerte

Wir wollen hier kurz das Konzept der Verteilungsfunktionen, und wie man mit ihnen Mittelwerte bildet, rekapitulieren.

Histogramm und Verteilung Ein Radargerät misst an einer Ausfallstraße an einem Tag die Geschwindigkeiten der vorbeifahrenden PKW (Abb. 4.7). Dabei definiert man Geschwindigkeitsintervalle, z. B. $\Delta v = 1$ km/h, und zählt, wie viele PKW n_i in dem jeweiligen Intervall um die Geschwindigkeit v_i gemessen werden. Beispielsweise zählt man, wie viele PKW mit einer Geschwindigkeit zwischen 59.5 km/h und 60.5 km/h gemessen werden. Insgesamt misst man an dem Tag N PKW.

Die

$$p_i = \frac{n_i}{N}$$

nennt man **relative Häufigkeiten.** Die Ergebnisse werden als **Histogramm** dargestellt, wenn man die Geschwindigkeitsintervalle sehr klein macht, $\Delta v \to 0$, erhält man kontinuierliche Kurven, und kann die absoluten Häufigkeiten $n(v)$ und relativen Häufigkeiten $p(v)$ einer Messreihe wie in Abb. 4.7 darstellen.

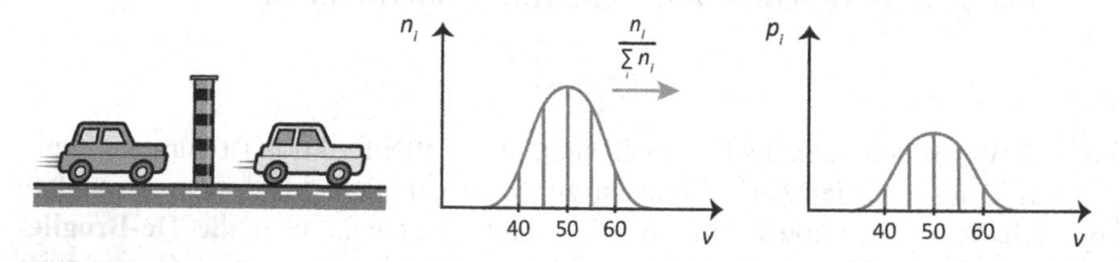

Abb. 4.7 Radarfalle, die die Geschwindigkeit von PKW misst. Dabei werden die N gemessenen Geschwindigkeiten in Intervalle geteilt, man erhält n_i PKW in den jeweiligen Intervallen. Durch Normierung auf die Gesamtzahl N ergeben sich die Wahrscheinlichkeiten $p_i = n_i/N$

Mittelwerte und Varianzen Mittelwerte M berechnen wir gewöhnlich für den diskreten Fall mit den absoluten bzw. relativen Häufigkeiten als

$$M = \frac{\sum_i n_i v_i}{N}, \qquad \text{bzw.} \qquad M = \sum_i p_i v_i. \tag{4.41}$$

Für eine kontinuierliche Verteilung wird die Summe zum Integral

$$\langle v \rangle_\rho = \int p(v) v \mathrm{d}v. \tag{4.42}$$

Mittelwerte werden oft durch $M = \langle v \rangle_\rho$ dargestellt. Analog berechnet man weitere Mittelwerte, z. B. den von v^2. Varianzen der Verteilung berechnet man dann wie folgt:[22]

$$\sigma = \langle v^2 \rangle_\rho - \langle v \rangle_\rho^2. \tag{4.43}$$

Wahrscheinlichkeitsverteilung Die **relativen Häufigkeiten**

$$p_i = \frac{n_i}{\sum_i n_i}, \qquad \sum_i p_i = 1 \quad \rightarrow \quad \int p(v) \mathrm{d}v = 1 \tag{4.44}$$

kann man für große Anzahlen N als **Wahrscheinlichkeiten** interpretieren. Im Grenzübergang erhält man wieder eine kontinuierliche Funktion $p(v)$, eine **Wahrscheinlichkeitsverteilung.** Die zweite Gleichung bedeutet, dass die Summe der Wahrscheinlichkeiten ‚1' ist, $p(v)$ ist **normiert.** Mit Hilfe dieser Wahrscheinlichkeitsverteilung kann man Mittelwerte und Varianzen berechnen.

Die **Maxwellverteilung** $f(v)$ ist eine Wahrscheinlichkeitsverteilung, die die Geschwindigkeitsverteilung der Atome/Moleküle eines idealen Gases beschreibt. Sie ist vom Prinzip her der Verteilung $p(v)$ analog.

[22] Der Index ρ bedeutet dabei, dass der Mittelwert bezüglich einer bestimmten Wahrscheinlichkeitsverteilung bestimmt wurde. Diese muss vorher bekannt sein und bezieht sich auf die Gruppe, für die diese bestimmt wurde.

5 Formalismus I

In Kap. 4 haben wir die Schrödinger-Gleichung eingeführt, die Lösungen Ψ diskutiert und erläutert, wie man die Erwartungswerte $\langle \hat{O} \rangle$ der Observablen $\hat{O}$ berechnet, die durch Operatoren dargestellt werden. In diesem Kapitel wollen wir den **mathematischen Formalismus** systematisch entwickeln. Damit wird klarer, was die zentralen mathematischen Elemente sind und was die **grundlegenden Postulate, Axiome** genannt, darstellen.

Die **Axiome der Quantenmechanik** sind ein minimaler Satz an Forderungen und Regeln, die den Kern des Formalismus ausmachen. Aus ihnen können alle Eigenschaften physikalischer Systeme berechnet werden. Dazu benötigt man dann noch einen **mathematischen Formalismus,** in diesem Fall den Formalismus der Operatoren und Eigenfunktionen.

Die Quantenmechanik in ihrem mathematischen Erscheinungsbild sieht wie eine **statistische Theorie** aus, es gibt mehr formale Ähnlichkeiten mit der **kinetischen Gastheorie**[1] als mit der klassischen Mechanik. Daher ist es wichtig zu betonen, dass dem Begriff des **Ensembles** eine zentrale Bedeutung zukommt: Ein Ensemble ist eine **Gesamtheit von Teilchen,** die eine Apparatur durchlaufen wodurch sichergestellt wurde, dass diese Teilchen in einem Satz von Eigenschaften übereinstimmen. Den Vorgang der Erzeugung einer solchen Teilchengesamtheit nennt man **Präparation,** der einen Zustand des quantenmechanischen Systems festlegt.

Allerdings **ist** die Quantenmechanik **keine** klassische statistische Theorie der Materie. Das ist tricky, liegt an der Interpretation der Wahrscheinlichkeiten und ist zentrales Thema der Kapitel zur Interpretation. Wenn in der Quantenmechanik von einem Ensemble geredet wird, bezieht sich das auf die Präparation, muss sich aber von klassischen Ensembles in zentraler Weise unterscheiden.

---

[1] Wir beziehen uns hier auf die kinetische Gastheorie, da diese aus Bd. 1, Kap. 16, bekannt ist. Genereller wäre der Bezug auf die statistische Thermodynamik, aber das Argument bleibt das Gleiche.

© Springer-Verlag GmbH Deutschland, ein Teil von Springer Nature 2021

M. Elstner, *Physikalische Chemie II: Quantenmechanik und Spektroskopie*,
https://doi.org/10.1007/978-3-662-61462-4_5

5.1 Axiome und Rechenregeln

In Kap. 4 haben wir (i) die **Schrödinger-Gleichung** (SG) eingeführt und gesehen, dass (ii) **Observable** durch Operatoren und (iii) der **Zustand** durch die Wellenfunktion dargestellt werden. Messgrößen ergeben sich (iv) aus den **Erwartungswerten** der Operatoren. Diese vier Umstände, welche zentrale **Prinzipien der Quantenmechanik** sind, sind zunächst äußerst gewöhnungsbedürftig, und man fragt sich, wo die herkommen. Man kann sie **weder** exakt ableiten, **noch** direkt empirisch aus der Erfahrung gewinnen. Daher sind sie grundlegende Postulate, auch Axiome genannt.

5.1.1 Axiome

Die **Axiome der Quantenmechanik** werden meist wie folgt angegeben:

1. Der **physikalische Zustand** ist durch die Wellenfunktion Ψ beschrieben. Die Wellenfunktion selbst hat keine physikalische Interpretation, aber

$$|\Psi(\boldsymbol{r}, t)|^2 \mathrm{d}^3\boldsymbol{r}$$

gibt die Wahrscheinlichkeit an, das Teilchen zur Zeit t im Volumenelement $\mathrm{d}^3\boldsymbol{r}$ zu finden **(Born'sche Wahrscheinlichkeitsinterpretation).**
2. Die **zeitliche Entwicklung** dieses Zustandes ist durch die zeitabhängige Schrödinger-Gleichung

$$\mathrm{i}\hbar\dot{\Psi} = \hat{H}\Psi$$

bestimmt. Für gegebenes $\hat{H}$ ist dies die Bestimmungsgleichung für die Wellenfunktion, d. h., die Lösungen der SG ergeben die physikalischen Zustände.
3. Die **physikalischen Observablen,** d. h., Messgrößen wie E, x, p ..., werden durch **lineare Hermite'sche Operatoren** $\hat{O}$ repräsentiert (s. u.). Diese können durch die Ersetzungsregeln bestimmt werden.
4. Die Erwartungswerte der Operatoren werden wie folgt berechnet:

$$\langle\hat{O}\rangle = \int \Psi^* \hat{O} \Psi \mathrm{d}^3 r.$$

In der Quantenmechanik wollen wir i. A. $\Psi(x, t)$ bestimmen. Dazu gehen wir von einem (i) Hamilton-Operator aus und (ii) berechnen durch Lösen der Schrödinger-Gleichung die Wellenfunktion und daraus dann (iii) die Erwartungswerte. In der Standardinterpretation der Quantenmechanik beziehen sich die $\langle\hat{O}\rangle$ auf Messgrößen, d. h., das, was man bei einer Messung feststellen kann.

5.1.2 Bedeutung

Zentrale Fragen bezüglich der Axiome könnten sein: ‚Wo kommen die her?', ‚Wie werden die erhalten?' und ‚Warum stimmen die?' bzw. ‚Woher weiß man, dass sie die Natur korrekt beschreiben?'. Diese Fragen sind wichtig für das Verständnis der Quantenmechanik. Hier gibt es einige Möglichkeiten der Antwort:

Abgeleitet? Wir werden sehen, wie man mit dem Formalismus durch Anwendung von Logik und mathematischen Sätzen bzw. Umformungen Aussagen ableiten kann: Dies geschieht in dem ganzen Buch. Aber sind die Axiome selber abgeleitet? Nun, wenn man sie ableiten könnte, dann müssten sie aus anderen Sätzen/Axiomen etc. durch logische Schlüsse und mathematischen Umformungen ableitbar sein. Aber wie wären diese dann begründet? Das Problem wäre nur um eine Ebene verschoben.[2]

Empirisch? Dann sind sie also empirisch? Man hat sie durch systematische Untersuchung der Natur direkt erhalten. So wie z. B. das Gesetz von Boyle-Mariotte, $p \sim 1/V$. Man misst eine Reihe von Volumina und Drücken und sieht, dass diese alle auf einer Kurve liegen. Die Kurve, mathematisch formuliert, ist dann das **Gesetz.**

Schauen wir zurück in die Kap. 3 und 4 dann sehen wir, dass das offensichtlich nicht so einfach ist: Nirgendwo hat sich direkt aus den Daten die Schrödinger-Gleichung oder der Operatorformalismus ergeben. Man sieht mehrere Komponenten:

- Definitiv wurden an zentralen Stellen experimentelle Ergebnisse verwendet: Aber alle Experimente in Kap. 3 haben klassische Observablen gemessen, die Strahlungsdichte des Schwarzen Strahlers, einen Photostrom etc. Aus diesen Experimenten **alleine** kann man gar keine Beschreibung der Quantenwelt ableiten.
- Es gab eine Dissonanz aus den mit Hilfe von klassischen Messverfahren festgestellten Daten und der theoretischen Behandlung basierend auf klassischen Theorien. Diese Dissonanz galt es, durch Modifikation der theoretischen Beschreibung zu beheben.
- Das Spektrum des Schwarzen Strahlers konnte nur mit der Quantenhypothese reproduziert werden, Wellenphänomene der Teilchen führten dazu, eine Wellengleichung für Materie zu entwickeln. Die Empirie ist der Angelpunkt, aber ohne weitere Hypothesen kann man die spezielle Wellengleichung, die **Schrödinger-Gleichung,** nicht aufstellen. Die Theorie wurde so entwickelt, um die experimentellen Daten direkt reproduzieren zu können, aber die theoretischen Elemente folgen nicht eindeutig aus dem Experiment.
- Man hat also experimentelle Ergebnisse nicht direkt auf eine mathematische Formel bringen können, wie etwa beim Gesetz von Boyle-Mariotte, sondern es gingen

[2] Es gibt ein Programm, das sich ‚Quantum reconstruction' nennt. Hier wird versucht die mathematischen (wahrscheinlichkeitstheoretischen) Prinzipien zu destillieren, aus denen sich die obigen Axiome ergeben. Es ist ein Versuch, die Grundlagen der Quantenmechanik transparenter darzustellen, siehe etwa L. Hardy, *Quantum Theory From Five Reasonable Axioms,* 2001.

noch **Hypothesen** ein, z. B. die **Quantenhypothese** von Planck und Einstein und die Wellenhypothese der Materie von de Broglie etc. Es wurden weitreichende Hypothesen aufgestellt, die über das experimentell Gefundene hinausgingen. Ein Indiz dafür ist, dass sie sehr umstritten waren, nicht unmittelbar einsichtig für alle Forscher dieser Zeit, und sogar nicht einmal für deren Entdecker selbst (Planck). Etwas, das direkt aus den Daten folgt, sollte doch für alle eindeutig nachvollziehbar sein! Man sieht der Natur die Schrödinger-Gleichung nicht an, und es gibt keine Apparatur, mit der man diese durch Messung direkt bestimmen könnte.

Wir sehen hier also ein Wechselspiel aus Experiment und Überlegung, das in der Theorieentstehung zentral ist. Man liest die Gesetze nicht einfach aus der Natur ab, sondern muss durch schlaue Kniffe Prinzipien destillieren, die eine Grundlage der Beschreibung sind. Ein Beispiel dafür ist auch die Newton'sche Mechanik, wie in Abschn. 1.1 vorgestellt. Mit etwas mehr Pathos: Physikalische Theorien sind eben auch genialische Schöpfungen des menschlichen Geistes, sie sind Resultat des Versuchs, die empirischen Daten in eine mathematische Ordnung zu bringen. Daher werden die Axiome nicht einfach Gesetze genannt, der Name soll diesen Unterschied zum Ausdruck bringen.

Hypothetisch-deduktive Methode Die Axiome sind also eher wie die euklidischen Axiome zu sehen, als mathematische Postulate, die die Grundlage einer mathematischen Beschreibung sind. Die Axiome sind die grundlegenden **mathematischen** Sätze, mit deren Hilfe Naturphänomene beschrieben werden können. Wenn man sagt, dass die Quantenmechanik eine empirisch gut gestützte Theorie ist heißt das, dass ihre Vorhersagen gut mit Experimenten übereinstimmen. Aber nicht, dass man die zentralen Axiome und Prinzipien direkt aus Beobachtung ableiten kann. Man nennt ein solches Vorgehen **hypothetisch-deduktiv:** Man akzeptiert Hypothesen, wenn man aus ihnen eine gehaltvolle Naturbeschreibung ableiten kann.

Quantenphänomene Die Axiome sind ziemlich voraussetzungsreich, was man ihnen so vielleicht nicht sofort ansieht: Sie behaupten, indem sie eine Wellengleichung postulieren, dass Quantenteilchen alle Welleneigenschaften aufweisen, wie sie als direkte Folge von Wellengleichungen auftreten (siehe Abschn. 4.2.1). Dies sind grundlegende Phänomene des Mikrokosmos, und wir haben sie über die Axiome in die mathematische Beschreibung quasi eingebaut. In Abschn. 6.4 werden wir sehen, dass wir **nicht weiter erklären können, warum** die Quantenteilchen diese Eigenschaften aufweisen. Auch hat der Operatorformalismus weitreichende Konsequenzen, die wir in den Kapiteln zur Interpretation sukzessive ausrollen wollen.

5.1.3 Formale Eigenschaften

Die in der Quantenmechanik auftretenden Operatoren haben eine Reihe von Eigenschaften, wichtig sind vor allem:

1. **Es sind lineare Operatoren,** d. h.

$$\hat{A}(\Psi_1 + \Psi_2) = \hat{A}\Psi_1 + \hat{A}\Psi_2 \qquad (5.1)$$
$$\hat{A}(c\Psi) = c(\hat{A}\Psi)$$

und es gilt:

$$(\hat{A} + \hat{B})\Psi = \hat{A}\Psi + \hat{B}\Psi \qquad (5.2)$$
$$(\hat{A}\hat{B})\Psi = \hat{A}(\hat{B}\Psi).$$

Gl. 5.1 hat für die Quantenmechanik eine wichtige Bedeutung: wenn Ψ_1 und Ψ_2 Eigenfunktionen eines Operators $\hat{A}$ sind, dann auch deren Linearkombination.
2. **Superpositionsprinzip** Dieses besagt, dass eine beliebige Überlagerung von Zuständen Ψ_n, die jeweils eine Lösung der Schrödinger-Gleichung sind, ebenfalls eine Lösung der Schrödinger-Gleichung darstellen.
3. **Die Operatoren sind hermitesch,** was durch folgende Relation gegeben ist,

$$\langle \hat{A} \rangle = \int (\hat{A}\Phi)^* \Psi \mathrm{d}^3 r = \int \Phi^* (\hat{A}\Psi) \mathrm{d}^3 r. \qquad (5.3)$$

Für Hermite'sche Operatoren findet man eine fundamentale Eigenschaft[3]: Die **Eigenwerte sind reell.** Dies ist eine Voraussetzung zur Interpretation der Eigenwerte als Eigenschaften eines physikalischen Systems. Komplexe Eigenwerte, beispielsweise, würden physikalisch keinen Sinn machen.
4. **Normiertheit der Wellenfunktionen** Die Wahrscheinlichkeitsinterpretation (Abschn. 4.2.3) erfordert, dass die Wellenfunktionen normiert sind, d. h., das Integral über das Quadrat der Wellenfunktion muss ‚1' ergeben.

5.1.4 Eigenwerte und Erwartungswerte

Eigenwertgleichung In der Chemie sind oft stationäre Potenziale $V(x)$ von Interesse, d. h., man löst, wie in Abschn. 4.4 ausgeführt, die **stationäre Schrödinger-Gleichung** 4.37. Diese hat die mathematische Form:

$$\hat{O}\Phi_n = O_n \Phi_n \qquad (5.4)$$

[3] Weitere Eigenschaften diskutieren wir in Kap. 12.

Neben dem Hamilton-Operator $\hat{O} = \hat{H}$ $(O_n = E_n)$ haben wir in Kap. 4 noch einige andere Operatoren $\hat{O}$ kennengelernt, für die man analoge Eigenwertgleichungen formulieren kann. Aus der Matrizenrechnung kennen wir nun Gleichungen, die ähnlich aussehen.

Illustration: Eigenvektoren einer Matrix

$$A\mathbf{x}_n = a_n \mathbf{x}_n.$$

Hier gilt es, für eine Matrix A die Eigenvektoren $\mathbf{x}_n$ und die Eigenwerte a_n zu finden. In **Analogie** zur Matrizenrechnung werden die $\boldsymbol{\Phi_n}$ **Eigenfunktionen** und die $\boldsymbol{O_n}$ Eigenwerte des Operators $\hat{\boldsymbol{O}}$ genannt.

Es gibt interessante Parallelen zwischen Quantenmechanik und Vektorrechnung, die Struktur der beiden mathematischen Formeln sieht verblüffend ähnlich aus. Um Schreibarbeit zu erleichtern und anschauliche Begriffe verwenden zu können, nutzt man in der Quantenmechanik viel von der Terminologie der Vektorrechnung.

Erwartungswerte und Varianz In Teil II werden wir Systeme betrachten, die in einem **Eigenzustand** $\boldsymbol{\Phi_n}$ eines Operators $\hat{O}$ sind, es gilt also die **Eigenwertgleichung** 5.4. Dann findet man:

$$\langle \hat{O} \rangle = \int \Phi_n^* \hat{O} \Phi_n \mathrm{d}^3x = \int \Phi_n^* O_n \Phi_n \mathrm{d}^3x = O_n \int \Phi_n^* \Phi_n \mathrm{d}^3x = O_n. \quad (5.5)$$

Da die Φ_n normiert sind (Abschn. 4.2.4), wird das Integral zu ‚1‘, wir werden das in Kap. 13 vertiefen. In Kap. 4 haben wir mit Gl. 4.43 die Varianz eingeführt:

$$\sigma^2 = \langle \hat{O}^2 \rangle - \langle \hat{O} \rangle^2. \quad (5.6)$$

Wichtig ist nun Folgendes:

- Wenn das System in einem Eigenzustand Φ_n ist, dann ist der **Erwartungswert** durch den **Eigenwert** $\boldsymbol{O_n}$ gegeben. Damit verschwindet die **Varianz,** $\sigma^2 = 0$, was sich einfach durch Einsetzen zeigen lässt.
- Ist das System in einem Zustand Ψ, der **nicht** einem Eigenzustand Φ_n des Operators $\hat{O}$ entspricht, dann kann man nur den Erwartungswert berechnen. Man kann also diesem Zustand keinen definiten Wert dieser Observablen zuordnen,

denn $\hat{O}\Psi$ führt nicht auf eine Eigenwertgleichung vom Typ Gl. 5.4. Insbesondere entspricht dann der Erwartungswert keinem Eigenwert, und es tritt eine **Varianz** $\sigma^2 \neq 0$ auf.

Das wollen wir nun anhand von einigen Beispielen illustrieren.

Beispiel 5.1

Freies Teilchen Die stationäre Schrödinger-Gleichung Gl. 4.40 kann als Eigenwertgleichung des Hamilton-Operators angesehen werden. Für $V(x) = 0$ ist dies dann die Eigenwertgleichung des **Operators der kinetischen Energie** $\hat{T}$:

$$\hat{T}\Phi_k(x) = -\frac{\hbar^2}{2m}\frac{\partial^2}{\partial x^2}\Phi_k = E_k\Phi_k.$$

Lösungen sind damit Funktionen, bei denen die 2. Ableitungen gleich der Funktion selber sind, der durch die Ableitung resultierende multiplikative Faktor ist dann der Energieeigenwert.

- Dies gilt beispielsweise für ebene Wellen,

$$\Phi_k = \mathrm{e}^{\pm ikx}, \qquad E_k = \frac{\hbar^2 k^2}{2m}.$$

- Die Funktionen $\sin(kx)$ und $\cos(kx)$ sind ebenfalls Eigenfunktionen des kinetischen Energieoperators, wir finden sie als Lösungen im Kastenpotenzial, wie schon in Abschn. 3.1.5 für Licht diskutiert, siehe Abb. 2.9. Diese werden beim Kastenpotenzial eine wichtige Rolle spielen (Kap. 7).
- Da die Schrödinger-Gleichung eine lineare Gleichung ist, sind auch **Superpositionen** dieser Lösungen eine Lösung (Superpositionsprinzip). Als Beispiel hatten wir schon das Wellenpaket Ψ diskutiert, das eine bestimmte Superposition von ebenen Wellen ist (Abschn. 4.2.1). Berechnen wir den Erwartungswert der kinetischen Energie für ein Wellenpaket (Gl. 4.13), so erhalten wir:[4]

$$\langle\hat{T}\rangle = \int \Psi^*\hat{T}\Psi \mathrm{d}^3x = \sum_k |a_k|^2 \int \mathrm{e}^{ikx}\hat{T}\mathrm{e}^{-ikx}\mathrm{d}^3x = \sum_k |a_k|^2 E_k.$$

Wir werden diesen Fall in Kap. 12 noch im Detail diskutieren. Da die E_k die Energie einer ebenen Welle sind, erhält man für ein Wellenpaket, das eine Überlagerung von ebenen Wellen ist, als Erwartungswert eine Art ‚Mittelwert' der Energie.

◄

[4]Wir verwenden hier, um die Rechnung zu vereinfachen, die Fourier-Reihe und nicht das Fourier-Integral.

Beispiel 5.2

Impulsoperator Dieser Operator

$$-\mathrm{i}\hbar\frac{\partial}{\partial x}$$

wurde eingeführt, um die Erwartungswerte des Impulses (Gl. 4.30) berechnen zu können. Wir können für diesen Operator ebenfalls eine Eigenwertgleichung formulieren,

$$\hat{p}\Phi_k = -\mathrm{i}\hbar\frac{\partial}{\partial x}\Phi_k = p_k\Phi_k,$$

für die wir ebene Wellen als Eigenfunktionen finden mit den Impulsen $p_k = \hbar k$ als Eigenwerte. Die ebenen Wellen $\Phi_k = \mathrm{e}^{\pm ikx}$ sind Eigenfunktionen des Operators der kinetischen Energie **und** des Impulsoperators. ◀

Wichtig Wir reden hier nur von Eigenfunktionen von Operatoren. Die ebenen Wellen und die Sinus-/Kosinus-Funktionen sind nicht normierbar, was eine wichtige Voraussetzung für die Wellenfunktionen ist. In Kap. 7 werden wir daher diskutieren, wie man mit diesen Funktionen eine Beschreibung des Zustands von Teilchen erhalten kann, wir müssen die **Normierbarkeit** garantieren, damit aus einer **Eigenfunktion eines Operators** eine Beschreibung eines **physikalischen Zustands** wird.

Beispiel 5.3

Ortsoperator Der Ortsoperator $\hat{x}$ ist eine etwas komische Angelegenheit, im Prinzip motiviert er sich durch die Bildung der Erwartungswerte $\langle\hat{x}\rangle = \int \Psi^*\hat{x}\Psi\mathrm{d}x$. Was sind dann die Eigenfunktionen des Ortes? Man kann sich den Ort zunächst einmal durch eine Gauß-Funktion $\mathrm{e}^{-(x/a)^2}$ repräsentiert vorstellen, wie in Abb. 5.1 gezeigt. Diese werden schärfer, d. h. an einem Ort stärker lokalisiert, wenn man den Grenzübergang $a \to 0$ macht, und stellen in diesem Grenzübergang Ortseigenfunktionen dar. Man erhält die sogenannte Dirac'sche Deltafunktion, eine unendlich hohe und schmale Funktion, die nur in dem Integral des Erwartungswerts Sinn ergibt. Im Prinzip motivieren sich diese Funktionen dadurch, dass sie die Ortsverteilung von Teilchen beschreiben können. Sie werden aber in diesem Buch in praktischen Rechnungen nicht verwendet. ◀

5.1.5 Keine Eigenfunktionen

Die Exponentialfunktionen sind also Eigenfunktionen sowohl des Hamilton-Operators als auch des Impulsoperators. Dies gilt nicht für die Sinus- und Kosinusfunktionen wegen

$$\hat{p}\sin(kx) = -\mathrm{i}\hbar k\cos(kx). \tag{5.7}$$

$\sin(kx)$ ist offensichtlich keine Eigenfunktion von $\hat{p}$, sie wird durch Anwendung des Impulsoperators nicht reproduziert, wir erhalten keine Eigenwertgleichung vom Typ Gl. 5.4.

Dies ist analog zur Matrizenrechnung: Wenn $\mathbf{x}_n$, der Eigenvektor der Matrix $\boldsymbol{A}$ (siehe Kasten oben), kein Eigenvektor der Matrix $\boldsymbol{B}$ ist, erhält man

$$\boldsymbol{B}\mathbf{x}_n = \mathbf{y}.$$

Es wird also der Vektor $\mathbf{x}_n$ in einen anderen Vektor $\mathbf{y}$ überführt. Geometrisch handelt es sich hier um eine Drehung, d. h., hier liegen auch keine Eigenwerte der Matrix vor, da $\mathbf{y}$ kein Eigenzustand ist. Wir sehen also auch in diesem Beispiel eine schöne Analogie zur Matrizenrechnung.

Man kann aber immer den **Erwartungswert**

$$\langle \hat{p} \rangle = \int \sin(kx)\,\hat{p}\,\sin(kx)\mathrm{d}x = -\mathrm{i}\hbar k \int \sin(kx)\cos(kx)\mathrm{d}x \neq 0 \qquad (5.8)$$

und die Varianz[5] $\sigma^2 = \langle \hat{p}^2 \rangle - \langle \hat{p} \rangle^2 \neq 0$ berechnen.

Das Beispiel illustriert an dieser Stelle den **Unterschied zwischen Erwartungswert und Eigenwert:**

- Wenn das System in einem Eigenzustand eines Operators ist, erhalten wir über eine Eigenwertgleichung einen definiten Wert dieser Observablen.

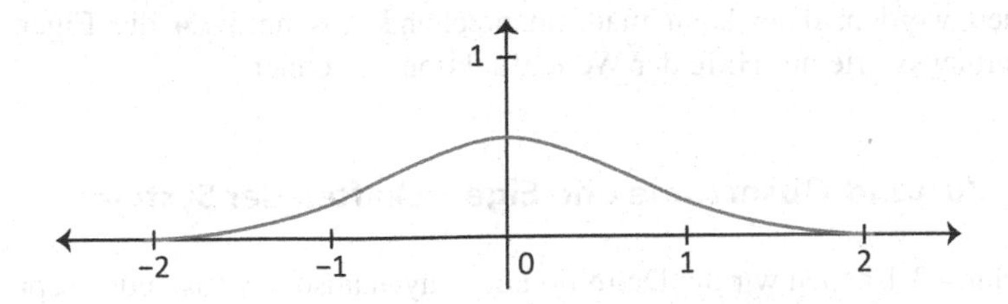

Abb. 5.1 Darstellung der zentrierten Gauß-Funktion

[5] Die Funktionen $\sin(kx)$ sind Energieeigenfunktionen des Kastenpotenzials, man wird die Integrationsgrenzen dann entsprechend der Kastengrenzen setzen, siehe Kap. 7. Wir werden die Varianz explizit in Kap. 12 berechnen, daher hier nur eine qualitative Diskussion.

- Wenn das System nicht in einem Eigenzustand eines Operators ist, dann erhält man keine Eigenwertgleichung. Als Resultat kann man für diese Observable keinen definiten Wert bestimmen.
- Einen Erwartungswert können wir jedoch immer bestimmen, auch wenn sich das System nicht im Eigenzustand des Operators ist. Dann aber tritt eine Varianz auf. In der Statistik deutet die Varianz auf eine Streuung der Observablen hin, also, dass eine ganze Reihe von Werten möglich sind.

Dies ist nun das erste Beispiel, in dem wir diesen Sachverhalt kennen lernen: Es ist aber kein exotisches Beispiel, sondern der Normalfall. So werden wir sehen, dass man nicht für alle Komponenten des Drehimpulses Eigenwerte berechnen kann (Abschn. 10.3), und dass in jedem der in Teil II betrachteten Potenziale für die berechneten Energieeigenfunktionen Ort und Impuls unbestimmt sind (Abschn. 12.3.2). Es ist ein Charakteristikum der Quantenmechanik, die mathematische Quelle vieler Verständnisprobleme.

5.1.6 Zwei Typen von Observablen

In der Quantenmechanik sind allerdings nicht alle Observable durch Operatoren repräsentiert:

- **Klassische Observable.** Diese sind die Masse m und die Ladung q der Quanteilchen. Diese stehen als **Parameter** in der Schrödinger-Gleichung und sind unabhängig vom Zustand, d. h., egal in welchem Quantenzustand Ψ sich das Teilchen befindet, es **hat** immer eine bestimmte Masse und eine bestimmte Ladung. Diese Größen muss man nicht durch Bildung der Erwartungswerte ermitteln, sie liegen vorab fest und sind nicht durch Operatoren repräsentiert.[6]
- **Dynamische Observable:** Diese sind alle Observablen, die von Operatoren repräsentiert werden, dann kann man entsprechend Abschn. 5.1.4 die Eigen- oder Erwartungswerte mit Hilfe der Wellenfunktion berechnen.

5.1.7 Zustand, Observable und Eigenschaften der Systeme

In Abschn. 4.3.1 haben wir die Definition des physikalischen Zustands besprochen. Dieser ist in verschiedenen Theorien unterschiedlich bestimmt.

---

[6]Später (Kap. 18) kommt zu diesen Eigenschaften noch der Spin hinzu. Elektronen, beispielsweise, haben immer Spin $\frac{1}{2}$, dieser liegt immer vor, unabhängig vom Quantenzustand. Die Spinausrichtung, allerdings, kann sich ändern. Hier gibt es zwei Möglichkeiten, Spin ‚up' oder ‚down'. Die Ausrichtung unterliegt dann den Quantenregeln.

Klassischer Zustand und Observable In den klassischen Theorien Mechanik und Thermodynamik lassen sich die **Observablen als Funktionen des Zustands** darstellen, in der Mechanik als $f(x, p)$, z. B. die Energie $E(x, p)$. Dies hat zwei Implikationen:

- Wenn der Zustand (x, p) bekannt ist, dann sind auch sofort alle Observablen $f(x, p)$ bekannt.
- Wir sagen dann, ein System in dem Zustand (x, p) **hat** die Eigenschaft $f(x, p)$.[7] Dies ist eine Zuschreibung einer Eigenschaft, und der Witz ist, dass man sie nicht extra messen muss um sagen zu können, dass ein System sie **hat.** Der Formalismus erlaubt hier eine eindeutige Bestimmung des Werts dieser Observablen. In dem Zustand (x, p) **besitzt** das System die Eigenschaften $f(x, p)$.

Wenn man eine Eigenschaft **berechnen** kann, dann **hat** das System diese auch. Diesen Schluss von mathematischen Größen auf Dinge in der Natur werden wir in Kap. 6 genauer betrachten.

Kinetische Gastheorie Der Systemzustand ist durch den thermodynamischen Zustand (p, V) gegeben. Hier sind Details über die Orte und Impulse der Teilchen schlicht **unbekannt.** Allerdings kann man dem thermodynamischen Zustand die Maxwell-Verteilung $f_T(v)$ zuordnen, der Index T soll die Abhängigkeit der Verteilung vom makroskopischen Zustand deutlich machen. Wir können daher keine definitiven Aussagen über Geschwindigkeiten der Teilchen machen, $f_T(v)$ erlaubt aber **Wahrscheinlichkeitsaussagen.** Die Teichen **haben** zwar bestimmte Geschwindigkeiten, wir haben aber nur eine eingeschränkte **Information** über deren genaue Werte.

Quantenmechanischer Zustand und Observable In der Quantenmechanik ist der Zustand durch $\Psi(x, t)$ gegeben, und die Observablen sind durch $\hat{O}$ repräsentiert, aber mögliche Messwerte sind über die Erwartungswerte zu berechnen. Nehmen wir nun an, das System **sei** in einem Zustand Φ_n:

- Wenn der Zustand Φ_n ein Eigenzustand eines Operators $\hat{O}$ ist, dann lässt sich ein **eindeutiger Wert** der Observable als Eigenwert O_n berechnen. Das hat eine Analogie zur klassischen Situation, wo sich auch aus dem Zustand ein eindeutiger Wert der Observablen $f(x, p)$ berechnen lässt. Insofern bietet es sich an, der klassischen Sprachregelung zu folgen und zu sagen, dass im Zustand Φ_n dieses

[7] Denken Sie z. B. auch an die Einführung der inneren Energie U in der Thermodynamik (Bd. I, Kap. 3). Wir haben gezeigt, dass die zugeführte Arbeit eindeutig vom Zustand abhängt, und dass diese reversibel gespeichert ist (auf den Adiabaten), und damit als Energie bezeichnet wird. In der Thermodynamik sind die wichtigen Größen als Zustandsfunktionen definiert, also z. B. $T(p, V)$, $U(p, V)$ oder $S(p, V)$, etc. Wir sagen, im Zustand (p, V) **hat** das System eine Energie U, eine Entropie S etc.

System die Eigenschaft O_n **hat.** Die unmittelbare Berechenbarkeit ohne extra Messung legt diese Aussage nahe.

- Aber was bedeutet es dann, wenn für einen Zustand (z.B. Impuls und Sinus-Funktion, s. Abschn. 5.1.5) kein eindeutiger Wert einer Observablen berechnet werden kann?
  - Wenn man etwas nicht berechnen kann, heißt das dann im Umkehrschluss, dass das System diese Eigenschaft **nicht hat?** Dass diese Eigenschaft **nicht existiert?**
  - Eine andere Möglichkeit ist zu sagen, die Eigenschaft existiert, wir **kennen** sie nur nicht. Vielleicht ist das ja wie in der kinetischen Gastheorie: Dort kann man auch keine exakten Eigenschaften der Teilchen berechnen, z. B., den genauen Wert ihrer Geschwindigkeiten, aber man kann mit der Maxwell-Verteilung immerhin eine Wahrscheinlichkeit dafür berechnen. Die Teilchen **haben** eine Geschwindigkeit, die Theorie erlaubt nur nicht die **Kenntnis** des genauen Wertes. Denn aus $f(v)$ bekommt man nicht die genaue Geschwindigkeit eines Teilchens, sondern nur eine Wahrscheinlichkeit, dass es eine Geschwindigkeit **hat.** Analog kann man aus $|\Psi(x)|^2$ keinen bestimmten Ort eines Teilchens berechnen, sondern nur eine Wahrscheinlichkeit, das Teilchen **bei Messung** an einem Ort zu finden.

Diese beiden Alternativen markieren zwei unterschiedliche Interpretationsmöglichkeiten, wir besprechen das kurz in Abschn. 5.2.2. Aber es wird uns in den Kapiteln zur Interpretation noch intensiver beschäftigen. Die Quantenmechanik hat also eine Ähnlichkeit zur kinetischen Gastheorie. Aber beachten Sie den Unterschied, der sich in der Beschreibung der Wahrscheinlichkeiten ausdrückt: Bei der kinetischen Gastheorie reden wir über die Wahrscheinlichkeit, dass ein Teilchen eine Eigenschaft **hat,** bei der Quantenmechanik beziehen wir die Wahrscheinlichkeit, wie in Abschn. 4.2.4 betont, auf **Messwerte.**

5.2 Statistik, Ensemble, Präparation

Eigenart der Quantenmechanik Die Quantenmechanik scheint eine komische Mischform der drei klassischen Theorien der Mechanik, Wellentheorie und kinetischen Gastheorie[8] zu sein. Analog zur Wellentheorie baut die Quantenmechanik auf einer Wellengleichung und Wellenlösungen auf, den Hamiltonoperator und die anderen Observablen aber erhält man über die Ersetzungsregeln aus der Mechanik,

[8] Eigentlich sollte man hier die **Statistische Thermodynamik** nennen, die kinetische Gastheorie ist ein Spezialfall. Da sie letztere aber aus Bd. I kennen, werden wir weiterhin die kinetische Gastheorie als Beispiel verwenden.

Tab. 5.1 Vergleich der drei Theorien

	Erwartungswert	Teilcheneigenschaften	Zustand
Mechanik	–	f(x,p)	(x,p)
Quantenmechanik	$\langle\hat{O}\rangle$	$\hat{O} \leftrightarrow O_n$	$\Psi(x,t)$
Kinetische Gastheorie	$\langle v\rangle$	–	$f(v)$?

und die statistische Interpretation bringt sie in die Nähe der kinetischen Gastheorie. In Tab. 5.1 werden Aspekte der Theorien miteinander verglichen.[9]

Dabei sind zwei Aspekte wichtig:

- In der klassischen Mechanik kann man aus dem Zustand (x, p) sofort die Observablen $f(x, p)$ berechnen, in dem Zustand **hat** das System die Eigenschaften. Ist der quantenmechanische Zustand ein Eigenzustand des entsprechenden Operators, kann man dessen Eigenwerte ausrechnen. Hier hat man eine gewisse Parallele, Ψ scheint sich auf den Zustand eines Teilchens beziehen, in dem es bestimmte Eigenschaften O_n **hat.**
- Die kinetische Gastheorie macht keine Aussagen über die Geschwindigkeiten **einzelner Teilchen,** diese sind schlicht nicht Gegenstand dieser Theorie. Daher in der Rubrik ‚Teilcheneigenschaften' eine Leerstelle. Die Theorie spricht immer nur über ein System vieler Teilchen und erlaubt es, mit Hilfe der Wahrscheinlichkeitsverteilung $f(v)$, Mittelwerte $\langle v\rangle$ und Varianzen zu berechnen. Eventuell kann man analog verstehen was es bedeutet, dass man in der Quantenmechanik für manche Operatoren keine Eigenwerte bestimmen kann (Abschn. 5.2.2). Dann bezieht sich Ψ auf eine Verteilung von vielen Teilchen, für die man nur Erwartungswerte $\langle\hat{O}\rangle$ berechnen kann.

Bestimmung des Zustands In der Thermodynamik bestimmt man den Zustand einfach durch Messen z. B. von (p, V), und kennt dann alle Zustandsgrößen, wenn die entsprechenden Zustandsgleichungen bekannt sind. In der Mechanik kann man z. B. die Geschwindigkeiten und Orte messen, wie im PKW-Beispiel Abschn. 4.6. Für Mikroteilchen treten aber einige Komplikationen auf, die z. T. schon bei der kinetischen Gastheorie deutlich werden.

- Eine Messung wie in Abb. 4.7 ist meist nicht möglich, man kann z. B. einen Geschwindigkeitsfilter verwenden (Bd. I, Abb. 16.7). Damit misst man aber nicht den Teilchenimpuls, sondern filtert eine Geschwindigkeit heraus, Teilchen mit einer anderen Geschwindigkeit gehen ‚verloren'.

[9] Die Verteilungsfunktion $f(v)$ wird zwar in der kinetischen Gastheorie nicht als Zustand bezeichnet, sie berechnet sich aber eindeutig aus dem thermodynamischen Zustand (Temperatur $T(p, V)$), und durch die Parallelen zur Wellenfunktion bietet sich diese Einordnung an dieser Stelle an.

- Dies scheint ein generelles Problem zu sein: Meist ‚zerstören‘ wir die Teilchen bei Messung, z. B. auch bei der Messung am Schirm des Doppelspaltexperiments: Wir wissen dann zwar, wo das Teilchen ist, aber es ist nun vom Schirm absorbiert. Man kann nicht weiter damit experimentieren.
- Meist haben wir es auch mit einer sehr großen Menge an Teilchen zu tun, diese einzeln zu vermessen ist oft gar nicht möglich.
- Zu all dem kommt nun noch das Messproblem der Quantenmechanik, das wir in Kap. 20 besprechen werden.

Für Experimente benötigt man aber Teilchen, deren Eigenschaften man z. T. genau kennt: Z. B. braucht man für Doppelspaltexperimente einen Teilchenstrahl, in dem alle Teilchen die gleiche Masse und Geschwindigkeit, und damit die gleiche De-Broglie-Wellenlänge, haben. Wie erreicht man das?

5.2.1 Ensemble und Präparation

In der Mechanik ist der Zustand durch zwei Observable gegeben, in der Quantenmechanik aber ist das Verhältnis von Zustand und Observable komplizierter: Messen kann man Eigen- oder Erwartungswerte, man benötigt aber die Wellenfunktion, diese zu berechnen. Wie kann man aus den Observablen auf die Wellenfunktion zurückrechnen?

Eine analoge Situation hat man in der kinetischen Gastheorie (Abschn. 4.3.2), die Verteilungsfunktion $f(v)$ ist die entscheidende Größe zur Bestimmung der Erwartungswerte. Wie erhält man diese Verteilungsfunktion? Wir wollen uns das zunächst an ein paar Beispielen verdeutlichen.

Beispiele aus der klassischen Physik

Beispiel 5.4

PKW-Geschwindigkeitsmessung Betrachten Sie das Beispiel der Geschwindigkeitsmessung an einer Ausfallstraße in Abschn. 4.6, dort haben wir diskutiert, wie man aus einer Messreihe eine Verteilungsfunktion $n(v)$ der **absoluten Häufigkeiten** der PKW-Geschwindigkeiten erhält, wie in Abb. 4.7 gezeigt. Man hat die Messreihe an einem bestimmten Tag durchgeführt und hat damit eine Verteilungsfunktion $p(v)$. Diese **relativen Häufigkeiten** können als **Wahrscheinlichkeiten** interpretiert werden. ◀

Mit dieser Verteilungsfunktion steht man am nächsten Tag an derselben Straße. Unter welchen Umständen kann man $p(v)\mathrm{d}v$ als **Wahrscheinlichkeit** dafür deuten, dass ein bestimmter PKW, der jetzt gerade passiert, eine bestimmte Geschwindigkeit zwischen v und $v + \mathrm{d}v$ hat?

Offensichtlich müssen die gleichen Bedingungen für den PKW gelten, die bei der Bestimmung der relativen Häufigkeiten gegolten haben. Man muss also annehmen können, dass die PKW auch an diesem Tag der gleichen Geschwindigkeitsverteilung gehorchen. Und dies ist der Fall, wenn man weiß, dass an dieser Ausfallstraße eine bestimmte Geschwindigkeitsbegrenzung gilt, dass ein bestimmtes Verkehrsaufkommen zu einer bestimmten mittleren Geschwindigkeit führt, also dass die **Bedingungen** der Straße eine bestimmte Geschwindigkeitsverteilung bewirken. Diese Bedingungen können durchaus z. B. vom Wochentag abhängen, dann hätte man verschiedene Verteilungsfunktionen für verschiedene Wochentage. Und andere Straßen haben sicher andere Bedingungen, d. h. andere Wahrscheinlichkeitsverteilungen für die PKW-Geschwindigkeiten.

Die Bedingungen, die zu einer bestimmten Verteilung führen, wollen wir **Präparation** nennen. Durch diese Bedingungen wird eine Menge von PKW definiert, die sich durch bestimmte Eigenschaften auszeichnen, nämlich einer bestimmten Geschwindigkeitsverteilung zu gehorchen. Diese Menge von Objekten wollen wir **Ensemble** nennen.

Wichtig: Nur dann kann man den PKW eine bestimmte Wahrscheinlichkeitsverteilung $p(v)$ zuordnen. Denn nur dann werden die PKW durch diese Funktion beschrieben! Die Präparation führt zu einer Zuordnung einer Verteilungsfunktion.

Beispiel 5.5

Maxwell'sche Geschwindigkeitsverteilung Eine besondere Verteilungsfunktion haben wir in der Thermodynamik durch Festlegen von p, V und T kennengelernt (Bd. I, Kap. 16). Ein Gas, das aus einem Ofen der Temperatur T austritt, hat die **Maxwell'sche** Geschwindigkeitsverteilung,

$$f_T(v) = \sqrt{m/2\pi kT}\,\mathrm{e}^{-\frac{mv^2}{2kT}} . \tag{5.9}$$

Wir haben diese durch theoretische Überlegungen abgeleitet, man kann sie aber in analoger Weise vermessen, wie z. B. das Energiespektrum des Schwarzen Strahlers in Kap. 3. Man kann die Teilchen durch einen Geschwindigkeitsfilter, wie unten in Abb. 5.2 gezeigt, laufen lassen, und danach die relativen Häufigkeiten bestimmen. $f(v)$ hat also eine analoge Funktion wie das $p(v)$ bei den PKW: Sie gibt die Wahrscheinlichkeit an, dass ein Gasteilchen eine bestimmte Geschwindigkeit hat. Und diese Wahrscheinlichkeit ist vollständig durch die Temperatur bestimmt. Deshalb haben wir $f_T(v)$ mit dem Index T versehen. Die Wahl der Temperatur können wir als **Präparationsbedingung** auffassen. Für jede Temperatur ordnen wir den Teilchen der Masse m eine andere Wahrscheinlichkeitsverteilung zu! ◀

Beispiel 5.6

Sonne als Schwarzer Strahler Diese Präparation muss nicht durch einen technischen Apparat stattfinden, man kann die Sonne beispielsweise als Schwarzen Strahler auffassen, mit einer Energieverteilung die einer Temperatur von 6000 K entspricht (Abb. 3.2). Ein Schwarzer Strahler bei 6000 K sendet Licht aus, das einer genau definierten Verteilungsfunktion folgt. Mit Präparation soll nur ausgesagt sein, dass man durch die Art und Weise der Entstehung bedingt ein Ensemble von Teilchen (Licht) hat, das durch eine bestimmte Verteilungsfunktion beschrieben wird. ◄

Zustand eines Teilchens? In der klassischen Mechanik kann man durch Messung an einzelnen Teilchen den Zustand bestimmen, wie ist das in der kinetischen Gastheorie? Das nächste Beispiel zeigt: Aus der Vermessung eines einzelnen Teilchens bekommt man niemals die Verteilungsfunktion: Diese ist immer eine Größe, die sich erst aus dem Verhalten des Kollektivs erschließt.

Beispiel 5.7

Wenn man die Geschwindigkeit eines Teilchens misst, das aus einem Ofen (**Beispiel 5.5**) austritt, und z. B. die Geschwindigkeit v_a feststellt, dann kann man daraus nicht auf die Temperatur des Ofens schließen. Nach der Maxwell-Verteilung $f(v, T)$ ändert sich die Wahrscheinlichkeit für diese Geschwindigkeit v_a mit der Temperatur. Bei einer anderen Temperatur werden ebenfalls Teilchen mit der selben Geschwindigkeit v_a ausgesendet, aber die Wahrscheinlichkeit, Teilchen mit dieser Geschwindigkeit v_a zu finden, ist anders. Es kann also sein, dass man Teilchen mit der derselben Geschwindigkeit findet, die aber zu verschiedenen Ensembles, charakterisiert durch die Temperatur T, gehören.
Dem einzelnen Teilchen jedoch sieht man diese Wahrscheinlichkeit nicht an. Auf die Wahrscheinlichkeit, und damit auf die Temperatur, kann man nur schließen, wenn man viele Teilchen vermisst, d. h. die Verteilung ausmisst. Die Temperatur ist keine Eigenschaft einzelner Teilchen, sondern nur des Kollektivs. Und damit kann man durch Messung eines Teilchens nicht auf die Verteilungsfunktion $f(v, T)$ schließen.[10] ◄

Wir sehen: Eine **Wahrscheinlichkeitsverteilung** können wir nur einem **Ensemble** von Objekten **zuordnen,** das auf eine bestimmte Weise **präpariert wurde.**

[10] Analog kann man aus der Geschwindigkeit eines PKW nicht schließen, ob es auf einer Autobahn oder der oben diskutierten Ausfallstraße fährt. Man kann also aus der Geschwindigkeit eines PKW nicht auf die Verteilungsfunktion $p(v)$ (Beispiel 5.4), d. h., auf das Ensemble zu dem der PKW statistisch gehört, zurückschließen.

Bedeutung der Präparation Wie am Anfang dieses Abschnitts ausgeführt, kann man mikroskopische Teilchen aus vielen Gründen nicht so vermessen wie PKWs: Es sind einfach zu viele, die Messung führt oft zur Zerstörung der Teilchen, sie werden absorbiert, gehen durch die Messung verloren. Daher die **Bedeutung der Präparation eines Ensembles:** Durch die ‚Herstellungsbedingungen' kennt man ihre Eigenschaften in ausreichender Weise, um mit ihnen weitere Versuche machen zu können. Diese werden durch die Verteilungsfunktion beschrieben, in diesem Sinne wurde $f(v)$ in Tab. 5.1 als Größe aufgenommen, die den Zustand beschreibt. $f(v)$ enthält die relevante Information über die Teilchen, die uns zugänglich ist.

Quantenmechanische Präparation Die Parallele von $|\Psi|^2$ zu $f(v)$ ist deutlich, daher liegt es nahe, viele der obigen Einsichten auf die Quantenmechanik zu übertragen. Durch experimentelle Arrangements bringen wir ein Ensemble von Teilchen in einen Zustand Ψ.

Durch eine Präparation wird die Wellenfunktion des Systems bestimmt.

Dadurch sind bestimmte Eigenschaften genau bekannt, oder aber ihre Mittelwerte und Streuungen. So funktioniert der Doppelspaltversuch mit Teilchen nur, d. h., man sieht nur dann ein Interferenzbild, wenn alle Teilchen den gleichen Impuls p haben. Denn dann haben sie die gleiche De-Broglie-Wellenlänge und erfüllen die Bedingung für Interferenz. Wie erhält man einen solchen Strahl aus Teilchen mit gleicher Ausbreitungsrichtung und Geschwindigkeit?

Beispiel 5.8

Doppelspaltexperiment Ein Teilchenstrahl, bestehend z. B. aus Atomen, kann wie folgt präpariert werden (Abb. 5.2): In einem Ofen werden Atome geheizt, durch einen Spalt können diese den Ofen verlassen. Nach Verlassen des Ofens der Temperatur T haben die Atome eine Geschwindigkeitsverteilung, wie gerade beschrieben. Klassischen Teilchen würde man hier die Maxwell-Verteilung $f_T(v)$ zuordnen. Nun wird durch die Blende die Bewegung auf eine Raumrichtung eingeschränkt, der Geschwindigkeitsfilter selektiert dann die Geschwindigkeit. Nun hat man ein Ensemble von Atomen mit gleicher Masse, Ausbreitungsrichtung und Impuls. Den Teilchen dieses Ensembles kann man nun in der Quantenmechanik die Wellenfunktion Ψ zuordnen. ◄

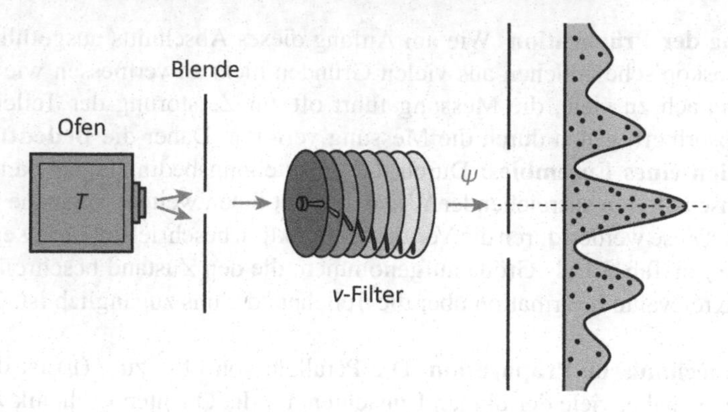

Abb. 5.2 Präparation von Teilchen mit einer bestimmten Ausbreitungsrichtung und Geschwindigkeit

Den Vorgang der Herstellung gleicher Eigenschaften haben wir **Präparation** genannt, und dieser Vorgang charakterisiert das **Ensemble,** eine Menge gleich präparierter Teilchen. Ein Ensemble ist also nicht eine beliebige Menge von Objekten, sondern ein System von Teilchen, das die gleiche Präparation erfahren hat.

In dieser Perspektive bezieht sich die Wellenfunktion Ψ auf ein **Ensemble,** und damit auf eine **Präparationsvorschrift.** Nur dann kann man eine Verteilungsfunktion und (für genügend große Zahlen) eine Wahrscheinlichkeitsfunktion erhalten, die statistische Aussagen erlaubt. **Die Wellenfunktion Ψ beschreibt ein Ensemble gleich präparierter Teilchen.** Die Präparation erlaubt die Zuordnung einer Wellenfunktion: Teilchen, die eine Präparationsvorschrift durchlaufen haben, werden durch eine Wellenfunktion Ψ beschrieben.

Klassische und quantenmechanische Präparation Klassisch kann man beliebig viele Eigenschaften beliebig genau bestimmen. So könnte man in Abb. 5.2 noch weitere Präparationsverfahren anschließen. In der Quantenmechanik sind dem prinzipielle Riegel vorgeschoben, wie wir in Kap. 12 diskutieren werden. Man kann das schon anhand der **Unbestimmtheitsrelation** für Ort und Impuls verstehen: Diese können demnach nicht zugleich genau bestimmt sein. Es kann daher kein Präparationsverfahren geben, das einen Teilchenstrahl präpariert, in dem x und p beide genauer als bis auf die Unbestimmtheitsrelation festgelegt sind.

5.2.2 Klassische Statistik: Ignoranz und vorliegende Eigenschaften

Kann/muss man die Quantenmechanik analog zur kinetischen Gastheorie interpretieren? Kann man die nicht berechenbaren Eigenwerte einiger Operatoren analog verstehen? Was für eine Interpretation wäre das?

In Abschn. 4.2.4 haben wir schon darauf hingewiesen, dass es einen Unterschied macht, von **Eigenschaften der Teilchen** selbst zu reden, und dem, was man an ihnen misst. Die Born'sche Wahrscheinlichkeitsinterpretation von Gl. 4.19 **hat einen expliziten Bezug auf Messungen.** Sie sagt also nicht, wie die Teilchen räumlich verteilt sind, oder welche Geschwindigkeiten sie haben, solange sie nicht gemessen wurden. Sie redet von Wahrscheinlichkeiten dafür, bestimmte Eigenschaften bei einer Messung festzustellen. Versuchen Sie gar nicht erst sich vorzustellen, was das bedeuten könnte.

Nun ist es immer richtig zu sagen, eine Verteilung gebe das an, was man durch Messung erhält. Die Verteilung $p(v)$ aus Beispiel 5.4 bedeutet sicher, dass man eine Häufigkeitsverteilung wie in Abb. 4.7 erhalten wird, wenn man am Abend die Messwerte der Radarfalle ausdruckt. Genauso wird man die Häufigkeitsverteilung der bekannten Maxwellverteilung $f_T(v)$ erhalten, wenn man die Atome eines Gases der Temperatur T durch einen Geschwindigkeitsfilter vermisst, und sich die Ergebnisse in einer Grafik ansieht.

- Dennoch sagen wir, ‚$f_T(v)\mathrm{d}v$ ist die Wahrscheinlichkeit dafür, dass ein beliebiges Gasatom eine Geschwindigkeit v **hat**'.
- Wir stellen nicht immer den Bezug auf eine Messung her und sagen, ‚$f_T(v)\mathrm{d}v$ ist die Wahrscheinlichkeit dafür, dass eine Geschwindigkeit v bei Messung eines Gasatom **festgestellt wird**'.

Warum ist das so? Betrachten wir dazu nochmals die Messung in der klassischen Mechanik. **Wichtig ist:** Die Messung selbst stellt keine wesentliche Störung des Systems dar. Wenn man die Werte (x, p) gemessen hat, dann kann man sagen, dass das System vor, während und auch nach der Messung diese Eigenschaften hatte. Zentral ist der Bezug von Zustand auf Eigenschaft, wie in Abschn. 5.1.7 ausgeführt: Wenn ein Teilchen in einem Zustand (x, p) **ist,** dann **hat es** die Eigenschaften $f(x, p)$.

Und das übertragen wir auf die Verteilungen: Wenn wir die Verteilungsfunktion kennen, wissen wir also, was wir am Messgerät ablesen werden. Dann können wir auch sagen, dass die Teilchen die entsprechenden Eigenschaften **haben.** Wenn unser Gas aus N Teilchen besteht dann wissen wir, dass $Nf_T(v)\mathrm{d}v$ Teilchen eine Geschwindigkeit v haben. Betrachten wir dazu die beiden Beispiele:

- Der Ofen in Abb. 5.2 sendet einzelne Teilchen mit bestimmten Geschwindigkeiten aus, die wir nicht kennen, da wir nur die thermodynamischen Größen p, V und T festgelegt haben. Im Rahmen einer klassischen Beschreibung kann man sich immer vorstellen, dass sich die Atome in dem Ofen auf bestimmten **Trajektorien** bewegen, d. h., dass sie zu jedem Zeitpunkt genau definierte Orte und Impulse **haben,** wir die einfach nur **nicht kennen.**
- Analog bei der Diffusion, die wir mit der Konzentration $c(x, t)$ beschreiben. Hier fehlen ebenfalls die genauen Trajektorien der Teilchen. Im Prinzip könnten wir die Kenntnis über die Trajektorien erlangen: Damit ist gemeint, dass die klassische Mechanik dies im Prinzip zulässt, es nur völlig impraktikabel u. a. aufgrund der Vielzahl der Teilchen ist.

Eine klassisch statistische Beschreibung ist immer eine **Beschreibung mit unvollständiger Information,** die Wahrscheinlichkeitsaussagen resultieren aus dieser mangelnden Information. Wenn man mehr Information hätte, könnte man deterministische Aussagen über die einzelnen Teilchen machen. Die Leerstelle in der Rubrik Teilcheneigenschaften in Tab. 5.1 deutet darauf hin, dass die kinetische Gastheorie eine unvollständige Theorie ist.

Die Wahrscheinlichkeit $f(v)$ **(Maxwell-Verteilung)** ist ein Indikator für unser **Unwissen über das System.** Jedes Teilchen **hat** eine gewisse Geschwindigkeit, wir wissen nur nicht genau welche, bis wir sie gemessen haben.
Die Wahrscheinlichkeiten spiegeln unsere **Unkenntnis** der genauen mikroskopischen Gegebenheiten. Dies ist die **Ignoranzinterpretation** der Wahrscheinlichkeiten (Ignoranz = Unwissen).

Wichtig: Die Eigenschaften wie Ort oder Geschwindigkeit können **prinzipiell** festgestellt werden, die Teilchen **haben** diese Eigenschaften, ob man sie misst oder nicht. Wir wollen dies als das **Prinzip der vorliegenden Eigenschaften (PVE)** bezeichnen.

Kenntnis kann als ein anderer Ausdruck für **Information** gesehen werden: Die Verteilungsfunktionen geben also unsere Information wieder, die wir über die Mikroteilchen haben. Information ist aber immer Kenntnis über **etwas,** das vorliegt. **Ignoranzinterpretation** und das **PVE** sind also die zwei Seiten derselben Medaille.

Quantenmechanik als statistische Theorie? Und damit stellt sich die Frage: Ist die Quantenmechanik schlichtweg eine statistische Theorie, die das Unwissen des Beobachters über das System reflektiert?[11]

Dann könnte man die Tatsache, dass in einem Zustand Ψ für bestimmte Operatoren $\hat{O}$ keine Eigenwerte O_n berechenbar sind, relativ einfach verstehen:

Diese Eigenschaften **liegen** zwar **vor (PVE)**, wir **kennen** sie nur **nicht (Ignoranzinterpretation).**

Betrachten wir ein Wellenpaket im Vergleich zur Diffusion, wie in Abschn. 4.2.3 diskutiert. Für das Wellenpaket können wir keinen Eigenwert des Ortes berechnen, sondern nur einen Erwartungswert $\langle x \rangle$, wir erhalten aus $|\Psi(x)|^2$ eine Verteilung der Orte. Die Vorstellung, dass das Teilchen an einem Ort **ist,** wir diesen nur nicht so genau kennen, ist Ausdruck des PVE und der Ignoranzinterpretation. $|\Psi(x)|^2 \mathrm{d}x$ wäre dann die Wahrscheinlichkeit dafür, dass das Teilchen an dem Ort x **ist,** und diese Wahrscheinlichkeit reflektiert unser Unwissen. Wenn man diese Analogie anwendet, hätte das folgende Konsequenzen:

- Man kann die Operatoren und Eigen-/Erwartungswerte direkt auf die Eigenschaften der Teilchen beziehen.
- Die Quantenteilchen, wie z. B. Elektronen, **haben** alle Eigenschaften wie Orte und Geschwindigkeiten, unabhängig davon, ob man sie misst.
- Der Zufall, d. h. eine statistische Beschreibung, resultiert nur aus dem Unwissen der Beobachter, völlig analog zur kinetischen Gastheorie. Man hat einfach keinen Zugriff auf die genauen Werte von Ort und Impuls der Atome oder Elektronen.
- Wenn wir keine Eigenwerte von Operatoren berechnen können, wie das Beispiel Impuls oben zeigt, heißt das, dass das Teilchen schon einen Impuls **hat,** wir diesen aber aus irgendwelchen Gründen nicht feststellen können.

Das klingt zunächst gut, aber die Quantenmechanik ist völlig anders – **diese Statements sind falsch!** Die Anwendung von PVE und Ignoranzinterpretation sind für die Quantenmechanik nicht möglich. Das ist die Aussage eines grundlegenden Theorems der Quantenmechanik, dem sogenannten **PBR-Theorem** (Abschn. 6.3). Und daran

[11] Wir folgen hier in der Terminologie de Muynck, der von einem ‚possessed value principle' spricht. Wir haben ‚value' mit Eigenschaften übersetzt, wobei eigentlich Werte der Observablen der Eigenschaft gemeint ist. http://www.phys.tue.nl/ktn/Wim/muynck.htm#quantum.

gibt es nichts zu rütteln. Es ist eigenartig: Mathematisch verwenden wir die Quantenmechanik wie eine klassische statistische Theorie, aber interpretieren kann man sie so nicht: Dies werden wir in den Kapiteln zur **Interpretation** genauer betrachten.

5.2.3 Quantenmechanik und Determinismus

Unvollständige Theorie Die kinetische Gastheorie ist, bezogen auf die Teilchen, eine unvollständige Theorie. Sie hat keine Information über die genauen Koordinaten und Geschwindigkeiten der einzelnen Teilchen. Sie hat im Prinzip nur eine Information über den thermodynamischen Zustand und kann für diesen eine Wahrscheinlichkeitsverteilung bereitstellen. D. h., um eine genaue Kenntnis über alle Details der Teilchen zu erhalten, benötigte man sehr viel mehr **Parameter.** Im Prinzip kennen wir p, V und T des Gases, und können damit recht weitreichende Aussagen über die Teilchen treffen, allerdings sind diese nur Wahrscheinlichkeitsaussagen in Bezug auf **einzelne Teilchen.** Wir bräuchten viel mehr Parameter, nämlich die Koordinaten und Impulse aller Teilchen, um von Wahrscheinlichkeitsaussagen zu sicheren Aussagen zu kommen.

Determinismus – Indeterminismus Die Diffusionsgleichung beschreibt z. B. die Ausbreitung eines Tintentropfens in einem Wasserglas. Wir können anstatt dem Tropfen nur ein Farbstoffteilchen in das Wasser geben. Wir wissen nicht, ob es an der Stelle bleibt, ob es nach links oder nach rechts diffundiert, und wie schnell und wie weit es diffundiert. Dennoch gibt $p(x, t) = c(x, t)\mathrm{d}x/N$ (Abschn. 4.2.3) die Wahrscheinlichkeit wieder, es an einem bestimmten Ort zu finden. Wir können also die Diffusionsgleichung auch für einzelne Teilchen verwenden. Allerdings sind dann keine deterministischen Aussagen über Teilchen möglich, sondern nur Wahrscheinlichkeitsaussagen. Da diese aber auf Unwissen um die Trajektorien der Teilchen beruhen, nennt man sie **subjektive Wahrscheinlichkeiten.**

Denn in der Natur selbst, so die Sichtweise der klassischen Theorien, kommen keine Wahrscheinlichkeiten vor, die Teilchen folgen den deterministischen Gesetzen der klassischen Mechanik. Wahrscheinlichkeiten, die in der Natur selbst begründet wären, die also nicht auf Unwissen zurückgingen, sondern darauf, dass die Natur selbst ‚Sprünge macht', nennt man dann **objektive Wahrscheinlichkeiten.** Da die klassische Mechanik völlig **deterministisch** ist, ist im Rahmen der klassischen Physik kein Platz für objektive Wahrscheinlichkeiten.

Keine Trajektorien Die Quantenmechanik in ihrer **Standardinterpretation** kann sich aber gerade nicht auf mögliche Trajektorien berufen,[12] wie in Abschn. 4.2.4 ausgeführt.

[12] Die De-Broglie/Bohm-Variante der Quantenmechanik, beispielsweise, basiert auf Trajektorien (Abschn. 6.2.3)!

- Nach der Unbestimmtheitsrelation (UR) (Abschn. 4.2.1) ist prinzipiell kein Wissen um die genauen Orte und Impulse möglich, die eine Trajektorie mit $(x(t), p(t))$ voraussetzt.
- Nun kann man denken, vielleicht sind ja die Teilchen auf Trajektorien, und die UR schränkt nur unser Wissen darüber ein. Ist es nicht so, dass wir die Trajektorien, auf denen sich die Teilchen befinden, nur nicht feststellen können, da eine Messung eine Störung darstelle.

Diese Vorstellung bringt die Quantenmechanik in die Nähe der kinetischen Gastheorie, mit einem Unterschied: Die Trajektorien können aus prinzipiellen Gründen nicht mehr bestimmt werden, weil z. B. ihre praktische Feststellung durch Messung eine zu große Störung darstellt. Aber genau diese Vorstellung verwendet das PVE und fällt damit unter das Verdikt des PBR-Theorems, das wir in Abschn. 6.3 genauer diskutieren wollen, die Vorstellung Messen=Stören erörtern wir in Abschn. 13.3.

In der Standardinterpretation der Quantenmechanik gibt es keine Realität ‚hinter' den Wellenfunktionen, denn diese erlaubt nur die Berechnung z. B. von Aufenthaltswahrscheinlichkeiten, nicht aber von Trajektorien. Daher haben wir es in der Quantenmechanik mit **objektiven Wahrscheinlichkeiten** zu tun. Wie genau ein Teilchen bei einer Diffusion von A nach B kommt, oder auf welchem Weg es vom Ofen zum Schirm des Doppelspaltexperiments in Abb. 5.2 kommt, darüber schweigt sich die Quantenmechanik aus. Wir haben es hier also mit einer **indeterministischen Theorie** zu tun: Die Bewegungen der Teilchen sind durch die Theorie nicht vorhersagbar.

Die Quantenmechanik: Eine unvollständige Theorie? Und das wirft die Frage auf, ob der Quantenmechanik nicht einfach ein paar Parameter der Beschreibung fehlen, ob sie eventuell eine unvollständige Theorie ist. Sollte man nach einer besseren Theorie suchen, die eine vollständigere Beschreibung erlaubt? Dies werden wir in Kap. 29 vertiefen.

Quantenmechanik und Ensemble Wir haben einige Parallelen zwischen der kinetischen Theorie und der Quantenmechanik festgestellt, die Bedeutung der Präparation und des Ensembles betreffend.

- Die Maxwell-Verteilung $f(v)$ bezieht sich ganz klar auf ein Ensemble, sie beschreibt kein einzelnes Teilchen: Es macht keinen Sinn zu sagen, ein Teilchen *habe* ein $f(v)$. Bezieht sich der Zustand Ψ dann ebenfalls nur auf ein Ensemble und nicht auf ein einzelnes Teilchen?
- Ein einzelnes Teilchen kommt in der Beschreibung der kinetischen Gastheorie nicht vor, daher die Leerstelle in der Rubrik ‚Teilcheneigenschaft' in Tab. 5.1 Dann würde es keinen Sinn machen zu sagen, ein Quantenteilchen sei in einem Zustand $\Psi(x, t)$, genauso wie es keinen Sinn macht zu sagen, ein Teilchen des idealen Gases sei in dem Zustand $f(v)$, gegeben durch die Maxwell-Verteilung. In dieser Perspektive macht es also keinen Sinn, einem Teilchen eine Wellenfunktion Ψ zuzuordnen.

Wahrscheinlichkeiten In der Ensembleperspektive kann man die Wellenfunktion auf einzelne Teilchen nur durch die Wahrscheinlichkeitsinterpretation beziehen (Abschn. 4.2). Man kann Wahrscheinlichkeitsaussagen über einzelne Teilchen machen, wenn man durch eine Präparation sichergestellt hat, dass diese einem Ensemble zugehören, das durch Verteilungsfunktion repräsentiert wird.

Ein solcher Umgang mit Wahrscheinlichkeiten basiert auf der **frequentistischen Interpretation** von Wahrscheinlichkeiten. Wahrscheinlichkeiten werden als **relative Häufigkeiten von Ereignissen** gesehen und erlauben als solche Rückschlüsse auf einzelne Objekte eines Ensembles.[13]

Der Bezug der Wellenfunktion auf ein Ensemble von Teilchen wird mit der **Ensembleinterpretation der Quantenmechanik** formuliert. Sie ist eine mögliche Interpretation, die häufig vertreten wird. Allerdings kann man quantenmechanische Ensemble nicht in klassischer Weise auffassen, wie in Abschn. 5.2.2 angemerkt, das **PVE** und die **Ignoranzinterpretation** sind nicht anwendbar. Dies, und die Folge, dass man nicht über einzelne Quantenteilchen reden kann, macht sie in den Augen vieler Quantenforscher unattraktiv, dazu mehr in Kap. 6 und den folgenden Interpretationskapiteln.

5.3 Zusammenfassung

Zusammenfassung Die **Schrödinger-Gleichung,** die Darstellung von Observablen durch **Operatoren** und die Bildung von **Mittelwerten** sind grundlegende Postulate der Quantenmechanik. Diese sind nicht selbst wieder ableitbar, daher werden sie als Axiome dem Formalismus vorangestellt. Mit den Axiomen 1 und 2 haben wir eine **Wellenfunktion** zur Beschreibung der Quantenobjekte zugrunde gelegt. Wir erhalten dann aber eine eigenartige ‚Mischung' aus drei Theorien.

- **Wellentheorie** Diese ist nötig, um die Wellenaspekte (Interferenz, Quantisierung etc.) mathematisch zu fassen, und die De-Broglie-Wellenlänge passt gut zu den Interferenzphänomenen, z. B. die Lage der Maxima beim Doppelspalt und bei der Elektronenbeugung (Versuch von Davisson und Germer, Kap. 3).
- **Statistische Theorie** Aber nun haben wir eine kontinuierliche Funktion, d. h., eine Funktion, die sich kontinuierlich im Raum erstreckt. Teilchen jedoch beschreiben wir üblicherweise als Punktmassen. Das kann man unter einen Hut bringen, indem man eine **Wahrscheinlichkeitsinterpretation** anwendet. Die Funktion $\Psi(x, t)$ beschreibt also nicht direkt das Teilchen ‚selbst', z. B. seine Massen- oder

[13]Dies ist eine geläufige Interpretation von Wahrscheinlichkeitsaussagen, aber seit Entwicklung der Statistik gibt es auch unterschiedliche Haltungen dazu. Und die Wahl der Interpretation der Wahrscheinlichkeitsaussagen schlägt auf die Interpretation der Quantenmechanik insgesamt durch. Dies ist sehr schön dargestellt in [31]. Es gibt auch noch andere Interpretationen, z. B. die von Bayes. Darauf bezieht sich eine relativ neue Interpretation der Quantenmechanik, der QBism [25], auf den aus Platzgründen nicht eingegangen werden kann.

Ladungsverteilung, sondern ist die Wahrscheinlichkeit, das Teilchen an einem Ort zu finden. Solch eine Situation kennen wir aus der kinetischen Gastheorie oder der Diffusionsgleichung. Kontinuierliche Funktionen können über eine Wahrscheinlichkeitsinterpretation auf diskrete Objekte angewendet werden.

- **Klassische Mechanik** Die Operatoren erhalten wir über die Ersetzungsregeln direkt aus der klassischen Mechanik. Die Observablen der Mechanik, die Eigenschaften einzelner Teilchen sind, werden nun zu Operatoren. Das legt es natürlich nahe zu denken, auch in der Quantenmechanik ginge es um die Eigenschaften einzelner Teilchen.

Durch die Wahl der Beschreibung haben wir uns also zwei Konsequenzen automatisch eingehandelt: Wellenphänomene (Abschn. 2.2) und statistisches Verhalten. $|\Psi(x,t)|^2$ wird also als Wahrscheinlichkeitsfunktion gedeutet (Abschn. 4.2.4), d. h., sie beschreibt eine Wahrscheinlichkeitsverteilung von Observablen (Abschn. 4.3), was üblicherweise bedeutet, dass im Hintergrund eine Verteilung dieser Größen vorliegen muss. Und diese Verteilung kann Muster zeigen, die Wellencharakteristika haben (z. B. Interferenzmuster).

Die **zeitunabhängige Schrödinger-Gleichung** ist eine **Eigenwertgleichung** des **Hamilton-Operators,** die verschiedenen Operatoren $\hat{O}$ der Quantenmechanik haben ebenfalls Eigenwertgleichungen:

$$\hat{O}\Phi_n = O_n\Phi_n.$$

Die **Eigenfunktionen** sind dann die entsprechenden Zustände der Quantenteilchen, und die Eigenwerte geben den Wert der Observablen an, den das System in diesem Zustand **hat.** In diesem Fall ist der **Erwartungswert** gleich dem **Eigenwert,**

$$\langle\hat{O}\rangle = O_n.$$

Verschiedene Operatoren können die gleichen Eigenfunktionen haben, dies ist aber nicht immer gegeben, und wir werden in Teil II sehen, dass dies nur für spezielle Fälle zutrifft.

Der Operatorformalismus bedingt, dass man für ein System nicht immer die Eigenwerte aller relevanten Observablen bestimmen kann. Wie kann man das verstehen? Hier haben wir aus prinzipiellen Gründen nur statistische Information. Es ist nicht klar, was das bedeutet? **Haben** die Teilchen dann die Eigenschaft nicht, wenn sie in der Theorie nicht repräsentiert ist, oder können wir diese Information nur nicht ermitteln?

Kann man die Wellenfunktion auf einzelne Teilchen beziehen, oder immer nur auf Ensemble? Wie kann es verstehen, dass man bestimmte Eigenschaften nicht ausrechnen kann? Nicht als **Unwissenheit,** wie das PBR-Theorem zeigt, aber wie dann? Kap. 12 und 13 sowie den weiteren Interpretationskapiteln werden wir sehen, dass die Ignoranzinterpretation in der Quantentheorie gerade keine Anwendung findet. Was also ist die Quantenmechanik?

Interpretation I

6

Eine Interpretation scheint zunächst eine ganz einfache Sache zu sein, es ist die Deutung des Formalismus der Quantenmechanik. Wovon handelt dieser? Die Quantenmechanik ist offensichtlich eine Beschreibung des Mikrokosmos, wie also sieht dieser aus? Was beispielsweise passiert beim Photoeffekt, was beim Compton-Stoß, was genau machen die Elektronen in Atomen? Wenn sie nicht um ihre Kerne kreisen, wie im Bohr'schen Atommodell, was dann?

In der Forschung und Lehre sieht man oft Bilder wie Abb. 3.9, ja es scheint, man kommt fast nicht ohne solche Bilder und Vorstellungen aus, wir benötigen diese, um die Quantenmechanik zu verstehen. Und doch werden wir sehen, dass diese Bilder immer schon eine **Interpretation** sind. Wie sehen Photonen und Elektronen aus, wie verhalten sie sich, wie stelle ich das dar? Kann man verstehen, warum die Quantenphänomene (Abschn. 4.2.1) auftreten, wie kann man sich auf dieses eigenartige Verhalten einen Reim machen?

Viele Interpretation der Quantenmechanik Nun gibt es eigenartiger Weise nicht eine, sondern viele Interpretationen der Quantenmechanik. Gibt es damit viele Bilder des Mikrokosmos? Und wenn ja, warum ist das so?

Wir wollen in den Kapiteln zur Interpretation nicht die einzelnen Interpretationen im Detail vorstellen, hier gibt es schon viele hervorragende Darstellungen. Wir wollen aber die Stellen im Formalismus genauer betrachten, die Ansatzpunkte für verschiedene Auslegungen sind. Die einzelnen Interpretationen treffen an diesen Stellen Entscheidungen, die zu unterschiedlichen Auslegungen der Quantenmechanik führen.

Verstehen der Quantenmechanik Dies genauer zu betrachten kann helfen, die Quantenmechanik besser zu verstehen. Der Fokus bei der Beschäftigung mit der Quantenmechanik liegt oft stark auf der Beherrschung des mathematischen Forma-

© Springer-Verlag GmbH Deutschland, ein Teil von Springer Nature 2021

M. Elstner, *Physikalische Chemie II: Quantenmechanik und Spektroskopie*,
https://doi.org/10.1007/978-3-662-61462-4_6

lismus, und weniger auf dem Verständnis der Theorie, auf den Punkt gebracht mit dem Zitat:[1]

> Shut up and calculate.

Die Beherrschung des Formalismus ist sicher eine sehr wichtige Kompetenz, die zu erwerben ist. Aber warum denken wir, dass dies das Einzige ist, das zu vermitteln sei? Und dass nur diese Fähigkeit für die weitere berufliche Laufbahn von Bedeutung ist? Kann es nicht sein, dass gerade bei den kniffligen Fragen der Interpretation etwas gelernt werden kann, das komplementäre Fähigkeiten fördert, die später nützlich sein können? Zudem, warum blenden wir wichtige Fragen, die Bedeutung unserer grundlegenden Theorien betreffend, oft aus? Es gibt Hinweise darauf, dass eine explizite Thematisierung der Interpretationsfragen beim Verständnis der Quantenmechanik hilfreich sein kann [3,4,22,41,71].[2]

In diesem Kapitel wollen wir nun ausloten, **welches Bild der Welt** die Quantenmechanik uns liefert. Dazu muss man sich ansehen, was genau sie beschreibt, konkret, worauf sich die **mathematischen Ausdrücke** wie Ψ und $\hat{O}$ beziehen (Abschn. 6.2 und 6.3). Inwieweit kann man die Quantenmechanik verstehen, d. h., begreifen, was sie aussagt? Wir werden sehen, dass es in der Tat einiges gibt, das nicht verstehbar ist. Und wir werden das von dem unterscheiden, was versteh- und erklärbar ist (Abschn. 6.4).

6.1 Interpretation: Bild der Natur

Interpretationen der Quantenmechanik Wie Tim Maudlin ausgeführt hat [46], trägt ein mathematischer Formalismus nicht automatisch in sich, wie er zu interpretieren ist, sagt nicht direkt etwas über die Struktur der Welt (Ontologie). Es gibt hier einen Spielraum, der in der Quantenmechanik verschärft zu Tage tritt. Dies wollen wir in den Interpretationskapiteln ausloten. Welche Möglichkeiten gibt es, den Formalismus der Quantenmechanik zu interpretieren? Was sind die offenen Fragen, welche spezifischen Antwortmöglichkeiten gibt es, und welche Probleme werfen diese auf? Wir werden hier ein Feld markieren, in dem unterschiedliche Positionen möglich sind. Es ist wichtig, diese Interpretationsoffenheit zu verstehen, denn diese ist der Grund dafür, dass es bis heute nicht einmal ansatzweise eine Einigung auf eine der Interpretationen gibt [19], keine Interpretation kann eine signifikante Mehrheit der Quantenforscher überzeugen [60].

[1] N. D. Mermin, Physics Today 57, 5, 10 (2004).

[2] Das Problem kann wie folgt beschrieben werden: Wenn Interpretationsfragen nicht angesprochen und möglicherweise konsistent ausgebreitet werden, bilden sich die Lernenden ihre eigenen Konzepte [4], was zu vielfältigen Fehlkonzeptionen führen kann [64,69], und ein tieferes Verständnis erschwert.

Die Quantenmechanik zu interpretieren bedeutet, eine Auslegung, eine Deutung dieser Theorie zu geben. Zum einen bezieht sich das auf Aspekte der Theorie, wie das Problem der Messung, des Beobachters, den (In-)Determinismus etc. Aber auch, wie man die Quantenphänomene (Abschn. 4.2.1) verstehen kann, wie diese mit einem Bild von Teilchen zusammenpassen. Die Born'sche Interpretation lässt hier einige Fragen offen, wie wir sehen werden. Zum anderen geht es aber um die Deutung der Theorie insgesamt sowie ihrer Ausdrücke wie Wellenfunktion, Operatoren etc. Hier kann man drei Aspekte unterscheiden:

- Zum einen gibt es die sogenannten **Interpretationen der Quantenmechanik,** wie die ‚Kopenhagener Interpretation', die ‚Ensembleinterpretation', die ‚Viele-Welten-Interpretation' uvm. Diese sind komplexe Gedankengebäude, die jeweils eine Auslegung der oben genannten Aspekte geben.
- Daneben gibt es Veranschaulichungen der Quantenmechanik, wie die Vorstellung von Materiewellen, von statistischen Ensembles, den Welle-Teilchen-Dualismus etc. Diese Veranschaulichungen schlagen sich beispielsweise darin nieder, wie etwa in populären Darstellungen, aber auch in der Lehre oder in Lehrbüchern, Quantenteilchen und Quantenprozesse z. T. bildlich dargestellt werden. Denken Sie hier an die Darstellung von Photonen oder Elektronen als Wellenpakete wie in Abb. 3.9 gezeigt, die Vorstellung, dass ein Teilchen gleichzeitig durch beide Spalte bei Doppelspaltexperiment fliegt, eine klassisch statistische Veranschaulichung der Quantenmechanik analog zur kinetischen Gastheorie etc. Wir wollen diese Veranschaulichungen im Folgenden als **Interpretationsmodelle** bezeichnen. Sie treten beim Lernprozess auf [3,4] und bilden Konzepte, die ein bestimmtes Verständnis der Quantenmechanik befördern.
- Übergreifend gibt es Fragen, die den Status beispielsweise der Wellenfunktion betreffen. Ist diese ‚real' oder gibt sie nur das Wissen des Beobachters über die Quantensysteme wieder, bezieht sie sich auf einzelne Quantenteilchen oder auf Ensembles von Teilchen? Sowohl die Interpretationen, als auch die ‚Veranschaulichungen' beziehen hierzu Stellung.

Die ‚Interpretationen der Quantenmechanik' sind vielfach und exzellent dargestellt worden (siehe z. B. [5,15,19–21,25,66]), daher sollen sie hier nicht wiederholt werden. Wir wollen den zweiten und dritten Aspekt genauer diskutieren, und herausarbeiten, was die grundlegenden, möglicherweise offenen und ungelösten Fragen sind, und wie wir üblicherweise damit umgehen. Dabei wollen wir verstehen, warum sie so unterschiedlich beantwortet werden können, was sich in den unterschiedlichen Interpretationen niederschlägt.

Was repräsentieren Theorien? In sogenannten **formalen Sprachen** (Informatik, Linguistik) hat die Interpretation eine ganz klare Bedeutung: Sie ordnet den Ausdrücken der Sprache Gegenstände zu. Für eine physikalische Theorie würden wir also erwarten, dass wir den Ausdrücken der Theorie **etwas** in der Natur zuordnen können, wie in Abb. 6.1 schematisch dargestellt.

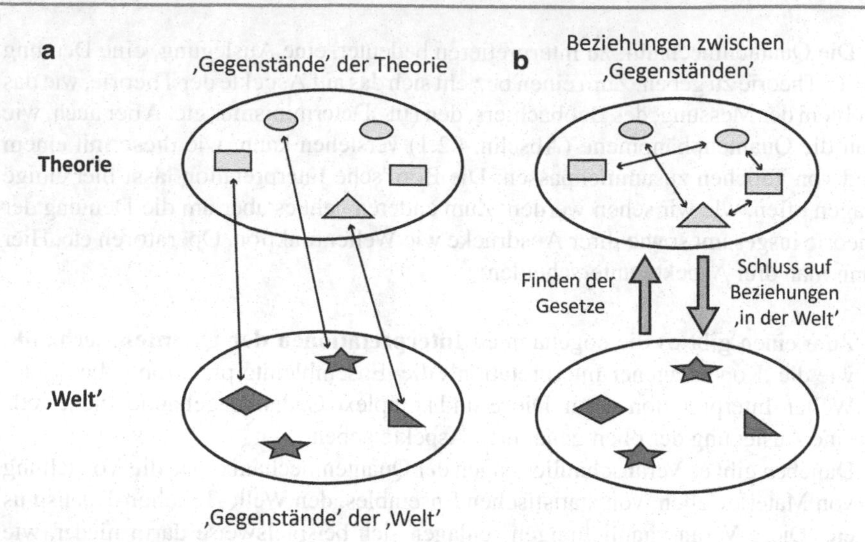

Abb. 6.1 a Die Pfeile ordnen Ausdrücken in der Theorie bestimmte Gegenstände oder Eigenschaften in der Welt zu. **b** In der Theorie gibt es Relationen zwischen diesen Gegenständen, die etwa durch Gesetze geregelt sind. Diese findet man aufgrund von Überlegungen und Analyse der Daten: Z. B. die Coulomb-Wechselwirkung oder andere Kräfte sowie Differentialgleichungen, die die zeitliche Entwicklung des Systems beschreiben

Es stellt sich also die Frage, ob und was die mathematischen Ausdrücke physikalischer Theorien **repräsentieren.** Auf was in der Welt verweisen diese Ausdrücke? Und weiter, kann man aus den Beziehungen in der Theorie auf entsprechende in der Natur schließen? Wenn sich beispielsweise in der Theorie die Wellenfunktion durch die Schrödinger-Gleichung zeitlich entwickelt, entwickelt sich auch etwas Entsprechendes in der Natur? Offensichtlich ist diese Frage schon in verschiedenen klassischen Theorien sehr unterschiedlich gelagert.

6.1.1 Klassische Theorien

In den meisten Theorien treten **physikalische Größen** auf, die sich verändern. Diese Veränderung wird durch **dynamische Gleichungen** beschrieben, die das zeitliche Verhalten dieser Größen berechenbar machen. Wir wollen nun sehen, worauf die Größen sich beziehen, wie eine solche Zuordnung, wie in Abb. 6.1 angedeutet, aussehen könnte.

Chemische Kinetik Dies ist ein einfacher Fall, die $c(t)$ sind Stoffkonzentrationen, d. h., die mathematischen Ausdrücke verweisen auf Stoffmengen in der Welt, und die kinetischen Gleichungen (Differentialgleichungen) beschreiben die Veränderungen dieser Stoffmengen mit der Zeit.

Wellentheorien Die mathematische Repräsentation von **Wasserwellen** ist vielleicht noch am deutlichsten ein **Abbild der Natur,** die grafische Darstellung einer Welle (Abb. 2.1) ist in idealisierter Form ein **Bild** dessen, was man auch in der Natur sieht. Die **Amplitude** der mathematischen Wellen repräsentiert direkt die Höhe der Wasserwelle, und es breitet sich *‚etwas‘* in der Natur aus. Diese Ausbreitung wird durch die Wellengleichung beschrieben (Kap. 2).

Mechanik In der klassischen Mechanik kommen Punktmassen, Geschwindigkeiten, Orte etc. vor, also Eigenschaften von Körpern. Der **Zustand** ist durch (x, p) gegeben, und daraus lassen sich alle **Eigenschaften** als Funktionen $f(x, p)$ des Zustands berechnen. Die **Bewegungsgleichungen** beschreiben die zeitliche Veränderung dieser Punktmassen in einem Koordinatensystem (Abb. 1.1), dem entspricht eine Bewegung dieser Körper im Raum. Die mathematische Darstellung verweist also direkt auf die Bewegungen der Massenpunkte. Die Theorie verweist daher auf Dinge der Welt, sofern sie sich als Punktmassen darstellen lassen. Und doch sagt sie nichts über das Wesen dieser Dinge aus, eine Kanonenkugel wird in der Mechanik auf dieselbe Weise repräsentiert wie die Sonne. Wir haben also von allen möglichen Eigenschaften der Dinge abstrahiert, und stellen sie mathematisch als Punkte im Raum dar.

Thermodynamik Die Größen der Thermodynamik wie Energie, Entropie sind als Funktionen $F(p, V)$ der Zustandsvariablen (p, V) dargestellt. Diese Observablen repräsentieren **Eigenschaften** von Dingen, d. h., Gasen, Lösungen, Festkörpern, wie Druck, Temperatur, Energie etc. Diese Dinge sind so real wie die Konzentrationen und es ist relativ klar, was hier beschrieben wird.

Kinetische Gastheorie Besonders interessant ist in diesem Zusammenhang dann die Maxwell'sche Geschwindigkeitsverteilung $f(v)$. Offensichtlich verweist $f(v)$ auf keinen Gegenstand der Welt, es repräsentiert nicht direkt die Bewegungen der Gasteilchen. In dieser Theorie kommen keine Trajektorien vor. $f(v)$ beschreibt unser **Wissen** um die Eigenschaften von Teilchen. Es gibt auch für $f(v)$ eine dynamische Gleichung, die **Boltzmann-Gleichung,** welche die zeitliche Veränderung von $f(v, t)$ beschreiben kann.[3] Wir haben hier also eine Theorie, bei der die zentralen Beschreibungsgrößen unser Wissen über die Welt repräsentieren. Was es in der Welt ‚gibt‘, Teilchen, ihre Eigenschafen wie Orte, Impulse, Energien, sind nur indirekt über Mittelwerte dargestellt, die einzelnen Teilchen und ihre Bewegungen sind in gewisser Weise gar nicht Gegenstand der Theorie.[4]

---

[3] In Bd. 1 haben wir nun den statischen Fall, d. h. die Situation im thermischen Gleichgewicht besprochen, daher die Zeitabhängigkeit nicht betrachtet.

[4] Dies ist analog zur Diffusionsgleichung, die die Ausbreitung der Konzentration beschreibt: Aussagen über Teilchen erhält man wieder nur über Wahrscheinlichkeitsaussagen, was wieder auf unser Wissen über die Teilchen verweist (Abschn. 5.2.2).

6.1.2 Abbild der Natur und wissenschaftlicher Realismus

Abbild der Natur? Der wissenschaftliche Realismus vertritt die Auffassung, dass man die Theorien als eine Art Abbild der Natur verstehen kann: Die Theorien beschreiben, so könnte man meinen, (i) was es in der Natur gibt, (ii) welche Abläufe stattfinden und (iii) warum die Dinge so ablaufen. Aber ist das so?

Zum einen ist diese Sichtweise, so einleuchtend sie auf den ersten Blick scheint, durchaus voraussetzungsreich, so schreibt H. Zwirn [72]:

> Actually, scientific realism is made up of three assumptions. The first one is the thesis of metaphysical realism which claims that there exists an independent reality. The second one is the assumption that we can obtain some reliable knowledge of it. The third one states that scientific theories provide us with this knowledge.

Dies sind Annahmen, die z. T. bei der Diskussion um die Quantenmechanik auf besondere Weise hinterfragt werden. Aber inwieweit eine Theorie die Natur abbildet, ist schon bei den klassischen Theorien eine knifflige Frage. Was genau repräsentieren die Theorieausdrücke, und welchen Status haben die Dinge, die durch die Theorie repräsentiert werden?

Theoretische Begriffe In Abschn. 5.1.7 haben wir festgestellt, dass alle Eigenschaften klassischer Systeme als Funktionen des Zustands dargestellt werden können. Viele dieser Ausdrücke verweisen auf Dinge, die nicht *direkt* sichtbar sind, und z. T. gar nicht *direkt* messbar. Hier könnte man nun fragen, inwieweit diese Begriffe auf etwas in der Welt verweisen.

- **Beispiel Thermodynamik:** Auf was in der Natur verweist die Temperatur, Energie oder Entropie? Gibt es Entropie in der Welt? Und wenn ja, was genau ist sie? Hat schon jemand Entropie gesehen? Wie macht die Entropie es, dass die Prozesse gemäß dem 2. Hauptsatz ablaufen? In Bd. I haben wir alle diese Fragen vermieden, indem wir diese Größen als Maßbegriffe eingeführt haben.[5] Aber möglicherweise gibt es Menschen, die sich Energie/Entropie als etwas in der Welt vorstellen, als eine Substanz, als etwas Stoffliches, wie man sich früher auch die Wärme als Substanz (Caloricum) vorgestellt hat.
- **Beispiel Mechanik:** Und wie ist das mit den Gravitationskräften? Gibt es die in der Natur, ist die Natur sozusagen von Feldlinien durchzogen, wie Straßen von Begrenzungsstreifen? Gibt es Potenziale, wie das Gravitationspotenzial $V(r)$? In

[5] Sie geben an, wie viel Arbeit ein System leisten kann, oder wie irreversibel ein Prozess ist. Man kann sie also als Begriffe wie Länge verstehen, sie machen die Vorgänge messbar, verweisen also auf nichts in der Welt, sondern erlauben, Vorgänge quantitativ zu beschreiben. Wichtig ist aber die immense Bedeutung, die diese Begriffe bei der Ordnung von Phänomenbereichen haben. Mit der Entropie etwa bekommt man die verschiedensten Phänomene, wie etwa Wärmeleitung, Stromfluss oder Teilchendiffusion, unter einen Hut, für die Energie gilt Analoges.

der klassischen Mechanik scheint das so zu sein, doch die spezielle Relativitätstheorie erledigt die Vorstellung einer instantanen Fernwirkung, die allgemeine Relativitätstheorie die Vorstellung von Gravitationskräften. Was es gibt, scheint von der Theorie abzuhängen.[6]

- **Elektrische Felder und Lichtwellen** Bei Wasserwellen wissen wir sofort, was da ‚real' ist, wie ist das aber bei Licht? Welche Realität haben elektrische und magnetische Felder? Es entsteht zunächst das gleiche Problem wie bei den Potenzialen: Es sind **theoretische Begriffe,** sie beschreiben Größen, die nicht unmittelbar sichtbar sind. Auf diese wurde durch komplizierte Überlegungen geschlossen, und im Anschluss wurden diese dann als Grundlagen der Beschreibung postuliert. So wurden die Felder in der Entstehungszeit der Theorie zunächst als hypothetische Größen angenommen.[7] So wie anfangs bei Plancks Lichtquanten (siehe die Diskussion in Abschn. 3.1): Gibt es die denn wirklich, oder sind die nur Hilfsgrößen einer Theorie? Felder kann man nur über ihre Wirkungen bestimmen, und das ist dann der Henkel, an dem man sie zu fassen bekommt, ihnen Realität zuschreiben kann: **Lichtwellen** können als etwas Reales angesehen werden, es breiten sich elektrische und magnetische Felder im Raum aus, diese transportieren einen Impuls und Energie. Und sie können etwas bewirken, z. B. Ladungen bewegen oder Moleküle anregen. Der wichtige Punkt für die Diskussion um die Quantenmechanik ist, dass hier die Realität des Wellenphänomens an eine physikalische Wirkung gekoppelt ist, ein analoges Argument wird für eine Realität der Wellenfunktion ins Feld geführt, wie wir unten sehen werden.

Pragmatischer Standpunkt als Referenz Dieser kleine Exkurs sollte nur das Diskussionsfeld eingrenzen, wir können das nicht vertiefen.[8] Wir wollen hier einen pragmatischen Standpunkt einnehmen, der es uns erlaubt, das Neue der Quantenmechanik zu fassen. Es geht darum zu sehen, wie sich im **Verhältnis** zur klassischen Mechanik das Problem des Realismus verschärft. So greifen beide auf Wechselwirkungspotentiale zurück, beide reden von Teilchen der Masse ‚m', Energie ist bei beiden eine zentrale Größe. Der pragmatische Standpunkt bedeutet, dass wir gemäß der Ausführung in Abschn. 5.1.7, die Eigenschaften, die durch Zustandsfunktionen beschrieben werden, als real auffassen wollen. Zudem wollen wir elektromagnetischen Feldern eine Realität zubilligen, da ihre Wirkungen messbar sind. Davon ausgehend wollen wir dann sehen, welche weiteren Aspekte die Quantenmechanik von der klassischen Physik unterscheiden.

Wir basieren unsere Überlegungen auf einer **Annahme,** die uns von der mathematischen Gleichung, d. h. der Berechenbarkeit von Eigenschaften als Funktionen des Zustands, auf deren Vorliegen in der Natur **schließen** lässt. Einstein und seine Kollegen Podolski und Rosen (siehe Abschn. 29.2.1) haben das folgendermaßen formuliert:[9]

---

[6] Hier gibt es zahlreiche Beiträge, siehe z. B. [36].
[7] Siehe etwa [38, Abschn. 8.7], [70, Kap. 6] und [47].
[8] Als eine erste Einführung und Übersicht über die Literatur, siehe z. B. [11].
[9] Phys. Rev. 47 (1935) 777.

> Wenn ohne jede Störung des Systems der Wert einer Größe mit Bestimmtheit vorausgesagt werden kann, dann existiert ein Element der physikalischen Realität, das dieser Größe entspricht.

Die Theorie muss also eine stabile Voraussage machen, dann bietet es sich an, auf die physikalische Existenz dessen zu **schließen**, was den Größen der Theorie entspricht. Wir wollen dies im Folgenden als das EPR **Realitätskriterium** bezeichnen.[10] Dies soll eine gängige Redeweise in den Naturwissenschaften aufgreifen. Wir reden von Potenzialen, Energie, Entropie, Elektronen etc., auch wenn wir diese Theoriegrößen nur indirekt erfassen können. Denn mit dem bloßen Auge sind sie nicht sichtbar, und das was sichtbar ist, z. B. Ausschläge von Messgeräten, steht teilweise in komplizierter Abhängigkeit von diesen Größen. Das ist also der Hintergrund der Diskussion in Abschn. 5.1.7, wo wir von der berechneten Eigenschaft direkt auf Eigenschaften der Objekte in der Natur geschlossen haben. In diesem Sinn wollen wir sagen: Wenn ein Quantenteilchen in einem Eigenzustand **ist,** d. h., dass es in entsprechender Weise präpariert wurde (Abschn. 5.2.1), dann **hat** dieses Teilchen eine Eigenschaft, die dem Eigenwert dieses Operators entspricht. Wir nehmen diese Redeweise als Bezugsrahmen, um die Aussagen der Quantenmechanik auf diesem Hintergrund präziser diskutieren zu können.

6.2 Was beschreibt die Quantenmechanik?

Nun können wir den quantenmechanischen Formalismus betrachten und sehen, **welche** mathematische Größe **was** in der Natur repräsentiert, analog zu den klassischen Theorien. Eine Interpretation bezieht Stellung zu folgenden Fragen:

- Worauf bezieht sich der Zustand, d. h. die Wellenfunktion $\Psi(x, t)$?
- Worauf beziehen sich die Operatoren $\hat{O}$ und die Eigenwerte O_n? D. h., was es heißt, wenn wir die Eigenwertgleichung $\hat{O}\Phi_n = O_n\Phi_n$ gelöst haben?
- Was heißt es, wenn das System in einem Zustand ist, der kein Eigenzustand eines Operators ist? Wie reden wir dann über die entsprechende Observable, für die wir in diesem Zustand keinen distinkten Wert berechnen können?

---

[10] Dies ist natürlich kein logischer Schluss, sondern eine starke Annahme. Es gibt viele Versuche, diese zu verteidigen, etwa mit dem sogenannten **miracle argument:** Wie sonst, als dass die Natur so ist, wie die Mathematik sie beschreibt, kann man verstehen, dass die Theorie so erfolgreich ist: *The positive argument for realism is that it is the only philosophy that doesn't make the success of science a miracle* [57]. Aber das ist natürlich schwierig, Theorien können sich ändern, wann ist man bereit, theoretischen Begriffen eine Realität zuzubilligen? Gravitationspotenziale sind hier vielleicht ein gutes Beispiel. Oder die Bohr'schen Umlaufbahnen in Atomen, denn auch diese erlauben erfolgreiche Vorhersagen, wenn auch mit Einschränkung. Das **Realitätskriterium** löst natürlich nichts in der Diskussion um den Realismus, es setzt einfach eine Marke, von der aus wir das diskutieren können, was in der Quantenmechanik neu gegenüber den klassischen Theorien hinzukommt.

- In diesem Fall bekommt man keinen scharfen Messwert, sondern einen Mittelwert und eine Streuung. Worauf bezieht sich die Streuung, wie kann man diese interpretieren?

Was ist das Problem? Betrachten Sie dazu nochmals Abb. 5.2: Die Punkte am Schirm repräsentieren Einschläge einzelner Teilchen, die Wellenfunktion Ψ ist jedoch über den ganzen Schirm ausgedehnt, der grau schraffierte Bereich unter der Kurve, die das Interferenzmuster einschließt, ist durch $|\Psi|^2$ gegeben. Wie hängt Ψ nun mit den Teilchen zusammen? Es gibt dazu mehrere Vorschläge:

6.2.1 Instrumentalismus, Einteilchen- und Ensembleinterpretation

Worauf beziehen sich Ψ und $\hat{O}$, auf welche Objekte der Welt zielen die Pfeile in Abb. 6.1? Im Folgenden sollen einige der Interpretationsmöglichkeiten, bzw. Klassen von Interpretationen, kurz vorgestellt werden, wir werden diese dann in den weiteren Kapiteln zur Interpretation wieder aufgreifen.

Pfeile nur zu Messgeräten? Die **Born'sche Wahrscheinlichkeitsinterpretation,** wie in Abschn. 4.2.4 eingeführt, ist in gewisser Weise eine **Minimalinterpretation.** Es ist das Minimum an Bedeutung, welches man den mathematischen Ausdrücken zuweisen muss, damit man sinnvoll mit der Quantenmechanik arbeiten kann. Denn man muss ja irgendwie regeln, wie die mathematischen Größen mit Messgrößen zusammenhängen. Kurz gefasst besagt diese Interpretation, dass

- die Wellenfunktion Ψ selbst keine physikalische Bedeutung hat, aber
- $|\Psi(x,t)|^2 dx$ die Wahrscheinlichkeit ist, das Quantenobjekt am Ort zwischen x und $x + dx$ zur Zeit t zu **detektieren.**
- Wenn Ψ Eigenzustand eines Operators $\hat{O}$ ist, wird man bei Messung einen bestimmten Wert O_n erhalten, d. h., ein Messgerät wird einen solchen Wert anzeigen.
- Wenn dies nicht der Fall ist, dann kann man keinen definiten Wert berechnen: Dann muss man viele Messungen durchführen und erhält eine Verteilung von Messwerten, die durch den Erwartungswert und eine Streuung charakterisiert sind.

Wichtig ist hier die präzise Wortwahl: Die Born'sche Interpretation bezieht sich auf das, was **detektiert, gemessen, durch Messapparaturen festgestellt** wird. Offensichtlich bezieht sich diese Interpretation gar nicht auf die Quantenobjekte selbst, sie zieht nach Abb. 6.1 keine Pfeile zwischen den mathematischen Symbolen Ψ und $\hat{O}$ und Objekten in der ‚Wirklichkeit' wie Elektronen. Sondern sie zieht in Abb. 6.1 **Pfeile zwischen den mathematischen Symbolen und Messgeräten**.

- Das Quadrat der Wellenfunktion beschreibt dann eine Verteilung von Messwerten, z. B. die Verteilung der Schwärzungen in Abb. 5.2.[11]
- Die Operatoren $\hat{O}$ beziehen sich auf Ausschläge von Messgeräten, sagen also voraus, welche Messanzeigen man finden wird, aber nicht, ob ein Elektron gerade eine bestimmte Eigenschaft hat, z. B. den Eigenwert O_n des Operators. Die Quantenmechanik spricht also nicht über den Mikrokosmos, gibt uns kein Bild des Mikrokosmos.

Und in der Tat, es werden ja nicht die einzelnen Quantenteilchen direkt beobachtet, so wie man den Mond beobachten kann, denken Sie hier nochmals an die Experimente in Kap. 3 und dort verwendeten Messgeräte. Wir haben die ganze Quantenmechanik entwickelt, um Messungen klassischer Größen, wie Lichtintensität (Schwarzer Strahler, Atomspektren), Ströme (Photoeffekt) oder Streuwinkel (Compton) zu erklären. Die einzelnen Quantenteilchen, wie sie aussehen und welche Prozesse im Detail stattfinden, sind gar nicht im Fokus der Experimente. Ein Bild des Mikrokosmos kann man direkt aus den experimentellen Ergebnissen nicht erhalten. Weitere Evidenz für diese Position: In Teil VI werden wir sehen, dass die spektroskopischen Messungen der Chemie immer makroskopische Messungen sind, man misst Licht, welches von Molekülen absorbiert oder emittiert wird. In Kap. 21 werden wir sehen, dass man bei der Spinmessung kein Bild der mikroskopischen Vorgänge erhalten wird, man also keine Aussagen über das Verhalten einzelner Quantenteilchen treffen kann.

Eine Interpretation, die an dieser Stelle stehen bleibt und sagt, dass der Formalismus der Quantenmechanik nur ein Instrument zur Berechnung von (Wahrscheinlichkeiten) von Messwerten darstellt und nichts über die Welt selbst aussagt, wird **Instrumentalismus** genannt.

Einteilcheninterpretation: Pfeile zu den Quantenteilchen? Das nun ist für viele Quantenphysiker eine zu schwache Formulierung, die Physik handelt doch von Objekten der Natur, man muss diese doch auch direkt adressieren können? In der klassischen Mechanik sind wir es gewohnt, von einzelnen Planeten oder Flugkörpern zu reden und für diese Bahnkurven auszurechnen. Physikalische Beschreibungen, so nehmen wir an, beziehen sich auf einzelne Objekte. Denken Sie an die Wilson'sche Nebelkammer: Hier sieht man doch die Flugbahnen einzelner Teilchen, so wie die Kondensstreifen von Flugzeugen am Himmel? Kann also eine Wellenfunktion auf ein einzelnes Teilchen referieren, sozusagen die Bewegung dieses Teilchens beschreiben? Kann man nicht, analog zur klassischen Mechanik

[11] Im Prinzip muss man auch die Schwärzungen am Schirm als Messungen auffassen, denken Sie sich am Schirm einfach eine Reihe von Messgeräten, jeder Einschlag ist eine Messung des Ortes.

- die Wellenfunktion $\Psi(x,t)$ als den Zustand **eines Teilchens,** analog (x,p), interpretieren? Damit verweist ein Pfeil in Abb. 6.1 von $\Psi(x,t)$ auf ein Teilchen in der Natur.
- Die Operatoren $\hat{O}$ verweisen dann auf die Eigenschaften dieses Teilchens.
- Wenn ein System in dem Zustand Φ_n ist, dann **hat** das Teilchen die Eigenschaft O_n.
- Wie aber passt der Umstand ins Bild, dass $\Psi(x,t)$ kein Eigenzustand einiger Operatoren ist, und damit entsprechende Eigenwerte berechenbar sind?

Warum drängt sich diese Intuition auf? Nun, zum einen entwickeln wir die Beschreibung an einzelnen Teilchen. In Teil II werden wir sehen, dass wir immer von der klassischen Energieformel **eines Teilchens** ausgehen, und daraus den Hamiltonoperator erhalten. Analog verfahren wir mit den anderen Operatoren. Also müssten doch diese Operatoren auch die Eigenschaften einzelner Teilchen beschreiben. Und bei den Eigenwerten dieser Operatoren ist es dann selbstverständlich anzunehmen, dass sich diese auf das eine Teilchen beziehen.

Beispiel 6.1

Wasserstoffatom Wir starten mit der **klassischen Energie** von **einem** Elektron in dem Potenzial des Protons. Dann formulieren wir daraus den Hamilton-Operator, und berechnen dessen Eigenfunktionen und Eigenwerte. Schauen sie mal, wie das Problem in Kap. 11 eingeführt wird: Man muss fast von einem Elektron und einem Proton sprechen. Dementsprechend könnte man Ψ als den Zustand **eines** Elektrons im Wasserstoffatom ansehen. Wenn das Wasserstoffatom im Grundzustand Φ_1 ist, dann **hat** es die Energie $E_1 = -13.6$ eV. In einem Eigenzustand kann man also sagen, ein System **besitzt** bestimmte Eigenschaften, die durch die Eigenwerte der Operatoren gegeben sind. ◄

Aber woher wissen wir das? Meistens sehen wir ja nicht, dass die Teilchen in Eigenzuständen **sind,** so wie wir die Wurfparabel eines Balles sehen. Die Nebelkammer ist hier eher die Ausnahme. Nun, hier kommt die Präparation ins Spiel (Kap. 5): Damit kennen wir den Zustand, und mit der **Realitätsannahme** aus Abschn. 6.1.2 können wir auf die direkt berechenbaren Eigenschaften (Abschn. 5.1.7) schließen.

Kein Eigenzustand Diesen Fall haben wir in Abschn. 5.1.5 am Beispiel des Impulses eingeführt, Kap. 13 wird sich im Detail mit weiteren Beispielen beschäftigen. Wir werden sehen, dass auch der Ort des Teilchens davon betroffen ist. So können wir für die Wellenfunktion des Wasserstoffatoms in Beispiel 6.1 keine **Ortseigenwerte** berechnen, sondern nur einen Erwartungswert $\langle\hat{x}\rangle$ und eine Streuung σ_x mit Gl. 5.6. Die gleiche Situation tritt auch bei Doppelspaltversuch auf, siehe Abb. 3.7 (Abschn. 3.2.2) und Abb. 5.2 (Abschn. 5.2.1). Die Wellenfunktion ist über beide Spalte ausgedehnt, sie ‚geht' also durch beide Spalte. Und damit ist sie auch, nach Passieren des Doppelspalts, über den ganzen Schirm ausdehnt. $|\Psi(x,t)|^2 dx$ gibt die Aufenthaltswahrscheinlichkeit an, es gibt damit eine Aufenthaltswahrscheinlichkeit an allen Orten, die von der Wellenfunktion überdeckt werden. $\Psi(x, t)$, so kann man zeigen, ist keine Eigenfunktion des Ortes, man kann also nicht mit Bestimmtheit sagen, **wo** sich **das** Teilchen befindet, wenn wir einen Versuch betrachten, bei dem immer nur ein Teilchen die Apparatur durchläuft. Gemessen werden dann aber sehr lokalisierte Einschläge auf dem Schirm.

Wie bekommt man das in einer Einteilcheninterpretation unter? Man kann keinen Ortseigenwert berechnen, sondern nur einen Mittelwert und eine Streuung. Letztere sind aber offensichtlich statistische Größen, wie kann man die Streuung der Observable σ_x auf ein einzelnes Teilchen beziehen? Mal sehen, wie das aussehen könnte:

- **Materiewelle** Ein Beispiel für eine Einteilcheninterpretation ist die in Abschn. 4.2.2 diskutierte Schrödinger'sche Materiewelle. Man könnte z. B. denken, dass das Elektron über die Ausdehnung des 1s-Orbitals in Beispiel 6.1 räumlich verteilt ist, so wie ein Wassertropfen ein bestimmtes Volumen annimmt. Da das Teilchen als eine delokalisierte Welle angesehen wird, geht es in diesem Sinne durch beide Spalte gleichzeitig, wie es eine Wasserwelle tut. Die Streuung der Messwerte des Ortes x, σ_x, ist also einfach dadurch realisiert, dass das Teilchen in dem Bereich delokalisiert ist. Und obwohl diese Interpretation schon in der Anfangszeit der Quantenmechanik als unbrauchbar verworfen wurde (Abschn. 4.2.2) findet sie doch als Interpretation und Anschauung immer noch ihre Anwendung [4].
- **Heisenbergs Potenzialität** Wenn man den Ort des Teilchens bei einem Doppelspaltexperiment messen würde, würde man das Teilchen entweder in dem einen oder in dem anderen Spalt finden, mit der Born'schen Interpretation kann man den beiden Messwerten Wahrscheinlichkeiten zuweisen. Man erhält einen Erwartungswert und eine Streuung. Ebenso beim Auftreffen am Schirm: Die Wellenfunktion ist über den ganzen Schirm delokalisiert, man findet aber immer diskrete Einschläge der Teilchen. Wenn ein einzelnes Teilchen durch den Doppelspalt fliegt, wie versteht man dann die Wahrscheinlichkeit, dass es an einem bestimmten Punkt am Schirm ankommt? Wie passen delokalisierte Wellenfunktion und diskrete Teilchen zusammen. Im Rahmen einer statistischen Interpretation ist der Übergang von kontinuierlicher Verteilung und diskreten Teilchen kein Problem, wenn man die Wahrscheinlichkeit als relative Häufigkeiten verstehen kann (Abschn. 4.2.3). In einer Einteilcheninterpretation kann diese Wahrscheinlichkeit nicht auf die Streuungen in einem Ensemble rekurrieren, sondern muss in dem einzelnen Teilchen selbst verortet sein. Das führt dann dazu, dass beispielsweise Heisenberg das Teilchen in einem ‚Zwischenzustand' sieht, in dem es an allen Punkten gleichzeitig sein kann, bevor es sich beim Einschlag für einen Punkt entscheidet. Heisenberg griff hier auf das Aristotelische Konzept der ‚Potenzialität' zurück. Dies ist eine Tendenz, die den Objekten innewohnt. Ein Objekt hat demnach die (innere) Möglichkeit, in vielen Zuständen realisiert zu sein [27]. Die Streuung σ_x wird also als Möglichkeitsraum gedeutet.

Diese Auffassung der Quantenmechanik findet man in der Form explizit kaum noch vertreten, sie lebt aber weiter in dem Bild, dass das Teilchen im Doppelspaltexperiment ‚gleichzeitig' durch beide Spalte geht, wie man oft lesen kann. Im Gegensatz zur Materiewelle handelt es sich hier nicht um ein delokalisiertes Teilchen, sondern um Punktteilchen, das ‚gleichzeitig' an verschiedenen Orten **ist,** so eine populäre (Um-) Deutung, die Heisenbergs Potenzialität in eine Realität verwandelt. Das Konzept der Potenzialität, der inneren Möglichkeit ist subtil, und es ist unklar, ob es wirklich weiterhilft. Nach einer Umdeutung in eine Realität aber wird es schlicht zu philosophischem Unsinn.

- **Antirealismus:** Für den Zustand Ψ kann man den distinkten Wert einiger Observablen **mit Bestimmtheit nicht** voraussagen. Die Mathematik sagt uns ganz sicher, dass wir hier keinen Wert bekommen. Manchmal wird gesagt, dass es diese Eigenschaft dann auch in der Natur nicht gibt, dass die Quantenobjekte diese Eigenschaft **nicht haben.** Wie kann man das verstehen? Man könnte dann das EPR Realitätskriterium (Abschn. 6.1.2) umdrehen und sagen, dass in der Realität diese Eigenschaft nicht vorliegt, wenn man sie nicht berechnen kann. Wenn wir einen Impuls nicht ausrechnen können, dann gibt es diesen nicht, dann mag das Teilchen einige Eigenschaften haben, aber sein Impuls hat dann keine Realität. Logisch zwingend ist das nicht,[12] mit dem Realitätskriterium kann man nicht auf die Nicht-Existenz schließen.[13]
Diese Position scheint eine realistische Interpretation der Theorie vorauszusetzen: Was die Theorie aussagt, hat zwingend eine Entsprechung in der Natur. Und heißt das, dass wenn man umgekehrt etwas nicht ausrechnen kann, dass es das nicht gibt? Das Auftreten einer Streuung σ_x so zu interpretieren, dass es in diesem Fall die Eigenschaft Ort nicht gibt? Betrachten Sie im Vergleich den Instrumentalismus, wo Theorien Instrumente zur Beschreibung von Beobachtungsdaten sind: Die Daten werden mit der Quantenmechanik hervorragend reproduziert, aber man darf nicht denken, dass man jedem Element der Theorie, in diesem Fall der Streuung, eine Entsprechung in der Natur zuweisen, bzw. eine Bedeutung geben kann. Wir bekommen an dieser Stelle kein Bild der Natur.
- **Kopenhagener Deutung** Diese Einteilcheninterpretation soll hier nicht im Detail vorgestellt werden, siehe z. B. [15]. Für das Weitere ist ein Aspekt interessant, nämlich die Aussage Bohrs, dass die Quantenmechanik keine Aussagen über die Mikrowelt machen kann. Mit der Quantenmechanik erhalten wir schlicht kein **Bild der Mikrowelt.** Dies ist auch eine Interpretation des Umstands, dass wir für

[12] Der Antirealismus speist sich heute auch aus den EPR-Experimenten, siehe Kap. 29.

[13] Beispiel: **Wenn es regnet, wird die Straße nass**. Der Umkehrschluss **Wenn die Straße nicht nass ist, regnet es nicht,** ist logisch zulässig, nicht aber **wenn es nicht geregnet hat, kann die Straße nicht nass sein**, denn möglicherweise wars die Straßenreinigung. Das Realitätskriterium schließt von der Berechenbarkeit auf die Realität, aber wir sind nicht (logisch) gezwungen, die Nicht-Realität der Eigenschaft anzunehmen, nur weil wir sie nicht ausrechnen können.

einige Observable keine eindeutigen Werte ausrechnen können.[14] Die Quantenmechanik erlaubt schlicht keine Vorstellung der mikroskopischen Vorgänge, das Abbildungskonzept in Abb. 6.1 bricht an dieser Stelle einfach zusammen.

Diese Positionen sollen an dieser Stelle deutlich machen, was eine Einteilcheninterpretation bedeuten könnte.

Eine Einteilcheninterpretation muss eine Antwort auf die Frage geben, wie man die Varianz von Messwerten (σ) sinnvoll auf ein einzelnes Teilchen beziehen kann. Wir haben drei Antworten kennen gelernt: (i) Die Eigenschaft des Teilchens ist **verschmiert,** (ii) das Teilchen **hat potentiell** alle Eigenschaften gleichzeitig, oder (iii) die Eigenschaft existiert nicht, sie tritt erst bei der Messung in Erscheinung, wie wir später noch diskutieren werden.

Wenn man nun Ψ nicht auf ein einzelnes Teilchen bezieht, bietet sich eine weitere Möglichkeit an.

Ensembleinterpretation: Alles nur Statistik? Hier **beschreibt** Ψ statistische Eigenschaften eines Ensembles gleich präparierter Systeme, in Kap. 5 haben wir schon viele Argumente vorgebracht, die diese Position plausibel machen. Diese Interpretation wurde ursprünglich von A. Einstein vorgeschlagen, dann u. A. von K. Popper und L. E. Ballentine weiterentwickelt [5]. In dieser Sichtweise **repräsentiert** Ψ ein **Ensemble gleichpräparierter Systeme,** so wie in Abschn. 5.2 eingeführt. $|\Psi|^2$ hat die gleiche Rolle wie die Maxwell-Verteilung. Einzelne Teilchen sind streng genommen nicht Gegenstand der Theorie. Niemand sagt, ein Teilchen sei in dem Zustand $f(v)$, sondern man sagt, $f(v)$ beschreibt die Geschwindigkeitsverteilung in einem Ensemble. Entsprechend verweist ein Pfeil in der kinetischen Theorie von $f(v)$ auf ein Ensemble (Abb. 6.1), und nicht auf ein Einzelteilchen. $f(v)$ beschreibt schlicht nicht das Verhalten eines Teilchens.

Analog wird nun in der **Ensembleinterpretation** verfahren: Hier verweist Ψ auf ein sorgfältig präpariertes Ensemble (Abschn. 5.2.1).

[14]Oft wird der Antirealismus mit der sogenannten **Kopenhagener Deutung** der Quantenmechanik assoziiert. Es wurde jedoch verschiedentlich hervorgehoben, dass es die eine Kopenhagener Deutung nicht gibt, es gibt so viele Varianten, wie es Vertreter gibt. So bemerkt zu diesem Punkt W. Heisenberg (*Die Einheit der Natur.* 1971): *Die Kopenhagener Deutung wird oft, sowohl von einigen ihrer Anhänger wie von einigen ihrer Gegner, dahingehend missdeutet, als behaupte sie, was nicht beobachtet werden kann, das existiere nicht. Diese Darstellung ist logisch ungenau. Die Kopenhagener Auffassung verwendet nur die schwächere Aussage: ‚Was beobachtet worden ist, existiert gewiss; bezüglich dessen, was nicht beobachtet worden ist, haben wir jedoch die Freiheit, Annahmen über dessen Existenz oder Nichtexistenz einzuführen‘. Von dieser Freiheit macht sie dann denjenigen Gebrauch, der nötig ist, um Paradoxien zu vermeiden.*

- Wenn ein System in einem Eigenzustand Φ_n eines Operators **präpariert** wurde (Abschn. 5.2) so haben die Teilchen diese Eigenschaft, wie z. B. nach Durchlaufen des Geschwindigkeitsfilters in Abb. 5.2.
- Aber die Teilchen eines Ensembles stimmen nicht in allen Eigenschaften überein, im Beispiel Abb. 5.2 haben sie unterschiedliche Orte, sie durchlaufen die Anlage nacheinander. Für einige Operatoren ist der präparierte Zustand kein Eigenzustand, für diese kann man nur den Erwartungswert $\langle \hat{O} \rangle$ berechnen, die Messwerte streuen. Die Streuung kann man also relativ einfach verstehen, wenn man sie auf ein Ensemble von Teilchen bezieht. $|\Psi(x,t)|^2$ gibt die **Verteilung** der Quantenobjekte auf die Orte x zur Zeit t an, wie man sie bei einer Messung feststellen kann. Wir benötigen also weder das Konzept der Materiewelle noch das der Potenzialität. Die Quantenobjekte sind Punktteilchen, man findet sie immer an bestimmten Stellen, die Wellenfunktion beschreibt die Verteilung ihrer Eigenschaften im Ensemble.

Aber diese Interpretation wird auch häufig missverstanden, was als Skandal der Quantenmechanik beschrieben wurde [28]. Um dies deutlich zu machen, wollen wir drei Ensemble unterscheiden:

- **Klassisches Ensemble (K-Ensemble):** Dieses ist charakterisiert durch eine Präparation, wodurch sich eine Verteilungsfunktion zuweisen lässt, wie in Kap. 5 beschrieben. Zentral ist die Interpretation der Verteilungsfunktion, man kann die **Ignoranzinterpretation** anwenden, und es gilt das **PVE** (Abschn. 5.2.2). Ein Beispiel dafür ist die kinetische Gastheorie. Die Teilchen bewegen sich auf Trakektorien, die nur aus **praktischen** Gründen nicht bestimmt werden können.
- **Quanten-klassisches Ensemble (QK-Ensemble):** Dieses unterscheidet sich vom K-Ensemble darin, dass nicht alle Observable in beliebiger Genauigkeit präpariert werden können (Abschn. 5.2.1). Man kann ein quantenmechanisches Ensemble aus prinzipiellen Gründen niemals so präparieren, dass alle Varianzen verschwinden. Dies äußert sich in der Unbestimmtheitsrelation. Dennoch, so die Vorstellung, bewegen sich die Teilchen auf Trajektorien, die nun aus prinzipiellen Gründen nicht bestimmt werden können. Dies liegt z. B. daran, dass eine Messung immer eine Störung darstellt (s. Abschn. 13.3.1). Aber man nimmt an, dass das PVE gilt und man sagen kann, dass sich die Teilchen an bestimmten Orten befinden, und die Wahrscheinlicheiten unser Wissen darüber angeben. Der Bezug auf die Messung (Abschn. 4.2.4) wird fallen gelassen, diese Interpretation verstößt also gegen das PBR-Theorem (Abschn. 5.2.2, 6.3.1). Der Skandal der Quantenmechanik bezeichnet den Umstand, dass bei der Interpretation diese – schon als inkonsistent ausgewiesene – Vorstellung des QK-Ensembles immer noch verwendet wird.
- **Quantenmechanisches Ensemble (Q-Ensemble):** Das QK-Ensemble ist dem K-Ensemble sehr nahe, es muss nur zusätzlich die Unbestimmtheitsrelation respektieren. In Abschn. 5.2.2 haben wir jedoch schon angesprochen, dass **PVE** und **Ignoranzinterpretation** für die Quantenmechanik aber nicht gelten können, was

im Q-Ensemble berücksichtigt wird. Wir werden das in Abschn. 6.3 genauer besprechen.

Zentrale Interpretationsprobleme der Einteilchentheorien fallen mit der Ensembleinterpretation weg ([5], siehe auch [68]):

- Man kann $|\Psi|^2$ als eine Verteilungsfunktion auffassen, analog zu $f(v)$ der kinetischen Gastheorie. $|\Psi|^2$ beschreibt die Verteilung der Teilchen, wie man sie z. B. bei der Messung hinter dem Doppelspalt finden wird. Die Einteilchentheorie hat hier ein Problem, das in der Ensembleinterpretation nicht auftritt: Die Wellenfunktion ist über den ganzen Schirm ausgedehnt, man findet aber einen diskreten Einschlag eines Teilchens. Wie passt das zusammen? Man braucht dann noch eine Zusatzannahme, die wir Kap. 21 diskutieren werden.
- Betrachten Sie den Fall, in dem ein Wellenpaket auf einen halbdurchlässigen Spiegel trifft.[15] Das Wellenpaket teilt sich, ein Teil wird reflektiert, der andere durchgelassen. In einem Ensemblebild teilt sich das Ensemble, in einer Einteilcheninterpretation muss man weitere Annahmen machen, das ist einfach weniger intuitiv.

Aber zentrales Problem hat auch die Ensembletheorie: Sie erlaubt ebenfalls keine realistische Beschreibung der Quantenteilchen? Wir haben Bohrs Position zur Kenntnis genommen, dass die Quantenmechanik kein Bild der Welt möglicht. Dennoch gibt es Aussagen, die eine realistische Interpretation im Rahmen der Ensembleinterpretation nahe legen, so sagt Ballentine ([5, S. 361], Hervorhebungen von mir):

> Thus a momentum eigenstate ... represents the ensemble, whose members are single electrons each **having** the same momentum, but distributed uniformly over all positions.

und

> ... the Statistical Interpretation considers a particle **to always be** at some position in space, each position **being realized** with relative frequency $|\Psi(x,t)|^2$ ....

Es kann demnach, so kann man diese Aussagen interpretieren, eine Wahrscheinlichkeitsaussage über die Positionen von Teilchen gemacht werden. Es entsteht das Bild, dass **die Teilchen an bestimmten Orten sind,** nur unser **Wissen** darüber eingeschränkt ist, siehe Abschn. 5.2.2. Damit haben wir offensichtlich ein realistisches Bild der Welt, man kann dieses mit der Diffusion (Abschn. 4.2.3) vergleichen: Hier wird die Verteilung der Teilchen durch die Konzentration $c(x,t)$ beschrieben, die Trajektorien der einzelnen Teilchen sind zwar **nicht Gegenstand der Theorie.** Man kann sich diese aber immer hinzudenken. In diesem Bild wird die Ensembleinterpretation so auslegt, wie die kinetische Gastheorie. Der Unterschied des QK-Ensembles, das hier Pate steht, zum K-Ensemble ist einfach, dass man Trajektorien **prinzipiell**

[15] Oder betrachten Sie den Stern-Gerlach Versuch in Kap. 21, das ist auch ein Strahlteiler.

nicht mehr feststellen kann, diese aber trotzdem existieren, siehe die Diskussion in Abschn. 5.2.3. Wie dort aber schon ausgeführt ist dies eine massive **Fehlinterpretation.** Ob nun Ballentine, oder andere Anhänger der Ensembleinterpretation, dies so gemeint haben, ist an dieser Stelle zweitrangig, es scheint aber so zu sein, dass diese Interpretation auch heute noch vielfach vertreten wird [28].

Denn dies wäre eine Kombination eines **Realismus** bezüglich der Teilcheneigenschaften (**PVE**), mit einer **Ignoranzinterpretation** der Wahrscheinlichkeiten. Das PBR-Theorem schiebt dem einen Riegel vor, wir werden das im nächsten Abschnitt aufgreifen. Wenn man eine Ensembleinterpretation möchte, dann muss man zum Q-Ensemble einen Schritt weitergehen, und das PVE fallen lassen [31]. Damit aber kann man nicht sagen, die Teilchen hätten Orte und Impulse, wir kennen diese nur nicht, sondern man weiß nicht, was im Mikroskopischen los ist. Wir haben das gleiche Problem wie die oben diskutierte Einteilcheninterpretation. Wenn wir zu einem Q-Ensemble übergehen, dann müssen wir das PVE aufgeben, und damit ein realistisches Bild der Welt. Die Ensembleinterpretation hilft uns also beim Problem des Realismus nicht weiter. Wir werden in Abschn. 12.1.2 besser verstehen, warum das so ist, und den Unterschied zwischen Q-Ensemble und QK-Ensemble in Kap. 13 am Beispiel des Kastenpotentials und Doppelspaltexperiments besser verstehen.

Bild der Quantenobjekte: Was ist ein Elektron? Im Gegensatz zu Kanonenkugeln, Steinen etc. haben wir Elektronen, Protonen etc. nie gesehen. Zudem verhalten sie sich sehr eigenartig, sie zeigen die Quanteneigenschaften wie Unbestimmtheit, Quantisierung, Welleneigenschaften etc. Kann man dies aus einer spezifischen Eigenart der Teilchen verstehen? Wir fragen also, was ein Quantenteilchen, beispielsweise ein Elektron **ist.** Ist es ‚seinem Wesen nach' etwas komplett anderes, als klassische Teilchen, weil es sich so anders verhält? Wie kann man sich Elektronen vorstellen? Sagt die Theorie darüber etwas aus? Betrachten wir zunächst nochmal die

Klassische Mechanik. Auch die Mechanik sagt uns nicht, **was** die Dinge ihrem **Wesen nach** sind. Wir wissen vorweg, was eine Kanonenkugel, ein Mond, eine Sonne ist, und **beschreiben** sie durch einen sehr abstrakten und reduzierten Parameter, die Masse m. Der Mond, beispielsweise, **ist** nicht eine Punktmasse, man kann die **mathematische Repräsentation** nicht mit dem beschriebenen Gegenstand identifizieren. Nur aus der mathematischen Beschreibung erhalten wir keine Auskunft über Aussehen, Form, chemische Zusammensetzung, Ausdehnung etc. des Mondes. Wir weisen Dingen eine mathematische Repräsentation zu, können aber umgekehrt aus dieser nicht wieder das Objekt vollständig rekonstruieren (wenn wir es nicht schon kennen). Die Antwort auf die Frage, **was** ein Elektron nun genau ist, hat das gleiche Problem, sie scheint nicht schon im Formalismus selbst zu stecken. So wie der Mond keine Punktmasse ist, ist ein Elektron kein Wellenpaket.

Wenn man dies ernst nimmt, darf man das Teilchen nicht mit der Wellenfunktion selbst identifizieren, das Teilchen und seine mathematische Repräsentation sind zu unterscheiden. Während mit den Einteilcheninterpretationen das Bild des Quantenteilchen eine gewisse Komplexität hat, es wird als verschmiert angesehen, es kann potenziell an verschiedenen Orten sein, oder es soll sogar gleichzeitig Welle **und** Teilchen sein, ist es in der Ensembleinterpretation schlicht ein Punktteilchen. $|\Psi(x)|^2 \mathrm{d}x$ gibt die Wahrscheinlichkeit an, ein Elektron im Intervall zwischen x und $x + \mathrm{d}x$ zu finden. Die **Interpretationsmodelle** geben also eine recht unterschiedliche Anschauung über die Quantenteilchen. Und alle könnten das Bild der Quantenteilchen verkürzen oder verzerren, es sind Modelle, rekapitulieren Sie nochmals die Ausführungen zu Modellen in Abschn. 3.3.[16]

Die Quantenmechanik ist genauso allgemein wie die Mechanik. Man kann mit der Schrödinger-Gleichung verschiedene Objekte beschreiben: Elektronen, Protonen, Atome, Moleküle etc., es ändert sich nur die Masse und die Ladung im Hamilton-Operator. Dies erlaubt offensichtlich keine Aussage darüber, wie die Objekte aussehen, sondern setzt voraus, dass man diese als Punktmassen darstellen kann. Mit all diesen Objekten kann man beispielsweise Interferenzversuche machen, heute mit Molekülen bis zu 2000 Atomen [16].

Welle-Teilchen Dualismus Dieses Konzept (der Kopenhagener Interpretation) ist der Versuch, mit dem scheinbaren Doppelcharakter der Quantenteilchen umzugehen. Sie scheinen Teilchen-, aber auch Welleneigenschaften zu haben. Das **Wesen** der Teilchen, so könnte man dieses Konzept ausdrücken, ist **dual.** Das Teilchen **ist** beides. Wenn wir Elektronen als Wellen ansehen, haben wir sozusagen eine Definition ihres ‚Wesens' gegeben, aus der alle eigenartigen Quantenphänomene direkt folgen. Wenn Elektronen Wellen **sind,** so ergeben sich die Quantenphänomene (Interferenz, Unbestimmtheit, etc.) daraus zwanglos. Für Wasserwellen, wie oben ausgeführt, sind diese Phänomene kein Rätsel, es tritt **Interferenz** auf, **weil** sich die Wellenzüge konstruktiv und destruktiv überlagern. Es scheint damit das eigenartige Verhalten erklärbar zu sein. Aber ist damit wirklich etwas erklärt? Uns ist rätselhaft, **warum** Objekte, die wir als Teilchen ansehen, Welleneigenschaften aufweisen. Diese werden aber gerade nicht erklärt, sie werden einfach als **Wesen** der Dinge postuliert, und das scheint ein Taschenspielertrick zu sein.[17] Zudem scheint die Rede davon, dass die Elektronen **gleichzeitig** Welle **und** Teilchen **sind,** eher eine ungenaue Redeweise zu sein, die vielleicht mehr verdeckt, als sie erklären könnte.

---

[16] Wobei, wenn wir von verkürzen und verzerren reden impliziert das, dass wir eine richtige Vorstellung davon haben, und nicht immer nur eine Modellvorstellung. Wir werden darauf in Kap. 35 zurückkommen.

[17] Der in der Wissenschaftsgeschichte öfter zum Einsatz kam. Das Problem ist die Feststellung von sogenannten **Dispositionen:** Tendenzen, die den Objekten innewohnen, sich in dieser speziellen Weise verhalten zu können. So haben manche Körper die Disposition, sich bei Erwärmung auszudehnen, oder in Flüssigkeit aufzulösen. Aber die Lage ist nicht immer so eindeutig: Eine Disposition ist eine einem Körper innewohnende Möglichkeit, situationsabhängig bestimmten Reaktionen zu zeigen. So hatten in der vor-Newton'schen Physik die Planeten die Disposition, sich kreisförmig um die Sonne zu bewegen. Es braucht dafür keine Anziehungskraft, sondern das liegt in dem Wesen der Planeten selbst begründet. Heute sehen wir das anders. Es gibt also Situationen, in denen die Rede von Disposition zu gehaltvollen Erklärungen zu führen scheint, in anderen Fällen könnte die Rede von Disposition aber gerade den wichtigen Sachverhalt verschleiern, oder eine Scheinerklärung erzeugen.

- Wir haben zwar in Abschn. 3.2 festgestellt, dass Materie charakteristische Muster von Wellen aufweist, aber das geschieht niemals für ein einzelnes Teilchen: Wenn man sich den Schirm in Abb. 3.8 aus vielen kleinen Teilchendetektoren (z. B. Photomultiplier in Abb. 3.10) zusammengesetzt vorstellt, dann registriert jeder Detektor immer ein Teilchen. Das Wellenmuster bezieht sich dann auf das Klicken der Detektoren, und gar nicht auf die Teilchen selbst. Das Muster erhält man erst, wenn N Teilchen die Apparatur durchlaufen haben (egal, ob gleichzeitig oder nacheinander), aber nicht, wenn nur ein Teilchen registriert wurde [5]. Die Wellennatur bezieht sich also gar nicht auf **ein** Teilchen, sondern auf die **Verteilung vieler Teilchen** auf dem Schirm. Daher ergibt es gar keinen Sinn zu sagen, ein Teilchen habe Welleneigenschaften.[18] Oder wie Ballentine [5, S. 362]) sagt:

  > Students should not be taught to doubt, that electrons, protons and the like are particles ... The wave cannot be observed in any way than by observing particles.

- Zu sagen, Teilchen seien auch Wellen, mag Interferenzversuche einsichtiger machen, die Anschauung über Wellen funktioniert gut bei räumlichen Phänomenen, bei denen eine räumliche Delokalisierung auftritt. Beim Doppelspaltexperiment geht die Wellenfunktion durch beide Spalte, aber bei vielen anderen Phänomenen, bei denen ein ‚gleichzeitiges' Auftreten von Eigenschaften zu erklären ist, hilft die Wellenanschauung nichts. Dies betrifft beispielsweise Schrödingers Katze (Kap. 13) und Spinmessungen (Kap. 21). Hier bringt die Vorstellung gar nichts, dass Katzen oder Spins auch Wellen sind. Das Wellenbild ist eine eingängige Anschauung nur für eine sehr begrenzte Menge von Phänomenen.

Daher kommt der Welle-Teilchen-Dualismus im Rest des Buches nicht mehr vor.

6.2.2 Die ganze Welt oder immer nur Teile?

Wenn wir über Präparieren reden, dann ist das eine Handlung eines Wissenschaftlers, der viele Dinge macht, die im Rahmen der klassischen Physik beschreibbar sind. Er stellt den Druck und die Temperatur der Umgebung ein etc. D. h., es gibt eine Umgebung des Quantensystems, die selbst gar nicht quantenmechanisch beschrieben wird. Der Fokus auf die Präparation führt also dazu, dass das Quantensystem nur ein Teil der Welt sein kann, aber nicht z. B. das Universum als Ganzes. Denn wer sollte dieses präparieren? Und wenn man es nur einmal hat, wie kann man ihm dann eine Wellenfunktion zuweisen? Einem einzelnen Objekt, so haben wir in Beispiel 5.7

---

[18] Und aus einem Teilchen könnte man nie die Wellenfunktion rekonstruieren: die Abstände zwischen den Maxima ergeben sich aus dem Impuls der Elektronen, und diesen Abstand erhält man erst wenn N Teilchen die Apparatur durchlaufen haben! Siehe auch Beispiel 5.7: Die Wellenfunktion ist eine Wahrscheinlichkeitsamplitude, und einem Teilchen ‚sieht' man Wahrscheinlichkeiten nicht an.

gesehen, kann man gar keine Wellenfunktion zuordnen. Als Reaktion darauf kann man zunächst zwei Klassen von Interpretationen unterscheiden:

- **Ψ für Teilsysteme:** Offensichtlich ist die Präparation in der bisherigen Darstellung zentral für die Quantenmechanik: Aber wer präpariert? Das ist zum einen der Experimentator, aber es kann auch, wie in Kap. 5 angesprochen, z. B. ‚die Sonne sein'. Wir verstehen die Bedingungen, unter denen Photonen von der Sonne ausgesendet werden, als klar definiert, sodass wir diese als Präparation fassen können. Wichtig ist aber bei beiden Fällen: Es gibt Umstände, die präparieren. Daher kann man streng genommen nur dem Experimentalsystem eine Wellenfunktion zuweisen, der Rest der Welt wird gar nicht beschrieben. Dies betrifft bestimmt die Ensemble-Interpretation, wie sollte man eine Statistik für das gesamte Weltall machen? Die Deutung von Bohr und Heisenberg (‚Kopenhagener Interpretation') hebt hervor [15], dass man die Umstände der Präparation immer nur in klassischen Begriffen beschreiben **kann.** Dies betrifft die Herstellung der Quantenzustände, vor allem aber dann auch ihre Messung. Daher wird i. A. einem Teilsystem eine Wellenfunktion zugeschrieben, das etwa in Wechselwirkung mit einem Messgerät steht. Die Ergebnisse von Messungen werden in klassischen Begriffen beschrieben. Während die Unbestimmtheitsrelation die Observablen des Quantensystems dominiert, gibt es beim ‚Zeigerablesen' keine Unbestimmtheit, Bohr schloss daraus auf das Primat der klassischen Physik. Diese ist immer schon vorausgesetzt, wenn wir Quantensysteme messen, die Quantensysteme können daher nur einen Teil des Kosmos ausmachen.
- **Ψ als allgemeine Beschreibung:** Diese Position wurde später relativiert. J. v. Neumann hat eine quantenmechanische Beschreibung auch des Messgeräts (Umgebung) eingeführt, die heute breit akzeptiert ist und auch in viele Lehrbücher Eingang gefunden hat. Denn Bohr hat einfach zwei Bereiche postuliert, den der klassischen Mechanik und den der Quantenmechanik. Aber warum sollte das so sein, kann man nicht die ganze Welt mit der Quantenmechanik beschreiben? Ja, das geht, aber das hat seinen Preis, der zwei Aspekte hat:
  - Wenn man auch die Umgebung, d. h. zunächst das Messgerät und dann auch den Rest des Universums quantenmechanisch beschreibt, läuft man in das **Messproblem.** Die Unbestimmtheit der Quantenwelt, nämlich dass z. B. Ort und Impuls nicht genau festgelegt sind, überträgt sich auf das Messgerät und dann auch auf den Rest des Universums: Zeigerausschläge des Messgeräts wären mit einer prinzipiellen Unbestimmtheit behaftet, was sie offensichtlich nicht sind, und auch unsere Umgebung verhält sich klassisch. Paradigmatisch für das Messproblem steht das Paradox von Schrödingers Katze (Kap. 13). Wir werden das in den folgenden Interpretationskapiteln vertiefen.
  - In der Kosmologie gibt es eine Verschärfung der ‚Einteilcheninterpretation'. Hier wird $\Psi(x, t)$ für das komplette Universum (einschließlich Beobachter) angesetzt. Die Probleme, die solch ein Ansatz aufwirft, erzwingen eine ganz bestimmte Interpretation (**Everetts Viele-Welten-Interpretation** [66]). Wie geht man mit der Varianz in einer Einteilcheninterpretation für ein Universum um?

Wenn das ganze Universum durch Ψ beschrieben wird, ergibt eine statistische Interpretation in der herkömmlichen Weise keinen Sinn mehr: Die Wahrscheinlichkeitsfunktion bezieht sich auf das Wissen/Unwissen des Beobachters, es gibt verschiedene Wahrscheinlichkeiten für verschiedene Ergebnisse eines Quantenvorgangs. Man hat das Universum aber nur einmal, es ist nicht als Ensemble zu verstehen, das einen Präparationsprozess durchlaufen hat, d. h., man kann das Quadrat der Wellenfunktion nicht mehr in der herkömmlichen Weise interpretieren.[19] Die Varianz wird nicht als Möglichkeit interpretiert, sondern als Realität. Die verschiedenen Möglichkeiten, d. h. die möglichen Orte eines Teilchens, die durch die Varianz σ_x beschrieben werden, haben alle eine Realität, aber in verschiedenen Universen. In einem Universum **ist** das Teilchen an Ort x_1, in einem anderen Universum, das parallel **existiert, ist** das Teilchen an Ort x_2. Upps!

6.2.3 Orthodoxe Quantenmechanik und erweiterte Theorien

In diesem Buch wird die Schrödinger'sche Wellenmechanik, die manchmal auch als **orthodoxe Quantenmechanik (OQM)** bezeichnet wird, vorgestellt. Die **Interpretationsmodelle,** wie in Abschn. 6.2.1 beschrieben, sind Möglichkeiten, den quantenmechanischen Formalismus auszudeuten, sodass ein Bild des Mikrokosmos entsteht. Und diese Bilder werden häufig in der Lehre und der populärwissenschaftlichen Darstellung verwendet. Aber diese Bilder sind weder vollständige **Interpretationen der Quantenmechanik,** wie eingangs angesprochen, noch ergeben sie ein konsistentes Bild der Quantenphänomene, sie fokussieren immer nur auf eine modellhafte Veranschaulichung bestimmter Aspekte, wie wir in den folgenden Interpretationskapiteln sehen werden. Die OQM per se gibt uns kein detailliertes Bild der Quantenwelt.

- In einer Einteilcheninterpretation benötigt sie das Kollapspostulat (Kap. 20), das als sehr eigenartig empfunden wird. Die bildliche Darstellung der Geschehnisse mit Hilfe der Materiewellen ist nicht konsistent, und Potenzialität oder Antirealismus scheinen schwer verdauliche Konsequenzen zu sein.
- Die OQM als statistische Theorie mit dem Fokus auf die Präparation kann nicht als Theorie des Universums aufgefasst werden Ein klassisches Ensemblebild, das eine gewissen Anschauung geben könnte, kann aber durch das sogenannte PBR-Theorem ausgeschlossen werden (Abschn. 6.3.1).

Aber auch keine der oben genannten voll entwickelten Interpretationen der OQM, wie etwa die **Kopenhagener Deutung** bzw. die auf ihr basierenden Nachfolgerinterpretationen (‚neo-Kopenhagen'), werden von der Mehrheit der Quantenforscher als befriedigend angesehen. Daher wurden Theorien entwickelt, die teilweise eine Modifikation des Formalismus nach sich ziehen, die bekanntesten sind [19]:

[19] Siehe auch [42].

- Die De-Broglie/Bohm'sche-Version der Quantenmechanik [21,54].
- Kollapstheorien, wie die von Ghirard, Rimini und Weber (GRW) [20].
- Die Everett'sche Viele-Welten-Theorie [66].

Diese Erweiterungen können hier im Detail nicht vorgestellt werden, wir werden aber an einigen Stellen darauf zurückkommen. Alle drei versuchen, die zentralen Probleme der Einteilcheninterpretationen zu beheben. Und obwohl an allen dreien seit Jahrzehnten gearbeitet wird, konnte auch keine dieser Theorien eine Mehrheit der Physiker bisher wirklich überzeugen [60].[20]

6.3 Status der Wellenfunktion

Im letzten Abschnitt haben wir diskutiert, worauf sich die Wellenfunktion, die Operatoren und Eigenwerte beziehen könnten, was sie beschreiben. Wir haben drei Möglichkeiten diskutiert, der **Bezug** könnte bestehen auf **Messgeräte**, **Ensemble** oder **einzelne Teilchen.** Damit ist aber nicht gesagt, ob es etwas Reales in der Natur gibt, das ihr entspricht. Könnte die Wellenfunktion auch eine **eigenständige Realität** haben? Dies wäre eine Alternative zu der Sichtweise, dass die Wellenfunktion eine Art statistische Verteilungsfunktion ist, die nur unser **Wissen** um die Quantenteilchen repräsentiert.

Zwei Beispiele: Beim elektromagnetischen Feld nehmen wir nach Abschn. 6.1.2 an, dass es ein Element der Wirklichkeit **gibt,** das durch **E** bezeichnet wird. **E** entspricht etwas in der Natur. Dagegen würden wir sagen, die Maxwell-Verteilung beschreibt ein Ensemble gleich präparierter Teilchen, aber es gibt nichts **Reales** in der Natur, das $f(v)$ entspricht. Wie ist das nun mit Ψ? Entspricht der Wellenfunktion etwas in der Natur? Gibt es Pfeile in Abb. 6.1, die Wellenfunktionen ‚Dinge' in der Welt zuweisen, oder ist Ψ ein rein mathematisches Hilfsmittel, das es uns erlaubt, Observablen zu berechnen? Hierzu gibt es zwei Positionen:

- **Die ontologische Interpretation:** Die **Ontologie** ist die Lehre davon, was es gibt. In dieser Interpretation wird davon ausgegangen, dass Ψ auf etwas Reales in der Natur verweist. Demgemäß breitet sich in der Natur ‚wirklich' eine Welle aus, so wie sich Wasserwellen ausbreiten. Diese Position nennt man **Ψ-ontologisch.** Die Wellenfunktion Ψ in der Theorie **repräsentiert** damit eine Entität (ein ‚Seiendes') ‚in der Welt'. In der wissenschaftlichen ‚Umgangssprache' reden wir oft so, als würde sich da wirklich ein Ψ in der Welt bewegen, und die Schrödinger-Gleichung beschreibt die Ausbreitung dieses Objekts in Raum und Zeit, so wie die Newton'schen Gleichungen die Ausbreitung von Teilchen beschreiben.
- **Die epistemische Interpretation:** Die **Epistemologie** ist die Lehre davon, was wir über die Natur wissen können. In dieser Perspektive verweist die Wellenfunk-

[20] Und den Autor dieses Buches auch nicht, sonst würden Sie hier etwas mehr darüber lesen. Aber machen Sie sich selber ein Bild.

tion auf nichts in der Natur, sondern ist ein reines Beschreibungsmittel, sie hat sozusagen eine rein mathematische Existenz. Die Wellenfunktion enthält unser **Wissen** über den Zustand und die Eigenschaften der Quantenteilchen. Aber zu sagen, eine Wellenfunktion ‚gibt es' in der Natur, ist ebenso sinnlos, wie zu sagen, dass $f(v)$ in der Natur ‚existiert', es auf etwas Reales verweist.

6.3.1 Die epistemische Interpretation

Was beschreibt Ψ? Argumente für eine epistemische Interpretation speisen sich aus drei Umständen, (i) daraus, was, d. h. welche Sachverhalte, die Theorie beschreibt, (ii) aus ihrem mathematischen Erscheinungsbild und (iii) den Eigenschaften der Wellenfunktion.

1. **Was Ψ beschreibt:** Verweist die Wellenfunktion auf ‚etwas' in der Natur? Wie in Abschn. 4.2.2 diskutiert, bezieht sich die **Amplitude** von Ψ auf keinen Gegenstand in der Natur, nicht auf eine Materieverteilung des Quantenteilchens und auch nicht auf das Teilchen selbst. Wir haben Ψ als **Wahrscheinlichkeitsamplitude** gedeutet. Aber Wissen ist nichts, was es in der Welt selbst gibt (zumindest nicht in der Physik), sondern bezieht sich auf den Kenntnisstand. Eine **Wahrscheinlichkeitsamplitude** ist also nicht selbst ein Ding der Welt, sondern nur Gegenstand der Mathematik.
2. **Wie steht Ψ zum Quantenteilchen?** Ψ ist als der Zustand eines Quantenteilchens definiert: Können Zustände selbst Dinge der Welt sein? Es klingt eher nach einer Eigenschaft oder einer Summe von Eigenschaften. Man sagt manchmal, Elektronen seien in Orbitalen, gibt es Orbitale, haben diese eine eigenständige Existenz? Betrachten wir zum Vergleich Umlaufbahnen von Planeten: Von diesen würde man aber nicht sagen, dass sie Objekte in der Natur sind, die es gibt, so wie es Spuren von Menschen im Sand gibt. Letztere sind tatsächliche Verformung von Dingen, erstere eher gedachte Linien, die eine Existenz in mathematischen Darstellungen haben, aber nicht in der Natur. Orbitale könnten also analog nur gedachte Objekte sein, mathematische Objekte, die man zwar schön grafisch darstellen kann, aber die sonst keine weitere Realität haben.
3. **Wie Ψ mathematisch charakterisiert ist; kann es überhaupt auf etwas in der Welt weisen?** Die Welt hat drei Dimensionen, Gegenstände der Welt können wir durch die drei Koordinaten (x, y, z) verorten.[21] Alles, was wir als im Raum existierend beschreiben, stellen wir mathematisch als **reellwertige** Funktion von **drei Koordinaten** dar. So sind Gravitationspotenziale durch $V(x, y, z)$ oder elektrische Felder durch $\mathbf{E}(x, y, z)$ dargestellt. Letzteres ist ein Vektor und bedeutet, dass auf ein geladenes Teilchen an dieser Stelle eine Kraft mit bestimmter Größe

[21] Zumindest die Welt, in der Chemiker leben; bei Elementarteilchentheoretikern mag das anders sein!

und Richtung wirkt. Man kann die ‚Realität' des Feldes über diese Beschleunigungen feststellen, die Wirkung findet über eine Energieübertragung statt. Eine Konzentration ist durch $c(x, y, z)$ gegeben. Ψ macht hier Probleme:

- Es kann komplex sein! Nirgends in der Physik ordnet man komplexen Funktionen direkt etwas in der Realität zu.
- Ein weiterer wichtiger Unterschied ist der: Für ein einzelnes Teilchen sieht $\Psi(x, y, z)$ noch wie ein Feld aus, wenn man aber zwei Teilchen beschreibt, wie in Teil V ausgeführt, dann sieht das so aus:

$$\Psi(x_1, y_1, z_1, x_2, y_2, z_2).$$

  Ψ ist also keine Funktion, die in jedem Raumpunkt einen Wert hat, so wie eine Wasserwelle an jedem Raumpunkt (x, y, z) eine bestimmte Amplitude hat. Man kann sich also Ψ auf keinen Fall als eine gewöhnliche Welle vorstellen, die sich im Raum wie eine Wasserwelle ausbreitet. Bei N Teilchen hat Ψ $3N$ Koordinaten, ist also eine abstrakte Funktion, die mathematisch nur in hochdimensionalen Räumen (**Konfigurationsraum**) abgebildet werden kann. Ψ breitet sich in $3N$ dimensionalen Räumen aus, was bedeutet das? Gute Frage! Die Konzentration $c(x, y, z)$ bündelt die Information über alle Teilchen in einem Raumpunkt, in der Quantenmechanik werden wir etwas Ähnliches kennenlernen, die Elektronendichte $\rho(x, y, z)$, und diese hat eine manifeste physikalische Bedeutung, aber bei Ψ bleibt das offen.

Zunächst deutet also alles darauf hin, dass eine epistemische Interpretation klar vorzuziehen ist.

Wissen wovon? Betrachten wir die kinetische Gastheorie mit der Maxwell-Verteilung $f(v)$. Für die kinetische Gastheorie gilt Folgendes:

- Die einzelnen Teilchen **haben** bestimmte Orte und Geschwindigkeiten, unabhängig von unserem Wissen darüber.
- $f(v)$ gibt den Grad unseren Wissens oder Unwissens **über** diese wieder.

Wenn wir von Wissen reden, dann ist es ein Wissen **über etwas**, das **vorliegt.** Von Wissen über Einhörner zu reden, wird dem Sprachgebrauch offensichtlich nicht gerecht.

Für $f(v)$ ist die epistemische Interpretation völlig unstrittig, aber ergibt diese auch für Ψ Sinn? Kann man sagen, Ψ, bzw. dessen Betragsquadrat, beinhalte unser Wissen über die Quantenobjekte in derselben Weise wie das bei $f(v)$ der Fall ist? Kann man die Quantenmechanik epistemisch interpretieren? Dann müsste Folgendes möglich sein:

- Die einzelnen Teilchen **haben** bestimmte Orte und Geschwindigkeiten, unabhängig von unserem Wissen darüber.
- $|\Psi(x, t)|^2$ gibt den Grad unseren Wissens oder Unwissens **über** diese wieder.

Es gibt also nichts in der Natur, das dem Ψ entspricht. Damit aber die Rede von Wissen über etwas sinnvoll ist, muss es Elemente der ‚Realität' geben (EPR), über die man Wissen haben kann. Hier geht die Ψ-epistemische Interpretation mit einem **Realismus** bezüglich der Mikroobjekte einher. Am PKW-Beispiel (Beispiel 5.4): Die PKW's auf der Straße haben bestimmte Geschwindigkeiten, die Wahrscheinlichkeitsverteilung $p(v)$ gibt unser Wissen darüber wieder. Aber die PKW und die Geschwindigkeiten existieren unabhängig von unserer Beschreibung und unserem Wissen.

Betrachten wir als Beispiel die Ensembleinterpretationen[22]. Wenn wir für die Rede von Wissen einen Realismus bezüglich der beschriebenen Gegenstände voraussetzen müssen, so benötigen wir eine Ignoranzinterpretation, d. h., die Geltung des PVE. Wie in Abschn. 6.2.1 ausgeführt, müssen wir dann ein **QK-Ensemble** annehmen. Nur damit können wir sagen, wir haben ein Wissen über die Quantenteilchen.

Diese Interpretation behandelt quantenmechanische Systeme völlig analog zu klassischen statistischen Theorien: Diese sind (i) durch eine **Ignoranzinterpretation** der Wahrscheinlichkeiten und (ii) damit verbunden, durch das **PVE** charakterisiert (siehe Kap. 5).
Man kann aber zeigen, dass dies nicht geht: Es gibt das sogenannte PBR-Theorem (Pusey, Barrett, Rudolph) [56], welches diese Interpretation explizit ausschließt. Das PBR-Theorem sagt nun explizit, dass die Kombination von Realismus, bzw. PVE, zusammen mit einer epistemischen Interpretation nicht stimmen kann. Eines der beiden muss falsch sein!

Wir können hier das PBR-Theorem nicht darstellen, aber die Diskussion in den folgenden Interpretationskapiteln dreht sich hauptsächlich darum, was genau dieses bedeutet.

Das PBR-Theorem geht von zwei Annahmen aus: (i) von einer **epistemischen Interpretation** der Wellenfunktion, i. e., dass diese kein ‚Element der Realität' ist, und (ii) von einem **Realismus,** d. h., dass die Teilchen bestimmte Eigenschaften, z. B. Orte und Impulse haben, unabhängig davon, ob wir sie kennen. Das Theorem zeigt dann, dass diese beiden Annahmen nicht zugleich gültig sein können. Man hat nun zwei Möglichkeiten:

- Man lässt die epistemische Interpretation fallen, die Alternative ist dann die ontologische Position, das werden wir in Abschn. 6.3.2 diskutieren.
- Oder man lässt den Realismus fallen. In Abschn. 5.2.2 hatten wir das **Prinzip der vorliegenden Eigenschaften (PVE)** eingeführt. Ein Realismus hält an dem PVE fest, nun sind wir gezwungen, dieses aufzugeben.

[22] Eine alternative epistemische Interpretation ist der Qbism [25].

Das PBR-Theorem hat bei seiner Publikation sehr viel Aufmerksamkeit erregt, aber eigentlich war das nicht so überraschend: Man kann Ensemble nicht als klassische Ensemble verstehen, wie in Abschn. 6.2.1 ausgeführt, quantenmechanische Ensemble (Q-Ensemble) reflektieren dies schon, wie z. B. in [31] diskutiert.

Das PBR-Theorem macht aber nochmals in aller Deutlichkeit klar, dass man die Quantenmechanik keinesfalls als klassische statistische Theorie deuten darf. Dass die Quantenmechanik heute immer noch im Sinne einer klassischen statistischen Theorie interpretiert wird, darf man in der Tat als Skandal bezeichnen [28]. Es ist in der Lehre schlicht irreführend und wird den Phänomenen nicht gerecht. Das PBR-Theorem macht also klar, dass es nichts in der Wirklichkeit gibt, über das eine epistemische Interpretation reden kann. Die Wahrscheinlichkeitsaussagen, die sie macht, kann sie also gar nicht über die Objekte der Wirklichkeit machen! Also, worüber redet sie dann? Klar, über die möglichen Messwerte. Wissen ist also nicht Wissen über die Natur, d. h. nicht Wissen über die Eigenschaften der Quantenteilchen, sondern Wissen über Messwerte. Das hat folgende Konsequenzen:

- Man muss also den **Realismus** in dem Sinne fallen lassen, als man mit der Quantentheorie nicht über das reden kann, was in der Welt vor sich geht: Mit dieser Theorie bekommen wir also kein Bild der Welt. Die Eigenschaften, repräsentiert durch Operatoren $\hat{O}$, kann man nicht als Eigenschaften der einzelnen Teilchen deuten.
- Die Theorie macht Vorhersagen nicht über Eigenschaften der Teilchen selbst, sondern nur über mögliche Messwerte. Daher ist man zurück bei einem Instrumentalismus, und das geht in etwa so: Wenn man ein System in der Weise präpariert, dass es durch eine Wellenfunktion Ψ beschrieben wird, dann kann die Quantenmechanik Wahrscheinlichkeiten dafür angeben, was man an einem Messgerät ablesen kann.
- Aber man kann keine Aussagen darüber machen, welche Eigenschaften die Teilchen unabhängig von einer Messung **haben,** also was sie zwischen Präparation und Messung machen. Dieser Teil der Mikrophysik ist eine komplette Blackbox. Und in der Tat, dies werden wir in Kap. 21 bestätigt finden.

Und wenn man all dies zugibt, ist die epistemische Interpretation sehr nahe am Instrumentalismus, und den wollte man ja eigentlich überwinden.

6.3.2 Argumente für eine ontologische Interpretation

Wenn man aber eine Rede über die Mikrowelt beibehalten möchte, dann eventuell nur mit einer ontologischen Interpretation.[23] Aber ergibt das Sinn? Inwieweit kann man sagen, dass die Wellenfunktion ,real existiert'? Wie eingangs zu diesem Abschn. 6.3 ausgeführt, kann man, wie bei elektrischen und magnetischen Feldern, die Realität einer Größe daran knüpfen, dass sie in der Welt etwas bewirkt. Elektrische Felder übertragen Energie und Impulse, sie haben **physikalische Wirkungen.**

Nun gibt es in der Quantenmechanik das Phänomen der **Nichtlokalität**, das wir im Kap. 28 und im Kap. 29 besprechen werden. Hier kann, vermittelt durch die Wellenfunktion, über große Abstände eine *Wirkung* übertragen werden. *Wirkung* ist hier kursiv geschrieben, um deutlich zu machen, dass diese Wirkung von ganz anderer Art ist als die Wirkungen, über die wir sonst in der Physik reden: Es findet durch diese Art der Einflussnahme kein Energie- oder Impulsübertrag statt. Und das liegt daran, ,was für ein Ding' die Wellenfunktion ist, wenn man sie als ,real' annimmt. Sie hätte nämlich eine ganz andere Art der ,Realität' als alle bisherigen physikalischen Objekte (wie Lichtwellen, Potenziale etc.) (i) Sie ist zum einen komplexwertig und (ii) zum anderen kein normales Feld in drei Dimensionen, sondern ein Objekt mit einer Dimensionalität von $3N$. Damit breitet es sich nicht im gewohnten Raum so aus, wie wir es von z. B. Wasserwellen kennen. Es ist ein hochdimensionales Gebilde, ein $3N$-dimensionales Wahrscheinlichkeitsfeld. (iii) Und weiterhin ist es keine Welle, die Materie, Energie oder Impuls transportiert, so wie Wasserwellen oder Licht dies tun. Es sind Wahrscheinlichkeitswellen, die aber möglicherweise nicht nur die Information eines Beobachters propagieren, sondern auch eine eigenartig okkulte physikalische Realität haben könnten. Nicht umsonst wird im Englischen von *spooky action at a distance* gesprochen, mehr dazu in Kap. 29. Beispielsweise ist Bohm'sche Mechanik eine ontologische Interpretation, hier hat die Wellenfunktion eine reale Bedeutung.

6.4 Erklärung und Beschreibung

Naturwissenschaftliche Theorien, so könnte man meinen, **beschreiben** Aspekte der Natur, **erklären** die wesentlichen Phänomene, und erlauben damit ein **Verständnis** der Natur. Auf die Quantenmechanik angewendet: Man hätte (i) gerne ein Bild der Quantenobjekte, wie gerade besprochen, und (ii) würde gerne wissen, warum diese sich so anders verhalten als aus der klassischen Mechanik bekannt, warum also die **Quantenphänomene** (Abschn. 4.2.1) auftreten. Warum interferieren sie, wieso gibt es ein Unbestimmtheit, warum die Quantisierung etc.? Unsere Erwartung an eine Theorie ist also, dieses verständlich zu machen. Und hier tritt zunächst ein vermeint-

[23] Siehe auch ,Guest Post: David Wallace on the Physicality of the Quantum State' in www.discovermagazine.com, 18.11.2011.

liches Paradox auf. Es scheint, als sei die Quantenmechanik gar nicht verstehbar, oder was meint der Physiker Richard Feynman, wenn er sagt [17] (Kap. 6)?

> Es gab eine Zeit, als Zeitungen sagten, nur zwölf Menschen verständen die Relativitätstheorie. Ich glaube nicht, dass es jemals eine solche Zeit gab. Auf der anderen Seite denke ich, es ist sicher zu sagen, niemand versteht die Quantenmechanik.

Ein deutlicher Dämpfer unserer Erwartungen, und der Physiker Günther Ludwig legt noch eins drauf, wenn er sagt [43] (Kap. I):

> Jeder weiß z. B., dass Gegenstände herunterfallen und es gibt viele, die von der theoretischen Physik erhoffen zu erfahren, *warum* dies so in der Natur ist, oder sein müßte. Aber gerade mit der Frage, warum das so ist, beschäftigt sich die Physik *nicht*.

Wenn wir **Erklärungen** als Antworten auf *warum*-Fragen verstehen, scheint die Physik nicht mal etwas zu erklären. Was ist da los?[24]

6.4.1 Beschreibung

In der Physik ist die Beschreibung **quantitativ** und geschieht durch **Angabe einer Formel** oder eines **Gesetzes.**

- **Frage:** Wie dehnt sich ein ideales Gas bei Erwärmung aus? **Antwort:** linear mit dem Temperaturanstieg, gegeben durch die Formel $V = nRT/p$.
- **Frage:** Wie ziehen sich Massen m und M an? **Antwort:** Die Kraft ist proportional zu den Massen und invers proportional zum Abstand, $F \sim mM/r^2$.

Als erstes fällt auf: Die Antwort ist eine Formel, und nicht eine Erklärung des Mechanismus des Prozesses. Diese Formeln sagen nun nicht, **warum** sich das Gas bei Erwärmung ausdehnt, es tut es einfach, und die Formel beschreibt das quantitativ. Ebenso sagt die Formel nicht, **warum** sich die beiden Massen M und m anziehen. Sie tun es eben, proportional zu den Massen selbst und invers proportional zum Quadrat des Abstands zwischen ihnen. Es wird nicht gesagt (erklärt), wie genau die Massen das machen, dass da eine Anziehung besteht. Man hat damit das Phänomen in eine

[24] Wir haben in Abschn. 1.1 schon am Beispiel der Newton'schen Mechanik gesehen, welche Fragen bei der Definition der physikalischen Grundbegriffe auftreten und wie schwer es scheint, den Status der Axiome zu fassen; sind es Gesetze, Definitionen oder sogar Konventionen? In der Literatur zur Wissenschaftstheorie findet man alle Positionen vertreten. Klar scheint aber zu sein: Eine grundlegende Theorie muss zugleich die Grundlagen der Beschreibung festlegen, also auch die Beschreibung der Phänomene selbst vornehmen. Inwieweit dies rein empirisch und zirkelfrei möglich ist, scheint hier die Frage zu sein. Und natürlich können wir das hier nicht lösen, wir können aber sehen, wie die Grundlagen geschaffen werden, und was und wie erklärt wird.

mathematische Formel gegossen, aber nicht gesagt, wie es entsteht, es nicht **erklärt**. Schauen wir mal, was die Väter der Mechanik dazu sagen:

Beispiel 6.2

Gravitation Galilei und Newton haben Formeln bereitgestellt, die den freien Fall (Fallgesetze) sowie die Gravitationskraft mathematisch darstellen. Sie haben beide nicht erklärt, warum Körper fallen, bzw. sich anziehen, so schrieb Galilei:[25]

> The present does not seem to be the proper time to investigate the cause of the acceleration of natural motion concerning which various opinions have been expressed by various philosophers, some explaining it by attraction to the center, others to repulsion between the very small parts of the body, while still others attribute it to a certain stress in the surrounding medium which closes in behind the falling body and drives it from one of its positions Now, all these fantasies ought to be examined; but it is not really worth while. At present it is the purpose of the author merely to investigate and to demonstrate some of the properties of accelerated motion (whatever the cause of this acceleration may be).

Es ist klar, man möchte wissen, **warum** Körper fallen, man möchte den Mechanismus ‚hinter' dem Fallen entdecken. Galilei nennt hier drei vorgeschlagene Mechanismen, die für ihn reine Spekulation sind. Das ist für Galilei eine müßige Angelegenheit, womöglich wird es mal zu einem späteren Zeitpunkt eine Erklärung geben. Was man momentan nur machen kann, ist, die Vorgänge mathematisch zu **beschreiben,** d. h. eine Formel anzugeben. Und das hat er mit seinen Fallgesetzen gemacht.
Und völlig analog argumentiert Newton in seiner *Principia Mathematica:* Man kann zu der Zeit über die physikalischen Mechanismen ‚hinter' der Gravitation nur spekulieren, sein Ziel ist es, eine Formel zu finden, die das Geschehen **mathematisch beschreibt.** Daher auch der Name des Buches, er sucht die **mathematischen Prinzipien** der Naturphilosophie und keine physikalischen Modelle, die das Geschehen erklären. Über Letztere könne man nur spekulieren, und das sei nicht sein Ding. Darauf bezieht sich sein berühmter Ausspruch ‚Hypothesis non fingo'. Es fehlt sozusagen eine Theorie der Gravitation, die das **Warum** der Anziehung thematisiert. Es wird kein Mechanismus angegeben, der die Anziehung erklärt. Eine **Beschreibung** ist also noch keine **Erklärung** des Geschehens. Newton war das klar, und er hat in seinen späteren Lebensjahren – nach der Angabe der mathematischen Formel für die Gravitationskraft in seinem Hauptwerk – nach einer Ursache für die Anziehung gesucht, vergeblich. Im Rahmen der Newton'schen Mechanik gibt es keine Erklärung der Gravitation, wenn man darunter einen **physikalischen Mechanismus** versteht.
Und das ist eigentlich ein Hammer: Man beschreibt Phänomene, die man nicht wirklich versteht. Aber eine Formel dafür findet man. Warum ist das hier relevant? Nun ja, Galilei und Newton gelten als **die** Väter der modernen Physik, als prägend für alle nachfolgende Theoriebildung. Und was man bei ihnen sehen

[25]Galilei, zitiert nach M. Jammer [33] S. 94.

kann: Sie haben sich auf die mathematische Beschreibung gestürzt, Formeln für die Phänomene gefunden, aber kein bisschen **erklären** können, was die **physikalischen Mechanismen** *hinter* dem Geschehen sind. Das ist es, was G. Ludwig in dem obigen Zitat ausdrücken möchte. Die Physik erklärt also nicht? Aber, wir erklären doch die ganze Zeit irgendetwas? ◄

6.4.2 Erklärung der Quanteneigenschaften?

Wenn Ludwig recht hat, so können wir erwarten, dass wir auch die grundlegenden Phänomene der Quantenmechanik nicht **erklären** können. Dies wurde verschiedentlich versucht, z. B. hat W. Heisenberg versucht, eine Erklärung der Unbestimmtheitsrelation zu geben, wir besprechen das in Abschn. 13.3. Aber nach Ludwig kann das gar nicht funktionieren, ja, die Physik versucht es nicht einmal. Aber was erklären wir dann in der Naturwissenschaft?

Beschreibung und Erklärung Mit Beschreibung (in der Physik) meinen wir eine mathematische Darstellung, z. B. durch die Schrödinger-Gleichung oder durch Wechselwirkungspotenziale wie das Gravitationspotenzial. Damit werden die Phänomene **quantitativ** wiedergegeben. Eine Erklärung dagegen macht ein Phänomen verständlich, indem sie z. B. aufzeigt, wie dieses bedingt ist. Dies kann z. B. eine kausale Bedingung sein oder eine strukturelle. Eine Erklärung ist i. A. eine Antwort auf eine **Warum-Frage.**

Betrachten wir nochmals das Problem der Wärmeausdehnung:

Beispiel 6.3

Gesetz der Wärmeausdehnung Alle Gegenstände dehnen sich bei Erwärmung aus.[26] ◄

In der Thermodynamik (Bd. I, Kap. 2) haben wir gesehen, dass sich dieses Gesetz als allgemeine Formel

$$V(p, T)$$

formulieren lässt, oben haben wir die einfache Formel des idealen Gases verwendet. I. A. dehnt sich das Volumen bei Temperaturerhöhung (bei gleichem Druck) aus. Wichtig aber ist: Als elementares Gesetz der Thermodynamik sagt es nicht, **warum** sich Dinge ausdehnen oder zusammenziehen, und es sagt auch nicht, **was** das Phänomen Wärme (‚ihrem Wesen nach‘) ist. Es setzt voraus, dass wir wissen, wie man

[26]Dies ist ein Beispiel aus [10] Kap. 1.

‚erwärmt' (über Feuer halten, in die Sonne halten), und formuliert eine Regularität, nämlich dass immer, wenn wir etwas erwärmen, es sich dann ausdehnt. Kann man diese Ausdehnung erklären? Oder was wird erklärt?

Erklärung Der Wissenschaftstheoretiker R. Carnap erläuterte die Erklärungsleistung der Physik anhand des folgenden Beispiels: Ein Physiker entnimmt einer Apparatur einen Eisenstab, der dort passgenau eingefügt war. Nach einiger Zeit stellt er fest, dass der Stab nicht mehr passt und fragt, warum das so ist. Der Physiker stellt also eine **Warum**-Frage, die Antwort darauf wäre eine **Erklärung** dieses Umstands. Die Antwort ist, dass der Stab herausgenommen wurde, dabei wurde er von der Umgebung erwärmt, bei Erwärmung hat er sich ausgedehnt (Gesetz), deshalb passt er nicht mehr.

Ein Vorgang in der Welt wird also dadurch erklärt, indem er durch ein bekanntes Gesetz eingeordnet wird. Aha, die Wärmeausdehnung ist dafür verantwortlich, nicht aber, wie bei Holz möglich, das Aufquellen bei Nässe etc. Aus einer Vielzahl von möglichen Ursachen wird hier also eine, durch Anwendung eines Gesetzes auf einen Einzelfall, ausgewählt. Dies ist ein deutlicher Informationsgewinn, und die Erklärung ist gehaltvoll.

Das Gesetz erklärt also nicht, **warum** sich Dinge bei Erwärmung ausdehnen, noch **was** Wärme ist, sondern erlaubt es, verschiedene Erscheinungen in der Welt durch eine Formel in einheitlicher Weise darzustellen. Man bezieht eine Erklärung eines Vorgangs auf ein Phänomen, die Wärmeausdehnung, welches in diesem Fall durch eine Formel beschrieben wird. So sagt Carnap[27]:

> Aber heute sehen wir, dass Beschreibung im weiteren Sinn, welche darin besteht, dass man die Phänomene in Zusammenhang mit allgemeineren Gesetzen bringt, die einzige Art von Erklärung liefert, die man für die Phänomene geben kann.

Dem schließt sich auch G. Ludwig an, den wir oben zitiert haben. Eine Erklärung ist eine Einordnung von Phänomenen in den Beschreibungsrahmen einer Theorie. Wir verwenden also das Phänomen der Wärmeausdehnung in Erklärungen. Dass wir die Wärmeausdehnung selbst nicht erklärt haben, ist dabei – für diesen Zweck – gar nicht wichtig. Das heißt nicht, dass es nicht interessant sein könnte herauszufinden, warum sich Dinge bei Erwärmung ausdehnen.

Wo enden Erklärungen? Eine Erklärung verweist scheinbar immer auf andere Dinge, die zur Erklärung benötigt werden. Daher ist es einsehbar, dass grundlegende Dinge nicht erklärbar sind, da man sonst auf etwas noch Grundlegenderes verweisen müsste,[28] wir kämen in einen infiniten Regress, eine Kette von Begründungen, die einfach nicht aufhört. In jeder Theorie gibt es daher grundlegende Phänomene, die selber nicht weiter aufgelöst werden können, und für diese grundlegenden Phänomene müssen wir eine mathematische Beschreibung suchen, so wie von Galilei

---

[27] a. a. O., Kap. 25, S. 243.

[28] Siehe ‚Münchhausen Trilemma'.

und Newton vorgemacht. Diese, d. h. die Axiome, müssen wir **finden,** wir können sie nicht aus Grundlegenderem ableiten. **Innerhalb** einer Theorie werden wir also immer nicht erklärbare Phänomen finden, diese sind als Gesetze oder Axiome formuliert.

Was wäre eine Erklärung, was heißt verstehen? Und das ist unbefriedigend, eigentlich möchte man ja wissen, warum diese Phänomene so auftreten. Eine Möglichkeit, ein Phänomen zu erklären, wäre, einen Mechanismus anzugeben, der zeigt, wie dieses Phänomen aus bekannten und verstandenen Phänomenen hervorgeht. Wie schon der Physiker Mach kritisiert hat, haben wir die Tendenz, mechanische Erklärungen zu bevorzugen. Werner Heisenberg hat in diesem Sinne ein mechanisches Modell vorgeschlagen (Abschn. 13.3.1), die Unbestimmtheitsrelation zu verstehen. Analog gab es beispielsweise mechanische Modelle, die Ausbreitung von Lichtwellen erklären sollten [38,47], auch für die Vermittlung von Gravitationskräften wurden solche Modelle vorgeschlagen, beachten Sie hier die drei Mechanismen in Beispiel 6.2, die Galilei zitiert. Alle diese Modelle suchen nach einer Wirklichkeit und Mechanismen ‚hinter' den Phänomenen und verkennen dabei, dass eine Theorie immer fundamentale Naturtatsachen als Gesetze, sozusagen unerklärt, formuliert. Dies ist auch der Ursprung des Unbehagens mit der Quantenmechanik, wie es sich in Feynmans obigen Zitat ausdrückt.

Erklärung durch fundamentalere Theorien? Ein Ausweg bleibt noch, schauen wir nochmals auf die Wärmeausdehnung: Die Thermodynamik selbst bleibt bei der **Warum-Frage** stumm, aber es gibt eine ‚fundamentalere Theorie', die kinetische Gastheorie, die auszusagen scheint, **was** Wärme ist und **warum** die Wärmeausdehnung passiert. Wärme **ist** Bewegungsenergie von Teilchen, und die Ausdehnung bei Erwärmung tritt ein, weil die Teilchen mehr kinetische Energie haben und dadurch beim Stoß mit der Wand einen größeren Druck erzeugen, was zur Expansion führt. Wenn es so ist, dass die Theorie ihre eigenen Gesetze nicht selbst erklären kann, dann könnte dies eine fundamentalere Theorie vielleicht leisten.

Und so gab und gibt es immer die Diskussion, ob die Quantenmechanik, so wie wir sie hier vorstellen, eine **vollständige** mikroskopische Theorie ist. Gibt es vielleicht eine grundlegendere Theorie, die diese Phänomene zufriedenstellend beschreiben kann?[29]

Was können wir erklären, und was nicht? Offensichtlich gibt es einige Dinge, die die Quantenmechanik nicht erklären kann, aber dann sehr viele Phänomene, die sie durch Einordnung in die Theorie erklär-, und damit verstehbar macht:[30]

[29] Die Vollständigkeit wurde u. a. schon von Einstein und Kollegen in Frage gestellt, siehe hierzu Kap. 29.

[30] In der Wissenschaftsphilosophie wurden einige Theorien zu wissenschaftlichen Erklärungen entwickelt, das hier vorgestellte ‚Vereinheitlichungsmodell' (M. Friedman, P. Kitcher) ist nur eines davon, aber für unsere Überlegungen an dieser Stelle relevant.

- **Grundlegende Quantenphänomene:** Offensichtlich können die in Abschn. 4.2.1 formulierten Phänomene nicht nochmals durch eine Erklärung verstehbar gemacht werden. Es sind die Grundtatsachen, die als Gesetze formuliert werden. Die Phänomene sind im Prinzip als Grundtatsachen in die Axiome eingebaut; sie resultieren direkt aus diesen. Und diese Einsicht kann als **Entlastung** verstanden werden. Man kann sie einfach nicht verstehen, man muss sie als Grundtatsachen anerkennen. Aber man kann die Axiome in Aspekten verstehbar machen:
  - **Mathematisch:** Wir verstehen, wie die Quantenphänomene mathematisch direkt aus den Axiomen resultieren, dies wurde in Abschn. 4.2.1 ausgerollt.
  - **Historisch:** Wir können nachvollziehen, wie aufgrund der Experimente in Kap. 3 eine mathematische Beschreibung in Kap. 4 entwickelt wurde. Wie also, d. h., aufgrund welcher Überlegungen, der mathematische Formalismus entwickelt wurde, der die Quantenphänomene **beschreibt** (aber nicht erklärt).
  - **Aber nicht physikalisch:** Es gibt keine physikalische Erklärung der Phänomene in dem Sinn, dass auf Mechanismen verwiesen wird, die sozusagen hinter den Phänomenen eine Realität aufdecken, welche die Quantenphänomene hervorbringt.
- **Erklärung:** Wie und was erklären wir dann mit der Quantenmechanik? Der Formalismus und die Quantenphänomene wurden in Teil I dargelegt, in Teil II zeigen wir, welche Lösungen für verschiedene Potenziale zu finden sind. Die Anwendung auf die Chemie findet in Teil III statt: Hier sehen wir, auf welche Weise die Quantenphänomene in der Chemie auftreten, indem wir die Potenziale und ihre Lösungen zur Beschreibung von Molekülen anwenden. Moleküle sind demselben Ordnungsprinzip (G. Ludwig, siehe obiges Zitat) unterworfen wie auch andere Quantenteilchen, damit erklärt sich – durch Einordnung in die Quantentheorie – das Verhalten der Moleküle. Man kann dann auch anhand der Formeln erklären, in welcher Form und Größe die Quanteneigenschaften auftreten, siehe insbesondere Kap. 14 und 15, oder warum überhaupt eine chemische Bindung auftritt (Kap. 16), d. h., welches Quantenphänomen dafür verantwortlich ist.
- **Verstehen:** Wir entwickeln ein Verständnis dafür, wie man die Quantenmechanik auf die Chemie anwendet, und verstehen dann die molekularen Eigenschaften als Manifestation der grundlegenden Quanteneigenschaften.

6.5 Zusammenfassung und Fragen

Interpretation Moderne physikalische Theorien sind komplex und bezüglich der Interpretation unterbestimmt. Sie tragen ihre Interpretation nicht in sich, es gibt mehrere Weisen, sich die Dinge zurechtzulegen. Wir haben mehrere Möglichkeiten diskutiert, die in Gegensatzpaaren organisiert sind:

- **Einteilchen-Ensemble:** Hier gibt es klassische Theorien, die sich in diesen Gegensatzpaaren organisieren lassen, die Quantenmechanik macht einen Spagat. Es lassen sich gute Gründe für beide Sichtweisen anführen. Dies erklärt vielleicht die Unbestimmtheit in vielen Darstellungen der Quantenmechanik: Bei statistischen Phänomenen greifen wir fast intuitiv auf die Vorstellung relativer Häufigkeiten zurück, aber dennoch wollen wir uns vorstellen können, dass die quantenmechanische Beschreibung auf einzelne Teilchen rekurriert. Das ist nicht so ohne Weiteres unter einen Hut zu bekommen.
- **Epistemisch – ontologisch:** Dies ist auch so eine Alternative, die für uns eine Denknotwendigkeit zu sein scheint. Aber irgendwie kann man Argumente für beide Positionen finden, auch hier lässt sich die Quantenmechanik nicht so einfach festlegen. So schreibt Heisenberg: „This probability function represents a mixture of two things, partly a fact and partly our knowledge of a fact."[31] Und dieser Satz hat eine gewaltige Sprengkraft: Wir sind fast dazu gezwungen, die Unterscheidung epistemisch-ontologisch zu machen, anders können wir gar nicht über die Realität nachdenken, aber dieser Satz scheint genau das zu unterlaufen: Sprengt die Quantenmechanik die Art und Weise, wie wir immer nur über die Welt reden können?
- **Teil–Ganzes:** Als Chemiker können wir mit einem Instrumentalismus oder einer Ensembleinterpretation meist gut leben, aber wenn es ums Universum als Ganzes geht? Wir bekommen kein konsistentes Bild der Natur mit diesen Sichtweisen. Daher die Suche nach Alternativen.

Interpretationsmodelle Die Quantenmechanik scheint uns kein Bild der Natur zu geben, wir werden in den folgenden Interpretationskapiteln hier noch mehr Evidenz finden. In vielen Darstellungen der Quantenmechanik aber findet man Bilder des Mikrogeschehens, die auf Interpretationsmodellen wie der Materiewelle oder einem klassischen Ensemblebild (QK-Ensemble) beruhen. Diese veranschaulichen Quantenphänomene mit den Mitteln der klassischen Physik, sie interpretieren die Varianz, d. h., die quantenmechanische Unbestimmtheit, in mechanischen Bildern. Daher müssen sie zwangsläufig zu kurz greifen, wie wir in den folgenden Interpretationskapiteln sehen werden,

Erklärung der Quantenphänomene Innerhalb der Quantenmechanik erhalten wir keine Erklärung der Quantenphänomene (Abschn. 4.2.1) wie Interferenz, Quantisierung oder Unbestimmtheit. Diese sind grundlegende Naturtatsachen, die wir mathematisch durch die Axiome in den Fundamenten der Beschreibung verankert haben. Es ist das Wesen moderner physikalischer Theorien nach Galilei und Newton, diese Naturphänomene mathematisch greifbar zu machen.

Basierend auf diesem Formalismus können wir die Quantenphänomene in verschiedenen Anwendungsbereichen berechnen.

[31] W. Heisenberg, Physics and Philosophy, Kap. 3, Penguin Books 1958.

- In Teil II erhalten wir Lösungen für verschiedene Potenziale $V(x)$, dort werden wir die Quantenphänomene in jeder der Lösungen wiederfinden.
- In Teil III werden wir sehen, wie diese Potenziale als Modelle verschiedener Eigenschaften von Molekülen eingesetzt werden können.

Wir bekommen **Modellvorstellungen** davon, wie sich die Quantenphänomene in der Chemie bemerkbar machen, wie sie sich in der Rotation, Schwingung, elektronischen Struktur und chemischen Bindung wiederfinden lassen und wie die chemische Struktur und die jeweiligen Quantenphänomene zusammenhängen. Wir werden lernen, die chemischen Strukturen anhand ihrer Quantenphänomene zu charakterisieren, die Grundlage der chemischen Analytik. Durch die Einordnung der Eigenschaften von Molekülen als Quantenphänomene können wir für diese eine Erklärung finden.

Teil II
Modellpotenziale

In Teil I wurden die grundlegenden Experimente und Überlegungen vorgestellt, die zur Formulierung der Quantenmechanik geführt haben. Zunächst haben wir die **zeitabhängige Schrödinger-Gleichung** kennengelernt, die ein freies Teilchen oder Teilchen in einem Potenzial beschreibt. Für viele chemische Probleme sind zeitunabhängige Potenziale $V(x)$ wichtig, sie führen zu zentralen Konzepten der physikalischen Chemie. In diesem Teil II sollen die wichtigsten Potenziale V(x) diskutiert werden, in Teil III werden die entsprechenden Anwendungen auf die Chemie vorgestellt.

Wir lösen zunächst die **zeitunabhängige** Schrödinger-Gleichung für **ein** Quantenteilchen in einem Potenzial V(x) und erhalten die **Wellenfunktionen** und die dazugehörigen **Energien.** Zunächst werden **eindimensionale Probleme** behandelt, d. h., der Impuls hat nur die Komponente p_x, und es tritt nur eine Ortskoordinate x auf. Im Folgenden betrachten wir dann die Kreisbewegung zunächst in zwei, dann in drei Dimensionen. Schließlich werden wir **dreidimensionale Probleme** am Beispiel des Kasten- und Coulomb-Potenzials behandeln.

Lösungswege Die Lösungswege verlaufen immer nach einem ähnlichen Schema:

- Zunächst muss man den **Hamilton-Operator**

$$\hat{H} = \hat{T} + V(x) \qquad (1)$$

  aufstellen, den Operator der kinetischen Energie erhält man aus dem klassischen Ausdruck mit der Ersetzungsregel für den Impuls, das Potenzial V(x) ist einfach das gleiche Potenzial wie im klassischen Pendant.

- In einem zweiten Schritt setzt man dann den Hamilton-Operator in die **zeitunabhängige Schrödinger-Gleichung**

$$\hat{H}\Phi(x) = E\Phi(x) \qquad (2)$$

  ein, wie in Abschn. 4.4 bestimmt. **E und Φ**(x) erhält man dann als Lösungen der Differentialgleichung, die man je nach Komplexität noch in mehreren Schritten umformen muss, bis sie ihre Lösungen preisgibt. Diese Schritte können sich bei den unterschiedlichen Potenzialen unterscheiden, aber das Schema ist immer das Gleiche.
- **Mathematisch** müssen wir Differentialgleichungen 2. Ordnung lösen, da die kinetische Energie durch die Ersetzungsregeln die 2. Ableitungen enthält, wir erhalten **Differentialgleichungen** der Form:

$$\frac{\partial^2\Phi(x)}{\partial x^2} + a\Phi(x) = 0$$

  Die konkrete Gestalt der Wellenfunktion hängt natürlich vom Potenzial V (x) ab. Als **Lösung für Φ** finden wir eigentlich nur drei Typen von Funktionen, **Exponentialfunktion, Sinus- und Kosinusfunktionen und Polynome.**[1] Die auftretenden Differentialgleichungen sind in der Mathematik gut bekannt, und damit liegen die Lösungen schon vor: Es sind die **Hermite'schen** Polynome für den harmonischen Oszillator in Kap. 8, die **Legendre**-Polynome für die Drehbewegung in Kap. 9 und die **Laguerre**-Polynome beim Wasserstoffatom in Kap. 11. Mathematisch sieht das ein bisschen komplizierter aus, aber bei einer grafischen Auftragung sieht man ein gemeinsames Muster: Es sind Schwingungslösungen im Potenzialbereich, die in der Potenzialwand exponentiell abfallen.

Ein wichtiges **Lernziel** ist also, zum einen zu verstehen, wie die Schrödinger-Gleichung für die Potenziale, wie in Abb. 1 dargestellt, gelöst wird. Dabei werden, bei den komplexeren Problemen (harmonischer Oszillator, Wasserstoffatom), drei unterschiedliche Schwierigkeitsstufen (Wege **A/B/C**) vorgeschlagen:

- **A:** Hier wird der Hamilton-Operator und damit die entsprechende Schrödinger-Gleichung vorgestellt, und dann werden die Lösungen diskutiert. Dies ist die Minimalvariante, die ein Verständnis der chemischen Probleme in den weiteren Teilen dieses Buches erlaubt.

[1] Im Prinzip ist das nicht so verschieden von den Problemen in der chemischen Kinetik. Dort hatten wir Differentialgleichungen 1. Ordnung zu lösen, dafür aber teilweise für komplexe gekoppelte Reaktionen. In der Quantenmechanik haben wir es mit der 2. Ordnung zu tun, und für kompliziertere Potenziale werden die Lösungen ein bisschen aufwändiger.

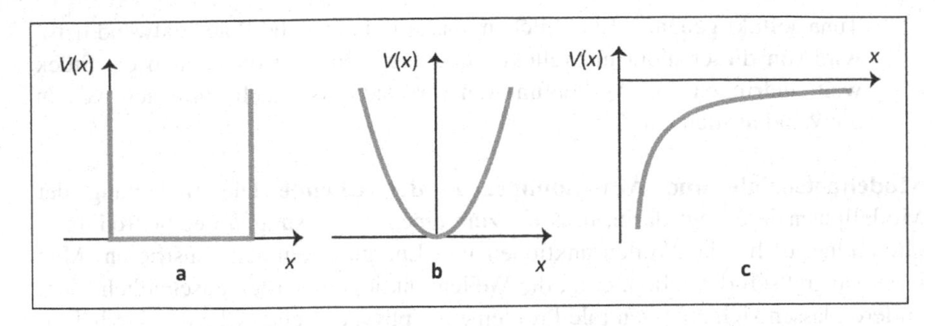

Abb. 1 Drei wichtige Potenziale: (**a**) das Kastenpotenzial, (**b**) das Potenzial des harmonischen Oszillators und (**c**) das -1/x-Potenzial

- **B:** Hier werden zusätzlich noch die Ansätze diskutiert, die zur Lösung nötig sind. Dies ermöglicht ein Verständnis dessen, wie die spezielle Form der Wellenfunktion zustande kommt.
- **C:** Volle Herleitung inklusive aller Beweise. Dies erlaubt zu verstehen, woher die Quantisierung der Energien kommt.

Ein weiteres **Lernziel** besteht darin zu verstehen, wie die Wellenfunktion für die unterschiedlichen Potenziale aussieht und was die Energieniveaus der Quantenteilchen sind. Ein drittes **Lernziel** besteht darin zu verstehen, welche spezifischen Quantenphänomene sich in den Lösungen manifestieren.

Quantenphänomene Quantenteilchen zeigen charakteristische Phänomene, die in der klassischen Physik so nicht auftauchen:

- **Freie Teilchen:** Hier haben wir in Teil I die **Dispersion** und **Interferenz** kennengelernt.
- **Rotation:** Hier finden wir eine **Quantisierung** der Rotationsbewegung.
- **Gebundene Teilchen:** In diesem Teil II untersuchen wir Teilchen, die durch ein Potenzial V*(x)* in einem Raumgebiet ‚gebunden' sind, z. B. Elektronen in einem Atom. Bei den Lösungen der Potenziale finden wir immer drei charakteristische Eigenschaften:
  - **Quantisierung:** Es sind nicht alle Energiewerte in einem Potenzial erlaubt, sondern nur bestimmte, diskrete Energien E_n, wobei die n ganze Zahlen sind. Es gibt also Energien, die quantenmechanisch nicht erlaubt sind.
  - **Nullpunktsenergien:** Es gibt eine minimale Energie $E_0 > 0$, d. h., es gibt keinen Zustand, bei dem die Energie ganz verschwindet. Der Zustand der Ruhe mit $E = 0$, wie in der klassischen Physik, taucht in der Quantenmechanik nicht auf.
  - **Tunneleffekt:** Ein Potenzial V(x), grafisch aufgetragen, sieht wie eine Wand aus. Es gibt damit Bereiche, die in der klassischen Physik den Teilchen nicht zugänglich sind. Kein Teilchen kann in eine Wand eindringen, es wird von ihr reflektiert. In der Quantenmechanik ist dies möglich und wird

Tunneleffekt genannt. Ein Teilchen, das auf eine solche Potenzialwand trifft, wird von dieser nicht nur reflektiert, sondern kann in diese auch ein Stück weit eindringen. Die Wellenfunktion wird sich also auch ein Stück weit in die Wand ausdehnen.

Modellpotenziale und Anwendungen in der Chemie Die Bedeutung der Modellpotenziale liegt darin, dass sie zum einen die Lösungen der Schrödinger-Gleichung, d. h., die Wellenfunktionen und Energien, einfach illustrieren. Man kann sie grafisch darstellen, d. h., die Wellenfunktionen werden anschaulich. Zum anderen lassen sich aber zentrale Probleme der physikalischen Chemie durch Teilchen in einfachen Potenzialen darstellen. Die hier untersuchten Potenziale werden als **Modelle** verwendet, um das Verhalten von Elektronen oder Atomkernen in Molekülen zu verstehen, als **Modellsysteme** sind sie zentral zum Verständnis der elementaren quantenmechanischen Vorgänge in der Chemie.[2] Die quantisierte Rotationsbewegung ist zentrales Konzept: Wir werden sie zunächst bei der Rotationsbewegung des Moleküldimers und im Wasserstoffatom wiederfinden, später aber auch beim Elektronenspin.

An diesen Beispielen werden dann in **Teil III** die **zentralen Konzepte** der **Quantenchemie** und **Spektroskopie** entwickelt, die Beispiele erlauben ein fundamentales Verständnis des molekularen Geschehens. Daher die Bedeutung dieser Modellpotenziale. Auch bei komplexeren Problemen wird man auf diese Lösungen zurückgreifen und die Beschreibung von Materie so darstellen, dass man auf den hier entwickelten Modellen aufbauen kann.

Verhältnis von Teil II und Teil III Lernen geschieht in mehreren Phasen.

- Für den Erstkontakt empfiehlt es sich sicher, die Modellpotenziale und ihre Anwendungen in direkter Abfolge durchzunehmen. Daher ist in jedem Kapitel von Teil II ein Verweis auf ein Kapitel in Teil III, in dem dieses Potenzial auf ein chemisches Problem angewendet wird.
- Für ein zweites Lesen jedoch erleichtert die aufeinanderfolgende Darstellung der Potenziale in Teil II das Erkennen der Gemeinsamkeiten ihrer Lösungen. Der lineare Aufbau dieses Buches folgt also einem systematischen Zweck. Wenn man die Potenziale und ihre Lösungen verstanden hat, kann man in Teil III besser verfolgen, welches Potenzial für welches chemische Problem zum Einsatz kommt. In Teil III wird systematisch entwickelt, welche **chemischen Konzepte** auf welchen **Modellvorstellungen** basieren.

---

[2]Modelle treten in den Naturwissenschaften in verschiedenen Funktionen auf: In Kap. 3 haben wir Modelle diskutiert, die dort Verwendung finden, wo Theorien (noch) nicht zur Verfügung stehen. Die Modellpotentiale hingegen fungieren als Näherungen innerhalb der klassischen Mechanik und Quantenmechanik. Aber auch sie können meist nur Aspekte der Natur in gewissen Grenzen beschreiben.

Lernziele von Teil II Die Studierenden sollten

- erklären können, warum die stationäre Schrödinger-Gleichung gelöst wird.
- in der Lage sein, den Hamilton-Operator für das jeweilige Problem aufzuschreiben, und die wichtigsten Schritte der Lösung anzugeben.
- in der Lage sein, die jeweiligen Potenziale, Wellenfunktionen und Energiezustände in einer Grafik darstellen zu können.
- die Energieformeln wiedergeben können (funktionale Abhängigkeit der Energie von den Quantenzahlen, nicht die Details der Konstanten!).
- die Form der Wellenfunktion erklären können. Wie verlaufen die Lösungen in den unterschiedlichen Bereichen des Potentials? Wie motiviert sich der Ansatz?
- die Phänomene der Quantisierung, Nullpunktsenergie und Tunneln an diesen Beispielen erklären können. Warum treten diese Phänomene als Resultat der Wellenbeschreibung auf?

Kastenpotenziale

7

Kastenpotenziale stellen die einfachste Potenzialform dar, man erhält **analytische** Lösungen der zeitunabhängigen Schrödinger-Gleichung mit relativ geringem Aufwand.

Diese Lösungen zeigen zentrale Quanteneigenschaften, nämlich **Quantisierung der Energie, Nullpunktsenergie** und **Tunneleffekt.** Sie erlauben daher konzeptionell wichtige Einsichten in das Verhalten von Quantenteilchen in zeitlich konstanten Potenzialen. Für andere Potenziale findet man qualitativ das gleiche Verhalten, die Energien und Wellenfunktionen sehen allerdings etwas anders aus, und die Lösungen sind schwieriger zu berechnen.

Diese Potenziale haben einige wichtige Anwendungen in der physikalischen Chemie, die in Teil III in Kap. 14 und Kap. 17 diskutiert werden.

7.1 Freies Teilchen und Rechteckpotenziale

7.1.1 Freies Teilchen

Um ein erstes Gefühl für die Lösungen der zeitunabhängigen Schrödinger-Gleichung Gl. 6.2 zu bekommen, lösen wir diese für ein freies Teilchen, d. h. für den Hamilton-Operator Gl. 6.1 mit $V(x) = 0$.

Hamilton-Operator und Differentialgleichung Setzen wir den **Hamilton-Operator**

$$\hat{H} = -\frac{\hbar^2}{2m}\frac{\partial^2}{\partial x^2} \tag{7.1}$$

in Gl. 4.40 ein, so können wir wie folgt umformen:

$$\frac{\partial^2}{\partial x^2}\Phi(x) + \frac{2mE}{\hbar^2}\Phi(x) = 0. \tag{7.2}$$

© Springer-Verlag GmbH Deutschland, ein Teil von Springer Nature 2021

M. Elstner, *Physikalische Chemie II: Quantenmechanik und Spektroskopie*,
https://doi.org/10.1007/978-3-662-61462-4_7

Wenn wir die **abkürzende Schreibweise**

$$k^2 = 2mE/\hbar^2 \tag{7.3}$$

wählen, erhalten wir eine vertraute Differentialgleichung

$$\frac{\partial^2}{\partial x^2}\Phi(x) + k^2\Phi(x) = 0, \tag{7.4}$$

die wir schon als Bewegungsgleichung des **klassischen harmonischen Oszillators** in Kap. 1 diskutiert haben.

Lösungen Die **allgemeine Lösung** dieser Gleichung ist durch

$$\Phi_k(x) = A\exp(\mathrm{i}kx) + B\exp(-\mathrm{i}kx) \tag{7.5}$$

gegeben, siehe dazu nochmals Kap. 2. Wir haben Φ_k mit dem Index ‚k' versehen, um zu verdeutlichen, dass die Wellenfunktion nicht nur von den Orten x, sondern auch von den k abhängt.[1] Eine **spezielle Lösung** ist die Sinusfunktion

$$\Phi_k(x) = A\sin(kx), \tag{7.6}$$

wie man leicht durch Einsetzen in die Differentialgleichung sieht.

Normierung Wie sieht das nun mit der Normierung aus? Die Sinuswelle hat eine Ausdehnung von $-\infty$ bis ∞, d. h., man berechnet

$$\int_{-\infty}^{\infty} |\Phi(x)|^2 \mathrm{d}x = \int_{-\infty}^{\infty} \sin^2(kx)\mathrm{d}x = \infty.$$

Das Integral ist unendlich, damit ist diese Wellenfunktion nicht normierbar, die Born'sche Wahrscheinlichkeitsinterpretation unhaltbar.

Energie Nun lösen wir Gl. 7.3 nach E auf. Da jeder Zustand, repräsentiert durch eine Wellenfunktion, eine unterschiedliche Energie hat, wird damit auch E von k abhängen, und wir werden es ebenfalls mit einem Index versehen. Wir erhalten

$$E_k = \frac{\hbar^2 k^2}{2m}. \tag{7.7}$$

[1] Im Prinzip könnte man das auch als $\Phi(k, x)$ schreiben, das ist vielleicht die mathematisch vertrautere Variante, denn k ist eine kontinuierliche Variable. Weiter unten wird aber k nur noch diskrete Werte annehmen, daher schreibt man das i. A. als Index an die Wellenfunktion.

Diese vier Schritte, (1) Bestimmung des **Hamilton-Operators** und Aufstellen der **partiellen Differentialgleichung** (Schrödinger-Gleichung), (2) Bestimmung der Lösungen, d. h. der **Wellenfunktionen,** (3) **Normierung** der Wellenfunktionen (wegen Born'scher Interpretation) und (4) Bestimmung der **Energie,** werden wir im Folgenden bei der Diskussion der Potenziale $V(x)$ jedes Mal wieder durchlaufen.

Für das freie Teilchen lernen wir dreierlei:

- Für ein freies Teilchen sind alle Werte von k möglich, d. h., mit der Beziehung $\lambda = 2\pi/k$ kann das freie Teilchen beliebige Wellenlängen λ besitzen.
- Wir haben $V(x) = 0$ betrachtet, daher liegt nun die Energie ausschließlich als kinetische Energie vor. Da die Energie E_k direkt von k abhängt, kann das freie Teilchen alle möglichen kinetischen Energien E_k besitzen. Dies ist mit unserem klassischen Verständnis verträglich, freie Teilchen können beliebige Geschwindigkeiten haben, und damit beliebige kinetische Energien. Mit der De-Broglie-Beziehung $p = \hbar k$ ist die Energie E_k mit der klassischen kinetischen Energie

$$E_p = \frac{p^2}{2m}$$

identisch.
- Die entsprechende Wellenfunktion ist allerdings nicht normierbar, das Integral wird unendlich. Nach der **Born'schen Interpretation** wäre dann die Wahrscheinlichkeit, ein Teilchen irgendwo im Raumgebiet zu finden, unendlich, was offensichtlich keinen Sinn macht. Wir sehen hier ein erstes Beispiel dafür, dass man für bestimmte Fälle zwar mathematische Lösungen finden kann, diese aber aus physikalischen Gründen verwerfen muss. Das wird uns noch öfter begegnen.

Eine praktische Lösung dieses Problems erhält man, (i) wenn man ein Wellenpaket annimmt oder (ii) wenn man die Wellenfunktion räumlich beschränkt. Man kann immer sagen, dass sich ein Teilchen unter experimentellen Bedingungen in einem geschlossenen System aufhält. Dies kann man durch ein Kastenpotenzial darstellen, wie im nächsten Abschnitt diskutiert. Zudem, jedes der in diesem Teil des Buches diskutierten Potenziale $V(x)$ führt zu einer solchen Beschränkung, daher können wir die Wellenfunktion in Potenzialen immer normieren.

7.1.2 Rechteckpotenziale

Nun betrachten wir den Hamilton-Operator

$$\hat{H} = -\frac{\hbar^2}{2m}\frac{\partial^2}{\partial x^2} + V(x) \tag{7.8}$$

für ein Teilchen in einer Dimension mit der Koordinate x und dem Potenzial $V(x)$.

Wir bringen das mathematische Problem zunächst in eine für die Lösung praktische Darstellung. Wir formen die stationäre Schrödinger-Gleichung

$$-\frac{\hbar^2}{2m}\frac{\partial^2}{\partial x^2}\Phi(x) + V(x)\Phi(x) = E\Phi(x) \tag{7.9}$$

wieder wie oben um,

$$\frac{\partial^2}{\partial x^2}\Phi(x) + \frac{2m(E - V(x))}{\hbar^2}\Phi(x) = 0, \tag{7.10}$$

und erhalten mit

$$k^2 = 2m(E - V(x))/\hbar^2 \tag{7.11}$$

die Differentialgleichung

$$\frac{\partial^2}{\partial x^2}\Phi(x) + k^2\Phi(x) = 0. \tag{7.12}$$

Diese partielle Differentialgleichung hat eine einfache Form, und jedes Problem in diesem Kapitel können wir durch diese Form darstellen. Lösungen dieser Differentialgleichung sind offensichtlich Exponentialfunktionen sowie Sinus-/Kosinusfunktionen.

Diese Lösungen kann man in **allgemeiner Form** durch den Ansatz

$$\Phi_k(x) = A\exp(ikx) + B\exp(-ikx). \tag{7.13}$$

darstellen. Damit sind alle möglichen Lösungen beschrieben, bei den konkreten Anwendungen wird es nun darum gehen, die Amplituden A und B und den Wellenvektor, d. h. die inverse Wellenlänge, zu bestimmen. Das bestimmt unser Vorgehen in den folgenden Anwendungen:

Wir wissen also schon, dass die Funktionen eine Summe von Sinus- und Kosinusfunktionen bzw. Exponentialfunktionen sind, unsere Aufgabe wird es sein, für verschiedene Versionen von $V(x)$

- die **Amplituden A und B** und natürlich die **Wellenvektoren k** (inverse Wellenlängen) zu bestimmen. Damit kennen wir dann die **Wellenfunktionen $\Phi_k(x)$**.
- Die k^2 können wir dann mit Gl. 7.11 nach der Energie E auflösen, erhalten also die Energieeigenwerte E_k.

7.2 Der unendlich tiefe Potenzialtopf

Betrachten wir zunächst einen unendlich hohen Potenzialtopf, wie in Abb. 7.1a gezeigt.

Das Potenzial hat die folgende mathematische Form:

$$V(x) = \begin{cases} 0 & 0 \leq x \leq L \\ \infty & \text{sonst} \end{cases} \tag{7.14}$$

Für diesen einfachen Fall können wir die Lösungen nur durch Betrachtung der **Randbedingungen** und der **Normierung** erhalten.

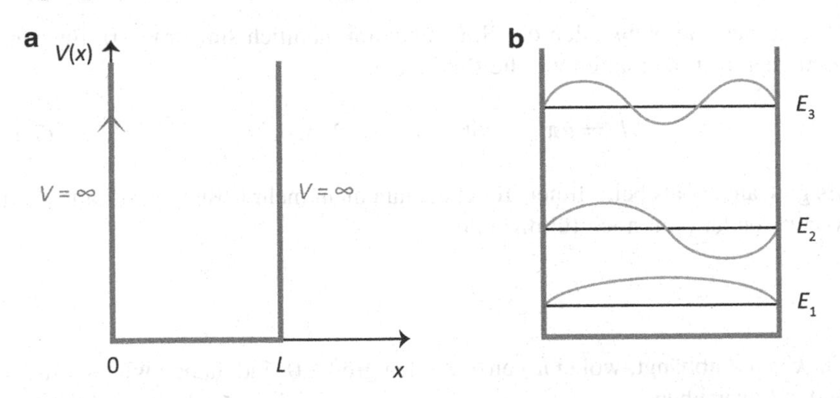

Abb. 7.1 **a** Potenzialtopf und **b** Eigenfunktionen $\Phi_n(x)$, aufgetragen an den entsprechenden Eigenenergien E_n

7.2.1 Energie und Wellenfunktion

Ansatz Mit

$$\exp(\pm \mathrm{i}kx) = \cos(kx) \pm \mathrm{i}\sin(kx)$$

kann man den Ansatz Gl. 7.13 auch umschreiben in

$$\Phi_k(x) = a\cos(kx) + b\sin(kx), \tag{7.15}$$

mit $a = (A + B)$ und $b = \mathrm{i}(A - B)$, was man durch Einsetzen sieht.[2]

Randbedingungen Da das Potenzial unendlich hoch ist, hat die Wellenfunktion nur in dem Bereich $0 \leq x \leq L$ endliche Werte, für alle anderen x-Werte verschwindet sie. Zudem wird die Wellenfunktion direkt am Potenzialwall verschwinden, d. h., wir haben die **Randbedingungen** für $x = 0$ und $x = L$, denen die Funktion Gl. 7.15 gehorchen muss:

- $\boldsymbol{x = 0}$:

$$0 = \Phi_k(0) = a\cos(0) + b\sin(0).$$

  Da $\sin(0) = 0$ gilt, aber $\cos(0) \neq 0$, kann diese Randbedingung nur von der Sinusfunktion erfüllt werden, d. h., wir müssen $a = 0$ setzen.
- $\boldsymbol{x = L}$:

$$0 = \Phi_k(L) = b\sin(kL).$$

  Wir kennen die Nullstellen der Sinusfunktion, nämlich $\sin(n\pi) = 0$, für ganzzahlige n. Damit erhalten wir die Bedingung

$$kL = n\pi \qquad \text{mit} \qquad n = 1, 2, 3, 4 \quad \ldots \tag{7.16}$$

  Es gibt, anders als beim freien Teilchen, nun nicht mehr Lösungen für alle Werte von k, sondern nur noch für diskrete

$$k_n = \frac{n\pi}{L}. \tag{7.17}$$

  Da k von n abhängt, wobei n ganze Zahlen größer 0 sind, haben wir es mit dem Index k_n versehen.

---

[2]Man kann natürlich auch Gl. 7.13 als Ansatz verwenden, man sieht dann im Lauf der Rechnungen, dass die einfacheren Sinus-/Kosinuslösungen resultieren.

Damit sind auch die resultierenden Wellenfunktionen abhängig von n, wir finden die Lösungen

$$\Phi_n(x) = b\sin(\frac{n\pi}{L}x). \tag{7.18}$$

Nun müssen wir noch die Amplitude b bestimmen, dazu betrachten wir die

Normierung Jede der Funktionen $\Phi_n(x)$ muss normiert sein, d. h.,

$$1 = \int_0^L |\Phi_n(x)|^2 \mathrm{d}x = \int_0^L |b^2| \sin^2\left(\frac{n\pi}{L}x\right) \mathrm{d}x. \tag{7.19}$$

Zur Auswertung dieses Integrals verwenden wir die Beziehung

$$\sin^2 u = \frac{1}{2}(1 - \cos 2u),$$

welche $b = \sqrt{2/L}$ ergibt[3], und wir erhalten die Wellenfunktionen

$$\Phi_n(x) = \sqrt{\frac{2}{L}}\sin(\frac{n\pi}{L}x), \tag{7.20}$$

die in Abb. 7.1b schematisch dargestellt sind.

Energie Wir finden unterschiedliche Wellenfunktionen, die durch n bestimmt sind. Damit werden wir zu jeder Wellenfunktion eine Energie E_n erhalten, die ebenfalls durch n bestimmt ist. Da wir die k_n bestimmt haben, erhalten wir die E_n mit Gl. 7.11 durch Einsetzen der k_n aus Gl. 7.17 mit $V(x) = 0$:

$$E_n = \frac{\hbar^2 k_n^2}{2m} = \frac{\hbar^2 \pi^2}{2mL^2} n^2. \tag{7.21}$$

[3]Bemerkung: Ganz genauso sind wir bei der Normierung der Maxwell-Verteilung vorgegangen (Bd. I, Kap. 16). Auch da haben wir durch Normierung den fehlenden Parameter bestimmt.

Es gibt offensichtlich eine tiefste Energie, die **Grundzustandsenergie** $E_1 \geq 0$, und ein **Energiespektrum**

$$E_n = E_1 n^2, \tag{7.22}$$

wie in Abb. 7.1 eingezeichnet.

Durch die Einführung von unendlich hohen Wänden sind nur noch bestimmte Lösungen möglich, nämlich Sinuswellen, wobei die Kastenlänge L ein ganzzahliges Vielfaches der halben Wellenlänge sein muss. Wir haben hier **stehende Wellen**, ein Phänomen, das man z. B. bei der schwingenden Geigensaite oder beim Seilhüpfen feststellen kann. Zudem findet man eine minimale Energie E_1, die nicht unterschritten werden kann.

Die **Wellenbeschreibung** von Teilchen in einem Potenzial (das gilt allgemein, auch für die anderen Potenziale), d. h., die Annahme, dass diese durch eine Wellenfunktion als Lösung der Schrödinger-Gleichung beschrieben werden, führt automatisch zur Quantisierung und zu Nullpunktsenergien.

- **Quantisierung:** Es sind also nur bestimmte Wellenlängen λ als Lösungen möglich. Da λ mit dem Wellenvektor k_n und dieser mit der Energie E_n verknüpft ist, sind nur bestimmte Energiewerte möglich. Dies resultiert direkt aus dem Wellencharakter der Materie. Im Gegensatz zu anderen Potenzialen, die wir später behandeln werden (harmonisches Potenzial, $1/r$-Potenzial), steigen die Energieabstände mit n^2 an.
- **Grundzustandsenergie:** Das Teilchen hat eine minimale Energie E_1. Dies ist ein Charakteristikum der quantenmechanischen Lösung, man sagt, die Teilchen haben eine Grundzustandsenergie. Dieser Energie werden wir bei allen diskutierten Potenzialen begegnen.

7.2.2 Aufenthaltswahrscheinlichkeit

Das Integral

$$\int_{x_1}^{x_2} |\Phi_n(x)|^2 \mathrm{d}x = P(x_1, x_2)$$

ist für $0 \leq x_1 < x_2 \leq L$ die Wahrscheinlichkeit, ein Teilchen mit der Energie E_n in dem Intervall zwischen x_1 und x_2 zu finden, siehe Abb. 7.2. Hier ist wieder die **Born'sche Wahrscheinlichkeitsinterpretation** einschlägig. $P(x_1, x_2)$ erlaubt eine statistische Aussage, analog zur Maxwell-Verteilung. Wir haben keine sichere Information über den Aufenthaltsort des Teilchens, wenn es die Energie E_n hat, sondern

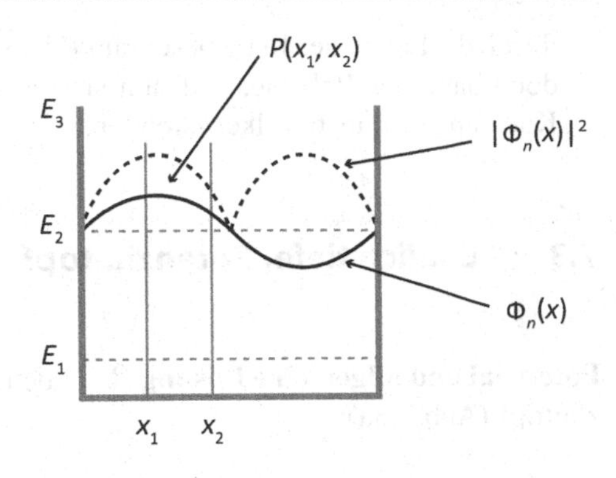

Abb. 7.2 Darstellung der Eigenfunktionen $\Phi_n(x)$ und $|\Phi_n(x)|^2$ für $n = 2$. Die Fläche unter der gestrichelten Kurve von $|\Phi_n(x)|^2$ zwischen x_1 und x_2 ist die Wahrscheinlichkeit $P(x_1, x_2)$, ein Teilchen in diesem Intervall zu finden

können nur Wahrscheinlichkeitsaussagen machen. Statistisch ist der Ort des Teilchens über den ganzen Kasten verteilt, wenn man jedoch nachsieht, d. h. misst, findet man es gemäß der Wahrscheinlichkeitsverteilung an einem bestimmten Ort. An dieser Stelle scheint $P(x_1, x_2)$ die gleiche Interpretation wir die Maxwell-Verteilung zu haben, sie gibt die Unkenntnis über den genauen Ort wieder, wir werden aber in den Interpretationskapiteln die Unterschiede disktutieren.

Die Lösung E_0 mit $n = 0$ ist nicht möglich, da in diesem Fall $\sin(0) = 0$ gilt und dann

$$\int_0^L |\Phi_0(x)|^2 \mathrm{d}x = 0$$

gilt. Nach der **Born'schen Wahrscheinlichkeitsinterpretation** ist das dann der Zustand, bei dem man sicher kein Teilchen im Kasten findet.

7.2.3 Anwendung

Obwohl dieses Potenzial sehr einfach ist, hat es wichtige Anwendungen, wie in Kap. 14 ausgeführt:[4]

- Zum einen stellt es ein quantenmechanisches Modell für ein **ideales Gas** dar: die Gasatome haben keine Wechselwirkung untereinander, ihre Energie ist nur durch die kinetische Energie gegeben, und diese ist durch die Behälterwände, die als Kastenpotenzial modelliert werden, quantisiert, wie oben ausgeführt. Man kann sich das quantenmechanische ideale Gas also so vorstellen, dass die N Gasteilchen auf die Zustände des Kastenpotenzials verteilt sind.
- Zum anderen können die **Anregungsenergien von Polyenen** mit Hilfe des Kastenmodells verstanden werden. In diesen konjugierten Molekülen können sich die π-Elektronen entlang des Kohlenstoffgerüsts quasi frei bewegen, sie sind nur

[4]Sie können dieses Anwendungskapitel auch gleich im Anschluss an dieses Kapitel lesen, es sind keine weiteren Vorkenntnisse nötig.

durch die Länge der Kette beschränkt. Die Kastenlänge L entspricht also effektiv der Länge des Polyene, und nun sind es die Elektronen, die die Zustände des Kastenpotenzials bevölkern können.

7.3 Endlich tiefer Potenzialtopf

Potenzial und allgemeine Lösung Nun betrachten wir einen endlich tiefen Potenzialtopf (Abb. 7.3a):

$$V(x) = \begin{cases} 0 & -\infty < x < -L/2 \quad \text{Bereich I} \\ -V_0 & -L/2 < x < +L/2 \quad \text{Bereich II} \\ 0 & +L/2 < x < \infty \quad \text{Bereich III} \end{cases} \tag{7.23}$$

Die Wellenfunktion kann sich prinzipiell über die drei Bereiche ausdehnen, und man wird je nach Energie E der Teilchen zum einen **ungebundene Zustände** für $E > 0$ finden, die durch ebene Wellen, wie eingangs behandelt, beschrieben werden. Teilchen mit Energie $E > 0$ fliegen sozusagen über den Potenzialtopf hinweg: Klassisch würden sie durch die Barriere nicht beeinflusst, quantenmechanisch treten jedoch Störungen auf, die Teilchen werden durch die Barriere gestreut.

Im Folgenden wollen wir nur **gebundene Zustände** betrachten, d. h., Teilchen die sich im Potenzialtopf mit einer negativen Energie

$$-V_0 < E < 0$$

befinden. Wir verwenden die Wellenfunktion Gl. 7.13

$$\Phi(x) = A\exp(ikx) + B\exp(-ikx),$$

da dies die allgemeinere Form ist: Es wird vermutlich nicht nur Schwingungslösungen geben. Bei der Bestimmung von

$$k = \sqrt{2m(E - V(x))/\hbar^2}$$

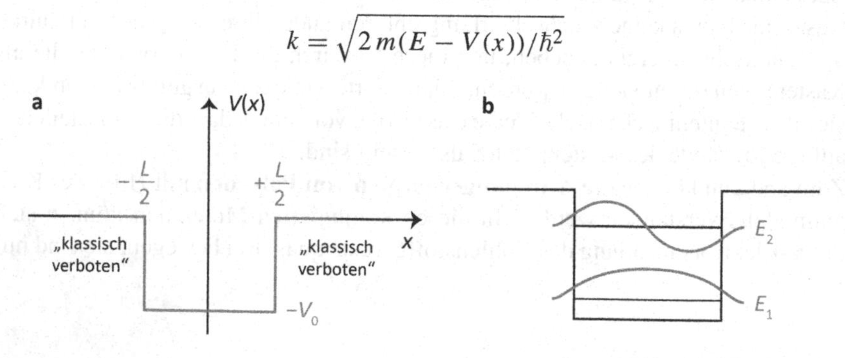

Abb. 7.3 **a** Potenzialtopf und **b** Eigenfunktionen $\Phi_n(x)$, aufgetragen an den entsprechenden Eigenenergien E_n

(Gl. 7.11) gibt es hier eine interessante Neuerung: Im Bereich II gilt $k^2 > 0$, d. h., die Exponenten sind imaginäre Zahlen, und man erhält in diesem Bereich Schwingungslösungen (Sinus/Kosinus), aber in den Bereichen I und III gilt $k^2 < 0$, d. h., k ist eine imaginäre Zahl. Damit ist der Exponent reell, d. h., man findet als Lösung in diesen Bereichen eine Exponentialfunktion.

Randbedingungen Hier haben wir zwei Fälle zu untersuchen, wir machen eine Fallunterscheidung und behandeln diese zunächst einzeln:

- **Bereich II:** Dies ist analog zum unendlichen Potenzial wie oben gelöst, hier gilt $0 > E \geq -V_0$, und man erhält ein **reellwertiges**

$$k = \sqrt{2m(E - V_0)/\hbar^2}, \tag{7.24}$$

für das die Wellenfunktionen in Gl. 7.13, wie beim unendlich hohen Kastenpotenzial, durch Sinus- oder Kosinusfunktionen darstellbar sind,

$$\Phi_{\text{II}}(x) = a \sin(kx) + b \cos(kx).$$

- **Bereich I & III:** Hier gilt nun $V(x) = 0$ und $E \leq 0$, d. h., die Wurzel im Ausdruck für k wird negativ, was man durch imaginäre Zahlen darstellen kann:

$$k = \mathrm{i}\kappa = \mathrm{i}\sqrt{2m|E - V(x)|/\hbar^2} = \mathrm{i}\sqrt{2m|E|/\hbar^2}. \tag{7.25}$$

Die Wurzel wird nun durch κ repräsentiert. Wenn wir $k = \mathrm{i}\kappa$ in Gl. 7.13 einsetzen, erhalten wir:

$$\Phi_{\text{I/III}}(x) = A \exp(-\kappa x) + B \exp(\kappa x). \tag{7.26}$$

Das ist interessant: κ ist eine reelle Zahl, offensichtlich ist die Lösung nun keine Sinus- oder Kosinusschwingung mehr, sondern eine Exponentialfunktion.
Im Bereich I divergiert $A \exp(-\kappa x)$, im Bereich III $B \exp(\kappa x)$, d. h., die Wellenfunktionen werden für große Werte von x unendlich, sind also nicht normierbar. Da Φ normiert sein muss, können wir diese Funktionen jeweils ausschließen. D. h., im Bereich I wird nur die Lösung $B \exp(\kappa x)$, im Bereich III nur die Lösung $A \exp(-\kappa x)$ sinnvoll sein.

Wellenfunktion
Wir fassen das nun wie folgt zusammen:

$$\Phi(x) = \begin{cases} \Phi_{\text{I}}(x) = A \exp(\kappa x) & -\infty < x < -L/2 & \text{Bereich I} \\ \Phi_{\text{II}}(x) = B \sin(kx) + C \cos(kx) & -L/2 < x < +L/2 & \text{Bereich II} \\ \Phi_{\text{III}}(x) = D \exp(-\kappa x) & +L/2 < x < \infty & \text{Bereich III} \end{cases}$$

Wir haben die Amplituden in A, B, C und D umbenannt und so gewählt, dass die Bereiche dadurch eindeutig zugeordnet sind.

Es gibt **gerade und ungerade**[5] Funktionen als Lösungen, betrachten wir die geraden, d. h. $B = 0$, aus Symmetriegründen ergibt sich $A = D$:

$$\Phi(x) = \begin{cases} \Phi_{\mathrm{I}}(x) = A\exp(\kappa x) & -\infty < x < -L/2 \quad \text{Bereich I} \\ \Phi_{\mathrm{II}}(x) = C\cos(kx) & -L/2 < x < +L/2 \quad \text{Bereich II} \\ \Phi_{\mathrm{III}}(x) = A\exp(-\kappa x) & +L/2 < x < \infty \quad \text{Bereich III} \end{cases}$$

Die Lösungen in den drei Bereichen müssen stetig ineinander übergehen. Dies kann man nutzen (**Beweis** 7.1), um die Konstante C zu eliminieren und eine Beziehung zwischen k und κ herzuleiten. Damit ist die Lösung dann gegeben, wie wir im Folgenden sehen werden.

Energie Zur Berechnung der Energie müssen wir nun k (Gl. 7.24) und κ (Gl. 7.25) bestimmen. Wenn wir diese kennen, können wir nach der Energie auflösen und diese berechnen. Wir erhalten zwei Gleichungen, die zur Festlegung von zwei Unbekannten nötig sind:

- Wie in **Beweis** 7.1 gezeigt, erhält man eine Beziehung zwischen k und κ für die **geraden Funktionen** wie folgt:

$$\kappa = k\tan(kL/2). \tag{7.27}$$

  Ein analoges Prozedere führt auf die Gleichung für die **ungeraden Funktionen:**

$$\kappa = -k\cot(kL/2). \tag{7.28}$$

- Aus den beiden Gl. 7.24 und Gl. 7.25 erhalten wir:

$$k^2 + \kappa^2 = \frac{2mV_0}{\hbar^2} \tag{7.29}$$

  Dies ist also eine Kreisgleichung $x^2 + y^2 = r^2$, d. h., das Potenzial V_0 bestimmt den Radius des Kreises.

Gl. 7.27 (bzw. Gl. 7.28) und Gl. 7.29 müssen nun gleichzeitig erfüllt sein. Diese Gleichung kann man nicht explizit auflösen, man kann sie aber grafisch darstellen, indem man Kreise mit dem Radius $r = \sqrt{\frac{2mV_0}{\hbar^2}}$ in Abb. 7.4 einzeichnet. Da sowohl k als auch κ positiv sind, muss man nur den rechten oberen Quadranten, wie in Abb. 7.4b gezeigt, berücksichtigen. Die Schnittpunkte der Kreise mit den Tangensfunktionen

[5] **Gerade** Funktion: $f(x) = f(-x)$, z. B. die Kosinusfunktion, **ungerade** Funktion: $f(x) = -f(-x)$, z. B. die Sinusfunktion.

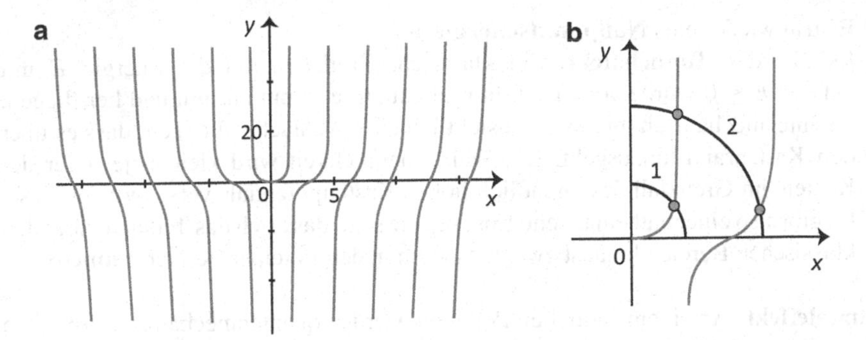

Abb. 7.4 Die Funktion Gl. 7.27 grafisch dargestellt als $y = x\tan(x)$. Zur Darstellung ist in Gl. 7.27 die Konstante $L/2 = 1$ gewählt

ergeben die Werte von k und κ, man kann Werte der beiden Funktionen direkt aus den Schnittpunkten ablesen, und daraus dann die Energie E bestimmen. D. h., man findet wieder nur bestimmte, diskrete Werte für k, und damit wieder eine **Quantisierung der Energie.** Je größer der Kreisradius, d. h., je größer V_0, desto mehr Schnittpunkte und damit desto mehr Eigenzustände Φ_n.

Für die **geraden Funktionen** findet man immer eine Lösung, auch für sehr kleine V_0, wie man aus Abb. 7.4 sehen kann, denn die Funktion $x\tan x$ geht für kleine x stetig gegen null, d. h., man findet immer einen Schnittpunkt mit einem Kreis. Dies ist anders für die **ungeraden Funktionen,** da der Kotangens für $k \to 0$ gegen $-2/L$ strebt. Es braucht daher eine Mindestpotenzialtiefe, dass eine ungerade Lösung existieren kann. Diese Wellenfunktionen sind in Abb. 7.3b dargestellt. Die Lösungen im Potenzialtopf sind denen des unendlich tiefen Potenzials ähnlich, nur dass sie exponentiell in dem Potenzialwall abklingen, d. h., eine gewisse Eindringtiefe in den Potenzialwall haben.

Lösungen Dadurch erhält man, je nach Potenzialtiefe, eine unterschiedliche Anzahl an Lösungen, wie in Abb. 7.3b gezeigt. Explizit kann man die Lösung, wenn man die Stetigkeitsbedingungen wie in Beweis 7.1 verwendet, wie folgt darstellen:

$$\Phi(x) = A \begin{cases} \exp(\kappa x) & -\infty < x < -L/2 & \text{Bereich I} \\ \frac{\exp(-\kappa L/2)}{\cos(kL/2)}\cos(kx) & -L/2 < x < +L/2 & \text{Bereich II} \\ \exp(-\kappa x) & +L/2 < x < \infty & \text{Bereich III} \end{cases}$$

Die Konstante C kann also eliminiert werden, und den Wert von A erhält man aus der **Normierung.**

Bemerkenswert ist Folgendes:

- Es gibt wieder eine **Energiequantisierung,** im Prinzip analog zum unendlich hohen Potenzial durch die Randbedingungen. Diese sind diesmal etwas komplizierter, da der stetige Anschluss an die exponentiell abklingenden Funktionen in den Bereichen I und III gewährleistet sein muss.

- Es tritt wieder eine **Nullpunktsenergie** auf.
- Es gibt den **Tunneleffekt.** Ein klassisches Teilchen mit der Energie E mit $-V_0 \leq E \leq 0$ würde vom Topfrand reflektiert, es kann nur hin und her fliegen. Quantenmechanisch gibt es offensichtlich eine Wahrscheinlichkeit, dass es über den Kastenrand hinausgeht. Die Wahrscheinlichkeit wird kleiner, je tiefer der Kasten, im Grenzfall des unendlich hohen Kastenpotentials verschwindet diese. Es gibt also eine mathematische Lösung, die sagt, dass sich das Teilchen über den klassischen Bereich hinausbewegt, es kann in den Potenzialbereich **tunneln.**

Tunneleffekt An einem endlichen Potenzial werden quantenmechanische Teilchen nicht strikt reflektiert, sondern sie können ein Stück weit in den **klassisch verbotenen Bereich** (I/III) vordringen. Dies ist die Grundlage des Tunneleffektes. Die Wellenfunktion klingt exponentiell mit κ ab,

$$\Phi_{I/III}(x) = A \exp(\pm\kappa x),$$

und κ ist proportional zu $\sqrt{|E - V(x)|}$. D. h, je tiefer das Potenzial, desto kürzer die Eindringtiefe. Für den Grenzfall $V(x) = -\infty$ erhalten wir die stehenden Wellen, wie oben diskutiert.

Andere Potenziale Lösungen dieser Art werden wir auch für andere Potenziale finden: In der Potenzialbarriere klingt die Wellenfunktion schnell (exponentiell) ab, die Wellenfunkion ,tunnelt' in die Potenzialbarriere. Im Potenzialtopf erhält man eine Schwingungslösung, hier ist diese durch eine modifizierte Sinus-/ Kosinusschwingung dargestellt. Für andere Probleme (harmonischer Oszillator, Coulomb-Potenzial) werden wir sehen, dass dieser Teil durch Polynome dargestellt wird, die aber ebenfalls im Potenzialbereich oszillierende Funktionen sind. Je mehr Knoten auftreten, desto höher die kinetische Energie des Teilchens im Kasten: Das ist genau so, wie wir es für den unendlich tiefen Kasten gelernt haben.

Beweis 7.1 Wir haben nun drei Bereiche und fordern, dass die Wellenfunktion stetig an den Übergängen ist. Das ist eine sinnvolle Forderung, denn das Quadrat der Wellenfunktion ist die Aufenthaltswahrscheinlichkeit, und es macht Sinn, davon auszugehen, dass sich diese stetig und kontinuierlich verändert.

Wenn die Lösungen in den Bereichen stetig ineinander übergehen, erhalten wir folgende Anschlussbedingungen:

$$\Phi_I(-L/2) = \Phi_{II}(-L/2)\ \Phi_{II}(L/2) = \Phi_{III}(L/2)$$
$$\Phi_I'(-L/2) = \Phi_{II}'(-L/2)\ \Phi_{II}'(L/2) = \Phi_{III}'(L/2). \quad (7.30)$$

Dies besagt, dass die Funktion und ihre Ableitungen an den Anschlussstellen stetig sein soll, d. h., die Funktion soll keine Sprünge machen und keine Knicke haben. Wir müssen nun die Koeffizienten A, B, C, D finden, die diese Anschlussbedingungen erfüllen.

Wegen der Symmetrie muss $A = D$ gelten, d. h., wir benötigen nur eine Hälfte der Anschlussbedingungen. Mit diesen geraden Funktionen werden die Anschlussbedingungen zu:

$$\begin{aligned} A\exp(-\kappa L/2) &= C\cos(kL/2) \\ -\kappa A\exp(-\kappa L/2) &= -kC\sin(kL/2). \end{aligned} \tag{7.31}$$

Zunächst kann man damit eine Konstante eliminieren,

$$C = A\frac{\exp(-\kappa L/2)}{\cos(kL/2)}.$$

Als Nächstes können wir dieses lineare Gleichungssystem mit Hilfe der Funktionaldeterminante lösen:

$$\begin{vmatrix} \exp(-\kappa L/2) & -\cos(kL/2) \\ -\kappa\exp(-\kappa L/2) & k\sin(kL/2) \end{vmatrix} = 0. \tag{7.32}$$

Auflösen ergibt

$$\kappa = k\tan(kL/2) \tag{7.33}$$

für die geraden Funktionen.

7.4 Barriere: Der Tunneleffekt

Wir haben gerade gesehen, dass Teilchen offensichtlich in eine endliche Barriere ein Stück weit eindringen können, eine Eigenschaft, die so in der klassischen Welt nicht zu finden ist. Nun kann man fragen, ob das real ist oder nur ein Artefakt der Lösung.

Experimentell hat man aber viele Hinweise auf diesen sogenannten Tunneleffekt, zur Illustration werden wir zunächst eine sehr einfache Potenzialbarriere betrachten, in Kap. 17 werden wir komplexere Modelle zur Beschreibung von Tunnelphänomenen beim α-Zerfall und bei chemischen Reaktionen diskutieren.

Zunächst zum einfachsten Beispiel, der Potenzialbarriere in Abb. 7.5.

$$V(x) = \begin{cases} 0 & -\infty < x < 0 \quad \text{Bereich I} \\ +V_0 & 0 < x < +L \quad \text{Bereich II} \\ 0 & +L < x < \infty \quad \text{Bereich III} \end{cases} \tag{7.34}$$

Teilchen mit Energie $E > V_0$ fliegen sozusagen über die Barriere hinweg: Klassisch würden sie durch die Barriere nicht beeinflusst, quantenmechanisch treten jedoch Störungen auf, die Teilchen werden durch die Barriere gestreut.

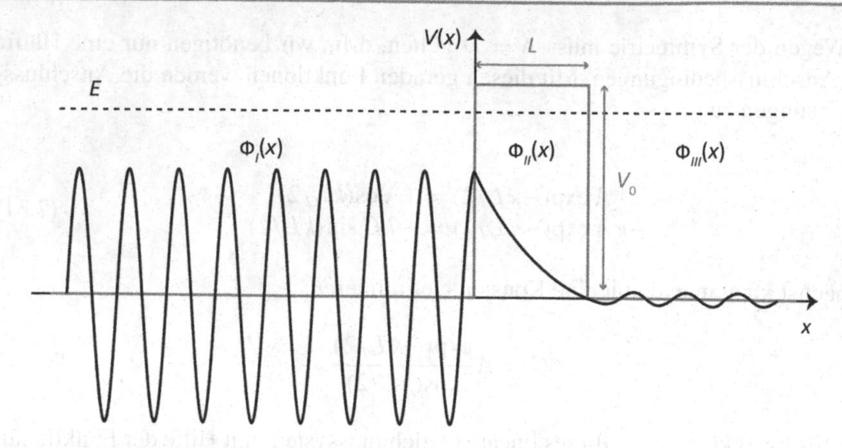

Abb. 7.5 Potenzialbarriere und Verlauf der Wellenfunktion

7.4.1 Wellenfunktion und Transmission

Uns interessieren jedoch vornehmlich Teilchen, die mit der Energie $0 < E < V_0$ von links auf diese Barriere treffen (Bereich I).

- Diese beschreiben wir als ebene Wellen, $\exp(ikx)$ (Amplitude zu ‚1' normiert) die an der Barriere teilweise reflektiert werden (Bereich I). Durch die Reflektion erhält man eine zurücklaufende Welle (nicht eingezeichnet), die durch $R\exp(-ikx)$ $(R < 1)$ beschrieben wird.
- In der Barriere selbst, Bereich II, ist $E < V_0$, d. h., hier finden wir, analog zum endlich tiefen Kastenpotenzial, ein exponentielles Abklingen der Wellenfunktion.
- Bei $x = L$, im Bereich III, gibt es aber einen eventuell durchgelassenen Anteil, der sich dann als ebene Welle mit $T\exp(ikx)$ weiter nach rechts ausbreitet,

Wellenfunktion Die obigen Überlegungen führen zu folgendem Ansatz:

$$\Phi(x) = \begin{cases} \Phi_{\mathrm{I}}(x) = \exp(ikx) + R\exp(-ikx) & -\infty < x < 0 \text{ Bereich I} \\ \Phi_{\mathrm{II}}(x) = C\exp(\kappa x) + D\exp(-\kappa x) & 0 < x < +L \text{ Bereich II} \\ \Phi_{\mathrm{III}}(x) = T\exp(ikx) & +L < x < \infty \text{ Bereich III} \end{cases}$$

Transmission Man könnte nun wieder alle Koeffizienten zu bestimmen versuchen, was uns aber hauptsächlich interessiert, ist T, denn $|T|^2$ gibt die Wahrscheinlichkeit an, ein Teilchen im Bereich III zu finden, d. h. die Wahrscheinlichkeit, dass ein Teilchen die Barriere durchtunnelt hat, man erhält (**Beweis** 7.2):

$$|T|^2 = \left(1 + \frac{\sinh^2(\kappa L)}{16(E/V_0)(1 - (E/V_0))}\right)^{-1}. \tag{7.35}$$

Näherung Betrachten wir den Fall $\kappa L >> 1$, d. h. einer hohen und breiten Barriere,[6] dann können wir die ‚1' in der Klammer gegenüber dem Bruch vernachlässigen und zudem nähern:

$$\sinh^2(\kappa L) = (\exp(\kappa L) - \exp(-\kappa L))^2 \approx \exp(2\kappa L).$$

Damit ergibt sich

$$|T|^2 \approx 16(E/V_0)\,[1 - (E/V_0)]\exp(-2\kappa L). \tag{7.36}$$

Der Vorfaktor, wir wollen ihn mit $d(E, V_0)$ bezeichnen, hängt von E und V_0 ab, wenn wir den Ausdruck für κ einsetzen, erhalten wir Folgendes:

$$|T|^2 = d \cdot \mathrm{e}^{-\frac{2L}{\hbar}\sqrt{2m|E-V_0|}} \tag{7.37}$$

Gegenüber der Exponentialfunktion spielt der Faktor d kaum eine Rolle, man kann ihn näherungsweise vernachlässigen, d. h. $d \approx 1$ verwenden, man erhält:

$$|T|^2 \approx \mathrm{e}^{-\frac{2L}{\hbar}\sqrt{2m|E-V_0|}}. \tag{7.38}$$

Anhand dieser Näherungsformel sieht man sehr schön, dass die Tunnelwahrscheinlichkeit abhängig von folgenden Größen exponentiell abnimmt:

- der Wurzel der Masse $\sqrt{m}$,
- der Potenzialbreite L,
- der Wurzel der effektiven Potenzialhöhe $\sqrt{|E - V_0|}$.

Beweis 7.2 Der Beweis ist etwas umfangreicher und soll hier nicht im Detail wiedergegeben werden. Man stellt die Anschlussbedingungen auf. Für $x = 0$ gilt für die Wellenfunktion ($\mathrm{e}^0 = 1$)

$$1 + R = C + D$$

und deren Ableitung

$$ik - ikR = \kappa C - \kappa D,$$

und für $x = L$ gilt

$$C\exp(\kappa L) + D\exp(-\kappa L) = T\exp(ikx)$$

[6] κ enthält nach Gl. 7.25 die Energie E und die Höhe der Barriere $V_0 > 0$, L ist die Breite der Potenzialbarriere.

sowie

$$\kappa C \exp(\kappa L) - \kappa D \exp(-\kappa L) = ikT \exp(ikL).$$

Diese Gleichungen nach T aufzulösen, ergibt nach einiger Rechnung Gl. 7.35.

7.4.2 Anwendung

Obwohl dieses Potenzial sehr einfach ist, hat es wichtige Anwendungen, die wir in Kap. 17 besprechen werden. Der Tunneleffekt tritt bei verschiedenen chemischen Reaktionen auf, vornehmlich aber für leichte Teilchen wegen der Massenabhängigkeit: Daher ist er wichtig vor allem bei Elektronen-Transfer-Reaktionen, aber auch bei Protonen-Transfer-Reaktionen findet man Beiträge zur Reaktion durch Tunneln. Bei tiefen Temperaturen kann auch Tunneln schwerer Elemente auftreten.[7]

7.5 Zusammenfassung und Fragen

Zusammenfassung Die erste Anwendung der stationären Schrödinger-Gleichung auf Kastenpotenziale hat drei wesentliche Quanteneffekte deutlich gemacht: **Energiequantisierung, Nullpunktsenergien** und **Tunneln.** Die anderen in Teil II behandelten Potenziale haben zwar eine andere Form, aber qualitativ findet man für diese Potenziale ein analoges Verhalten:

- Die Energiequantisierung ist eine direkte Folge der Wellenbeschreibung, wir kennen dieses Phänomen der stehenden Wellen z. B. von Saitenschwingungen, und wir haben dies für Wellengleichungen in Kap. 2 schon diskutiert. Nullpunktsenergien und Tunneln resultieren nun ebenfalls aus der Wellenbeschreibung.
- Betrachten wir die Energie Gl. 7.21: Für $mL^2 >> \hbar^2$ ist die Energie nahezu kontinuierlich, erst wenn die Potenzialausdehnung L und die Masse m klein werden, und damit $mL^2 \approx \hbar^2$ gilt, wird die Quantisierung merklich sein. Elektronen werden durch die kleinere Masse daher wesentlich größere Energiesprünge aufweisen als Atomkerne oder Atome, wenn diese sich in Potenzialen befinden.
- Für das unendlich hohe Kastenpotenzial findet man, dass die **Anzahl der Knoten** (Nulldurchgänge) der Wellenfunktion mit der kinetischen Energie der Teilchen steigt. Dies ist eine allgemeine Eigenschaft der Lösungen von gebundenen Zuständen, wir werden dies für alle diskutierten Potenziale finden und auch bei Molekülorbitalen diskutieren.
- Der endliche Kasten ist ebenfalls paradigmatisch für andere Potenziale: Man findet Schwingungslösungen im Potenzialbereich, hier modifizierte Sinus-/

[7] Dieses Anwendungskapitel verwendet teilweise Konzepte, die erst im Kapitel zur chemischen Bindung deutlich werden. Daher kann man nur Teile schon nach diesem Kapitel lesen, z. B. zum α-Zerfall, die chemischen Anwendungen werden aber erst nach dem Kap. 16 zur chemischen Bindung vollständig verständlich sein. Daher ist Kap. 17 am Ende von Teil III angesiedelt.

Kosinusschwingungen. Bei anderen Potenzialen (harmonischer Oszillator, Coulomb-Potenzial) wird man hier Polynome als Lösungen finden, die Oszillationen im Potenzialbereich sind jedoch analog. Und wie beim unendlich hohen Kasten: je mehr Nulldurchgänge, desto höher die Energie. Durch die endlich hohe Potenzialwand findet eine exponentiell abklingende Wellenfunktion in der Potenzialbarriere statt, die Wellenfunktion tunnelt hier in den klassisch verbotenen Bereich.

- Das Tunneln hängt, wie die genäherte Formel Gl. 7.38 deutlich macht, von der Masse, der Barrierenhöhe und Barrierenbreite ab.

Die Quanteneffekte hängen also von der Teilchenmasse und der geometrischen Ausdehnung der Potenziale ab. In Molekülen haben die Teilchen, die Elektronen und Atomkerne entsprechend kleine Massen und die relevanten Potenziale die entsprechenden Ausdehnungen. Daher treten hier Quanteneffekte auf, die wir in Teil III besprechen wollen. Chemische Bindung und Spektroskopie beruhen wesentlich auf diesen Quanteneffekten.

Fragen

- **Erinnern:** (Erläutern/Nennen)
  - Geben Sie die Potenziale für den endlich und unendlich hohen Kasten an.
  - Geben Sie Energien und Wellenfunktionen für das unendlich hohe Kastenpotenzial an.
  - Erläutern Sie die mathematische Form der Wellenfunktionen für die beiden Kastenpotenziale.
  - Zeichnen Sie in die Potenziale die Energieniveaus und Wellenfunktionen ein.
  - Was ist die Nullpunktsenergie?
  - Was ist der Tunneleffekt?
  - Zeichnen Sie die Wellenfunktion für eine Barriere ein, erläutern Sie die mathematische Form der Wellenfunktion in den drei Bereichen.
- **Verstehen:** (Erklären)
  - Warum erhält man eine Quantisierung der Energien?
  - Welche physikalische Größen bestimmen das Tunneln?
  - Erläutern Sie den Lösungsweg beim unendlich hohen Kastenpotenzial.
  - Erläutern Sie die Lösungswege für den endlichen Kasten und die Potenzialbarriere.
  - Wie wird sich das Energiespektrum für Elektronen und Atomkerne unterscheiden, wenn diese durch ein Kastenpotenzial modelliert werden?

Der harmonische Oszillator

8

Der harmonische Oszillator (siehe Kap. 1, Potenzial in Abb. 8.1) ist ein Modellsystem der Physik, und er findet in vielen Bereichen Anwendung. Er ist beispielsweise zentral für die Behandlung von Molekülschwingungen und damit grundlegend für ein Verständnis der Schwingungsspektroskopie. Daher hier eine eingehende Betrachtung der Lösungen der Schrödinger-Gleichung

$$\hat{H}\Phi(x) = E\Phi(x). \tag{8.1}$$

Wir benötigen zunächst (**i**) den **Hamilton-Operator,** den wir aus der klassischen Energiefunktion gewinnen. Dann müssen wir (**ii**) das Problem analysieren, um auf einen geeigneten **Ansatz für die Wellenfunktion** Φ zu kommen. Dieser Ansatz wird (**iii**) Koeffizienten enthalten, die wir durch die Lösung bestimmen werden. Dabei werden wieder (**iv**) **Quantisierungsbedingungen** auftreten, d. h., für bestimmte Energiebereiche wird es keine Lösungen geben, sondern nur für diskrete Energien. Wieder gibt es einen Zustand minimaler Energie, die **Nullpunktsenergie.** Wie beim endlichen Potenzialkasten bekommt man Lösungen, die ein Stück weit in den klassisch verbotenen Bereich der Energiebarriere reichen, man erhält also wieder den **Tunneleffekt.**

Der Lösungsweg für dieses Potenzial ist etwas komplizierter als beim Kastenpotenzial, daher werden hier verschiedene Wege **A–C** vorgeschlagen:

- **A:** Lesen Sie Abschn. 8.1, um die Differentialgleichung zu verstehen, und gehen Sie dann zu Abschn. 8.4, wo die Lösungen für Energie und Wellenfunktionen diskutiert werden.
- **B:** Lesen Sie Abschn. 8.1 und Abschn. 8.2, um auch noch den Ansatz für die Wellenfunktion zu verstehen, und gehen dann zu Abschn. 8.4.
- **C:** Volles Programm.

© Springer-Verlag GmbH Deutschland, ein Teil von Springer Nature 2021

M. Elstner, *Physikalische Chemie II: Quantenmechanik und Spektroskopie*,
https://doi.org/10.1007/978-3-662-61462-4_8

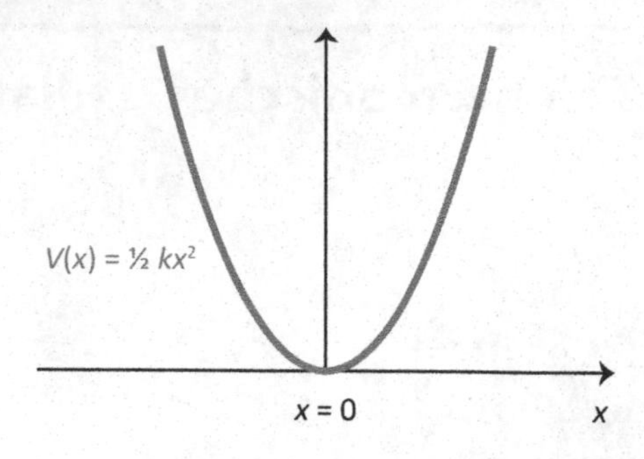

Abb. 8.1 Potenzial des harmonischen Oszillators. Die x-Achse beschreibt die Auslenkung des Oszillators aus der Ruhelage (bei $x = 0$), die y-Achse die potentielle Energie entlang dieser Auslenkung, siehe Abb. 1.3

8.1 Der Hamilton-Operator und Schrödinger-Gleichung

Wir starten mit dem Ausdruck für die klassische Energie des harmonischen Oszillators,

$$E = \frac{p^2}{2m} + \frac{1}{2}kx^2 = \frac{p^2}{2m} + \frac{1}{2}m\omega^2 x^2. \tag{8.2}$$

Das Potenzial ist in Abb. 8.1 dargestellt. Dabei wurde die Lösung aus Abschn. 1.1.6 verwendet, die eine Verbindung der Federkonstante k mit der Kreisfrequenz ω darstellt:

$$\omega = \sqrt{k/m}.$$

Mit Hilfe der Ersetzungsregeln aus Kap. 4 erhalten wir den Hamilton-Operator,

$$\hat{H} = -\frac{\hbar^2}{2m}\frac{\mathrm{d}^2}{\mathrm{d}x^2} + \frac{1}{2}m\omega^2 x^2, \tag{8.3}$$

der nun in die zeitunabhängige Schrödinger-Gleichung eingesetzt wird:

$$\left(-\frac{\hbar^2}{2m}\frac{\mathrm{d}^2}{\mathrm{d}x^2} + \frac{1}{2}m\omega^2 x^2\right)\Phi(x) = E\Phi(x). \tag{8.4}$$

Die Lösung dieser Differentialgleichung, d. h. die möglichen Energien E_n und Wellenfunktionen Φ_n, wird in Abschn. 8.4 diskutiert (Weg **A**).

8.2 Ansatz für die Wellenfunktion

- Zunächst wird durch eine Koordinatentransformation die Differentialgleichung vereinfacht.
- Dann wird ein Ansatz für die Wellenfunktion gesucht. Dies ist analog zum endlichen Kastenpotenzial: Für große Abstände wird die Wellenfunktion exponentiell abfallen, diesen Teil beschreiben wir durch eine Gauß-Funktion e^{-bx^2}, innerhalb des Potenzials wird sie oszillieren. Diesen Teil beschreiben wir durch ein Polynom $v(x)$ und machen daher für beide Teile den Ansatz: $\Phi \sim v(x)\mathrm{e}^{-bx^2}$.

8.2.1 Koordinatentransformation

Gl. 8.4 wollen wir nun noch etwas vereinfachen, mit $y = \sqrt{\frac{m\omega}{\hbar}}x = bx$ und $\epsilon = \frac{2E}{\hbar\omega}$ erhalten wir (**Beweis** 8.1)

$$\frac{\mathrm{d}^2}{\mathrm{d}y^2}\Phi(y) + (\epsilon - y^2)\Phi(y) = 0. \tag{8.5}$$

Diese Gleichung sieht fast so aus wie die des Kastenpotenzials (Gl. 7.12), allerdings haben wir den Faktor y^2, der die Lösung etwas komplizierter macht. Das Vorgehen ist allerdings ähnlich. Wir haben also in einem ersten Schritt eine einfache Variablentransformation $y = bx$ vorgenommen, d. h., wir haben einfach die x-Achse mit dem Faktor b skaliert. Die Energie ϵ wird in Einheiten von $\hbar\omega$ dargestellt. Diese Gleichung ist einfacher zu lösen, am Ende werden wir die Lösung wieder auf x ‚zurückskalieren'.

Beweis 8.1 Zur Vereinfachung der Gleichung multiplizieren wir Gl. 8.4 mit $2/(\hbar\omega)$:

$$\left(-\frac{\hbar}{m\omega}\frac{\mathrm{d}^2}{\mathrm{d}x^2} + \frac{m\omega}{\hbar}x^2\right)\Phi(x) = \frac{2E}{\hbar\omega}\Phi(x)$$

und verwenden fortan mit Hilfe von

$$y = \sqrt{\frac{m\omega}{\hbar}}x = bx \qquad \mathrm{d}y = \sqrt{\frac{m\omega}{\hbar}}\mathrm{d}x$$

und

$$\epsilon = \frac{2E}{\hbar\omega}$$

$$\left(-\frac{\mathrm{d}^2}{\mathrm{d}y^2} + y^2\right)\Phi(y) = \epsilon\Phi(y).$$

8.2.2 Ansatz für die Wellenfunktion

Wir betrachten, analog zum endlichen Kastenpotenzial, wieder die unterschiedlichen Bereiche. Die analogen Bereiche I und III sind durch große Auslenkungen y (d. h. für große Auslenkungen x) charakterisiert, die sozusagen ‚außerhalb' des harmonischen Potenzialbereichs in Abb. 8.1 liegen, der Bereich II durch Auslenkungen innerhalb des harmonischen Potenzialbereichs.

Wellenfunktion für große *y*: Bereich I & III Nun betrachten wir zunächst die Lösung von Gl. 8.5 für große y, d. h. $y \to \infty$. Hier gilt dann $y \gg \epsilon$, und wir vernachlässigen den Term, der ϵ enthält, d. h.

$$\frac{\mathrm{d}^2}{\mathrm{d}y^2}\Phi(y) = y^2\Phi(y). \tag{8.6}$$

Wir finden zwei Lösungen,

$$\Phi(y) = a\exp(+y^2/2), \qquad \Phi(y) = a\exp(-y^2/2)$$

was man leicht durch Einsetzen sieht. Die ‚+' Lösung divergiert, d. h., sie wird für große y unendlich groß, ist daher nicht normierbar. Somit kommt aufgrund der Normierbarkeit nur die asymptotisch abfallende ‚−' Lösung in Frage.[1] Offensichtlich muss die Amplitude für große Auslenkungen y des Oszillators schnell verschwinden, das ist einsichtig, ist doch die Auslenkung durch das Potenzial begrenzt. Beim Kastenpotenzial haben wir einen Abfall der Wellenfunktion im Potenzialbereich (Bereich I & III) mit $\exp(-\kappa x)$, hier erhalten wir einen noch stärkeren Abfall durch das y^2 in der Exponentialfunktion.

Der Ansatz: Polynom und Exponentialfunktion Hier gibt es nun eine Abweichung zum Vorgehen beim endlichen Kastenpotenzial. Dort hatte man einen Ansatz $\exp(\pm ikx)$ für die drei Bereiche gemacht und dann über die Stetigkeitsbedingungen eine Verbindung der Bereiche hergestellt. Für den harmonischen Oszillator jedoch macht man folgenden Ansatz:

$$\Phi(y) = v(y)\exp(-y^2/2). \tag{8.7}$$

$v(y)$ wird eine oszillierende Funktion im Potenzialbereich sein (Bereich II), die für große y sehr schnell durch den Exponentialteil weggedämpft wird. Welche Form soll solche eine Funktion nun haben?

[1] Einen ähnlichen Fall hatten wir bei der Ableitung der Maxwell-Verteilung! (Bd. I, Kap. 16)

Um das zu untersuchen, bilden wir die zweite Ableitung von Φ in Gl. 8.7,

$$\Phi''(y) = (v'' - 2yv' - v + vy^2)\exp(-y^2/2) \tag{8.8}$$

und setzen dies in Gl. 8.5 ein. Dann erhalten wir folgende Differentialgleichung für $v(y)$:

$$v'' - 2yv' + (\epsilon - 1)v = 0. \tag{8.9}$$

Hier tritt nun die Funktion v, wie auch ihre erste und zweite Ableitung auf. Damit wird sie nicht so einfach durch Sinus- und Kosinusfunktionen zu lösen sein, wie sie bei den Kastenpotenzialen auftraten.

Potenzreihe für $v(y)$ Ein allgemeiner Ansatz zur Lösung von Gl. 8.9 ist daher eine **Potenzreihe**

$$v(y) = \sum_m a_m y^m. \tag{8.10}$$

Wir erwarten einen oszillierenden Anteil im Potenzialinneren, dies kann durch eine Potenzreihe durchaus dargestellt werden. Und das starke Abdämpfen für große y haben wir schon im Exponentialansatz berücksichtigt. Wir haben also die allgemeine Form

$$\Phi(y) = v(y)\exp(-y^2/2) = \left(\sum_m a_m y^m\right)\exp(-y^2/2) \tag{8.11}$$

gefunden. Zur Lösung müssen wir jetzt nur noch den Ansatz in unsere Differentialgleichung Gl. 8.5 einsetzen und dann die Koeffizienten a_m bestimmen. Dann haben wir die Wellenfunktion bestimmt und erhalten auch einen Ausdruck für die korrespondierenden Energien.

8.3 Lösung der Differentialgleichung

- Nun setzen wir den Ansatz Gl. 8.11 in die Differentialgleichung Gl. 8.5 ein und erhalten eine Rekursionsformel für die Polynomkoeffizienten.
- Diese Rekursionsformel enthält auch die Energie, und man erhält nur Lösungen, wenn die Energie quantisiert ist.
- Wir normieren dann noch die Lösungen.

8.3.1 Rekursionsformel

Wenn wir also Gl. 8.7 in Gl. 8.5 einsetzen, kürzt sich die Exponentialfunktion heraus und wir erhalten Gl. 8.9. Nun stellen wir $v(y)$ durch eine Potenzreihe Gl. 8.10 dar, und um die Koeffizienten a_m zu bestimmen, müssen wir diese in Gl. 8.9 einsetzen. Dann erhalten wir Folgendes:

$$... + \left[(k+2)(k+1)a_{k+2} - 2ka_k + (\epsilon - 1)a_k\right]y^k + [...]\, y^{k-1} ... = 0. \quad (8.12)$$

Um diese Gleichung zu erfüllen, muss der Faktor vor jeder Potenz von y gleich null sein, d. h., es muss für jedes k gelten:[2]

$$\left[(k+2)(k+1)a_{k+2} - 2ka_k + (\epsilon - 1)a_k\right] = 0. \quad (8.13)$$

Dies kann man auflösen und erhält eine sogenannte Rekursionsformel:

$$a_{k+2} = \frac{2k + 1 - \epsilon}{(k+2)(k+1)} a_k. \quad (8.14)$$

Aus einem a_0 erhalten wir sukzessive a_2, a_4 ..., und aus einem a_1 erhalten wir sukzessive a_3, a_5 ...

Das ist ein erstaunliches Ergebnis, denn jetzt müssen wir nur noch einen Koeffizienten bestimmen, um die Wellenfunktion festzulegen. Alle anderen kann man berechnen. Diesen werden wir unten dann, wie bei den vorherigen Beispielen, aus der Normierungsbedingung erhalten.

8.3.2 Quantisierungsbedingung und Energie

Aber hoppla, jetzt taucht ein Problem auf: Wenn die Reihe sehr lang wird, d. h., für große $k \gg 1$ und mit $k \gg \epsilon$ erhalten wir die Bedingung

$$a_{k+2} \approx \frac{2}{k} a_k.$$

Zwar wird a_k mit steigendem k kleiner, aber dafür wächst die Potenz y^k, man kann zeigen, dass $v(y)$ exponentiell mit

$$v(y) \sim \exp(+y^2)$$

[2]Man kann keine endlichen Werte der Vorfaktoren finden, für die die Potenzreihe null wird.

wächst. Damit ist die Wellenfunktion abermals nicht normierbar und somit physikalisch sinnlos.

Wir finden hier wieder das gleiche Problem, wie bei den vorigen Beispielen: für beliebige Energien ϵ existieren keine physikalischen (d. h. normierbaren) Lösungen.

Es gibt aber wieder bestimmte Energien ϵ_k, für die man Lösungen findet. Betrachten wir nochmals die Rekursionsformel Gl. 8.14. Wir sehen, dass für bestimmte Werte von ϵ der Zähler gleich null werden kann, nämlich für

$$2k + 1 - \epsilon = 0.$$

Wenn ϵ genau $(2k + 1)$ entspricht, bricht die Potenzreihe für dieses k ab, d. h. $a_{k+2} = 0$, man hat eine endliche Potenzreihe, die nun nicht mehr exponentiell wächst, und die Wellenfunktion wird normierbar. D. h., nur für normierbare Lösungen können wir einen Energiewert berechnen, der dann durch $(2k + 1)$ gegeben ist.

Da $(2k + 1)$ eine ganze Zahl ist, findet der Abbruch statt, wenn ϵ ebenfalls eine ganze Zahl ist mit:

$$\boldsymbol{\epsilon = 2n + 1} \qquad n = 0, 1, 2, \ldots \tag{8.15}$$

D. h., man wählt ein bestimmtes n, und für dieses erhält man ein $k = n$, bei dem die Potenzreihe abbricht. Wir hatten $\epsilon = 2E/\hbar\omega$ definiert. Damit erhalten wir dann sofort:

$$E_n = \hbar\omega(n + \frac{1}{2}). \tag{8.16}$$

Es gibt also Lösungen, wenn die Energie ein **ganzzahliges Vielfaches** von $\hbar\omega$ ist. Für andere Werte gibt es keine normierbaren Lösungen, d. h., physikalische Zustände gibt es nur für die genannten Energiewerte. ω ist die Schwingungsfrequenz des harmonischen Oszillators, $\hbar\omega$ ist dann die kleinste Energieeinheit des Systems, man nennt sie ein **Schwingungsquant.**

8.3.3 Lösungen

Damit haben wir ein Konstruktionsprinzip für die Lösungen: Wir wählen ein n, daraus ergibt sich mit Gl. 8.16 sofort die Energie, und die Wellenfunktion ist $v(y) \exp(-y^2/2)$ mit einem Polynom $v(y)$ vom Grad $k = n$.

Gerade Lösungen $n = 0, 2, 4 \ldots$
Durch die Wahl von n bzw. ϵ bricht die Reihe für die geraden Koeffizienten ab,

für die Ungeraden allerdings nicht. Hier muss $a_1 = 0$ gewählt werden, dann sind alle ungeraden Koeffizienten durch die Rekursionsformel automatisch = 0. a_0 ist beliebig.

- **$n = 0$:** $\epsilon = 1$ und $a_2 = a_4 = ... = 0$.

$$v_0(y) = a_0 \tag{8.17}$$

- **$n = 2$:** $\epsilon = 5$ und $a_2 = -2a_0, a_4 = a_6 = ... = 0$.

$$v_2(y) = a_0(1 - 2y^2) \tag{8.18}$$

- ...

Ungerade Lösungen $n = 1, 3, 5$ ...
Durch die Wahl von n bzw. ϵ bricht die Reihe für die ungeraden Koeffizienten ab, für die Geraden allerdings nicht. Hier muss $a_0 = 0$ gewählt werden, dann sind alle geraden Koeffizienten automatisch = 0. a_1 ist beliebig.

- **$n = 1$:** $\epsilon = 3$ und $a_3 = a_5 = ... = 0$.

$$v_1(y) = a_1 y \tag{8.19}$$

- **$n = 3$:** $\epsilon = 7$ und $a_3 = -\frac{2}{3}a_1, a_4 = a_6 = ... = 0$.

$$v_3(y) = a_1 \left(y - \frac{2}{3}y^3 \right) \tag{8.20}$$

- ...

8.3.4 Normierung

Bitte beachten Sie, dass für jedes n jeweils die a_0 und a_1 beliebig gewählt werden können. Durch entsprechende Wahl erhält man die sogenannten **Hermite'sche Polynome $H_n(y)$** (Gl. 8.27), mit denen sich die **Eigenfunktionen** des Oszillator-Hamilton-Operators nach Gl. 8.11 schreiben als:

$$\Phi_n(y) = H_n(y) \exp(-y^2/2). \tag{8.21}$$

Man muss die $\Phi_n(y)$ noch geeignet normieren. Wir können damit die Gauß-Funktion und das Polynom $v(y)$ jeweils für sich normieren. Wenn wir uns nun an die Definitionen $\epsilon = \frac{2E}{\hbar\omega}$ und $y = bx$ mit $b = \sqrt{\frac{m\omega}{\hbar}}$ erinnern, so erhalten wir die Gleichung

$$\Phi_n(x) = c_n H_n(bx) \mathrm{e}^{-\frac{m\omega x^2}{2\hbar}} . \tag{8.22}$$

Die Konstanten c_n werden durch die **Normierungsbedingungen**

$$\int_{-\infty}^{\infty} |\Phi_n(x)|^2 \mathrm{d}x = 1 \tag{8.23}$$

festgelegt. Man findet:

$$c_n = \frac{1}{\sqrt{2^n n!}} \left(\frac{m\omega}{\pi\hbar}\right)^{1/4} . \tag{8.24}$$

Dabei müssen beide Funktionen, die Polynome und die Exponentialfunktion normiert werden. Für die Polynome finden wir einen Ausdruck, den wir im nächsten Abschnitt diskutieren werden (Gl. 8.29), für die Gauß-Funktionen kennen wir die Normierungskonstanten von der Maxwell-Verteilung (Bd I., Kap. 16).

8.4 Eigenfunktionen und Eigenwerte

8.4.1 Die Lösungen der Schrödinger-Gleichung

Als Lösung der Schrödinger-Gleichung 8.4 erhalten wir **Energieeigenwerte** und **Wellenfunktionen** zu diesen Energien, wie in Abb. 8.2 dargestellt.

Energien Die Energien sind quantisiert:

$$E_n = \hbar\omega(n + \frac{1}{2}), \qquad n = 0, 1, 2, 3, ... \tag{8.25}$$

d. h., es sind nur bestimmte Energiewerte möglich. Die Energien und Wellenfunktionen sind durch eine **Quantenzahl** n charakterisiert.

- Es gibt einen Zustand $n = 0$ niedrigster Energie, der durch ein halbes **Schwingungsquant** $\frac{1}{2}\hbar\omega$ bestimmt ist.
- Der quantenmechanische Oszillator kann nur Energien mit den Portionen $E = \hbar\omega$ aufnehmen oder abgeben.

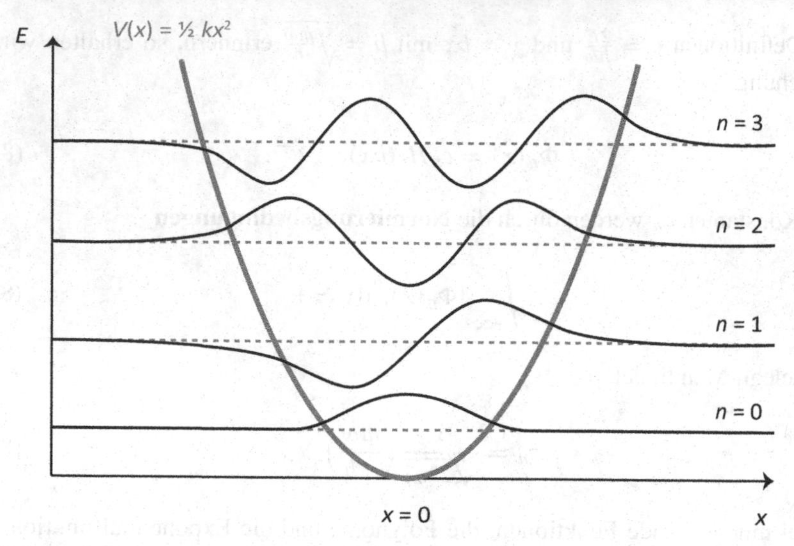

Abb. 8.2 Die Eigenfunktionen $\Phi_n(x)$, aufgetragen an den entsprechenden Eigenenergien E_n

Wellenfunktionen Zu jedem Energiewert E_n gibt es eine entsprechende **Wellenfunktion** $\left(b = \sqrt{\frac{m\omega}{\hbar}}\right)$

$$\Phi_n(x) = \frac{1}{\sqrt{2^n n!}} \left(\frac{b^2}{\pi}\right)^{1/4} H_n\,(bx)\,\mathrm{e}^{-\frac{1}{2}b^2x^2}. \tag{8.26}$$

Die Wellenfunktionen des harmonischen Oszillators $\Phi_n(x)$ sind ein Produkt aus (i) einem Vorfaktor, (ii) den **Polynomen** H_n, **Hermite'sche Polynome** genannt, und (iii) einer **Exponentialfunktion** $\mathrm{e}^{-\frac{1}{2}b^2x^2}$:

- Letztere ist eine Gauß-Funktion, wie man an $\Phi_0(x)$ sehen kann, da $H_0 = 1$ gilt. Für große $\pm x$ klingt die Funktion im Barrierenbereich schnell ab, dieser Bereich ist durch die Gauß-Funktion dominiert **(Tunnelbereich).**
- Im **Potenzialbereich** moduliert das Polynom H_n die Gauß-Funktion, was dann wie beim endlichen Kastenpotenzial zu einer oszillierenden Lösung führt, man findet wieder Knotenpunkte. Je höher die Energie, desto mehr Knoten. Dies haben wir schon bei den Kastenpotenzialen gesehen. Es gibt gerade und ungerade Lösungen.

- Der Vorfaktor resultiert aus der **Normierung:** der Wurzelausdruck aus der Normierung der Hermite-Polynome (siehe Beispiel unten) und der Term in der Klammer aus der Normierung der Exponentialfunktion. Die Normierung von Gauß-Funktionen haben wir schon bei der Diskussion der Maxwell-Verteilung kennengelernt (Bd. I, Kap. 16).

Bitte beachten Sie die Analogie zum endlichen Kastenpotenzial (Abb. 7.3): Im Potenzialbereich (II) treten dort die Sinus-/Kosinusfunktionen auf, die offensichtlich eine sehr ähnliche Form haben, wie die Lösungen $\Phi_n(x)$. Auch findet man ein exponentielles Abklingen in der Potenzialbarriere.

Hermite'schen Polynome Diese Polynome haben folgende mathematische Form $\left(y = bx, b = \sqrt{\frac{m\omega}{\hbar}}\right)$:

$$\begin{aligned} &H_0 = 1, \qquad H_1 = 2y, \qquad H_2 = 4y^2 - 2, \\ &H_3 = 8y^3 - 12y, \qquad H_4 = 16y^4 - 48y^2 + 12. \end{aligned} \tag{8.27}$$

In der obigen Ableitung haben wir diese durch eine Rekursionsformel bestimmt, was heißt, dass man Lösungen höherer Ordnung sukzessive aus schon bestimmten Lösungen niedriger Ordnung erhalten kann.

Es gibt daher eine einfache Rekursionsformel, mit der man Polynome höherer Ordnung aus schon bekannten erzeugen kann:

$$H_{n+1}(y) = 2yH_n(y) - 2nH_{n-1}(y). \tag{8.28}$$

Dann muss man noch die Funktionen normieren: Für die $H_n(y)$ gilt folgende Relation, die sehr praktisch beim Normieren verwendet werden kann:

$$\int_{-\infty}^{\infty} H_m(y)H_n(y)\mathrm{e}^{-y^2}\mathrm{d}y = \sqrt{\pi}2^n n!\delta_{nm}. \tag{8.29}$$

Beispiel 8.1

Anwendung der Rekursionsformel Gl. 8.28

$$H_4 = 2yH_3 - 2nH_2 = 16y^4 - 24y^2 - 24y^2 + 12$$

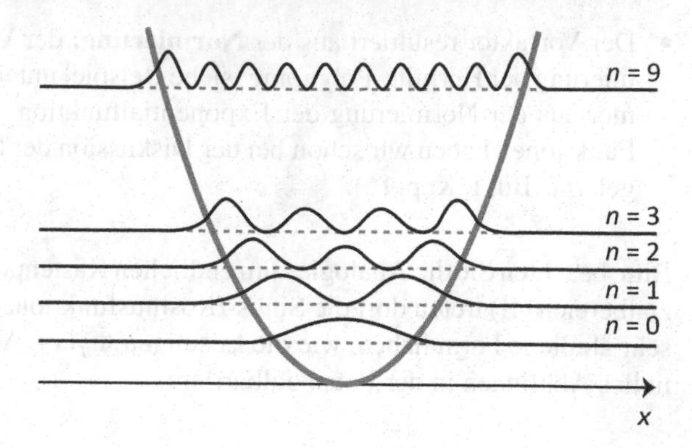

Abb. 8.3 Aufenthaltswahrscheinlichkeit $|\Phi_n(x)|^2$, aufgetragen an den entsprechenden Eigenenergien E_n und Energieschema des harmonischen Oszillators

Normierungsfaktor für den Polynomteil (der Exponentialteil wird gesondert normiert, siehe oben):

$$\sqrt{\pi} 2^4 4!$$

◄

Als Wellenfunktion findet man dann z. B.:

$$\Phi_0(x) = \left(\frac{m\omega}{\pi\hbar}\right)^{1/4} \mathrm{e}^{-\frac{1}{2}\frac{m\omega}{\hbar}x^2}$$

$$\Phi_1(x) = \frac{1}{\sqrt{2\pi^{1/2}}} \left(\frac{m\omega}{\pi\hbar}\right)^{3/4} x\mathrm{e}^{-\frac{1}{2}\frac{m\omega}{\hbar}x^2}.$$

$\Phi_0(x)$ ist also schlicht eine Gaußfunktion, $\Phi_1(x)$ eine asymmetrische Funktion mit einem Knotenpunkt (durch die Multiplikation der Gaußfunktion mit x). Insgesamt sind die niedrigsten Eigenfunktionen denen des endlichen Kastenpotenzials nicht unähnlich.

8.4.2 Aufenthaltswahrscheinlichkeit

Wir haben die **Energieeigenfunktionen** als Lösung der zeitunabhängigen Schrödinger-Gleichung gefunden. Für diese Funktionen können wir die Erwartungswerte der anderen Operatoren, wie oben eingeführt, bilden. Da die $\Phi_n(x)$ Funktionen des Ortes x sind, gibt das Quadrat der Eigenfunktionen die räumliche Aufenthaltswahrscheinlichkeit wieder, wie in Abb. 8.3 gezeigt.

$$|\Phi_n(y)|^2 = |c_n H_n(y)\mathrm{e}^{-y^2/2}|^2 \tag{8.30}$$

8.4.3 Vergleich mit dem klassischen Oszillator

- **Nullpunktsschwingungen:** In der klassischen Physik ist ein Zustand verschwindender Energie, $E = 0$, möglich, das Teilchen ist bei $x = 0$ mit $p = 0$ in Ruhe. Damit sind aber Impuls und Ort gleichzeitig genau bestimmt, was in der Quantenmechanik der Unbestimmtheitsrelation

$$\Delta x \Delta p \geq \frac{\hbar}{2}$$

widerspricht. Daher ist solch ein Zustand nicht möglich. Wie die Aufenthaltswahrscheinlichkeit in Abb. 8.4a zeigt, ist im Zustand $n = 0$ der Ort nicht genau bestimmt, ebenso der Impuls, und man kann zeigen, dass der Unbestimmtheitsrelation damit genügt wird. Die Unbestimmtheitsrelation erzwingt damit einen Grundzustand endlicher Energie.

- **Die Aufenthaltswahrscheinlichkeiten** von klassischen und quantenmechanischen Teilchen unterscheiden sich für die Zustände niedriger Energie merklich: Klassisch ist sie an den Umkehrpunkten am größten, wo die Geschwindigkeiten klein sind (Abb. 8.4b), quantenmechanisch ist das für $n = 0$ genau umgekehrt. Für höhere Anregungen wird auch quantenmechanisch die Aufenthaltswahrscheinlichkeit an den Umkehrpunkten größer (Abb. 8.3). An den klassischen Umkehrpunkten (Abb. 8.4b) verschwindet die kinetische Energie, und die Gesamtenergie E ist gleich der potenziellen Energie V. Man kann die Schwingungen im klassischen Fall so darstellen, wie durch die Pfeile in Abb. 8.4b symbolisiert, dass die Bewegung der harmonischen Potenzialform folgt, wie eine Kugel, die im Potenzial auf- und abrollt. Dies gibt die potenzielle Energie wieder, die sich zeitlich ändert. Die kinetische Energie variiert antizyklisch, sodass die Gesamtenergie $E = E^{\text{kin}} + V$ zeitlich konstant bleibt. Diese Gesamtenergie E kann durch die durchgezogene Linie symbolisiert werden, und kann mit den Energieniveaus des quantenmechanischen Oszillators verglichen werden.

- **Tunneln:** Die Gesamtenergie des Teilchens bleibt konstant und ist durch E_n, nur die potenzielle Energie folgt dem Verlauf der Parabel bei der Schwingung. Der klassisch erlaubte Bereich ist dann nur innerhalb der Parabel, d. h. alle Punkte auf der Verbindungslinie in Abb. 8.4b, während quantenmechanisch noch eine geringe Tunnelwahrscheinlichkeit außerhalb zu finden ist. Bildlich gesprochen: Das Teilchen kann sich noch über die klassischen Umkehrpunkte hinausbewegen, in einen Bereich, für den die Energie größer als E_n ist.

8.4.4 Anwendung

Obwohl dieses Potenzial sehr einfach ist, hat es wichtige Anwendungen, die wir in Kap. 15 besprechen werden. Es ist die Grundlage der Beschreibung von Molekülschwingungen, die wir zunächst auf Grundlage des Moleküldimers besprechen

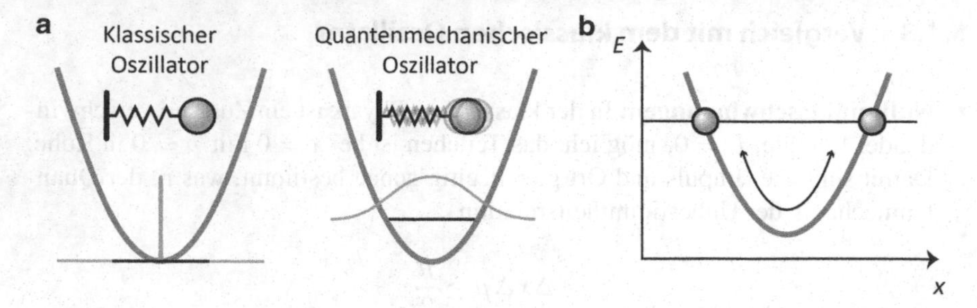

Abb. 8.4 **a** Vergleich der Oszillatoren im Zustand niedrigster Energie. **b** Umkehrpunkte des klassischen Oszillators

werden. Die Anwendung kann direkt im Anschluss an dieses Kapitel gelesen werden, es sind keine weiteren Voraussetzungen nötig.

8.5 Zusammenfassung und Fragen

Zusammenfassung Wie beim Kastenpotenzial finden wir für das harmonische Potenzial normierbare Lösungen. Es treten wieder die typischen Quanteneffekte auf, **Energiequantisierung, Nullpunktsenergie** und **Tunneln.** All dies sind direkte Folgen der Wellenbeschreibung.

- Wir finden die diskreten Energiezustände mit

$$E_n = \hbar\omega(n + \frac{1}{2}),$$

  beschrieben durch die Quantenzahl $n = 0, 1, 2\ldots$ Dies liegt daran, dass wie bei dem Potenzialtopf nicht für alle Energien E Lösungen für die Wellenfunktionen existieren. Es müssen sich, wie beim Potenzialtopf, stehende Wellen ausbilden können, und dies geschieht nur bei bestimmten Energien.[3] Die $\Phi_n(x)$ können als komplizierte stehende Wellen angesehen werden, das Phänomen ist aber identisch.
- Wir finden immer ein ähnliches Bild: Die Wellenfunktion zeigt Oszillationen im Potenzial, beschrieben durch das Polynom, hier findet man die stehende Welle, für ein endliches Potenzial dringt die Wellenfunktion ein Stück weit in die Barriere ein (Tunneleffekt) und wird im Potenzialbereich exponentiell abgedämpft, beschrieben durch die Exponentialfunktion.
- Die Energieabstände zwischen den Schwingungslösungen sind äquidistant, im Gegensatz zum Potenzialtopf.

[3] Für andere Energien findet man zwar Lösungen, diese sind aber nicht normierbar und scheiden damit aus.

- Wieder gibt es eine Grundzustandsenergie E_0. Die niedrigste Energie im klassischen Fall wäre $E = 0$, d. h., der Oszillator würde sich im Minimum des Potenzials bei der Koordinate x_0 und mit dem Impuls $p = 0$ befinden. In diesem Fall ist aber der Ort und der Impuls gleichzeitig genau festgelegt, was in der Quantenmechanik nicht möglich ist. Die Unbestimmtheitsrelation bedingt also direkt eine Nullpunktsenergie.
- Die Aufenthaltswahrscheinlichkeit ist für die niedrigen Energiezustände sehr von der klassischen unterschieden. Klassisch findet man die größte Aufenthaltswahrscheinlichkeit an den Umkehrpunkten, für den Zustand $n = 0$ ist diese in der Mittel des Potenzials.

Fragen – Lernziele Sie sollten das Potenzial, den Hamilton-Operator, die Schrödinger-Gleichung und die Lösungen **angeben** können und entsprechend skizzieren können. Sie sollten den Ansatz für die Wellenfunktion verstehen und diskutieren können, warum es nur für bestimmte Energien Lösungen gibt.

- **Erinnern:** (Erläutern/Nennen)
  - Geben Sie das Potenzial sowie den Hamilton-Operator für den harmonischen Oszillator an.
  - Wie sieht die Schrödinger-Gleichung aus?
  - Wie hängt jeweils die Energie von den Quantenzahlen n ab? Geben Sie die Energie für den harmonischen Oszillator an.
  - Erläutern Sie die mathematische Form der Wellenfunktionen für den harmonischen Oszillator.
  - Zeichnen Sie in das Potenzial die Energieniveaus und Wellenfunktionen ein.
  - Was ist die Nullpunktsenergie?
  - Sieht man hier einen Tunneleffekt?
- **Verstehen:** (Erklären)
  - Was haben der endliche Potenzialtopf und der harmonische Oszillator qualitativ gemeinsam, wie wirkt sich das auf die Wellenfunktion aus?
  - Erläutern Sie den Ansatz für die Wellenfunktion und zeichnen Sie die beiden Beiträge in den unterschiedlichen Bereichen auf der x-Achse.
  - Warum macht man einen Polynomansatz?
  - Warum erhält man eine Quantisierung der Energien?
  - Erläutern Sie den Lösungsweg beim harmonischen Oszillator.

Rotationsbewegung in der Ebene

9

In diesem Kapitel betrachten wir die Drehbewegung zuerst auf einer Kreisbahn, d. h. in zwei Dimensionen. Durch die Einführung von **Polarkoordinaten** kann dieses Problem auf die Lösung einer eindimensionalen Schrödinger-Gleichung zurückgeführt werden, die große Ähnlichkeit mit der des Kastenpotenzials hat. Mit der Drehbewegung geht das Konzept des **Drehimpulses** einher, bezeichnet mit L. Wir werden hier den **Drehimpulsoperator** $\hat{L}$ kennen lernen. Man findet nicht nur eine Quantisierung der Energie der Drehbewegung, sondern auch eine Quantisierung des Drehimpulses, die zentral bei der Beschreibung der Zustände von Elektronen in Atomen und Molekülen wird.

Die Beschreibung eines Teilchens auf einer Kreisbahn in einem Wellenbild, wie es die Schrödinger-Gleichung mit sich bringt, führt automatisch zur **Quantisierung** des Drehimpulses. So wie die Bewegung in einem Kastenpotenzial quantisiert ist, d. h., ein Teilchen kann nur bestimmte kinetische Energien besitzen, und wie die Schwingungen des harmonischen Oszillators quantisiert sind, ist auch die Rotationsbewegung quantisiert.

9.1 Drehbewegung – Drehimpuls

9.1.1 Drehimpuls klassisch

In Abschn. 1.3.3. haben wir die klassische Beschreibung des Drehimpulses eingeführt. Wiederholen Sie doch noch einmal dieses Kapitel zum besseren Verständnis.

© Springer-Verlag GmbH Deutschland, ein Teil von Springer Nature 2021

M. Elstner, *Physikalische Chemie II: Quantenmechanik und Spektroskopie*,
https://doi.org/10.1007/978-3-662-61462-4_9

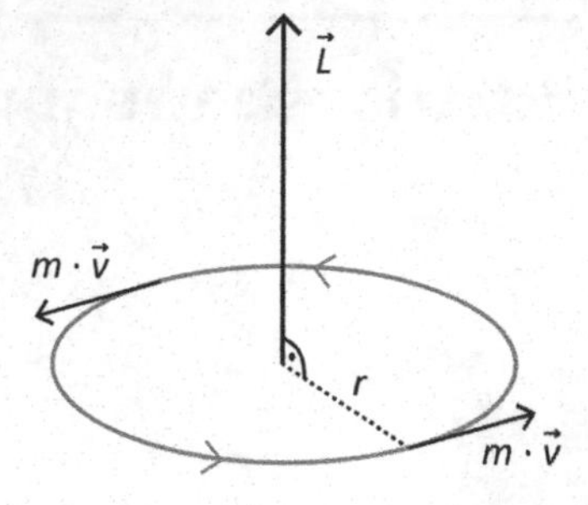

Abb. 9.1 Wichtige Parameter der Kreisbewegung

Wir betrachten einen Körper auf einer Kreisbahn, der Drehimpulsvektor **L** ist durch das Kreuzprodukt

$$\mathbf{L} = m\mathbf{r} \times \mathbf{v} \qquad |\mathbf{L}| = mrv = rp \tag{9.1}$$

gegeben, der Betrag berechnet sich entsprechend. **L** steht senkrecht auf der Ebene, die durch **r** und **p** aufgespannt ist, vgl. dazu Abb. 9.1.

Für das Kreuzprodukt erhalten wir:

$$\mathbf{r} \times \mathbf{p} = \begin{pmatrix} yp_z - zp_y \\ zp_x - xp_z \\ xp_y - yp_x \end{pmatrix} = \begin{pmatrix} L_x \\ L_y \\ L_z \end{pmatrix} = \mathbf{L} \tag{9.2}$$

Mit der Definition des **Trägheitsmoments $I = mr^2$** und dem **Betrag des Drehimpulses $L = |\mathbf{L}| = mrv$** erhält man für kinetische Energie der Drehbewegung: [1]

$$E = E_{\text{kin}} = \frac{1}{2}mv^2 = \frac{L^2}{2I}. \tag{9.3}$$

Die Energie des Systems ist also proportional dem Quadrat des Drehimpulses, dies ist die zentrale Energieformel, die wir im Folgenden quantisieren werden.

9.1.2 De Broglie und der Drehimpuls

Die Quanteneffekte der Drehbewegung lassen sich heuristisch sehr einfach im Wellenbild verstehen, dazu greifen wir nochmals auf die Ausführungen in Abschn. 3.2.2 zurück. Bei der Diskussion der **Bohr'schen Quantisierungsbedingungen** hatten

[1] Beweis einfach durch Einsetzen von L und I.

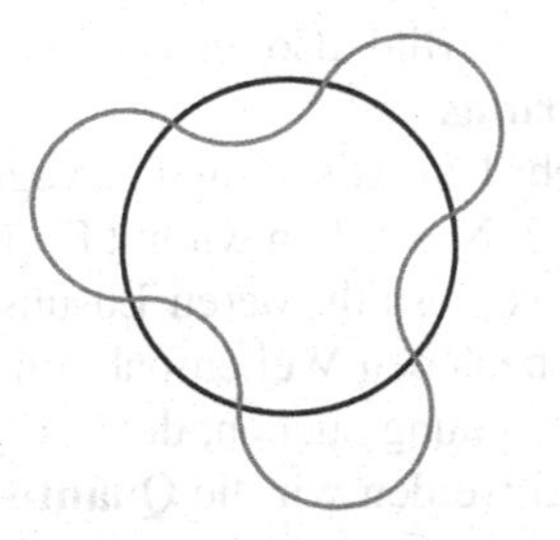
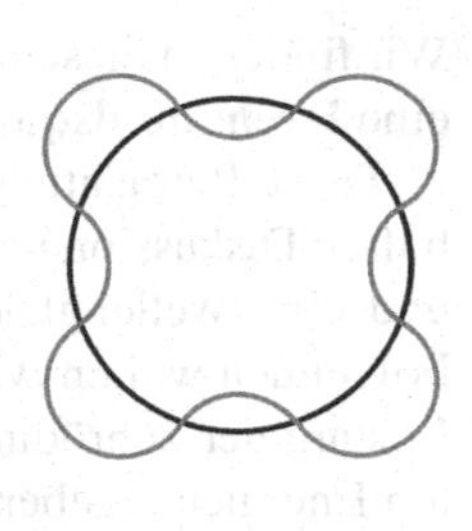

Abb. 9.2 De-Broglie-Wellen für eine Kreisbahn. Achtung: dies ist eine schematische Darstellung, eine korrekte Darstellung der Wellenfunktion sehen sie in Abb. 9.5

wir schon darauf hingewiesen, dass sich diese zwanglos aus der Wellenhypothese ergeben: Es sind nur Drehbewegungen zugelassen, bei denen der Bahnumfang ein ganzzahliges Vielfaches der Wellenlänge ist (Abb. 9.2):

$$2\pi r = m\lambda. \tag{9.4}$$

Dies kann man mit Hilfe der Bilder Abb. 9.2 verstehen. Nur unter diesen Bedingungen bilden sich stehende Wellen aus, für allen anderen Wellenlängen ist dies nicht der Fall, diese Wellen würden dann durch destruktive Interferenz ausgelöscht, wie in Abb. 9.3 skizziert.

Für die Drehbewegung in der Ebene hat der Drehimpuls eine sehr einfache Form, wenn man $p = \hbar k$ und Gl. 9.4 einsetzt:

$$L = mvr = pr = \hbar kr = \frac{\hbar 2\pi r}{\lambda} = m\hbar \qquad m = \pm 1, \pm 2, \ldots \tag{9.5}$$

Die $\pm$-Werte entsprechen dabei einer Drehbewegung im/gegen den Uhrzeigersinn. Es ist interessant, dass hierbei automatisch eine Quantisierung mit den kleinsten Einheiten $\hbar$ herauskommt. Wir haben hier ein minimales $m_l \pm 1$ angesetzt, in der obigen Überlegung macht nur das Sinn, in dem Fall ist die Wellenlänge genau der Kreisumfang. Wir werden unten aber sehen, dass es auch eine Lösung $m = 0$ gibt, die halbklassische Anschauung ist nur begrenzt gültig. Die kinetische Energie ist damit auch quantisiert:

$$E = \frac{L_z^2}{2I} = \frac{m^2\hbar^2}{2I}. \tag{9.6}$$

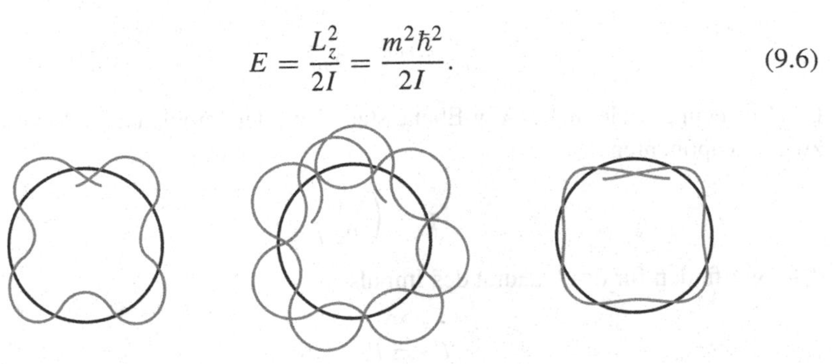

Abb. 9.3 Destruktive Interferenz, wenn die Wellenlänge nicht ein ganzzahliges Vielfaches der Wellenlänge ist

Wir finden in diesem einfachen Bild also wieder eine **Energiequantisierung** sowie eine **Drehimpulsquantisierung.**

Diese Betrachtung ist sehr heuristisch, und bewegt sich im Rahmen der modellhaften Diskussion von Kap. 3. Nun haben wir mit Kap. 4 eine ausgearbeitete Theorie und eine Wellengleichung vorgestellt, deren Lösungen man betrachten kann. Im Folgenden wollen wir also nach den Wellenfunktionen der Rotationsbewegung als Lösung der Schrödinger-Gleichung suchen, deren Eigenwerte dann die gequantelten Energien ergeben. Dabei werden wir die **Quantisierung von Drehimpuls und Energie** wiederfinden, was aber auch nicht erstaunlich ist, denn die Schrödinger-Gleichung macht ja nichts anderes, als eine ‚Wellenlösung' für die Kreisbewegung zu liefern.

9.2 Drehbewegung in zwei Dimensionen

Wir betrachten zunächst eine einfache Kreisbewegung in zwei Dimensionen, wie oben diskutiert, d. h. eine Bewegung in einer Ebene. Wir wählen dazu die x-y-Ebene. Unser Vorgehen ist dabei analog zur Lösung der Schrödinger-Gleichung für den harmonischen Oszillator: **(i)** wir formulieren zunächst den Hamilton-Operator, **(ii)** stellen damit die Differentialgleichung auf und formen diese so um, dass eine Lösung einfach möglich wird und **(iii)** berechnen als Lösung die Wellenfunktionen und Energien.

9.2.1 Hamilton-Operator und Schrödinger-Gleichung

Wie sieht nun der Hamilton-Operator und die Schrödinger-Gleichung für die Drehbewegung in der Ebene aus?

Klassische Energie Da wir kein Potenzial haben ($V(x) = 0$), benötigen wir nur einen Ausdruck für die kinetische Energie

$$E_{\text{kin}} = \frac{p^2}{2m}.$$

Die Bewegung findet in der x-y-Ebene statt, d. h., der Impuls ist ein Vektor und hat zwei Komponenten

$$\mathbf{p} = \begin{pmatrix} p_x \\ p_y \end{pmatrix},$$

d. h., wir finden für das Quadrat des Impulses

$$p^2 = p_x^2 + p_y^2.$$

Damit schreibt sich die Energie als:

$$E = \frac{p_x^2}{2m} + \frac{p_y^2}{2m}. \tag{9.7}$$

Ersetzungsregeln Für die einzelnen Komponenten ersetzen wir

$$p_x \to -i\hbar\frac{\partial}{\partial x}, \qquad p_y \to -i\hbar\frac{\partial}{\partial y} \tag{9.8}$$

und erhalten wir den **Hamilton-Operator**

$$\hat{H} = -\frac{\hbar^2}{2m}\left(\frac{\partial^2}{\partial x^2} + \frac{\partial^2}{\partial y^2}\right). \tag{9.9}$$

Polarkoordinaten Betrachten wir eine Bewegung auf einer Kreisbahn, so wird diese in kartesischen Koordinaten durch zwei Variable, x und y, beschrieben, in Polarkoordinaten aber nur noch durch eine, ϕ, da der Abstand r fest ist, wie in Abb. 9.4 ersichtlich. Wenn wir also die Polarkoordinaten

$$x = r\cos\phi, \qquad y = r\sin\phi \tag{9.10}$$

verwenden, dann ist das Problem faktisch auf ein eindimensionales Problem reduziert, welches sich sehr einfach lösen lässt.

Die Wellenfunktion in Polarkoordinaten $\Psi(r,\phi)$ erhalten wir, indem wir Gl. 9.10 in $\Phi(x,y)$ einfach einsetzen, die Wellenfunktion ist dann von r und ϕ abhängig. Für das Eigenwertproblem müssen wir dann mit dem Hamiltonoperator Gl. 9.9 die zweiten Ableitung nach x und y bilden, betrachten wir zunächst nur die erste Ableitung (nach y analog)

$$\frac{\partial\Psi}{\partial x} = \frac{\partial\Psi}{\partial r}\frac{\partial r}{\partial x} + \frac{\partial\Psi}{\partial\phi}\frac{\partial\phi}{\partial x}.$$

Offensichtlich muss man die Kettenregel anwenden, und es treten die Ableitungen der Polarkoordinaten nach den kartesischen Koordinaten auf, die berechnet werden

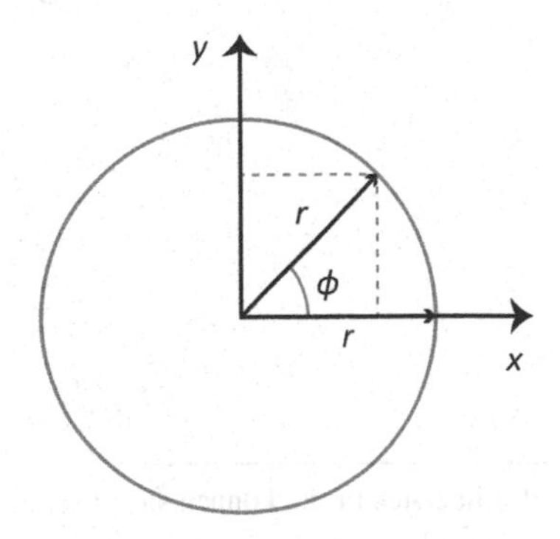

Abb. 9.4 Polarkoordinaten

müssen. Das ist etwas umständlich, und das Ergebnis sieht wie folgt aus (siehe Anhang 9.5):

$$\left(\frac{\partial^2}{\partial x^2} + \frac{\partial^2}{\partial y^2}\right) = \frac{\partial^2}{\partial r^2} + \frac{1}{r}\frac{\partial}{\partial r} + \frac{1}{r^2}\frac{\partial^2}{\partial \phi^2}. \tag{9.11}$$

Schrödinger-Gleichung Mit diesem Hamilton-Operator erhalten wir dann:

$$\hat{H}\Phi(r,\phi) = -\frac{\hbar^2}{2m}\left(\frac{\partial^2}{\partial r^2} + \frac{1}{r}\frac{\partial}{\partial r} + \frac{1}{r^2}\frac{\partial^2}{\partial \phi^2}\right)\Phi(r,\phi) = E\Phi(r,\phi). \tag{9.12}$$

Wir betrachten eine Kreisbewegung, bei der der Abstand r konstant gehalten wird. Für konstantes r ist die Wellenfunktion Φ nicht explizit von r abhängig, d. h., alle Ableitungen nach r verschwinden und die Wellenfunktion $\Phi(\phi)$ ist damit nur noch abhängig vom Winkel. Damit können wir die Ableitungen nach r auch gleich weglassen und die Differentialgleichung vereinfacht sich zu:

$$\hat{H}\Phi(r,\phi) = -\frac{\hbar^2}{2m}\left(\frac{1}{r^2}\frac{\partial^2}{\partial \phi^2}\right)\Phi(\phi) = E\Phi(\phi). \tag{9.13}$$

Diese stationäre Schrödinger-Gleichung gilt es jetzt zu lösen (Abschn. 9.2.2), die Lösungen finden Sie in Abschn. 9.2.3.[2]

9.2.2 Lösung der Schrödinger-Gleichung

Mit der Definition des **Trägheitsmoments** $I = mr^2$ können wir dies umformen:

$$\frac{\partial^2\Phi(\phi)}{\partial \phi^2} + \frac{2IE}{\hbar^2}\Phi(\phi) = 0. \tag{9.14}$$

[2]Beim ersten Lesen können sie Abschn. 9.2.2 überspringen und sich gleich die Lösungen ansehen.

Freies Teilchen im Kastenpotenzial Für dieses Problem hatten wir in Kap. 7 eine ähnliche Differentialgleichung zu lösen, der einzige Unterschied besteht in dem Vorfaktor. Dort haben wir den Vorfaktor als (mit $V(x) = 0$)

$$k^2 = 2mE/\hbar^2 \qquad \rightarrow \qquad k = \pm\sqrt{2mE}/\hbar$$

definiert. Die Lösungen sind dann ebene Wellen. Die Lösung für die

Kreisbewegung ist dann analog: Wir definieren

$$m^2 = \frac{2IE}{\hbar^2} \qquad \rightarrow \qquad m = \pm\frac{\sqrt{2IE}}{\hbar}, \tag{9.15}$$

I und E sind positiv, und erhalten als Lösung von Gl. 9.14 die Wellenfunktion für die Drehbewegung,

$$\Phi_m(\phi) = \frac{1}{\sqrt{2\pi}} \exp(\mathrm{i}m\phi). \tag{9.16}$$

Der Vorfaktor $\frac{1}{\sqrt{2\pi}}$ resultiert aus der

Normierung: Die Zustandsfunktionen Φ_m sind normiert, mit[3]

$$\Phi_m^*(\phi)\Phi_m(\phi) = \left(\frac{1}{\sqrt{2\pi}}\mathrm{e}^{\mathrm{i}m\phi}\right)^* \left(\frac{1}{\sqrt{2\pi}}\mathrm{e}^{\mathrm{i}m\phi}\right) = \frac{1}{2\pi}\mathrm{e}^{-\mathrm{i}m\phi}\mathrm{e}^{\mathrm{i}m\phi} = \frac{1}{2\pi},$$

findet man

$$\int_0^{2\pi} \Phi_m^*(\phi)\Phi_m(\phi)\mathrm{d}\phi = 1.$$

Welche Werte kann m nun annehmen?

[3] Mit $(e^{\mathrm{i}a})^* = e^{-\mathrm{i}a}$ und $e^a e^b = e^{a+b}$.

Quantisierung Diese resultiert aus den Anschlussbedingungen, wie von de Broglie formuliert, d. h., es muss Folgendes gelten:

$$\Phi_m(\phi) = \Phi_m(\phi + 2\pi). \tag{9.17}$$

Bei einer Kreisumrundung (2π) ist die Wellenfunktion wieder an derselben Stelle, und muss dann den gleichen Funktionswert haben. Dies ist der Fall, der in Abb. 9.2 skizziert ist. Ist das nicht der Fall, wie in Abb. 9.3 gezeigt, führt destruktive Interferenz zur Auslöschung der Welle. Gl. 9.17 ist also die Bedingung dafür, dass sich stehende Wellen auf dem Kreis ausbilden können. Daraus folgt:

$$\begin{aligned}\Phi_m(\phi + 2\pi) &= \frac{1}{\sqrt{2\pi}} \mathrm{e}^{\mathrm{i}m(\phi+2\pi)} = \frac{1}{\sqrt{2\pi}} \mathrm{e}^{\mathrm{i}m\phi} \mathrm{e}^{\mathrm{i}m2\pi} \\ &= \Phi_m(\phi) \mathrm{e}^{\mathrm{i}m2\pi}.\end{aligned} \tag{9.18}$$

Nun gilt[4]

$$\exp(\mathrm{i}\pi) = -1 \quad \rightarrow \quad \mathrm{e}^{\mathrm{i}m2\pi} = (-1)^{2m} = 1, \tag{9.19}$$

und damit ist $\Phi_m(\phi) = \Phi_m(\phi + 2\pi)$ nur für ganze Zahlen

$$m = 0, \pm 1, \pm 2 \ \ldots$$

erfüllt. Wir erhalten hier also Quantenzahlen m für die Drehbewegung in einer Ebene. Wie bei dem freien Teilchen lösen wir die Definition von m Gl. 9.15 nach E auf und erhalten die **Eigenwerte** und Wellenfunktionen.

9.2.3 Eigenfunktionen und Eigenwerte

Als Lösung der Schrödinger-Gleichung Gl. 9.13

$$-\frac{\hbar^2}{2m} \left(\frac{1}{r^2} \frac{\partial^2}{\partial \phi^2} \right) \Phi_m(\phi) = E_m \Phi_m(\phi)$$

für die Drehbewegung in der Ebene für festes r erhalten wir:

[4] $e^{ab} = (e^a)^b$.

$$E_m = \frac{m^2\hbar^2}{2I} \qquad \Phi_m(\phi) = \frac{1}{\sqrt{2\pi}} \exp(im\phi). \tag{9.20}$$

mit

$$m = 0, \pm 1, \pm 2 \quad ... \tag{9.21}$$

Die Lösungen sind analog zu denen des freien Teilchens (Abschn. 7.1). Es sind ebene Wellen, die Koordinate

- ist nun ϕ statt x, die Quantenzahl m entspricht dem k,
- das Teilchen kann in ‚+' oder ‚−' Richtung (links/rechts) im Kreis laufen,
- und das **Trägheitsmoment *I*** übernimmt die Rolle der Masse m in der geradlinigen Bewegung.
- Im Gegensatz zum Kastenpotenzial gibt es eine Lösung mit $m = 0$, d. h., $E_0 = 0$, für die die Wellenfunktion einen konstanten Wert ($e^0 = 1$) annimmt.

Mit der Euler-Formel können wir die Wellenfunktion wie folgt darstellen:

$$\exp(im\phi) = \cos(m\phi) + \mathrm{i}\sin(m\phi). \tag{9.22}$$

Diese Wellenfunktion ist komplex, abbilden kann man daher nur jeweils den Real- oder Imaginärteil. Zunächst kann man beispielsweise den Realteil als Funktionsgraph $\Phi(\phi)$ auftragen, wie in Abb. 9.5a für $\cos(m\phi)$ mit $m = 1$ gezeigt. Der Bereich $[0, 2\pi]$ entspricht dem Kreisumfang, man kann die Funktion also auch über dem Kreis auftragen, wie in Abb. 9.5b gezeigt. Weitere Lösungen sind $\cos(2\phi)$, $\cos(3\phi)$ ....

Dass $m = 0, \pm 1, \pm 2$ ... nur ganze Zahlen annehmen kann sorgt dafür, dass nur Wellenlängen vorkommen, für die der Kreisumfang $2\pi r$ ein ganzzahliges Vielfaches der Wellenlänge ist, und Fälle wie in Abb. 9.3 ausgeschlossen sind, wo aufgrund destruktiver Interferenz eine Auslöschung der Welle stattfinden würde. Die Lösung $m = 0$ ist mit $\cos(0) = 1$ konstant auf dem Kreis.

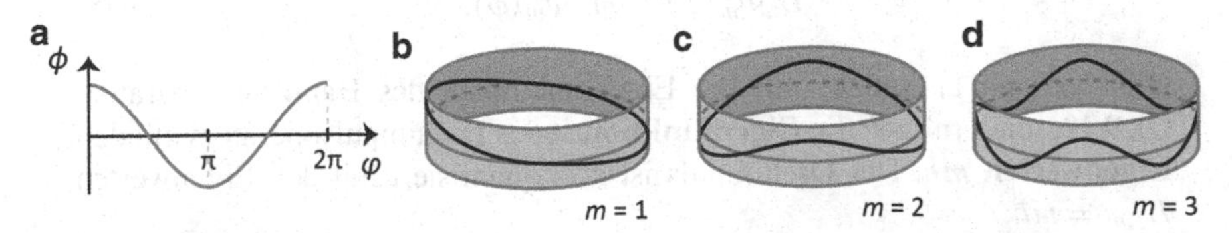

Abb. 9.5 **a** Darstellung der Lösung als Funktion $\Phi(\phi)$ **b–d** Darstellung der Lösungen $m = 1, 2, 3$, wobei $\Phi(\phi)$ nicht linear, sondern über dem Kreis aufgetragen ist

9.3 Drehimpuls

Bisher haben wir nur den Hamilton-Operator und die Schrödinger-Gleichung betrachtet, als Lösung erhält man die Energie und die Energieeigenfunktionen. Eine weitere wichtige Eigenschaft ist der Drehimpuls. Um diesen in der Quantenmechanik darzustellen, verwenden wieder die Ersetzungsregeln $p_x \rightarrow -\mathrm{i}\hbar\frac{\partial}{\partial x}$, $p_y \rightarrow -\mathrm{i}\hbar\frac{\partial}{\partial y}$ und erhalten aus Gl. 9.2 die Drehimpulsoperatoren $\hat{L}_x$ für die Drehbewegung in der y-z-Ebene und $\hat{L}_y$ für die Drehbewegung in der x-z-Ebene:

$$\hat{L}_x = +\hbar\left(z\frac{\partial}{\partial y} - y\frac{\partial}{\partial z}\right), \quad \hat{L}_y = +\hbar\left(x\frac{\partial}{\partial z} - z\frac{\partial}{\partial x}\right). \tag{9.23}$$

Der Drehimpulsoperator für die Bewegung in der x-y-Ebene sieht dann wie folgt aus,

$$\hat{L}_z = -\mathrm{i}\hbar\left(x\frac{\partial}{\partial y} - y\frac{\partial}{\partial x}\right), \qquad \hat{L}_z = -\mathrm{i}\hbar\frac{\partial}{\partial \phi}, \tag{9.24}$$

den wir in kartesischen Koordinaten und in **Polarkoordinaten** darstellen können. Für den zweiten Ausdruck wurden die partiellen kartesischen Ableitungen gemäß Anhang 9.5 in Polarkoordinaten umgerechnet.

In Kap. 5 haben wir gezeigt, dass die Eigenwerte eines Operators gleich den Erwartungswerten sind, sofern das System in diesem Eigenzustand des Operators ist. Wir haben oben die Energieeigenzustände Φ_m berechnet und die Energieeigenwerte erhalten. Was sind nun die Eigenwerte des Drehimpulses?

Dazu wenden wir $\hat{L}_z$ auf die Eigenfunktionen des Hamilton-Operators Φ_m an,

$$\hat{L}_z\Phi_m(\phi) = -\mathrm{i}\hbar\frac{\partial}{\partial\phi}\frac{1}{\sqrt{2\pi}}\mathrm{e}^{im\phi} = (-\mathrm{i}\hbar)(\mathrm{i}m)\frac{1}{\sqrt{2\pi}}\mathrm{e}^{im\phi} = m\hbar\Phi_m(\phi),$$

d. h.

$$\hat{L}_z\Phi_m(\phi) = m\hbar\Phi_m(\phi). \tag{9.25}$$

Die Φ_m sind also nicht nur die Eigenfunktionen des Hamilton-Operators Gl. 9.12, sondern auch die **Eigenfunktionen** des Drehimpulsoperators mit den **Eigenwerten** $m\hbar$. Der Drehimpuls ist also quantisiert mit den Eigenwerten $L_{z,m} = m\hbar$.

- Für $m = 0$ verschwindet der Drehimpuls, $L_z = 0$. Offensichtlich beschreibt dieser Zustand keine klassische Drehbewegung.
- Für positive m ist der Drehimpuls positiv, für negative m ist L_z negativ.

Grafische Darstellung Wir können die Wellenfunktion grafisch darstellen, wenn wir den Real- oder Imaginärteil wählen. Aber wie ist das beim Drehimpuls?

- Klassisch ist der Drehimpuls durch einen Vektor repräsentiert der senkrecht auf der Ebene steht, in der die Drehbewegung stattfindet. Vektoren kann man ebenso wie reellwertige Funktionen darstellen, und die entsprechenden Bilder wie Abb. 9.1 haben wir schon oft gesehen.
- In der Quantenmechanik ist der Drehimpuls aber nicht durch einen Vektor repräsentiert, sondern durch einen Operator und entsprechende Eigenwerte. Wie soll man einen Operator darstellen?

Offensichtlich geht das gar nicht, man hat nur die Eigenwerte. Daher verwendet man hier die klassische Darstellung von Drehimpulsen. Wir wissen, dass die Drehbewegung in der x-y-Ebene stattfindet, und verwenden dann für L_z das klassische Bild eines Vektors, der senkrecht auf dieser Ebene steht. Dies ist eine **Anleihe aus der klassischen Physik.** Wir verwenden hier ein klassisches Bild zur Darstellung.

- Der Vektor kann in positive oder negative z-Richtung zeigen, je nach Vorzeichen der Quantenzahl m. Die Richtung des Vektors bestimmt die Drehbewegung (um die Achse des Vektors), das Vorzeichen die Drehrichtung ($\pm$ entspricht dann links/rechts).
- Der einzige Unterschied zur klassischen Drehbewegung scheint nun zu sein, dass die Länge des Vektors, d. h., der Betrag des Drehimpulses, in den ‚Portionen' von $\hbar$ ($m\hbar$) auftritt, wie in Abb. 9.6 dargestellt.

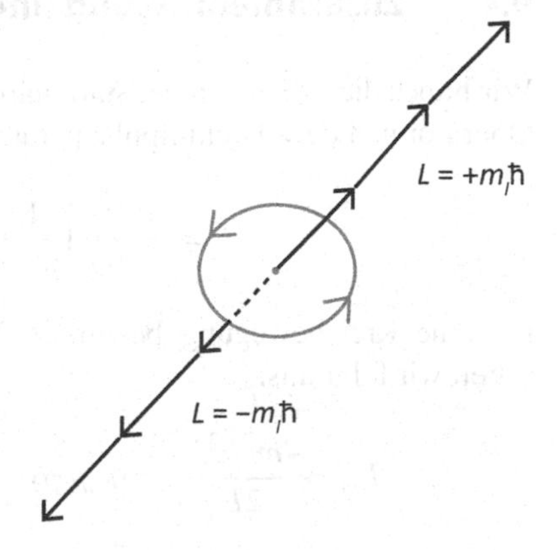

Abb. 9.6 Quantenmechanischer Drehimpuls in der Vektordarstellung

Diskussion $m = 0$ Der Zustand $m = 0$ ist ein eigenartiger Zustand, das Teilchen hat keinen Drehimpuls ($m = 0$), die Wellenfunktion jedoch verschwindet nicht,

$$\Phi_0(\phi) = \frac{1}{\sqrt{2\pi}}, \qquad |\Phi_0(\phi)|^2 = \frac{1}{2\pi},$$

die Wahrscheinlichkeit ist für alle ϕ gleich. d. h., bei einer Messung würde man das Teilchen an jedem Punkt der Kreisbahn mit gleicher Wahrscheinlichkeit $\frac{1}{2\pi}$ antreffen. Es rotiert aber nicht, das sagt der verschwindende Drehimpuls. Aber was macht es dann? Wir werden in Kap. 12 sehen, dass man das Auftauchen eines Grundzustands als Ausdruck der Unbestimmtheitsrelation sehen kann. Der Drehimpuls verschwindet, und die Ortsunbestimmtheit ist maximal, man kann keine Angabe darüber machen, wo sich das Teilchen auf der Kreisbahn genau befindet. Die Wahrscheinlichkeitsverteilung trägt genau diesem Umstand Rechnung. Wir werden das bei den s-Orbitalen der Atome wiederfinden (Kap. 11). Diese haben ebenfalls einen Drehimpuls $l = 0$, Elektronen in diesen Orbitalen sind also nicht auf einer Kreisbahn.

Die Aufenthaltswahrscheinlichkeit für einen Winkelbereich zwischen ϕ_1 und ϕ_2 ist durch

$$P(\phi_1, \phi_2) = \int_{\phi_1}^{\phi_2} \Phi_m^*(\phi)\Phi_m(\phi)\mathrm{d}\phi = \frac{\Delta\phi}{2\pi}$$

mit $\Delta\phi = \phi_2 - \phi_1$ gegeben. Die Aufenthaltswahrscheinlichkeit ist damit über den Kreis gleichverteilt. Für jedes m ist der Drehimpuls eindeutig festgelegt, aber der Aufenthaltsort auf der Kreisbahn ist völlig unbestimmt, da jeder Bereich zwischen ϕ und $\phi + \mathrm{d}\phi$ auf der Kreisbahn gleichwahrscheinlich ist. Man hat also keine Information darüber, wo sich das Teilchen gerade auf der Kreisbahn befindet, im Gegensatz zur Beschreibung in der klassischen Mechanik.

9.4 Zusammenfassung und Fragen

Wir haben die Lösungen der stationären Schrödinger-Gleichung mit dem Hamilton-Operator und dem Drehimpulsoperator

$$\hat{H} = -\frac{\hbar^2}{2m}\left(\frac{1}{r^2}\frac{\partial^2}{\partial\phi^2}\right), \qquad \hat{L}_z = -\mathrm{i}\hbar\frac{\partial}{\partial\phi},$$

für eine Kreisbewegung bestimmt, **Wellenfunktion, Energie und Drehimpuls** sehen wir folgt aus:

$$E_m = \frac{m^2\hbar^2}{2I}, \qquad \Phi_m(\phi) = \frac{1}{\sqrt{2\pi}}\exp(\mathrm{i}m\phi), \qquad L_{z,m} = m\hbar,$$

mit

$$m = 0, \pm 1, \pm 2 ...$$

Man vergleiche die Energie mit der klassischen Rotationsenergie Gl. 9.3

$$E = \frac{L^2}{2I}.$$

Sie hat die folgenden Eigenschaften:

- Es gibt einen Zustand mit Energie $E_0 = 0$, im Gegensatz zum Teilchen im Kasten.
- Wenn mehrere Zustände Φ_m zur gleichen Energie existieren, spricht man in der Quantenmechanik von **Entartung**. Die Zustände zur Energie $E \neq 0$ sind also alle zweifach entartet, da die Energie von m^2 abhängt und es positive wie negative m gibt. Positive und negative m entsprechen entgegengesetzten Drehimpulsen, d. h. auf der Kreisbahn gegenläufigen Drehrichtungen gleicher Energie.
- Die Drehimpulse und Energien sind **quantisiert.**
- Der Hamilton-Operator und der Drehimpulsoperator haben die **gleichen Eigenfunktionen.** Wenn das System also in einem Zustand ϕ_m ist, hat es einen definierten Wert der Energie und des Drehimpulses.

Fragen

- **Erinnern:** (Erläutern/Nennen)
  - Geben Sie die Eigenfunktionen und Eigenwerte der Drehbewegung in der Ebene an.
  - Wie ist der Drehimpuls definiert, wie erhält man den Drehimpuls in der Quantenmechanik?
  - Was ist Entartung? Warum tritt sie bei der Drehbewegung auf?
- **Verstehen:** (Erklären)
  - Zeichnen Sie schematisch die Energiespektren des Kastenpotentials, des harmonischen Oszillators und des Rotors, und erläutern Sie die Unterschiede. Vergleichen Sie dazu die Energieformeln.
  - Erläutern Sie den Lösungsweg.
  - Warum braucht man das Kreuzprodukt zur Definition des Drehimpulses?
  - Drehbewegung in der Ebene: Was ist das Gemeinsame mit dem Teilchen im Kasten und wodurch entsteht die Quantisierung? Erläutern Sie das Bild nach de Broglie. Was sind die Unterschiede zum unendlich hohen Kastenpotential.
  - Diskutieren Sie den Fall $m = 0$.

9.5 Anhang: Polarkoordinaten

Nun wollen wir den Operator der kinetischen Energie

$$\hat{H} = -\frac{\hbar^2}{2m}\left(\frac{\partial^2}{\partial x^2} + \frac{\partial^2}{\partial y^2}\right) \tag{9.26}$$

in Polarkoordinaten

$$x = r\cos\phi, \qquad y = r\sin\phi,$$

darstellen, wie in Abb. 9.4 gezeigt.

Die Wellenfunktion soll also von den Polarkoordinaten abhängen, wir schreiben also $\Psi(r,\phi)$. Wenn wir nun den Hamiltonoperator auf $\Psi(r,\phi)$ anwenden, müssen wir die folgenden Ableitungen bilden:

$$\left(\frac{\partial^2}{\partial x^2} + \frac{\partial^2}{\partial y^2}\right)\Psi(r,\phi) = \; ?$$

Betrachten wir zunächst die erste Ableitung nach x (Ableitung nach y analog),

$$\frac{\partial\Psi}{\partial x} = \frac{\partial\Psi}{\partial r}\frac{\partial r}{\partial x} + \frac{\partial\Psi}{\partial\phi}\frac{\partial\phi}{\partial x},$$

so sehen wir, dass wir die Polarkoordinaten nach den kartesischen ableiten müssen, wir brauchen (Ableitungen nach y analog)

$$\frac{\partial r}{\partial x}, \qquad \frac{\partial\phi}{\partial x}.$$

Das ist nun nicht so schwer, wir müssen Gl. 9.28 nach den Polarkoordinaten auflösen:

$$r = \sqrt{x^2 + y^2}, \qquad \phi = \arctan\left(\frac{y}{x}\right).$$

Man muss also im Prinzip nur die **Kettenregel** anwenden, d. h., wir bilden die Ableitungen nach den Polarkoordinaten, müssen dann aber noch die Ableitungen nach den x, y, z bilden:

$$\begin{aligned} \frac{\partial}{\partial x} &= \frac{\partial r}{\partial x}\frac{\partial}{\partial r} + \frac{\partial\phi}{\partial x}\frac{\partial}{\partial\phi}, \\ \frac{\partial}{\partial y} &= \frac{\partial r}{\partial y}\frac{\partial}{\partial r} + \frac{\partial\phi}{\partial y}\frac{\partial}{\partial\phi}. \end{aligned} \tag{9.27}$$

Nun rechnen wir die auftretenden Ableitungen der Polarkoordinaten nach den kartesischen Koordinaten aus. Insgesamt erhält man:

$$\begin{aligned} \frac{\partial r}{\partial x} &= \cos\phi & \frac{\partial r}{\partial y} &= \sin\phi, \\ \frac{\partial\phi}{\partial x} &= -\frac{\sin\phi}{r} & \frac{\partial\phi}{\partial y} &= \frac{\cos\phi}{r}. \end{aligned}$$

Damit ergibt sich für Gl. 9.28:

$$\begin{aligned}\frac{\partial}{\partial x} &= \cos\phi\frac{\partial}{\partial r} - \frac{\sin\phi}{r}\frac{\partial}{\partial\phi},\\ \frac{\partial}{\partial y} &= \sin\phi\frac{\partial}{\partial r} + \frac{\cos\phi}{r}\frac{\partial}{\partial\phi}.\end{aligned} \tag{9.28}$$

Und man erhält für die 2. partiellen Ableitungen:

$$\left(\frac{\partial^2}{\partial x^2} + \frac{\partial^2}{\partial y^2}\right) = \frac{\partial^2}{\partial r^2} + \frac{\partial}{r\partial r} + \frac{\partial^2}{r^2\partial\phi^2}.$$

10 Kastenpotenzial und Rotationsbewegung in zwei und drei Dimensionen

Mit den eindimensionalen Problemen haben wir wichtige Konzepte eingeführt, die Welt aber, so glauben wir meist, ist dreidimensional. Ein Teilchen ist eben in einem Raum mit sechs Wänden, und in diesem Kapitel werden wir dafür die Lösungen berechnen.

Wir werden zunächst ein zweidimensionales Kastenpotenzial betrachten, da hier die Wellenfunktionen noch einfach visualisierbar sind. Man kann $\Psi(x, y)$ als z-Koordinate über der x-y-Ebene auftragen, dies geht für $\Psi(x, y, z)$ des dreidimensionalen Kastenpotenzials eben nicht mehr. Anschließend betrachten wir die Drehbewegung in drei Dimensionen, d. h. eine Rotation mit festem Radius r, was die Bewegung eines Körpers auf einer Kugeloberfläche darstellt. Wieder erhalten wir die Quantisierung der Bewegung, es sind nur diskrete Rotationszustände möglich.

Zur Lösung wichtig sind zwei mathematische Kniffe: (i) zum einen die Einführung von **Kugelkoordinaten** (r, θ, ϕ), die eine Reduktion auf ein zweidimensionales Problem ermöglicht. Da r konstant gehalten wird, haben wir nur zwei Variablen, (θ, ϕ), die sich ändern und die die Lage auf der Kugeloberfläche mit Radius r beschreiben. Dies erlaubt eine einfache Visualisierung der Wellenfunktion wie beim zweidimensionalen Kastenpotenzial. (ii) Zum anderen die Verwendung des **Separationsansatzes**: Um eine Funktion von mehreren Koordinaten wie $\Psi(x, y, z)$ darzustellen, kann man diese Funktion als Produkt von Funktionen einer Variable schreiben. Man erhält dann drei Differentialgleichungen für x, y, und z, d. h. die jeweils eindimensionalen Probleme. Damit zerfällt das dreidimensionale Problem in drei eindimensionale Probleme. Analog machen wir es für die Rotation in Kugelkoordinaten.

© Springer-Verlag GmbH Deutschland, ein Teil von Springer Nature 2021
M. Elstner, *Physikalische Chemie II: Quantenmechanik und Spektroskopie*,
https://doi.org/10.1007/978-3-662-61462-4_10

Die hier diskutierten Modelle sind wichtig für viele Anwendungen, das Kastenpotenzial beispielsweise in der statistischen Thermodynamik[1], die Rotation zur Einführung der Drehimpulse, die zentral sind beim Verständnis der elektronischen Struktur und Spektroskopie von Atomen und Molekülen.

10.1 Kastenpotenzial und Separationsansatz

Wir gehen wieder von der kinetischen Energie aus,

$$E_{\text{kin}} = \frac{p^2}{2\,m},$$

betrachten aber einen Impuls, der Komponenten in x-, y- und z-Richtung haben kann,

$$\mathbf{p} = \begin{pmatrix} p_x \\ p_y \\ p_z \end{pmatrix},$$

d. h., wir haben

$$p^2 = p_x^2 + p_y^2 + p_z^2.$$

Damit schreibt sich die Energie als:

$$E = \frac{p_x^2}{2\,m} + \frac{p_y^2}{2\,m} + \frac{p_z^2}{2\,m}. \tag{10.1}$$

Mit den

Ersetzungsregeln für die einzelnen Komponenten

$$p_x \to -\mathrm{i}\hbar\frac{\partial}{\partial x}, \qquad p_y \to -\mathrm{i}\hbar\frac{\partial}{\partial y}, \qquad p_z \to -\mathrm{i}\hbar\frac{\partial}{\partial z} \tag{10.2}$$

erhalten wir den **kinetischen Energieoperator**

$$\hat{H} = -\frac{\hbar^2}{2\,m}\left(\frac{\partial^2}{\partial x^2} + \frac{\partial^2}{\partial y^2} + \frac{\partial^2}{\partial z^2}\right). \tag{10.3}$$

Das Kastenpotenzial hat die Form,

$$V(x, y, z) = V(x) + V(y) + V(z), \tag{10.4}$$

[1] In Bd. I haben wir eine einfache Variante, die kinetische Gastheorie, kennengelernt. Das Kastenpotenzial erlaubt eine thermodynamische Behandlung des quantenmechanischen idealen Gases.

wobei die einzelnen Potenziale die Form des unendlich hohen Kastenpotenzials in Kap. 7 (y, z analog)

$$V(x) = \begin{cases} 0 & 0 \leq x \leq L_x \\ \infty & \text{sonst} \end{cases} \tag{10.5}$$

haben. Dieses Potenzial beschreibt also eine kubische Box mit Kantenlänge L, in der sich ein Teilchen befindet.

Hamiltonoperator Damit lässt sich der Hamilton-Operator schreiben als:

$$\hat{H} = -\frac{\hbar^2}{2m}\left(\frac{\partial^2}{\partial x^2} + \frac{\partial^2}{\partial y^2} + \frac{\partial^2}{\partial z^2}\right) + V(x, y, z) = \hat{H}_x(x) + \hat{H}_y(y) + \hat{H}_z(z), \tag{10.6}$$

mit (y-, z-Komponenten analog)

$$\hat{H}_x(x) = -\frac{\hbar^2}{2m}\left(\frac{\partial^2}{\partial x^2}\right) + V(x). \tag{10.7}$$

Produktansatz Für die drei Koordinaten ‚zerfällt' der Hamilton-Operator also in eine Summe von Operatoren, mit jeweils einer Koordinate. Dies ist ein besonderer Fall[2]: Man kann mathematisch zeigen (ohne Beweis), dass dann die Wellenfunktion durch ein Produkt gegeben ist:

$$\Psi(x, y, z) = \phi(x)\phi(y)\phi(z). \tag{10.8}$$

D. h., die Wellenfunktion lässt sich exakt so darstellen, es ist keine Näherung. Die Komponenten haben in diesem Fall die gleiche eindimensionale Wellenfunktion ϕ, da die Hamilton-Operatoren exakt dieselbe Form haben. Haben die Komponenten unterschiedliche Formen, dann findet man ein Produkt unterschiedlicher Funktionen: Dies werden wir z. B. bei der Drehbewegung in drei Dimensionen (Abschn. 10.2) kennenlernen.

10.1.1 Zweidimensionales Kastenpotenzial

Wir wollen das Konzept zunächst auf den zweidimensionalen Kasten anwenden, da man hier die Wellenfunktionen schön visualisieren kann.

[2] Der leider für die Quantenchemie insgesamt **nicht** zutrifft: Die Schwierigkeiten der Quantenchemie bestehen genau darin, dass der Hamilton-Operator für Moleküle mit vielen Elektronen gerade nicht in eine solche Summe von Operatoren zerfällt. Und damit verbunden, dass sich die Wellenfunktion nicht als Produkt von Wellenfunktionen der einzelnen Koordinaten schreiben lässt. Dies ist das zentrale Thema von Teil V.

Hamilton-Operator Wir haben den Hamilton-Operator in zwei Dimensionen,

$$\hat{H} = -\frac{\hbar^2}{2m}\left(\frac{\partial^2}{\partial x^2} + \frac{\partial^2}{\partial y^2}\right) + V(x) + V(y), \tag{10.9}$$

und verwenden den **Produktansatz**

$$\Psi(x, y) = \phi(x)\phi(y). \tag{10.10}$$

Man hat also eine quadratische Ebene der Kantenlänge L, auf die die Bewegung des Teilchens beschränkt ist.

Lösung Als **Wellenfunktion** erhält man (**Beweis** 10.1)

$$\Psi_{n,m}(x, y) = \phi_n(x)\phi_m(y) = \sqrt{\frac{2}{L_x L_y}} \sin\left(\frac{n\pi}{L_x}x\right) \sin\left(\frac{m\pi}{L_y}y\right), \tag{10.11}$$

die gemäß Gl. 10.10 ein Produkt der Komponenten

$$\phi_n(x) = \sqrt{\frac{2}{L_x}} \sin\left(\frac{n\pi}{L_x}x\right), \quad \phi_m(y) = \sqrt{\frac{2}{L_y}} \sin\left(\frac{m\pi}{L_y}y\right). \tag{10.12}$$

ist. Als Energie erhalten wir

$$E_{n,m} = E_{x,n} + E_{y,n} = \frac{\hbar^2\pi^2}{2m}\left(\frac{n_x^2}{L_x^2} + \frac{n_y^2}{L_y^2}\right). \tag{10.13}$$

Dies sehen Sie, wenn Sie den Hamiltonoperator Gl. 10.9 mit $V(x) = V(y) = 0$[3] auf die Wellenfunktion Gl. 10.11 anwenden, d. h., die Eigenwertgleichung lösen.

Symmetrie und Entartung Man findet **mehrere Wellenfunktionen zur gleichen Energie,** beispielsweise haben die Wellenfunktionen mit $n = 1$, $m = 2$ und $n = 2$, $m = 1$ die gleiche Energie. Dies nennt man Entartung.

Diese Wellenfunktionen $\phi_n(x)$ und $\phi_m(y)$ kann man durch eine Rotation des Systems um 90° ineinander überführen. Die Bewegung entlang der x-Achse kann durch eine Rotation um 90° in eine Bewegung entlang der y-Achse überführt werden. Ein Grundprinzip der Physik ist, dass sich die Energie eines Systems nicht durch eine reine Translation im Raum, oder durch eine reine Rotation (oder Kombinationen der beiden), ändern darf. Es darf keinen Unterschied für die Physik des Systems machen, ob ich dieses z. B. im Ursprung oder um eine Strecke x verschoben betrachte oder

[3] Da wir die Lösungen im Bereich des Kastens suchen, in dem die Potentiale verschwinden.

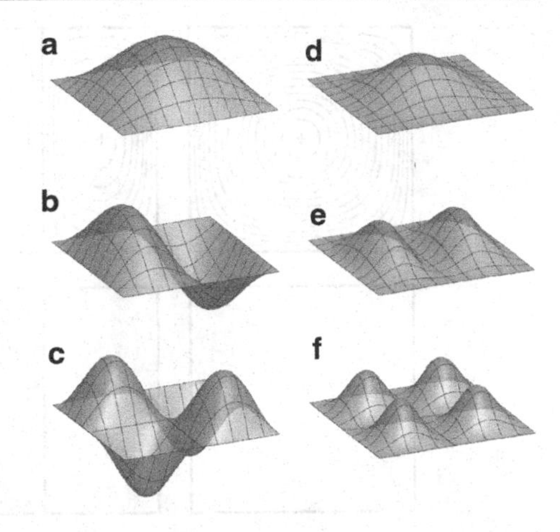

Abb. 10.1 Darstellung der Eigenfunktionen $\Psi_{n,m}$ (**a**, **b**, **c**) und $|\Psi_{n,m}|^2$ (**d**, **e**, **f**) für $(n, m) = (1, 1), (1, 2)$ und $(2, 2)$

ob es um einen Winkel rotiert ist. Solcherart **Symmetrieoperationen** führen also zu Entartung, ein wichtiges Prinzip, das wir in der Spektroskopie wiederfinden werden.

Darstellung der Wellenfunktionen Die Wellenfunktionen sind nun recht einfach grafisch darstellbar, man kann $\Psi_{n,m}(x, y)$ vs. (x, y) auftragen. Die Wellenfunktion hat also einen bestimmen Wert für jeden Punkt auf der Ebene, insbesondere gibt dann $|\Psi_{n,m}(x, y)|^2 \mathrm{d}x\mathrm{d}y$ die Wahrscheinlichkeit an, ein Teilchen in dem entsprechenden Flächenstück $\mathrm{d}x\mathrm{d}y$ zu finden (Abb. 10.1).

Abb. 10.2 zeigt eine vereinfachte Darstellung derselben Wellenfunktionen durch Konturlinien und dann, noch weiter vereinfacht, nur durch die Vorzeichen der Wellenfunktion. Diese Darstellung werden wir zur Visualisierung der Wellenfunktionen auf der Kugel in Abschn. 10.2 verwenden.

Abb. 10.3 zeigt die Quadrate der Wellenfunktionen, analog zur Darstellung in Abb. 10.1, für größere Werte der Quantenzahlen. Die beiden Wellenfunktionen sind entartet. Man sieht sehr schön die Zunahme der Knoten bei steigenden (n, m), d. h. bei steigender kinetischer Energie.[4]

Beweis 10.1 Wir lösen die Schrödinger-Gleichung analog zum unendlich hohen eindimensionalen Kastenpotenzial für den Bereich $V(x, y) = 0$, und wir erhalten durch Einsetzen des Ansatzes Gl. 10.10 mit dem Hamiltonoperator Gl. 10.9 in die Schrödinger-Gleichung:

$$-\frac{\hbar^2}{2m}\left(\phi(y)\frac{\partial^2\phi(x)}{\partial x^2} + \phi(x)\frac{\partial^2\phi(y)}{\partial y^2}\right) = E\phi(x)\phi(y).$$

[4] Im Prinzip sollte das mit Wellen in einem Schwimmbecken, welches senkrechte Wände hat, vergleichbar sein, doch dort findet man nie solch geordnete Muster. Das liegt daran, dass sich dort nie stehende Wellen ausbilden: Man findet immer laufende Wellen, und die Amplituden der Wellenzüge nehmen durch die Reibung ab. Die Eigenfunktionen dagegen sind stehende Wellen, die sich für den Fall ausbilden, dass die Kastenlänge genau ein Vielfaches der Wellenlänge ist.

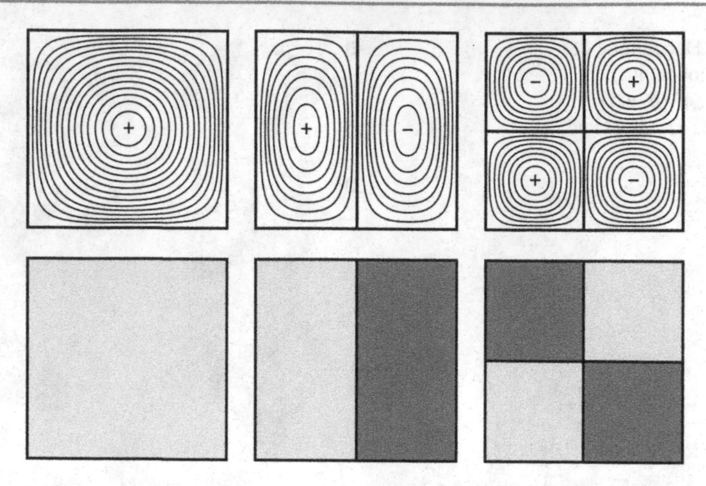

Abb. 10.2 Darstellung der Eigenfunktionen $\Psi_{n,m}$ für $(n, m) = (1, 1), (1, 2)$ und $(2, 2)$ durch Konturlinien (**oben**), weiter vereinfacht nur durch das Vorzeichen der Wellenfunktion (**unten**)

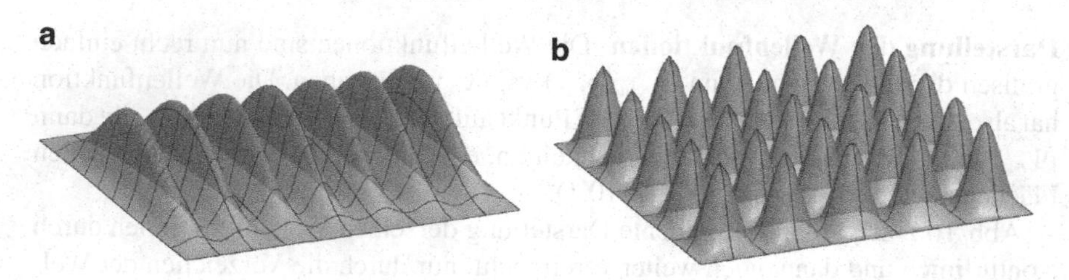

Abb. 10.3 Darstellung von $|\Psi_{n,m}|^2$ für $(n, m) = (1,7)$, und $(5,5)$

Die Wände werden, analog zum eindimensionalen Kastenpotenzial, durch die Randbedingungen berücksichtigt, nämlich dass die Wellenfunktion an den Wänden verschwinden muss, und man erhält durch Umformen (Teilen durch $\phi(x)\phi(y)$):

$$-\frac{\hbar^2}{2m\phi(x)}\frac{\partial^2\phi(x)}{\partial x^2} - \frac{\hbar^2}{2m\phi(y)}\frac{\partial^2\phi(y)}{\partial y^2} = E.$$

Die rechte Seite ist eine Konstante, während die Terme auf der linken Seite jeweils von x bzw. y abhängen. Da x und y unabhängige Variablen sind, sie also unabhängig voneinander variieren können, der Gesamtterm aber konstant sein muss, folgt, dass die beiden Terme unabhängig voneinander konstant sein müssen (sonst könnte man die Konstanz des Gesamtausdrucks nicht allgemein garantieren). Die jeweiligen Konstanten wollen wir mit E_x und E_y bezeichnen, d. h., man hat nun zwei unabhängige Gleichungen

$$-\frac{\hbar^2}{2m\phi(x)}\frac{\partial^2}{\phi(x)\partial x^2} = E_x, \qquad -\frac{\hbar^2}{2m\phi(y)}\frac{\partial^2}{\phi(y)\partial y^2} = E_y,$$

mit $E_x + E_y = E$ oder umgeformt:

$$-\frac{\hbar^2}{2m}\frac{\partial^2\phi(x)}{\partial x^2} = E_x\phi(x), \qquad -\frac{\hbar^2}{2m}\frac{\partial^2\phi(y)}{\partial y^2} = E_y\phi(y).$$

Dies sind genau die Eigenwertgleichungen des eindimensionalen Kastenpotenzials mit den Lösungen Gl. 10.12.

10.1.2 Dreidimensionales Kastenpotenzial

Den Hamilton-Operator für das dreidimensionale Problem haben wir in Gl. 10.6 schon angegeben, der Ansatz folgt dann Gl. 10.8. Die Lösung verläuft dann völlig analog zum zweidimensionalen Kastenpotenzial, und man erhält die Wellenfunktionen

$$\Psi_{n,m,l}(x,y,z) = \sqrt{\frac{2}{L_x L_y L_z}}\sin\left(\frac{n\pi}{L_x}x\right)\sin\left(\frac{m\pi}{L_y}y\right)\sin\left(\frac{m\pi}{L_z}z\right) \tag{10.14}$$

und die Energien

$$E_{n,m,l} = E_{x,n} + E_{y,n} + E_{z,l} = \frac{\hbar^2\pi^2}{2m}\left(\frac{n_x^2}{L_x^2} + \frac{n_y^2}{L_y^2} + \frac{n_z^2}{L_z^2}\right). \tag{10.15}$$

Entartung nennt man den Umstand, dass der gleiche Energiewert $E_{n,m,l}$ aus unterschiedlichen Kombinationen der Quantenzahlen (n, m, l) resultiert. Es haben damit unterschiedliche Zustände $\Psi_{n,m,l}(x, y, z)$ die gleiche Energie, da die Zustände durch die Quantenzahlen definiert sind.

Die Wellenfunktion ist nun nicht mehr grafisch darstellbar, wir bräuchten eine vierte Dimension zur Auftragung.

10.2 Die Drehbewegung in drei Dimensionen

In Kap. 9 haben wir gesehen, dass die Drehbewegung in der Ebene, d. h., die Bewegung auf einer Kreisbahn mit festem Abstand der Bewegung im Kastenpotenzial ähnlich ist. Man hat die gleiche Differentialgleichung mit ebenen Wellen als Lösung. Die Bewegung in der Ebene kann also durch Polarkoordinaten mit festem r auf eine eindimensionale Bewegung reduziert werden.

Analog verhält es sich mit der dreidimensionalen Drehbewegung mit festem Abstand r, die eine Bewegung auf einer Kugeloberfläche darstellt. Ein Beispiel ist die

Bewegung von Satelliten mit festem Abstand von dem Erdmittelpunkt. In Kugelkoordinaten (Abb. 10.4) ist die Bewegung durch nur zwei Koordinaten beschrieben (θ, ϕ), und man erhält eine Ähnlichkeit mit der Bewegung auf der Ebene im Kastenpotenzial. Dort hatten wir durch den **Separationsansatz** zwei Differentialgleichungen für die beiden Variablen x und y erhalten, das Gleiche passiert hier für θ und ϕ. Die Differentialgleichung für ϕ wurde schon in Kap. 9 gelöst, die Differentialgleichung für θ lösen wir in diesem Kapitel durch die **Legendre-Polynome.**

Die Bewegung entlang jeder Koordinate ist **quantisiert,** wir erhalten also zwei Quantenzahlen, mit $\boldsymbol{l}$ und $\boldsymbol{m}$ bezeichnet. Diese **Quantisierung** ist wieder Ausdruck dessen, dass wir es hier mit stehenden Wellen, nun auf der Kugeloberfläche, zu tun haben.

Die hier eingeführten **Konzepte** benötigen wir später für mehrere Themen:

- bei der Beschreibung der Orbitale im Wasserstoffatom (Kap. 11). Drehimpulse sind aber auch wichtig bei der Beschreibung der elektronischen Zustände von Atomen und Molekülen.
- bei der Berechnung von Rotationsspektren (Kap. 15).
- bei der Einführung des Eigendrehimpulses, dem Spin (Kap. 18).
- bei der NMR-Spektroskopie (Kap. 34).

Das Vorgehen ist dabei analog dem in zwei Dimensionen: **(i)** Wir stellen zunächst den Hamilton-Operator in Kugelkoordinaten auf, **(ii)** formen die Differentialgleichung so um, dass eine Lösung einfach möglich wird und **(iii)** berechnen die Lösung für die **Wellenfunktionen, Energien und Drehimpulse.** Der Lösungsweg für dieses Problem ist wieder etwas komplizierter, daher werden hier verschiedene Wege **A/B** vorgeschlagen:

- **A:** Lesen Sie Abschn. 10.2.1, um den Ansatz für den Hamilton-Operator und die Schrödingergleichung zu verstehen. Die Einführung von Kugelkoordinaten (r, θ, ϕ) führt zu einem recht komplex aussehenden Hamilton-Operator. Gehen Sie dann zu Abschn. 10.2.3, wo die **Lösungen für Energie und Wellenfunktionen** diskutiert werden.
- **B:** Lesen Sie auch Abschn. 10.2.2, um zu sehen, wie die zunächst furchtbar aussehende Differentialgleichung umgeformt wird, sodass sie in zwei Gleichungen für die beiden Variablen ϕ und θ zerfällt. Die Lösung für ϕ ist schon für den zweidimensionalen Fall erhalten, die Gleichung für θ kann so umgeformt werden, dass sie die Form der sogenannten verallgemeinerten Legendre-Gleichung hat. Deren Lösungen sind die **verallgemeinerten Legendre-Polynome.** Die Lösung für beide Variablen werden **Kugelflächenfunktionen genannt.**

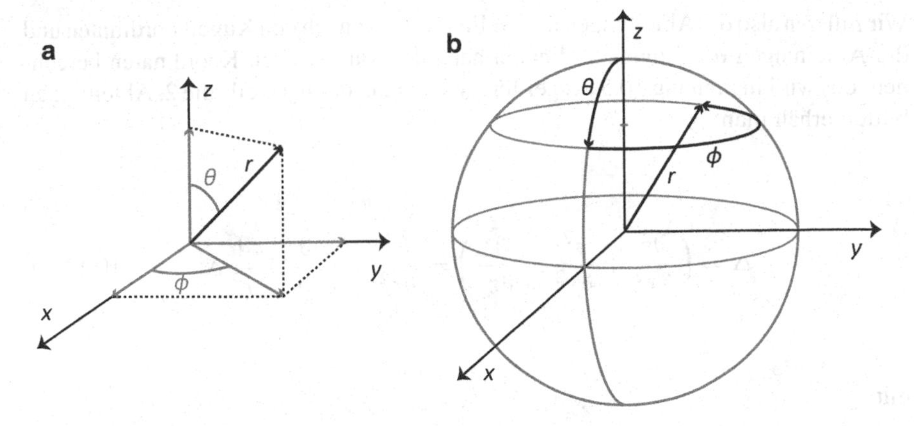

Abb. 10.4 **a** Kugelkoordinaten, **b** Beschreibung der Bewegung auf der Kugeloberfläche

10.2.1 Hamilton-Operator und Schrödinger-Gleichung

In Kap. 10.1 haben wir den Operator der kinetischen Energie in drei Dimensionen wie folgt dargestellt:[5]

Hamilton-Operator

$$\hat{H} = -\frac{\hbar^2}{2m}\left(\frac{\partial^2}{\partial x^2} + \frac{\partial^2}{\partial y^2} + \frac{\partial^2}{\partial z^2}\right) = -\frac{\hbar^2}{2m}\Delta. \tag{10.16}$$

Kugelkoordinaten Die Bewegung auf der Kugeloberfläche wird in Kugelkoordinaten,

$$x = r\sin\theta\cos\phi, \qquad y = r\sin\theta\sin\phi, \qquad z = r\cos\phi,$$

siehe Abb. 10.4, sehr einfach durch die beiden Winkel beschrieben, da der Radius r fest ist und nur ϕ und θ variieren. Die Werte der Wellenfunktion

$$\Psi(r, \theta, \phi)$$

werden von den Winkeln abhängen, wobei r konstant sein wird.

Schrödinger-Gleichung in Kugelkoordinaten Wenn wir nun $\hat{H}\Psi(r, \theta, \phi)$ mit Gl. 10.16 berechnen wollen, benutzen wir einfach die Kettenregel, z. B. für die x-Ableitung (y, z analog):

$$\frac{\partial\Psi(r,\theta,\phi)}{\partial x} = \frac{\partial\Psi}{\partial r}\frac{\partial r}{\partial x} + \frac{\partial\Psi}{\partial\theta}\frac{\partial\theta}{\partial x} + \frac{\partial\Psi}{\partial\phi}\frac{\partial\phi}{\partial x}.$$

[5] Δ ist der sogenannte Laplace-Operator.

Wir müssen also die Ableitungen der Wellenfunktion nach den Kugelkoordinaten und die Ableitungen der Kugelkoordinaten nach den kartesischen Koordinaten berechnen, das wird in Anhang 10.5 ausgeführt. Wenn man dann jeweils die 2. Ableitungen bildet, erhält man:

$$\Delta = \left(\frac{\partial^2}{\partial x^2} + \frac{\partial^2}{\partial y^2} + \frac{\partial^2}{\partial z^2}\right) = \frac{\partial^2}{\partial r^2} + \frac{2}{r}\frac{\partial}{\partial r} + \frac{1}{r^2}\Lambda^2 \tag{10.17}$$

mit

$$\Lambda^2 = \frac{1}{\sin^2\theta}\frac{\partial^2}{\partial\phi^2} + \frac{1}{\sin\theta}\frac{\partial}{\partial\theta}\sin\theta\frac{\partial}{\partial\theta}. \tag{10.18}$$

Nun ist der Hamilton-Operator durch Ableitungen nach den Kugelkoordinaten dargestellt. Die Form ist so komplex, da die Ableitungen der Kugelkoordinaten nach x, y, z etwas umständlich sind.

Bewegung auf der Kugeloberfläche Wir müssen nun also wieder die Eigenfunktionen des Hamilton-Operators finden. Diese hängen von den drei Koordinaten ab, d. h.

$$\hat{H}\Psi(r,\theta,\phi) = E\Psi(r,\theta,\phi). \tag{10.19}$$

Da wir jedoch ein Teilchen auf einer Umlaufbahn mit festem Abstand r halten, d. h., eine Bewegung auf der Kugeloberfläche in Abb. 10.4b betrachten, ist die Wellenfunktion nicht von r abhängig. D. h., die Wellenfunktion hat als Variable nur noch die beiden Winkel, die Ableitungen nach r verschwinden. Damit können wir die Ableitungen nach r weglassen und müssen nur das folgende Problem lösen:

$$\hat{H}\Psi(\theta,\phi) = -\frac{\hbar^2}{2m}\Delta\Psi(\theta,\phi) = -\frac{\hbar^2}{2m}\frac{1}{r^2}\Lambda^2\Psi(\theta,\phi). \tag{10.20}$$

D. h., wir erhalten die Schrödinger-Gleichung

$$-\frac{\hbar^2}{2m}\frac{1}{r^2}\Lambda^2\Psi(\theta,\phi) = E\Psi(\theta,\phi). \tag{10.21}$$

Separationsansatz Die Lösung ist eigentlich nicht sehr kompliziert: Wir formen Gl. 10.21 mit $I = mr^2$ um,

$$\Lambda^2\Psi(\theta, \phi) = -\epsilon\Psi(\theta, \phi) \qquad \epsilon = 2IE/\hbar^2, \tag{10.22}$$

und machen einen **Separationsansatz** wie beim Kastenpotenzial,

$$\Psi(\theta, \phi) = \Theta(\theta)\Phi(\phi). \tag{10.23}$$

Dann erhalten wir zwei Differentialgleichungen für $\Phi(\phi)$ und $\Theta(\theta)$, analog zur Situation beim Kastenpotenzial, die man getrennt lösen kann. Die Variablen sind separiert.

- Die Differentialgleichung für $\Phi(\phi)$ hat die Form der Differentialgleichung Gl. 9.14 für die Drehbewegung in der Ebene, die wir in Abschn. 9.2 schon gelöst haben. Betrachten Sie dazu nochmals Abb. 10.4b: Die Bewegung, die durch den Winkel ϕ beschrieben wird, ist ja genau solch eine Drehbewegung in einer Ebene. Der Winkel θ definiert die Lage der Ebene in z-Richtung, in der diese Bewegung stattfindet. Daher können wir für $\Phi_m(\phi)$ die Lösungen Gl. 9.20 direkt verwenden, wie wir im nächsten Abschnitt sehen werden.
- Damit muss man nur die Differentialgleichung für $\Theta(\theta)$ lösen. Diese bringen wir durch eine kleine Umformung auf eine in der Mathematik bekannte Form, eine Differentialgleichung, die dort als **verallgemeinerte Legendre-Gleichung** bekannt ist. Die Lösungen dieser Gleichung sind ebenfalls bekannt und heißen **zugeordnete Legendre-Polynome.**

In Variante **A** gehen Sie nun direkt zu den Lösungen dieser Differentialgleichung in Abschn. 10.2.3.

10.2.2 Lösung der Differentialgleichung

Separation der Variablen Mit dem Separationsansatz Gl. 10.23 lässt sich Gl. 10.22 in zwei Teile separieren, wie wir das bei dem zweidimensionalen Kastenpotenzial schon gesehen haben (Beweis 10.2),

$$\frac{\sin\theta}{\Theta}\frac{\partial}{\partial\theta}\sin\theta\frac{\partial\Theta(\theta)}{\partial\theta} + \epsilon\sin^2\theta = D \tag{10.24}$$

und

$$\frac{\partial^2\Phi}{\partial\phi^2} = -D\Phi, \tag{10.25}$$

mit der Konstante D. Betrachten Sie nochmals Abb. 10.4. ϕ gibt den Winkel in der x-y-Ebene für festes r und θ an. Die letzte Gleichung hat zur Lösung also eine Wellenfunktion $\Phi(\phi)$, die diese Kreisbewegung in der x-y-Ebene bei vorgegebenen r und θ beschreibt, und dieses Problem haben wir in Kap. 9.2 mit

$$\Phi(\phi) = \mathrm{e}^{im\phi} \tag{10.26}$$

schon gelöst, wenn wir die Konstante $D = m^2$ wählen. m ist die Quantenzahl für die Drehbewegung in der Ebene, die ja genau durch diese Koordinate beschrieben wird (Abb. 10.4). Diese Drehbewegung in der Ebene ist also quantisiert, mit den Quantenzahlen $m = 0, \pm 1, \pm 2, ...$

Variablensubstitution Gl. 10.24 multiplizieren wir mit $\Theta(\theta)$, teilen durch $\sin^2\theta$ und erhalten nach Umformen mit $D = m^2$:

$$-\frac{1}{\sin^2\theta}\left[\sin\theta\frac{\partial}{\partial\theta}\sin\theta\frac{\partial}{\partial\theta} - m^2\right]\Theta = \epsilon\Theta. \tag{10.27}$$

Mit der Variablensubstitution $z = \cos\theta$ erhalten wir die Differentialgleichung (**Beweis** 10.3):

$$\frac{\mathrm{d}}{\mathrm{d}z}\left[(z^2-1)\frac{\mathrm{d}}{\mathrm{d}z}\right]\Theta(z) + \left[\epsilon - \frac{m^2}{1-z^2}\right]\Theta(z) = 0. \tag{10.28}$$

Legendre-Polynome Die ganzen Umformungen wurden gemacht, um auf Gl. 10.28 zu kommen, die als **verallgemeinerte Legendre-Gleichung** in der Physik und Mathematik wohlbekannt ist: Wenn man in G. 10.28 $\epsilon = l(l+1)$ setzt, sind die Lösungen der Differentialgleichung

$$\frac{\mathrm{d}}{\mathrm{d}z}\left[(z^2-1)\frac{\mathrm{d}}{\mathrm{d}z}\right]\Theta(z) + \left[l(l+1) - \frac{m^2}{1-z^2}\right]\Theta(z) = 0 \tag{10.29}$$

als die **zugeordneten Legendre-Polynome** $\Theta(z) = P_l^m(z)$ bekannt (mit $z = \cos\theta$):

$$\begin{aligned} P_0^0 &= 1, \qquad\qquad P_1^0 = \cos\theta, \\ P_1^1 &= P_1^{-1} = \sin\theta,\; P_2^0 = \tfrac{1}{2}(3\cos^2\theta - 1). \end{aligned} \tag{10.30}$$

Quantisierung Die Bedingung $\epsilon = l(l+1)$ ergibt sich aus der Forderung, dass die Funktionen für $z = \pm 1$, d. h. für $\theta = 0, \pi$ stetig sein sollen mit

$$l = 0, 1, 2, 3... \tag{10.31}$$

Des Weiteren kann man zeigen:

$$m = -l, -l+1, ..., l-1, l. \tag{10.32}$$

Normierung Nun kennen wir also die beiden Funktionen im Ansatz Gl. 10.23

$$\Psi(\theta, \phi) = C\Theta(\theta)\Phi(\phi), \tag{10.33}$$

die Gesamtlösung ist damit:

$$\Psi_{lm}(\theta, \phi) =: Y_{lm}(\theta, \phi) = \sqrt{\frac{2(l+1)}{4\pi}\frac{(l-m)!}{(l+m)!}} P_l^m(\cos\theta)\mathrm{e}^{im\phi}. \tag{10.34}$$

Die Normierungskonstante C wird dann wie üblich über die Normierungsbedingung bestimmt und ist durch die Wurzel gegeben. Sie ist, wie zu erwarten, von l und m abhängig.

Ergebnis Gl. 10.22 ist eine Eigenwertgleichung

$$\Lambda^2\Psi_{lm}(\theta, \phi) = -\epsilon_l\Psi_{m,l}(\theta, \phi). \tag{10.35}$$

mit den Eigenfunktionen Ψ_{lm} Gl. 10.34 und Eigenwerten ϵ_l. Die Gleichung hat nur bestimmte Lösungen, die durch die Quantenzahlen $\boldsymbol{l}$ und $\boldsymbol{m}$ charakterisiert sind. Beachten wir die Definition von ϵ in Gl. 10.22, so erhalten wir die Energie als

$$E_l = l(l+1)\frac{\hbar^2}{2I},$$

welche der Eigenwert der Schrödinger-Gl. 10.21 ist. Wir haben damit die Lösung dieser Gleichung ermittelt.

Beweis 10.2 von Gl. 10.28: Wir setzen Gl. 10.18 in Gl. 10.22 ein,

$$\frac{1}{\sin^2\theta}\frac{\partial^2(\Theta\Phi)}{\partial\phi^2} + \frac{1}{\sin\theta}\frac{\partial}{\partial\theta}\sin\theta\frac{\partial(\Theta\Phi)}{\partial\theta} = -\epsilon\Theta\Phi. \tag{10.36}$$

Divison durch $\Theta\Phi$ und Multiplikation mit $\sin^2\theta$ ergibt:

$$-\frac{1}{\Phi}\frac{\partial^2\Phi}{\partial\phi^2} = \frac{\sin\theta}{\Theta}\frac{\partial}{\partial\theta}\sin\theta\frac{\partial(\Theta)}{\partial\theta} + \epsilon\sin^2\theta. \tag{10.37}$$

Diese Situation haben wir schon beim Separationsansatz für die Kastenpotenziale diskutiert: Die linke Seite hängt nur von ϕ ab, die rechte nur von θ. Die Gleichheit soll jedoch für alle Werte der Variablen gelten, was nur funktioniert, wenn beide Seiten konstant sind. Diese Konstante wollen wir mit D bezeichnen.

Beweis 10.3 von Gl. 10.24: Mit

$$z = \cos\theta$$

und

$$\sin\theta = \sqrt{1-\cos^2\theta} = \sqrt{1-z^2}$$

ergibt sich

$$\frac{\mathrm{d}}{\mathrm{d}\theta} = \frac{\mathrm{d}z}{\mathrm{d}\theta}\frac{\mathrm{d}}{\mathrm{d}z} = -\sin\theta\frac{\mathrm{d}}{\mathrm{d}z},$$

d. h.

$$\sin\theta\frac{\partial}{\partial\theta} = -\sin^2\theta\frac{\mathrm{d}}{\mathrm{d}z} = (z^2-1)\frac{\mathrm{d}}{\mathrm{d}z}.$$

10.2.3 Eigenfunktionen und Eigenwerte

Die Schrödinger-Gleichung Gl. 10.22 ist eine Eigenwertgleichung,

$$-\frac{\hbar^2}{2m}\frac{1}{r^2}\Lambda^2\Psi_{m,l}(\theta,\phi) = E_l\Psi_{m,l}(\theta,\phi), \tag{10.38}$$

mit den in Abschn. 10.2.2 berechneten Eigenfunktionen und Energien. Es sind nur bestimmte Lösungen möglich, die durch die Quantenzahlen l, m charakterisiert sind.

Energieeigenwerte und Quantenzahlen Wir haben zwei Freiheitsgrade, die Rotation um die Winkel θ und ϕ, und erhalten damit zwei Quantenzahlen, wie beim Kastenpotential erläutert.

$$\begin{aligned} E_l &= l(l+1)\frac{\hbar^2}{2I} \quad \text{mit} \\ l &= 0, 1, 2, 3, ... \\ m &= -l, -l+1, ..., l-1, l \end{aligned} \tag{10.39}$$

Die Energie ist **(2*l* + 1)-fach entartet.** Für jeden l-Wert gibt es Wellenfunktionen $\Psi_{m,l}$ mit unterschiedlichem m, die aber den gleichen Energieeigenwert E_l haben. Daher tritt der Index m bei dem Energieeigenwert E_l nicht auf.

Eigenfunktionen Als Lösung der Differentialgleichung Gl. 10.38 erhalten wir die **Kugelflächenfunktionen,**

$$\Psi_{lm}(\theta,\phi) = Y_{lm}(\theta,\phi) = \sqrt{\frac{2(l+1)}{4\pi}\frac{(l-m)!}{(l+m)!}}P_l^m(\cos\theta)\mathrm{e}^{\mathrm{i}m\phi}, \qquad (10.40)$$

es hat sich hier eingebürgert, diese mit Y_{lm} zu bezeichnen. Diese Wellenfunktionen bestehen aus drei Teilen, einem Wurzelausdruck, den Funktionen $P_l^m(\cos\theta)$ und den Exponentialfunktionen $\mathrm{e}^{\mathrm{i}m\phi}$:

- **Der Wurzelausdruck:** Dieser resultiert aus der Normierung, hat also eine einfache Funktion.
- **Die Exponentialfunktion** $\mathrm{e}^{\mathrm{i}m\phi}$ beschreibt die Bewegung in der x-y-Ebene, d. h. eine Rotation mit Drehimpuls L_z in z-Richtung. Betrachten Sie nochmals Abb. 10.4b für die Koordinatenwahl: Wir haben den Winkel ϕ so definiert, dass er eine einfache Drehbewegung um die z-Achse beschreibt. Der Winkel ϕ beschreibt also die Bewegung auf der Kugeloberfläche in der Projektion auf die x-y-Ebene. Dies ist also der eine Freiheitsgrad, der durch eine Quantenzahl, nämlich m, beschrieben wird. Daher beschreibt die in Kap. 9 eingeführte Wellenfunktion $\Phi(\phi)$ die Bewegung in dieser Projektion. Für jedes feste θ beschreibt $\Phi(\phi)$ die Wellenfunktion in der Projektion.[6]
- **Die Polynome** $P_l^m(\cos\theta)$ beschreiben dann die Variation der Wellenfunktion entlang der θ-Komponente. Diese wird nun, wie beim harmonischen Oszillator, durch Polynome dargestellt. Durch die Separation der Variablen erhält man eine Differentialgleichung für $\Theta(\theta)$, deren Lösung die sogenannten Legendre-Polynome P_l^m sind. Die einfachsten Funktionen haben folgende Form:

$$\begin{aligned}
l=0:&\quad Y_{00}(\theta,\phi) = \frac{1}{\sqrt{4\pi}}\\
l=1:&\quad Y_{10}(\theta,\phi) = \sqrt{\frac{3}{4\pi}}\cos\theta \qquad Y_{1\pm1}(\theta,\phi) = \sqrt{\frac{3}{4\pi}}\sin\theta\mathrm{e}^{\pm\mathrm{i}\phi}\\
l=2:&\quad Y_{20}(\theta,\phi) = \sqrt{\frac{5}{16\pi}}(3\cos^2\theta-1) \quad Y_{2\pm1}(\theta,\phi) = \pm\sqrt{\frac{5}{16\pi}}\sin\theta\cos\theta\mathrm{e}^{\pm\mathrm{i}\phi}\\
&\quad Y_{2\pm2}(\theta,\phi) = \pm\sqrt{\frac{15}{32\pi}}\sin^2\theta\mathrm{e}^{\pm\mathrm{i}2\phi}.
\end{aligned} \qquad (10.41)$$

Wahrscheinlichkeiten Die Funktionen $Y_{lm}(\theta,\phi)$ sind die **Energieeigenfunktionen** für die Rotation auf der Kugeloberfläche. Betrachten wir ein Flächenelement

[6] Das ist analog zum Kastenpotenzial: Für jedes festgehaltene y beschreibt $\phi_n(x)$ die Wellenfunktion in x-Richtung.

$\mathrm{d}F$ auf der Kugeloberfläche, so wie wir beim eindimensionalen Kasten ein Längenelement $\mathrm{d}x$ betrachtet haben. Abb. 10.1 zeigt für das Kastenpotenzial die Aufenthaltswahrscheinlichkeit. Völlig analog ist

$$|Y_{lm}(\theta, \phi)|^2 \mathrm{d}F$$

die **Wahrscheinlichkeit,** dass der Rotor bei Messung in dem Flächenelement $\mathrm{d}F$ auf der Kugeloberfläche gefunden wird. $Y_{lm}(\theta, \phi)$ ist also eine Funktion auf der Kugeloberfläche, und $Y|_{lm}(\theta, \phi)|^2$ gibt die Aufenthaltswahrscheinlichkeit an den entsprechenden Stellen an.

Grafische Darstellung Man kann diese Funktionen grafisch auf einer Kugeloberfläche darstellen, zu jeder Koordinate (θ, ϕ) auf der Kugeloberfläche mit Radius r, den wir in der Rechnung ja festgehalten haben, haben diese Funktionen $Y_{ml}(\theta, \phi)$ einen bestimmten Funktionswert. Hier gibt es mehrere Möglichkeiten. Vergleichen wir das mit dem zweidimensionalen Kastenpotenzial:

- So wie wir die Lösungen $\Psi_{nm}(x, y)$ des Kastenpotenzials in Abb. 10.1 als Berge und Täler über der x-y-Ebene dargestellt haben, könnte man $Y_{lm}(\theta, \phi)$ auf der Kugeloberfläche darstellen. Wenn wir uns bei dem zweidimensionalen Kastenpotenzial die Wellen in einem Schwimmbad vorgestellt haben, können wir uns nun die Wellen auf einer Planetenoberfläche vorstellen, die ganz vom Meer bedeckt ist. In diesem Beispiel muss die Farbkodierung die ‚Höhe' der Wellenzüge, bzw. in Abb. 10.5 die binäre Farbdarstellung, anzeigen, wo Wellenmaxima und Minima sind. Das ist aber wenig übersichtlich.
- Daher kann man, analog zu Abb. 10.2, zu Konturlinien übergehen oder den Funktionswert auf der Kugeloberfläche durch eine Farbskala darstellen. Jeder Funktionswert hat eine andere Farbe, und man findet dann unterschiedliche Einfärbun-

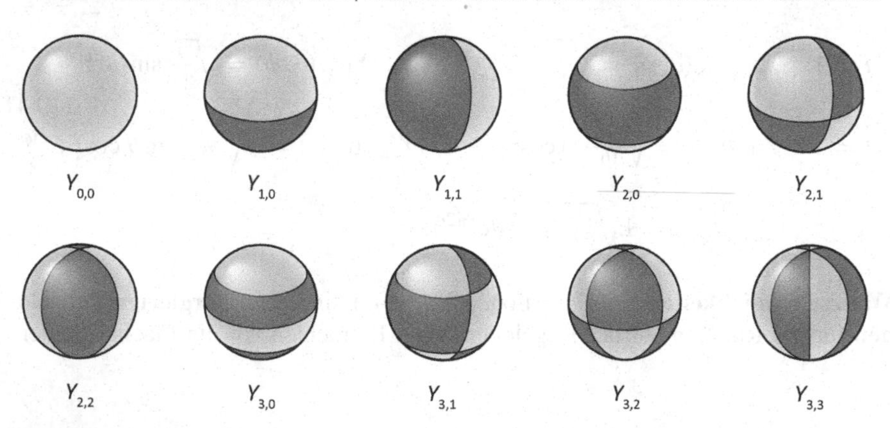

Abb. 10.5 Grafische Darstellung der Kugelflächenfunktionen. Die dunklen Flächen geben positive Werte der Wellenfunktion an, auf den hellen Bereichen hat die Wellenfunktion negative Werte

gen für unterschiedliche Bereiche der Kugeloberfläche. Hierzu finden Sie eine Vielzahl von Farbdarstellungen im Internet.[7]

- Beim Kastenpotenzial haben wir das noch weiter reduziert und in Abb. 10.2 nur positive und negative Werte der Funktion durch zwei Grautöne kodiert. Analog haben wir die Kugelflächenfunktionen Abb. 10.5 dargestellt. Der Wechsel der Grautöne zeigt einen Knoten der Wellenfunktion an. Man sieht sehr schön, wie analog zu den eindimensionalen Problemen des Kastenpotenzials und des harmonischen Oszillators die Anzahl der Knoten mit der Quantenzahl l zunimmt.

Die Kugelflächenfunktionen repräsentieren also stehende Wellen auf einer Kugeloberfläche, die Energieeigenfunktionen sind.

10.3 Der Drehimpuls in der Quantenmechanik

Zur quantenmechanischen Darstellung des klassischen Drehimpulsvektors Gl. 9.2 kommt man, wenn man für seine drei Komponenten die Ersetzungsregeln anwendet (Abschn. 9.3), mit Gl. 9.23 und 9.24 erhält man den Drehimpulsoperator

$$\hat{L} = \begin{pmatrix} \hat{L}_x \\ \hat{L}_y \\ \hat{L}_z \end{pmatrix} = \begin{pmatrix} y\frac{\partial}{\partial z} - z\frac{\partial}{\partial y} \\ z\frac{\partial}{\partial x} - x\frac{\partial}{\partial z} \\ x\frac{\partial}{\partial y} - y\frac{\partial}{\partial x} \end{pmatrix}. \tag{10.42}$$

Das ist die Darstellung in kartesischen Komponenten, zur Bestimmung der Drehimpulse wählt man eine Darstellung in **Kugelkoordinaten.**

10.3.1 Quadrat des Drehimpulsoperators

In Kugelkoordinaten kann man das Quadrat des Drehimpulsoperators leicht darstellen, man findet (Abschn. 10.5)

$$\hat{L}^2 = -\hbar^2 \Lambda^2. \tag{10.43}$$

Das ist interessant, haben wir in Abschn. 10.2.2 doch die Eigenwertgleichung 10.22 für Λ^2 gelöst, d. h., die Kugelflächenfunktionen sind die Eigenfunktionen der Eigenwertgleichung

$$\Lambda^2 Y_{lm} = -\epsilon Y_{lm} = -l(l+1)Y_{lm},$$

sie sind damit auch die Eigenfunktionen auch des Quadrats des Drehimpulsoperators. In Abschn. 10.2.2 haben wir auch gesehen, dass $\epsilon = l(l+1)$ gilt, für andere ϵ hat die Differentialgleichung keine Lösungen.

[7] Siehe z. B.: http://de.wikipedia.org/wiki/Kugelflächenfunktionen. Achtung: Die Funktionen sind komplexwertig, zur Darstellung kann dann nur der Realteil verwendet werden.

Mit der Lösung der Eigenwertgleichung des Hamilton-Operators Gl. 10.22 erhalten wir mit der Darstellung Gl. 10.43 eine

Eigenwertgleichung für das Quadrat des Drehimpulsoperators

$$\hat{L}^2 Y_{lm}(\theta, \phi) = l(l+1)\hbar^2 Y_{lm}(\theta, \phi) \tag{10.44}$$

mit den Eigenwerten $(L_l)^2 = l(l+1)\hbar^2$ bzw. der Wurzel

$$L_l = \hbar\sqrt{l(l+1)}, \qquad l = 0, 1, 2, 3... \tag{10.45}$$

Der Hamilton-Operator ist also proportional zum Quadrat des Drehimpulsoperators, wir haben das bei der Kreisbewegung in der Ebene schon diskutiert und auch klassisch so beschrieben (Gl. 1.16).

Bedeutung Der klassische Drehimpuls ist durch einen Vektor **L** dargestellt, dessen Betrag, d. h., die Länge des Vektors erhält man durch $L^2 = \mathbf{L} \cdot \mathbf{L}$. Der Betrag $|\mathbf{L}|$ ist also die Größe des Drehimpulses, und wir sehen, dass L_l in Gl. 10.45 eine analoge Bedeutung hat.

10.3.2 Komponenten des Drehimpulses

Der **Betrag** des klassischen Drehimpulses ist also durch die Länge des Vektors gegeben, seine Ausrichtung im Raum ist jedoch durch die drei Komponenten L_x, L_y und L_z bestimmt (Gl. 9.2). Was kann man über die Komponenten des quantenmechanischen Drehimpulses aussagen?

Komponente L_z Für die Drehbewegung in der x-y-Ebene ergibt sich ein Drehimpuls in z-Richtung, d. h., die z-Komponente des Drehimpulses haben wir schon in Kap. 9.3 bestimmt,

$$\hat{L}_z = -\mathrm{i}\hbar\left(x\frac{\partial}{\partial y} - y\frac{\partial}{\partial x}\right) = -\mathrm{i}\hbar\frac{\partial}{\partial \phi}. \tag{10.46}$$

Die Eigenfunktionen haben wir durch Lösung der Eigenwertgleichung

$$\hat{L}_z \Phi_m(\phi) = -\mathrm{i}\hbar\frac{\partial}{\partial \phi}\frac{1}{\sqrt{2\pi}}\mathrm{e}^{im\phi} = (-\mathrm{i}\hbar)(im)\frac{1}{\sqrt{2\pi}}\mathrm{e}^{im\phi} = m\hbar\Phi_m(\phi)$$

erhalten. Die $\Phi_m(\phi)$ sind also ursprünglich die Eigenfunktionen fur die Drehbewegung in der x-y-Ebene, dargestellt in Polarkoordinaten. Bei der Einführung der Kugelkoordinaten haben wir jedoch gesehen, dass der Winkel ϕ völlig analog die Drehbewegung in dieser Ebene darstellt, betrachten Sie nochmals Abb. 10.4. In Abschn. 10.2.2 haben wir durch den Separationsansatz eine Differentialgleichung für $\Phi_m(\phi)$ gefunden, die exakt die gleichen Eigenfunktionen hat, wie die Drehbewegung in der Ebene aus Abschn. 9.2.

Daher können wir für die z-Komponente des Drehimpulses auch in Kugelkoordinaten die Darstellung Gl. 10.46 verwenden, und die $\Phi_m(\phi)$ sind offensichtlich Eigenfunktionen von $\hat{L}_z$. Aber sind die **Kugelflächenfunktionen** $Y_{lm}(\theta, \phi)$ auch Eigenfunktionen von $\hat{L}_z$? Probieren wir es aus:

$$\begin{aligned}\hat{L}_z Y_{lm}(\theta,\phi) &= \hat{L}_z \left[C P_l^m(\cos(\theta))\Phi_m(\phi)\right] = C P_l^m(\cos(\theta))\left[\hat{L}_z\Phi_m(\phi)\right]\\ &= C P_l^m(\cos(\theta))\left[m_l\hbar\Phi_m(\phi)\right] = m_l\hbar Y_{lm}(\theta,\phi).\end{aligned}$$

Mit C haben wir die Normierungskonstante in Gl. 10.40 abgekürzt. Wir erhalten somit folgende

Eigenwertgleichung für die z-Komponente des Drehimpulsoperators:

$$\hat{L}_z Y(\theta,\phi) = m\hbar Y_{lm}(\theta,\phi) \tag{10.47}$$

mit den Eigenwerten

$$L_{z,m_l} = m_l\hbar, \qquad m_l = -l, -l+1, ..., l-1, l \tag{10.48}$$

Die m_l können auch negative Werte annehmen. Dies bedeutet einfach eine Ausrichtung in negative und positive z-Richtung, siehe Abb. 9.6.

Komponenten der Drehimpulsvektoren L_x und L_y Wenn man die Komponenten $\hat{L}_x$, $\hat{L}_y$ in Kugelkoordinaten darstellt und

$$\hat{L}_x Y_{lm}(\theta,\phi), \qquad \hat{L}_x Y_{lm}(\theta,\phi)$$

ausrechnet, stellt man fest, dass diese die Funktion Y_{lm} nicht reproduzieren, d. h., diese beiden Drehimpulsoperatoren haben $Y_{lm}(\theta, \phi)$ nicht als Eigenfunktion, und es gibt für diese beiden Operatoren keine entsprechenden Eigenwertgleichungen.

Ergebnis Die **Kugelflächenfunktionen** $Y_{lm}(\theta, \phi)$ sind also Eigenfunktionen von $\hat{H}$, $\hat{L}^2$ und $\hat{L}_z$, nicht aber von $\hat{L}_x$, und $\hat{L}_y$. Dies ist schlicht eine Folge des Operatorformalismus, wir werden das in Kap. 12 vertiefen.

Wenn ein Rotor in einem Zustand $Y_{lm}(\theta, \phi)$ ist, kann man für diesen Zustand Eigenwerte für $\hat{H}$, $\hat{L}^2$ und $\hat{L}_z$ berechnen, **nicht** aber für $\hat{L}_x$ und $\hat{L}_y$. Damit kann man die Eigenwerte von $\hat{L}_x$, $\hat{L}_y$, $\hat{L}_z$ und dem Gesamtdrehimpuls $\hat{L}$ **nicht gemeinsam bestimmen; die Y_{lm} sind schlichtweg keine Eigenfunktionen von $\hat{L}_x$, $\hat{L}_y$. Damit kann man für den Zustand Y_{lm} keine eindeutigen Werte für die Observablen L_x und L_y ausrechnen.**

Man kann also Informationen über die Werte der ersten beiden Eigenschaften erhalten, nicht aber über die letzten beiden. Für letztere kann man zwar noch Erwartungswerte berechnen, wir werden das in Kap. 12 vertiefen. In der klassischen Mechanik ist das anders: Dort kann man immer die Werte aller dieser Observablen berechnen. Wir erhalten über einen Zustand also nicht mehr die vollständige Information, wie wir das von der klassischen Mechanik gewohnt sind. In Kap. 5 haben wir schon festgestellt, dass man nicht für alle Operatoren die Eigenwerte bestimmen kann, in Kap. 12 werden wir diskutieren, was das bedeutet.

10.3.3 Grafische Darstellung des Drehimpulsvektors

Und genau das bringt uns nun in Schwierigkeiten: Klassisch stellen wir Drehimpulse grafisch dar, indem wir die entsprechenden Drehimpulsvektoren zeichnen, siehe die Diskussion in Abschn. 9.3. Wenn wir die quantenmechanischen Drehimpulse, analog zu den klassischen darstellen wollten, fehlen uns hier zwei Komponenten des Vektors, nämlich L_x und L_y. Diese aber können wir in der Quantenmechanik nicht berechnen. Man sagt, diese Komponenten sind **unbestimmt.**[8]

Um dennoch eine Darstellung zu ermöglichen, wählt man ein **halb-klassisches Modell,** das sogenannte **Vektormodell** des Drehimpulses. Dieses resultiert aus folgenden Überlegungen:

- **Länge** Der Drehimpuls kann nach Gl. 10.45 für $l = 0, 1, 2$ ... die Werte $L_l = 0, \sqrt{2}\hbar, \sqrt{6}\hbar, ...$ annehmen. Wenn wir den Drehimpuls wie im klassischen Fall durch einen Vektor darstellen wollen, ist dadurch erst mal nur die Länge bestimmt, aber nicht die Ausrichtung. Er könnte überall auf einer Kugelschale mit dem entsprechenden Radius $\sqrt{l(l+1)}\hbar$ liegen. Verschiedene l bedeuten verschiedene Längen dieses Vektors, im Gegensatz zum klassischen Fall sind nun nicht mehr alle Beträge des Drehimpulses erlaubt, sondern nur noch bestimmte Werte, man nennt dies die **Drehimpulsquantisierung.**

[8] An der Stelle ist wichtig anzumerken, dass die Wahl der z-Achse willkürlich ist. Man kann ein beliebiges Koordinatensystem wählen, das Ergebnis ist das Gleiche: Es ist nur die Projektion auf eine der Achsen gequantelt, die Komponenten in Richtung der beiden anderen Achsen bleibt komplett unbestimmt.

- **z-Komponente** Wir haben aber noch eine weitere Information: L_z beschreibt die z-Komponente, die man durch die Projektion des Vektors auf die z-Achse findet. Wir haben eine Quantisierung $m_l = -l, -l+1, ..., l-1, l$. Damit sind nicht alle z-Komponenten möglich, sondern nur bestimmte Ausrichtungen mit festgelegten Werten in z-Richtung. Dies kann man grafisch darstellen, wie in Abb. 10.6a gezeigt:
  - Die Länge des Vektors ist durch den Kreisradius gegeben, für $l = 2$ im Beispiel ist dies $\sqrt{6}\hbar$.
  - Damit hat man die Werte $m_l = -2, -1, 0, 1, 2$ für die Ausrichtung entlang der z-Achse, wie in der Abbildung gezeigt.

  Daher nennt man die Quantisierung entlang der z-Achse **Richtungsquantisierung.**
- **x-y-Komponente** Wie gerade diskutiert, sind diese Komponenten unbestimmt, was daran liegt, dass $Y_{lm}(\theta, \phi)$ kein Eigenzustand von $\hat{L}_x$ und $\hat{L}_y$ ist. Wenn aber die Drehimpulskomponenten $\hat{L}_x$ und $\hat{L}_y$ unbestimmt sind, dann kann man offensichtlich keine Aussage über die Richtung des Drehimpulsvektors machen, der Drehimpulsvektor kann jede Ausrichtung auf den Kegeln Abb. 10.6b haben (bzw. in der Ebene für $m_l = 0$). Mehr kann man über die Richtung des Drehimpulses nichts sagen, als dass er irgendwo auf den Kegeln liegt. Denn die Kegel sind durch die Eigenwerte von $\hat{L}_z$ und $\hat{L}^2$ bestimmt.

Diskussion In der Quantenmechanik sind Drehimpulse über Operatoren und deren Eigenwerte dargestellt, die man grafisch nicht wie die klassischen Drehimpulsvektoren darstellen kann. Wenn man ein **Vektormodell** verwendet, macht man Anleihen in der klassischen Physik, und es ist zunächst gar nicht klar, inwieweit man diese Anleihen beanspruchen kann. Ein Vektor $\mathbf{a} = (a_1, a_2, a_3)$, wie der klassische Drehimpuls, hat drei Komponenten, in der Quantenmechanik kann man jedoch nur noch eine Komponente und den Betrag des Drehimpulses berechnen. Die x- und y-Komponenten sind nicht berechenbar, d. h., nicht bestimmbar, daher nennt man sie **unbestimmt. Unbestimmtheit** hat also zunächst eine mathematische Bedeutung, nämlich, dass man diese Komponenten nicht genau ausrechnen kann, wir erhalten für die berechneten Eigenzustände $Y_{lm}(\theta, \phi)$, die Eigenfunktionen von $\hat{L}^2$ und $\hat{L}_z$ sind, keine Eigenwerte der $\hat{L}_x$ und $\hat{L}_y$-Operatoren. Und in Kap. 20 und 21 werden wir sehen, dass man diese auch prinzipiell nicht experimentell bestimmen kann.

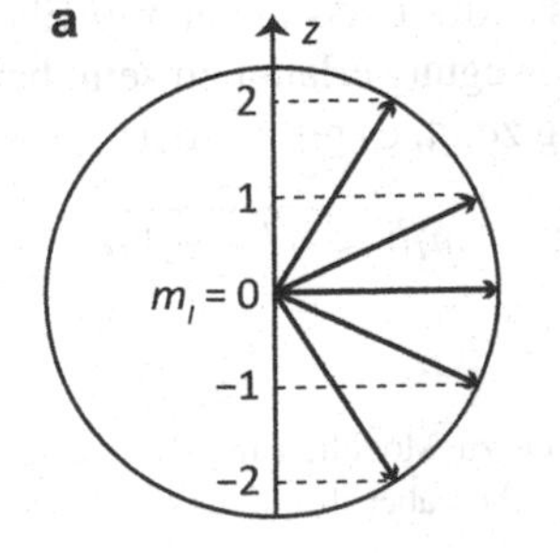

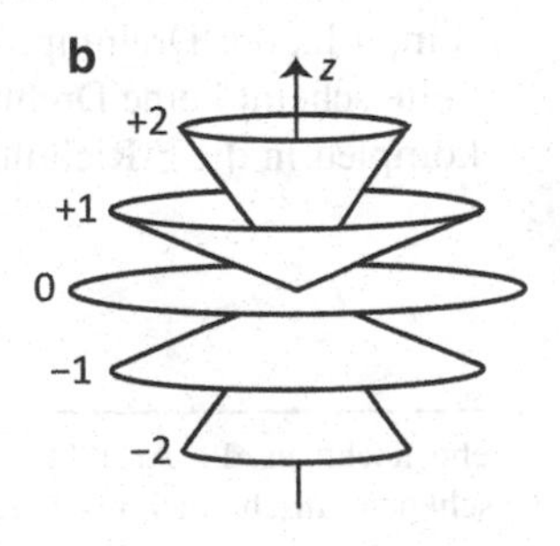

Abb. 10.6 **a** z-Komponenten des Drehimpulses für $l = 2$, dargestellt in einer Ebene (z. B. x-z-Ebene), und **b** dreidimensionale Ausrichtung des Drehimpulses

Man kann also weder experimentell, noch theoretisch alle drei Komponenten der Drehimpulsvektoren angeben.

In Abschn. 4.2.4 haben wir darauf hingewiesen, dass die Quantenmechanik Aussagen in Bezug auf mögliche Messwerte macht. Sie kann aber keine Aussagen über die Eigenschaften der Quantenteilchen selbst machen, unabhängig von einer Messung. Wenn man die Drehimpulse als Vektoren darstellt nimmt man an, dass die Rotoren einen Drehimpuls **haben,** der irgendwo auf dem Kegel liegt. Hier reden wir dann offensichtlich über Eigenschaften der Quantenrotoren selbst, und nicht über Messergebnisse. Offensichtlich fügen wir in dieser Darstellung etwas hinzu, das uns die Quantenmechanik nicht zur Verfügung stellt, nämlich zwei Komponenten der Vektoren. Wir werden dies in Abschn. 12.3.3 vertiefen. Das Bild ist also ein Modell[9], das einige Aspekte der quantenmechanischen Drehimpulse verdeutlicht:

- **Quantisierung:** Im Gegensatz zum klassischen Drehimpuls, der jede Ausrichtung im Raum und jeden Betrag haben kann, sind Betrag und z-Komponente quantisiert. Wir haben die Kegelstruktur in Abb. 10.6.
- **Unbestimmtheit:** Das Modell veranschaulicht auf klassische - und damit aber nicht ganz korrekte- Weise, die Unbestimmtheit von L_x und L_y. Man stellt sich oft vor, dass der Vektor beliebig auf den Kegeln liegen kann, die Lage ist durch die Quantenmechanik nicht genauer bestimmbar.
- **Addition von Drehimpulsen** Wenn mehrere Drehimpulse vorliegen, können sich diese miteinander koppeln, was mit diesem Modell leichter darstellbar ist (Abschn. 19.3).

Beispiele Nun wollen wir das für $l = 0, 1, 2$ noch im Detail diskutieren:

1. Trivial ist der Fall $l = 0$, $m_l = 0$, aber auch interessant: Hier gibt es **keinen** Bahndrehimpuls. Klassisch entspricht das dem Fall, dass das Teilchen in Ruhe ist; dann aber hat es einen bestimmten Ort, und Geschwindigkeit $v = 0$. In diesem Fall sind dann aber Ort und Impuls genau bestimmt, und das ist in der Quantenmechanik nicht möglich. Quantenmechanisch finden wir für Y_{00} eine gleiche Wahrscheinlichkeit überall auf der Kugel, der Ort auf der Kugel ist also komplett unbestimmt. Dieser Fall tritt beispielsweise im Wasserstoff 1 s-Orbital auf, wir werden ihn dort nochmals diskutieren.
2. Für $l = 1$ finden wir $|\hat{L}| = \sqrt{2}\hbar$, aber für die z-Komponente die Werte $0, \pm\hbar$. Also selbst bei einem bestimmten Drehimpulsbetrag kann die z-Komponente $= 0$ sein, d. h., der Drehimpulsvektor muss in der x-y-Ebene liegen. Auf der anderen Seite scheint keine Drehbewegung erlaubt zu sein, bei der der Drehimpulsvektor komplett in die z-Richtung zeigt, es gilt immer:

$$m_l\hbar < \sqrt{l(l+1)}\hbar.$$

[9]Siehe nochmals die Ausführungen zu Modellen in Abschn. 3.3. Modelle können Aspekte des Geschehens anschaulich machen, haben aber ihre Grenzen. Dies werden wir in den Kapiteln zur Interpretation genauer darstellen.

Denn in diesem Fall lägen ja präzise Werte für $\hat{L}_x$ und $\hat{L}_y$ vor, was aber mathematisch nicht möglich ist, da die $Y_{lm}(\theta, \phi)$ keine Eigenzustände dieser Operatoren sind.

3. Analoges finden wir für $l = 2$ mit $L_2 = \sqrt{6}\hbar$ und für die z-Komponente die Werte $0, \pm\hbar, \pm 2\hbar$.

10.3.4 Anwendung

Die Kugelflächenfunktionen haben eine wichtige Bedeutung bei der Lösung des Wasserstoffatoms in Kap. 11. Dieses lösen wir, indem wir als Bewegung nun auch noch eine Veränderung des Abstands r zulassen. Wir erhalten einen neuen Freiheitsgrad und erwarten nach dem bisher Gesagten eine dritte Quantenzahl, da wir dann drei Freiheitsgrade (r, θ, ϕ) betrachten. Eine wichtige Anwendung ist die Rotationsspektroskopie, die ebenfalls von den hier gezeigten Lösungen Gebrauch macht. Dieses Kap. 15 können Sie direkt, ohne weiteres Vorwissen, lesen.

10.4 Zusammenfassung und Fragen

Zusammenfassung Die Kugelflächenfunktionen $Y_{lm}(\theta, \phi)$ haben wir als Lösungen der zeitunabhängigen Schrödinger-Gleichung des **starren Rotors** bestimmt, es sind die Eigenfunktionen von $\hat{H}$, d. h., **Energieeigenfunktionen.** Gleichzeitig sind sie aber auch die Eigenfunktionen von $\hat{L}^2$ und $\hat{L}_z$. Sie sind aber keine Eigenfunktionen von $\hat{L}_x$ und $\hat{L}_y$, d. h., hier kann man keine Werte dieser Variablen bestimmen: Diese Werte bleiben **unbestimmt.** Die Lösungen haben folgende Eigenschaften:

- Für die Energieeigenwerte finden wir:

$$E_l = l(l+1)\frac{\hbar^2}{2I}, \qquad l = 0, 1, 2...$$

- Der Drehimpuls kann die folgenden Werte annehmen,

$$L_l = \hbar\sqrt{l(l+1)},$$

  man nennt dies die **Drehimpulsquantisierung.**
- Die z-Komponente des Drehimpulses kann die Werte $L_{z,m_l} = \hbar m_l$ annehmen ($m_l = 0, \pm 1, \pm 2... \pm l$), man nennt dies die **Richtungsquantisierung.**

Das **Vektormodell** des Drehimpulses, wie in Abb. 10.6 dargestellt, greift auf das klassische Bild der Drehimpulse zurück.

Fragen

- **Erinnern:** (Erläutern/Nennen)

- Geben Sie die Quantenzahlen für die Drehbewegung an.
- Geben Sie die Eigenwerte der Energie, des Betrags des Drehimpulsquadrats und der z-Komponente des Drehimpulses an.
- Was sind die Eigenfunktionen für die Drehbewegung in drei Dimensionen? Wie kann man diese darstellen? Skizzieren Sie diese für einfache Beispiele.
- Was ist das Problem bei der Darstellung des Drehimpulses?
- Skizzieren Sie die möglichen Drehimpulseinstellungen für $l = 0, l = 1, l = 2$.

- **Verstehen:** (Erklären)
  - Erläutern Sie den Lösungsweg für die Drehbewegung in drei Dimensionen. Wie kann man die für die Ebene gefundene Lösung wieder verwenden?
  - Erklären Sie, aus welchen Beiträgen die Kugelflächenfunktionen aufgebaut sind.
  - Wie kann man zeigen, dass $\hat{H}, \hat{L^2}$ und $\hat{L}_z$ gemeinsame Eigenfunktionen haben?
  - Welche Quantenzahlen treten beim Kastenpotential und beim Drehimpuls auf, und wie hängt das vom betrachteten Problem ab?
  - Warum ist das Vektormodell des Drehimpulses ein Modell?
  - Was bedeutet es, dass ist die Energie entartet ist?
  - Warum ist der Fall $l = 0$ interessant?

10.5 Anhang: Kugelkoordinaten

Nun wollen wir den Operator der kinetischen Energie

$$\hat{H} = -\frac{\hbar^2}{2m}\left(\frac{\partial^2}{\partial x^2} + \frac{\partial^2}{\partial y^2} + \frac{\partial^2}{\partial z^2}\right) \tag{10.49}$$

in Kugelkoordinaten

$$x = r\sin\theta\cos\phi, \qquad y = r\sin\theta\sin\phi, \qquad z = r\cos\phi$$

darstellen, wie in Abb. 10.4 gezeigt. Aufgelöst nach den Kugelkoordinaten erhält man:

$$r = \sqrt{x^2 + y^2 + z^2}, \qquad \theta = \arccos\left(\frac{z}{r}\right), \qquad \phi = \arctan\left(\frac{y}{x}\right).$$

Der Laplace-Operator hat dann folgende Gestalt:

$$\nabla^2 = \Delta = \left(\frac{\partial^2}{\partial x^2} + \frac{\partial^2}{\partial y^2} + \frac{\partial^2}{\partial z^2}\right) = \frac{\partial^2}{\partial r^2} + \frac{2}{r}\frac{\partial}{\partial r} + \frac{1}{r^2}\Lambda^2, \tag{10.50}$$

mit

$$\Lambda^2 = \frac{1}{\sin^2\theta}\frac{\partial^2}{\partial\phi^2} + \frac{1}{\sin\theta}\frac{\partial}{\partial\theta}\sin\theta\frac{\partial}{\partial\theta}, \tag{10.51}$$

wie oben schon verwendet. Dies wollen wir nun mit der

Kettenregel ausrechnen. Wir stellen die Wellenfunktion in Kugelkoordinaten dar, d. h, nun müssen wir

$$\Delta\Psi(r,\theta,\phi) = \quad ?$$

lösen. Dazu muss man im Prinzip nur die **Kettenregel** anwenden, d. h., man bildet die Ableitungen nach den Kugelkoordinaten und muss dann noch die Ableitungen nach den x, y, z bilden:

$$\begin{aligned}\frac{\partial}{\partial x} &= \frac{\partial r}{\partial x}\frac{\partial}{\partial r} + \frac{\partial \theta}{\partial x}\frac{\partial}{\partial \theta} + \frac{\partial \phi}{\partial x}\frac{\partial}{\partial \phi},\\ \frac{\partial}{\partial y} &= \frac{\partial r}{\partial y}\frac{\partial}{\partial r} + \frac{\partial \theta}{\partial y}\frac{\partial}{\partial \theta} + \frac{\partial \phi}{\partial y}\frac{\partial}{\partial \phi},\\ \frac{\partial}{\partial z} &= \frac{\partial r}{\partial z}\frac{\partial}{\partial r} + \frac{\partial \theta}{\partial z}\frac{\partial}{\partial \theta} + \frac{\partial \phi}{\partial z}\frac{\partial}{\partial \phi}.\end{aligned} \tag{10.52}$$

Nun rechnen wir die auftretenden Ableitungen der Kugelkoordinaten nach den kartesischen Koordinaten aus (Ableitung nach y und z analog):

$$\begin{aligned}\frac{\partial r}{\partial x} &= \frac{x}{\sqrt{x^2+y^2+z^2}} = \frac{x}{r} = \sin\theta\cos\phi,\\ \frac{\partial \theta}{\partial x} &= \frac{z/r}{r\sqrt{1-(z/r)^2}}\frac{\partial r}{\partial x} = \frac{\cos\theta\sin\phi}{r},\\ \frac{\partial \phi}{\partial x} &= \frac{1}{1+(y/x)^2}\frac{-y}{x^2} = -\frac{\sin\phi}{r\sin\theta}.\end{aligned} \tag{10.53}$$

Insgesamt erhält man:

$$\begin{array}{lll}\frac{\partial r}{\partial x} = \sin\theta\cos\phi & \frac{\partial r}{\partial y} = \sin\theta\sin\phi & \frac{\partial r}{\partial z} = \cos\theta\\ \frac{\partial \theta}{\partial x} = \frac{\cos\theta\cos\phi}{r} & \frac{\partial \theta}{\partial y} = \frac{\cos\theta\sin\phi}{r} & \frac{\partial \theta}{\partial z} = -\frac{\sin\theta}{r}\\ \frac{\partial \phi}{\partial x} = -\frac{\sin\phi}{r\sin\theta} & \frac{\partial \phi}{\partial y} = \frac{\cos\phi}{r\sin\theta} & \frac{\partial \phi}{\partial z} = 0\end{array}$$

Damit kann man die ersten partiellen Ableitungen Gl. 10.52 nun darstellen, und mit den 2. partiellen Ableitungen erhält man den Hamilton-Operator Gleichung 10.50.

Drehimpuls Ebenso kann man die partiellen Ableitungen in die Drehimpulsausdrücke Gl. 10.42 einsetzen und erhält die Darstellung in Kugelkoordinaten. Insbesondere erhält man für $\hat{L}_z$ Gl. 10.46

$$\hat{L}_z = -\mathrm{i}\hbar\frac{\partial}{\partial \phi} \tag{10.54}$$

und kann feststellen, dass

$$\hat{L}^2 = -\hbar^2 \Lambda^2 \tag{10.55}$$

gilt. Damit ist der Winkelanteil des Hamilton-Operators gleich dem Quadrat des Gesamtdrehimpulses.

Das Wasserstoffatom

11

Das Wasserstoffatom ist ein klassisches Zwei-Körper-Problem, bei dem ein Elektron und ein Proton sind durch das Coulomb-Potenzial

$$V(r) = \frac{1}{4\pi\epsilon_0}\frac{q_e q_K}{r} = -\frac{1}{4\pi\epsilon_0}\frac{e^2}{r}, \tag{11.1}$$

gebunden sind. Dieses ist nur abhängig vom Kern-Elektron-Abstand r und den Ladungen des Elektrons q_e und des Protons q_K (Abb. 11.1a). Das Potenzial ist attraktiv, da Elektron und Proton jeweils eine negative und positive Elementarladung e tragen.

Wie bewegt sich das Elektron nun um den Kern? Dies wollen wir herausfinden, und der Weg ist die Berechnung der Wellenfunktion und Energie mit Hilfe der Schrödinger-Gleichung. Wir haben schon die **Bohr'schen Quantisierungsbedingungen** kennengelernt (Abschn. 3.2.2). Es sind nicht alle Bahnen möglich, sondern nur bestimmte, die als stehende Wellen des Elektrons interpretierbar sind.[1] Die Rede von Bahnen macht in der Quantenmechanik keinen Sinn mehr, wir erhalten die **Orbitale** als Lösungen der Schrödinger-Gleichung. Da diese eine Wellengleichung ist, können die Orbitale als stehende Wellen angesehen werden. Ok, aber was macht das Elektron, wie kann man die Bewegung des Elektrons im Wasserstoffatom verstehen? Die Rede von Bahn, Bewegung etc. ist eine klassische Beschreibung und ist in der

[1] Vergleichen wir das mit Satellitenumlaufbahnen: Dort haben wir das Gravitationspotenzial $V(r) = -G\frac{M_S M_E}{r}$, das z. B. die Bahnen von Satelliten der Masse M_S in dem Gravitationspotenzial der Erde (Masse M_E) beschreibt. Hier sind beliebige Umlaufbahnen möglich, wenn die Erde-Satellit-Abstände r kleiner sind, muss die Geschwindigkeit höher sein, damit die Gleichheit von Zentrifugal- und Anziehungskraft bei kreisförmige Umlaufbahnen gilt, $F_{\text{Zentrifugal}} = F_{\text{Anziehungskraft}}$, aber unter dieser Bedingung sind alle Kreisbahnen erlaubt.

© Springer-Verlag GmbH Deutschland, ein Teil von Springer Nature 2021

M. Elstner, *Physikalische Chemie II: Quantenmechanik und Spektroskopie*,
https://doi.org/10.1007/978-3-662-61462-4_11

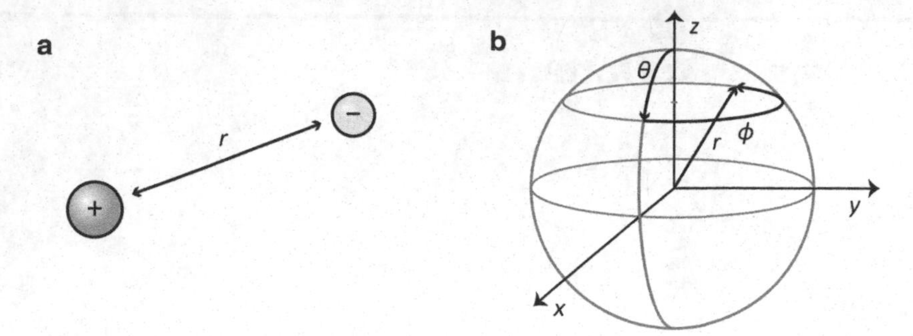

Abb. 11.1 **a** Proton und Elektron in Abstand r. **b** Bewegung auf der Kugelschale

Quantenmechanik offensichtlich nicht mehr anwendbar, was in Kap. 13 besprochen wird.

Zur Lösung brauchen wir drei Elemente:

- **Relativkoordinaten** Streng genommen rotieren Proton und Elektron um den gemeinsamen Schwerpunkt, man muss also Relativkoordinaten verwenden, wie für zweiatomige Moleküle hergeleitet (Abschn. 1.3.1). Damit transformieren wir auf das Problem eines Teilchens, das sich um den Koordinatenursprung bewegt. Die sogenannte reduzierte Masse

$$\mu = \frac{m_e m_K}{m_e + m_K} \approx m_e$$

weicht nicht stark von der Masse des Elektrons m_e ab, da die Masse des Atomkerns m_K wesentlich größer als die des Elektrons ist. Daher werden im Folgenden mit m_e in der kinetischen Energie weiterrechnen, r gibt den Abstand Kern-Elektron an, der Schwerpunkt liegt daher in sehr guter Näherung im Proton. Dieses sei in Ruhe, daher betrachten wir die kinetische Energie des Protons nicht.
- **Kugelkoordinaten und Separationsansatz** Dieses Problem wird am einfachsten in Kugelkoordinaten beschrieben, wie in Abb. 11.1b gezeigt. Eine spezielle Koordinatenwahl hat den folgende Gründe:
  - Bei der Behandlung der Rotation in der Ebene und auf der Kugeloberfläche haben wir gesehen, dass dadurch die Dimension des Problems reduziert wurde, statt zwei/drei Koordinaten (x, y) bzw. (x, y, z) mussten wir nur eine ϕ bzw. zwei (ϕ, θ) betrachten.
  - **Separation der Variablen** Zudem, und das war das Wichtige bei der Lösung, wurde die Bewegung in diesen Koordinaten **entkoppelt.** Am Beispiel des Kastenpotenzials haben wir gesehen, wie eine Funktion $\Psi(x, y, z)$ von drei Variablen in ein Produkt von Funktionen einer Variable zerfällt. Für jede dieser Variablen

$$\Psi_{nml}(x, y, z) = \phi_n(x)\phi_m(y)\phi_l(z) \qquad \text{Kastenpotenzial,}$$
$$\Psi_{lm}(\theta, \phi) = Y_{lm}(\theta, \phi) = \Theta_l(\theta)\Phi_m(\phi) \qquad \text{Rotor.}$$

erhalten wir dann eine Differentialgleichung, die isoliert gelöst werden kann. Das Gleiche haben wir beim Rotor in Kugelkoordinaten gesehen, die Transformation auf Kugelkoordinaten erlaubte ebenfalls einen solchen **Produktansatz** für die Wellenfunktion. Als Ergebnis haben wir also **gewöhnliche Differenzialgleichungen** für die einzelnen Variablen erhalten, die sich analytisch lösen lassen, und die Gesamtlösung ist ein Produkt der separierten Lösungen.
Beim Rotor haben wir den Abstand r zunächst festgehalten, wir haben die Rotation eines **starren Rotors** betrachtet. D. h., wir haben schon die Bewegungen auf der Kugelschale in Abb. 11.1b gelöst. Nun lassen wir zusätzlich eine Bewegung der Koordinate r zu, das Elektron hat nun einen weiteren Freiheitsgrad, es kann sich auch an verschiedenen Abständen r vom Kern aufhalten. In **Kugelkoordinaten** können wir also einen **Separationsansatz** für die Wellenfunktion

$$\Psi(r, \theta, \phi) = R(r)Y(\theta, \phi).$$

machen. Analog erhalten wir nun eine Differentialgleichung nur für $R(r)$, die wir in diesem Kapitel lösen wollen. Wir haben also die Bewegung in r-Richtung absepariert, und lösen diese getrennt von der Bewegung auf der Kugelschale, welche durch $Y(\theta, \phi)$ beschrieben wird.

- **Freiheitsgrade und Quantenzahlen** Die Bewegung entlang der unabhängigen Koordinaten wird Freiheitsgrad genannt. Für das Kastenpotenzial haben wir gesehen, dass für jeden Freiheitsgrad (x, y, z) eine Quantenzahl auftritt. Beim starren Rotor treten zwei Quantenzahlen l und m auf, für die Koordinate r erwarten wir daher noch eine zusätzliche Quantenzahl n, die Bohr schon postuliert hatte.
- **Gute Nerven** Da das Problem für $Y_{lm}(\theta, \phi)$ schon gelöst ist, werden wir auf eine Differentialgleichung für $R(r)$ geführt, den **Radialteil** der Wellenfunktion. Die Lösung ist etwas langwierig, ist aber wieder ein eindimensionales Problem, und die Lösung ist analog zu der des harmonischen Oszillators. Man findet einen exponentiellen Abfall der Wellenfunktion für große Abstände und Oszillationen im Potenzialbereich, die durch Polynome, die **Laguerre-Polynome,** dargestellt werden.

Die Lösungen führen auf die **Orbitale** des Wasserstoffatoms, für die man wieder bestimmte **Observablen** berechnen kann, nämlich E, L^2 und L_z als Eigenwerte, sowie beispielsweise $\langle x \rangle$ als Erwartungswerte. Die **räumliche Wahrscheinlichkeitsverteilung** erhält man aus dem Quadrat der Wellenfunktion.

Der Lösungsweg für dieses Potenzial ist noch etwas komplizierter als beim harmonischen Oszillator, daher werden hier wieder verschiedene Wege **A-C** vorgeschlagen:

- **A:** Lesen Sie Abschn. 11.1, um zu verstehen, wie die Schrödinger-Gleichung nach Einführung von **Kugelkoordinaten** aussieht, wie die **Separation der Variablen** funktioniert und gehen Sie dann zu Abschn. 11.4, wo die **Lösungen für die Energie und die Wellenfunktionen** diskutiert werden.
- **B:** Lesen Sie Abschn. 11.1 und 11.2, um den **Ansatz für die Wellenfunktion** zu verstehen. Die Wellenfunktion besteht aus einem Teil r^l, der die Wellenfunktion für kleine Abstände beschreibt und gegen null führt, einem exponentiell abfallenden Teil $e^{-\kappa r}$, der wie beim harmonischen Oszillator die Wellenfunktion im ,Tunnelbereich' der Barriere für große Abstände beschreibt. Und ein Polynom $P(r)$, das die Oszillationen der Wellenfunktion im Coulomb-Potenzial beschreibt, analog zum Kastenpotenzial (Sinus-/Kosinusfunktionen) oder harmonischen Oszillator (Hermite'sche Polynome). Gehen Sie dann zu den Lösungen in Abschn. 11.4.
- **C:** Volles Programm. Lesen Sie auch die Herleitung der Lösungen und verstehen sie, wie die Quantisierung aus dem Abbruch der Polynomreihe entsteht und welche Form die Polynome $P(r)$ (zugeordnete Laguerre-Polynome) haben.

11.1 Hamilton-Operator und radiale Schrödinger-Gleichung

Wir gehen von der Schrödinger-Gleichung in drei Dimensionen mit dem Coulomb-Potenzial aus und kommen dann durch den Separationsansatz für die Wellenfunktion auf eine Differentialgleichung für den Radialteil $R(r)$, da wir den Winkelanteil für den Rotor schon gelöst haben.

11.1.1 Hamilton-Operator in Kugelkoordinaten

Wir starten mit der **klassischen Energie** des Problems,

$$E = (p_x^2 + p_y^2 + p_z^2)/2m_e - \frac{1}{4\pi\epsilon}\frac{Ze^2}{r}, \tag{11.2}$$

der Abstand vom Kern im Koordinatenursprung ist durch r gegeben, die Masse durch m_e, und wir haben die Kernladungszahl $Z = 1$ für das H-Atom. Wir behalten aber Z in der Formel, da wir das später nochmals brauchen können.

Den **Hamilton-Operator in drei Dimensionen** haben wir oben bei der Drehbewegung (Abschn. 10.2) kennengelernt. Daher wissen wir schon, wie die kinetische Energie aussieht, die Coulomb-Wechselwirkung kürzen wir nun einfach durch das Coulomb-Potenzial $V(r)$ ab und erhalten:

$$\hat{H} = -\frac{\hbar^2}{2m_e}\left(\frac{\partial^2}{\partial x^2} + \frac{\partial^2}{\partial y^2} + \frac{\partial^2}{\partial z^2}\right) + V(r). \tag{11.3}$$

Die 2. Ableitungen schreiben sich in **Kugelkoordinaten** (Gl. 10.17) als:

$$\nabla^2 = \Delta = \left(\frac{\partial^2}{\partial x^2} + \frac{\partial^2}{\partial y^2} + \frac{\partial^2}{\partial z^2}\right) = \frac{\partial^2}{\partial r^2} + \frac{2}{r}\frac{\partial}{\partial r} + \frac{1}{r^2}\Lambda^2 \tag{11.4}$$

mit

$$\Lambda^2 = \frac{1}{\sin^2\theta}\frac{\partial^2}{\partial\phi^2} + \frac{1}{\sin\theta}\frac{\partial}{\partial\theta}\sin\theta\frac{\partial}{\partial\theta}. \tag{11.5}$$

Mit dem **Drehimpulsoperator** (Abschn. 10.3)

$$\hat{L}^2 = -\hbar^2\Lambda^2 \tag{11.6}$$

sieht die **Schrödinger-Gleichung** wie folgt aus:

$$\left[-\frac{\hbar^2}{2m_e}\left(\frac{\partial^2}{\partial r^2} + \frac{2}{r}\frac{\partial}{\partial r}\right) + \frac{\hat{L}^2}{2m_e r^2} + V(r)\right]\Psi(r,\theta,\phi) = E\Psi(r,\theta,\phi). \tag{11.7}$$

11.1.2 Separationsansatz

Als Ansatz für die Wellenfunktion in Gl. 11.7 wählen wir[2]

$$\Psi(r,\theta,\phi) = R(r)Y(\theta,\phi), \tag{11.8}$$

und erhalten durch Einsetzen (**Beweis** 11.8, Anhang 11.7.2):

$$\left[-\frac{\hbar^2}{2m_e}\left(\frac{\partial^2}{\partial r^2} + \frac{2}{r}\frac{\partial}{\partial r}\right) + \frac{l(l+1)\hbar^2}{2m_e r^2} + V(r)\right]R(r) = ER(r). \tag{11.9}$$

Wichtig: Nun haben wir also eine Differentialgleichung für den Radialteil $R(r)$, in dem die anderen Variablen θ und ϕ nicht mehr vorkommen.

[2]Zur Motivation, siehe Anhang 11.7.1.

Effektives Potenzial Gl. 11.9 sieht nun wie eine Differentialgleichung für ein Teilchen in einem effektiven Potenzial aus,

$$V_{\text{eff}}(r) = V(r) + \frac{l(l+1)\hbar^2}{2m_e r^2} = V(r) + V_l(r). \tag{11.10}$$

$V_l(r) = E_l$ ist schlicht die Energie des Rotors im Quantenzustand l bei einem Abstand r, siehe Gl. 10.40.

- Für $l = 0$ ist dies das gewöhnliche Coulomb-Potenzial, E_l verschwindet (Abb. 11.2a). Bitte beachten Sie Gl. 11.1, $V(r)$ ist negativ.
- Für $l \geq 1$ kommen repulsive Beiträge hinzu, es ist die Fliehkraft, die das Potenzial effektiv moduliert, wie in Abb. 11.2b skizziert. Die Fliehkraft führt dazu, dass bei kleinen Abständen die Energie stark ansteigt, d. h., dass das effektive Potenzial hier stark repulsiv wird. Je größer l, desto größer die Fliehkraft und desto stärker die repulsive Flanke. Für jedes l erfährt das Elektron demnach eine unterschiedliche effektive Anziehungskraft.
- Wir erwarten nun, dass für die Bewegung entlang des Freiheitsgrades r ebenfalls eine Quantisierung eintritt, d. h., es sind nicht alle Energien erlaubt. Es ist also, analog zum Kastenpotenzial und dem Potenzial des harmonischen Oszillators, zu erwarten, dass diskrete Energiezustände auftreten, wie in Abb. 11.2 durch die gestrichelten Linien angedeutet.
- Nach den Ausführungen in Abschn. 3.2.1 zu den Spektrallinien des Wasserstoffatoms und dem Bohr'schen Atommodell ist zudem zu erwarten, dass für die Energieniveaus $E_n \sim \frac{1}{n^2}$ gilt (Gl. 3.17).

Radiale Schrödinger-Gleichung Mit $V_{\text{eff}}(r)$ vereinfacht sich Gl. 11.9 zu:

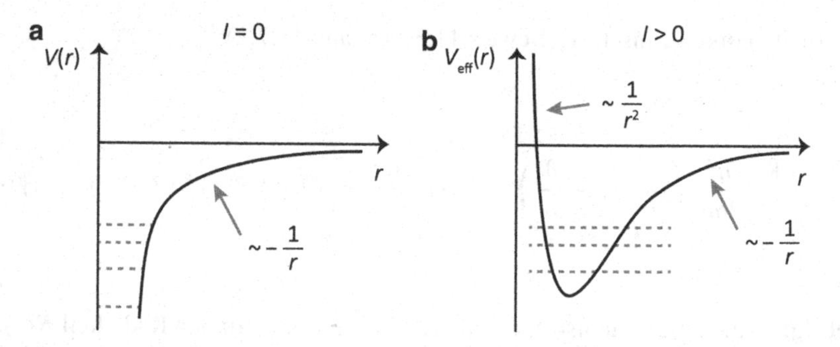

Abb. 11.2 $V_{\text{eff}}(r)$ für **a** $l = 0$ und **b** $l \geq 1$. Eingezeichnet sind die Energien der Quantenzustände, die im Folgenden berechnet werden

$$\left[-\frac{\hbar^2}{2m_e}\left(\frac{\partial^2}{\partial r^2}+\frac{2}{r}\frac{\partial}{\partial r}\right)+V_{\text{eff}}(r)\right]R(r)=ER(r). \qquad (11.11)$$

Die Lösungen dieser Gleichung werden in Abschn. 11.4 diskutiert, in Variante (**A**) können Sie nun direkt in dieses Kapitel springen.

11.1.3 Effektive Schrödinger-Gleichung

Gl. 11.11 hat noch komplizierte Ableitungen nach r, man kann die Gleichung nochmals wesentlich vereinfachen, wenn man die Funktion $u(r) = rR(r)$ verwendet, man erhält (**Beweis** 11.9 in Anhang. 11.7.2)

$$\left[-\frac{\hbar^2}{2m_e}\frac{\mathrm{d}^2}{\mathrm{d}r^2}+V_{\text{eff}}(r)\right]u(r)=Eu(r). \qquad (11.12)$$

Dies sieht nun nach einer einfachen Schrödinger-Gleichung für ein Teilchen aus, welches sich in dem effektiven Potenzial $V_{\text{eff}}(r)$ befindet. Diese werden wir jetzt lösen.

11.2 Ansatz für die Wellenfunktion

Vorgehensweise Zur Lösung von Gl. 11.12 geht man so ähnlich vor wie beim harmonischen Oszillator: Dort hatten wir zunächst (i) die Lösung für große y betrachtet und (ii) diese dann mit einem Polynom multipliziert. (iii) Hier werden wir zudem die Lösung für kleine r betrachten, der Ansatz für die Wellenfunktion besteht dann aus drei Anteilen, der sich aus diesen Überlegungen ergibt.

Betrachtung der Grenzfälle:

- $\boldsymbol{r \to 0}$: In diesem Fall überwiegt in V_{eff} der Fliehkraftanteil, $V(r)$ und E können vernachlässigt werden, und wir können für Gl. 11.12 schreiben:

$$\left[-\frac{\hbar^2}{2m_e}\frac{\mathrm{d}^2}{\mathrm{d}r^2}+\frac{l(l+1)\hbar^2}{2m_e r^2}\right]u(r)=0.$$

  Diese Differentialgleichung hat die beiden Lösungen

$$u_1(r)\sim r^{l+1} \qquad u_2(r)\sim r^{-l}.$$

Normierbarkeit: l ist positiv, daher divergiert $u_2(r)$ für kleine r (wird unendlich), und ist damit nicht normierbar. Deshalb wird u_2 ausgeschlossen, und für kleine r wird u_1 den Verlauf der Wellenfunktion bestimmen.

- $r \to \infty$: Jetzt verschwindet V_{eff} und wir haben:

$$\left[\frac{\hbar^2}{2m_e}\frac{d^2}{dr^2} + E\right]u(r) = 0.$$

Die Energie E ist negativ, wir betrachten gebundene Zustände in Abb. 11.2, und diese DGL kennen wir schon vom endlichen Potenzialtopf (Abschn. 7.3), sie hat mit der Definition

$$k^2 = \frac{2m_e}{\hbar^2}(-E), \qquad \kappa = \sqrt{2m_e|E|/\hbar}$$

die beiden Lösungen:

$$u_1(r) \sim e^{-\kappa r} \qquad u_2(r) \sim e^{+\kappa r}.$$

u_2 divergiert für große r, ist damit nicht normierbar, und daher kommt nur u_1 in Frage.

- Für den Bereich ‚dazwischen' wird wieder, wie beim harmonischen Oszillator, ein Polynomansatz gemacht,

$$P(r) = \sum_\nu a_\nu r^\nu. \tag{11.13}$$

Ansatz für die Wellenfunktion Wir haben nun den Verlauf der Funktion für drei Bereiche bestimmt, nun setzen wir das zusammen:

- Für $r \to 0$ ist die Lösung durch r^{l+1} dominiert, denn es gilt $e^{-\kappa r} = 1$ und ein Polynom wird in diesem Fall durch den ersten Summanden $a_0 r^0 = a_0$ bestimmt.
- Für $r \to \infty$ wird $e^{-\kappa r}$ dominieren, es fällt schneller ab als r^{l+1} und das Polynom, d. h., für große Abstände wird die Wellenfunktion exponentiell verschwinden.
- In dem Zwischenbereich, d. h., in dem Bereich, in dem gebundene Zustände im effektiven Potenzial Abb. 11.2 auftreten können, wird die Wellenfunktion durch das Polynom $P(r)$ dominiert sein. Hier werden wir Oszillationen finden, wie z. B. im Potenzialbereich des harmonischen Oszillators.

Wir machen daher den **Ansatz:**

$$u(r) = r^{l+1}P(r)e^{-\kappa r}. \tag{11.14}$$

Als Nächstes werden wir den Ansatz Gl. 11.14 in die Differentialgleichung 11.12 einsetzen, was uns, wie beim harmonischen Oszillator, auf eine Rekursionsformel führt. Diese hat nur Lösungen für bestimmte Polynome $P(r)$ mit diskreten Energien, d. h., man bekommt eine Energiequantisierung, wie in Abb. 11.2 angedeutet.

Radialteil der Wellenfunktion Die Lösung, d. h., der Radialteil der Wellenfunktion

$$R(r) = u(r)/r = r^l P(r)\mathrm{e}^{-\kappa r} \tag{11.15}$$

und die quantisierten Energien E_n werden in Abschn. 11.4 diskutiert (Variante (**B**)). Den qualitativen Verlauf von $R(r)$ kann man aber schon anhand des Ansatzes verstehen:

- $l = 0$ Hier verschwindet der Drehimpulsanteil, d. h., das Coulomb-Potenzial wird unendlich tief für $r \to 0$ (Abb. 11.2a). $R(r) = P(r)\mathrm{e}^{-\kappa r}$ besteht nur aus dem Polynom und der Exponentialfunktion. Man wird daher exponentiell abfallende Funktionen als Lösung finden, die, je größer E_n wird, vermehrt Nulldurchgänge aufweisen. Dies sind die 1s, 2s, 3s ... Funktionen, wie in Abb. 11.4 dargestellt. Beachten sie die Analogie zum Kastenpotenzial bzw. harmonischen Oszillator. Die Oszillationen finden im Potenzialbereich statt, in der Barriere finden wir den exponentiellen Verlauf.
- $l \geq 1$ Der Drehimpulsanteil führt zu einem starken Anstieg des Potenzials für kleine r. Es entsteht also ebenfalls eine Potenzialbarriere für kleine r, nun haben wir eine analoge Situation wie beim harmonischen Oszillator. Daher wird die Wellenfunktion für $r \to 0$ nun ebenfalls verschwinden. Im Potenzialbereich finden wir dann Oszillationen der Wellenfunktion, die durch durch das Polynom $P(r)$ beschrieben werden, in der Barriere verschwindet die Wellenfunktion für $r \to \infty$. Ein Beispiel für eine solche Wellenfunktion ist die 3p Wellenfunktion, wie in Abb. 11.4 gezeigt.

11.3 Lösung der Differentialgleichung

Nun zu den Details der Lösung (Variante **C**):

- Zunächst werden **atomare Einheiten** eingeführt, was die DGL 11.12 vereinfacht.
- Dann werden die Koeffizienten a_ν des Polynoms $P(r)$ (Gl. 11.13) bestimmt, man erhält eine **Rekursionsformel.** Die Reihendarstellung von $P(r)$ divergiert, um Normierbarkeit zu gewährleisten, muss die Reihe abbrechen: Das führt zur **Quantisierung der Energie.**
- Die DGL hat die Form der sogenannten zugeordneten Laguerre-Gleichung, deren Lösungen die **zugeordneten Laguerre-Polynome** sind. Damit hat man die Polynome $P(r)$ explizit dargestellt.
- Dann wird das Ganze normiert.

11.3.1 Atomare Einheiten

Nun wollen wir die Differentialgleichung Gl. 11.12 so umformen, dass die Konstanten wegfallen. Das Gleiche haben wir beim harmonischen Oszillator mit der Koordinate $y = bx$ gemacht.

Hier führen wir die neue Koordinate ρ ein und drücken damit Abstände in Einheiten des **Bohr'schen Radius $\mathbf{a_B}$** aus (siehe Gl. 3.14),

$$\rho = Z\frac{r}{\mathrm{a_B}}, \qquad \mathrm{a_B} = \frac{4\pi\epsilon_0\hbar^2}{m_e e^2} = 0.529\,\text{Å}.$$

Dies ist eine sinnvolle Längeneinheit im Atomaren, so ist z. B. der H-H-Bindungsabstand etwa 0.7 Å, d. h., die Ausdehnung des Wasserstoffatoms liegt im Bereich von einem $\mathrm{a_B}$. Die Energie wird in Einheiten der **Rydberg-Energie** (siehe Gl. 3.17)

$$\mathrm{E_R} = \frac{\hbar^2}{2m_e\mathrm{a_B}^2} = 13.6\,\mathrm{eV}$$

angegeben. Wir betrachten gebundene Zustände, d. h., $E < 0$ und $\mathrm{E_R}$ ist positiv, daher können wir mit der Definition ($-E$ ist positiv!)

$$\epsilon = \frac{1}{Z}\sqrt{\frac{-E}{\mathrm{E_R}}} \tag{11.16}$$

die Differentialgleichung 11.12 wie folgt schreiben (**Beweis** 11.10 in Anhang 11.7.2):

$$\left[\frac{\mathrm{d}^2}{\mathrm{d}\rho^2} + \frac{2}{\rho} - \frac{l(l+1)}{\rho^2} - \epsilon^2\right] u(\rho) = 0. \tag{11.17}$$

Diese DGL entspricht Gl. 11.12, nun sind die ganzen Konstanten verschwunden, der zweite und dritte Term ist das effektive Potenzial mit Koordinate ρ, und ϵ^2 entspricht der Energie E. D. h., als Lösungen werden wir ϵ erhalten, und können daraus E einfach mit Gl. 11.16 berechnen. Entsprechend Gl. 11.14 verwenden wir nun den **Lösungsansatz**[3]:

[3] $\kappa r = \epsilon\rho$ mit den Defintionen von $\mathrm{E_R}$ und ρ. Vergleichen Sie Gl. 11.15 mit Gl. 11.18.

$$u(\rho) = P(\rho)\rho^{l+1}\mathrm{e}^{-\epsilon\rho}, \qquad P(\rho) = \sum_\nu a_\nu \rho^\nu. \tag{11.18}$$

Nun werden wir die a_ν bestimmen, dann haben wir die Lösung.

11.3.2 Rekursionsformel: Zugeordnete Laguerre-Polynome

Rekursionsformel Einsetzen von Gl. 11.18 in Gl. 11.17 führt zu einer DGL für $P(\rho)$,

$$\rho\,\frac{\mathrm{d}^2 P(\rho)}{\mathrm{d}\rho^2} + \frac{\mathrm{d}P(\rho)}{\mathrm{d}\rho}(2l+2-\epsilon) + P(\rho)[2-\epsilon(2l+2)] = 0. \tag{11.19}$$

Durch Einsetzen des Polynoms

$$P(\rho) = \sum_\nu a_\nu \rho^\nu \tag{11.20}$$

erhält man eine Rekursionsformel für die Koeffizienten (**Beweis** 11.11 in Anhang 11.7.2),

$$a_{\nu+1} = 2\frac{\epsilon(l+\nu+1)-1}{(\nu+1)(\nu+2l+2)}a_\nu. \tag{11.21}$$

Damit kann man das Polynom im Prinzip explizit berechnen. Die Koeffizienten bilden eine unendliche Reihe, die entsprechende Funktion $P(\rho)$ wächst exponentiell an, wir finden dasselbe Problem wie beim harmonischen Oszillator: Die Wellenfunktion ist für beliebige Polynome $P(\rho)$ nicht normierbar. Polynome mit endlich vielen Koeffizienten kann man aber normieren, daher muss man eine Bedingung finden, wie beim harmonischen Oszillator, die zum Abbruch der Reihe führt.

Abbruch der Reihe Die Reihe bricht ab, wenn der Zähler von Gl. 11.21 verschwindet, d. h., wenn

$$\epsilon = \frac{1}{\nu+l+1} =: \frac{1}{n} \tag{11.22}$$

gilt. l ist die Quantenzahl des Bahndrehimpulses, es ist eine ganze Zahl. ν ist als Grad des Polynoms auch eine ganze Zahl, damit ist die Zahl n, definiert durch $n := \nu + l + 1$ ebenfalls eine ganze Zahl. Gl. 11.22 bedeutet also, dass man normierbare Polynome erhält, wenn die Energie ϵ ganz bestimmte Werte annimmt.

Zugeordnete Laguerre-Polynome $P(\rho)$ Praktisch muss man nun nicht die Rekursionsformel Gl. 11.21 lösen, die Polynome Gl. 11.20 sind durch relativ einfache Formeln darstellbar. Dazu wollen wir Gl. 11.19 nun auf die Form der **zugeordneten Laguerre-Gleichung** bringen. Wir teilen Gl. 11.19 durch 2ϵ, definieren

$$K = 2l + 1, \qquad x = 2\epsilon\rho, \qquad N = \frac{1}{\epsilon} - l - 1 = n - l - 1, \tag{11.23}$$

und erhalten schließlich

$$x\,\frac{\mathrm{d}P(x)}{\mathrm{d}x^2} + (K + 1 - x)\frac{\mathrm{d}P(x)}{\mathrm{d}x} + NP(x) = 0. \tag{11.24}$$

Dies ist eine bekannte Differentialgleichung, deren Lösungen gut charakterisiert sind. Die Lösungen sind Polynome, **zugeordnete Laguerre-Polynome** genannt, sie hängen von den Werten N und K ab,

$$P(x) = L_N^K(x),$$

und sehen so aus:

$$\begin{aligned} L_0^K &= 1 \\ L_1^K &= -x + K + 1 \\ L_2^K &= \frac{1}{2}x^2 - (K+2)x + \frac{1}{2}(K+1)(K+2) \\ L_3^K &= \ldots \end{aligned} \tag{11.25}$$

Wir finden hier wieder, was oben bei den Rekursionsformeln diskutiert wurde: Die Polynome L_N^K sind durch die Werte von N und K bestimmt, es gibt nur für bestimmte Werte von N und K Polynomlösungen, die mit den Rekursionsformeln oben konsistent sind. K und N sind durch die Definitionen in Gl. 11.23 gegeben, man kann also schreiben:

$$L_N^K(x) = L_{n-l-1}^{2l+1}(x). \tag{11.26}$$

Diese Polynome kann man, wie auch bei den Hermite'schen Polynomen des harmonischen Oszillators, über Rekursionsformeln darstellen,

$$(N+1)L_{N+1}^K(x) = (2N + 1 + K - x)L_N^K(x) - (N + K)L_{N-1}^K(x).$$

Darstellung der Polynome Man kann diese Polynome auch explizit darstellen, dazu gibt es folgende Formel:

$$L_N^K = \frac{\mathrm{e}^x x^{-K}}{N!} \frac{\mathrm{d}^N}{\mathrm{d}x^N} \left(\mathrm{e}^{-x} x^{N+K} \right). \tag{11.27}$$

Damit hat man also für jedes N und K, bzw. für jedes n und l, das Polynom gegeben, probieren Sie es aus!

11.3.3 Energiequantisierung

Um Konvergenz zu erzwingen mussten wir die Potenzreihe $P(\rho)$ abbrechen, wir erhalten als Abbruchbedingung Gl. 11.22. Wenn wir hier die Definition von ϵ Gl. 11.16 einsetzen, erhalten wir die Energie E_n:

$$\epsilon = \frac{1}{\nu + l + 1} = \frac{1}{n} \quad \rightarrow \quad E_n = -\frac{Z^2 \mathrm{E_R}}{n^2} \qquad n = 1, 2, 3, ... \tag{11.28}$$

Die Energie des Elektrons im Coulomb-Potenzial kann also keine beliebigen Werte annehmen, sie ist quantisiert. Dies resultiert direkt aus der Abbruchbedingung für das Polynom: Für Energien, die nicht den Werten E_n folgen, kann man keine Wellenfunktionen finden, die normierbar sind. Man erhält keine physikalischen Lösungen.

Quantenzahlen $n = \nu + l + 1$ setzt sich aus ν und l zusammen. Es sind nun also verschiedene Polynome möglich, die sich durch den Grad des Polynoms, wir nennen diesen nun ν_0, unterscheiden.

- **Hauptquantenzahl n:** Tab. 11.1 macht deutlich, dass verschiedene Kombinationen dieser Parameter zu demselben n und damit zur selben Energie E_n führen.
- **Nebenquantenzahl l:** Aus $n - 1 = \nu_0 + l$ sieht man, dass für $\nu_0 = 0$ die Bedingung $l = n - 1$ gilt, für $\nu_0 = n - 1$ erhält man $l = 0$. Je nach Grad des Polynoms kann l für ein festes n die Werte

$$l = 0, ..., n - 1$$

Tab. 11.1 Kombination der Quantenzahlen

$n = \nu_0 + l + 1$	1	2	2	3	3	3
ν_0	0	1	0	2	1	0
l	0	0	1	0	1	2

annehmen. Die Energie E_n hängt nicht von l ab, ist also für alle l bei festem n gleich.

Die Lösungen erhält man dann wie folgt: Man wählt ein ν_0 und ein l, dann ist dadurch die Energie ϵ, bzw. die Energie E_n, eindeutig bestimmt. Mit dieser Wahl der Energie bricht die Reihe nach ν_0 ab, da der Zähler zu null gesetzt wird,

$$a_{\nu_0} \neq 0, \qquad a_{\nu_0+1} = a_{\nu_0+2} = \ldots = 0,$$

und ν_0 kann die ganzzahligen Werte $\nu_0 = 0, 1, 2, 3$ ... annehmen. Für solche Werte kann man die Wellenfunktion dann normieren. Das Polynom ist durch die Rekursionsformel bestimmt, d. h., man hat einen expliziten Ausdruck für den Ansatz in Gl. 11.18 und damit für die Radialfunktion $R(r)$. Praktisch muss man aber nur für die verschiedenen n und l ein **zugeordnetes Laguerre-Polynom** Gl. 11.26 auswählen.

Mit der Abbruchbedingung haben wir also von allen mathematisch möglichen Lösungen diejenigen herausgefiltert, die normierbar sind und damit physikalisch interpretierbar. Wir erhalten also eine Quantisierung der Energie, nur solche Lösungen führen zu normierbaren Funktionen, die bestimmte Energiewerte annehmen, für beliebige Energien existieren keine Lösungen. Dies kann man mit dem Fall des Kastenpotenzials oder des harmonischen Oszillators vergleichen. Die Lösungen müssen stehende Wellen sein, als Resultat ist die Energie quantisiert.

11.3.4 Normierung der Wellenfunktion

Nun bauen wir das alles wieder zusammen: Wir hatten den Ansatz Gl. 11.14

$$u(\rho) = P(\rho)\rho^{l+1}\mathrm{e}^{-\epsilon\rho}, \tag{11.29}$$

wobei nun die Polynome

$$P(\rho, \nu_0, l) = L_{n-l-1}^{2l+1}[x],$$

die zugeordneten Laguerre-Polynome in Gl. 11.26 sind. Die $L_{n-l-1}^{2l+1}[x]$ sind Funktionen von $x = 2\epsilon\rho$ (s. o.), daher schreiben wir:

$$u_{n,l}(\rho) = L_{n-l-1}^{2l+1}[2\epsilon\rho]\rho^{l+1}\mathrm{e}^{-\epsilon\rho}. \tag{11.30}$$

Wir setzen den Radius in atomaren Einheiten $\rho = Z\frac{r}{a_B}$ ein, verwenden $u(r) = rR(r)$ und erhalten mit $\epsilon = 1/n$ (Gl. 11.19):

$$R_{n,l}(r) = D_{n,l}\boldsymbol{L}_{n-l-1}^{2l+1}\left[\frac{2Zr}{a_B n}\right]\left(\frac{Zr}{a_B n}\right)^l e^{-\frac{Zr}{na_B}}. \tag{11.31}$$

Hier haben wir noch zusätzlich eine Normierungskonstante $D_{n,l}$ eingeführt, für $Z = 1$, den Fall, den wir unten betrachten wollen, hat diese die Form (ohne Beweis):

$$D_{n,l} = \sqrt{\frac{(n-l-1)!}{2n(n+l)!}}\left(\frac{2}{na_B}\right)^{3/2}. \tag{11.32}$$

11.4 Energie und radiale Wellenfunktion

Der Hamilton-Operator für das Coulomb-Problem in kartesischen Koordinaten Gl. 11.3 wurde in Kugelkoordinaten transformiert, was auf die DGL Gl. 11.7 führte. Der **Separationsansatz** (Gl. 11.8)

$$\Psi(r,\theta,\phi) = R(r)Y(\theta,\phi)$$

führte dann auf eine DGL (Gl. 11.11) für $R(r)$, da das Problem für $Y(\theta,\phi)$ schon in Kap. 10.2 gelöst wurde.

Im Folgenden wurde daher die **radiale Schrödinger-Gleichung** Gl. 11.11 gelöst, in der die Drehimpulsquantenzahl l auftritt. Diese tritt deshalb auf, da für jeden Drehimpulszustand l des Elektrons ein anderes effektives Potenzial $V_{\text{eff}}(r)$ vorliegt. Die Lösung von Gl. 11.11 führt zu einer Quantisierung der Bewegung in r-Richtung, mit den **radialen Wellenfunktionen $R_{nl}(r)$** und der **Hauptquantenzahl n**.

Die **radialen Wellenfunktionen** hängen von den Quantenzahlen n und l ab, die Kugelflächenfunktionen von l und m, insgesamt können wir damit schreiben:[4]

$$\Psi_{n,l,m}(r,\theta,\phi) = R_{n,l}(r)Y_{l,m}(\theta,\phi), \tag{11.33}$$

[4] $Y_{l,m}(\theta,\phi)$ beschreibt die Lösungen eines starren Rotors mit festem Abstand r vom Ursprung. Diese Rotationsbewegung ist durch den Drehimpuls mit der Quantenzahl l und dessen Ausrichtung in eine Richtung, also z. B. die z-Richtung charakterisiert, die durch die Quantenzahl m beschrieben wird.

In Abschn. 11.3.3 haben wir gefunden, dass die **Hauptquantenzahl** n eine natürliche Zahlen sein muß.

$$n = 1, 2, 3, ...$$

Für die **Nebenquantenzahl** l gilt

$$l = 0, 1, 2, 3, ..., n - 1. \tag{11.34}$$

Die Werte für m, **magnetische Quantenzahl** genannt, wurden in Kap. 10.2 abgeleitet,

$$m = -l, -(l - 1), ..., 0, 1, ..., (l - 1), l. \tag{11.35}$$

11.4.1 Energieeigenwerte

Die Energie E_n hängt nur von der Hauptquantenzahl ab (Abschn. 11.3) und wird (Gl. 11.28) bestimmt als

$$E_n = -\frac{Z^2 \mathrm{E_R}}{n^2}. \tag{11.36}$$

$E_R = 13.61$ eV ist die **Rydberg-Konstante,** wie in Abschn. 3.2.1 eingeführt. Zwischen der Energie des Grundzustandes mit $n = 1$, $E_1 = -Z^2 \mathrm{E_R}$, und dem Kontinuum $E = 0$ liegen unendlich viele Energien, deren Abstand mit wachsendem n kleiner wird. Die Energie ist also für alle Neben- und magnetischen Quantenzahlen gleich, die Energie ist bezüglich l und m **entartet.** Die Hauptquantenzahl definiert die sogenannte Schale[5] und die Drehimpulsquantenzahlen $\boldsymbol{l = 1, 2, ..., n - 1}$ definieren die **s-, p-, d-, f-...-Orbitale,** wie in Abb. 11.3 skizziert. Diese Zustände entsprechen den Energiezuständen, wie schon in Abb. 11.2 durch die gestrichelten Linien angedeutet. Es gibt also auch in dem unendlich tiefen Potenzial für $l = 0$ eine untere Grenze für die Energie. Der Zusammenhang mit der Unbestimmtheitsrelation wird in Abschn. 12.3.4 diskutiert.

Übergänge zwischen den Energieniveaus erklären die in Abschn. 3.2.1 diskutierten Spektralserien (Lyman, Paschen, Balmer etc.), da sich die Energiedifferenzen berechnen zu:

$$\mathrm{h}\nu = E_n - E_m = -Z^2 \mathrm{E_R} \left(\frac{1}{n^2} - \frac{1}{m^2} \right). \tag{11.37}$$

[5] n=1: K-Schale, n=2: L-Schale, n=3: M-Schale, n=4: O-Schale...

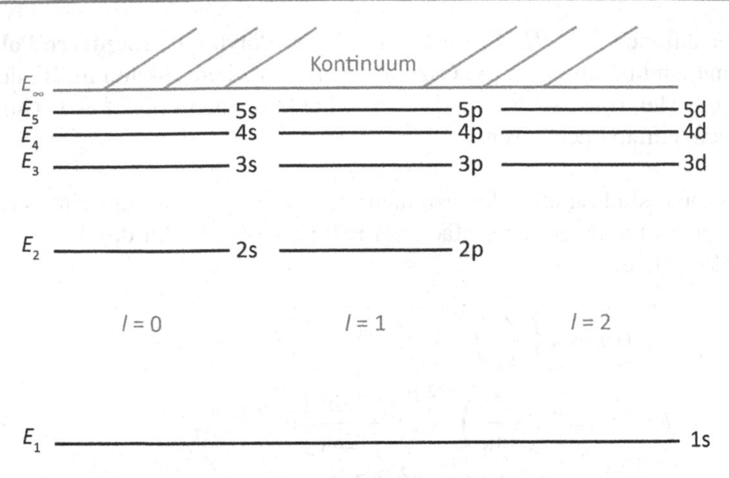

Abb. 11.3 Energiespektrum des H-Atoms. Bitte beachten Sie, dass die Energien ein negatives Vorzeichen haben, das Elektron ist im Atom gebunden. E_R ist die Energie, die aufgewendet werden muss, um ein Elektron aus dem 1s-Orbital zu entfernen (Ionisierungsenergie)

Beachten Sie den Unterschied von E_n in Abb. 11.3 zum Teilchen im Kasten, wo die Energieabstände für wachsende n größer werden, und für den harmonischen Oszillator, bei dem sie gleich bleiben.

11.4.2 Radiale Wellenfunktion

In Abschn. 11.3 haben wir die **radiale Wellenfunktion**

$$R_{n,l}(r) = D_{n,l} \left(\frac{2Zr}{na_\mathrm{B}}\right)^l L_{n-l-1}^{2l+1}\left[\frac{2Zr}{na_\mathrm{B}}\right] \mathrm{e}^{-\frac{Zr}{na_\mathrm{B}}}. \tag{11.38}$$

abgeleitet, $D_{n,l}$ ist die Normierungskonstante. Die Energie E_n hängt nur von n ab, d. h., die Funktionen R_{nl} für ein bestimmtes n und verschiedene l sind Eigenfunktionen zur gleichen Energie, siehe Abb. 11.3. Die Funktionen haben drei Beiträge, die von dem Kernabstand r abhängen. Diese drei Beiträge resultieren aus dem Ansatz für die Wellenfunktion (Abschn. 11.2):

- Der zweite Term auf der rechten Seite $\sim r^l$ ist der dominierende Term für kleine Kernabstände $r \to 0$ (Fliehkraftanteil).
- Der vierte Term auf der rechten Seite $\sim e^{-ar}$ beschreibt den exponentiellen Abfall der Wellenfunktion für große Abstände, die Dämpfung der Wellenfunktion in der Barriere. Einen solchen Term haben wir für die anderen Potenziale (endlicher Kasten, harmonischer Oszillator) ebenfalls gefunden.

- Die Funktionen $L_{n+l}^{2l+1}[br]$ ($b = 2Z/na_B$) sind Polynome, **Laguerre-Polynome** genannt, und beschreiben die Oszillationen der Wellenfunktion im Bindungsbereich des Elektrons. Sie sind oszillierende Funktionen mit $(n - l - 1)$ Nullstellen (Knoten) entlang der r-Achse.[6]

Die Polynome sind einfach Potenzreihen $P(r) = \sum_{\nu=0,0} a_\nu r$ mit einer endlichen Anzahl von Summanden, im einfachsten Fall ist $P(r) = 1$ für das 1s-Orbital, hier ein paar Beispiele:

$$R_{10}(r) = \mathbf{2}\left(\frac{Z}{\mathbf{a_B}}\right)^{3/2} \mathrm{e}^{-Zr/a_B}, \tag{11.39}$$

$$R_{20}(r) = \mathbf{2}\left(\frac{Z}{\mathbf{2a_B}}\right)^{3/2} \left[1 - \frac{Zr}{2a_B}\right] \mathrm{e}^{-Zr/2a_B}, \tag{11.40}$$

$$R_{21}(r) = \frac{\mathbf{1}}{\mathbf{\sqrt{3}}}\left(\frac{Z}{\mathbf{2a_B}}\right)^{3/2} \left(\frac{Zr}{a_B}\right) \mathrm{e}^{-Zr/2a_B}, \tag{11.41}$$

$$R_{30}(r) = \mathbf{2}\left(\frac{Z}{\mathbf{3a_B}}\right)^{3/2} \left[1 - \frac{2Zr}{3a_B} + \frac{2(Zr)^2}{27{a_B}^2}\right] \mathrm{e}^{-Zr/3a_B}, \tag{11.42}$$

$$R_{31}(r) = \frac{\mathbf{4\sqrt{2}}}{\mathbf{3}}\left(\frac{Z}{\mathbf{3a_B}}\right)^{3/2} \left(\frac{Zr}{a_B}\right) \left[1 - \frac{Zr}{6a_B}\right] \mathrm{e}^{-Zr/3a_B}, \tag{11.43}$$

$$R_{32}(r) = \frac{\mathbf{2\sqrt{2}}}{\mathbf{27\sqrt{5}}}\left(\frac{Z}{\mathbf{3a_B}}\right)^{3/2} \left(\frac{Zr}{a_B}\right)^2 \mathrm{e}^{-Zr/3a_B}. \tag{11.44}$$

Zur Identifikation der Terme ist die Normierung D_{nl} **fett** gedruckt, die [Laguerre-Polynome] durch eckige Klammern gekennzeichnet, der (r^l) Term ist in runden Klammern eingefasst. Abb. 11.4 zeigt eine grafische Darstellung der Radialteile. Der Verlauf kann schon anhand des Ansatzes für die Wellenfunktion Gl. 11.15 qualitativ diskutiert werden, beachten sie bitte die Diskussion am Ende von Abschn. 11.2.

11.4.3 Radiale Aufenthaltswahrscheinlichkeit

Die Wahrscheinlichkeit, das Elektron im Volumenelement $\mathrm{d}^3r = \mathrm{d}V$ zu finden, ist

$$|\Psi_{nlm}|^2 \mathrm{d}V.$$

Da die Wellenfunktion normiert ist, erhalten wir

$$\int\int\int |\Psi|^2 \mathrm{d}V = 1.$$

---

[6] Auch dies ist ein Verhalten, das wir von dem Kastenpotenzial und dem harmonischen Oszillator kennen. Beim Kastenpotenzial wurden diese Oszillationen durch einfache Sinus-/Kosinusfunktionen beschrieben, beim harmonischen Oszillator fanden wir die sogenannten Hermite'schen Polynome.

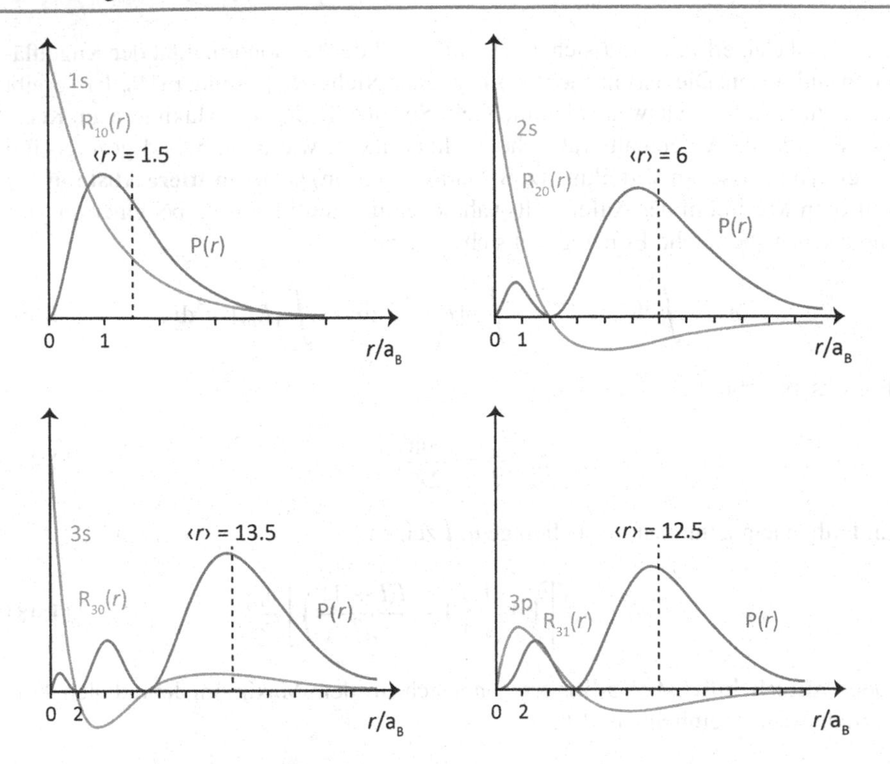

Abb. 11.4 Radialteil der Wellenfunktion R_{nl} und radiale Aufenthaltswahrscheinlichkeit $P(r)$ (Gl. 11.45) für die 1s-, 2s-, 3s- und 3p-Orbitale. Der Radialteil kann positive und negative Werte annehmen, die radiale Aufenthaltswahrscheinlichkeit nur positive

Das Volumenelement $\mathrm{d}V = \mathrm{d}x\mathrm{d}y\mathrm{d}z$ lässt sich, wie in Bd. I (Abschn. 16.1) schon verwendet, in Kugelkoordinaten umschreiben:

$$\mathrm{d}V = \mathrm{d}^3 r = r^2 \sin\theta \mathrm{d}r\mathrm{d}\theta\mathrm{d}\phi,$$

und damit ergibt sich:

$$|\Psi_{nlm}|^2 \mathrm{d}V = |R_{nl}|^2 |Y_{lm}|^2 r^2 \sin\theta \mathrm{d}r\mathrm{d}\theta\mathrm{d}\phi.$$

Wollen wir nun die Wahrscheinlichkeit $P(r)\mathrm{d}r$ wissen, mit der sich das Elektron in einem Intervall $[r, r + \mathrm{d}r]$ vom Kern aufhält (d. h. für beliebige Winkel ϕ, θ), so müssen wir einfach über die Winkel integrieren:

$$\begin{aligned} P(r)\mathrm{d}r &= |R_{nl}|^2 r^2 \mathrm{d}r \int\int |Y_{lm}|^2 \sin\theta \mathrm{d}\theta\mathrm{d}\phi \\ &= |R_{nl}|^2 r^2 \mathrm{d}r. \end{aligned} \tag{11.45}$$

Der Winkelanteil integriert sich zu ‚1' aufgrund der Orthonormalität der Kugelflächenfunktionen. Dies ist ein wichtiges Ergebnis: Nicht $|R_{nl}|^2$, sondern $|R_{nl}|^2 r^2$ ergibt die radiale Aufenthaltswahrscheinlichkeit. So hat z. B. R_{10} ein Maximum am Kernort, die radiale Aufenthaltswahrscheinlichkeit nicht, wie in Abb. 11.4 gezeigt. Bei einer symmetrischen Verteilung (z. B. Gauß-Funktion) ist der **mittlere Abstand** $\langle \boldsymbol{r} \rangle$ mit dem Maximum der Aufenthaltswahrscheinlichkeit identisch, bei einer unsymmetrischen aber nicht. Er berechnet sich i. A. zu:

$$\langle r \rangle = \int \Psi^* r \Psi \mathrm{d}^3 r = \int r |R_{nl}|^2 r^2 \mathrm{d}r = \int |R_{nl}|^2 r^3 \mathrm{d}r. \tag{11.46}$$

Für das 1s-Orbital erhält man

$$\langle r \rangle = \frac{3 \mathrm{a_B}}{2Z}, \tag{11.47}$$

und allgemein kann man für beliebige n, l zeigen:

$$\langle r_{nl} \rangle = n^2 \left[1 + \frac{1}{2} \left(1 - \frac{l(l+1)}{n^2} \right) \right] \frac{\mathrm{a_B}}{Z}. \tag{11.48}$$

Der **wahrscheinlichste Radius** errechnet sich aus dem Maximum der radialen Aufenthaltswahrscheinlichkeit, d. h.

$$\frac{\mathrm{d}P(r)}{\mathrm{d}r} = 0. \tag{11.49}$$

Für das 1s-Orbital ist das $\frac{\mathrm{a_B}}{Z}$. Beachten Sie, dass wir dieselbe Analyse für die Maxwell-Boltzmann-Verteilungsfunktion durchgeführt haben (Bd. I, Kap. 16).

11.5 Wellenfunktion des Wasserstoffatoms

Die Gesamtwellenfunktion setzt sich dann aus Radial- und Winkelanteil zusammen:

$$\Psi_{nlm}(r, \phi, \theta) = R_{nl}(r) Y_{lm}(\phi, \theta). \tag{11.50}$$

Die einfachsten Y_{lm} sind in Gl. 10.40 angegeben, für $l = 0$ sind sie konstant, $Y_{00} = \frac{1}{\sqrt{4\pi}}$, für $l = 1 \sim \cos\theta$ etc.

Orbitale werden Wellenfunktionen genannt, die sich auf ein Elektron in Atomen und Molekülen beziehen, es sind **Einelektronenwellenfunktionen.**

Es sind also Funktionen **einer** Elektronenkoordinate. Das Wasserstoffatom enthält nur ein Elektron, daher sind dessen Wellenfunktionen natürlicherweise Orbitale.

11.5.1 Grafische Darstellung der Orbitale

Nun ist das Orbital eine Funktion von drei Variablen, wir hatten in Kap. 10 schon das Problem der Darstellung besprochen. Die Funktion $\Psi_{nlm}(r, \phi, \theta)$ hat also in jedem Punkt des Raumes einen Wert, das kann man nicht ohne Weiteres darstellen.

- Daher visualisiert die grafische Darstellung in Abb. 11.5 ein Volumen, auf dessen **Oberfläche** die **Aufenthaltswahrscheinlichkeitsdichte** $|\Psi(r, \phi, \theta)|^2$ konstant ist.
- Für $l = 0$ sind die s-Funktionen durch Schnitte dargestellt. Abb. 11.4 zeigt, dass die s-Funktionen mit dem Abstand r ihr Vorzeichen wechseln: Je größer die Hauptquantenzahl n, desto häufiger passiert dies (Knoten). Dieses Vorzeichen ist in Abb. 11.5 durch die unterschiedliche Einfärbung angezeigt.
- Für $l \geq 1$ und $m = 0$ wird für $n = 2, 3$ dieses Vorzeichen auch für die p-Funktionen durch unterschiedliche Grautöne dargestellt, bitte beachten Sie, dass für $n \geq 4$ darauf verzichtet wird.
- Die $m \neq 0$-Funktionen sind komplex (siehe Gl. 10.40), in einer Farbabbildung kodieren die Farben die **komplexe Phase** $e^{\pm i\phi}$ der Wellenfunktion, das kann in der Abb. 11.5 durch **verschiedene Grautöne** auf dieser Oberfläche nur angedeutet werden.

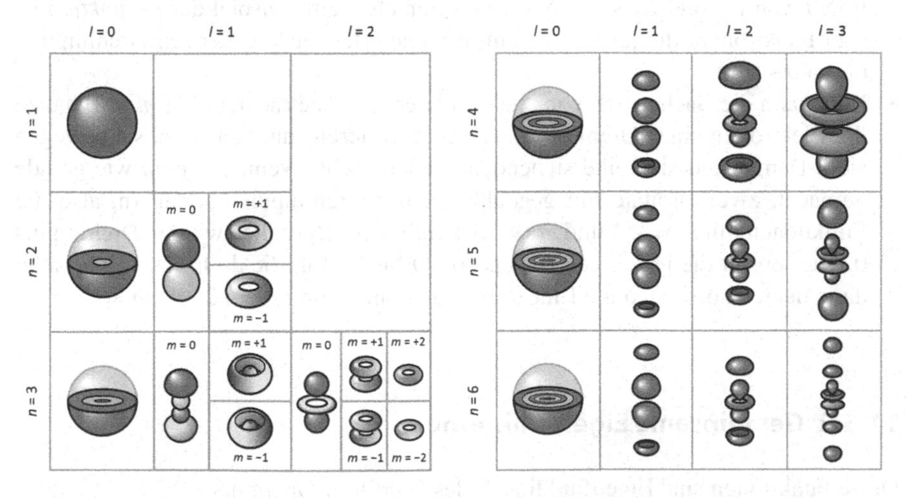

Abb. 11.5 Darstellung der Eigenfunktionen des Wasserstoff-Hamilton-Operators. Angegeben sind die Quantenzahlen n, l und m. Für $n = 4$–6 sind jeweils nur die Orbitale mit $m = 0$ gezeigt

Wenn wir die Funktionen in Abb. 11.5 betrachten, so sehen die Funktionen für $m = 0$ vertraut aus. D. h., dies ist die übliche Darstellung von p- und d-Funktionen, also z. B. des p_z-Orbitals, nicht jedoch die Funktionen für $m \neq 0$. Dies sind keine p_x- und p_y-Orbitale (bzw. entsprechende d-Orbitale). Für $m \neq 0$ gilt:

- Die Funktionen sind komplexwertig und daher schlecht darzustellen. Es gilt jedoch für eine komplexe Zahl z ($\bar{z}$: komplex konjugiert):

$$z + \bar{z} = 2\mathrm{Re}(z), \qquad z - \bar{z} = 2\mathrm{iIm}(z).$$

  Sowohl $\mathrm{Re}(z)$ als auch $\mathrm{Im}(z)$ sind reelle Zahlen. Wir erhalten also aus der Summe und der Differenz von den beiden Funktionen mit $+m$ und $-m$ jeweils eine reelle Funktion, die sich dann grafisch darstellen lässt. Wir nehmen daher, am Beispiel der 2p-Orbitale, die Kombinationen

$$\Psi_{2p_x} = -R_{2,1}\frac{1}{\sqrt{2}}(Y_{2,1} - Y_{2,-1}) \qquad \Psi_{2p_y} = R_{n,l}\frac{i}{\sqrt{2}}(Y_{2,1} + Y_{2,-1}). \qquad (11.51)$$

  Diese Funktionen sind in Abb. 11.6 dargestellt. Sie sind eine Linearkombination von Lösungen der Schrödinger-Gleichung, welche wiederum Lösungen sind (Kap. 5). Aus der ± Kombination der beiden Donuts in Abb. 11.5 werden die beiden Hanteln in Abb. 11.6, so wie wir die p-Orbitale schon aus anderen Darstellungen kennen.
  Allerdings sind diese Linearkombination nicht mehr die Eigenfunktion von L_z. Man kann zeigen, dass die beiden Linearkombinationen jeweils die Eigenfunktionen von L_x und L_y sind. Wir haben nun also, am Beispiel der *p-Funktionen*, drei Funktionen, die jeweils Eigenfunktionen des entsprechenden Drehimpulsoperators sind.
- Man kann die Sache auch von einer anderen Seite betrachten. Für $m \neq 0$ haben die Elektronen einen Drehimpuls, d. h., sie ‚rotieren' um den Kern, sie bewegen sich. Damit sind sie keine stehenden Wellen mehr. Wenn wir nun, wie gerade gemacht, zwei Orbitale mit gegenläufigem z-Drehimpuls überlagern, also die Funktionen mit $m = +1$ und $m = -1$ kombinieren, erhalten wir den Drehimpuls 0. Dies ergibt die jeweiligen p_x- und p_y-Orbitale. Für die d-Orbitale bildet man dann dementsprechend die Linearkombinationen von $m = +2$ und $m = -2$.

11.5.2 Gemeinsame Eigenfunktionen

Diese Funktionen sind Eigenfunktionen des Hamilton-Operators,

$$\hat{H}\Psi_{nlm}(r,\phi,\theta) = Y_{lm}(\phi,\theta)\hat{H}R_{nl}(r) = E_n\Psi_{nlm}(r,\phi,\theta) \qquad (11.52)$$

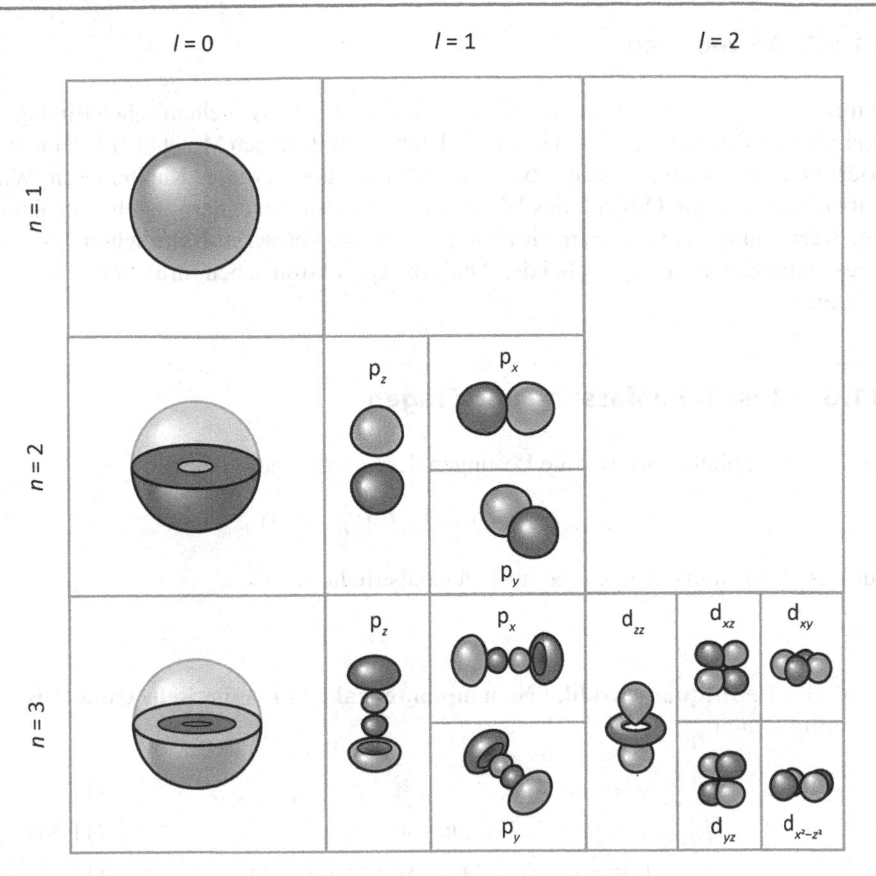

Abb. 11.6 Darstellung der Linearkombinationen der Eigenfunktionen des Wasserstoff-Hamilton-Operators. Hier werden nun nicht mehr die Zustände $m = 0, \pm 1, \pm 2$ gezeigt, sondern die p_x-, p_y-, p_z-Orbitale, für die d-Orbitale entsprechend

des Quadrats des Drehimpulsoperators,

$$\hat{L}^2 \Psi_{nlm}(r, \phi, \theta) = R_{nl}(r) \hat{L}^2 Y_{lm}(\phi, \theta) = l(l+1)\hbar^2 \Psi_{nlm}(r, \phi, \theta) \quad (11.53)$$

und Eigenfunktion der z-Komponente des Drehimpulsoperators,

$$\hat{L}_z \Psi_{nlm}(r, \phi, \theta) = R_{nl}(r) \hat{L}_z Y_{lm}(\phi, \theta) = m_l \hbar \Psi_{nlm}(r, \phi, \theta). \quad (11.54)$$

Dies liegt daran, dass wir die $Y_{lm}(\phi, \theta)$ verwendet haben, die ja schon Eigenfunktionen von L^2 und L_z sind. Dies ist jedoch eine willkürliche Wahl. Man könnte genauso gut L_y, L_z oder eine beliebige Kombination der Drehimpulskomponenten verwenden.

11.5.3 Anwendung

Atomorbitale spielen eine wichtige Rolle beim Verständnis der chemischen Bindung, das zentrale Konzept der Chemie. Dieses kann am einfachsten Molekül H_2^+ demonstriert werden, sie können Kap. 16 direkt im Anschluss an dieses Kapitel lesen. Wir haben nicht nur die Orbitale des Wasserstoffs berechnet, sondern durch Mitnahme der Kernladungszahl Z haben wir Lösungen für alle **wasserstoffähnlichen Atome.** Diese werden wir in Kap. 24 bei der Analyse der elektronischen Struktur der Atome nutzen.

11.6 Zusammenfassung und Fragen

In diesem Kapitel haben wir die Lösungen der Schrödinger-Gleichung

$$\Psi_{nlm}(r, \phi, \theta) = R_{nl}(r) Y_{lm}(\phi, \theta)$$

für ein Elektron in einem Coulomb-Potenzial erhalten.

n wird **Hauptquantenzahl,** l **Nebenquantenzahl,** m **magnetische Quantenzahl** genannt:

$$n = 1, 2, 3, ... \tag{11.55}$$

$$l = 0, 1, 2, 3, ..., n - 1 \tag{11.56}$$

$$m = -l, -(l-1), ..., 0, 1, ..., (l-1), l. \tag{11.57}$$

Der Trick der Lösung besteht darin, Koordinaten zu wählen, für die das Problem **separierbar** ist, d. h., man eine Funktion $R(r)$ erhält, die unabhängig von den Winkeln ist. Daher wurde das Problem in Kugelkoordinaten gelöst.

Die $Y_{lm}(\phi, \theta)$ sind die Kugelflächenfunktionen, die in Kap. 10 für den **starren Rotor** erhalten wurden, im Wasserstoffatom kommt noch ein Bewegungsfreiheitsgrad, der Abstand r zum Kern, hinzu. Dieser wird durch die Quantenzahl n beschrieben. Die Lösungen der Schrödinger-Gleichung sind komplexwertig, dargestellt wird daher meist eine Kombination der Lösungen, die reell sind und die bekannten Hantelformen haben.

Die Energie ist quantisiert und hängt nur von der Hauptquantenzahl ab,

$$E_n \sim -\frac{1}{n^2},$$

bezüglich der anderen Quantenzahlen ist die Energie entartet. Für $n = 0$ wird das gebundene 1s-Elektron beschrieben, die Energieabstände werden zum Kontinuum hin kleiner.

Die Wellenfunktionen $R_{nl}(r)$ zeigen einen exponentiellen Abfall der Wellenfunktion für große r und die typische Knotenstruktur im Potenzialbereich, ähnlich der Lösungen für den harmonischen Oszillator. Die radiale Aufenthaltswahrscheinlichkeit ergibt sich als

$$P(r)\mathrm{d}r = |R|^2 r^2 \mathrm{d}r,$$

unterscheidet sich daher signifikant von $R(r)$. Die s-Orbitale haben Drehimpuls $l = 0$. D. h., man kann die Bewegung der Elektronen nicht als Rotation um den Kern beschreiben.

Fragen

- **Erinnern:** (Erläutern/Nennen)
  - Zeichnen Sie die Energiezustände und Wellenfunktionen für den Potenzialtopf, harmonischen Oszillator und des $1/r$-Potenzials. Erläutern Sie den Verlauf der Wellenfunktionen.
  - Skizzieren Sie einige der komplexen und realen s-, p- und d-Orbitale.
  - Welche Observablen erhält man als Lösung der Schrödinger-Gleichung? Geben Sie die Ausdrücke für die Energieeigenwerte und Drehimpulseigenwerte an.
  - Zeichnen Sie $R(r)$ und die radiale Aufenthaltswahrscheinlichkeit für 1s, 2s, 3s, erläutern Sie die Unterschiede. Woher kommt die Knotenstruktur der Lösungen?
- **Verstehen:** (Erklären)
  - Wie kann man das gemessene Emissionsspektrum des Wasserstoffatoms mit Hilfe der E_n erklären?
  - Erläutern Sie den Separationsansatz.
  - Erklären Sie, welchen Ansatz man für $R(r)$ macht. Aus welchen Teilen besteht dieser, wie kommt man darauf?
  - Woher kommt die Energiequantisierung?
  - Was sind atomare Einheiten?

11.7 Anhang

11.7.1 Motivation des Separationsansatzes

Warum kann man die Funktion $\Psi(r, \theta, \phi)$, die von drei Variablen abhängt, mit dem Separationsansatz Gl. 11.8 als Produkt von drei Funktionen schreiben, die jeweils nur von einer Variablen abhängen?

Mit diesem Ansatz wählen wir Koordinaten, die unabhängig voneinander sind, wie z. B. beim 3-dimensionalen Kastenpotenzial. Wenn man die Wellenfunktion quadriert, erhält man die Aufenthaltswahrscheinlichkeit. Bei dem Quadrieren werden die einzelnen Funktionen des Produkts quadriert,

$$|\Psi(r, \theta, \phi)|^2 = |R(r)|^2 |Y(\theta, \phi)|^2.$$

D. h., die Aufenthaltswahrscheinlichkeit entlang der Koordinate r ist unabhängig von den Winkeln, die Bewegung entlang der drei Freiheitsgrade sind unabhängig voneinander. Die Wahrscheinlichkeit, ein Teilchen an einem bestimmten Abstand r zu finden, hängt nicht davon ab, welchen Wert die Winkel gerade haben, und umgekehrt. Dies liegt schlicht daran, dass die Koordinaten die Symmetrie des Systems wiedergeben. Die Wahrscheinlichkeit, ein Teilchen an einem Abstand r zu finden, darf nicht davon abhängen, ob man das System in einem Koordinatensystem einfach um die Winkel verdreht.

11.7.2 Beweise

Beweis 11.8

- Gl. 11.8 in 11.7 einsetzen
- und ausnutzen, dass wir das Problem der Rotation schon gelöst haben,

$$\hat{L}^2 Y(\theta, \phi) = l(l+1)\hbar^2 Y(\theta, \phi), \tag{11.58}$$

- und durch $Y(\theta, \phi)$ dividieren

ergibt die Radialgleichung Gl. 11.11.

Beweis 11.9 von Gl. 11.12
Diese erhält man aus Gl. 11.11 wegen

$$\frac{\mathrm{d}^2 u(r)}{\mathrm{d}r^2} = 2\frac{\mathrm{d}R(r)}{\mathrm{d}r} + r\frac{\mathrm{d}^2 R(r)}{\mathrm{d}r^2} = r\left(\frac{\mathrm{d}^2 R(r)}{\mathrm{d}r^2} + \frac{2}{r}\frac{\mathrm{d}R(r)}{\mathrm{d}r}\right),$$

d. h., man hat Gl. 11.11 effektiv mit r multipliziert, um Gl. 11.12 zu erhalten.

Beweis 11.10 Wir definieren

$$b_1 = \frac{\hbar}{\sqrt{m}}, \qquad b_2 = \frac{e^2}{4\pi\epsilon_0}.$$

Das wird in Gl. 11.12 eingesetzt,

$$\left[-\frac{b_1^2}{2}\frac{\mathrm{d}^2}{\mathrm{d}r^2} + \frac{b_1^2 l(l+1)}{2r^2} - b_2\frac{Z}{r} - E\right] u(r) = 0,$$

wir teilen durch b_1^2, multiplizieren die Gleichung mit dem Faktor 2 und definieren $\mathrm{a_B} = b_1^2/b_2$,

$$\left[-\frac{d^2}{dr^2} + \frac{l(l+1)}{r^2} - \frac{2Z}{\mathrm{a_B} r} - \frac{2E}{b_1^2}\right] u(r) = 0.$$

Wir definieren die Variable

$$\rho = Z\frac{r}{\mathrm{a_B}},$$

und setzen $r = \rho \mathrm{a_B}/Z$ und $dr^2 = d\rho^2(\mathrm{a_B}/Z)^2$ ein,

$$\left[-\left(\frac{Z}{\mathrm{a_B}}\right)^2 \frac{d^2}{d\rho^2} + \left(\frac{Z}{\mathrm{a_B}}\right)^2 \frac{l(l+1)}{\rho^2} - \left(\frac{Z}{\mathrm{a_B}}\right)^2 \frac{2}{\rho} - \frac{2E}{b_1^2}\right] u(r) = 0.$$

Nun teilen wir durch $\left(\frac{Z}{\mathrm{a_B}}\right)^2$, führen die Energie $\mathrm{E_R} = b_1^2/2\mathrm{a_B}^2$ ein und multiplizieren mit (-1), um die folgende Gleichung zu erhalten:

$$\left[\frac{d^2}{d\rho^2} - \frac{l(l+1)}{\rho^2} + \frac{2}{\rho} + \frac{E}{Z^2\mathrm{E_R}}\right] u(r) = 0.$$

Mit

$$\epsilon = \frac{1}{Z}\sqrt{\frac{-E}{\mathrm{E_R}}}$$

ergibt das Gl. 11.17.

Beweis 11.11 von Gl. 11.21
Wir setzen

$$P(\rho) = \sum_{\nu} a_\nu \rho^\nu$$

in Gl. 11.19 ein, sortieren das nach Potenzen von ρ und erhalten eine Reihe, ähnlich wie beim harmonischen Oszillator,

$$\sum_{\nu} \left[a_{\nu+1}(\nu+1)[\nu+2(l+1)] + 2a_\nu[1-\epsilon(\nu+l+1)]\right] \rho^{\nu-1} = 0. \quad (11.59)$$

Diese Beziehung wird erfüllt, wenn jeder Summand für sich verschwindet, dies ergibt die obige **Rekursionsformel** für die Koeffizienten a_ν:

$$a_{\nu+1} = 2\frac{\epsilon(l+\nu+1)-1}{(\nu+1)(\nu+2l+2)} a_\nu.$$

12 Formalismus II

In diesem Teil II des Buches haben wir die zeitunabhängige Schrödinger-Gleichung für Teilchen in wichtigen Modellpotenzialen und für die Drehbewegung gelöst. Dabei haben wir nur die Energieeigenfunktionen betrachtet und gesehen, dass diese auch Eigenfunktionen von weiteren Operatoren sind. Der Zustand der Teilchen ist aber keine Eigenfunktion **aller** Operatoren, die Teilcheneigenschaften beschreiben. Darauf, und auf Kap. 5 aufbauend, wollen wir nun weitere wichtige Elemente der Quantenmechanik kompakt darstellen:

- **Superpositionsprinzip:** Wenn ein Zustand kein Eigenzustand eines Operators ist, so lässt er sich aber immer als Summe über dessen Eigenzustände schreiben. Dies basiert auf dem Superpositionsprinzip und ist ein extrem wirkmächtiges Prinzip, ist es doch die Grundlage der erwarteten neuen Quantentechnologien (Quantencomputer, Quantenkryptografie etc.). Und gleichzeitig ist es die Quelle der Verständnisprobleme der Quantenmechanik (Abschn. 12.1).
- **Kommutator und Unbestimmtheit:** Ein wichtiges mathematisches Hilfsmittel ist der **Kommutator**. Wenn Operatoren die gleichen Eigenfunktionen haben, dann sagt man, dass sie **kommutieren,** da der Kommutator verschwindet. Wenn zwei Operatoren nicht kommutieren, so gilt für die entsprechenden Eigenschaften eine **Unbestimmtheitsrelation** (Abschn. 12.2).

Zur Erläuterung diskutieren wir dann das Wellenpaket, das Teilchen im Kasten und die Drehbewegung (Abschn. 12.3). Die Eigenzustände der Potenziale, wie bisher berechnet, sind keine Eigenzustände von Ort und Impuls, hier kann man einen ersten Eindruck davon erhalten, was Superpositionen und Unbestimmtheit bedeuten.

© Springer-Verlag GmbH Deutschland, ein Teil von Springer Nature 2021

M. Elstner, *Physikalische Chemie II: Quantenmechanik und Spektroskopie*,
https://doi.org/10.1007/978-3-662-61462-4_12

12.1 Superpositionen

12.1.1 Vollständige Orthonormalsysteme (VONS)

Wiederholung: Matrizen und Vektoren

Die Diskussion der Eigenfunktionen greift auf eine Analogie aus der linearen Algebra zurück. Dazu wollen wir zunächst einige Grundlagen rekapitulieren:

- **Orthonormalität:** In einem dreidimensionalen (Vektor-)Raum sind die **Basisvektoren** $\mathbf{e_1} = (1, 0, 0)$, $\mathbf{e_2} = (0, 1, 0)$ und $\mathbf{e_3} = (0, 0, 1)$ bekannt. Es sind die Einheitsvektoren entlang der x-, y- und z-Achse. Diese Vektoren haben die Länge ‚1', sie sind damit **normiert,** und sie sind **orthogonal,** also **orthonormal**, und es gilt:
  - $\mathbf{e_n} \cdot \mathbf{e_n} = 1$, und
  - $\mathbf{e_n} \cdot \mathbf{e_m} = 0$ für $n \neq m$.
- **Basis und Vollständigkeit:** Diese Einheitsvektoren stellen eine **vollständige Basis** in dem dreidimensionalen Vektorraum dar, was bedeutet, dass jeder Vektor **y** durch diese drei Einheitsvektoren mit Hilfe der Koeffizienten c_i wie folgt dargestellt werden kann, siehe Abb. 12.1:

$$\mathbf{y} = c_1\mathbf{e_1} + c_2\mathbf{e_2} + c_3\mathbf{e_3} = \sum_{i=1}^{3} c_i\mathbf{e_i}.$$

- **N-dimensionale Räume:** Man kann nun über drei Dimensionen hinausgehen und N-dimensionale Vektorräume betrachten, die Vektoren sind dann Zeilen oder Spalten mit N Einträgen. Betrachtet man das Eigenwertproblem von NxN-Matrizen **A,** so erhält man N-dimensionale Eigenvektoren $\mathbf{x}_n$:

$$\mathbf{A}\mathbf{x_n} = a_n\mathbf{x_n}.$$

  Ein zentraler Satz besagt nun, dass die Eigenvektoren $\mathbf{x}_x$ einer Matrix **A** eine **vollständige Basis** im Vektorraum bilden, d. h., man kann jeden beliebigen Vektor **y** nach den $\mathbf{x}_n$ entwickeln:

$$\mathbf{y} = \sum_n c_n\mathbf{x}_n.$$

  Dies ist völlig analog zu der Situation im dreidimensionalen Raum, wo wir eine anschauliche Vorstellung dazu ausbilden können.

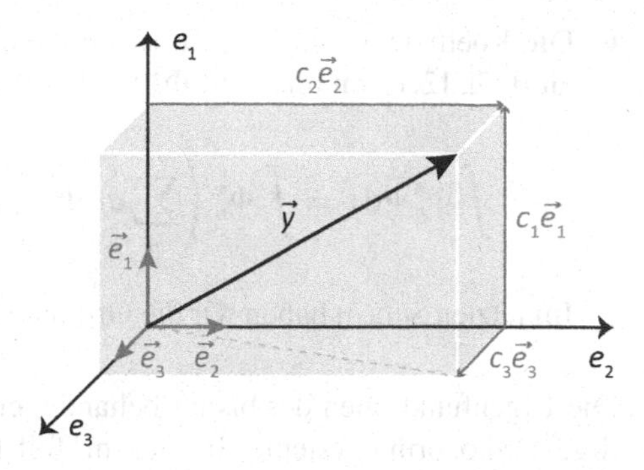

Abb. 12.1 Illustration der Darstellung eines Vektors durch Einheitsvektoren

Die Eigenfunktionen hermitescher Operatoren bilden ein **orthonormales und vollständiges** Funktionensystem. Dies ist eine Formulierung, die eine mathematische Analogie von Operatoren mit Matrizen und Funktionen mit Vektoren aufzeigt. Das Eigenwertproblem von Operatoren hat die selbe mathematische Form wie das oben aufgeführte Eigenwertproblem von Matrizen,

$$\hat{O}\Phi_n = O_n\Phi_n.$$

Die Funktionen Φ_n übernehmen die Rolle der Eigenvektoren. In welchem Sinne sind nun die Eigenfunktionen **orthonormal** und **vollständig?**

- **Orthonormalität:** Man kann die Eigenfunktionen Φ_n der Operatoren nun **normieren,** d. h., es gilt:

$$\int_{-\infty}^{\infty} \Phi_n^*(x)\Phi_n(x)\mathrm{d}x = 1.$$

  Dies ist wesentlich für die **Born'sche Wahrscheinlichkeitsinterpretation** (Abschn. 4.2.4). Die **Orthogonalität** der Eigenfunktionen **Hermite'scher Operatoren** bedeutet dann, dass die Integrale verschiedener Eigenfunktionen verschwinden.

$$\int_{-\infty}^{\infty} \Phi_m^*(x)\Phi_n(x)\mathrm{d}x = 0 \qquad \text{für} \qquad n \neq m$$

  In diesem Sinne spricht man auch von Orthogonalität von Eigenfunktionen. Das Integral über zwei Eigenfunktionen hat also eine **analoge** Funktion wie das Skalarprodukt von Vektoren.
- **Vollständigkeit:** In zu den Vektoren analoger Weise bilden die Eigenfunktionen Φ_n von **Hermite'schen Operatoren** ein **vollständiges Orthonormalsystem (VONS):** Sie sind orthonormal und vollständig in dem Sinne, dass andere Funktionen $\Psi(x)$ nach ihnen entwickelt werden können, wie gerade beschrieben:

$$\Psi(x) = \sum_n a_n\Phi_n. \tag{12.1}$$

- Die Koeffizienten a_n von Gl. 12.1 kann man wie folgt bestimmen: Man multipliziert Gl. 12.1 von links mit Φ_m^* und bildet dann das Integral wie folgt:

$$\int \Phi_n^* \Psi \mathrm{d}x = \int \Phi_n^* \left(\sum_m a_m \Phi_m \right) \mathrm{d}x = \sum_m a_m \int \Phi_n^* \Phi_m \mathrm{d}x = a_n. \quad (12.2)$$

Im letzten Schritt haben wir die Orthonormalität der Eigenfunktionen ausgenutzt.

Die Eigenfunktionen der bisher behandelten Hamilton-Operatoren bilden vollständige Orthonormalsysteme. In diesem Teil II haben wir in den einzelnen Anwendungen die Eigenfunktionen als Polynome (**Hermite-, Laguerre-** und **Legendre-**Polynome), Sinus-/Kosinusfunktionen, Exponentialfunktionen und die Kugelflächenfunktionen kennen gelernt.

Beispiel 12.1

Potenzen von x Die Funktionen $1, x, x^2, x^3 \ldots$ bilden ein VONS. Bekannt ist das zum einen aus der Taylor-Entwicklung: Man kann jede beliebe Funktion $f(x)$ nach ihnen entwickeln,

$$f(x) = \sum_{n=0}^{\infty} a_n x^n, \qquad a_n = \frac{f^n(x)}{n!}, \quad (12.3)$$

d. h., durch eine Potenzreihe darstellen, was nichts anderes heißt, als dass die x^n ein vollständiges Orthonormalsystem bilden. ◂

Beispiel 12.2

Sinus- und Kosinusfunktionen Betrachten wir die Funktionen $\sin(x)$, $\sin(2x)$, ... $\sin(nx)$, ... Diese sind die Grundlage der **Fourier-Reihe,** jede **periodische** Funktion lässt sich in solch einer Reihe darstellen, die Koeffizienten a_n werden mit Hilfe von Gl. 12.2 erhalten,

$$f(x) = \frac{a_0}{2} + \sum_{n=1}^{\infty} \left(a_n \sin(nx) + b_n \cos(nx)\right), \qquad a_n = \frac{1}{\pi} \int_{-\pi}^{\pi} f(x) \sin(nx) \mathrm{d}x.$$

◂

Beispiel 12.3

Ebene Wellen Die Funktionen e^{ikx} bilden ebenfalls ein System von Funktionen, nach denen man beliebige **periodische** bzw. **aperiodische Funktionen**

entwickeln kann, wir können $f(x)$ durch eine **Fourier-Reihe** bzw. **Fourier-Transformation** darstellen (Abschn. 2.1.4).

$$f(x) = \sum_k a_k e^{ikx}, \qquad f(x) = \int a(k) e^{ikx} dk.$$

Ein Wellenpaket, d. h., eine normierbare Lösung der freien Schrödinger-Gleichung, ist ein wichtiges Beispiel (Abschn. 4.2.1), welches wir in Abschn. 12.3.1 genauer betrachten werden. ◄

Beispiel 12.4

Kugelflächenfunktionen Die Eigenfunktionen der bisher betrachteten Hamilton-Operatoren (Kastenpotenzial, harmonischer Oszillator, ...) sind **VONS.** Und auch die Y_{lm} bilden ein **VONS,** d. h., sie sind **vollständig** und **orthonormiert:**

$$\int\int Y^*_{l'm'}(\cos\theta, \phi) Y_{lm}(\cos\theta, \phi) sin\theta d\theta d\phi = \delta_{ll'}\delta mm'. \tag{12.4}$$

Dies bedeutet, dass man jede andere Funktion auf der Kugeloberfläche durch eine Summe von Kugelflächenfunktionen darstellen kann.[1] ◄

12.1.2 Zustand und Erwartungswerte II: Superpositionen

Das Konzept der VONS ist wichtig, wenn man **Erwartungswerte** berechnen möchte. Hier kann man zwei Fälle unterscheiden:

1. Das **System ist in einem Eigenzustand Φ_n** des Operators $\hat{O}$. Dies haben wir in Abschn. 5.1.4 behandelt, man kann den **Erwartungswert** durch eine **Eigenwertgleichung** berechnen und erhält mit Gl. 5.5:

$$\langle \hat{O} \rangle = O_n.$$

   Beispiele sind die Energieeigenzustände, wie in diesem Teil II ausgerechnet.
2. Das **System ist nicht in einem Eigenzustand Φ_n eines Operators $\hat{O}$**, sondern in einem beliebigen, davon verschiedenen, Zustand Ψ. Siehe dazu nochmals Abschn. 5.1.5. In Abschn. 12.3 werden wir hierzu Beispiele betrachten, nämlich Wellenpakete, Energieeigenzustände der Potenziale $V(x)$ aus Teil II, und Eigenzustände von $\hat{L}^2$ und $\hat{L}_z$, die nicht Eigenzustände von $\hat{L}_x$ und $\hat{L}_y$ sind.

[1] Diese finden in vielen Anwendungen in der Physik und in den Ingenieurwissenschaften als vollständige Funktionensysteme Verwendung.

Superpositionen Ist nun der Zustand Ψ des Systems kein Eigenzustand des Operators $\hat{O}$, so kann man zunächst Ψ mit Gl. 12.1 in den Eigenzuständen Φ_n von $\hat{O}$ entwickeln,

$$\Psi = \sum_n a_n \Phi_n. \tag{12.5}$$

Der Zustand ist als eine **Überlagerung von Eigenzuständen** dargestellt, man nennt dies **Superposition.**

Erwartungswerte Wenn ein Zustand durch eine solche Superposition dargestellt wird, erhält man offensichtlich keine Eigenwertgleichung des Operators $\hat{O}$, aber man kann den **Erwartungswert** mit Gl. 12.5 wie folgt berechnen:

$$\begin{aligned}\langle\hat{O}\rangle &= \int \Psi^*(x)\hat{O}\Psi(x)\mathrm{d}x = \int \left(\sum_n a_n\Phi_n\right)^* \hat{O}\left(\sum_m a_m\Phi_m\right)\mathrm{d}x \\ &= \int \left(\sum_n a_n\Phi_n\right)^* \left(\sum_m a_m O_m\Phi_m\right)\mathrm{d}x = \sum_{m,n} a_n^* a_m O_m \int \Phi_n^*\Phi_m \mathrm{d}x \\ &= \sum_n |a_n|^2 O_n. \end{aligned} \tag{12.6}$$

Wegen der Orthonormalität verschwinden alle Integrale mit unterschiedlichen n und m. Wenn also ein Zustand kein Eigenzustand des Operators $\hat{O}$ ist, dann scheint Gl. 12.6 zu sagen, dass sich der Erwartungswert als **gewichtete Summe** über alle Eigenwerte des Operators berechnen lässt. Was bedeutet das?

Wahrscheinlichkeiten Wir müssen also wissen, was die $|a_n|^2$ genau bedeuten, und hier gibt es eine **Standardinterpretation,** die der Born'schen statistischen Deutung folgt (Abschn. 4.2.4).

- $|\Psi(r)|^2\mathrm{d}^3r$ ist die Wahrscheinlichkeit, ein Teilchen im Volumenelement d^3r zu finden.
- Wir verwenden den Umstand, dass Ψ normiert ist:

$$1 = \int |\Psi(r)|^2\mathrm{d}^3r = \sum_{nm} a_n^* a_m \int \Phi_n^*\Phi_m \mathrm{d}^3r = \sum_n |a_n|^2 = \sum_n p_n. \tag{12.7}$$

  Im letzten Schritt haben wir die Definition $p_n = |a_n|^2$ verwendet. Offensichtlich tauchen keine gemischten Terme der Form $a_n^* a_m, (m \neq n)$ auf, diese werden durch die Integration eliminiert, da die Funktionen Φ_n orthonormal sind.

Erwartungswerte und Standardabweichung Wir verwenden nun die p_n in Gl. 12.6, um die Mittelwerte und Standardabweichungen zu bilden:

Erwartungswert

$$\langle O \rangle = \sum_n p_n O_n, \qquad \langle O^2 \rangle = \sum_n p_n O_n^2 \tag{12.8}$$

Varianz **Standardabweichung**

$$\mathrm{Var}(O) = (\Delta O)^2 = \langle O^2 \rangle - \langle O \rangle^2 \qquad \Delta O = \sqrt{\langle O^2 \rangle - \langle O \rangle^2} \tag{12.9}$$

Wir haben nun die zwei Fälle: (i) Wenn das System in einem **Eigenzustand** Φ_n ist, erhält man **einen Eigenwert** O_n, siehe die Diskussion in Abschn. 5.1.4. (ii) Wenn sich der Zustand nur als **Superposition** der Φ_n darstellen lässt, dann erhält man nach Gl. 12.8 eine mit den p_n gewichtete **Summe von Eigenwerten.** Wie hängt das mit den Messwerten zusammen?

Born'sche Interpretation der Erwartungswerte Wir betrachten ein **Ensemble,** dessen Präparation in Abschn. 5.2 beschrieben ist. Nun wird eine Eigenschaft, repräsentiert durch den Operator $\hat{O}$, gemessen. Die zwei Fälle zeigen sich bei dieser Messung wie folgt:

- Wenn das System also in einem **Eigenzustand** Φ_n ist, erhält man **einen Messwert,** wie in Abb. 12.2a dargestellt.
- Wenn das System durch eine **Superposition** repräsentiert wird, erhält man eine Verteilung von Messwerten, wie in Abb. 12.2b gezeigt. Die p_n können als Wahrscheinlichkeiten, oder relative Häufigkeiten, verstanden werden, dies ist durch die Normierung in Gl. 12.7 garantiert. Beachten Sie die Breite der Verteilung, welche durch die Standardabweichung charakterisiert ist.

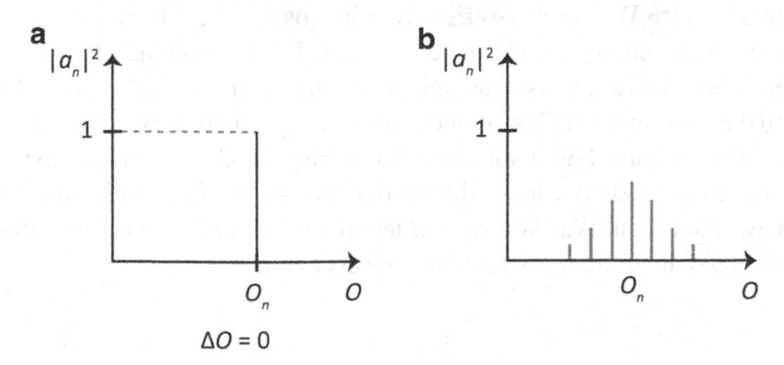

Abb. 12.2 **a** System im Eigenzustand Φ_n des Operators $\hat{O}$. **b** System nicht in Eigenzuständen des Operators $\hat{O}$

Wenn das System in einem beliebigen Zustand Ψ, und nicht in einem Eigenzustand, ist, bekommt man eine statistische Verteilung der Eigenwerte O_n. Diese werden um einen **Mittelwert** $\langle \hat{O} \rangle$ mit der **Standardabweichung** ΔO streuen, die Wahrscheinlichkeit, einen bestimmten Eigenwert O_n zu finden, ist $p_n = a_n^2$.

Gl. 12.8 sagt also die **Verteilung von Messwerten** voraus, und das ist der Kern der **Born'schen Wahrscheinlichkeitsinterpretation,** siehe Abschn. 6.2.1.

Die Born'sche Interpretation erlaubt **Aussagen darüber, was gemessen wird**, so hatten wir diese in Abschn. 4.2.3 eingeführt. In der Quantenmechanik haben die **Eigen- und Erwartungswerte** immer einen **Bezug auf eine Messung.** Axiom 1 (Abschn. 5.1.1) bezieht das Quadrat der Wellenfunktion auf eine **Wahrscheinlichkeit,** ein Teilchen bei Messung an einem bestimmten **Ort anzutreffen.** Es sagt nicht, dass sich das Teilchen mit dieser Wahrscheinlichkeit auch unabhängig von der Messung **dort befindet.**

Betrachten Sie die Verteilung der Teilchen auf dem Schirm des Doppelspaltexperiments in Abb. 4.5. Die einzelnen Schwärzungen können als eine Messung betrachtet werden: Man sieht ja nicht die Teilchen und ihre Orte selbst, sondern man sieht die Schwärzungen, welche ein Resultat einer Reaktion mit dem Schirm sind. Und diese Reaktion kann man als Messung auffassen. Je stärker die Schwärzung, desto häufiger wurde an dieser Stelle ein Teilchen ‚gemessen'.[2] Betrachten wir zum Vergleich noch ein klassisches Beispiel.

Beispiel 12.5

Messung von PKW-Geschwindigkeiten In Abschn. 5.2.1 haben wir die Ausfallstraße als Präparationsvorrichtung aufgefasst. Die Geschwindigkeiten der PKW werden vermessen, zunächst gibt Abb. 4.7 auch nur eine Verteilung der Messwerte an, also das, was an dem Geschwindigkeitsmessgerät abgelesen, und in eine Grafik eingetragen wird. Nun haben wir am Vortag die Geschwindigkeitsverteilung bestimmt, heute stehen wir wieder an der Straße, die Präparationsbedingungen sollen identisch sein. Was können wir nun über einen PKW aussagen, der gerade vorbeifährt, den wir aber noch nicht gemessen haben?

[2] Man könnte auch an jedem Punkt des Schirms einen Teilchendetektor aufstellen, dies würde den Aspekt der Messung vielleicht noch deutlicher machen.

Im Fall der klassischen Statistik bringen wir die (am Vortag) gemessene Geschwindigkeitsverteilung mit den Eigenschaften der Teilchen selbst zusammen, wir sagen, die PKW **haben** die entsprechenden Geschwindigkeiten mit einer bestimmten Wahrscheinlichkeit. Der PKW hat eine Geschwindigkeit, die Verteilung gibt unser Wissen darüber wieder. Dies haben wir als **PVE** in Abschn. 5.2.2 diskutiert. Denn wir können über die Geschwindigkeiten der PKW selbst reden. Wir nehmen offenbar in Anspruch, mehr zu sagen, als dass die Verteilung die Wahrscheinlichkeit angibt, eine bestimmte Geschwindigkeit am Messgerät abzulesen. Vielmehr gehen wir hier davon aus, dass die Verteilung darüber Auskunft gibt, mit welcher Wahrscheinlichkeit die PKW die entsprechenden Geschwindigkeiten **haben.** ◀

Was aber genau macht den Unterschied zur Quantenmechanik aus, denn bisher scheint sich die oben dargelegte Statistik gar nicht vom klassischen Fall zu unterscheiden?

Klassische Verteilung von Eigenschaften Denn die p_n aus Gl. 12.8 sind Wahrscheinlichkeiten oder relative Häufigkeiten, und Abb. 12.2b sieht nun genau so aus wie die klassischen Verteilungen, z. B. die Verteilung der PKW-Geschwindigkeiten, Abb. 4.7, oder die Maxwell'sche Geschwindigkeitsverteilung. Die ganze Diskussion der Erwartungswerte Gl. 12.8 erinnert zunächst an die Darstellung in Abschn. 4.6, wir haben doch eine komplett klassische Statistik für die Erwartungswerte. Warum reden wir nicht über Quantenteilchen und ihre Eigenschaften, sondern darüber, was wir an ihnen messen werden? Also, warum können wir nicht sagen, dass die Teilchen die Eigenschaft O_n **haben,** und die p_n nur unsere **Unwissenheit** darüber wiedergeben?

Dazu müssen wir uns nochmals ansehen, wie man dann die Messwerte mit dem in Verbindung bringt, was in der ‚Realität' vorliegt, also mit den Eigenschaften, die die Quantenteilchen in der ‚Realität' **haben**? Dazu benötigt man Folgendes:

> Wenn ein Teilchen eine bestimmte Eigenschaft O **haben** soll, die in der Quantenmechanik als **Eigenwert** O_n dargestellt wird, dann muss nach Abschn. 5.1.7 das Teilchen in dem Zustand sein, für den man den Eigenwert O_n berechnen kann.

Sind die Teilchen nun in dem entsprechenden Zustand?

Superposition und Eigenschaften der Quantenteilchen Um über die Teilchen reden zu können, müssen wir wissen, in welchen Zuständen sie sind, also reformulieren wir die Frage: Heißt das dann, dass die Teilchen mit den Wahrscheinlichkeiten p_n auf die Zustände Φ_n in der Superposition Gl. 12.5 verteilt sind? Stimmt es, dass die Teilchen in den Zuständen Φ_n sind (PVE, Kap. 5) und die p_n nur unsere Unkenntnis wiedergeben (Ignoranzinterpretation)? Wir quadrieren Gl. 12.5

$$|\Psi(r)|^2 = \Psi^*(r)\Psi(r) = \left(\sum_n a_n^* \Phi_n^*\right)\left(\sum_m a_m \Phi_m\right) = \sum_{nm} a_n^* a_m \Phi_n^* \Phi_m$$
$$= \sum_n p_n \Phi_n^* \Phi_n + \sum_{n \neq m} a_n^* a_m \Phi_n^* \Phi_m. \qquad (12.10)$$

Ψ^* und Ψ sind jeweils Summen der Eigenzustände Φ_n, daher treten die gemischten Terme mit den Koeffizienten $a_n^* a_m$ $(n \neq m)$ auf. Diese Terme werden **Interferenzterme** genannt, die wir unten und in Kap. 13 genauer diskutieren werden.

Nehmen wir mal Born beim Wort:

- Die Wahrscheinlichkeitsinterpretation erlaubt nur die Interpretation des Quadrats der Wellenfunktion, also von $|\Phi_n|^2 = \Phi_n^* \Phi_n$, dieses hat eine physikalische Bedeutung als Wahrscheinlichkeitsverteilung (Axiom 1, Abschn. 5.1.1). D. h., wenn in Gl. 12.10 nur die Terme mit den p_n auftauchen würden, könnten wir diese als Wahrscheinlichkeiten deuten. Wir könnten sagen, das Teilchen ist mit Wahrscheinlichkeit p_n in dem Zustand Φ_n. Oder als relative Häufigkeiten: In einem Ensemble mit N Teilchen geben die p_n die relativen Häufigkeiten an, mit denen die Teilchen auf die Zustände Φ_n verteilt sind.
- Die Wellenfunktion Ψ selber, also auch Φ_n, hat keine physikalische Bedeutung (Axiom 1 in Abschn. 5.1.1). Und damit ist unklar, was wir mit Produkten von zwei verschiedenen Wellenfunktionen machen sollen, d. h., die Bedeutung von $a_n^* a_m \Phi_n^* \Phi_m$ ist nicht klar. Muss man dann sagen, auch dieses Produkt hat keine Bedeutung? Zudem, die Terme $a_n^* a_m$ scheinen die Zustände auf irgendeine Art zu vermischen. Was soll das heißen?

Das Problem ist also, dass man durch die Vermischung die Superposition Ψ nicht über Wahrscheinlichkeiten interpretieren kann. Wir können nicht sagen, das System sei mit Wahrscheinlichkeit p_n in Zustand Φ_n, denn dieser Zustand ist ja über die Interferenzterme irgendwie mit den anderen Zuständen ‚vermischt'.

- Dennoch kann man sagen, mit Wahrscheinlichkeit p_n wird man den Eigenwert O_n messen, denn die Interferenzterme fallen in der Formel 12.8 weg.
- Nicht aber sagen kann man, das System **habe** die Eigenschaft O_n mit Wahrscheinlichkeit p_n, denn dazu müsste es ja in diesem Zustand sein. Eine **Ignoranzinterpretation** der p_n ist also nicht möglich, wenn die Interferenzterme in Gl. 12.10 vorhanden sind.

Dies ist also die Stelle, an der die Rede von den Messwerten, also den **Anzeigen von Messgeräten,** und die Rede von den Zuständen und **Eigenschaften der Teilchen** selbst, auseinanderfällt.

Wir sehen also, dass die Interferenzterme auf Seiten der Theorie dazu führen, dass eine realistische Interpretation nicht möglich ist. Aber das ist ja alles nur theoretisch, und wir haben schon mehrmals gesehen, dass nicht alle Elemente der Mathematik nahtlos auf die Wirklichkeit ‚passen'. So mußten wir bei den Lösungen der Potenziale die unphysikalischen Lösungen ausblenden. Vielleicht sind die Interferenzterme auch unphysikalisch? Man muss also Experimente befragen, und das tun wir in Kap. 20. Die Diskussion in Kap. 21 zeigt dann deutlich, dass wir über Eigenschaften von Teilchen in der Tat nur in Bezug auf deren experimentelle Bestimmung reden können, bestätigt also die theoretische Analyse.[3]

12.2 Gemeinsame Eigenfunktionen und Kommutator

Wir haben gesehen, dass eine Wellenfunktion eine Eigenfunktion von mehreren Operatoren sein kann, z. B. gilt für den starren Rotor (Kap. 10):

Beispiel 12.6

$$\hat{H}\Psi_{lm} = E_{lm}\Psi_{lm}, \qquad \hat{L}^2\Psi_{lm} = L^2_{lm}\Psi_{lm}, \qquad \hat{L}_z\Psi_{lm} = m_z\Psi_{lm},$$

mit den Eigenwerten $E_{lm} = l(l+1)\frac{\hbar^2}{2I}$, $L^2_{lm} = l(l+1)\hbar^2$ und $m_z = m_l\hbar$ wie oben abgeleitet. Die Eigenwerte sind dann nach Gl. 5.5 auch die Erwartungswerte. In dem Zustand Ψ_{lm} kann man alle drei Größen berechnen, wie in Abschn. 5.1.4 sagt man nun, das System **hat** in diesem Zustand diese Werte der Observablen (Abschn. 5.1.7 und 6.1.2). Analoges gilt für das Wasserstoffatom, siehe Abschn. 11.5.2. ◄

Was aber ist mit den Eigenwerten von $\hat{L}_x$ und $\hat{L}_z$?

[3] Wie also reden wir dann über diese Interferenzterme? Was bedeuten diese? Wir sehen, der Formalismus alleine sagt hier nichts, scheint seine Interpretation nicht gleich mitzuliefern, wie der Philosoph Maudlin klar macht (Abschn. 6.1). Eine Interpretation muss hier weitere Annahmen hinzufügen, und diese können sehr unterschiedlich ausfallen, wie wir in Kap. 13 diskutieren wollen.

12.2.1 Der Kommutator

Illustration: Eigenvektoren von Matrizen
Betrachten wir nochmals die Eigenwerte von Matrizen wie in Abschn. 5.1.4. Nehmen wir an, die Matrizen **A** und **B** haben die gleichen Eigenvektoren, so haben wir:

$$\mathbf{A}\mathbf{x}_n = a_n\mathbf{x}_n, \qquad \mathbf{B}\mathbf{x}_n = b_n\mathbf{x}_n.$$

Insbesondere kann man die beiden Operationen hintereinander ausführen,

$$\mathbf{B}(\mathbf{A}\mathbf{x}_n) = \mathbf{B}(a_n\mathbf{x}_n) = (b_n a_n \mathbf{x}_n), \qquad \mathbf{B}(\mathbf{A}\mathbf{x}_n) = \mathbf{A}(\mathbf{B}\mathbf{x}_n) = (b_n a_n \mathbf{x}_n).$$

Man sagt hier, die beiden Operationen können vertauscht werden, die **Matrizen vertauschen,**

$$\mathbf{AB}\mathbf{x}_n - \mathbf{BA}\mathbf{x}_n = 0.$$

Ist aber $\mathbf{x}_n$ kein Eigenvektor von Matrix **B,** so überführt diese den Vektor in einen anderen Vektor (Drehstreckung), $\mathbf{B}\mathbf{x}_n = \mathbf{y}$. Wenden wir nun wieder beide Operationen nacheinander an, so erhalten wir Folgendes:

$$\mathbf{B}(\mathbf{A}\mathbf{x}_n) = \mathbf{B}(a_n\mathbf{x}_n) = a_n\mathbf{y}, \qquad \mathbf{A}(\mathbf{B}\mathbf{x}_n) = \mathbf{A}(\mathbf{y}) = \mathbf{z},$$

y ist nun kein Eigenvektor der Matrix **A,** diese Matrix überführt **y** in **z**, $\mathbf{A}(\mathbf{y}) = \mathbf{z}$, d. h., erzeugt einen neuen Vektor **z**. Man kann damit schreiben:

$$\mathbf{AB}\mathbf{x}_n - \mathbf{BA}\mathbf{x}_n \neq 0.$$

Vertauschbarkeit von Operatoren Wir haben oben schon Analogien der Matrizen und Operatoren diskutiert, eine weitere Analogie ist die der Vertauschung. Operatoren ‚vertauschen', wenn sie die gleichen Eigenfunktionen haben, ansonsten vertauschen sie nicht. Bei Operatoren wird als Indikator für die **Vertauschbarkeit** der **Kommutator** verwendet:

$$\hat{A}\hat{B}\Psi - \hat{B}\hat{A}\Psi =: [\hat{A}, \hat{B}]\Psi. \tag{12.11}$$

Wenn zwei Observablen (Operatoren) vertauschen, so ist der **Kommutator = 0.** Für miteinander kommutierende Operatoren kann man **gemeinsame Eigenfunktionen** finden, die von ihnen beschriebenen Eigenschaften können gleichzeitig beliebig präzise vorliegen, man sagt, die **Operatoren kommutieren.**

Beispiel 12.7

Energie und Drehimpuls Offensichtlich kommutieren in Beispiel 12.6 $\hat{H}$, $\hat{L^2}$ und $\hat{L}_z$: Die Energie, L^2 und die z-Komponente des Drehimpulses können gleichzeitig genau vorliegen, denn die Operatoren haben die gleichen Eigenfunktionen:

$$[\hat{H}, \hat{L}_z]\Phi_m = 0, \qquad [\hat{H}, \hat{L}^2]\Phi_m = 0, \qquad [\hat{L}_z, \hat{L}^2]\Phi_m = 0. \tag{12.12}$$

Das Teilchen kann sich also in einem **Zustand Φ_m** befinden, in dem die drei Eigenschaften gleichzeitig vorliegen. Verwenden sie die Eigenfunktionen aus Beispiel 12.6, um die Kommutatoren auszurechnen. ◄

12.2.2 Nicht-kommutierende Operatoren: Erwartungswerte und Standardabweichungen

Der Zustand eines Systems ist durch die Wellenfunktion Ψ gegeben. Wenn zwei Operatoren nicht kommutieren, so haben sie verschiedene Eigenfunktionen. Die entsprechenden Observablen heißen **komplementäre Observablen.** Betrachten wir die Beispiele für **Ort und Impuls** (**Beweis** 12.1):

$$[\hat{x}, \hat{p}] = \mathrm{i}\hbar \tag{12.13}$$

und die **Drehimpulskomponenten** L_x, L_y und L_z (**Beweis** 12.2):

$$[\hat{L}_x, \hat{L}_y] = \mathrm{i}\hbar\hat{L}_z, \qquad [\hat{L}_y, \hat{L}_z] = \mathrm{i}\hbar\hat{L}_x, \qquad [\hat{L}_z, \hat{L}_x] = \mathrm{i}\hbar\hat{L}_y. \tag{12.14}$$

Wenn das System in einem Zustand Ψ ist, der keiner Eigenfunktion eines Operators $\hat{A}$ entspricht, dann muss man Ψ als Superposition darstellen und damit den Erwartungswert nach Gl. 12.6 berechnen. D. h., man erhält eine Verteilung von Eigenwerten A_n mit den Wahrscheinlichkeiten p_n. Diese Verteilung hat einen Erwartungswert $\langle\hat{A}\rangle$, und man kann die Standardabweichungen berechnen (ohne Beweis):

$$\Delta\hat{A} = \sqrt{\langle\hat{A}^2\rangle - \langle\hat{A}\rangle^2}. \tag{12.15}$$

Für die Standardabweichungen zweier Operatoren kann man zeigen:

$$\Delta\hat{A}\Delta\hat{B} \geq \frac{1}{2}|\langle[\hat{A}, \hat{B}]\rangle|. \tag{12.16}$$

Diese Gleichung wird Unbestimmtheitsrelation (UR) genannt.

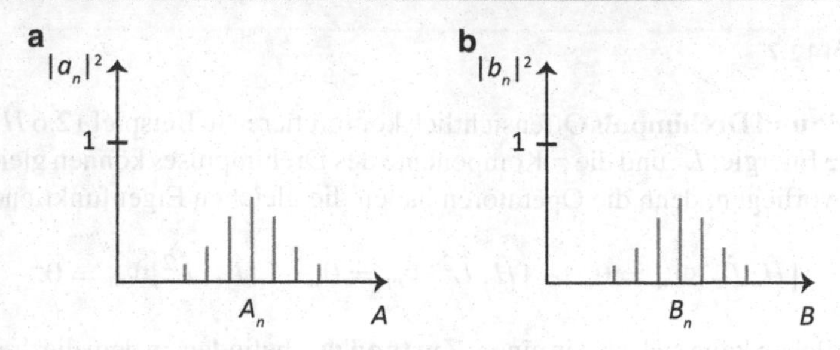

Abb. 12.3 **a** System ist nicht im Eigenzustand Φ_n^A des Operators $\hat{A}$ und **b** ebenfalls nicht in Eigenzuständen des Operators $\hat{B}$. Ein Maß für die Breite der Verteilungen, d. h., der Streuung der Messwerte um den Erwartungswert, ist die Standardabweichung

Für die obigen Beispiele führt dies unmittelbar zu:

$$\Delta\hat{x}\Delta\hat{p} \geq \frac{\hbar}{2}, \qquad \Delta\hat{L}_x\Delta\hat{L}_y \geq \frac{\hbar}{2}\langle\hat{L}_z\rangle.$$

Wir greifen nochmals das Bild Abb. 12.2 auf und betrachten nun die Situation für die zwei nicht-kommutierenden Operatoren $\hat{A}$ und $\hat{B}$ in Abb. 12.3: Die Abbildungen zeigen eine Verteilung der Eigenwerte mit den jeweiligen Wahrscheinlichkeiten. D. h., jede Verteilung weist einen Mittelwert und eine entsprechende Streuung auf.

Dies ist die Aussage von Gl. 12.16 und Abb. 12.3: Das Produkt der Standardabweichungen zweier Operatoren lässt sich mit dem Kommutator berechnen, und ist mindestens in der Größenordnung von $\hbar$, wie Gl. 12.13 und 12.14 zeigen. Die Unbestimmtheitsrelation sagt also, dass man für zwei nicht-kommutierende Observablen niemals Verteilungen bekommt, bei denen das Produkt der Standardabweichungen kleiner wird als $\hbar/2$.

Beweis 12.1 von Gl. 12.13:

$$\hat{x}\hat{p}\Phi = -\mathrm{i}\hbar x\frac{\mathrm{d}\Phi}{\mathrm{d}x}$$

$$\hat{p}\hat{x}\Phi = -\mathrm{i}\hbar\Phi - \mathrm{i}\hbar x\frac{\mathrm{d}\Phi}{\mathrm{d}x}$$

$$[\hat{x}, \hat{p}]\Phi = \hat{x}\hat{p}\Phi - \hat{p}\hat{x}\Phi = -\mathrm{i}\hbar x\frac{\mathrm{d}\Phi}{\mathrm{d}x} + \mathrm{i}\hbar\Phi + \mathrm{i}\hbar x\frac{\mathrm{d}\Phi}{\mathrm{d}x} = \mathrm{i}\hbar\Phi.$$

Beweis 12.2 von Gl. 12.14:

$$\begin{aligned}[\hat{L}_x, \hat{L}_y] = \hat{L}_x\hat{L}_y - \hat{L}_y\hat{L}_x &= (y\hat{p}_z - z\hat{p}_y)(z\hat{p}_x - x\hat{p}_z) - (z\hat{p}_x - x\hat{p}_z)(y\hat{p}_z - z\hat{p}_y) \\ &= y\hat{p}_z z\hat{p}_x - z\hat{p}_y z\hat{p}_x - y\hat{p}_z x\hat{p}_z + z\hat{p}_y x\hat{p}_z \\ &\quad - z\hat{p}_x y\hat{p}_z + z\hat{p}_x z\hat{p}_y + x\hat{p}_z y\hat{p}_z - x\hat{p}_z z\hat{p}_y \\ &= y\hat{p}_x(\hat{p}_z z - z\hat{p}_z) + \hat{p}_y x(z\hat{p}_z - \hat{p}_z z) \\ &= -\mathrm{i}\hbar y\hat{p}_x + \mathrm{i}\hbar\hat{p}_x y = \mathrm{i}\hbar\hat{L}_z.\end{aligned}$$

Die anderen Vertauschungsrelationen analog.

Zustände können durch die Quantenzahlen der Observablen charakterisiert werden, die in diesem Zustand miteinander vertauschen. Für den starren Rotor (Bsp. 12.6) sind dies l und m.

12.3 Beispiele

Wir wollen die Bedeutung dieser mathematischen Konzepte nun an den Beispielen des freien Teilchens, des Teilchens in einem Potenzial und der Drehbewegung verdeutlichen. Die Eigenzustände sind immer die Eigenfunktionen des Energieoperators, und nicht alle anderen wichtigen Operatoren kommutieren mit diesem. An diesen Beispielen wollen wir die Bedeutung der Superpositionen Gl. 12.5, der Erwartungswerte Gl. 12.6 und der Interferenzterme in Gl. 12.10 erläutern.

12.3.1 Wellenpakete

In Kap. 7 haben wir die ebenen Wellen $\Phi_k(x,t) = \frac{1}{\sqrt{2\pi}}\mathrm{e}^{\mathrm{i}(kx-\omega t)}$ als Beschreibung des freien Teilchens diskutiert. Diese Funktionen sind Eigenzustände des Hamilton-Operators, aber auch des Impulsoperators mit den Impulseigenwerten $p = \hbar k$.

Wellenpakete In Abschn. 2.1.4 haben wir Wellenpakte eingeführt, die eine **Superposition ebener Wellen** $\Phi_k(x,t)$ durch Gl. 12.5 darstellen,

$$\Psi(x,t) = \sum_k a_k \mathrm{e}^{\mathrm{i}(kx-\omega t)} \quad \rightarrow \quad \Psi(x,t) = \int a(k)\Phi_k(x,t)\mathrm{d}k. \quad (12.17)$$

- Diese Summe führt auf **periodische** Funktionen, wie beispielsweise in Abb. 2.5 für zwei Summanden gezeigt, die Koeffizienten $a_k = \frac{1}{\sqrt{2\pi}}\int \Psi(x,t)\mathrm{e}^{-\mathrm{i}(kx-\omega t)}\mathrm{d}x$ erhält man durch Gl. 12.2.

- Ist $\Psi(x, t)$ **aperiodisch,** wird es durch das Integral dargestellt, siehe die Abb. 2.6. Dies ist eine **Fourier-Transformation,** der Vorfaktor dient der Normierung.

In Abschn. 4.4 haben wir gesehen, dass man die Zeitabhängigkeit durch $\Psi(x, t) = \Psi(x)\mathrm{e}^{-\mathrm{i}\omega t}$ beschreiben kann, d. h. durch eine Multiplikation mit dem Faktor $f(t)$. In diesem Abschnitt wollen wir nur den Ortsteil des Wellenpaktes $\Psi(x)$ für den Anfangszustand zur Zeit $t = 0$ betrachten. Die Zeitabhängigkeit werden wir in Abschn. 20.3.1 getrennt diskutieren.

Verteilungen und Unbestimmtheit Die a_k beschreiben die Impulsverteilung, d. h. die Beiträge, den ebene Wellen mit bestimmtem Impuls zum Wellenpaket haben. Wir berechnen den Erwartungswert gemäß Gl. 12.6 sowie dessen Quadrat:

$$\langle \hat{p} \rangle = \sum_k |a_k|^2 \hbar k = \sum_k |a_k|^2 p_k, \qquad \langle \hat{p}^2 \rangle = \sum_k |a_k|^2 \hbar^2 k^2.$$

Wenn der Zustand durch ein Wellenpaket beschrieben wird, dann findet man eine statistische Verteilung der Impulse im Ensemble, wie in Abschn. 12.1.2 (Abb. 12.2) ausgeführt. Entsprechend erhalten wir eine Ortsverteilung mit Gl. 4.23[4]

$$\langle x \rangle = \int_{-\infty}^{\infty} x |\Psi(x)|^2 \mathrm{d}x, \qquad \langle x^2 \rangle = \int_{-\infty}^{\infty} x^2 |\Psi(x)|^2 \mathrm{d}x,$$

der Ort ist nicht genau bestimmt, man bekommt nur eine Wahrscheinlichkeitsverteilung (Abb. 2.5). Die Standardabweichungen charakterisieren die Breiten der Verteilungen, wie in Abb. 12.3 schematisch dargestellt: Das Wellenpaket Ψ ist weder eine Eigenfunktion des Ortes noch des Impulses.

Bedeutung der Interferenzterme Das Quadrat von Gl. 12.17 führt auf einen Ausdruck der Form Gl. 12.10,

$$|\Psi(x)|^2 = \sum_k |a_k|^2 |\Phi_k(x)|^2 + \sum_{kl} a_k^* a_l \Phi_k^*(x) \Phi_l(x). \tag{12.18}$$

Wir beziehen nun die Diskussion im Anschluss an Gl. 12.10 auf das Wellenpaket: Bei Gl. 12.18 könnte man versucht sein zu sagen, das Wellenpaket repräsentiere ein Teilchen, das mit der Wahrscheinlichkeit $|a_k|^2$ den Impuls p_k **hat.** Wir müssten keine Messung abwarten, wir könnten über die Geschwindigkeiten der Teilchen selbst reden. Dazu müssten dann aber in Gl. 12.18 die Interferenzterme $a_k^* a_l$ fehlen. Diese erlauben es gerade nicht zu sagen, das Teilchen sei mit Wahrscheinlichkeit $|a_k|^2$ im Zustand $\Phi_k(x)$, dem der Impuls p_k entspricht.

Es gibt aber einen zweiten Aspekt der Superposition, der fast noch interessanter ist. Die Wahrscheinlichkeitsverteilung Gl. 12.18 hat zwei Beiträge:

[4]Nur zur Erinnerung: Für die Maxwell-Verteilung mussten wir sehr ähnliche Integrale berechnen.

- Der erste Term enthält die Summe über die Quadrate ebener Wellen. Betrachten Sie nochmals Abb. 2.6. Die ebenen Wellen sind delokalisiert, der erste Term beschreibt also eine Verteilung, die über den ganzen Raum delokalisiert ist.
- Wenn man in Gl. 12.17 eine diskrete Summe ebener Wellen betrachtet, kann man periodische Wellenmuster beschreiben, wie in Abb. 2.5 gezeigt. Wenn man die **Integraldarstellung** wählt, dann kann man ein **lokalisiertes Wellenpaket,** wie in Abb. 2.6 dargestellt, beschreiben. Die Summen in Gl. 12.18 werden dann zu Integralen.
  Der entsprechende erste Beitrag in Gl. 12.18 beschreibt analog eine unendlich ausgedehnte Verteilung, die Mischterme $a_k^* a_l$ müssen daher zur Lokalisierung führen. Diese beschreiben die Interferenz der ebenen Wellen, die die Wahrscheinlichkeit im ganzen Raum auslöschen, bis auf den Bereich, in dem das Teilchen lokalisiert ist. Daher werden diese Terme Interferenzterme genannt.

Wir sehen hier die Eigenart der Superposition: Wenn ein Teilchen einen Impuls p_k hat, dann ist es delokalisiert, kann also nicht durch ein Wellenpaket beschrieben sein. Wenn es aber lokalisiert ist, dann streuen die Impulse. Die $a_k^* a_l$-Mischterme haben also eine dramatische Bedeutung.

Gauß'sches Wellenpaket Nun betrachten wir ein Wellenpaket Gl. 12.17 mit einer speziellen Form,

$$a(k) = \left(\frac{\alpha}{\pi}\right)^{\frac{1}{4}} \mathrm{e}^{-(\alpha/2)(k-k_0)^2}, \tag{12.19}$$

was eine gaußförmige Verteilung der Impulse beschreibt (Abb. 12.4a). Der Faktor vor der Exponentialfunktion ist der Normierungsfaktor und α gibt die Breite der Verteilung an. Mit Gl. 12.17 berechnen wir

$$\Psi(x) = \frac{1}{\sqrt{2\pi}} \left(\frac{\alpha}{\pi}\right)^{\frac{1}{4}} \int_{-\infty}^{\infty} \mathrm{e}^{-(\alpha/2)(k-k_0)^2} \mathrm{e}^{\mathrm{i}(kx)} \mathrm{d}k = (\alpha\pi)^{-\frac{1}{4}} \mathrm{e}^{-\frac{x^2}{2\alpha}} \mathrm{e}^{\mathrm{i}(k_0 x)}. \tag{12.20}$$

Diese Funktion ist ein Produkt einer Welle $\mathrm{e}^{\mathrm{i}k_0 x}$ mit Wellenvektor k_0, die durch eine Gauß-Funktion moduliert ist (Abb. 12.4b). Die Wellenfunktion ist damit im Ortsraum lokalisiert. Für die Erwartungswerte erhält man

$$\langle x \rangle = 0, \qquad \langle x^2 \rangle = \alpha, \qquad \langle p \rangle = \hbar k_0, \qquad \langle p^2 \rangle = \hbar^2 k_0^2 + \frac{\hbar^2}{4\alpha}.$$

Dies zeigt sehr schön: Je schmaler (α) die Ortsverteilung, desto breiter die Impulsverteilung, und umgekehrt. Man erhält als Produkt der Breiten[5]

$$\Delta x \Delta p = \hbar/2, \tag{12.21}$$

[5] $(\Delta x)^2 = \langle x^2 \rangle - \langle x \rangle^2$, $(\Delta p)^2 = \langle p^2 \rangle - \langle p \rangle^2$.

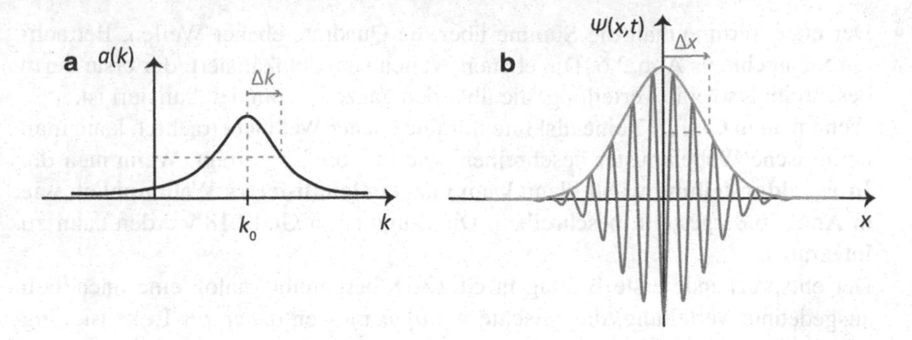

Abb. 12.4 **a** Wellenpaket Gl. 12.19 mit gaußverteilten Impulsen ($p = \hbar k$). **b** Wellenpaket im Ortsraum: Man sieht sehr gut die gaußförmige Einhüllende und die Oszillationen der ebenen Welle. Diese Darstellung zeigt die Unbestimmtheit der Impulse (**a**) und Unbestimmtheit der Orte (**b**)

das Gauß'sche Wellenpaket ist also ein Zustand minimaler Unbestimmtheit, weniger Unbestimmtheit als $\hbar/2$ geht nach Gl. 12.16 nicht. Hieran sieht man sehr schön die Bedeutung der Unbestimmtheit und was es heißt, wenn zwei Operatoren nicht kommutieren. Das Produkt der Streuungen verschwindet nicht.

Interpretation Das Wellenpaket ist eine mathematische Repräsentation eines freien Teilchens, wir können folgendes feststellen:

- **Kein Eigenzustand von** $\hat{x}$ und $\hat{p}$**:** Das Wellenpaket ist weder ein Eigenzustand des Orts-, noch des Impulsoperators. Damit kann man nach der Born'schen Interpretation keine Aussagen über den Ort und Impuls eines Teilchens machen, sondern nur über die **Wahrscheinlichkeit, bestimmte Werte zu messen** (Abschn. 12.1.2). Wenn gemessen, streuen die beiden Observablen, wie schematisch in Abb. 12.3 gezeigt, es gilt eben eine Unbestimmtheitsrelation. Wie in Abschn. 5.2.1 ausgeführt ist es nicht möglich, ein Ensemble zu präparieren, in dem das Produkt der Standardabweichungen kleiner als $\hbar/2$ sein kann.[6] Die Superposition erlaubt damit eine Repräsentation eines Teilchens, in der die Unbestimmtheitsrelation ‚eingebaut' ist. Dies wird in der grafischen Darstellung Abb. 12.4 sichtbar. Aber Abb. 12.4 ist eher eine Abbildung der zu erwartenden Messwerte, als eine Abbildung des Teilchens (siehe auch die Diskussion in Abschn. 6.2.1), zumindest in der Born'schen Interpretation.
- **Born'sche Interpretation** Wir beziehen also die Abb. 12.4 nicht auf das Teilchen selbst, sondern auf mögliche Messwerte, Abb. 12.4 ist analog zu Abb. 12.3 zu interpretieren: Abb. 12.4a gibt die Verteilung der Impulse an, wie man sie an einem Messgerät ablesen würde, Abb. 12.4b die Verteilung der Orte. Diese Verteilungen sind kontinuierlich und nicht diskret wie Abb. 12.3, da wir die Superposition durch ein Integral, und nicht eine Summe darstellen.

[6]Dies hat nichts mit einer Störung durch Messung zu tun, wie wir in Abschn. 13.3 sehen werden.

- **Interferenzterme:** Zentral für das Wellenpaket sind die Interferenzterme in Gl. 12.18. Beachten Sie nochmals die Diskussion im Anschluss an Gl. 12.10:
  - Das Auftreten dieser Terme führt dazu, dass wir **keine Aussage über die Eigenschaft des Teilchens selbst** machen können, da es in keinem Impulseigenzustand ist. Wir können diesen Zustand nicht interpretieren.
  - Darüber hinaus aber haben die Interferenzterme eine große **physikalische Bedeutung:** Sie sind - bei Integraldarstellung in Gl. 12.17, d. h., für das Gauß'sche Wellenpaket- für die **Lokalisierung des Zustands** verantwortlich. Ohne die Interferenzterme wäre der Zustand unendlich ausgedehnt.

12.3.2 Teilchen im Kastenpotenzial

Bei allen Potenzialen (Kasten, harmonischer Oszillator, Coulomb) bestimmen wir als Eigenfunktionen immer die Energieeigenfunktionen, d. h., die Energien sind konstant. Die Energieeigenfunktionen sind keine Eigenfunktionen des Orts- und Impulsoperators, daher kann man nur Erwartungswerte und Streuungen berechnen. Wieder gilt die Unbestimmtheitsrelation, d. h., die Wellenfunktionen beschreiben die Zustände in den Potenzialen, die der Unbestimmtheitsrelation genügen. Wir betrachten hier das Kastenpotenzial, die Aussage ist für die anderen Potenziale analog, nur aufwändiger zu berechnen.[7]

Erwartungswerte von *x* und *p* Die Eigenfunktionen des Kastenpotenzials sind durch ($k_n = \frac{n\pi}{L}$)

$$\Phi_n = \sqrt{\frac{2}{L}}\sin(k_n x) \tag{12.22}$$

gegeben. Wir berechnen die Erwartungswerte, zunächst für den Zustand $n = 1$ mit $k_1 = \frac{\pi}{L}$,

$$\langle\hat{x}\rangle = \frac{2}{L}\int_0^L \sin\left(\frac{\pi}{L}x\right) x \sin\left(\frac{\pi}{L}x\right) \mathrm{d}x = \frac{L}{2}.$$

Dies gilt für alle n, d. h., der Mittelwert der Orte wird hier zu finden sein, da die Funktionen symmetrisch bezüglich $L/2$ sind. Wir erhalten für die Impulsmittelwerte:

$$\langle\hat{p}\rangle = \frac{2}{L}\int_0^L \sin\left(\frac{\pi}{L}x\right)\left(-\mathrm{i}\hbar\frac{\mathrm{d}}{\mathrm{d}x}\right)\sin\left(\frac{\pi}{L}x\right) \mathrm{d}x = 0.$$

Das Ergebnis, das ebenfalls für alle n gilt, kann man einfach berechnen, für das Verständnis ist aber auch eine grafische Anschauung nützlich. Die Ableitung des

[7] Dabei bleiben wir strikt im Rahmen der Born'schen Interpretation, wollen ausloten, wie weit man mit ihr kommt. Andere Interpretationen besprechen wir dann in Kap. 13.

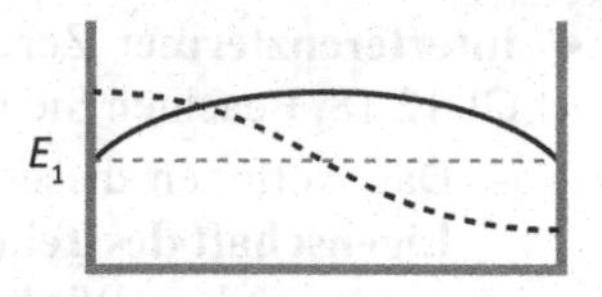

Abb. 12.5 Sinus- und Kosinusfunktionen im Kasten

Sinus ist der Kosinus, das Integral berechnet die Fläche unter dem Produkt der beiden Funktionen. Da der Sinus symmetrisch ist und der Kosinus asymmetrisch, heben sich die Beträge von 0 bis $L/2$ und von $L/2$ bis L genau auf. Das Gesamtintegral verschwindet. Man nennt solch ein Integral ein Überlappintegral, es berechnet die räumliche Überlappung von zwei Funktionen (Abb. 12.5).

Unbestimmtheitsrelation Berechnen wir zunächst

$$\langle \hat{p}^2 \rangle = -\frac{2\hbar^2}{L} \int_0^L \sin\left(\frac{\pi}{L}x\right) \left(\frac{\mathrm{d}}{\mathrm{d}x}\right)^2 \sin\left(\frac{\pi}{L}x\right) \mathrm{d}x = \left(\frac{\pi\hbar}{L}\right)^2$$

für $n = 1$. Für beliebige n erhält man die Standardabweichungen (ohne Beweis):

$$\Delta x = \frac{L}{2}\sqrt{\frac{n^2\pi^2 - 6}{3n^2\pi^2}} \approx 0.3\,L, \qquad \Delta p = \frac{n\pi\hbar}{L}.$$

Dieses Ergebnis zeigt, dass es eine Streuung des Impulses gibt, d. h., das System ist nicht in einem Impulseigenzustand. Damit erhält man die **Unbestimmtheitsrelation:**

$$\Delta x \Delta p \approx 0.3 n\pi\hbar > \frac{\hbar}{2}.$$

Die Eigenfunktionen des Hamilton-Operators sind keine Eigenfunktionen der Orts- und Impulsoperatoren, wie schon in Abschn. 5.1.4 festgestellt. Damit lassen sich für diese Observablen keine definiten Werte berechnen.

O. k., aber was bedeutet das? Folgen wir also obiger Diskussion:

Impulseigenfunktionen und Erwartungswerte Nach Gl. 12.5 können wir die Energieeigenfunktionen Φ_n nach den Impulseigenfunktionen (Abschn. 5.1.4), d. h., ebenen Wellen $e^{\pm ikx}$, entwickeln: Simplifiziert[8] kann man die Sinusfunktion wie folgt darstellen:

[8]Die Darstellung gilt für unendlich ausgedehnte Funktionen. Da die Wellenfunktion auf den Potenzialbereich beschränkt ist, muss man diese korrekter Weise als aperiodische Funktion, d. h. durch eine Fourier-Transformation, beschreiben. Siehe Anhang 12.5, aber für unsere Zwecke reicht die vereinfachte Darstellung. Für große n wird die Darstellung zunehmend exakter.

$$\Phi_n = \sin k_n x = \frac{\mathrm{i}}{2}\left(\mathrm{e}^{-\mathrm{i}k_n x} - \mathrm{e}^{\mathrm{i}k_n x}\right). \tag{12.23}$$

Die Energieeigenfunktion Φ_n ist eine **Superposition** aus gegenläufigen ebenen Wellen mit den Impulseigenwerten $\pm\hbar k_n$. Man kann dem Zustand Φ_n aber keinen der Impulse $\pm\hbar k_n$ zuschreiben, denn Φ_n ist kein Eigenzustand von $\hat{p}$. Man kann nur den Erwartungswert von $\hat{p}$ berechnen, und mit Gl. 12.6 erhält man eine durch die Koeffizienten gewichtete Summe dieser Eigenwerte. Da aber die beiden Impulseigenwerte entgegengesetztes Vorzeichen haben, erhält man $\langle p \rangle = 0$, wie oben direkt ausgerechnet.

Was misst man? Nach der Born'schen Interpretation geben die Eigenwerte mögliche Messwerte an, und die Erwartungswerte deren Mittelwert. Wie könnte man den Impuls messen? Betrachten wir den hypothetischen Versuch in Abb. 12.6. Das Teilchen sei zunächst in einem Eigenzustand des Kastens (Abb. 12.6a). Wenn man aber den Kasten öffnet (Abb. 12.6b), so wird das Teilchen entweder an Detektor D1 oder D2 registriert. Und dort misst man dann den Impuls $p = +\hbar k_n$ oder $p = -\hbar k_n$. Diese Messwerte kann man in eine Grafik Abb. 12.2 eintragen. Diesen Versuch muss man nun viele Male machen, denn jeder einzelne Versuchsausgang ist zufällig, d. h., man muss nun ein Ensemble von solchen Kästen ausmessen, dann erhält man den Mittelwert $\langle p \rangle = 0$. Die Streuung um diesen Mittelwert besagt, dass man entweder $-p$ oder $+p$ misst. Man weiß nicht, welchen Impuls man messen wird, man weiß aber, dass man einen von beiden messen wird. Für die Messwerte können wir die $|a_n|^2$ als klassische Wahrscheinlichkeiten interpretieren, hier gilt sogar die Ignoranzinterpretation. Das ist die Aussage von Gl. 12.6, diese Gleichung sieht wie eine klassische Statistik aus, und ist es auch, da sie auf den Ausgang einer Messung bezogen ist.

Welchen Impuls hat das Teilchen im Kasten? Das ist also die Frage nach dem Zustand: O. k., wir wissen also nicht, welchen Impuls wir messen werden, auf die Messwerte können wir die Ignoranzinterpretation anwenden. Aber geht das auch für

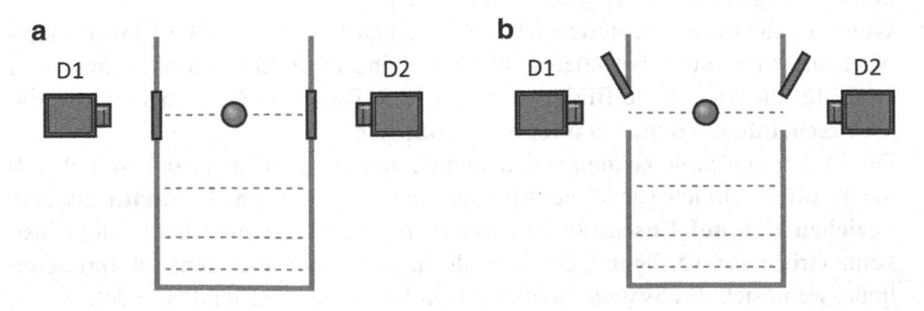

Abb. 12.6 a Teilchen im Kasten. b Wenn man die Kastenwände öffnet, wird das Teilchen entweder in Detektor D1 oder D2 registriert. Mit einem Geschwindigkeitsfilter an D1 oder D2 könnte man auch den Impuls messen

den Impuls vor der Messung, d. h., wenn das Teilchen noch im Kasten ist? Welchen Impuls **hat** es da? Hat es **entweder** $+p$ **oder** $-p$, und wir wissen es nur nicht? Das wäre ja die Anwendung des PVE!

Wenn es einen Impuls hat, dann ist es in dem entsprechenden Impulseigenzustand. Vielleicht sagt ja die Superposition Gl. 12.23, dass das Teilchen in einem der Zustände sei, und wir es nur nicht wissen: Dazu rechnen wir das Quadrat der Wellenfunktion aus wie in Gl. 12.10: Wir erhalten dann für Gl. 12.23 ebenfalls Interferenzterme, also Terme der Art $e^{+ikx}e^{-ikx}$ die ein Produkt von in entgegengesetzte Richtungen laufenden ebene Wellen sind. Nach der Born'schen Interpretation sind diese Terme bedeutungslos, man kann sie nicht interpretieren. Solange das Teilchen im Kasten ist, kann man seinen Zustand nicht in Bezug auf einen Impuls interpretieren. Das Nichtvorliegen von Impulseigenwerten erlaubt uns nicht einmal zu sagen, das Teilchen habe einen Impuls, wir kennen ihn nur nicht. Rekapitulieren Sie hier nochmals die Diskussion in Anschluss an Gl. 12.10.

Überhaupt keinen Sinn aber macht es, zu sagen das Teilchen habe einen Impuls $p = 0$, da dies dem Erwartungswert entspricht. Diesen kann man nur für ein Ensemble ausmessen: Die Erwartungswerte sind also Ensemblegrößen, die für einzelne Teilchen keine Bedeutung haben.

Interpretation

- Die Energieeigenzustände der Potenziale, das Kastenpotenzial dient nur als einfaches Beispiel, sind Quantenzustände, die die Unbestimmtheitsrelation immer schon beinhalten (müssen). Bei endlicher Streuung im Impuls muss es auch eine minimale Streuung im Ort geben. Daher sind die Energieeigenzustände, z. B. die Orbitale beim Wasserstoffatom, immer räumlich ausgedehnt.
- Da wir aber Gl. 12.5 nicht interpretieren können, ist uns keine Aussage möglich, welchen Impuls ein Teilchen vor Öffnen des Kastens in Abb. 12.6a **hat.** Wie soll man auch einen Zustand beschreiben, der aus zwei Zuständen besteht, die komplett gegensätzliche Eigenschaften haben.
- Wenn wir aber messen, stellen wir immer einen Impuls fest. Die **Erwartungswerte** und Streuungen beziehen sich also auf eine **Vielzahl von Messungen,** man erhält für die Messwerte Bilder wie Abb. 12.3. Die p_n in Gl. 12.6 sind also die **Wahrscheinlichkeiten,** $+p$ **oder** $-p$ **zu messen.**
- Die Erwartungswerte können sich also nicht auf ein Teilchen beziehen, $\langle p \rangle = 0$ macht offensichtlich gar keine Aussage über ein Teilchen, **Erwartungswerte beziehen sich auf Ensemble von Teilchen.** Die Quantenmechanik stellt also keine Größe zur Verfügung, die sich als **Impuls eines Teilchens** interpretieren ließe, wenn sich das System nicht in einem Impulseigenzustand befindet.

- Wenn sich das Teilchen nach Öffnung der Kastenwände in Abb. 12.6 in einem Impulseigenzustand befindet, vorher aber in einer Superposition von Impulseigenzuständen, wie kommt es dann, dass sich der Zustand durch die Messung so massiv ändert? Dies ist das sogenannte **Messproblem** der Quantenmechanik, das wir in Kap. 20 und Kap. 21 besprechen. Und wie **entscheidet** es sich, in welche Richtung es laufen wird? Die p_n sind **objektive Wahrscheinlichkeiten** (Abschn. 5.2.3), hier drückt sich der **Indeterminismus** der Quantenmechanik aus.

12.3.3 Drehimpuls und Atomorbitale

Die Orbitale des Wasserstoffatoms sind Energieeigenfunktionen und gleichzeitig Eigenfunktionen von $\hat{L}^2$ und $\hat{L}_z$, aber nicht von x, $\hat{p}$, $\hat{L}_x$ und $\hat{L}_y$.

Rotor Betrachten wir zunächst die Rotation. Die Energieeigenfunktionen des Rotors in Abschn. 10.2.3 haben wir in Abb. 10.5 grafisch dargestellt. Das Quadrat der Kugelflächenfunktionen $Y_{lm}(\theta, \phi)$ können wir mit der Born'schen Interpretation als Aufenthaltswahrscheinlichkeit interpretieren. Diese sagt, mit welcher Wahrscheinlichkeit man es **bei einer Messung** an einem Ort feststellen würde. Wir können aber nicht darüber reden, wo es sich – ohne Messung – gerade aufhält. Denn dies würde ja genau die Geltung des PVE voraussetzen (Abschn. 5.2.2).

Drehimpuls Wir haben gesehen dass es unmöglich ist, allen drei Komponenten des Drehimpulsvektors $\mathbf{L} = (L_x, L_y, L_z)$ gleichzeitig definite Werte zuzuweisen, da die Operatoren nach Gl. 12.14 nicht vertauschen. Was aber bedeutet die Unbestimmtheit der Komponenten $\hat{L}_x$ und $\hat{L}_y$, und was deren Standardabweichung $\Delta\hat{L}_x$ und $\Delta\hat{L}_y$? Betrachten wir den Fall, dass ein Rotor im Zustand $l = 1, m_l = 1$ ist, wie in Abb. 12.7b im Vektorbild dargestellt.

- Da wir wissen, dass das System in dem Eigenzustand von $\hat{L}_z$ ist, ergeben sich bei einer Messung sicher die Werte $L_l = \sqrt{2}\hbar$ und $L_{z,m_l=1} = \hbar$.

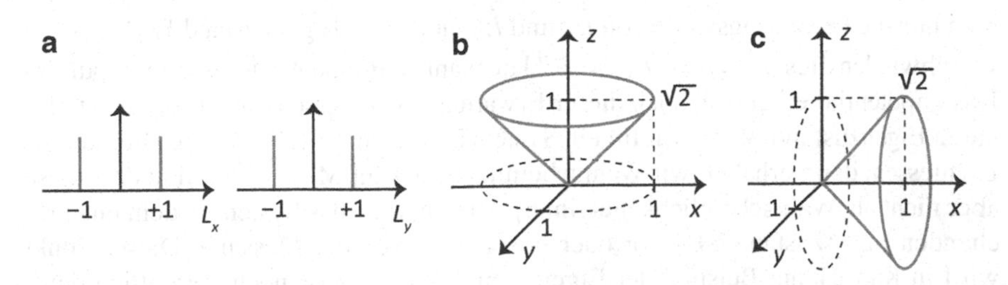

Abb. 12.7 **a** Drehimpulsmesswerte von L_x und L_y analog Abb. 12.2 (in Einheiten von $\hbar$), **b** halbklassische Darstellung der Drehimpulse und **c** Darstellung des Kegels für den gemeinsamen Eigenzustand von $\hat{L}^2$ und $\hat{L}_x$

- Wenn man für diesen Zustand nun eine Messung von L_x macht, erhält man ein Bild wie Abb. 12.2b, die Messwerte streuen. Man erhält keinen eindeutigen Eigenwert des Operators in diesem Zustand, sondern nur Mittelwerte und Standardabweichungen. Allerdings können hier nur zwei Messwerte auftreten $L_{x,m_l} = \pm\hbar$. Analoges gilt für die Messung von L_y. Es können also gemäß Gl. 12.8 nur noch Wahrscheinlichkeiten für die Messwerte angegeben werden.

Und wir sehen auch eine direkte Interpretation des Kegels in Abb. 12.7b: Die Projektion des Kegelrands auf die x-y-Ebene gibt die möglichen Messwerte an, wenn an einem Rotor, der in einem $\hat{L}_z$-Eigenzustand ist, eine L_x oder eine L_y-Messung durchgeführt wird. Die Schnittpunkte des Kreises mit der x- oder y-Achse geben die jeweiligen Messwerte an. Die Kegel geben also ein **Bild der Standardabweichung** der **Messwerte.** Wir sehen hier: Wir müssen das Kegelbild nicht auf die Eigenschaften der Quantenteilchen beziehen, sondern wir können es als Veranschaulichung möglicher Messwerte auffassen.

Nicht-kommutierende Observable Wählen wir statt dem $\hat{L}_z$- einen $\hat{L}_x$-Eigenzustand, wie in Abb. 12.7c dargestellt, dann sieht man an der Lage des Kegels, dass nun L_z und L_y unbestimmt sind. Das Kegelmodell kann also ebenfalls verdeutlichen, dass niemals alle drei Drehimpulskomponenten gleichzeitig bestimmt sind, dass die drei Komponenten **nicht kommutieren:** Ist eine Komponente festgelegt, kann für die beiden anderen die Standardabweichung nicht zum Verschwinden gebracht werden. Wie wir in Abschn. 5.2 festgestellt haben, kann man ein Ensemble nie so präparieren, dass die Standardabweichungen aller Operatoren verschwinden. Das Kegelmodell kann dies verdeutlichen, und in Kap. 20 und 21 werden wir am Beispiel des Spins das Problem solcher Messungen kennen lernen.

Superpositionen und Erwartungswerte In dem Zustand $Y_{lm}(\theta, \phi)$, dem Eigenzustand von $\hat{L}^2$ und $\hat{L}_z$, verschwinden die Erwartungswerte von $\hat{L}_x$ und $\hat{L}_y$, dies kann man sich an Abb. 12.7a verdeutlichen, die gewichtete Summe der beiden Messwerte verschwindet. Man kann es aber auch recht einfach ausrechnen: Die $Y_{lm}(\theta, \phi)$ sind keine Eigenfunktionen von $\hat{L}_x$ und $\hat{L}_y$, aber man kann sie als eine Superposition der Eigenfunktionen von $\hat{L}_x$ und $\hat{L}_y$ darstellen, wie aus Gl. 11.51 ersichtlich. Berechnet man nun die Erwartungswerte von $\hat{L}_x$ und $\hat{L}_y$ für den $\hat{L}_z$ Eigenzustand $Y_{lm}(\theta, \phi)$, so verschwinden diese, $\langle \hat{L}_x \rangle = \langle \hat{L}_y \rangle = 0$.[9] Hier kann man eine Analogie zum Impuls im Kastenpotential erkennen, auch dieser Erwartungswert verschwindet für den stationären Eigenzustand. Wenn wir für ein System im Zustand $Y_{lm}(\theta, \phi)$ den Drehimpuls $\hat{L}_x$ messen, dann erhalten wir Wahrscheinlichkeiten für Messwerte. Man darf diese aber nicht als Wahrscheinlichkeiten interpretieren, dass das System in dem entsprechenden Eigenzustand **ist** – vor oder unabhängig von der Messung. Dieser Punkt wird in Kap. 21 am Beispiel der Eigendrehimpulse (Spins) noch wesentlich deut-

[9] Dafür in den Ausdruck dieser Erwartungswerte einfach Gl. 11.51 einsetzen, und die Eigenwertgleichungen für $\hat{L}_x$ und $\hat{L}_y$ verwenden.

licher herausgearbeitet. Wir können die **Unbestimmtheit** nicht als **Unwissenheit** interpretieren. Die Erwartungswerte verschwinden, Eigenwerte sind nicht berechenbar, aber bei Messung findet man immer einen Wert $\pm\hbar$.

Vektormodell und Ignoranzinterpretation Das Vektorbild des Drehimpulses, das Kegelbild, wird manchmal als eine Veranschaulichung der Eigenschaften des Quantenteilchens verwendet, unabhängig von einer Messung. In diesem Fall würde man annehmen, dass der Kegel **alle möglichen Orientierungen** des Drehimpulses veranschaulicht. Man nimmt an, der Drehimpuls **liegt** irgendwo auf dem Kegel, man weiß nur nicht genau wo – unabhängig von einer Messung. Hier sehen wir, dass das Vektorbild eine **Ignoranzinterpretation der Wahrscheinlichkeiten** nahelegen könnte. Aber dies würde die Geltung des **PVE** voraussetzen, die Drehimpulse auf dem Kegel analog einer klassischen Wahrscheinlichkeitsverteilung zu interpretieren, ist uns aufgrund des PBR-Theorems verwehrt (Abschn. 5.2.2).

> Das Vektormodell hat pragmatische Vorzüge, wie in Abschn. 10.3.3 und Abschn. 19.3.3 deutlich wird. Man darf es aber nicht so verstehen, dass die Drehimpulse ‚wirklich' irgendwo auf den Kegeln liegen, die Quantenmechanik es nur nicht erlaubt, die genaue Lage zu berechnen.

Dadurch, dass man den quantenmechanischen Drehimpuls als Vektor darstellt sieht man, dass für diesen andere Regeln gelten als für klassische Drehimpulsvektoren. Dadurch wird in einem klassischen Bild anschaulich, wie sich die **Quantenphänomene Quantisierung und Unbestimmtheit** (Abschn. 4.2.1) bei Drehimpulsen äußern. Der Formalismus der Quantenmechanik ist aber nicht bildlich darstellbar, d. h., das ‚Wirkliche' können wir gar nicht abbilden. Im Prinzip ist das gut am Kastenmodell veranschaulicht: Bei Messung tritt immer ein Impuls $\pm p$ auf, der Erwartungswert ist aber $\langle\hat{p}\rangle = 0$. Für $\hat{L}_x$ und $\hat{L}_y$ ist das völlig analog.

Wir können die **Vektordarstellung** also zum einen als eine **Repräsentation von zu erwartenden Messergebnissen** auffassen. Darüber hinaus aber diese Darstellung **modellhaft auf die Teilchen selbst** zu beziehen, wirft

Folgeprobleme auf. Wie oben besprochen, verschwinden die Erwartungswerte von $\hat{L}_x$ und $\hat{L}_y$ im $\hat{L}_z$-Eigenzustand. Wenn man aber einen Drehimpuls als einen Vektor auf dem Kegel darstellt, dann hat dieser offensichtlich x- und y- Komponenten. D. h. ein Vektor auf dem Kegel repräsentiert einen Zustand, der auch x- und y- Komponenten besitzt. Wie passt das zusammen? Dies ist in diesem klassischen Modell nur durch weitere Annahmen über das mikroskopische Geschehen aufzulösen, die wir in Abschn. 13.2.2 am Beispiel der Orbitale und Dipolmomente erläutern werden.

Unbestimmtheit Der Betrag und die z-Komponenten des Drehimpulses sind bestimmt, was genau an der Bewegung des Teilchens ist damit unbestimmt? Man kann dies an einem einfachen Bild verdeutlichen. Jedem Drehimpulsvektor auf dem Kegel kann eine Kreisbewegung zugeordnet werden, wie in Abb. 1.7 eingeführt. Da die Ausrichtung des Drehimpulses auf dem Kegel unbestimmt ist, sind alle Kreisbahnen möglich, die Drehimpulsen auf dem Kegel entsprechen, wie in Abb. 12.8 dargestellt. Und dies sind Kreisbahnen, die alle die gleiche z-Komponente L_z haben.

12.3.4 Unbestimmtheit und Grundzustand

Aufgrund der Unbestimmtheitsrelation gibt es einen Grundzustand, der klassisch so nicht existiert, wir wollen dies am Beispiel des Wasserstoffatoms kurz diskutieren. Im Coulomb-Feld $-\mathrm{e}^2/r$ eines Protons finden wir die Unbestimmtheit

$$\Delta p \cdot r \sim \hbar.$$

Nehmen wir Δp als Abschätzung für den Impuls p (siehe Kastenpotential), dann finden wir durch Einsetzen in die kinetische Energie:

$$E(r) = E_{\mathrm{kin}} + E_{\mathrm{pot}} = \frac{\hbar^2}{2mr^2} - \frac{\mathrm{e}^2}{r}.$$

Den Zustand minimaler Energie findet man durch Ableitung:

$$\frac{\mathrm{d}E}{\mathrm{d}r} = 0, \quad \rightarrow \quad r_0 = \frac{\hbar^2}{\mathrm{m_e e}^2} \approx 5 \cdot 10^{-11} \quad \mathrm{m} = 0.5\,\mathrm{Å}.$$

Die Energie am Minimum ist:

$$E(r_0) = \frac{\hbar^2}{2mr_0(\frac{\hbar^2}{\mathrm{m_e e}^2})} - \frac{\mathrm{e}^2}{r_0} = -\frac{\mathrm{e}^2}{2r_0} \approx -13.6\,\mathrm{eV}.$$

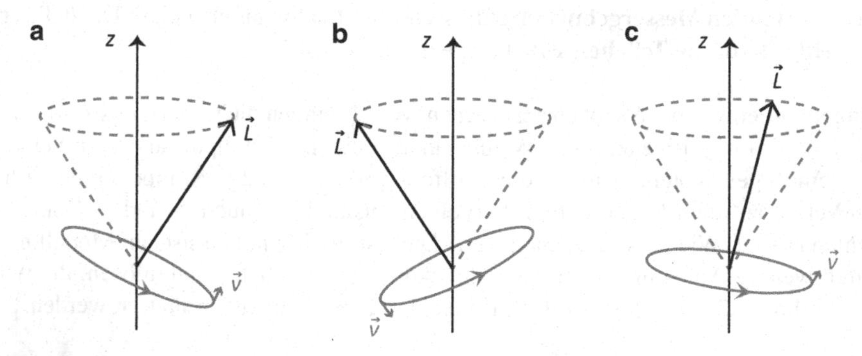

Abb. 12.8 Den verschiedenen Ausrichtungen des Drehimpulses auf dem Kegel entspräche klassisch eine Kreisbewegung in einer Ebene senkrecht zum Drehimpulsvektor

Auf die gleiche Weise findet man, dass der Grundzustand des Kastenpotenzials und des harmonischen Oszillators nicht bei $E = 0$ liegt, für den $p = x = 0$ gelten würde. Jedes Potenzial schränkt den x-Bereich des Teilchens ein, und legt damit die Unbestimmtheit für den Ort fest. Damit folgt aus der Unbestimmtheitsrelation automatisch eine Streuung des Impulses. Die Energie kann nicht gleich null sein, sondern muss einen endlichen Wert annehmen. Analog erklärt sich für das Kastenpotenzial und den harmonischen Oszillator der Grundzustand

$$E_1 = \frac{\hbar^2 \pi^2}{2mL^2}, \qquad E_0 = \frac{1}{2}\mathrm{h}\nu.$$

12.4 Zusammenfassung

Zusammenfassung In diesem Kapitel haben wir drei wichtige Aspekte des mathematischen Formalismus kennengelernt. (i) Zentral für die Quantenmechanik ist, dass die **Eigenfunktionen** der auftretenden Hermite'schen Operatoren ein **vollständiges Orthonormalsystem** Φ_n bilden. Damit kann man jede Funktion Ψ in diesem System entwickeln und Ψ durch eine **Superposition** von Eigenzuständen darstellen. (ii) Der Kommutator ist ein Indikator dafür, ob man für zwei Operatoren gemeinsame Eigenfunktionen finden kann, oder nicht. Kommutieren sie, haben sie gemeinsame Eigenfunktionen, und die Teilchen **haben** dann, wenn sie in dem Eigenzustand sind, die entsprechenden Eigenwerte. Kommutieren sie nicht, gilt genau das nicht. (iii) Eine Wellenfunktion kann immer als Superposition von Eigenzuständen eines Operators dargestellt werden. In diesem Fall kann man keinen definiten Messwert berechnen, sondern nur einen Erwartungswert sowie eine Streuung. Die Unbestimmtheitsrelation gibt dann das minimale Produkt der Streuungen nicht-kommutierender Operatoren an.

- Für jedes System gibt es einen Satz von ‚klassischen' Variablen, das sind Masse und Ladung (Abschn. 5.1.6).[10] Diese stehen als Parameter in der Schrödinger-Gleichung, sind also nicht als Operatoren dargestellt, und charakterisieren die Teilchensorte, die betrachtet wird.
- Weiter findet man immer einen **Satz von kommutierenden Operatoren,** beim Wasserstoffatom sind das Energie, Drehimpulsquadrat und z-Komponente des Drehimpulses (wahlweise auch x- oder y-Komponente). Diese haben gemeinsame Eigenfunktionen, d. h., wenn das Teilchen sich in diesen Eigenfunktionen befindet, dann **besitzt** es die entsprechenden Eigenschaften, deren numerischen Werte durch die Eigenwerte gegeben sind (Abschn. 5.1.7). Die Eigenwerte sind quantisiert.

[10] Später kommt dann noch der Spin hinzu. Was für ein Teilchen festgelegt ist, ist der Gesamtspin, dieser kann $\frac{1}{2}$ oder 1 sein. Die Spinausrichtung ist dann wieder quantisiert.

- Weitere Eigenschaften sind dann durch **nicht-kommutierende** Operatoren dargestellt. Für alle Potenziale hatten wir die Energieeigenfunktionen berechnet. Am Beispiel des Kastenpotenzials haben wir dann in Abschn. 12.3.2 gesehen, dass in diesem Fall x und p unbestimmt sind. Dies gilt auch für die anderen Potenziale. Im Fall des Wasserstoffatoms betrifft das dann auch noch L_x und L_y.
- Man kann die Energieeigenfunktionen dann als **Superpositionen** der Eigenfunktionen der Operatoren darstellen, die mit dem Hamilton-Operator nicht kommutieren. Bei der Analyse des Ergebnisses findet man dann zweierlei:
  - Für die **Erwartungswerte** erhält man mit Gl. 12.6 eine Form, die grafisch wie in Abb. 12.2 dargestellt sehr an **klassisch-statistische Eigenschaften** erinnert, wie wir sie in der kinetischen Gastheorie kennengelernt haben. Man berechnet **Mittelwerte und Streuungen.**
  - Bei der Interpretation muss man aber sehr aufpassen, da der **Zustand** als **Superposition** dargestellt ist. Dadurch ist eine **Ignoranzinterpretation,** so wie sie für die Teilcheneigenschaften in der kinetischen Gastheorie angewendet wird, in der Quantenmechanik nicht möglich. Zwischen den Eigenschaften der Teilchen, und den Messwerten, liegt das Messproblem (Kap. 21).

Die **Born'sche Interpretation** kann Gl. 12.6 als **Wahrscheinlichkeitsverteilung von Messwerten** interpretiert werden, wir erhalten bei vielen Messungen an einem System eine Verteilung, wie in Abb. 12.2b schematisch dargestellt.

Um aber von einem Messwert auf die **Eigenschaft des Quantenobjekts** zu schließen, d. h., damit wir sagen können, ein **Teilchen habe eine Eigenschaft** O_n, muss es in dem Zustand Φ_n sein, der der Eigenzustand des Operators $\hat{O}$ ist, siehe Abschn. 5.1.7 und 6.1.2.

Zustände können durch die Quantenzahlen der Observablen charakterisiert werden, die in diesem Zustand miteinander vertauschen.

Diese Eigenzustände liegen aber in einer **Superposition** nicht vor, es treten **Interferenzterme** auf. Wann immer Interferenzterme auftauchen, hilft uns die **Born'sche** Interpretation nicht weiter. Die Interferenzterme werden in dem Rahmen gar nicht interpretiert, sie haben keine Bedeutung. Um also dem Zustand, der durch eine Superposition dargestellt wird, eine physikalische Bedeutung geben zu können, benötigen wir eine Interpretation, die über Born hinausgeht.

Dies ist also der Kern dessen, was in Abschn. 5.2.2 als Unhaltbarkeit des PVE festgestellt wurde, und in Abschn. 6.3 etwas mehr ausgeführt wurde. Die ganze Interpretationsproblematik der Quantenmechanik hangelt sich an diesem Problem entlang. Das ist das Thema von Kap. 13.

Dies haben wir an den Beispielen in Abschn. 12.3 verdeutlicht.

Die Quantenmechanik gibt uns also **keinen Aufschluss über das mikroskopische Geschehen**, und die Wahrscheinlichkeiten beziehen sich auf mögliche Messwerte, und **nicht auf Eigenschaften der Teilchen unabhängig von einer Messung**, wie in Abschn. 4.2.4 ausgeführt. **Eigenwerte** lassen sich auf Eigenschaften der Teilchen beziehen, **Erwartungswerte** scheinbar nicht.

Aber die Superpositionen schränken nicht nur unsere Rede über die Teichen selbst ein, wie wir am Beispiel des Wellenpakets illustriert haben: Die ebenen Wellen sind bei genau definiertem Impuls unendlich ausgedehnte Objekte, sie erstrecken sich über den ganzen Raum. Es sind die Interferenzterme in Gl. 12.10, die im Fall des Wellenpakets aus den ebenen Wellen eine ganz andere Funktion machen, indem sie im ganzen Raum die Wahrscheinlichkeit eliminieren, bis auf den kleinen Bereich, in dem das Wellenpaket lokalisiert ist (Abb. 12.4). Es scheint, dass durch die Superposition Eigenschaften entstehen können, die durch die Zustände, die die Superposition bilden, nicht abgedeckt sind.

12.5 Anhang

Die Darstellung des Kastenzustands durch zwei ebene Wellen ist noch nicht korrekt. Diese gilt nur, wenn der Zustand unendlich ausgedehnt ist, nur dann lässt er sich durch zwei unendlich ausgedehnte ebene Wellen darstellen. Wir haben jedoch eine Einschränkung auf das Intervall $[0, L]$, daher müssen wir die Energieeigenfunktionen mit Hilfe einer Fourier-Transformation, wie in Gl. 4.13 dargestellt, entwickeln.

Man muss also mit Hilfe der **Fourier-Transformation** Gl. 4.13 die Energieeigenfunktionen als **Superposition** der Impulseigenfunktionen darstellen, man erhält die $c(k)$, das Quadrat dieser Koeffizienten, das angibt, wie stark eine Impulskomponente zur Wellenfunktion beiträgt, nennt man auch Impulsspektrum $|\Phi(p)|^2 = |c(k)|^2$. Die Aufenthaltswahrscheinlichkeit und das Impulsspektrum sind in Abb. 12.9 gezeigt. Man sieht, dass sowohl positive als auch negative Impulskomponenten gleicherweise beitragen, es ist aber eine Vielzahl von Impulskomponenten beteiligt. Die Wellenfunktion eines Teilchens im Kasten ist eine lokalisierte Funktion, mit Hilfe der Fourier-Transformation findet man daher, dass viele ebene Wellen zur Darstellung dieser Funktion beitragen. Für sehr große n erhält man im Impulsspektrum zwei scharfe Beiträge mit k und $-k$. In diesem Fall sind die Wellenfunktionen also in guter Näherung durch eine nach links und nach rechts laufende ebene Welle darstellbar.

Das wesentliche Konzept hier ist das der **Fourier-Transformation** und des **Impulsspektrums**. Wir sehen, wie wir durch diese Transformation aus einer Wellenfunktion, die die Ortsverteilung beschreibt, eine Funktion $c(k) = \Phi(p)$ bekommen, die eine Verteilung der Impulse beschreibt. Beide Funktionen zusammen verdeutlichen die Unbestimmtheit in den Variablen x und p. Diese Funktionen beschreiben den Zustand, der eine genauere Bestimmung dieser beiden Größen nicht zulässt.

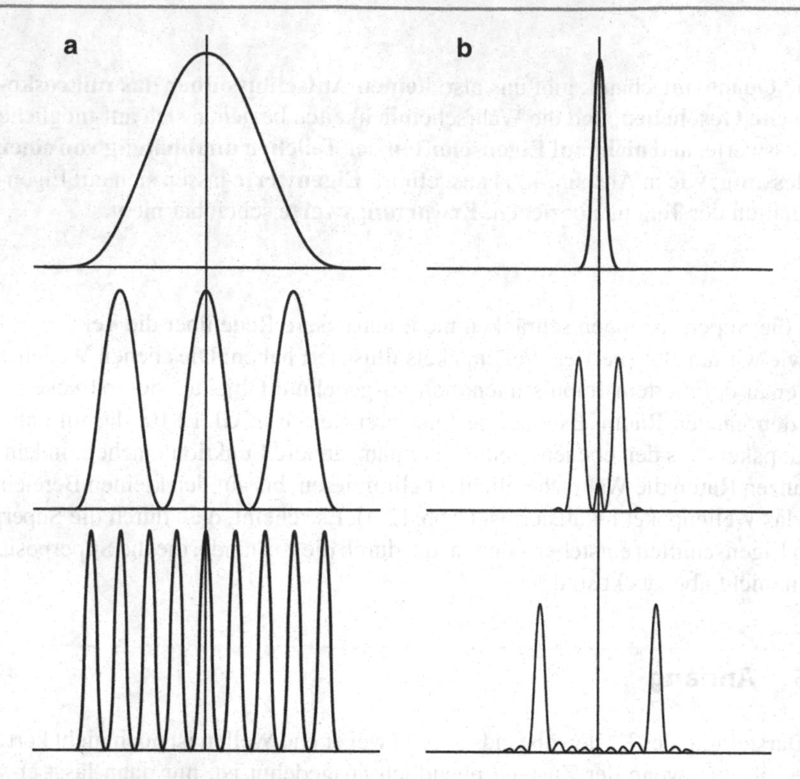

Abb. 12.9 **a** Aufenthaltswahrscheinlichkeit $|\Phi(x)|^2$ und **b** Impulsspektrum $|\Phi(p)|^2 = |c(k)|^2$ für $n = 0, 1, 10$. (Adaptiert nach: R. W. Robinett, American Journal of Physics 63, 823 (1995))

Interpretation II

13

Superpositionen In diesem Kapitel wird es um die Interpretation der in Kap. 12 eingeführten **Superpositionen** gehen. In Abschn. 12.1.2 haben wir gesehen, dass sie durch die Born'sche Wahrscheinlichkeitsinterpretation nicht zu fassen sind, daher stellen sie ein zentrales Thema der in Kap. 6 angesprochenen Interpretationen dar. Wir wollen zunächst die Bedeutung der Superpositionen an einigen Beispielen erläutern, und die Probleme der Interpretation dieser Zustände diskutieren (Abschn. 13.1). Dies ist unmittelbar relevant dafür, wie wir beispielsweise über Elektronen in Atom- und Molekülorbitalen reden können (Abschn. 13.2).

Unbestimmtheitsrelation (UR) Die UR für Ort und Impuls haben wir als eines der zentralen Quantenphänomene (Abschn. 4.2.1) kennengelernt. Es gibt aber Unbestimmtheitsrelationen für alle Paare von Operatoren, die nicht miteinander **kommutieren.** Daher liegt es nahe nach einer Erklärung dieses Phänomens zu fragen. Ein Erklärungsvorschlag von W. Heisenberg beruht auf dem Konzept der Messung als Störung. Dies steht im Kontrast zu unserer Analyse in Abschn. 6.4, die grundlegende Quantenphänomene als nicht weiter erklärbar ausgewiesen hat. Und in der Tat, in der aktuellen Diskussion wird die UR als ein grundlegendes Phänomen angesehen, das nicht mithilfe eines mechanischen Modells der Messung auf Konzepte der klassischen Physik zurückgeführt werden kann (Abschn. 13.3).

Interpretationen Wird ein Zustand durch eine **Superposition** dargestellt, dann **streut** die entsprechende Observable. Man findet eine **Verteilung von Messwerten** wie in Abb. 12.2 schematisch dargestellt, was wir an Beispielen in Abschn. 12.3 verdeutlicht haben. Spricht man über das Teilchen selbst, im Gegensatz zu den Messwerten, so ist die entsprechende Eigenschaft **unbestimmt,** man kann aber einen

© Springer-Verlag GmbH Deutschland, ein Teil von Springer Nature 2021

M. Elstner, *Physikalische Chemie II: Quantenmechanik und Spektroskopie*,
https://doi.org/10.1007/978-3-662-61462-4_13

Erwartungswert bestimmen. Bei einer Beschränkung auf die Born'sche Wahrscheinlichkeitsinterpretation haben wir zwei wichtige Konsequenzen festgestellt:

- Die auftretenden Wahrscheinlichkeiten kann man nicht auf die Quantenobjekte selbst beziehen, sondern nur auf mögliche Messergebnisse. Wie insbesondere am Kastenbeispiel in Abschn. 12.3 klar wurde, gibt die Quantenmechanik keinen Aufschluss über das mikroskopische Geschehen, sondern erlaubt nur, Wahrscheinlichkeiten von Messwerten zu berechnen.
- Die Unbestimmtheit lässt sich über Mittelwerte und Streuungen von Messwerten quantifizieren, wir erhalten aber keine mikroskopische Anschauung ihrer Bedeutung.

Die **Interpretationen** aus Abschn. 6.2.1 gehen über die Born'sche Interpretation hinaus, sie versuchen, Aussagen über die Quantenteilchen unabhängig von einer Messung zu erlauben. In Lehrbüchern, vor Allem aber auch in populärwissenschaftlichen Texten, findet man meist keinen expliziten Bezug auf die Interpretationen der Quantenmechanik, wohl aber werden oft Anschauungen verwendet, die wir in Kap. 6 als **Interpretationsmodelle** bezeichnet haben. (i) Diese scheinen eine direkte Rede über die Quantenteilchen selbst zu erlauben, hebeln also den expliziten Bezug auf die Messung aus. (ii) Zudem geben sie eine anschauliche Deutung der Unbestimmtheit und scheinen somit ein Abbild der Natur (Abb. 6.1) herzustellen. Dabei greifen sie auf **klassische Modelle** zurück.[1] (iii) Zudem kann man sie als Realisierungen der Einteilchen- und Ensembleinterpretationen verstehen. Diese bleiben abstrakt, die Interpretationsmodelle füllen dies mit einer konkreten Anschauung. Wie schon für das Kegelmodell (Abschn. 10.3.3 und 12.3.3) angesprochen, kann dies einige Aspekte der Quanteneigenschaften – in Abgrenzung zum klassischen Teilchen – verdeutlichen, zieht aber Folgeprobleme nach sich (Abschn. 13.2). Daher scheint es wichtig, einen kritischen Umgang mit solchen Modellen zu erlernen.[2]

13.1 Superpositionen und Interferenzterme

Für die Beispiele in Teil II haben wir zunächst Energieeigenfunktionen berechnet und gesehen, dass es einen Satz kommutierender Operatoren gibt, für die man gemeinsame Eigenfunktionen finden kann. Daneben aber gibt es Operatoren, wie etwa Ort und Impuls, oder zwei der drei Drehimpulskomponenten, für die das nicht gilt.

[1] Und auch die ‚alternativen Varianten' (Abschn. 6.2.3) der Quantenmechanik haben genau dieses Anliegen: Die Quantenphänomene durch eine klassische Modellierung des Mikrokosmos verständlich zu machen. Das geht nur durch massive Zusatzannahmen, ob es das Wert ist, wird naturgemäß sehr unterschiedlich gesehen.

[2] Diese Modelle unterscheiden sich von dem, was üblicherweise als ‚Interpretationen der Quantenmechanik' bezeichnet wird. Die Modelle scheinen eher Anschauungen und Redeweisen innerhalb der OQM zu sein, die keine umfassende und konsistente Ausdeutung der Quantenmechanik sein können.

Hier können wir Erwartungswerte und Standardabweichungen berechnen, wie in Abschn. 12.3 diskutiert. Wenn der Zustand Ψ eines Systems nicht Eigenfunktion eines Operators $\hat{O}$ ist, können wir Ψ als **Superposition** der Eigenfunktionen Φ_n von $\hat{O}$ darstellen,

$$\Psi = \sum_n a_n \Phi_n. \tag{13.1}$$

Diese Superpositionen wollen wir nun genauer betrachten, Tab. 13.1 gibt einen Überblick über die in Kap. 12 und diesem Kapitel diskutierten Beispiele. Die a_n haben zunächst eine einfache **mathematische Bedeutung,** sie geben an, wie viel eine Funktion Φ_n zur Funktion Ψ beiträgt. Die Frage, was nun die a_n **physikalisch** bedeuten, wird durch **Interpretationsansätze** zu beantworten versucht.

Problem der Interpretation Für die Superposition Gl. 13.1 können wir mit Gl. 12.6 die Erwartungswerte der Operatoren berechnen,

$$\langle \hat{O} \rangle = \sum_n p_n O_n. \tag{13.2}$$

Die $p_n = |a_n|^2$ haben wir als Wahrscheinlichkeiten gedeutet, wie in Abschn. 12.1.2 diskutiert. Aber worauf beziehen sich die Wahrscheinlichkeiten?

- Mit der **Born'schen Interpretation** geben die p_n die **relativen Häufigkeiten** an, mit der wir die entsprechenden Eigenwerte O_n **messen** werden. Wenn man die Messergebnisse grafisch aufträgt, erhält man Histogramme wie in Abb. 12.2.
- Aber kann man gar nichts über die Teilchen selber aussagen? Kann man die p_n nicht so deuten, wie im Fall der kinetischen Gastheorie, dass sie das Wissen um die entsprechenden Eigenschaften der Teilchen angeben? Kann man sagen, mit Wahrscheinlichkeit p_n **hat** ein Teilchen eine Eigenschaft O_n? Formel Gl. 13.2 lässt das erst mal offen, im klassischen Fall sind beide Aussagen richtig, das ist der Witz der Geltung des PVE und der Ignoranzinterpretation (Kap. 5 und 12).

Tab. 13.1 Verschiedene Beispiele, die durch Superpositionen beschrieben werden. Die Wellenfunktion (Spalte 2), die den Zustand des Systems beschreibt, ist keine Eigenfunktion der Operatoren in Spalte 3. Daher kann man sie als Superposition der Eigenfunktionen dieser Operatoren darstellen

Beispiel	Wellenfunktion Ψ	Darstellung von Ψ in Eigenfunktionen Φ_n von:
Freies Teilchen	Wellenpaket	$p\ (x)$
Potenziale (Kasten etc.)	Energieeigenfunktionen	$p\ (x)$
Drehimpuls	Eigenfunktionen von $\hat{L}^2$,$\hat{L}_z$	$\hat{L}_x$, $\hat{L}_y$
Doppelspalt	Superposition der Einzelspalte	x (Spalt-Durchgang)
Schrödingers Katze	Katzenwellenfunktion	Tot/lebendig

In welchem Zustand ist das Teilchen? Wenn wir mehr über die Teilchen erfahren wollen, müssen wir offensichtlich den Zustand Ψ untersuchen. Aber was bedeutet dann die Überlagerung der Zustände Φ_n in Gl. 13.1? Wie kann man das physikalisch verstehen? Gemäß Axiom 1 der Quantenmechanik (Abschn. 5.1.1) hat nur das Betragsquadrat von Gl. 13.1 eine Bedeutung, betrachten wir also

$$|\Psi(r)|^2 = \sum_n p_n |\Phi_n|^2 + \sum_{n \neq m} a_n^* a_m \Phi_n^* \Phi_m. \tag{13.3}$$

Hier treten die **Interferenzterme** $a_n^* a_m \Phi_n^* \Phi_m$ auf. Diese ‚vermischen' die Zustände. Damit ist es unmöglich zu sagen, p_n sei die Wahrscheinlichkeit dafür, dass das System in dem Zustand Φ_n **ist** (Abschn. 12.1.2).

Ignoranzinterpretation Würden diese Terme aber verschwinden, aus welchem Grund auch immer, könnten wir einfach schreiben,

$$|\Psi(r)|^2 = \sum_n p_n |\Phi_n|^2. \tag{13.4}$$

Diese Form lässt sich nun analog zu einem klassischen statistischem Ensemble interpretieren.

- Nun hat das Wellenfunktionsquadrat die gleiche Form wie die Erwartungswerte in Gl. 13.2, man kann die p_n als Wahrscheinlichkeiten ansehen, dass das System in einem der Zustände Φ_n **ist,** hier gilt eine **Ignoranzinterpretation.**
- Gl. 13.4 besagt, dass wenn sich das Teilchen im Zustand Φ_n befindet, es die Aufenthaltswahrscheinlichkeit $|\Phi_n|^2$ hat.
- Wir wissen aber nicht, ob es in Zustand Φ_n, Φ_m oder in irgendeinem anderen ist, die p_n geben nur die jeweiligen Wahrscheinlichkeiten an. Gl. 13.4 ist einfach eine Summe von Wahrscheinlichkeiten.
- D. h., wir können sagen, dass mit Wahrscheinlichkeit p_1 das System in Zustand Φ_1 ist, mit Wahrscheinlichkeit p_2 in Zustand Φ_2 ist usw. Und das ist exklusiv: Die Teilchen sind **entweder** in Zustand Φ_1 oder in Zustand Φ_2, oder in ... Sie **sind** in einem der Zustände, wir **wissen** nur nicht in welchem. In diesem Fall gilt dann auch das **PVE.** Denn wenn das Quantenobjekt mit Wahrscheinlichkeit p_1 in Zustand Φ_1 ist, hat es auch mit dieser Wahrscheinlichkeit die Eigenschaft O_1. Dies ist die Situation der klassischen Statistik.

Die Quantenmechanik ist also durchaus in der Lage, klassische statistische Ensemble zu beschreiben, bei der Diskussion des Doppelspaltexperiments sehen wir ein Beispiel dafür.

Auftreten und Verschwinden der Interferenzterme Nur beschreiben die Superpositionen Gl. 13.1 gerade nicht eine solche klassische Situation. Beim Auftreten der $a_n^* a_m$ in Gl. 13.3 scheinen die Zustände auf eigenartige Weise vermischt zu werden, die Wahrscheinlichkeitsverteilung ist eben gerade keine Summe von Zustandsquadraten mehr! Wie kann man über diese Terme reden, was passiert da in der Natur? Die Born'sche Interpretation kann hier gar nichts darüber aussagen, wie wir schon im Anschluss an Gl. 12.10 ausgeführt haben. Das ist die Stelle, an der jede Interpretation, die über den Instrumentalismus hinausgehen möchte, etwas zu dem Formalismus hinzufügen muss. Das wollen wir uns nun anhand einiger Beispiele ansehen, und die **Interpretationen aus Abschn.** 6.2.1 anhand dieser Fälle diskutieren.

Interpretationsmodelle und Rede von Objekten Betrachten wir die Ausbreitung von Teilchen, z. B. die Diffusion, wie in Abschn. 4.2.3 eingeführt. Die Quantenmechanik gibt uns nur die Wahrscheinlichkeit, ein Teilchen zur Zeit t in einem Intervall zwischen x und $x + dx$ zu finden (Abb. 4.4). Zur einem späteren Zeitpunkt $t' > t$ erhält man eine analoge Information bezüglich der Orte x' und $x' + dx$. Es wird aber keine Aussage gemacht, wie es von x nach x' kommt, wir bekommen kein mikroskopisches Bild des Geschehens. Aber wir wissen aufgrund der Unbestimmtheitsrelation, dass es sich nicht entlang von Trajektorien bewegt (Abschn. 5.2.3). Die Orte und Impulse sind unbestimmt. Man kann sich also nur aufgrund des Formalismus noch kein **Bild des mikroskopischen Geschehens machen.** Hier kommen die einfachen Bilder ins Spiel, die wir in Abschn. 6.2.1 vorgestellt haben. Das Bild der **Materiewelle** der **Potentialität** und des **quanten-klassischen Ensembles** (QK-Ensemble) scheinen eine klassische Anschauung des Geschehens zu ermöglichen, das **Vektormodell des Drehimpulses** ist ebenfalls ein solches Bild. So gibt das Bild der Materiewellen die Vorstellung, dass sich bei der Ausbreitung von Teilchen eine gaußförmige Materieverschmierung ausbreitet, so wie ein Wassertropfen durch die Luft fliegt. Wie der Physiker J. Clauser [22] ausführt, scheinen solch bildliche Vorstellungen für einen Teil der Wissenschaftler wichtig zu sein, der Formalismus bleibt sonst zu abstrakt. Wir wollen die genannten vier Bilder **Interpretationsmodelle** nennen, da wir sehen werden, dass sie immer nur Aspekte der Quantenmechanik visualisieren können, dies auf eine klassische Weise tun und daher klare Grenzen haben. In Abschn. 4.2.4 und 12.1.2 haben wir gesehen, dass die Quantenmechanik nur Aussagen bezüglich zu erwartender Messergebnisse macht, und wir haben die Beispiele in Abschn. 12.3 entsprechend diskutiert. Die Interpretationsmodelle erlauben nun eine Rede über die Objekte selbst, ohne die wir in Forschung und Lehre kaum auszukommen scheinen. Wie kann man das verstehen?

13.1.1 Wellenpakete

In Abschn. 3.3 haben wir gefragt, inwieweit Photonen Wellenpakete **sind,** bzw. durch sie dargestellt werden. Dieselbe Frage tritt nun in Bezug auf Teilchen, z. B. Elektronen, auf. In Abschn. 12.3.1 haben wir die mathematische Beschreibung des Wel-

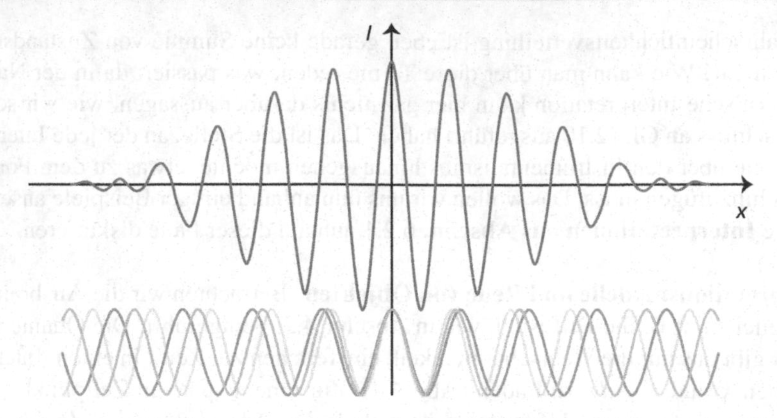

Abb. 13.1 Das Wellenpaket Ψ (oben) ist durch eine Superposition ebener Wellen Φ_n dargestellt

lenpakets vorgestellt, die Φ_n aus Gl. 13.1 sind dabei ebene Wellen.[3] Schauen wir uns nun einige Interpretationen an. Diese sprechen über die Teilchen selbst, ohne Bezug auf Messung, und geben der Unbestimmtheit eine Anschauung, die sich in klassischen Begriffen ausdrückt.

Schrödinger'sche Materiewelle Die Vorstellung einer Massenverteilung (Abschn. 6.2.1), die sich über die Ausdehnung des Wellenpakets in Abb. 13.1 erstreckt, hat zunächst einige Vorteile:

- Man kann sich ein Quantenteilchen wie eine Wasserwelle vorstellen, es gibt also eine direkte Anschauung. Auch ergibt es Sinn zu sagen, ein Quantenteilchen **sei** ein Wellenpaket, denn das Wellenpaket beschreibt direkt die ‚Form des Teilchens'. Wenn wir über **Delokalisierung** in der Quantenmechanik reden, also über die Ausdehnung der Zustände über einen Raumbereich, bedeutet das in diesem Bild, dass die Masse des Teilchens über den entsprechenden Raumbereich verteilt ist. Die Ortsunbestimmtheit Δx ist also direkt mit einer Massenverteilung verbunden.
- Die Schrödinger-Gleichung beschreibt eine **deterministische Ausbreitung** des Wellenpakets: Wenn man den Anfangszustand kennt, kann man auch die Form des Wellenpakets zu späteren Zeiten eindeutig berechnen. Mit der Interpretation der Wellenfunkton als Materiewelle erhält man also **deterministische Aussagen über einzelne Teilchen.**
- In Kap. 20 werden wir die zeitliche Entwicklung des Wellenpakets betrachten. Dort werden wir sehen, dass der Ortserwartungswert $\langle x\rangle(t)$ sich mit konstanter Geschwindigkeit ausbreitet, er bewegt sich mit dem Maximum des Wellenpakets in Abb. 12.4. Auch könnte man versucht sein, $\langle p\rangle(t)$ als Impuls des Wellenpakets aufzufassen, und damit **Erwartungswerte** generell **einem Teilchen zuzuordnen.**

[3] Bitte beachten Sie, dass wir anstatt der Summe in Gl. 13.1 eigentlich ein Fourier-Integral Gl. 12.17 verwenden müssen. Zur Vereinfachung der Diskussion behandeln wir diese Fälle analog.

Wir sehen, warum diese Interpretation zunächst sehr attraktiv ist, sie erlaubt Pfeile in Abb. 6.1 von zentralen Theoriegrößen wie Wellenfunktion und Erwartungswerten zu den **einzelnen** Quantenobjekten. Die Vorstellung einer Materiewelle bedeutet also, dass sich der Determinismus für ein einzelnes Teilchen aufrechterhalten lässt, die zeitliche Entwicklung der Wellenfunktion durch die Schrödinger-Gleichung entspricht direkt einer Bewegung der Quantenteilchen. Und er macht Interferenz und Unbestimmtheit/Delokalisierung direkt anschaulich.

Schade also, dass **diese Interpretation inadäquat ist,** sie scheitert an vielen Phänomenen: (i) Die Einschläge auf dem Schirm hinter dem Doppelspalt sind lokalisiert, aber (ii) die Dispersion des Wellenpaktes (Kap. 4 und 20) würde zu einer rapiden Verbreiterung der Teilchen führen. (iii) Wellenpakete können sich teilen, z. B. an einem Strahlteiler: Es ergibt keinen Sinn zu sagen, ein Teilchen teile sich, denn das widerspräche den empirischen Befunden. (iv) Andere Beispiele, wie das Kastenpotenzial (Abschn. 12.3.2), zeigen, dass eine Identifikation von Erwartungswerten mit einzelnen Teilchen wenig sinnvoll ist etc.

Zudem erlaubt das Bild nicht wirklich einen umfassenden Zugriff auf die Quantenphänomene, es ist einzig auf die Beschreibung räumlicher Delokalisierung beschränkt. Zur Beschreibung anderer Superpositionen, wie z. B. der Impulseigenzustände im Kasten, taugt es weniger. Unten werden wir das Beispiel von Schrödingers Katze (Abschn. 13.1.4) diskutieren: Zu sagen, sie sei über die Zustände ‚tot' und ‚lebendig' verschmiert, scheint nicht hilfreich. Analoges gilt für Superpositionen von Drehimpulszuständen (Kap. 20).

‚Überall gleichzeitig' Dies soll Heisenbergs Vorschlag bezeichnen, dass die Teilchen die (innere) Möglichkeit haben, alle Zustände gleichzeitig einzunehmen. Wir haben hier eine Einteilchen-Interpretation, die sich klar auf Punktteilchen bezieht, im Gegensatz zur Materiewelle. Aber was bedeuten die Beiträge der Zustände in der Superposition Gl. 13.1 nun genau? Kann man das durch diesen Vorschlag besser verstehen?

- Heute findet man oft die Formulierung, dass das Teilchen in allen Zuständen der Superposition Gl. 13.1 **gleichzeitig ist,** und es die Eigenschaften damit **gleichzeitig hat.** Auf den Doppelspaltversuch angewendet heißt das dann, dass das Teilchen durch beide Spalte gleichzeitig geht. Analog würde man beim Wellenpaket dann sagen müssen, dass das Teilchen alle Impulse gleichzeitig **hat,** und an allen Orten, die das Wellenpaket überdeckt, gleichzeitig ist. Was passiert bei dieser Interpretation?
  Offensichtlich werden hier Gl. 13.1 und 13.2 parallel und in gleicher Weise interpretiert. Zu sagen ein Teilchen sei gleichzeitig in allen Zuständen von Gl. 13.1 ist das eine, aber zu sagen, das Teilchen **habe** nach Gl. 13.2 alle Eigenwerte gleichzeitig, ist offensichtlich Unsinn und verkennt den statistischen Charakter von Gl. 13.2, auf den sich alle – und wirklich alle – Quantenforscher geeinigt haben. Diese Gleichung verbindet die Eigenschaften O_n nicht mit einem ‚und', z. B. in der Art das Teilchen habe Eigenschaft O_1 **und** Eigenschaft O_2 **und** …, sondern mit einem ‚oder'. Wir interpretieren Gl. 13.2 nie in der Weise, dass ein

Teilchen alle diese Werte hat, diese Werte beziehen sich auf viele Einzelmessungen an einem Ensemble, wie in Abb. 12.2 verdeutlicht. Zu sagen, das Teilchen **sei** nach Gl. 13.1 in allen Φ_n gleichzeitig aber impliziert dies: Denn wenn es in allen Zuständen Φ_n gleichzeitig **ist,** so hat es in diesen Zuständen jeweils die Eigenwerte O_n.

- **Potenzialität** Nun ist dies auch nicht das, was Heisenberg vorschlägt (Abschn. 6.2), er redet von Potenzialität, der Möglichkeit oder Tendenz, jede dieser Eigenschaften haben zu können. Das ist auch richtig so, wenn man den Impuls misst, wird man einen der Impulswerte finden und nicht alle oder eine Mischung aller als Mittelwert.[4] Aber worauf bezieht sich die Potenzialität? Dargestellt als Wellenpaket, ist das Teilchen in diesem Moment ‚potenziell' in dem Zustand Φ_n? Aber das wäre ja ein unendlich ausgedehnter Zustand, wo wir doch wissen, dass das Wellenpaket lokalisiert ist. Also bezieht sich die Potenzialität darauf, was man messen wird, und gar nicht darauf, was das Teilchen ‚gerade ist'. Dann ist aber nichts gewonnen, denn die Beschreibung des Ausgangs eines klassisch statistischen Experiments ist eh kein Problem. Zudem deckt diese Rede von Tendenzen aber nur einen Aspekt der Superposition ab: Nämlich das Spektrum dessen zu bezeichnen, was man bei einer Messung feststellen kann. Man wird einen der Impulse finden. Aber wie genau realisiert das Teilchen diesen einen Impuls, was passiert bei einer Messung, wie genau wird das Mögliche real? Wie kommt es aus der Superposition in den Zustand der ebenen Welle? Die zentrale Frage, die bei der Diskussion des Messprozesses in Kap. 20 aufgeworfen wird, wird hier nur in einen Begriff eingekleidet.[5] Entscheidend ist die räumliche Lokalisierung des Wellenpakets Ψ, wodurch es sich von jedem ‚potenziellen' Zustand Φ_n, welcher eine ebene Welle ist, unterscheidet. Durch die Überlagerung von ebenen Wellen entsteht eine neue Qualität, nämlich die Lokalisierung. Die Rede von der Potentialität erfasst nur den Aspekt, dass bei Messung ein bestimmter Impuls gefunden werden kann, nicht aber, dass durch die Überlagerung von ebenen Wellen ein Zustand entsteht, der sich durch die Lokalisierung wesentlich von den ebenen Wellen unterscheidet.

Die Umdeutung von Potenzialität zu Aktualität führt zu keiner sinnvollen Rede über die Quantenteilchen, die Rede von ‚überall gleichzeitig' ist sinnlos. Das Konzept der Potenzialität aber beschreibt die Situation nicht angemessen, es greift zu kurz.

Ensembleinterpretation Das Wellenpaket erinnert sehr an die Diffusion in Abschn. 2.4. Hier haben wie eine gaußförmige Verteilung $c(x, t)$ der Teilchen, d. h., die Anzahl der Teilchen pro Volumenelement zur Zeit t, betrachtet, was sehr an das

[4] Sie haben durchaus das Potenzial, in der PC-Klausur eine 1.0 zu schreiben. Es ist aber auch möglich, dass es nur eine 2 oder 3 wird.

[5] Wir hatten diese Rede von Tendenzen oder Disposition schon in Abschn. 6.2.1 bei der Diskussion des Welle-Teilchen-Dualismus als Scheinerklärung charakterisiert, als Rad, das nichts dreht. Es scheint, man hat durch diese begriffliche Charakterisierung etwas erklärt, dabei hat man das zu Erklärende einfach als Eigenschaft in das Objekt selbst eingebaut.

Wellenpaket erinnert. Diese Vorstellung wurde schon in Abschn. 6.2.1 bei der Vorstellung des **QK-Ensembles** diskutiert. Wir sehen aber nun anhand von Gl. 13.3, was ein QK-Ensemble impliziert, nämlich das Verschwinden der Interferenzterme. Nur dann kann man $|\Psi|^2$ als klassische Wahrscheinlichkeitsverteilung ansehen, analog zu $c(x, t)$. Wenn aber nach Gl. 13.4 ein Teilchen **entweder** im Zustand Φ_1 **oder** in Φ_2 **oder** ... ist, dann wissen wir eines genau: Der Zustand ist eine ebene Welle und als solcher nicht im Bereich des Wellenpakets lokalisiert. Die Interferenzterme sind also nicht irgendein schwer interpretierbares Pillepalle, sondern zentral für den Zustand. Wäre der Zustand durch ein QK-Ensemble gegeben, dann hätte man Teilchen, deren Zustände durch ebene Wellen beschrieben werden. Und diese Zustände sind ausgedehnt, d. h., die Wahrscheinlichkeit, ein Teilchen an bestimmten Orten zu finden, ist nicht auf den Bereich des Wellenpakets beschränkt. Das QK-Ensemble in Form von Gl. 13.4 gibt also nicht den korrekten physikalischen Zustand wieder. Das ist das wesentliche Element des **Q-Ensembles** (Abschn. 6.2.1): Das Auftreten der Interferenzterme, die eine Lokalisierung herbeiführen, aber eine **Ignoranzinterpretation** verhindern. Das **PVE** gilt nicht, ein Wellenpaket ist also kein klassisches Ensemble von Teilchen. Dies ist genau die Stelle, an der die Quantenmechanik nicht ohne Bezug auf ein Experiment zu formulieren ist, wie in Abschn. 4.2.4 festgestellt, was wir da aber noch nicht so richtig fassen konnten.

Instrumentalismus Es sieht also so aus, als könnte man den Interferenztermen gar keine physikalische Bedeutung geben. Die Born'sche Interpretation enthält sich jeder Aussage, da sie nur den Quadraten der Wellenfunktion eine Bedeutung zuweist, nicht aber den Interferenztermen (Abschn. 12.1.2). Daher bildet das Wellenpaket nichts in der Natur ab, ein Elektron **ist** kein Wellenpaket. Die Darstellung des Wellenpakets in Abb. 13.1 ist nur eine Darstellung der Verteilung der zu erwartenden Messwerte, wie schon in Abschn. 12.3.1 angemerkt. Die Gauß-Kurve in Abb. 12.4a gibt die zu erwartende Verteilung der Messwerte des Impulses wieder, die Gauß-Kurve in Abb. 12.4b entsprechend die Verteilung der Messwerte des Ortes.

Neue, quantenmechanische Konzepte und Begriffe Wir sehen nun, wie mit Hilfe der **Interpretationsmodelle** versucht wird, der Unbestimmtheit eine klassische Anschauung zu geben:

> Beim Modell der Materiewelle ist die Unbestimmtheit der Eigenschaften einzelner Teilchen durch eine ‚Verschmierung' über den Bereich der Ortsunbestimmtheit veranschaulicht. Im QK-Ensemble gibt es keine Unbestimmtheit für die einzelnen Teilchen, hier wird diese durch die Verteilung der Orte und Impulse im Ensemble anschaulich gemacht.

Ein Phänomen unter einen Begriff zu fassen kann ein Verständnis eines Phänomens befördern: ‚Aha, so ist das, ich kann es auf die selbe Weise begreifen wie die anderen

Phänomene, die durch diesen Begriff charakterisiert werden'. In der Quantenmechanik werden neue Konzepte etabliert, diese zu verstehen und in der Anwendung zu beherrschen, ist das Ziel des Lernprozesses. Zwei wichtige Begriffe sind **Delokalisierung** und **Superposition.** Diese bezeichnen Quantenphänomene die so in der klassischen Welt nicht auftauchen. Daher kann man erwarten, dass die Phänomene durch Konzepte gefasst werden müssen, die kein klassisches Pendant haben:

Eine **Superposition** bezeichnet einen Zustand, der aus einer quantenmechanischen Überlagerung hervorgeht. Die **Delokalisierung** beschreibt eine Superposition von Orts-Wellenfunktionen, mit der eine **Ortsunbestimmtheit** einhergeht.

Die klassischen Begriffe der Massenverschmierung oder Potenzialität werden diesen Phänomenen nicht gerecht, daher wurden für sie neue Fachbegriffe eingeführt. Delokalisierung beschreibt gerade nicht eine klassische statistische Verteilung. Delokalisierung als quantenmechanischer Fachbegriff bezieht sich immer auf das Auftauchen von Interferenztermen, also auf die Situation Gl. 13.3. Delokalisierte Elektronen, beispielsweise in Molekülen, sind in solchen Zuständen, die als Superpositionen beschrieben werden.

Mit diesen neuen Begriffen können wir die Phänomene konzeptionell fassen, sie geben uns aber kein Bild der Welt, sie geben keine Interpretation der Interferenzterme. Sie sagen nicht, was die Teilchen machen, wenn sie durch eine Superposition beschrieben werden. An dieser Stelle können wir zu Abschn. 6.4 zurückblättern: Offensichtlich ist uns mit Superpositionen eine mathematische Beschreibung geglückt, die sehr erfolgreich ist. Aber wir erhalten keine Erklärung der Vorgänge, kein Bild des Mikrokosmos.

13.1.2 Kastenpotenzial

Born'sche Wahrscheinlichkeitsinterpretation

- Das in Abschn. 12.3.2 ausgeführte Beispiel zeigt sehr schön, dass man die Erwartungswerte auf keinen Fall einem Teilchen zuordnen kann: Sie beziehen sich ganz klar auf die Statistik der Werte, die man durch eine Messung feststellt. Daher werden die $\langle \hat{A} \rangle$ in der Quantenmechanik auch **Erwartungswerte** genannt, sie beziehen sich auf die bei einer Messung ‚erwartbaren Werte'. Sie haben damit eine andere Bedeutung als die **Mittelwerte** der kinetischen Gastheorie, die sich auf die mittleren Geschwindigkeiten der Teilchen auch ohne Bezug auf die Messung ergeben.
- Über das Teilchen im Kasten selber kann man gar nichts aussagen, das Beispiel zeigt, dass man dem Teilchen keinen Impuls zuordnen kann. Es ist gerade in

keinem der ebenen Wellen-Zustände, denn sonst hätte es entweder den Impuls $+p$ oder $-p$, was aber nicht sein kann. Es fliegt aber auch nicht hin und her, wie ein klassisches Teilchen das tun würde, dann hätte es abwechselnd $+p$ und $-p$. Aber in diesem Fall würde sich sein Ort ändern, $\langle x \rangle$ wäre zeitabhängig, was es offensichtlich nicht ist. Es hat aber auch nicht den Impuls $p = 0$, denn das ist der Erwartungswert für viele Messungen, es macht keinen Sinn, diesen auf ein einzelnes Teilchen zu beziehen.[6] Bei einer Messung würde man nie den Impuls $p = 0$ feststellen, zudem ist dies auch nicht der Eigenwert des Impulsoperators für die Kastenzustände Φ_n, da diese keine Impulseigenzustände sind. Für die Drehimpulse in Abschn. 12.3 haben wir eine analoge Analyse durchgeführt.

Diese Beispiele zeigen sehr schön, warum sich die Wahrscheinlichkeitsinterpretation auf die Messwerte bezieht, d. h., die Pfeile in Abb. 6.1 weisen auf Messapparate, und nicht auf Teilcheneigenschaften, wie zum Thema **Instrumentalismus** in Abschn. 6.2.1 ausgeführt. Die mathematische Sprache der Quantenmechanik erlaubt es in keiner erdenklichen Weise, den Zustand, d. h. die Interferenzterme, so zu interpretieren, dass dieser eine Eigenschaft des Quantenteilchens verständlich macht. Aber ganz klar ist, dass die Erwartungswerte angeben, was man messen kann.

Einteilcheninterpretation Und das markiert das zentrale Problem der Einteilcheninterpretationen: Man kann nicht über das mikrophysikalische Geschehen reden, es gibt keine Beschreibung dessen, was da vor sich geht. Das ist die Brisanz des Umstands, dass die Zustände Φ_n keine Impulseigenzustände sind. Wie beim Wellenpaket ergibt es keinen Sinn, die Superposition so zu interpretieren, dass das Teilchen **gleichzeitig** in beiden Impulseigenzuständen ist, sich nach rechts und links gleichzeitig bewegt. Wenn wir das so sagen würden, dann müssten wir auch sagen, dass es die beiden Eigenwerte $+p$ und $-p$ gleichzeitig hat. Aber niemand würde einen Mittelwert in Gl. 13.2 für $\langle p \rangle$ je so interpretieren, dass beide Werte im Objekt gleichzeitig vorliegen, es ist schlicht ein Mittelwert über Messwerte. Die Herausforderung für eine Einteilcheninterpretation ist also zu sagen, wie man die Erwartungswerte auf einzelne Teilchen beziehen kann. Diese haben offensichtlich eine statistische Bedeutung.

Ensembleinterpretation Die Interpretation als **QK-Ensemble** (Abschn. 6.2.1) scheint hier eine Lösung zu bringen.[7]

- In dieser Interpretation ist die zunächst naheliegende Redeweise zu sagen, das Ensemble besteht aus N Teilchen, die sich zu 50 % nach rechts und zu 50 %

[6]Die Maxwell-Verteilung bedeutet ja auch nicht, dass **ein** Teilchen die **mittlere** Geschwindigkeit $\langle v \rangle$ hat.

[7]Ein Ensemble besteht aus einer Anzahl N gleichpräparierter Teilchen. Im Kastenbeispiel besteht ein Ensemble aus N Kästen, in denen sich jeweils 1 Teilchen befindet. In der Näherung des idealen Gases, wie in Kap. 14 eingeführt, kann man sich auch N Teilchen in einem Kastenpotenzial vorstellen, da diese nicht untereinander wechselwirken.

nach links bewegen. Dies würde man analog so für ein klassisches Ensemble behaupten. Wir sehen hier die Rolle des **PVE,** man nimmt an, dass die Teilchen bestimmte Eigenschaften **haben,** die **Wahrscheinlichkeiten** reflektieren unser **Unwissen.**

- Eine solche Situation ist aber nur durch Gl. 13.4 repräsentiert, hier sind die Teilchen in den zwei Zuständen Φ_n, mit den relativen Häufigkeiten Np_n. Nur dann können die p_n als Maß unseres Wissens über die Teilchen gesehen werden.

Uninterpretierbarkeit der Interferenzterme Nun ist aber der Zustand im Kasten durch die Wahrscheinlichkeitsdichte 13.3 repräsentiert, es treten eben gerade die Interferenzterme auf. An dieser Stelle müssen wir zu Gl. 12.10 zurückblättern, denn die daran anschließende Diskussion trifft auch die Ensembleinterpretation: In Gl. 13.3 treten Terme mit p_n auf, aber auch die Terme $a_n a_m$. Letztere können wir nicht als Wahrscheinlichkeiten interpretieren, d. h., sobald diese Terme auftreten, können wir die p_n gerade nicht als relative Häufigkeiten in einem **realistischen Sinn** interpretieren, d. h., dass sich diese Wahrscheinlichkeiten auf die Eigenschaften der Teilchen selbst beziehen. Die obige Aussage, dass sich 50 % der Teilchen nach rechts und 50 % nach links bewegen, ist falsch. Das ist genau der Kern des **Q-Ensemble** (Abschn. 6.2.1). Das Q-Ensemble kann also keine Aussagen über die Teilchen selbst machen, sondern nur darüber, welche Verteilung der Eigenschaften bei einer Messung festgestellt wird.

Für das Q-Ensemble gilt das PVE nicht, es ist keine Ignoranzinterpretation möglich. Die Ensembletheorie hilft uns also in Bezug auf eine realistische Ausdeutung der Quantenmechanik nicht viel weiter. Was ist dann ihr Vorteil? Nun, vielleicht die konzeptionelle Klarheit, dass sich die Wellenfunktion auf ein Ensemble bezieht, was uns von vornherein davor bewahrt, Erwartungswerte wie $\langle p \rangle$ als Eigenschaften einzelner Teilchen zu interpretieren.

Unwissen und Unbestimmtheit Und nun sind wir in der Lage, klassisches **Unwissen,** was sich durch eine statistische Beschreibung ausdrückt, von der quantenmechanischen **Unbestimmtheit,** besser zu unterscheiden. Die Wahrscheinlichkeiten p_n drücken aus, dass ein System in einem der Zustände Φ_n ist, und wir es eben nicht so genau **wissen.** So ist in der kinetischen Gastheorie das Fehlen der genauen Kenntnis der Geschwindigkeiten als fehlendes Wissen interpretierbar (Abschn. 5.2.2). Dieses Unwissen gibt es auch in der Quantenmechanik, man kann Ensemble präparieren, die genau durch dieses Unwissen charakterisiert sind. Dies werden wir bei der Diskussion des Doppelspaltversuchs anhand von ‚Versuch 1' im nächsten Abschnitt sehen. Es gibt also Situationen, die durch QK-Ensemble beschrieben werden. In der Quantenmechanik kommt aber zu diesem klassischen Unwissen noch etwas hinzu, was sich durch die Interferenzterme in dem Q-Ensemble ausdrückt. Und diese Terme bringen eine Unbestimmtheit in das Geschehen, die über das klassische Unwissen hinaus geht. Die Superposition Gl. 13.1 beschreibt nicht unsere **Unkenntnis,** sondern eine fundamentale **Unbestimmtheit.**

Und diese Unbestimmtheit interpretieren wir weder als Ignoranz, noch so dass das Teilchen alle Eigenschaften gleichzeitig hat. Dies ist also die zweite Konsequenz der

Superposition: Sie verhindert grundsätzlich die genaue Kenntnis der entsprechenden Eigenschaft. Und es ist nicht möglich, sinnvoll über das zu reden, was das Teilchen gerade macht, unabhängig von einer Messung! Offensichtlich führen die Interferenzterme in der Quantenmechanik dazu, dass man hier keine Aussage machen kann. Dieser Teil der mathematischen Sprache ist nicht in der uns gewohnten Weise interpretierbar. Daher wird ein neuer technischer Term eingeführt:

Unbestimmtheit ‚Unbestimmt' heißt **mathematisch,** dass hier kein definiter Wert einer Observablen vorliegt, und es bedeutet für die Interpretation, dass man sich überhaupt kein Bild des Geschehens machen kann. Das PVE ist nicht anwendbar, die Erwartungswerte beziehen sich auf Messwerte, und nicht auf die in Quantenobjekten vorliegenden Eigenschaften.

Wir haben hier eine zunächst paradoxe Situation: Wir führen eine Redeweise ein, die es uns nicht erlaubt, über bestimmte Eigenschaften in konkreter Weise zu reden. Die Rede über einen Impuls des Teilchens im Kasten scheint keinen Sinn zu ergeben. Mit dieser Redeweise, der Rede von Unbestimmtheit, halten wir die Eigenschaft ‚Impuls' in einer Schwebe. Gibt es eine **physikalische Interpretation** von ‚unbestimmt'? Das untersuchen wir in Abschn. 13.3.

13.1.3 Superpositionen im Doppelspalt

Am Doppelspalt lässt sich sehr gut der Unterschied zwischen den Formeln Gl. 13.3 und Gl. 13.4 zeigen. Damit lässt sich zeigen, wie QK- und Q-Ensemble präparierbar sind und dass die Interferenzterme einen **physikalischen Unterschied** machen, den man in der Verteilung der Teilchen sieht. Dabei wird nochmals deutlich, dass sich der Unterschied zwischen der **klassischen Unkenntnis,** die sich mit der **Ignoranzinterpretation der Wahrscheinlichkeiten** verbindet, und der **quantenmechanischen Unbestimmtheit** genau an den Interferenztermen festmacht. Wir betrachten den Doppelspaltversuch, wie in Abb. 13.2 dargestellt. Die Teilchen sind, wie in Abschn. 5.2.1 (Abb. 5.2) präpariert, der Versuch kann mit Photonen, Elektronen, Atomen, aber auch mit Molekülen mit mehr als etwa 2000 Atomen durchgeführt werden [16].

Wege Wenn Spalt 2 geschlossen ist, können die Teilchen nur durch Spalt 1 laufen: Dies ist ein weiterer Präparationsschritt, und die Wellenfunktion sei durch Φ_1 bezeichnet, analog erhalten wir für Spalt 2 die Wellenfunktion Φ_2. In diesem Fall kennen wir den Weg der Teilchen, man kann also sagen, die Φ_n sind Eigenfunktionen

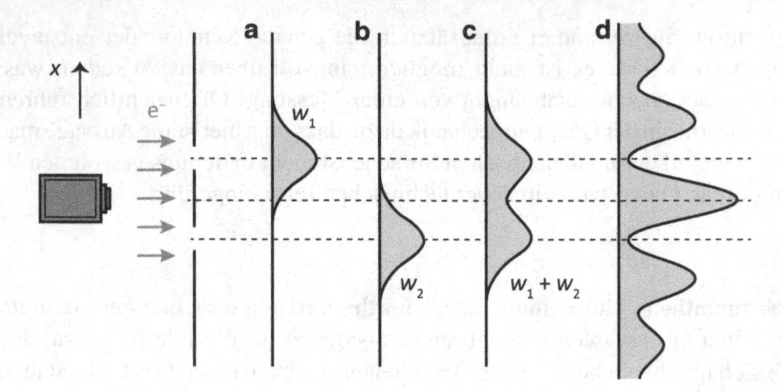

Abb. 13.2 Beugung an zwei Einzelspalten und Interferenz am Doppelspalt. (a) Nur Spalt 1 offen, (b) nur Spalt 2 offen, (c) abwechselnd Spalt 1 oder Spalt 2 offen, aber nie gleichzeitig, (d) beide Spalte gleichzeitig offen

(in gewisser Weise) der Eigenschaft ‚Weg'.[8] Es gibt zwei Wege, Weg_1 und Weg_2. Nun betrachten wir zwei Versuche:

- **Versuch 1** Wenn jeweils einer der Spalte geschlossen ist, ist die Wellenfunktion durch das entsprechende Φ_n gegeben. Durch einen automatischen Zufallsmechanismus soll nun wechselseitig immer ein Spalt geschlossen sein, sodass wir nicht wissen, wann welcher Spalt geöffnet ist. Durch diesen Aufbau der Apparatur wissen wir aber, dass die Teilchen immer nur durch einen bestimmten Spalt gegangen sind. Wir wissen aber nicht durch welchen. Man erhält die Häufigkeitsverteilung in Abb. 13.2c.
- **Versuch 2** Wenn beide Spalte geöffnet sind, passiert die Wellenfunktion beide Spalte, und am Schirm entsteht das entsprechende Interferenzmuster, die Wellenfunktion ist nun durch

$$\Psi = \sum_{n=1}^{2} a_n \Phi_n, \tag{13.5}$$

gegeben. Wir schreiben die Wellenfunktion also als **Superposition** der Wellenfunktionen der Einzelspalte. Offensichtlich hat man hier nun eine Superposition diametraler Eigenschaften. Beim Kastenpotenzial sind diese Eigenschaften entgegengesetzte Impulse, hier nun unterschiedliche Orte bzw. Spaltdurchgänge.

Beschreibung des Versuchs Nun reden wir zunächst nur über die Wellenfunktion, nicht über die Teilchen: Wie in Kap. 6 ausgeführt, **ist** das Teilchen nicht gleich der Wellenfunktion, sondern das Quadrat der Wellenfunktion gibt eine Wahrscheinlichkeit an, Teilcheneigenschaften vorzufinden. Die zeitliche und räumliche

[8] Wir definieren hier keinen Operator für die Eigenschaft Weg, aber wir können mit den entsprechenden Wellenfunktionen diese Eigenschaften assoziieren.

Ausbreitung der Wellenfunktion wird durch die Schrödinger-Gleichung beschrieben. Damit passiert die Wellenfunktion, wenn man z. B. eine grafische Darstellung ihrer zeitlichen Entwicklung betrachten würde, zunächst die Doppelspaltapparatur und erreicht danach den Schirm. Dort bildet sich dann das entsprechende Intensitätsmuster (Abb. 13.2). Diese Ausbreitung unterscheidet sich im Prinzip nicht von der, die man bei Wasserwellen beobachten würde. Dabei haben wir nicht von Teilchen geredet, denn der Formalismus selbst enthält an keiner Stelle ein Element, das die Rede von Teilchen erlauben würde, d. h., erlauben würde zu sagen, was die Teilchen genau machen. Dies ist analog der Situation bei der Maxwell-Verteilung oder der Konzentration $c(x, t)$ bei der Diffusion. Die Wellenfunktion ist eine kontinuierliche Funktion, ebenso wie $c(x, t)$. In beiden Fällen erhält man Information über Teilchenorte nur durch die statistische Interpretation.[9]

Was wissen wir über die Teilchen? Man kann den Versuch so durchführen, dass sehr viele Teilchen gleichzeitig die Apparatur durchlaufen oder aber den Teilchenstrahl so ausdünnen, dass immer nur ein Teilchen in der Apparatur ist. In beiden Fällen erhält man das gleiche Interferenzmuster. In der Apparatur aber sehen wir die Teilchen nicht und sehen auch nicht, durch welchen Spalt sie gehen. Und $\Psi(x, t)$ als kontinuierliche Funktion enthält diese Information auch nicht, sie sagt nur etwas über eine Verteilung der Teilchen, gibt aber keine genaue Aussage über ein bestimmtes Teilchen.

Wir können nur über Teilcheneigenschaften reden, sofern sie durch Operatoren $\hat{O}$ beschrieben werden oder durch das Quadrat der Wellenfunktion. In beiden Versuchen wissen wir daher nicht, durch welchen Spalt ein Elektron gelaufen ist, wir können aber jeweils eine Wahrscheinlichkeitsverteilung berechnen. Die beiden Wahrscheinlichkeitsverteilungen unterscheiden sich massiv:

- **Versuch 1:** Hier ist die Wahrscheinlichkeitsverteilung eine Überlagerung der Einzelspalte und durch Gl. 13.4 gegeben. Wir erhalten die Verteilung in Abb. 13.2c. **Wir wissen sicher,** dass jedes Teilchen durch einen der Spalte gegangen sein muss, wir wissen nur nicht, durch welchen. Für Gl. 13.4 können wir nun aber die **Ignoranzinterpretation** verwenden, die p_n sind die Wahrscheinlichkeiten, dass das Teilchen durch den entsprechenden Spalt gegangen ist. Auch gilt das **PVE:** Wir wissen sicher, dass es durch einen der Spalte gegangen ist. Hier geben die p_n unsere **Unwissenheit** über den genauen Spaltdurchgang wieder.
- **Versuch 2:** Nun ist die Wahrscheinlichkeitsverteilung durch Gl. 13.3 gegeben. Das Teilchen ist sicher durch die Spalte gegangen, aber wir haben durch die Apparatur nicht sichergestellt, dass es durch einen definierten Spalt gegangen ist.

[9] Siehe Abschn. 4.2.4: Dort haben wir das Auftauchen von Teilchen überspitzt als einen ‚statistischen Kniff' bezeichnet. Und wir müssen uns nicht festlegen, ob die Wellenfunktion real ist, oder nicht (ontologische vs. epistemische Interpretation). Wir beziehen uns nur auf die mathematische Darstellung.

Wenn ein Teilchen in einem Zustand Φ_n ist, so ist damit sichergestellt, dass es den Weg durch Spalt n genommen hat. Es hat also die Eigenschaft ‚Weg'. Wir haben das Teilchen entsprechend **präpariert**. Wenn ein Teilchen in Versuch 2 durch Ψ dargestellt wird, wurde es gerade nicht so präpariert, dass es durch einen bestimmten Spalt gegangen ist. Was können wir über den Weg aussagen?

Superposition Wir stellen also die Wellenfunktion durch eine Superposition der Eigenfunktionen des Weges Φ_n in Gl. 13.5 dar. Damit haben wir die analoge Situation wie beim Wellenpaket und Kastenpotenzial, und wir können die ganze dort durchgeführte Analyse hier einbringen.

Ensembleinterpretation: Ignoranz und PVE Können wir den Versuch nun im Sinne klassischer Ensembles deuten, d. h., dass die Teilchen eines Ensembles unterschiedliche Wege nehmen, wir diese nur nicht kennen? Offensichtlich haben wir zwei unterschiedliche Arten des Nicht-Wissens, wie die zwei Versuche zeigen:

- **Versuch 1:** Hier gilt Gl. 13.4, d. h., die Teilchen gehen durch einen der Spalte, wir wissen es nur nicht. Dies ist der Fall der klassischen Statistik, wir können eine Ignoranzinterpretation der p_n anwenden. Für das Ensemble kann man sagen, dass ein Teil durch Spalt 1 gegangen ist, ein anderer durch Spalt 2. Und ein einzelnes Teilchen ist dann durch einen der Spalte gegangen, wir wissen nur nicht welchen.
- **Versuch 2:** Zur Analyse greifen wir nun das auf, was wir bei der Diskussion des Wellenpakets und des Kastenpotenzials erarbeitet haben: Die Eigenschaft ‚Weg' kann nur vorliegen, wenn die ‚Eigenfunktion' Weg, d. h. Φ_n vorliegt, d. h. das System in einem dieser Zustände ist. In Φ_n oder Ψ zu sein, schließt sich aber gegenseitig aus, d. h., die Eigenschaft ‚Weg' kann gar nicht vorliegen.[10] Die Interferenzterme bewirken nun dass das Teilchen weder den Weg 1 noch den Weg 2 gegangen ist. Der Weg ist **unbestimmt,** und diese **quantenmechanische Unbestimmtheit** unterscheidet sich fundamental von dem klassischen **Unwissen.** Über die Wege der Teilchen ist aus **prinzipiellen Gründen** keine Aussage möglich. Das **klassische Unwissen** wird durch die **Wahrscheinlichkeiten** p_n repräsentiert, aber die **quantenmechanische Unbestimmtheit** resultiert aus den **Interferenztermen** $a_1 a_2$, die sich nicht realistisch interpretieren lassen.

Im ersten Fall also gilt das **PVE,** und man hat hier sogar ein **K-Ensemble** in Bezug auf den Weg, im zweiten nicht, man hat ein **Q-Ensemble.** Wir sehen, K-Ensemble haben in der Quantenmechanik durchaus ihren Platz, wenn die Ensemble entsprechend präpariert werden.

[10] So wie es beim Wellenpaket ausgeschlossen ist, dass das Teilchen nur in einem lokalisierten Raumbereich gefunden werden kann, wenn es durch eine ebene Welle beschrieben wird.

Die Annahme, dass ein Teilchen einen bestimmten Weg genommen hat, man diesen nur nicht kennt, ist nicht kompatibel mit der empirisch gefundenen Wahrscheinlichkeitsverteilung. D. h., das **Prinzip der vorliegenden Eigenschaften** (PVE) bzw. die **Ignoranzinterpretation** der Wahrscheinlichkeiten ist nicht kompatibel mit den Voraussagen der Quantenmechanik. Dies ist der Kern des **PBR-Theorems** (Kap. 6).

Das Auftreten der Interferenzterme unterscheidet die Quantenmechanik also fundamental von einer klassisch-statistischen Theorie wie z. B. der kinetischen Gastheorie. Dort kann man die p_n in Gl. 13.4 als Wahrscheinlichkeiten interpretieren, dass die Teilchen bestimmte Eigenschaften unabhängig von einer Messung haben. Für die Quantenmechanik, sobald Gl. 13.3 anzuwenden ist, gilt das nicht. D. h., das PVE und damit die Ignoranzinterpretation sind bei Superposition nicht anwendbar.

In der Quantenmechanik haben die K-Ensemble durchaus ihren Platz: In einem K-Ensemble wurde der **Weg präpariert,** ist aber **unbekannt,** in einem Q-Ensemble wurde der **Weg nicht präpariert,** er ist **unbestimmt.**

Einteilcheninterpretation Die Einteilcheninterpretation möchte die Born'sche Interpretation ergänzen, um über einzelne Teilchen reden zu können. Dazu muss sie die **Interferenzterme** $a_1 a_2 \Phi_1 \Phi_2$ auf ein einzelnes Teilchen beziehen, oft wird das so interpretiert, dass das Teilchen in beiden Zuständen ‚gleichzeitig' ist.

- **Materiewelle** Das geht natürlich mit der Vorstellung einer Materieverteilung über die Ausdehnung der Wellenfunktion. Dann geht eben Materie durch beide Spalte gleichzeitig. Aber dann wäre das Teilchen auch über den ganzen Schirm ‚verschmiert', was nicht zutrifft, es gibt immer diskrete Einschläge. Dies sieht man in Abb. 13.3, das die Häufigkeitsverteilung am Schirm nach Durchlaufen des Doppelspalts zeigt. Jedes Teilchen führt zu einem Einschlag, man findet keine Verschmierung der Materie über den Schirm.
- **Ist an allen Orten gleichzeitig** Manchmal werden die Interferenzterme so interpretiert, dass ein Elektron gleichzeitig durch beide Spalte gehe: Aber dann müsste man kurz vor der Ankunft am Schirm auch sagen, dass es an allen Punkten in Abb. 13.3 gleichzeitig sei. Am Schirm kommt aber nur ein Teilchen an, hier muss also die Gleichzeitigkeit in einen Punkt **kollabieren.** Und in der Tat wird von dem Kollaps der Wellenfunktion geredet, was wir in Kap. 20 und 21 ausführen werden.

Wie schon beim Kastenpotenzial diskutiert, macht die Rede davon, dass ein Teilchen in allen Zuständen gleichzeitig ist, als **realistische Deutung** keinen Sinn. Daher ist Heisenbergs subtilere Variante der Potenzialität eher anwendbar, demnach ist das Teilchen potenziell in beiden Spalten: Aber ermöglicht dies eine weitere Einsicht als gleich zu sagen, dass man es durch Messung in beiden Spalten finden kann? Eher

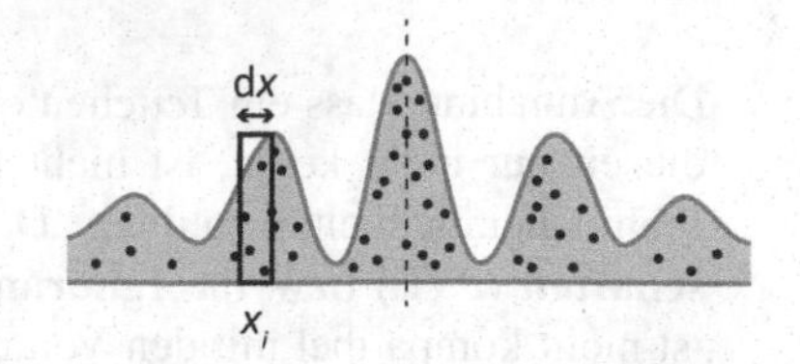

Abb. 13.3 Häufigkeitsverteilung am Schirm

nicht! Konzepte, die uns nicht weiterbringen und nur Verwirrung stiften, werden beiseite gelegt. Wenn wir einen sprachlichen Ausdruck für Gl. 13.2 benötigen, so sagen wir nicht ‚Potenzialität' oder ‚überall gleichzeitig', sondern wir verwenden die Konzepte der **Superposition** und **Delokalisierung** und **Unbestimmtheit.**

Warum scheint das so schwierig? Die **Einteilcheninterpretationen** tun sich deshalb so schwer mit dem Thema, weil sie die Wellenfunktion, die räumlich sehr ausgedehnt sein kann, auf ein einzelnes Teilchen beziehen möchten. In gewisser Weise haben wir es hier mit einem Geburtsfehler der Quantenmechanik zu tun: Man hat eine Wellenbeschreibung verwendet, um Interferenzeffekte beschreiben zu können, aber diese beziehen sich immer auf Verteilungen von Teilchen eines Ensembles: Es ist die Verteilung der Teilchen in Abb. 13.3, die ein Interferenzmuster zeigt, niemals aber ein einzelnes Teilchen. Wie dem auch sei, die Wellenbeschreibung ist notwendig kontinuierlich, d. h. räumlich ausgedehnt, und Wellen verteilen sich sehr rasch im ganzen Raum. Die Berücksichtigung von Wellenphänomenen erzwingt eine kontinuierliche Beschreibung, was zum Verlust der Detailkenntnis über das einzelne Quantenobjekt führt: Die Teilchen kommen erst ins Spiel durch eine Wahrscheinlichkeitsüberlegung, den ‚statistischen Kniff' in Abschn. 4.2.4. Der Schirm in Abb. 13.3 sei in Abschnitte der Länge dx unterteilt, jeder Abschnitt sei durch x_i gekennzeichnet. Wie in Abschn. 4.2.3 diskutiert, ist $p_i = |\Psi(x_i)|^2 \mathrm{d}x_i$ die Wahrscheinlichkeit, ein Teilchen in dem Segment x_i zu finden. Durch diesen Wahrscheinlichkeitstrick kollabiert die ausgedehnte Verteilung auf einen Punkt am Schirm, an dem das Teilchen sich befinden kann. Die Wellenfunktion beschreibt also keine Teilchen, sondern Wahrscheinlichkeitsamplituden. Sie handelt somit von ganz anderen ‚Dingen' als massebehafteten Körpern. Die Wellenfunktion ist über den ganzen Schirm **delokalisiert,** die Teilchenorte vor dem Auftreffen auf dem Schirm, was eine Messung darstellt, sind **unbestimmt.**

‚Wirkung' der Interferenzterme Beim Wellenpaket haben wir den Umstand verwendet, dass Gl. 13.3 und 13.4 diametrale Eigenschaften haben, dort war es Lokalisierung vs. Delokalisierung. Beim Doppelspalt ist der qualitative Unterschied durch das (Nicht-)Auftreten der Interferenzmuster angezeigt. Im Fall Gl. 13.3 wird an bestimmten Stellen am Schirm Wahrscheinlichkeit ausgelöscht, so wie beim Wellenpaket die Wahrscheinlichkeit außerhalb der von der Gauß-Funktion überdeckten Fläche ausgelöscht ist. In Kap. 21 wird dieser Aspekt der Superpositionen hervorgehoben, dass eine Superposition Ψ experimentell unterscheidbare Eigenschaften hat, die so in den Φ_n nicht vorliegen.

Die Interferenzterme gehen in ihrer Bedeutung aber über das Phänomen der Unbestimmtheit hinaus. Unbestimmtheit bezieht sich darauf, dass man Ψ nicht in Bezug auf die Funktionen Φ_n interpretieren kann.

Wir haben nun aber gesehen, dass Ψ sich physikalisch von den Φ_n unterscheidet: Der Zustand zeigt Eigenschaften, die so nicht aus den Φ_n erklärbar sind.

13.1.4 Schrödingers Katze

2000 Atome in eine Superposition zu bringen, wie im Jahr 2019 möglich [16], ist schon bemerkenswert, wir haben es hier definitiv mit Objekten zu tun, für die wir normalerweise die klassische Mechanik zur Beschreibung verwenden würden. Dies gilt sicher auch für Katzen: Das nun beschriebene Gedankenexperimente von Erwin Schrödinger sollte die Eigenart von Superpositionen illustrieren, wenn sie ins Makroskopische übertragen werden. Dieses Beispiel hat aber nicht nur einen historischen Wert, es verdeutlicht auch das Messproblem der Quantenmechanik (Kap. 20). Zudem wird es mehr und mehr möglich, Superpositionen von makroskopischen Zuständen, vor Allem in der Quantenoptik, experimentell zu realisieren. Diese werden dann Schrödinger-Katzen-Zustände genannt (‚Schrödinger cat state‘).[11] Das Gedankenexperiment geht wie folgt:

- Zeitpunkt t_0: Eine Katze befindet sich in einer abgeschlossenen Box mit einem radioaktiven Präparat, einem Geigerzähler und einer Flasche, die ein letales Gift (HCN) enthält (Abb. 13.4a).
- Wenn ein Atomkern zerfällt, registriert dies der Geigerzähler, die daran gekoppelte Apparatur zerschlägt die Flasche mit dem Gift, die Katze ist tot.
- Wir wissen aber nicht genau, wann ein Atomkern zerfällt, d. h., zu einem beliebigen Zeitpunkt $t > t_0$ wissen wir nicht, ob die Katze tot oder lebendig ist.

Klassische Sichtweise Ein radioaktives Präparat hat eine gewisse Halbwertszeit $t_{1/2}$: Nach dieser Zeit ist die Hälfte der Atome zerfallen. Modellieren wir dies mit der klassischen Statistik, so ist bei $t_{1/2}$ die Wahrscheinlichkeit, dass das Teilchen zerfallen ist, $p_{1/2} = 0.5$. Auf diese Wahrscheinlichkeiten wenden wir klassisch die **Ignoranzinterpretation** an, d. h., wir nehmen an, der Atomkern sei entweder zerfallen oder nicht-zerfallen, wir wissen es nicht. Wenn der Atomkern zerfallen ist, ist die Katze tot, wenn nicht, dann lebt sie. D. h., nach $t_{1/2}$ ist die Wahrscheinlichkeit, dass die Katze tot ist, $p_{1/2} = 0.5$. Im Prinzip wird dies durch Gl. 13.4 beschrieben, die Katze ist **entweder** tot **oder** lebendig mit den Wahrscheinlichkeiten p_n.

[11] Arbeiten dazu sind leicht im Internet zu finden.

Abb. 13.4 a Schrödingers Katze zur Zeit t_0. **b** Katze in Superposition von tot/lebendig, wie man es oft dargestellt sieht. Bitte beachten Sie, dass diese Darstellung irreführend ist, da sie eine klassische Überlagerung von tot und lebendig darstellt, aber eben keine quantenmechanische Superposition

Quantenmechanik Es gibt zwei Zustände des Präparats, unzerfallen Φ_u und zerfallen Φ_z. Zur Zeit t_0 sei das Präparat unzerfallen,

$$\Psi(t_0) = \Phi_u,$$

zu späteren Zeiten $t > t_0$ kann man die Wellenfunktion des Präparates als Superposition schreiben:

$$\Psi(t) = a_1(t)\Phi_u + a_2(t)\Phi_z.$$

Die Koeffizienten sind nun zeitabhängig, und mit der Zeit wird a_2 größer und a_1 entsprechend kleiner.[12]

Die Katze Jetzt wollen wir die Katze auch als quantenmechanisches Objekt betrachten. Eine Katze hat viele Eigenschaften, wir wollen uns hier in der Beschreibung auf zwei beschränken: Sie kann tot oder lebendig sein. Jedem dieser Zustände ordnen wir eine Wellenfunktion zu: Wenn sie tot ist, sei das Θ_t, wenn sie lebt, sei das Θ_l.

[12]Diese Entwicklung der Zustände ist analog z. B. zur Entwicklung der Zustände in der Spektroskopie, die durch die zeitabhängige Störungstheorie beschrieben (Abschn. 32.5.1) wird. Im Prinzip wird diese Dynamik einfach durch die Lösung der Schrödinger-Gleichung vorgegeben.

Der ganze Witz dieses Gedankenexperiments liegt nun darin, dass die Zustände der Katze durch die des Präparats eindeutig bestimmt sind. Ist das Präparat unzerfallen, lebt die Katze, ist das Präparat zerfallen, ist sie tot. Aber, es gibt eben auch den Zwischenzustand des Präparats, die Superposition, der sich nach den Regeln der Quantenmechanik direkt auf die Katze überträgt,[13]

$$\Psi(t) = a_1(t)\Theta_l + a_2(t)\Theta_t.$$

Damit ist der Zustand der Katze auch in einer Superposition, die völlig analog zu den bisherigen Beispielen ist. Wenn man $|\Psi|^2$ bildet, findet man wieder die bekannten **Interferenzterme** $\Theta_l\Theta_t$. Nach Obigem können wir nun keine Aussage über die Katze selbst machen, $|a_1(t)|^2$ ist also nicht die Wahrscheinlichkeit, dass die Katze zur Zeit t noch lebt, sondern nur, dass sie bei Messung dieser Eigenschaft als lebend festgestellt wird.

Grafische Darstellung Bei der Darstellung muss man etwas aufpassen: Wir haben ja nirgends eine Wellenfunktion der Katze berechnet, wie z. B. für das H-Atom, die man schön abbilden kann. Die Zustände bleiben abstrakt. In Abb. 13.4 wird also gar nicht der Zustand abgebildet, sondern die Eigenschaft der Katze, tot/lebendig zu sein, und zwar durch unterschiedliche Positionen der Katze. Identifizieren wir diese mit Eigenwerten eines tot/lebendig-Operators, $O_1 =$ ‚lebt' und $O_2 =$ ‚tot', so wird klar, dass offensichtlich die Eigenwerte und damit Gl. 13.2 dargestellt werden, und gar nicht der Zustand. Durch die verminderte Farbdichte wirkt das etwas gespenstisch. Aber die Eigenwerte sind ja nicht in einer Superposition, sondern der Zustand, und der hat definitionsgemäß gar keine physikalische Bedeutung, die grafisch darstellbar wäre. Die ganze Darstellung ist also wissenschaftlicher Unsinn.[14]

Ensembleinterpretation Das Beispiel ist analog zum Kastenpotenzial gestrickt: Dort hat man zwei sich ausschließende Eigenschaften, die Bewegungen in unterschiedliche Richtungen, die sich zu einer stationären Wellenfunktion überlagert haben. In einer Ensembleperspektive würde man eine Anzahl N von Boxen mit Katzen betrachten. Nach den vorigen Beispielen kann man die Superposition Gl. 13.1 nun nicht im Sinne eines QK-Ensembles interpretieren, also mit Gl. 13.4. Solange wir die Box nicht aufmachen und nachsehen, dürfen wir uns nicht vorstellen, die Katze sei entweder tot oder lebendig, das ist analog zum Teilchen im Kasten. Und hier darf man nicht sagen, nach Ablauf der Halbwertszeit lebt eine Hälfte der Katzen, die andere Hälfte ist tot. Die Quantenmechanik erlaubt keine Aussage über den Zustand der Katzen. Das zentrale Element des Q-Ensembles ist das Auftreten der Interferenzterme in Gl. 13.3, solange diese vorhanden sind, ist die Katze in keinem

[13]In Teil V (Kap. 29) werden wir erst die mathematischen Methoden entwickeln, die eine genaue Darstellung der Kopplung von zwei Systemen, dem radioaktiven Präparat und der Katze erlauben. Wir werden diese Wellenfunktion dort also nochmals aufgreifen.

[14]Rekapitulieren Sie an dieser Stelle nochmals das in Abschn. 13.1.1 zum Konzept ‚überall gleichzeitig' Gesagte.

tot/lebendig Eigenzustand und diese Eigenschaft liegt nicht vor. Ein wichtiges Element des Katzenbeispiels ist damit, klar zu Tage treten zu lassen, wie eigenartig diese Interferenzterme sind. Die Superposition erlaubt also keine Bestimmung eindeutiger Werte der Observablen (tot/lebendig) und wir sehen, dass auch die Berechnung des Erwartungswertes nicht weiterhilft, denn dieser ist ein Mittelwert über tot/lebendig. Und solch ein Mittelwert ist nicht interpretierbar. Wir können den Erwartungswert nicht einem Einzelsystem zuordnen, das ist analog zum Kastenbeispiel mit dem Erwartungswert $\langle p \rangle = 0$.

Messung Aber Gl. 13.2 sagt uns ganz genau, was wir messen werden, wenn wir alle N Boxen zur Zeit t öffnen und nachsehen. Das ist analog zur Messung des Teilchenimpulses im Kasten, wie in Abb. 12.6 dargestellt. Offensichtlich verschwinden nur beim Öffnen der Kästen die Interferenzterme, bei der Katze ist nur das Anschauen die Messung. Das wesentliche der **Born'schen Interpretation** ist der Verweis auf die Messung, dass Gl. 13.2 etwas über Messwerte aussagt, und nichts über die Quantenobjekte vor der Messung. In diesem Beispiel macht den Unterschied nur das Ansehen, und das führt zum Verschwinden der Interferenzterme. Eine Messung ist also nicht notwendig eine physikalische Störung des Systems, wie wir im nächsten Abschnitt ausführen werden.[15]

Einteilcheninterpretation Hier sieht man, dass die Vorstellungen einer Materiewelle nicht weit trägt: Was soll eine Verschmierung von tot und lebendig sein? Das die Katze potenziell tot und potenziell lebendig ist, hilft auch nicht richtig weiter: Wir haben ja zwei Arten von Unsicherheit, die klassische repräsentiert durch die p_n, und die quantenmechanische repräsentiert durch die Interferenzterme $a_n a_m$. Der Verweis auf Potenzialität kann weder den Unterschied dieser beiden beleuchten, noch macht er greifbar, was das Eigenartige an den Interferenztermen ist.

Zu sagen, die Katze sei gleichzeitig tot **und** lebendig, so wie das Teilchen durch beide Spalte gehe, ist schlicht eine Fehlinterpretation der Formeln. Gl. 13.2 hat eine klare Bedeutung, dort kommen keine Interferenzterme vor.[16] Die p_n haben wir als Wahrscheinlichkeiten interpretiert, demnach ist die Katze immer entweder tot, oder lebendig. Es gibt keine Superposition der Eigenschaften. Axiom 1 (Abschn. 5.1.1)

---

[15] An dieser Stelle setzen Interpretationen ein, die das Bewusstsein als Ursache des Verschwindens der Interferenzterme sehen.

[16] Das Katzenbeispiel ist problematisch, da wir von einer Superposition von Zuständen ausgehen, die nicht als Eigenfunktionen von Operatoren darstellbar sind, das Beispiel also etwas eigenartig ist. Man müsste die biochemischen Reaktionen quantenmechanisch behandeln, die durch HCN induziert werden. Hier käme man sehr schnell zu komplexen Reaktionskaskaden, die sich als Superpositionen darstellen lassen müssten. An welcher Stelle setzt der Tod ein? Es gibt ja vor den möglichen Todesdefinitionen (Hirntod, Herzstillstand) eine Vielzahl physiologischer Zustände, die relevant sein könnten. Und dann kommt die Tatsache ins Spiel, dass Superpositionen sehr instabil sind, sie sehr schnell kollabieren, wie wir in Kap. 29 im Kapitel zur Dekohärenz diskutieren werden. Das ist der Grund, warum Quantencomputer so schwer zu realisieren sind: Man muss Superpositionen eine hinreichend lange Zeit aufrechterhalten.

schließt eine physikalische Bedeutung, und damit eine Interpretation der Wellenfunktion, eindeutig aus. Und die Interferenzterme $a_n a_m$ haben ebenfalls keine Bedeutung, damit kann man nicht sagen, was Gl. 13.1 repräsentiert. Die hier diskutierten Versuche erlauben es also offensichtlich nicht, dem Quantengeschehen eine realistische Interpretation zu geben.

Die Quantenmechanik sagt uns sehr genau, was wir messen werden, d. h., wie viele Katzen leben und tot sind, wenn wir nachsehen. Sie macht aber keine Aussage darüber, was in der Box los ist: Über den Zustand der Katze kann man nichts aussagen, sofern eine Bestimmung in Bezug auf lebendig/tot gemeint ist.

Man kann natürlich über die Born'sche Interpretation hinausgehen, aber eine erweiterte Interpretation sollte keinen offenkundigen Unsinn produzieren. Das ist, soweit der Autor das überblickt, bisher nicht geschehen. In der orthodoxen Quantenmechanik erhält man kein Bild der Mikrowelt, daher die Versuche, die Quantenmechanik entsprechend abzuändern (Abschn. 6.2.3).

13.1.5 Superpositionen als qualitativ neue Zustände?

Das Phänomen der **Unbestimmtheit,** kann man mit Hilfe der Superpositionen weiter spezifizieren, wie wir an den obigen Beispielen gesehen haben: Im Falle einer Ortsunbestimmtheit reden wir von **Delokalisierung.** Dies ist ein in der Chemie wichtiges Phänomen, dem wir z. B. bei der Diskussion von Molekülorbitalen begegnen werden. Bei anderen Eigenschaften, wie dem Impuls, wird klar, dass die Unbestimmtheit bedeutet, dass man **kein mikroskopisches Bild** des Geschehens bekommt. Wir können uns einfach nicht vorstellen, was es heißt, dass der Impulserwartungswert verschwindet. Am Beispiel des Doppelspalts haben wir gesehen, dass man Ensemble mit und ohne Interferenztermen präparieren kann, die dann unterschiedliche Eigenschaften haben. QK- und Q-Ensemble unterscheiden sich in ihren Eigenschaften wesentlich.

Drehimpulse All dies lässt sich an Drehimpulsen in kompakter Form darstellen, daher werden wir diese in Kap. 20 und 21 vertiefen. Wir betrachten den Zustand $Y_{lm}(\theta, \phi)$, den Eigenzustand von $\hat{L}^2$ und $\hat{L}_z$ (Abschn. 12.3.3). Zentral sind die drei Aussagen:

- Die Anwendung von beispielsweise $\hat{L}_x$ auf die Eigenfunktionen, $\hat{L}_x Y_{lm}(\theta, \phi)$, führt nicht auf eine Eigenwertgleichung, der Wert der Observablen $\hat{L}_x$ ist in diesem Zustand unbestimmt, analog zum Impulsbeispiel in Kap. 5.

- Nach Gl. 11.51 lässt sich der Eigenzustand von $\hat{L}_x$ ($\hat{L}_y$ analog) als Superposition

$$\Psi_{2p_x} = -R_{2,1}\frac{1}{\sqrt{2}}(Y_{2,1} - Y_{2,-1})$$

der beiden $\hat{L}_z$-Eigenzustände darstellen. Mit Abb. 12.7d ist aber klar: Ψ_{2p_x} hat ganz andere Eigenschaften als die beiden Y_{2,m_l}-Zustände. Keine der obigen Interpretationen ergibt wirklich Sinn: Weder ist der Drehimpuls über die Y_{2,m_l}-Zustände ‚verschmiert', noch ist er in beiden Zuständen ‚gleichzeitig', noch kann man das Problem als Ensemble darstellen, in denen die beiden Zustände $Y_{2,1}$ und $Y_{2,-1}$ jeweils zur Hälfte besetzt sind. Der Ψ_{2p_x}-Zustand hat andere Eigenschaften als die beiden Ausgangszustände. Die Superposition führt zu etwas physikalisch anderem.
- Der Erwartungswert $\langle\hat{L}_x\rangle = 0$ verschwindet. Es macht, wie beim Teilchen im Kasten, keinen Sinn, diesen Wert einem einzelnen Teilchen zuzuweisen. Denn messen wird man immer etwas anderes, nämlich $\pm\hbar$.

Nicht nur mangelndes Wissen Dies ist die Eigenart der Superposition, der Addition von Funktionen: Sie können sich gegenseitig auslöschen, aber auch verstärken. Damit kann die resultierende Funktion etwas darstellen, was so nicht in den einzelnen Funktionen angelegt ist, man denke an die Lokalisierung des Wellenpakets, wo doch die ebenen Wellen unendlich ausgedehnt sind.

Die Superposition von zwei physikalischen Zuständen führt zu einem neuen Zustand.

Und dieser ist von den beiden anderen physikalisch unterschieden, was sich durch distinkte Eigenschaften bemerkbar macht. Daher greifen die ‚klassischen Modelle' der Interpretation zu kurz. Wenn wir die mathematischen Funktionen überlagern, so können sich die Eigenschaften fundamental ändern: (i) Beim Wellenpaket werden aus delokalisierten Funktionen lokalisierte, (ii) beim Kastenpotenzial wird aus zwei ebenen Wellen eine stehende Welle etc. Die Interferenz verändert den Charakter der Wellenfunktion fundamental. Das ist mathematisch einfach zu verstehen. Man hat damit dann folgende Situation: Ψ repräsentiere einen Zustand **C,** Φ_1 einen Zustand **A** und Φ_2 einen Zustand **B.** Dann muss der Zustand **A** etwas komplett anderes sein als **B** und **C,** er ist **weder B noch C.** Wenn ein freies Teilchen durch ein Wellenpaket dargestellt ist, ist es **weder** in dem Zustand Φ_k, **noch** in dem Zustand Φ_l, beides ebene Wellen mit den Wellenvektoren k_k und k_l. **Superpositionen** sollten daher nicht als **mangelndes Wissen** darüber aufgefasst werden, in welchem der Zustände **B** und **C** ein Teilchen ist, die durch die Überlagerung entstehenden Interferenzterme weisen auf eine andere Qualität des Zustands hin. Und das ist der zentrale Unterschied zur klassischen Physik. **Unbestimmtheit** ist also nur ein Aspekt der Superposition, sie bezieht sich auf die Zustände **B** und **C.** Der andere Aspekt entfaltet sich in den Interferenztermen. In Abschn. 12.1.2 haben wir die Interferenzterme nur dahingehend diskutiert, dass sie eine Zuordnung zu den Zuständen **B** und **C ohne Messung** nicht erlauben. Die Beispiele dieses Kapitels nun zeigen, dass ihre Bedeutung darüber hinaus geht.

Mehrwertige Logiken Man kann aber auch andere Wege der Darstellung beschreiten: In Abschn. 6.2.1 sind wir auf den Anti-Realismus gestoßen als Reaktion auf die Frage, wie man den Umstand fassen soll, dass für manche Operatoren keine Eigenwerte berechnet werden können. Zu sagen, Teilchen haben die Eigenschaft, wir kennen sie nur nicht, ist offensichtlich durch das PBR-Theorem verbaut. Wenn man sie nicht berechnen kann, muss man dann sagen, dass es sie nicht gibt? Aber ist da noch etwas Luft, zwischen Sprache und Wirklichkeit? Bei den bisherigen Überlegungen verwenden wir ein logisches Prinzip, den Satz vom ausgeschlossenen Dritten. Entweder es regnet oder es regnet nicht. Teilchen können eine Eigenschaft haben oder nicht haben, ein Drittes gibt es es nicht. Sätze haben zwei Wahrheitswerte, wahr oder falsch. Arbeiten zur Logik im 20. Jahrhundert haben aber gezeigt, dass diesem logischen Prinzip keine Notwendigkeit zukommt, man logische Systeme entwickeln kann, die mehrere Wahrheitswerte haben. In einer dreiwertigen Logik hätte man beispielsweise neben den Werten ‚wahr' und ‚falsch' noch den Wert ‚unbestimmt'. Eine sprachliche Erweiterung um den Wahrheitswert ‚unbestimmt' macht die Phänomene der Quantenmechanik durchaus besser fassbar. Wir müssten also den Impulszustand des Teilchens im Kasten, den Durchgangsort beim Doppelspalt oder den Zustand der Katze als etwas Drittes verstehen. Wir können diese Alternative hier nicht weiter vertiefen, eine schöne Einführung zur Anwendung auf die Quantenmechanik findet man etwa bei [50].[17]

Neue Zustände Die Quantenmechanik kann durch die Superpositionen eine enorme Vielzahl physikalischer Zustände beschreiben, die so klassisch nicht auftreten. Und genau diese Zustände werden bei neuen Technologien, wie den Quantencomputern, relevant. Diese Zustände sind also ‚real' in dem Sinn, dass sie physikalisch adressierbar sind, aber für unsere Anschauung nicht greifbar, wie die Projektion ins Makroskopische im Katzenbeispiel deutlich macht. Wir können hier zwei Fälle dieser Superpositionen unterscheiden:

- **Interpretierbare Superpositionen:** Hier könnte man den obigen Fall der Drehimpulse nennen: Durch Superposition der beiden L_z-Zustände entsteht ein L_x-Drehimpulszustand. Dieser Zustand hat eine Eigenschaft, nämlich L_x, von der wir wissen, was sie bedeutet. Wir werden dies bei der Diskussion des Spins in Kap. 20 wieder aufgreifen.

---

[17]Die Arbeiten des Philosophen Graham Priest beschäftigen sich mit dem Thema außerhalb der Quantenmechanik und zeigen, dass diese zunächst nicht-intuitiv scheinenden Möglichkeit als durchaus sinnvolle Dimension der Erfassung der Wirklichkeit gesehen werden kann. Dies scheint schon bei Aristoteles durch, findet sich aber vor allem in fernöstlichen Philosophien.

- **Nicht interpretierbare Superpositionen:** Hier haben wir eine Überlagerung, die zu keiner Eigenschaft führt, die uns irgendwie verständlich sein könnte. Was soll die Überlagerung von tot und lebendig bedeuten? Oder konkreter, auf die Chemie bezogen: Was soll die Überlagerung eines 1s- und 2p-Zustands des H-Atoms bedeuten, die wir in Kap. 20 diskutieren werden. Die Relevanz ist die Folgende: Angeregte H-Atom senden Licht aus, sie fluoreszieren, und dabei durchlaufen sie solche Superpositionen als Zwischenzustände. Diese können wir uns aber gar nicht vorstellen und auch experimentell sowie theoretisch schwer fassen, wie wir in Abschn. 35.4 diskutieren werden.

Mit Unbestimmtheit meinen wir also, dass im Fall des L_x-Eigenzustands die Werte von L_z unbestimmt sind. Die Unbestimmtheit bezieht sich also auf die Observable L_z. Das ‚Neue' des Zustands L_x kommt dabei aber nicht vollständig in den Blick, da L_x nur in Bezug auf die Messbarkeit von L_z beschrieben wird, nicht aber, dass in diesem Zustand andere Observable, also andere Eigenschaften, **vorliegen,** die nicht durch die L_z-Eigenwerte adressiert werden können.

13.2 Was machen die Elektronen in den Orbitalen?

Die Quantenmechanik gibt uns kein Bild davon, was die Teilchen im Doppelspalt machen, wie man sich das mit den Impulsen im Kastenpotenzial vorstellen soll und was im Detail mit der Katze los ist. Wie ist das mit Elektronen in Orbitalen? Für klassische Teilchen in Potenzialen finden wir eine Bewegung, die Zustände für die Potenziale in Teil II sind jedoch stationär. Bewegt sich da nichts? In der Literatur werden verschiedene Fehlvorstellungen [63,64] und Lernschwierigkeiten diskutiert, P. G. Nelson[18] diskutiert dieses Problem im Licht der verschiedenen Interpretationen der Quantentheorie. Einige der Besipiele wollen wir im Folgenden aufgreifen.

Für das Wasserstoffatom haben wir bisher nur die Eigenschaften diskutiert, deren Operatoren mit dem Hamilton-Operator kommutieren. Für diese kann man **Eigenwerte** berechnen ($\hat{L}^2$, $\hat{L}_z$). Aber was ist mit den Eigenschaften, die sich nicht als Eigenwerte, sondern nur als Erwartungswerte berechnen lassen, wie etwa Ort und Impuls? Elektron und Proton sind über die Coulomb-Wechselwirkung gebunden, aber kann man sich irgendwie vorstellen, was da mikroskopisch vor sich geht? Eine ganz klassische Vorstellung kreisender Elektronen geht nicht, die würden in den Kern stürzen (Abschn. 1.3.5). Deshalb hat Bohr postuliert, dass diese sich auf bestimmten Bahnen bewegen, ohne Energie abzustrahlen (Abschn. 3.2.1).

Verstehen der Quantisierung Die Quantisierung haben wir als eines der Quantenphänomene (Abschn. 4.2.1) diskutiert, die wir als erklärungsbedürftig erachten. In Abschn. 6.4 haben wir Argumente diskutiert, die deutlich machen, dass wir keine **physikalische** Erklärung der Phänomene erwarten dürfen. Wir werden

[18] P. G. Nelson, J. Chem. Educ. 67 (8) 643 (1990).

keinen Mechanismus finden, der uns klar macht, aufgrund welcher mikroskopischer Wechselwirkung die Quantisierung auftaucht. Aber wir können die Quantisierung **mathematisch** als **Wellenphänomen einordnen:** Wir haben damit eine Vielzahl von Effekten durch eine **einheitliche Beschreibung** zusammengefasst, unterschiedliche Quantenteilchen zeigen qualitativ das gleiche Verhalten – ob nun im im harmonischen Oszillator, Kasten-, oder Coulomb-Potenzial.

Wellen und Ensemble Allerdings haben wir das Wellenverhalten auf der Ebene der Ensemble verortet, einzelne Teilchen zeigen kein Wellenverhalten (Abschn. 6.2.1). Hier tut sich ein erster Bruch auf, siehe die Diskussion in Abschn. 13.1.3. Wenn die Wellen nur für ein Ensemble von Teilchen Sinn ergeben, wie kann man dann von Zuständen einzelner Elektronen reden? Für Ort und Impuls des Elektrons im H-Atom können wir nur die Erwartungswerte berechnen. Bei einer Messung von x und p würde man ein Spektrum von Messwerten erhalten, was wir in Abb. 12.3 schematisch dargestellt haben. Wenn wir z. B. die Abstände des Elektrons vom Kern messen würden, bekämen wir die radiale Aufenthaltswahrscheinlichkeit $P(r)$ in Abb. 11.4. Diese Abbildung sagt also nicht, wo sich die Elektronen gerade aufhalten, sondern zeigt das, was wir sehen würden, wenn wir ein ‚Orts-Messgerät' an einen Drucker anschließen würden. Das Betragsquadrat der Wasserstofforbitale $|\Phi_n(x)|^2$ gibt also an, wo man Elektronen bei Messung finden würde, aber nicht, wo sie sich gerade aufhalten. Die Elektronen sind über das Orbital **delokalisiert,** das Orbital gibt die **Unbestimmtheit** des Ortes wieder.

13.2.1 Einteilcheninterpretationen und klassische Ensemblevorstellungen

Die Quantenmechanik erlaubt also kein Bild des Geschehens, das ist die Bedeutung des Ausdrucks ‚unbestimmt'. Dennoch findet man oft Darstellungen, die sich auf die oben diskutierten klassischen Konzepte stützen.

Orbitale als Materieverschmierung Eine gängige Interpretation sieht die Ladung des Elektrons über das Orbital verteilt, so wie Wasser in einer Badewanne. Die Orbitale werden dann als verschmierte Elektronen gedeutet, $|\Phi_n(x)|^2$ als eine Materiedichte, die über das ganze Atom/Molekül verteilt ist. Dies ist analog zu Schrödingers Vorstellung einer Materiewelle, für die wir an verschiedenen Stellen (Abschn. 4.2.2, 6.2, 13.1.1 und 21.3.3) festgestellt haben, dass sie keine konsistente Interpretation der Wellenfunktion erlaubt. Die Form der Wellenfunktion hat nichts mit der Form des Elektrons zu tun: Auf den Ort des Elektrons schließt man erst durch die statistische Interpretation. Eine irgendwie geartete ‚Verschmierung' der Masse und Ladung des Elektrons gibt es so also nicht. Die mathematische Darstellung, analog zur klassischen Mechanik, weist darauf hin, dass wir Elektronen als Punktteilchen betrachten (Abschn. 6.2).

Fehlvorstellung ‚Elektron fliegt hin und her' Beim Kastenpotenzial verschwindet der Impulserwartungswert, nicht jedoch die Standardabweichung. Dies gilt analog auch für das Coulomb-Potenzial: Auch hier sind die Energie-Eigenfunktionen keine Eigenfunktionen des Impulses. Im klassischen Fall ergibt sich eine Dynamik der Teilchen im Potenzial, und in der Tat wird wohl oft gefragt, ob es eine entsprechende Bewegung der Elektronen im Atom gibt.

- **Das Elektron bewegt sich im Orbital:** Man könnte die Vorstellung haben, dass sich das Elektron auf einer Trajektorie befindet, also genau festgelegte Orte und Impulse hat, wir diese nur nicht kennen. Diese Trajektorien passieren die verschiedenen Orte im Orbital derart, dass die relativen Häufigkeiten der quantenmechanischen Wahrscheinlichkeitsverteilungen reproduziert werden. Im Kasten gibt es allerdings Knoten der Wellenfunktion, dort ist die Aufenthaltswahrscheinlichkeit gleich null. Wie kommt das Elektron dann über die Knoten? Beim H-Atom: Wie kommt es dann von einem Flügel des p-Orbitals zum anderen? Hmm.
- **Das Elektron hüpft im Orbital:** O.k., also, es fliegt nicht im Orbital rum, sondern es bewegt sich zufällig von Ort zu Ort. Dann aber muss es ruckartig von Ort zu Ort kommen, was genau gibt dafür den ‚Kick'? Aber nur auf einer Stelle stehen, kann es auch nicht, denn wie könnte man dann die Wahrscheinlichkeitsverteilung über das ganze Orbital verstehen? Das Rätsel wird also nicht kleiner.[19]

In Abschn. 20.3 werden wir die Dynamik von Teilchen in Potenzialen genauer untersuchen. Sind diese in Energieeigenzuständen, ergibt sich keine Dynamik der Teilchen, die irgendwie durch eine Messung festgestellt werden könnte. Die orthodoxe Quantenmechanik nährt also in keiner Weise eine dynamische Vorstellunge des Geschehens.

‚Überall gleichzeitig' Diese Vorstellung findet man hauptsächlich bei der Diskussion des Doppelspalts und Schrödingers Katze. Nun könnte man ein Orbital als Superposition von Ortseigenfunktion darstellen, dann wäre das Elektron an allen Orten gleichzeitig. Als Superposition von Impulseigenzuständen hätte es alle Impulse gleichzeitig. Und hätte bezüglich L_x und L_y auch alle Drehimpulszustände gleichzeitig, d. h., der Drehimpulsvektor hätte gleichzeitig alle Ausrichtungen auf dem Trichter in Abb. 10.6. Hmm.

Klassisches Ensemble Ein Ensemble ist zunächst eine bestimmte Menge von N Teilchen, die gleich präpariert wurden (Kap. 5). In dieser Interpretation bezieht sich die Wellenfunktion gar nicht auf ein einzelnes Elektron im Wasserstoffatom, sondern auf ein Ensemble von solchen Atomen. Im QK-Ensemble haben wir die klassische Vorstellung des **PVE,** diese Interpretation versteht die oben diskutierte radiale Aufenthaltswahrscheinlichkeit klassisch, bezieht sie also auf eine Verteilung von Elektronen auf Orte, unabhängig von einer Messung. Wo ein Elektron im Moment gerade

[19] In der Anfangszeit der Quantenmechanik wurden solche stochastischen Modelle entwickelt.

ist, weiß man nicht genau, aber $P(r)$ gibt die Wahrscheinlichkeit an, dass es sich gerade im Abstand r vom Kern aufhält. $P(r)$ reflektiert danach unser Wissen über den Aufenthaltsort. Und es ist inzwischen klar, dass dies eine unhaltbare Vorstellung ist. Und wenn man korrekterweise zu einem Q-Ensemble übergeht, dann fällt die Ignoranzinterpretation, und damit die schöne Anschauung.

Flickenteppich der Vorstellungen Wir bekommen nun einen ersten Eindruck: Die verschiedenen klassischen Vorstellungen, Schrödingers Materiewelle, Heisenbergs Potenzialität und quantenklassisches (QK) Ensemble, sind noch vielfältig im Einsatz, wie ein Blick in Lehrbücher oder populäre Darstellungen zeigt. Doch machen sie zum Teil diametrale Aussagen über die Natur der Dinge, verschmierte Elektronen vs. Punktteilchen, Ensemble vs. ‚überall gleichzeitig'. Und offensichtlich werden sie sehr selektiv verwendet. Die Potenzialität beim Doppelspalt und der Katze, die Materiewelle bei den Orbitalen. Da soll noch einer durchblicken.

Die Unbestimmtheit des Ortes im Orbital ist die Gleiche, wie die Unbestimmtheit des Spaltdurchgangs beim Doppelspaltversuch. Dort würde man ja auch nicht sagen, das Teilchen läuft zwischen den Spalten hin und her, oder hüpft, und auch die Materieverteilung ist keine Vorstellung, die wir dort verwenden.

Einfache Modellvorstellungen können durchaus nützlich sein, wir wollen diese hier nicht in Bausch und Bogen verwerfen.[20] Und auch wenn es so aussieht, als würden sie den Zugang erleichtern, können sie doch ein fundamentales Verständnis der Quantenmechanik blockieren, wie wir in Abschn. 13.2.3 sehen werden. Wellenpakete sind nicht verschmierte Teilchen, Drehimpulse sind nicht Vektoren auf Kegeln (Abschn. 12.3.3); aber wir können uns niemals vorstellen, was es bedeuten soll, dass man quantenmechanische Drehimpulse nicht durch Vektoren darstellen kann. Und genau dieser Spalt, der sich zwischen der ‚hinkenden' klassischen Veranschaulichung und dem quantenmechanischen Formalismus auftut, lässt das Ausmaß des Unverstandenen aufscheinen, welches wir durch die neuen quantenmechanischen Begriffe wie Delokalisierung, Orbital etc. begrifflich einfassen.

In **delokalisierten** stationären Zuständen, wie den Orbitalen, repräsentieren die Wellenfunktionen die **Ortsunbestimmtheit.** Die Orbitale überdecken Orte, an denen die Teilchen bei Messung gefunden werden können. Sie sind das nicht-reduzierbare Beschreibungselement, die Quantenmechanik macht keine Aussagen über ein detaillierteres Geschehen. Oder anders: Die Unbestimmtheit ist das letzte Wort. Dahinter gibt es kein Naturgeschehen, über das sinnvoll

[20] Obwohl, vielleicht nicht an dieser Stelle, aber in Kap. 21 werden wir sehen, wie unzureichend sie sind, um moderne Quantentechnologien zu verstehen. Für die Quantentechnologien 1.0, bei denen man Quantisierung und ein bisschen Unbestimmtheit benötigt (Computer, Laser, etc.), kann man sich damit noch durchmogeln. Wenn wir aber über Technologien sprechen, die Superpositionen gezielt nutzen (Quantencomputer etc.), dann ändert sich das Bild.

geredet werden kann. In der orthodoxen Quantenmechanik gibt es keine Realität jenseits des Orbitals! Alternative Formulierungen setzen genau an diesem Punkt an (Abschn. 6.2.3).

Orbitale als Grundelemente der Erklärung Ist das ein Problem? Es scheint nicht: In der Chemie können wir, ausgehend von den Orbitalen, viele Phänomene erklären, die chemische Bindung, Struktur von Molekülen, spektroskopische Daten etc. Nirgendwo, so scheint es, fehlt uns zur Erklärung des chemischen Verhaltens der Materie ein tieferer Blick in das, ‚was die Elektronen wirklich machen', also was sie da genau in den Orbitalen tun.

13.2.2 Haben Moleküle ein Dipolmoment?

Moleküle können ein Dipolmoment **haben,** so reden wir üblicherweise. Wir wollen die quantenmechanische Berechnung der Einfachheit halber zunächst am Wasserstoffatom demonstrieren.

Dipolmoment im Wasserstoffatom Wenn zwei Ladungen $+e$ und $-e$ in einem Abstand r voneinander platziert sind, so lässt sich das Dipolmoment dieser Ladungsverteilung als

$$\boldsymbol{\mu} = e\mathbf{r} \qquad \rightarrow \qquad \hat{\mu} = e\hat{r}$$

angeben, in der Quantenmechanik wird aus dem Vektor ein Operator. Übertragen auf das Wasserstoffatom: Wenn sich das Elektron im Abstand r vom Kern befindet, so resultiert in einem klassischen System das Dipolmoment $\boldsymbol{\mu}$, was kann man über das Dipolmoment in der Quantenmechanik sagen?

Unbestimmtheit des Dipolmoments Damit ist das Problem klar: Die Energieeigenfunktionen sind keine Eigenfunktionen des Ortsoperators $\hat{r}$, man kann keine Eigenwerte für $\hat{r}$ berechnen. Nach Abschn. 5.1.7 und 6.1.2 können wir also nicht sagen, ein Elektron **habe** einen Ort im Atom, wir kennen ihn nur nicht. Vielmehr müssen wir sagen, der Ort ist unbestimmt. Das Orbital ist Ausdruck der Unbestimmtheitsrelation. Das überträgt sich auf das Dipolmoment, hmm, haben Atome und Moleküle keine Dipolmomente?

Erwartungswerte Wir können also nur Erwartungswerte berechnen,

$$\langle \hat{\mu} \rangle = \int \Psi^*(\boldsymbol{r}) \hat{\mu} \Psi(\boldsymbol{r}) \mathrm{d}^3\boldsymbol{r}. \tag{13.6}$$

Im Grundzustand müssen wir über das sphärische 1s-Orbital integrieren, das Integral verschwindet, da das Orbital kugelsymmetrisch ist. Für andere Orbitale ist das aber nicht notwendig der Fall, viele Moleküle haben Dipolmomente, denken Sie an die Moleküle HF oder H_2O. Was bedeutet dies?

Born und Messung Man müsste also das Dipolmoment messen, dann erhält man als Messergebnis nicht einen Wert, sondern eine Verteilung, wie in Abb. 12.2 schematisch dargestellt. Nun werden Dipolmomente nicht an einzelnen Molekülen bestimmt, es wird ein makroskopisches System vermessen. Dabei wird gar nicht das Dipolmoment selbst gemessen, sondern z. B. die Dielektrizitätskonstante ϵ_r eines Stoffes. Damit wird eine große Menge der gleichen Moleküle untersucht, es handelt sich also um ein Ensemble von Molekülen. Die sogenannte **Debye-Gleichung** ist eine klassische Gleichung, in der ϵ_r und das **klassische mittlere** Dipolmoment $\langle \mu \rangle$ eines Moleküls verknüpft werden. Es wird also eine makroskopische Größe gemessen, und daraus wird mit der Debye-Gleichung auf eine über ein Ensemble gemittelte Größe geschlossen.

Dieses Beispiel ist typisch, aber nicht repräsentativ, für die Vielzahl der unterschiedlichen Messungen der Quantenmechanik. Es macht aber an diesem Punkt klar, dass die Unbestimmtheit des Dipolmoments einzelner Moleküle überhaupt kein praktisches Problem darstellt. Und es zeigt deutlich, dass man bei der Interpretation vorsichtig sein muss. Betrachten wir nochmals das H-Atom:

- **Einteilcheninterpretationen:** Wir haben am Kastenpotenzial deutlich gemacht, dass Erwartungswerte wie $\langle \hat{p} \rangle$ nicht auf ein Teilchen beziehbar sind, das gilt dann auch für $\langle \hat{r} \rangle$ und $\langle \hat{\mu} \rangle$. Dies sind nicht die Eigenschaften individueller Atome oder Moleküle, sondern ein Mittel dieser Eigenschaften bei Messung. Denn die Eigenschaft selbst ist unbestimmt. Die oben diskutierten Fehlvorstellungen wollen diese Unbestimmtheit durch klassische Modelle darstellen:
  - **Ladungsverteilung** Hier spricht man von einer verteilten Ladung des **einen** Elektrons im Orbital. Diese klassische Ladungsverteilung ist dann Ursprung des Dipolmoments des Atoms. Diese Ladungsverteilung führt dann zu einem Dipolmoment, das $\langle \hat{\mu} \rangle$ entspricht. Offensichtlich haben wir eine Ensemblegröße über diese Vorstellung in ein Einzelsystem projiziert. Wenn man diese Vorstellung hat, dann ist es eine Vorstellung eines ‚gemittelten' Atoms, wie das Beispiel der Messung zeigt.
  - **Elektron in Bewegung** Das Dipolmoment des 1s Zustands im H-Atom verschwindet, für jede feste Position $\boldsymbol{r}$ eines Elektrons aber ergäbe sich ein endlicher Wert. Daher muss sich das Elektron im Atom derart bewegen, dass sich das Dipolmoment zu Null mittelt.

  Dies sind also zwei realistische Interpretation im Rahmen der orthodoxen Quantenmechanik, die die quantenmechanische Unbestimmtheit durch klassische Modelle interpretieren. Kann man machen, ist aber offensichtlich eine Zutat, die nicht dem quantenmechanischen Formalismus entspringt. Zudem können diese Interpretationen nur punktuell eingesetzt werden, was sie beliebig erscheinen lässt.
- **Ensembleinterpretationen:** Die Vorstellung, dass in einer Probe viele H-Atome seien, alle mit statistisch ausgerichteten Dipolmomenten, und $\langle \hat{\mu} \rangle$ sei einfach

deren Mittelwert, basiert auf dem **QK-Ensemble,** was ebenfalls eine Fehlvorstellung ist. Man tut so, als hätte man eine Menge von H-Atomen, alle mit einem Dipolmoment, das sich im Ensemble zu Null mittelt. Die Ensembletheorie hilft uns also in Bezug auf ein realistisches Bild der Materie nicht weiter, wir können nicht darüber reden, welche Eigenschaft ein einzelnes Quantenobjekt **hat,** ohne Bezug auf eine Messung.

Die Erwartungswerte sind also Größen, die sich auf Mittelwerte eines Ensembles beziehen. Wenn wir einen Erwartungswert auf ein Einzelmolekül beziehen, z. B. sagen, ein Molekül **habe** ein Dipolmoment von x Debye, dann reden wir gar nicht über ein einzelnes Molekül, sondern über eine gemittelte Größe. Und das tun wir ganz oft auf analoge Weise, z. B. bei Atomradien.

Trotz dieser Schwierigkeiten hat sich die Rede von Dipolmomenten in der Praxis eingebürgert, und man kann fragen: Mit welchem Recht? Kann man sagen, HF-Moleküle hätten typischerweise ein Dipolmoment von 1.8 Debye, so wie wir sagen können, in Deutschland haben Menschen eine Lebenserwartung von etwa 81 Jahren? Viele Computerprogramme der Quantenchemie erlauben es, beispielsweise Dipolmomente von Molekülen zu berechnen. Man startet mit einer Struktur und einem Hamilton-Operator für das Molekül, ausgegeben wird dann ein Dipolmoment, das genau diese Interpretation hat. Es werden Erwartungswerte berechnet.

Antirealismus und typische Eigenschaften In Abschn. 6.2.1 haben wir die Position des **Antirealismus** erwähnt. Dieser würde dann behaupten, dass es ein Dipolmoment der Moleküle nicht gibt oder dass man nicht darüber sprechen kann. Demnach müsste man sagen, dass ein Molekül gar kein Dipolmoment **hat.** Wir sehen, das ist streng genommen richtig, aber auch unsinnig. Es gibt eben auch Größen, die wir experimentell gar nicht für die einzelnen Teilchen ermitteln (wollen), sondern Ensemblemittel angeben. Dies betrifft **Dipolmomente, Atomradien**[21] oder **Lebensdauern** von angeregten Zuständen (Kap. 30). Dies sind Größen, die wir Atomen oder Molekülen **typischerweise** zuordnen können. Sie berechnen sich als Erwartungswerte, sind also keine Eigenschaften, die man einem Einzelsystem gemäß der Quantenmechanik direkt zuordnen kann, wie wir das über das **EPR-Realitätskriterium** (Abschn. 6.1.2) für Eigenwerte (Abschn. 5.1.7) gemacht haben.

Aber in der wissenschaftlichen Praxis ergibt es Sinn, von Atomradien, Dipolmomenten etc. zu reden. Diese Größen hängen eindeutig z. B. von der Molekülstruktur oder von der Kernladungszahl der Atome ab, sind also **charakteristische Eigenschaften** der Quantensysteme. Hier macht ein Realismus bezüglich dieser Eigen-

[21] Diese werden wir in Abschn. 20.3.4 berechnen. Es ist ein Erwartungswert von r^2, also ebenso eine Größe, die nicht als Eigenwert berechenbar ist.

schaften durchaus Sinn, wir sagen, Wasser bestehe aus H_2O-Molekülen, die ein Dipolmoment von etwa 1.85 D **haben.** Diese Eigenschaften sind **typisch** für Quantensysteme, die einen bestimmten Aufbau haben. Und man kann diese Größen ohne Störung des Systems **mit Bestimmtheit** voraussagen.

Typische Eigenschaften Wir scheinen Quantensystemen mit spezifischem Aufbau typische Eigenschaften zuzuweisen, auch wenn deren Berechnung auf Erwartungswerten beruht. Zumindest kann man die übliche Rede über Dipolmomente etc. in dieser Weise rekonstruieren.

Wir sehen, wir sind oft mit Erwartungswerten zufrieden, auch wenn wir keine Eigenwerte berechnen können. Niemand würde sagen, Dipolmomente von Molekülen sind nicht real! Trotz prinzipieller Bedenken weisen wir Einzelsystemen Größen zu, die auf Erwartungswerten beruhen. Und diese Rede kennen wir auch aus der makroskopischen Welt. Wir reden von einer Lebenserwartung, die in Deutschland z. Z. bei 81 Jahren liegt, Menschen haben einen täglichen Flüssigkeitsbedarf von mindestens 1.5 ln, es gibt einen täglichen Kalorienbedarf etc. All dies sind sinnvolle Zuschreibungen, welche **mittlere** Eigenschaften charakterisieren, die als Richtgrößen zur Beschreibung von Menschen gehaltvoll sind (auch in Abgrenzung z. B. von Elefanten) und die wesentliche physiologische Eigenschaften charakterisieren.[22]

Eine solche Zuschreibung gelingt offensichtlich auch in der Quantenmechanik. Und damit passiert etwas Wesentliches: **Der Bezug dieser Größen auf eine Messung entfällt.** Wir schreiben den Objekten diese Eigenschaften zu, unabhängig von einer Messung.

Wenn man hier mitgeht, dann ist der ganze Indeterminismus der Quantenmechanik ein Stück weit auch ein Hype, der der wissenschaftlichen Praxis nicht gerecht wird. Wir können gut mit Zuschreibungen mittlerer Größen operieren, da sie das typische Verhalten der Quantenobjekte wiedergeben. Allerdings geht eine solche Interpretation nicht für alle Erwartungswerte, am Beispiel des Kastens ($\langle p \rangle = 0$) und dem Katzenbeispiel haben wir gesehen, dass es keinen Sinn ergibt, Erwartungswerte generell den Quantenobjekten zuzuschreiben. Bei den typischen Eigenschaften ist dies suggestiv, wir werden später darauf zurückkommen.

---

[22]Die Lebenserwartung ist eine statistische Größe, aber Versicherungen und Banken richten ihre Risikokalkulation danach aus, und auch wir sind gut beraten, unsere persönliche Finanzplanung an dieser statistischen Größe zu orientieren. Wenn wir einen Tag wandern gehen, sind wir gut beraten, den Flüssigkeitsbedarf (unter Last) zu berücksichtigen etc.

Und dass der Bezug auf die Messung entfällt, ist zentral. Wir verstehen z. B. Festkörper als aus Atomen aufgebaut, und wir können deren Volumen gut verstehen, indem wir Bezug auf die Radien der Atome nehmen, die diesen Festkörper aufbauen (Schalottenmodell). Wichtiger noch, wir verstehen die Eigenschaften z. B. von Wasser, indem wir den Wassermolekülen ein Dipolmoment zuweisen. Die Wassermoleküle **haben** ein Dipolmoment, so reden wir, und dieses Dipolmoment ist zentral für die Erklärung der Wassereigenschaften. Die Moleküle wechselwirken über ihre Dipolmomente. **An dieser Stelle scheinen wir Realisten zu sein, dem Antirealismus zu Trotz.**

13.2.3 Das Problem klassischer Interpretationsmodelle

Klassische statistische Modelle beruhen auf dem PVE, an dieser Stelle kann man sehr gut sehen, dass dies ein Problem nach sich zieht.

Dipolmoment des H-Atoms Wenn wir die radiale Wahrscheinlichkeitsverteilung $P(r)$ des H-Atoms mit Hilfe des PVE interpretieren, dann sagen wir, das Elektron sei an irgendeinem Ort r im Raum, wir **wissen nur nicht genau** an welchen. Dann aber muss man sagen, es **habe** ein von Null verschiedenes Dipolmoment, wir wissen nur nicht genau welches. Wir verwenden das PVE und die Ignoranzinterpretation. Nun wissen wir aber durch das PBR-Theorem, dass eine solche Annahme im Widerspruch zu experimentellen Ergebnissen steht, wir werden dies bei der Diskussion des EPR-Gedankenexperiments in Kap. 29 sehen. An dieser Stelle kommt diese Annahme noch nicht mit dem Experiment in Konflikt, aber man muss Folgendes lösen: Wenn wir annehmen, dass das Atom ein Dipolmoment **hat,** wir das nur nicht kennen, wie erklärt man dann, dass der Erwartungswert des Dipolmoments beim H-Atom verschwindet? Wie kann man das lösen? Nun, sobald man sich auf dieses klassische Terrain begibt, muss man darauf dann weitergehen: Man sagt dann entweder, das Elektron bewege sich, wodurch sich das Dipolmoment ausmittelt, oder es mittelt sich im Ensemble aus, man benötigt eine der Vorstellungen, die wir oben als nicht sehr weiterführend ausgesondert haben. Bei dem Modell der Ladungsverschmierung tritt dieses Problem nicht auf, dafür aber andere.

Drehimpulse Völlig analog für die Drehimpulse: Wenn man Drehimpulse durch Vektoren auf einem Kegel darstellt (Abschn. 10.3.3 und 12.3.3), kommt man in eine ähnliche Kalamität. Da der Vektor eine bestimmte Ausrichtung hat, also eine L_x- sowie eine L_y-Komponente besitzt, die Erwartungswerte der beiden Operatoren aber verschwinden, muss man hier Zusatzannahmen machen. Man kann dann eine der Varianten des H-Atoms wählen: Man muss sich entweder vorstellen, in einem Ensemble würden sich die Einstellungen ausmitteln oder eine Bewegung der Drehimpulses auf dem Trichter führt zu einer Mittelung, die diese Erwartungswerte zum Verschwinden bringt. In Kap. 20 werden wir sehen, dass die Quantenmechanik in keiner Weise die Idee einer solchen Dynamik stützt. Wir sehen nun vielleicht den

Wert der neuen – nicht klassischen – Konzepte wie **Unbestimmtheit** und **Delokalisierung** etwas deutlicher.

Nochmals: Unbestimmtheit und Antirealismus Wir sehen nun was es bedeutet zu sagen, der Eigenwert eines Operators sei für einen bestimmten Zustand nicht berechenbar, die Eigenwerte liegen nicht vor. Beim 1s-Orbital bedeutet das Nichtvorliegen von r, dass es eben auch kein Dipolmoment gibt, beim Drehimpuls bedeutet die Unbestimmtheit der x- und y-Komponenten, dass es keine Projektion des Drehimpulses in diese Ebene gibt. Mit Einführung des Spins in Kap. 18 werden wir mit dem Drehimpuls ein magnetisches Moment assoziieren. ‚Unbestimmt' bedeutet für diesen Zustand ganz klar, dass keine Komponenten des magnetischen Moments in der x- und y-Ebene vorliegen. Denn das hätte messbare Konsequenzen (s. Abschn. 34.5). Die Verwendung von typischen Eigenschaften hat dieses Problem nicht: Ein H-Atom hat eben kein Dipolmoment; und es ist nicht so, dass es ‚in Wirklichkeit' eines hat, dieses sich nur durch eine sehr schnelle, prinzipiell nicht wahrnehmbare, Bewegung ausmittelt.

13.3 Die Unbestimmtheitsrelation (UR)

Mit Gl. 12.16 haben wir für beliebige, **nicht-kommutierende Operatoren** die Unbestimmtheitsrelation

$$\Delta\hat{A}\Delta\hat{B} \geq \frac{1}{2}|\langle[\hat{A}, \hat{B}]\rangle|$$

eingeführt. Die **mathematische Grundlage** ist, dass die Operatoren keine gemeinsamen Eigenfunktionen haben, sodass man diese wechselseitig immer als Superpositionen darstellen kann. Nach der Born'schen Interpretation sind die $\Delta\hat{A}$ Standardabweichungen von Messergebnissen. Dies sind zunächst Zeigerausschläge von Messapparaten, z. B. auch Schwärzungen an einem Schirm hinter einer Apparatur (Doppelspalt, Stern-Gerlach-Apparatur in Kap. 18). Aber was ist die **physikalische Bedeutung?** Kann man da mehr dazu sagen?

- Wo und wie genau äußert sich diese Unbestimmtheit $\Delta\hat{A}$ in der Natur?
- Warum tritt die Unbestimmtheit auf, kann man das erklären?
- Kann man daraus auf eine Streuung der Eigenschaften der Quantenobjekte selbst schließen, so wie sie ‚in der Natur' vorliegen, auch ohne Messung? Geben die Observablen eine Beschreibung der Quantenobjekte unabhängig von einer Messung, d. h., gibt es eine objektive Beschreibung der Natur?

In der Literatur findet man drei recht unterschiedliche Auffassungen der Unbestimmtheit [9]:

1. Es ist unmöglich, in einer gemeinsamen Messung die Eigenwerte zweier kommutierender Observablen beliebig genau zu bestimmen.
2. Bei einer Messung einer Observablen $\hat{A}$ tritt eine Störung der entsprechenden komplementären Variablen auf.[23]
3. Es ist unmöglich, einen Quantenzustand Ψ zu **präparieren,** für den das Produkt der Varianzen zweier nicht-kommutierender Observablen verschwindet.

Man kann die UR offensichtlich sehr unterschiedlich interpretieren, und das hat Auswirkungen auf die Interpretation der Quantenmechanik insgesamt.

- Die Auffassungen 1 und 2 beziehen sich auf Messungen an einzelnen Objekten, d. h., sie eröffnen die Möglichkeit, dass die Werte der Observablen in der Natur durchaus vorliegen, wir aber nicht in der Lage sind, diese **störungsfrei** festzustellen. Und sie beziehen sich auf ein **Einzelsystem.** Man hat damit ein **epistemisches** Problem, die Unbestimmtheit ist **subjektiv** und liegt am Beobachter, der unfähig ist, das objektive Gegebene als solches festzustellen. Hier könnte man die Vorstellung eines QK-Ensembles haben, die Teilchen haben demnach durchaus Orte und Impulse, wir können sie nur nicht feststellen bzw. verändern diese bei einer Messung.
- Aber bei der Ableitung der Unbestimmtheitsrelation haben wir uns nirgends auf Messungen bezogen. Diese Relation folgte direkt aus dem mathematischen Formalismus. In der Diskussion der Phänomene in diesem Kapitel hat sich eher eine Auffassung herauskristallisiert, dass die Unbestimmtheit **das Wesen** der Quantenobjekte betrifft und damit eine absolute, **objektive** Unbestimmtheit ausdrückt. Dies ist im Prinzip mit dem Anti-Realismus ausgesagt und geht mit der Vorstellung des in Abschn. 6.2.1 diskutierten **Q-Ensembles** einher. Die UR bezieht sich auf ein Ensemble.

Wir stellen also die Frage, was genau die UR in der Natur ‚abbildet', auf welche Phänomene und Prozesse in der Natur sie verweist (Abb. 6.1). Kann man da noch etwas erklären, oder müssen wir die UR nach Abschn. 6.4 als unerklärbares Phänomen hinnehmen, das wir nur mathematisch beschreiben können?

13.3.1 Messung = Störung

Eine Messung stellt oft eine Störung des Systems dar, wir messen z. B. PKW-Orte und -Geschwindigkeiten mit Radarstrahlung (Beisp. 5.4), d. h., wir senden elektromagnetische Strahlung aus, die reflektiert wird. Dadurch kommt es zu einer **physikalischen Wechselwirkung** mit dem zu messenden Objekt, es wird **Energie und Impuls** übertragen.

[23] Komplementär sind Observablen, die nicht kommutieren.

Heisenbergs Erklärung W. Heisenberg hat 1927 eine Interpretation der Unbestimmtheitsrelation wie folgt vorgeschlagen:[24] Angenommen, man wollte den Ort eines Teilchens z. B. unter einem Mikroskop bestimmen, dann ginge das, analog zu den obigen PKW, nur durch Bestrahlung mit Licht. Durch den Compton-Effekt (Abschn. 3.1.3) wird durch den Rückstoß der Impuls des Teilchens verändert. Man kann den Ort dabei nur mit einer Genauigkeit in der Größenordnung der verwendeten Lichtwellenlänge auflösen. Je genauer man den Ort haben will, desto kürzer muss die Wellenlänge sein. Damit wird aber über die De-Broglie-Wellenlänge ein größerer Impuls des Photons assoziiert, d. h., der Rückstoß wird größer, und die Impulsänderung des Elektrons wird größer. Wenn man den Ort misst, stört man dabei den Impuls, und umgekehrt, wenn man das mathematisch auswertet, ergibt sich die Unbestimmtheitsrelation

$$\Delta x \Delta p \geq \hbar.$$

Dieser Vorschlag ist sehr attraktiv, denn:

- Er gibt eine (mechanische) **Erklärung** für das Phänomen der UR. In Abschn. 6.4 hatten wir die Phänomene der Quantenmechanik diskutiert, die einer Erklärung harren, hier scheint eine für ein genuines Quantenphänomen angeboten zu werden. Im Prinzip können wir unser Bild der klassischen Teilchen beibehalten. Die Störung durch eine Messung ist aber, im Gegensatz zum Beispiel der PKWs, verhältnismäßig groß. Der Eingriff bei der Messung liegt in der Größenordnung des zu messenden Effekts.
- Mit diesem Zugang hat die UR einen subjektiven Charakter. Die Vorgänge der Welt selbst sind nicht unbestimmt, es ist nur unser Zugang zur Welt durch Messung, der diese Unbestimmtheit hervorbringt.

Heisenberg hat dies für eine **Einteilcheninterpretation** formuliert. Man kann die Vorstellung **Messung = Störung** auch auf eine **Ensembleperspektive** übertragen: Hier hat die Quantenmechanik dann einen ähnlichen Status wie die kinetische Gastheorie. Bei dieser kann man sich noch prinzipiell vorstellen, alle zur vollständigen Beschreibung nötigen Parameter zu messen. In der Quantenmechanik ist das nun prinzipiell nicht mehr möglich, und wir haben eine einleuchtende Erklärung, warum. Was außer Photonen sollte man zur Messung verwenden? Man kann die Störung einfach nicht unter dieses Minimum drücken. Aber die Welt bleibt deterministisch, alle auftretenden Wahrscheinlichkeiten sind subjektiv (Abschn. 5.2.2), es gilt sozusagen das PVE.

Doppelspalt Wenn beide Spalte offen sind, haben wir keine Information über den Weg, und ein Interferenzmuster erscheint. Wenn wir Information über den Weg

[24]Für eine ausführliche Diskussion siehe [9,23,52,55,65].

Abb. 13.5 Ortsmessung durch ein Photon

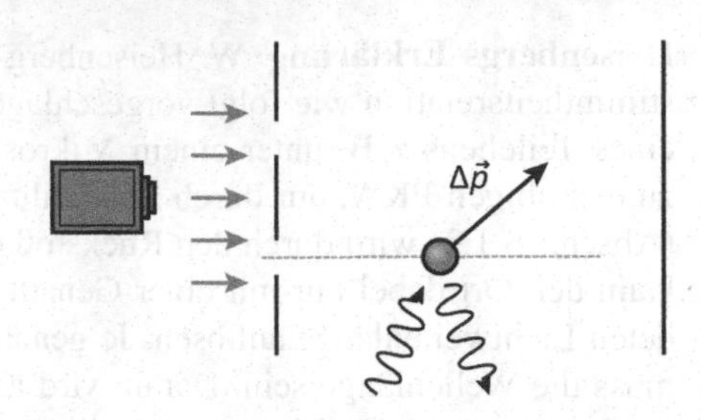

haben, verschwindet dieses (Abschn. 13.1.3). Kann man nun vielleicht durch Messung den Weg feststellen, auch wenn beide Spalte offen sind? Die Antwort mit dem *Messung* = *Störung*-Modell ist negativ.

- Damit Interferenz auftritt, müssen die Teilchen die gleiche Wellenlänge, d. h. den gleichen Impuls haben. Sonst gibt es kein Interferenzmuster (wie bei monochromatischem Licht).
- Wenn man nun mit einem Photon den Durchtrittsort bestimmen möchte, wie in Abb. 13.5 skizziert, so wird das Teilchen abgelenkt, der Impuls ändert sich, das Interferenzmuster verschwindet. Daher ist es unmöglich, den Durchtrittsort festzustellen, da diese Messung den Impuls durch einen Compton-Stoß verändert. Das Interferenzbild verschwindet, und man erhält das Bild bei der Überlagerung der Einzelspalte (Versuch 1 in Abschn. 13.1.3).
- Wenn man versucht, diese Impulsänderung klein zu machen, indem man Photonen mit geringer Wellenlänge verwendet, so ist die Wellenlänge größer als der Spaltabstand, und man kann den Durchgangsort nicht mehr auflösen.[25]

Dies ist eine **mechanische Erklärung** eines zentralen Phänomens der Quantenmechanik. Sobald man den Spaltdurchgang kennt, verschwindet das Interferenzmuster, stellt man diesen nicht fest, erscheint es. So attraktiv diese Erklärung ist, so ist sie doch nicht zutreffend:

- Bei dieser Theorie der Messung ist der **Impuls- und Energieübertrag** zentral. In diesem Fall ist es aber dann genau die Frage, warum man die Messung nicht über ein Potenzial in der Schrödinger-Gleichung behandelt. Was ist dann der Unterschied einer Wechselwirkung von einer Messung? Aber Messung in der Quantenmechanik scheint noch ein fundamentaleres Phänomen zu sein (Kap. 20), das man gerade nicht durch ein Wechselwirkungspotenzial im Hamilton-Operator darstellen kann.
- Im Prinzip könnte man dann den Effekt der Störung herausrechnen und so eventuell auf die ‚wahren' Eigenschaften der Teilchen schließen.

[25]Nach den Gesetzen der Optik benötigt man eine Wellenlänge in der Größenordnung des Objekts, um dieses auflösen zu können.

Und genau Letzteres ist in den letzten Jahren gelungen, man hat **schwache Messungen** (Yuji Hasegawa, TU Wien) umsetzen können und dabei gezeigt, dass man die Störung durch die Messung kleiner machen kann, als die UR vorgibt. Dies bedeutet nicht, dass man die UR generell unterlaufen kann, sondern dass die UR nicht auf der Störung durch eine Messung beruht, und dadurch eine **intrinsische Eigenschaft** von Quantensystemen ist.

Betrachten Sie dazu nochmals die Histogramme in Abb. 12.3. Die Breite der Verteilung gibt die Varianzen ΔA und ΔB wieder. Die einzelnen Messwerte sind jedoch in dieser Abbildung ‚scharf' eingezeichnet. Eine eventuelle Messungenauigkeit würde man z. B. durch eine gaußförmige Verbreiterung der einzelnen Linien, wie in Abb. 13.6 gezeigt, darstellen. Mit diesem Bild ist impliziert, dass die Messung der einzelnen Werte wesentlich genauer ist, als die Varianz, die durch die UR bestimmt ist. Die Störung bei der Messung muss also kleiner sein als die Unbestimmtheit, sonst könnte man diese Histogramme gar nicht vermessen [5,52, S. 365].

Die Unbestimmtheitsrelation geht nicht auf Störungen bei einer Messung zurück.

Bei der Diskussion der Messung in Kap. 20 werden wir sehen, dass eine **physikalische Störung,** bei der Energie und Impuls übertragen wird, für die Unbestimmtheitsrelation gar nicht nötig ist. Einen Vorgeschmack haben wir schon bei der Messung des Teilchens im Kasten (Abb. 12.6) und bei Schrödingers Katze (Abb. 13.4) bekommen: Hier tritt gar keine solche Störung bei der Messung auf, es wird einfach die Klappe aufgemacht und nachgeschaut. Dabei wird kein Impuls und keine Energie übertragen. Das mit der Messung scheint also subtiler zu sein.

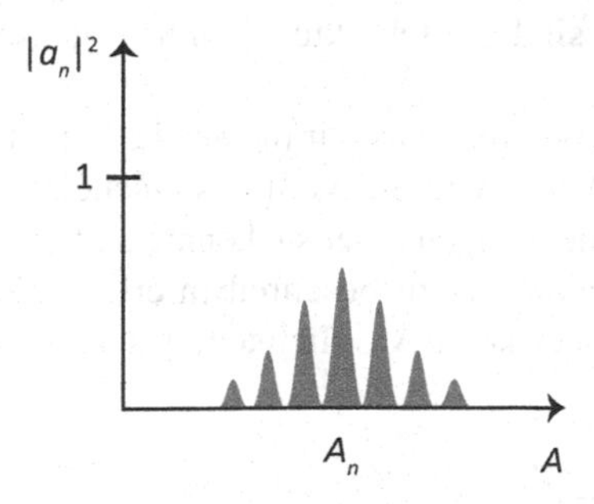

Abb. 13.6 Die Unbestimmtheit der Größe A ist durch die Varianz der Messergebnisse gegeben. Diese kann man durch die Halbwertsbreite der einhüllenden Gauß-Kurve abschätzen. In Abb. 12.2 haben wir die Eigenwerte A_n noch als scharfe Linien dargestellt, die (klassische) Messungenauigkeit ist nun durch eine Verbreiterung der Linien repräsentiert. Diese Messungenauigkeit ist aber kleiner als die Unbestimmtheit

13.3.2 ‚Objektive' Unbestimmtheit

In Kap. 6 haben wir die Möglichkeit diskutiert, dass Gesetze, die grundlegende Tatsachen formulieren, diese gerade nicht erklären können. Mit den Axiomen (Abschn. 5.1.1) werden weitreichende Hypothesen aufgestellt, die z. B. die Linearität der Operatoren und damit das Superpositionsprinzip beinhalten, sowie die Nicht-Vertauschbarkeit von Operatoren. Als direkte Folge dieses Formalismus haben wir die UR erhalten. In dieser Perspektive ist die UR prinzipiell unerklärbar, sie ist eine unhintergehbare Grundtatsache der Quantenwelt. Betrachten wir daher die obige Version 3 der UR, nach der das Vorgehen wie folgt aussehen könnte:

- Man präpariert ein Ensemble, d. h. ein System mit der Wellenfunktion Ψ, und teilt das Ensemble.
  - Man misst an einem Teil des Ensembles die Observable A.
  - Man misst an einem anderen Teil des Ensembles die Observable B.
- Das Produkt der Standardabweichungen dieser Observablen gehorcht einer Unbestimmtheitsrelation.

In diesem Fall hat die Streuung der Variablen gar nichts mit einer physikalischen Störung zu tun, die Messung von A kann gar nicht zu einer ‚Störung' von B führen. Man muss sagen, dass der Zustand **intrinsisch** nicht genauer bestimmt ist. Wie kann man das sehen?

- Wir verstehen die Quantenmechanik als Abbild der Welt, die Quantenmechanik beschreibt die Welt, so wie sie ‚ist'. Es ist eben nicht so, dass die Unbestimmtheit aus einer Störung durch die Messung entsteht, sondern sie ist immer schon da. Komplementäre Eigenschaften liegen in den Quantenobjekten nicht genauer vor, die Quantenobjekte **haben** keine Eigenschaften, die genauer also durch die UR bestimmt sind. Dann sind die Objekte in ihren Eigenschaften unbestimmt, die Welt ist per se so.[26]
- Die Quantenmechanik gibt an, was wir messen können. Das, was wir messen und beschreiben, ist die Weise, wie die Welt uns erscheint. Wie die Welt ‚wirklich' ist, können wir nicht mehr sagen, aber sie könnte anders sein, z. B. determinierter, als die Quantenmechanik uns zu beschreiben erlaubt. Zumindest innerhalb der Quantenmechanik gibt es keine Möglichkeit, das weiter zu hinterfragen.[27]

---

[26]Beispiel: Wenn der Zustand durch ein Wellenpaket gegeben ist, dann **hat** das Elektron keinen definierten Ort und Impuls. Dies liegt nicht an der Begrenzung eines Beobachters, sondern ist in der Natur der Dinge angelegt bzw. zeigt sich in der mathematischen Darstellung. Nichts in dieser Darstellung erlaubt eine genauere Bestimmung von x und p, als es die UR zulässt. Die UR ist eine objektive Eigenschaft der Quantendinge dieser Welt. In unserer Makrowelt bekommen wir das nur nicht mit, da die UR klein ist im Vergleich dazu, was wir in der Makrowelt messen.

[27]Aber natürlich kann man sich immer auf den Standpunkt stellen, dass die Quantenmechanik hier nicht das letzte Wort hat und wir irgendwann eine Theorie entwickeln, die mehr kann.

Diese Unterscheidung zieht sich in der philosophischen Diskussion durch die Jahrhunderte. Der Punkt ist, man kann diese Unterscheidung offensichtlich aussprechen, indem wir eine Welt ‚hinter' ihrer Darstellung annehmen, aber es gibt keine Methode der Welt, diese zwei Fälle zu unterscheiden. Insofern ist der Unterschied ein gedachter und empirisch nicht zugänglich. Die Welt ist immer eine sprachlich erfasste, noch einmal ‚hinter' der Sprache die Welt zu fassen zu versuchen, scheint in dieser Perspektive nicht sinnvoll. Aber die Sprache kann doch nicht das letzte Wort sein? Es gibt doch eindeutig bessere und schlechter Theorien, also gelungenere und weniger gelungene sprachliche Zugänge! Uff.

13.4 Zusammenfassung

Unbestimmtheit und Superpositionen Superpositionen treten in der Quantenmechanik überall auf, aus ihnen ergibt sich die Unbestimmtheit. Wenn ein Zustand als Superposition von Eigenfunktionen geschrieben wird, dann sind die entsprechenden Eigenschaften unbestimmt. Die **Unbestimmtheit** ist auch ein genuin neues, quantenmechanisches Phänomen. Sie lässt sich nicht als klassische **Unschärfe** deuten in dem Sinne, dass man etwas nicht so genau weiß oder nicht so genau festgestellt hat, dieses aber besser feststellen könnte. In Kap. 5 haben wir darauf hingewiesen, dass es in der Quantenmechanik eine Grenze der Präparierbarkeit gibt, die durch die Unbestimmtheitsrelationen gesetzt ist. In Abschn. 13.1.5 haben wir am Beispiel des Drehimpulses die drei Aspekte der Unbestimmtheit diskutiert: (i) Man kann keine Eigenwerte eines Operators berechnen, (ii) die **Superposition kann einen neuen Zustand** darstellen, dessen Eigenschaften sich nicht z. B. additiv aus den superponierten Zuständen ergeben, und (iii) man kann **Erwartungswerte** berechnen, die sich nicht als Eigenschaften **eines** Teilchens deuten lassen.

Kein Bild der Welt und typische Eigenschaften Ein Beispiel ist der Erwartungswert $\langle \hat{L}_x \rangle$ im $\hat{L}_z$-Eigenzustand. Dieser verschwindet, obwohl man bei Messung $\pm\hbar$ feststellen würde. Und dennoch macht es Sinn, von **typischen Eigenschaften** der Quantensysteme zu reden. In Abschn. 13.2.2 haben wir gesehen, dass der Antirealismus der **gängigen wissenschaftlichen Rede** von Dipolmomenten, Atomradien etc. nicht gerecht wird. Diese Systeme sind durch Eigenschaften charakterisiert, die sich aus ihrem Aufbau und Zusammensetzung ergeben. Allerdings sind diese Eigenschaften nur als gemittelte Größen zu verstehen. Wir haben dies aber nur an wenigen Beispielen diskutiert, wir werden noch genauer erläutern müssen, ob man eine sinnvolle Rede von typischen Eigenschaften von den Fällen klar abgrenzen kann, bei denen die realistische Interpretation von Erwartungswerten nicht sinnvoll ist.

Interpretationsmodelle Wir haben in diesem Kapitel einige Modellvorstellungen diskutiert: Gemeinsam ist ihnen, dass sie Superpositionen durch klassische Vorstellungen beschreiben, dabei aber den Gehalt der Superpositionen nicht wirklich erfassen: Superpositionen repräsentieren Zustände, deren Bedeutung sich eben gerade nicht ausschließlich durch die Zustände ausdrücken lässt, aus denen sie gebildet sind. Das ist genau der Witz der neuen Quantentechnologien, wie sie z. B. möglichen Quantencomputern unterliegen, dass über Superpositionen Zustände zur Verfügung stehen, die klassisch nicht auftauchen.

Die Modellvorstellungen erlauben aber eine **objektive Beschreibung** des Mikrokosmos, wo die Quantenmechanik selbst nie ohne den Bezug auf das Experiment auskommt. Dies geschieht, indem die Interferenzterme $a_1 a_2$, die keine objektive Beschreibung zulassen (Kap. 12), auf spezifische Weise interpretiert werden, und die quantenmechanische Unbestimmtheit damit auf klassische Bilder vereindeutigt wird. Wir können diese Konzepte mit Varianten der Interpretation identifizieren:

- **Einteilcheninterpretationen**
  - **Materieverschmierung:** Hier ist das Teilchen über die Zustände Φ_n verschmiert, man findet dieses Konzept als Elektronendichte wieder, wenn sie so interpretiert wird, als sei die Ladung **eines** Elektrons über das ganze Orbital verteilt. Die Interferenzterme sind also Indiz für eine kontinuierliche Verteilung über die Zustände Φ_n.
  - **Überall gleichzeitig:** In dieser Weise wird meist über den Doppelspalt geredet. Die Interferenzterme werden so interpretiert, dass das Teilchen in allen Zuständen Φ_n gleichzeitig ist.
- **Klassische Ensembleinterpretationen:** Die Quantenmechanik verwendet den Ensemblebegriff, was leicht zu Verwechslung mit klassischen Ensembles führt. Hier werden die Interferenzterme $a_1 a_2$ als Unwissen interpretiert, in welchem der Zustände Φ_n das Teilchen ist. Wir haben an dieser Stelle den Unterschied zwischen klassischem Unwissen und quantenmechanischer Unbestimmtheit näher ausgeführt.

Hier kommt nicht in den Blick, dass die Interferenzterme zum Einen der Grund für die Nichtanwendbarkeit der Ignoranzinterpretation sind, was durch das PBR-Theorem (Kap. 6) klar formuliert wird. Zum Anderen sind die Interferenzterme wesentlich für den Zustand. $|\Psi(r)|^2$ aus Gl. 13.3 beschreibt einen anderen Zustand mit anderen Eigenschaften als Gl. 13.4. Diese Interferenzterme beschreiben einen manifesten physikalischen Effekt.

Neue Begriffe Daher ist es wichtig, das quantenmechanische Vokabular, nämlich **Delokalisierung, Unbestimmtheit** und **Superposition,** als neue Fachbegriffe zu begreifen und konsequent zu verwenden. Diese Begrifflichkeit ist nicht rückführbar auf andere quasi-klassische Konzepte und Begriffe. Mathematisch sind die Quantenphänomene gut zu verstehen, sie sind aber nicht in der Umgangssprache darstellbar, die auf klassische Konzepte zurückgreift. Die Welt der Quantenmechanik ist in gewisser Weise reichhaltiger als die klassische Welt, und dieses Plus, das sich eventuell in neuen Quantentechnologien äußern wird, lässt sich nicht auf klassische Anschauungen zurückführen.

Orbitale Diese sind die Manifestation von Delokalisierung und Unbestimmtheit in Atomen und Molekülen. Als Chemiker sind wir nun gewohnt, mit diesen Orbitalen zu operieren: Fehlt uns die Rede über die Trajektorien der Elektronen? Nun, wir basieren Erklärungen, z. B. der chemischen Bindung (Kap. 16 und 25) auf dem Orbitalbild, können sogar die räumliche Anordnung der Atome in einem Molekül in dieser Weise verstehen (Kap. 26). Das Orbitalbild hat die Quantenphänomene UR, Quantisierung und Interferenz quasi eingebaut, und die Frage nach den Elektronentrajektorien stellt sich gar nicht mehr. Wir verwenden nun diese Objekte als Elemente chemischer Erklärungen, klassische mechanische Begriffe scheinen gar nicht nötig. Auch das bedeutet es, eine neue Sprache zu lernen.

Erklärung der Quantenphänomene In Abschn. 6.4 haben wir dafür argumentiert, dass man die grundlegenden Quanteneigenschaften zwar sehr gut beschreiben aber keine **physikalische Erklärung** geben kann. Wir haben gesehen, dass man diese Phänomene z. T. **mathematisch verstehen** kann, man kann auch historisch nachvollziehen, wie es gelang, die Quantenphänomene in der Theorie der Quantenmechanik konzeptionell zu fassen. Wir haben durch die Verwendung einer Wellengleichung Interferenzphänomene beschreiben können, und wir haben diese in all den diskutierten Beispielen wiedergefunden. Es ist aber per se unklar, warum Objekte, die wir gewillt sind, als Teilchen aufzufassen, solche Eigenschaften haben sollten. Kann man erklären, warum Interferenz auftritt? Für Wasserwellen verstehen wir Interferenz, wir können sie erklären. Wenn man sagt, dass die Teilchen per se Wellen sind (!), scheint hier eine Erklärung vorzuliegen, die ein Verständnis ermöglicht. Diese Vorstellung haben wir in Kap. 6 als Scheinerklärung ausgewiesen, da sie das zu Erklärende als Natur der Dinge behauptet.

Eine Erklärung scheint also nach einem **mechanischen Modell** zu fragen, welches deutlich macht, wie und warum dieses Phänomen auftritt. Die Heisenberg'sche Erklärung der Unbestimmtheit wäre in diesem Sinn ein überaus befriedigendes Modell. Leider wird sie den quantenmechanischen Phänomenen nicht gerecht, wir werden dies in den Kap. 21 und 29 vertiefen. Es gibt also keine Erklärungen für die Quantenphänomene, zumindest nicht ‚innerhalb' der hier vorgestellten Quantenmechanik (Kap. 6). Und eine klassische Veranschaulichung, wie an den verschiedenen Beispielen in diesem Kapitel gezeigt, scheint systematisch zu kurz zu greifen.

Die quantenmechanische **Unbestimmtheit** ist also ein zentrales Faktum der Mikrowelt, welches mathematisch eine direkte Folge des verwendeten Operatorformalismus ist. Wir sehen, wie mathematische Beschreibung und physikalische Effekte ineinandergreifen: Die Axiome sind zwar nicht direkt aus der Empirie ableitbar, aber sie wurden so gewählt, dass sie die grundlegenden quantenmechanischen Phänomene quasi ‚in sich tragen'. Die Quantenphänomene haben wir in Abschn. 4.2.1 als direkte Folge der mathematischen Beschreibung identifiziert.

Teil III
Chemische Konzepte

Quantenmechanische Phänomene An den Modellpotenzialen in Teil II haben wir bestimmte charakteristische Phänomene der Quantenmechanik, nämlich **Quantisierung**, **Nullpunktsenergie** und **Tunneln**, diskutiert. Diese sind eine direkte Folge der Wellenhypothese, nämlich dass Materie durch eine Wellengleichung zu beschreiben ist.

In diesem Teil wollen wir daher demonstrieren, auf welche Weise diese Quantenphänomene in der Chemie auftreten. Dabei spielen die Modellpotenziale aus Teil II eine zentrale Rolle: Wir zeigen, dass sich viele chemische Problem auf eine **mathematische Form** bringen lassen, deren Lösung durch die Wellenfunktionen der Modellpotenziale schon gegeben sind. Daher entwickeln wir hier ein **grundlegendes Verständnis** zentraler **physikalisch-chemischer Konzepte** und besprechen der Reihe nach die Anwendungen der in Teil II eingeführten Modellpotenziale und die damit zusammenhängenden physikalisch-chemischen Modellvorstellungen:

- **Kastenpotenzial:** Quantenmechanisches ideales Gas und das Konzept der thermischen Anregung. Modell für angeregte Zustände von Polyenen und Konzept der Anregung durch elektromagnetische Wellen.
- **Harmonischer Oszillator:** Vibrationsspektren von Molekülen, am Beispiel der Dimere.
- **Rotor:** Rotationsspektren von Molekülen, am Beispiel der Dimere.
- **Coulomb-Potenzial:** Chemische Bindung, am Beispiel des H+-Moleküls. Kombination der Coulomb-Potenziale der Atomkerne im Molekül und Bildung der Molekülorbitale.
- **Potenzialbarriere:** Zentral für den Tunneleffekt in der Chemie.

Modellpotenziale Dabei sind einige Aspekte bemerkenswert:

- Die Modellpotenziale stellen in den Anwendungen **Idealisierungen** dar. Kein reales Problem wird genau durch solche Potenziale beschreibbar sein. Aber analytische Lösungen sind nur für diese Modellpotenziale zu haben. Wenn man ein chemisches Problem daher durch solch ein Potenzial darstellen kann, erhält man eine näherungsweise Lösung, die wichtige **konzeptionelle Einsichten** erlaubt.
- Die Modellpotenziale beschreiben **ein** Teilchen in einer Umgebung, die mit diesem in Form dieses Potenzials wechselwirkt. Eine Kunst der Anwendung der Quantenmechanik besteht daher darin, geeignete Potenziale anzusetzen.

Moleküle bestehen aus Atomkernen und Elektronen. Was ist nun die Umgebung, die das Potenzial $V(x)$ hervorbringt? Elektronen sind nun so klein und leicht, sodass sie immer als Quantenteilchen betrachtet werden müssen, bei den Atomkernen hängt das von der Anwendung ab:

- Oft werden die Atomkerne als klassische Punktladungen der Masse M betrachtet, so wie das beispielsweise bei der Lösung des Wasserstoffatoms geschah. Dann löst man die **elektronische Schrödinger-Gleichung**, man sucht nur nach der Wellenfunktion für die Elektronen und deren Quantenzustände, d. h. quantisierten Energien. Die Kerne werden hierbei als klassische Teilchen betrachtet. Hier sind also die Atomkerne die Umgebung, die das Potenzial erzeugen. Dies werden wir z. B. auch bei der Lösung für das H+-Molekül verwenden.
- Bei genauerer Betrachtung, wie z. B. bei der Molekülspektroskopie, zeigen jedoch auch die Kernbewegungen Quanteneffekte, sie sind nur kleiner als die der Elektronen. In diesem Fall muss man auch die Atomkerne quantenmechanisch betrachten. Diese Kerne bewegen sich im elektrostatischen Feld der Elektronen, nun sind es also die Elektronen, die die Umgebung der Kerne darstellen und das Potenzial erzeugen.

In den Anwendungen werden jeweils die einen als Umgebung angesetzt, die in Form eines Potenzials auf die anderen einwirken.

- Am Beispiel der Polyene in Kap. 14: Hier werden die Wechselwirkungen der Atomkerne und Elektronen als ein effektives Kastenpotenzial für die Elektronen modelliert.
- Und umgekehrt, im Falle der chemischen Reaktionen in Kap. 17 und der Molekülschwingungen in Kap. 15, sind Elektronen die Umgebung, die ein effektives Potenzial für die Kerne bilden. Unterschiedliche Kernkoordinaten führen in der Umgebung der Elektronen zu unterschiedlichen potenziellen Energien. Hier wird das Konzept der **Potenzialenergiekurven** eingeführt.

- **Wie wird die Schrödinger-Gleichung gelöst?**
  - **Analytisch** lösbar sind nur Probleme für **ein** Teilchen in bestimmten Potenzialen. Daher werden wir hier die Probleme entsprechend formulieren, dass sie als Einteilchenprobleme darstellbar sind.[1]
  - Für zwei Atomkerne, wie bei den Moleküldimeren, kann man die Tricks der Mechanik verwenden und mit einer Koordinatentransformation die Probleme auf eine Gestalt bringen, die dann wie die schon gelösten Einteilchenprobleme aussehen. Daher werden wir uns in diesem Buch hauptsächlich mit 2-Teilchenproblemen befassen. Die modellhafte Anwendung geschieht anhand von Moleküldimeren. Die Behandlung komplexerer Moleküle wird, darauf aufbauend, nur numerisch möglich sein.
  - Sobald wir aber beispielsweise **zwei** (oder mehr) Elektronen im Kernpotenzial des He-Atoms (oder anderen Atomen/Molekülen) haben, gibt es keine solchen Tricks mehr, eine analytische Lösung ist nicht mehr möglich. Die nun nötigen Näherungen und **numerischen** Lösungen werden wir in Teil V besprechen.

Trotz dieser Einschränkungen repräsentieren diese ersten Anwendungen wichtige Konzepte und Beispiellösungen, die ein Verständnis der Materie erlauben. Es ist also das zentrale Anliegen dieses Abschnittes zu verstehen, wie die **grundlegenden Konzepte der Quantenmechanik** auf die Chemie angewendet werden können, und hier dann zu **zentralen Konzepten der Chemie** führen. Dazu müssen die chemischen Probleme in einer Weise dargestellt werden, dass die analytischen Lösungen auf sie anwendbar werden, was genau ein konzeptionelles Verständnis chemischer Probleme ermöglicht. Für die meisten Probleme gibt es heute numerische Lösungen, es gibt viele Computerprogramme, die chemische Probleme lösen können. Um aber zu verstehen, was diese machen, sind die hier vorgestellten chemischen Konzepte wichtig.

Chemische Konzepte Die Modellpotenziale führen über die idealisierten Lösungen dann direkt zu den **zentralen chemischen Konzepten**, wir sprechen von

- der **elektronischen Struktur** eines Moleküls, d. h. den Quantenzuständen der Elektronen im klassisch beschriebenen (Coulomb-)Potential der Atomkerne.
- der **kovalenten (chemischen) Bindung**, die durch die Überlagerung von Orbitalen benachbarter Atome im Molekül entsteht.
- **Potenzialenergiekurven**, d. h. einer grafischen Darstellung der potenziellen Energie des Moleküls in Abhängigkeit der Kernkoordinaten. Dies beruht auf der **Born-Oppenheimer-Näherung**.

[1]Analytisch meint hier, dass wir mit einigem Aufwand eine exakte Lösung mit den Methoden der Analysis und/oder (linearen) Algebra erhalten. Die numerische Mathematik beschäftigt sich u. a. mit der Lösung von Differentialgleichungen oder linearen Gleichungssystemen mit Computerhilfe.

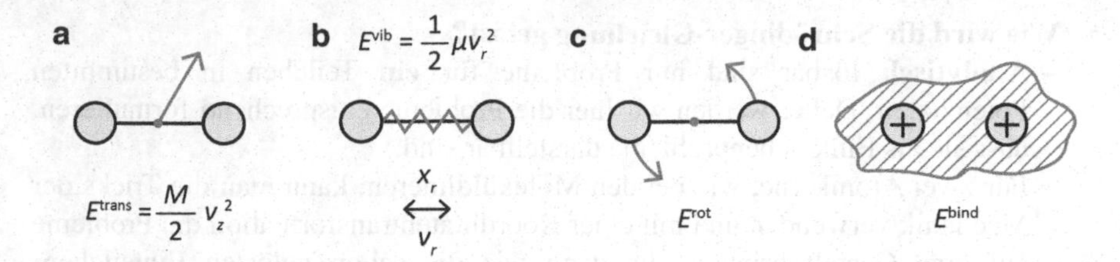

Abb. 1 (a) Translations, (b) Vibrations, (c) Rotations und (d) elektronische Beiträge zur Energie eines Moleküls

- **Rotations- und Schwingungsspektren**: Auch diese Freiheitsgrade sind quantisiert.
- **thermisch und licht**induzierten Übergängen zwischen Quantenzuständen. Dies betrifft insbesondere die Spektroskopie, bei der Aufschluss über die Struktur von Molekülen durch die energetischen Abstände der Quantenzustände erhalten wird.
- **Tunneln** von Protonen und Elektronen in chemischen Reaktionen.

Molekulare Freiheitsgrade und Spektroskopie In Bd. I (Kap. 16, Kinetische Gastheorie) hatten wir die Energie eines Moleküls in Bezug auf seine Bewegungsfreiheitsgrade wie in Abb. 1 charakterisiert. Dort war die Translation das dominierende Thema, wir hatten die Moleküle in der kinetischen Gastheorie als Kugeln genähert und als klassische Teilchen betrachtet. In Kap. 14 werden wir diese Translationsbewegung quantisieren, mit Hilfe des Modells des Kastenpotenzials. In der Spektroskopie werden uns nun die anderen Freiheitsgrade vermehrt interessieren. Zunächst die Rotation und Vibration, aber später auch die elektronischen Freiheitsgrade, die von den elektronischen Zuständen wie in Kap. 16 besprochen, abhängen. Alle **Freiheitsgrade sind quantisiert**, und wir werden durch Anwendung der Modellpotenziale die Details dieser Quantisierung besser verstehen. Für jeden Freiheitsgrad kommt ein anderes Modell zum Einsatz. In diesem Teil geht es

- zum einen um das modellhafte Verstehen der **Energie von Molekülen** sowie **deren Bewegungsformen.**
  - Abb. 1a-c indiziert eine chemische Bindung zwischen den Atomen. In Kap. 16 werden wir verstehen, wie diese zustande kommt.
  - Für das H-Atom haben wir die elektronischen Zustände, d. h. die Quantenzustände der Elektronen im Atom, analytisch gelöst. In Kap. 16 werden wir am Beispiel H+ sehen, wie wir diese Zustände analog für komplexere Moleküle erhalten können.
- zum anderen darum zu verstehen, auf welche Weise Moleküle Energie aufnehmen oder abgeben können.
  - **Optische Übergänge:** Hier wird Licht absorbiert oder emittiert, wobei die Elektronen von einem Quantenzustand in einen anderen übergehen. Diesen

Vorgang werden wir in Kap. 14 anhand der Polyene mit dem Kastenmodell diskutieren. In Kap. 16 werden wir sehen, wie man verschiedene elektronische Zustände quantenmechanisch verstehen kann.

- **Schwingungsübergänge:** Die Schwingung eines Moleküls kann durch den harmonischen Oszillator angenähert werden. Insbesondere sind die oben gefundenen Lösungen des harmonischen Oszillators auf zweiatomige Moleküle direkt anwendbar. Schwingungsübergänge sind dann Übergänge zwischen den einzelnen Schwingungsniveaus mit n = 0, 1, 2, 3... Das Molekül absorbiert oder emittiert Licht und ändert seinen Schwingungszustand.
- **Rotationsübergänge:** Ebenso verhält es sich mit den Rotationsniveaus. Ein Molekül kann durch Aufnahme oder Abgabe eines entsprechenden Lichtquants zwischen den Rotationsniveaus wechseln.
- **Kinetische Energie:** Auch diese ist quantisiert, was wir mit Hilfe des Kastenpotenzials verstehen.

Für das Kastenpotenzial finden wir

$$E_n \sim \frac{\hbar}{mL^2} n^2.$$

Hieran verstehen wir, dass die Energien (i) quantisiert sind, es tritt $\hbar$ und eine Quantenzahl auf, d. h., es gibt Energieportionen, deren Größenordnung von $\hbar$ bestimmt ist, (ii) dass die Masse der Teilchen eine entscheidende Rolle spielt, für Elektronen finden wir 2000-mal größere Energieabstände als für Atomkerne, und (iii) dass die Energie von der Dimension L des Potenzials abhängt. Wenn wir Quantenteilchen auf sehr kleinem Raum einsperren, wird die Quantisierung ausgeprägter sein.

Aufnahme und Abgabe von Energie Moleküle können Energie aufnehmen oder abgeben. Nach der Quantenmechanik muss dabei das Molekül von einem Quantenzustand in den anderen übergehen, wie in Abb. 2 skizziert. Dies stellt im Prinzip nur die **Energieerhaltung** sicher. Die prinzipielle Beschreibung für die verschiedenen Freiheitsgrade ist damit identisch. Man findet für jeden Freiheitsgrad ein Spektrum von Energieniveaus, und die Aufnahme oder Abgabe von Energie induziert die Übergänge. In Abb. 2 ist die **Absorption oder Emission von Licht** dargestellt. Dabei muss die Energie des Lichts hν der Energiedifferenz $Ej - E_i$ des Übergangs entsprechen. Allerdings kann ein Übergang auch **thermisch** stattfinden: Ein Molekül kann Wärme aufnehmen, wenn die Energiedifferenz nicht viel größer als die **thermische Energie kT** ist. Der springende Punkt ist nun: Für die verschiedenen Freiheitsgrade ist die Energiedifferenz sehr unterschiedlich, die Freiheitsgrade können also durch Licht sehr unterschiedlicher Wellenlänge angeregt werden. Und nur bei der Translation und Rotation sind die Energieunterschiede so klein, dass eine **thermische Anregung** möglich ist.

Die Anwendung der Quantenmechanik auf die Chemie erklärt also auch nicht, warum chemische Phänomene quantisiert sind, sondern verortet die Moleküle im

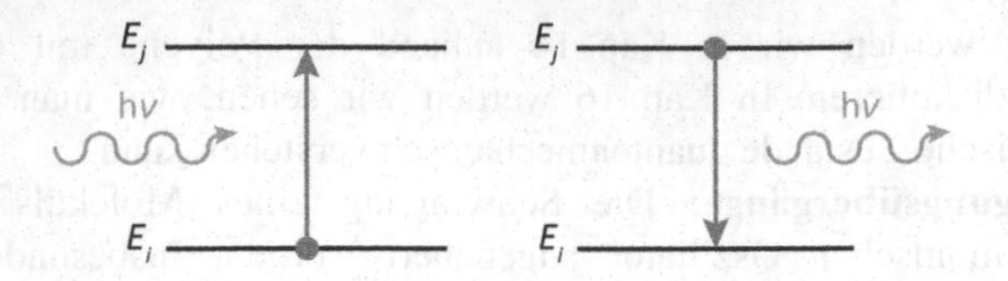

Abb. 2 Aufnahme/Abgabe eines Lichtquants durch ein Molekül. Dabei werden Übergänge zwischen den Quantenzuständen induziert. Diese beiden Prozesse nennt man induzierte Absorption und **spontane** Emission

Reich der Mikrophysik: Weil Moleküle so klein sind, fallen sie in das Regime der Quantenmechanik. Die Quantenmechanik erklärt, **warum** eine chemische Bindung auftritt und für welche Atomverbände diese auftritt: Hier kann man nun, wie in Kap. 16 ausgeführt, die auftretenden Energiebeiträge analysieren und verstehen, wann es zu einer Stabilisierung der Atome im Molekülverband kommt. Und sie erklärt, warum beispielsweise Rotation und Schwingung bei unterschiedlichen Wellenlängen absorbieren, warum Protonen und Elektronen tunneln etc. D. h., in der Anwendung auf die Chemie erhalten wir durch die entwickelten Konzepte Erklärungen für den Aufbau und das Verhalten der Materie.

Lernziele In diesem Teil sollten Sie übergreifend Folgendes verstehen:

- Wie und in welcher Form treten die Quantenphänomene Quantisierung, Nullpunktsenergie und Tunneln in der Chemie auf?
- Welche Modellpotenziale werden für welches chemisches Phänomen eingesetzt?
- Was sind die zentralen physikalisch-chemischen Konzepte und wie resultieren sie aus der Anwendung der Modellpotenziale?
- Welche molekularen Freiheitsgrade gibt es, und welche Potenziale beschreiben diese?
- In welchem Wellenlängenbereich sind Anregungen durch Licht möglich, welche Freiheitsgrade können thermisch angeregt werden?
- Welche Tricks und Kniffe müssen wir verwenden, um die Modellpotenziale auf die Chemie anwenden zu können?
- Kerne und Elektronen: Wann stellt wer die Umgebung (modelliert durch das Potenzial) dar und wann/wer das Quantenteilchen im Potenzial?

Kastenpotenzial: Ideales Gas und π-Elektronensysteme

14

Für ein freies Quantenteilchen mit $V(x) = 0$ sind ebene Wellen als Lösungen nicht normierbar (Kap. 7), und können daher nicht verwendet werden. Eine Lösung sind Wellenpakete, oder die räumliche Beschränkung durch ein Kastenpotenzial (Abb. 14.1a). Wie in Kap. 7 eingeführt, beschreibt dieses **ein** Teilchen, dessen Bewegung in x-Richtung auf einen Bereich der Länge L eingeschränkt ist, ansonsten unterliegt das Teilchen keiner weiteren Wechselwirkung. Da keine weitere potenzielle Energie vorhanden ist, ist es die **kinetische Energie,** die quantisiert ist, und das Teilchen kann sich in einem der Eigenzustände in Abb. 14.1b befinden.

Die Lösungen wurden explizit für ein einzelnes Teilchen entwickelt. Betrachten wir Abb. 13.7a, können wir damit sofort die kinetische Energie eines quantenmechanischen Teilchens bestimmen: Es ist in einem der Energiezustände (Gl. 7.21)

$$E_n = \frac{\hbar^2 \pi^2}{2mL^2} n^2 \tag{14.1}$$

des Kastenpotenzials.

Als **Modell in der Chemie** wird das Kastenpotenzial aber auch für mehrere Teilchen verwendet. E_n ist dann die quantisierte kinetische Energie der Teilchen. Wir besprechen zwei zentrale Anwendungen:

- **Quantenmechanisches ideales Gas:** Für ein Gasatom setzen wir hier für m die atomare Masse ein, für einen Dimer die Gesamtmasse des Dimers $m = m_1 + m_2$. L ist dann die Länge des Behälters.
- **Elektronen in konjugierten Molekülen:** m ist die Elektronenmasse, L die Länge des konjugierten Moleküls.

Zentrale Konzepte Wenn man ein System mit N Teilchen betrachtet, wie sind diese auf die Zustände Φ_n in Abb. 14.1 verteilt? Hier gibt es drei wichtige Konzepte, die das regeln:

© Springer-Verlag GmbH Deutschland, ein Teil von Springer Nature 2021

M. Elstner, *Physikalische Chemie II: Quantenmechanik und Spektroskopie*,
https://doi.org/10.1007/978-3-662-61462-4_14

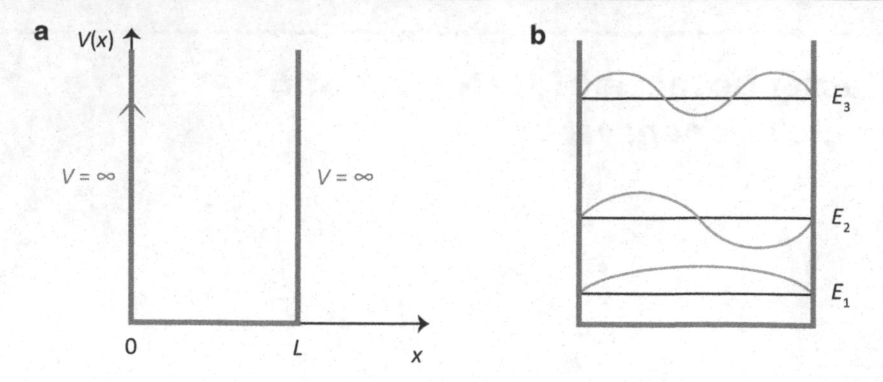

Abb. 14.1 a Potenzialtopf und **b** Eigenfunktionen $\Phi_n(x)$, aufgetragen an den entsprechenden Eigenenergien E_n

- **Besetzung der Zustände:** Wie viele von ihnen sind jeweils in einem Zustand? Hier ist ein Konzept wichtig, das wir in Kap. 23 genauer besprechen werden. Es gibt zwei Typen von Teilchen, die sich genau in der Art und Weise der Besetzung unterscheiden:[1]
  - **Gasatome (und Moleküle)** können in beliebiger Anzahl einen Zustand bevölkern. Diesen Teilchentyp nennt man **Bosonen.**
  - Elektronen sind **Fermionen,** für die nur eine Zweifachbesetzung von Zuständen möglich ist, mit entgegengesetztem Spin.

  Daher illustrieren diese Modelle auch das unterschiedliche Verhalten dieser Teilchentypen.
- **Formen der Anregung:** Wir haben bisher nur die **möglichen** Zustände berechnet, aber in welchem Zustand ist das Teilchen ‚wirklich', d. h., welche Energie hat das Teilchen im Kasten? Im energetisch niedrigsten Zustand, dem **Grundzustand,** nimmt man an, dass die Teilchen die Zustände niedrigster Energie bevölkern. Unter welchen Umständen aber können sich die Teilchen auch in höheren Energiezuständen befinden, in den sogenannten **angeregten Zuständen?** Wir werden zwei Formen der Anregung diskutieren,
  - die **thermische Anregung**
  - und die Anregung durch **elektromagnetische Strahlung.**

  Wenn sich mehrere Teilchen in dem Kastenpotenzial befinden, wie sind diese auf die Zustände verteilt?
- **Wechselwirkung:** Teilchen in der Chemie haben gewöhnlich eine Wechselwirkung untereinander, z. B. über Ladungen, chemische Bindungen oder über Van der Waals Wechselwirkungen. Wie berücksichtigt man diese in dem Kastenpotenzial?

[1] Der Zusammenhang von Teilchentyp und Besetzung wird in der statistischen Thermodynamik (Bd. III) ausführlicher diskutiert.

- Zum einen hat man den Fall des **idealen Gases.** Hier ist die Wechselwirkung zwischen den Teilchen vernachlässigbar. D. h., die Teilchen werden über die Zustände des Kastenpotenzials verteilt sein, ohne dass man sich über die Wechselwirkung Gedanken machen muss.
- Wenn man jedoch mehrere Elektronen in dem Kastenpotenzial betrachtet, wie bei dem Modell für **elektronische Anregungen in π-Elektronensystemen,** scheint eine Vernachlässigung der Wechselwirkung nicht mehr realistisch. Das Kastenpotenzial muss in diesem Fall also in effektiver, d. h. gemittelter, Weise die Wechselwirkungen zwischen den Kernen mit den Elektronen, und aber auch zwischen den Elektronen untereinander, beinhalten. Das Modell kann die Anregungsenergien der Elektronen in π-Elektronensystemen passabel wiedergeben, d. h., konzeptionell scheint dies zu funktionieren. Dies wird uns auf das Konzept der **effektiven Potenziale** bringen, die zentral für die Quantenchemie sind und in Teil IV besprochen werden.

14.1 Formen der Anregung

Im energetisch niedrigsten Zustand werden die Teilchen derart auf die Zustände verteilt sein, dass die Energie minimal ist. Hier muss man die beiden Teilchentypen, wie oben angesprochen, unterscheiden:

- Wenn man ein ideales Gas mit N Gasatomen betrachtet, können sich diese N Atome im Prinzip alle in dem niedrigsten Zustand, siehe Abb. 14.1b, befinden.
- Elektronen dagegen bevölkern die Zustände nur paarweise (‚Pauli-Prinzip'), d. h., wenn man N Elektronen hat, sind zwei im energetisch niedrigsten Niveau, und jeweils zwei bevölkern die höher liegenden Zustände. D. h., im Zustand niedrigster Gesamtenergie für N Elektronen sind die $N/2$ niedrigsten Energiezustände mit jeweils zwei Elektronen besetzt.

Nun stellt sich die Frage, wie die Besetzung unter experimentellen Bedingungen aussieht. Hier ist es entscheidend, welchen Wechselwirkungen das System ausgesetzt ist. In diesem Buch betrachten wir Wechselwirkungen über elektromagnetische Strahlung, über thermische Wechselwirkungen und über Magnetfelder (Kap. 19), in diesem Kapitel sind jedoch nur die ersten beiden relevant. Wie beschreibt man nun diese Wechselwirkungen?

- **Thermisch:** Mit Hilfe der Thermodynamik bzw. kinetischen Gastheorie (statistischen Thermodynamik). Man nimmt an, dass das System im Gleichgewicht mit der Umgebung ist, und erhält eine Verteilung der Teilchen auf die entsprechenden Zustände.
- **Absorption/Emission elektromagnetischer Wellen:** Hier wird die Wechselwirkung ebenfalls nicht explizit einbezogen, wir betrachten nur die Wirkung der Absorption, bei der effektiv ein Teilchen in einen angeregten Zustand befördert wird.

Jede Wechselwirkung überträgt Energie in das System (oder entzieht ihm diese). Als Resultat ändert sich die Besetzung. Offensichtlich berücksichtigen wir an dieser Stelle diesen Energieübertrag gar nicht explizit im Hamilton-Operator, wir betrachten nur eine Veränderung der Besetzung.[2]

14.1.1 Ideales Gas: thermische Anregung

Als Modell für die thermische Anregung betrachten wir das Modell des idealen Gases. Das Potenzial für die Gasatome ist durch die Wände des Systems gegeben. Das ideale Gas ist ein System von N Punktmassen (mit Massen m), die keine Wechselwirkung untereinander haben. Die Energie ist einzig die **kinetische Energie** E^{kin} der Teilchen. Das System ist in Kontakt mit einem Wärmebad der Temperatur T.

Die zentrale Einsicht der **kinetischen Gastheorie** ist (Bd. I), dass nicht alle Gasatome die gleiche kinetische Energie haben, sondern die Energie einer Verteilung gehorcht, der

Maxwell'sche Geschwindigkeitsverteilung

$$f(v) = a\mathrm{e}^{-\frac{mv^2}{2\mathrm{k}T}} = a\mathrm{e}^{-\frac{E^{\text{kin}}}{\mathrm{k}T}}, \tag{14.2}$$

mit

$$a = \sqrt{m/2\pi \mathrm{k}T}.$$

Für die einzelnen Teilchen kann man nur eine **Wahrscheinlichkeit** $f(v)\mathrm{d}v$ angeben, dass das Teilchen eine Geschwindigkeit im Intervall zwischen v und $v + \mathrm{d}v$ hat, bzw. dass es die kinetische Energie E^{kin} besitzt.

In Abb. 14.1b ist die kinetische Energie der Zustände auf der y-Achse aufgetragen: Quantisierung bedeutet, dass nur bestimmte Energiewerte möglich sind. Klassisch sind demnach alle Energiewerte möglich, auch solche, die zwischen den quantenmechanisch erlaubten Werten E_n liegen. $f(v)dv$ gibt nun die klassische Wahrscheinlichkeit an, dass ein Teilchen die kinetische Energie E^{kin} besitzt.

Man kann nun auch eine Verteilungsfunktion für quantenmechanische Probleme ableiten, dies geschieht allerdings erst in der **statistischen Thermodynamik** (Bd. III). Man kann sich jedoch *ad hoc* überlegen, dass es eine zu $f(v)$ analoge Verteilung für Quantenprobleme geben könnte, die

[2] Am Beispiel der Magnetfelder wird der Hamilton-Operator explizit erweitert, das ist dann aber analytisch nicht einfach lösbar, man benötigt ein weiteres Näherungsverfahren, die **Störungstheorie** (Kap. 19). Analog gehen wir bei Einbeziehung elektromagnetischer Felder in Kap. 32 vor.

Boltzmann-Verteilung

$$f(E_n) = a e^{-\frac{E_n}{kT}}. \tag{14.3}$$

Wir ersetzen hier in Gl. 14.2 einfach die kinetische Energie eines Teilchens durch die Energie eines quantenmechanischen Zustands, $E^{\text{kin}} = E_n$. $f(E_n)$ ist dann die Wahrscheinlichkeit, dass ein Energiezustand E_n besetzt ist. Dieser berechnet sich wie für den klassischen Fall und hängt nur von der Energie und der Temperatur T ab (siehe auch Bd. I, Kap. 16).

Quantenmechanisch können wir uns das ideale Gas nun im Kasten so vorstellen, dass die N Teilchen Energien haben, die im thermischen Gleichgewicht exponentiell über die Energiezustände verteilt sind (Abb. 14.2). Die Teilchen haben keine Wechselwirkung, sie unterscheiden sich nur in ihrer kinetischen Energie.

Es gibt also Teilchen in angeregten Zuständen $n = 2, 3, \ldots$, nicht alle Teilchen sind im Grundzustand. Ob jedoch ein Zustand besetzt ist, hängt von der Energiedifferenz zum Grundzustand ab, es wird bei bestimmtem T exponentiell unwahrscheinlicher, Zustände hoher Energie besetzt zu finden. Wenn ein angeregter Zustand thermisch besetzt ist, so nennt man dies eine **thermische Anregung.** Die **Anregungsenergien** sind dann nach Gl. 14.1 durch

$$\Delta E = E_m - E_n = \frac{\hbar^2 \pi^2}{2mL^2}(m^2 - n^2) \tag{14.4}$$

gegeben.

- Eine Energiequantisierung tritt also nur merklich auf, wenn $\hbar^2\pi^2 >> 2mL^2$, d. h. für kleine Ausdehnungen des Potenzials, in dem sich die Teilchen befinden, und kleine Massen der Teilchen. Mit wachsendem m und L werden die Energieabstände immer kleiner, d. h., man nähert sich dem klassischen Fall, in dem alle kinetischen Energien möglich sind und keine Quantisierung auftritt. Die Energieverteilungen Gl. 14.2 und 14.3 nähern sich einander an.

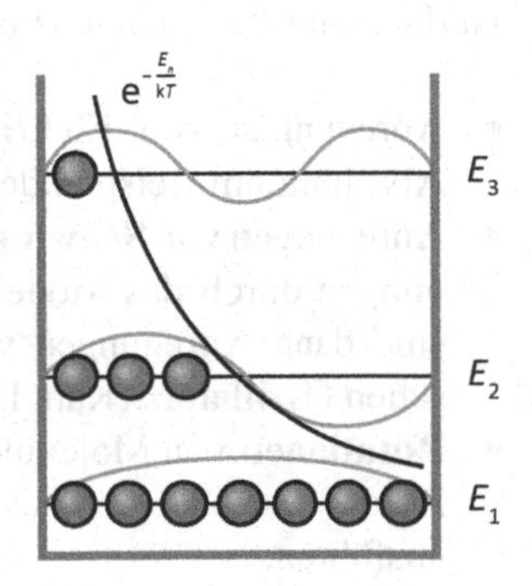

Abb. 14.2 Die Wahrscheinlichkeit, dass ein Zustand besetzt ist, nimmt exponentiell mit der Energie E_n ab. Es hängt von den Energieabständen und damit von dem speziellen physikalischen Problem ab, ob angeregte Zustände thermisch besetzt werden können

- Thermische Anregungen finden nur nennenswert statt, wenn die Energiedifferenz ΔE in der Größenordnung von kT ist, d. h., wenn

$$\Delta E \approx kT$$

gilt. Für wesentlich größere ΔE wird sonst die Besetzungswahrscheinlichkeit sehr klein, d. h., faktisch findet keine thermische Besetzung statt. Bei $T = 300\,K$ entspricht $RT = NkT = 2.5$ kJ/mol.

Beispiel 14.1

Gasatom im Kastenpotenzial Schätzen Sie mit Gl. 14.4 ab, wie groß L mindestens sein muss, damit für Helium $\Delta E = kT$ gilt. ◄

Wir haben die Boltzmann-Verteilung Gl. 14.3 durch einen Vergleich mit dem idealen Gas für das Kastenpotenzial motiviert. Eine Ableitung war dies nicht, diese ist im Rahmen der **Statistischen Thermodynamik** (Bd. III) möglich.

In der Chemie finden alle in Teil II vorgestellten Modellpotenziale Anwendung, thermische Besetzung funktioniert für diese analog, es ist nur der Energieabstand zum Grundzustand entscheidend. Das jeweilige Problem, für welches das Potenzial angewendet wird, bestimmt die Größe der Energiedifferenzen und damit, ob thermisch angeregte Zustände möglich sind.

14.1.2 Anregung durch elektromagnetische Strahlung

Moleküle können elektromagnetische Strahlung aufnehmen und abgeben. Nach der Quantenmechanik muss dabei das Molekül von einem Quantenzustand in den anderen übergehen, wie in Abb. 14.3 skizziert. In diesem Bild wird nur verwendet, dass die Energie des Lichts in die Energie der Quantenzustände umgewandelt wird. Dabei ist die Natur der Quantenzustände noch nicht genauer spezifiziert: Es kann sich um

- Anregungen von **Elektronen in Molekülen** handeln, wie wir im nächsten Abschnitt am Beispiel der π-Elektronensysteme besprechen werden.
- Anregungen von **Schwingungszuständen** handeln: Hier werden Molekülschwingungen durch das Modell des harmonischen Oszillators behandelt. Übergänge sind dann Anregungen von energetisch höherliegenden Niveaus des harmonischen Oszillators (Kap. 15).
- **Rotationen** von Molekülen handeln. Diese werden durch das Modell des starren Rotors beschrieben. Dies werden wir in Kap. 15 am Beispiel der Moleküldimere ausführen.

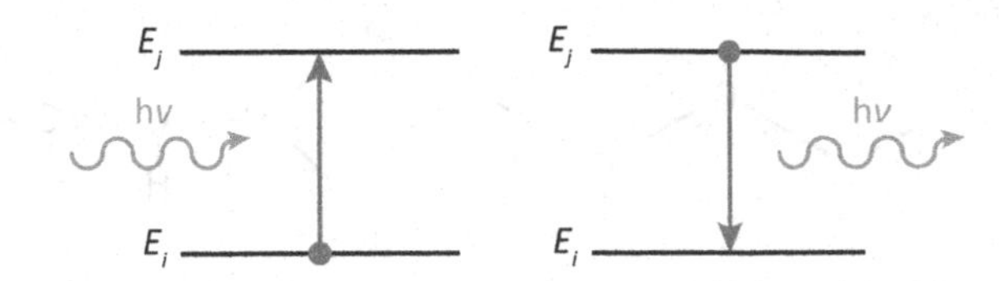

Abb. 14.3 Elektronische Anregung durch Lichtabsorption, Emission, von Licht durch Abregung

Es sind jedoch nicht alle Übergänge zwischen den Zuständen erlaubt, man findet drei Kriterien für Übergänge (Teil VI):

- Die Energie des Lichts muss der Energie des Übergangs entsprechen. Dies fordert das Prinzip der **Energieerhaltung.**
- Der **Drehimpuls** muss erhalten sein. Da elektromagnetische Strahlung absorbiert wird, die einen Drehimpuls hat (Abschn. 3.1.4), muss sich der Drehimpuls der Zustände um genau diesen Betrag ändern.
- Wenn man die Wechselwirkung explizit berücksichtigt, kann man die Wahrscheinlichkeit für bestimmte Übergänge berechnen. Dabei kann man sehen, dass für bestimmte Übergänge, obwohl die Energieerhaltung gewährleistet ist, die **Übergangswahrscheinlichkeit** dennoch verschwindet. Es sind also nicht alle Übergänge möglich, die energetisch erlaubt sind. Dies ist durch die **Auswahlregeln** ausgedrückt, die in den Kapiteln zur Spektroskopie (Teil VI) detaillierter besprochen werden.

Das Prinzip der Messung ist wie folgt (Kap. 30): Man strahlt elektromagnetische Wellen auf eine Probe und misst das durchgelassene Spektrum. Die Wellenlängen, bei denen die Energie der Energie des Übergangs entspricht, werden absorbiert, sofern die Auswahlregeln dies zulassen, und fehlen demnach im durchgelassenen Spektrum,

$$h\nu = E_j - E_i = \Delta E. \tag{14.5}$$

j und i bezeichnen nun zwei elektronische, vibronische oder Rotationszustände, zwischen denen ein Übergang möglich ist. Zur Messung benötigt man Lichtquellen, die den entsprechenden Frequenzbereich abdecken.

14.2 Absorptionsspektren von π-Elektronensystemen

Eine weitere wichtige Anwendung findet das Kastenpotenzial bei der Modellierung elektronisch angeregter Zustände von Molekülen mit ausgedehnten π-Elektronensystemen. Hier bilden die p-Orbitale, die senkrecht auf der Molekülebene stehen, einen über die beteiligten C-Atome ausgedehnten Quantenzustand für die Elektronen aus, **delokalisiertes π-Elektronensystem** genannt (Abb. 14.4).

Kann man sich das dann so vorstellen, dass diese π-Elektronen sich wie Teilchen im Kasten entlang des Gerüsts frei bewegen können und die Wände demnach durch die Enden des Moleküls gegeben sind? Damit müsste sich die Wellenfunktion der Elektronen annähernd durch die Wellenfunktionen des Kastenpotenzials

Abb. 14.4 **a** Struktur der Polyene, die gestrichelte Bindung deutete die Bindung durch die π-Elektronen an **b** Cyanine

Abb. 14.5 π-Elektronen als Teilchen in einem Kastenpotenzial

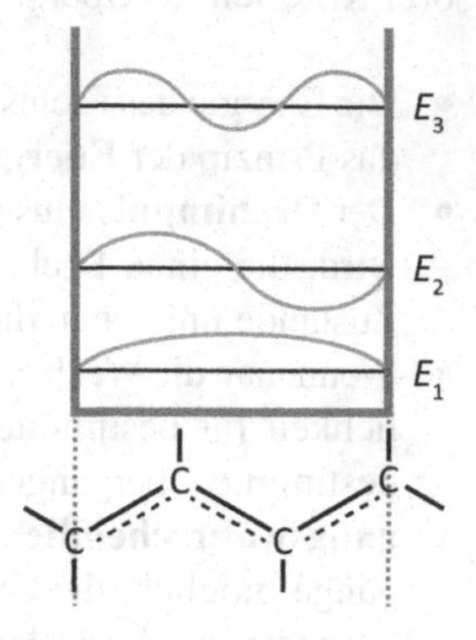

beschreiben lassen (Abb. 14.5) und die Energetik des Problems einigermaßen durch die Eigenzustände des Kastenpotenzials repräsentiert werden.

Betrachtet werden dabei die ersten Anregungsenergien zwischen besetzten π-Orbitalen und unbesetzen π^*-Orbitalen. Für Anregungen mit Licht der Energie hν finden wir:

$$\mathrm{h}\nu = \Delta E = E_{n+1} - E_n = \frac{\hbar^2 \pi^2}{2\,mL^2}\left[(n+1)^2 - n^2\right] = \frac{\hbar^2 \pi^2}{2\,mL^2}(2n+1).$$

Verglichen mit dem idealen Gas, also den Gasatomen (und Molekülen) im Kastenpotenzial, gibt es drei wichtige Unterschiede:

- Die Anregungsenergien unterscheiden sich um mehrere Größenordnungen, der Vorfaktor $\frac{\hbar^2\pi^2}{2mL^2}$ führt zu Anregungsenergien im Bereich einiger Elektronenvolt (eV), vergleichen Sie das mit der Abschätzung für das Wasserstoffatom in Abschn. 3.2.1. Zum einen ist L durch die Molekülgröße bestimmt und damit kleiner als die Kastendimensionen, zum anderen geht die Elektronenmasse anstatt der Atommassen ein.
- Damit findet eine thermische Anregung nicht statt, es sind nur Anregungen durch Lichtabsorption möglich.[3]
- Bei Elektronen handelt es sich um Fermionen, daher ist nur eine paarweise Besetzung der Energiezustände möglich (Pauli-Prinzip, siehe Kap. 23), man erhält also

[3] 1 eV $\approx$ 96.5 kJ/mol.

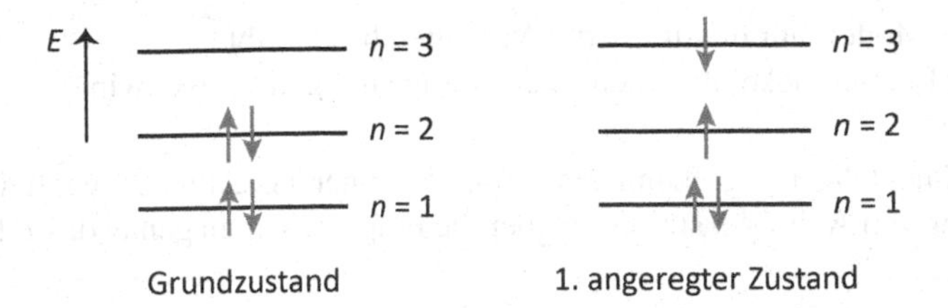

Abb. 14.6 Besetzung der π-Zustände in Butadien

nicht eine Besetzung wie in Abb. 14.2, sondern wie in Abb. 14.6, wo im Grundzustand die niedrigsten Zustände doppelt besetzt sind. Dies ist der Zustand niedrigster Energie.

14.2.1 Polyene

Was aber ist der Zustand n, der angeregt wird? Betrachten wir zunächst Butadien in Abb. 14.6. Das π-System von Butadien besteht aus zwei doppelt besetzten π-Orbitalen und den unbesetzten Orbitalen, da im elektronischen Grundzustand bei 300 K das System mit den verfügbaren Elektronen von unten aufgefüllt wird, was den Zustand niedrigster Energie darstellt. Das höchste besetzte Orbital ($n = 2$) wird HOMO-Orbital genannt, das niedrigste unbesetzte ($n = 3$) LUMO. Der sogenannte

$$\pi \rightarrow \pi^*$$

Übergang ist dann die Anregung von $n = 2$ nach $n = 3$. Damit müssen wir in die obige Formel für n das höchste besetzte Orbital einsetzen. Bzw. ist dann $2n$ genau gleich der Anzahl N_e der π-Elektronen, bei Butadien ist $N_e = 4$, d. h., wir erhalten:

$$\Delta E = \frac{\hbar^2 \pi^2}{2mL^2}(N_e + 1). \tag{14.6}$$

Nach Gl. 14.6 und der obigen Diskussion erwarten wir also

- Anregungsenergien im eV-Bereich wegen der kleinen Elektronenmasse m und den kurzen Molekülabmessungen L,
- die mit L^2 des Polyens kleiner werden
- und für $L \rightarrow \infty$ gegen null gehen. Für sehr lange Ketten würde man also ein Verschwinden der HOMO-LUMO-Energielücke erwarten.

Um das Modell zu beurteilen, kann man aus den experimentellen Spektren eine **experimentelle Länge** L bestimmen, indem man die experimentell bestimmten ΔE sowie N_e in Gl. 14.6 einsetzt und L berechnet. Für Polyene findet man zwar, dass die Anregungsenergie mit Kettenlänge kleiner wird, aber auch

- dass das Modell nur qualitativ das Verhalten beschreibt
- und die Energielücke mit wachsender Länge nie ganz verschwindet.

Die experimentelle Länge kann man nun mit einer berechneten vergleichen. Bei Betrachtung von Abb. 14.5 stellt sich aber die Frage, wie man genau das L berechnen soll.

- Man könnte für jede C = C− Einheit einfach die Bindungslängen von ca. 1.39 Å entlang der Kette aufsummieren. Dies führt noch nicht zu einer guten Übereinstimmung mit den experimentellen Daten. Die Länge ist nicht unbedingt die reine Länge der Zickzackkette, sondern eventuell eine effektive Länge, z. B. der End-zu-End-Abstand der Kette in Abb. 14.6.
- Zudem ist die Frage, ob der Kasten mit den beiden terminalen C-Atomen begrenzt ist oder ob man auf beiden Seiten noch etwas Spiel lässt, da die Endgruppen auch, allerdings in nicht klar definierter Weise, zur Kettenlänge beitragen. Man kann einen effektiven Parameter b einführen, der dies berücksichtigt.

Man kann also zwei Parameter verwenden, die effektive Länge einer C_2H_2-Einheit und einen Parameter für Randeffekte. Damit erhält man insgesamt eine bessere Übereinstimmung für verschiedene Polyene, die Beschreibung ist aber immer noch eher qualitativ.

14.2.2 Cyanine

Dies ist anders bei den Cyaninen (Abb. 14.4b). Diese haben zwei Grenzstrukturen, bei denen die Ladung an den jeweils entgegengesetzten Enden ist, was zu einer sehr geringen Bindungsalternanz führt. Und hier ist das Modell des Kastens hervorragend anwendbar. Warum ist das so, warum klappt das bei den Polyenen weniger gut?

Die Annahme des Kastenpotenzials unterstellt, dass das Potenzial entlang der Molekülkette verschwindet, und dies scheint keine gute Näherung zu sein. Man würde eher vermuten, dass aufgrund der Wechselwirkungen mit den positiv geladenen Atomkernen und den anderen Elektronen ein **effektives Potenzial** vorliegt, das periodisch oszilliert, wie in Abb. 14.7a dargestellt.

Wenn man nun noch dieses zusätzliche Potenzial berücksichtigt, so ändert sich an den Spektren der Cyanine nichts![4] Ein periodisches Potenzial scheint sich also herauszumitteln, was den guten Erfolg des Kastenmodells erklärt.

Anders ist das bei den Polyenen: Die Bindungsalternanz bringt ein effektives Potenzial hervor, das durch den Verlauf in Abb. 14.7b modelliert werden kann. Wenn man solch ein Potenzial einführt, so kann man die Absorptionsspektren mit kleinen

[4]Dies kann man mit der sogenannten Störungstheorie durchführen, die wir in Kap. 19 behandeln werden, siehe J. Autschbach, Journal of Chemical Education **84** S. 1840 (2007).

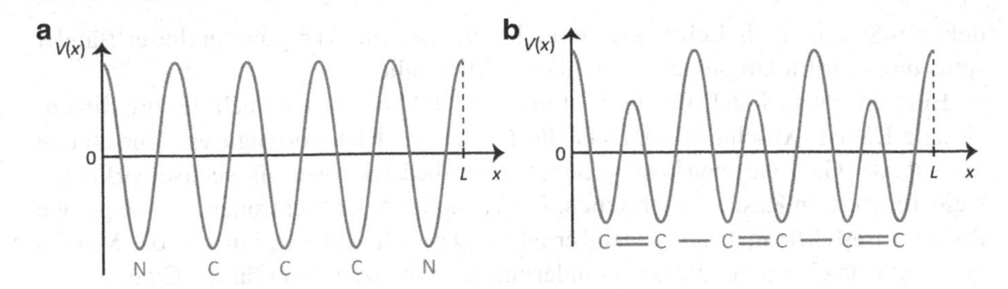

Abb. 14.7 Periodisches Potenzial entlang der **a** Cyanin-Molekülachse und **b** Polyen-Molekülachse. (Nach J. Autschbach, Journal of Chemical Education **84** S. 1840 (2007))

Abweichungen von einigen nm sehr gut beschreiben. Auch kann die verbleibende Bandlücke für lange Polyene erklärt werden.

Das Kastenpotenzial kann also qualitativ die elektronischen Spektren ausgedehnter π-Elektronensysteme erklären. Insbesondere ist es wichtig als Modellvorstellung von Elektronen in **effektiven Potenzialen:**

- In den obigen Beispielen werden die Wechselwirkungen der π Elektronen mit den Kernen und allen anderen Elektronen in einer Dimension durch ein effektives Kastenpotenzial modelliert. Einfache periodische Variationen des Potenzials scheinen auf die Spektren nicht signifikant durchzuschlagen, die Variation durch die Bindungsalternanz scheint aber wichtig zu sein.
- Offensichtlich haben wir die Coulomb-Abstoßung der vier π-Elektronen des Butadien untereinander nicht **explizit** berücksichtigt, diese scheint daher durch das effektive Potenzial implizit berücksichtigt zu sein. Auch sind weitere Quanteneffekte, die wir später behandeln werden, nicht einbezogen. In Kap. 23 werden wir sehen, wie man dies verstehen kann. Wichtige Näherungsverfahren der Quantenchemie beruhen auf dem Konzept solch effektiver Potenziale.

Das Kastenpotential ist also ein interessantes Modell **effektiver Potenziale,** und wir werden später bei der Diskussion der effektiven Methoden Hartree-Fock und der Dichtefunktionaltheorie in Teil VI darauf zurückkommen. Diese Methoden basieren genau auf einer solchen Beschreibung, in der sich die einzelnen Elektronen in einem effektiven Potenzial der Kerne und aller anderen Elektronen befinden. Allerdings werden diese dann genauer bestimmt.

14.2.3 Elektronengas und metallische Leitung

Das Modell im Kasten beschreibt für $L \to \infty$ Quantenzustände der Elektronen, die über ein großes System, z. B. über ein langes Polymer, komplett delokalisiert sind. Wenn keine Bindungsalternanz vorliegt, erwartet man dann das Verschwinden der Energielücke ΔE zwischen besetzten und unbesetzten Orbitalen, so dass eine thermische Anregung möglich ist. Die unbesetzten Orbitale werden in diesen ausgedehnten Systemen als **Leitungsbänder** bezeichnet, die Anregung in dieser Bänder führt dann zur Elektronenleitung in diesen Materialien.

Ein einfaches Modell für die Leitung in Metallen ist dann auch der dreidimensionale Kasten (Abschn. 10.1). Es ist das Modell des **Elektronengases,** denn analog zum idealen Gas, wie oben besprochen, werden die Elektronen als wechselwirkungsfreie Teilchen im Kasten beschrieben. Die Abstoßung der Elektronen ist, wie gerade diskutiert, **effektiv** in dem Potenzial erhalten. Durch die atomare Struktur des Metalls erwartet man eine periodische Veränderung des Potenzials, wie für die Cyanine diskutiert. Diese hat aber nur einen geringen Einfluss auf die Energetik, weshalb das Elektronengasmodell eine gute erste Näherung für die metallische Elektronenleitung fungiert.

14.3 Zusammenfassung und Fragen

Zusammenfassung Das Kastenpotenzial und dessen Eigenzustände können auch dazu verwendet werden, Systeme mit vielen Teilchen modellhaft zu beschreiben.

- **Ideales Gas**
  - Die kinetische Energie einzelner Atome oder Moleküle ist in dem Kastenpotenzial quantisiert, die Wellenfunktionen und Energien sind durch die Eigenzustände des Kastenpotenzials gegeben.
  - Da beim idealen Gas die Atome untereinander per Definition nicht wechselwirken, kann man die Zustände ebenso mit N Teilchen besetzen.
  - Die Atome und Moleküle gehören einem Teilchentyp an (Bosonen), der es erlaubt, Zustände des Kastenpotenzials in beliebiger Anzahl zu besetzen.
  - Bei einer thermodynamischen Betrachtung wird beim absoluten Temperaturnullpunkt der niedrigste Energiezustand mit allen N Teilchen besetzt sein.
  - Bei einer beliebigen Temperatur T ist die Besetzung durch die Boltzmann-Verteilung gegeben,

    $$f(E_n) = a\mathrm{e}^{-\frac{E_n}{kT}},$$

    die wir aufgrund der Maxwell-Boltzmann-Verteilung motiviert haben.
- **π-Elektronen in Polyenen**
  - Die Elektronen in Polyenen haben eine Wechselwirkung mit den Atomkernen und den anderen Elektronen. Das Kastenpotenzial bündelt also effektiv alle diese Wechselwirkungen eines π-Elektrons im Zustand Φ_n mit Energie E_n, sodass keine explizite Wechselwirkung der π-Elektronen untereinander betrachtet wird: diese ist in impliziter Weise in dem Kastenpotenzial schon enthalten.
  - Dies führt zu einer Betrachtung einzelner Elektronen in einem **effektiven Potenzial,** ein Konzept das zentral für die Vorgehensweise der Quantenchemie in Teil V ist. Damit ist E_n nicht nur kinetische Energie, sondern auch potenzielle Energie aus der Wechselwirkung mit Kernen und anderen Elektronen.

- Elektronen gehören einem Teilchentyp an, der nur eine Doppelbesetzung von Zuständen mit entgegengesetztem Spin erlaubt (Fermionen). Damit erhält man ein Aufbauprinzip, nachdem die Zustände des Kastenpotenzials durch Doppelbesetzung von unten aufgefüllt werden. Man erhält $N/2$ doppelt besetzte Zustände.
- Bei angeregten Zuständen ist ein Elektron aus einem besetzten Orbital in ein unbesetztes befördert.

- **Anregungen** Man unterscheidet thermische Anregungen von Anregungen durch elektromagnetische Strahlung. Bei Ersteren handelt es sich um ein Gleichgewichtsphänomen, eine Anregung ist möglich, wenn die Energiedifferenz $E_m - E_n \approx \mathrm{k}T$ der Anregung in etwa der thermischen Energie $\mathrm{k}T$ entspricht. Bei Strahlungsanregungen muss die Energiedifferenz der Energie des Lichts entsprechen.

Fragen

- **Erinnern:** (Erläutern/Nennen)
  - Geben Sie die Maxwell- und die Boltzmann-Verteilung an.
  - Wie können Elektronen und Atome auf die Zustände des Kastenpotenzials verteilt werden?
  - Erläutern Sie die mathematische Form der Wellenfunktionen für die Kastenpotenziale.
  - Wie groß kann der Abstand zweier Energieniveaus bei thermischen Anregungen sein?
- **Verstehen:** (Erklären)
  - Warum kann man für ein quantenmechanisches ideales Gas das Kastenpotenzial als Näherung annehmen?
  - Was repräsentiert das Kastenpotenzial im Fall der Polyene?
  - Zeichnen Sie ein Bild der Verteilung von Gasatomen auf die Zustände des Kastenpotenzials für $T = 0$ und für eine finite Temperatur, und erklären Sie die Zeichnung.
  - Wie sieht das Gleiche für Elektronen in Polyenen aus?
  - Erläutern Sie den Unterschied in der Besetzung der Zustände bei Elektronen und Gasatomen.
  - Warum ist das Energiespektrum für Elektronen und Gasatome so unterschiedlich?
- **Anwenden:**
  - Wie kann man aus der Absorption von Polyenen auf deren Länge schließen? Leiten Sie die entsprechende Gleichung her.

15 Moleküldimer als harmonischer Oszillator und starrer Rotor

Wir haben bisher die Schrödingergleichung für **ein Teilchen** gelöst, beispielsweise für das Potenzial des harmonischen Oszillators oder für den starren Rotor. Für **zweiatomige Moleküle** lassen sich diese Ergebnisse mit Hilfe der **Relativkoordinaten** direkt anwenden, wie wir in diesem Kapitel sehen werden.[1]

Moleküle können Energie durch **thermische** oder **elektromagnetische Wechselwirkungen** (Abb. 14.3) aufnehmen oder abgeben, wie in Kap. 14 ausgeführt. Für die Spektroskopie sind Letztere von besonderer Bedeutung: Mit ihrer Hilfe kann man **molekulare Freiheitsgrade** gezielt anregen und damit Information über die Molekülstruktur erhalten. Man betrachtet die Frequenzen des durchgelassenen Lichts, und aus den absorbierten Wellenlängen kann man schließen, welche Energiezustände im Molekül vorhanden sind.

Elektronische (optische) Anregungen haben wir in Kap. 14 für das Modell des **Kastenpotenzials** kurz behandelt, hier nun zu den Schwingungs- und Rotationsspektren. Dabei kommen die Modelle des **starren Rotors** und **harmonischen Oszillators** zum Einsatz. Wir kennen die analytischen Lösungen der unterlegten Modelle und erhalten dadurch ein sehr einfaches Bild der molekularen Bewegungen, das wir quantitativ auswerten können. Ein Vergleich mit dem Experiment erlaubt dann die Validierung des Modells. Dabei sind drei Aspekte wichtig:

- Die Modelle geben das Verhalten der Dimere in erster Näherung gut wieder. Wenn man jedoch genauer hinschaut, sieht man Abweichungen, die man durch weitere Verfeinerungen einbeziehen kann, wie in Teil VI vertieft wird. Das betrifft u. a. die Näherungen in diesem Kapitel: Wir beschreiben (i) die Molekülvibrationen durch ein harmonisches Potenzial und (ii) bei der Rotation das Molekül als starre Hantel.

[1] Für größere Moleküle sind die daraus entwickelten Konzepte sehr nützlich, man kann jedoch keine **analytischen** Lösungen mehr angeben, diese werden durch **numerische** Verfahren gelöst. Mehr dazu in Band III.

© Springer-Verlag GmbH Deutschland, ein Teil von Springer Nature 2021

M. Elstner, *Physikalische Chemie II: Quantenmechanik und Spektroskopie*,
https://doi.org/10.1007/978-3-662-61462-4_15

- Man kann die Wechselwirkung von Licht mit Materie durch die unterschiedlichen Anregungsformen charakterisieren: Wir kennen **elektronische, Schwingungs- und Rotationsanregungen.** Wieder ist diese Einteilung in erster Näherung sinnvoll, fallen diese Anregungen doch in sehr **unterschiedliche Energiebereiche,** d. h. werden durch sehr **unterschiedliche Wellenlängen des Lichts** induziert. Weitere Verfeinerungen in den Kapiteln zur Spektroskopie (Teil VI) zeigen dann, dass diese Anregungen immer in Mischformen auftreten.
- Im Prinzip sind beliebige Übergänge zwischen den Energiezuständen E_n der Modelle denkbar, doch durch die spezifische Wechselwirkung mit Licht sind nur Übergänge $n \rightarrow n + 1$ relevant (Auswahlregeln). Der Grund dafür, aber auch Abweichungen von dieser Regel, wird in Teil VI diskutiert.

15.1 Dimere als Einteilchenproblem

Zur Anwendung der Modelle des **starren Rotors** und **harmonischen Oszillators** auf die Spektroskopie von Dimeren benötigen wir die Hilfsmittel, wie in Abschn. 1.3 vorgestellt. Zum Verständnis des Folgenden bietet es sich an, diese nochmals zu rekapitulieren.

In der Mechanik (Abschn. 1.3.1) haben wir Relativkoordinaten eingeführt. Wir betrachten zwei Massen m_1 und m_2, die die Abstände r_1 und r_2 vom Koordinatenursprung haben (Abb. 1.3) und einen **Relativabstand** $r = r_1 + r_2$. Wir wollen nun die Schwingung und die Rotation dieser Massen um den Ursprung, der gleichzeitig den Schwerpunkt des Dimers darstellt, betrachten. Der Schwerpunkt befinde sich in Ruhe.

Dazu benötigen wir die **reduzierte Masse**

$$\mu = \frac{m_1 m_2}{m_1 + m_2}.$$

Durch die Koordinatentransformation auf Relativkoordinaten in Abschn. 1.3 kann man die Rotation und Schwingung eines Dimers darstellen als (Abb. 15.1):

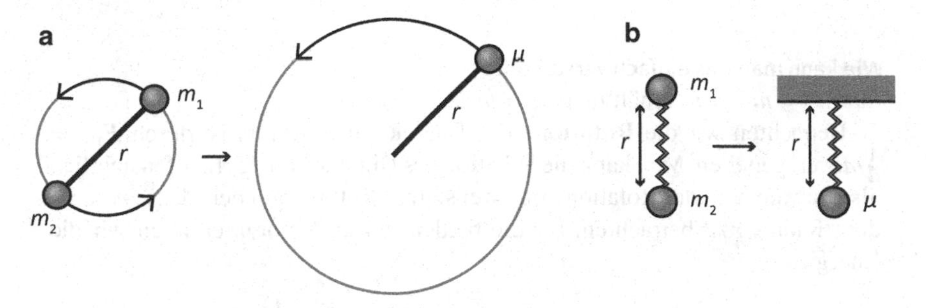

Abb. 15.1 Transformation auf Relativkoordinaten: Das Problem der Rotation und der Schwingungen eines Dimers wird zur Rotation (**a**) und Schwingung (**b**) mit reduzierter Masse μ

- Rotation einer Masse μ um den Ursprung mit dem Radius r.
- Harmonische Schwingung einer Masse μ um den Gleichgewichtsabstand r_0.

Durch die **Koordinatentransformation** auf Relativkoordinaten haben wir also

- das Problem der Schwingung des Dimers auf den harmonischen Oszillator in Abschn. 1.3.4 zurückgeführt. In Relativkoordinaten hat der harmonische Oszillator die klassische Energie:

$$E = \frac{1}{2}\mu v_r^2 + \frac{1}{2}k(r - r_0)^2. \tag{15.1}$$

  In Kap. 8 haben wir daraus den Hamiltonoperator erhalten und damit den quantenmechanischen Fall gelöst.
- die Rotation des Dimers auf das Problem des quantenmechanischen starren Rotors zurückgeführt. Der starre Rotor ist **klassisch** durch die Energie Gl. 1.23,

$$E = \frac{L^2}{2I}, \tag{15.2}$$

  beschrieben.
  - Für $I = mr^2$ benötigen wir beim starren Rotor die Masse m und den Abstand r.
  - Für den Dimer setzen wir hier dann einfach die reduzierte Masse μ ein, r ist der Atomabstand im Dimer, $I = \mu r^2$ das Trägheitsmoment.

  Dann können wir direkt aus Kap. 10 die quantenmechanischen Lösungen übernehmen, man muss nur die Masse m durch die reduzierte Masse μ ersetzen.

Wie kann man das einfach verstehen?
Für $m_1 = m_2 = m$ erhält man $\mu = m/2$.

Betrachten wir die **Rotation:** Die Energie eines Rotors ist durch $E_{\mathrm{rot}} = \frac{1}{2}mr^2\omega^2$ gegeben. Man kann die Rotation des Dimers Abb. 15.1a offensichtlich als äquivalent zu der Rotation von zwei starren Rotoren mit der Masse m, aber dem Radius $r/2$ betrachten, für die beiden starren Rotoren erhalten wir die Energie:

$$2E_{\mathrm{rot}} = 2\frac{1}{2}m(r/2)^2\omega^2 = 2\mu(r/2)^2\omega^2 = \frac{1}{2}\mu r^2\omega^2.$$

Die Energie der Rotation der beiden Massen m auf der Kreisbahn $r/2$ entspricht offensichtlich der Energie einer Masse μ auf der Kreisbahn r, wie in Abb. 15.1a gezeigt. Das ist die Essenz der Koordinatentransformation. Für verschiedene Massen kann man das aber nicht mehr so schön darstellen. Für die Schwingung erhält man ein analoges Ergebnis.

15.2 Harmonische Schwingungen zweiatomiger Moleküle

Harmonische Näherung Die Energie der chemischen Bindung, d. h. den Energieverlauf für verschiedene Dimerabstände, kann man sehr gut durch ein Morse-Potenzial beschreiben, wie in Abschn. 1.3 diskutiert. Dies wird in Kap. 16 am Beispiel des H_2^+-Moleküls weiter vertieft. Für kleine Schwingungen des Dimers um den Gleichgewichtsabstand kann man das Morse-Potenzial als **harmonisches Potenzial** nähern, für Details siehe Abschn. 1.3.

Energie Die Energie des harmonischen Oszillators ist klassisch durch Gl. 15.1 gegeben, nach Umformung in einen Hamilton-Operator ergeben sich die quantenmechanischen Lösungen (Kap. 8)

$$E_n = \hbar\omega\left(n + \frac{1}{2}\right). \tag{15.3}$$

$\omega = \sqrt{\frac{k}{\mu}}$ enthält nun die reduzierte Masse μ.

Einheit: Wellenzahlen Üblicherweise wird die Energie in **Wellenzahlen** mit der Einheit $\mathbf{cm^{-1}}$ angegeben, was man durch das Teilen der Energie durch hc erhält. Wir führen die entsprechende Energie ein und erhalten mit $\bar{\nu}_{\mathrm{e}} = \frac{\nu}{c}$,

$$G_n = \frac{E_n}{\mathrm{hc}} = \frac{\nu}{\mathrm{c}}\left(n + \frac{1}{2}\right) = \bar{\nu}_{\mathrm{e}}\left(n + \frac{1}{2}\right). \tag{15.4}$$

Übergänge Nun betrachten wir Abb. 8.2, zunächst würden wir erwarten, dass Licht bei verschiedenen Wellenlängen absorbiert werden kann, denn es scheinen die Übergänge $h\nu = E_m - E_n$, d. h.,

$$\Delta G = G_m - G_n = (m - n)\bar{\nu}_\mathrm{e} = \frac{h\nu}{hc} = \bar{\nu}_\mathrm{e}$$

möglich. In Kap. 31 werden wir aber sehen, dass nur die Übergänge

$$n \to n + 1$$

stattfinden können.

Spektrum Experimentell misst man das Licht, das eine Probe durchlaufen hat. In diesem Licht werden die Wellenlängen ‚fehlen', die von den Molekülen der Probe absorbiert werden (Kap. 30). Da alle Übergänge $n \to n + 1$ die gleiche Energie haben, wird also nur eine Wellenlänge des Lichts absorbiert, d. h., man wird erwarten, dass nur eine Linie im Schwingungsspektrum auftritt (Abb. 15.2).

Schwingungsfrequenz und Bindungsstärke Betrachten wir die Frequenzformel des harmonischen Oszillators

$$\omega = \sqrt{\frac{k}{\mu}}.$$

Bei gleicher reduzierter Masse indiziert eine höhere Frequenz damit eine größere Kraftkonstante k. Betrachten Sie nochmals das Potenzial in Abb. 1.10: Man kann sich veranschaulichen, dass ein tieferes Potenzial eine größere Krümmung am Potenzialminimum hat, d. h., in der harmonischen Näherung erwartet man für ein tieferes Potenzial eine größere Kraftkonstante. k scheint damit ein Maß für die Tiefe des Potenzials und damit für die Stärke der Bindung zu sein. Empirisch findet man in der Tat eine größere Frequenz für stärkere Bindungen.

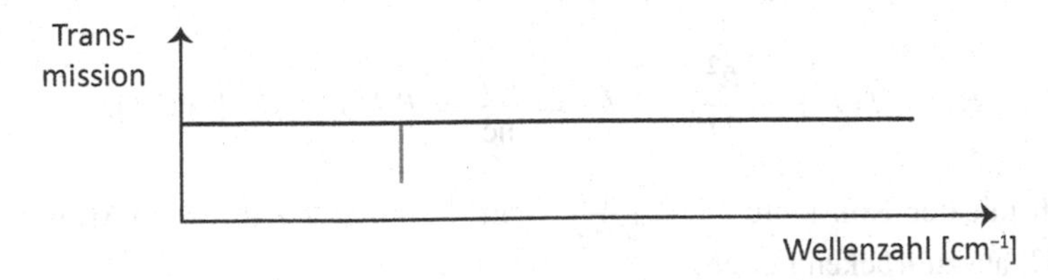

Abb. 15.2 Erwartetes Vibrationsspektrum des harmonischen Oszillators. Aus der Absorptionslinie bei der Wellenzahl $\bar{\nu}_\mathrm{e}$ erhält man direkt die Schwingungsfrequenz des Oszillators. • Die Absorption ist durch ‚negative Peaks' dargestellt, was ausdrücken soll, dass Licht dieser Wellenzahlen im durchgelassenen Spektrum fehlt

- Die Schwingungsfrequenzen von Einfachbindungen (z. B. zwischen den Elementen C, N und O) liegen etwa bei 1000 cm^{-1}, die von Doppelbindungen sind >1500 cm^{-1}, und die von Dreifachbindungen sind >2000 cm^{-1}.[2]
- Kritisch ist jedoch der Einfluss von μ. Obwohl H_2 eine schwächere Bindung als etwa N_2 aufweist, hat H_2 aufgrund des kleinen μ die höchste Schwingungsfrequenz von etwa 4000 cm^{-1}, die man in Molekülen finden kann.

Mit dem harmonischen Oszillator haben wir ein reduziertes Modell für Dimerschwingungen diskutiert, für experimentelle Spektren findet man (siehe Teil VI: Spektroskopie):

- Eine **Linienverbreiterung.** Die Absorption ist nicht durch eine scharfe Linie gegeben, sondern ist z. B. gaußförmig verbreitert.
- Weitere Absorptionspeaks durch sogenannte anharmonische Effekte. Der harmonische Oszillator ist eine Näherung des Potenzials, die auf einer Taylor-Reihe bis 2. Ordnung beruht. Wenn man weitere Terme hinzunimmt, bekommt man Korrekturen, die physikalisch signifikant sind.

15.3 Spektrum des zweiatomigen Rotors

Durch die Transformation auf **Relativkoordinaten** kann man das Problem auf die Rotation des starren Körpers überführen: Damit kann man alle Formeln, die wir für die Rotation eines Quantenteilchens hergeleitet haben, direkt für den Dimer verwenden, wenn wir statt der Masse m die **reduzierte Masse μ** einsetzen.

15.3.1 Energie und Spektrum des starren Rotors

Für die **klassische kinetische Energie** der Rotation Gl. 15.2 haben wir die **Eigenzustände** und **Energieeigenwerte** E_J berechnet,[3]

$$E_J = J(J+1)\frac{\hbar^2}{2I}, \qquad F_J = \frac{E_J}{\mathrm{hc}} = BJ(J+1) \quad [\mathrm{cm}^{-1}], \tag{15.5}$$

die sich mit der Konstante $B = \frac{\mathrm{h}}{8\pi^2 cI}$ $[\mathrm{cm}^{-1}]$ durch F_J direkt in Wellenzahlen ($[\mathrm{cm}^{-1}]$) auszudrücken lassen.

[2]Die C-C-Einfachbindung, beispielsweise, findet man nicht in Dimeren. Man kann aber Aufschluss über diese aus den Schwingungsspektren der entsprechenden mehratomigen Moleküle erhalten. Dies ist Thema in Bd. III.

[3]Üblicherweise werden in der Spektroskopie die Quantenzahlen des Rotors nicht durch l, wie in Abschn. 10.2, sondern durch J repräsentiert.

Übergänge Da elektromagnetische Wellen einen Drehimpuls von $1\hbar$ haben, können aufgrund der Drehimpulserhaltung bei der Absorption nur Übergänge $\Delta J = \pm 1$ möglich sein. Der Drehimpuls des Rotors muss sich um $1\hbar$ bei Absorption von Licht erhöhen. Damit erhalten wir für das Absorptionsspektrum

$$\begin{aligned} \frac{\mathrm{h}\nu}{\mathrm{hc}} &= \Delta F = F_{J+1} - F_J = B\left[(J+1)(J+2) - (J+1)J\right] \qquad (15.6)\\ &= 2B(J+1) = \bar{\nu}_\mathrm{e} \end{aligned}$$

Diese Formel besagt, dass die Moleküle beim Übergang vom (Rotations-) Zustand J nach $(J+1)$ die Energieportionen $\bar{\nu} = 2B(J+1)$ absorbieren. Die Energieportionen werden also größer, je höher der Anfangszustand ist.

Abb. 15.3a zeigt einen Verlauf, den man aufgrund von Formel Gl. 15.6 erwarten könnte: Gezeigt ist die Transmission, es wird Licht mit Wellenzahlen jeweils im Abstand von $2B$ geschwächt die Probe verlassen.

- Die Absorption ist durch ‚negative Peaks' dargestellt, was ausdrücken soll, dass Licht dieser Wellenzahlen im durchgelassenen Spektrum fehlt.
- Jeder Übergang $J \rightarrow J+1$ hat eine andere Energie, daher wird Licht unterschiedlicher Wellenlänge absorbiert.
- Die Absorption kleinster Wellenzahl (größte Wellenlänge) entspricht dem Übergang $J = 0 \rightarrow J = 1$, die nächste Absorption dem Übergang $J = 1 \rightarrow J = 2$ usw.
- Nach Gl. 15.6 sind diese ‚Peaks' mit dem Abstand $2B$ zu finden. Für Dimere entspricht $2B$ einigen Wellenzahlen, für das CO-Molekül gilt in etwa $2B \approx 5\,\mathrm{cm}^{-1}$.

Bindungsabstand im Dimer Aus den Spektren erhält man sehr genaue Werte von B. B ist invers proportional zum Trägheitsmoment $I = \mu r^2$. Damit kann man bei bekanntem μ den Abstand des Dimers sehr genau ausmessen. Die Rotationsspek-

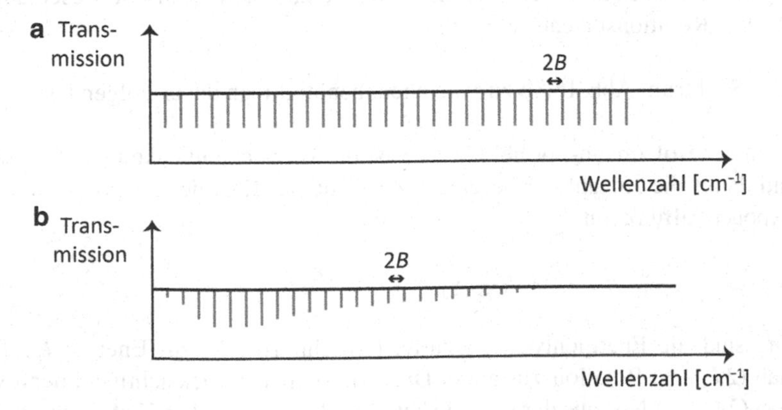

Abb. 15.3 **a** Erwartetes Rotationsspektrum, **b** qualitativer Verlauf des gemessenen Spektrums

troskopie ist damit eine Methode, die sehr genauen Aufschluss über die Molekülgeometrie erlaubt.

Isotopeneffekte Dies lässt sich auch auf mehratomige Moleküle erweitern (Kap. 31). Für zweiatomige Moleküle lässt sich aus dem Spektrum der Bindungsabstand bestimmen, bei mehratomigen Molekülen kann der Bindungsabstand unter Verwendung des Isotopeneffekts bestimmt werden. So können einzelne Atome durch ihre Isotope selektiv ersetzt werden, wodurch aus der Veränderung des Spektrums auf die jeweiligen atomaren Abstände geschlossen werden kann.

15.3.2 Thermische Effekte

Nach Gl. 15.6 erwarten wir Absorptionen im Abstand $2B$, experimentell findet man, dass die Intensität der Absorption, d. h., die Menge des absorbierten Lichts, ebenfalls mit der Wellenzahl variiert, wie in Abb. 15.3b schematisch gezeigt, d. h., das Licht wird für kleine und größere Wellenzahlen weniger stark absorbiert.

Die Menge des absorbierten Lichts einer Wellenzahl, die einen bestimmten Übergang $J \rightarrow J + 1$ induziert, hängt davon ab, wie stark der Zustand J **besetzt ist,** d. h., wie viele Moleküle N_J im Zustand J sind, im Verhältnis zur Gesamtzahl der Moleküle der Probe N. Denn nur wenn Moleküle in einer relevanten Anzahl in einem Zustand J vorliegen, kann das einfallende Licht der dem Übergang $J \rightarrow J + 1$ entsprechenden Wellenlänge absorbiert werden.

Bei kleinen Energieabständen können thermische Anregungen auftreten, siehe Kap. 14. Die Energie kT beträgt bei 300 K etwa 2.5 kJ/Mol, was 200 cm^{-1} entspricht:

- Wir haben gesehen, dass die Frequenzen der Dimerschwingungen größer als 1000 cm^{-1} sind. D. h. bei Raumtemperatur werden hier angeregte Zustände kaum besetzt sein. Die Anregungsenergie ist einfach zu groß.
- Anders aber ist dies bei der Rotation, hier ist die thermische Energie kT groß gegen $2B$ (ca. 5 cm^{-1} bei CO), d. h., man kann eine thermische Besetzung der höheren Rotationsniveaus erwarten.

Um das Spektrum Abb. 15.3b zu verstehen, benötigt man daher Folgendes:

- Nach der Boltzmann-Formel Gl. 14.3 ist die Wahrscheinlichkeit der Besetzung, und damit die Anzahl der besetzten Zustände der Energie E_J, proportional zur Exponentialfunktion

$$N_j \sim e^{-E_J/kT}. \tag{15.7}$$

- Nun sind die Energieniveaus entartet (Abschn. 10.2.3), zur Energie E_J findet man $(2J + 1)$ Rotationszustände. Diese muss man berücksichtigen, denn wenn man $(2J + 1)$ Niveaus der Energie hat, die alle mit derselben Wahrscheinlichkeit besetzt sind, ist es wahrscheinlicher, eines der Niveaus besetzt zu finden, als wenn es z. B. nur ein Niveau dieser Energie hätte. Das kann man im Rahmen der statistischen Thermodynamik (Bd. III) exakt begründen, man findet:

$$N_j \sim (2J+1)\mathrm{e}^{-E_J/\mathrm{k}T}\,. \tag{15.8}$$

Die Niveaus sind **(2J + 1)-fach entartet,** und die thermische Besetzung ist proportional zur **Entartung $g_J = 2J + 1$** und dem Boltzmann-Faktor.

- Damit bekommt man für die Besetzungszahlen relativ zum Grundzustand $J = 0$ mit der Besetzungszahl N_0:

$$\frac{N_J}{N_0} = \frac{g_J}{g_0}\mathrm{e}^{-(E_J-E_0)/\mathrm{k}T} = (2J+1)\mathrm{e}^{-(E_J-E_0)/\mathrm{k}T}\,. \tag{15.9}$$

- Wenn man diese Formel nach J ableitet und zu 0 setzt, erhält man das J mit der maximalen Besetzung:

$$J_{\max} \sim \sqrt{\frac{\mathrm{k}T}{2\mathrm{hc}B}} - \frac{1}{2}\,.$$

- Die Energieniveaus und die relativen Besetzungszahlen sind in Abb. 15.4 gezeigt. Die Besetzung steigt zunächst linear an, da für kleine J der erste Term $(2J+1)$ dominiert. Für größere J übernimmt die Exponentialfunktion, die die Intensitäten mit steigendem J stark abdämpft.

An dieser Stelle wollen wir die Diskussion abbrechen und in Teil VI weiterführen. Wir haben bisher nur einen starren Rotor betrachtet und die thermische Besetzung berücksichtigt. Bei der Diskussion experimenteller Spektren muss man noch Folgendes beachten:

- Die Absorption führt nicht zu ‚scharfen Peaks' im Transmissionsspektrum, wie in den Abbildungen dargestellt, sondern man findet verbreiterte Linien. Die Ursachen für die **Linienverbreiterung** werden wir in Kap. 30 diskutieren.

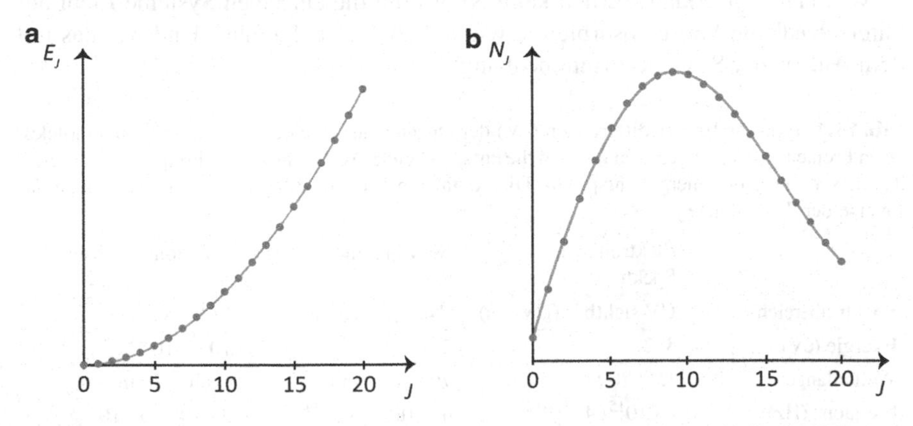

Abb. 15.4 Energieverlauf E_J (**a**) und schematischer Verlauf der Besetzungszahl N_J (im Verhältnis zu N_0, Gl. 15.9) (**b**) vs. Zustand J

- Der Verlauf der Absorption mit der Wellenzahl ist nicht nur von der thermischen Besetzung abhängig, sondern auch noch von quantenmechanisch zu berechnenden Termen, die als **Übergangsdipolmomente** bezeichnet werden (Abschn. 30.1.3). Die Wahrscheinlichkeit eines Übergangs zwischen zwei Zuständen ist dem Quadrat dieser Übergangsmomente proportional. Wie wir in Kap. 32 sehen werden, haben nur Moleküle mit einem permanenten Dipolmoment ein Rotationsspektrum. Demnach zeigen Moleküle wie H_2 oder N_2 kein Rotationsspektrum.

15.4 Vergleich von Kastenpotenzial, Rotation und Schwingung

In Kap. 14 haben wir das Kastenpotenzial als einfachstes **Modell** für elektronische Anregungen kennen gelernt, nun den Rotor und harmonischen Oszillator als **Modelle** für Rotations- und Schwingungsanregungen. Das Modellhafte dieser Betrachtungen sollte klar geworden sein, und dennoch bieten sie wichtige Einsichten in die **grundlegenden physikalischen Prinzipien** der Spektroskopie.

Energien Vergleichen wir zunächst die Energien $\left(\omega = \sqrt{\frac{k}{m}}\right)$:

$$E_n = \frac{\hbar^2 \pi^2}{2 m_e L^2} n^2, \quad E_l = \frac{\hbar^2}{2 \mu r^2}(l+1)l, \quad E_n = \hbar \sqrt{\frac{k}{\mu}} \left(n + \frac{1}{2}\right). \tag{15.10}$$

Die Lösungen der Wellengleichung für Materie sind nur für bestimmte Energien möglich, die Quantisierung kommt also aus dem Ansatz (Axiome, Kap. 5) und kann nicht mehr weiter erklärt werden. D. h., **dass** die Energie quantisiert ist kann unser Formalismus gut reproduzieren, aber nicht wirklich erklären, **warum** (s. Abschn. 6.4).

Was nun aber erklärt werden kann ist, warum die einzelnen Systeme Licht auf unterschiedliche Weise absorbieren, wie in Tab. 15.1 aufgeführt. Und wie das mit dem Aufbau der Systeme zusammenhängt.

Tab. 15.1 Typische Energiedifferenzen (eV) der Quantenzustände der unterschiedlichen molekularen Freiheitsgrade. Angegeben ist auch die entsprechende Wellenlänge bzw. Frequenz des Lichts, das dieser Anregungsenergie entspricht. Die Angabe in **Wellenzahlen** [cm^{-1}], $\bar{\nu}$, ist einfach das Inverse der Wellenlänge

	Elektronische Spektren	Schwingungsspektren	Rotationsspektren
Spektralbereich	UV-sichtbar (UV/vis)	(Nah-)IR–(Fern-)IR	Mikrowellen
Energie (eV)	8–2	$2–10^{-3}$	$10^{-3}–10^{-5}$
Wellenlänge	150–700 nm	700 nm–1 mm	1 mm–10 cm
Frequenz (Hz)	$2 \cdot 10^{15}–4 \cdot 10^{14}$	$4 \cdot 10^{14}–3 \cdot 10^{11}$	$3 \cdot 10^{11}–3 \cdot 10^{9}$

Dabei gilt offensichtlich

$$\Delta E_{\text{el}} >> \Delta E_{\text{vib}} >> \Delta E_{\text{rot}}. \tag{15.11}$$

Die Energien von Kasten und Rotor hängen beide quadratisch von der Quantenzahl ab, bei dem harmonischen Oszillator gibt es eine lineare Abhängigkeit.[4]

- **Vergleich Kasten und Rotor:** Wir haben in Kap. 7, 9 und 10 gesehen, dass Kasten und Rotor eine gewisse Ähnlichkeit haben. In einer Dimension sind die Lösungen stehende Wellen in einer Ausbreitungsrichtung bzw. auf einer Kreisbahn. In 2D sind es stehende Wellen in einer Ebene bzw. auf einer Kugeloberfläche. Daher kann man verstehen, dass die mathematische Form ähnlich ist. Im Nenner ist $2m_eL^2$ durch $2\mu r^2$ ersetzt. Der große Unterschied in der Anregungsenergie ergibt sich also wie folgt:
  - Durch die unterschiedlichen Massen: Bei den elektronischen Anregungen der Polyene steht hier die Elektronenmasse, bei der Rotation die reduzierte Masse des Dimers. Protonen/Neutronen sind 2000 Mal schwerer als Elektronen, zudem haben die Dimere bestehend aus Atomen der zweiten Reihe des Periodensystems mehr als 10 Nukleonen im Kern. D. h., der Nenner unterscheidet sich deshalb um ca. vier Größenordnungen. Elektronische Anregungen finden im eV-Bereich statt, Rotationsanregungen sind entsprechend im meV-Bereich und darunter zu erwarten.
  - Betrachten wir elektronische Anregungen in Ethylen, so sind L und r ungefähr vergleichbar, die Kastenlänge entspricht in etwa dem Bindungsabstand. Mit steigendem L sinkt die Anregungsenergie.
- **Vergleich Rotor, Kasten und Oszillator:** Den Oszillator bekommt man nicht so einfach in den Vergleich, denn er enthält als Parameter die Federhärte k. Wie in Abschn. 15.2 besprochen, kann man diese mit der Potenzialtiefe in Relation setzten. Dieser Parameter lässt sich aber nicht auf andere Konstanten zurückführen, sondern resultiert aus dem komplexen Zusammenspiel der Energien, die zur chemischen Bindung beitragen (Kap. 16). Daher bleibt hier nur ein empirischer Vergleich der Energien: Die Rotationsenergien liegen bei einigen cm^{-1}, wie oben angegeben, die Schwingungen der Dimere über $1000\,\text{cm}^{-1}$. Daher sind die Schwingungsenergien von den Rotationsenergien klar abgesetzt, was spektroskopisch genutzt werden kann. Die höchste Schwingungsfrequenz (H_2) liegt bei etwa $4000\,\text{cm}^{-1}$, was etwa 0.5 eV entspricht. Dies ist zwar in der Größenordnung von elektronischen Anregungen, aber für die meisten organischen Moleküle findet man Anregungsenergien über 2 eV. Daher sind auch diese Bereiche spektroskopisch klar getrennt.

---

[4]Und beim Coulomb-Problem, dem Wasserstoffatom, ist die Abhängigkeit $1/n^2$, siehe Kap. 11 oder auch schon Abschn. 3.2.1.

Einheiten Die auftretenden Energien können in verschiedenen Einheiten angegeben werden, wir haben bisher einige Einheiten kennen gelernt, die kurz zusammengefasst werden sollen:

- Wenn die Energieabstände der Zustände gemäß Gl. 15.10 berechnet werden, ist die Einheit **Elektronenvolt (eV).** Je nach Anwendung ist es dabei sinnvoll, andere Einheiten zu verwenden.
  - **Atomare Energien** Die Energien der Elektronenzustände in Atomen sind sehr groß und werden daher oft in **atomaren Einheiten (a. u.)** angegeben, wie in Abschn. 3.2.1 und 11.3 eingeführt. Die Energie wird in Einheiten der **Rydberg-Energie,** und Abstände in Einheiten des **Bohrschen Radius a_B** angegeben.
  - **Thermische Energien** Wenn die Energieabstände sehr klein sind, wie beim Rotor, ist die thermische Anregung möglich. Um dies schon in der Energieeinheit zu reflektieren, charakterisiert man die Energie oft in Einheiten von $RT = NkT \approx 2.5$ kJ/mol bei $T = 300$ K.
- Man kann die Energieabstände ΔE der Modelle auch durch das absorbierte Licht der Energie $E = h\nu$ charakterisieren:
  - Dazu kann man die Frequenz des eingestrahlten Lichts verwenden, welche sich direkt aus der Energie berechnen lässt,

$$\nu = \frac{c}{\lambda} = \frac{E}{h} \quad [s^{-1}].$$

    Diese Angabe in Hz (s^{-1}) ist sehr gebräuchlich.
  - Genauso kann man aber auch die Wellenlänge λ des Licht angeben (Tab. 15.1), oft wird die Energie auch in sogenannten Wellenzahlen angegeben, was einfach das Inverse der Wellenlänge ist.

$$\bar{\nu} = \frac{1}{\lambda} = \frac{\nu}{c} = \frac{E}{hc} \quad [cm^{-1}].$$

15.5 Zusammenfassung und Fragen

Zusammenfassung Durch die Transformation auf Relativkoordinaten kann man für Dimere direkt die Lösungen des quantenmechanischen harmonischen Oszillators übernehmen. Molekülschwingungen, d. h. Schwingungen der Atome um ihre Gleichgewichtsabstände im Molekül, kann man am Beispiel der Dimere sehr einfach diskutieren.

- Die Bindungsenergiekurve, oft als Morse-Potenzial dargestellt, lässt sich durch eine harmonische Näherung auf das Problem des quantenmechanischen harmonischen Oszillators abbilden.
- Im Spektrum erwartet man daher nur eine Frequenz ω. Diese kann bei bekannter reduzierter Masse eine qualitative Einsicht in die Bindungsstärke geben.

Der starre Rotor zeichnet sich durch ein äquidistantes Energiespektrum mit dem Abstand $2B$ aus.

- Aus B kann man den Dimerabstand ermitteln, erhält also sehr genaue Information über die Molekülgeometrie.
- Die Energieabstände der Rotation sind relativ klein, in der Größenordnung einiger cm^{-1}.
- Bei $T = 300\,\text{K}$ ist $\text{k}T \approx 200\,\text{cm}^{-1}$, daher sind sehr viele Rotationszustände thermisch besetzt.
- Wenn man die energetische Entartung der Energieniveaus berücksichtigt, erhält man eine Modifikation des Energiespektrums, wie in Abb. 15.3b gezeigt.

Diese theoretisch vorhergesagten Spektren können verwendet werden, um die experimentellen Spektren zu interpretieren. Allerdings beruhen diese auf sehr vereinfachten Modellvorstellungen, in Teil VI wird die Perspektive, aufbauend auf den einfachen Modellen, erweitert. Zum einen, um (i) Effekte, die zu einer Verbreiterung der Spektren führen. Zum anderen um (ii) Effekte, die zu einer Modifikation der Energieabstände führen: Beim Oszillator sind Effekte jenseits der harmonischen Näherung wichtig, beim Rotor Effekte, die die Dehnung der Bindung durch Rotation einbeziehen. Zudem können Rotation und Schwingung gekoppelt sein. Und drittens (iii) werden wir diskutieren, wie die Auswahlregeln zustande kommen und wodurch sich Absorptions- und Ramanspektren unterscheiden.

Fragen

- **Erinnern:** (Erläutern/Nennen)
  - Welche Energien und Wellenlängen treten bei Quantenübergängen für elektronische Zustände, Schwingungs- und Rotationszustände auf? Geben Sie die entsprechenden Größenordnungen an.
  - Welche Energieeinheiten werden verwendet?
  - Zeichnen Sie das Spektrum des harmonischen Oszillators und des starren Rotors.
  - Wie kann man diese mit Hilfe der Energieformeln erklären?
  - Welche Moleküleigenschaften erhält man aus den Spektren?
  - Wie werden die Spektren durch Temperatureffekte verändert?
- **Verstehen:** (Erklären)
  - Erklären Sie, wie man aus der Frequenz beim Oszillator auf die Bindungsstärke schließen kann?
  - Erklären Sie, wie sich das Rotationsspektrum durch Temperatureffekte verändert.
  - Warum passiert das bei der Rotation und nicht bei der Schwingung?
  - Warum tritt beim Oszillator nur eine Frequenz auf, beim Rotor aber viele?
  - Wie erhalten Sie aus dem Rotationsspektrum den Dimerabstand?
  - Welche Effekte fehlen in der obigen vereinfachten Modellierung der Spektren?

- **Anwenden:**
  - Was ist die maximale Schwingungsfrequenz in Molekülen, und warum tritt diese für H_2 auf? Schätzen Sie ab, wie sich diese für D_2 (Deuterium) verändert.
  - Wie ändert sich das Rotationsspektrum, wenn man von H_2 zu D_2 übergeht?

16 Zwei Coulomb-Potenziale: Modell der chemischen Bindung

Die Lösung des Eigenwertproblems des Wasserstoffatoms mit dem Hamilton-Operator

$$\hat{H} = -\frac{\hbar^2}{2m}\Delta - \frac{1}{4\pi\epsilon}\frac{e^2}{r}$$

war schon ziemlich kompliziert, und dennoch haben wir die wirklich komplexen Probleme der Elektronenstruktur der Moleküle noch gar nicht berührt, bzw. in Kap. 14 mit einer extremen Vereinfachung behandelt. Der Hamilton-Operator ist für Moleküle recht einfach zu bestimmen, das Potenzial ist durch die Überlagerung der Kernpotenziale der anderen Atome gegeben. Das große Problem ist aber dann, dass es auch eine **Wechselwirkung zwischen den Elektronen** gibt, eine Coulomb-Abstoßung. Für zwei und mehr Elektronen ist das sehr schwierig zu lösen, und wird uns in Teil V beschäftigen.

Daher ist es ein Glücksfall, dass das Phänomen der **chemischen Bindung** schon für das H_2^+-Ion auftritt, das nur ein Elektron hat. Das H_2^+-Molekül ist damit sozusagen die Labormaus der Quantenchemie, an der man die wesentlichen **Konzepte der Quantenchemie** einführen und erläutern kann.

Hamilton-Operator In diesem Fall muss man in dem obigen Hamilton-Operator nur das Potenzial des zweiten Kerns addieren.

LCAO-Ansatz Die Wellenfunktion **eines** Elektrons in einem Potenzial wird **Orbital** genannt. Am H_2^+ wird gezeigt, wie aus den Orbitalen des Wasserstoffatoms (Atomorbitale: AO) die Orbitale des Moleküls (Molekülorbitale: MO) entstehen. Dies ist ein generelles Prinzip der Quantenchemie: Die **Molekülorbitale (MO)** resultieren aus einer Überlagerung der **Atomorbitale (AO).** Man nennt dies eine **lineare Kombination der Atomorbitale (LCAO).**

© Springer-Verlag GmbH Deutschland, ein Teil von Springer Nature 2021

M. Elstner, *Physikalische Chemie II: Quantenmechanik und Spektroskopie*,
https://doi.org/10.1007/978-3-662-61462-4_16

Variationsprinzip Die Lösung kann man nicht direkt ausrechnen, wie beim Wasserstoffatoms: Wir werden hier ein **Näherungsverfahren** kennenlernen, das **Variationsprinzip.** Die Molekülorbitale ergeben sich aus einer Kombination der Atomorbitale derart, dass die Energie des Moleküls minimal wird.

Born-Oppenheimer Näherung Um beispielsweise chemische Reaktivität behandeln zu können, muss man für beliebige Kernkonfigurationen die Energie der Elektronen ausrechnen. Dabei nimmt man an, dass die Elektronen für jeden Kernabstand im Zustand minimaler Energie sind, man also durch das Variationsprinzip den Elektronenzustand zu jeder Kernkonfiguration bestimmen kann.

Potenzialenergieflächen Wie ändert sich die Energie mit den Positionen der Atome? Dieser Energieverlauf wird Potenzial genannt. Wenn das Molekül nur durch eine Koordinate beschrieben wird, z. B. den Atomabstand R_{ab} beim Moleküldimer, dann kann man das als Kurve in einem $E(R_{ab})$-Diagramm darstellen. Wenn man mehrere Koordinaten hat, dann erhält man eine Energiefläche. Dieses Konzept der Energieflächen ist zentral zum Verständnis von Molekülschwingungen, der Dynamik von Molekülen und deren Reaktivität.

16.1 Hamilton-Operator und Variationsprinzip

16.1.1 Der Hamilton-Operator

Wir müssen zunächst die wichtigsten Variablen des Problems definieren, das sind die Kern-Kern- und Kern-Elektron-Abstände, wie in Abb. 16.1 dargestellt. Mit diesen Variablen sieht der H_2^+-Hamiltonian wie folgt aus:

$$\hat{H} = -\frac{\hbar^2}{2m}\Delta - \frac{1}{4\pi\epsilon}\frac{e^2}{r_a} - \frac{1}{4\pi\epsilon}\frac{e^2}{r_b} + \boldsymbol{\frac{1}{4\pi\epsilon}\frac{e^2}{R_{ab}}}. \tag{16.1}$$

In den Coulomb-Potenzialen werden nur die Beträge der Abstandsvektoren r_a, r_b und R_{ab} und nicht die Vektoren selbst benötigt. Der letzte Term ist die Kern-Kern-Abstoßung $\boldsymbol{V_{KK}}$, die nun klassisch behandelt wird, da uns zunächst nur die Quantenzustände des Elektrons interessieren.

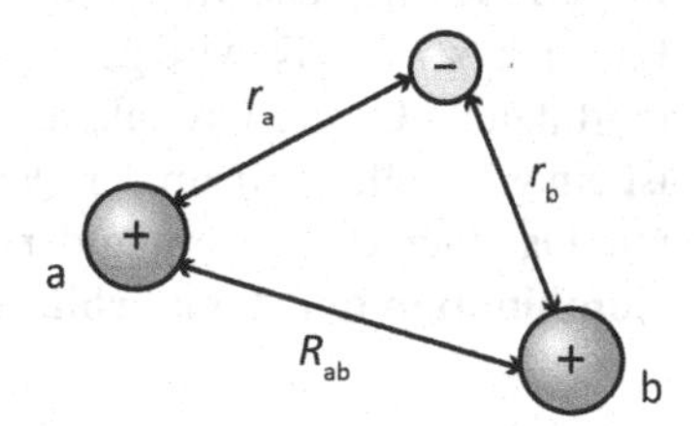

Abb. 16.1 Definition der Abstände im H_2^+-Molekül

16.1.2 Das Variationsprinzip

Bisher haben wir die Schrödinger-Gleichung für die jeweiligen Potenziale in Teil II exakt gelöst. Das war teilweise schwierig, aber durchführbar. Bei vielen Problemen ist eine solche Lösung nicht mehr möglich, die Potenziale sind zu komplex, hier werden wir nach **Näherungslösungen** suchen. Dabei unterscheidet man zwei Vorgehensweisen, die **Störungsrechnung** (siehe Kap. 19) und Lösungen mit Hilfe des **Variationsprinzips.**

Eigentlich muss man nicht die Schrödinger-Gleichung direkt lösen, wie in Teil II, wo wir die **Eigenwerte** des Hamilton-Operators berechnet haben. Man kann alternativ den **Erwartungswert**

$$E = \langle H \rangle = \int \Psi^* H(x) \Psi \mathrm{d}x \tag{16.2}$$

bestimmen. Der Grundzustand des Moleküls ist durch die Wellenfunktion Ψ_0 gegeben, es ist der Zustand minimaler Energie E_0,

$$\int \Psi_0^* H(x) \Psi_0 \mathrm{d}x = E_0. \tag{16.3}$$

Dies erhält man direkt aus der zeitunabhängigen Schrödinger-Gleichung

$$H(x)\Psi_0 = E_0 \Psi_0$$

für die normierte Grundzustandswellenfunktion, wenn man von links mit Ψ_0^* multipliziert und dann beide Seiten integriert. Da E_0 die niedrigste Energie des Hamilton-Operators ist, gilt für jede andere Wellenfunktion $\Phi \neq \Psi_0$:

$$\int \Phi^* H(x) \Phi \mathrm{d}x \geq E_0. \tag{16.4}$$

Daher kann man mit einer Versuchswellenfunktion starten und diese so lange variieren (verändern), bis man das Minimum der Energie gefunden hat. Durch die Variation findet man als niedrigste Energie die Energie des Grundzustands, das ist der Kern des sogenannten **Variationsprinzip.**

16.2 Der Ansatz für die Wellenfunktion

Mit dem Variationsprinzip werden wir also nicht mehr die Eigenzustände und Eigenenergien des Hamilton-Operators lösen, sondern wir bilden den Erwartungswert

$$\begin{aligned} E = \langle \hat{H} \rangle &= \int \phi^* \hat{H} \phi \mathrm{d}^3 x \\ &= \int \phi^* \left(-\frac{\hbar^2}{2m} \Delta - \frac{1}{4\pi\epsilon} \frac{\mathrm{e}^2}{r_a} - \frac{1}{4\pi\epsilon} \frac{\mathrm{e}^2}{r_b} \right) \phi \mathrm{d}^3 x . \end{aligned} \tag{16.5}$$

Dabei haben wir den klassischen Term V_{KK} weggelassen, um etwas Schreibarbeit zu sparen. Er ist nicht nötig bei der Bestimmung der Orbitale ϕ und deren Energie, ist aber wichtig für die Gesamtenergie bzw. Bindungsenergie (Gl. 16.19), wo wir ihn unten wieder einfügen werden.

Normierung Mit dem Variationsprinzip suchen wir nun die Orbitale ϕ, für die E minimal wird, dabei müssen wir aber sicherstellen, dass diese normiert sind,

$$\int \phi^* \phi \mathrm{d}^3 x = 1.$$

Ansatz für die Wellenfunktion Zur Lösung verfolgen wir die folgende Idee: Das Orbital des H_2^+-Moleküls (**Molekülorbital, MO**) setzt sich aus den beiden **Atomorbitalen (AO)** der beiden Wasserstoffatome, die wir nun mit η_a und η_b bezeichnen wollen, zusammen.

$$\phi_+ = \eta_a + \eta_b. \tag{16.6}$$

Man kann allerdings auch die Orbitale voneinander abziehen, dann sieht das so aus:

$$\phi_- = \eta_a - \eta_b. \tag{16.7}$$

16.2.1 Der LCAO-Ansatz

Zusammenfassend kann man diesen Ansatz folgendermaßen darstellen,

$$\phi_\pm = c_a^\pm \eta_a + c_b^\pm \eta_b, \tag{16.8}$$

was eine Kurzschreibweise von

$$\begin{aligned} \phi_+ &= c_a^+ \eta_a + c_b^+ \eta_b, \qquad c_a^+ = c_b^+ = 1 \\ \phi_- &= c_a^- \eta_a + c_b^- \eta_b, \qquad c_a^- = 1, c_b^- = -1 \end{aligned}$$

ist.

Verallgemeinerung In der **L**inear **C**ombination of **A**tomic **O**rbital (**LCAO**)-Methode setzen sich also die **MOs** aus den **AOs** linear zusammen, was man wie folgt schreibt:

$$\phi_i = \sum_i c^i_\mu \eta_\mu. \tag{16.9}$$

1. Durch diese Kombination kann man so viele MOs ϕ_i bilden, wie Atomorbitale η_μ vorhanden sind. Es gibt also so viele MOs, wie AOs im Molekül vorliegen.
2. Die c^i_μ sind i. A. nicht mehr ± 1.
3. Die c^i_μ geben an, ‚wie viel' die AOs η_μ zu dem MO ϕ_i beitragen. Dies ist die Grundlage der Rede, dass zu einem Molekülorbital nur bestimmte Atomorbitale beitragen. Wir haben das bei den Polyenen schon verwendet: Hier tragen nur die p-Orbitale der Kohlenstoffe zu den π-Orbitalen der Moleküle bei. Diese Tatsache ist ein Ergebnis der Anwendung des LCAO-Ansatzes auf Polyene, was wir später in Kap. 27 noch vertiefen werden.

16.2.2 Normierung

Nun lassen wir den Index + oder − an den ϕ für einen Moment weg. Mit ϕ erhalten wir mit der Normierungsbedingung

$$\begin{aligned} N &= \int \phi^* \phi \mathrm{d}^3 r = \int (c_a \eta_a + c_b \eta_b)^* (c_a \eta_a + c_b \eta_b) \mathrm{d}^3 r \\ &= c_a^2 + c_b^2 + 2 c_a c_b S_{ab}. \end{aligned} \tag{16.10}$$

$$S_{ab} = \int \eta_a \eta_b \mathrm{d}^3 r \tag{16.11}$$

wird **Überlappmatrix** genannt. Wir verwenden Atomorbitale η_a und η_b aus Kap. 11, die normiert sind, d. h.

$$S_{aa} = 1 = S_{bb}.$$

Der Name **Überlappmatrix** hat folgenden Grund: Für $\eta_a = \eta_b$ ist diese gleich eins, für zwei verschiedene, aber normierte Orbitale nimmt sie Werte zwischen eins und null an. Betrachten Sie beispielsweise Abb. 16.2c: Wenn der Abstand R_{ab} sehr groß ist, ist der **räumliche Überlapp,** d. h., der Bereich, in dem beide Funktionen nicht gleich null sind, sehr klein. Das Integral S_{ab} ist also genau ein Maß dafür, wie stark die beiden Funktionen ‚überlappen'.

Damit wir die Wahrscheinlichkeitsinterpretation anwenden können, muss ϕ normiert werden, d. h., wir überführen:

$$\phi \to \frac{1}{\sqrt{N}}\phi$$

oder in der LCAO-Darstellung ausgedrückt:

$$\phi = \frac{1}{\sqrt{N}}(c_a\eta_a + c_b\eta_b). \tag{16.12}$$

Damit ist die Normierung gesichert,

$$\int \phi^*\phi \mathrm{d}^3r = 1,$$

was man leicht durch Einsetzen sieht, und nur eine solche Wellenfunktion ist brauchbar, um die Energie in Gl. 16.5 auszurechnen.

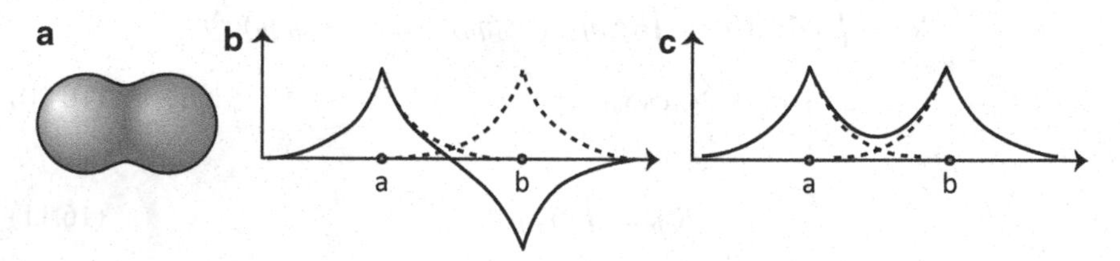

Abb. 16.2 **a** Darstellung des Molekülorbitals durch Überlagerung zweier 1s-Orbitale des Wasserstoffs. Darstellung von **b** ϕ_- und **c** ϕ_+ entlang der Kernverbindungsachse. Gestrichelt dargestellt sind die 1s-Orbitale des Wasserstoffs an den beiden Kernpositionen

16.2.3 Die Energie

ϕ (Gl. 16.12) nun in Gl. 16.5 einsetzen:

$$\begin{aligned} E &= \int \phi^* \hat{H} \phi \mathrm{d}^3 r \qquad (16.13) \\ &= \frac{1}{N} \left(c_a^2 \int \boldsymbol{\eta_a \hat{H} \eta_a \mathrm{d}^3 r} + c_b^2 \int \eta_b \hat{H} \eta_b \mathrm{d}^3 r + 2 c_a c_b \int \boldsymbol{\eta_a \hat{H} \eta_b \mathrm{d}^3 r} \right) \\ &= \frac{1}{N} \left(c_a^2 \boldsymbol{H_{aa}} + c_b^2 H_{bb} + 2 c_a c_b \boldsymbol{H_{ab}} \right) \\ &= \frac{c_a^2 H_{aa} + c_b^2 H_{bb} + 2 c_a c_b H_{ab}}{c_a^2 + c_b^2 + 2 c_a c_b S_{ab}}. \end{aligned}$$

Die in der Energie auftretenden Integrale

$$H_{ab} = \int \eta_a \hat{H} \eta_b \mathrm{d}^3 r \qquad (16.14)$$

bilden eine Matrix, die **Hamilton-Matrix** genannt wird, es gilt: $H_{ab} = H_{ba}$.

16.2.4 Variationsprinzip: Orbitale bei minimaler Energie

Betrachten wir Gl. 16.13, so fällt auf, dass die Integrale H_{ab} und S_{ab} direkt berechenbar sind, da der Hamilton-Operator und die Atomorbitale η_a und η_b des Wasserstoffatoms bekannt sind. Damit kann man die Integrale lösen, sie haben bestimmte Werte für jeden Kernabstand R_{ab}. Was zu bestimmen ist, sind also die **Molekülorbitalkoeffizienten** c_a und c_b, dies sind die Unbekannten. Wir können daher die Energie als Funktion dieser beiden Unbekannten schreiben,

$$E(c_a, c_b),$$

und nach dem **Variationsprinzip** suchen wir nun den Wert dieser beiden Variablen, für den die Energie minimal wird. Als Lösung erhalten wir die c_i, und haben damit die Orbitale $\phi = \frac{1}{\sqrt{N}}(c_a \eta_a + c_b \eta_b)$ bestimmt.

Betrachten wir als Beispiel einer solchen Funktion zweier Veränderlicher die Parabel $f(x, y)$ in Abb. 16.3. Offensichtlich verschwinden im Minimum beide Ableitungen nach den Variablen,

$$\begin{aligned} \frac{\partial E}{\partial c_a} &= 0, \qquad (16.15) \\ \frac{\partial E}{\partial c_b} &= 0. \end{aligned}$$

Damit kann man E berechnen.

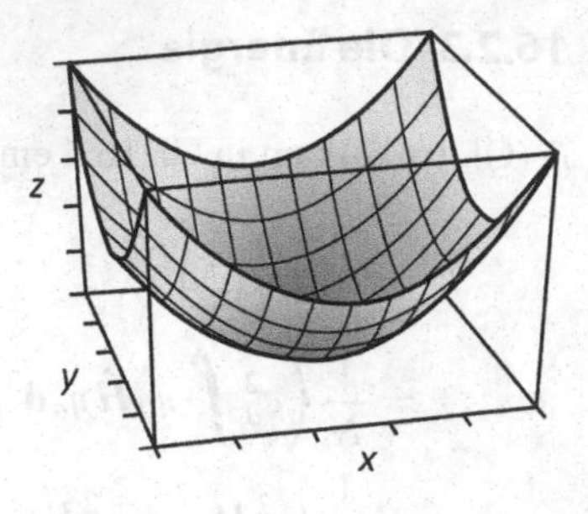

Abb. 16.3 Eine Funktion $f(x, y)$, hier der spezielle Fall einer Parabel. Das Minimum findet man dort, wo die Ableitungen der Funktion nach x und y verschwinden

16.2.5 Energie: Bindende und antibindende Zustände

Energie Als Ergebnis (Beweis 16.1) erhalten wir durch Minimierung der Energie in Gl. 16.13 die Energie ($H_{aa} = H_{bb}$)

$$E_{\pm} = \frac{H_{aa} \pm H_{ab}}{1 \pm S_{ab}}. \tag{16.16}$$

Wellenfunktion: Koeffizienten Nun können wir die Koeffizienten im Ansatz für die Wellenfunktion Gl. 16.8 bestimmten, den Wert der Koeffizienten c_a und c_b erhält man durch Einsetzen von $E_{\pm}$ in Gl. 16.18.

- E_+ ist die Energie zur Wellenfunktion ϕ_+ mit $c_a^+ = c_b^+ = 1$,
- E_- die Energie zur Wellenfunktion ϕ_- mit $c_a^- = 1$ und $c_b^- = -1$.

Bindende und antibindende Zustände Betrachten wir die Energiegleichung Gl. 16.16, so fällt Folgendes auf:

- Die Überlappmatrix S_{ab} hängt vom Kernabstand R_{ab} ab. Betrachten Sie dazu Abb. 16.2c. Mit steigendem Abstand wird S_{ab} kleiner und verschwindet für sehr große R_{ab}, das gleiche gilt für den Betrag von H_{ab}. Die Energie ist damit durch die Energie des Wasserstoffatoms $H_{aa} = E_a$ gegeben. Im Schema Abb. 16.4 ist das durch die beiden Energiezustände E_a repräsentiert.
- Für kleinere Abstände, für die ein **Überlapp** der Wellenfunktionen η_a und η_b auftritt, senkt sich E_+ ab, und E_- steigt an, denn H_{ab} und S_{ab} tragen nun zur Energie bei. Dies ist die Ursache der Bindung. Daher nennt man ϕ_+ das **bindende Orbital,** während ϕ_- **antibindend** genannt wird.

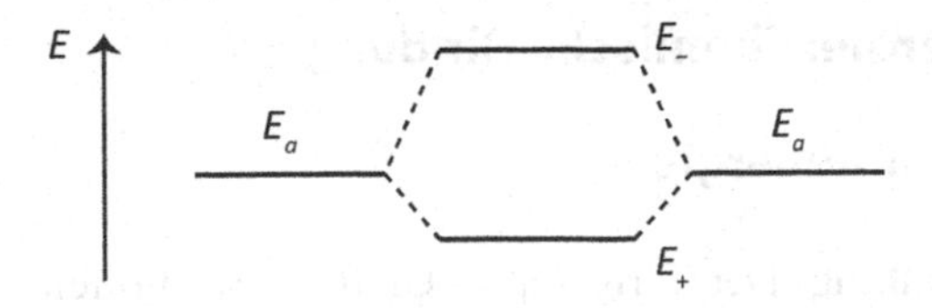

Abb. 16.4 Energiezustände im H_2^+-Molekül. Für große Abstände R_{ab} ist die Energie durch E_a gegeben, für kleine Abstände, z. B. den Bindungsabstand von H_2^+, findet man eine Aufspaltung in E_+ und E_-

- Das Elektron ist also energetisch im Molekülorbital ϕ_+ gegenüber E_a abgesenkt, während es im Molekülorbital ϕ_- energetisch angehoben wird. Beachten Sie, dass H_{aa} und H_{ab} beide negativ sind, siehe dazu Gl. 16.5.[1]
- Dabei führt H_{ab} maßgeblich zur Aufspaltung, S_{ab} im Nenner macht diese Aufspaltung asymmetrisch, wie in Abb. 16.4 gezeigt.

Beweis 16.1 Diese beiden Gl. 16.15 müssen gleichzeitig erfüllt sein, d. h. man muss ein Gleichungssystem lösen. Dieses erhält man durch Umformen von Gl. 16.13:

$$E\left(c_a^2 + c_b^2 + 2c_a c_b S_{ab}\right) = c_a^2 H_{aa} + c_b^2 H_{bb} + 2c_a c_b H_{ab} \tag{16.17}$$

$$\frac{\partial}{\partial c_a}\left[E\left(c_a^2 + c_b^2 + 2c_a c_b S_{ab}\right)\right] = \frac{\partial}{\partial c_a}\left[c_a^2 H_{aa} + c_b^2 H_{bb} + 2c_a c_b H_{ab}\right].$$

Mit $\frac{\partial E}{\partial c_a} = 0$ erhält man:

$$2c_a E + 2c_b E S_{ab} = 2c_a H_{aa} + 2c_b H_{ab}$$

oder

$$\begin{aligned} c_a(H_{aa} - E) + c_b(H_{ab} - E S_{ab}) &= 0 \\ c_a(H_{ab} - E S_{ab}) + c_b(H_{bb} - E) &= 0. \end{aligned} \tag{16.18}$$

Die letzte Gleichung folgt aus analoger Ableitung von Gl. 16.17 nach c_b.

Diese beiden Gleichungen müssen nun gleichzeitig erfüllt sein. Zur Lösung betrachten wir die Sekundardeterminante, aus der wir Gl. 16.16 erhalten:

$$\det\begin{pmatrix} H_{aa} - E & H_{ab} - E S_{ab} \\ H_{ab} - E S_{ab} & H_{bb} - E \end{pmatrix} = 0.$$

[1] $H_{aa} = E_a$ ist die Energie des Elektrons im Wasserstoffatom, also $-13.6\,\text{eV}$. Die Bindung führt zu einer Absenkung der Energie gegenüber dem Wasserstoffatom.

16.3 Die Energie: Chemische Bindung

16.3.1 Die Gesamtenergie

Kern-Kern-Abstoßung Der Term E_+ in Gl. 16.16 wird offensichtlich kleiner, je kürzer der Kernabstand R_{ab} wird. Offensichtlich wird dies durch die Kern-Kern-Abstoßung V_{KK} in Gl. 16.1 kompensiert, die wir bei der Berechnung der Energie Gl. 16.5 bisher weggelassen haben. Diese müssen wir an dieser Stelle nun wieder mit einbeziehen.

Bindungsenergie Bindung heißt nun, dass das System beim Gleichgewichtsabstand des Molekülions (der etwa $2a_0$ beträgt) stabiler ist als das isolierte Proton und Wasserstoffatom. Die Energie des Wasserstoffatoms ist durch E_a gegeben, das Proton hat die Energie null. D. h., wir berechnen die **Bindungsenergie** als

$$E_{\pm}^{\text{bind}} = E_{\pm} + \frac{1}{4\pi\epsilon}\frac{e^2}{R_{ab}} - E_a. \tag{16.19}$$

Dabei haben wir die Kern-Kern-Abstoßung V_{KK} aus Gl. 16.1, die wir bei der bisherigen Rechnung nicht berücksichtigt haben, zur Energie Gl. 16.16 addiert, das ist die Gesamtenergie des Moleküls. Diese Energie geben wir bezüglich des neutralen Wasserstoffatoms an, d. h., wir subtrahieren E_a. Dies nennt man dann Bindungsenergie, es ist die Energie, um die das Molekül gegenüber den einzelnen Atomen (bzw. Wasserstoffatom und Proton) stabilisiert ist.

Ob nun Bindung zustande kommt, hängt davon ab, dass E_+ dem Betrag nach größer ist als V_{KK}. Diese Bindungsenergie kann man nun für die beiden Zustände $\phi_{\pm}$ für verschiedene Abstände berechnen und über den Kernabstand auftragen, wie in Abb. 16.5a gezeigt. Dabei ist in dieser Darstellung $E_a = 0$ gesetzt, was eine reine Konvention ist. Die Grafik soll die Stabilisierung des Moleküls gegenüber dem Atom und Proton zeigen.

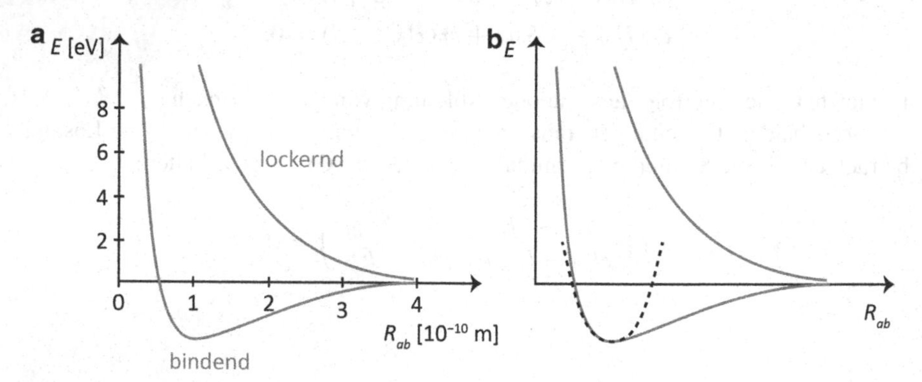

Abb. 16.5 **a** Energie vs. R_{ab} des symmetrischen und antisymmetrischen Zustands. **b** Harmonischer Oszillator-Näherung für das Bindungspotenzial

Verringert man den Abstand zwischen einem Wasserstoffatom und einem Proton, so wird die Orbitalenergie des bindenden Zustands zunächst offensichtlich stärker abgesenkt, als die Kern-Kern-Abstoßung ansteigt. Dies ändert sich für Abstände, die kürzer als der Bindungsabstand sind. Man erhält damit die typische Bindungsenergiekurve.

- Wenn das Elektron im bindenden Orbital ist, was auch **elektronischer Grundzustand** genannt wird, hat die Potenzialenergiekurve eine Form wie das **Morse-Potenzial.** Daher wird dieses oft zur Modellierung der chemischen Bindung verwendet, siehe Abschn. 1.3.4.
- Wenn das Elektron im antibindenden ϕ_--Zustand ist, ist das Molekül weniger stabil als der dissoziierte Zustand, das Molekül wird also dissoziieren. Wenn das Molekül durch Absorption von Licht in diesen Zustand gebracht wird, wird es zur Spaltung der Bindung kommen; eine photochemische Reaktion, wie wir sie später noch diskutieren werden (Kap. 33).

16.3.2 Born-Oppenheimer-Näherung und Potenzialenergiekurven

Um auf die Bindungsenergiekurve in Abb. 16.5 zu kommen, haben wir zu jedem Abstand R_{ab} die elektronische Energie minimiert (über das Variationsprinzip), wir haben also angenommen, dass das Elektron zu jedem R_{ab} in einem Quantenzustand minimaler Energie ist. Damit wurden die Kerne als statisch angenommen und für jeden Kernabstand die minimale elektronische Energie berechnet. Die daraus resultierenden Bindungsenergiekurven werden **Potenzialenergiekurven** genannt. Was passiert aber, wenn sich die Kerne bewegen? Wenn wir z. B. die Schwingungen der Atomkerne im Molekül betrachten wollen? Den Fall betrachen, dass die Atomkerne in dem bindenden Potenzial Abb. 16.5a hin und her.

Stellen Sie sich Folgendes vor: Die Erde kreist um die Sonne, und ein Satellit ist in einer Umlaufbahn um die Erde. Da sich die Erde relativ gleichmäßig bewegt, nimmt die Erde den Satelliten ‚mit' auf der Umlaufbahn um die Sonne. Würde sich nun die Erde schnell und ruckartig bewegen, würde sich der Satellit stärker aus dieser Umlaufbahn entfernen, er wäre wie ein Ball an einer Gummileine mal vor, mal hinter der Erde.

Die Grundlage der Potenzialenergiekurven ist nun, dass die Kerne bei ihren Bewegungen das Elektron immer ‚mitnehmen', es ist immer in seinem niedrigsten Energiezustand. Bestimmend ist das Massenverhältnis von etwa 2000:1 von Proton zu Elektron. Da die Elektronen so leichte Teilchen sind, die Coulomb-Anziehung sehr stark ist, folgen die Elektronen den Bewegungen der Kerne ‚instantan', sie sind immer im elektronischen Grundzustand. Diese Annahme wird **Born-Oppenheimer-Näherung** genannt, und ist die Grundlage der Darstellung von Potenzialenergiekurven für den Grundzustand und für angeregte Zustände, wie gerade vorgestellt.

Wenn die Voraussetzungen dieser Näherung nicht mehr zutreffen, gibt es keine Potenzialenergiekurven mehr, und man muss die gekoppelte Bewegung der Elektronen und Kerne betrachten, kann also nicht die Bewegung der Kerne im Potenzial der Elektronen zur Beschreibung heranziehen.

Adiabatische Näherung Der ganze Trick der Quantenchemie, (i) die Kerne zuerst klassisch und statisch zu behandeln, dann (ii) Lösungen für die Elektronen für alle möglichen Kernabstände zu bestimmen und dann (iii) die Kernbewegung mit Hilfe dieser Potenzialflächen quantenmechanisch zu beschreiben, basiert auf dieser Annahme, die adiabatische Näherung genannt wird. Wenn sich die Kerne nun sehr schnell bewegen würden, könnte gerade dies nicht mehr der Fall sein, und die Darstellung durch Energiekurven wäre nicht möglich.

Harmonische Näherung Wir können nun für kleine Schwingungen der Atomkerne um den Gleichgewichtsabstand die harmonische Näherung einführen, d. h. das Potenzial bis zur 2. Ordnung der Taylor-Reihenentwicklung durch ein harmonisches Potenzial ersetzen, wie in Abb. 16.5b skizziert (Abschn. 1.3.4). Für dieses Potenzial kennen wir die Schwingungslösungen aus Kap. 15.

16.4 Vertiefung: Integrale und Wesen der chemischen Bindung

Dieses Kapitel dient der Vertiefung und kann beim ersten Lesen übersprungen werden. Wir werden das gleiche Problem in Teil V wiederfinden, daher ist es empfehlenswert, dieses Kapitel vor Teil V zu lesen.

16.4.1 Die Integrale

Bisher haben wir uns nicht um Integrale gekümmert, sondern sie als berechnet vorausgesetzt. Nun wollen wir mal den Hamilton-Operator von H_2^+ (Gl. 16.1)

$$\hat{H} = -\frac{\hbar^2}{2m}\Delta - \frac{1}{4\pi\epsilon}\frac{e^2}{r_a} - \frac{1}{4\pi\epsilon}\frac{e^2}{r_b}$$

explizit in die Energiegleichung 16.13

$$\begin{aligned} E &= \int \phi^* \hat{H} \phi \mathrm{d}^3 r \qquad (16.20) \\ &= \frac{1}{N}\left(c_a^2 \int \eta_a \hat{H} \eta_a \mathrm{d}^3 r + c_b^2 \int \eta_b \hat{H} \eta_b \mathrm{d}^3 r + 2 c_a c_b \int \eta_a \hat{H} \eta_b \mathrm{d}^3 r\right) \end{aligned}$$

einsetzen. Dabei interessieren uns speziell die Integrale H_{aa} und H_{ab}.

Integrale H_{aa}

$$\begin{aligned} H_{aa} &= \int \eta_a \hat{H} \eta_a \mathrm{d}^3 r \qquad (16.21)\\ &= \int \eta_a \left(-\frac{\hbar^2}{2m}\Delta - \frac{1}{4\pi\epsilon}\frac{\mathrm{e}^2}{r_a} - \frac{1}{4\pi\epsilon}\frac{\mathrm{e}^2}{r_b} \right) \eta_a \mathrm{d}^3 r \\ &= -\frac{\hbar^2}{2m}\int \eta_a \Delta \eta_a \mathrm{d}^3 r - \frac{\mathrm{e}^2}{4\pi\epsilon}\int \eta_a \frac{1}{r_a}\eta_a \mathrm{d}^3 r - \frac{\mathrm{e}^2}{4\pi\epsilon}\int \eta_a \frac{1}{r_b}\eta_a \mathrm{d}^3 r \\ &=: T_a + J_{aa} + J_{ab}. \end{aligned}$$

Die Beträge können wir nun anhand der Energie des Wasserstoffatoms interpretieren:

- T_a ist die kinetische Energie des Elektrons im Orbital η_a, wie beim Wasserstoffatom.
- J_{aa} ist die Wechselwirkung des Elektrons im Orbital η_a mit der Kernladung von Kern a.
- Damit ist

  $$E_a = T_a + J_{aa} = -0.5\,\mathrm{H}$$

  gleich der Energie des Wasserstoffatoms (-0.5 Hartree, bzw. $-13.61\,\mathrm{eV}$).
- Der zusätzliche Term J_{ab} stellt die Coulomb-Wechselwirkung des Elektrons im Orbital η_a mit dem Kern b dar.
- Wir können also schreiben

  $$H_{aa} = E_a + J_{ab},$$

  und für große Abstände R_{ab} der beiden Atomkerne verschwindet J_{ab}, d. h.,

  $$H_{aa} = E_a \qquad R_{ab} \to \infty.$$

Zur Vereinfachung wird oft die sogenannte **Elektronendichte**

$$\rho_a = |\eta_a|^2 \qquad (16.22)$$

eingeführt. Das Integral J_{ab} lässt sich damit schreiben als:

$$J_{ab} = -\frac{\mathrm{e}^2}{4\pi\epsilon}\int \frac{\rho_a}{r_b}\mathrm{d}^3 r.$$

Analog wird die **Ladungsdichte** als $e\rho_a$ definiert. Das Integral J_{ab} wird oft als die Wechselwirkung einer Ladungsdichte mit der Kernladung von Kern ‚b' visualisiert, siehe Abb. 16.6a. Achtung: Das sind zunächst nur abkürzende Schreibweisen, zur Interpretation siehe den nächsten Abschnitt.

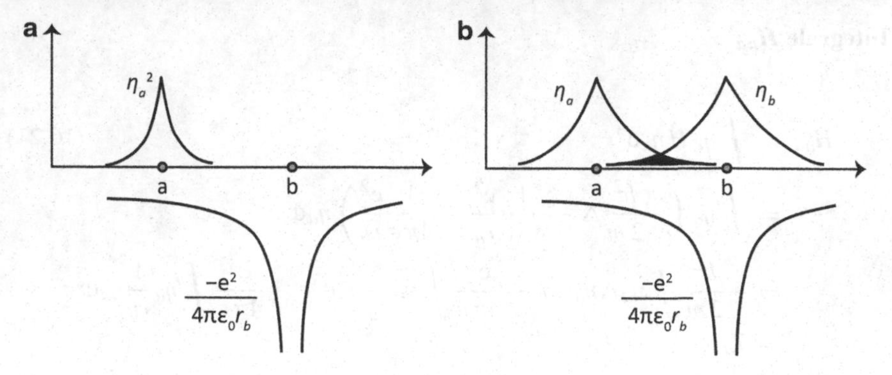

Abb. 16.6 Illustration der Integrale **a** vom Typ J_{ab} und **b** K_{ab}

Integrale H_{ab}

$$\begin{aligned}H_{ab} &= \int \eta_a \hat{H} \eta_b \mathrm{d}^3 r \qquad (16.23)\\ &= \int \eta_a \left(-\frac{\hbar^2}{2m}\Delta - \frac{1}{4\pi\epsilon}\frac{\mathrm{e}^2}{r_a} - \frac{1}{4\pi\epsilon}\frac{\mathrm{e}^2}{r_b}\right)\eta_b \mathrm{d}^3 r\\ &= -\frac{\hbar^2}{2m}\int \eta_a \Delta \eta_b \mathrm{d}^3 r - \boldsymbol{\frac{\mathrm{e}^2}{4\pi\epsilon}\int \eta_a \frac{1}{r_a}\eta_b \mathrm{d}^3 r} - \boldsymbol{\frac{\mathrm{e}^2}{4\pi\epsilon}\int \eta_a \frac{1}{r_b}\eta_b \mathrm{d}^3 r}\\ &=: T_{ab} + \boldsymbol{K_{ab}} + \boldsymbol{K_{ba}} = E_b S_{ab} + \boldsymbol{K_{ba}}.\end{aligned}$$

Die letzte Umformung folgt aus dem Eigenwertproblem, soll hier aber nicht weiter diskutiert werden.

Die Integrale K sind in Abb. 16.6b visualisiert. Für große Abstände R_{ab}, für die die Orbitale η_a und η_b nicht mehr überlappen, ist das Produkt $\eta_a \eta_b = 0$, da für jeden Wert entlang der x-Achse entweder η_a oder η_b verschwinden. Damit verschwindet auch das Integral K_{ab}, ebenso wie die Überlappintegrale S_{ab}. Für kleinere Kernabstände tritt ein Überlapp auf – der schwarz markierte Bereich – wie in Abb. 16.6b gezeigt.

16.4.2 Interpretation der Integrale

Die Coulomb-Integrale J_{ab} Die Bezeichnung von ρ_a als Elektronendichte ist mit Vorsicht zu genießen. Man darf sich diese nicht als ‚Elektronenwolke' vorstellen, ein Elektron, das über einen Raumbereich ‚verschmiert' ist. Denn das entspräche ja der Vorstellung der **Schrödinger'schen Materiewelle,** die schon in Abschn. 4.2.2 als unzutreffend gekennzeichnet wurde (siehe auch Kap. 6 und 13). Die Elektronenladung ist nicht über das Orbital verschmiert, wir haben vielmehr $|\eta_a|^2 \mathrm{d}^3 r$ als Wahrscheinlichkeit identifiziert, das Elektron im Volumenelement $\mathrm{d}^3 r$ zu finden.

Mathematisch aber **sieht J_{ab} aus, wie** die Wechselwirkung einer **klassischen Ladungsverteilung,** beschrieben durch ρ_a, mit der Ladung von Kern ‚b', und oft wird das wie in Abb. 16.6a veranschaulicht. **J wird daher als Coulomb-Integral** bezeichnet. Man darf aber den **quantenmechanischen Ursprung** der **Erwartungswerte** nicht vergessen, und J_{ab} ist eben eine Komponente eines solchen Erwartungswerts. Nicht ist das Elektron über das Orbital verschmiert, sondern der Ort ist nicht genauer bestimmt, also durch die Ausdehnung des Orbitals.

Energie und Coulomb-Integrale Die Gesamtenergie Gl. 16.20 enthält die Integrale J_{aa}, J_{bb} sowie J_{ab} und J_{ba}. Die Werte dieser Integrale addieren sich zur Gesamtenergie, wie kann man das interpretieren? J_{aa} sieht wie eine Ladungsdichte $|\eta_a|^2$ aus, die an Kern ‚a' lokalisiert ist, und mit der Kernladung dieses Kerns wechselwirkt, J_{bb} wie eine Ladungsdichte $|\eta_b|^2$ an Kern ‚b' lokalisiert ist, und mit dessen Kernladung wechselwirkt. Betrachten wir dazu das Quadrat der Wellenfunktion,

$$|\phi_\pm|^2 = |\eta_a \pm \eta_b|^2 = |\eta_a|^2 + |\eta_b|^2 \pm 2\eta_a\eta_b, \tag{16.24}$$

was die Elektronendichte des Moleküls wiedergibt. Die Coulomb-Integrale beschreiben also die Energie der Wechselwirkung der ersten beiden Terme auf der rechten Seite von Gl. 16.24 mit den Kernladungen. Es sieht so aus, als sei das Elektron **entweder** in Orbital ‚a', **oder** in Orbital ‚b'. Da $|\phi_\pm|^2$ eine Aufenthaltswahrscheinlichkeit darstellt, ist es mit gleicher Wahrscheinlichkeit entweder in ‚a' oder ‚b'. Die Wechselwirkungsenergie ist also ein Mittelwert der beiden Wechselwirkungen. Die Coulomb-Integrale können als klassische Energiebeiträge betrachtet werden, da sie nicht auf den Interferenztermen basieren (siehe klassische Beiträge beim Doppelspalt, Kap. 13), und die Integrale aussehen, wie die Wechselwirkung klassischer Ladungsverteilungen.

Die Austausch-Integrale Wie dann aber K_{ab} (bzw. K_{ba}) verstehen? Denn dieses Integral, siehe Gl. 16.23, enthält den Term $\eta_a\eta_b$, aus Gl. 16.24, der als **Interferenzterm** bezeichnet wird. Der Name kommt daher, dass genau dieser Term bei der Beschreibung des Doppelspaltexperiments für die Interferenzeffekte verantwortlich ist.[2]

Dieser Term ist ein Ausdruck, der in der Quantenmechanik neu auftritt, und kein Analogon in der klassischen Physik hat. Daher passen auch keine Ausdrucksweisen bzw. bildlichen Darstellungen aus der klassischen Physik. In der Quantenmechanik werden daher neue sprachliche Ausdrücke gebildet (s. Kap. 13):

- **Delokalisierung** Das Elektron ist über die Orbitale η_a und η_b **delokalisiert.** So werden wir später generell über Molekülorbitale sprechen, die aus mehreren Atomorbitalen gebildet werden.

[2] Dies haben wir in Kap. 13 auch aus diesem Grund sehr detailliert diskutiert. Dort haben wir verschiedene Weisen, über diesen Term zu sprechen, als nicht angemessen verworfen: Weder ist es sinnvoll zu sagen, dass das Elektron **entweder** in Orbital η_a **oder** η_b sei, noch dass es **gleichzeitig** in beiden Orbitalen sei.

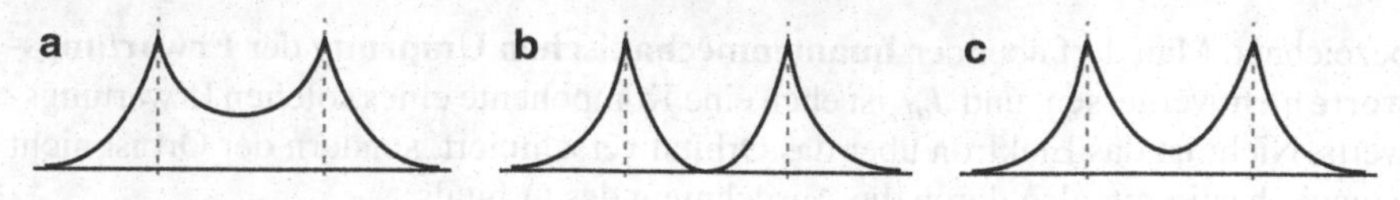

Abb. 16.7 Darstellung der Wellenfunktionen **a** $|\phi_+|^2$, **b** $|\phi_-|^2$ und **c** $|\eta_a|^2 + |\eta_b|^2$

- **Austauschintegrale** Dies ist die Bezeichnung für die Integrale vom Typ K_{ab}, welche die Interferenzterme aus Gl. 16.24 enthalten. Das Elektron ist gerade nicht nur jeweils in dem einen oder dem anderen Orbital, es scheint einen Austausch zwischen den Orbitalen zu geben. Aber dies erinnert immer noch sehr an eine klassische Terminologie, quantenmechanisch ist dieses Integral Ausdruck der
- **Unbestimmtheit** Es ist nämlich, durch den LCAO-Ansatz Gl. 16.8, unbestimmt, in welchem Orbital sich das Elektron befindet. Im Prinzip ist dies eine **Superposition** der Atomorbitale.[3]

Bedeutung für die chemische Bindung Nur wenn der Überlapp $\eta_a\eta_b$, d. h., das Austauschintegral K_{ab}, nicht verschwindet, ist eine chemische Bindung möglich, wie wir im nächsten Abschnitt sehen werden. Die chemische Bindung ist also ebenso fundamental ein Quanteneffekt wie die Interferenz!

Abb. 16.7c zeigt die Ladungsdichte für eine einfache Überlagerung der atomaren Elektronendichten. Demgegenüber ist die Ladungsdichte zwischen den Kernen bei $|\phi_+|^2$ um $2\eta_a\eta_b$ erhöht (Abb. 16.7a) und bei $|\phi_-|^2$ um $2\eta_a\eta_b$ erniedrigt (Abb. 16.7b).[4]

16.4.3 Diskussion der Gesamtenergie

Um die Energie zu diskutieren, kann man die Matrixelemente Gl. 16.21 und 16.23 in die Energiegleichung Gl. 16.16 einsetzen:

$$E_\pm = \frac{H_{aa} \pm H_{ab}}{1 \pm S_{ab}} = E_a + \frac{J_{ab} \pm K_{ba}}{1 \pm S_{ab}}. \tag{16.25}$$

Bindung heißt nun, dass das System beim Gleichgewichtsabstand des Molekülions (der etwa $2a_0$ beträgt) stabiler ist, als das isolierte Proton und Wasserstoffatom, d. h., wir berechnen die **Bindungsenergie** Gl. 16.19 als

$$\begin{aligned} E_\pm^{\text{bind}} &= E_\pm - E_a + V_{\text{KK}} = \frac{J_{ab} \pm K_{ba}}{1 \pm S_{ab}} + \frac{1}{4\pi\epsilon}\frac{\mathrm{e}^2}{R_{ab}} \\ &= \left(J_{ab} + \frac{1}{4\pi\epsilon}\frac{\mathrm{e}^2}{R_{ab}}\right) \pm \frac{K_{ba}}{1 \pm S_{ab}}. \end{aligned} \tag{16.26}$$

---

[3] Mit allen Konsequenzen wie in Kap. 13 diskutiert.

[4] Bitte vergleichen sie dies mit der Diskussion des Wellenpakets, des Doppelspalts und Schrödingers Katze in Kap. 13. Dort haben wir die physikalische Auswirkung der Superposition, d. h., der Interferenzterme erläutert.

- Die Terme J_{ab} und K_{ab} haben negative Werte, da sie die anziehende Wechselwirkung des negativ geladenen Elektrons mit den positiven Kernen beschreiben. Diese Terme führen also zur Bindung, da sie die Energie des Moleküls absenken.
- $0 \leq S_{ab} \leq 1$ ist positiv und beschreibt den Überlapp, daher ist der Nenner für den bindenden Zustand größer als 1.
- V_{KK} beschreibt die Kern-Kern-Abstoßung, hat positive Werte, führt also zur Dissoziation.
- Betrachten wir nun den Term in der Klammer: Dieser enthält den bindenden Term J_{ab}. Im bindenden Orbital ϕ_+ ist die Ladung stärker zwischen den Kernen akkumuliert, und man könnte denken, dass nun die Bindung dadurch entsteht, dass die Elektron-Kern-Anziehung J_{ab} die Abstoßung V_{KK} überwiegt. Dass sozusagen die klassische Ladungswolke zwischen den Kernen diese stärker zusammenbringt, als dass diese sich abstoßen: Dem ist aber nicht so! Man kann nun zeigen, dass die Kern-Kern-Abstoßung V_{KK} immer größer ist als der ‚klassische' Beitrag J_{ab} zur Elektron-Kern-Anziehung. Damit ist die chemische Bindung im Rahmen der klassischen Physik nicht zu verstehen, sie ist ein genuin quantenmechanischer Effekt.
- Entscheidend für die Bindung ist tatsächlich der Beitrag K_{ab}, der Interferenzbeitrag. Wie oben diskutiert, ist dieser im Rahmen der klassischen Physik nicht zu verstehen, die chemische Bindung ist ein quantenmechanisches Phänomen.

16.5 Zusammenfassung und Fragen

Essenz der chemischen Bindung

- Aus den Atomorbitalen (AO) bilden sich die Molekülorbitale (MO).
- Bindende und nicht-bindende MOs: Bei den bindenden Orbitalen wird die Ladung im Überlappbereich verstärkt, in der Energie macht sich das durch den Term K bemerkbar, der zu einer Absenkung der Energie führt. Bei den nicht-bindenden Orbitalen wird Ladung aus dem Überlappbereich entfernt (Subtraktion der Orbitale).
- Entscheidend für die Bindung ist das Integral K, d. h. die Wechselwirkung der Ladung im Überlappbereich mit dem Kernpotenzial.
- Sowohl im bindenden als auch im nicht-bindenden Orbital ist das Elektron über beide Orbitale **delokalisiert,** im Ersteren wird nur Ladung zwischen den Kernen konzentriert, während im Letzteren die Ladung an die Außenseiten gebracht wird.

Vorgehen der Quantenchemie Die Quantenchemie versucht nicht, die Quantenmechanik auf Kerne und Elektronen **gleichzeitig** anzuwenden, vielmehr

- werden die Kerne zunächst als klassische Teilchen behandelt, die über das Coulomb-Potenzial mit den Elektronen wechselwirken.

- Daraus erhält man dann die Quantenzustände der Elektronen und die Gesamtenergie $E(R_{ab})$ für eine Kernkonfiguration, d. h. im Falle des H_2^+ für einen Abstand R_{ab}.
- Wenn man diese Energie für verschiedene Abstände R_{ab} berechnet, bekommt man eine Bindungsenergiekurve $E(R_{ab})$. Diese hat im elektronischen Grundzustand die Form eines Morse-Potenzials.
- Dieses Potenzial kann dann als Wechselwirkungspotenzial der beiden Atomkerne aufgefasst werden, eine harmonische Näherung führt dann auf das Problem des harmonischen Oszillators.

Variationsprinzip

- $$E = \langle H \rangle = \int \Psi^* H(x) \Psi \mathrm{d}x \geq \int \Psi_0^* H(x) \Psi_0 \mathrm{d}x = E_0.$$

Dieses ist zentral für die Quantenchemie.

Wichtige Formeln

- LCAO-Ansatz:
$$\phi_i = \sum_i c_\mu^i \eta_\mu.$$
- Berechne die **Matrixelemente *H* und *S***, d. h., stelle die Matrix auf
$$H_{ab} = \int \eta_a^* \hat{H} \eta_b \mathrm{d}^3 r, \qquad S_{ab} = \int \eta_a^* \eta_b \mathrm{d}^3 r.$$
- Gesamtenergie und Variationsprinzip:
$$E_\pm = \frac{H_{aa} \pm H_{ab}}{1 \pm S_{ab}}.$$
Dazu Bild mit Aufspaltung der Energie Abb. 16.4.
- Gesamtenergie und Bindungsenergiekurve.
$$E_\pm^{\text{bind}} = \frac{J_{ab} \pm K_{ba}}{1 \pm S_{ab}} + \frac{1}{4\pi\epsilon} \frac{e^2}{R_{ab}}.$$
J_{ab} wird durch V_{KK} kompensiert, K_{ba} ist entscheidend für die Bindung. Siehe dazu die Abb. 16.5.

Fragen

- **Erinnern:** (Erläutern/Nennen)
  - Geben Sie die zentrale Formel für das Variationsprinzip an und erläutern Sie diese.
  - Was ist der LCAO-Ansatz? Skizzieren Sie die beiden MOs des H_2^+-Moleküls.
  - Was ist deren Energie (Formel!)?
  - Was ist die Gesamtenergie? Skizzieren Sie die Bindungsenergiekurve.
- **Verstehen:** (Erklären)
  - Wie erhält man die Energien $E_\pm$?
  - Erläutern Sie die Energien anhand einer Grafik. Warum ist ein Orbital nichtbindend?
  - Erläutern Sie die Integrale J und K.
  - Was ist für das Zustandekommen der chemischen Bindung entscheidend?

17 Potenzialbarrieren: Tunneln in der Physik und Chemie

In Kap. 7 haben wir den Tunneleffekt anhand eines Rechteckpotenzials diskutiert, die genäherte Tunnelformel Gl. 7.38

$$|T|^2 \approx \mathrm{e}^{-\frac{2L}{\hbar}\sqrt{2m|E-V|}} \tag{17.1}$$

zeigt, dass wir Tunneln vor allem für leichte Teilchen erwarten können. Tunneln ist ein sehr häufig auftretender Prozess in der Physik und Chemie, wir wollen hier drei Beispiele betrachten, den

- α-Zerfall in der Kernphysik,
- Elektronentransfer in der Chemie und Biochemie und
- chemische Reaktionen, bei denen Atome ihre Postion in einer molekularen Konfiguration wechseln.

In allen Fällen handelt es sich um Reaktionen, die eine Reaktionsbarriere aufweisen. In einer **klassischen Beschreibung** müssten die Teilchen die Barriere der Energie ΔG überwinden, das Verhalten wird durch die Arrhenius-Gleichung beschrieben (Bd. I, Kap. 17),

$$k = A\mathrm{e}^{-\frac{\Delta G}{kT}}. \tag{17.2}$$

Tunneln und klassische Kinetik unterscheiden sich also in mehreren Punkten:[1]

---

[1]Bitte beachten Sie, dass in der Tunnelwahrscheinlichkeit selbst keine Zeit vorkommt, in dieser Beschreibung findet Tunneln sozusagen ‚instantan' statt. Dennoch hat man lange spekuliert, wie lange solch ein Tunnelprozess wohl dauert, und erst in jüngster Zeit wurden solche Messungen möglich, die zeigten, dass Elektronen-Tunneln zwischen Atomen bis zu 180 Attosekunden dauern können (Phys. Rev. Lett. 119, 023201).

© Springer-Verlag GmbH Deutschland, ein Teil von Springer Nature 2021

M. Elstner, *Physikalische Chemie II: Quantenmechanik und Spektroskopie*,
https://doi.org/10.1007/978-3-662-61462-4_17

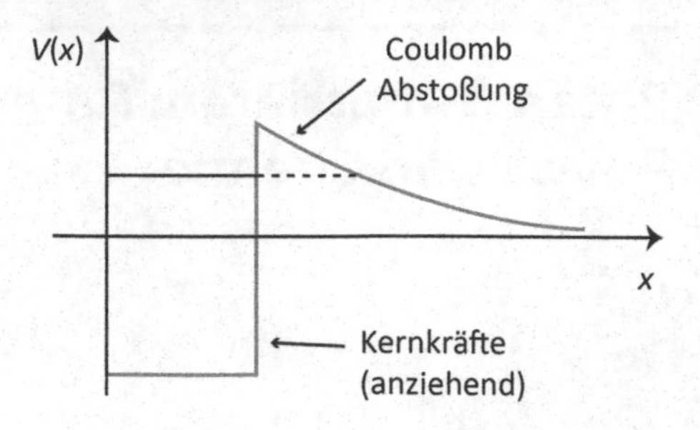

Abb. 17.1 Kern- und Coulomb-Potential beim α-Zerfall

- die klassische Reaktion zeigt eine exponentielle Abhängigkeit von den Barrierenhöhen und der **Temperatur.** Die Wahrscheinlichkeit einer Reaktion, und damit die Ausbeute, ist temperaturabhängig. Die **Tunnelwahrscheinlichkeit** Gl. 17.1 ist jedoch temperaturunabhängig. Dies ist ein Charakteristikum, an dem man Tunneln erkennen kann. Bei Temperaturerniedrigung wird die klassische Rate immer niedriger, irgendwann dominiert das Tunneln.
- Die Tunnelwahrscheinlichkeit ist abhängig von der Masse, die klassische Kinetik dagegen nicht. Beim Tunneln machen sich daher Isotopeneffekte (**kinetische Isotopen Effekte [KIE]**) stark bemerkbar, z. B. ist der H/D-Austausch bei Protonentransferreaktionen gut sichtbar.

17.1 α-Zerfall

Ein sehr bekanntes Beispiel aus der Physik, das wir hier nur kurz erwähnen wollen, ist der α-Zerfall von Atomkernen. Schwere Atomkerne können zerfallen, indem sie He-Kerne (α-Teilchen) emittieren. Im Kern sind zwei Wechselwirkungen relevant. Zum einen die schwächere **Coulomb-Abstoßung** zwischen den positiv geladenen Protonen, zum anderen die anziehende, **starke Kernkraft,** die allerdings nur eine sehr kurze Reichweite hat. Man kann diese durch einen endlichen Potenzialtopf darstellen, die Coulomb-Wechselwirkung durch ein $1/x$-Potenzial. Die Überlagerung dieser beiden Wechselwirkungen führt zu einem Potenzial, wie in Abb. 17.1 dargestellt. Wenn nun der Kern ein α-Teilchen aussendet, muss dieses zunächst die starke Bindung, repräsentiert durch den Potenzialtopf, verlassen. In einem Potenzial sind die Zustände quantisiert, das Teilchen befindet sich in diskreten Zuständen Φ_n. Für Energien $E_n > 0$ im Potenzialtopf, wie in Abb. 17.1 durch das Energieniveau dargestellt, hat die Barriere eine endliche Breite, Tunneln ist möglich. Sobald die Barriere überwunden ist, wird das Teilchen durch die Coulomb-Wechselwirkung abgestoßen und mit einer kinetischen Energie $E_{\text{kin}} = E_n$ ausgesendet.

17.2 Elektronentransfer

Elektronen sind die leichtesten Teilchen, die in chemischen Reaktionen vorkommen, man erwartet daher, dass hier Tunneleffekte auftreten können. Und in der Tat, Tunneln ist ein dominanter Prozess bei dieser Art von Reaktionen. Man hat Barrierenhöhen von typischerweise 0.5–2 eV, und es können Barrieren von mehreren Å durchtunnelt werden. Damit ist eine thermische Aktivierung auf die Barriere sehr unwahrscheinlich, d. h. sehr langsam. Elektronen-Transfer-Reaktionen haben die Form

$$D^- + A \rightarrow D + A^-,$$

wobei ein Elektron von einem **Donormolekül** (D) auf ein **Akzeptormolekül** (A) übertragen wird.

Schematisch ist dies in Abb. 17.2 gezeigt, hier sind der Einfachheit halber zwei Kastenpotenziale gewählt. In Proteinen sind D und A meist bestimmte aromatische Seitenketten, wie z. B. Tryptophane oder Tyrosine, andere Kofaktoren oder Metallzentren, diese sind in Abb. 17.2 durch die Potenzialtöpfe repräsentiert. Die gestrichelt eingezeichneten Energiezustände sind die elektronischen Zustände von D und A, wie schon in Kap. 14 für die Polyene besprochen. Die Barriere ist dann durch den Rest des Proteins zwischen diesen Gruppen gegeben, da hier ein Elektron weniger gut stabilisiert ist. Das Elektron muss also durch eine Barriere tunneln, man findet Tunnelprozesse typischerweise über 10–30 Å. Die Tunnelwahrscheinlichkeit nimmt natürlich exponentiell ab, daher wird das Tunneln für große Distanzen immer unwahrscheinlicher, d. h., der Elektronentransfer wird langsamer.

Paradigmatisch und gut untersucht ist der Elektronenaustausch zwischen zwei Eisenionen als Donor und Akzeptor in wässriger Lösung. Das Elektron ist stabil auf D oder A, zwischen den beiden ist das Medium, in diesem Fall Wasser, in dem das Elektron eine wesentlich höhere Energie hätte. Dies bildet die Energie der Barriere.

Betrachten Sie hierzu Abb. 17.3a: Das Elektron befindet sich in einem der Zustände Φ_a oder Φ_b, beide haben die gleiche Energie. Die Wellenfunktionen dringen beide in die Barriere ein, und haben dort einen Überlapp. Dieser Überlapp führt zu einer Aufspaltung der Energie. Dies kann man am Modell des H_2^+-Moleküls (Kap. 16) verstehen, die Situation ist absolut analog: Dort gibt es einen Überlapp der Wellenfunktionen der Wasserstoffatome (Abb. 16.2), welcher zu einer Aufspaltung der Energie führt (Abb. 16.4). Diese Energieaufspaltung ist durch Gl. 16.16 angegeben, wichtig für die Aufspaltung ist das Matrixelement H_{ab}.

Anstatt der Orbitale des Wasserstoffatoms, η_a, betrachten wir die Orbitale Φ_a und Φ_b von Donor und Akzeptor. Dies können Orbitale der Eisenatome sein, oder

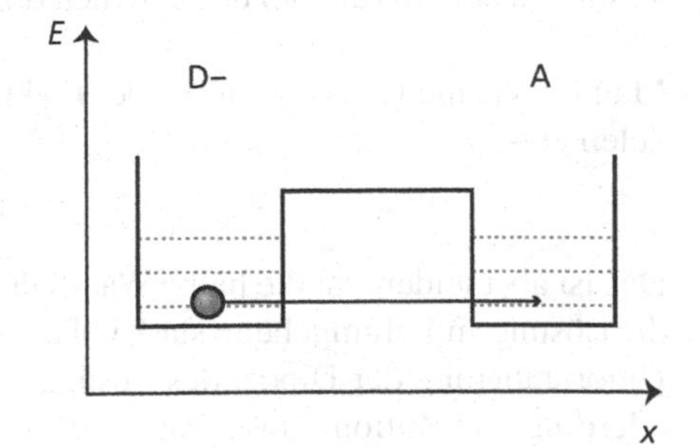

Abb. 17.2 Elektronentransfer zwischen Donor (D) und Akzeptor (A). D und A sind als Kastenpotenziale dargestellt, mit den entsprechenden Quantenzuständen. Das Medium dazwischen stellt eine Barriere dar, die durchtunnelt werden kann

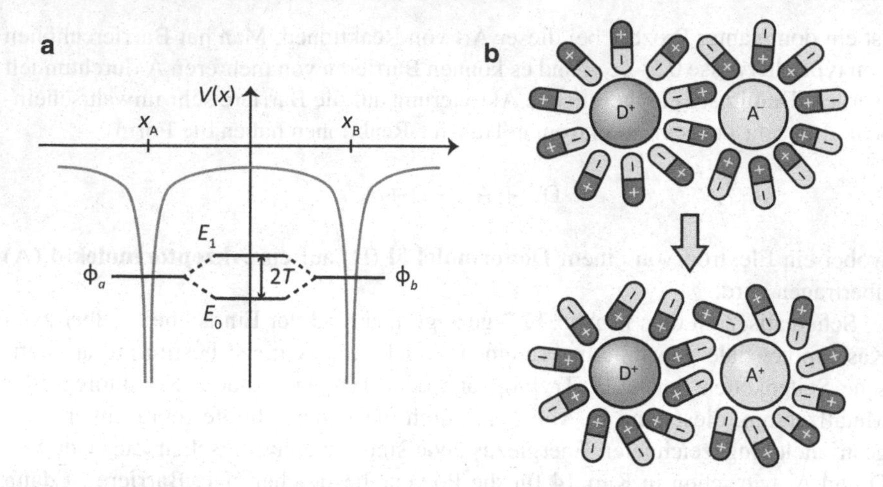

Abb. 17.3 **a** Elektronentransfer zwischen zwei Eisenionen, dargestellt durch das Coulomb-Potenzial an x_a und x_b. **b** Umorientierung der Lösungsmittelmoleküle durch den Ladungstransfer. Achtung: Um die Umorientiertung der Dipole besser verdeutlichen zu können, haben wir hier D und A jeweils als Kation und Anion dargestellt

beliebiger Seitengruppen von Proteinen. Wenn die beiden Orbitale, die in der Potenzialbarriere Abb. 17.3a exponentiell abfallen, trotzdem noch einen Überlapp haben, dann bilden sich zwei Zustände E_1 und E_0, die wir beim H_2^+ als bindend und antibindend beschrieben haben. Dies sind also Zustände, die die beiden Potenziale sozusagen verbinden und damit den Übergang ermöglichen. Die Stärke der Kopplung hängt von dem Matrixelement

$$T = \langle \Phi_a | \hat{H} | \Phi_b \rangle$$

ab, was völlig analog zu dem Matrixelement H_{ab} in Kap. 16 ist. Nur bei Überlapp, d. h. bei den Abständen, bei denen $H_{ab} > 0$ gilt, gibt es im H_2^+-Molekül eine Energieaufspaltung, d. h. eine Bindung. Völlig analog führt hier ein Überlapp der Wellenfunktionen

- zu einer Aufspaltung der Energieniveaus
- und zu einem Tunneln der Teilchen durch die Barriere.

Man findet eine Proportionalität der Elektronentransferrate zum Quadrat des Matrixelements,

$$k \sim |T|^2.$$

Das ist aber leider erst die halbe Wahrheit. Wenn ein Elektron übertragen wird, wird die Lösungsmittelumgebung stark polarisiert, was in Abb. 17.3b skizziert ist. Um die Umorientierung der Dipole des Lösungsmittels besser darstellen zu können, wurde allerdings ein Kation-Anion Paar verwendet.

Die Einbeziehung dieser Umorientierung führt zu einer kinetischen Barriere ΔG, die klassisch beschrieben wird. Die dahinterliegende Theorie ist so bedeutend, sodass dafür 1992 der Nobelpreis für Chemie an Rudy Marcus verliehen wurde. In der Marcus-Theorie wird die Rate für den Elektronentransfer durch

$$k \sim |T|^2 e^{-\frac{\Delta G}{kT}} \tag{17.3}$$

beschrieben. Der Vorfaktor beschreibt das Tunneln, der Exponent die Barriere durch die Umorientierung des Lösungsmittels.

17.3 Chemische Reaktionen

Im Gegensatz zu den Elektrontransferreaktionen betrachten wir nun Quanteneffekte der Atomkerne. Dazu benötigen wir ein Potenzial, in dem sich die Kerne befinden: Bei Elektronen scheint das offensichtlich, es sind die Coulomb-Potenziale der Kerne, in denen sich diese befinden, wie beim H_2^+ diskutiert. Bei komplexeren Molekülen haben wir bisher erst das Kastenpotenzial der Polyene kennengelernt, das ein effektives Potenzial für die Elektronen darstellt. Dieses wurde in der obigen vereinfachten Darstellung verwendet, später (Teil V) werden wir sehen, wie wir das genauer ausrechnen können.

Für Kerne ist die Situation in H_2^+ paradigmatisch: Die Kerne sind in einem Potenzial, das durch die Elektronen und die Kern-Kern-Abstoßung gegeben ist. Beim H_2^+ ist dies das Morse-Potenzial, das durch ein harmonisches Potenzial angenähert werden kann, wie in Kap. 16 diskutiert. Dies wird am Beispiel der Protonen-Transferreaktionen noch etwas weiter ausgeführt. Ein solches Potenzial wird immer im Hintergrund angenommen, wenn über chemische Reaktionen und deren Barrieren geredet wird.

Bei chemischen Reaktionen treten Barrieren auf, die in den seltensten Fällen als Rechteckpotenziale darstellbar sind, für die wir die Tunnelwahrscheinlichkeit Gl. 17.1 abgeleitet haben. Allerdings kann dieses als Startpunkt dienen, wir nähern beliebige Potenziale als eine Serie von einfachen Rechteckbarrieren V_i der Länge L_i (Gl. 7.36, Abb. 17.4a),

$$|T_i|^2 = \sim e^{-\frac{2}{\hbar}\sqrt{2m|E-V_i|}L_i}, \tag{17.4}$$

wie in (Abb. 17.4b) skizziert. Die Tunnelwahrscheinlichkeiten muss man dann miteinander multiplizieren,

$$\begin{aligned} |T|^2 &= |T_1|^2|T_2|^2|T_3|^2 \ldots \sim \Pi_i e^{-\frac{2}{\hbar}\sqrt{2m|E-V_i|}L_i} \\ &= e^{-\sum_i \frac{2}{\hbar}\sqrt{2m|E-V_i|}L_i} \approx e^{-\int \frac{2}{\hbar}\sqrt{2m|E-V(x)|}\mathrm{d}x}. \end{aligned} \tag{17.5}$$

Für einen beliebigen Potenzialverlauf $V(x)$ kann man damit die Transmission näherungsweise berechnen. Wir wollen hier jedoch nur die in der Chemie auftretenden Effekte qualitativ diskutieren. Da in der Tunnelformel die Masse m des Teilchens im Exponenten steht, findet man Tunneln i. A. nur für leichte Teilchen, d. h. für Protonen (aber auch H und H^-) und Elektronen (oder He beim Kernzerfall). Betrachten wir dazu einige Beispiele.

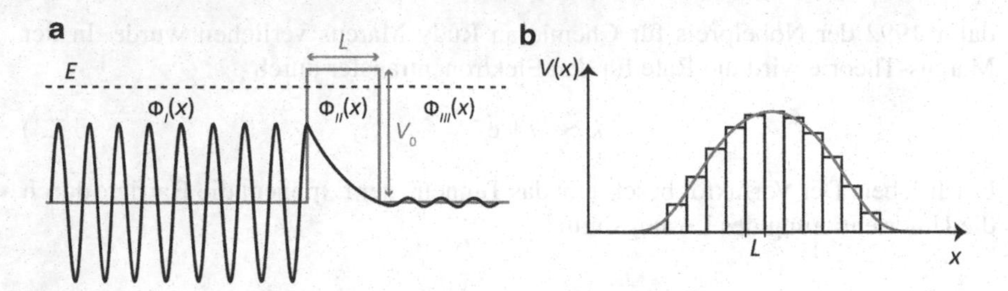

Abb. 17.4 **a** Tunneln durch eine Barriere und **b** beliebiges Potenzial, dargestellt als Summe von Rechteckpotenzialen

17.3.1 Protonentransfer

Protonentransfer tritt in der Chemie, der Biokatalyse und Bioenergetik sehr häufig auf. Protonen sind noch relativ leichte Teilchen, die unter bestimmten Bedingungen Barrieren durchtunneln können.

Eine Protonentransfer-Reaktion kann man formal wie folgt darstellen:

$$A - H^+ + B \to A + B - H^+.$$

Ein Beispiel ist der Protonenaustausch zwischen protonierten Wassermolekülen,

$$H_2O - H^+ + OH_2 \to H_2O + H - OH_2.$$

Donoren und Akzeptoren sind meist Sauerstoff- oder Stickstoffatome im Molekül, im Prinzip aber alle protonierbaren chemischen Gruppen.

Potenzialenergiekurve Wichtig bei der Diskussion ist das Konzept der **Potenzialenergiekurve.** Wenn man eine beliebige $R - H$-Bindung streckt, steigt die Energie des Moleküls bis zur Dissoziation an, wie in Abb. 17.5a gezeigt, was durch ein Morse-Potenzial modelliert werden kann. Wir haben dies bei der Behandlung der chemischen Bindung in Kap. 16 im Detail diskutiert. Die ‚Kugel' in der Abbildung soll den aktuellen Abstand von R und H repräsentieren, wenn diese Kugel im Potenzial hin- und herrollt, repräsentiert das die Schwingung der Bindung. Bringt man jedoch einen Protonenakzeptor in die Nähe, wobei der $H... R_2$-Abstand typischerweise etwa 1.5–2 Å beträgt (die $R_1 - H$ Bindungslänge beträgt etwa 1 Å), so wird eine Wasserstoffbrücke gebildet, und wenn nun der $R_1 - H$-Bindungsabstand vergrößert wird, erhält man einen Energieverlauf wie in Abb. 17.5b gezeigt.

Klassisch: Aktivierungsenergie Die Barriere ist oft klein, zwischen 5–40 kJ/Mol, d. h., eine Protonentransfer-Reaktion ist leicht möglich. Diese ist in Abb. 17.6 gezeigt. Dabei muss das Proton eine Aktivierungsenergie überwinden, um auf die Barriere im Übergangszustand zu kommen, wenn die Reaktion klassisch stattfindet, wie in der chemischen Kinetik diskutiert. Die Temperaturabhängigkeit der Reaktionsgeschwindigkeit wird durch die **Arrhenius-Gleichung** beschrieben.

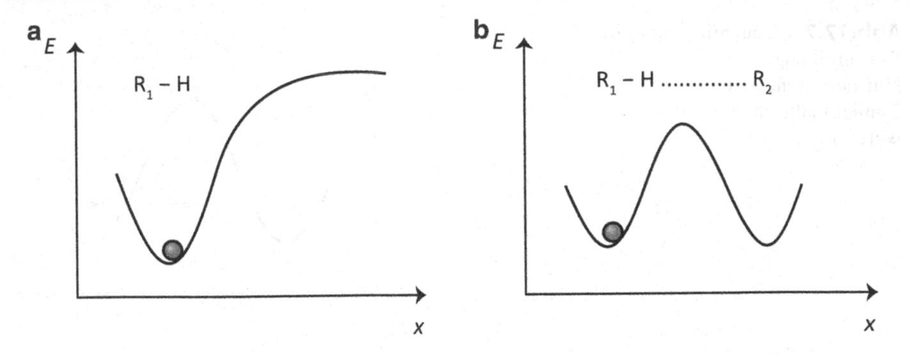

Abb. 17.5 **a** Energieverlauf E vs. x, wenn der R_1–H Abstand verlängert wird für ein isoliertes Molekül und **b** ein Molekül mit Wasserstoffbrücke zum Protonenakzeptor R_2

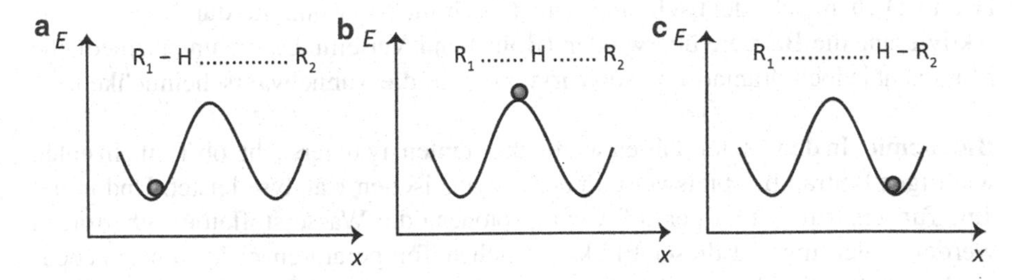

Abb. 17.6 Barriere für den Protonentransfer: In einer klassischen Beschreibung muss die Aktivierungsenergie überwunden werden, das Proton muss thermisch ‚auf die Barriere gehoben werden'

Quantenmechanische Effekte: Wenn diese eine Rolle spielen, müssen wir drei Aspekte berücksichtigen: die **Energiequantisierung, den Tunneleffekt und die Nullpunktsenergien.** Auf beiden Seiten des Potenzials werden sich die Protonen in diskreten Quantenzuständen befinden, wie z. B. für den harmonischen Oszillator diskutiert. Die Potenziale um die Minima sind in der Tat gut durch harmonische Potenziale näherbar, d. h., für kleine Schwingungen wird man in guter Näherung die Zustände des harmonischen Oszillators finden. Man kann das schematisch wie in Abb. 17.7 darstellen.

- Die Tunnelformel Gl. 17.5 zeigt eine starke Abhängigkeit der Tunnelwahrscheinlichkeit von der **Teilchenmasse.** Daher ist Tunneln meist nur für die leichtesten Kerne, die H-Atome (oder Protonen) relevant. Wir haben hier den Protonentransfer besprochen, Analoges gilt auch für den Transfer von H-Atomen und H^-.
- Die **Nullpunktsenergien** haben im Fall des H-Transfers durchaus eine quantitative Bedeutung. Wie man in der Abbildung sieht, vermindern sie effektiv die Barrierenhöhe. Der Effekt beträgt zwischen 4–12 kJ/mol, wie Rechnungen dazu gezeigt haben. D. h., auch in Fällen, bei denen Tunneln nicht zur Kinetik beiträgt, hat die Nullpunktsenergie immer einen wichtigen Einfluss.
- Die **Tunnelwahrscheinlichkeit** sinkt mit der Barrierenhöhe und -breite. Für viele Reaktionen trägt das Tunneln dennoch zur Reaktionsrate bei.

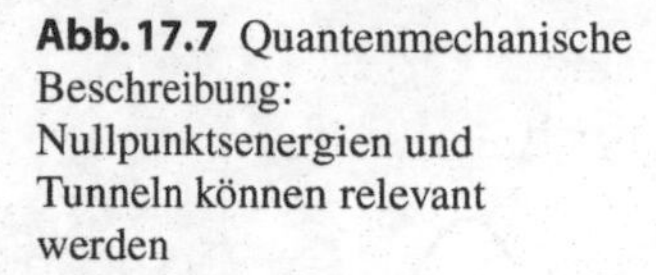

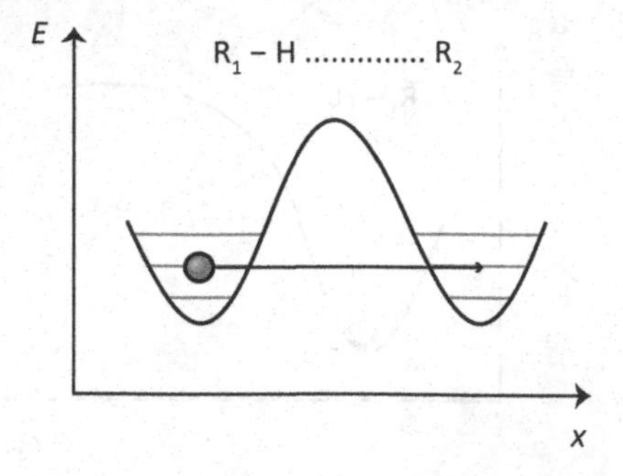

Abb. 17.7 Quantenmechanische Beschreibung: Nullpunktsenergien und Tunneln können relevant werden

Experimentell kann man das mit Hilfe des **kinetischen Isotopeneffekts (KIE)** feststellen, man tauscht H durch D aus und untersucht, ob sich die Raten ändern. Da H und D chemisch identisch sind, ändert sich nichts, wenn sie durch thermische Aktivierung die Barriere überwinden (Boltzmann-Verteilung), die unterschiedliche Masse hat jedoch dramatische Auswirkungen auf die Tunnelwahrscheinlichkeit.

Biochemie In den letzten Jahren wurde daher intensiv untersucht, ob Tunneln einen wichtigen Beitrag beispielsweise in der enzymatischen Katalyse leistet. Und in der Tat, Tunneln tritt fast immer auf, wenn Protonen oder Wasserstoffatome übertragen werden. Allerdings ist dieser Effekt bei hohen Temperaturen nicht immer bedeutend, je tiefer die Temperatur, desto mehr übernimmt das Tunneln: Man erkennt dies an den KIE und der Temperaturunabhängigkeit der Reaktionsrate. Bei Raumtemperatur trägt der Tunneleffekt durchaus zur Reaktionsrate bei, ist aber nicht der dominante Faktor für den katalytischen Effekt von Proteinen. Denn diese erhöhen die Rate um viele Größenordnungen im Vergleich zur Reaktion in Lösung, während der Tunneleffekt hier etwa eine Größenordnung beitragen kann. Das Protein verkleinert die Barriere maßgeblich, der Tunneleffekt ist sozusagen ein ‚Mitläufer', der die verkleinerte Barriere nutzt.[2]

Astrochemie Hier liegt der Fall grundlegend anders, da sehr tiefe Temperaturen von 80 K und weniger vorliegen. Die klassischen Reaktionsraten nach Arrhenius sind bei diesen Temperaturen so klein, dass chemische Umsetzungen kaum noch stattfinden sollten. Deshalb war es erstaunlich, dass die Reaktion von Methanol mit dem OH-Radikal zu CH_3O bzw. zu CH_2OH bei 63 K zwei Größenordnungen schneller gemessen wurde als bei 200 K.[3] Dies konnte auf der Basis eines neuen Mechanismus gedeutet werden. Bei diesen tiefen Temperaturen ist der schwach gebundene Komplex ‚OH ... Methanol' zeitlich länger vorhanden, bei höheren Temperaturen fliegen die Moleküle aufgrund der höheren kinetischen Energie schneller wieder auseinander. Durch diese temporäre Stabilisierung wird das Tunneln überhaupt erst ermöglicht.

---

[2] Siehe z. B. Angewandte Chemie 2016, 128, 5488.
[3] Nature Chemistry 2013, 5, 745.

Organische Chemie Interessant sind daher die neuen Möglichkeiten, die sich durch das Tunneln ergeben. So könnte ein neuer Mechanismus, neben der thermodynamischen und kinetischen Kontrolle für organische Reaktionen durchaus von Bedeutung sein. Dies wurde an dem Molekül Methylhydroxycarben (H3C-C-OH) demonstriert, das nach seiner Darstellung bei 10 K in einer Argonmarix spektroskopisch charakterisiert wurde. Nach wenigen Stunden hat sich hier unerwarteterweise das Produkt Acetaldehyd (H3C-CHO) gebildet, das zwar thermodynamisch stabil, aber kinetisch ungünstig erschien. Faktisch fand also ein Wasserstoffatomtransfer vom Sauerstoff zum Kohlenstoff statt, was einem Tunneln durch die höhere, aber schmalere Barriere entlang dem Weg A–B in Abb. 17.8 entspricht. Klassisch wäre die kinetisch favorisierte Reaktion A–C erwartet worden, da diese eine kleinere Barriere hat. Tunneln aber favorisiert die schmalere Barriere, erlaubt daher neue Reaktionspfade und -mechanismen. Das sieht man an der Tunnelformel Gl. 17.5: Die Tunnelwahrscheinlichkeit hängt exponentiell von der Barrierenbreite ab, aber exponentiell von der Wurzel der Barrierenhöhe.

17.3.2 Tunneln schwerer Elemente

Beim Tunneln von Protonen oder Wasserstoffatomen sind immer auch schwere Elemente beteiligt, da sich mit der Molekülgeometrie auch deren Lage verändert. Beim Tunneln findet man daher auch KIEs für diese Elemente, auch wenn diese selber nicht tunneln. Man unterscheidet daher zwischen **primären KIEs,** das sind die kinetischen Isotopeneffekte der tunnelnden Atome, von den **sekundären KIEs,** den Isotopeneffekten der strukturell beteiligten Atome.

Ein Klassiker ist hier die Ammoniak-Inversionsreaktion, wie in Abb. 17.9a gezeigt. Hier tunnelt die gesamte Konformation, da die Barriere zwar sehr hoch (ca. 100 kJ/Mol), aber nicht sehr breit ist. Das Tunneln kann spektroskopisch, durch das Vorhandensein der Tunnelaufspaltung (Abb. 17.9b), vermessen werden. Diese Tunnelaufspaltung wurde oben am Beispiel der Abb. 17.3 diskutiert.

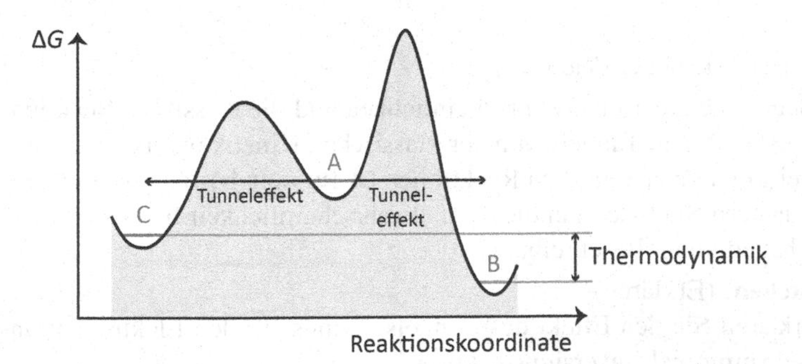

Abb. 17.8 Quantenmechanische Kontrolle: Tunneln erlaubt einen anderen Reaktionsmechanismus. (Abbildung nach J. Am. Chem. Soc. (2017)139, 15276)

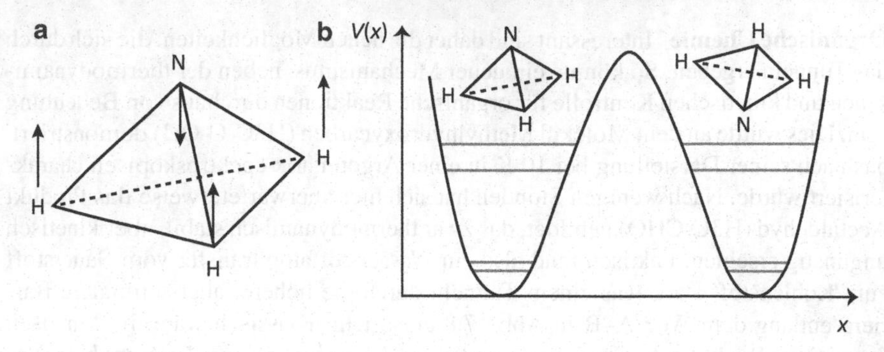

Abb. 17.9 **a** Inversionsreaktion des Ammoniak-Moleküls. **b** Tunnelaufspaltung

Das Tunneln schwerer Elemente, wie z. B. von Kohlenstoff, wurde inzwischen mehrfach experimentell und theoretisch nachgewiesen, findet aber typischerweise nur bei sehr tiefen Temperaturen und für sehr schmale Barrieren statt.

17.4 Zusammenfassung und Fragen

Zusammenfassung Tunneln ist inzwischen ein ubiquitäres Phänomen in der Chemie, es tritt vor allem bei **Elektronentransfer-Reaktionen** und bei **Protonentransfer-Reaktionen** auf, da die Masse ein zentraler Parameter der Tunnelwahrscheinlichkeit ist. Man erkennt Tunneln bei chemischen Reaktionen durch den **kinetischen Isotopeneffekt** und durch die **temperaturunabhängige Rate.** Tunneln wird bei Temperaturerniedrigung gegenüber der klassischen Kinetik immer dominanter und ist den meisten Fällen eine Beigabe, die die Reaktionsrate erhöht. In letzter Zeit gibt es aber mehr und mehr Evidenz, dass Tunneln einen neuen interessanten Mechanismus chemischer Reaktionen darstellen könnte.

Fragen

- **Erinnern:** (Erläutern/Nennen)
  - Geben Sie die Tunnelwahrscheinlichkeit und die klassische Reaktionsrate an.
  - Wie kann man Tunneln von der klassischen Kinetik unterscheiden?
  - Bei welchen chemischen Reaktionen ist Tunneln besonders relevant?
  - Erläutern Sie, wie man die Tunnelwahrscheinlichkeit für beliebige Barrieren erhalten kann. Beschreibung?
- **Verstehen:** (Erklären)
  - Erklären Sie den Effekt des Tunnelsplittings für den Elektronentransfer und die Ammoniak-Inversionsreaktion.
  - Geben Sie die Rate nach der Marcus-Theorie an und erklären Sie die Komponenten.

- Erklären Sie anhand einer Grafik die Effekte der Quantisierung, der Nullpunktsenergie und des Tunnelns auf eine Protonentransferreaktion.
- Erklären Sie, warum KIE beim Tunneln auftreten.
- Erklären Sie die Unterscheidung zwischen primären und sekundären KIEs.

Teil IV
Magnetfeld und Spin

In diesem Teil werden wir ein neues Phänomen betrachten, die Wechselwirkung magnetischer Felder mit Materie. Zentral ist dabei die Einsicht, dass man mit Drehimpulsen magnetische Momente assoziieren kann. Man versteht dies zunächst über das klassische Analogon, muss aber sehr schnell einsehen, dass die Quantenmechanik mal wieder ihre eigenen Regeln aufstellt. Es gibt ein magnetisches Moment, das mit den Elementarteilchen selbst assoziiert werden kann, **Spin** genannt.

Allerdings ist die Ausrichtung des Spins, d. h. des mit ihm assoziierten magnetischen Moments, im Magnetfeld quantisiert. Dies kann man bei der Ablenkung von Atomen im Magnetfeld einsehen, wie sie sich im **Stern-Gerlach-Versuch** (Kap. 18) zeigt, aber auch in dem **Zeeman-Effekt,** der Aufspaltung der elektronischen Spektren im Magnetfeld (Kap. 19). Man kann auch dem Bahndrehimpuls der Elektronen ein magnetisches Moment zuordnen, und beide, die magnetischen Momente der Bahndrehimpulse und der Spins, treten in Wechselwirkung mit dem äußeren Magnetfeld und verändern damit die Energetik der Elektronenzustände. Darüber hinaus wechseln sie auch untereinander, **Spin-Bahn-Kopplung** genannt, was zu einer weiteren Aufgliederung der Spektren führt, der **Feinstruktur.**

Um diese Effekte zu beschreiben, benötigen wir ein neues Werkzeug, die Störungstheorie: Diese erlaubt beispielsweise, mit der Kenntnis der Orbitale des Wasserstoffatoms ohne Magnetfeld die Orbitalenergien im Magnetfeld zu berechnen, wenn man den Hamilton-Operator der Wechselwirkung mit dem Magnetfeld angeben kann.

In Kap. 20 werden wir die Eigenart der quantenmechanischen Messungen behandeln. Zudem werden wir sehen, wie man nicht explizit zeitabhängige Probleme beschreibt, d. h., wie man die Zeitabhängigkeit der Observablen erhält, wenn die Potenziale zeitunabhängig sind. Dies sind die Grundlagen zum Verständnis der Wechselwirkung von Licht mit Materie. In Kap. 21 werden wir sehen, welches mikroskopische Verständnis der Vorgänge die Quantenmechanik bereithält.

Lernziele In diesem Teil sollten Sie übergreifend Folgendes verstehen:

- Wie man klassisch und quantenmechanisch magnetische Momente beschreibt, die auf Drehimpulsen beruhen.
- Wie man, ausgehend von der klassischen Wechselwirkungsenergie, den Wechselwirkungs-Hamiltonian erhält.
- Wie man mit der Störungstheorie die Wechselwirkungen magnetischer Felder näherungsweise berechnen kann.
- Welchen Einfluss magnetische Felder auf die Elektronenstruktur haben.
- Welchen Effekt die Spin-Bahn-Kopplung hat und wie man sie beschreibt.

Der Spin

18

In dem Bohr'schen Atommodell bewegen sich die Elektronen auf Kreisbahnen. Damit haben sie einen klassischen Drehimpuls **L**. Kreisende Ladungen kann man als Kreisströme auffassen, und diese erzeugen ein magnetisches Moment. Dies ist z. B. aus der Magnetspule bekannt, wo ein Strom ein Magnetfeld hervorruft. Ein Elektron auf einer Kernumlaufbahn kann in einer klassischen Sichtweise als Kreisstrom aufgefasst werden, d. h., sobald es einen Drehimpuls $l > 0$ besitzt, sollte es ein magnetisches Moment haben.

Mit dem **Stern-Gerlach-Versuch** ist es gelungen, magnetische Momente in Atomen nachzuweisen. In der quantenmechanischen Sicht (Kap. 11) gibt es keine Kreisbahnen, es gibt jedoch **Drehimpulse.** Analog zur klassischen Sichtweise kann man einem quantenmechanischen Drehimpuls ein magnetisches Moment assoziieren, und damit die Experimente erklären.

Allerdings lassen sich die gemessenen Phänomene nicht durch den **Bahndrehimpuls** L der Elektronen erklären. In der klassischen Physik gibt es neben der Bewegung auf einer Umlaufbahn noch die Eigenrotation, wie z. B. der Erde, die sich auf einer Bahn um die Sonne bewegt und sich auch noch um eine Rotationsachse dreht. Analog wurde ein **Eigendrehimpuls** der Elektronen postuliert, **Spin** S genannt. Die Experimente weisen auf einen **halbzahligen Drehimpuls** des Elektrons hin, mit den **Spinquantenzahlen** $s = \pm\frac{1}{2}$. Dieser Spin folgt nicht aus der Schrödinger-Gleichung, er ist ein weiteres **Postulat,** er wird dann als weitere Komponente der Wellenfunktion hinzugefügt. Die Eigenschaften des Spins jedoch sind so eigenartig, dass eine klassische Interpretation als Eigenrotation keinen Sinn macht.

© Springer-Verlag GmbH Deutschland, ein Teil von Springer Nature 2021

M. Elstner, *Physikalische Chemie II: Quantenmechanik und Spektroskopie*,
https://doi.org/10.1007/978-3-662-61462-4_18

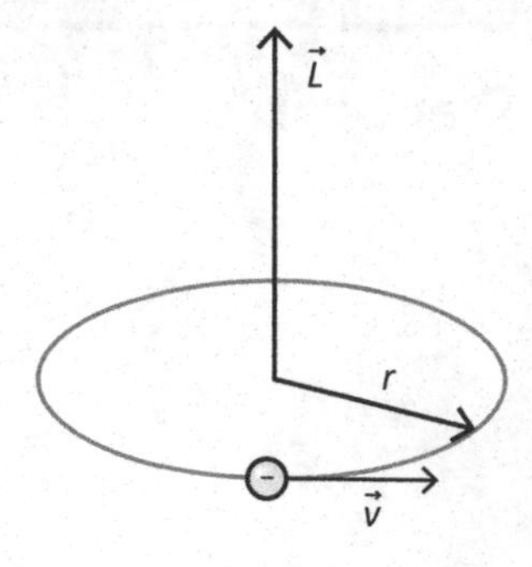

Abb. 18.1 ‚Kreisstrom' durch Rotation eines Elektrons

18.1 Drehimpuls und magnetisches Moment

18.1.1 Magnetisches Moment

Ein Strom I, der durch eine Spule fließt, erzeugt ein Magnetfeld $\mathbf{B}$, bzw. ein **magnetisches Moment** $\boldsymbol{\mu}$. Wenn wir eine Spule mit nur einer Windung und dem Radius r betrachten, ist das erzeugte magnetische Moment durch

$$|\boldsymbol{\mu}| = r^2 \pi I$$

gegeben. Das magnetische Moment hat einen Betrag und eine Richtung, es steht senkrecht auf der Fläche, die die Spule umschließt. Nun betrachten wir ein geladenes Teilchen auf einer Kreisbahn mit Radius r und Geschwindigkeit v (Abb. 18.1). Dies kann man als Kreisstrom betrachten, denn Strom ist als die pro Zeiteinheit τ fließende Ladung q definiert,

$$I = \frac{q}{\tau}, \qquad \tau = \frac{2r\pi}{v}$$

Die Zeiteinheit ergibt sich aus dem Bahnumfang und der Geschwindigkeit. Damit erzeugt die kreisende Ladung ein **magnetisches Dipolmoment,** das in Richtung des Drehimpulsvektors mit dem Betrag $L = |\mathbf{L}| = mrv$ ausgerichtet ist,

$$\mu = |\boldsymbol{\mu}| = r^2 \pi I = \frac{qv}{2\pi r} r^2 \pi = \frac{qL}{2m}. \tag{18.1}$$

Der Quotient

$$\frac{\mu}{L} = \frac{q}{2m} \tag{18.2}$$

wird **gyromagnetisches Verhältnis** genannt. Das Verhältnis von Ladung und Masse bestimmt das Verhältnis von magnetischem Moment zu Drehimpuls.

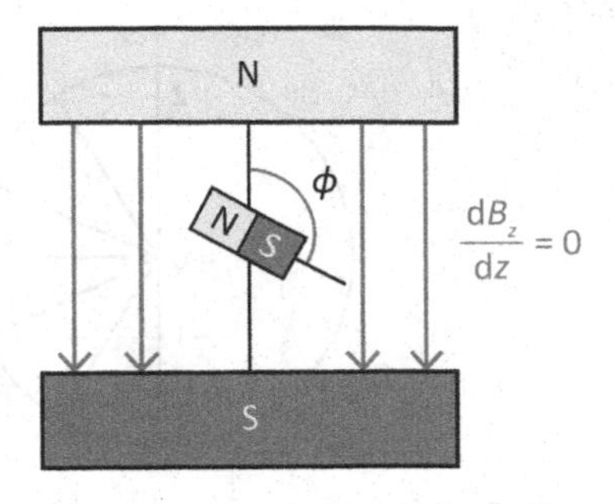

Abb. 18.2 Magnetischer Dipol in einem homogenen Magnetfeld

18.1.2 Homogenes und inhomogenes Magnetfeld

Homogenes Magnetfeld In einem homogenen[1] Magnetfeld **B** hat ein magnetischer Dipol die Energie

$$E = -\boldsymbol{\mu} \cdot \mathbf{B} = -\mu B \cos\phi. \tag{18.3}$$

ϕ ist dabei der Winkel zwischen Feldrichtung und Richtung des Dipolmoments. Abb. 18.2 zeigt einen magnetischen Dipol in einem konstanten Magnetfeld in z-Richtung ($B_x = B_y = 0$, $B_z =$ konst.). Hier wird sich das Dipolmoment entlang der magnetischen Feldlinien ausrichten, es wirkt ein Drehmoment, welches das Dipolmoment dreht, bis $\phi = 0$ gilt. Ein Beispiel ist die Magnetnadel in einem Kompass. Es gibt keine Kraft, die auf den Schwerpunkt des Dipols wirkt, der Schwerpunkt bewegt sich nicht.

Inhomogenes Magnetfeld Nun betrachten wir ein Magnetfeld $B_z(z)$, das sich entlang der z-Richtung verändert. Für die Ausrichtung $\phi = 0$ kann man die Kraft des Magnetfeldes auf den Dipol einfach ausrechnen, die Kraft ist die Ableitung der Energie Gl. 18.3 nach der Bewegungsrichtung, hier der z-Richtung,

$$F = -\frac{\mathrm{d}E}{\mathrm{d}z} = \mu\frac{\mathrm{d}B_z}{\mathrm{d}z}. \tag{18.4}$$

Das ist interessant, eine Kraft tritt nur auf, wenn sich das Magnetfeld mit z ändert,

$$\frac{\mathrm{d}B_z}{\mathrm{d}z} \neq 0,$$

d. h., für ein **inhomogenes Magnetfeld.** In diesem Fall wirkt dann eine Kraft in z-Richtung, und damit wird der magnetische Dipol in z-Richtung beschleunigt.

[1]D. h., das Feld ist konstant im betrachteten Volumen.

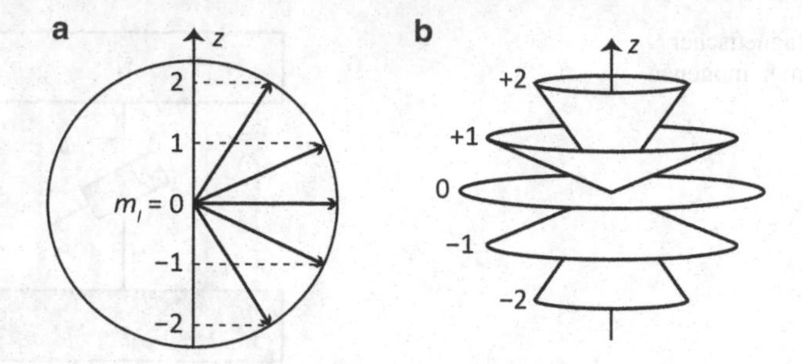

Abb. 18.3 **a** z-Komponente des Drehimpulses für $l = 2$ und **b** 3D-Ausrichtung des Drehimpulses

18.1.3 Magnetisches Moment in der Quantenmechanik

In der Quantenmechanik sind die Drehimpulse quantisiert. Betrachten wir das Elektron im Wasserstoffatom, das die folgenden Drehimpulse haben kann (Gl. 10.45),

$$L_l = \hbar\sqrt{l(l+1)}. \tag{18.5}$$

Nun sind die Elektronen im Atom nicht auf Kreisbahnen, wir können sie nicht als Kreisströme auffassen. Haben Elektronen in Atomen dann magnetische Momente?

Magnetisches Moment eines Elektrons Betrachten wir Gl. 18.1, so fällt auf, dass hier nur ein Drehimpuls auftaucht. Wie der genau entsteht, ist da gar nicht spezifiziert, d. h., er muss gar nicht durch einen klassischen Kreisstrom verursacht sein. Die Gleichung sagt einfach, dass mit einem Drehimpuls ein magnetisches Moment assoziiert ist. Wir können also in dieser Formel mal den quantenmechanischen Ausdruck Gl. 18.5 für die Drehimpulse verwenden und erhalten dann mit Gl. 18.1

$$\mu_l = \frac{-\boldsymbol{e}}{\boldsymbol{2m_\mathrm{e}}} L_l = -\frac{\boldsymbol{e\hbar}}{\boldsymbol{2m_\mathrm{e}}}\sqrt{l(l+1)} = -\boldsymbol{\beta}\sqrt{l(l+1)}. \tag{18.6}$$

Das magnetische Moment hat ein dem Drehimpuls entgegengesetztes Vorzeichen, da die Elektronenladung negativ ist, $q = -e$. Die Konstante $\beta = \frac{\boldsymbol{e\hbar}}{\boldsymbol{2m_\mathrm{e}}} = 5.7884\,10^{-5}$ eV/T wird **Bohr'sches Magneton** genannt und ist ein Maß für die von einem Elektron erzeugten magnetischen Dipolmomente, es ist das oben in Gl. 18.2 definierte **gyromagnetische Verhältnis** mit $\hbar$ multipliziert.

***z*-Komponente $\boldsymbol{\mu_z}$** Mit Gl. 18.6 haben wir nun einen Ausdruck für das magnetische Moment eines Elektrons, wenn es den Drehimpuls L hat. Abb. 18.3 zeigt nochmals die Drehimpulseinstellungen bezüglich der z-Achse. Der Drehimpuls in z-Richtung (Richtung des Magnetfeldes) ist durch den Eigenwert von $L_z = m\hbar$ bestimmt, der die Werte $m_l = -l, -(l-1), \ldots 0 \ldots, l+1, l$ annehmen kann (Kap. 10). Damit erhält man das Dipolmoment in z-Richtung unter Verwendung von Gl. 18.1 für L_z (Gl. 9.20):

$$\mu_z = -\beta m_l. \tag{18.7}$$

Das magnetische Moment ist also dem Drehimpuls entgegengesetzt, dies liegt an der negativen Elementarladung des Elektrons ($q = -e$).

18.2 Der Stern-Gerlach-Versuch

Stern und Gerlach haben einen Atomstrahl durch ein inhomogenes Magnetfeld laufen lassen. Die Inhomogenität des Magnetfeldes wird durch die spezielle Form der Magnete erreicht, siehe Abb. 18.4. Je nach Drehimpuls erwartet man, dass der Atomstrahl durch das inhomogene Magnetfeld in z-Richtung abgelenkt wird. Die Kraft, die auf ein magnetisches Dipolmoment in z-Richtung wirkt erhalten wir, wenn wir Gl. 18.7 in 18.4 einsetzen. Sie hängt direkt von der Quantenzahl m_l ab,

$$F = -\beta m_l \frac{\mathrm{d}B_z}{\mathrm{d}z}.$$

Nehmen wir das Beispiel des H-Atoms. Wenn sich das Elektron im

- 1s-Orbital (2s, 3s, ...) befindet, ist $m_l = 0$, d. h., das Dipolmoment in z-Richtung verschwindet, und der Strahl wird nicht abgelenkt.
- 2p-Orbital befindet, so ist $m_l = 0, \pm 1$. D. h., ein Teil des Strahls wird nicht abgelenkt, ein Teil des Strahls hat ein Dipolmoment in z-Richtung von $\mu_z = -\beta$ und ein anderer von $\mu_z = \beta$. D. h., einmal wird der Strahl in negative, einmal in positive z-Richtung abgelenkt, man erwartet drei Schwärzungen am Schirm.

Historisch wurde der Versuch zuerst (1921) mit Silber- und erst einige Jahre später mit Wasserstoffatomen (1927) durchgeführt. Ag hat ein 5s-Elektron, alle Schalen darunter sind gefüllt, wobei sich die Bahndrehimpulse dieser Elektronen aufheben (Kap. 24). Man würde also ein zu dem Wasserstoffatom analoges magnetisches Moment erwarten. Experimentell findet man ein Ergebnis, wie in Abb. 18.4 gezeigt.

- Es findet eine Aufspaltung statt, was auf ein magnetisches Moment im Atom schließen lässt.
- Allerdings findet man eine Aufspaltung in zwei Teilstrahlen, dies stimmt weder mit dem erwarteten Ergebnis für $l = 0$, noch mit $l = 1$, überein.

Dies ist in mehrerer Hinsicht ein erstaunliches Ergebnis:

- Zum einen passt das Ergebnis nicht zu ganzzahligen Bahndrehimpulsen, wir werden im nächsten Abschnitt sehen, dass ein halbzahliger Drehimpuls die Aufspaltung erklären kann.

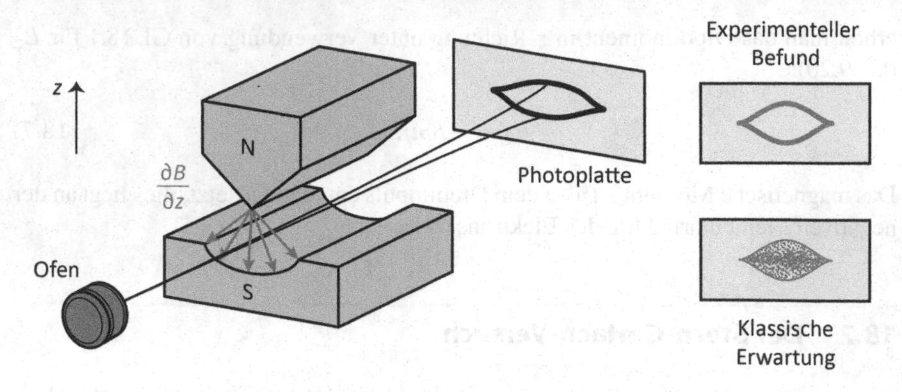

Abb. 18.4 Aufbau des Stern-Gerlach-Versuchs

- Zum anderen liegt selbst im Ag 5s-Orbital, bei dem $l = m = 0$ gilt, ein Drehimpuls vor. Dieser kann nicht vom Kern herrühren, da dieser 2000-mal kleiner wäre (s. Kap. 34). Daher wurde dem Elektron ein **Eigendrehimpuls** zugewiesen, auch **Spin** $\boldsymbol{S}$ genannt.
- Wenn ein Atom ein magnetisches Moment hat, würde man in klassischer Sichtweise erwarten, dass dieses zufällig im Raum ausgerichtet ist. Das klassische Dipolmoment ist durch einen Vektor dargestellt, das zufällig im Raum ausgerichtet sein sollte. Damit sollte auch die z-Komponente zufällig verteilte Werte haben. Damit würde man eine Verteilung am Schirm erwarten, wie in Abb. 18.4 (Kasten) gezeigt. Manche Atome haben $\mu_z = 0$, diese werden dann nicht abgelenkt, einige haben das Dipolmoment komplett in z-Richtung ausgerichtet, diese werden dann maximal ausgelenkt, aber es gibt auch alle Werte dazwischen. Das spezifisch quantenmechanische Verhalten, die Aufspaltung in zwei distinkte Strahlen, ist höchst merkwürdig. Das werden wir in Kap. 21 genauer besprechen.

18.2.1 Der Elektronenspin

Historisches Der Elektronenspin wurde ursprünglich von Uhlenbeck und Goudsmit (1925) postuliert, um Atomspektren interpretieren zu können. Details dieser Spektren können mit den Energiezuständen, wie in Kap. 11 abgeleitet, nicht erklärt werden (Kap. 19).[2] Der Stern-Gerlach-Versuch (1921) wurde zwar früher durchgeführt, hatte aber zum Ziel, Voraussagen des Bohr-Sommerfeld'schen Atommodells zu testen, führte daher nicht direkt zur Spinhypothese.

[2] Wir werden diese erst in Kap. 19 diskutieren, da wir zuvor noch mathematische Hilfsmittel einführen müssen.

Ein neues Axiom Offensichtlich gibt es Eigenschaften der Quantenteilchen, die durch die bisher eingeführten Observablen, insbesondere den Bahndrehimpuls L, nicht erklärt werden. Mit der **Annahme** eines Spins kann man sowohl die Atomspektren, als auch den Stern-Gerlach-Versuch gut interpretieren. Ein Eigendrehimpuls muss also als messbare Wirkung ein magnetisches Moment erzeugen, das zu einer weiteren Aufspaltung der Atomspektren (Kap. 19) und zu einer Ablenkung im Magnetfeld in zwei Richtungen führt. Messbare Größen, d. h. **Observablen,** werden in der Quantenmechanik durch **Operatoren** dargestellt. Daher bietet sich das folgende **Postulat** an:

Axiom 5 Der **Eigendrehimpuls** von Teilchen, **Spin** genannt, wird durch einen **Operator** $\hat{S}$ repräsentiert.

Ein Postulat ist das deshalb, da wir einen Eigendrehimpuls annehmen, mit diesem dann über eine klassische Relation ein magnetisches Dipolmoment ableiten, und erst das ist dann messbar.[3] Wir fügen dieses Postulat zu den bisher formulierten Axiomen 1–4 in Kap. 5 hinzu. Ein Postulat macht aber nur Sinn, wenn es uns hilft, die experimentellen Ergebnisse abzuleiten und klar zu strukturieren. Der Spin ist daher ein sehr erfolgreiches Postulat, wie wir im Folgenden sehen werden. Er kann eine Vielzahl von Phänomenen erklären, für die Chemie sind wichtig insbesondere die Atom/Molekülspektren und die NMR-Spektroskopie.

Regeln für den Spin Damit haben wir das Phänomen Spin in der Quantenmechanik als Drehimpuls mit einem zugehörigen Operator eingeordnet, es gelten dann die üblichen Regeln bezüglich **Eigenfunktionen**, **Eigenwerten** und **Erwartungswerten.** Speziell, da es sich um einen Drehimpuls handelt, sollten die gleichen Regeln wie für den Bahndrehimpuls gelten, da wir diese Regeln in Kap. 10 allgemein für eine Drehbewegung abgeleitet haben. In Analogie führen wir einen Operator $\hat{S}^2$ ein, sowie einen Operator für die z-Komponente, $\hat{S}_z$, und für deren Eigenwerte muss dann gelten

$$S_s = \hbar\sqrt{s(s+1)}, \qquad S_z = \hbar m_s. \tag{18.8}$$

Daraus resultieren die magnetischen Dipolmomente

$$\mu_s = -g_s\boldsymbol{\beta}\sqrt{s(s+1)}, \qquad (\mu_s)_z = -g_s\beta m_s. \tag{18.9}$$

Experimentell kann man dann zwischen verschiedenen Werten des Eigendrehimpulses unterscheiden, d. h., er ist eine messbare Größe, wenn auch nicht direkt, so aber doch durch das durch ihn induzierte magnetische Moment. Und dieses zeigt sich u. a. in der Ablenkung im Magnetfeld.

---

[3] Ein Postulat ist also eine Annahme, die selber gar nicht direkt experimentell verifiziert sein muss, aber aus der sich andere Größen ableiten lassen, die messbar sind. Siehe die Diskussion in Kap. 5. Wenn es keine messbaren Konsequenzen hat, ist der Wert des Postulats fraglich.

Gyromagnetisches Verhältnis und Lande-Faktor Ein klassisches Teilchen mit Drehimpuls L und Ladung q erzeugt ein magnetisches Moment entsprechend Gl. 18.1. Das dem Drehimpuls korrespondierende magnetische Moment ist durch das klassische gyromagnetische Verhältnis Gl. 18.2 bestimmt. Dieses klassische gyromagnetische Verhältnis trifft auch für Bahndrehimpulse der Elektronen im Atom zu und schlägt sich durch Gl. 18.6 im Formalismus nieder. Für den Spin jedoch, ob Elektronen- oder Kernspin, gilt dies nicht. Daher haben wir in Gl. 18.9 den Faktor g_s eingeführt, **Lande'scher g-Faktor** genannt, der diese Abweichung beziffert. In diesen Fällen erzeugt ein Drehimpuls ein magnetisches Moment, das nicht auf der Basis des klassischen Elektromagnetismus erklärbar ist. Man findet, im Gegensatz zum Bahndrehimpuls, mit hoher Genauigkeit

$$g_s = 2.$$

D. h., das Verhältnis von Drehimpuls und magnetischem Moment entspricht nicht der klassischen Erwartung.

18.2.2 Spinquantenzahl

Die Aufspaltung im Stern-Gerlach-Versuch in Abb. 18.4 weist auf zwei Einstellungen des magnetischen Moments hin, wir finden Ablenkungen in zwei verschiedene Richtungen. Daher muss es zwei z-Ausrichtungen des Spins geben, die genau zu diesen magnetischen Momenten führen.

m_s kann die Werte $m_s = -s, -(s-1), \ldots 0 \ldots, s+1, s$ annehmen, dies sind insgesamt $2s+1$ mögliche Werte. Das ist völlig analog zum **Bahndrehimpuls L**. Auf dem Schirm sieht man aber nur zwei Schwärzungen, es gibt nur zwei Drehimpulswerte, d. h.:

$$2 = 2s + 1,$$

woraus für die Spinquantenzahl sofort

$$s = 1/2 \quad \text{und} \quad m_s = \pm\frac{1}{2}$$

folgt. Analog zum Bahndrehimpuls erhält man für den Spin das in Abb. 18.5 gezeigte Vektorbild, d. h., der Spin hat einen festen Betrag und bezüglich einer Achse nur zwei Einstellungen $\pm\frac{1}{2}$, siehe Gl. 18.8.

18.2.3 Wellenfunktion mit Spin

Schrödinger und Dirac In der Schrödinger-Gleichung taucht der Spin nicht auf. Daher tritt er in den Lösungen, den Wellenfunktionen Ψ, ebenfalls nicht explizit auf, siehe z. B. die Lösungen des Wasserstoffatoms (Kap. 11). Die Wellenfunktionen Ψ

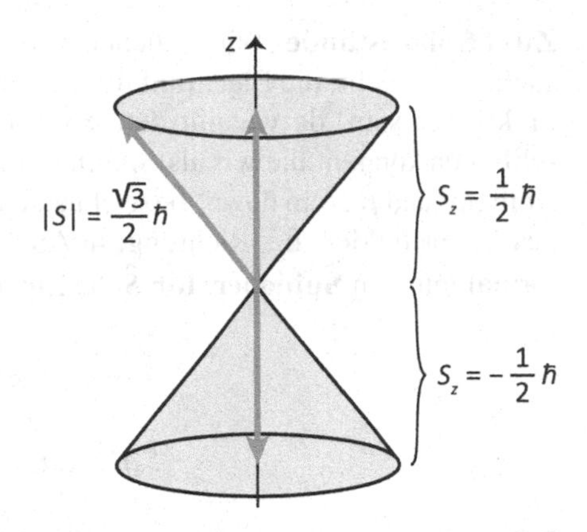

Abb. 18.5 Vektorbild des Spins. Die z-Komponente hat den Wert $S_z = \pm\frac{1}{2}\hbar$, der Betrag des Drehimpulses ist $S_s = |S| = \sqrt{\frac{3}{4}}\hbar$. Die x- und y-Komponenten des Eigendrehimpulses sind, analog zum Bahndrehimpuls, unbestimmt, siehe dazu die Diskussion in Abschn. 10.3.3

aber repräsentiert den Zustand, die zentrale Größe, aus der sich in physikalischen Theorien alle relevanten Eigenschaften des Systems berechnen lassen (Abschn. 4.3.1 und Kap. 5). Zur Beschreibung der Experimente, den Atomspektren und der Ablenkung in magnetischen Feldern, fehlte bisher etwas, nämlich die Observable Spin. Diese haben wir zusätzlich einführen müssen. Und daher kann die Wellenfunktion Ψ, die wir mit der Schrödinger-Gleichung berechnen, nicht die **vollständige Beschreibung** des Zustands sein. Die Schrödinger-Gleichung ist eine nicht-relativistische Wellengleichung. Der Physiker Paul Dirac hat eine relativistische Wellengleichung gefunden, die **Dirac-Gleichung,** die dann den Spin von vornherein enthält, und dieses Problem damit löst.

Vervollständigung des Zustands Die Dirac-Gleichung ist jedoch komplizierter zu lösen und soll hier nicht vertieft werden. Man kann den Spin auch innerhalb der Wellenmechanik berücksichtigen. Wie wir gesehen haben, können wir einen Operator für den Spin einführen, entsprechend kann man die Wellenfunktion vervollständigen, indem man Information über die Spinkomponente hinzufügt.

Betrachten wir nochmals den Bahndrehimpuls (Abschn. 10.3): Wir haben zwei Operatoren $\hat{L}^2$ und $\hat{L}_z$, die mit dem Hamilton-Operator kommutieren, und beide haben als Eigenfunktionen die Kugelflächenfunktionen $Y_{lm}(\theta, \phi) = \theta_l(\theta)\Phi_m(\phi)$.[4] Analog haben wir $\hat{S}^2$ und $\hat{S}_z$ eingeführt. Nun haben wir gesehen, dass $s = \frac{1}{2}$ gilt, d. h., es gibt nur einen Eigenwert für $\hat{S}^2$. Der Spin ist also eine Eigenschaft, die sich nicht ändert, Teilchen haben einen Spin, so wie sie eine Masse und eine Ladung haben, siehe Abschn. 5.1.6. Was sich aber ändern kann, ist die z-Ausrichtung dieses Spins in einem Magnetfeld, $\hat{S}_z$ ist eine **dynamische Observable,** es gibt zwei Einstellungen, d. h., es gibt **zwei Spinzustände.**

[4]Beachten Sie, dass die $\Phi_m(\phi)$ die Eigenfunktionen von $\hat{L}_z$ sind, da $\hat{L}_z$ eine Ableitung nach ϕ darstellt, und die Variable ϕ in $\theta_l(\theta)$ nicht auftritt.

Zwei Spinzustände Wir brauchen also gar nicht nach Eigenfunktionen von $\hat{S}^2$ zu suchen, es reicht, die Eigenfunktionen von $\hat{S}_z$ zu betrachten. Es müssen zwei Eigenfunktionen sein, da wir mit dem Stern-Gerlach-Experiment auf zwei Eigenwerte schließen können, die wir als Spinfunktionen α und β bezeichnen wollen, wobei α ‚spin up' und β ‚spin down' bezeichnet, entsprechend dem Wert $m_s = \pm\frac{1}{2}$ bezüglich des Magnetfeldes in z-Richtung. In Analogie zum Drehimpuls schreiben wir dann formal mit dem **Spinoperator** $\hat{S}$ die Eigenwertgleichungen:[5]

$$\hat{S}_z\alpha = m_s\hbar\alpha = \frac{1}{2}\hbar\alpha \tag{18.10}$$

$$\hat{S}_z\beta = m_s\hbar\beta = -\frac{1}{2}\hbar\beta.$$

Spinwellenfunktionen Da die Wellenfunktion $\Psi(r)$ die Information über die zwei Spin-Zustände offensichtlich nicht enthält, müssen wir diese hinzufügen, man schreibt den Spinzustand explizit in die Wellenfunktion, man fügt die α/β zur Wellenfunktion einfach hinzu,

$$\Psi(r) \rightarrow \Psi(r)\alpha \qquad \text{oder} \qquad \Psi(r)\beta. \tag{18.11}$$

Dies bezeichnet ein Elektron im Orbital Ψ mit ‚spin up' oder ‚spin down'. Nun müssen wir oft Integrale berechnen, z. B. bei der Normierung, und dabei muss nun auch über den **Spinfreiheitsgrad,** wir nennen ihn ω, integriert werden,

$$\int\int |\Psi(r)\alpha|^2 \mathrm{d}^3r\mathrm{d}\omega = \int |\Psi(r)|^2\mathrm{d}^3r \int |\alpha|^2\mathrm{d}\omega = \int |\alpha|^2\mathrm{d}\omega = 1. \tag{18.12}$$

$\Psi(r)$ ist normiert, und da die Gesamtwellenfunktion normiert ist, muss auch das Integral über den Spinfreiheitsgrad zu ‚1' normiert sein. Das ist konsistent mit der **Born'schen Wahrscheinlichkeitsinterpretation,** dass mit Sicherheit ein Elektron in dem Zustand $\Psi(r)$ mit dem Spinzustand α (‚Spin up') zu finden ist. Analog gilt

$$\int |\beta|^2\mathrm{d}\omega = 1, \tag{18.13}$$

und man fordert, dass

$$\int \alpha \cdot \beta\mathrm{d}\omega = 0 \tag{18.14}$$

gilt. Diese Forderung sagt, dass der Spin entweder im Spinzustand α oder β ist, aber nicht beide Werte gleichzeitig haben kann. Diese Eigenschaften folgen aus dem Umstand, dass die Spinfunktionen als Eigenfunktionen eines (hermite'schen) Operators orthogonale Funktionen sind, siehe dazu Abschn. 12.1.1.

[5]Das kann man dann auch für $\hat{S}^2$, wir wissen dass dessen Eigenwert immer $s(s+1)\hbar^2$ sein muss, für die beiden Zustände muss also $\hat{S}^2\alpha = s(s+1)\hbar^2\alpha = \frac{3}{4}\hbar^2\alpha$ und $\hat{S}^2\beta = s(s+1)\hbar^2\beta = \frac{3}{4}\hbar^2\beta$ gelten.

Gemeinsame Eigenfunktionen Die Darstellung der Wellenfunktion als Produkt von Orts- und Spinwellenfunktion trägt dem Umstand Rechnung, dass man Energie, Bahndrehimpuls, z-Komponente des Bahndrehimpulses und Spin gleichzeitig bestimmen kann, z. B:

$$\begin{aligned} \hat{H}(\Psi_{nlm}\alpha) &= \alpha \hat{H}\Psi_{nlm} = E_n \Psi_{nlm}\alpha \\ \hat{L}^2(\Psi_{nlm}\alpha) &= \alpha \hat{L}^2\Psi_{nlm} = l(l+1)\hbar^2 \Psi_{nlm}\alpha \\ \hat{L}_z(\Psi_{nlm}\alpha) &= \alpha \hat{L}_z\Psi_{nlm} = m_l \hbar \Psi_{nlm}\alpha \\ \hat{S}_z(\Psi_{nlm}\alpha) &= \Psi_{nlm}\hat{S}_z\alpha = m_s \hbar \Psi_{nlm}\alpha. \end{aligned} \tag{18.15}$$

E_n, l, m_l und m_s ist also ein maximaler Satz von Observablen, den man für das Wasserstoffatom bestimmen kann, das sich in den Eigenzuständen $\Psi_{nlm}\alpha$ bzw. $\Psi_{nlm}\beta$ befinden kann.

Darstellung des Spinfunktionen Etwas gewöhnungsbedürftig am Spin ist, dass wir keine explizite Form der α und β angeben. Für den Bahndrehimpuls haben wir als Eigenfunktionen die Kugelflächenfunktionen gefunden, für die es schöne grafische Darstellungen gibt. Man bekommt ein Gefühl dafür, wie diese aussehen. Das liegt daran, dass wir Ψ als Lösungen der Schrödinger-Gleichung erhalten, wir bekommen eine explizite Form. Für den Spin haben wir eben keine Schrödinger-Gleichung, wir schließen über die Experimente auf die magnetischen Momente, von da auf die **Eigenwerte des Spins.** Aus diesen kann man auf die Form der Operatoren und Eigenfunktionen schließen, siehe Anhang. Das Vorgehen ist also komplett umgekehrt, zu dem wie wir bisher vorgegangen sind: Wir haben die Operatoren über Ersetzungsregeln bekommen, und die Wellenfunktionen als Lösung der Eigenwertgleichungen. Daher bleiben die Spinfunktionen abstrakt, ihre Form ergibt sich schlicht aus den Regeln des Eigenwertproblems.

18.2.4 Interpretation

Ursprünglich wurde 1925 von Goudsmit und Uhlenbeck vorgeschlagen, den Spinfreiheitsgrad zur Erklärung der atomaren Feinstruktur, wie in Kap. 19 diskutiert, einzuführen. Man hatte eine feinere Aufspaltung der Atomspektren gefunden, als es das einfache Orbitalmodell zu erklären erlaubt. Zudem fand man eine Aufspaltung der Atomspektren in Magnetfeldern (Zeeman-Effekt), die erklärungsbedürftig war. Die beiden zögerten zunächst bei der Veröffentlichung, zu gewagt schienen die Konsequenzen.

Wie soll man sich dieses magnetische Moment erklären bzw. vorstellen? Dies ist eine Frage der **Interpretation,** wie in Kap. 6 diskutiert (s. Abb. 6.1). Wir haben mathematische Symbole und fragen, welchen Eigenschaften der Objekte in der Natur diesen entsprechen.

- Klassisch bietet es sich hier an, an eine Eigendrehung des Elektrons zu denken, in Kap. 1.3 haben wir das Trägheitsmoment einer massiven Kugel zu $I = \frac{2}{5}mr^2$

mit dem Drehimpuls $L = I\omega$ erhalten. Aus den magnetischen Momenten des Spins ließe sich daraus die Drehgeschwindigkeit und der Elektronenradius r_e berechnen. Wenn man Letzteren zu $r_\mathrm{e} \leq 10^{-16}$ m abschätzt, so müsste sich das Elektron so schnell drehen, dass am Äquator die Rotationsgeschwindigkeit die Lichtgeschwindigkeit überschreitet. Bei ‚realistischeren' Rotationsgeschwindigkeiten wäre das Elektron größer als das ganze Atom. Ein Dilemma.

- Dazu kommt aber noch, dass der Effekt der Spinquantenzahl m_s auf die Atomspektren (Kap. 19) doppelt so groß ist, wie klassisch erwartet. Man findet in Gl. 18.9 den Wert $g_s = 2$. Selbst wenn man die Probleme der Rotationsgeschwindigkeit akzeptiert, wird hier die klassische Erwartung ein zweites Mal enttäuscht. Der quantenmechanische Drehimpuls führt zu einem größeren magnetischen Moment als die klassische Rotation.

Beides macht keinen rechten Sinn, man kann den Spin und das damit assoziierte magnetische Moment (bzw. umgekehrt!) nur als irreduzible Eigenschaft der Quantenobjekte auffassen, für die es wie bei den anderen Eigenschaften wie Interferenz, Quantisierung, Nullpunktsenergie, Tunneln etc. keine klassische Erklärung gibt. Daher macht es in der Tat Sinn, den Spin als Postulat in der Quantenmechanik aufzunehmen, und damit seinen Status als genuine Eigenschaft der Mikroobjekte festzuschreiben. Allein die Darstellung durch Einheitsvektoren deutet darauf hin, dass es hier einen fundamentalen Unterschied zum Bahndrehimpuls gibt: Denn dort haben wir ja dreidimensionale Eigenfunktionen gefunden, die die Rotationsbewegung beschreiben und eine Lösung der Schrödinger-Gleichung darstellen, beim Spin nicht. Spin scheint also eher eine abstrakte und **intrinsische** Eigenschaft der Teilchen zu sein, wie Masse und Ladung. In Abschn. 5.1.6 haben wir schon darauf hingewiesen, dass der Spin eine quasi-klassische Eigenschaft ist, die immer vorliegt und einen festen Wert hat. Es ist nur die Ausrichtung im Magnetfeld, die quantisiert ist.

18.3 Zusammenfassung und Fragen

Zusammenfassung Der Spin tritt in der Schrödinger-Gleichung nicht auf, wir haben ihn hier ‚ad hoc' eingeführt. Er lässt sich aber im Rahmen der relativistischen Quantenmechanik begründen, die **Dirac-Gleichung** enthält den Spin von Anfang an. Daher muss man ihn bei der Aufstellung der Wellenfunktion explizit berücksichtigen,

$$\Psi(r) \rightarrow \Psi(r)\alpha \quad \text{oder} \quad \Psi(r)\beta.$$

Wir haben gesehen, dass es eine klassische Relation von **Drehimpuls** eines geladenen Teilchens mit einem **magnetischen Moment** gibt. Quantenmechanisch gibt es die Drehimpulswerte $|\hat{L}| = \hbar\sqrt{l(l+1)}$, und analog assoziieren wir diese mit einem magnetischen Moment als:

$$\mu_l = -g_l \boldsymbol{\beta}\sqrt{l(l+1)}, \qquad \mu_z = -g_l \beta m.$$

Verschiedene Experimente motivieren die Annahme, das Postulat eines **Eigendrehimpulses** von Quantenteilchen. Die Beschreibung des Spins folgt dem allgemeinen Schema der Drehimpulse, d. h.:

$$|\hat{S}| = \hbar\sqrt{s(s+1)}, \qquad \hat{S}_z = \hbar m_s .$$

Eigendrehimpulse treten für alle Elementarteilchen auf. Diese werden sogar danach klassifiziert. Es gibt die Klasse der Teilchen mit halbzahligem Spin, wie etwa $s = \frac{1}{2}$, die **Fermionen** genannt werden, und Teilchen mit ganzzahligem Spin, wie $s = 1$, die **Bosonen** genannt werden (siehe Kap. 14). Elektronen, Protonen und Neutronen sind Fermionen. Gasatome im Grundzustand haben in der Regel Spin 0, d. h., sie sind Bosonen.

Oft wird der Spin als Eigendrehung des Elektrons veranschaulicht. Dies ist aber nur eine Hilfsvorstellung, die Analogie zur klassischen Mechanik greift zu kurz, z. B. kann der **anomale g-Faktor $g_s = 2.0023$** nicht klassisch erklärt werden, ebenso die großen Drehimpulse, die einen unerklärlich großen Elektronendurchmesser oder eine hohe Rotationsgeschwindigkeit bedeuten würden.

In einem inhomogenen Magnetfeld **B** wirkt auf ein magnetisches Moment die Kraft $F = \mu \frac{\mathrm{d}B_z}{\mathrm{d}z}$, führt also zu einer Ablenkung von Atomen, wenn diese ein magnetisches Moment haben. Dies ist die Essenz des **Stern-Gerlach-Versuchs.** Die Aufspaltung im Stern-Gerlach-Versuch lässt sich nicht durch den Bahndrehimpuls erklären, wohl aber durch den Spin.

Fragen

- **Erinnern:** (Erläutern/Nennen)
  - Wie hängen Drehimpuls und magnetisches Moment zusammen? Was ist das gyromagnetische Verhältnis? Wie sieht der quantenmechanische Zusammenhang aus?
  - Was ist die Energie eines magnetischen Moments in einem Magnetfeld? Wann tritt eine Kraft auf einen magnetischen Dipol auf?
  - Geben Sie das magnetische Moment für den Bahndrehimpuls an.
  - Skizzieren Sie den Stern-Gerlach-Versuch.
  - Wie wird der Spin beschrieben (Formel), was sind die möglichen Spineinstellungen.
- **Verstehen:** (Erklären)
  - Erklären Sie, warum ein Drehimpuls zu einem magnetischen Moment führt.
  - Warum hat der Spin halbzahlige Werte?
  - Erklären Sie die Grundlagen des Stern-Gerlach-Versuchs. Warum ist ein inhomogenes Magnetfeld wichtig?
  - Wieso wird ein Eigendrehimpuls postuliert?
  - Warum hakt es mit einer klassischen Anschauung für den Spin?

Anhang: Darstellung des Spinoperators und der Spineigenfunktionen

Für Rechnungen, in denen das explizit erforderlich ist, hat Wolfgang Pauli eine Darstellung des Spins als Vektoren eingeführt,

$$\alpha = \begin{pmatrix} 1 \\ 0 \end{pmatrix}, \qquad \beta = \begin{pmatrix} 0 \\ 1 \end{pmatrix}.$$

Man kann fragen, warum Vektoren? Die Antwort ist etwas komplizierter und hat mit den Eigenschaften des Spins zu tun: Pauli suchte eine Darstellung der Spinfunktionen und Operatoren, die dessen Eigenschaften mathematisch repräsentiert, wie wir gleich zeigen werden.

In Kap. 12 haben wir auf die Analogie zwischen Operatorformalismus und dem Rechnen mit Matrizen und Vektoren hingewiesen. Formal kann man Operatoren mit Matrizen, und Eigenfunktionen mit Vektoren vergleichen. Wenn man also einen (Spin-)Zustand als Vektor darstellt, dann werden die Operatoren durch Matrizen repräsentiert. Mit den Pauli-Spinmatrizen,

$$\hat{\sigma_x} = \begin{pmatrix} 0 & 1 \\ 1 & 0 \end{pmatrix}, \quad \hat{\sigma_y} = \begin{pmatrix} 0 & -\mathrm{i} \\ \mathrm{i} & 0 \end{pmatrix}, \quad \hat{\sigma_z} = \begin{pmatrix} 1 & 0 \\ 0 & -1 \end{pmatrix}.$$

kann man analoge Operationen für die Spins darstellen, wie oben für die Operatoren und Spinfunktionen entwickelt. Mit

$$\hat{\sigma}^2 = \hat{\sigma_x}^2 + \hat{\sigma_y}^2 + \hat{\sigma_z}^2 = \begin{pmatrix} 1 & 0 \\ 0 & 1 \end{pmatrix}$$

kann man leicht sehen, dass α und β Eigenfunktionen von $\hat{\sigma}^2$ und $\hat{\sigma}_z$ sind, nicht aber von $\hat{\sigma}_x$ und $\hat{\sigma}_y$. Damit kann man nicht gleichzeitig die Eigenwerte der drei Komponenten des Spins erhalten, es ist also in dieser Darstellung sichergestellt, dass nur der Betrag und eine Komponente des Spins messbar ist.

Bisher (Teil I und II) haben wir also die Zustände als Funktionen dargestellt, die Operatoren als Funktionen (z. B. V(x)) oder Ableitungen ($\hat{p}$). Für den Spin haben wir eine Darstellung über Vektoren und Matrizen gewählt. Diese Darstellung ist mit den mathematischen Eigenschaften von Drehimpulsen kompatibel, das ist die Motivation dafür. Aber dieses Vorgehen weicht eben auch von dem bisherigen ab: So haben wir Eigenfunktionen der Drehimpulse kennen gelernt, die wir räumlich als Funktionen der Koordinaten (x, y, z) darstellen können, die Kugelflächenfunktionen. Etwas analoges haben wir für die Spinfunktionen nicht, diese bleiben abstrakt, oder sind als Vektoren in einem 2-dimensionalen Raum darstellbar. Das sind also definitiv keine Drehimpulsvektoren im Raum.

19 Wechselwirkung von magnetischen Momenten mit Magnetfeldern

Bahndrehimpuls und Spin der Elektronen führen zu zwei **magnetischen Momenten**, die physikalisch messbare Konsequenzen haben:

- Zum einen die Wechselwirkung dieser magnetischen Momente mit äußeren Magnetfeldern, die sich durch die Ablenkung von Atomstrahlen in inhomogenen Magnetfeldern bemerkbar macht (Kap. 18). Zudem verändert diese Wechselwirkung die Orbitalenergien der Atome selbst, was sich auf das Absorptionsspektrum auswirkt (**Zeeman-Effekt**).
- Aber die zwei magnetischen Momente wechselwirken auch untereinander, man nennt dies die **Spin-Bahn-Kopplung**. Diese magnetische Wechselwirkung führt zu einer kleinen Modifikation der Orbitalenergien, die man spektroskopisch auflösen kann und die als **Feinstruktur** in den Atomspektren sichtbar wird.

Zur quantenmechanischen Beschreibung müssen wir nun offensichtlich diese magnetischen Wechselwirkungen im Hamilton-Operator einbeziehen. Nun war die Lösung der Schrödinger-Gleichung für das Wasserstoffatom schon kompliziert genug, und jetzt sollen wir Elektronen im Coulomb-Potenzial betrachten, wobei noch zusätzlich ein magnetisches Feld einwirkt? Das ist dann so einfach nicht mehr lösbar, und wir werden daher zusätzlich zum **Variationsprinzip** (Kap. 16) eine weitere **Näherungsmethode**, die **Störungstheorie**, kennenlernen.

19.1 Die Störungstheorie

Als Startpunkt gehen wir von einem Problem aus, das wir als schon gelöst betrachten können. Für die Anwendung in diesem Kapitel ist das das Problem des isolierten Wasserstoffatoms:

$$\hat{H}_0 \Psi_n^0(r) = E_n^0 \Psi_n^0(r). \tag{19.1}$$

© Springer-Verlag GmbH Deutschland, ein Teil von Springer Nature 2021

M. Elstner, *Physikalische Chemie II: Quantenmechanik und Spektroskopie*,
https://doi.org/10.1007/978-3-662-61462-4_19

$\hat{H}_0$ ist der Hamilton-Operator des Wasserstoffatoms, $\Psi_n^0(r)$ die Lösungen der Schrödinger-Gleichung, wie sie in Kap. 11 diskutiert wurden, und E_n^0 sind die Energieniveaus des Elektrons im Wasserstoffatom.

19.1.1 Kleine Störungen der Energie

Störung durch Magnetfeld Betrachten wir das System klassisch, so bezeichnen wir die Energie des Wasserstoffatoms ohne Magnetfeld mit E_0, bestehend aus der kinetischen und potenziellen Energie des Elektrons im Coulomb-Feld des Protons. Nun schalten wir eine **kleine Störung,** z. B. ein **Magnetfeld,** an, und müssen nun zusätzlich die Wechselwirkungsenergie eines magnetischen Moments mit einem Magnetfeld B_z berücksichtigen (Gl. 18.3), mit Gl. 18.1 erhält man daraus

$$E_1 = -\mu_z B_z = -\frac{q}{2m} B_z L_z \quad \rightarrow \quad \hat{H}_1 = -\frac{q}{2m} B_z \hat{L}_z. \tag{19.2}$$

$\hat{H}_1$ ist der entsprechende Hamilton-Operator in der Quantenmechanik. Addieren wir die beiden Energien, bzw. die beiden Hamilton-Operatoren, so erhalten wir den Ausdruck für das Wasserstoffatom im Magnetfeld als:

$$E = E_0 + E_1 \quad \rightarrow \quad \hat{H} = \hat{H}_0 + \hat{H}_1. \tag{19.3}$$

Energiekorrekturen durch die Störung Betrachten wir zunächst eine beliebige Störung, auf die spezielle Form des Operators Gl. 19.2 kommen wir später zurück. Wir erwarten, dass, wie in Abb. 19.1 skizziert, eine externe Störung sowohl die Energie als auch die Wellenfunktion modifiziert .

- Wenn das Magnetfeld sehr schwach ist, kann man in einfachster Näherung annehmen, dass zur Energieberechnung die Veränderung der Wellenfunktion durch das äußere Feld nicht berücksichtigt werden muss. Solange $\hat{H}_1$ klein ist, unterscheiden sich Ψ_0 und Ψ' in Abb. 19.1 nicht wesentlich. Damit kann man die Energieerwartungswerte des Hamilton $\hat{H}$ einfach mit den Eigenfunktionen Ψ_n^0 des ungestörten Systems ausrechnen,

$$E_n = \int \Psi_n^{0*} \hat{H} \Psi_n^0 \mathrm{d}^3 r = \int \Psi_n^{0*} \hat{H}_0 \Psi_n^0 \mathrm{d}^3 r + \int \Psi_n^{0*} \hat{H}_1 \Psi_n^0 \mathrm{d}^3 r. \tag{19.4}$$

Wir erhalten also

$$E_n = E_n^0 + E_n^1, \tag{19.5}$$

und die E_n^0 (Gl. 19.1) sind die aus Kap. 11 bekannten Energien des Wasserstoffatoms. E_n^1 ist der letzte Term in Gl. 19.4, den wir im Folgenden berechnen wollen. Er beschreibt die Energieänderung durch Wechselwirkung mit dem Magnetfeld. Dies ist das Vorgehen bei der **Störungstheorie 1. Ordnung.**

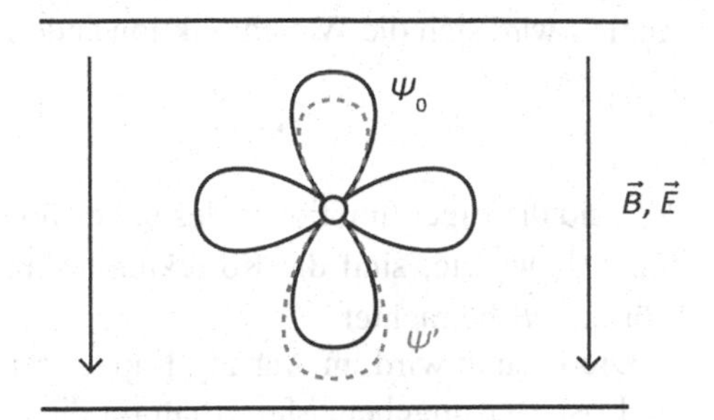

Abb. 19.1 Wasserstoffatom in einem magnetischen (**B**) oder elektrischen Feld (**E**): Die Grundzustandswellenfunktion Ψ_0 wird durch die Wechselwirkung mit dem Feld verändert, man erhält Ψ' (schematische Darstellung)

- Wenn die Veränderung von Ψ_0 zu Ψ' aber wesentlich wird, kann man auch die Korrekturen zur Wellenfunktion berechnen, dann werden die Ausdrücke etwas komplizierter. Hierbei verwendet man dann die Störungstheorie in höherer Ordnung.

Das formale Vorgehen wird im nächsten Abschnitt besprochen. Da wir aber zur Anwendung in diesem Kapitel nur Gl. 19.4 benötigen, kann die folgende ‚Vertiefung' beim ersten Lesen übersprungen werden.

19.1.2 Vertiefung: Reihenentwicklung der Energie und Wellenfunktion

In der Störungstheorie verwendet man einen Trick, der auf den ersten Blick nicht unbedingt einleuchten mag, man schreibt den Hamilton-Operator

$$\hat{H} = \hat{H}_0 + \lambda \hat{H}_1 \tag{19.6}$$

mit dem Faktor λ. Am Ende der Rechnung wird $\lambda = 1$ gesetzt, damit ist der Hamilton identisch zu oben, aber für den Gang der Rechnung erlaubt der Faktor λ die Identifikation der Ordnung in der mathematischen Entwicklung.

Wenn man mit diesem Hamilton nun die Energie berechnen würde, so kann man annehmen, dass sich die Energie als eine Potenzreihe in den λ schreiben lässt,

$$E_n = E_n^0 + \lambda E_n^1 + \lambda^2 E_n^2 + \ldots \tag{19.7}$$

Das kann man so verstehen:

- E_n^0 ist die Energie des n-ten Eigenzustands von $\hat{H}_0$, d. h., für verschwindendes λ erhält man die **ungestörte** Lösung.
- Wenn die Störung sehr klein ist, dann reicht die 1. Ordnung, E_n^1 ist die Änderung dieser Energie durch die Störung in 1. Ordnung. Diese haben wir oben allgemein diskutiert. Dabei nimmt man an, dass die Terme mit λ^2, λ^3 ... vernachlässigbar sind.
- E_n^2 ist die Änderung der Energie durch die Störung in 2 Ordnung usw.

Analog wird sich die Wellenfunktion ändern, d. h., wir können allgemein ansetzen:

$$\Psi_n = \Psi_n^0 + \lambda\Psi_n^1 + \lambda^2\Psi_n^2 + \ldots \tag{19.8}$$

Ψ_n^0 sind die Eigenfunktionen des ungestörten Systems mit dem Hamilton-Operator $\hat{H}_0$, Ψ_n^1, Ψ_n^2 etc. sind die Korrekturen dazu in 1., 2. ... Ordnung, wenn man die Störung $\hat{H}_1$ betrachtet.

Die Lösung wird im Anhang Kap. 19.5 im Detail diskutiert, wir wollen hier nur die Lösungen angeben. Man erhält für die Energiekorrekturen in 1. und 2. Ordnung

$$E_n^1 = \int \Psi_n^{0*}\hat{H}_1\Psi_n^0 \mathrm{d}^3r \qquad E_n^2 = \sum_{m\neq n} \frac{\left(\int \Psi_n^{0*}\hat{H}_1\Psi_m^0 \mathrm{d}^3r\right)^2}{E_n^0 - E_m^0} \tag{19.9}$$

und die Korrektur 1. Ordnung für die Wellenfunktion

$$\Psi_n^1 = \sum_{m\neq n} \frac{\left(\int \Psi_n^{0*}\hat{H}_1\Psi_m^0 \mathrm{d}^3r\right)}{E_n^0 - E_m^0}\Psi_m^0. \tag{19.10}$$

Wir können damit alle Korrekturen höherer Ordnung durch die Energien E_n^0 und Wellenfunktionen Ψ_m^0 des **ungestörten** Wasserstoffatoms berechnen. Dies ist in vielen Fällen relativ einfach möglich, wo eine exakte Lösung für den vollen Hamilton-Operator $\hat{H}$ nicht zur Verfügung steht. Allerdings werden die Terme höherer Ordnung sehr schnell relativ kompliziert, weshalb das ganze Verfahren nur für **kleine Störungen** gut funktioniert, da hier die Terme 1. und 2. Ordnung oft ausreichen.

19.2 Energie des Wasserstoffatoms im Magnetfeld

Die Aufspaltung der atomaren Energieniveaus in einem Magnetfeld wird **Zeeman-Aufspaltung** genannt, die wir hier nun mit Hilfe der **Störungstheorie 1. Ordnung** berechnen wollen. Damit nehmen wir an, dass das Magnetfeld die Orbitale Ψ_n^0 nicht wesentlich verändert. Die Wechselwirkung des magnetischen Moments mit dem Magnetfeld berechnen wir dann durch die Energiekorrektur 1. Ordnung nach Gl. 19.5 (bzw. Gl. 19.4). Der Hamilton-Operator analog zu Gl. 19.2 ($q = -e$) enthält sowohl eine Kopplung des Bahndrehimpulses als auch des Spins an das Magnetfeld,[1]

$$\hat{H}_1 = -\hat{\mu}_l B_z - \hat{\mu}_s B_z = \frac{e}{2m} B_z \hat{L}_z + g_s \frac{e}{2m} B_z \hat{S}_z. \tag{19.11}$$

[1] $g_l = 1$, $g_s = 2$, für den Elektronenspin benötigen wir hier den Lande-Faktor, s. Kap. 18.

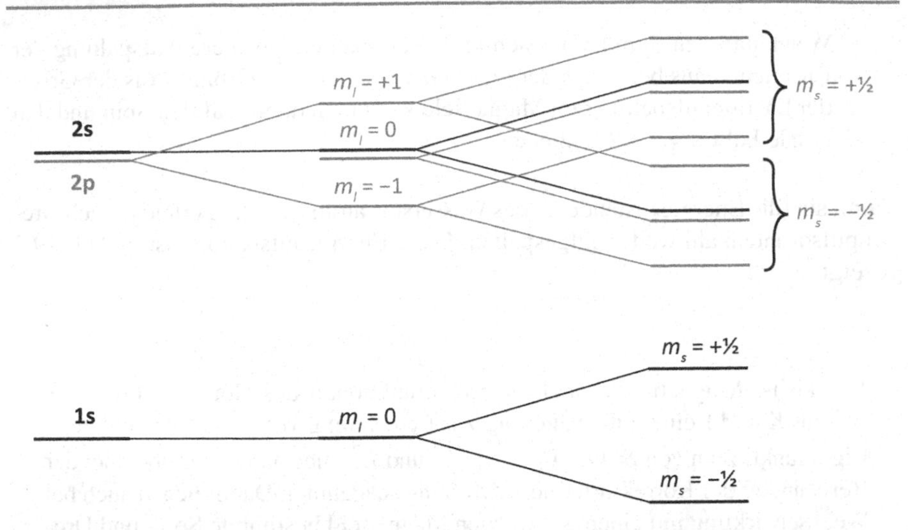

Abb. 19.2 Zeeman-Aufspaltung, für Bahndrehimpuls und Spin getrennt dargestellt, die ungestörten Energieniveaus (links), die Aufspaltung durch die Kopplung an den Bahndrehimpuls (Mitte) und die zusätzliche Kopplung an den Spin (rechts). In der Rechnung kann man diese Effekte getrennt betrachten, experimentell erhält man dagegen Spektren, die beide Effekte beinhalten

- **1 s-Orbital:** Hier ist $m_l = 0$, wir betrachten also nur die Aufspaltung durch den Spin für die Energiekorrektur in 1. Ordnung.[2]

$$E_n^1 = \int \Psi_n^{0*} \hat{H}_1 \Psi_n^0 \mathrm{d}^3 r = g_s \frac{e}{2m} B_z \int \Psi_n^{0*} \hat{S}_z \Psi_n^0 \mathrm{d}^3 r$$
$$= g_s \frac{e}{2m} B_z \int \Psi_n^{0*} \hbar m_s \Psi_n^0 \mathrm{d}^3 r = g_s \frac{e\hbar}{2m} m_s B_z = g_s \beta B_z m_s .$$

Im zweiten Schritt wird die Eigenwertgleichung für $\hat{S}_z$, im nächsten Schritt die Orthogonalität der Ψ_n^0 verwendet. Für m_s gibt es zwei Einstellungen, $m_s = \pm\frac{1}{2}$, d. h., wir erwarten eine Aufspaltung der 1 s-Orbitalenergie, wie in Abb. 19.2 dargestellt. Das Gleiche gilt für ein Elektron im 2 s-Orbital (etc.).
- **Das 2p-Orbital** ist jedoch 3-fach entartet, es gibt drei Orbitale gleicher Energie.
  - Betrachten wir zunächst nur den Beitrag durch den Bahndrehimpuls, so findet man:[3]

$$E_n^1 = \beta B_z m_l . \tag{19.12}$$

$m_l = -l, \dots 0, \dots l$ beschreibt je nach Drehimpulsquantenzahl $(2l + 1)$-Ausrichtungen des Drehimpulsvektors im Magnetfeld. Daher heißt m_l auch **Magnetquantenzahl**.

---

[2] $\beta = \frac{e\hbar}{2m}$: Bohr'sches Magneton.

[3] Hierzu muss man die Störungstheorie zur Beschreibung der Entartung erweitern, was aber ein fortgeschrittenes Thema ist, das wir hier nicht erörtern.

- Wenn man den Spin berücksichtigt, erhält man eine weitere Aufspaltung der Energieniveaus bezüglich der m_s-Werte, wie beim 1 s-Orbital. Aus der Größe der Energieaufspaltung im Magnetfeld kann man damit auf den Spin und den Lande-Faktor $g_s = 2$ schließen.

Damit sind die Energiezustände E_n^0 des Wasserstoffatoms im Magnetfeld je nach Drehimpulsquantenzahl weiter aufgespalten. Diese Energieaufspaltung ist in Abb. 19.2 gezeigt.

Für kleine Magnetfelder sind die Eigenfunktionen des Coulomb-Problems Ψ_n^0 aus Kap. 11 eine gute Näherung zur Berechnung von $\langle \hat{H}_1 \rangle$. Ψ_n^0 sind auch Eigenfunktionen von $\hat{S}_z$ und $\hat{L}_z$ sowie $\hat{S}^2$ und $\hat{L}^2$, dies haben wir oben bei der Berechnung der Korrekturterme 1. Ordnung ausgenutzt. Damit liegen auch bei Wechselwirkung mit einem schwachen Magnetfeld bestimmte Spin- und Drehimpulswerte vor, d. h., man kann diese Eigenschaften als Eigenwerte berechnen.

Dies gilt aber nur für schwache Magnetfelder. Für starke Magnetfelder werden Terme höherer Ordnung der Störungstheorie bedeutsam, d. h., Änderungen der Wellenfunktion müssen berücksichtigt werden. Damit ist das Problem nicht mehr kugelsymmetrisch, was die Voraussetzung der Bestimmung der Drehimpulseigenwerte in Abschn. 10.2 war. Die Quantenzahl l verliert ihre Bedeutung, nicht aber dessen Projektion auf die z-Achse, m_z. Zudem koppeln Spin und Bahndrehimpuls zu einem Gesamtdrehimpuls, was wir uns nun ansehen wollen.

19.3 Kopplung von Bahndrehimpuls und Spin: Feinstruktur

Die Energieniveaus der Atome können spektroskopisch vermessen werden und zeigen eine Struktur, die nicht vollständig durch das bisherige Bild erklärt wird.

19.3.1 Wechselwirkung magnetischer Momente

Mit Gl. 19.11 haben wir die Wechselwirkung der magnetischen Momente in Atomen mit dem äußeren Magnetfeld beschrieben, sie können jedoch auch untereinander wechselwirken, wie z. B. zwei Stabmagnete. Dies wird Spin-Bahn-Kopplung genannt und kann als kleine Störung behandelt werden.

Kopplung magnetischer Momente Wir haben oben für die Wechselwirkung eines magnetischen Moments mit einem Magnetfeld den Hamilton-Operator bestimmt. Für die Kopplung der magnetischen Momente bekommen wir einen ähnlichen Operator:

Man kann nämlich das eine magnetische Moment μ_1 als Magnetfeld ansehen, mit dem das andere μ_2 wechselwirkt, die Energie ist proportional zum Produkt der Momente,

$$E_1 \sim \mu_1 \cdot \mu_2.$$

Die magnetischen Momente μ_1 und μ_2, die aus Bahndrehimpuls und Spin resultieren, sind jeweils proportional zu L und S, und wir können die klassische Energie bzw. den Hamilton-Operator schreiben als

$$E_{LS} = -\lambda \mathbf{S} \cdot \mathbf{L} \qquad \rightarrow \qquad \hat{H}_{LS} = -\lambda \hat{S}\hat{L}. \tag{19.13}$$

Die Konstante λ enthält nun alle Faktoren, die eine Bestimmung der magnetischen Momente aus den Drehimpulsen benötigt. Man kann λ explizit angeben,[4] man kann sie aber auch direkt aus den experimentellen Spektren bestimmen, wie wir unten sehen werden. Wir können nun mit $\hat{H}_{LS} = \hat{H}_1$ wieder einen Störoperator formulieren und damit die Energiekorrekturen 1. Ordnung berechnen. Wir wollen dies zunächst klassisch betrachten, d. h. Spin und Bahndrehimpuls als klassische Größen behandeln, und daraus eine quantenmechanische Formulierung entwickeln.

19.3.2 Klassische Kopplung von Drehimpulsen

Magnetisches Moment im Magnetfeld Wir betrachten einen (Spielzeug-) Kreisel, der sich im Gravitationsfeld (in z-Richtung) mit der Frequenz ω_s dreht. Ist die Kreiselachse gegen die Vertikale verkippt, fängt der Kreisel durch die Gravitationskraft an zu präzedieren, d. h., seine Drehachse bewegt sich auf einem ‚Kegel' mit der **Präzessionsfrequenz ω_p**, wie in Abb. 19.3a dargestellt.

In der klassischen Physik kann man dieses Bild auch für ein magnetisches Moment im Magnetfeld verwenden (z. B. einen klassisch betrachteten Spin). Auf ein magnetisches Moment (Abb. 19.3b) wirkt eine Kraft (bzw. Drehmoment), die versucht, dieses in Richtung des Magnetfeldes auszurichten. Analog zum Spielzeugkreisel wird die Präzessionsbewegung induziert. **Wichtig ist:** Ohne das Magnetfeld ist der **Drehimpuls erhalten,** mit Magnetfeld nicht mehr, denn durch die Präzessionsbewegung verändert er ständig seine Richtung, d. h., er ist damit **keine Erhaltungsgröße** mehr. Allerdings sind der Betrag $|\mathbf{S}|$ und die z-Komponente S_z erhalten, diese ändern sich auch bei der Drehung nicht. Eine Präzessionsbewegung ist also eine Bewegung des Drehimpulses auf einem Kegel, wie in Abb. 19.3b dargestellt.

Dieses Bild können wir auch für die Kopplung der Drehimpulse verwenden. Das magnetische Moment von L bringt S zur Präzession, und umgekehrt. Es werden

---

[4] Dazu geht man wie folgt vor: Man betrachtet das Elektron als ruhend und den Kern als um das Elektron kreisend: Es ist nun der kreisende Kern, der am Elektron ein magnetisches Moment induziert. Und dieses wechselwirkt mit dem magnetischen Moment des Spins. Man kann damit den Vorfaktor explizit angeben, was wir hier nicht tun wollen. Wichtig ist, dass sich die Wechselwirkungsenergie als ein Produkt der beiden Drehimpulse schreiben lässt. Siehe z. B. [13] Abschn. 5.5.4.

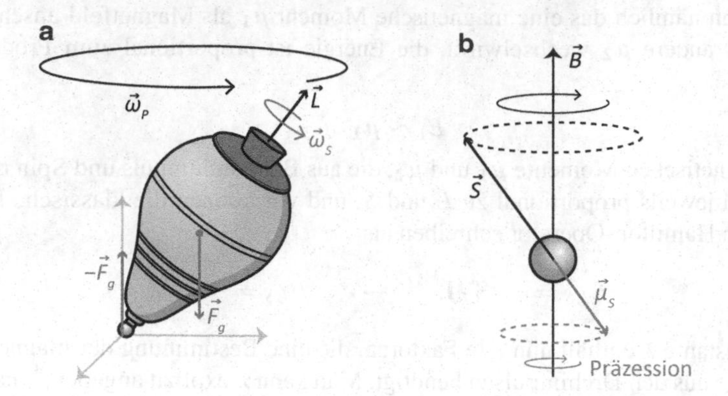

Abb. 19.3 **a** Präzession eines Kreisels im Gravitationsfeld. **b** Präzession eines (klassischen) magnetischen Moments im Magnetfeld. Für den (klassisch betrachteten) Spin ist das magnetische Moment dem Drehimpuls entgegengesetzt aufgrund der negativen Ladung des Elektrons, siehe z. B. Gl. 18.2 und Gl. 18.6

durch die Wechselwirkung also beide Drehimpulse in eine Präzessionsbewegung gezwungen. Damit ist die Drehimpulserhaltung von S bzw. L jeweils verletzt, beide sind keine erhaltenen Größen mehr, es muss aber eine Erhaltung des **Gesamtdrehimpulses**

$$\mathbf{J} = \mathbf{L} + \mathbf{S} \tag{19.14}$$

gelten. Denn insgesamt wirkt auf das Atom von außen keine Kraft, wir betrachten nur die Kräfte innerhalb des Atoms. Für das Atom insgesamt gilt die Drehimpulserhaltung. J muss also konstant sein, und damit werden L und S um den Gesamtdrehimpuls J präzedieren, wie in Abb. 19.4a dargestellt. In diesem klassischen Fall rotieren L und S auf den jeweiligen Kegeln, während J konstant ist.

Kopplung der Drehimpulse Zwei klassische Drehimpulsvektoren **L** und **S** mit beliebigen Richtungen und Längen können gemäß Gl. 19.14 beliebig addiert werden.

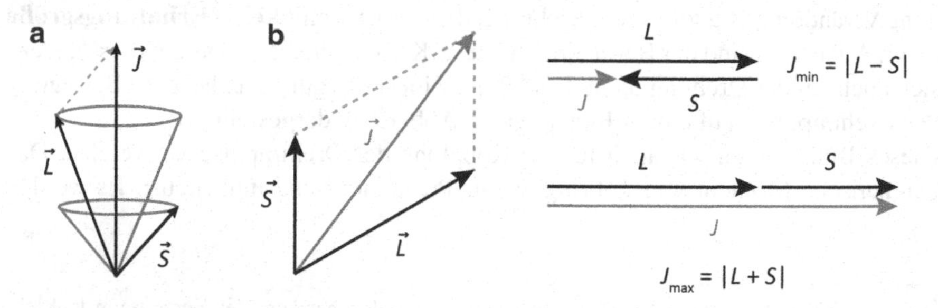

Abb. 19.4 Kopplung der Drehimpulse, **a** klassische Präzession von L und S, **b** Vektoraddition von zwei klassischen Drehimpulsen zu einem Gesamtdrehimpuls, der eine minimale und eine maximale Länge (Betrag) haben kann

Klar ist, der resultierende Gesamtdrehimpuls kann je nach relativer Orientierung eine minimale bzw. maximale Länge haben,

$$J_{\text{min}} = |L - S| \qquad J_{\text{max}} = |L + S|,$$

wie in Abb. 19.4b gezeigt. J, L und S sind die Beträge der Vektoren. Zwischen diesen Extrema sind alle möglichen Werte möglich, was durch die **Dreiecksregel** ausgedrückt wird:

$$J_{\text{min}} = |L - S| \leq J \leq |L + S| = J_{\text{max}}. \tag{19.15}$$

19.3.3 Quantenmechanische Beschreibung

In der Quantenmechanik gehen wir immer so vor, dass wir den klassischen Hamiltonian als Hamilton-Operator schreiben, bei Drehimpulsen werden die Drehimpulsvektoren zu Operatoren. Wir bilden also analog zum klassischen Fall einen **Gesamtdrehimpulsoperator**[5]

$$\hat{J} = \hat{L} + \hat{S}. \tag{19.16}$$

Nach den obigen Ausführungen hat der klassische Drehimpulsvektor eine bestimmte Ausrichtung und einen Betrag. Analog erwarten wir im quantenmechanischen Fall, dass wir Eigenwerte für $\hat{J}^2$ und eine Komponente, z. B. $\hat{J}_z$, berechnen können. Damit sollte er messbare Eigenschaften des Quantensystems repräsentieren.

Regeln für J Wir erwarten also, dass die bekannten Quantisierungsregeln gelten. Diese hatten wir bei der Diskussion der Drehbewegung in Abschn. 10.3 ganz allgemein eingeführt, wir haben diese zunächst auf L und dann ganz selbstverständlich auch auf S angewendet. Und genau die gleichen Regeln müssen für J gelten:

- Der Gesamtdrehimpuls J ist quantisiert, es gibt eine Quantenzahl j, die dessen Größe angibt:

$$J_j = \hbar\sqrt{j(j+1)}. \tag{19.17}$$

- Die z-Komponente J_z ist ebenfalls quantisiert,

$$J_{z,m_j} = \hbar m_j, \qquad m_j = -j, -j+1, \dots j-1, j. \tag{19.18}$$

[5] Klassisch addieren wir die Drehimpulsvektoren, analog addieren wir in der Quantenmechanik die Operatoren.

- Und darüber hinaus ist keine Angabe zu J_x und J_y möglich.
- Wir müssen also nun bestimmen, welche j-Werte möglich sind. Klassisch sind nach der Dreiecksregel Gl. 19.15 alle Drehimpulse zwischen $J_{\min}$ und $J_{\max}$ möglich, in der Quantenmechanik nur diskrete Werte.

Vektormodell der Drehimpulse In Abschn. 10.3 haben wir das Vektormodell des Drehimpulses eingeführt und dessen anschaulichen Gehalt in Abschn. 12.3.3 diskutiert. Beide Drehimpulse, L und S, werden jeweils für sich durch solch ein Vektormodell dargestellt, die möglichen Drehimpulseinstellungen sind jeweils durch Kegel wiedergegeben. Auch die Kopplung der Drehimpulse kann man in einem Vektormodell, wie in Abb. 19.5a und b gezeigt, darstellen.

- Im klassischen Fall resultiert aus der Kombination von **L** und **S** ein feststehender Vektor **J** in Abb. 19.4a. Quantenmechanisch können aber nicht alle drei Vektorkomponenten von J bestimmt sein: Hier wird ein Drehimpuls durch einen Kegel dargestellt, mögliche Drehimpulse sind entlang der Kegelfläche ausgerichtet, wie in Abb. 19.5a dargestellt. J kann niemals in z-Richtung ausgerichtet sein, denn in diesem Fall wären alle drei Komponenten genau bestimmt. Der Kegel gibt also die Unbestimmtheit wieder.
- J hat, je nach j, einen unterschiedlichen Betrag, m_j bestimmt die Ausrichtung entlang der z-Achse. Das ist genau so, wie für allgemeine Drehimpulse in Abschn. 10.3 besprochen, siehe nochmals Abb. 10.6. Abb. 19.5b zeigt die möglichen Ausrichtungen für ein Beispiel von $j = 3/2$.
- j muss sich aus den Werten von l und s ergeben, wir besprechen dies im nächsten Abschnitt. Im Vektorbild Abb. 19.5a werden also L und S so koppeln, dass diese Werte von j resultieren. Dabei befinden sich L und S selbst auf Kegeln, da ihre x- und y-Komponenten unbestimmt sind.

In Abschn. 12.3.3 haben wir die Aussagen des Vektormodells diskutiert:

- Die quantenmechanischen Eigen- und Erwartungswerte beziehen sich nur auf mögliche Messwerte, das macht eine Diskussion etwas umständlich. Daher verwendet man oft das Vektormodell um bestimmte Aspekte der quantenmechani-

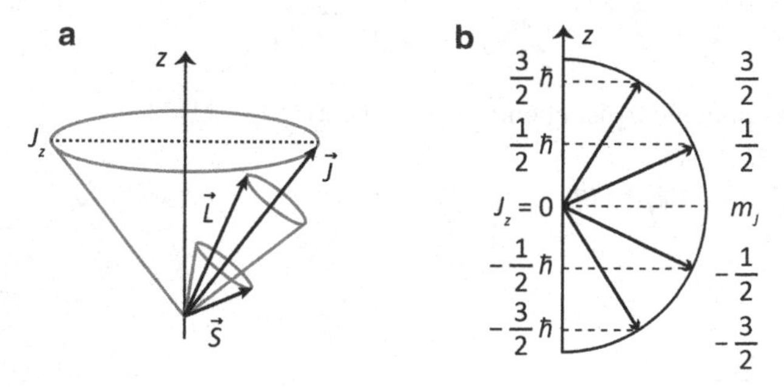

Abb. 19.5 Quantenmechanische Bedingungen für J

schen Drehimpulse in einem klassischen Bild zu veranschaulichen, wie die Quantisierung und Unbestimmtheit. In diesem Bild ist der Drehimpuls nicht genauer als durch den Kegel bestimmt, da Information über die x- und y-Komponenten fehlt. Daher stellt das Kegelbild eine klassische Vervollständigung der quantenmechanischen Information dar.

- Wenn man nun zwei Drehimpulse koppeln möchte, muss man die Quantisierung und Unbestimmtheit berücksichtigen, das Vektorbild gibt hier eine hilfreiche Anschauung.
- Bitte beachten Sie den Unterschied von Abb. 19.4a und 19.5a.
  - Abb. 19.4a ist ein Bild der klassischen Drehimpulse, hier **präzedieren** die Vektoren **S** und **L**. Die beiden magnetischen Momente üben wechselseitig ein Drehmoment aufeinander aus, was die Präzession bewirkt, die magnetischen Momente präzedieren auf den Kegeln umeinander.
  - In Abb. 19.5a stellen die Kegel von L und S zunächst nur die jeweilige Unbestimmtheit dar. Es ist nichts über eine Präzession der Drehimpulse ausgesagt. Ob und was da im quantenmechanischen Fall präzediert, besprechen wir in den Kap. 20 und 21.

19.3.4 Der Gesamtdrehimpuls *J*

Welche Quantenzahlen? Die klassische Darstellung über Vektoren wird uns einen anschaulichen Eindruck davon vermitteln, welche Quantenzahlen für den gekoppelten Zustand relevant sind. Das Vektormodell hat einen praktischen Nutzen indem es uns sagt, welche der Größen genau bestimmbar, und welche unbestimmt sind. Es ist aber eine Modellvorstellung, die man nicht als eine detailgetreue Abbildung des mikroskopischen Geschehens verstehen darf (Abschn. 12.3.3). Worum genau geht es?

- In Abschn. 11.5.2 haben wir gesehen, dass die Operatoren $\hat{H}$, $\hat{L}^2$ und $\hat{L}_z$ gemeinsame Eigenfunktionen haben, damit sind die Eigenwerte E_n, L_l, der Betrag des Drehimpulses, und L_z^m, dessen z-Komponente, berechenbar. Der entsprechende Zustand ist dann durch die Quantenzahlen n, l, m charakterisiert.
- Mathematisch kann man die Operatoren $\hat{A}$ und $\hat{B}$, die die gleichen Eigenfunktionen haben, durch den sogenannten Kommutator

$$[\hat{A}, \hat{B}] = \hat{A}\hat{B} - \hat{B}\hat{A} = 0$$

  bestimmen.[6] Eine kurze Darstellung des Kommutators finden Sie in Abschn. 12.2, sie müssen dazu nicht das ganze Kap. 12 lesen.
- Wir nehmen an, dass die Atome und Moleküle in einem Energieeigenzustand sind. Damit kann man die Eigenwerte derjenigen Operatoren $\hat{A}$ berechnen, die mit $\hat{H}$

[6]Zur Bestätigung, berechnen sie einfach einmal $[\hat{A}, \hat{B}]\Psi_{nlm}$ für die drei Operatoren in Abschn. 11.5.2.

kommutieren. D. h., für die der Kommutator mit $\hat{H}$ verschwindet. Die Eigenwerte von $\hat{A}$ sind durch Quantenzahlen charakterisiert, die zur Charakterisierung des Eigenzustands verwendet werden.

- Und umgekehrt, wenn ein Operator nicht mit $\hat{H}$ kommutiert, dann wird es keine entsprechenden Quantenzahlen geben, die den Energieeigenzustand charakterisieren können.

Wir wollen nun zwei Fälle betrachten, den hypothetischen Fall, dass die beiden magnetischen Momente von Bahndrehimpuls und Spin nicht miteinander wechselwirken, der Hamilton-Operator also durch $\hat{H}_0$ gegeben ist, und den Fall, in dem eine Wechselwirkung berücksichtigt wird.

Ungekoppelter Fall: $\hat{H}_0$ Das ist offensichtlich der Fall des Wasserstoffatoms, wie bisher behandelt. Wenn wir also annehmen, dass Spin und Bahndrehimpuls nicht wechselwirken, dann können diese beiden Drehimpulse ihre jeweiligen Einstellungen voneinander unabhängig einnehmen.

- $\hat{H}_0$, $\hat{L}^2$ und $\hat{L}_z$ haben die Orbitale Ψ_{nlm} als gemeinsame Eigenfunktionen.
- In Kap. 18 haben wir dann die Spinwellenfunktion als Produkt von Ψ_{nlm} und α/β geschrieben. Damit kommutiert auch $\hat{S}^2$ und $\hat{S}_z$ mit $\hat{H}_0$ und $\hat{L}$.

Damit ist der Zustand durch die Quantenzahlen (l, m_l, s, m_s) charakterisiert. Diese Quantenzahlen sind Eigenwerte von Operatoren, die mit $\hat{H}_0$ kommutieren, siehe die gemeinsamen Eigenfunktionen in Abschn. 18.2.3. Und so reden wir über das Elektron im Wasserstoffatom: Wir sagen, es **sei** in einem Orbital mit einem Bahndrehimpuls l, und **habe** eine Spin α oder β.[7]

Vektorbild für den ungekoppelten Fall Da wir annehmen, dass es keine magnetische Kopplung zwischen L und S gibt, liegen im Vektormodell diese beiden Drehimpulse **L** und **S** auf Kegeln, die in z-Richtung ausgerichtet sind, die übliche Darstellung der Drehimpulse. Keine Kopplung bedeutet, dass die Ausrichtungen der beiden Vektoren beliebig, und unabhängig voneinander sind. Aus den beiden Drehimpulsen ergibt sich durch Vektoraddition ein Gesamtdrehimpuls **J**. In Abb. 19.6a ist der Kegel von **L** nicht dargestellt, sondern eine beliebige Drehimpulsausrichtung auswählt. Auf diesen Vektor ist der kleine Kegel von **S** aufgesetzt. Wenn man **L** nun auf seinem Kegel entlangführt, ergeben sich die beiden großen Kegel, die die möglichen Drehimpulse von **J** eingrenzen.

- Der resultierende Drehimpuls **J** entsteht dann einfach durch Vektoraddition. In dieser **ungekoppelten** Darstellung sind damit viele unterschiedliche resultierende Drehimpulse möglich, d. h. alle Kombinationen der Orientierungen der beiden Drehimpulse.

[7] Siehe Abschn. 5.1.7 und 6.1.2.

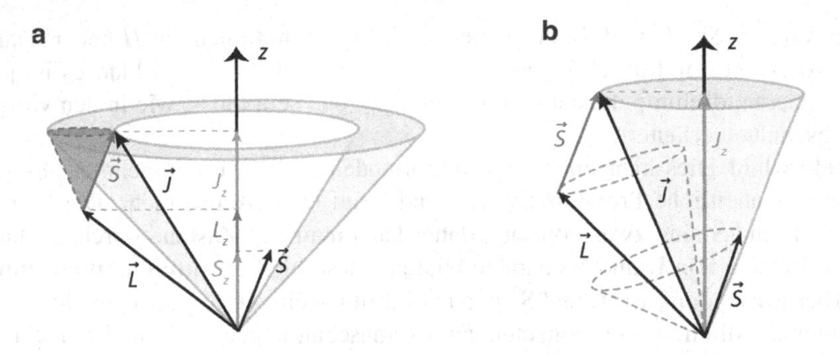

Abb. 19.6 **a** Ungekoppelter Fall, **b** Kopplung von Bahndrehimpuls mit dem Spin

- Der Betrag von **L** und **S** ist jeweils fest, wie auch deren z-Projektionen S_z und L_z konstant sind. Diese Vektoren sind damit jeweils Erhaltungsgrößen, was die Beschreibung durch Quantenzahlen (l, m_l, s, m_s) veranschaulicht.
- **J** jedoch kann alle möglichen Ausrichtungen in dem schraffierten Gebiet zwischen dem inneren und äußeren Kegel haben. Betrachtet man dieses Gebiet sieht man, dass hier verschiedene Längen des Vektors **J** auftreten. Damit kann man **J** keinen eindeutigen Wert zuweisen, der Wert ist unbestimmt. Klassisch ist **J** keine Erhaltungsgröße, wohl aber seine Projektion auf die z-Achse.
- Quantenmechanisch drückt sich das dadurch aus, dass $\hat{J}^2$ nicht mit $\hat{H}_0$ kommutiert, man kann keinen Eigenwert von $\hat{J}^2$ berechnen, er ist unbestimmt; es gibt also keine Quantenzahl für den Gesamtdrehimpuls. $\hat{J}_z$ ist aber bestimmbar, denn die z-Projektion ist konstant. Die z-Komponente ergibt sich einfach aus der Summe der z-Komponenten von **L** und **S**.

Der ungekoppelte Zustand ist also durch die Quantenzahlen (l, m_l, s, m_s) charakterisiert, wie in Kap. 18 eingeführt. Wir haben dort den Spin entdeckt und so getan, als könnte man diesen Freiheitsgrad einfach zu den anderen Freiheitsgraden addieren, und durch seine zwei Einstellungen charakterisieren. Wir haben also die magnetische Kopplung zwischen Spin und Bahndrehimpuls bisher vernachlässigt. Wenn man sie berücksichtigt, ändern sich die Dinge.

Gekoppelter Fall: $\hat{H} = \hat{H}_0 + \hat{H}_1$ Nun beschreiben wir eine Wechselwirkung von Bahndrehimpuls und Spin.

- **Nicht-kommutierende Operatoren** Wenn $\hat{H}_1$ nicht vernachlässigbar ist, kann man zeigen, dass $[\hat{H}, \hat{L}_z] \neq 0$ und $[\hat{H}, \hat{S}_z] \neq 0$ gilt. Damit kann man die entsprechenden Eigenschaften nicht über eine Eigenwertgleichung berechnen. Die Magnetquantenzahlen des Drehimpulses und Spins sind damit nicht geeignet, den Zustand zu beschreiben, man nennt sie daher **schlechte Quantenzahlen**. Wir kennen sie aus dem ungekoppelten Fall, sie haben aber im gekoppelten Fall keine Bedeutung mehr.
- **Kommutierende Operatoren: Gute Quantenzahlen** hingegen sind solche, deren Operatoren mit $\hat{H}$ kommutieren und damit den Zustand charakterisieren.

Es sind $\hat{L}^2$, $\hat{S}^2$, $\hat{J}^2$ und $\hat{J}_z$, die gemeinsame Eigenfunktionen mit $\hat{H}$ haben. Daher wird der Zustand durch (j, m_j, l, s) bestimmt. Bei $\hat{J}^2$ ist das klar, es ist jetzt der Gesamtdrehimpuls, der eine Erhaltungsgröße sein muss, wie in den vorigen Abschnitten erläutert.

- **Vektorbild** Dies kann man dem Vektormodell Abb. 19.6b entnehmen: Es gibt keine einheitliche Projektion von **L** und **S** auf die z-Achse mehr. Die Beträge von **L** und **S** sind zwar konstant, daher kann man den Zustand durchaus durch die Beträge von **L** und **S** charakterisieren. Diese bleiben **gute Quantenzahlen.** Aber je nachdem, wo **L** und **S** genau auf dem jeweiligen Kegel liegen, haben sie unterschiedliche z-Komponenten. Dies veranschaulicht, dass $\hat{L}_z$ und $\hat{S}_z$ nicht mit $\hat{H}$ kommutieren, dass es keine Eigenwerte für diese Operatoren im Eigenzustand von $\hat{H}$ gibt.

Im gekoppelten Fall ist der Zustand durch (j, m_j, l, s) bestimmt. Dies ist natürlich der ‚realistische' Fall, und diese Kopplung zeigt sich in den Spektren der Atome, wie wir gleich sehen werden.

Hieran sieht man den Wert des Vektormodells: Nicht als klassische Vorstellung von Drehimpulsen, sondern dass man an ihm die Quantenzahlen bei Kopplung ablesen kann. Die Vektoren, bzw. die Projektionen auf die z-Achse, die konstant sind, sind dann auch die Observablen, die als Quantenzahlen zur Charakterisierung des Zustands zur Verfügung stehen.

Quantenzahlen und Vektorbild
Der mögliche Zustand ist durch die **Eigenfunktionen** des Hamiltonoperators bestimmt. Für alle Operatoren, die mit dem Hamiltonoperator kommutieren, kann man **Eigenwerte** berechnen, die durch **Quantenzahlen** charakterisiert sind. Mit Hilfe dieser Quantenzahlen charakterisiert man den Zustand.

Aus dem **Vektorbild** kann man diese Größen ablesen. Alle Komponenten der Vektoren, deren Betrag (Länge) eingeschlossen, die in der Darstellung einen eindeutigen Wert haben, weisen auf diese Quantenzahlen hin.

19.3.5 *LS*-Kopplung: Werte von *j*

Im gekoppelten Fall, man nennt diesen LS-Kopplung, wird der Zustand durch die Quantenzahlen (j, m_j, l, s) beschrieben, d. h., wir müssen nun j und m_j bestimmen. Da j nur ganzzahlige Werte annehmen kann, können die Drehimpulse L und S offensichtlich nicht beliebig kombinieren, wie im klassischen Fall, es muss die Quantisierungsbedingung Gl. 19.17 erfüllt sein. Die Herleitung der genauen Kombinationen ist etwas aufwändig, daher wird sie hier nicht wiedergegeben. Man findet analog zur **Dreiecksregel** (Gl. 19.15) wieder einen kleinsten und einen größten möglichen Wert für j in Gl. 19.17,

$$j_{\text{min}} = |l - s|, \qquad j_{\text{max}} = |l + s|.$$

Allerdings sind zwischen diesen beiden Extremen nicht alle Drehimpulswerte möglich, denn diese müssen sich jeweils um ‚1' unterscheiden,

$$j = |l - s|, |l - s| + 1, \ldots\ldots |l + s|. \tag{19.19}$$

Dies sind also die Quantenzahlen j, die der Gesamtdrehimpuls in Gl. 19.17 haben kann, die Kombination der Drehimpulse kann im Vektorbild, wie in Abb. 19.7 gezeigt, veranschaulicht werden. Im Gegensatz zum klassischen Fall Abb. 19.4b sind jedoch nie exakt parallele oder anti-parallele Kombinationen möglich. Nach Gl. 19.17 sind auch die z-Komponenten von J festgelegt,

$$m_j = -j, \ldots, \ldots, j, \tag{19.20}$$

über die x- und y-Komponenten sind jedoch keine Aussagen möglich, diese sind **unbestimmt.**

Beispiel 19.1

Für den Fall $l = 1$ ist also $j = 1/2$ und $j = 3/2$ möglich, für $l = 2$ gibt es $j = 3/2$ und $j = 5/2$, Abb. 19.5b zeigt die möglichen Orientierungen für $j = 3/2$. ◄

Charakterisierung der Orbitale In der **ungekoppelten Darstellung** sind wir gewohnt, die Elektronenzustände durch den Satz von Quantenzahlen (n, l, m_l, m_s) anzugeben, z. B. sagen wir, ein Elektron sei in einem p-Orbital mit Magnetquantenzahl m_l und Spin α (m_s). Bei Berücksichtigung der LS-Kopplung geht das so nicht mehr, man muss sie stattdessen bezüglich ihrer j- und m_j-Werte charakterisieren, d. h. wie in Tab. 19.1 gezeigt. Wie man sieht, werden n und l weiterhin verwendet (da $\hat{L}^2$ mit $\hat{H}$ kommutiert), man spricht immer noch von 1 s-, 2p-… Orbitalen. Allerdings werden nun m_l und m_s durch j abgelöst.

Die Magnetquantenzahl m_j wird wichtig, sobald ein Magnetfeld auftritt. Dies hatten wir als Zeeman-Aufspaltung in Abb. 19.2 diskutiert. Beachten Sie, dass wir dort noch den ungekoppelten Fall betrachtet haben, d. h., wir haben die Aufspaltung der

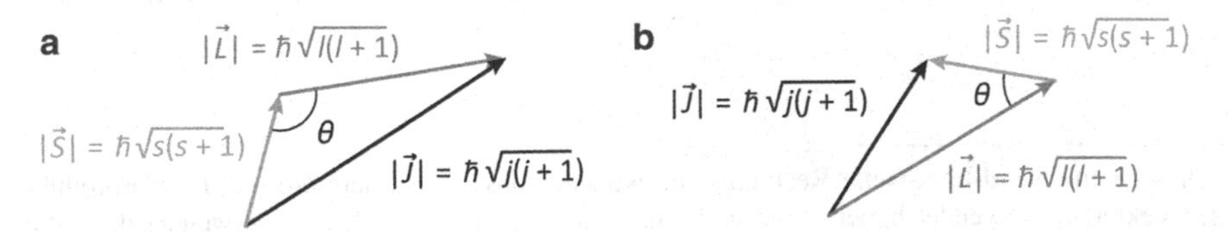

Abb. 19.7 Addition der Drehimpulsvektoren im halb-klassischen Vektorbild

Tab. 19.1 Charakterisierung der Zustände durch die Quantenzahlen n, l, j

n	Zustand
1	$1s_{1/2}$
2	$2s_{1/2}$, $2p_{1/2}$, $2p_{3/2}$
3	$3s_{1/2}$, $3p_{1/2}$, $3p_{3/2}$, $3d_{3/2}$, $3d_{5/2}$

Bahndrehimpulse und Spins gesondert betrachtet. Daher haben wir die Aufspaltung bezüglich der m_l und m_s diskutiert. Für jedes m_l sind jeweils zwei m_s-Einstellungen möglich. Wenn man die Spin-Bahn-Kopplung berücksichtigt, sind diese beiden nicht mehr unabhängig voneinander, sie müssen so koppeln, dass die J-Quantenzahlen resultieren, und man erhält eine energetische Aufspaltung bezüglich der m_j durch die Wechselwirkung der beiden magnetischen Momente, auch ohne externes Magnetfeld.

19.3.6 Wechselwirkungsenergie

Die Spin-Bahn-Wechselwirkung führt dazu, dass neben der Energie E_n noch ein zweiter Energieterm wichtig wird, nämlich E_{LS} nach Gl. 19.13. Diese Wechselwirkungsenergie E_{LS} ist sehr klein gegen die Orbitalenergien des Wasserstoffatoms, die Annahmen der Störungstheorie 1. Ordnung treffen in guter Näherung zu. D. h., die Orbitale selbst werden durch die Wechselwirkung nicht nennenswert verändert, man kann also mit den Orbitalen Φ_n^0 die Korrekturen zur Energie in 1. Ordnung berechnen. Man muss somit für den Zustand Φ_n^0 nur den Erwartungswert von $\hat{H}_1$ berechnen. Dies wollen wir hier nicht explizit durchführen.

Es gibt nämlich noch eine einfachere Art, dies näherungsweise zu bewerkstelligen. Man kann E_{LS} mit Hilfe der Abb. 19.7 und dem Kosinussatz aus Gl. 19.13 wie folgt berechnen:

$$E_{LS} = -\boldsymbol{\mu}_s \boldsymbol{\mu}_B = -\lambda \mathbf{LS} = -\lambda |\mathbf{L}||\mathbf{S}| \cos(l, s) = \frac{\lambda}{2}\left(|\mathbf{J}|^2 - |\mathbf{L}|^2 - |\mathbf{S}|^2\right)$$
$$= \frac{\lambda'}{2}\left(j(j+1) - l(l+1) - s(s+1)\right). \tag{19.21}$$

Im letzten Schritt wurden Gl. 19.17 und entsprechende Gleichungen für L und S verwendet, die dabei auftretenden Konstanten wurden in λ' integriert. Diese Konstante kann man aus den experimentell gewonnenen Spektren erhalten.[8] Man liest E_{LS} aus den Spektren ab, und kann damit λ' für die jeweiligen Quantenzahlen bestimmen.

[8] Dies ist eine **semi-klassische** Rechnung, da wir eine klassische Energieformel (Skalarprodukt der Vektoren) verwendet haben. Eine volle quantenmechanische Rechnung verwendet dann die Störungstheorie 1. Ordnung und berechnet den Erwartungswert von $\hat{L}\hat{S}$ mit der ungestörten Wellenfunktion.

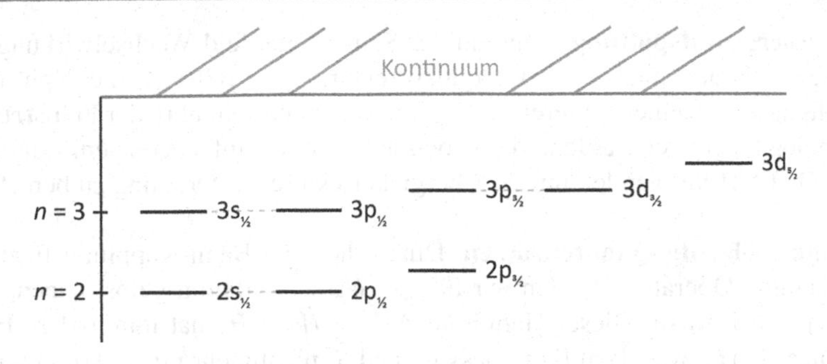

Abb. 19.8 Feinstruktur des Wasserstoffatoms bei Berücksichtigung der Spin-Bahn-Kopplung und relativistischer Korrekturen

Durch die LS-Kopplung sind die Energien für gleiches n leicht gegeneinander verschoben. Die LS-Kopplung führt dazu, dass Orbitale mit größerem j eine höhere Energie haben. Dadurch sind die Energiedifferenzen nicht nur von n abhängig, sondern auch noch von j. Für das p-Orbital ($l = 1$ und $s = \frac{1}{2}$) ist die Energieverschiebung nach Gl. 19.21 in dem $j = 3/2$-Zustand durch $\frac{\lambda'}{2}$ gegeben, in dem $j = 1/2$-Zustand durch $-\lambda'$. Die kleine Änderung in den optischen Spektren wird **Feinstruktur** genannt. Bei Berücksichtigung der Spin-Bahn-Kopplung ist die Energie von j und l abhängig, die Energieaufspaltung ist beim Wasserstoffatom sehr klein, im Bereich von 10^{-5} eV, benötigt also sehr genaue spektroskopische Methoden zur Detektion. In diesem Bereich liegen aber auch relativistische Korrekturen, und wenn man diese einbezieht sieht man, dass die Spektren nur noch von n und j abhängen, was in Abb. 19.8 dargestellt ist. Bitte beachten Sie: Bei Verwendung von Gl. 19.21 hängt die Energie von n, j und l ab, bei Berücksichtigung von relativistischen Korrekturen nur noch von n und j.

19.4 Zusammenfassung und Fragen

Zusammenfassung Störungsrechnung Eine Störung ist eine physikalische Einwirkung auf ein System. Beispiele sind die Wechselwirkung von Drehimpulsen mit magnetischen Momenten oder Magnetfeldern. Damit muss man den Hamilton-Operator um diese Wechselwirkung erweitern, z. B. durch

$$\hat{H}_1 = -\hat{\mu} B.$$

Die Lösung der Schrödinger-Gleichung mit diesem neuen Hamiltonian, $\hat{H} = \hat{H}_0 + \hat{H}_1$, ist meist aufwändig oder nicht durchführbar, daher betrachtet man den Fall einer kleinen Störung. In der **Störungstheorie** 1. Ordnung nimmt man an, dass die Störung die Orbitale selbst nicht wesentlich verändern, es tritt nur ein zusätzlicher Energieterm auf, der wie folgt berechnet werden kann:

$$E_n^1 = \int \Psi_n^{0*} \hat{H}_1 \Psi_n^0 \mathrm{d}^3 r.$$

Für die **Energieaufspaltung** aufgrund der Spin-Magnetfeld-Wechselwirkung, beispielsweise, findet man eine Energiekorrektur $E_n^1 = \beta B_z m_s$, die Spin-Bahn-Aufspaltung, die zu einer weiteren Aufspaltung der Spektren führt, der **Feinstruktur,** kann analog berechnet werden. Wir haben jedoch eine einfachere, semi-klassische Formel Gl. 19.21 verwendet, um die Energiekorrekturen 1. Ordnung zu berechnen.

Gute und schlechte Quantenzahlen Durch die Spin-Bahn-Kopplung fügen wir dem Hamilton-Operator $\hat{H}_0$, den wir für das Wasserstoffatom gelöst haben, einen Term $\hat{H}_1 \sim \hat{L}\hat{S}$ hinzu. Dieser Hamiltonian $\hat{H} = \hat{H}_0 + \hat{H}_1$ hat nun andere Eigenfunktionen als $\hat{H}_0$, was dazu führt, dass $\hat{L}_z$ und $\hat{S}_z$ nicht mehr mit $\hat{H}$ kommutieren.

m_l und m_s sind dann keine guten Quantenzahlen mehr, das zeigt schon eine einfache semi-klassische Darstellung (Abb. 19.6b). Man muss also zum Gesamtdrehimpuls $J = L + S$ übergehen, der den üblichen quantenmechanischen Regeln für Drehimpulse gehorcht. l und s sind immer noch gute Quantenzahlen, d. h., man kann sagen, dass die Elektronen in s-, p-... Orbitalen sind und einen Spin $\frac{1}{2}$ haben. Nur die entsprechenden Magnetquantenzahlen liegen nicht mehr vor, da der Zustand kein Eigenzustand von $\hat{L}_z$ und $\hat{S}_z$ ist. Stattdessen verwendet man j und m_j, da der Zustand Eigenzustand von J und J_z ist.

Fragen

- **Erinnern:** (Erläutern/Nennen)
  - Erläutern Sie das Vorgehen bei der Störungsrechnung, und geben Sie E_1, E_2 und Ψ_1 an.
  - Wie lautet die Energiekorrektur 1. Ordnung für den Zeeman-Effekt?
  - Was ist die Spin-Bahn-Kopplung, was ist die Quantenzahl J?
- **Verstehen:** (Erklären)
  - Erklären Sie die Näherungen, die der Störungstheorie 1. Ordnung unterliegen.
  - Warum kommt es zu einer Aufspaltung der Atomspektren im Magnetfeld?
  - Erklären Sie die Addition der Drehimpulse im ungekoppelten und gekoppelten Fall.
  - Warum führt die LS-Kopplung zu einer Feinstruktur im Absorptionsspektrum? Skizzieren Sie dieses.
- **Anwenden:** (Berechnen)
  - Berechnen Sie die Energie des Wasserstoffatoms in einem Magnetfeld.

19.5 Anhang: Störungstheorie

Die Idee der Störungstheorie ist ähnlich der einer Taylor-Entwicklung einer Funktion. Nun ist aber $\hat{V}$ ein Operator, den man nicht so einfach Taylor-entwickeln kann. Die Idee ist daher, die Stärke der Kopplung als Skalar (Parameter) zu schreiben:

$$\hat{V} \rightarrow \lambda \hat{V}.$$

Nun kann eine Entwicklung nach dem Parameter λ durchgeführt werden. Der gesamte Hamilton-Operator ist damit abhängig von der Kopplung λ,

$$\hat{H}(\lambda) = \hat{H}_0 + \lambda \hat{V} \tag{19.22}$$

und damit auch die Wellenfunktion und Energie:

$$\hat{H}(\lambda)\Psi(\lambda) = E(\lambda)\Psi(\lambda). \tag{19.23}$$

Für $\lambda = 0$ ist dies das gelöste, ungestörte Problem, während es für $\lambda = 1$ das zu lösende Problem ist. Die Einführung von λ ist nichts weiter als ein technischer Trick, der es erlaubt, die Energieeigenwerte E_n und Eigenfunktion Ψ_n des Hamilton-Operators H_0 nach λ zu entwickeln, da diese ja Funktionen und keine Operatoren sind,

$$E_n(\lambda) = E_n^{(0)} + \sum_k \lambda^k E_n^{(k)} \tag{19.24}$$

$$\Psi_n(\lambda) = \Psi_n^{(0)} + \sum_k \lambda^k \Psi_n^{(k)}.$$

Die zentrale Annahme ist hier, dass die Eigenwerte und Funktionen E_n, Ψ_n sich in stetiger Weise mit wachsendem λ verändern, also kontinuierliche Funktionen von λ sind. Die Enwicklungen Gl. 19.24 in Gl. 19.23 eingesetzt:

$$\begin{aligned}&\left(\hat{H}_0 + \lambda\hat{V}\right)\left(\Psi_n^{(0)} + \lambda^1\Psi_n^{(1)} + \lambda^2\Psi_n^{(2)} + \ldots\right) = \\ &\left(E_n^{(0)} + \lambda^1 E_n^{(1)}\lambda^2 E_n^{(2)} + \ldots\right)\left(\Psi_n^{(0)} + \lambda^1\Psi_n^{(1)} + \lambda^2\Psi_n^{(2)} + \ldots\right).\end{aligned} \tag{19.25}$$

Diese Gleichung muss für alle Werte von λ gelten. Dies ist nur zu gewährleisten, wenn die Gleichungen für die jeweiligen Potenzen von λ gesondert erfüllt werden.

$$\begin{aligned}\hat{H}_0\Psi_n^{(0)} &= E_n^{(0)}\Psi_n^{(0)} \\ \hat{H}_0\Psi_n^{(1)} + \hat{V}\Psi_n^{(0)} &= E_n^{(0)}\Psi_n^{(1)} + E_n^{(1)}\Psi_n^{(0)} \\ \hat{H}_0\Psi_n^{(2)} + \hat{V}\Psi_n^{(1)} &= E_n^{(0)}\Psi_n^{(2)} + E_n^{(1)}\Psi_n^{(1)} + E_n^{(2)}\Psi_n^{(0)} \\ &\ldots\end{aligned} \tag{19.26}$$

Die ganze Kunst besteht nun in der sukzessiven Lösung dieser Gleichungen bis zur gewünschten Ordnung (Genauigkeit). Doch zunächst wollen wir die Wellenfunktion $\Psi_n(\lambda)$ folgendermaßen normieren:

$$\langle\Psi_n^{(0)}|\Psi_n(\lambda)\rangle = 1.$$

Da $\Psi_n^{(0)}$ normiert ist, folgt daraus sofort (für $k > 0$):

$$\langle \Psi_n^{(0)} | \Psi_n^{(k)} \rangle = 0,$$

d. h., die Beiträge höherer Ordnung zu einem Eigenzustand sind orthogonal zur Komponente 0. Ordnung. Die Energie 1. Ordnung erhält man damit sofort durch Multiplikation der Eigenwertgleichung 1. Ordnung (Gl. 19.26) mit $\langle \Psi_n^{(0)} |$:

$$E_n^{(1)} = \langle \Psi_n^{(0)} | \hat{V} | \Psi_n^{(0)} \rangle. \tag{19.27}$$

Die Wellenfunktion in 0. Ordnung ist bekannt, für die 1. Ordnung entwickeln wir die Wellenfunktionen 1. Ordnung $\Psi_n^{(1)}$ nach dem vollständigen Orthonormalsystem der Zustände 0. Ordnung $\Psi_m^{(0)}$:

$$\Psi_n^{(1)} = \sum_{m \neq n} c_{mn} \Psi_m^{(0)}. \tag{19.28}$$

Setzen wir dies in die Eigenwertgleichung 1. Ordnung (Gl. 19.26) ein und multiplizieren mit $\langle \Psi_j^{(0)} |$, so erhalten wir:

$$\Psi_n^{(1)} = \sum_{m \neq n} \frac{\langle \Psi_m^{(0)} | \hat{V} | \Psi_n^{(0)} \rangle}{E_n^{(0)} - E_m^{(0)}} \Psi_m^{(0)}. \tag{19.29}$$

Die Energie in 2. Ordnung erhält man durch Multiplikation der Eigenwertgleichung 2. Ordnung (Gl. 19.26) mit $\langle \Psi_n^{(0)} |$ und Verwendung von Gl. 19.29:

$$E_n^{(2)} = \langle \Psi_n^{(0)} | \hat{V} | \Psi_n^{(1)} \rangle = \sum_{m \neq n} \frac{|\langle \Psi_m^{(0)} | \hat{V} | \Psi_n^{(0)} \rangle|^2}{E_n^{(0)} - E_m^{(0)}}. \tag{19.30}$$

- In 1. Ordnung wird die ungestörte Wellenfunktion 0. Ordnung verwendet, um den Erwartungswert des Störoperators zu berechnen. Die Wellenfunktion 0. Ordnung wird demnach mit der Energie in 1. Ordnung assoziiert.
- Entsprechend ergeben Korrekturen 1. Ordnung in der Wellenfunktion die Korrekturen 2. Ordnung in der Energie.
- Es wurde $E_n^{(0)} \neq E_m^{(0)}$ vorausgesetzt, also der Fall ohne Entartung. Man nennt dies **nicht-entartete Störungstheorie**. Entsprechend gibt es eine Störungstheorie für den entarteten Fall.

20 Formalismus III

Erwartungswerte Ist ein Zustand Ψ durch eine Superposition dargestellt wie in Gl. 12.5, ist das Ergebnis einer Messung kein Eigenwert O_n des entsprechenden Operators. Man erhält eine Verteilung wie in Abb. 12.2b dargestellt, die wie eine klassische statistische Verteilung von Messwerten aussieht.

Zustand Das Betragsquadrat des Zustands $|\Psi|^2$ in Gl. 12.10 enthält nicht nur die p_n, sondern auch die Interferenzterme $a_n^* a_m$. Die Konsequenzen haben wir in Kap. 13 an einigen Beispielen diskutiert. Nun wollen wir diese in Bezug auf die Vorgänge bei einer Messung untersuchen:

- Warum sieht man den Erwartungswerten die Superpositionen, nicht an? Wo bleiben diese bei einer Messung?
- Wie genau geht der Zustand bei einer Messung von einer Superposition in einen Eigenzustand über?

Messung Offensichtlich müssen die Interferenzterme bei einer Messung verschwinden, und das **Kollaps-Postulat** trägt dem Rechnung: Es ist ein weiteres Postulat, d. h., es gibt hier keine Erklärung für den Kollaps, sondern wir führen ihn als Element der Beschreibung ein.

Zeitabhängigkeit Bisher haben wir stationäre Probleme behandelt, d. h., die Schrödinger-Gleichung für explizit zeitunabhängige Potenziale gelöst. Wenn diese zeitabhängig sind,[1] erhält man eine Zeitabhängigkeit der Observablen. Aber auch

[1] Wir diskutieren das Beispiel der Ankopplung an ein elektromagnetisches Feld in Kap. 33.

© Springer-Verlag GmbH Deutschland, ein Teil von Springer Nature 2021

M. Elstner, *Physikalische Chemie II: Quantenmechanik und Spektroskopie*,
https://doi.org/10.1007/978-3-662-61462-4_20

für zeitunabhängige Potenziale findet man eine Zeitabhängigkeit der Wellenfunktion. Observable, die mit dem Hamilton-Operator kommutieren, haben dennoch zeitunabhängige Erwartungswerte. Die Erwartungswerte von Operatoren jedoch, die nicht mit dem Hamilton-Operator vertauschen, sind zeitabhängig. Formal wird damit eine Dynamik der Erwartungswerte induziert, die durch die **Ehrenfestgleichung** beschrieben wird.

20.1 Messung

Die Stern-Gerlach-Apparatur (Kap. 18) ist ein Modellsystem für **Messungen,** an dem wir die Eigenart quantenmechanischer Messungen diskutieren wollen. Dazu betrachten wir zunächst die mathematische Darstellung der Spinfunktionen aus Abschn. 18.2.3.

20.1.1 Quantenmechanische Beschreibung des Spins

Quantenmechanische Zustände werden durch die Wellenfunktionen repräsentiert, diese haben zwei Anteile (Abschn. 18.2.3), den **Orts-Anteil** $\Phi(x, y, z)$, und den **Spin-Anteil,** der durch σ beschrieben wird.[2] Orts- und Spinanteile werden über ein Produkt kombiniert, wir schreiben $\Psi = \Phi\sigma$.

Spin-Funktionen Der Drehimpuls ist durch zwei Quantenzahlen charakterisiert, beim Spin sind dies $s = \frac{1}{2}$ und $m_s = \pm\frac{1}{2}$. m_s beschreibt die Projektion auf eine Raumrichtung, üblicherweise verwenden wir hier die z-Richtung. Wenn wir also die Spinfunktion durch α^z und β^z darstellen, sind dadurch die beiden Quantenzahlen bestimmt. Wir sprechen dann über Elektronen, die einen Spin $\frac{1}{2}$ **haben,** mit einer z-Ausrichtung von $\pm\frac{1}{2}$.

α^z und β^z sind die simultanen Eigenfunktionen von $\hat{S}^2$ und $\hat{S}_z$. Man kann aber genauso die simultanen Eigenfunktionen von $\hat{S}^2$ und $\hat{S}_x$ bzw. von $\hat{S}^2$ und $\hat{S}_y$ bestimmen. In Kap. 12 haben wir gesehen, dass die Eigenfunktionen eines Operators ein VONS darstellen, man kann also andere Funktionen nach diesen Eigenfunktionen

[2]Den Bahndrehimpuls haben wir noch als Operator definiert, dessen Eigenfunktionen als Funktionen der Koordinaten $\Phi(x, y, z)$ dargestellt sind (Abschn. 10.2), denn es handelt sich um eine Drehbewegung im Raum, die durch die Koordinaten (x, y, z) beschrieben werden kann. Die Spinfunktion σ ist aber nicht von den kartesischen Koordinaten abhängig (Abschn. 18.2.3). Hier haben wir nur eine abstrakte Darstellung finden können.

entwickeln. Analog kann man dann auch die Eigenfunktionen von $\hat{S}_x$ und $\hat{S}_y$, wir nennen sie α^x/β^x und α^y/β^y, durch die α^z und β^z darstellen, man erhält [1, S. 238]:[3]

$$\alpha^x = \frac{1}{\sqrt{2}}\left(\alpha^z + \beta^z\right) \qquad \beta^x = \frac{1}{\sqrt{2}}\left(\alpha^z - \beta^z\right)$$
$$\alpha^y = \frac{1}{\sqrt{2}}\left(\alpha^z + i\beta^z\right) \qquad \beta^y = \frac{1}{\sqrt{2}}\left(\alpha^z - i\beta^z\right) \tag{20.1}$$

In Abschn. 18.4 haben wir $\alpha^z = (1, 0)$ und $\beta^z = (0, 1)$ als Vektoren dargestellt, mit Gl. 20.1 erhält man direkt die Vektordarstellung der anderen Eigenzustände durch Einsetzen.

Eine Superposition von Eigenzuständen eines Operators ist kein Eigenzustand des Operators.

Dies sehen wir an Gl. 20.1 direkt, man kann das auch explizit ausrechnen (s. Abschn. 18.2.3):

$$\hat{S}_z\alpha^x = \frac{1}{\sqrt{2}}\hat{S}_z\left(\alpha^z + \beta^z\right) = \frac{1}{\sqrt{2}}\left(\frac{1}{2}\hbar\alpha^z - \frac{1}{2}\hbar\beta^z\right)$$

Der Vektor α^x hat sich durch die Anwendung von $\hat{S}_z$ geändert, da sich die Koeffizienten vor den Basisvektoren α^z und β^z geändert haben. Dies kann man als eine Drehstreckung des Vektors beschreiben, vergegenwärtigen sie sich das an den Vektoren im Vektorraum, wie in Abb. 12.1 dargestellt.

Spinpolarisation Wir sehen also zweierlei:

- Wenn wir einen Spinzustand angeben, d. h., eine Spinwellenfunktion hinschreiben wollen, dann ist damit immer schon impliziert, dass eine **Spinausrichtung in eine Raumrichtung** vorliegt. Man spricht hier von einer **Spinpolarisation** was bedeutet, dass die Teilchen, die durch diese Wellenfunktion beschrieben werden, eine bestimmte Spinausrichtung besitzen.[4] Die Ausrichtung ist durch die beiden Koeffizienten der Superposition bestimmt, so wie wir das aus der Darstellung von Vektoren (Abb. 12.1) kennen.

[3]Ein Beispiel für eine solche Superposition haben wir schon für die Bahndrehimpulse des Wasserstoffatoms in Abschn. 11.5 gesehen, die reellen Orbitale haben wir durch eine zu Gl. 20.1 analoge Kombination erhalten.

[4]Man kann auch statistische Gemische von Teilchen mit verschiedenen Spinausrichtungen beschreiben, dazu benötigt man den sogenannten Dichteoperatorformalismus, den wir hier nicht einführen wollen.

- Eine Superposition von zwei Spinfunktionen beschreibt einen Zustand, der eine andere Spinausrichtung hat, als die beiden superponierten Zustände.

Allgemeiner Spinzustand Einen Zustand Ψ mit bestimmter Spinpolarisation kann man nach Gl. 20.1 schreiben als:

$$\Psi = a^z_\alpha \Phi^z_\alpha + a^z_\beta \Phi^z_\beta. \tag{20.2}$$

Φ^z_α und Φ^z_β sollen aus Orts- und Spinanteil bestehen, der Spinanteil soll aus den Eigenfunktionen von $\hat{S}_z$ (α, β) bestehen. Abhängig von den Werten von a^z_α und a^z_β ist also jede räumliche Ausrichtung des Spins beschreibbar.

20.1.2 Spin-Messung

Die Beschreibung des Stern-Gerlach-Versuchs in Abschn. 18.2 war **halb-klassisch.** Eine klassische Beschreibung nimmt an, dass die Elektronenspins beliebige Ausrichtungen haben können. In diesem Fall gäbe es ein diffuses Bild auf dem Schirm, wie in Abb. 18.4 als ‚klassische Erwartung' gezeigt. In der **halb-klassischen** Beschreibung, wie nun genauer ausgeführt, gehen wir von der Richtungsquantisierung aus. Wir haben angenommen, dass der Spin nur zwei unterschiedliche magnetische Momente $\mu_z = \beta m_l$ mit $m_l = \pm\frac{1}{2}$ haben kann, entsprechend gibt es unterschiedliche Kräfte, die zu einer Ablenkung in zwei Strahlen entgegengesetzter z-Richtung führt.

Präparation Bei der bisherigen Beschreibung der Präparation in Abschn. 5.2.1 ist der Spinzustand offensichtlich nicht berücksichtigt, in Abb. 5.2 wurde kein Spinzustand präpariert. Um ein Quantensystem durch eine Spin-Wellenfunktion Gl. 20.2 darstellen zu können muss man also annehmen, dass sein Spin eine bestimmte Orientierung im Raum hat. Daher wollen wir nun einen Präparationsschritt voranstellen, der die Spin-Wellenfunktion eindeutig festlegt. Dies wird durch das Durchlaufen des ersten Magnetfeldes in Abb. 20.1 erreicht. Der Wert der Koeffizienten $a^z_{\alpha/\beta}$ hängt offensichtlich von dem Winkel γ ab, bei $\gamma = 90°$ wird ein Strahl mit Polarisation in x-Richtung erzeugt, man kann dann die Spinkomponente der Wellenfunktion durch α^x aus Gl. 20.1 darstellen. Bei $\gamma = 0°$ ist der Atomstahl in z-Richtung polarisiert. Für das Folgende wollen wir einen Atomstrahl betrachten, der eine beliebige Spinpolarisation besitzt.

Halb-klassische Beschreibung: Energie und Kräfte Wenn dieser Strahl nun das zweite Magnetfeld in Abb. 20.1 erreicht, führen die unterschiedlichen Kräfte in dem inhomogenen Magnetfeld zu einer Aufspaltung. Die Kraft erhalten wir aus dem Gradienten der Energie, daher müssen wir zunächst die Energie berechnen. Das Magnetfeld sei in z-Richtung orientiert. Betrachten wir zwei Fälle:

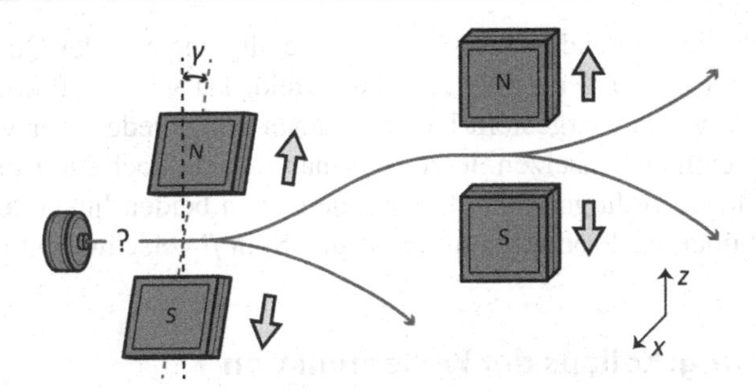

Abb. 20.1 Schematische Darstellung des Stern-Gerlach-Versuchs (siehe Abb. 18.4), zwei Male hintereinander ausgeführt. Der einfallende Strahl bewege sich in y-Richtung und sei wie in Beispiel 5.8 (Abb. 5.2) präpariert. D. h., Geschwindigkeit und Ausbreitungsrichtung sind festgelegt, es kann aber keine Aussage über den Spin gemacht werden (symbolisiert durch ‚?' in der Abbildung). Das zweite Magnetfeld sei in z-Richtung ausgerichtet, das erste um den Winkel γ dagegen verkippt

- **Spinpolarisierte Atomstrahlen:** Wenn der Atomstrahl so präpariert ist, dass $\Psi = \Phi_\alpha^z$ gilt ($\gamma = 0°$), erhalten wir die Energie $\langle E^1 \rangle = \frac{1}{2} g_s \beta B_z$. Damit ist in einer **klassischen Darstellung** (Kap. 18) eine Kraft $F = -\frac{1}{2} g_s \beta \frac{\mathrm{d}B_z}{\mathrm{d}z}$ auf die Atome verbunden, die zu einer Ablenkung in eine Richtung führt.[5] Analog führt eine Präparation $\Psi = \Phi_\beta^z$ zu einem Atomstrahl, der in die andere Richtung abgelenkt wird. Hier ist die Situation recht klar, da wir für jeden spinpolarisierten Strahl eine bestimmte Wechselwirkungsenergie berechnen können.
- **Superposition** Betrachten wir aber den allgemeinen Spinzustand aus Gl. 20.2 so ist diese Superposition keine Eigenfunktion von $\hat{S}_z$ (Kap. 19), daher berechnen wir einen Erwartungswert der Energie. Entsprechend Gl. 12.6 findet man (Beweis 20.1):

$$\langle E^1 \rangle = |a_\alpha^z|^2 \frac{1}{2} g_s \beta B_z - |a_\beta^z|^2 \frac{1}{2} g_s \beta B_z. \tag{20.3}$$

Wenn wir nun eine Kraft berechnen, so erhalten wir zwei Beiträge für die unterschiedlichen Spinkomponenten. Diesen Fall wollen wir nun im Folgenden genauer betrachten.

Beweis 20.1 Wir berechnen den Erwartungswert für die Wechselwirkungsenergie $E^1 = \int \Psi^* \hat{H}_1 \Psi \mathrm{d}^3 r$ mit dem Störoperator Gl. 19.11 (Kap. 19). Ψ stellen wir als Superposition der Eigenfunktionen (Gl. 20.2) dar:

$$\begin{aligned}
E^1 &= \int \left(a_\alpha^z \Phi_\alpha^z + a_\beta^z \Phi_\beta^z \right)^* \hat{H}_1 \left(a_\alpha^z \Phi_\alpha^z + a_\beta^z \Phi_\beta^z \right) \mathrm{d}^3 r \\
&= |a_\alpha^z|^2 \int \Phi_\alpha^{z*} \hat{H}_1 \Phi_\alpha^z \mathrm{d}^3 r + |a_\beta^z|^2 \int \Phi_\beta^{z*} \hat{H}_1 \Phi_\beta^z \mathrm{d}^3 r \\
&\quad + a_\alpha^{z*} a_\beta^z \int \Phi_\alpha^{z*} \hat{H}_1 \Phi_\beta^z \mathrm{d}^3 r + a_\beta^{z*} a_\alpha^z \int \Phi_\beta^{z*} \hat{H}_1 \Phi_\alpha^z \mathrm{d}^3 r.
\end{aligned}$$

[5] Diese Richtung hängt offensichtlich von der Inhomogenität $\frac{\mathrm{d}B_z}{\mathrm{d}z}$ ab.

Dies ist einfach die Anwendung der Gl. 12.6, die allgemein in der Quantenmechanik gilt, auf die Energie der Spins im Magnetfeld. Da wir das Problem nun mit Eigenfunktionen von S_z dargestellt haben, können wir in jedem der vier Integrale die Eigenwertgleichung einsetzen. Jetzt muss man sich nur noch daran erinnern, dass die Eigenfunktionen orthogonal sind, d. h., die letzten beiden Integrale fallen weg, da das Integral über das Produkt von Spin α und Spin β verschwindet (Kap. 18).

20.1.3 Messung: Kollaps der Wellenfunktion

Für den allgemeinen Spinzustand Gl. 20.2 finden wir am Schirm hinter dem zweiten Magnetfeld zwei Schwärzungen, wir betrachten zur Vereinfachung nur die z-Ablenkung des Strahls.[6] Vergleichen wir das mit der Diskussion in Abschn. 12.1.2: Das Resultat der Spin-Messung entspräche dann einem Bild wie Abb. 12.2, in dem nur zwei Werte für A_n angezeigt werden. Die Messung stellt also die beiden Spin-Eigenwerte $s_1 = \frac{1}{2}\hbar$ und $s_2 = -\frac{1}{2}\hbar$ fest (Abschn. 18.2.3). Nach der Born'schen Wahrscheinlichkeitsinterpretation erhalten wir diese Messwerte mit den Wahrscheinlichkeiten $p_\alpha^z = |a_\alpha^z|^2$ und $p_\beta^z = |a_\beta^z|^2$. In Abschn. 12.1.2 haben wir diskutiert, dass man die Erwartungswerte nur in Bezug auf Messungen interpretieren kann, aber nicht in Bezug auf Eigenschaften der Teilchen unabhängig von einer Messung. Genau dieses Problem kommt hier auf uns zu: Wenn wir über Kräfte auf Atome reden wollen, diese sogar ausrechnen möchten, dann muss man sagen können: Wenn ein Atom die Energie E_α^1 **oder** E_β^1 hat, dann wird es entsprechend abgelenkt. Welche Energie hat das Atom nun?

Ensemble von Teilchen Untersuchen wir nun, was wir ‚über die Teilchen selbst', d. h., über deren Zustände aussagen können. Nach Abschn. 12.1.2 betrachten wir dazu das Quadrat der Wellenfunktion Gl. 12.10. Für einen Teilchenstrahl mit N Teilchen beschreibt $N|\Psi(x)|^2$ die räumliche Verteilung der N Teilchen. Als Ergebnis des Stern-Gerlach Versuchs werden wir Np_α^z Teilchen an dem einen Ort am Schirm messen, Np_β^z an dem anderen. Wir könnten an den Orten Teilchenzähler aufstellen, und damit diese Anzahlen verifizieren.

Bekommen wir damit ein mikroskopisches Bild des Geschehens? In solch einem Bild würde der Strahl nach der Präparation durch den ersten Magneten in Abb. 20.1 im zweiten Magneten geteilt. Np_α^z Teilchen, die den Spin α^z **haben,** werden nach oben abgelenkt, Np_β^z mit Spin β^z nach unten. Dies wäre ansatzweise ein realistisches Bild der mikroskopischen Vorgänge. Betrachten wir also, analog zum Vorgehen in Abschn. 12.1.2, das Quadrat von Gl. 20.2,

$$|\Psi|^2 = |a_\alpha^z|^2|\Phi_z^\alpha|^2 + |a_\beta^z|^2|\Phi_z^\beta|^2 + a_\alpha^{z*}a_\beta^z\Phi_z^{\alpha*}\Phi_z^\beta + a_\beta^{z*}a_\alpha^z\Phi_z^{\beta*}\Phi_z^\alpha. \quad (20.4)$$

[6] Das experimentelle Ergebnis in Abb. 18.4 zeigt noch eine Verteilung in x-Richtung, die durch den experimentellen Aufbau bedingt ist. Wir wollen hier nur auf die Aufspaltung in z-Richtung fokussieren.

Zu sagen, Np_{α}^{z} Teilchen seien in die eine Richtung, und Np_{β}^{z} Teilchen in die andere abgelenkt worden geht nur, wenn die Interferenzterme verschwinden. Solange diese vorhanden sind, kann man keine definitive Aussage darüber machen, in welchen Zuständen sich die Teilchen befinden, und damit, welche Wege sie einschlagen: Die entsprechenden Interferenzterme vermischen die Zustände, wie in Abschn. 12.1.2 diskutiert. Offensichtlich sind diese bei der Registrierung am Schirm verschwunden, denn da können wir über konkrete Anzahlen Np_{i}^{z} sprechen. Wir sehen wieder: Wahrscheinlichkeiten treten nur in Bezug auf Messungen auf, in diesem Fall, bei Registrierung am Schirm. Sie beziehen sich nicht auf die Teilchen ‚selbst', d. h., auf die Bahnen der Teilchen vor der Registrierung. Wann genau verschwinden die Interferenzterme, passiert dies im Magnetfeld, oder erst am Schirm? Wir erhalten hierzu auf Ensembleebene keine Auskunft, schauen wir also noch genauer hin.

Rekonstruktion der Ablenkung Offensichtlich misst dieser Versuch gar nicht den Spin direkt, sondern eine Ablenkung, die wir durch eine Spineinstellung erklären. Wir gehen von einer Korrelation von Spin und Ablenkung aus, wie für den klassischen Fall in Abschn. 18.2 eingeführt. Im Anschluss an Gl. 20.3 haben wir nur die Fälle α^{z} und β^{z} diskutiert, wo eindeutige Kräfte resultieren, was gilt aber für den allgemeinen Fall?

Einzelne Teilchen Wir machen nun den Teilchenstrahl so dünn, analog zur Diskussion des Doppelspaltexperiments, dass immer nur ein Teilchen die Apparatur durchläuft. Welche Kraft wirkt auf dieses Teilchen? Das scheint einfach zu sein, wir müssen nur die Ableitung der Energie berechnen, aber, hoppla: Die Superposition dieser beiden Teilstrahlen Gl. 20.2 führt zu einem Erwartungswert Gl. 20.3, der eine ‚Mischung' der Energie der beiden Teilstrahlen beschreibt, diese Energie kann sogar für $|a_{\alpha}^{z}|^2 = |a_{\beta}^{z}|^2$ verschwinden. Würde man Gl. 20.3 nach ‚z' ableiten, ergäbe sich eine Kraft, die sich aus einem Mittelwert der beiden Teilstrahlen ergibt, man bekäme also keine Aufspaltung, sondern eine Ablenkung des Strahls gemäß dieser mittleren Kraft. Direkt aus dem Formalismus können wir also gar keine Ablenkung der beiden einzelnen Strahlen erhalten, sondern nur einen Mittelwert. Das steht offensichtlich im Widerspruch zum Messergebnis. Hier sehen wir das Problem, dass Erwartungswerte gar nicht auf einzelne Teilchen bezogen werden können, wie schon beim Kastenpotenzial bemerkt (Abschn. 12.3.2). Da fehlt also etwas. Nach Abschn. 5.1.7 können wir folgendes sagen:

- Wenn ein System in einem Eigenzustand Φ_n eines Operators $\hat{O}$ **ist,** dann liegt für diese Eigenschaft der Eigenwert O_n vor. Wir sagen, das System **hat** diese Eigenschaft.
- Dies ist die Grundlage der Rede von der Präparation (Abschn. 5.2.1): Wir fassen die Präparation so auf, dass dadurch ein Zustand generiert wird, in dem ein bestimmter Satz von Eigenschaften vorliegt.
- Wir machen daraus eine **logische Folge,** wir sagen: Wenn ein System in einem Eigenzustand ist, dann hat es die entsprechende Eigenschaft, d. h., $\Phi_n \rightarrow O_n$.

- Logisch kann man aus der Implikation $A \to B$ den **Umkehrschluss** $-B \to -A$ (Kontraposition) ableiten,[7] **aber nicht** die Implikation $B \to A$.
- Nun wissen wir aber nichts über den Zustand, wir kennen durch die Messung nur die Eigenschaft O_n. D. h., logisch können wir nun **nicht schließen,** dass das System im Zustand Φ_n **ist oder war.**[8]
- Daher hat die Aussage ‚Bei der Messung von O_n geht das System in dem Zustand Φ_n über' den Status eines **Postulats.** Dieses findet man in vielen Darstellungen der Quantenmechanik und ist als Eigenwert-Eigenvektor-Link bekannt.[9]

Wenden wir das auf den Stern-Gerlach-Versuch an: Wird ein Teilchen an einem Ort am Schirm gemessen, so ist es dem Postulat entsprechend in einen Spineigenzustand, z. B. in Φ^z_α, übergegangen.

- Nach dem Durchlaufen des Magnetfeldes wird es entweder am Schirm **‚oben'** oder **‚unten'** gefunden.
- Das entspricht aber genau den Ergebnissen die man erhält, wenn man die gerade diskutierten spinpolarisierten Atomstrahlen $\Psi = \Phi^z_\alpha$ oder $\Psi = \Phi^z_\beta$ betrachtet. D. h., die Wellenfunktion muss im Moment der Messung durch Φ^z_α, oder Φ^z_β beschrieben werden.
- Nun war es aber vorher in der Superposition Ψ (Gl. 20.2), d. h., als Resultat der Messung muss es in einen der beiden Eigenzustände übergegangen sein.

Daher muss wohl beim Durchlaufen der Messapparatur eine *‚Entscheidung'* für eine der Eigenfunktionen passiert sein, der Zustand muss von der Superposition in einen Eigenzustand übergegangen sein, es muss ein **Kollaps der Wellenfunktion**

$$\Psi = a^z_\alpha \Phi^z_\alpha + a^z_\beta \Phi^z_\beta \to \Phi^z_\alpha \tag{20.5}$$

stattgefunden haben. Dies ist als **Reduktion der Wellenfunktion** durch eine Messung bekannt.

[7] $-A$: ‚nicht-A'.

[8] In Kap. 21 werden wir diese Schwierigkeiten diskutieren:
- Die Messung von O_n bedeutet nicht, dass das System **vor** der Messung im Zustand Φ_n **war.**
- Wenn die Messung die Zerstörung des Zustands bedeutet, das Teilchen wird absorbiert, dann kann man auch nicht die Gegenwartsform verwenden.
- Und es ist gar nicht so klar, was ‚messen' bedeutet. Jedenfalls nicht nur das Durchlaufen eines Messgeräts wie in Kap. 21 und 29 deutlich wird.

Hinter der Unmöglichkeit dieser Implikation steckt also nicht nur ein logisches Problem.

[9] Aus diesem Grund wird heute vielfach dieses Postulat, das auch Projektionspostulat genannt wird, kritisch gesehen. Der Stern-Gerlach Versuch, vermeintlich die einfachste Realisierung dieses Typs von Messung, hat es also in sich. Eine kritische Diskussion findet man z. B. in M.J.R. Gilton, Whence the eigenstate-eigenvalue link? Studies in History and Philosophy of Modern Physics 55 (2016) 92.

Diese Reduktion wird als ein weiteres Postulat der Quantenmechanik eingeführt, als **Messpostulat.**

Achtung! Dieser Kollaps ist nur nötig, wenn man der Auffassung ist, dass die Wellenfunktion ein einzelnes Teilchen beschreibt, man also einer **Einteilcheninterpretation** anhängt, wie in Abschn. 6.2.1 eingeführt. Denn hier muss die Wellenfunktion ja den Zustand eines Teilchens verfolgen. D. h., es muss hier tatsächlich eine ‚Entscheidung' für einen der Wege stattfinden. Wenn man denkt, dass sich die Wellenfunktion auf ein **Ensemble von Teilchen** bezieht, ist der Kollaps in dieser Form nicht nötig: Wie zum Ensemble ausgeführt, verschwinden bei Messung die Interferenzterme. Das Ensemble wird ja geteilt, und $|\Psi_x^\alpha|^2$ beschreibt die Verteilung der Teilchen auf die beiden Stellen am Schirm. Dies ist auch eine Art Kollaps, ein Kollaps der Interferenzterme in Gl. 20.4. Nur danach können wir auch für ein Ensemble sagen, Np_α^z Teilchen **befinden** sich in dem einen Zustand, Np_β^z in dem anderen. Ein Kollaps in einen der Spineigenzustände ist aber nicht nötig.

Der Effekt der Messung ist also mindestens, dass die Interferenzterme verschwinden.

In Kap. 29 werden wir sehen, dass es in der Tat einen Prozess gibt, der zum Verschwinden der Interferenzterme führt (Dekohärenz).

Nochmals Präparation Wir haben oben gesehen, dass sich der Kollaps nicht aus den bisherigen Postulaten der Quantenmechanik ableiten lässt, daher ist er ein zusätzliches Postulat. In Kap. 21 werden wir sehen, dass er auch als Beschreibung des physikalischen Vorgangs bei der Messung Fragen aufwirft.

Wir haben aber folgendes Problem: Der einfallende Strahl in Abb. 20.1 ist mit einem ‚?' versehen, er lässt sich nicht durch eine Spinwellenfunktion Ψ (Gl. 20.2) beschreiben. Aber nach Durchlaufen des ersten Magnetfelds, wir verwenden eine Einstellung $\gamma = 0$, findet eine Aufspaltung des Strahls statt: Nehmen wir nun an, der untere Strahl wird von einem Schirm absorbiert,[10] ist der obere dann in einer der z-Eigenzustände $\Phi_{\alpha\beta}^z$? Woher könnten wir das wissen?

Nun, wenn sie in einem Eigenzustand sind, dann kann man den entsprechenden Eigenwert berechnen,

$$\hat{S}_z \Phi_\alpha^z = \frac{1}{2}\hbar\Phi_\alpha^z, \qquad \hat{S}_z \Phi_\beta^z = -\frac{1}{2}\hbar\Phi_\beta^z.$$

[10]Dass das Teilchen absorbiert wird ist entscheidend, wie wir in Kap. 21 diskutieren werden.

Und wenn der nach im ersten Magnetfeld nach oben abgelenkte Strahl in dem entsprechenden $\hat{S}_z$-Eigenzustand ist, dann würde er im zweiten Magneten wieder nach oben abgelenkt, der Strahl wird nicht mehr geteilt. Und dies kann man mit analogen Magnetfeldern in z-Richtung beliebig oft wiederholen, der Strahl wird nicht mehr aufgespalten. Das entspricht der in Abschn. 5.1.7 formulierten Auffassung zu sagen, dass in einem Eigenzustand die Quantenteilchen die entsprechende Eigenschaft **haben.** Das bestätigt uns in der Auffassung, dass durch die erste Ablenkung ein Übergang in einen spinpolarisierten Zustand stattgefunden hat. Daher kann man die erste Messung als eine **Präparation** des Spinzustands auffassen. Andere Eigenschaften, wie Geschwindigkeit und Ausbreitungsrichtung, wurden schon vorher präpariert.

Messung und Störung Offensichtlich tritt durch die wiederholte Messung keine **Störung** des Zustands auf, obwohl jedes Mal ein Magnetfeld auf das System einwirkt, und sogar den Atomstrahl ablenkt. Es ist also nicht notwendig, bei einer Messung eine physikalische Störung anzunehmen, welche die Ursache für die quantenmechanische Unbestimmtheit ist (Abschn. 13.3). Durch die Wechselwirkung mit dem Magnetfeld ändert sich die z-Komponente des Spins nicht mehr.

20.1.4 Messung nicht-kommutierender Observabler

Zwei Magnetfelder Nun schließen wir an die $\hat{S}_z$-Präparation eine $\hat{S}_x$-Messung an, wobei nur der Teilstrahl mit Φ_α^z verwendet werden soll und das zweite Magnetfeld in x-Richtung ausgerichtet ist (Abb. 20.2a). Man findet wieder eine Aufspaltung des Atomstrahls in zwei Strahlen. Dies kann wie folgt beschrieben werden: Es gibt keine gemeinsamen Eigenfunktionen der $\hat{S}_z$- und $\hat{S}_x$-Operatoren, d. h., wir müssen eine Superposition bilden:

$$\Phi_\alpha^z = a_\alpha^x \Phi_\alpha^x + a_\beta^x \Phi_\beta^x.$$

Bezüglich eines x-Magnetfelds liegt kein Eigenzustand vor, d. h., bei einer Messung findet ein Kollaps in einen der S_x-Eigenzustände statt.

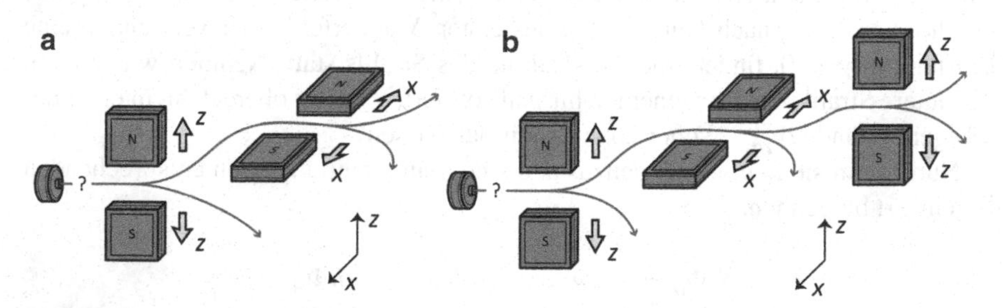

Abb. 20.2 **a** Stern-Gerlach-Versuch, zuerst in z-, dann in x-Richtung ausgeführt, **b** drei Versuche hintereinander, zuerst in z-, dann in x- und dann wieder in z-Richtung

Drei Magnetfelder Wenn man an die S_x-Messung eine S_z-Messung anschließt (Abb. 20.2b), passiert etwas Eigenartiges: Wir finden eine Aufspaltung in zwei Teilstrahlen wie bei der ersten S_z-Messung. Das kann nur erklärt werden, wenn wir annehmen, dass das System bei der x-Messung in einem S_x-Eigenzustand kollabiert und damit nicht mehr in einem S_z-Eigenzustand ist. Bei der dritten Messung in z-Richtung muss man dann von diesem Φ_α^x-Zustand ausgehen und wieder eine Superposition bilden,

$$\Phi_\alpha^x = a_\alpha^z \Phi_\alpha^z + a_\beta^z \Phi_\beta^z.$$

Dadurch erhält man die erneute Aufspaltung in zwei S_z-Komponenten. Die S_x-Messung hat also die erste S_z-Messung sozusagen rückgängig gemacht, das System ist nicht mehr in einem S_z-Eigenzustand.

Alle diese Versuche bestärken das Kollaps-Bild: Beim ersten Durchlaufen der Stern-Gerlach-Apparatur ist der Kollaps durch

$$\Psi \to \Phi_\alpha^z \quad \text{oder} \quad \Psi \to \Phi_\beta^z$$

gegeben, die Wellenfunktion kollabiert entweder in Φ_α^z oder Φ_β^z. Im nächsten Schritt kollabiert dann

$$\Phi_\alpha^z \to \Phi_\alpha^x \quad \text{oder} \quad \Phi_\alpha^z \to \Phi_\beta^x$$

usw. Jedes Mal muss man die nach dem Kollaps resultierende Wellenfunktion wieder als Superposition schreiben, und erhält dadurch dann die Aufspaltung.

- Messung verändert den Zustand. Messen ist, im Unterschied zur klassischen Mechanik, nicht nur ‚Auslesen' dessen, **was ist,** sondern bedeutet eine **Veränderung des Zustands.** In den Zuständen sind unterschiedliche Observable als Eigenwerte berechenbar.
- Aber diese Zustandsveränderung geschieht nicht notwendig durch Energie- und Impulsübertrag bei der Wechselwirkung mit dem Magnetfeld. Es scheint hier etwas Subtileres vorzuliegen, wir werden das in Abschn. 29.2 vertiefen.
- In Abschn. 5.2.1 haben wir auf die Eigenart quantenmechanischer Präparation hingewiesen: Wir können Ensemble nicht so präparieren, dass beliebig viele Eigenschaften streuungsfrei sind. Wie die S_z-, S_x-, S_z-Messung zeigt ist es nicht möglich, dass ein Ensemble gleichzeitig in einem Eigenzustand von S_x und S_z ist. Ein einmal präparierter S_z-Eigenzustand wird durch eine S_x-Messung zerstört. Das System ist danach nicht mehr in einem S_z-Eigenzustand, bei Messung von S_z stellt man eine Streuung fest: Die Strahlaufspaltung ist ja nichts anderes als die Feststellung der Streuung.

Kann durch eine Präparation nicht erreicht werden, dass zwei Observable streuungsfrei sind, dann nennt man diese Observablen **komplementär.** Dies wird mathematisch durch den Kommutator beschrieben, die beiden Observablen kommutieren nicht.

20.1.5 Zwei Dynamiken

Eine **zeitliche Veränderung der Wellenfunktion** bezeichnen wir als die **Dynamik** der Wellenfunktion. Jede Veränderung der Wellenfunktion wird normalerweise durch die Schrödinger-Gleichung beschrieben. Dies kann die ungestörte Bewegung eines Wellenpakets sein, oder eine Dynamik durch Wechselwirkung mit einem Potenzial $V(x)$. Nun aber scheint es zwei Dynamiken zu geben.

Dynamik I Die zeitabhängige Schrödinger-Gleichung beschreibt die Dynamik des Systems, d. h. die zeitliche Entwicklung der Wellenfunktion.

- Sie ist eine Bewegungsgleichung analog zu den Newton'schen Bewegungsgleichungen, und die Bewegungen der Teilchen bzw. die **Bewegungsänderungen** (gegenüber der Trägheitsbewegung: 1. Axiom) werden durch Wechselwirkungspotenziale (bei Newton: Kräfte als deren Ableitungen) vermittelt.
- Dies ist in der Quantenmechanik auch so, in der Schrödinger-Gleichung stehen Potenziale, die, analog zu den Kräften in der Mechanik, die Bewegung der Teilchen ‚bestimmen'.
- Die Dynamik gemäß der Schrödinger-Gleichung ist **deterministisch,** es gilt das **Kausalprinzip,** dass Ursachen (Potenziale) genau bestimmbare Wirkungen (Bewegungen) hervorbringen: Wenn man die Wellenfunktion bei t_0 kennt, kann man diese zu späteren Zeiten genau berechnen.

Dynamik II Der Kollaps beschreibt auch eine Veränderung der Wellenfunktion, stellt also auch eine Dynamik dar, manchmal **Dynamik II** (im Gegensatz zur ‚Dynamik I' der Schrödinger-Gleichung) genannt.

- **Mechanismus** Für die Veränderung der Wellenfunktion durch den Kollaps haben wir keine ‚Ursache' in Form eines Potenzials angegeben. Und das ist der fundamentale Unterschied: Dass hier eine Zustandsänderung stattfindet, die nicht durch eine **physikalische Störung,** d. h., durch einen Energie-/Impulsübertrag, zu beschreiben ist. Was also genau ist der Kollaps, wodurch entsteht er dann? In Kap. 21 werden wir das noch etwas genauer analysieren: Es scheint gar nicht genau lokalisierbar zu sein, wann dieser Kollaps exakt eintritt, und wodurch er getriggert wird.
  In gewisser Weise haben wir das künstlich herbeigeführt: Wir müssen eine Entscheidung treffen, für welche der Komponenten in Gl. 20.3 wir die Kraft berechnen sollen, und erst nach dieser ‚Entscheidung' rechnen wir die physikalische

Wechselwirkung, die Kraft, aus. Daher steht der Kollaps in gewisser Weise ‚vor' der physikalischen Wechselwirkung, ist die Bedingung ihrer Berechenbarkeit.

- Die Dynamik der Schrödinger-Gleichung führt nie zu einem Kollaps der Wellenfunktion, das System bleibt immer in der Superposition. Das liegt an der Linearität der Schrödinger-Gleichung. D. h., den Kollaps der Wellenfunktion kann man prinzipiell nicht durch ein Wechselwirkungspotenzial erreichen.[11] Dies ist ein Teil dessen, was als **Messproblem der Quantenmechanik** bezeichnet wird. Es kann also gar nicht die Wechselwirkung mit den Magneten sein, welcher den Kollaps herbeiführt, denn diese steht als Wechselwirkungspotenzial in dem Hamilton-Operator. Damit kann das bisher entwickelte Bild, dass der Kollaps beim Durchlaufen der Magnetfelder quasi automatisch passiert, so nicht stimmen. Wir werden das in Kap. 21 vertiefen.
- Damit kann man auch verstehen, warum das Konzept **Messung als Störung,** wie in Kap. 13 diskutiert, nicht den Kern des Messproblems trifft: Eine Störung, aufgefasst als Energie-/Impulsübertrag, ließe sich immer als Potenzial im Hamilton-Operator darstellen, dies würde aber nicht zu einem Kollaps führen. Daher ist richtig: Eine Messung kann immer eine physikalische Störung darstellen, aber dies ist nicht das Charakteristische des quantenmechanischen Messprozesses.

Indeterminismus In Abschn. 5.2.3 haben wir gesehen, dass einzelne Teilchen nicht deterministischen Gesetzen gehorchen.

- Die Dynamik I ist aber komplett deterministisch in dem Sinne, dass die Schrödinger-Gleichung eine exakte Vorhersage der Wellenfunktion zu späteren Zeiten ermöglicht, wenn die Wellenfunktion zu einem Anfangszeitpunkt bekannt ist. D. h., die Verteilung der Teilchen kann exakt vorhergesagt werden. Dies ist auch der Grund, warum unsere technischen Anwendungen, wie z. B. Computer, nicht unter dem sogenannten Indeterminismus der Quantenmechanik leiden: Geht es doch bei diesen Anwendungen immer um eine große Anzahl von Teilchen, z. B. Ströme von Elektronen. Und diese sind exakt vorhersagbar. So beispielsweise die Populationen Np_α und Np_β, wie in Abschn. 20.1.3 besprochen.
- Der Indeterminismus bezieht sich also nur auf das Verhalten der einzelnen Teilchen. Der Übergang nach Dynamik II ist stochastisch, d. h., es gibt mit den Mitteln der Quantenmechanik keine Möglichkeit **vorherzusagen,** in welchen Eigenzustand der Spin kollabiert. Das ist der Kern des **Indeterminismus** der Quantenmechanik. Man kann die Übergänge nur mit Wahrscheinlichkeiten $p_{\alpha/\beta}$ beziffern. In welchen Eigenzustand die Wellenfunktion kollabiert (Gl. 20.5), ist unter keinen Umständen vorhersagbar.[12]

---

[11] Dies liegt an einer bestimmten Eigenschafte der Schrödinger-Dynamik, die **unitär** genannt wird. Man kann also aus rein theoretischen Überlegungen zeigen, dass der Kollaps nie aus der Dynamik I resultieren kann.

[12] Betrachten Sie auch nochmals das Beispiel in Abb. 12.6: Man kann nur die Wahrscheinlichkeit $|a_n|^2$ angeben, in welche Richtung das Teilchen nach Öffnung des Kastens fliegen wird, dies sind objektive Wahrscheinlichkeiten.

Die $p_{\alpha/\beta}$ bezeichnen die Wahrscheinlichkeit, dass bei einer Messung einer Eigenschaft die Wellenfunktion in eine der Eigenfunktionen des Operators kollabiert, der diese Eigenschaft repräsentiert.

- Aber der Umstand, dass wir hier Wahrscheinlichkeiten zuschreiben, rührt nicht von mangelndem Wissen her, es handelt sich in diesem Sinne bei den $p_{\alpha/\beta}$ nicht um **subjektive** Wahrscheinlichkeiten. Die Quantenmechanik erlaubt uns nicht, Ursachen zu identifizieren, welche die Details dieses Kollapses physikalisch verständlich machen.[13] Die Bewegung eines einzelnen Quantenobjekts ist also genuin in-deterministisch, wir reden von **objektiven Wahrscheinlichkeiten,** wie in Abschn. 5.2.3 eingeführt.

Bezug der Wahrscheinlichkeiten auf die Messung Die Subtilität der **Born'schen Regel** ist der Bezug der Wahrscheinlichkeiten auf Messergebnisse, und nicht auf die Zustände der Quantenteilchen. Dies haben wir in Abschn. 4.2.4 nur feststellen können, aber es war nicht wirklich greifbar. Daher wurde vermutlich auch die Quantenmechanik in der Anfangszeit sehr in Analogie zu klassisch statistischen Theorien diskutiert, wie es sich in Abschn. 4.2.4 fast aufgedrängt hat. In Abschn. 12.1.2 haben wir dann gesehen, dass das Auftreten der Interferenzterme in Gl. 12.10 genau diese klassisch statistische Interpretation nicht erlaubt, das Fehlen der Interferenzterme in Gl. 12.8 macht den Bezug auf mögliche Messwerte klar. Die Quantenmechanik ist also eine **klassische statistische Theorie bezüglich der Ergebnisse von Messungen,** aber **nicht bezüglich der physikalischen Zustände,** in denen sich die Teilchen vor der Messung befinden. Es kann nur über die Verteilung der Messwerte O_n gesprochen werden, aber nicht über die Zustände Φ_n, die vor der Messung möglicherweise vorlagen, oder eben nicht.

Wenn wir aber darüber hinausgehen wollen und über die Zustände selber reden, dann bietet es sich offensichtlich an zu sagen, dass bei einer Messung der Zustand in einen Eigenzustand kollabiert, und die p_n sind die Wahrscheinlichkeiten dafür. Das heißt aber, dass das System vor der Messung gerade nicht in einem Eigenzustand war: Die p_n sind also **nicht** Wahrscheinlichkeiten dafür, in welchem Zustand das Atom vor der Messung **war.**

20.2 Zeit-(Un-)Abhängigkeit

In Kap. 4 haben wir die **zeitabhängige Schrödinger-Gleichung** eingeführt und gesehen, dass man für **zeitunabhängige Potenziale** $V(x)$ eine **Variablenseparation**

[13] Also z. B. durch den Verweis auf Trajektorien, wie in der kinetischen Gastheorie (Abschn. 5.2.3) prinzipiell möglich.

durchführen kann, die Wellenfunktion lässt sich dann als Produkt von zwei Funktionen schreiben,

$$\Psi_n(x,t) = \Phi_n(x) f_n(t). \tag{20.6}$$

$\Phi_n(x)$ ist die Lösung der **zeitunabhängigen Schrödinger-Gleichung,**

$$\hat{H}\Phi_n(x) = E_n\Phi_n(x) \qquad f_n(t) = \mathrm{e}^{-\frac{\mathrm{i}}{\hbar}E_n t},$$

und $f_n(t)$ wird **Phasenfaktor** genannt. Prinzipiell können Operatoren explizit zeitabhängig sein, insbesondere kann das für den Hamilton-Operator gelten. So haben wir in Kap. 19 einen Störoperator eingeführt, der zeitunabhängig ist, in der Spektroskopie werden wir jedoch sehen (Kap. 32), dass explizit zeitabhängige Operatoren zur Beschreibung der Wechselwirkung von Licht mit Materie notwendig sind. Wir werden in diesem Kapitel jedoch nur **explizit zeitunabhängige Operatoren** betrachten und dabei Folgendes finden:

- Die Wellenfunktion $\Psi_n(x,t)$ ist immer explizit zeitabhängig. Für ein zeitunabhängiges Potenzial finden wir das Phänomen der stehenden Wellen, bei der die Amplitude oszilliert, sich die Wellenberge jedoch nicht räumlich ausbreiten.
- Das Quadrat der Wellenfunktion ist zeitlich konstant.
- Die Erwartungswerte von Operatoren, die $\Psi_n(x,t)$ als Eigenfunktionen haben, also die mit dem Hamilton-Operator vertauschen, sind zeitunabhängig.
- Nicht aber die Erwartungswerte von Operatoren, die nicht mit dem Hamilton-Operator vertauschen. Diese Erwartungswerte sind zeitabhängig.

20.2.1 Zeitabhängigkeit der Wellenfunktion

Oszillation der Wellenfunktion Die zeitunabhängigen Wellenfunktionen $\Phi_n(x)$ werden nach Gl. 20.6 also zeitlich mit dem Faktor $\mathrm{e}^{-\frac{\mathrm{i}}{\hbar}E_n t}$ moduliert. Da der Faktor $f_n(t)$ von E_n abhängt, schwingt jede Eigenfunktion Φ_n mit einer unterschiedlichen Frequenz. Wir wollen das am Beispiel des unendlich hohen Kastenpotenzials (Kap. 7) noch etwas genauer diskutieren. Die Eigenfunktionen sind durch die Sinusfunktionen gegeben,

$$\Phi_n(x) = \sqrt{\frac{2}{L}}\sin\left(\frac{n\pi}{L}x\right),$$

die durch die Exponentialfunktion $f_n(t)$ zeitlich moduliert werden. Diese kann man in einen Real- und Imaginärteil aufspalten,

$$\mathrm{e}^{-\frac{\mathrm{i}}{\hbar}E_n t} = \cos\left(E_n t/\hbar\right) - \mathrm{i}\sin(E_n t/\hbar).$$

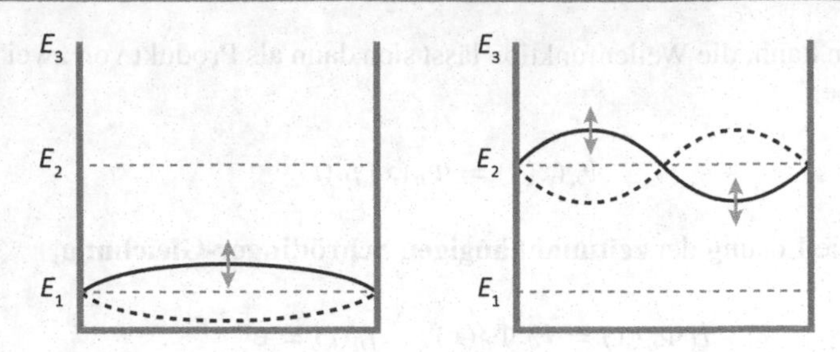

Abb. 20.3 Stehende Wellen im Kastenpotenzial für $n = 1, 2$. Diese oszillieren mit dem Phasenfaktor $f_n(t)$. Da dieser von E_n abhängt, hat jede Eigenfunktion eine andere Schwingungsfrequenz $\omega_n = E_n/\hbar$

Für den Realteil von $\Psi_n(x,t)$ erhalten wir mit $k_n = \frac{n\pi}{L}$

$$\mathrm{Re}[\Psi_n(x,t)] = \sqrt{\frac{2}{L}}\sin(k_n x)\cos(E_n t/\hbar),$$

was man grafisch darstellen kann.[14] Die Sinusfunktion wird also zeitlich durch die Kosinusfunktion moduliert, dies ist für $n = 1, 2$ in Abb. 20.3 gezeigt. Man erhält ein Bild, wie man es von einer Geigensaite oder vom ‚Seilhüpfen' kennt, eine stehende Welle. Die Maxima oszillieren mit der Frequenz $\omega_n = E_n/\hbar$, die Nulldurchgänge werden Knoten genannt und sind konstant. Ein analoges Bild erhalten wir für die anderen in Teil II diskutierten Potenziale.

Wahrscheinlichkeiten Trotz dieser scheinbaren Zeitabhängigkeit ist das Problem statisch. Dies sieht man, wenn man quantenmechanische Observable berechnet, beispielsweise die Aufenthaltswahrscheinlichkeit in dem Intervall zwischen x_1 und x_2,

$$\begin{aligned} P(x_1, x_2) &= \int_{x_1}^{x_2} |\Psi_n^*(x,t)\Psi_n(x,t)|\mathrm{d}x = \int_{x_1}^{x_2} |\Phi_n^*(x)\mathrm{e}^{-\frac{\mathrm{i}}{\hbar}E_n t}\Phi_n(x)\mathrm{e}^{-\frac{\mathrm{i}}{\hbar}E_n t}|\mathrm{d}x \\ &= \int_{x_1}^{x_2} |\Phi_n^*(x)\Phi_n(x)|\mathrm{d}x. \end{aligned}$$

Die Zeitabhängigkeit fällt einfach ‚heraus'.

Erwartungswerte Betrachten wir zunächst Operatoren, die mit dem Hamilton-Operator vertauschen. Damit haben sie die gleichen Eigenfunktionen wie der Hamilton-Operator (Kap. 12). Wir verwenden dann Gl. 12.6, um die Erwartungswerte auszurechnen, verwenden aber diesmal die zeitabhängige Wellenfunktion

[14] Ebenso kann man den Imaginärteil darstellen. Beide Teile für sich haben keine physikalische Bedeutung, sondern nur die oben diskutierten Aufenthaltswahrscheinlichkeiten und Erwartungswerte, die reell sind.

$\Psi_n(x,t)$ um den Erwartungswert zu bilden,

$$\langle \hat{O} \rangle = \sum_n p_n \int \Psi_n^*(x,t)\hat{O}\Psi_n(x,t)\mathrm{d}x = \sum_n p_n \int \Phi_n^*(x)\mathrm{e}^{\frac{\mathrm{i}}{\hbar}E_n t} O_n \Phi_n(x)\mathrm{e}^{-\frac{\mathrm{i}}{\hbar}E_n t}\mathrm{d}x$$
$$= \sum_n p_n \int \Phi_n^*(x) O_n \Phi_n(x)\mathrm{d}x = \sum_n p_n O_n .$$

Dabei haben wir die Eigenwertgleichung von $\hat{O}$ verwendet. Der Phasenfaktor $f(t) = \mathrm{e}^{-\frac{\mathrm{i}}{\hbar}E_n t}$ hat keinen Einfluss, da alle Observablen durch Ausdrücke gebildet werden, in denen ein Produkt von $f_n(t)$ mit seinem komplex konjugierten auftritt, daher verschwindet dieser.

20.2.2 Zeitliche Änderung der Erwartungswerte

Bisher haben wir immer die zeitunabhängige Schrödinger-Gleichung verwendet, d. h., die Erwartungswerte der Observablen waren zeitunabhängig. Wenn wir aber berechnen wollen, wie sich die Erwartungswerte der Observablen ändern, müssen wir

$$\frac{\mathrm{d}}{\mathrm{d}t}\langle \hat{O} \rangle = \frac{\mathrm{d}}{\mathrm{d}t}\int \Psi^* \hat{O} \Psi \mathrm{d}^3 r$$

betrachten. Für die Ableitungen von Ψ setzen wir die zeitabhängige Schrödinger-Gleichung ein, und für ein nicht explizit zeitabhängiges $\hat{O}$ (wie x, $\hat{p}$, etc.) erhalten wir nach kurzer Umformung:

$$i\hbar \frac{\mathrm{d}}{\mathrm{d}t}\langle \hat{O} \rangle = \langle [\hat{H}, \hat{O}] \rangle . \qquad (20.7)$$

Dies ist ein interessantes Ergebnis: Wenn $\hat{O}$ nicht mit dem Hamilton-Operator vertauscht, dann ist die Zeitabhängigkeit des Erwartungswerts durch den Erwartungswert des Kommutators mit $\hat{H}$ gegeben. Gl. 20.7 ist als **Ehrenfestgleichung** bekannt.

Wenn $\hat{O}$ mit $\hat{H}$ kommutiert, dann gilt

$$\frac{\mathrm{d}}{\mathrm{d}t}\langle \hat{O} \rangle = 0,$$

und O ist eine Erhaltungsgröße.

Bedeutung Gl. 20.7 formuliert eine Beziehung zwischen Erwartungswerten. Diese werden für bestimmte Zustände berechnet.

- Wenn das System in einem Eigenzustand des Hamilton-Operators ist, dann ist der Erwartungswert $\langle \hat{O} \rangle$ dennoch zeitunabhängig. Denn das Quadrat der Wellenfunktion ist zeitunabhängig, es ergibt sich also keine Dynamik der Wahrscheinlichkeitsdichte. Beispiele dafür sind die in Abschn. 12.3 betrachteten Erwartungswerte für x, $\hat{p}$, $\hat{L}_x$ oder $\hat{L}_y$, oder das Dipolmoment aus Abschn. 13.2. Man findet aber eine Streuung der Messwerte.
- Ist das Quantensystem nicht in einem Energieeigenzustand, findet man eine Dynamik des Erwartungswertes $\langle \hat{O} \rangle$. In Abschn. 20.3 werden wir anhand einiger Beispiele diskutieren, wie die Dynamik auch von den Zuständen abhängt. Die Energie zeigt eine Streuung, und die Dynamik ist durch eine charakteristische Zeitdauer gekennzeichnet: Wir werden hier eine Unschärferelation zwischen der Energie und der Zeit finden.

Beispiel 20.1

Wenn man Gl. 20.7 für $\hat{x}$ und $\hat{p}$ auswertet, d. h. die Kommutatoren berechnet,[15] erhält man Gleichungen für die Erwartungswerte,

$$m\frac{\mathrm{d}}{\mathrm{d}t}\langle \hat{x} \rangle = \langle \hat{p} \rangle, \qquad \frac{\mathrm{d}}{\mathrm{d}t}\langle \hat{p} \rangle = -\langle \nabla V(x) \rangle,$$

d. h.

$$m\frac{\mathrm{d}^2}{\mathrm{d}t^2}\langle \hat{x} \rangle = -\langle \nabla V(x) \rangle,$$

die vertraut aussehen, sie ähneln den Newton'schen Bewegungsgleichungen. □◀

Aber Achtung: Offensichtlich wird ein Mittelwert der Kraft $F = -\nabla V(x)$ für den Zustand berechnet. Klassisch ist die Beschleunigung eines Teilchens durch die Kraft am Teilchenort gegeben. Analog für Erwartungswerte formuliert, wäre dies durch diese Formel ausgedrückt,

$$m\frac{\mathrm{d}^2}{\mathrm{d}t^2}\langle \hat{x} \rangle = -\nabla V(\langle x \rangle). \tag{20.8}$$

Beachten Sie den Unterschied zu Beispiel 20.1,

$$\langle \nabla V(x) \rangle \neq \nabla V(\langle x \rangle). \tag{20.9}$$

Im Allgemeinen sind die beiden Ausdrücke verschieden, es gibt aber wichtige Ausnahmen. Entwickeln wir daher $V(x)$ in eine Potenzreihe x^n:

[15] Hierzu benötigt man die Kommutatoren $[\hat{H}, \hat{x}] = -\frac{\mathrm{i}\hbar\hat{p}}{m}$ und $[\hat{H}, \hat{p}] = \mathrm{i}\hbar\nabla V$.

- Für ein quadratisches Potenzial ($n = 2$) ist die Kraft $F = -\nabla V$ linear in x, d. h., die beiden Ausdrücke in Gl. 20.9 sind gleich. Und in der Tat, für den harmonischen Oszillator werden wir unten eine klassische Bewegung wiederfinden.
- Sobald aber anharmonische Terme relevant werden, d. h. für $n \geq 3$, gilt die Ungleichheit der beiden Ausdrücke. Für $n = 3$ findet man, dass die zeitliche Entwicklung des Erwartungswertes nicht nur von der Kraft am Mittelwert abhängt, sondern auch von der Streuung um den Mittelwert. Dies führt zu einer Dynamik, die von der ‚klassischen Dynamik' abweicht, wie wir im Folgenden an Beispielen diskutieren werden. In diesem Fall folgt der Schwerpunkt eines Wellenpakets nicht den Trajektorien klassischer Teilchen.

20.2.3 Zeit-Energie-Unschärferelation

Aus Gl. 20.7 erhalten wir mit der UR Gl. 12.16

$$\Delta\hat{O}\Delta\hat{E} \geq \frac{1}{2}|\langle[\hat{H}, \hat{O}]\rangle| = \frac{1}{2}\hbar\left|\frac{\mathrm{d}}{\mathrm{d}t}\langle\hat{O}\rangle\right| \tag{20.10}$$

$\Delta\hat{E}$ ist die Streuung der Energie. Man kann nun eine **charakteristische Zeit**

$$\tau = \frac{\Delta\hat{O}}{\left|\frac{\mathrm{d}}{\mathrm{d}t}\langle\hat{O}\rangle\right|}$$

definieren [5], und erhält:

$$\tau\Delta\hat{E} \geq \frac{1}{2}\hbar. \tag{20.11}$$

‚Anschaulich' kann man die Zeit τ wie folgt verstehen: $|\mathrm{d}\langle\hat{O}\rangle/\mathrm{d}t|$ gibt die Änderung des Erwartungswerts pro Zeit an, $\Delta\hat{O}$ die Standardabweichung der Observablen. τ kann also als die Zeit angesehen werden, in der die Änderung des Erwartungswerts der Standardabweichung entspricht. Diese ‚Zeitunschärfe' hängt von der Observablen und dem Zustand ab. Dies hat zwei miteinander verbundene Aspekte:

- Wenn eine Observable nicht mit dem Hamilton-Operator kommutiert, dann kann man die Dynamik dieser Variablen durch eine Zeit charakterisieren: Diese gibt an, wie schnell sich diese Observable ändert, bezogen auf die Standardabweichung in diesem Zustand. Die Änderung des Erwartungswerts wird sozusagen in Einheiten der Standardabweichung angegeben.
- Damit verbunden ist die Dynamik metastabiler Zustände, wie sie etwa bei der spontanen Emission auftreten (Kap. 30). Wenn Zustände angeregt werden, die nur eine bestimmte Lebensdauer τ haben, dann werden sie Licht emittieren, das eine bestimmte Frequenz- und damit Energieunschärfe hat. Man erhält eine zu Gl. 20.11 analoge Relation (Abschn. 30.2.2).

Unbestimmtheit und Unschärfe Mit $\Delta t = \tau$ sieht Gl. 20.11 aus wie die anderen Unbestimmtheitsrelationen z. B. für Ort und Impuls, es gibt aber eine wesentlichen Unterschied: Die Zeit wird in der klassischen Mechanik als Parameter ‚t' dargestellt, sie ist dort nicht wirklich eine Beobachtungsgröße, Zeit wird ‚operational' definiert als das, ‚was Uhren anzeigen' (Abschn. 1.1). Die Diskussion um das, was Zeit wirklich ist, ist sehr umfangreich und man hat nicht das Gefühl, dass sie abgeschlossen ist.[16] In der Quantenmechanik schlägt sich dies dadurch nieder, dass es keinen Operator für die Zeit gibt, sie ist also keine Beobachtungsgröße, sondern ein Parameter der – sozusagen von Außen – vorgegeben ist. Damit ist die Zeit keine Observable, und man kann keinen Mittelwert der Zeit berechnen, was sollte das auch sein? Die Zeit läuft gleichmäßig ab, man kann nicht über sie mitteln, und die Bildung von Varianzen macht dann auch keinen großen Sinn. Es gibt also keine **quantenmechanische Unbestimmtheit** der Zeit, daher nennen wir Gl. 20.11 eine **Unschärferelation,** um sie von den quantenmechanischen **Unbestimmtheitsrelationen** abzugrenzen.

Es gibt verschiedene ‚Herleitungen' dieser Unschärferelationen, mit einem unterschiedlichen Anteil an Heuristik [8,23,51]. Dabei wird auch darauf hingewiesen, dass einige der vielfältigen Interpretationen falsch sind, z. B., die Idee, dass Gl. 20.11 besagt, dass innerhalb einer bestimmten Zeit Δt die Energie nur mit einer gewissen Genauigkeit ΔE gemessen werden kann, oder dass die Energieerhaltung für eine Zeit Δt um den ΔE verletzt werden kann [8,30].

20.3 Beispiele

Wenn ein Operator nicht mit dem Hamilton-Operator vertauscht und wenn das System nicht in einem Eigenzustand des Hamiltonoperators ist, tritt eine Zeitabhängigkeit seines Erwartungswertes auf: Wir wollen die entsprechenden Dynamiken für die Beispiele des Wellenpaketes, den harmonischen Oszillator, für Superpositionen von Zuständen im Wasserstoffatom und für Spinzustände diskutieren.

20.3.1 Freies Teilchen

Wellenpaket Nun untersuchen wir die zeitliche Entwicklung des in Abschn. 12.3.1 diskutierten Wellenpakets. Dies ist eine Superposition von ebenen Wellen, d. h., von Energieeigenfunktionen des freien Teilchens. Dort haben wir den Zustand $\Psi(x)$ in Gl. 12.20 durch eine gaußförmige Überlagerung ebener Wellen nach Gl. 12.19,

$$a(k) = \left(\frac{2\alpha}{\pi}\right)^{\frac{1}{4}} \mathrm{e}^{-\alpha/2(k-k_0)^2},$$

[16] Siehe z. B. Wikipedia Einträge zu Zeit oder [45].

dargestellt. Die Zeitabhängigkeit kommt dadurch ins Spiel, dass wir jeden Term $\Phi_k(x) = \mathrm{e}^{ikx}$ durch die Phase $f(t) = \mathrm{e}^{-\mathrm{i}\omega t}$ ‚ergänzen', wie eingangs eingeführt, man erhält für Gl. 12.20

$$\Psi(x,t) = \frac{1}{\sqrt{2\pi}} \left(\frac{2\alpha}{\pi}\right)^{\frac{1}{4}} \int_{-\infty}^{\infty} \mathrm{e}^{-\alpha/2(k-k_0)^2} \mathrm{e}^{\mathrm{i}(kx-\omega t)} \mathrm{d}k. \tag{20.12}$$

Dispersion In Abschn. 4.2.1 haben wir die Dispersionsrelation für die Schrödinger-Gleichung diskutiert (siehe auch Abschn. 2.2.2),

$$\omega = \frac{\hbar k^2}{2m},$$

die Schwingungsfrequenz hängt also von der Wellenzahl ab, $\omega(k)$ in Gl. 20.12 ist eine Funktion von k. Die Wellenvektoren sind gaußförmig um k_0 verteilt, und wir können $\omega(k)$ um k_0 in eine Taylor-Reihe entwickeln:

$$\omega(k) = \omega(k_0) + v_g(k - k_0) + \beta(k - k_0)^2.$$

Die beiden Parameter v_g und β sind durch die Ableitungen definiert:

$$v_g = \left(\frac{\mathrm{d}\omega}{\mathrm{d}k}\right)_{k_0} = \frac{\hbar k_0}{m} \qquad \beta = \frac{1}{2}\left(\frac{\mathrm{d}^2\omega}{\mathrm{d}k^2}\right)_{k_0} = \frac{\hbar}{2m}.$$

Die **Gruppengeschwindigkeit** v_g ist die Geschwindigkeit, mit der sich das Maximum des Wellenpakets bewegt. Da es im Wellenpaket aber k-Werte gibt, die größer oder kleiner als k_0 sind, bleiben einige Wellen hinter dem Maximum zurück, andere laufen voraus, es kommt zur Dispersion, dem Zerfließen des Wellenpakets. Dies wird durch den Parameter β beschrieben.

Dynamik des Wellenpakets Setzen wir die Entwicklung für ω in die Formel für das Wellenpaket Gl. 20.12 ein und integrieren

$$\Psi(x,t) = \frac{1}{\sqrt{2\pi}} \left(\frac{2\alpha}{\pi}\right)^{\frac{1}{4}} \int_{-\infty}^{\infty} \mathrm{d}k \ \ \mathrm{e}^{-\alpha(k-k_0)^2} \mathrm{e}^{\mathrm{i}(kx)} \cdot \mathrm{e}^{-\mathrm{i}(\omega_0 + v_g(k-k_0) + \beta(k-k_0)^2)t} \tag{20.13}$$

so erhalten wir für das Quadrat der Wellenfunktion

$$|\Psi(x,t)|^2 = \frac{1}{\sqrt{\pi} b(t)} e^{-(x-v_g t)^2/b^2(t)} \tag{20.14}$$

mit $b(t) = \sqrt{\alpha^{-1} + \alpha(\hbar t/m)^2}$, was in Abb. 20.4 grafisch dargestellt ist.

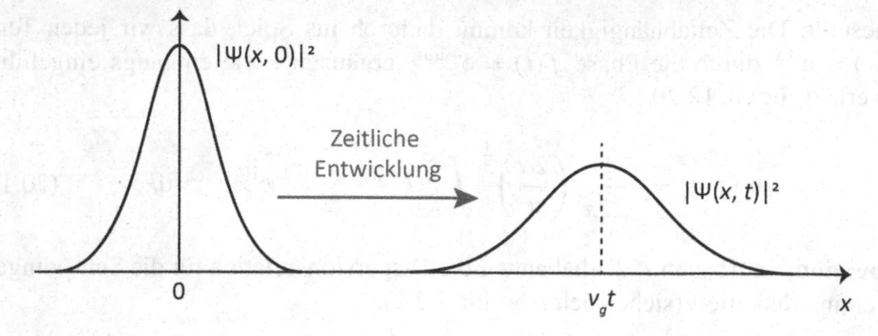

Abb. 20.4 Zeitliche Entwicklung des Wellenpakets. Die Amplitude gibt die Wahrscheinlichkeit wieder, ein Teilchen an dem entsprechenden Ort zu finden. Hier wird nur die gaußförmige Einhüllende abgebildet, siehe auch Abb. 4.3

- Dem Zähler $(x - v_g t)$ des Exponenten kann man entnehmen, dass sich das Maximum der Gaußkurve mit der Geschwindigkeit v_g in positive x-Richtung bewegt. Da für eine Gaußkurve das Maximum auch dem Mittelwert entspricht, erhält man dieselbe Aussage für $\langle \hat{x} \rangle (t)$. Und genau das ergibt sich auch mit dem Ehrenfest-Theorem ($V(x) = 0$), siehe Beispiel 20.1.

$$m \frac{\mathrm{d}}{\mathrm{d}t} \langle \hat{x} \rangle = \langle \hat{p} \rangle \qquad \to \qquad \langle \hat{x} \rangle (t) = x_0 + \frac{\langle \hat{p} \rangle}{m} t. \tag{20.15}$$

  $\langle \hat{p} \rangle$ ist der mittlere Impuls, d. h., er ist durch das Maximum in Abb. 4.3a gegeben. Die Mittelwerte gehorchen also den klassischen Bewegungsgleichungen.
- Allerdings wird die Streuung immer größer: Die Breite, gegeben durch $b^2(t)$, ist zeitabhängig (Abb. 20.4). Das Wellenpaket wird mit der Zeit ‚breiter', bedingt durch den Dispersionsparameter β. Für die Ortsunschärfe ergibt sich

$$\Delta x = \sqrt{\frac{\alpha^2 + \beta^2 t^2}{\alpha}}.$$

Dies sieht eigentlich genauso aus wie das Bild der Diffusion, Abb. 2.4. Aber Achtung, man kann sich ein Wellenpaket nicht als ein klassisches Ensemble vorstellen, indem die Orte und Geschwindigkeiten einfach durch zwei Gauß-Verteilungen beschrieben sind. Die Interferenzterme sind ja noch vorhanden, diese zeigen sich im nächsten Beispiel.

20.3.2 Bewegung in Kastenpotenzialen

Nicht-stationäre Lösungen Für gebundene Teilchen kann man ebenfalls Wellenpakete formulieren, diese bestehen dann aus einer Superposition der Eigenfunktionen Φ_n des Hamilton-Operators

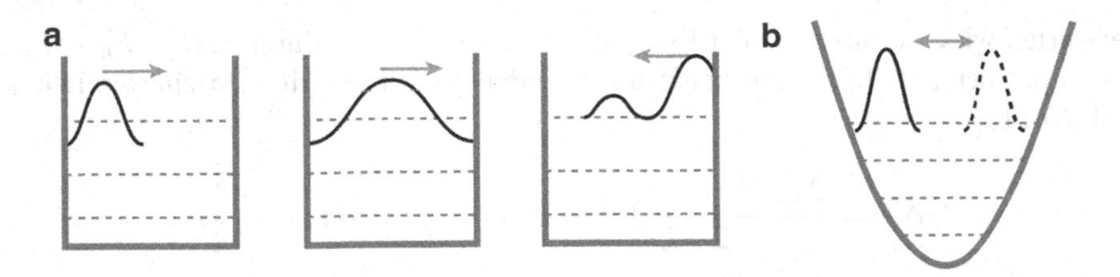

Abb. 20.5 **a** Bewegung eines Wellenpakets in einem Kastenpotenzial: Durch die Dispersion wird es breiter, und nach Reflektion zerläuft es zunächst (schematisches Bild). Nach einer Wiederkehrzeit T_r ist allerdings der Anfangszustand wiederhergestellt. Dies wiederholt sich periodisch. **b** Gauß'sches Wellenpaket in einem harmonischen Oszillatorpotenzial: Das Wellenpaket oszilliert unter Beibehaltung seiner Form

$$\Psi(x) = \sum_n a_n \Phi_n(x). \tag{20.16}$$

Die zeitabhängige Wellenfunktion erhält man dann durch Multiplikation der $\Phi_n(x)$ mit den Phasenfaktoren $f_n(t) = \mathrm{e}^{-\mathrm{i}\omega_n t}$. Durch diese Superposition ist das System also nicht mehr in einem Energieeigenzustand.

Kastenpotenziale Im Kastenpotenzial sind die $\Phi_n(x)$ die Eigenfunktionen des unendlich hohen Kastenpotenzials (Kap. 7, Abb. 7.1). Ein Wellenpaket ist dann eine Überlagerung dieser Sinus-/Kosinusfunktionen. Das klassische Teilchen oszilliert zwischen den beiden Wänden, in der Quantenmechanik hängt die Zeit einer Periode von der Form des Wellenpakets Gl. 20.16 ab.[17] D. h., davon, wie viele Eigenzustände überlagert werden. Analog zum freien Teilchen wird sich das Wellenpaket im Kasten mit der Zeit verbreitern. Nach Reflektion an der Wand interferiert die rücklaufende Welle mit der einlaufenden (Abb. 20.5a), durch Interferenz kommt es zur allmählichen Auslöschung des Wellenpaketes.

Allerdings findet man nach einer bestimmten **Wiederkehrzeit** $T_r = \frac{2mL^2}{\hbar\pi}$, dass der Anfangszustand vollständig wieder hergestellt ist.[18] Dies liegt daran, dass die Frequenzen ω_n der Oszillationen der einzelnen Wellenzüge unterschiedlich sind, die einzelnen Wellenzüge kommen außer Phase, aber nach T_r sind sie wieder in Phase, sodass das ursprüngliche Wellenpaket wiederhergestellt ist.[19] Die Energie der Eigenzustände des Kastens ist nach Gl. 7.21 durch $E_n = \frac{\hbar^2\pi^2}{2mL^2}n^2$, gegeben. Betrachten wir ein Wellenpaket, das aus mehreren Eigenfunktionen zusammengesetzt ist. Dieses ist kein Eigenzustand des Hamilton-Operators, d. h., je nach Zusammensetzung

[17] Robinett, Am. J. Phys. 68 (2000) 410.

[18] Styer, Am. J. Phys. 69 (2001), 56, Timberlake & Camp, Am. J. Phys. 79 (2010) 607.

[19] Es gibt zwei weitere charakteristische Zeiten der Bewegung: Eine davon ist die Periode, mit der ein klassisches Teilchen zwischen den Wänden hin- und herfliegen würde. Die Dynamik des Wellenpakets weicht davon ab, wiederum abhängig von seiner Zusammensetzung.

erwarten wir eine Streuung der Energie. Schätzen wir diese durch $\Delta E = E_n - E_m$ $(n > m)$ der beteiligten Zustände ab, so erhalten wir für die Unschärferelation Gl. 20.11

$$T_r \Delta E = \frac{2mL^2}{\hbar\pi} \frac{\hbar^2\pi^2}{2mL^2}(n^2 - m^2) = \hbar\pi(n^2 - m^2) \geq \frac{1}{2}\hbar.$$

Die verdeutlicht sehr schön die obige Aussage zur Energie-Zeit-Unschärfe: Eine Unschärfe in der Energie führt zu einem zeitabhängigen Phänomen, das durch eine **charakteristische Zeitskala** beschrieben wird.

Dynamik der Erwartungswerte Beim freien Wellenpaket haben wir gesehen, dass die Erwartungswerte den klassischen Bewegungsgleichungen folgen. Das Maximum des Wellenpaketes verhält sich wie ein freies klassisches Teilchen. Dies werden wir im nächsten Abschnitt auch noch für den harmonischen Oszillator finden, im Allgemeinen gilt dies jedoch nicht, wie z. B. in Ref. [7] diskutiert. Grund ist die Ungleichheit Gl. 20.7: Man kann den Erwartungswert als eine Entwicklung schreiben, $\langle\nabla V(x)\rangle = \nabla V(\langle x\rangle) + \frac{1}{2}\langle(\Delta x)^2\rangle$..., der erste Term beschreibt dann die Dynamik gemäß der klassischen Bewegungsgleichungen, der zweite Term die Abweichungen davon. $(\Delta x)^2$ ist die Varianz der Ortsverteilung, d. h., ein Maß für die Breite des Wellenpakets. Sehr lokalisierte Wellenpakete gehorchen also einer klassischen Dynamik, mit zunehmender Breite wachsen die Abweichungen davon.

Während man beim freien Teilchen nur eine Dispersion sieht, bildet sich beim Kastenpotential der Anfangszustand wieder aus. Dies ist ein **Interferenzeffekt.** Die Dynamik der einzelnen Eigenzustände führt nach einer gewissen Zeit wieder zu einer konstruktiven Interferenz. Die Ehrenfestdynamik beschreibt die Veränderung der Mittelwerte, die aber auf dieser kohärenten Dynamik basieren. Und der Unterschied zur klassischen Bewegung ist deutlich:

- Beschreibt das erste Bild in Abb. 20.5a eine räumliche Verteilung klassischer Teilchen mit gleichem Impuls, dann behält das Wellenpaket seine Form bei. Die Periode der Oszillation unterscheidet sich aber von der quantenmechanischen Periode.
- Beschreibt es eine gaußförmige räumliche Verteilung und gibt es zudem noch ein gaußförmige Verteilung der Impulse, wie in Abb. 12.20 gezeigt, dann tritt nur eine Verbreiterung des Wellenpakets ein, eine Wiederkehr wird man in einem klassischen Ensemble nicht sehen. Das Auftreten der Interferenzterme, die in einem klassischen Ensemble fehlen, ist zentral dafür, dass der Anfangszustand wiederhergestellt wird.

20.3.3 Harmonischer Oszillator

In Abschn. 20.2.3 wurde erwähnt, dass die Dynamik sowohl von der Observablen, als auch von dem Zustand des Systems abhängt. Das Potenzial des harmonischen

Oszillators ist quadratisch in der Observablen x, daher gilt hier exakt

$$-\langle \nabla V(x) \rangle = -\langle F(x) \rangle = -\langle kx \rangle = -k\langle x \rangle = -\nabla V(\langle x \rangle).$$

Eigenzustände In Kap. 8 haben wir die Eigenzustände berechnet, und schon die visuelle Inspektion von $|\Phi_n(x)|^2$ in Abb. 8.1, zeigt, dass für den Orts-Erwartungswert $\langle x \rangle = 0$ gilt. Die Kraft $\nabla V(0) = F(0) = 0$ verschwindet, das Potenzial hat im Ursprung eine horizontale Tangente. Damit gibt es auch keine Dynamik der Erwartungswerte nach Gl. 20.8, wenn sich das System in einem Eigenzustand befindet. Analoges gilt für den Energieeigenzustand des Kastenpotenzials.

Kohärente Zustände Man kann aber entsprechend Gl. 20.16 aus den Eigenfunktionen des harmonischen Oszillators $\Phi_n(x)$ ein Wellenpaket aufbauen. So wie das Gauß'sche Wellenpaket ein spezielles Wellenpaket für das freie Teilchen ist – es ist das Paket minimaler Unbestimmtheit (Abschn. 12.3.1) – gibt es für den harmonischen Oszillator ebenfalls eine sehr spezielle Superposition. Sogenannte kohärente Zustände zeichnen sich durch die Wahl der Koeffizienten in Gl. 20.16 aus wie folgt:

$$a_n = \mathrm{e}^{-\alpha^2/2} \frac{\alpha^2}{\sqrt{n!}}$$

Dieses gaußförmige Wellenpaket (α: Breite) bleibt unter der Dynamik lokalisiert. Es bewegt sich in dem quadratischen Potenzial hin und her und behält seine Gauß'sche Form bei, es wird nicht breiter, d. h., hier tritt keine Dispersion auf. Dies ist in Abb. 20.5b skizziert.

Das Maximum bewegt sich dabei wie ein klassisches Teilchen. Für Gauß-Verteilungen ist der Mittelwert durch das Maximum der Verteilung gegeben, d. h., man erwartet, dass sich der Erwartungswert des Ortes ebenso bewegt. In Beispiel 20.1 hatten wir schon genau dieses gefunden, für den Mittelwert $\langle \hat{x} \rangle$ gelten die Newton'schen Bewegungsgleichungen,

$$\frac{\mathrm{d}^2}{\mathrm{d}t^2} \langle \hat{x} \rangle (t) = -\nabla V(\langle x \rangle),$$

was eben an der Linearität der Kraft liegt. Als Lösung erhält man ($\omega = \sqrt{k/m}$):

$$\begin{aligned} \langle \hat{x} \rangle (t) &= A \cos(\omega t), \\ \langle \hat{p} \rangle (t) &= B \sin(\omega t). \end{aligned} \tag{20.17}$$

Die Amplituden A und B kann man mit Hilfe der kohärenten Zustände berechnen. Hier haben wir also (i) eine **lokalisierte** Beschreibung der Teilchen, die Gauß-Verteilungen erhalten während der Dynamik ihre Form (keine Dispersion!), und (ii) die Mittelwerte gehorchen den klassischen Bewegungsgleichungen. $\langle \hat{x} \rangle (t)$ – und damit auch das Maximum des Wellenpakets – beschreibt die Auslenkung um die klassische Ruhelage bei $x_0 = 0$. Die Rückstellkraft $-F(\langle\hat{x}\rangle)$ ist proportional zu dieser Auslenkung, was genau der klassischen sinusförmigen Bewegung entspricht, wie in Abb. 20.5b schematisch gezeigt.

In welchen Zuständen ist der harmonische Oszillator? Nun, das hängt von der Präparation ab. In Kap. 5 haben wir diskutiert, wie der Zustand eines Ensembles von Teilchen durch die Präparationsbedingungen festgelegt wird, d. h. beispielsweise, welcher Art die Umgebungsbedingungen eines System sind. Wir haben in Kap. 5 darauf hingewiesen, dass Präparation nicht notwendig nur als experimentelle Rahmenbedingung aufgefasst werden muss. Es können ganz generell die Rahmenbedingungen sein, denen ein System unterworfen ist. Betrachten wir dazu ein Ensemble von N_2-Molekülen als ein Ensemble von harmonischen Oszillatoren: Um einen kohärenten Zustand anregen zu können, benötigt man kurze Laserpulse, wie in Abschn. 30.5 ausgeführt wird. Man kann ein N_2 Gas mit einem gepulsten Laser anregen. Die Sonne sendet solche Pulse nicht aus, daher werden sich die Moleküle in der Natur eher nicht in kohärenten Zuständen befinden. Durch Ankopplung an die Umgebung und Emission nehmen wir an, dass die Oszillatoren in freier Wildbahn in dem niedrigsten Energieeigenzustand sind, da bei Raumtemperatur aufgrund der Größe der Energieabstände keine höher angeregten Zustände thermisch besetzt sein werden (Kap. 14).

20.3.4 Wasserstoffatom

Als nächstes Beispiel betrachten wir Superpositionen von Atomeigenfunktionen. Wir nehmen die Energieeigenfunktionen $\Phi_n(x)$ des Wasserstoffatoms, deren Zeitabhängigkeit durch den Term $\mathrm{e}^{-\mathrm{i}\omega_n t}$ mit $E_n = \hbar\omega_n$, wie oben ausgeführt, beschrieben wird. Wir betrachten eine Superposition des Grund- und angeregten Zustands,

$$\Psi(\boldsymbol{r}, t) = a_1\Phi_1(\boldsymbol{r})\mathrm{e}^{-\mathrm{i}\omega_1 t} + a_2\Phi_2(\boldsymbol{r})\mathrm{e}^{-\mathrm{i}\omega_2 t}. \tag{20.18}$$

Ein Maß für die Atomgröße, d. h., die Ausdehnung der Elektronenhülle, kann man durch

$$a = \sqrt{\langle r^2\rangle}$$

definieren. r ist der Kernabstand des Elektrons, der Atomkern liegt im Koordinatenursprung, wir müssen also den Erwartungswert von r^2 berechnen. Für den Grund- und angeregten Zustand verwendet man zur Berechnung jeweils den entsprechenden Zustand, für die Superposition Gl. 20.18 erhalten wir [23]:

$$\begin{aligned}\langle\hat{r}^2\rangle(t) &= \int \Psi^*(t)\hat{r}^2\Psi(t)\mathrm{d}^3\boldsymbol{r} \qquad (20.19)\\ &= |a_1|^2\int \Phi_1\hat{r}^2\Phi_1\mathrm{d}^3\boldsymbol{r} + |a_2|^2\int \Phi_2\hat{r}^2\Phi_2\mathrm{d}^3\boldsymbol{r}\\ &\quad + a_1^* a_2\mathrm{e}^{-\frac{\mathrm{i}}{\hbar}\Delta E t}\int \Phi_1\hat{r}^2\Phi_2\mathrm{d}^3\boldsymbol{r} + \mathrm{cc.}\end{aligned}$$

Bei den ersten beiden Termen hebt sich der zeitabhängige Beitrag heraus, nur im letzten Term bleibt er bestehen. Der Exponentialterm beschreibt Oszillationen mit der Frequenz $\omega_{12} = \frac{\Delta E}{\hbar} = (\omega_2 - \omega_1)$. Offensichtlich gibt es eine Oszillation des Erwartungswertes $\langle \hat{r}^2 \rangle(t)$. Dies hat drei interessante Aspekte:

- **Zeitabhängigkeit** Die Ehrenfestgleichung 20.7 besagt, dass eine nicht mit $\hat{H}$ kommutierende Observable zeitabhängig wird. Die Oszillation von $\langle r^2 \rangle$ ist durch den dritten Term bedingt: Hier tritt das Produkt $a_1^* a_2$ der Koeffizienten auf, es ist ein Interferenzterm. Bei der Darstellung der Erwartungswerte gehen wir normalerweise von den Eigenfunktionen eines Operators aus, und dann fallen die Interferenzterme weg, wie in Gl. 12.6 gezeigt. Dass dies in Gl. 20.19 nicht geschieht liegt daran, dass die Energieeigenfunktionen Φ_n keine Eigenfunktionen des Ortsoperators sind. Die Funktion $r^2 \Phi_2$ ist nicht orthogonal zu Φ_1, daher verschwinden die Integrale nicht.
- **Energie-Zeit-Unschärfe** Die Frequenz der Oszillation in Gl. 20.19 ist durch den Energieunterschied $\Delta E = E_2 - E_1$ gegeben. In dieser Superposition liegt also kein exakter Energieeigenwert vor, der Zustand ist kein Eigenzustand des Hamilton-Operators und die Energie zeigt eine Streuung, die man mit ΔE beziffern könnte. Dies führt zu einer Dynamik auf einer Zeitskala von $\Delta t = \frac{\hbar}{\Delta E}$, siehe die Oszillationen in Abb. 20.6a. Diese Bedeutung der Energie-Zeitunschärfe haben wir in Abschn. 20.2.3 diskutiert.
- **Rolle des Zustands** Ist das System in einem Energieeigenzustand, z. B. in Φ_1, dann tritt nur der erste Term in Gl. 20.19 auf, der Erwartungswert ist konstant. Dies ist analog zur oben diskutierten Situation im Kastenpotenzial und beim harmonischen Oszillator. Besteht eine Superposition zwischen z. B. Φ_1 und Φ_3, so ist ΔE größer, und damit die Schwingungsperiode in Abb. 20.6a kleiner. An diesem Beispiel sieht man sehr gut, wie die Dynamik Gl. 20.7 vom Zustand abhängt.

1s-2s-Superposition Nehmen wir an, die beiden Orbitale sind das 1s und 2s. Nach Gl. 20.19 finden wir eine Fluktuation des Erwartungswerts der Atomausdehnung $a = \sqrt{\langle r^2 \rangle}$, welche zwischen dem Wert des 2s- und des 1s-Orbitals oszilliert, siehe Abb. 20.6a.

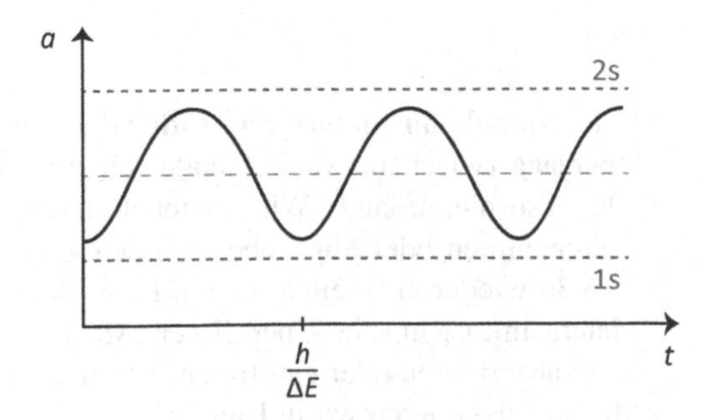

Abb. 20.6 **a** Schwingung des Atomradius a für die 1s-2s-Superposition **b** Dipolmoment bei einer 1s-2p-Superposition

1s-2p-Superposition Bei der 1s-2s-Superposition gibt es eine ‚Schwingung' zwischen zwei kugelsymmetrischen Orbitalen. Betrachtet man nun die 1s-2p-Superposition, so ist hier die Verteilung des Elektrons um den Kern nicht kugelsymmetrisch. Die Elektronenkoordinate **r** gibt den Abstand der Elektronenladung zum Kern wieder. Wenn zwei Ladungen $+e$ und $-e$ in einem Abstand r voneinander platziert sind, so lässt sich das Dipolmoment dieser Ladungsverteilung als

$$\boldsymbol{\mu} = e\mathbf{r}$$

angeben. In der Quantenmechanik wird dies ein Operator $\hat{\mu}$, und den Erwartungswert erhalten wir, wenn wir in Gl. 20.19 einfach $\hat{r}^2$ durch $\hat{\mu} = e\hat{r}$ ersetzen,

$$\langle \hat{\mu} \rangle(t) = |a_1|^2 \mu_{11} + |a_2|^2 \mu_{22} + a_1^* a_2 \mu_{12} \mathrm{e}^{-\frac{i}{\hbar}\Delta E t} + \mathrm{cc}. \tag{20.20}$$

- μ_{11} und μ_{22} sind Dipolmomente der jeweiligen Zustände, diese haben wir schon in Abschn. 13.2.2 diskutiert. Für das 1s und 2s-Orbital verschwinden diese.
- In den Interferenztermen tritt der Ausdruck $\mu_{12} = e \int \Phi_1 \hat{r} \Phi_2 dx$ auf. Dies ist kein Erwartungswert, da hier über zwei unterschiedliche Wellenfunktionen Φ_1 und Φ_2 integriert wird. Dieses Integral nennt man dementsprechend **Übergangsdipolmoment,** bezeichnet mit μ_{12}.
- Die Gl. 20.20 ergibt dann ein **oszillierendes Dipolmoment,** wenn $\mu_{12} \neq 0$. Wir werden diese Bedingung in Kap. 30 als **Auswahlregel** für Übergänge zwischen zwei Zuständen kennen lernen. Wieder sind es die Interferenzterme, die zu der Oszillation beitragen.
- Das oszillierende Dipolmoment kann man klassisch als **Hertz'schen Dipol** (Abschn. 1.3.5) auffassen: Ein oszillierendes Dipolmoment gibt elektromagnetische Strahlung ab. In einem Ensemble mit N Atomen ergibt sich also ein makroskopisches oszillierendes Dipolfeld, das durch $N\langle \hat{\mu} \rangle(t)$ beschrieben wird.

Bei der 1s-2s-Superposition fluktuiert $\langle r^2 \rangle$, das Übergangsdipolmoment μ_{12} in Gl. 20.20 verschwindet jedoch, daher wird keine elektromagnetische Welle abgestrahlt. Dies ist anders bei der 1s-2p Superposition, daher die Bedeutung der Übergangsdipolmomente.

D. h., wir bekommen hier ein **Modell** dafür, wie ein Quantenobjekt bei einem Übergang zwischen zwei Zuständen elektromagnetische Strahlung emittieren oder absorbieren kann. Wir verstehen damit, wie bei einem Übergang Licht aufgenommen oder abgegeben werden kann. Wir werden dieses Modell in Kap. 30 wieder aufgreifen, es wird ein Modell für die Wechselwirkung von Materie mit Licht sein. Über diesen ‚Mechanismus' können Atome/Moleküle Licht absorbieren oder emittieren. Die Interpretation dieses semi-klassischen Modells diskutieren wir in Kap. 21.

Übergang und Energie-Zeit-Unschärfe Wenn aber über den Hertz'schen Dipol Strahlung abgegeben wird, muss die emittierte Energie durch den Übergang der Elektronen in den Grundzustand kompensiert werden. Damit ist die Oszillation bei der 1s-2p Superposition gedämpft, was wir in Abschn. 30.3 durch eine exponentielle Dämpfung von a_2 und einem entsprechenden Anstieg von a_1 modellieren. Die Superposition ist kein Energieeigenzustand, daher ergibt sich für diesen Zustand eine Streuung ΔE. Durch die Dämpfung klingt die Superposition in einer bestimmten Zeitdauer Δt ab, wir finden hier die oben besprochene Energie-Zeit-Unschärfe. In Abschn. 30.2 werden wir sehen, dass die begrenzte Zeitdauer der Emission von Strahlung zu einer Energieunschärfe in dem ausgesandten Wellenpaket führt. Die resultierende Unschärferelation leiten wir aus der Charakteristik des Emissionsprozesses ab.

20.3.5 Spinpräzession

Wir betrachten nun ein Wasserstoffatom in einem in z-Richtung ausgerichtetem Magnetfeld der Stärke B_z (Kap. 19). Der Hamilton-Operator ist durch $\hat{H} = \hat{H}_0 + \hat{H}_1$ in Gl. 19.2 gegeben, die entsprechenden Spineigenzustände sind α^z oder β^z.

Zeitabhängige Wellenfunktion Wir stellen die Wellenfunktion gemäß Gl. 20.2 als Superposition der beiden z-Eigenfunktionen dar. Die Zeitabhängigkeit der Wellenfunktion erhalten wir, wenn wir – wie oben ausgeführt – die zeitabhängigen Exponentialfaktoren $f_n(t) = \mathrm{e}^{-\mathrm{i}E_n t/\hbar}$ berücksichtigen. Die Kreisfrequenz ist durch $\omega_n = E_n/\hbar$ gegeben. Die Energie der beiden Zustände haben wir mit der Störungstheorie in Kap. 19 wie folgt berechnet, $E_n = E_{m_z} = -m_z g_s \beta B_z$, mit $m_z = \pm\frac{1}{2}$. Wir erhalten für den Spinanteil der Wellenfunktion

$$\Psi(t) = a_\alpha^z \alpha^z \mathrm{e}^{-\mathrm{i}\omega_{1/2} t} + a_\beta^z \beta^z \mathrm{e}^{-\mathrm{i}\omega_{-1/2} t}. \tag{20.21}$$

Erwartungswerte Mit dieser Wellenfunktion kann man nun die Erwartungswerte der Spinkomponenten berechnen, für die z-Komponente erhält man analog zu Beweis 20.1:

1.

$$\langle s_z \rangle = |a_\alpha^z|^2 \frac{\hbar}{2} - |a_\beta^z|^2 \frac{\hbar}{2} = p_\alpha \frac{\hbar}{2} - p_\beta \frac{\hbar}{2} = \text{konstant}. \tag{20.22}$$

   Hier heben sich die Phasenfaktoren auf, der Erwartungswert ist nicht zeitabhängig.
2. Für die x- und y-Komponente des Spins trifft dies aber nicht zu: Die Ableitung ist etwas aufwändiger und soll daher hier nicht wiedergegeben werden,[20] man erhält:

[20] Siehe z. B. H. Haken, H. C. Wolf, *Atom- und Quantenphysik*, Springer 2004, Kap. 14.

$$\langle s_x\rangle(t) = a^z_\alpha a^z_\beta \hbar \cos \omega_0 t, \qquad \langle s_y\rangle(t) = a^z_\alpha a^z_\beta \hbar \sin \omega_0 t. \tag{20.23}$$

Hier wurde die sogenannte **Larmor-Frequenz** als $\omega_0 = (E_{\frac{1}{2}} - E_{-\frac{1}{2}})/\hbar$ definiert. Wir bekommen eine Rotation der Spinerwartungswerte in der x-y-Ebene, und wie im letzten Beispiel resultiert diese Oszillation aus den Interferenztermen. Die Erwartungswerte führen eine Präzessionsbewegung mit der Larmor-Frequenz aus.

3. Nach Axiom 4 (Abschn. 5.1.1) beziehen sich die Erwartungswerte auf Messgrößen: Wir müssen also sehen, wie sich die Erwartungswerte als messbare Observable äußern können. Ist das System in dem Zustand α^z präpariert, dann hat jedes Atom ein magnetisches Moment ($\gamma = g_s\beta/\hbar$)

$$(\mu_s)_z = -\gamma\langle s_z\rangle = -g_s\beta m_s.$$

D.h., in einen Ensemble von N Teilchen erwartet man eine **Magnetisierung** mit

$$M_z = N(\mu_s)_z = -\gamma N\langle s_z\rangle \tag{20.24}$$

Spinpräzession In Abb. 19.3b haben wir die klassische Sichtweise der Spinpräzession dargestellt. Wir können mit den Gl. 20.22 und 20.23 einen ‚Spin-Vektor'

$$\mathbf{s}(t) = \big(\langle s_x\rangle(t), \langle s_y\rangle(t), \langle s_z\rangle(t)\big) \quad \rightarrow \quad \mathbf{M}(t) = -\gamma N\mathbf{s}(t) \tag{20.25}$$

definieren, der genau die Rotation auszuführen scheint. Man sieht unschwer, dass $\mathbf{M}(t)$ eine Rotation der makroskopischen Magnetisierung beschreibt. Die z-Komponente bleibt konstant, die x- und y-Komponenten oszillieren in der x-y-Ebene. Manchmal wird von der Präzession eines einzelnen Spins gesprochen. Wie oben ausgeführt, hängt die Dynamik von dem Zustand des Systems ab. Betrachten wir also zwei verschiedene Zustände, den Energieeigenzustand α^z und die Superposition α^x.

Beispiel 1: Der α^z-Zustand Wir wollen das System in dem α^z-Zustand präparieren, z.B. durch Durchlaufen eines Stern-Gerlach Versuchs. Dann bringen wir die Atome in ein B_z-Magnetfeld. α^z ist der Eigenzustand der Energie, wie bei den obigen Beispielen erhalten wir in diesem Fall keine Dynamik. Der Zustand $\Psi(t) = \alpha^z e^{i\omega_0 t}$ ist zwar zeitabhängig, diese hat aber keine physikalische Bedeutung, wie in Abschn. 20.2.1 gezeigt, das Quadrat dieser Wellenfunktion ist zeitlich konstant. Diesen Eigenzustand des Hamilton-Operators kann man also analog zu den Eigenzuständen des Kastenpotenzials, des harmonischen Oszillator oder des H-Atoms verstehen: Dort zeigt zwar die Wellenfunktion eine Zeitabhängigkeit der Phase, aber das Quadrat der Wellenfunktion ist konstant, daher gibt es keine Dynamik der Erwartungswerte. Damit sind die Erwartungswerte konstant, der Erwartungswert

$\langle \hat{s}_z \rangle = \frac{1}{2}\hbar$ ist gleich dem Eigenwert, und die x- und y-Komponenten verschwinden, wie man leicht mit Gl. 20.1 zeigen kann:[21]

$$\langle s_x \rangle(t) = \langle s_y \rangle(t) = 0$$

- Es gibt also in diesem Zustand keine detektierbare Rotation oder Präzession. Nach Axiom 3 und 4 (Abschn. 5.1.1) repräsentieren die Operatoren physikalische Größen, mit den Erwartungswerten erhalten wir Aussagen über die Dynamik eines Systems. Im α^z-Zustand ist das System statisch, es gibt weder eine Bewegung eines Spins, noch der Magnetisierung. Dieser Zustand repräsentiert den Fall, dass ein Ensemble von N Teilchen eine Magnetisierung in z-Richtung erfahren hat.
- Zudem ist der Betrag des Vektors $\mathbf{s}(t)$ in Gl. 20.25 gleich dem Betrag $\langle \hat{s}_z \rangle \doteq \frac{1}{2}\hbar$. Offensichtlich erfüllt dieser Vektor nicht die Quantisierungsbedingungen für quantenmechanische Spins.

Das, was man messen kann, nämlich $\mathbf{s}(t)$ entspricht also nicht einem einzelnen Spin auf einem Kegel, der im Magnetfeld präzediert. Die Kreisfrequenz ist nicht quantisiert, ebenso wenig der Betrag. Je nach Werten der Koeffizienten in Gl. 20.22 kann der z-Erwartungswert alle Werte zwischen $-\frac{1}{2}\hbar$ und $+\frac{1}{2}\hbar$ annehmen. Zudem sind alle möglichen Ausrichtungen im Raum möglich, es gibt keine Richtungsquantisierung, während für einzelne Spins sowohl Richtung, als auch Betrag quantisiert sind. Wir haben es hier offensichtlich mit einem klassischen, makroskopischen Phänomen zu tun, die interpretierbare Größe ist die Magnetisierung Gl. 20.24. Das weist schon einmal darauf hin, dass Gl. 20.23 und 20.22 **nicht** die Bewegungen einzelner Spins beschreiben.

Beispiel 2: Der α^x-Zustand Dieser, oder ein beliebiger anderer Zustand in der x-y-Ebene, ist offensichtlich kein Eigenzustand des Hamilton-Operators. Wir können ihn aber nach Gl. 20.1 als **Superposition** der beiden Energieeigenzustände α^z und β^z schreiben. Wir erwarten daher eine Dynamik der Eigenwerte nach Gl. 20.23, beachten Sie die Analogie zu den obigen Beispielen. Wenn wir also einen α^x Zustand präparieren, wird dieser in einem B_z Magnetfeld präzedieren, wie in Abb. 19.3b gezeigt. Hier gilt, was wir über die Kreiselbewegung gelernt haben: Das Magnetfeld übt eine Kraft auf das magnetische Moment aus, es versucht dieses aus der x-y-Ebene herauszudrehen und entlang der z-Achse zu orientieren. Dadurch entsteht ein Drehmoment, welches das magnetische Moment in der x-y-Ebene präzedieren lässt; ganz analog zum Spielzeugkreisel im Schwerefeld der Erde (Abb. 19.3a).

Nun beschreiben wir hier nicht einzelne Spins, sondern ein Ensemble von N Atomen. Die Erwartungswerte beziehen sich ja auf Mittelwerte möglicher Messwerte, über den Zustand einzelner Spins können wir keine Aussage machen (Abschn. 12.1.2). Gl. 20.23 beschreibt also die Rotation der Magnetisierung Gl. 20.25

[21] Dazu stellen Sie den Zustand α^z nach Gl. 20.1 als Superposition von α^x und β^x dar, und werten das Integral aus.

in der x-y-Ebene. Dies ist ein messbarer Effekt und ist genau das, was Erwartungswerte beschreiben. Was die einzelnen Spins machen, kann durch die Berechnung der Erwartungswerte nicht aufgelöst werden. $\mathbf{s}(t)$ in Gl. 20.25 beschreibt keine einzelnen Spins, sondern Erwartungswerte.

In welchem Zustand sind die Spins? Das ist eine analoge Frage, wie schon oben beim Beispiel des harmonischen Oszillator gestellt. In diesem Kapitel haben wir Superpositionen von Energieeigenzuständen betrachtet. Diese Superpositionen sind Zustände höherer Energie, d. h., im thermischen Gleichgewicht erwarten wir ein Bild, wie in Abb. 14.2 dargestellt. Bei Molekülschwingungen (Kap. 15) und optischen Anregungen befinden sich aufgrund der großen Energieabstände die Systeme in dem Grundzustand, in Kap. 34 werden wir bei der Diskussion der Kernspinresonanzspektroskopie sehen, dass aufgrund der kleinen Energieabstände sehr niedrige Temperaturen nötig sind, damit der Grundzustand dominant besetzt ist. In diesem Fall erhält man eine Magnetisierung des Systems aufgrund der Ausrichtung der Spins in dem Spinzustand kleinster Energie.

Die Superpositionen, die eine Dynamik gemäß der Ehrenfestgleichungen bedingen, erhält man durch gezielte Anregung der Systeme: Z. B. in die kohärenten Zustände beim harmonischen Oszillator, oder die optisch angeregten Zustände bei Atomen und Molekülen. In Abschn. 34.5 werden wir beschreiben, wie man durch ein zweites, in der x-y-Ebene oszillierendes, Magnetfeld die Magnetisierung von der z-Achse in die x-y-Ebene drehen kann. Superpositionen können also experimentell gezielt hergestellt werden.

Thermisches Gleichgewicht Im Magnetfeld sind die Eigenzustände energetisch unterschieden, wir würden erwarten, dass wir im thermischen Gleichgewicht für ein Ensemble von N Teilchen eine Boltzmann-Verteilung der Besetzungszahlen bekommen, wie in Kap. 14 diskutiert, siehe Abb. 14.3 für eine schematische Darstellung. Bilden wir das Betragsquadrat von Gl. 20.21, erhalten wir

$$|\Psi|^2 = |a_1|^2|\alpha^z|^2 + |a_2|^2|\beta^z|^2 + a_1^* a_2 \alpha^{z*} \beta^z \mathrm{e}^{\mathrm{i}\omega_0 t} + \mathrm{cc.} \tag{20.26}$$

Das Auftreten der Interferenzterme erlaubt offensichtlich keine Interpretation als ein klassisches Ensemble, wie nun schon an einigen Stellen diskutiert (Abschn. 12.1.2, Kap. 13). Ein spinpolarisierter Zustand repräsentiert offensichtlich kein klassisches thermisches Ensemble. Wie in Abschn. 20.1.3 diskutiert, ist ein Verschwinden der Interferenzterme nötig, etwas, das wir im weiteren Sinne also Kollaps bezeichnet haben. Wir haben aber auch gesehen, dass der Kollaps nicht aufgrund der Dynamik der Schrödinger-Gleichung (Abschn. 20.1.5) stattfinden kann. In Abschn. 29.2 werden wir jedoch Modelle der Dekohärenz kennen lernen, die in der Lage sind, den Übergang in ein klassisch statistisches Ensemble der Form

$$|\Psi|^2 = |a_1|^2|\alpha^z|^2 + |a_2|^2|\beta^z|^2 \tag{20.27}$$

zu beschreiben. Hier sind nun $N|a_1|^2$ Spins im Zustand α^z, und $N|a_2|^2$ Spins im Zustand β^z. Da in einem z-Magnetfeld ein Energieunterschied zwischen diesen beiden Zuständen besteht, erwarten wir eine thermische Besetzung, d. h., die $|a_n|^2$ lassen sich über eine Boltzmannverteilung ermitteln (Kap. 14). Um den Übergang eines spinpolarisierten Zustands Gl. 20.21 in ein thermisches Gleichgewicht zu beschreiben, benötigen wir also die Dekohärenztheorie. Sonst bliebe die Superposition erhalten.

20.4 Zusammenfassung

Ein zentrales Merkmal der Quantenmechanik ist das Auftreten der Superpositionen. Während wir in Kap. 12 und 13 Superpositionen hauptsächlich vom Standpunkt der Wellenfunktion diskutiert haben, kommt in diesem Kapitel die Rolle der Observablen in den Fokus. Wie in Gl. 12.8 zu sehen, spielen die Interferenzterme, die beim Quadrieren der Wellenfunktion Gl. 12.10 auftreten, bei den Erwartungswerten keine Rolle. Diese scheinen bei der Messung zu verschwinden. Dies wird durch das **Kollaps-Postulat** formalisiert, bei einer Messung kollabiert eine Superposition in einen Eigenzustand,

$$\Psi \to \Phi_n.$$

Diese Veränderung der Wellenfunktion kann auch als eine Dynamik aufgefasst werden, die aber schwer interpretierbar ist. Anzumerken ist, dass das **Kollaps-Postulat** nur bei Interpretationen der Quantenmechanik nötig ist, die über die Born'sche Interpretation hinausgehen.

Für die stationären Lösungen der Potenziale $V(x)$ ist die Wellenfunktion zeitabhängig, dies betrifft aber nur die sogenannte Phase

$$f_n(t) = \mathrm{e}^{\mathrm{i}E_n t/\hbar}.$$

Die Wellenfunktion oszilliert also mit einer Frequenz, die von E abhängt, aber bei der Berechnung von Aufenthaltswahrscheinlichkeiten oder Erwartungswerten ist dies nicht relevant.

Für die zeitliche Entwicklung der Erwartungswerte erhält man die **Ehrenfestgleichung**

$$\frac{\mathrm{d}}{\mathrm{d}t}\langle\hat{O}\rangle = \langle[\hat{O}, \hat{H}]\rangle.$$

Wir erhalten dynamische Gleichungen für die Erwartungswerte die eine Gestalt haben, wie man sie aus der klassischen Mechanik kennt. Allerdings hängt die Dynamik sensitiv vom jeweiligen Zustand ab: Für Energieeigenzustände erhält man ein statisches Bild, eine Dynamik ergibt sich für **Superpositionen.** Die **Energie-Zeit-Unschärferelation** stellt eine Verbindung der Standardabweichung der Energie dieser Superpositionen zu charakteristischen Zeitskalen der Dynamik her.

Die Anwendungsbeispiele (Abschn. 20.3) haben die Bedeutung dieser Gleichungen besser beleuchten können: Die Ehrenfestgleichungen beschreiben offensichtlich die Dynamik von Ensembles. Wir haben schon festgestellt, dass die Dynamik von

Verteilungen **deterministisch** ist: Dies gilt dann auch für die Erwartungswerte. Dabei ist einiges bemerkenswert:

- Die zeitliche Änderung der Erwartungswerte folgt i. A. nicht den Trajektorien klassischer Teilchen. Dies gilt nur, wenn ein anfangs schmales Wellenpaket auch schmal bleibt, die mathematische Bedingung dafür haben wir am harmonischen Oszillator diskutiert.
  - **Dispersionsfreiheit:** Dies bedeutet, dass die Wellenpakete dispersionfrei sein müssen. Offensichtlich gilt dies nur für harmonische Potentiale. Sonst zerfließt das Wellenpaket, und es würde sich eine Interpretation analog zur Diffusionsgleichung anbieten.
  - **Interferenz:** Es treten allerdings Interferenzeffekte auf, die sich beispielsweise an den Wiederkehrzeiten im Kastenpotential bemerkbar machen.

  Oft wird gesagt, ab einer bestimmten Teilchengröße ginge die Quantenmechanik in die klassische Mechanik über. Dies ist aber nicht durch die Ehrenfestgleichungen ausgesagt: Denn dazu müsste ein Wellenpaket dispersions- und interferenzfrei sein. Und dies liegt nicht an der Teilchengröße, was Interferenzexperimente mit sehr großen Molekülen zeigen. Damit stellt sich die Frage, wie die Interferenzterme verschwinden, sodass eine genuin klassische Dynamik resultiert. Diese Frage werden wir in Kap. 29 mit der Dekohärenztheorie zu beantworten versuchen. Dort sehen wir, die Teilchenmasse ist durchaus von Bedeutung, kritisch aber ist die Wechselwirkung mit der Umgebung.

Interpretation III

21

Kollaps und Messproblem Zunächst wollen wir den Kollaps, wie in Kap. 20 eingeführt, an erweiterten Stern-Gerlach-Apparaturen diskutieren. Daran schließen sich eine Reihe von Fragen an: Was soll der Mechanismus des Kollaps sein, der in Kap. 20 als Dynamik II bezeichnet wird? Wann tritt er ein und was bedeutet es, dass bei der Messung der Zustand verändert wird? Wir werden sehen, dass das sogenannte Messproblem aus drei Problemen besteht.

Dynamik der Erwartungswerte Die Ehrenfestgleichung stellt deterministische Gleichungen für Observable zur Verfügung, wenn diese nicht mit dem Hamilton-Operator vertauschen. Was genau bedeutet das, wie kann man diese Dynamik interpretieren? Was genau ‚bewegt' sich da?

21.1 Spinmessungen

Wir wollen die Messung in Abschn. 20.1 nochmals in Bezug auf die Interpretationen in Abschn. 6.2 und ein mögliches mikroskopisches Bild der Vorgänge beim Messen nach Abb. 6.1 diskutieren.

21.1.1 Messung und Kollaps

Es scheint, dass die Aufteilung des Atomstrahls im Magneten in Abschn. 20.1.3 eine Herausforderung für den quantenmechanischen Formalismus ist. Für den **Instrumentalismus** sind nur die Wahrscheinlichkeiten $p_\alpha^z = |a_\alpha^z|^2$ und $p_\beta^z = |a_\beta^z|^2$ von Bedeutung: Diese geben die Wahrscheinlichkeiten von Messergebnissen an, und sind absolut korrekt, die Quantenmechanik ist eine hervorragend bestätigte Theorie.

© Springer-Verlag GmbH Deutschland, ein Teil von Springer Nature 2021

M. Elstner, *Physikalische Chemie II: Quantenmechanik und Spektroskopie*,
https://doi.org/10.1007/978-3-662-61462-4_21

Aber der Formalismus bildet nicht notwendig mikroskopische Vorgänge ab, er ist ein Instrument zur Vorhersage von Beobachtungen, also von Messergebnissen.

Ensembleinterpretation Hier wird $|\Psi|^2$ auf ein Ensemble von N Teilchen bezogen, analog zu der Konzentration $c(x,t)$ der kinetischen Gastheorie.[1] Während wir bei einer klassischen Beschreibung davon ausgehen, dass Np_i Teilchen den jeweiligen Wegen folgen, zeigt die Analyse in Abschn. 20.1.3, dass solch eine Redeweise auch in der Ensembleinterpretation nicht zutreffend ist. Wir erhalten also ebenfalls kein Bild der mikroskopischen Vorgänge, ja, sie scheinen sogar noch rätselhafter: Was passiert beim Kollaps der Interferenzterme in Gl. 20.4, wann findet dieser statt, und warum?

- **Vorteil der Ensembleinterpretation:** Da sich die Wellenfunktion, bzw. ihr Quadrat, auf die Verteilung der Teilchen eines Ensembles bezieht, benötigt man das Konzept des Kollapses in einen Eigenzustand nicht: Denn die Wellenfunktion überdeckt ja beide Bereiche am Schirm, an denen Teilchen gemessen werden, und sie kann die Verteilung der Teilchen korrekt angeben. Die Schrödinger-Gleichung macht für Ensemble **deterministische** Aussagen, d. h., die Verteilungen der Teilchen werden exakt vorhergesagt. Wir wissen also, man wird Np_α^z an der einen Stelle des Schirms registrieren, Np_β^z an der anderen.
- **Ungelöstes Problem:** Sie kann über den Vorgang vor der Messung kein realistisches Bild geben. Sie kann nicht sagen, Np_α^z werden nach oben abgelenkt, und Np_β^z nach unten. Wenn man aber die Teilchen am Schirm misst, dann sind diese definitiv dort anzutreffen: Wie aber sind sie dahin gekommen, wenn man nicht über den Vorgang vor der Messung reden kann?

Einteilchenbild: Kollaps in Spineigenzustände Der Diskussion in Abschn. 20.1.3 folgend sieht es so aus, als gäbe uns die **Einteilcheninterpretation** mehr oder weniger ein **mikroskopisches Bild des Geschehens,** wie es mit unseren klassischen Erwartungen übereinstimmt. Die Spins kollabieren im Magnetfeld in Eigenzustände und die Teilchen werden dann durch die Wechselwirkung abgelenkt und folgen bestimmten Bahnen. Abschn. 20.1.4 bestärkt uns in dieser Auffassung - halt um den Preis, dass man den Kollaps **postulieren** muss, und man damit ein weiteres Element der Beschreibung einführt, das man nicht versteht. Aber das wäre es wert, vermutlich. Wenn es nur so einfach wäre, denn in Abschn. 21.1.2 kommt ein Vorgang, der dieses einfache Bild widerlegt.

Physikalischer Mechanismus Aber es knirscht auch im Detail. Wir wollen einen Mechanismus nun **physikalisch** nennen, wenn er auf Impuls- oder Energieübertrag beruht, also auf einem Wechselwirkungspotenzial V, siehe auch Abschn. 13.3.1. Wann genau passiert der Kollaps, und wodurch? Schon beim Eintritt in das Magnetfeld, aber wie groß muss es dafür sein? Warum wird die Dynamik II (Abschn. 20.1.5)

[1] Zu diesem Vergleich siehe etwa Abschn. 4.2.3 und 5.2.3.

dann nicht durch Wechselwirkungen im Hamilton-Operator beschrieben? Aber eigentlich muss der Kollaps schon passiert sein, bevor das Magnetfeld erreicht wird, davon sind wir in Abschn. 18.2 ausgegangen. Und woher ‚weiß' der Spin, wann er kollabieren muss, denn wenn er nicht kollabiert ist, wird das Atom ja nicht abgelenkt, oder doch? Die Gründerväter der Quantenmechanik haben sich an diesem Problem redlich abgemüht, ohne Erfolg.[2]

Kollaps: Beschreibung und Erklärung Die Quantenmechanik gibt keine **physikalische Erklärung** dafür, dass immer eine Aufspaltung in zwei Strahlen auftritt, wohl aber eine korrekte **Beschreibung.** Dieser Übergang ist stochastisch, d. h., es gibt mit den Mitteln der Quantenmechanik keine Möglichkeit

- **vorherzusagen,** in welchen Eigenzustand genau, α oder β, der Spin kollabiert. Es gibt nur **objektive** Wahrscheinlichkeiten dazu.
- **zu erklären**, warum der Übergang in genau diesen Eigenzustand stattfand. In der Quantenmechanik gibt es keine Erklärung dafür, aber vielleicht könnte man die Theorie erweitern? Dies diskutieren wir in Kap. 29 (‚verborgene Parameter').

Der Kollaps wurde als Axiom eingeführt, was schon darauf hindeutet, dass hier ein unerklärtes Faktum mathematisch dargestellt wird (Abschn. 6.4).

Ausblick: Verschränkung Den Ausdruck **physikalische Erklärung** haben wir für Wechselwirkungen reserviert, die über Potenziale stattfinden.[3] Die unitäre Schrödinger-Gleichung führt in diesem Fall zu keinem Kollaps (Abschn. 20.1.5). In Kap. 29 werden wir jedoch einen Vorgang kennenlernen, der rein auf der Ebene der Wellenfunktionen beheimatet ist, die **Verschränkung**. Verschränkung ist ein weiteres **Quantenphänomen**, das wir in unsere Liste **grundlegender Quanteneigenschaften** (Abschn. 4.2.1) aufnehmen werden. In gewisser Weise gibt die Verschränkung (Dekohärenz) einen Mechanismus für das Verschwinden der Interferenzterme an: Der Kollaps im Ensemblebild kann also ‚erklärt' werden, der Einteilchenkollaps in einen Eigenzustand jedoch nicht.

In Kap. 13 haben wir schon darauf hingewiesen, dass Erklärungen nicht mehr nach dem Rezept der Mechanik funktionieren können, wir erklären z. B. chemische Bindungen mit Orbitalen, und nicht mit Trajektorien von Elektronen (Abschn. 13.2). Die neuen Grundbegriffe der Quantenmechanik sind Ausgangspunkte der Erklärungen. Und so ist das auch mit dem Messprozess: Das Verschwinden der Interferenzterme hängt dann an einem anderen quantenmechanischen Grundbegriff, und nicht an einem Wechselwirkungspotenzial.

[2]Stellvertretend für viele Auseinandersetzungen mit diesem unerklärlichen Geschehen, siehe z. B. Einstein, A., Ehrenfest, P., *Quantentheoretische Bemerkungen zum Experiment von Stern und Gerlach.* Z. Physik 11, 31–34 (1922).

[3]Dies ist eine Wahl, die wir an dieser Stelle treffen, die aber nicht zwingend ist: Man kann auch die Dekohärenz als eine physikalische Erklärung auffassen.

21.1.2 Wann und wie geschieht der Kollaps?

Nun kommen wir zu der in Abschn. 21.1.1 aufgeworfenen Frage zurück: **Wann** passiert der Kollaps? Dazu betrachten wir den Versuch in Abb. 21.1, siehe z. B. [42]. Der Stern-Gerlach-Versuch in z-Richtung werde nun von einem Atomstrahl durchlaufen, der in einem Φ_α^x-Eigenzustand ist. Zur Beschreibung der z-Messung stellen wir die Wellenfunktion als Superposition dar,

$$\Phi_\alpha^x = a_\alpha^z \Phi_\alpha^z + a_\beta^z \Phi_\beta^z. \tag{21.1}$$

Nach Gl. 20.4 sind die beiden Koeffizienten $1/\sqrt{2}$. Nun führen diese beiden Teilstrahlen durch Reflexion wieder zusammen und führen mit dem kombinierten Strahl eine S_x-Messung durch (Abb. 21.1).

Was erwarten wir? Nach der Diskussion in Abschn. 20.1.4 gehen wir davon aus, dass nach jeder Trennung der Strahlen in einem Stern-Gerlach-Versuch ein Kollaps in die Teilstrahlen auftritt, d. h., dass die S_z-Messung den Strahl in zwei Teile auftrennt, wobei jeder Teilstrahl dann einen entsprechenden Spin **hat,** da sich die Teilstrahlen in den jeweiligen Eigenzuständen befinden. Es müsste also der Kollaps

$$\Phi_\alpha^x \to \Phi_\alpha^z \qquad \text{oder} \qquad \Phi_\alpha^x \to \Phi_\beta^z$$

stattfinden. Damit bekommen wir faktisch eine Trennung des Anfangs präparierten Ensembles in zwei Ensembles, bei denen eines den Spin α^z **hat,** das andere hat Spin β^z. Wenn das so wäre, dann müssten wir die beiden Zustände in den Teilstrahlen, Φ_α^z und Φ_β^z, für die folgende S_x-Messung wieder als Superpositionen entwickeln:

$$\Phi_\alpha^z = a_1 \Phi_\alpha^x + a_2 \Phi_\beta^x \qquad \Phi_\beta^z = b_1 \Phi_\alpha^x + b_2 \Phi_\beta^x.$$

Jedes dieser Teilensemble kollabiert dann bei der nächsten Messung entweder in Φ_α^x oder Φ_β^x, damit würde man hinter der zweiten Apparatur wieder zwei Strahlen erwarten.

Was findet man? Man findet **keine Aufspaltung,** wie in Abb. 21.1 gezeigt. Es gibt nur eine Ablenkung in eine Richtung. Das kann aber nur sein, wenn das System immer

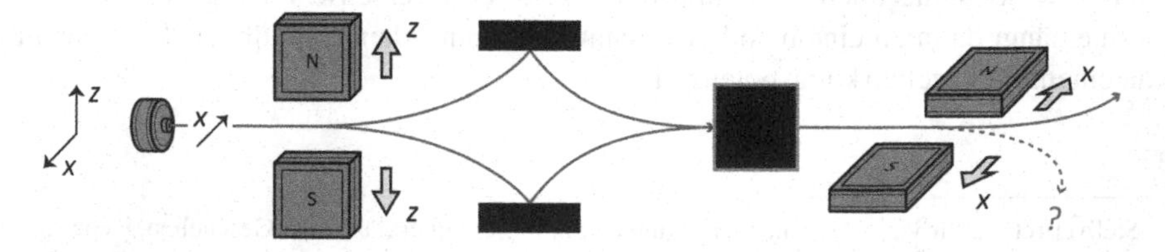

Abb. 21.1 Stern-Gerlach-Versuch, ein x-polarisierter Atomstrahl durchläuft einen Apparat mit Magnetfeld in z-Richtung, wird wieder zusammengeführt, um dann eine Apparatur mit Magnetfeld in x-Richtung zu durchlaufen. Findet man nun eine Aufspaltung des Strahls nach der x-Messung?

noch im Φ^x_α-Eigenzustand ist, wie er vor der ersten Messung vorlag. **Offensichtlich hat im S_z-Magnetfeld kein Kollaps stattgefunden, was im Widerspruch zu der ganzen bisherigen Diskussion in Kap. 20 steht!**

Interferenzterme Betrachten wir nochmals den Kollaps im Ensemble- und Einteilchenbild:

$$\begin{aligned} |\Phi^\alpha_x|^2 &= |a_1|^2|\Phi^\alpha_z|^2 + |a_2|^2|\Phi^\beta_z|^2 + a_1^* a_2 \Phi^{\alpha *}_z \Phi^\beta_z + a_2^* a_1 \Phi^{\beta *}_z \Phi^\alpha_z \\ &\to |a_1|^2|\Phi^\alpha_z|^2 + |a_2|^2|\Phi^\beta_z|^2 \to \frac{1}{2}|\Phi^\alpha_z|^2. \end{aligned} \tag{21.2}$$

- Der erste Pfeil beschreibt offensichtlich das Verschwinden der Interferenzterme in Gl. 21.2, in einer Ensembleinterpretation beschreibt dieser Schritt die Aufteilung in zwei Teilensembles. Dies ist offensichtlich alles, was die Ensembleinterpretation benötigt, der Übergang von einem Q-Ensemble in ein K-Ensemble. Vergleichen Sie das mit der Diskussion des Doppelspaltexperiments in Kap. 13.
- Der zweite Pfeil wird von einer Einteilcheninterpretation benötigt. Man möchte ja sagen, wenn das Teilchen an einem definierten Ort am Schirm angekommen ist, dann ist es auch diesen Weg gegangen.

Wann findet der Kollaps statt? Da wir keine Aufspaltung nach dem zweiten Magnetfeld in Abb. 21.1 sehen, sind offensichtlich die Interferenzterme nicht verschwunden, und ein Kollaps hat nicht durch die Wechselwirkung mit dem ersten Magnetfeld stattgefunden. Der Zustand wird immer noch durch Φ^α_x beschrieben, was nur eine Ablenkung zur Folge hat, und nicht durch zwei Unterensemble Φ^α_z und Φ^β_z, welche beide jeweils aufspalten würden.

Es scheint so, als sei das Teilchen mit α^x-Spinzustand durch die Apparatur geflogen, und trotz Ablenkung habe kein Umklappen des Spins stattgefunden.

Es ist wohl eher so, wie beim Doppelspaltversuch: Das Teilchen passiert die Apparatur, und die beiden Wege haben die gleiche Rolle wie die beiden Spalte; der Weg des Teilchens bleibt unbestimmt. Was beim Doppelspaltversuch der Interferenz entspricht, ist hier die Ablenkung in nur eine Richtung im zweiten Magnetfeld. Das Verschwinden der Interferenzterme beim Doppelspaltversuch entspricht hier der Ablenkung in beide Richtungen. Bzw., die Ablenkung nur in eine Richtung deutet auf das Vorhandensein der Interferenzterme hin.

Es kann also nicht sein, dass das Atom, wie oben in Abschn. 21.1.1 für das Einteilchenbild entwickelt, einen bestimmten z-Spinzustand **hatte,** und dann durch die Wechselwirkung mit dem Magneten einen Weg eingeschlagen hat. Das wäre analog zum ‚Versuch 1‘ beim Doppelspaltexperiment (Kap. 13). Nur das Passieren des

Magnetfeldes führt also nicht zu einem Kollaps. Und das ist in Übereinstimmung dazu, was wir in Abschn. 20.1.5 zur Dynamik I ausgeführt haben. Eine Wechselwirkung mit einem Potential oder einem Magnetfeld, die durch einen Wechselwirkungsterm in der Schrödingergleichung beschrieben wird, führt nicht zu einem Kollaps. Das ganze schöne mikroskopische Bild, das wir in Abschn. 20.1.4 für den Einteilchenfall entwickelt haben, bricht zusammen, denn der Zustand wird durch eine Superposition beschrieben. Es ist weder der Zeitpunkt, noch der Mechanismus des Kollapses klar bestimmbar.

Wir bekommen in der hier vorgestellten Quantenmechanik (OQM, Abschn. 6.2.3) kein Bild des mikroskopischen Geschehens.

Der Kollaps scheint also erst dann stattzufinden, wenn die Teilchen auf dem Schirm auftreffen, vorher nicht. **Also mit der Messung.** Hier haben wir ihn wieder, den Bezug der Wahrscheinlichkeiten $p_n = |a_n|^2$ auf Messungen. Wir müssen also davon ausgehen, dass der Kollaps erst in dem Moment stattfindet, wenn eine Messung vorgenommen wird. Damit findet auch in dem einfachen Stern-Gerlach-Versuch in Abschn. 18.2 kein Kollaps an den Magneten statt, sondern erst beim Auftreffen auf dem Schirm.

Wenn wir im Folgenden also über einen Kollaps reden, dann im unmittelbaren Zusammenhang einer Messung. Es wird nichts über einen Kollaps der Zustände unabhängig von einer Messung ausgesagt, was nicht auch schon durch die Born'schen Regel ausgedrückt ist.

Aber was ist dann das Besondere der Messung? Wie wir gesehen haben, findet der Kollaps nicht durch eine physikalische Wechselwirkung statt. Eine Ablenkung an einem Magneten ist also keine Messung, aber was dann? Um das genauer fassen zu können, müssen wir auf Kap. 29 warten. Dort werden wir einen ‚Mechanismus' kennenlernen, der eine Beschreibung des Verschwindens der Interferenzterme ermöglicht.

Vergleich mit dem Doppelspalt Das ist offensichtlich analog zum Doppelspaltexperiment (Abschn. 13.1.3). Wenn dort die Interferenzterme vorhanden sind, dann tritt Interferenz auf, wenn sie nicht vorhanden sind, tritt keine auf. Dort haben wir gesehen, dass das Vorhandensein der Interferenzterme gerade nicht gestattet, über die Wege der Teilchen zu reden. Damit Interferenz auftritt, muss es sich um einen Teilchenstrahl handeln, der **interferenzfähig** ist, man nennt solch einen Teilchenstrahl **kohärent**. Offensichtlich sind die Interferenzterme entscheidend für die

Kohärenz eines Quantensystems. Beim Doppelspalt führen die Interferenzterme zu dem Interferenzmuster auf dem Schirm, bei diesem Stern-Gerlach-Aufbau sorgen die Interferenzterme dafür, dass beim zweiten Versuch keine Aufspaltung des Strahls stattfindet, offensichtlich ist dies auch ein Interferenzphänomen, welches Kohärenz benötigt. Die **Interferenzterme haben also messbare physikalische Auswirkungen,** die sich im Interferenzmuster zeigen.

21.1.3 Unwissen und Interferenzterme

Bedeutung der Superposition An diesem Beispiel sehen wir, dass die Superposition Φ^x_α in Gl. 21.1 andere physikalische Eigenschaften hat, als jeweiligen einzelnen Zustände Φ^z_α und Φ^z_β. Φ^x_α wird nicht aufgespalten, Φ^z_α und Φ^z_β schon. Dies erlaubt uns, die in Gl. 21.2 auftretenden Vorfaktoren zu interpretieren:

- **Unwissen** Die $p_i = |a_i|^2$ in Gl. 21.2 können wir als Wahrscheinlichkeiten deuten, und diese mit einer **Ignoranzinterpretation** als **Unwissen.** Aber nicht als Unwissen darüber, in welchem Zustand Φ^z_α oder Φ^z_β das Teilchen vor einer Messung **ist,** sondern als Unwissen darüber, in welchen Zustand es **bei Messung kollabieren wird.** Dies ist also der Bezug auf eine Messung, den wir in Abschn. 4.2.4 schon eingeführt haben, der dort aber noch nicht richtig greifbar war.
- Die Interferenzterme verhindern also eine Ignoranzinterpretation, wie in Abschn. 12.1.2 ausgeführt. Und in Abschn. 13.1.3 haben wir mit Versuch 1 ein Verfahren kennengelernt, ein K-Ensemble zu präparieren, bei dem die Interferenzterme fehlen. Wenn man die beiden Wege in Abb. 21.1 abwechselnd blockiert, dann verschwinden diese, und wir können die $p_i = |a_i|^2$ als Unwissen interpretieren.
- **Andere Eigenschaft** Da Φ^x_α aber offensichtlich andere Eigenschaften als Φ^z_α und Φ^z_β hat, was experimentell nachweisbar ist, wird durch die Interferenzterme offensichtlich genau dieser Unterschied im Zustand beschrieben (Abschn. 13.1.5). Die Interferenzterme $a_1^* a_2$
  - charakterisieren die Superposition als fundamental anderen Zustand als die Basiszustände, aus denen sie hervorgehen,
  - führen zu einem experimentell detektierbaren Unterschied,
  - führen sogar dazu, dass das System elektromagnetische Strahlung absorbieren oder emittieren kann, wie in Abschn. 21.3 anhand zweier Beispiele deutlich wird.

Uneindeutigkeit der Basis: PVE Die p_i lassen sich nur durch einen **Bezug zur Messung** als Wahrscheinlichkeiten interpretieren. Dies resultiert aus einer Beliebigkeit der Basisdarstellung, wie man anhand eines Beispiels gut sehen kann. Nehmen wir an, ein Atom sei in Abb. 20.1 durch einen bestimmten Winkel γ präpariert. Es liegt dann eine bestimmte Spinpolarisation vor, beschrieben durch die Wellenfunktion Ψ. Nun können wir diese Wellenfunktion nicht nur mit Hilfe der Eigenfunktionen von $\hat{S}_z$ darstellen, sondern ebenso mit Hilfe der Eigenfunktionen von $\hat{S}_x$ und $\hat{S}_y$, wir können schreiben,

$$\Psi = a_1\Phi^x_\alpha + a_2\Phi^x_\beta, \qquad \Psi = b_1\Phi^z_\alpha + b_2\Phi^z_\beta, \qquad \Psi = c_1\Phi^y_\alpha + c_2\Phi^y_\beta. \tag{21.3}$$

Die $|a_1|^2$, $|a_2|^2$, $|b_1|^2$, ... sind nun die Wahrscheinlichkeiten dafür, die entsprechende Spinkomponente **zu messen,** d. h. die Wahrscheinlichkeit, dass bei Messung ein Kollaps in den entsprechenden Zustand stattfindet. Aber man darf nicht sagen, sie seien die Wahrscheinlichkeiten dafür, dass das Atom diese Spinkomponenten **hat.** Denn die Gleichungen würden dann folgendes bedeuten: $a_1\Phi^z_\alpha + a_2\Phi^z_\beta$ würde sagen, dass das Teilchen **entweder** Spin α^z **oder** β^z **hat,** analog für die beiden anderen Spinrichtungen. Das würde dann bedeuten, dass der Spin des Teilchens beispielsweise durch die Werte α^z, β^x und α^y gegeben ist. D. h., jede der drei Spinkomponenten wäre bestimmt, und man hätte in der Tat ein klassisches Ensemble. Aber genau dies ist durch das PBR-Theorem ausgeschlossen (Abschn. 6.3.1). Zudem, das berühmte Gedankenexperiment von Einstein, Podolski und Rosen (Kap. 29) hat genau dies behauptet. Wie wir sehen werden, ist diese Behauptung im Widerspruch zu den experimentellen Ergebnissen. Es wurde also auch experimentell gezeigt, dass dies so nicht richtig sein kann.

Zustände sind mathematisch in vielen VONS (Abschn. 12.1.1) entwickelbar, die Koeffizienten lassen sich daher nicht realistisch interpretieren, sondern immer nur in Bezug auf den Ausgang einer Messung, es gibt eine Beliebigkeit in der mathematischen Darstellung ([1] S. 266). Wenn man den Bezug der Darstellung auf eine Messung nicht im Auge behält, könnte man auf die Idee kommen, dem Quantenobjekt auch nicht-kommensurable Eigenschaften zuschreiben, entgegen den Regeln der Quantenmechanik (s. z. B. [49], S. 134 ff.), d. h. Eigenschaften, die durch nicht-kommutierende Operatoren repräsentiert werden.

Aus diesem Grund erhalten die p_i keine realistische Interpretation, die Wahrscheinlichkeitsaussagen über die Eigenschaften der Teilchen erlauben. Denn dies würde das PVE voraussetzen und steht im Widerspruch zu den experimentellen Ergebnissen der Quantenmechanik. Dies kann als Hintergrund des PBR-Theorems verstanden werden.

21.1.4 Superpositionen und ihr Kollaps

Man kann experimentell also zwischen einer Superposition und einem klassischen Ensemble unterscheiden. Diese unterscheiden sich gerade durch die Interferenzterme in Gl. 21.2. In einem klassischen Ensemble liegen die einzelnen Atome in unterschiedlichen Spinzuständen vor, man kann die Anzahlen durch relative

Häufigkeiten darstellen. In einer Superposition liegen die Teilchen gerade in keinem der beiden Zustände vor, wir wollen das anhand der Spins in Gl. 20.1

$$\alpha^x = \frac{1}{\sqrt{2}} \left(\alpha^z + \beta^z\right)$$

nochmals darstellen. In den Zuständen α^z und β^z haben die Teilchen sicher eine Spinprojektion auf die z-Achse, im Zustand α^x gibt es diese Eigenschaft gerade nicht. Hier hat das Teilchen eine Spinprojektion auf die x-Achse. Dies sind physikalische Zustände, die völlig unterschiedliche Eigenschaften haben. Offensichtlich wird durch die Superposition eine neue Eigenschaft erzeugt, die mit den alten Eigenschaften nicht zur Deckung zu bringen ist.

- Niemand würde sagen, das Teilchen im Zustand α^x sei in einem Zustand, in dem es gleichzeitig einen Spin in positive und negative z-Richtung habe. In Abschn. 13.1.4 haben wir schon auf den Umstand hingewiesen, dass die Darstellung der Katze über die Eigenschaften der beiden superponierten Zustände, ‚tot' und ‚lebendig' unangemessen ist. Die Heisenberg'sche Rede von ‚gleichzeitig' ist daher nicht zielführend und ignoriert das Neue an den Superpositionen.
- Die Interferenzterme als **Unwissen** zu interpretieren, ist in analoger Weise unzureichend. Unwissen wird durch die Wahrscheinlichkeiten $p_{\alpha/\beta}$ in Gl. 21.2 ausgedrückt, nachdem die Interferenzterme verschwunden sind. Die Interferenzterme verweisen daher auf ‚mehr' als nur Unwissen.
- Aus diesem Grund ist die Modellierung durch ein klassisches Ensemble ungenügend. Denn aus dieser Perspektive würde man über ein Ensemble mit N Atomen in dem Zustand α^x sagen, dass man für ein Atom zwar nicht wisse, ob es in dem Zustand α^z oder β^z sei, aber dass man für das Ensemble sicher wisse, dass $N/2$ Teilchen in Zustand α^z, und $N/2$ Teilchen in Zustand β^z seien. Und eines ist dann auch sicher: Dass es in Abb. 21.1 eine Ablenkung in beide Richtungen geben wird, steht im Widerspruch zur Aussage der Quantenmechanik. Das ist im Kern das PVE und die Ignoranzinterpretation. Und das ist offensichtlich eine komplett falsche Beschreibung des Zustands. Wir kommen dem Gehalt des PBR-Theorems offensichtlich näher.

Wir sehen, eine klassische Vorstellung – und eine bildliche Vorstellung scheint immer klassisch zu sein – beißt sich an den Superpositionen die Zähne aus. Weder die Materiewelle, noch Heisenbergs Potenzialität, noch die klassische Ensemblevorstellung werden dem Phänomen nur ansatzweise gerecht.

Beispiel 21.1

Und genau dies wird auch durch das Vektorbild des Spins ausgedrückt, wie in Abschn. 10.3.3 und 12.3.3 vorgestellt. Die Kegel werden manchmal so interpretiert, dass der Spin irgendwo auf diesem Kegel liegt, man aber nur nicht wisse, wo genau. Das ‚Klassische' an diesem Bild ist also, dass es das PVE voraussetzt und die Spins als klassisches Ensemble modelliert. Wie schon ausgeführt, kann in diesem Bild die Quantisierung verdeutlicht werden. Die **Unbestimmtheit** der genauen Ausrichtung wird aber als **Unwissen** der genauen Position des Vektors interpretiert. Das Vektorbild kann also einige Quanteneigenschaften auf klassische Weise veranschaulichen, hat aber Kosten, wie wir schon in Abschn. 13.2.3 angesprochen haben und wir unten vertiefen werden. ◀

In Abschn. 12.1.2 haben wir gesehen, dass den Interferenztermen im Rahmen der Born'schen Wahrscheinlichkeitsinterpretation keine Bedeutung zugewiesen werden kann, in Abschn. 13.1.5 haben wir ausgeführt, dass keines der **Interpretationsmodelle** den Gehalt der Superpositionen wirklich umfasst.

Wir haben gesagt, dass die Interferenzterme die Basiszustände **irgendwie vermischen,** sodass keine Ignoranzinterpretation möglich ist. Wir sehen nun mehr und mehr, dass ihre Bedeutung weit darüber hinaus geht und dass die Interferenzterme eine neue Qualität beschreiben, die aus den Basiszuständen nicht ersichtlich wird.

Die Interferenzterme codieren also i) zum einen eine **Unbestimmtheit,** nämlich die Unbestimmtheit, in welchen der Basiszustände die Superposition zerfallen wird. ii) Zum anderen codieren sie die **Kohärenz**, die Interferenzfähigkeit, die sich nicht nur beim Doppelspaltexperiment bemerkbar macht, sondern beispielsweise auch bei Spinsuperpositionen. iii) Und drittens wird ein physikalischer Zustand codiert, der sich von den Ausgangszuständen unterscheidet. Er kann **andere Eigenschaften** als die Ausgangszustände aufweisen, wie das Beispiel der (Eigen-) Drehimpulse zeigt.

21.1.5 Präparation und Messung

Präparation Der Versuch in Abschn. 21.1.2 ist interessant. Nur durch die Ablenkung im Magnetfeld hat offensichtlich kein Übergang in einen z-Eigenzustand stattgefunden. Wenn man die beiden Teilstrahlen wieder zusammenführt, findet man die Spinpolarisation des einfallenden Strahls. Wenn man jedoch einen Teilstrahl blockiert, findet man eine Aufspaltung in zwei Strahlen bei der folgenden x-Messung. Der durchgelassene Teilstrahl ist nun offensichtlich in einem z-Eigenzustand.

Wir wissen also, wenn wir jeweils einen Strahl blockieren, ist der durchgelassene Atomstrahl in einem $\hat{S}_z$-Eigenzustand. Nun verstehen wir, wie eine Präparation funktioniert: Wir verwenden in Abb. 20.1 $\gamma = 0$, blockieren den unteren Strahl nach dem ersten Magnetfeld, dann wissen wir, dass die Teilchen im oberen Strahl in z-Richtung spinpolarisiert sind.

Woher wissen wir das? Nun, sie werden im zweiten Magnetfeld wieder ausschließlich nach oben abgelenkt. Und das können wir durch ein drittes und viertes z-Magnetfeld weitertreiben: Immer würde eine Ablenkung nach oben stattfinden. Und dies erlaubt uns die ‚realistische' Redeweise, wie in Abschn. 6.1.2 als ‚**EPR-Realitätskriterium**' eingeführt. Wenn ein System in einem Eigenzustand ist, dann kann man den Eigenwert berechnen, wir sagen dann, es **hat** die entsprechende Eigenschaft (Abschn. 5.1.7).

Messung eines Atoms? In Abschn. 5.2.1 haben wir darauf hingewiesen, dass man die Wellenfunktion eines Quantenteilchens **nicht** durch eine einzige Messung bestimmen kann. Betrachten wir nochmals Abb. 20.1 und nehmen an, ein Teilchen habe das erste Magnetfeld durchlaufen, was wir als Präparation verstehen. Der Winkel γ soll nicht bekannt sein, wir wissen aber, dass das Teilchen durch die entsprechende Wellenfunktion Ψ beschrieben wird. Um die Wellenfunktion zu bestimmen, müssten wir die beiden Koeffizienten $a^z_{\alpha/\beta}$ in Gl. 21.1 durch eine Messung bestimmen. Ein einzelnes Teilchen wird aber immer nur entweder in $+z$, oder in $-z$ Richtung abgelenkt, wir erhalten keine Information über die Koeffizienten. Diese erhalten wir aber nur durch Vermessung eines Ensembles mit N Teilchen, denn dann werden $N|a^z_{\alpha/\beta}|^2$ in die jeweilige Richtung abgelenkt.

21.2 Das Messproblem

Als ‚Messproblem' der Quantenmechanik wird die Tatsache bezeichnet, dass die Messung zum einen eine andere Rolle als in der klassischen Mechanik spielt, wo Messen einfach ‚Auslesen' von Eigenschaften bezeichnet, die im Objekt vorliegen. Zum anderen ist nicht erklärbar, was bei der Messung **mikroskopisch** vor sich geht, dass das so anders ist. Das Messproblem hat dabei drei Komponenten, die wir im Folgenden zusammenfassen wollen.

21.2.1 Problem I: gemessenes System

Dieser erste Typ von Problemen bezieht sich auf das zu messende Quantenteilchen.

1. **Verschwinden der Interferenzterme:** Bei der Berechnung der Erwartungswerte in Gl. 20.3 verschwinden diese einfach aufgrund der Orthogonalität der Eigenfunktionen. Gl. 20.3 gibt an, was man findet, **wenn** man misst. Offensichtlich beschreibt Gl. 20.3 zwei Sub-Ensemble: eines, in dem alle Atome den Spin α, und eines, in dem alle Atome den Spin β haben. Dies ist nur möglich, wenn die Interferenzterme weggefallen sind. Damit ist der Instrumentalismus zufrieden, gibt dies doch die experimentellen Ergebnisse absolut korrekt wieder. Es kann aber keine Beschreibung der Teilchen selbst gegeben werden: Wie, wann und warum findet der Kollaps statt?

2. **Objektive Wahrscheinlichkeiten:** Wie in Abschn. 20.1.5 ausgeführt, kann man, selbst wenn man den Kollaps postuliert, damit das mikroskopische Bild nicht weiter aufhellen. Die Wahrscheinlichkeiten p_i sind objektiv. Es gibt keine Möglichkeit, die Entscheidung für eine der Eigenfunktionen aufgrund mikroskopischer Vorgänge weitergehend zu erklären. Ja, es kann nicht einmal an einer physikalischen Wechselwirkung liegen.
3. **Messen $\neq$ Auslesen** Und wenn man einen bestimmten Messwert erhalten hat, kann man nicht sagen, dass das Teilchen diese Eigenschaft schon vor der Messung besessen hat.

21.2.2 Problem II: Messgerät

Das Beispiel Schrödingers Katze (Kap. 13) hat mehrere Aspekte: i) zum einen die Illustration von Superpositionen, die prinzipiell auch im Makroskopischen auftreten können, zum anderen aber symbolisiert sie das Messproblem, nämlich die Frage ii), ob eine Messung eine physikalische Wechselwirkung sein muss, wie in Abschn. 21.2.3 diskutiert, und das Problem iii), dass die Quantenmechanik den Messprozess selber nicht vollständig beschreiben kann.

Ein Messgerät sollte eindeutige ‚Zeigerausschläge' erlauben, d. h. eine eindeutige Aussage über das mikroskopische System erlauben. Wenn man die Katze als Messgerät betrachtet, sollte der Zeigerausschlag durch ihren Zustand tot/lebendig repräsentiert sein: D. h., wenn das Präparat unzerfallen ist, ‚zeigt' die Katze ‚lebendig' an, ist das Präparat zerfallen, ‚zeigt' die Katze ‚tot' an. Nur wird die Katze, wenn durch die Quantenmechanik beschrieben, dieser Funktion nicht gerecht, denn sie ist nun selbst in einer Superposition: Beschrieben durch die Quantenmechanik ist die Katze in keinem eindeutigen Zustand, das Messgerät selbst gerät in eine Superposition. Wie kommt es dann, dass, wenn wir nachsehen, wir immer tote oder lebendige Katzen sehen? Ist es der Beobachter selbst, der hier zum Kollaps führt? Aber wie genau geschieht dies und warum? Oder gerät der Beobachter selbst in eine Superposition, also in eine Superposition von den zwei Zuständen, in der er in dem einen eine tote, im anderen eine lebendige Katze sieht? Nun kann ein Freund den Beobachter beobachten: Dabei gerät nun auch der Freund in eine Superposition, in der er den Beobachter der Katze in einem Zustand sieht, wo dieser zum einen eine tote Katze sieht und zum anderen eine lebende.[4] Man kommt hier in einen infiniten Regress. Man wird also die Interferenzterme **prinzipiell** nicht los.

[4] Dieses Beispiel ist als ‚Wigners Freund' bekannt.

21.2.3 Problem III: Was genau ist Messung?

Messung – Störung oder bloßes Ablesen? Mikroskopisch ist nicht klar, was da passiert: Unsere erste Vermutung war, dass der Kollaps beim Durchlaufen des Magnetfeldes stattfindet, später mussten wir das revidieren und sagen, dass dieser Kollaps erst am Schirm stattfindet, also bei der ‚wirklichen' Messung. Der Kollaps ereignet sich offensichtlich nicht durch das Wechselwirkungspotenzial $\hat{H}_1$ im Hamilton-Operator, keine Wechselwirkung dieser Welt kann den Kollaps erzwingen. Damit bekommen wir keine Aussage über die Entwicklung der Katze, solange wir nicht nachsehen. Da dies nicht im Formalismus der Quantenmechanik geschieht, man aber empirisch immer nur eine Lösung sieht, wurde der Kollaps der Quantenmechanik ‚von außen' aufgelegt. Daher wird er oft auch als weiteres Postulat, dem **Messpostulat,** zu den Axiomen in Kap. 5 zugefügt. Und wie wir in Kap. 6 diskutiert haben, heißt das, dass man ihn nicht im Rahmen der Theorie erklären kann, sondern dass er eine unerklärte Voraussetzung dieser Theorie ist. Damit ist die Quantenmechanik selbst nicht in der Lage, den Messprozess klar darzulegen.

In Kap. 29 können wir das Rad ein Stück weiterdrehen und explizit sehen, dass der Kollaps der Wellenfunktion gerade nicht durch eine **physikalische Einwirkung** entsteht, sondern durch das Phänomen der **Verschränkung.**

21.2.4 Interpretationen

In Kap. 6 haben wir drei Klassen von Interpretationen diskutiert, wie stehen diese Interpretationen zum Kollaps?

- **Instrumentalismus** Im Instrumentalismus hat die Wellenfunktion keine physikalische Bedeutung, sie ist ein reines ‚Instrument' zur Berechnung von Messergebnissen. Die Interpretation der Wellenfunktion ist unnötig, und wenn sie geschieht, dann führt das nur zur Verwirrung. Denn meist interpretiert man hier mechanistische Vorstellungen hinein, die die Quantenmechanik nicht zur Verfügung stellt. Die bisherige Diskussion veranschaulicht dies recht schön. Ein Kollaps ist nicht nötig, denn die Berechnung aller wichtiger Größen, z. B. der Erwartungswerte, geschieht korrekt.
- **Epistemische Interpretationen** In der Klasse der epistemischen Interpretationen reflektiert die Wellenfunktion das **Wissen** um die Objekte. Sobald man misst, ändert sich mit der Messung dieses Wissen, und das geschieht instantan mit der Kenntnisnahme. Bei diesem Kollaps passiert aber nichts in der Natur, er beschreibt nur eine Aktualisierung unseres Wissens. Nehmen wir das Beispiel 5.8 für eine Präparation, wie in Abb. 5.2 gezeigt. Nach dem Verlassen des Ofens weiß man, dass die Geschwindigkeiten der Teilchen der Maxwell'schen Verteilung $f_T(v)$ entsprechen. Diese gibt also das Wissen um die Teilchen wieder. Diese Verteilung ist recht breit, je nach Temperatur, d. h., es gibt ein breites Spektrum von Geschwindigkeiten. Nach dem Durchlaufen des Geschwindigkeitsfilters wird

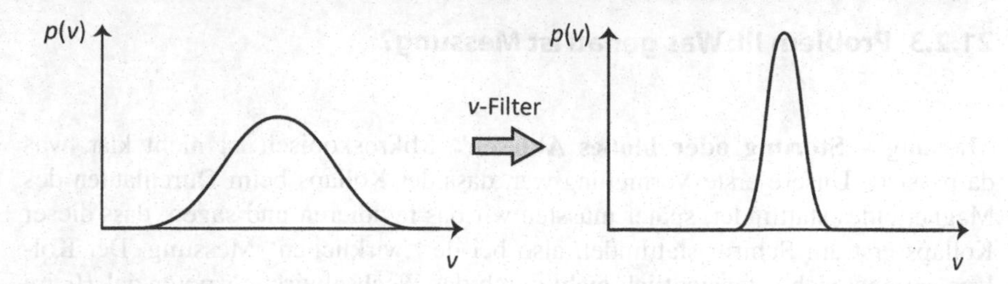

Abb. 21.2 Teilchen, die vor dem Durchlaufen des Geschwindigkeitsfilters eine Maxwell'sche Geschwindigkeitsverteilung aufweisen, haben danach eine wesentlich schmälere Verteilung der Geschwindigkeiten

dieses Spektrum schlagartig schmaler, wie in Abb. 21.2 schematisch wiedergegeben.[5] Damit

- ist die schlagartige Veränderung der Wellenfunktion einfach auf den veränderten Kenntnisstand zurückzuführen,
- gibt es kein Rätsel um den physikalischen Mechanismus des Kollaps. Da sich bei einer Messung mit dem Wissen die Wellenfunktion ändert, passiert hier nichts auf der mikroskopischen Ebene. Es gibt hier keine Dynamik, die die Teilchen selbst betrifft.

In einer epistemischen Interpretation gibt es also gar kein Messproblem, und auch keine Dynamik II.

Das Problem aber ist: Das Wissen kann kein Wissen um die Objekte sein (Abschn. 6.3.1). Denn das Wissen wird durch die p_n repräsentiert. Bei den Erwartungswerten $\langle \hat{O} \rangle$ treten nur die p_n auf (Gl. 12.8), hier kann man von Wissen reden. Aber dies ist ein Wissen um mögliche Messergebnisse. Das Wellenfunktionsquadrat Gl. 12.10 enthält immer die Interferenzterme: Die p_n können gar kein Wissen über Zustände sein, denn Wissen ist immer ein Wissen über etwas, das vorliegt. Im Prinzip ist eine epistemische Interpretation, die diesen Punkt reflektiert, d. h. keine Ignoranzinterpretation und kein PVE verwendet, mit dem Instrumentalismus fast deckungsgleich. Und eine epistemische Interpretation, die Interferenzterme ignoriert, also das PVE und Ignoranzinterpretation voraussetzt, ist einfach falsch. Man kann also nicht sagen, dass die Katze ist **entweder** tot **oder** lebendig ist, man weiß es nur nicht. Denn das ist nur wahr, wenn die Interferenzterme verschwunden sind.

- **Ontologische Interpretationen** Hier verweist die Wellenfunktion auf etwas ‚Reales' in der Natur. Und damit beginnen die Probleme: Eine Änderung der Wellenfunktion beschreibt eine Veränderung des Zustands. Diese Zustandsänderung wird durch die **Dynamik I** beschrieben (Kap. 20) und wird durch Potenziale bewirkt. Wenn sich der Zustand ändert, dann ändert sich etwas Entsprechendes in der Natur, für die Dynamik I ist das klar, aber wie soll man die **Dynamik II** verstehen? Wenn die Wellenfunktion ‚kollabiert', dann kollabiert eben auch etwas

[5] Analog kann man auch den Kollaps am Schirm hinter dem Doppelspalt beschreiben: Im Moment des Auftreffens registriert man das Teilchen an diesem Ort, der Kollaps der Wellenfunktion reflektiert das veränderte Wissen um den Teilchenort.

Entsprechendes in der Natur, aber was? Auf die Katze angewendet: Was passiert da genau mit der Katze, dass sie plötzlich real wird? Dies ist im Rahmen der hier vorgestellten Quantenmechanik nicht explizierbar.[6]

21.3 Dynamiken in Quantensystemen

21.3.1 Determinismus und Indeterminismus der Quantenmechanik

Determinismus Die zeitliche Entwicklung der Wellenfunktion Ψ, gegeben durch die Lösung der Schrödinger-Gleichung, ist deterministisch. Und nur aus diesem Grund erhalten wir in Abschn. 20.2 auch für die Entwicklung der Erwartungswerte $\langle \hat{O} \rangle$ deterministische Gleichungen (Gl. 20.7).

- $|\Psi|^2$ beschreibt Verteilungen, man erhält relative Häufigkeiten, und diese entwickeln sich in der Zeit streng kausal. Es liegt also nahe, $|\Psi|^2$ und $\langle \hat{O} \rangle$ auf die Eigenschaften eines **Ensembles von Teichen** zu beziehen. Ein Beispiel haben wir schon in Abschn. 4.2.3 für die Diffusion diskutiert.
- Zudem erhalten wir deterministische Gleichungen für die Erwartungswerte (Ehrenfestdynamik), in Abschn. 20.3 haben wir einige Beispiele diskutiert, die wir nun wieder aufgreifen wollen. Auf den ersten Blick könnte man sie mit den klassischen Bewegungsgleichungen verwechseln, bei näherem Hinsehen gibt es jedoch deutliche Unterschiede in der Dynamik.

Die Quantenmechanik stellt also **deterministische Gleichungen** für das Verhalten von Ensembles zur Verfügung (Abschn. 20.2), die zudem eine realistische Interpretation erlauben (Abschn. 20.4). Und dies ist die Grundlage für viele technische Anwendungen: Der quantenmechanische Indeterminismus für die einzelnen Teilchen ist genau aus diesem Grund kein Problem für die technischen Innovationen, wie sie sich als Halbleiterbauelemente, Laser, Leuchtdioden etc. in unserem Alltag manifestieren. Die quantenmechanische Unbestimmtheit schlägt nicht in unseren Alltag durch. Denn für Ensembles von Teilchen, auf denen diese technischen Innovationen beruhen, gelten deterministische Gleichungen. Auch die Biologie greift an vielen Stellen auf die Quantenmechanik zurück, dennoch sind die biologischen Prozesse deterministisch,[7] auch wenn sie z. T. starke Nichtlinearitäten aufweisen, und damit

[6] Hier setzen die Kollapstheorie und die Viele-Welten-Theorie (Abschn. 6.2.3) an. In der Kollapstheorie wird die Schrödingergleichung erweitert, sodass ein Kollaps innerhalb der Dynamik I beschrieben wird. In der Viele-Welten-Theorie spaltet sich bei jedem Kollaps die Welt. Die Bohm'sche Variante gehört auch in diese Klasse der Interpretationen, wir kommen in Kap. 29 darauf zurück.

[7] Vereinzelt wurde argumentiert, dass der quantenmechanische Indeterminismus die Grundlage der Willensfreiheit sein könnte. Das verkennt die Problematik zweifach: Zum einen, weil eben auch für

eine Sensitivität gegenüber den Anfangsbedingungen zeigen können (‚chaotisches Verhalten', ‚deterministisches Chaos').

Indeterminismus Der Unterschied zur klassischen Dynamik tritt insbesondere hervor, wenn wir nach dem Verhalten **eines** Teilchens dieses Ensembles fragen. Es gibt keinen fließenden Übergang dieser Gleichungen zu den klassischen Bewegungsgleichungen, wenn man z. B. große Teilchenmassen betrachtet.[8] Denn Interferenzeffekte führen zu einer anderen Entwicklung beispielsweise eines Wellenpakets, als dies durch eine Diffusionsgleichung beschrieben würde, die Dispersion unterscheidet die Ausbreitung eines Wellenpakets von der Dynamik eines einzelnen klassischen Teilchens. Zudem tritt hier der Indeterminismus der Quantenmechanik hervor: Die Quantenmechanik, so scheint es, macht gar keine Aussagen über einzelne Teilchen. In Abschn. 4.2.4 haben wir gesehen, dass wir Aussagen über einzelne Teilchen nur über einen statistischen ‚Trick' erhalten. Die Wahrscheinlichkeiten, die das Verhalten der einzelnen Teilchen beschreiben, sind objektiv, d. h. nicht mehr durch etwas ‚dahinter liegendes' einzuholen (Abschn. 5.2.3). Wenn man mit Hilfe der Wellenfunktion eine Aussage über einzelne Teilchen machen möchte, benötigt man den Kollaps, und dieser führt auf objektive Wahrscheinlichkeiten (Abschn. 20.1.5). Im Rahmen der OQM (Abschn. 6.2.3) werden keinen Mechanismus (Trajektorien, stochastisches Hüpfen etc.) finden, der uns sagt, wie es bei einer Bewegung von A nach B kommt, und bei Übergängen zwischen Energieeigenzuständen werden wir keinen Mechanismus finden, der die Übergänge erklärt. Und die Spindynamik können wir nicht für einzelne Spins auflösen. Dies ist der Grund, warum viele Quantenphysiker mit der orthodoxen Quantenmechanik, wie hier vorgestellt, unzufrieden sind und nach Alternativen suchen (Abschn. 6.2.3).

biologische Prozesse Gleichungen vom Typ Ehrenfest resultieren. Zum anderen, weil Zufälligkeit nicht die Grundlage von Willensfreiheit sein kann. Ein solcher Wille wäre dann durch Zufälligkeiten bestimmt, was wir ebenfalls nicht als Freiheit auffassen.

[8]Oft wird versucht, den Übergang von der (indeterministischen) Quantenmechanik zur (deterministischen) klassischen Physik auf der Ebene einzelner Teilchen dingfest zu machen. Es wird dann gefragt, bei welchen Größenordnungen auf der Ebene der Einzelteilchen klassisches Verhalten auftritt: Wie groß muss ein Teilchen werden, damit die Quantenphänomene nicht mehr auftreten? Zunächst dachte man dies sei der Fall, wenn für das zu betrachtende Phänomen $\hbar$ vernachlässigbar ist. Also beispielsweise, wenn die Teilchen so groß sind, dass eine Orts- und Impulsunbestimmtheit im Bereich von $\hbar$ nicht relevant ist. Aber das ist gar nicht so eindeutig: In vielen Fällen kann man die Bewegung der Atome in einem Molekül durchaus klassisch behandeln, dies werden wir in Kap. 33 bei der Behandlung der Emission sehen. Auf der anderen Seite gibt es heute Interferenzexperimente mit Molekülen von 2000 Atomen, und da ist mehr zu erwarten. Das einfache Kriterium $\hbar \to 0$ ist offensichtlich nicht aussagekräftig, man kann Systeme so **präparieren**, dass sie im mesoskopischen Bereich Quantenverhalten zeigen.

21.3.2 Energieeigenfunktionen und Superpositionen

Betrachten wir einmal die Gemeinsamkeiten der in Abschn. 20.3 diskutierten Systeme, (i) das Kastenpotenzial, (ii) den harmonischen Oszillator, (iii) das Wasserstoffatom und (iv) die Spinzustände in einem statischen Magnetfeld. Wir haben jeweils den Fall diskutiert, dass sich diese in einem **Energieeigenzustand** befinden, sowie den Fall der **Superposition** dieser Eigenzustände.

- **Energieeigenzustände:** Hier zeigt die Wellenfunktion Ψ eine Zeitabhängigkeit durch die Phase $f(t)$ (Abschn. 20.2.1), jedoch ist $|\Psi|^2$ zeitlich konstant. Als Folge dessen haben wir gesehen, dass auch die Erwartungswerte zeitunabhängig sind. Es gibt keine Bewegung, der Zustand wird durch eine zeitunabhängige Energieeigenfunktion Φ_n beschrieben.
  - Für das **klassische Pendant,** das klassische Teilchen in einem Potenzial (Kasten, harmonischer Oszillator, Coulomb-Potenzial), findet man immer eine Bewegung. Auch für das klassische magnetische Moment im Magnetfeld findet man eine Präzessionsbewegung (Abb. 19.3).
  - Das korrespondierende **quantenmechanische Problem** ist jedoch komplett statisch. Die Frage, was die Teilchen ‚in diesen Eigenfunktionen machen' ist unsinnig, wir haben das am Beispiel der Orbitale diskutiert (Abschn. 13.2). Diese Wellenfunktionen sind sozusagen die letzte Realität der Beschreibung. Analoges gilt für Spins in einem $\hat{S}^2$-$\hat{S}_z$-Eigenzustand, wenn sie in dem klassischen Vektorbild dargestellt werden, da bewegt sich nichts (s. u.).
- **Superpositionen** Dies ändert sich, sobald wir eine Superposition der Zustände betrachten: Nun erhalten wir eine Dynamik der Erwartungswerte von Operatoren, die mit $\hat{H}$ nicht vertauschen. Die Interpretation der $\langle\hat{O}\rangle(t)$ scheint aber nicht einheitlich in der Literatur. Manchmal werden Gl. 20.19 oder Gl. 20.23 so interpretiert, als würden sie die Dynamik **eines** H-Atoms oder eines Spins beschreiben. Geht das? Nach der obigen Ausführung zum Indeterminismus vermuten wir, dass es keine deterministischen Gleichungen für einzelne Teilchen geben kann. Und wenn sie nicht ein einzelnes Teilchen beschreiben, was beschreiben diese Gleichungen dann?

21.3.3 Wellenpakete

Die Diskussion der Dynamik des Wellenpakets in Abschn. 20.3.1 hat gezeigt, dass sich der Schwerpunkt des Wellenpakets gemäß der klassischen Bewegungsgleichungen (20.15) ausbreitet. Es stellt sich nun die Frage, worauf Wellenfunktion und Erwartungswerte gemäß Abb. 6.1 verweisen? Betrachten wir doch einige Eigenschaften der Dynamik.

Dispersion Die Dispersion ist offensichtlich ein Problem für die **Einteilcheninterpretation,** sagt sie doch, dass die Streuung mit der Zeit wächst: Wie bringt man die Streuung mit einem Einteilchenbild zusammen? Die Schrödinger'sche Materieverteilung fällt offensichtlich aus, und auch die Vorstellung, dass das Teilchen an allen Stellen im Raum gleichzeitig ist (Heisenbergs Potenzialität), scheint nicht besonders attraktiv (Abschn. 6.2). Dagegen scheint die **Ensembleinterpretation** dieses Phänomen zwanglos integrieren zu können, $|\Psi(x, y, z)|^2$ beschreibt die Verteilung der N Teilchen des Ensembles im Raum, und diese Verteilung wird mit der Zeit einfach breiter. Die starke Analogie von Diffusions- und Schrödinger-Gleichung haben wir schon in Abschn. 4.2.4 und 5.2.3 aufgezeigt. Man kann es aber nicht wie ein klassisches Ensemble interpretieren, wie in Abschn. 13.1.1 ausgeführt. Die Interferenzterme sind zum einen zentral für die Lokalisierung des Pakets, zum anderen beschreiben sie aber auch Interferenzeffekte, wie die Dynamik des Wellenpakets im Kastenpotential zeigt (Wiederkehrzeiten).

Strahlteiler Wir nehmen an, ein Wellenpaket laufe durch ein Stern-Gerlach-Experiment. Im Magneten teilt sich das Wellenpaket, und am Schirm kann man die Atome an zwei Stellen registrieren. Inzwischen gibt es eine Vielzahl von numerischen Simulationen, die einen Eindruck der Dynamik vermitteln.[9] Die Wellenfunktion ‚teilt' sich, aber offensichtlich nicht die Teilchen. Blockiert man einen Teilstrahl, so kommen nicht halbe Teilchen am Schirm an, sondern nur die Hälfte der Teilchen.

- **Ensemble** Auch dies spricht zunächst sehr für die Ensemble-Perspektive. Allerdings hat man auch hier nicht das Bild, dass $N/2$ Teilchen des Ensembles jeweils einen Weg nehmen. Es bleibt das in Abschn. 12.1.2 diskutierte Problem der Interferenzterme. Solange diese nicht verschwinden, kann man die beiden Teilstrahlen nicht durch unabhängige Wellenfunktionen beschreiben. Dies ist völlig analog zum Doppelspaltexperiment, siehe die Diskussion in Abschn. 21.1.2. Am Beispiel des thermischen Gleichgewichts eine Ensembles von Spins (Abschn. 20.3.5) haben wir schon die Dekohärenztheorie angesprochen, die ein Verschwinden der Interferenzterme beschreibt: Wie wir in Kap. 29 sehen werden, erklärt die Dekohärenztheorie das Verschwinden der Interferenzterme durch Wechselwirkungen z. B. mit anderen Gasteilchen. Wenn in der Apparatur ein Füllgas entsprechender Konzentration vorhanden ist, werden diese Terme verschwinden.
- **Einteilchenperspektive** Wenn man auf die Beschreibung eines einzelnen Teilchens fokussiert, dann kann dieses offensichtlich nicht in beide Richtungen gleichzeitig gehen, man benötigt hier den Kollaps. Im Magneten findet also eine Entscheidung für eine der Alternative statt, was man durch den Kollaps beschreiben kann. Damit kann man den ursprünglichen Stern-Gerlach Versuch reproduzieren, nicht aber den Versuch in Abb. 21.1. Denn wenn die Wellenfunktion in einen der Eigenzustände α^z oder β^z-Spin kollabiert ist, werden die Atome in beide Richtungen abgelenkt, und nicht nur in eine.

[9] Z. B. Potel et al., Phys. Rev. A 71, 052106 (2005), Utz et al., Phys. Chem. Chem. Phys. 17, 3867, (2015), Gomis & Perez Phys. Rev. A 94, 012103 (2016). Diese Arbeiten geben einen Eindruck der Schwierigkeiten bei der Lösung dieses scheinbar so einfachen Beispiels und gehen über den hier entwickelten Formalismus hinaus. Auch wird immer klarer, wie komplex dieser Versuch eigentlich ist, die übliche Darstellung, wie in Kap. 18, ist eine sehr große Vereinfachung.

Das Problem einer Einteilchenperspektive haben wir schon im Anschluss an Gl. 20.3 diskutiert: Man erhält mittlere Kräfte. Es macht keinen Sinn, diese mittlere Energie auf ein einzelnes Atom zu beziehen. Wir müssen also erst einen Kollaps in eine der Alternativen vollziehen, um überhaupt eine ablenkende Kraft ausrechnen zu können.

Wir sehen also, die Erwartungswerte lassen sich nicht umstandslos auf ein einzelnes Quantenteilchen beziehen, wir haben dieses Problem schon für das Teilchen im Kasten (Abschn. 12.3.2) und das Dipolmoment (Abschn. 13.2) diskutiert. Eine **Einteilcheninterpretation** in dem Sinne, dass man aus der Dynamik der Erwartungswerte Aussagen über Einzelsysteme ableitet, ist offensichtlich unsinnig.

Will man an einer Einteilcheninterpretation festhalten, d. h. die Wellenfunktion auf einzelne Teilchen beziehen, dann muss man einen Weg finden, mit dem Kollaps umzugehen. Da der Kollaps nicht aus der Quantendynamik folgt, ist es schwierig, ihn in eine dynamische Beschreibung zu integrieren, es bleibt eine Beliebigkeit, wenn der Kollaps unabhängig von einer Messung verwendet wird.[10]

Harmonischer Oszillator Betrachten wir ein Ensemble von Dimeren, z. B. HF-Molekülen, in ihren **Energieeigenfunktionen,** so scheint es gar keine Dynamik zu geben, offensichtlich schwingt da nichts, die Quantenmechanik vermittelt uns nach Abschn. 20.3.3 kein Bild einer Dynamik. Wir haben stationäre Wellenfunktionen, und die Frage nach der Bewegung der Oszillatoren ist analog zur Frage nach der Bewegung der Elektronen in Orbitalen (Abschn. 13.2). In Abschn. 21.3.4 werden wir sehen, wie wir mit der Quantenmechanik Übergänge zwischen Eigenzuständen beschreiben können, wie diese an ein elektromagnetisches Feld koppeln. Diese Überlegungen gelten analog für den harmonischen Oszillator. Die (orthodoxe) Quan-

[10]Ballentine [6] ist hier pessimistisch: ‚*No general criterion for applicability of the projection postulate approximation has ever been developed. In nontrivial problems, for which the answer is not known in advance, it is often unclear how the projection postulate should be used, and hence it is unclear whether it can be trusted. Since it is never needed, is frequently wrong, and generates considerable confusion in the minds of students, it might better be abandoned.*‘ Dennoch wird der Kollaps, auch in der Chemie, vielfältig verwendet. Die Schwierigkeit der Ehrenfestdynamik für Anwendungen auf Moleküle besteht darin, dass nach Bsp. 20.1 die Kräfte als Mittelwerte über ein Ensemble berechnet werden. Dies kann zu völlig unplausiblen Ergebnissen führen. Daher wurden auch Methoden entwickelt, die im Prinzip auf dem Kollapspostulat beruhen (‚Tully's surface hopping‘). Diese können durchaus erfolgreich auf chemische Probleme angewendet werden, lassen sich aber nicht exakt aus der Quantenmechanik ableiten und zeigen Abweichungen von der exakten Quantendynamik, siehe z. B. Subotnik et al., J. Chem. Phys. 139, 214107 (2013). Eine Alternative ist die Bohm'sche Mechanik: Der Vorteil ist hier, dass es keinen Kollaps der Wellenfunktion gibt, diese ‚geht‘ weiterhin beide Wege, ‚führt‘ aber die einzelnen Teilchen entlang eindeutig definierter Wege.

tenmechanik will uns einfach kein Bild der mikroskopischen Vorgänge vermitteln. Aber zur Beschreibung z. B. spektroskopischer Eigenschaften (Kap. 32) leistet sie Hervorragendes. Für **kohärente Zustände** erhält man mit Gl. 20.18 eine dispersionsfreie Dynamik, daher folgt in diesem Beispiel die quantenmechanische Dynamik den klassischen Bewegungsgleichungen. Dieser Zustand muss aber durch spezielle Laserpulse präpariert werden und liegt im thermischen Gleichgewicht nicht vor, kann also nicht zur Aufhellung der mikroskopischen Dynamik herangezogen werden.

21.3.4 Wasserstoffatom

Wir betrachten eine Superposition des Grund- und angeregten Zustands aus Gl. 20.18,

$$\Psi(x,t) = a_1\Phi_1(x)\mathrm{e}^{-\mathrm{i}\omega_1 t} + a_2\Phi_2(x)\mathrm{e}^{-\mathrm{i}\omega_2 t}, \tag{21.4}$$

wie in Abschn. 20.3.4 beschrieben. Quadrieren ergibt eine zeitabhängige Wahrscheinlichkeitsdichte

$$|\Psi(x,t)|^2 = |a_1|^2|\Phi_1(x)|^2 + |a_2|^2|\Phi_2(x)|^2 + a_1^*a_2\Phi_1^*\Phi_2\mathrm{e}^{-\frac{\mathrm{i}}{\hbar}\Delta Et} + \mathrm{cc.} \tag{21.5}$$

$$\langle\hat{\mu}\rangle(t) = |a_1|^2\mu_{11} + |a_2|^2\mu_{22} + a_1^*a_2\mu_{12}\mathrm{e}^{-\frac{\mathrm{i}}{\hbar}\Delta Et} + \mathrm{cc.} \tag{21.6}$$

Zudem erhalten wir eine analoge Gleichung für die Oszillation des Dipolmoments (Gl. 20.20). Es sind die **Interferenzterme,** die diese Oszillation hervorbringen.

Modell für Übergänge zwischen Zuständen Das Ensemble von N oszillierenden Dipolen stellt einen makroskopischen **Hertz'schen Dipol** dar, d. h., durch das oszillierende Feld $N\langle\hat{\mu}\rangle(t)$ wird Energie in Form von **klassischen Lichtwellen** abgestrahlt (Abschn. 1.3.5).[11] Da Energie abgestrahlt wird, muss die Energie der Atome abnehmen, d. h., es wird die Population des angeregten Zustands $N|a_2|^2$ **kontinuierlich** abnehmen und zu einer Zunahme der Population $N|a_1|^2$ führen. Wir werden dies in Abschn. 30.3 durch eine Exponentialfunktion[12] modellieren und sehen, dass dem Übergang eine Zeitdauer τ zugeordnet ist, die von μ_{12} und ΔE abhängt, die sogenannte Lebensdauer. In diesem Zeitraum wird ein Ensemble von H-Atomen abgeregt.

Erklärung der Übergänge? In gewisser Weise erhalten wir nun aber auch eine **Erklärung** der Emission: *Das oszillierende Dipolmoment führt zu einer Abstrahlung von Energie, was zu einer Abregung der Atome führt.* Der oszillierende Dipol ist ein Resultat der Superposition, tritt also in einer klassischen Beschreibung durch

[11] Dies werden wir in Abschn. 30.2.2 genauer besprechen.

[12] Dies ist ein phänomenologischer Ansatz, denn Φ_2 ist ein stationärer Zustand, und die orthodoxe nichtrelativistische Quantenmechanik kann nicht erklären, warum der Übergang stattfindet. Dies kann erst im Rahmen der QED erklärt werden.

beispielsweise ein K-Ensemble gar nicht auf, da hier die Interferenzterme $a_1^* a_2$ fehlen. Die Oszillation des Dipolmoments, und damit die Abstrahlung des Lichts, ist damit ein Quantenphänomen, ein Resultat der Superposition, die kein klassisches Pendant hat. Wir können daher auch nicht erwarten, dass wir hier eine Erklärung nach den Gesetzen der klassischen Physik bekommen. Wie in Abschn. 6.4 ausgeführt, können wir die Quanteneigenschaften als elementare Phänomene auffassen, für die wir im Rahmen der Quantenmechanik keine weitere Erklärung erhalten. Wohl aber geben wir eine mathematische Beschreibung, die sehr gut mit den experimentellen Resultaten übereinstimmt.

Wir basieren also die Erklärung der Emission auf dem Quantenphänomen der Superposition. In dieser Sicht **ist** die Superposition der Mechanismus, denn sie erklärt uns das oszillierende Dipolmoment, das Energie abgibt. Darüber hinaus werden wir keinen anderen Mechanismus finden, der uns das Geschehen erklärt, in dem er sagt, warum ein Elektron genau in diesem Moment das Orbital wechselt, was es dazu angestoßen hat und wie lange dieser Elementarprozess dauert. Es gibt sozusagen keine Realität ‚hinter' der Superposition. Die Superposition ist hier das nicht weiter reduzierbare Element der Erklärung, wie schon in Abschn. 13.2 für die Orbitale ausgeführt. Auch diese haben wir als grundlegende Elemente quantenchemischer Erklärungen aufgefasst. Gäbe es die Superposition nicht, gäbe es keinen Grund für das Elektron, den Zustand zu wechseln.

Born'sche Regel und Kollaps Wir finden also eine kontinuierliche Veränderung der Wellenfunktion, d. h. eine kontinuierliche Veränderung der Wahrscheinlichkeiten $p_1 = |a_1|^2$ und $p_2 = |a_2|^2$. Nach der Born'schen Regel sind die p_i die Wahrscheinlichkeiten dafür, das Elektron bei einer Messung in dem jeweiligen Zustand zu finden. Nach der Diskussion zum Kollaps verstehen wir: Die p_i sind die Wahrscheinlichkeiten, dass bei einer **Messung ein Kollaps** in die Eigenzustände stattfindet. Betrachten wir ein Atom: Während vor einer Messung **unbestimmt** ist, in welchem Orbital $\Phi_1(x)$ oder $\Phi_2(x)$ das Elektron ist, kollabiert bei Messung Ψ schlagartig in eine der Alternativen.

Hier ist dann oft von **Quantensprüngen** die Rede: Springen die Elektronen nun ‚wirklich' zwischen den Zuständen? Nun, das ist wie bei der Diffusion, hier wird eine kontinuierliche Beschreibung durch den ‚statistischen Kniff' dazu gebracht, Wahrscheinlichkeiten für Teilchenorte anzugeben (siehe die Diskussion in Abschn. 13.1.3). Die Wellenfunktion breitet sich deterministisch aus, aber für die Teilchenorte erhält man nur Wahrscheinlichkeitsaussagen. Analog ist das hier: Ein Quantensprung würde ja bedeuten, dass die Teilchen entweder in $\Phi_1(x)$ oder $\Phi_2(x)$ **sind** und der Übergang schlagartig stattfindet. Man kann die Emission in dieser Weise durch eine klassische Kinetik modellieren (Abschn. 30.1.2), aber die Quantenmechanik macht genau nicht diese Aussage. Ja, es ist nicht einmal erlaubt zu sagen, das Elektron sei entweder in $\Phi_1(x)$ oder $\Phi_2(x)$, die Interferenzterme ‚vermischen' diese beiden Zustände (Abschn. 12.1.2). Sie macht keine Aussage über Details des Übergangs einzelner Atome, da in der Superposition gar nicht adressierbar ist, in welchem Zustand sich das Teilchen gerade befindet. Es ist vertrackt. Die Quantenmechanik beschreibt einzig eine kontinuierliche Veränderung der Wahrscheinlichkeiten p_i. Die

Wahrscheinlichkeit, bei Messung ein bestimmtes Atom im Zustand $\Phi_2(x)$ zu finden, nimmt also ab. Mehr weiß man nicht.

Wie sieht das experimentell aus? Wenn man einzelne Atome oder Moleküle spektroskopisch untersucht, dann findet man in der Tat ein Blinken, d. h., es sieht auf einer langen Zeitskala so aus, als würden die Atome schlagartig Licht abgeben, als würde der Übergang schlagartig stattfinden. Daher die Rede vom Quantensprung. Und dennoch gab es immer die Vermutung, dass der Prozess der Emission eine gewisse Zeitdauer hat. Wie gesagt, die Lebensdauer τ beschreibt das Abklingen der Anregung des gesamten Ensembles,[13] die individuellen Prozesse sind wesentlich schneller, wir kommen in Abschn. 35.4 darauf zurück.

Mikroskopische Interpretation: Erklärung im Einteilchenbild? Durch die Abstrahlung von Licht wächst die Wahrscheinlichkeit mit der Zeit, ein Atom im Grundzustand zu finden. Aber darüber hinaus können wir für das Verhalten der Elektronen keine weiteren Ursachen finden. Das ist der Hintergrund des Indeterminismus der Quantenmechanik, wie oben ausgeführt. Das, was die einzelnen Teilchen machen, ist nicht Gegenstand der Theorie (Abschn. 21.3.1), wir erhalten keine **Erklärung** für ihr Verhalten, sondern nur eine (statistische) Beschreibung.

- **‚Mechanismus' des Übergangs** Es wird nichts über einzelnen Atome ausgesagt, wann genau sie den Übergang machen, was sie dazu bringt, dies zu diesem Zeitpunkt zu machen, wie lange der Übergang dauert, kurz: Alle interessanten Fragen, die wir bezüglich des **mikroskopischen Mechanismus** haben, bleiben unbeantwortet. Und daran sehen wir die Brisanz der **Dynamik II,** die mit **objektiven Wahrscheinlichkeiten** verknüpft ist: Sie erklärt nichts, sondern sie buchstabiert nur die Born'sche Regel aus, wenn man sie auf Übergänge einzelner Teilchen anwendet. Wir können keinen Mechanismus angeben, der den Kollaps beschreibt. Ein solcher Mechanismus wäre in einer physikalischen Wechselwirkung zu suchen, worauf der Kollaps gerade nicht beruht.
- **Materiewelle** Oft wird $|\Psi(x,t)|^2$ in Gl. 21.5 in einem klassischen Bild als Ladungsdichte interpretiert, wir haben es hier also mit Schrödingers Vorstellung einer Materieverschmierung, bzw. Ladungsverschmierung, zu tun. Entsprechend werden die Erwartungswerte Gl. 21.5 als Dipolmoment **eines** Atoms oder Moleküls interpretiert. Damit schwingt die Ladung in einem Atom, was zur Abgabe eines Licht-Wellenpakets führt. Wir haben nun aber an vielen Stellen gesehen, dass die Vorstellung einer Materieverschmierung (Abschn. 13.1.1, 21.3.3, 13.2) keine konsistente Vorstellung des mikroskopischen Geschehens ergibt. Und sie passt auch nicht zu dem stochastischen Prozess des Übergangs bei einzelnen Atomen, den man experimentell findet. Man findet ein stochastisches Blinken,

[13] Untersucht man ein einzelnes Atom spektroskopisch, dann findet man, dass es nach Anregung stochastisch emittiert, d. h., manchmal dauert es länger, manchmal kürzer bis zur Emission. Der Mittelwert dieser Zeiten führt auf die Lebensdauer. Auch dies passt in die Ensembleperspektive: Man macht den Versuch an dem Atom N Mal, und im Mittel bleibt es eine Zeit τ im angeregten Zustand. Das ist die Lebensdauer des angeregten Zustands.

manchmal gehen sie sehr schnell in den Grundzustand zurück, manchmal bleiben sie länger in dem angeregten Zustand. Es ergibt keinen Sinn, die Dynamik aus Gl. 21.5 einem einzelnen Atom zuzuordnen; denn dann müssten alle Atome synchron abgeregt werden, und die Atome müssten durch Zwischenzustände laufen, der Übergang würde für jedes Atom gleich lange dauern.

Klassisches Ensemble? Auch hier sehen wir wieder den Unterschied zwischen einem Q- und einem K-Ensemble: Läge ein K-Ensemble vor, wären Np_1 Teilchen in Φ_1, Np_2 Teilchen in Φ_2, aber die Interferenzterme in Gl. 20.19 wären weg: Und damit gäbe es keine Oszillation und auch keine Abstrahlung von Licht.[14] Bei der 1 s-2p-Superposition sehen wir, dass die Interferenzterme einen zentralen Unterschied machen. Ohne die Interferenzterme gäbe es keinen Hertz'schen Dipol, und keine Abgabe von Strahlung. Dies ist der Fall bei der 1 s-2 s-Superposition, wo μ_{12} verschwindet. Die Oszillation ist ein rein quantenmechanischer Effekt, auf den Superpositionstermen beruhend. Die Interferenzterme machen einen detektierbaren Unterschied (Kap. 21.1.2), sie als nur Unwissen zu betrachten, wie in Kap. 13 diskutiert, wird ihrer Bedeutung nicht gerecht.

Messgrößen und objektive Beschreibung Den Operatoren der Quantenmechanik korrespondieren Messgrößen (Abschn. 5.1.1), die Erwartungswerte korrespondieren also direkt mit Beobachtungsgrößen. Der Erwartungswert $N\langle\hat{\mu}\rangle(t)$ in Gl. 20.20 hat also eine makroskopisch feststellbare Bedeutung, er beschreibt oszillierende Dipolmomente, die sich in der Abgabe von klassischen elektromagnetische Wellen manifestieren.

Ein Ensemble angeregter Atome gibt elektromagnetische Strahlung ab. Hier beschreiben wir einen Vorgang in der Natur, und es sieht so aus, als würden wir die darin involvierten Erwartungswerte $N\langle\hat{\mu}\rangle(t)$ als klassische Dipole betrachten, so wie wir das aus der klassischen Elektrostatik gewohnt sind. Hier hat sich nun etwas bei der Beschreibung verändert: In Abschn. 12.1.2 haben wir Erwartungswerte immer nur in Bezug auf Messungen diskutiert: Wir haben Messwerte registriert, wie in Abb. 12.2 b, und die Erwartungswerte haben wir als Mittelwerte dieser Messwerte verstanden. Nun sagen wir plötzlich, das System, d. h. das Ensemble von N Wasserstoffatomen, **habe** ein makroskopisches Dipolmoment. Und dies ist eine objektive Rede über das System, denn der Hertz'sche Dipol scheint die Strahlung abzugeben, ob wir diese nun messen oder nicht. Das makroskopische Dipolmoment geht aber über $N\langle\hat{\mu}\rangle(t)$ aus den Erwartungswerten $\langle\hat{\mu}\rangle(t)$ hervor. Es scheint, als sei dies eine Möglichkeit über Eigenschaften einzelner Teilchen zu sprechen, unabhängig von einer Messung.

Rede über Mittelwerte In unserem Alltag hat die Rede von Mittelwerten durchaus ihren Sinn, so reden wir von einem mittleren jährlichen Bierkonsum von 100 l

[14] Hier sehen wir, dass das kinetische Modell der Absorption und Emission in Kap. 30 zwar die Vorgänge phänomenologisch modellieren kann, es kann aber nicht erklären, warum die Übergänge stattfinden.

in Deutschland. Und natürlich trinkt nicht jeder Deutsche 100 l Bier pro Jahr, als Beschreibung bestimmter Individuen ist diese Maßzahl komplett sinnlos. Und dennoch kann sie nützlich sein, um das Verhalten des Kollektivs in dieser Beziehung zu charakterisieren. Analog kann man $\langle \hat{\mu} \rangle(t)$ als das mittlere Dipolmoment der Atome charakterisieren. Es sagt nichts über das Einzelsystem aus, aber es ist eine sinnvolle Zuschreibung eines mittleren Verhaltens, wenn man über einzelne Atome reden möchte (also eine Einteilcheninterpretation präferiert). Das Übergangsdipolmoment eines bestimmten Atoms hat keinen definiten Wert, dafür bekommen wir eine statistische Aussage. Daher können wir auch nicht dessen Änderung bei der Lichtemission verfolgen, sondern wieder nur dessen mittleren Wert. Im Prinzip reicht in der Spektroskopie eine Ensemblebeschreibung; wenn man unbedingt über Einzelsysteme reden möchte, dann könnte man ein **weiteres Element der Interpretation** einführen: Man könnte die Erwartungswerte $\langle \hat{\mu} \rangle(t)$, die in der Quantenmechanik einen strikten Bezug auf die Messung haben (Kap. 12), als mittlere Eigenschaften **interpretieren.** Damit ist gesagt: Dies folgt nicht aus dem Formalismus der Quantenmechanik, aber es knüpft an eine alltägliche Praxis des Umgangs mit statistischen Größen an Abschn. 13.2. Und es ist die einzige Weise, über Eigenschaften einzelner Quantenobjekte zu sprechen, wenn sie nicht als Eigenwerte eines Operators auftreten. Wenn man einzelne Atome oder Moleküle betrachtet (Einzelmolekülspektroskopie), erhält man nur Wahrscheinlichkeitsaussagen, wir werden dies in Abschn. 35.4 noch einmal kurz aufgreifen.

21.3.5 Spinpräzession

Wir haben für die bisher diskutierten Beispiele gesehen, dass wir keine Beschreibung der Dynamik einzelner Quantensysteme erhalten. Daher ist zu erwarten, dass dieses für den Spin ebenfalls gilt. Aus dem Formalismus der Spindynamik, wie in Abschn. 20.3.5 ausgeführt, resultiert kein Bild des mikroskopischen Geschehens. Wenn wir ein Bild erhalten, dann basiert dieses auf einer Interpretation. Wir müssen also etwas zu der Born'schen Wahrscheinlichkeitsinterpretation hinzufügen. Wir haben die **Interpretationsmodelle** wie Materiewelle oder klassisch statistische Ensemble für die anderen Beispiele diskutiert, für den Spin ist hier das **Vektormodell** einschlägig.

Das Vektormodell An dieser Stelle sieht man das Problem des klassischen Vektormodells, wie schon in Abschn. 13.2.3 angesprochen. Dieses Modell visualisiert auf klassische Weise Quantisierung und Unbestimmtheit (Abschn. 10.3.3 und 12.3.3). Aber durch den klassischen Charakter des Vektors treten Folgeprobleme auf. Denn ein Vektor **hat** drei Komponenten, d. h., man ist gezwungen zu sagen, der Spin hat auch eine x- und y-Komponente, man kennt sie nur nicht. Das Vektormodell visualisiert diese **Unkenntnis** durch den Trichter: Wir sehen, mit diesem Vektormodell ist das **PVE** und die **Ignoranzinterpretation** (Abschn. 5.2.2) fast zwangsläufig impliziert. Wir stellen uns vor, es gäbe diese Komponenten, die Quantenmechanik kann sie nur nicht beschreiben. Und genau diese Vorstellung wird von dem PBR-

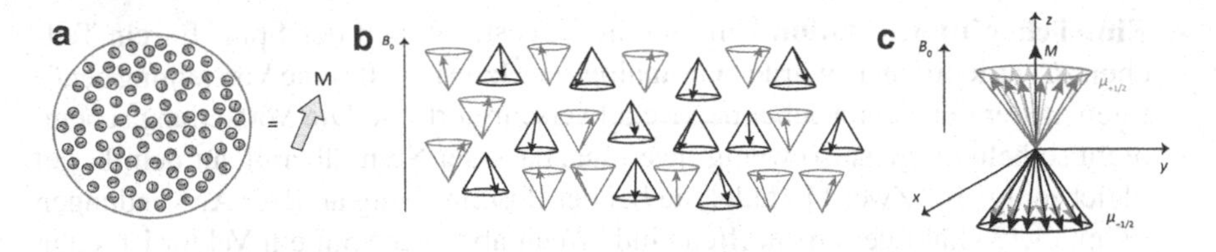

Abb. 21.3 Klassische Darstellungen der Spins. **a** Die Gesamtheit der Spins eines Ensembles führt zu einer Magnetisierung, die messbar ist. **b, c** Darstellungen der Spins auf einem Kegel. Alles nicht ganz richtig, da auf der Vorstellung eines klassischen Ensembles basierend

Theorem ausgeschlossen, welches wir in Kap. 6 kurz besprochen haben. In die selbe Richtung geht aber das bekannte Gedankenexperiment von Einstein, Podolski und Rosen (EPR) (Abschn. 29.2.1). Dort werden wir sehen, dass eine solche Vorstellung der Realität inkonsistent ist. In der Formulierung des EPR-Gedankenexperiments: Hier werden **Elemente der Realität** angenommen, d. h. die Existenz der x- und y-Spinkomponenten, über die die Quantenmechanik keine Aussagen machen kann, da der α^z Zustand in einem Magnetfeld in z-Richtung kein Eigenzustand von $\hat{S}_x$ und $\hat{S}_y$ ist. Es können nur Erwartungswerte berechnet werden, welche Ausdruck der **Unbestimmtheit** sind. Und diese Unbestimmtheit wird bei einer realistischen Interpretation des Vektormodells als **Unkenntnis** der genauen Lage auf dem Trichter visualisiert.[15]

Und wenn die x- und y-Komponenten des Spins vorliegen, wir sie nur nicht kennen, dann muss der Spin im Magnetfeld auch präzedieren wie in Abb. 19.3 dargestellt, das geht dann gar nicht anders. Wir sind an dieser Stelle der klassischen Mechanik verpflichtet, es sei denn wir finden einen Grund, warum hier eine Abweichung auftritt.[16] Diese Zwangsläufigkeit erklärt vielleicht, warum die Vorstellung der Präzession einzelner Spins so weit verbreitet ist. Aber in diesem Bild ergibt sich dann ein Problem (Abschn. 13.2.3): Wie erklärt man, dass die Erwartungswerte der x- und y-Komponenten verschwinden, wie in Abschn. 20.3.5 für den α^z Zustand gezeigt? Die Annahme klassischer Vektoren zieht weitere Annahmen nach sich, ganz analog zum Problem der Elektronen in Orbitalen (Abschn. 13.2.3).

- **Klassisches Ensemble** Man kann annehmen, dass im Ensemble die Spinausrichtungen so verteilt sind, dass sich die x- und y- Komponenten im Mittel herausheben, wie in Abb. 21.3 gezeigt. So entstehen dann Bilder wie Abb. 21.3c, wo die Spins auf dem Trichter gleichmäßig verteilt sind, die Populationen Np_i der beiden Trichter beschreiben das Ensemble Gl. 20.27. **Die Unbestimmtheit der Spinkomponenten wird durch ein Ensemble repräsentiert, in dem die Vektoren statistisch auf dem Kegel verteilt sind.** Das kann aber nach dem eben Gesagten nicht statisch sein, alle Spins müssen dann auf dem Kegel präzedieren, das machen klassische magnetische Momente in einem Magnetfeld nun mal so.

[15]Zur Unterscheidung von Unkenntnis und Unbestimmtheit, siehe Kap. 13.

[16]Oder wir postulieren das einfach, wie im Bohr'schen Atommodell, wo nur bestimmte Bahnen erlaubt sind.

- **Einteilcheninterpretation** Um nun die Unbestimmtheit des Spins für ein Teilchen zu verdeutlichen, würde man analog zur Materiewelle eine Vorstellung benötigen, in der der Vektor ‚über den Kegel verschmiert' ist. Die Vorstellung scheint nicht so beliebt, genauso wenig liest man, dass der Spin ‚überall auf dem Kegel gleichzeitig' ist. Zwei Modelle, die bei der Beschreibung anderer Anwendungen (Kap. 13.13) häufiger anzutreffen sind. Wenn aber der Spin ein Vektor ist, dann kann er nicht still stehen, dann muss er präzedieren, wie gerade schon ausgeführt.

Der Versuch, das quantenmechanische Geschehen durch klassische Vorstellungen anschaulich zu machen, hat durchaus positive Aspekte, wie in Abschn. 10.3.3 und 12.3.3 angemerkt. Aber irgendwann nehmen die negativen Aspekte überhand, und bringen Fehlvorstellungen hervor, die dem Verständnis hinderlich sind. Wir sind an einer solchen Stelle angekommen, und sollten das Vektormodell fallen lassen, und uns statt dessen auf makroskopische Größen wie die Magnetisierung Gl. 20.24 beziehen. Wir müssen uns nicht vorstellen, dass die Magnetisierung aus einem mikroskopischen Bild wie Abb. 21.3a resultiert, denn dieses bezieht sich auf ein klassisches Ensemble, beschrieben durch Gl. 20.27. Und das ist mathematisch die falsche Beschreibung. In Abschn. 34.5 werden wir sehen, dass in einem solchen Bild moderne NMR-Pulstechniken nicht verstehbar sind.

Antirealismus In Abschn. 6.2.1 haben wir die Position des Antirealismus diskutiert. Wenn ein Zustand kein Eigenzustand eines Operators $\hat{O}$ ist, dann kann man keinen distinkten Wert dieser Observable ausrechnen, der Wert ist unbestimmt. Heißt das dann, dass das Quantenobjekt diese Eigenschaft **nicht hat**? Wir sehen hier, was der Antirealismus bezüglich der Observablen S_x und S_y bedeutet: Es ist nicht so, dass die Spins diese Komponenten haben, man sie nur nicht kennt. Es ist so, dass die observablen Größen keine messbare Komponente in x- und y-Richtung ausweisen. Es gibt kein Element der Realität, das einer Spinkomponente in x- oder y-Richtung entspricht.

Wie schon in Abschn. 20.3.5 erläutert, ist der α^z-Zustand stationär, und analog zu den Energieeigenfunktionen der Potenziale zu verstehen. Es gibt keinerlei Hinweis auf eine Dynamik dieses Zustands, insbesondere gibt es keine Präzession des Spins wie im klassischen Fall. Über eine eventuelle Dynamik eines Einzelspins macht die Quantenmechanik keine Aussage. Denn, wie wir in Abschn. 10.3.3 und 12.3.3 diskutiert haben, erhalten wir eigentlich keine 3D-Darstellung des Spins, wir können nur den Betrag und eine kartesische Komponente ausrechnen. Über die beiden anderen Komponenten können wir keine Aussage machen.

Erwartungswerte Nun können wir mit Gl. 20.25 einen Vektor $\mathbf{s}(t) = (\langle s_x \rangle(t), \langle s_y \rangle(t), \langle s_z \rangle(t))$, aus den Erwartungswerten bilden: Für den z-Erwartungswert berechnen wir den S_z Eigenwert als $\langle s_z \rangle = \frac{1}{2}\hbar$, die beiden anderen Erwartungswerte verschwinden, wir erhalten also $\mathbf{s}(t) = (0, 0, \frac{1}{2}\hbar)$. Dieser Vektor hat einen Betrag von $|\mathbf{s}(t)| = \frac{1}{2}\hbar$, kann also gar kein quantenmechanischer Drehimpuls sein, denn dessen Betrag wäre $\sqrt{3/4}\hbar$, auch finden wir keine Richtungsquantisierung (Abschn. 18.2.1). D. h., diese Gleichung beschreibt sicher nicht einen einzelnen Spin, man kann das eher als einen mittleren Spin betrachten, analog zu der obigen Diskussion der atomaren Dipolmomente.

Die Erwartungswerte haben einen direkten Bezug zu dem, was messbar ist oder eine physikalische Wirkung zeigen kann. Insofern gibt es im α^z-Zustand keine **Elemente der Realität**, die auf x- und y-Komponenten des Spins hinweisen.

Erwartungswerte und Mittelwerte In der wissenschaftlichen Praxis und Lehre reden wir oft von einzelnen Spins. Oft hat man hier ein Vektorbild wie Abb. 21.3 vor Augen, und es ist vermutlich wichtig, dabei das Modellhafte dieser Vorstellung nicht zu vergessen. Die Rede von der Präzession einzelner Spins im α^z-Zustand, beispielsweise, ist ein Artefakt dieses Modells, und dürfte eher zur Verwirrung als zum Verständnis beitragen. Die Quantenmechanik erlaubt kein Bild individueller Spins, wohl aber können wir über die Magnetisierung $\mathbf{M}(t)$ gemäß Gl. 20.25 reden. Dies ist eine klassische Größe und folgt auch klassischen Bewegungsgleichungen, wir werden dies in Abschn. 34.5 bei der Diskussion der NMR-Spektroskopie feststellen. Und eigentlich ist die Ensembleperspektive hier ausreichend, sie erlaubt die Rede über Erwartungswerte, welche die resultierende Magnetisierung verständlich machen. Wir verstehen, wie eine Magnetisierung resultiert und dass diese natürlich mit äußeren Magnetfeldern, wie in der NMR verwendet, wechselwirken kann.

Rede über Einzelobjekte? Wenn wir aber über einzelne Spins reden wollen, dann ist vielleicht das Vektormodell nicht die beste Möglichkeit. Die Intuition ist klar, wir wollen sagen, dass die Spins, bzw. die magnetischen Momente der Atome, eine makroskopische Magnetisierung hervorbringen, die mit einem äußeren Magnetfeld wechselwirken kann. Wir haben hier ein atomistisches Verständnis und möchten die mikroskopischen Elemente ansprechen, die das makroskopische Phänomen hervorbringen. Nun verwehrt uns die Quantenmechanik einen direkten Zugang zu den magnetischen Momenten der einzelnen Spins, was wir erhalten, sind Erwartungswerte. Und für die gilt, was wir oben zu den atomaren Dipolen gesagt haben: Man kann sie maximal als Mittelwerte auffassen, mit all den Einschränkungen einer Zuschreibung von Mittelwerten an einzelne Objekte.

Aber es gibt womöglich Situationen, in denen es Sinn ergibt, von mittleren magnetischen Momenten der Atome zu reden, d. h. zu sagen, im Mittel hätten diese einen Spin, der im α^z-Zustand durch $\mathbf{s}(t) = (0, 0, \frac{1}{2}\hbar)$ gegeben ist. Hier sieht man dann klar, dass nur eine z-Komponente auftritt, also im Magnetfeld keine Präzession zu erwarten ist. Diese Rede lässt sich aber nicht über den Verweis auf typische Eigenschaften (Abschn. 13.2) einholen, denn das mittlere magnetische Moment der Atome hängt von Präparation, Magnetfeld und Temperatur ab, wie etwa Gl. 20.22 deutlich macht. Je nach Zustand, d. h. den Werten von p_α und p_β, sind unterschiedliche Werte möglich. Und der Zustand wird durch das äußere Magnetfeld präpariert, hängt aber auch von der Temperatur ab, wie wir bei der Diskussion der NMR-Spektroskopie sehen werden. Dies ist vielleicht eher, wie oben, mit dem mittleren Bierkonsum in Deutschland zu vergleichen, der bei ca. 100 l pro Jahr liegt, Säuglinge und Antialkoholiker sind in dieser Statistik eingeschlossen. Der numerische Wert dieser Größe sagt also weniger etwas über die menschliche Beschaffenheit aus, sondern mehr über kulturelle Besonderheiten, also über etwas, das nicht in der physischen Beschaffenheit der Menschen begründet liegt, wohl aber dadurch begrenzt wird.

Wichtig ist: Wenn wir das machen, führen wir ein weiteres Element der Interpretation ein; denn die Erwartungswerte haben einen strengen Bezug auf die Messung, und wir lösen sie davon. Für die alltägliche Redeweise ist das sehr sinnvoll, wir verweisen auf das makroskopische Phänomen der Magnetisierung und schreiben dann den Elementen, aus denen diese hervorgeht, atomare magnetische Momente zu, die über die Erwartungswerte ausgerechnet werden. Diese Interpretation ist Geschmackssache, aber wenigstens macht man damit nicht den Fehler, **Elemente der Realität** vorauszusetzen, die im Widerspruch zu den Voraussagen der Quantenmechanik stehen (EPR).

Kohärenz Wie am Beispiel des Wellenpakets im Kastenpotential in Abschn. 20.3.2 deutlich wurde, berücksichtigt die Ehrenfestdynamik durchaus die Kohärenz des Zustands. Die Schrödingerdynamik ist kohärent, die Interferenzterme bleiben während der Dynamik erhalten, und es treten daher Interferenzerscheinungen auf, welche die Dynamik der Erwartungswerte reflektieren. Daher folgt die Ehrenfestdynamik nur in speziellen Fällen, wie dem harmonischen Oszillator, der klassischen Dynamik. Das Vektormodell des Spins, in der Ensembleperspektive wie in Abb. 21.3 suggestiv dargestellt, beschreibt aber gerade ein System von Spins, das nicht kohärent ist, man könnte es sich als QK-Ensemble vorstellen. Wir haben nun anhand vieler Beispiele gesehen, welche z. T. auch physikalische Bedeutung die Interferenzterme haben, was die Grenzen der Interpretationsmodelle vielleicht etwas besser beleuchten kann.

Der α^x-Zustand In Kap. 34 werden wir sehen, wie man durch gepulste Magnetfelder den α_z-Zustand in einen α_x-Zustand überführen kann. Dazu benötigt man die Interferenzterme, die bei der Lichtemission in Abschn. 21.3.4 in analoger Weise auftreten. Dies ist dann in einem QK-Ensemble nicht darstellbar.

In einem z-Magnetfeld ist der α^x-Zustand nicht stationär, nun gibt es eine Dynamik der Erwartungswerte, wie durch Gl. 20.23 beschrieben. Was also präzediert, ist die Magnetisierung der Materie, und dies ist eine klassische Größe. Sie kann beliebige Amplituden und Präzessionsfrequenzen (Abschn. 20.3.5) haben. Die Dynamik der Magnetisierung folgt klassischen Bewegungsgleichungen. Daher kann man NMR-Experimente auch mit Hilfe der klassischen Physik beschreiben (Abschn. 34.5).

21.4 Zusammenfassung

Messungen Die Messung hat eine spezifische Rolle in der Quantenmechanik, die sich von der in der klassischen Mechanik drastisch unterscheidet. Ein einfaches Modell für Messungen stellen Spinmessungen dar.

- Eine Messung im Stern-Gerlach-Versuch darf nicht im Rahmen des PVE interpretiert werden in dem Sinne, dass gemessene Eigenschaften schon vor der Messung vorliegen. Hier stellt die Messung erst den Zustand her, der der gemessenen Observablen entspricht, man spricht von einem Kollaps der Wellenfunktion in diesen Zustand.

- Durch Messung kann auch vorgängig erhaltene Information wieder zerstört werden, dies zeigen Messungen in verschiedenen Raumrichtungen.
- Nur das Durchlaufen der Messapparatur jedoch führt nicht zum Kollaps, wir werden in Kap. 29 ein weiteres Element der Beschreibung hinzufügen müssen (Dekohärenz).
- Am Beispiel der Spinpräzession haben wir gesehen, dass es nicht klar ist, wie die Systeme in Eigenzustände kommen. Für den Spin im B_z-Magnetfeld haben wir eine Superposition angesetzt, wie zerfällt diese? Eine Antwort darauf wird ebenfalls die Dekohärenztheorie (Kap. 29) versuchen.

Messproblem Das sogenannte Messproblem hat damit mehrere Aspekte, nämlich (i) wie genau die Interferenzterme verschwinden und in welchen Zustand das System kollabiert, (ii) wie man die Superposition des Messgerätes verstehen kann und (iii) wie man die Messung genau verstehen soll, die sich nicht allein durch eine physikalische Wechselwirkung beschreiben lässt. Zudem ist klar geworden, dass

- im Rahmen der Quantenmechanik, wie hier dargestellt (OQM), die Wahrscheinlichkeiten **objektiv** sind. D. h., die Quantenmechanik selber lässt sich nicht so interpretieren, dass diese nur auf einer ungenauen Kenntnis des Systems beruhen. Das ist definitiv anders bei der kinetischen Gastheorie.
- Damit ist verknüpft, dass das PVE nicht gilt. D. h., wir können das Problem nicht so auffassen, dass wir nur nicht genau wissen, was in der Realität vorliegt. Wir können das Problem nicht als ‚Unwissen' bezeichnen, es geht tiefer. Messen ist nicht Auslesen von dem, was ist.
- Es gibt keinen Mechanismus, der die Eigenarten des quantenmechanischen Messprozesses erklärt. Daher ein weiteres Postulat an dieser Stelle, das **Kollapspostulat.** Der Kollaps beschreibt den Unterschied zu der Auffassung, dass die Messung einfach unser Unwissen (Unkenntnis) beseitigt: Denn durch den Kollaps wird erst der Zustand erzeugt, in dem das System die Eigenschaft hat, von der wir Kenntnis haben können.

Zeitabhängigkeit der Erwartungswerte Wenn ein Operator nicht mit dem Hamilton-Operator kommutiert, dann sind seine Erwartungswerte zeitabhängig. Was nun beschreibt diese Zeitabhängigkeit? Wir haben gesehen, dass die $\langle \hat{O} \rangle(t)$ Ensemblegrößen sind, man kann sie nicht umstandslos auf einzelne Quantenobjekte beziehen. Sie beschreiben das deterministische Verhalten eines Ensembles. Für das einzelne Teilchen kann man keine deterministische Aussage machen. Es ist nicht die Ladungsdichte eines Atoms, die schwingt, es ist nicht ein Spin, der präzediert. Vielmehr werden hier makroskopische magnetische oder elektrische Dipolmomente beschrieben, die eine klassische Reaktion auslösen: Es werden elektromagnetische Felder absorbiert oder emittiert. Die Bedeutung der dynamischen Gleichungen für

Erwartungswerte liegt darin, dass sie eine objektive Rede über Prozesse ermöglichen, wie wir an den unterschiedlichen Beispielen gezeigt haben. Es gibt also zentrale Anwendungen der Quantenmechanik, für die eine **beobachterunabhängige Beschreibung** möglich ist. Die Dynamik ergibt sich aus den Ehrenfestgleichungen und es ist wichtig festzustellen, dass diese Dynamik kohärent sein kann, d. h., die Interferenzterme eine wichtige Bedeutung haben können.

Rede über Quantenteilchen Die Quantenmechanik erlaubt uns aber keine **kausale Rede** über Einzelobjekte: Der Kollaps ist ein genuin indeterministischer Prozess, sozusagen eine indeterministische **Dynamik II** neben der Dynamik durch die Schrödinger-Gleichung. Dies ist mit dem **Indeterminismus** der Quantenmechanik gemeint: Unsere makroskopische Welt ist gerade nicht indeterministisch, denn Kausalität gilt auf der Ensembleebene. Ein Ensemble von Quantenteilchen wird auf einen Eingriff von außen absolut berechenbar reagieren. Deshalb gehen Computer an, wenn man sie anschaltet, meistens jedenfalls. Und wenn sie nicht angehen, dann liegt das nicht an der Quantenmechanik, sondern an einer kaputten Festplatte oder einem Programm, das sich aufgehängt hat. Quantenverhalten in den Makrokosmos zu übertragen, wie bei Schrödingers Katze, ist extrem schwierig, trotz aller Fortschritte bei der Präparation makroskopischer Superpositionen.

Erklärung und Quantenphänomene Wir erhalten also keine Erklärung des mikroskopischen Geschehens auf der Ebene der einzelnen Quantenteilchen. Wir wissen daher nicht, wann und warum ein Elektron in den Grundzustand übergeht. Und dennoch erhalten wir eine Erklärung des Geschehens, allerdings auf der Ensembleebene. Und diese basiert auf der Superposition, welche gerade nicht hintergehbar ist. Die oszillierenden Dipole resultieren aus den Interferenztermen, die wir nicht mehr weiter auf Phänomene der klassischen Physik zurückführen können. Die Emission von Licht ist also ein Quantenphänomen, das wir mit Hilfe der Quantenmechanik sehr gut beschreiben, aber nicht mit klassischen Konzepten erklären können.

Interpretationsmodelle Die hier vorgestellte Quantenmechanik gibt kein Bild der Quantenprozesse. Bestimmte Interpretationen, wie Materiewelle oder klassische Ensemblevorstellungen, erzeugen Modellvorstellungen, die genauso viel mit der Quantenwelt zu tun haben wie das Bohr'sche Atommodell. In Kap. 30 werden wir sehen, dass beispielsweise ein klassisch-statistisches Modell (kinetisches Modell) dazu verwendet wird, die spontane Emission zu modellieren. Wir verstehen nun, was da ausgeblendet wird. Mit dem Modell der Materiewelle erhält man scheinbar eine Beschreibung des Übergangs eines Atoms, man redet von einer Schwingung der Ladungsdichte. Auch hier wird sozusagen ein Ensembleverhalten auf ein einzelnes Atom projiziert. Ebenso beim Spin: Bei der NMR-Spektroskopie wird oft ein Ensemble von Spins visualisiert, wie in Abb. 21.3 gezeigt, dabei wird auch manchmal davon geredet, dass einzelne Spins präzedieren würden.

Wir haben an verschiedenen Stellen die Vorzüge dieser Modelle gesehen: Sie geben uns eine modellhafte Vorstellung der Wirklichkeit. Aber es ist auch wichtig zu sehen, wie weit diese Modelle tragen, und wann sie uns ein Verständnis erschweren, oder sogar verbauen.

Objektivierende Beschreibung Am Beispiel der atomaren Übergänge haben wir gesehen, dass die Dynamik der Erwartungswerte zu einer Beschreibung einlädt, die direkt über die Objekte selbst redet, und nicht über zu erwartenden Messergebnisse. Wir scheinen eine objektivierende Beschreibung der Natur zu bekommen und wir können die Erwartungswerte auf die Dynamik makroskopischer Größen beziehen, z. B. auf Hertz'sche Dipole oder die Magnetisierung. Im Prinzip erfolgt dies im Rahmen einer Ensemblebeschreibung, man verfolgt die Dynamik eines Ensembles. Das Verhalten der einzelnen Atome oder Spins entzieht sich jedoch der Beschreibung, die Rede von Spins auf einem Kegel ist keine adäquate Repräsentation des Verhaltens des Einzelsystems. Es ist aber möglich, die Interpretation der Quantenmechanik zu erweitern und eine Rede von mittleren Eigenschaften zuzulassen. In dem Vektormodell des Spins entsteht eine klassische Vorstellung, es gibt einen Spin mit drei Drehimpulskomponenten, und eine solche Vorstellung der Realität ist nicht konsistent, wie wir in Kap. 29 bei der Diskussion des EPR-Gedankenexperiments sehen werden. Bei einer Rede von mittleren Eigenschaften dagegen macht man an dieser Stelle nichts falsch. Diese enthalten nichts, was nicht auch bei einer Messung festgestellt werden kann.

Teil V
Atome und Moleküle

Bisher haben wir die Schrödinger-Gleichung für ein Teilchen gelöst: Zwar haben wir die Rotation und Schwingungen des Moleküldimers betrachtet, aber in diesen Fällen ist es uns gelungen, durch die Koordinatentransformation auf Relativkoordinaten die Zweiteilchenprobleme auf Einteilchenprobleme abzubilden.

Nun wollen wir uns Atome und Moleküle mit mehr als einem Elektron ansehen: Hier wird dieser Trick nicht mehr funktionieren, d. h., wir müssen nun die Wellenfunktion für zwei Teilchen berechnen. Wie machen wir das? Es gab schon mal einen Übergang, der ähnlich aussah, nämlich von eindimensionalen auf dreidimensionale Systeme in Kap. 10, d. h., der Übergang von einer Koordinate x auf drei Koordinaten (x, y, z) bzw. (r, θ, ϕ). Wir können einen **Produktansatz** machen,

$$\Psi(x, y, z) = \phi_1(x)\phi_2(y)\phi_3(z),$$

der annimmt, dass die Koordinaten nicht voneinander abhängen. Das bedeutet, dass die Lösungen ϕ_2 (y)ϕ_3 (z) nicht von dem Wert von x abhängen (etc.). Für die Rotation mussten wir dafür Kugelkoordinaten einführen, aber auch dann gelang ein Produktansatz, sodass wir zuerst die Lösung für (θ, ϕ) berechnet haben, $Y_{tm}(\theta,\phi)$ und dann in Kap. 11 die Lösung R(r) einfach hinzufügen konnten.

Damit haben wir die Wellenfunktion für ein Elektron, mit den drei Koordinaten (x_1, y_1, z_1) bestimmt.[1] Wenn wir nun ein zweites Elektron mit den Koordinaten (x_2, y_2, z_2) hinzufügen, kann man dann ebenfalls einen solchen Produktansatz

$$\Psi(x_1, y_2, z_1) = \phi_1(x_1, y_1, z_1)\phi_2(x_2, y_2, z_2)$$

machen? Wir werden das in Kap. 22 für Helium ausprobieren und nicht erfolgreich sein. Es gibt nämlich eine Anforderung an Wellenfunktionen, sie müssen **antisymmetrisch** sein, eine Bedingung, die sich wie folgt schreiben lässt,

[1]Nach Umrechnung in Kugelkoordinaten.

$$\Psi(r_1, r_2) = -\Psi(r_2, r_1).$$

Dies führt zu komplexeren Ansätzen für die Wellenfunktion, aber zu einer qualitativ korrekten Beschreibung des Problems im Rahmen der **Hartree-Fock-Theorie**. Mit Hilfe dieser Theorie können wir auch für Mehrelektronenprobleme Orbitale und deren Energie berechnen, wie beim Wasserstoffatom. Eine direkte Folge des antisymmetrischen Ansatzes ist das **Pauli-Verbot**, jedes Orbital darf nur doppelt besetzt sein mit Elektronen, die entgegengesetzten Spin haben.

Mit diesen Methoden werden wir in Kap. 24 die Orbitalstruktur der Atome und in Kap. 25 für zweiatomige Moleküle berechnen. Kap. 26 gibt Hinweise auf die Grenzen der Hartree-Fock-Theorie und mit welchen Methoden diese überschritten werden können. Kap. 27 diskutiert Näherungsmethoden für größere Moleküle.

Diese Methoden generieren die in der Chemie geläufigen Modellvorstellungen, wir reden über Elektronen in Orbitalen mit bestimmten Eigenschaften wie Spin, Bahndrehimpuls und Orbitalenergie. In Kap. 28 werden die mathematischen Konsequenzen antisymmetrischer Wellenfunktionen diskutiert, in Kap. 29 die Auswirkungen auf unsere Sicht der Welt.

Lernziele von Teil V Die Studierenden sollten

- erklären können, welche Ansätze für die Vielteilchenwellenfunktionen angewendet werden.
- den Unterschied zwischen Orbitalen und Vielteilchenwellenfunktionen erklären können.
- die Energiebeiträge der Hartree-Fock-Theorie erklären, sowie die effektive Schrödinger-Gleichung erläutern können.
- die elektronische Struktur von Atomen und Molekülen erklären können sowie die spektroskopischen Zustände und ihre Nomenklatur kennen.
- die Methoden der Quantenchemie und der Näherungsverfahren kennen.

Zwei Elektronen: Produktansatz für die Wellenfunktion

22

Am Heliumatom kann man beispielhaft zeigen, welche methodischen Schwierigkeiten auftreten, wenn mehrere Elektronen in einem System miteinander wechselwirken.

- Als Erstes muss man den Hamilton-Operator $\hat{H}$ bestimmen: Dies ist wie immer in der Quantenmechanik der einfachste Schritt, man kann von der klassischen Energieformel ausgehen.
- Dann benötigt man einen **Ansatz** für die Wellenfunktion $\Psi(\boldsymbol{r}_1, \boldsymbol{r}_2)$: Die Wellenfunktion hängt von beiden Elektronenkoordinaten ab, ist also eine Funktion von sechs kartesischen Koordinaten.
- Mit diesem Ansatz wird man die Schrödinger-Gleichung nicht mehr exakt lösen können, die Näherungsmethoden **Störungstheorie** (Kap. 19) und **Variationsprinzip** (Kap. 16) sind zentrale Vorgehensweisen der Quantenchemie zur Lösung von Mehrelektronenproblemen.
- Der **Produktansatz** $\Psi(\boldsymbol{r}_1, \boldsymbol{r}_2) = \phi(\boldsymbol{r}_1)\phi(\boldsymbol{r}_2)$ stellt die Wellenfunktion als Produkt von zwei Orbitalen dar und führt zu einem Modell, das mathematisch dem der Wechselwirkung von Ladungsverteilungen analog ist. Mathematisch sieht es so aus, als ließe sich die Wechselwirkungsenergie der Elektronen über Ladungsdichten berechnen.

Dieses Modell gibt eine Anschauung, die in der Chemie bei der Darstellung des elektronischen Aufbaus der Atome und Moleküle prägend ist: Elektronen sind in Orbitalen, und wechselwirken durch die Coulomb-Abstoßung mit den anderen Elektronen, die in anderen Orbitalen sind. Schade, dass wir dieses Modell in Kap. 23 dann aufgeben müssen, aber es ist gut zu sehen, wo es herkommt.

© Springer-Verlag GmbH Deutschland, ein Teil von Springer Nature 2021

M. Elstner, *Physikalische Chemie II: Quantenmechanik und Spektroskopie*,
https://doi.org/10.1007/978-3-662-61462-4_22

22.1 Der Hamilton-Operator

Wir haben nun zwei Elektronen, die sich in dem Coulomb-Potenzial eines Atomkerns mit der Ladungszahl $Z = 2$ in Abb. 22.1 befinden. Der atomare Hamiltonian besteht damit aus der kinetischen Energie der Elektronen ‚1' und ‚2', $\hat{T}_1$ und $\hat{T}_2$, dem Coulomb-Potenzial der Elektron-Kern-Wechselwirkung V_{eK} wie schon beim H-Atom und – das kommt jetzt neu hinzu – ein Elektron-Elektron-Repulsionsterm V_{ee}

$$\begin{aligned} \hat{H} &= \hat{T} + V_{\mathrm{eK}} + V_{\mathrm{ee}} \\ &= -\sum_{k=1}^{2} \frac{\hbar^2}{2m}\Delta_k - \sum_{k=1}^{2} \frac{1}{4\pi\epsilon}\frac{Ze^2}{r_k} + \frac{1}{4\pi\epsilon}\frac{e^2}{r_{12}}. \end{aligned} \tag{22.1}$$

Der Atomkern mit Ladung $+Ze$ sei im Koordinatenursprung, die Ortsvektoren der Elektronen sind durch $\boldsymbol{r}_1$ und $\boldsymbol{r}_2$ gegeben. In die Coulomb-Wechselwirkungen zwischen den Elektronen und zwischen den Elektronen und dem Kern gehen nur die Beträge der Abstandsvektoren $r_1 = |\boldsymbol{r}_1|, r_2 = |\boldsymbol{r}_2|$ sowie $r_{12} = |\boldsymbol{r}_1 - \boldsymbol{r}_2|$ ein. Für He haben wir $Z = 2$, und die Summen gehen jeweils über zwei Elektronen (mit Ladungen $q = -e$). Nun müssen wir die Schrödinger-Gleichung mit diesem Hamilton-Operator für zwei Elektronen lösen, d. h.

$$\hat{H}\Psi(\boldsymbol{r}_1, \boldsymbol{r}_2) = E\Psi(\boldsymbol{r}_1, \boldsymbol{r}_2). \tag{22.2}$$

22.2 Produktansatz

Kugelkoordinaten Bisher haben wir Wellenfunktionen mit einer und drei Variablen bestimmt. Bei drei Variablen, wie beim Wasserstoffatom (Kap. 11), haben wir die Wellenfunktion $\Psi(x, y, z)$ durch den **Separationsansatz** in ein Produkt von drei Funktionen mit jeweils einer Variablen $R(r)$, $\Phi(\phi)$ und $\Theta(\theta)$ zerlegt,

$$\Psi(r, \theta, \phi) = R(r)\Phi(\phi)\Theta(\theta).$$

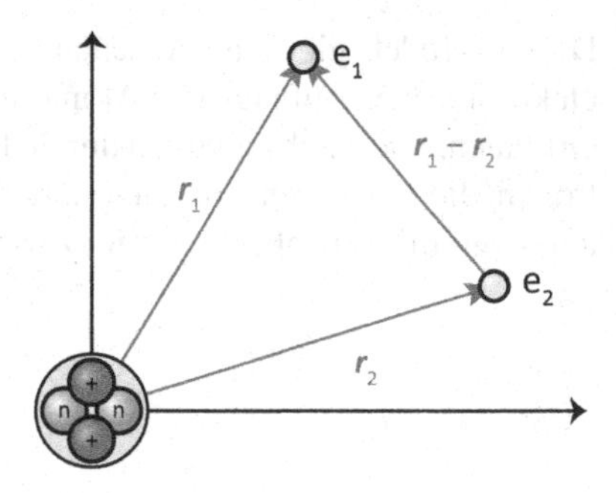

Abb. 22.1 Räumliche Anordnung im Heliumatom. Der Atomkern, bestehend aus zwei Neutronen und zwei Protonen, wird als (+2)-Punktladung im Koordinatenursprung dargestellt

Die Separation im Fall des Wasserstoffatoms erlaubt eine einfache Lösung, da die Schrödinger-Gleichung dann in drei Differentialgleichungen für die drei Variablen zerfällt. Solch ein Ansatz kann aber nur dann funktionieren, wenn die Variablen wie bei r, ϕ und θ, unabhängig voneinander sind: Das Problem ist kugelsymmetrisch, und die Wahrscheinlichkeit, ein Elektron bei dem Abstand r zu finden, hängt nicht davon ab, bei welchen ϕ- und θ-Werten es sich gerade aufhält. Dies sieht man sofort, wenn man das Quadrat der Wellenfunktion

$$|\Psi(r,\theta,\phi)|^2 = |R(r)|^2|\Phi(\phi)|^2|\Theta(\theta)|^2 \tag{22.3}$$

bildet.

Ein Separationsansatz, oder auch **Produktansatz** genannt, setzt also voraus, dass die Variablen, wenn sie durch verschiedene Funktionen beschrieben werden sollen, **statistisch unabhängige** Variablen sind.

Diese statistische Unabhängigkeit der Variablen hängt offensichtlich vom Problem ab.[1]

Produktansatz Die Quantenchemie ist aus praktischen Gründen darauf angewiesen, dass man einen analogen Ansatz machen kann,

$$\Psi(\boldsymbol{r}_1,\boldsymbol{r}_2) = \phi(\boldsymbol{r}_1)\phi(\boldsymbol{r}_2). \tag{22.4}$$

Denn nur so bekommt man eine mathematische Darstellung einer Funktion, die man dann mit vertretbarem Aufwand berechnen kann. Für die ϕ bietet es sich an, die wasserstoffähnlichen Orbitale zu verwenden, wie in Kap. 11 abgeleitet. Z. B. das 1 s-Orbital

$$\phi(\boldsymbol{r}_k) = \frac{1}{\sqrt{\pi}}\left(\frac{2}{a}\right)^{2/3} \mathrm{e}^{-2r_k/a}. \tag{22.5}$$

Dieses Orbital wurde für eine Kernladung $Z = 2$ berechnet.

[1]Für das rechtwinklige Problem des Kastenpotenzials in drei Dimensionen (Kap. 10) haben wir kartesische Koordinaten verwendet und einen Separationsansatz machen können, für das kugelsymmetrische Problem benötigen wir Kugelkoordinaten, für die Rotation in zwei Dimensionen (Kap. 9) führen Polarkoordinaten auf einen Produktansatz.

Die **Wellenfunktionen** $\Psi(\boldsymbol{r}_1, \boldsymbol{r}_2)$ als Lösung der Schrödinger-Gleichung sind Funktionen von zwei Elektronenkoordinaten. Diese werden dargestellt als Produkte von Funktionen **einer** Elektronenkoordinate $\phi(\boldsymbol{r})$, diese **Einelektronenwellenfunktionen** werden **Orbitale** genannt.

Statistische Unabhängigkeit Gilt diese auch für die Koordinaten r_1 und r_2 der beiden Elektronen? D. h., ist die Wahrscheinlichkeit, Elektron 1 bei r_1 zu finden, unabhängig davon, wo Elektron 2 ist? Das wäre definitiv der Fall, wenn sie sich nicht gegenseitig in ihren Bewegungen beeinflussen würden, d. h., wenn ihre Wechselwirkung klein bzw. vernachlässigbar ist. Bei Planeten unseres Sonnensystems scheint das in guter Näherung der Fall zu sein. Man kann die Umlaufbahn der Erde berechnen, wenn man nur die Wechselwirkung mit der Sonne berücksichtigt, aber die Wechselwirkungen mit den anderen Planeten vernachlässigt. In dem Fall der beiden Elektronen bedeutet dies, V_{ee} zunächst zu vernachlässigen. Probieren wir das mal aus.

Nicht-wechselwirkende Elektronen Wir betrachten also das Problem, bei dem sich beide Elektronen in dem Potenzial des Heliumkerns befinden. In Kap. 11 haben wir die Energien und Orbitale für ein Elektron im Kernpotential mit der Kernladungszahl Z allgemein berechnet, He^+ ist also schon gelöst, die Energie ist (Gl. 11.36) $E_n = -\frac{Z^2 \mathrm{E_R}}{n^2}$. Nun betrachten wir einfach zwei Elektronen im selben Potenzial, wobei wir die gegenseitige Abstoßung vernachlässigen, d. h., wir erhalten:

$$E = 2\left(-\mathrm{E_R}\frac{Z^2}{n^2}\right) = 2\left(-\mathrm{E_R}\frac{2^2}{1^2}\right) = -8\mathrm{E_R}.$$

Experimentell erhält man 2.9 **Hartree (H),** d. h., mit $2\mathrm{E_R} = 1$ H berechnet man die Energie mit 4 H um 1.1 H zu tief. Die Abstoßung der Elektronen untereinander erhöht die Energie, d. h., wenn man sie nicht berücksichtigt, findet man die Elektronen als zu stark gebunden. Dabei nehmen wir offensichtlich an, dass sich die Orbitale nicht ändern, wenn nun zwei Elektronen gebunden sind. Wir verwenden als Näherung die wasserstoffähnlichen Orbitale.

22.3 Störungstheorie

Als Nächstes drängt sich die Störungstheorie fast auf:[2] Wie in Kap. 19 verwenden wir in 1. Ordnung die ungestörte Wellenfunktion, d. h., die Wellenfunktion, die wir ohne V_{ee} erhalten, und berechnen mit dieser die Energiekorrektur mit dem Störoperator V_{ee}

$$E_1 = \int\int \phi_1^*(\boldsymbol{r}_1)\phi_2^*(\boldsymbol{r}_2)V_{ee}\phi_1(\boldsymbol{r}_1)\phi_2(\boldsymbol{r}_2)\mathrm{d}\boldsymbol{r}_1\mathrm{d}\boldsymbol{r}_2.$$

Mit den wasserstoffähnlichen Orbitalen $\phi_1(r_i)$ kann man das Integral berechnen und erhält eine Korrektur von + 1.25 H zu $E_0 = -4$ H, d. h.

$$E = E_0 + E_1 = -4\text{ H} + 1.24\text{ H} = -2.75\text{ H}.$$

Damit haben wir eine erste Abschätzung der Elektron-Elektron-Abstoßung bekommen. Sie ist mit 1.25 H in der gleichen Größenordnung wie die Kern-Elektron-Anziehung. Diese als kleine Störung zu betrachten ist damit sicher keine gute Idee.[3] Die Gesamtenergie ist nun 0.15 H zu hoch, d. h., es scheint, wir überschätzen die Elektron-Elektron-Abstoßung. Womöglich ist der Ansatz, die wasserstoffähnlichen Orbitale zu verwenden, keine gute Näherung. Die starke Abstoßung wird vermutlich die Form der Orbitale selbst verändern. Im Prinzip kann man das mit der Störungstheorie höherer Ordnung einbeziehen, wir wollen aber einen anderen Weg gehen.

22.4 Variationsansatz

Bei der Störungstheorie berechnen wir die Orbitale, ohne V_{ee} zu berücksichtigen. Wir müssen offensichtlich eine Methode verwenden, bei der wir V_{ee} schon bei der Bestimmung der Orbitale mit einfließen lassen. Hierzu eignet sich der Variationsansatz, wie in Kap. 16 eingeführt.

Das Variationsprinzip sagt Folgendes: Starte mit einer **Versuchswellenfunktion** und variiere diese systematisch, bis ein Minimum des Erwartungswertes gefunden ist. Man benötigt also einen Ansatz für eine Wellenfunktion, den man variieren kann. Wir verwenden den **Produktansatz** und als Versuchswellenfunktion eine leichte Modifikation des obigen 1 s-Orbitals,

$$\Phi_b(\boldsymbol{r}_1, \boldsymbol{r}_2) = \phi_b(\boldsymbol{r}_1)\phi_b(\boldsymbol{r}_2) = \frac{1}{\sqrt{\pi}}\left(\frac{2}{a}\right)^{2/3} \mathrm{e}^{-br_1/a}\frac{1}{\sqrt{\pi}}\left(\frac{2}{a}\right)^{2/3} \mathrm{e}^{-br_2/a}, \quad (22.6)$$

---

[2] Im klassischen Fall kann man mit Methoden der Störungstheorie sehr gut die Wechselwirkung der Planeten untereinander berücksichtigen, und so die beobachteten Abweichungen von dem Fall berechnen, in dem nur die Gravitationsanziehung der Sonne, wie oben angemerkt, berücksichtigt wird.

[3] Während man bei den Planetenbahnen offensichtlich die gegenseitige Anziehung als kleine Störung betrachten kann, geht das bei der Coulomb-Wechselwirkung zwischen den Elektronen nicht. Diese ist, im Verhältnis zu den Abständen, wesentlich stärker als die Gravitationswechselwirkung.

mit dem Parameter b, der vorher durch $Z = 2$ bestimmt war. a ist eine Konstante. Mit dem Variationsprinzip wird der Parameter bestimmt, indem das Minimum der Energie gesucht wird. Zunächst berechnen wir die Energie in Abhängigkeit von dem Parameter,

$$E_\Phi(b) = \int\int \Phi_b^*(\boldsymbol{r}_1, \boldsymbol{r}_2)\hat{H}\Phi_b(\boldsymbol{r}_2, \boldsymbol{r}_2)\mathrm{d}^3\boldsymbol{r}_1\mathrm{d}^3\boldsymbol{r}_2. \tag{22.7}$$

$\hat{H}$ ist nun der volle Hamilton-Operator Gl. 22.1, der auch V_{ee} enthält. Dieses Integral lässt sich lösen, und man erhält die Energie E, die nun von dem Parameter b abhängt:

$$E_\Phi(b) = (b^2 - 27b/8)\ \mathrm{H}. \tag{22.8}$$

Das Variationsprinzip besagt, dass man die Funktion $\Phi_b(r_1, r_2)$ so variieren soll, dass die Energie minimal wird, d. h., in diesem Fall suchen wir den Wert von b, für den E minimal wird:

$$\frac{\mathrm{d}E_\Phi(b)}{\mathrm{d}b} = 0.$$

Dies führt zu dem Parameter $b = 27/16 = 1.69$. Dies in $E_\Phi(b)$ eingesetzt, ergibt:

$$E_{\min} = -2.85\ \mathrm{H}.$$

Diese Energie ist schon sehr nahe an dem exakten Wert, dennoch ist eine Abweichung von 0.05 H für chemische Anwendungen nicht gut genug. Daher werden wir die Methodik in den nächsten Kapiteln weiterentwickeln. Wir gehen dann nicht mehr davon aus, dass die Funktion $\phi(r)$ bekannt ist, sondern wir werden diese Funktion durch den Variationsansatz bestimmen. Ferner werden wir sehen, dass verschiedene $\phi_k(r)$ als Lösungen resultieren. Bei Helium sind dies, wie beim Wasserstoffatom, die Atomorbitale (1s, 2s, 2p ...), bei Molekülen sind das dann die Molekülorbitale. Der erste Schritt dorthin findet im nächsten Abschnitt statt.

22.5 Energie und Elektronendichte: Hartree-Methode

Für das H_2^+-Molekül (Kap. 16) haben wir zunächst die Wellenfunktion und Gesamtenergie mit dem Variationsprinzip bestimmt und danach die einzelnen Energiebeiträge weiter analysiert. Diese Analyse, d. h., die Aufspaltung in kinetische, Elektron-Kern- und nun auch Elektron-Elektron-Wechselwirkungen wollen wir jetzt auch für das Zweielektronenproblem betrachten.

Im Grundzustand von He befinden sich zwei Elektronen mit entgegengesetztem Spin, mit den Spinfunktionen aus Abschn. 18.2.3 (Gl. 18.11) erhalten wir

$$\Psi(\boldsymbol{r}_1, \boldsymbol{r}_2) = \phi_1(\boldsymbol{r}_1)\alpha\phi_1(\boldsymbol{r}_2)\beta. \tag{22.9}$$

Damit ergibt sich für den Erwartungswert des Hamilton-Operators Gl. 22.1:

$$\begin{aligned} E &= \int\int \Psi_1^*(\boldsymbol{r}_1, \boldsymbol{r}_2)\hat{H}\Psi_1(\boldsymbol{r}_1, \boldsymbol{r}_2)\mathrm{d}^3\boldsymbol{r}_1\mathrm{d}^3\boldsymbol{r}_2 \qquad (22.10)\\ &= \int\int \phi_1^*(\boldsymbol{r}_1)\phi_1^*(\boldsymbol{r}_2)\left(\hat{T} + V_{\mathrm{eK}} + V_{\mathrm{ee}}\right)\phi_1(\boldsymbol{r}_1)\phi_1(\boldsymbol{r}_2)\mathrm{d}^3\boldsymbol{r}_1\mathrm{d}^3\boldsymbol{r}_2\\ &= -\sum_{k=1}^{2}\frac{\hbar^2}{2m}\int \phi_1^*(\boldsymbol{r}_k)\Delta_i\phi_1(\boldsymbol{r}_k)\mathrm{d}^3r - \sum_{k=1}^{2}\frac{eZ}{4\pi\epsilon}\int\frac{\phi_1^*(\boldsymbol{r}_k)\phi_1(\boldsymbol{r}_k)}{r_k}\mathrm{d}^3\boldsymbol{r}_k\\ &+ \frac{e^2}{4\pi\epsilon}\int\int\frac{\phi_1^*(\boldsymbol{r}_1)\phi_1(\boldsymbol{r}_1)\phi_1^*(\boldsymbol{r}_2)\phi_1(\boldsymbol{r}_2)}{r_{12}}\mathrm{d}^3\boldsymbol{r}_1\mathrm{d}^3\boldsymbol{r}_2. \end{aligned}$$

Für den ersten Schritt siehe Beweis 10.2, den zweiten Schritt sieht man leicht durch Einsetzen des Hamilton-Operators Gl. 22.1.

Definition: Elektronendichte
Mit der **Born'schen Wahrscheinlichkeitsinterpretation** (Kap. 4) können wir

$$\rho_i(\boldsymbol{r}_1) = \phi_i^*(\boldsymbol{r}_1)\phi_i(\boldsymbol{r}_1) = |\phi_i(\boldsymbol{r}_1)|^2$$

als **Wahrscheinlichkeitsdichte** interpretieren. $\rho_i(\boldsymbol{r}_1)\mathrm{d}^3\boldsymbol{r}_1$ ist die Wahrscheinlichkeit, ein Elektron in dem entsprechenden infinitesimalen Volumenelement im Abstand $\boldsymbol{r}_1$ vom Atomkern zu finden (Abb. 22.2a). Dies bezieht sich auf eine mögliche Messung der Orte der Elektronen. $\rho_i(\boldsymbol{r}_1) = |\phi_i(\boldsymbol{r}_1)|^2$ gibt die (statistische) räumliche Verteilung eines Elektrons an, die man messen würde, wenn es in dem Orbital $\phi_i(\boldsymbol{r}_1)$ ist. $\rho_i(\boldsymbol{r}_1)$ wird auch **Elektronendichte** genannt.[4]

[4] Wenn viele besetzte Orbitale im Molekül vorhanden sind, ist die gesamte Elektronendichte die Summe über alle Orbitale, d. h.

$$\rho(\boldsymbol{r}) = \sum_i \rho_i(\boldsymbol{r}) = \sum_i |\phi_i(\boldsymbol{r})|^2.$$

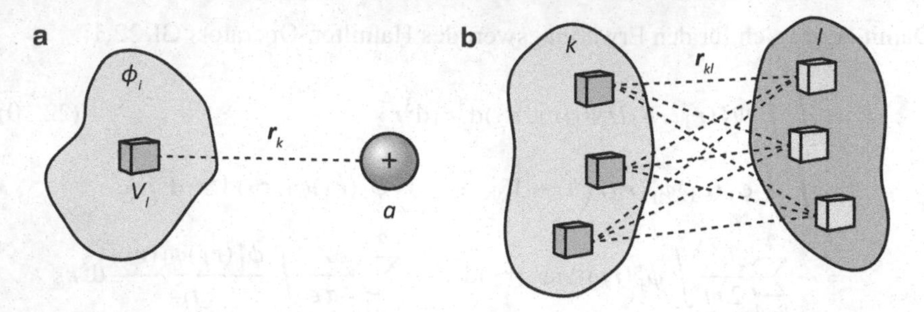

Abb. 22.2 **a** Infinitesimales Volumenelement V_l im Abstand $\boldsymbol{r}_k$ vom Atomkern. Die graue Fläche symbolisiert den Raumbereich, in dem die Elektronendichte lokalisiert ist. Die Elektronendichte ist nur der Übersichtlichkeit halber räumlich vom Kern getrennt dargestellt, im He-Atom ist die Elektronendichte natürlich um den Kern verteilt. **b** Ebenfalls räumlich getrennte Darstellung der Elektronendichte der beiden Elektronen. Dies dient ebenfalls nur der besseren Darstellbarkeit. Im Grundzustand des He-Atoms sind die beiden Elektronen sogar im selben Orbital

Mit der Elektronendichte können wir schreiben:

$$\begin{aligned} E &= -\sum_{k=1}^{2} \frac{\hbar^2}{2m} \int \phi_1^*(\boldsymbol{r}_k)\Delta_k \phi_1(\boldsymbol{r}_k) \mathrm{d}^3\boldsymbol{r}_k - \sum_{k=1}^{2} \frac{e^2 Z}{4\pi\epsilon} \int \frac{\rho_1(\boldsymbol{r}_k)}{r_k} \mathrm{d}^3\boldsymbol{r}_k \\ &\quad + \frac{e^2}{4\pi\epsilon} \int \frac{\rho_1(\boldsymbol{r}_1)\rho_1(\boldsymbol{r}_2)}{r_{12}} \mathrm{d}^3\boldsymbol{r}_1 \mathrm{d}^3\boldsymbol{r}_2 \\ &= -2T_1 - \sum_{k=1}^{2} V_{eN}^k + J_{11}. \end{aligned} \tag{22.11}$$

Interpretation im Hartree-Bild Der Produktansatz wird auch Hartree-Näherung genannt, die Energie Gl. 22.11 entsprechend **Hartree-Energie**. In diesem Ansatz bietet sich eine recht eingängige Interpretation an:

- Jedes Elektron, beschrieben durch die Koordinate $\boldsymbol{r}_k$, **befindet** sich in einem **bestimmten** Orbital ϕ_i. Jedes Orbital kann mit zwei Elektronen besetzt sein, die unterschiedlichen Spin haben. Das ist durch den Ansatz Gl. 22.9 ausgesagt.
- T_1 ist kinetische Energie eines Elektrons, wenn es sich im Orbital ϕ_1 befindet (für andere Orbitale analog).
- $\rho_i(\boldsymbol{r}_k)$ ist die Elektronendichte des Elektrons k im Orbital ϕ_i. Diese sieht völlig analog zu einer klassischen Ladungsdichte aus, d. h., sie sieht aus wie eine räumliche Verteilung von Ladung.[5]

[5]Im Rahmen dieser Näherung sieht die Elektronendichte in der Tat wie eine verschmierte Ladung aus, auch wenn wir bei der Einführung der Schrödinger-Gleichung in Kap. 4 sehr darauf Wert gelegt haben, das Elektron nicht als verschmierte Ladung oder Masse zu betrachten. Siehe insbesondere Kap. 13 und 21. In der Quantenmechanik müssen wir sehr aufpassen: Wenn etwas mathematisch so aussieht, **als ob** es einer klassischen Situation entsprechen würde heißt das noch lange nicht, dass man es analog interpretieren kann. Dies betrifft insbesondere statistische Aussagen (Abschn. 5.2).

- V_{eN}^{k} gibt die Coulomb-Wechselwirkung der Elektronendichte des Elektrons k im Orbital ϕ_1 mit dem Atomkern wieder. Mathematisch sieht diese Formel genauso aus, wie die Wechselwirkung einer (klassischen) Ladungsverteilung mit einer punktförmigen Kernladung. Dies schlägt sich in der Berechnung des Integrals nieder, wie in Abb. 22.2a skizziert. In dem klassischen Fall würde jedes Volumenelement $V_k = \mathrm{d}^3\boldsymbol{r}_k$ eine gewisse Ladungsmenge $\rho(\boldsymbol{r_k})V_k$ enthalten, die dann mit dem Kern über das Coulomb-Potenzial wechselwirkt, wenn man alle diese Beiträge aufsummiert,

$$-\frac{e^2 Z}{4\pi\epsilon}\sum_k \frac{\rho_1(\boldsymbol{r}_k)V_k}{r_k} \qquad \rightarrow \qquad -\frac{e^2 Z}{4\pi\epsilon}\int \frac{\rho_1(\boldsymbol{r}_k)}{r_k}\mathrm{d}^3\boldsymbol{r}_k.$$

Mathematisch analog geht das für die Elektronendichten der beiden Elektronen, was dann im Limes verschwindender Volumina in das Integral übergeht.
- J_{11} ist ein ähnliches Integral, es gibt die Coulomb-Abstoßung der Elektronendichten der Elektronen k und l wieder. Hier hat man ein Doppelintegral, das im klassischen Pendant die Abstoßung der ‚Ladungswolken' der beiden Elektronen wiedergibt. Dieses kann man analog darstellen, wie in Abb. 22.2b skizziert.

Achtung: Das vorgestellte Bild ist ein klassisches Modell des atomaren Geschehens, das in zweierlei Hinsicht problematisch ist:

- Zum einen wird die Born'sche Wahrscheinlichkeitsdichte als Ladungsverteilung interpretiert. Dies ist ein klassisches Bild von in Orbitalen ‚verteilten' (oder ‚verschmierten') Elektronen, analog zu Schrödingers Vorstellung einer Materieverschmierung. In Kap. 13 haben wir diese und andere Fehlvorstellungen von dem, was Elektronen in Orbitalen ‚machen', detailliert diskutiert.
- Zum anderen vermittelt es die Vorstellung, dass in Vielelektronensystemen einzelne Elektronen bestimmten Orbitalen fest zugeordnet werden können. Diese Vorstellung entsteht aber nur durch den Hartree-Ansatz, wir werden dieses Bild im nächsten Kapitel revidieren müssen. Der Hartree-Ansatz ist in fundamentaler Weise inkorrekt. Wenn man ihn verbessert, wie im nächsten Kapitel vorgestellt, ist diese Interpretation jedoch nicht mehr haltbar. Siehe hierzu die Diskussion in den Kap. 28 und 29.

Beweis 22.1

$$
\begin{aligned}
E &= \int\int \Psi_1^*(\boldsymbol{r}_1,\boldsymbol{r}_2)\hat{H}\Psi_1(\boldsymbol{r}_1,\boldsymbol{r}_2)\mathrm{d}^3\boldsymbol{r}_1\mathrm{d}^3\boldsymbol{r}_2 d\sigma_1 d\sigma_2 \\
&= \int_{r_1}\int_{r_2}\int_{\sigma_1}\int_{\sigma_2} [\phi_1(\boldsymbol{r}_1)\alpha\phi_1(\boldsymbol{r}_2)\beta]^*\ \hat{H}\ [\phi_1(\boldsymbol{r}_1)\alpha\phi_1(\boldsymbol{r}_2)\beta]\,\mathrm{d}^3\boldsymbol{r}_1\mathrm{d}^3\boldsymbol{r}_2\mathrm{d}\sigma_1\mathrm{d}\sigma_2 \\
&= \int_{r_1}\int_{r_2} [\phi_1(\boldsymbol{r}_1)\phi_1(\boldsymbol{r}_2)]^*\ \hat{H}\ [\phi_1(\boldsymbol{r}_1)\phi_1(\boldsymbol{r}_2)]\,\mathrm{d}^3\boldsymbol{r}_1\mathrm{d}^3\boldsymbol{r}_2 \cdot \\
&\quad \cdot \int_{\sigma_1}\int_{\sigma_2} \alpha^*(1)\alpha(1)\beta^*(2)\beta(2)\mathrm{d}\sigma_1\mathrm{d}\sigma_2 \qquad (22.12) \\
&= \int_{r_1}\int_{r_2} \phi_1^*(\boldsymbol{r}_1)\phi_1^*(\boldsymbol{r}_2)\hat{H}\phi_1(\boldsymbol{r}_1)\phi_1(\boldsymbol{r}_2)\mathrm{d}^3\boldsymbol{r}_1\mathrm{d}^3\boldsymbol{r}_2. \qquad (22.13)
\end{aligned}
$$

Beim Berechnen der Integrale ergeben die Spinindizes jeweils ‚1‘, da dort Integrale über α- und β-Spinkomponenten vorkommen (s. Abschn. 18.2.3), d. h., die Integration über den Spin kann einfach ausgeführt werden, und wir müssen uns darum im Folgenden nicht mehr kümmern.

22.6 Zusammenfassung und Fragen

Produktansatz Wir haben für die Wellenfunktion von zwei Elektronen den Ansatz

$$\Psi(\boldsymbol{r}_1,\boldsymbol{r}_2) = \phi(\boldsymbol{r}_1)\phi(\boldsymbol{r}_2)$$

gemacht. Dabei nimmt man an, dass die Variablen $\boldsymbol{r}_1$ und $\boldsymbol{r}_2$ unabhängig voneinander sind.

- Die **störungstheoretische** Beschreibung hat gezeigt, dass die Elektron-Elektron-Wechselwirkung sehr groß ist.
- Ein **Variationsansatz,** bei dem das 1s-Orbital systematisch variiert wird, führt auf den ersten Blick schon zu einem ganz guten Ergebnis.
- Die Analyse der Energieterme zeigt jedoch, dass man hier mit einem klassisch anmutenden Modell einer Elektron- bzw. Ladungsdichte operiert, das der quantenmechanischen Natur der Elektronen nicht adäquat ist.

Der Produktansatz ist daher nur ein Anfang, man wird dies systematisch weiterentwickeln müssen:

- **Variation** Wir haben eine Wasserstoffwellenfunktion mit einem Parameter b verwendet. Das Variationsprinzip sagt, suche **alle** möglichen Wellenfunktionen ab, und die, die die niedrigste Energie ergibt, ist dann am nächsten dran. Die Variation der Wellenfunktion ist offensichtlich eingeschränkt, zentral für die Anwendung auf Moleküle ist der **LCAO-Ansatz** (Kap. 16, 25).

- **Produktansatz** Dieser gilt, wie oben besprochen, offensichtlich nur, wenn die beiden Variablen r_1 und r_2 statistisch unabhängig sind. Die Störungstheorie hat uns jedoch gezeigt, dass die beiden Elektronen extrem stark miteinander wechselwirken, genauso stark, wie sie mit dem Kern wechselwirken. Damit wird das eine Elektron das andere massiv beeinflussen, und umgekehrt. Dies mathematisch in den Griff zu bekommen, ist die zentrale Herausforderung der Quantenchemie, die wir in den nächsten Kapiteln noch etwas genauer betrachten werden.

Interpretation Die mathematische Darstellung lässt das Bild einer Ladungsdichte in den Orbitalen auftauchen, so wie für die Schrödinger'sche Materiewelle diskutiert. Eine solche Interpretation hatten wir explizit ausgeschlossen, man muss hier aufpassen, dass man die mathematische Darstellung nicht realistisch interpretiert (Kap. 29). Zudem haben wir das Bild, dass die einzelnen Elektronen in den Orbitalen **sind.** Zwei Elektronen mit entgegengesetztem Spin pro Orbital. Auch das ist ein **Modell,** wie wir in den nächsten Kapiteln sehen werden. Ein Beispiel ist vielleicht das Tropfenmodell der Kernphysik: Mathematisch sieht der Atomkern dann aus wie ein Wassertropfen, und man kann z. B. Bindungsenergien gut reproduzieren. Das heißt aber nicht, dass Atomkerne Tröpfchen **sind.**

Fragen

- **Erinnern:** (Erläutern/Nennen)
  - Geben Sie den Hamilton-Operator für Helium an.
  - Beschreiben Sie den Produktansatz und geben Sie den Grund an, warum man diesen verwendet.
  - Erläutern Sie das Vorgehen und das Ergebnis der störungstheoretischen Rechnung.
  - Wie wird das Variationsprinzip auf He angewendet? Was kommt dabei heraus, und wo greift das Verfahren noch zu kurz?
- **Verstehen:** (Erklären)
  - Erklären Sie, welche Annahme der Produktansatz beinhaltet und warum diese für Elektronen in Atomen und Molekülen nicht zutrifft.
  - Erklären Sie, zu welchem Bild der Wechselwirkung im Atom der Produktansatz führt. Warum ist dies eine klassische Vorstellung?

Ansätze für die Vielelektronenwellenfunktion

23

Das **Pauli-Prinzip** besagt, dass die Wellenfunktion bezüglich einer Vertauschung von Elektronenkoordinaten **antisymmetrisch** sein muss,

$$\Psi(\boldsymbol{r}_1, \boldsymbol{r}_2) = -\Psi(\boldsymbol{r}_2, \boldsymbol{r}_1).$$

Damit scheiden **Produktwellenfunktionen** (Kap. 22) als Ansätze aus, und wir werden in diesem Kapitel sehen, wie man antisymmetrische Wellenfunktionen aus Orbitalen aufbauen kann. Diese lassen sich auf kompakte Weise als **Slater-Determinanten** schreiben. Wir werden das für das Heliumatom im Detail ausführen.

In Kap. 22 haben wir die Gesamtenergie Gl. 22.11 mit einem Produktansatz berechnet, durch den erweiterten Ansatz der Slater-Determinanten erhält man einen zusätzlichen Energiebeitrag $\boldsymbol{K}$, der zu einer Erniedrigung der Energie führt. Während Gl. 22.11 in einem klassischen Bild interpretiert werden kann, beruht die **Austauschwechselwirkung** auf einem genuin quantenmechanischen Effekt und ist daher nicht durch eine klassische Anschauung zu verstehen.

Zentral für die so erhaltene **Hartree-Fock-Methode** ist die Verwendung des **Variationsprinzips** zur Bestimmung der **Orbitale** $\boldsymbol{\phi_i}$. Es resultiert eine **effektive Schrödinger-Gleichung** für einzelne Elektronen, in der die Wechselwirkung mit den anderen Elektronen über ein effektives Potenzial vermittelt wird. Diese Gleichung dient zur Bestimmung der Orbitale und Orbitalenergien, und das Konzept ist zentral für das Vorgehen in der Quantenchemie.

Die Wellenfunktion besteht aus einem Orts- und einem Spinanteil. Beide können symmetrisch oder antisymmetrisch bezüglich der Vertauschung von Elektronenkoordinaten sein. Der antisymmetrische Spinanteil der Wellenfunktion hat verschwindenden Gesamtspin, und der Zustand wird **Spinsingulett** genannt. In einer Vektordarstellung kompensieren sich die beiden Elektronenspins. Der symmetrische Spinanteil hat einen Gesamtspin von ‚1', was zu drei Spin-Einstellungen führt, und daher wird dieser Zustand ein **Spintriplett** genannt.

© Springer-Verlag GmbH Deutschland, ein Teil von Springer Nature 2021

M. Elstner, *Physikalische Chemie II: Quantenmechanik und Spektroskopie*,
https://doi.org/10.1007/978-3-662-61462-4_23

Der Zustand eines Elektrons im Wasserstoffatom wird durch E, L^2, L_z und S_z charakterisiert. Die Spin-Bahn-Kopplung (Kap. 19) erzwingt die Einführung des Gesamtdrehimpulses J. L_z und S_z kommutieren nicht mit $\hat{H}$, und daher sind die entsprechenden Magnetquantenzahlen keine guten Quantenzahlen mehr. Etwas Analoges passiert bei **Vielelektronensystemen.** Hier koppeln nun die Bahndrehimpulse und Spins der Elektronen zu einem jeweiligen Gesamtdrehimpuls und man muss eine Charakterisierung des **Vielelektronenzustands** vornehmen.

23.1 Pauli-Verbot und Hartree-Fock

Wir wollen zunächst die Auswirkungen des Prinzips auf die Form der Wellenfunktion besprechen, dann zeigen, wie man für Helium Wellenfunktionen konstruiert, um mit dieser Wellenfunktion die Energie des Heliumatoms zu berechnen.

23.1.1 Pauli-Prinzip und Antisymmetrie

Mathematisch besagt das Pauli-Prinzip, dass die Wellenfunktion von Elektronen **antisymmetrisch** sein muss. Dies ist ein abstraktes Prinzip, dessen Relevanz zunächst wenig ins Auge sticht. Es ist eine mathematische Forderung an die Wellenfunktion: Wenn man zwei Quantenteilchen vertauscht, d. h. schlicht ihre Ortskoordinaten und Spinzustände austauscht, so muss die Wellenfunktion ihr Vorzeichen wechseln,

$$\Psi(\boldsymbol{r}_1, \boldsymbol{r}_2) = -\Psi(\boldsymbol{r}_2, \boldsymbol{r}_1). \tag{23.1}$$

Dies gilt nur für **Fermionen**, das sind Teilchen mit halbzahligem Spin wie Elektronen, Protonen und Neutronen. Für **Bosonen**, d. h. Teilchen mit ganzzahligem Spin, wie etwa Heliumkerne, gilt

$$\Psi(\boldsymbol{r}_1, \boldsymbol{r}_2) = \Psi(\boldsymbol{r}_2, \boldsymbol{r}_1), \tag{23.2}$$

d. h., hier muss die Wellenfunktion symmetrisch sein.

Vertauschung von Elektronen Man kann das auch so verstehen: Da Elektronen identische Eigenschaften haben (Masse, Ladung, Spin), sollten sich die physikalischen Eigenschaften eines Systems nicht verändern, wenn man zwei von ihnen, d. h. ihre Positionen, einfach vertauscht. Insbesondere sollte sich dann auch die Aufenthaltswahrscheinlichkeit nicht ändern, d. h., es sollte gelten:

$$|\Psi(\boldsymbol{r}_1, \boldsymbol{r}_2)|^2 = |\Psi(\boldsymbol{r}_2, \boldsymbol{r}_1)|^2.$$

Dies gilt für beide Wellenfunktionen Gl. 23.1 und 23.2 Damit kann sich bei Vertauschung von zwei Elektronen in der Wellenfunktion maximal das Vorzeichen der

Wellenfunktion ändern, da dieses beim Quadrieren keine Rolle spielt. Das Grundprinzip ist also klar, warum bei Fermionen hier ein ‚–'-Zeichen auftritt, liegt allerdings tiefer in der Theorie begraben und kann hier nicht erläutert werden.[1]

Bedingung für Wellenfunktionen Das **Pauli-Prinzip** lässt sich nicht im Rahmen der Schrödinger'schen Wellenmechanik ableiten, daher wird es im Rahmen der Quantenmechanik, wie wir sie hier betreiben, als weiteres **Postulat** eingeführt. Es ist wie beim Spin: Da die Schrödinger-Gleichung nichts vom Spin ‚weiß', muss man diesen *von Hand* in die Wellenfunktion einbauen, wir haben das beim Spin über die entsprechenden Ergänzungen der Wellenfunktion durch α bzw. β getan (Kap. 18). Und so auch hier: Wir müssen sozusagen ‚von Hand' dafür sorgen, dass die Wellenfunktion dem Pauli-Prinzip genügt. Wir wollen das Prinzip an einem einfachen Beispiel erläutern: Betrachten Sie das Heliumatom in einem angeregten Zustand, ein Elektron ist im 1 s-, das andere im 2 s-Orbital, mit dem Produktansatz (Kap. 22) würden wir das als

$$\Psi(\boldsymbol{r}_1, \boldsymbol{r}_2) = \phi_1(\boldsymbol{r}_1)\phi_2(\boldsymbol{r}_2)$$

schreiben. Es ist offensichtlich, dass diese Wellenfunktion Gl. 23.1 nicht erfüllt. *Von Hand* bedeutet nun, dass wir eine Wellenfunktion finden müssen, die Gl. 23.1 erfüllt. Dazu nutzen wir das **Superpositionsprinzip**, das besagt, dass wir Lösungen der Schrödinger-Gleichung kombinieren können, z. B. können wir schreiben,

$$\Psi(\boldsymbol{r}_1, \boldsymbol{r}_2) = [\phi_1(\boldsymbol{r}_1)\phi_2(\boldsymbol{r}_2) - \phi_1(\boldsymbol{r}_2)\phi_2(\boldsymbol{r}_1)], \tag{23.3}$$

was Gl. 23.1 offensichtlich erfüllt.

Superpositionen Das Superpositionsprinzip haben wir erstmals in Abschn. 2.1.3 verwendet, die Linearität der Wellengleichung bringt mit sich, dass auch eine Überlagerung von Wellenlösungen wieder eine Lösung der Wellengleichung ist. Dies gilt auch für die Schrödinger-Gleichung, siehe Abschn. 5.1.3, die Anwendung haben wir in Kap. 12 diskutiert, die Konsequenzen für die Interpretation in Kap. 13. So erhält man die typischen Wasserstofforbitale auch erst als Superposition von Lösungen der Schrödinger-Gleichung (Abschn. 11.5). Wir haben mit Gl. 23.3 also eine Superposition der Zustände, in dem ein Elektron in einem und das andere Elektron in dem anderen Orbital ist. Es ist also ein Zustand, wie wir ihn für den Doppelspalt oder Schrödingers Katze diskutiert haben (Kap. 13) und der eine Situation beschreibt, die wir in unserem klassischen Vokabular und in unserer klassisch geschulten Anschauung überhaupt nicht mehr handhaben können. Und genau dieses eigenartige quantenmechanische Phänomen liegt u. a. dem elektronischen Aufbau der Atome und Moleküle zugrunde! Damit stürzt das Bild aus Kap. 22, dass Elektronen eindeutig in bestimmten Orbitale ‚sitzen', in sich zusammen. Mehr dazu in Kap. 28 und 29.

[1] Formal basiert das Prinzip auf dem **Spin-Statistik-Theorem,** das im Rahmen der Quantenfeldtheorie bewiesen werden kann.

23.1.2 Antisymmetrische Wellenfunktionen

Die bisherigen Betrachtungen dienten der Erläuterung des Prinzips. Wir wollen nun die Wellenfunktionen des Heliumatoms, unter Verwendung des Spinformalismus aus Kap. 18, korrekt aufschreiben. Die Wellenfunktion hat damit zwei Komponenten, den Orts- und den Spinanteil. Beide zusammen müssen anti-symmetrisch bezüglich der Vertauschung sein. D. h., wir müssen Orts- und Spinanteil zunächst für sich betrachten und dann die Wellenfunktion so konstruieren, dass beide zusammen eine antisymmetrische Wellenfunktion ergeben. Betrachten wir zunächst den Heliumgrundzustand und dann einen angeregten Zustand.

Orbitale und Wellenfunktionen Die Wellenfunktion Ψ in Gl. 23.3 hat als Argumente die Koordinaten der zwei Elektronen. Im allgemeinen Fall eines Atoms/Moleküls mit N Elektronen wird dies eine Funktion der Koordinaten von N Elektronen sein. Diese ist aufgebaut aus den Orbitalen $\phi_i(\boldsymbol{r})$, was Funktionen der Koordinaten eines Elektrons sind. Für die Wellenfunktionen werden wir allgemeine Prinzipien angeben, wie diese aus den Orbitalen aufgebaut sind. Und die Orbitale werden wir dann mit Hilfe des Variationsprinzips explizit bestimmen. Diese werden die Atom- bzw. Molekülorbitale sein. Für Helium können wir uns für den Moment vorstellen, dass diese, wie oben eingeführt, den Atomorbitalen entsprechen.

Grundzustand: Produktansatz Es gibt nun mehrere Möglichkeiten, das 1 s-Orbital ϕ_1 mit den beiden Elektronen zu besetzen:

$$\begin{aligned}
\Psi_a(\boldsymbol{r}_1, \boldsymbol{r}_2) &= \phi_1(\boldsymbol{r}_1)\alpha(1)\phi_1(\boldsymbol{r}_2)\alpha(2) \\
\Psi_b(\boldsymbol{r}_1, \boldsymbol{r}_2) &= \phi_1(\boldsymbol{r}_1)\beta(1)\phi_1(\boldsymbol{r}_2)\beta(2) \\
\Psi_c(\boldsymbol{r}_1, \boldsymbol{r}_2) &= \phi_1(\boldsymbol{r}_1)\alpha(1)\phi_1(\boldsymbol{r}_2)\beta(2) \\
\Psi_d(\boldsymbol{r}_1, \boldsymbol{r}_2) &= \phi_1(\boldsymbol{r}_1)\beta(1)\phi_1(\boldsymbol{r}_2)\alpha(2).
\end{aligned} \tag{23.4}$$

Das Argument von α und β sagt, welches Elektron ‚1' oder ‚2' welchen Spin hat. Diese Wellenfunktionen implizieren, dass man die Elektronen durchnummerieren kann wie Billardkugeln, dass man sagen kann, Elektron ‚1' hat Spin ‚up' und Elektron ‚2' hat Spin ‚down'.

Die ersten beiden Wellenfunktionen sind offensichtlich **symmetrisch,** was für Elektronen nicht zulässig ist, für Ψ_c erhalten wir bei Vertauschung

$$\phi_1(\boldsymbol{r}_1)\alpha(1)\phi_1(\boldsymbol{r}_2)\beta(2) \rightarrow \phi_1(\boldsymbol{r}_2)\alpha(2)\phi_1(\boldsymbol{r}_1)\beta(1),$$

was weder symmetrisch noch antisymmetrisch ist (analog Ψ_d). Keine dieser Wellenfunktionen erfüllt also das Pauli-Prinzip.

Grundzustand: Linearkombinationen Wir greifen die oben formulierte Idee auf und versuchen, die **Antisymmetrie** durch eine **Linearkombination (Superposition)**

der Wellenfunktion zu implementieren. Wir probieren das mal durch ‚+'- und ‚−'-Kombination der beiden Wellenfunktionen Ψ_c und Ψ_d,[2]

$$\Psi_e(\boldsymbol{r}_1, \boldsymbol{r}_2) = \frac{1}{\sqrt{2}}\left[\phi_1(\boldsymbol{r}_1)\alpha\phi_1(\boldsymbol{r}_2)\beta + \phi_1(\boldsymbol{r}_1)\beta\phi_1(\boldsymbol{r}_2)\alpha\right] = \frac{1}{\sqrt{2}}\phi_1(\boldsymbol{r}_1)\phi_1(\boldsymbol{r}_2)\sigma_+(1,2)$$

$$\Psi_f(\boldsymbol{r}_1, \boldsymbol{r}_2) = \frac{1}{\sqrt{2}}\left[\phi_1(\boldsymbol{r}_1)\alpha\phi_1(\boldsymbol{r}_2)\beta - \phi_1(\boldsymbol{r}_1)\beta\phi_1(\boldsymbol{r}_2)\alpha\right] = \frac{1}{\sqrt{2}}\phi_1(\boldsymbol{r}_1)\phi_1(\boldsymbol{r}_2)\sigma_-(1,2).$$

- Da beide Elektronen im gleichen Orbital sind, können wir die Spinkomponenten ausklammern und die beiden **Spinwellenfunktionen**

$$\sigma_\pm(1,2) = [\alpha(1)\beta(2) \pm \alpha(2)\beta(1)] \tag{23.5}$$

  definieren.
- Den Vorfaktor $\frac{1}{\sqrt{2}}$ verwenden wir, um Ψ normiert zu halten, d. h., um $\int\int \Psi \mathrm{d}\boldsymbol{r}_1$, $\mathrm{d}\boldsymbol{r}_2 = 1$ zu gewährleisten. Wir nehmen dabei an, dass die ϕ_i normiert sind.
- Der Antisymmetrie kann man also durch eine ‚+'- oder durch eine ‚−'-Kombination in der Spinwellenfunktion gerecht werden. Ψ_f ist antisymmetrisch, Ψ_e nicht und scheidet damit für Elektronen aus.[3]
- Ψ_d kann man aus Ψ_c erhalten, indem man die beiden Elektronenkoordinaten einfach vertauscht. Man kann also Ψ_f auch so erhalten, indem man zunächst in Ψ_c die Koordinaten vertauscht und dann von der ursprünglichen Funktion Ψ_c abzieht.
- Wenn wir das Gleiche für Ψ_a und Ψ_b machen, erhält man Wellenfunktionen, die gleich ‚0' sind. Man sieht, wie das Antisymmetrieprinzip die Spinregel erzeugt: Für zwei Elektronen mit gleichem Spin im selben Orbital verschwindet die Wellenfunktion. Man kann keine antisymmetrische Wellenfunktion für zwei Elektronen in einem Orbital mit gleichem Spin finden! Es gibt keinen Zustand, in dem zwei Elektronen mit dem gleichen Spin auftreten.

Damit gibt es für zwei Elektronen im Grundzustand nur eine Konfiguration der Elektronen, die Antisymmetrie der Wellenfunktion sorgt also automatisch für die ‚antiparallele' Besetzung. Der He-Grundzustand ist somit durch die Wellenfunktion Ψ_f charakterisiert, die wir nun als Ψ_1 bezeichnen wollen:

$$\Psi_1(\boldsymbol{r}_1, \boldsymbol{r}_2) = \frac{1}{\sqrt{2}}\phi_1(\boldsymbol{r}_1)\phi_1(\boldsymbol{r}_2)\sigma_-(1,2). \tag{23.6}$$

Im Grundzustand sind also die Spins entgegengesetzt. Aber bitte beachten Sie, dass die Spinzustände durch eine Superposition dargestellt sind: Es ist nicht so, dass ein

[2]Im Folgenden lassen wir den Index ‚1' und ‚2' in den Spinfunktionen aus Platzgründen weg. Wenn eine Spinfunktion hinter einer Ortsfunktion $\phi_1(r_1)\alpha$ steht, soll sich diese auf dasselbe Elektron ‚1' beziehen. Analog für r_2.

[3]Diese würde aber für **Bosonen** anwendbar sein.

Elektron Spin up und das andere Spin down **hat.**[4] Die Superposition beschreibt die Unbestimmtheit der Spinzustände. Klar ist nur, dass sie entgegengesetzt sind. Wenn wir einen Zustand mit zwei gleichen Spinausrichtungen beschreiben wollen, müssen wir zwei verschiedene Orbitale wählen.

Wellenfunktionen für angeregte Zustände Dies sind Zustände höherer Energie als der Grundzustand. Man erhält sie, indem man Orbitale höherer Energie besetzt. Für Helium wird beispielsweise das Grundzustandsorbital ϕ_1 und das Orbital des ersten angeregten Zustands ϕ_2 (z. B. 1 s- und 2 s-Orbital) besetzt. Die Wellenfunktion

$$\Psi(\boldsymbol{r}_1, \boldsymbol{r}_2) = \phi_1(\boldsymbol{r}_1)\phi_2(\boldsymbol{r}_2)$$

ist nicht antisymmetrisch. Im Unterschied zum Grundzustand sind hier die Elektronen in unterschiedlichen Orbitalen, d. h., man kann nun auch durch Superposition des Ortsteils antisymmetrische Wellenfunktionen erhalten. Daher betrachten wir nun Superpositionen sowohl des Ortsteils als auch des Spinteils der Wellenfunktion. Für den Spinanteil haben wir das gerade durchgeführt, für den Ortsteil bilden wir

$$\Psi_\pm(\boldsymbol{r}_1, \boldsymbol{r}_2) = \frac{1}{\sqrt{2}}\left[\phi_1(\boldsymbol{r}_1)\phi_2(\boldsymbol{r}_2) \pm \phi_1(\boldsymbol{r}_2)\phi_2(\boldsymbol{r}_1)\right].$$

Die ‚+'-Lösung der Orbitalkombination ist symmetrisch wie der Grundzustand, für diese erhalten wir eine antisymmetrische Wellenfunktion, wenn wir sie mit dem antisymmetrischen Spinanteil σ_- kombinieren. Die ‚−'-Lösung ist antisymmetrisch, daher können wir sie mit dem oben eingeführten symmetrischen σ_+-Spinzustand kombinieren. Man kann sie allerdings auch mit den symmetrischen $\alpha(1)\alpha(2)$- oder $\beta(1)\beta(2)$-Spinanteilen kombinieren. Um eine antisymmetrische Wellenfunktion zu erhalten, gibt es insgesamt vier Möglichkeiten,

$$\begin{aligned}
\Psi_2(\boldsymbol{r}_1, \boldsymbol{r}_2) = \Psi^{\mathrm{S}}(\boldsymbol{r}_1, \boldsymbol{r}_2) &= \frac{1}{\sqrt{2}}\left[\phi_1(\boldsymbol{r}_1)\phi_2(\boldsymbol{r}_2) + \phi_1(\boldsymbol{r}_2)\phi_2(\boldsymbol{r}_1)\right]\sigma_-(1,2) \qquad (23.7)\\
\Psi_3(\boldsymbol{r}_1, \boldsymbol{r}_2) = \Psi^{\mathrm{T}}(\boldsymbol{r}_1, \boldsymbol{r}_2) &= \frac{1}{\sqrt{2}}\left[\phi_1(\boldsymbol{r}_1)\phi_2(\boldsymbol{r}_2) - \phi_1(\boldsymbol{r}_2)\phi_2(\boldsymbol{r}_1)\right]\sigma_+(1,2)\\
\Psi_4(\boldsymbol{r}_1, \boldsymbol{r}_2) = \Psi^{\mathrm{T}}(\boldsymbol{r}_1, \boldsymbol{r}_2) &= \frac{1}{\sqrt{2}}\left[\phi_1(\boldsymbol{r}_1)\phi_2(\boldsymbol{r}_2) - \phi_1(\boldsymbol{r}_2)\phi_2(\boldsymbol{r}_1)\right]\alpha(1)\alpha(2)\\
\Psi_5(\boldsymbol{r}_1, \boldsymbol{r}_2) = \Psi^{\mathrm{T}}(\boldsymbol{r}_1, \boldsymbol{r}_2) &= \frac{1}{\sqrt{2}}\left[\phi_1(\boldsymbol{r}_1)\phi_2(\boldsymbol{r}_2) - \phi_1(\boldsymbol{r}_2)\phi_2(\boldsymbol{r}_1)\right]\beta(1)\beta(2)
\end{aligned}$$

- Für die Ψ^{S}-Funktion ist der Spinteil antisymmetrisch, daher der Ortsteil mit ‚+', man nennt diese Funktion **Singulett**, weil sie nur einmal vorkommt, daher das ‚S' als Index. Die Funktion σ_- ist eine **Superposition** von α- und β-Spinzuständen. Singulett heißt also, wie beim Grundzustand, entgegengesetzte Spins.

[4] Siehe die obige Bemerkung zu Superpositionen.

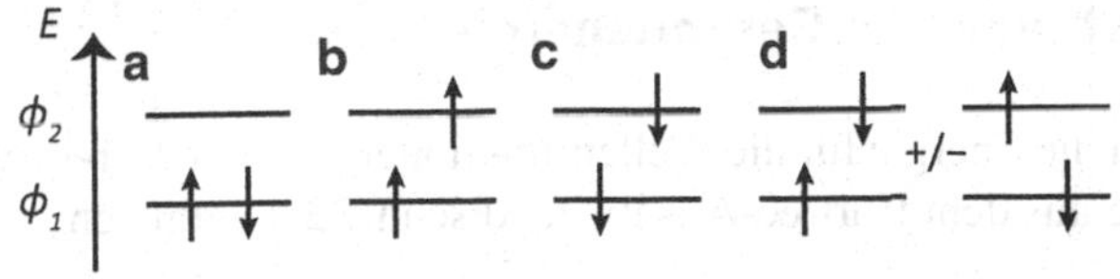

Abb. 23.1 Spinwellenfunktionen für **a** Grundzustand und **b–d** den ersten angeregten Zustand. Die Pfeile symbolisieren die z-Komponente des Spins, d. h. die Wellenfunktion α oder β

- Für die Ψ^T-Funktionen ist es umgekehrt, diese Funktionen nennt man **Triplett**, da es drei von ihnen gibt. Bei Ψ_4 und Ψ_5 scheinen eindeutig beide Spins in dieselbe Richtung zu gehen, Triplett scheint also zu heißen, dass beide Elektronen gleiche Spins haben. Etwas verwirrend ist hier dann Ψ_3 mit der Funktion σ_+. Für Ψ_2 hatten wir das als Wellenfunktion mit entgegengesetzten Spins interpretiert, warum ist Ψ_3 dann eine Triplett-Wellenfunktion? Wir werden das in Abschn. 23.2.3 genauer diskutieren.

Die drei Triplett-Zustände können grafisch wie in Abb. 23.1b–d dargestellt werden, sie werden aber oft vereinfacht nur durch Abb. 23.1b repräsentiert. Die Darstellung von Ψ_4 und Ψ_5 in Abb. 23.1b, c ist offensichtlich, beide Spins zeigen in die gleiche Richtung. Erwähnenswert sind insbesondere Ψ_2 und Ψ_3 in Abb. 23.1d. Die Darstellung zeigt offensichtlich eine Superposition von jeweils zwei Zuständen. Der Singulett-Grundzustand Ψ_1 wird meist wie in Abb. 23.1a dargestellt. Dies ist offensichtlich eine Vereinfachung, sollte er doch analog zum angeregten Singulett Ψ_2 in Abb. 23.1d mit ‚–' visualisiert werden. Auch hier haben wir eine Superposition von Spinzuständen.

23.1.3 Slater-Determinanten

Um sich Schreibarbeit zu sparen, kann man diese Wellenfunktionen auch als Determinanten schreiben, die **Slater-Determinanten** genannt werden. Für den Grundzustand erhält man

$$\Psi_1(\boldsymbol{r}_1, \boldsymbol{r}_2) = \frac{1}{\sqrt{2}} \det \begin{pmatrix} \phi_1(\boldsymbol{r}_1)\alpha(1) & \phi_1(\boldsymbol{r}_1)\beta(1) \\ \phi_1(\boldsymbol{r}_2)\alpha(2) & \phi_1(\boldsymbol{r}_2)\beta(2) \end{pmatrix}$$

und für einen der angeregten Zustände, bei dem beide Elektronen den gleichen Spin haben,

$$\Psi_4(\boldsymbol{r}_1, \boldsymbol{r}_2) = \frac{1}{\sqrt{2}} \det \begin{pmatrix} \phi_1(\boldsymbol{r}_1)\alpha(1) & \phi_2(\boldsymbol{r}_1)\alpha(1) \\ \phi_1(\boldsymbol{r}_2)\alpha(2) & \phi_2(\boldsymbol{r}_2)\alpha(2) \end{pmatrix}.$$

Um das zu sehen, multiplizieren Sie die Determinanten einfach aus.[5]

[5] Hier wurde bewusst Ψ_1 und Ψ_4 ausgewählt. Diese sind direkt mit den entsprechenden Wellenfunktionen in Gl. 23.7 identisch. Ψ_2 und Ψ_3 lassen sich nicht direkt als eine Determinante darstellen,

23.1.4 Berechnung der Gesamtenergie

Wir wollen nun die Energie für die Wellenfunktionen Ψ_1 und Ψ_4 berechnen und dies mit der Energie aus dem Hartree-Ansatz in Abschn. 22.5 vergleichen.

Energie für Ψ_1 Betrachten wir nochmals Ψ_1 aus Gl. 23.6, ausgeschrieben sieht diese Wellenfunktion wie folgt aus:

$$\Psi_1(\boldsymbol{r}_1, \boldsymbol{r}_2) = \frac{1}{\sqrt{2}}\phi_1(\boldsymbol{r}_1)\alpha\phi_1(\boldsymbol{r}_2)\beta - \frac{1}{\sqrt{2}}\phi_1(\boldsymbol{r}_2)\alpha\phi_1(\boldsymbol{r}_1)\beta =: \Psi_1^a - \Psi_1^b \quad (23.8)$$

Offensichtlich ist der erste Term Ψ_1^a mit dem Hartree-Ansatz Gl. 22.9 identisch (bis auf den Vorfaktor), der zweite Teil Ψ_1^b repräsentiert dann einfach eine Vertauschung der Teilchen. Nun berechnen wir mit Ψ_1 aus Gl. 23.8, wie in Abschn. 22.5 für die Produktwellenfunktion (Gl. 22.9), 1) die **kinetische Energie,** 2) die **Kern-Elektron-** und 3) die **Elektron-Elektron**-Wechselwirkungsenergien, der Hamilton-Operator ist durch Gl. 22.1 gegeben:

$$E = \int\int \Psi_1^*(\boldsymbol{r}_1, \boldsymbol{r}_2)\left(\hat{T} + V_{\mathrm{eK}} + V_{\mathrm{ee}}\right)\Psi_1(\boldsymbol{r}_1, \boldsymbol{r}_2)\mathrm{d}^3\boldsymbol{r}_1\mathrm{d}^3\boldsymbol{r}_2. \quad (23.9)$$

Mit Gl. 23.8 erhalten wir für jeden Energieterm ($\hat{T} + V_{\mathrm{eK}} + V_{\mathrm{ee}}$) vier Beiträge, zwei enthalten jeweils nur Ψ_1^a oder Ψ_1^b, zwei enthalten eine Mischung der beiden. Die gemischten Terme fallen wegen der Spinindizes weg, siehe Beweis 22.1, man erhält

$$E = -2T_1 - \sum_{k=1}^{2} V_{\mathrm{e}N}^k + J_{11}, \quad (23.10)$$

was identisch zu der Energie mit der Produktwellenfunktion in Gl. 22.11 ist. In Abschn. 22.5 haben wir eine Interpretation der Energieterme diskutiert. Beide Elektronen sind im Orbital ϕ_1 und haben dann die entsprechenden kinetischen Energien (T_1) und Kern-Elektronen($V_{\mathrm{e}N}^k$)-Wechselwirkungsenergien. Zudem ist die Abstoßung der beiden Elektronen im Orbital ϕ_1 durch die Energie J_{11} gegeben.

Energie für Ψ_4

$$\Psi_4(\boldsymbol{r}_1, \boldsymbol{r}_2) = \frac{1}{\sqrt{2}}\phi_1(\boldsymbol{r}_1)\alpha\phi_2(\boldsymbol{r}_2)\alpha - \frac{1}{\sqrt{2}}\phi_1(\boldsymbol{r}_2)\alpha\phi_2(\boldsymbol{r}_1)\alpha =: \Psi_4^a - \Psi_4^b \quad (23.11)$$

ist die Wellenfunktion des ersten angeregten Triplett-Zustands, man hat das Bild (Abb. 23.1b), dass ein Elektron im Orbital ϕ_1, das andere im Orbital ϕ_2 ist (bzw. eine

sondern nur als Superposition von Zweien. Für Ψ_2 (Ψ_3 analog), beispielsweise, kann man jeweils $\phi_1(\boldsymbol{r}_1)\phi_2(\boldsymbol{r}_2)\sigma_-(1,2)$ und $\phi_1(\boldsymbol{r}_2)\phi_2(\boldsymbol{r}_1)\sigma_-(1,2)$ als Determinanten darstellen, Ψ_2 ist dann die Summe der beiden. Wir kommen in Abschn. 23.2.3 darauf zurück.

Superposition der beiden Möglichkeiten). Beide haben Spin ‚up'. Damit werden nun (1) die **kinetische Energie,** (2) die **Kern-Elektron-WW** und (3) die **Elektron-Elektron-WW** ausgerechnet:

$$\begin{aligned} E &= \int\int \Psi_4^*(\boldsymbol{r}_1, \boldsymbol{r}_2)\hat{H}\Psi_4(\boldsymbol{r}_1, \boldsymbol{r}_2)\mathrm{d}^3\boldsymbol{r}_1\mathrm{d}^3\boldsymbol{r}_2 \\ &= -T_1 - T_2 - V_{eN}^1 - V_{eN}^2 + J_{12} - K_{12} \end{aligned} \tag{23.12}$$

Im Gegensatz zum Grundzustand fallen die Integrale, die Ψ_4^a und Ψ_4^b enthalten, nicht weg. Sie führen zu dem Term K_{12}.

- **Kinetische Energie, Kern-Elektron-Wechselwirkung und Coulomb-Integral:** Die ersten fünf Terme sind analog zum Grundzustand mit dem kleinen Unterschied, dass sich ein Elektron in ϕ_1, das andere in ϕ_2 befindet.
  - Die Orbitale ϕ_1 und ϕ_2 haben eine unterschiedliche räumliche Gestalt (denken Sie an 1 s- und 2 s-Orbitale etc.), daher ist die kinetische Energie in diesen durch unterschiedliche Werte T_1 und T_2 gegeben.
  - Durch die unterschiedliche räumliche Gestalt haben sie auch unterschiedliche Wechselwirkungen mit dem Atomkern. Denken Sie hier an die Veranschaulichung durch ‚klassische' Elektronendichten in Abb. 22.2a. Diese Elektronendichten haben dann eine unterschiedliche Form, was zu unterschiedlichen Wechselwirkungsenergien V_{eN}^1 und V_{eN}^2 führt.
  - Wie in Kap. 22 anhand von Abb. 22.2b diskutiert, sieht der Term J_{12} mathematisch wie ein Ausdruck aus, der wie eine klassische Coulomb-Abstoßung von zwei Ladungsdichten aussieht. Dies sind die Ladungsdichten der Elektronen in den jeweiligen Orbitalen ϕ_1 und ϕ_2,

$$J_{12} = \frac{e^2}{4\pi\epsilon}\int \frac{\rho_1(\boldsymbol{r}_1)\rho_2(\boldsymbol{r}_2)}{r_{12}}\mathrm{d}^3\boldsymbol{r}_1\mathrm{d}^3\boldsymbol{r}_2. \tag{23.13}$$

  Diese **Coulomb-Integrale *J*** resultieren aus den Teilen der Wellenfunktion, die einen reinen Produktansatz darstellen, also aus den Integralen von V_{ee}, bei denen entweder Ψ_4^a oder Ψ_4^b auftauchen, aber keine gemischten Terme.

  Die gemischten Terme tauchen bei keinem der obigen Beiträge auf, sind aber zentral für den
- **Austauschbeitrag:** Dieser besteht genau aus den Integralen, bei denen Ψ_4^a **und** Ψ_4^b auftauchen, wie man an den **Austauschintegralen** der Form

$$K_{12} = \int\int \phi_1^*(\boldsymbol{r}_1)\phi_2^*(\boldsymbol{r}_2)\frac{e^2}{4\pi\epsilon r_{12}}\phi_1(\boldsymbol{r}_2)\phi_2(\boldsymbol{r}_1)\mathrm{d}\boldsymbol{r}_1\mathrm{d}\boldsymbol{r}_2. \tag{23.14}$$

  sehr gut sehen kann. Dieser Beitrag zur Energie resultiert aus der **Vertauschung** der Elektronen in den Orbitalen, daher werden die daraus resultierenden Integrale ***K*** **Austauschintegrale** genannt. Man beachte das **Minuszeichen in** Ψ_4 Gl. 23.11!

Dieses führt dazu, dass die K in Gl. 23.13 von den J abgezogen werden. Die K-Integrale, d. h. der Elektronenaustausch, vermindern somit die Energie. Dies führt zu einer Stabilisierung dieses Zustands.

Wenn wir also das Integral über V_{ee} mit Ψ_4 auswerten, erhalten wir zwei Teile, zum einen die Coulomb-Abstoßung der Elektronendichten, zum anderen einen Austauschterm. K ist ein rein quantenmechanischer Term. Es treten die Terme $\phi_1^*(\boldsymbol{r}_1)\phi_2(\boldsymbol{r}_1)$ und $\phi_2^*(\boldsymbol{r}_2)\phi_1(\boldsymbol{r}_2)$ auf, d. h., die Koordinate des Elektrons ‚1' tritt in den verschiedenen Orbitalen auf: Es ist eine Superposition, und dieser Term ist analog dem Interferenzterm im Doppelspaltexperiment. Das K-Integral ist in Abb. 23.2 durch Schraffur dargestellt. Die Schraffur lässt sich aber nicht anschaulich deuten, ebenso wenig lässt sich die Situation vernünftig in klassischen Begrifflichkeiten beschreiben. Daher wird ein neuer Fachbegriff eingeführt: **Austausch**. Dieser bedeutet genau diese Situation.

Wann treten die *K*-Integrale auf? Wir haben gesehen, dass für den Singulett-Zustand Ψ_1 kein K-Integral auftritt, für den Triplett Ψ_4 schon. Der Grund ist, dass man bei der Berechnung der Integrale über die Spinwellenfunktionen, d. h. über die α- und β-Spinanteile, integrieren muss (siehe analogen Beweis 22.1). In Kap. 18 haben wir gesehen, dass

$$\int \alpha(1)\alpha(1)\mathrm{d}\omega = \int \beta(1)\beta(1)\mathrm{d}\omega = 1, \qquad \int \alpha(1)\beta(1)\mathrm{d}\omega = 0$$

gilt (analog für Elektron ‚2'). Daher fallen alle Integrale weg, bei denen solche Mischungen der Spinwellenfunktion auftreten. Aus diesem Grund fallen die $\boldsymbol{K}$-Integrale für das Grundzustandssingulett in diesem Fall weg, nicht aber für den angeregten Triplett-Zustand.

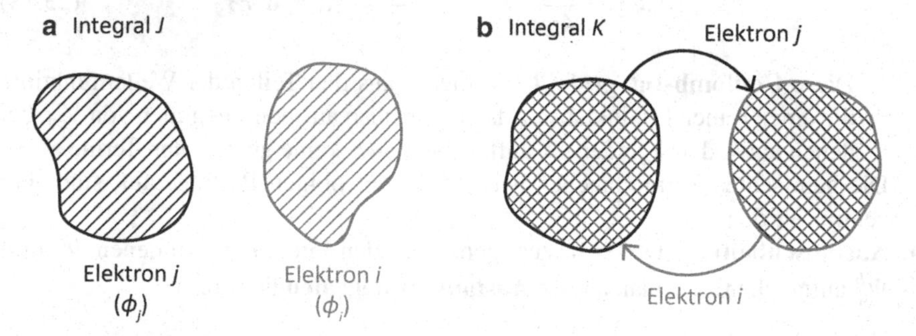

Abb. 23.2 Grafische Darstellung der Integrale J und K. **a** J erlaubt, zumindest der Form nach, eine klassische Veranschaulichung als Coulomb-Abstoßung der Ladungsverteilung der beiden Elektronen. **b** K ist eine Art **Interferenzterm,** bei dem, wie im Doppelspaltexperiment, die Koordinate des Elektrons ‚1' in beiden Orbitalen auftritt, analog Elektron ‚2'. Dieser Term ist klassisch nicht zu veranschaulichen, zumindest auf keine Weise, die irgendwie Sinn macht. Wenn Sie das vertiefen wollen, die Beispiele in Kap. 13 erläutern die Bedeutung der Interferenzterme

23.1.5 Die Hartree-Fock-Methode

Für zwei Elektronen ist die Ersparnis der Schreibarbeit bei Verwendung der Determinanten nicht so offensichtlich, aber versuchen Sie das mal bei $N > 3$ Elektronen: Hier muss man in der Tat alle Vertauschungen der Elektronen untereinander ausführen, was sehr schnell zu sehr langen Ausdrücken führt. Diese **antisymmetrische Wellenfunktion** kann man aber relativ kompakt durch die obigen **Slater-Determinanten** darstellen, dafür verwendet man üblicherweise die **Spinorbitale**

$$\chi_n(\boldsymbol{r}_k) = \phi_m(\boldsymbol{r}_k)\sigma, \qquad \sigma = \alpha/\beta,$$

d. h.

$$\chi_1(\boldsymbol{r}_1) = \phi_1(\boldsymbol{r}_1)\alpha, \qquad \chi_2(r_1) = \phi_1(\boldsymbol{r}_1)\beta, \qquad \chi_3(\boldsymbol{r}_1) = \phi_2(\boldsymbol{r}_1)\alpha \ldots,$$

$$\Psi(\boldsymbol{r}_1, \ldots \boldsymbol{r}_N)^{\mathrm{HF}} = \frac{1}{\sqrt{N}} \det \begin{pmatrix} \chi_1(\boldsymbol{r}_1) & \chi_2(\boldsymbol{r}_1) & \ldots & \chi_N(\boldsymbol{r}_1) \\ \ldots & \chi_2(\boldsymbol{r}_2) & \ldots & \ldots \\ \ldots & \ldots & \ldots & \ldots \\ \ldots & \ldots & \ldots & \ldots \\ \chi_1(\boldsymbol{r}_N) & \chi_2(\boldsymbol{r}_N) & \ldots & \chi_N(\boldsymbol{r}_N) \end{pmatrix}.$$

Diese Methode, die auf Determinantenansätzen für die Wellenfunktion beruht, wird **Hartree-Fock(HF)-Methode** genannt, daher der Index ‚HF' an der Wellenfunktion. Zur Normierung benötigt man den Faktor $\frac{1}{\sqrt{N}}$, und als Gesamtenergie erhält man[6]

$$E = 2\sum_i h_i + \sum_{ij}(2J_{ij} - K_{ij}) \tag{23.15}$$

In $h_i = -T_i - V^i_{eN}$ ist die kinetische Energie T_i und die Kern-Elektronen-Wechselwirkung V^i_{eN} in Orbital ϕ_i zusammengefasst. Wir betrachten ein Atom oder Molekül, in dem jedes Orbital $\phi_n(\boldsymbol{r}_k)$ doppelt besetzt ist, die Spinanteile sind in dieser Formel ausintegriert. Die antisymmetrische Wellenfunktion führt zu einer verminderten Coulomb-Abstoßung, die durch

$$2J_{ij} - K_{ij}$$

ausgedrückt ist. Die ‚K' treten allerdings nur für zwei Elektronen gleichen Spins auf. Damit kann man die Gesamtenergie eines Systems mit mehreren Elektronen recht einfach verstehen (Abb. 23.3).

[6] Wie wir oben bei der Berechnung der Energie gesehen haben, fallen durch die Integration über den Spin die Spinkomponenten weg. Die Spinorbitale werden vor Allem bei offenschaligen Systemen wichtig, was wir hier nicht weiter vertiefen wollen.

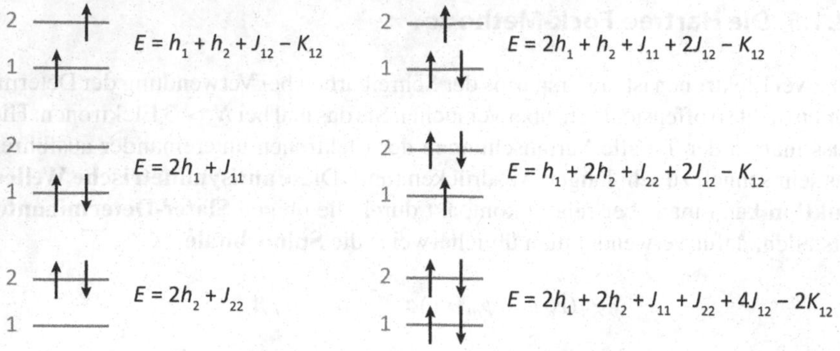

$E = h_1 + h_2 + J_{12} - K_{12}$

$E = 2h_1 + h_2 + J_{11} + 2J_{12} - K_{12}$

$E = 2h_1 + J_{11}$

$E = h_1 + 2h_2 + J_{22} + 2J_{12} - K_{12}$

$E = 2h_2 + J_{22}$

$E = 2h_1 + 2h_2 + J_{11} + J_{22} + 4J_{12} - 2K_{12}$

Abb. 23.3 Beispiele für Zustände und Energien mit unterschiedlichen Spineinstellungen. Adaptiert nach Szabo und Ostlund, *Modern Quantum Chemistry,* Dover Publications (Abschn. 2.3)

- Für jedes Elektron gibt es einen Beitrag h_i entsprechend dem Orbital ϕ_i.
- Für jedes Paar Elektronen in den Orbitalen ϕ_i und ϕ_j erhält man einen Beitrag J_{ij}, unabhängig vom Spin.
- Für alle Elektronenpaare mit gleichem Spin ergibt sich dann entsprechend ein Beitrag $-K_{ij}$.

Singulett-Triplett-Aufspaltung Für die Photochemie ist noch wichtig, dass für den Singulett-angeregten Zustand Ψ_2 ein Integral K_{12} auftritt, aber mit positivem Vorzeichen.[7] Dies liegt an dem ‚+' im Ansatz für den Ortsteil, während beim Triplett-Zustand ein ‚−'-Zeichen auftritt. Der entsprechende Energieunterschied wird **Singulett-Triplett-Aufspaltung** genannt. Bitte beachten Sie, dass angeregte Zustände i. A. nicht einfach durch einfache angeregte Determinanten beschrieben werden, wir werden das in Kap. 33 nochmals aufgreifen.

23.1.6 Effektive Schrödinger-Gleichung

Die obigen Gleichungen geben die Energie wieder, setzen aber voraus, dass man die Orbitale ϕ_i explizit berechnet hat! Das haben wir bisher aber offensichtlich nicht gemacht, die obigen Darstellungen waren abstrakt. Wie also erhält man die Orbitale? Hierzu verwendet man in der Quantenchemie das **Variationsprinzip** (Kap. 16): Dieses Prinzip bestimmt diejenigen Orbitale ϕ_i, welche die Energie $E(\phi_i)$ minimieren. Laut Gl. 23.9 kann man E als ‚Funktion' der Orbitale schreiben; wir suchen damit

[7] Im Singulett-Grundzustand dagegen treten die Integrale K nicht auf. Dies sieht man am besten durch Einsetzen der Wellenfunktionen Ψ_1 und Ψ_2 in den Erwartungswert.

die Orbitale ϕ_i, welche die Energie minimieren. D. h., man muss folgendes Problem lösen:[8]

$$\frac{\delta E}{\delta \phi_i} = 0. \tag{23.16}$$

Diese ‚Ableitung' der Energie Gl. 23.15 nach den Orbitalen führt auf folgende Gleichung:

$$\left[-\frac{\hbar^2}{2m}\nabla^2 + v_{\text{eff}}(\rho) \right] \phi_i = \epsilon_i \tag{23.17}$$

mit

$$v_{\text{eff}}(\rho) = -\frac{1}{4\pi\epsilon}\frac{Ze}{r_2} + \frac{e^2}{4\pi\epsilon}\int \frac{\rho(r_1)}{r_{12}} \mathrm{d}^3 r_1 + \boldsymbol{v_x}(\phi_i). \tag{23.18}$$

Man erhält eine **Eigenwertgleichung** mit den **Orbitalen** ϕ_i und den Energieeigenwerten ϵ_i, nur dass die Wechselwirkung mit den anderen Elektronen über ein effektives Potenzial $v_{\text{eff}}(\rho)$ beschrieben wird. Diese Gleichungen werden auch **Hartree-Fock-Gleichungen** genannt.

- Diese sieht aus wie eine Schrödinger-Gleichung für ein Elektron, ist aber eine **effektive Schrödinger-Gleichung**, da sie ein **effektives Potenzial $v_{\text{eff}}(\rho)$** beinhaltet. Die Gleichung hat eine sehr einfache **Interpretation:** Sie beschreibt ein Elektron im Orbital ϕ_i, das zum einen mit dem Kernpotenzial wechselwirkt, zum anderen aber eine ‚gemittelte Abstoßung' durch alle anderen Elektronen, beschrieben durch die Elektronendichte ρ, erfährt. Zudem, und das ist wichtig, sind die Austauscheffekte über ein Potenzial $\boldsymbol{v_x}$ berücksichtigt. v_x ist hier eine einfache Darstellung eines sehr komplexen Potenzials, das die Linearkombinationen sicherstellt, welche für eine antisymmetrische Wellenfunktion nötig sind.

  Die einzelnen Terme resultieren aus den ‚Ableitungen' der Terme der Gesamtenergie: i) Der erste Term in dem Potenzial Gl. 23.18 resultiert aus der Ableitung der Kern-Elektronen-Wechselwirkung nach den Orbitalen,ii) der zweite Term aus der Ableitung der J-Integrale und iii) der dritte Term, $\boldsymbol{v_x}(\phi_i)$, aus der Ableitung der K-Integrale.
- Denken Sie hier an die Diskussion in Kap. 14: Hier lag genau diese Idee eines Potentials vor, das irgendwie aus der Wechselwirkung mit allen Atomkernen und anderen Elektronen entsteht. Genau solch ein effektives Potenzial Gl. 23.17 steht

[8] Dies ist mathematisch etwas genereller als eine normale Ableitung einer Funktion, wir leiten die Funktion $E(\phi_i)$ nach der Funktion ϕ_i ab. D. h., wir suchen die Funktion (und nicht den Wert x von $f(x)$), die eine Funktion minimiert. $E(\phi_i)$ ist eine **Funktion einer Funktion,** man nennt dies **Funktional.** Technisch gesprochen führen wir hier eine Funktionalableitung aus, mathematisch ist das etwas ganz anderes als eine normale Ableitung. Daher schreiben wir ‚δ' anstatt ‚∂'. Praktisch sehen aber viele Rechenschritte ähnlich aus zu der herkömmlichen Ableitung nach einer Variablen.

hinter der Vorstellung von Orbitalen (= Einelektronenwellenfunktionen) in Systemen mit mehreren Elektronen. Für Polyene kann man solch ein Potenzial offensichtlich ganz gut durch ein **Kastenpotenzial** nähern, für beliebige Molekülformen haben die Potenziale aber eine komplexe Form, die dann explizit über eine Gleichung der Form Gl. 23.17 bestimmt werden muss.

- Während wir in Kap. 22 mit einem relativ beschränkten Ansatz für die Wellenfunktion das Problem zu lösen versucht haben, kann man nun Gl. 23.17 mit **Computerhilfe** lösen und damit die Orbitale ϕ_i wesentlich genauer bestimmen. Für Moleküle kann dabei der LCAO-Ansatz (Kap. 16) verwendet werden.

Dieser Ansatz erzeugt das für die Chemie wichtige Bild der Elektronen, die sich in einzelnen Orbitalen befinden. Dieses Bild erhalten wir über die effektive Schrödinger-Gleichung, die Orbitale sind Lösungen eines Problems, in dem die einzelnen Elektronen eine Wechselwirkung mit den Kernpotenzialen (bei Molekülen) haben und in **gemittelter Weise** mit allen anderen Elektronen wechselwirken.

Orbitalenergien und Gesamtenergie Die Orbitalenergien sind durch die ϵ_i gegeben. Man kann die Gesamtenergie Gl. 23.15 auch wie folgt schreiben:

$$E = 2\sum_i \epsilon_i - \sum_{ij}(2J_{ij} - K_{ij}). \tag{23.19}$$

Die Gesamtenergie ist also nicht nur durch die Summe der Orbitalenergien ϵ_i gegeben, d. h., man kann nicht einfach die Energien der Elektronen aufsummieren, indem man die Beiträge nach Abb. 23.3 verwendet.[9]

Angeregte Zustände Insbesondere sind dann auch angeregte Zustände nicht dadurch gegeben, dass man einfach die Differenz der Orbitalenergien bei der Anregung betrachtet, beispielsweise bei Anregung vom Grundzustand in den ersten angeregten Zustand nach Abb. 23.3,

$$\Delta E \neq \epsilon_2 - \epsilon_1.$$

Bei der Berechnung von ΔE muss man noch berücksichtigen, dass die Elektron-Elektron-Wechselwirkung sich verändert, wenn ein Elektron z. B. von ϕ_1 nach ϕ_2 angeregt wird. Die Wechselwirkung der beiden Elektronen ist eine andere, wenn beide in ϕ_1 sind, verglichen damit, wenn eines in ϕ_1 und das andere in ϕ_2 ist. Diese Änderung der Wechselwirkung muss noch einbezogen werden und führt zu einer teilweise großen Korrektur bezüglich $\epsilon_2 - \epsilon_1$.

[9] Der Grund ist der Folgende: Die ϵ_i enthalten durch Gl. 23.17 die Coulomb-Abstoßung des Elektrons i mit allen anderen Elektronen. Wenn wir nun über die ϵ_i summieren, um die Gesamtenergie zu berechnen, zählen wir diese Abstoßung faktisch doppelt. Daher müssen wir sie zur Hälfte wieder abziehen.

23.2 Addition von Drehimpulsen

Bei der Berechnung der **elektronischen Struktur** von Atomen und Molekülen, d. h. den Energieniveaus der Elektronen, machen wir zunächst einen Ansatz für die Wellenfunktion $\Psi(\boldsymbol{r}_2, \ldots \boldsymbol{r}_N)$. Mit Hilfe der Hartree-Fock-Theorie, die den einfachsten Ansatz unter Berücksichtigung der Antisymmetrie darstellt,[10] können wir dann Orbitale berechnen, d. h. **Einelektronenzustände**. Im Fall der Atome erhalten wir **Atomorbitale,** bei Molekülen dann **Molekülorbitale**. Der einzige Unterschied ist der, dass der Hamiltonian analog zu Gl. 22.1 einen oder mehrere Atomkerne besitzt. Wir nehmen an, dass sich die Systeme im Zustand niedrigster Energie befinden, und das ist dann der Grundzustand, der Eigenzustand des Hamilton-Operators niedrigster Energie.

Die Hartree-Fock-Theorie vermittelt uns das Bild, dass jedes Orbital mit jeweils maximal zwei Elektronen besetzt ist. Die Atomorbitale unterscheiden sich durch die Quantenzahlen n und l, die entsprechende Klassifikation für Molekülorbitale werden wir in Kap. 25 kennenlernen. Die Elektronen können dann unterschiedliche Spineinstellungen haben. Dies ist der Kern des **Orbitalmodells** der Quantenchemie. Warum ist das ein Modell? Nun, das diskutieren wir in den Kap. 28 und 29.

In dem Modell gehen wir davon aus, dass die Elektronen verschiedene Bahndrehimpulse und Spins besitzen, deren magnetische Momente, wie schon in Kap. 19 für die Spin-Bahn-Kopplung besprochen, koppeln können. Wenn wir nun den Operator um die entsprechenden Kopplungen $\hat{H}_1$ analog zu Kap. 19 erweitern, werden die m_l und m_s keine guten Quantenzahlen mehr sein. Dort haben wir die Spin-Bahn-Kopplung eines Elektrons im H-Atom diskutiert. Nun müssen wir das auf Vielelektronensysteme übertragen. Zunächst können die Bahndrehimpulse und Spins untereinander koppeln, dann aber auch diese kombinierten Drehimpulse miteinander.

23.2.1 Addition von Bahndrehimpulsen

Zunächst koppeln wir nun zwei Bahndrehimpulse nach dem Schema, das wir in Kap. 19 am Beispiel von L und S zu J diskutiert haben. Wir betrachten zwei Elektronen in zwei Orbitalen, jeweils mit Bahndrehimpuls l_i. Die Addition der **Bahndrehimpulse zu einem Gesamtbahndrehimpuls $\hat{\boldsymbol{L}}$** kann man schreiben als

$$\hat{L} = \sum_{i=1}^{2} \hat{l}_i. \tag{23.20}$$

[10] In Kap. 26 lernen wir erweiterte Ansätze kennen, die über HF hinaus gehen.

Für dieses $\hat{L}$ gelten nun die gleichen Regeln, wie für den Drehimpuls ganz allgemein in Abschn. 10.2 entwickelt: Es gibt eine Eigenwertgleichung für das Quadrat des Gesamtdrehimpulses und seiner z-Komponente,

$$\hat{L}^2\Psi = \hbar^2 L(L+1)\Psi, \qquad \hat{L}_z\Psi = \hbar M_L \Psi. \tag{23.21}$$

Die Drehimpulswerte L errechnen sich nach Gl. 19.19 (Dreiecksregel) wie folgt aus den Bahndrehimpulsen der Elektronen l_1 und l_2:

$$L = l_1 + l_2, (l_1 + l_2) - 1, \ldots, |l_1 - l_2|, \qquad M_L = -L, \ldots, 0, \ldots, L. \tag{23.22}$$

Für den Gesamtdrehimpuls gilt also, was allgemein für Drehimpulse in Abschn. 10.3 entwickelt wurde. Insbesondere auch für die grafische Darstellung als Vektoren auf einem Trichter, wie in Abb. 10.6 gezeigt.

- Der Gesamtdrehimpuls hat den Betrag $L_L = \hbar\sqrt{L(L+1)} > \hbar L$. D. h., er kann nie ganz in z-Richtung ausgerichtet sein.
- Die L_x- und L_y-Komponenten sind unbestimmt.
- Die Drehimpulse l_i (Abschn. 10.3), aus denen der Gesamtdrehimpuls hervorgeht, müssen also so kombinieren, dass sich diese Werte ergeben.

Beispiel 23.1

Zwei p-Elektronen Für zwei Elektronen mit jeweils $l = 1$ erhalten wir mit Gl. 23.22

$$l_1 = l_2 = 1 \rightarrow L = 2, 1, 0$$

drei Werte für den Betrag des Gesamtdrehimpulses.

- Für $L = 0$ müssen die beiden Drehimpulse so ausgerichtet sein, dass sie sich aufheben, sie sind also komplett antiparallel, wie in Abb. 23.4a gezeigt.
- Für $L = 1$ hat der Gesamtdrehimpulsvektor die Länge $L_L = \hbar\sqrt{L(L+L)} = \hbar\sqrt{1(1+1)} = \hbar\sqrt{2}$. Hier sind die Werte $M_z = -1, 0, +1$ möglich, wie in Abb. 23.4b und c dargestellt.
- Für $L = 2$ hat der Gesamtdrehimpulsvektor die Länge $L_L = \sqrt{6}$ und hat $M_z = -2, -1, 0, +1, +2$ Einstellmöglichkeiten (ohne Abbildung).

◀

23.2.2 Spin: Singulett und Triplett

Wir addieren die Spins der Elektronen zu einem **Gesamtspin** des Atoms/Moleküls,

$$\hat{S} = \hat{s_1} + \hat{s_2}.$$

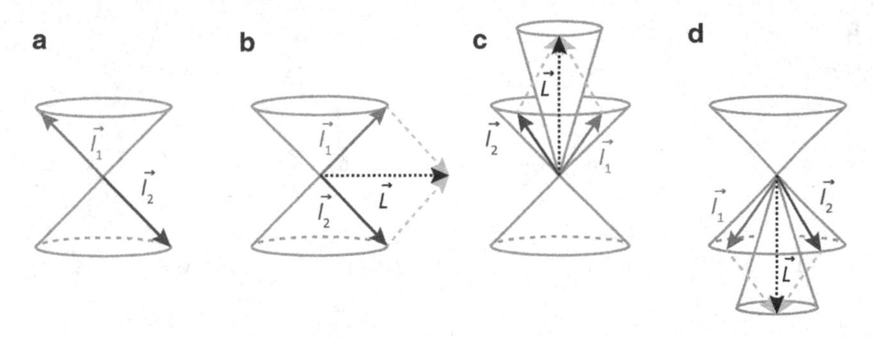

Abb. 23.4 (Vektor-)Addition von zwei Bahndrehimpulsen **a** antiparallele Kopplung zu $L = 0$, **b** Kopplung zu einem Drehimpuls mit $L = 1$, $M_z = 0$, und **c** und **d** zwei Kopplungen zu Drehimpulsen mit $L = M_z = 1$ und $M_z = -1$

Regeln für den Gesamtspin Für die beiden Spins im Heliumatom wird sich daher ein Gesamtspin S ausbilden, und es gelten die üblichen Regeln für diesen Gesamtspin

$$\hat{S}^2\Psi = \hbar^2\, S(S+1)\Psi, \tag{23.23}$$

die Werte, die der Gesamtspin annehmen kann erhält man mit der **Dreiecksungleichung** (Kap. 19)

$$S = s_1 + s_2, \qquad s_1 - s_2, \tag{23.24}$$

wie in Abschn. 10.3 für beliebige Drehimpulse entwickelt. Da die Spinquantenzahl $s = s_1 = s_2 = \frac{1}{2}$ festgelegt ist, gibt es für den Gesamtspin zwei Werte, $S = 1, 0$, er ist geradzahlig bei zwei Elektronen. In einem Magnetfeld kann man damit, je nach Gesamtspin, verschiedene Ausrichtungen feststellen, bezeichnet mit der Magnetquantenzahl M_S,

$$\hat{S}_z\Psi = \hbar M_S\Psi, \qquad M_S = -S, -S+1, \ldots, S-1, S. \tag{23.25}$$

Die Anzahl der M_S-Werte, $2S + 1$, nennt man **Multiplizität**, wir finden also zwei Gesamtspinzustände mit unterschiedlicher Multiplizität.

Addition der Spins Im ersten angeregten Zustand des Heliumatoms mit der Konfiguration $1\,s^1 2\,s^1$ gibt es einen Singulett- und einen Triplett-Zustand, im Grundzustand mit der Konfiguration $1\,s^2$ gibt es nur den Singulett:[11]

[11] Auf dieses Weise geben wir die Elektronenkonfiguration an: Die hochgestellten Zahlen geben an, wie viele Elektronen jeweils in einem Orbital sein können.

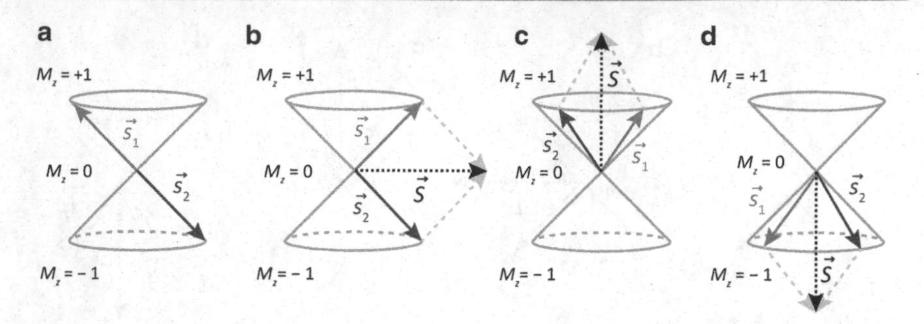

Abb. 23.5 (Vektor-)Addition von zwei Spins zu **a** Singulett $S = 0$, $M_s = 0$, **b** Triplett mit $S = 1$, $M_s = 0$ **c** und **d** zwei weitere Triplett-Zustände mit $S = 1$, $M_s = \pm 1$. Dies sind schlicht die vier Möglichkeiten, wie vier Spins auf die beiden Kegel verteilt werden können. Eine hat den Gesamtspin $S = 0$, drei den Gesamtspin $S = 1$, wie man an dem Vektor **S** sehen kann

- **Singulett** Wir betrachten den Fall $S = 0$, mit $M_S = 0$. Die Multiplizität dieses Zustandes ist 1, deshalb heißt dieser Zustand **Singulett.** In diesem Fall der Spinpaarung annullieren sich gerade die beiden Spins wie in Abb. 23.5a gezeigt, die z-Komponenten der Spins sind entgegengesetzt, es ist die Paarung von α und β-Spin. Der Vektor **S** verschwindet.
- **Triplett:** Der Triplett ist etwas komplizierter, denn hier können die beiden Spins die Quantenzahlen $M_s = 0, \pm 1\hbar$ haben. Entsprechend addieren sich nach Abb. 23.5 die beiden Spins zu $S = \sqrt{2}\hbar$ und $S_z = 0, \pm 1\hbar$. Die **Multiplizität** $(2S + 1)$ dieses Zustandes ist 3, daher der Name **Triplett.** Es gibt drei Ausrichtungen des Gesamtspins: Eine mit $+z$-Komponente, eine mit $-z$-Komponente, und eine, die in der x-y-Ebene liegt. Der Vektor **S** hat den Betrag $S = \sqrt{2}\hbar$ und eben verschiedene Ausrichtungen.

  Nun können wir auch die Triplett-Wellenfunktionen in Gl. 23.7 besser verstehen. Ψ_4 und Ψ_5 sind offensichtlich die Wellenfunktionen mit $S_z = \pm 1\hbar$, während auch im Triplett eine Wellenfunktion mit $S_z = 0$ vorkommt, hier offensichtlich die Wellenfunktion Ψ_3, in der σ_+ auftritt. Diese Kombination von α und β führt also trotzdem zu einem Gesamtspin von $\sqrt{2}\hbar$, aber mit verschwindender z-Komponente, wie in Abb. 23.5b–d gezeigt. Betrachten Sie den Unterschied von Abb. 23.5a und 23.5b: In der ersten addieren sich die Spins so, dass der Gesamtspin verschwindet, in der zweiten ergibt sich ein Gesamtspin von $S = \sqrt{2}\hbar$.

Wir haben oben zwei Singulett-Wellenfunktionen kennengelernt: Im Grundzustand ist diese durch Ψ_1 Gl. 23.6 gegeben, im ersten angeregten Zustand durch Ψ_2 Gl. 23.7.

23.2.3 Vertiefung: Spinwellenfunktionen und deren Eigenwerte

In Abb. 23.5 haben wir das Vektormodell verwendet, um die halb-klassische Anschauung der Singuletts und Tripletts zu erhalten. Nun wollen wir ausrechnen, welche

Wellenfunktionen Gl. 23.7 den entsprechenden Bildern korrespondieren.[12]

Wir suchen nun nach den Eigenwerten des Spinoperators $\hat{S}$, die bei dessen Anwendung auf die Wellenfunktionen Ψ_1 bis Ψ_5 (Gl. 23.6, 23.7) resultieren. $\hat{S}$ hat allerdings keinen Einfluss auf die Orbitale ϕ_i, sondern nur auf die Spineigenfunktionen α und β. Daher betrachten wir nur die Spinkomponenten $\alpha\alpha$, $\beta\beta$ und $\sigma_\pm(r_1, r_2)$ (Gl. 23.5) der entsprechenden Wellenfunktionen Ψ_1 bis Ψ_5.

Die Funktionen $\alpha\alpha$ und $\beta\beta$ Um zu sehen, welche Spinkonfigurationen die Spinwellenfunktionen $\alpha\alpha$ und $\beta\beta$ repräsentieren, berechnen wir die Eigenwerte von $\hat{S}^2$ und $\hat{S}_z$. Mit

$$\hat{S} = \hat{s_1} + \hat{s_2},$$

$$\hat{S}_z = \hat{s}_{1z} + \hat{s}_{2z},$$

erhält man

$$\hat{S}_z\alpha(1)\alpha(2) = (\hat{1}_{1z} + \hat{1}_{2z})(\alpha(1)\alpha(2)) = \frac{1}{2}\hbar\alpha(1)\alpha(2) + \frac{1}{2}\hbar\alpha(1)\alpha(2) = \hbar\alpha(1)\alpha(2)$$

$$\hat{S}_z\beta(1)\beta(2) = (\hat{s}_{1z} + \hat{s}_{2z})(\beta(1)\beta(2)) = -\frac{1}{2}\hbar\beta(1)\beta(2) - \frac{1}{2}\hbar\beta(1)\beta(2) = -\hbar\beta(1)\beta(2),$$

(da $\hat{s}_{1z}\alpha(2) = \hat{s}_{2z}\alpha(1)$, analog für β). Diese beiden Wellenfunktionen repräsentieren offensichtlich diejenigen Spinkonfigurationen in Abb. 23.1, in denen beide Spins entweder nach oben oder nach unten zeigen (bzw. Abb. 23.5c und d). Berechnung des Eigenwerts von $\hat{S}^2$ ergibt (ohne Beweis)

$$\hat{S}^2\alpha(1)\alpha(2) = 2\hbar^2\alpha(1)\alpha(2) \qquad \hat{S}^2\beta(1)\beta(2) = 2\hbar^2\beta(1)\beta(2),$$

d. h., die beiden Spins addieren sich so, dass der Gesamtspin den Eigenwert

$$\hat{S}^2\Psi = \hbar^2 S(S+1)\Psi = 2\hbar^2\Psi,$$

hat, d. h., es sind die Wellenfunktionen zum Wert $S = 1$. **Die Spinfunktionen $\alpha(1)\alpha(2)$ und $\beta(1)\beta(2)$ entsprechen also den beiden Tripletts mit $M_s = \pm 1$.**

Die Funktionen $\sigma_\pm$ Analoges macht man nun für $\sigma_\pm$,

$$\hat{S}_z\sigma_- = \hat{S}_z(\alpha(1)\beta(2) - \beta(1)\alpha(2)) = 0,$$

[12] Wir haben in Abschn. 23.1.3 erwähnt, dass sich nicht alle Wellenfunktionen Gl. 23.7 als eine Slater-Determinanten schreiben lassen. Und umgekehrt sind nicht alle Slater-Determinanten Eigenfunktionen des Spinoperators, dies betrifft insbesondere Ψ_2 und Ψ_3. Diese sind eine Superposition von jeweils zwei Slater-Determinanten.

$$\hat{S}_z\sigma_+ = \hat{S}_z(\alpha(1)\beta(2) + \beta(1)\alpha(2)) = 0.$$

Beide verschwinden, da

$$\hat{S}_z\alpha(1)\beta(2) = (\hat{S}_{1z} + \hat{S}_{2z})\alpha(1)\beta(2) = \frac{1}{2}\hbar\alpha(1)\beta(2) - \frac{1}{2}\hbar\alpha(1)\beta(2) = 0.$$

Eigenwert von $\hat{S}^2$:

$$\hat{S}^2\sigma_- = 0\sigma_-$$

entspricht also dem Wert $S = 0$, d. h. dem Singulett, aber

$$\hat{S}^2\sigma_+ = 2\hbar^2\sigma_+$$

entspricht also dem Wert $S = 1$, d. h. dem Triplett. Die Spinwellenfunktionen $\sigma_\pm$ repräsentieren somit die Spinkonfiguration in Abb. 23.1d bzw. Abb. 23.5a und b, die aus einer Superposition hervorgehen. σ_+ hat zwar $M_s = 0$, aber $S = 1$, d. h., die beiden Spins α und β kombinieren so, dass der Gesamtspin in der x-y-Ebene liegt und damit kein magnetisches Moment hat, wie in Abb. 23.5b gezeigt.

Die Energie des Triplettzustandes ist, wie mit Hilfe der Hartree-Fock-Theorie ausgerechnet (wegen Integral K!), beim Triplett generell kleiner als beim Singulett. Daher sind diese Zustände energetisch tiefer als die Singulett-Zustände. Dies gilt auch für Moleküle, wie wir unten noch diskutieren werden.

Da die zwei Elektronen in einem Orbital als Singuletts mit $S = 0$ vorliegen, verschwindet der Gesamtspin einer vollen Schale. Das Gleiche gilt auch für den gesamten Bahndrehimpuls. Daher ist der Gesamtdrehimpuls eines Atoms mit einem s-Elektron $|\mathbf{S}| = \frac{1}{2}\hbar$. Man hat dann $S_z = \pm\frac{1}{2}\hbar$, also Multiplizität 2, ein **Dublett.** Dies ist z. B. die Grundlage des Stern-Gerlach-Versuchs mit Silberatomen.

23.2.4 Gesamtdrehimpuls J

Die Spins und Bahndrehimpulse können natürlich auch untereinander zu einem Gesamtdrehimpuls J koppeln, wie in Kap. 19 für ein einzelnes Elektron besprochen. Dies wird direkt für Atome und Moleküle in den nächsten Kapiteln ausgeführt.

23.3 Zusammenfassung und Fragen

Ansatz für die Wellenfunktion Als Erstes muss man einen Ansatz für die Wellenfunktion von mehreren Elektronen 1, 2, 3, …mit den Variablen r_1, r_2, r_3 …, $\Psi(r_1, r_2 \ldots)$ machen. Da wir überhaupt keine Idee davon haben, wie so eine Funktion von vielen Variablen aussehen könnte, gehen wir auf die **Funktionen von einer Veränderlichen (Orbital)** zurück und bauen die **Vielteilchenwellenfunktion** daraus auf.

- Der **Determinantenansatz** berücksichtigt das **Pauli-Prinzip** und führt zu einer **antisymmetrischen** Wellenfunktion:

$$\Psi(\boldsymbol{r}_1, \ldots \boldsymbol{r}_N)^{\mathrm{HF}} = \frac{1}{\sqrt{N}} \det \begin{pmatrix} \chi_1(\boldsymbol{r}_1) & \chi_2(\boldsymbol{r}_1) & \ldots & \chi_N(\boldsymbol{r}_1) \\ \ldots & \chi_2(\boldsymbol{r}_2) & \ldots & \ldots \\ \ldots & \ldots & \ldots & \ldots \\ \ldots & \ldots & \ldots & \ldots \\ \chi_1(\boldsymbol{r}_N) & \chi_2(\boldsymbol{r}_N) & \ldots & \chi_N(\boldsymbol{r}_N) \end{pmatrix}.$$

Dies führt zu einer reduzierten Aufenthaltswahrscheinlichkeit anderer Elektronen gleichen Spins um den Aufenthaltsort des Elektrons.

Energie, effektive Schrödinger-Gleichung, Orbitale

1. **Hartree-Fock:** Die antisymmetrische Wellenfunktion führt zu einer verminderten Coulomb-Abstoßung, die durch

$$J_{ij} - K_{ij}$$

ausgedrückt ist. Die ‚K' treten allerdings nur für zwei Elektronen gleichen Spins auf. Die Methode, die auf Determinanten beruht, wird **Hartree-Fock(HF)-Methode** genannt.

$$E = \sum_i h_{ii} + \frac{1}{2} \sum_{ij} (J_{ij} - K_{ij})$$

HF berücksichtigt die **Austauschkorrelationen,** d. h. die Korrelation von Elektronen mit gleichem Spin, für Elektronen mit gegensätzlichem Spin ist gegenüber dem Produktansatz noch nichts gewonnen.

2. **Effektive Schrödinger-Gleichung** Die Berechnung der obigen Integrale benötigt die Orbitale ϕ_i, die mit Hilfe einer effektiven Differentialgleichung

$$\left[-\frac{\hbar^2}{2m} \nabla^2 + v_{\mathrm{eff}}(\phi_i) \right] \phi_i = \epsilon_i \phi_i$$

bestimmt werden können. Die $v_{\mathrm{eff}}(\phi_i)$ enthalten dann die Kern-Elektron-Anziehung und die Elektron-Elektron-Abstoßung, letzere in gemittelter Weise.

Drehimpulse Drehimpulse kombinieren über die gegenseitige magnetische Wechselwirkung zu Gesamtdrehimpulsen. Man schreibt den Gesamtdrehimpulsoperator als eine Summe der Drehimpulsoperatoren,

$$\hat{L} = \sum_{i=1}^{2} \hat{L}_i,$$

und für diesen gilt wieder die herkömmliche Quantisierungsbedingung

$$\hat{L}^2\Psi = \hbar^2 L(L+1)\Psi, \qquad \hat{L}_z\Psi = \hbar M_L \Psi, \tag{23.26}$$

mit der Regel

$$L = l_1 + l_2, (l_1 + l_2) - 1, \ldots, |l_1 - l_2|, \qquad M_L = -L, \ldots, 0, \ldots, L.$$

Die einzelnen Drehimpulse können also nicht beliebig kombinieren, sondern nur so, dass eine entsprechende Quantisierung des Gesamtdrehimpulses erfolgt. Die L_i stehen hier stellvertretend für L und S der einzelnen Elektronen. Man erhält eine Kopplung von Bahndrehimpulsen (L–L), von Spins (S–S) und Bahndrehimpulsen mit Spins (L–S).

Zwei Spins können in Singulett- und Triplett-Spinzustände kombinieren. Letztere sind nach der Hartree-Fock-Theorie energetisch stabiler.

Interpretation Die mathematische Darstellung lässt das Bild einer Ladungsdichte in den Orbitalen auftauchen, so wie für die Schrödinger'sche Materiewelle diskutiert. Wir haben hier das Bild aus Kap. 22 importiert. Hinzu kommen noch Vorstellungen von Elektronen in Orbitalen mit bestimmten Spins. Diese Vorstellungen haben modellhaften Charakter, siehe Kap. 29.

Fragen

- **Erinnern:** (Erläutern/Nennen)
  - Geben Sie die Ansätze für die Wellenfunktion bei Hartree und Hartree-Fock an.
  - Schreiben Sie die Wellenfunktion für Grundzustandssingulett und ersten Triplett-angeregten Zustand auf und skizzieren Sie ein Bild, in dem die Spins auf die Orbitale verteilt sind.
  - Geben Sie die HF-Energie für Konfigurationen in Abb. 23.3 an.
  - Wie kombinieren zwei Drehimpulse klassisch und quantenmechanisch? Geben Sie die Eigenwertgleichungen Formeln für den Gesamtdrehimpulsoperator und seine z-Komponente an. Welche Quantenzahlen sind möglich, und wie resultieren diese aus den Drehimpulsquantenzahlen?
- **Verstehen:** (Erklären)
  - Erklären Sie den Grund für den HF-Ansatz.
  - Wie kommt man auf die effektive Schrödinger-Gleichung bei Hartree und HF?
  - Erläutern Sie das Einteilchenbild: Was bedeutet das effektive Potenzial?
  - Warum haben die Elektronen im Hartree-Bild eine zu große Abstoßung? Welche Effekte werden bei HF berücksichtigt?
  - Warum liegt die Energie des angeregte Tripletts unter der des Singuletts?

  - Erklären Sie, warum man die Spinzustände Singulett, Dublett und Triplett nennt.
  - Erläutern Sie, wie man Drehimpulse kombiniert am Beispiel zweier Spins und zweier Bahndrehimpulse mit $l = 1$.
- **Anwenden:** (Berechnen)
  - Energieschemata: Erstellen Sie weitere Konfigurationen analog zu in Abb. 23.3 und geben Sie deren HF-Energie an.

24 Elektronenstruktur der Atome

Das **Orbitalmodell** der Atome beschreibt eine räumliche Verteilung der Elektronen und eine Quantisierung deren Energie. Zudem haben die Elektronen auch Drehimpulse, die untereinander zu einem **Gesamtdrehimpuls** koppeln. Damit hat der Aufbau der Atome eine Struktur, man redet deshalb auch von **Elektronenstruktur** oder von Elektronenstrukturmodellen. Die Vorstellung ist modellhaft, wir werden das in den Kap. 28 und 29 ausführen werden. Dabei folgt man dem Vorgehen beim Wasserstoffatom:

- Die Eigenfunktionen $\Phi_{nlm} = R_n Y_{lm}$ wurden für das Coulomb-Potenzial gefunden, d. h., man hat zunächst nur die elektrostatische Wechselwirkung zwischen Kern und Elektron einbezogen (Kap. 11).
- Die Eigenschaften des Wasserstoffatoms sind durch die Eigenwerte von $\hat{H}$, $\hat{L}^2$, $\hat{L}_z$ und $\hat{S}_z$ charakterisiert. Man hat die Spineigenfunktionen α, β eingeführt und zunächst Spin und Drehimpuls als ungekoppelt betrachtet. Das schlägt sich darin nieder, dass die Spinfunktionen im Produktansatz einfach an die Ortswellenfunktion multipliziert wurden (Kap. 18).
- Die Spin-Bahn-Kopplung wird dann störungstheoretisch betrachtet, die klassische Energie wird quantenmechanisch zu dem Störoperator $\hat{H}_1$. Dadurch gibt es eine Energieaufspaltung, die Feinstruktur der Wasserstoffspektren (Kap. 19).

Bei Mehrelektronensystemen, wie Atomen und Molekülen, werden drei Faktoren wichtig: i) Elektronen sind **Fermionen,** d. h., wir müssen bei der Konstruktion der Wellenfunktion die **Antisymmetrie** beachten, ii) die Elektron-Elektron-Abstoßung muss adäquat berücksichtigt werden, d. h., man verwendet zur Berechnung der Orbitale beispielsweise die Hartree-Fock-Methode. Diese erhält man durch eine **effektive Schrödinger-Gleichung** (Kap. 23). iii) Die Feinstruktur der Spektren wird durch die Kopplung von Spins und Bahndrehimpulsen bestimmt.

© Springer-Verlag GmbH Deutschland, ein Teil von Springer Nature 2021

M. Elstner, *Physikalische Chemie II: Quantenmechanik und Spektroskopie*,
https://doi.org/10.1007/978-3-662-61462-4_24

24.1 Energien der Orbitale und elektronischer Aufbau

Nun wollen wir die Orbitalstruktur der Atome bestimmen. Für das Wasserstoffatom konnten wir die Schrödinger-Gleichung noch exakt lösen, für die Atome mit mehreren Elektronen müssen die Gleichungen aus Kap. 23 verwenden. Dort haben wir eine effektive Schrödinger-Gleichung kennen gelernt, mit deren Hilfe wir die **Orbitale** $\phi_i(\boldsymbol{r})$ berechnen können. Der **Zustand des N-Elektronensystemes** $\Psi(\boldsymbol{r}_1, \ldots \boldsymbol{r}_N)$ wird dann durch eine **Slater-Determinante,** die mit Hilfe dieser Orbitale gebildet wird, beschrieben.

24.1.1 Atomorbitale und Orbitalenergien

Die Orbitale der Mehrelektronenatome erhält man aus **Hartree-Fock-Rechnungen,** die Orbitale ϕ_i sind Lösungen der **effektiven Schrödinger-Gleichung** Gl. 23.17:

$$\left[-\frac{\hbar^2}{2m}\nabla^2 + v_{\text{eff}}(\rho)\right]\phi_i(\boldsymbol{r}) = \epsilon_i\phi_i(\boldsymbol{r}). \tag{24.1}$$

ρ ist die gesamte Elektronendichte aller N Elektronen des Atoms, Z die Kernladungszahl. Das effektive Potenzial

$$v_{\text{eff}}(\rho) = -\frac{1}{4\pi\epsilon}\frac{Ze}{r} + \frac{e^2}{4\pi\epsilon}\int\frac{\rho(\boldsymbol{r}')}{|\boldsymbol{r}-\boldsymbol{r}'|}\mathrm{d}^3\boldsymbol{r}' + \boldsymbol{v_x} \tag{24.2}$$

enthält drei Terme, die wichtig für den Atomaufbau sind. Wir betrachten also einzelne Elektronen, deren Zustände ϕ_i wir durch Gl. 24.1 bestimmen. Die Wechselwirkung dieser Elektronen ist durch die drei Terme in Gl. 24.2 gegeben. Wir wollen diese drei Terme mal sukzessive ‚anschalten', um zu sehen, welche Effekte sie bewirken:

- Für das Wasserstoffatom (Kap. 11) und wasserstoffähnliche Atome/Ionen wie He^+, Li^{2+}, Be^{3+} ..., die nur ein Elektron haben, haben wir nur den ersten Term betrachtet, er stellt die Elektron-Kern-Wechselwirkung $\boldsymbol{V_{eK}}$ dar. Wir haben die Lösungen für beliebige Z bestimmt, d. h., wir kennen die Lösungen für diese Ionen. Man erhält eine wasserstoffähnliche Orbitalstruktur, die Elektronen sind aufgrund der höheren Kernladungszahlen und der damit verbundenen größeren Anziehung näher am Kern, die spektralen Übergänge sind damit bei höheren Energien.
- Der zweite Term ist die Elektron-Elektron-Abstoßung J, wie mit der **Hartree-Theorie** (Kap. 22) berechnet, wir hatten diesen Energiebeitrag mit J bezeichnet. Nun füllen wir die Orbitale für jedes neutrale Atom mit der entsprechenden Elektronenzahl. Die Hartree-Gleichungen berücksichtigen dann die effektive Elektron-Elektron-Abstoßung. Dies führt zu einer Veränderung der Orbitale und ihrer Energien, aber nicht ihrer generellen ‚Form'. Sie bleiben s, p, d ... Orbitale. Wir sehen also, was solch eine effektive Schrödinger-Gleichung bedeutet: Sie

berücksichtigt die Wechselwirkung des Elektrons im Orbital ϕ_i mit der negativen Ladung der Elektronendichte der anderen Elektronen im Atom.

- Wenn man von Hartree zu Hartree-Fock übergeht, berücksichtigt man noch die **Austauschwechselwirkung v_x**. Dies führt unter anderem dazu, dass die Energien von Tripletts energetisch tiefer als die der Singuletts liegen (wegen K_{12}, Kap. 23). D. h., Elektronenkonfigurationen mit gleichem Spin werden bevorzugt.

24.1.2 Slater-Determinanten

Wir haben am Beispiel des Heliumatoms in Kap. 23 gesehen, dass die Slater-Determinanten nur die antiparallele Spinausrichtung im Grundzustand erlauben. Wenn wir nun mehr Elektronen betrachten, sorgen die Slater-Determinanten dafür, dass Orbitale nur paarweise mit antiparallelem Spin besetzt werden können, die Slater-Determinanten erzwingen also den Orbitalaufbau, so wie aus den Chemie-Grundvorlesungen bekannt.

Gehen wir beispielsweise zu Lithium und fügen ein weiteres Elektron hinzu, so hat dieses im 1s-Orbital keinen Platz mehr. Die Quantenzahl $n = 1$ erlaubt nur $l = 0$, d. h., die Gesamtdrehimpulsquantenzahl ist $j = \frac{1}{2}$ (Kap. 19). Damit sind nur zwei Quantenzahlen $m_j = -\frac{1}{2}, \frac{1}{2}$ möglich, d. h., es ist nur für zwei Elektronen Platz. Dies sieht man sofort, wenn man die Slater-Determinante (3×3-Matrix) mit dem dritten Elektron im 1s aufschreibt und auswertet. Die Terme heben sich heraus und die Wellenfunktion verschwindet. Es gibt keine Wellenfunktion mit drei Elektronen in einem Orbital. Für das dritte Elektron muss man daher das Orbital mit $n = 2$ besetzen. Dadurch wird der Aufbau mit steigender Elektronenzahl bestimmt, es können immer nur zwei Elektronen mit entgegengesetztem Spin ein Orbital besetzen.

24.1.3 Abschirmung

Wenn man mit der effektiven Schrödinger-Gleichung die Orbitale der anderen Elemente berechnet, so haben diese zunächst (d. h., ohne Spin-Bahn-Kopplung) die gleichen Quantenzahlen wie das Wasserstoffatom (n, l, m, s). Nehmen wir als erste Näherung für die Orbitale die der **wasserstoffähnlichen** Ionen, so unterscheiden sich die Orbitale für unterschiedliche Z recht deutlich, wie aus Abb. 24.1 ersichtlich. Für große Z sind die Elektronen näher am Kern, daher ist die Energie des 1s (respektive der anderen Orbitale) viel tiefer als beim Wasserstoffatom.

Kernnähe und Abschirmung Beim Wasserstoffatom sind 2s und 2p **entartet** (gleiche Energie). Wenn wir aber nun mehr Elektronen in die Atome bringen, wird die Entartung durch die Anwesenheit der anderen Elektronen aufgehoben. Dies gilt analog für alle Schalen, was man durch den **Abschirmeffekt** verstehen kann.

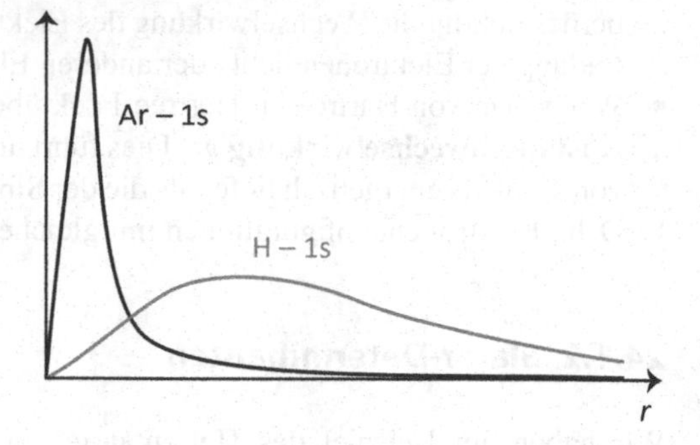

Abb. 24.1 Radiale Aufenthaltswahrscheinlichkeit des 1s-Orbitals in H und Ar (analog zu Abb. 11.4)

In Lithium, beispielsweise, wird das 2s-Elektron vom Kern (3+) angezogen, aber durch die zwei 1s-Elektronen auch abgestoßen. Da das 1s-Orbital einen kleineren mittleren Kernabstand als das 2s-Orbital hat, wird das Kernpotenzial durch die 1s-Elektronen partiell abgeschirmt, d. h., das 2s-Elektron erfährt nicht mehr die Anziehung durch eine +3-Ladung im Kern, dies ist in Abb. 24.2 schematisch dargestellt, der Effekt auf das Potenzial ist in Abb. 24.3a gezeigt. Die 2s-Elektronen werden also nicht mehr durch das reine Kernpotenzial angezogen, dieses wird durch die Abstoßung von den 1s-Elektronen vermindert, d. h. durch den zweiten Beitrag in dem effektiven Potenzial Gl. 24.2. Da für die 2s-Elektronen die Aufenthaltswahrscheinlichkeit am Kern größer ist als für die 2p-Elektronen, ist für die 2s-Elektronen die Abschirmung kleiner, d. h., sie sind stärker gebunden als die 2p, wie in Abb. 24.3b gezeigt. Man kann dies durch die effektive Kernladungszahl

$$Z_{\mathrm{eff}} = Z - \sigma$$

quantifizieren, σ ist die Abschirmkonstante (resultiert aus der Elektronenrepulsion in v_{eff}). Je größer diese Abschirmkonstante ist, desto geringer die Kernanziehung und desto schwächer gebunden ist das Elektron, d. h., desto höher ist dessen Energie.

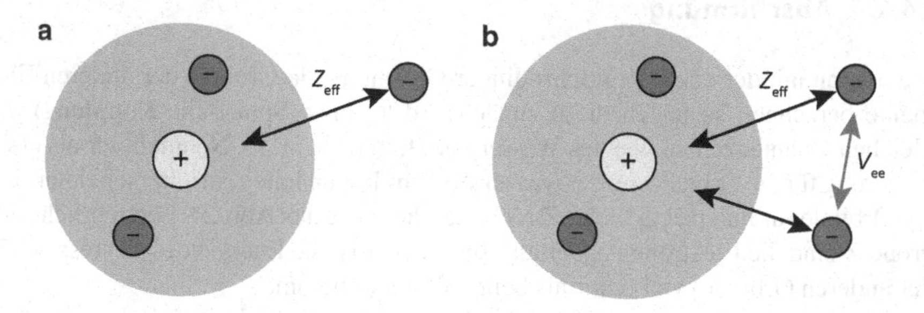

Abb. 24.2 (**a**) Die Kernladung wird durch die kernnahen Elektronen abgeschirmt. Dadurch erfährt das Valenzelektron eine effektive Anziehung, die durch eine effektive Kernladungszahl Z_{eff} charakterisiert werden kann. (**b**) Anziehung beider Elektronen durch eine effektive Kernladung, Abstoßung der Elektronen untereinander

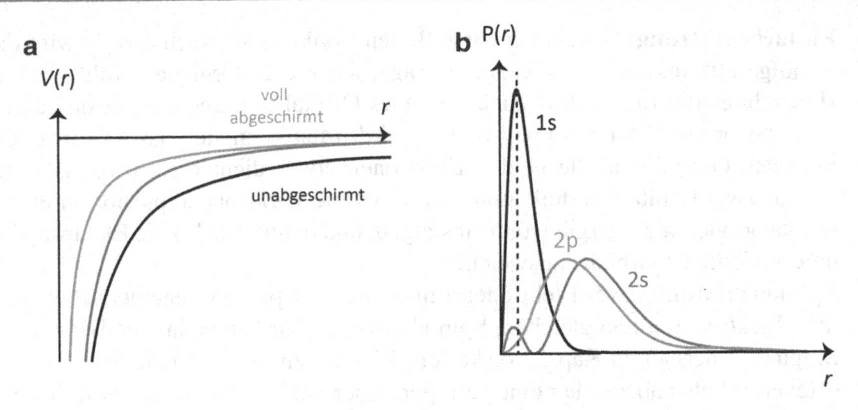

Abb. 24.3 Abschirmung der Kernladung durch die 1s-Elektronen führt zu einem effektiven Potenzial (**a**). Aufenthaltswahrscheinlichkeit $P(r)$ in den Orbitalen (**b**). Siehe entsprechende Abb. 11.4

Aufspaltung der Orbitalenergien Die Konsequenz dieser Abschirmung ist die Aufspaltung der Orbitalenergien in der Ordnung:

$$\mathrm{s} < \mathrm{p} < \mathrm{d} < \mathrm{f} \ldots \tag{24.3}$$

D. h., die Orbitale, die beim Wasserstoffatom noch die gleiche Energie haben, unterscheiden sich nun energetisch.

Valenzelektronen Die Elektronen der äußersten Schale heißen **Valenzelektronen.** Die Elektronen der gefüllten Schalen schirmen das Coulomb-Potenzial des Kerns ab. Man kann sich dann vereinfacht die Valenzelektronen im Feld einer effektiven Kernladung vorstellen, bei mehreren Valenzelektronen gibt es dann noch eine Coulomb-Abstoßung zwischen den Valenzelektronen. Im Prinzip kann man immer Kernladung und Elektronen aus abgeschlossenen Schalen durch eine effektive Kernladung (näherungsweise) modellieren. Daher haben Elemente mit gleicher Anzahl von Valenzelektronen ähnliche elektronische Eigenschaften, da sie ähnlichen effektiven Kernpotenzialen ausgesetzt sind.

24.1.4 Elektronischer Aufbau

Die **Elektronenkonfigurationen** der Atome werden durch die Quantenzahlen n für die **Schalen** sowie l für die **Unterschalen** und die jeweilige Besetzung der Orbitale als hochgestellte Zahlen angegeben. Helium hat beispielsweise die Konfiguration $1s^2$, Kohlenstoff die Konfiguration $1s^2 2s^2 2p^2$. Nach Aufspaltung der Orbitalenergien würde man erwarten, dass sukzessive für jedes n die l-Schalen in der Reihenfolge entsprechend Gl. 24.3 aufgefüllt werden, da die Atome Konfigurationen niedrigster Energie bevorzugen sollten. Dies ist als **Aufbauprinzip** bekannt. Hier gibt es aber noch einige knifflige Details:

1. **Einfachbesetzung:** Betrachten wir z. B. den Kohlenstoff: Nach dem 1s wird das 2s aufgefüllt, und nun stellt sich die Frage, wie die 2p-Orbitale gefüllt werden. Hier gibt es die Regel, dass zunächst jedes Orbital mit einem Elektron besetzt wird, bevor ein Orbital doppelt besetzt wird. Man kann sich das so vorstellen: In einem Orbital sind die beiden Elektronen etwas dichter gepackt, als wenn sie auf zwei Orbitale verteilt sind. Damit ist die Elektronenrepulsion in einem Orbital größer, die Energie würde ansteigen, und damit werden die Elektronen in unterschiedliche Orbitale ausweichen.
2. **Spinkorrelation:** Zwei Elektronen mit gleichem Spin sind energetisch gegenüber Elektronen mit ungleichem Spin abgesenkt. Wir hatten das für Triplett- vs. Singulett-Energien in Kap. 23 diskutiert. Elektronen mit gleichem Spin in einer offenen Schale haben daher eine geringere Energie. Es werden also zunächst alle p-(d, f)Orbitale mit gleichem Spin einfach besetzt, bevor eine Doppelbesetzung stattfindet, was als **Hund'sche Regel** bekannt ist. Für diesen Effekt ist das Austauschpotenzial v_x in v_{eff} Gl. 24.2 verantwortlich.
3. **Periodizität:** Mit acht Elektronen ist die L-Schale voll besetzt, und daher wird mit dem nächsten Elektron ($Z = 11$, Na) das 3 s-Orbital besetzt. Damit hat Na eine ähnliche Konfiguration wie Li, eine/zwei voll besetzte Schale(n) und ein Valenzelektron. Daher sind Elemente mit ähnlicher Elektronenkonfiguration in ihren chemischen Eigenschaften ähnlich.
4. Eine Irregularität tritt bei der Besetzung der 4 s/3d-Orbitale (genauso 5 s/4d etc.) auf. Zwar liegen die Energieniveaus der 3d tiefer als die der 4 s, jedoch sind die mittleren Kernabstände im 3d kleiner als die im 4 s-Orbital, damit sind die Elektronen im 3d dichter gepackt. Das führt dazu, dass die Elektron-Elektron-Repulsion im 3d größer ist als im 4 s, weshalb die Sc-Zn die Konfiguration $3d^n 4s^2$ besitzen. Erst nach Auffüllen der 3d-Orbitale werden die 4p gefüllt. Diese Situation wiederholt sich im Falle der 5 s vs. 4d/4f-Elektronen.

Die Orbitale werden also wie folgt besetzt:

$$\begin{aligned}1s < 2s < 2p < 3s < 3p < 4s < 3d < 4p < 5s < 4d \\ < 5p < 6s < 4f < 5d < 6p < 7s < 5f.\end{aligned}$$

Allerdings sind die Energieunterschiede oft klein, und das Schema gibt den Aufbau nur grob wieder, so dass es auch vorkommen kann, dass beispielsweise für ein bestimmtes Atom oder Ion die 5d unter dem 4f liegen kann.

24.1.5 Atomradien, Ionisierungsenergien und Elektronenaffinitäten

Orbitalradien In Abb. 24.3 ist die Aufenthaltswahrscheinlichkeit der 1s-, 2s- und 2p-Orbitale abgebildet. Generell zeigt sich, dass für gleiches n ähnliche mittlere Kernabstände auftreten, d. h. man durchaus von Schalen auch im räumlichen Sinne

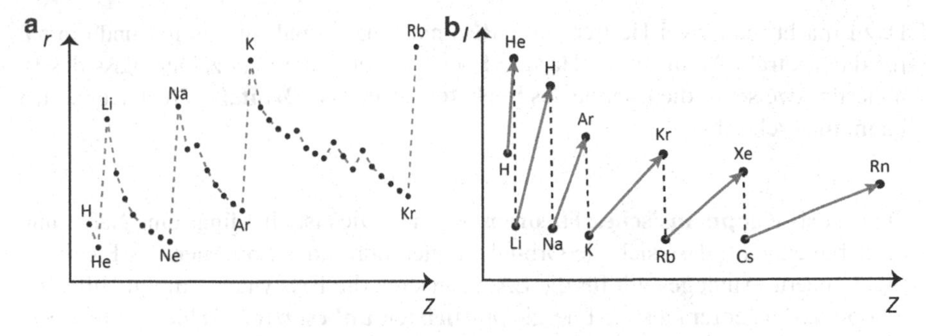

Abb. 24.4 (**a**) Qualitativer Verlauf der Atomradien, (**b**) erste Ionisierungsenergien

reden kann. Für die mittleren Radien der Orbitale kann man folgende Formel anwenden, die wir für das Wasserstoffatom schon diskutiert haben. Nun wird in Gl. 11.48 Z durch Z_{eff} ersetzt, und man erhält:

$$\langle r \rangle_{n,l} = n^2 \frac{a_B}{Z_{\text{eff}}} \left[1 + \frac{1}{2}(1 - l(l+1)/n^2) \right].$$

Innerhalb einer Reihe ($n = \text{const.}$) wächst Z_{eff} und l, effektiv wird der Radius dadurch kleiner, innerhalb einer Gruppe wächst n, d. h., der Radius nimmt zu,[1] siehe Abb. 24.4a.

Ionisierungsenergien IP (ionization potential) sind die Energien, die aufgewendet werden müssen, um ein Elektron aus dem Atom zu entfernen. Das **erste IP** ist die aufgewendete Energie zur Entfernung eines Elektrons, das **zweite IP** ist die aufgewendete Energie zur Entfernung eines weiteren Elektrons. Diese hängen direkt von Z_{eff} und $\langle r \rangle_{n,l}$ ab, siehe Abb. 24.4b: i) Sie wachsen in einer Reihe mit steigendem Z_{eff}, $E \sim -Z_{\text{eff}}$. Deshalb haben die Edelgase das größte IP, die Alkaliatome das kleinste IP. ii) Das IP nimmt mit wachsendem $\langle r \rangle_{n,l}$ ab, die Elektronen sind für größeres $\langle r \rangle_{n,l}$ weniger stark gebunden.

Elektronenaffinitäten (EA) sind die Energien, die bei der Bindung eines zusätzlichen Elektrons frei werden. Die Halogene haben die größten EAs (abgeschlossene Schale), die Edelgase und Erdalkaliatome haben sogar negative EAs, d. h., ein zusätzliches Elektron ist nicht ‚stabil'.

Koopmans' Theorem Die IP und EA kann man mit der Hartree-Fock-Theorie ausrechnen. Um dies korrekt zu machen, muss man die Energie der Ionen von der der neutralen Atome abziehen, für das IP schreibt man z. B.

$$\text{IP} = E^{\text{ion}} - E^{\text{neutral}}.$$

[1] Atomradien usw. findet man z. B. hier: www.webelements.com.

Dazu macht man zwei Hartree-Fock-Rechnungen, einmal für das Ion und einmal für das neutrale Atom. In der Hartree-Fock-Theorie kann man zeigen, dass das IP näherungsweise als die Energie des **höchsten besetzten Orbitals** berechnet werden kann, man schreibt

$$\mathrm{IP} = -\epsilon.$$

Dies ist als **Koopmans'sches Theorem** bekannt. Dies ist allerdings eine Näherung, da dabei eingeht, dass sich die Orbitalenergien durch das Entfernen des Elektrons nicht ändern. Analoges gilt für die EA. Man kann die EAs wiederum mit Hilfe von Koopmans' Theorem als die Energie des **tiefsten unbesetzten Orbitals** errechnen. Dadurch erhält man das einfache Bild, dass IP und EA genau durch die Energie der entsprechenden Orbitale gegeben ist. Damit erhalten die Orbitale eine physikalische Deutung, nämlich durch die Lageenergie der Elektronen. Die beruht allerdings auf dem Orbitalbild, und es sei nochmals drauf verwiesen, dass dieses aus einer Näherung effektiver Potenziale entsteht. Man hat hier das Bild einzelner Elektronen, und das IP wäre dann die Energieänderung durch Entfernen eines der Elektronen. Man vernachlässigt dabei, dass die Elektronen extrem stark untereinander wechselwirken und die Ionisation einen Effekt auf alle anderen Elektronen hat.[2]

Elektronegativität Diese Größe beschreibt, wie stark die Energie sich bei Veränderung der Elektronenzahl ändert, man kann das durch folgende Formel angeben,

$$\mathrm{EN} = \frac{\partial^2 E}{\partial n^2},$$

wobei n die Elektronenzahl ist. Ist die EN groß, d. h., ändert sich die atomare Energie stark bei Elektronenabgabe, wird das Atom ‚ungern' Elektronen abgeben. Daher ist in einer chemischen Bindung der Unterschied der EN zweier Atome wichtig: Ist diese groß, wird Ladung zwischen den Atomen fließen, man erhält eine polare oder gar ionische Bindung, ist diese Differenz klein, so ist die Bindung unpolar. Es gibt verschiedene Arten die EN zu bestimmen, wobei keine außer der oben angegebenen Formel besonders intuitiv ist, so ist z. B. der Vorschlag von Mulliken durch

$$\mathrm{EN} = \frac{\mathrm{EA} + \mathrm{IP}}{2}$$

gegeben. Der Vorteil ist, diese atomare Eigenschaft sehr einfach aus experimentellen Größen (IP und EA) zusammensetzen zu können.

Betrachtet man Abb. 24.4, sieht man, dass der Atomradius mit der Besetzung der Schale abnimmt, da Z_{eff} zunimmt. Die Elektronen werden also bei Besetzung einer Schale stärker um den Atomkern gepackt. Damit sind die Elektronen stärker am

[2] In der HF-Theorie funktioniert Koopmans' Theorem deshalb sehr gut, da sich hier unterschiedliche Näherungen in ihrem Effekt ungefähr aufheben.

Atomkern gebunden, d. h., man würde erwarten, dass das IP steigt, wie es Abb. 24.4b zeigt. Die EN folgt den Trends der IP, d. h., kleinere Atome sind elektronegativer als große, die Elektronegativität steigt innerhalb einer Gruppe an.

24.2 Kopplung von Drehimpulsen

Alle Überlegungen in Abschn. 24.1 bezogen sich auf die Atomorbitale, so wie mit Gl. 24.1 berechnet: Diese sind analog zu den Orbitalen des Wasserstoffatoms zu sehen, berechnet mit $\hat{H}^0$. Die Besetzung der Orbitale im Atom wird entsprechend durch die **Elektronenkonfiguration** angegeben, z. B. $1s^2 2s^2 2p^2$ für Kohlenstoff. Im Rahmen dieses **Schalenmodells der Atome** werden alle Elektronen als unabhängige Teilchen betrachtet, denen man die Quantenzahlen n, l, m_l und m_s zuordnen kann.[3]

Wie wir schon beim Wasserstoffatom gesehen haben, kann man die spektroskopischen Daten, die **Feinstruktur,** nur verstehen, wenn man von einer Kopplung der Drehimpulse ausgeht (Kap. 19). Beim Wasserstoffatom haben wir die magnetische Kopplung als Störung mit dem Störoperator $\hat{H}^1$ (Kap. 19) einbezogen. Damit koppeln die Spins und Bahndrehimpulse, was zu einer Aufspaltung der Orbitalenergien je nach Drehimpulskombination führt. Nun wollen wir auch für die Mehrelektronenatome die Kopplung der Drehimpulse, vermittelt durch $\hat{H}^1$, einbeziehen. Damit sind die Quantenzahlen m_l und m_s der einzelnen Elektronen keine guten Quantenzahlen mehr. An deren Stelle tritt der Gesamtdrehimpuls J und die entsprechende Magnetquantenzahl (Kap. 19).

Da wir aber viele Elektronen haben, gibt es prinzipiell zwei Möglichkeiten der Kopplung:

- **Leichte Atome:** Die Spin-Bahn-Kopplung ist schwach, hier kombinieren die Bahndrehimpulse zunächst zu einem Gesamt-L, die Spins zu einem Gesamt-S, wie in Kap. 23. S und L koppeln dann zu einem J.
- **Schwere Atome:** Bei steigender Kernladungszahl, typischerweise ab etwa $\boldsymbol{Z \geq 40}$, wird die Spin-Bahn-Kopplung zunehmend stärker, d. h., L und S sind nicht mehr als Observable existent, der Gesamtdrehimpuls J wird zur Charakterisierung verwendet. Dennoch treten auch hier Mischformen auf.

[3]Siehe Kap. 28 und 29 für eine Interpretation.

24.2.1 Russel-Saunders: L-S-Kopplung

Für Atome mit kleinem bis mittlerem Z koppeln zuerst die Bahndrehimpulse zu einem L und die Spins zu einem S, dann koppeln $L + S$ zu einem J.

$$\hat{J} = \hat{L} + \hat{S}. \tag{24.4}$$

Für dieses J gelten dann die Quantisierungsregeln:

$$\hat{J}^2\Psi = \hbar^2 J(J+1)\Psi, \qquad \hat{J}_z\Psi = \hbar M_J \Psi \tag{24.5}$$

mit

$$J = L+S, (L+S)-1, \ldots, |L-S|, \qquad M_J = -J, \ldots, 0, \ldots, J. \tag{24.6}$$

Hier werden zuerst die Bahndrehimpulse l_i der einzelnen Elektronen mit Gl. 23.22 zu einem L addiert, wie in Abschn. 23.2.1 besprochen, analog die s_i mit Gl. 23.24 zu einem S, wie in Abschn. 23.2.2 ausgeführt. Die **Spinmultiplizität** gibt die Anzahl der M_S Werte nach Gl. 23.25 an, sie beträgt $S(S+1)$. J, L und die Multiplizität sind ausreichend, um den Zustand eindeutig zu charakterisieren, daher die Verwendung der folgenden

L-S-Termsymbole,

$$^{2S+1}L_J.$$

- **Gesamt-Bahndrehimpuls** L: Der Wert von $L = 0, 1, 2, 3, 4\ldots$ wird entsprechend durch die Großbuchstaben **S, P, D, F**... repräsentiert.[4]
- **Spinmultiplizität** $(2S+1)$: Diese wird hochgestellt durch den Wert von $2S+1$ angegeben. Für den Singulett erhält man $2S+1=1$, für den Dublett $2S+1=2$, Tripletts erhält man $2S+1=3$ etc.
- **Gesamtdrehimpuls** J: Tiefgestellte Indizes geben den Wert von J an.

Bei der Berechnung ist Folgendes zu beachten:

- Der Gesamtdrehimpuls J innerhalb vollbesetzter Schalen verschwindet. Die Bahndrehimpulse und Spins heben sich innerhalb einer Unterschale (s, p, ... Orbitale) gegenseitig auf. Damit ist der Drehimpulszustand der Elektronenschale nur durch die Valenzelektronen gegeben.

[4] $S \leftrightarrow L = 0$, $P \leftrightarrow L = 1$, etc.

- In einer offenen Unterschale liegen die Spins in einem Zustand mit größter Multiplizität vor. Dies liegt nicht an der Kopplung der Drehimpulse über ihre magnetischen Momente, sondern an den Energietermen (K-Integrale, bzw. v_x-Potenzial) der Hartree-Fock-Theorie.

Beispiel 24.1

Grundzustand einiger Atome

- **H-Atom:** Elektronenkonfiguration $1s^1$, Termsymbol $^2S_{1/2}$.
  $l_1 = 0 \rightarrow L = 0, s_1 = \frac{1}{2} \rightarrow S = \frac{1}{2}, J = S = 1/2$
  Dublett: $2S + 1 = 2$.
- **He-Atom:** Elektronenkonfiguration $1s^2$, Termsymbol $^1S_0$.
  $l_1 = l_2 = 0 \rightarrow L = 0, s_1 = s_2 = \frac{1}{2} \rightarrow S = 0, J = S = 0$
  Singulett: $2S + 1 = 1$.
- **Li-Atom:** Elektronenkonfiguration $1s^2 2s^1$, Termsymbol $^2S_{1/2}$.
  Die Drehimpulse der vollständig besetzten s-Orbitale kompensieren sich. Man muss nur das Valenzelektron betrachten.
  $l_1 = 0 \rightarrow L = 0, s_1 = \frac{1}{2} \rightarrow S = \frac{1}{2}, J = S = \frac{1}{2}$
  Dublett: $2S + 1 = 2$.
- **B-Atom:** Elektronenkonfiguration $1s^2 2s^2 2p^1$, Termsymbole $^2P_{1/2}$, $^2P_{3/2}$.
  $l_1 = 1 \rightarrow L = 1, s_1 = \frac{1}{2} \rightarrow S = \frac{1}{2}, J = \frac{1}{2}, \frac{3}{2}$
  Dublett: $2S + 1 = 2$.

◀

Energieaufspaltung Wie in Kap. 19 diskutiert, führt die L-S-Kopplung zu einer weiteren Aufspaltung der Energie. Diese kann man mit Hilfe der Störungstheorie bestimmen, wie z. B. bei der Feinstruktur des Wasserstoffatoms in Abb. 19.8 schon ausgeführt. Aufgrund der **Abschirmung** finden wir nun immer schon eine **Energieaufspaltung** innerhalb einer **Schale,** d. h., unterschiedliche Energien für verschiedene Drehimpulse l. Die **Kopplung der Drehimpulse** führt dann zu einer weiteren **Aufspaltung in einer Unterschale.**

Das Na-Atom Dieses Atom besitzt nur **ein Valenzelektron,** es ist ein **Dublett,** man erwartet ein ähnliches Spektrum wie beim Wasserstoff (oder Li). Abb. 24.5a zeigt eine deutliche Aufspaltung innerhalb einer Schale durch die Abschirmung, die 3 s-3p Aufspaltung ist in derselben Größenordnung wie die 3 s-4 s Aufspaltung. Die Spin-Bahn-Aufspaltung innerhalb der p-Unterschale ist dagegen vergleichsweise klein. Diese haben wir beim Wasserstoff anhand der Näherungsformel Gl. 19.21 diskutiert.

Das He-Atom Dies ist ein Beispiel für eine Valenzschale mit **zwei Elektronen,** nun sind **Singulett und Triplett-Zustände** möglich (Abb. 24.5b). Der Grundzustand ist durch $^1S_0$ bezeichnet, angeregte Zustände können nun ebenfalls Singuletts sein, aber

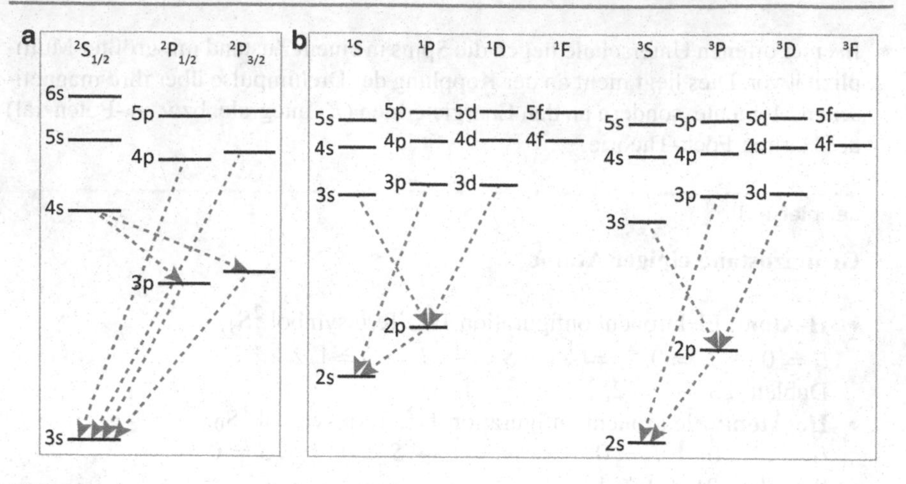

Abb. 24.5 Spin-Bahn-Kopplung im (**a**) Natrium- und (**b**) Heliumatom

auch, bei Umklappen eines Spin, Tripletts. Bei **Singulett-Anregungen** erhält man die Zustände $^1P_1$, $^1D_2$ etc., wie auf der linken Seite von Abb. 24.5b zu sehen. Bei einer **Triplettanregung** z. B. in ein 3p Orbital sind die drei Zustände $^3P_2$, $^3P_1$ und $^3P_0$ möglich. Diese liegen aber energetisch sehr dicht, daher werden sie nicht gesondert abgebildet, und in der Abbildung wird auf die Angabe der J-Indizes verzichtet. Man sieht auch sehr schön, dass die Triplett-Zustände energetisch niedriger als die Singuletts liegen, dies liegt an dem Austausch-Integral, wie in Abschn. 23.1.5 diskutiert. Im Prinzip gibt es auch Anregungen, die beide Elektronen gleichzeitig betreffen, also beide Elektronen den Zustand wechseln. Diese haben beim Heliumatom eine sehr hohe Energie, sind aber bei Molekülen, z. B. bei den Polyenen, sehr relevant.

Elektronische Übergänge Die gestrichelten Linien in Abb. 24.5 zeigen die möglichen Übergänge. Wie in Abschn. 14.1.2 angesprochen, sind nicht alle Übergänge zwischen allen Energieniveaus möglich, es gibt sogenannte **Auswahlregeln,** wir werden dies in Teil VI vertiefen.

- Aufgrund des Drehimpulses des Lichts muss sich der Drehimpuls des Atomzustands bei einem Übergang um $\Delta L = \pm 1$ ändern, daher sind nur Übergänge zwischen den s- und p, bzw. p- und d-Orbitalen möglich. Die bekannte gelbe Natrium D-Linie, beispielsweise, wird bei Übergängen zwischen den 3p und 3 s Orbitalen bei etwa 590 nm emittiert. Im Spektrum sieht man, bei entsprechender Auflösung, zwei Linien, die um etwa 0.5 nm verschieden sind. Das ist die sogenannte Feinstruktur des Spektrums aufgrund der L-S-Kopplung, die Emission aus den $^2P_{\frac{1}{2}}$ und $^2P_{\frac{3}{2}}$ unterscheidet sich nur sehr wenig.
- Zudem gilt $\Delta S = 0$, der Spin kann sich bei einem Übergang nicht ändern. Dies führt beim He-Atom dazu, dass man Übergänge nur innerhalb der Singulett- und Triplett-Zustände sieht. Anregungen mit Licht sind wegen $\Delta S = 0$ nur zu den

Singulett-Zuständen möglich, die Konversion zu Triplett-Zuständen und folgenden Übergänge diskutieren wir am Beispiel der Moleküle in Kap. 33.

Für den Gesamtdrehimpuls gilt die Auswahlregel $\Delta J = 0, \pm 1$.

24.2.2 J-J-Kopplung

Bei schweren Atomen werden zuerst Spin und Bahndrehimpuls jedes Elektron zu einem j kombiniert (da Spin-Bahn-Kopplung sehr stark) und diese dann zu einem Gesamtdrehimpuls

$$\mathbf{J} = \sum \mathbf{j_i} \tag{24.7}$$

$$\hat{J}\Psi = \hbar^2 J(J+1)\Psi. \tag{24.8}$$

Damit ist kein L und S im Atom mehr festgelegt, wie bei der L-S-Kopplung sondern nur noch ein J, welches dann den Atomzustand charakterisiert. Oft aber findet man auch bei schweren Atomen keine reine J-J-Kopplung, sondern eine Mischform mit der L-S-Kopplung.[5]

24.3 Zusammenfassung und Fragen

Zusammenfassung Um die Atomorbitale ϕ_i zu berechnen verwenden wir eine effektive Schrödinger-Gleichung 24.1, die der Schrödinger-Gleichung des Wasserstoffatoms sehr ähnlich ist. Wir haben sie in Kap. 23 mit Hilfe des Variationsprinzips erhalten. Neben der Kern-Elektron Anziehung, wie beim Wasserstoffatom, enthält das **effektive Potenzial** noch die Abstoßung der anderen Elektronen. Das Elektron ist also in einem effektiven Potenzial, das diese beiden Effekte beinhaltet, wie schon in Kap. 14 bei der Anwendung des Kastenpotenzials diskutiert.

Der Atomaufbau folgt dann aus der Besetzung der Orbitale und kann wie folgt verstanden werden:

- ***Z*:** Die unterschiedlichen Kernladungszahlen führen zu einer unterschiedlichen Anzahl besetzter Orbitale.
- **Abschirmung:** Elektronen in Kernnähe schirmen das Kernpotenzial für die äußeren Elektronen ab, daher erfahren diese eine modifizierte Kernanziehung. Als Konsequenz ergibt sich eine Aufspaltung der Orbitalenergien.

[5] Für mehr Details, siehe z. B. C. W. Haigh, J. Chem. Ed. 72 (1995) 206.

- **Aufbauprinzip:** In Kap. 14 haben wir eingeführt, dass **Fermionen** Zustände doppelt besetzen können. Wir haben gesehen, wie die Forderung der Antisymmetrie der Wellenfunktion diese Besetzung erzwingt.
  - Zunächst ergibt sich eine Einfachbesetzung der p-, d-... Orbitale wegen dadurch verminderter Coulomb-Repulsion.
  - Hund'sche Regel: Diese resultiert aus der verminderten Abstoßung zwischen zwei Elektronen mit gleichem Spin.
  - 3d/4 s(etc.)-Irregularität: Die Elektronen-Repulsion im 3d ist größer als im 4 s-Orbital, daher erfolgt zunächst die Besetzung des 4 s.
- Die Atomradien lassen sich sehr gut durch eine phänomenologische Gleichung verstehen, $\langle r \rangle_{n,l} \sim n^2/Z_{\text{eff}}$. Atomeigenschaften, wie das IP, EA und die Elektronegativität, zeigen eine deutliche Abhängigkeit von den beiden Größen Z_{eff} und $\langle r \rangle_{n,l}$.
- Schließlich muss man die Spin-Bahn-Kopplung berücksichtigen, man unterscheidet zwischen L-S- und J-J-Kopplungen, der Gesamtzustand wird bei der L-S-Kopplung durch die Termsymbole

$$^{2S+1}L_J$$

angegeben.

Aber man sollte an dieser Stelle schon vor Augen haben, dass das Orbitalschema ein Modell ist, das durch bestimmte Ansätze bedingt wird. Das einfache Bild von einzelnen Elektronen in Orbitalen ist ein extrem nützliches Konzept in der Chemie, das aber mehr und mehr undeutlich wird, je genauer man die Ansätze macht (Kap. 26).

Fragen

- **Erinnern:** (Erläutern/Nennen)
  - Wie ändern sich Atomradien und IPs mit Kernladungszahl und Hauptquantenzahl?
  - Was ist das IP, EA und die Elektronegativität, und wie können diese berechnet werden?
  - Wie hängen IP, EA und die Elektronegativität von der effektiven Kernladungszahl und dem Orbitalradius ab?
  - Wie werden die Atome durch Drehimpuls-Termsymbole charakterisiert?
- **Verstehen:** (Erklären)
  - Warum können die Orbitale nur doppelt besetzt werden?
  - Welche Komponenten hat das effektive Potenzial, und welchen Einfluss haben diese auf den Atomaufbau? Erläutern Sie die Prinzipien des Atomaufbaus.
  - Was ist die effektive Kernladungszahl, was versteht man unter Abschirmung? Warum führt das zur Energieaufspaltung der Orbitale?

- Rekapitulieren Sie nochmals die Prinzipien der Kopplung von Drehimpulsen und erläutern Sie diesem am Beispiel der LS-Kopplung der Atome.
- Was ist der Unterschied zur J-J-Kopplung?
- Erläutern Sie die Energieaufspaltung durch die LS-Kopplung beim Wasserstoff- und Natriumatom, und assoziieren Sie die Termsymbole zu den Energien in einem Energiediagramm.

25 Zweiatomige Moleküle

Molekülorbitale Die Hartree-Fock-Theorie stellt uns eine effektive Schrödinger-Gleichung zur Verfügung (Abschn. 23.1.6), mit deren Hilfe man die **Orbitale** eines Moleküls bestimmen kann. Wir haben das Verfahren schon zur Bestimmung der Atomorbitale in Abschn. 24.1 angewendet. Für Moleküle enthält das effektive Potenzial nun die Wechselwirkungen mit mehreren Atomkernen.

LCAO-Ansatz Zur Lösung verwendet man den aus Kap. 16 bekannten **LCAO-Ansatz.** Dies bedeutet, dass verschiedene Atomorbitale (AOs) zu Molekülorbitalen (MOs) kombinieren.

Kovalente (chemische) Bindung Die Kombination von AOs im Molekül führt zu bindenden und antibindenden Orbitalen, wie für das H_2^+-Molekül in Kap. 16 diskutiert. Die bindenden Orbitale führen zu einer Absenkung der Energie gegenüber den ungebundenen Atomen, dies **definiert** eine kovalente Bindung in Abgrenzung zu anderen Bindungsformen. Den Grenzübergang zur **ionischen Bindung** werden wir ebenfalls diskutieren.

Charakterisierung der MOs Bei Atomen sind die Orbitale durch die Drehimpulse L charakterisiert, dort spricht man von s-, p-, d-... Orbitalen. Etwas Analoges findet man für die MOs: Diese können ebenfalls durch ihre Drehimpulseigenschaften charakterisiert werden, man spricht von σ, π, δ MOs, aber es gibt noch weitere Kennzeichnungen, die z. B. aus der Symmetrie der Wellenfunktion folgen.

Die Vielelektronenwellenfunktion Ψ resultiert aus einer Kombination der MOs, dargestellt durch eine **Slater-Determinante.** Der Vielelektronenzustand wird wieder, wie bei den Atomen, durch **spektroskopische Symbole** bezeichnet.

© Springer-Verlag GmbH Deutschland, ein Teil von Springer Nature 2021

M. Elstner, *Physikalische Chemie II: Quantenmechanik und Spektroskopie*,
https://doi.org/10.1007/978-3-662-61462-4_25

25.1 Methodik: Effektive Schrödinger-Gleichung und Molekülorbitale

Zur Bestimmung der Moleküleigenschaften kombinieren wir nun die Erkenntnisse aus mehreren Kapiteln:

- Vergleichen wir zunächst die Struktur eines Moleküls mit zwei Elektronen wie H_2 in Abb. 25.1 mit dem He-Atom in Abb. 22.1: Zur Beschreibung des Moleküls muss der Hamilton-Operator Gl. 22.1 zum einen um die Wechselwirkung mit beiden Atomkernen erweitert werden.
- Zum anderen benötigt man einen Beitrag $\boldsymbol{V}_{\mathbf{KK}}$ wie beim H_2^+-Molekül in Abb. 16.1, der die Kern-Kern-Wechselwirkung repräsentiert.
- Im Gegensatz zum H_2^+-Molekül in Kap. 16 haben wir nun zwei Elektronen, müssen also eine Wellenfunktion $\Psi(\boldsymbol{r}_1, \boldsymbol{r}_2)$ von zwei Elektronenkoordinaten ansetzen, wie in Kap. 23 eingeführt.
- Mit dem **Hamilton-Operator** und einem **Determinantenansatz** für $\Psi(\boldsymbol{r}_1, \boldsymbol{r}_2)$ erhält man in Abschn. 23.1.6 mit Hilfe des **Variationsprinzips** eine **effektive Schrödinger-Gleichung**, die eine **Bestimmung der Molekülorbitale** ermöglicht.

25.1.1 Effektive Schrödinger-Gleichung und Molekülorbitale

Die Orbitale der Moleküle erhält man aus **Hartree-Fock-Rechnungen,** die Orbitale ϕ_i sind Lösungen der **effektiven Schrödinger-Gleichung** Gl. 23.17:

$$\left[-\frac{\hbar^2}{2m}\nabla^2 + v_{\text{eff}}(\rho)\right]\phi_i(\boldsymbol{r}) = \epsilon_i \phi_i(\boldsymbol{r}). \tag{25.1}$$

Die Orbitalstruktur der Moleküle wird also genau so wie die der Atome in Abschn. 24.1 bestimmt, das effektive Potenzial jedoch unterscheidet sich um die Wechselwirkung mit den Atomkernen:

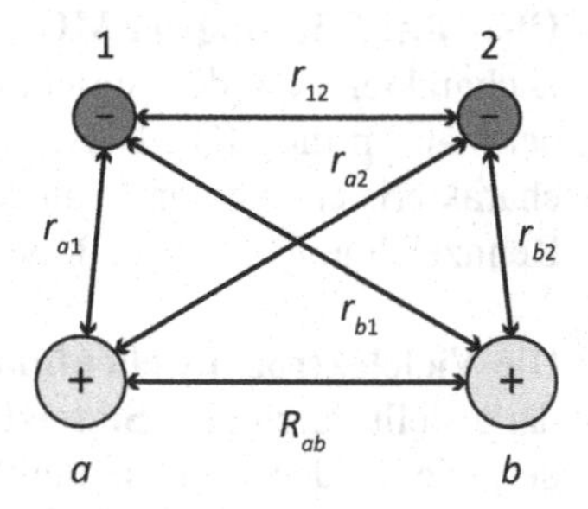

Abb. 25.1 Wechselwirkungen und Koordinaten für das H_2 Molekül

$$v_{\text{eff}}(\rho) = -\sum_{i=1}^{2}\sum_{\alpha=1}^{2} \frac{1}{4\pi\epsilon}\frac{Ze}{r_{\alpha i}} + \frac{e^2}{4\pi\epsilon}\int \frac{\rho(\boldsymbol{r}')}{|\boldsymbol{r}-\boldsymbol{r}'|}\mathrm{d}^3\boldsymbol{r}' + \boldsymbol{v_x} \tag{25.2}$$

$r_{\alpha i}$ ist der Abstand der Elektronen $i = 1, 2$ von den Kernen $\alpha = a, b$, $|\boldsymbol{r} - \boldsymbol{r}'| = r_{12}$ ist der Abstand der beiden Elektronen voneinander (Abb. 25.1). In einem allgemeinen Fall mit N Elektronen und M Kernen enthält der erste Term die Wechselwirkung aller N Elektronen mit den M Kernen, der zweite Term ist die Coulomb-Abstoßung der N Elektronen untereinander, und $\boldsymbol{v_x}$ ist die **Austauschwechselwirkung,** siehe die Diskussion in Abschn. 23.1.6.

Die Lösung dieser Gleichungen führt auf die **Molekülorbitale** ϕ_i und die **Orbitalenergien** ϵ_i, die wir im Folgenden diskutieren werden.

25.1.2 LCAO-Ansatz

Um das praktisch durchführen zu können, macht man den **LCAO-Ansatz** wie in Kap. 16 eingeführt, wir stellen die Molekülorbitale $\phi_i(r)$, die wir mit Gl. 25.1 bestimmen wollen, als eine Summe von Atomorbitalen $\eta_\mu(r)$ dar.

$$\phi_i(r) = \sum_\mu c^i_\mu \eta_\mu(r). \tag{25.3}$$

Setzen wir diese in Gl. 25.1 ein und definieren $\hat{H}_{\text{eff}} = \left[-\frac{\hbar^2}{2m}\nabla^2 + v_{\text{eff}}(\rho)\right]$, so erhalten wir:

$$\sum_\mu c^i_\mu \hat{H}_{\text{eff}}\eta_\mu(r) = \epsilon_i \sum_\mu c^i_\mu \eta_\mu(r). \tag{25.4}$$

Nun multiplizieren wir die Gleichung von links mit η^i_ν und intergrieren beide Seiten, dann erhalten wir:[1]

$$\sum_\mu c^i_\mu \int \eta_\nu \hat{H}_{\text{eff}}\eta_\mu \mathrm{d}^3r = \sum_\mu \epsilon_i c^i_\mu \int \eta_\nu \eta_\mu \mathrm{d}^3r. \tag{25.5}$$

Wenn wir N Atomorbitale haben, dann kann man die Integrale als $N \times N$-Matrizen auffassen, wir definieren $H_{\nu\mu}$ und $S_{\nu\mu}$ wie folgt:

1. **Hamilton-Matrix:**

$$H_{\nu\mu} = \int \eta_\nu \hat{H}_{\text{eff}}\eta_\mu \mathrm{d}^3r.$$

[1] Wir verwenden reale Atomorbitale, siehe Abschn. 11.5.

2. **Überlappmatrix**:

$$S_{\nu\mu} = \int \eta_\nu \eta_\mu \mathrm{d}^3 r.$$

Damit vereinfacht sich Gl. 25.5 zu:

$$\sum_\mu H_{\nu\mu} c^i_\mu = \epsilon_i \sum_\mu S_{\nu\mu} c^i_\mu. \tag{25.6}$$

Dies ist ein lineares Gleichungssystem, das wir auch als Matrixgleichung mit den Matrizen $H_{\mu\nu}$ und $S_{\mu\nu}$ und dem Vektor c^i_μ schreiben können. ν bezeichnet die Spalten der Matrix, μ die Zeilen, was man auch in die vertrautere Matrixschreibweise bringen kann,

$$\begin{pmatrix} H_{11} & H_{12} & \dots & H_{1N} \\ H_{21} & H_{22} & \dots & H_{2N} \\ \dots & \dots & \dots & \dots \\ H_{N1} & H_{N2} & \dots & H_{NN} \end{pmatrix} \begin{pmatrix} c^i_1 \\ c^i_2 \\ \dots \\ c^i_N \end{pmatrix} = \epsilon_i \begin{pmatrix} S_{11} & S_{12} & \dots & S_{1N} \\ S_{21} & S_{22} & \dots & S_{2N} \\ \dots & \dots & \dots & \dots \\ S_{N1} & S_{N2} & \dots & S_{NN} \end{pmatrix} \begin{pmatrix} c^i_1 \\ c^i_2 \\ \dots \\ c^i_N \end{pmatrix}.$$

Nach Umformung erhält man

$$\begin{pmatrix} H_{11} - \epsilon_i S_{11} & H_{12} - \epsilon_i S_{12} & \dots & H_{1N} - \epsilon_i S_{1N} \\ H_{21} - \epsilon_i S_{21} & H_{22} - \epsilon_i S_{22} & \dots & H_{2N} - \epsilon_i S_{2N} \\ \dots & \dots & \dots & \dots \\ H_{N1} - \epsilon_i S_{N1} & H_{N2} - \epsilon_i S_{N2} & \dots & H_{NN} - \epsilon_i S_{NN} \end{pmatrix} \begin{pmatrix} c^i_1 \\ c^i_2 \\ \dots \\ c^i_N \end{pmatrix} = 0.$$

25.1.3 Lineare Gleichungssysteme

Wir kennen die Atomorbitale η_ν, und damit kann man die Matrixelemente $H_{\nu\mu}$ und $S_{\nu\mu}$ ausrechnen. Für das Folgende wollen wir annehmen, dass diese ausgerechnet sind, also also als Zahlen in den Matrizen vorliegen. Dann muss man nur noch die Koeffizienten c^i_μ und die Orbitalenergien ϵ_i bestimmen, denn aus denen kann man mit Gl. 25.3 die Molekülorbitale ausrechnen. Dazu lösen wir die Determinante

$$\det \begin{pmatrix} H_{11} - \epsilon_i & H_{12} - \epsilon_i S_{12} & \dots & H_{1N} - \epsilon_i S_{1N} \\ \dots & H_{22} - \epsilon_i & \dots & \dots \\ \dots & \dots & \dots & \dots \\ \dots & \dots & \dots & \dots \\ H_{N1} - \epsilon_i & H_{12} - \epsilon_i S_{12} & \dots & H_{NN} - \epsilon_i \end{pmatrix} = 0.$$

Als Lösung erhält man die Energien ϵ_i der Orbitale und die Molekülorbitalkoeffizienten (MO-Koeffizienten) c^i_μ. Diese geben an, wie viel ein AO η_μ zu dem MO ϕ_i beiträgt.

Nehmen wir als Beispiel H_2^+ aus Kap. 16: Hier haben wir zwei Orbitale und ein Elektron, die Matrix reduziert sich auf eine 2 × 2-Matrix und wir schreiben die Determinante als

$$\det\begin{pmatrix} H_{aa} - E & H_{ab} - ES_{ab} \\ H_{ab} - ES_{ab} & H_{bb} - E \end{pmatrix} = 0.$$

In Kap. 16 führte uns die Lösung dieser Determinante auf die Orbitalenergien und die MO-Koeffizienten c_μ^i.

Wenn wir nun H_2 lösen, verwenden wir genauso die wie bei H_2^+ Atomorbitale η_a und η_b des Wasserstoffatoms, sogar die Matrix und Determinante sehen formal identisch aus: aber i) die Werte der Matrixelemente H_{ab} werden sich unterscheiden, da sie nun über v_{eff} in Gl. 25.2 zwei Elektronen, und damit auch noch die Elektron-Elektron-Abstoßung enthalten. ii) Und die Orbitale werden nun nach dem **Aufbauprinzip** mit zwei Elektronen besetzt, und nicht mit einem.

Allgemein erhalten wir die $N \times N$-Matrizen, daraus bekommen wir N Eigenzustände und N Eigenwerte.

- Dann füllen wir immer zunächst die energetisch niedrigsten Orbitale, da wir annehmen, dass das System im Grundzustand, d. h. dem energetisch niedrigsten Zustand ist.
- Pauli-Prinzip: Jedes Orbital kann maximal mit zwei Elektronen entgegengesetzten Spins besetzt werden. Bei entarteten Orbitalen entscheiden dann weitere Kriterien, ob Singulett- oder Triplett-Zustände vorliegen, analog zum Aufbau der Atome.

25.2 Elektronischer Aufbau von Dimeren

Als einfache Beispiele, die das **Konzept der chemischen Bindung** deutlich machen, betrachten wir in diesem Kapitel zunächst Moleküldimere. Der Elektronenaufbau (Elektronenkonfiguration) gehorcht den gleichen Regeln wie bei den Atomen. Man füllt die Orbitale von ‚unten‘ unter Beachtung der Antisymmetrie der Wellenfunktion.

25.2.1 Das H_2-Molekül

Als erstes Beispiel betrachten wir das H_2-Molekül. Wenn wir als AOs nur die 1 s-Orbitale betrachten, erhalten wir genau das gleiche Bild wie bei H_2^+: Man muss die obige Determinantengleichung lösen und erhält ein bindendes und ein antibindendes Orbital. Wenn wir auch noch die 2 s-Orbitale mit einbeziehen, haben wir eine 4 × 4 Determinante in Gl. 25.1.3 zu lösen, man erhält man Folgendes (Abb. 25.2):

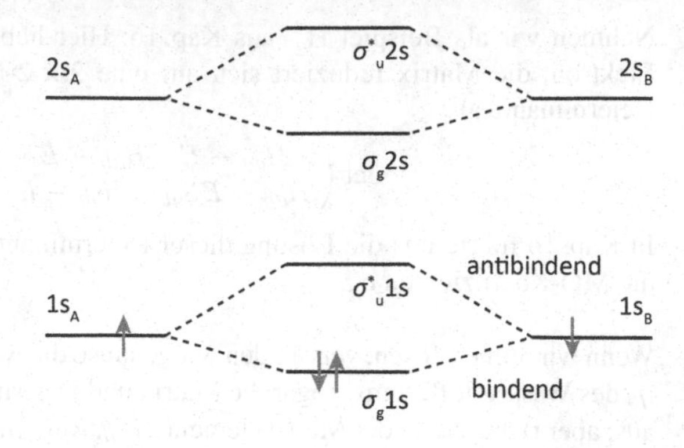

Abb. 25.2 Bindende und antibindende Orbitale im H_2-Molekül. Die y-Achse gibt die Energie der Atomorbitale wieder, die Kombination zu MOs führt zu einer Absenkung oder Anhebung der Energie bezüglich der atomaren Energien, siehe Abb. 16.4

- Die AOs kombinieren jeweils zu MOs gleicher Anzahl. Die MO-Koeffizienten geben den jeweiligen Beitrag an.
- Die beiden 1 s- und 2 s-Orbitale spalten jeweils in ein bindendes und antibindendes Orbital auf. Diese liegen energetisch höher oder niedriger als die 1 s-/2 s-Orbitale, aus denen sie entstehen. Dies ist qualitativ der Situation im H_2^+ ähnlich, nur dass nun 2-Elektronen das energetisch tiefste Orbital bevölkern.

Offensichtlich kombinieren nur jeweils die 1 s und die 2 s zu Molekülorbitalen, es gibt keine Kombination von 1 s und 2 s. Aufgrund des großen Energieunterschieds kombinieren nur Orbitale mit ähnlicher Energie. Andere Kombinationen treten aus Symmetriegründen nicht auf, wie wir unten diskutieren werden.

Diese Situation ist analog zu H_2^+: Die Matrixelemente H_{ab} führen zu einer Absenkung der Energie der Elektronen im bindenden Orbital. Da nun zwei Elektronen stabilisiert werden, könnte man eine doppelt so große Bindungsenergie erwarten, wie im H_2^+. Im Detail führen aber die anderen Energiebeiträge zu einer Abweichung: Man muss die Elektron-Elektron-Abstoßung, aber auch eine bessere Kompensation der Kern-Kern-Abstoßung berücksichtigen. Dennoch ist H_2 fast doppelt so stark gebunden wie H_2^+.

25.2.2 Die Dimere He_2 bis Ne_2

Für diese Dimere werden nun weitere Orbitale besetzt sein. Zur Diskussion nehmen wir an, dass die Dimere entlang der z-Achse orientiert sind, die Orbitale in Abb. 25.3 zeigen die s- und p-Orbitale an den beiden Atomen. Abb. 25.3 zeigt alle möglichen Orbitalkombinationen zwischen s- und p-Orbitalen, allerdings sind nur die x- und z-Komponenten dargestellt, für die x-y- und y-z-Kombinationen gilt analoges. Man erhält folgendes allgemeine Schema:

- Aufgrund der Symmetrie werden wir eine zum H_2^+ analoge Kombination von Atomorbitalen finden, wir erwarten, dass die Atomorbitale beider Atome in gleicher Weise zu dem jeweiligen MO beitragen, es wird wieder bindende und antibindende Orbitale geben. Bitte beachten Sie, dass die Aufspaltung der Energie aufgrund der Überlappmatrix nicht symmetrisch ist, wie für H_2^+ anhand von Gl. 16.16 einsehbar. In den folgenden Grafiken werden wir auf eine genaue Darstellung dieser Details verzichten, die Darstellungen sind schematisch.

- Wie wir bei den Atomen gesehen haben, sind nun die Energien der s-, p-, d-... Orbitale unterschiedlich. Die Lösung der Determinantengleichung zeigt dann, dass für die **Homodimere** nur Orbitale mit gleichem l kombinieren, d.h., es gibt nur s-s-, p-p-... Kombinationen. Dies sind die energetisch günstigsten Kombinationen.
- Für **Heterodimere** gibt es dann allerdings auch Kombinationen s-p_z, ..., da die unterschiedlichen Atome unterschiedliche Orbitalenergien haben, sodass ein s-Orbital eines Atoms mit beispielsweise den p_z-Orbitalen des anderen Atoms kombiniert. Dies tritt etwa in der C-H-Bindung auf.
- Nicht vorkommende Kombinationen: Die p-Orbitale wechseln das Vorzeichen im Knotenpunkt, die p_x-Orbitale haben beispielsweise ein positives Vorzeichen auf der rechten und ein negatives Vorzeichen auf der linken Seite. Wenn man nun die Überlappmatrix

$$S_{\mu\nu} = \int \eta_\mu^* \eta_\nu d^3r$$

zwischen einem s-Orbital und einem p_x-Orbital berechnet, so verschwindet dieses, da das Integral für x-Werte $-\infty$ bis ∞ berechnet werden muss und sich bei der Integration die beiden Bereiche gegenseitig kompensieren. Das Gleiche gilt für das Integral für die p_x und p_z-Orbitale.

Nomenklatur Daher gibt es für Homodimere nur die Orbitalkombinationen s-s, p_x-p_x, p_y-p_y und p_z-p_z, für Heterodimere kommt noch die s-p_z-Kombination hinzu, wenn wir uns auf s- und p-Orbitale beschränken. Die s-s-, s-p_z- und p_z-p_z-Kombinationen führen zu sogenannten σ-MOs, die p_x-p_x- und p_y-p_y-Kombinationen zu sogenannten π-MOs. Zudem werden die antibindenden Orbitale mit einen ‚*' gekennzeichnet, eine weitere Charakterisierung mit ‚u' und ‚g' bezieht sich auf die

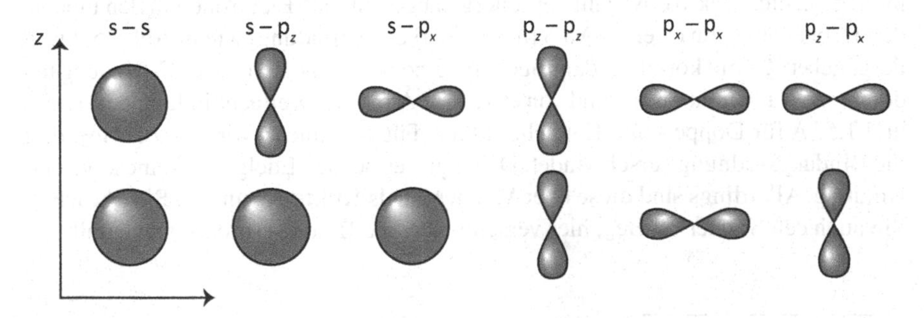

Abb. 25.3 Orbitalkombinationen eines Dimers, der entlang der z-Achse ausgerichtet ist. Für Homodimere gibt es nur die Orbitalkombinationen s-s, p_x-p_x, p_y-p_y und p_z-p_z. Für die Heterodimere auch die s-p_z-Kombination

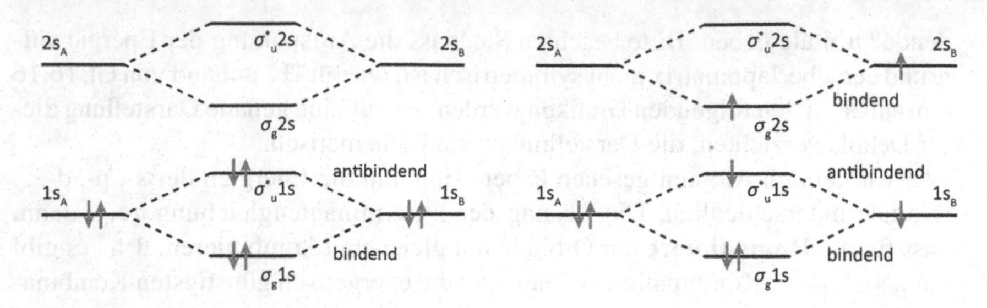

Abb. 25.4 He_2 und angeregtes He_2

Inversionssymmetrie der Orbitale. Dies werden wir in Abschn. 25.3 genauer erläutern.

Edelgase und Excimere So findet man, dass He_2 nicht stabil ist (Abb. 25.4), da die nichtbindende Wirkung der beiden σ^*-Elektronen die bindende Wirkung der σ-Elektronen überwiegt. Wenn man He jedoch anregt, ist dieses stabil. Dies nennt man einen Excimer (,excited Dimer'). Im angeregten Zustand ist ein Elektron zusätzlich in einem bindenden Orbital und somit das Dimer stabiler als die beiden Atome, von denen eines angeregt ist.[2] Diese Bindung hält allerdings nur im angeregten Zustand, sobald das Elektron wieder in den Grundzustand übergeht, ist das Molekül instabil.

Li_2 bis Ne_2 Der weitere Aufbau der Dimere geschieht, wie in Abb. 25.5 und 25.6 gezeigt. Interessant sind insbesondere B_2 und O_2, hier können die zwei obersten Elektronen in unterschiedlichen Orbitalen sein. Die Austauschenergie favorisiert hier die Bildung des Tripletts, wie schon bei den Atomen diskutiert. Ab dem O_2 vertauschen die $2p\sigma$- und $2p\pi$-Orbitale.

Bindungsordnung Ein wichtiger Parameter ist die **Bindungsordnung**. Jedes bindende Elektron führt zu einer Absenkung der Energie im Molekül, dies wird aber durch jedes antibindende Elektron wieder rückgängig gemacht. Wichtig ist daher die Differenz zwischen der Anzahl bindender und anti-bindender Elektronen, die Bindungsordnung. Die Bindungsenergie hängt direkt mit der Bindungsordnung zusammen, d. h., die effektive Anzahl der ,energieabgesenkten' Elektronen in den bindenden Orbitalen ist ein direktes Maß für die Stärke der Bindung, wie in Abb. 25.7 wiedergegeben. Damit korreliert dann auch die Bindungslänge. Für die C-C-Bindung findet man einen Bindungsabstand von etwa 1.25 Å für die Dreifachbindung und 1.35 Å und 1.55 Å für Doppel- und Einfachbindung. Für Ne_2 finden wir, wie bei He_2, dass die Bindungsordnung verschwindet. Daher gibt es bei den Edelgasen keine kovalente Bindung. Allerdings sind diese über Van der Waals Kräfte gebunden. Bitte beachten Sie auch den Sonderfall Be_2, hier verschwindet die Bindungsordnung ebenfalls.

[2] Solche Zustände gibt es auch bei Molekülen. So bilden zwei benachbarte DNA-Basen bei UV-Anregung einen ,Exciplex', d. h., sie gehen eine Bindung ein, ihr Abstand verringert sich. Dieser Komplex reagiert dann chemisch weiter und schädigt auf diese Weise die DNA.

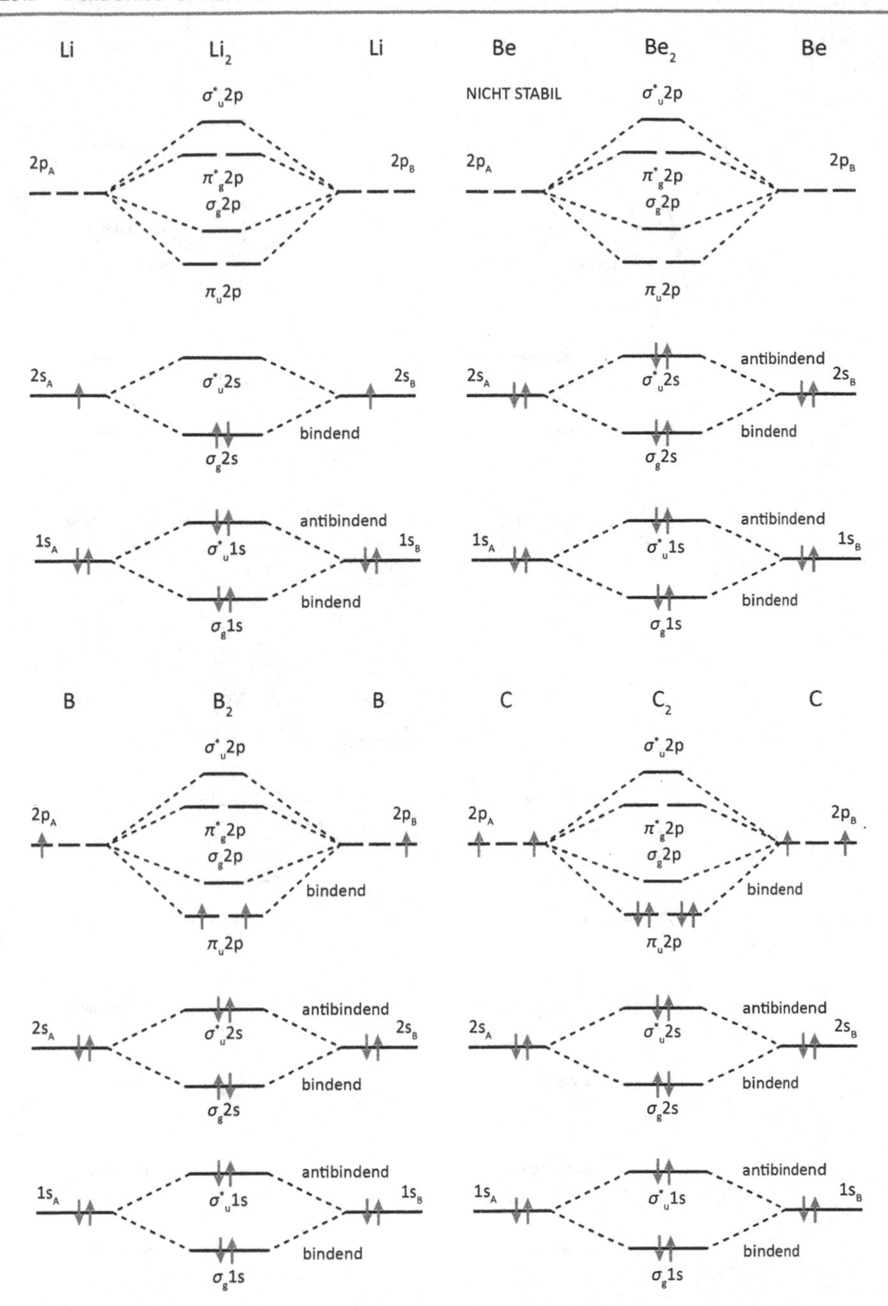

Abb. 25.5 Li_2 bis C_2

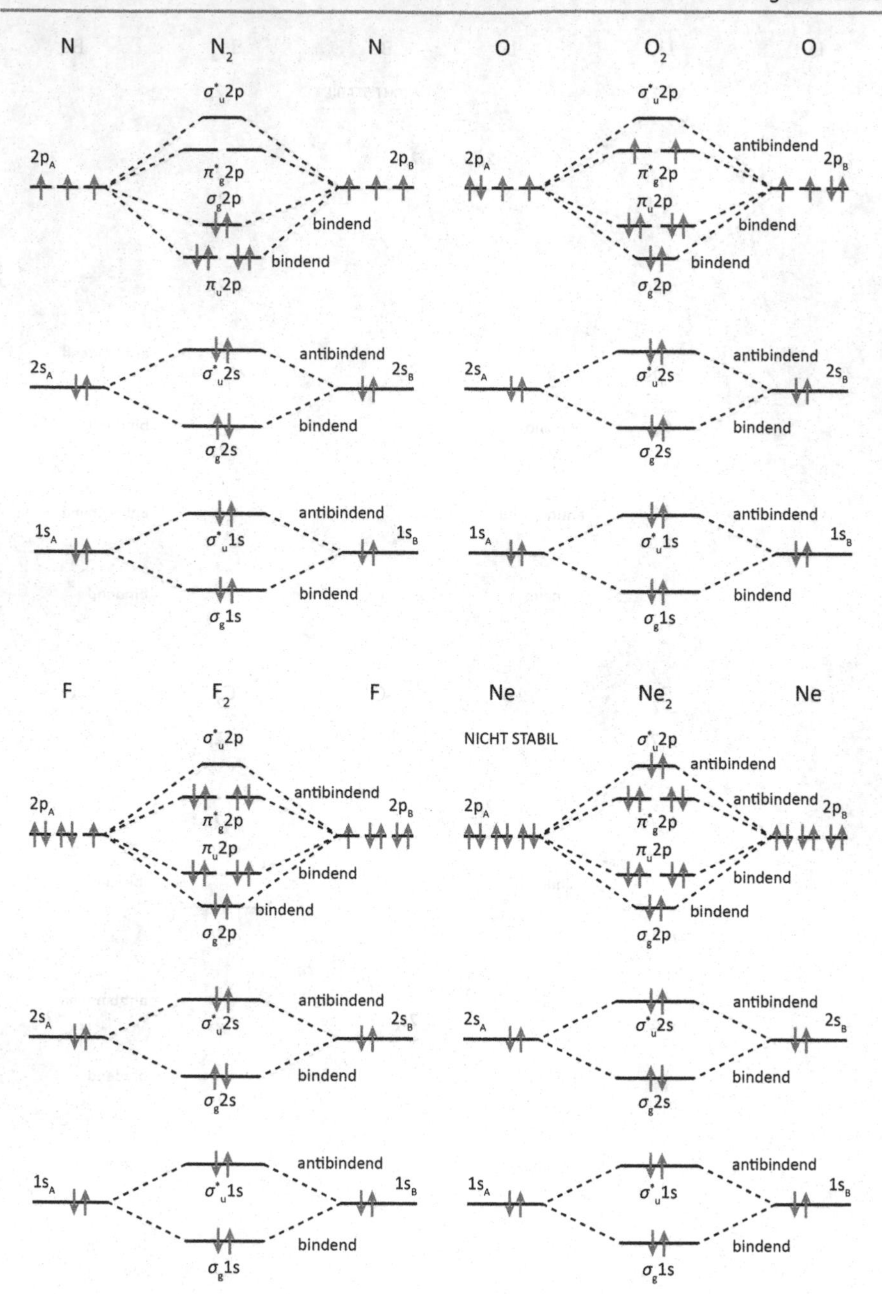

Abb. 25.6 N_2 bis Ne_2

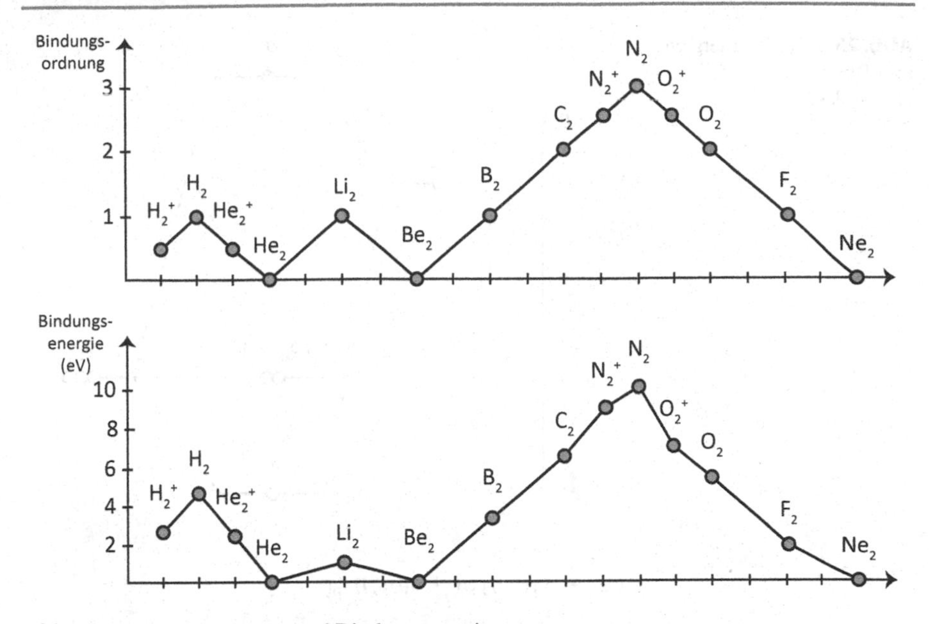

Abb. 25.7 Bindungsordnung und Bindungsenergie

Ionisationspotenziale und Elektronenaffinitäten. Die MOs haben negative Energien ϵ_i, was bedeutet, dass die Elektronen im Molekül energetisch stabil sind, man muss Energie aufwenden, um sie zu entfernen (Ionisation). Für die Hartree-Fock-Theorie gilt das **Koopmans'sche Theorem,** welches besagt, dass die Energie des **HOMO-Orbitals (Highest Occupied MO)** gleich dem IP ist, siehe Abschn. 24.1.5. Für Energie des **LUMO-Orbitals (Lowest Unoccupied MO)** gilt, dass es gleich der EA ist.

25.2.3 Heteronukleare zweiatomige Moleküle

Die Bindung entsteht auch hier durch Überlapp der AOs, nur sind deren Energien sehr unterschiedlich, wie am Beispiel des HF-Moleküls in Abb. 25.8 gezeigt. Wesentlich für die Bindung sind die Valenzelektronen, so bildet im HF das 1 s vom H mit dem $2p_z$ des F ein MO, die F-2 s-Orbitale spielen für die Bindung keine Rolle. Von den fünf 2p-Elektronen des F bleiben vier in den $2p_x$ und $2p_y$, ein Elektron paart sich mit dem des H-1 s in dem neu gebildeten bindenden σ-Orbital. Dabei trägt das $2p_z$ des F stärker zum bindenden σ-Orbital bei als das 1 s des H, d. h., der MO-Koeffizient des H-1 s ist klein gegen den des F-2p. Man kann das MO in der LCAO-Darstellung wie folgt schreiben:

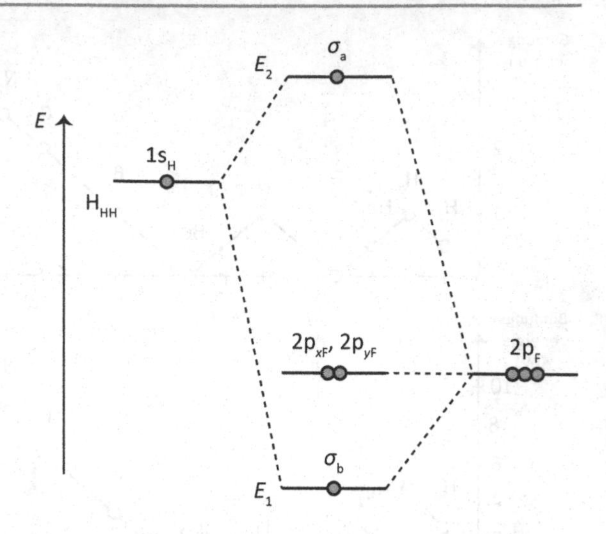

Abb. 25.8 Orbitalenergien und Besetzung im HF-Molekül

$$\phi_{\sigma_b} = c_{\text{H1s}}\eta_{1\,\text{s}^\text{H}} + c_{\text{F2p}_\text{z}}\eta_{2\text{p}_\text{z}^\text{F}}.$$

Atomare Ladungen In dieser Bindung wird es zu einer Ladungsverschiebung aufgrund der unterschiedlichen Elektronegativität der Elemente kommen. Da die Elektronen durch die MOs räumlich über das ganze Molekül delokalisiert sind, gibt es keine Möglichkeit, den Atomen auf eindeutige Weise Ladung zuzuordnen. Eine Möglichkeit, die auf Mullikan zurückgeht, basiert auf den MO-Koeffizienten. Berechnet man die Ladungsdichte $\int e|\phi_{\sigma_b}|^2 d^3r$, so kann man $|c_{\text{F2p}_\text{z}}|^2$ als die Wahrscheinlichkeit interpretieren, das Elektron im F-2p-Orbital zu finden, $|c_{1\text{s}^\text{H}}|^2$ analog für H. Allerdings gibt es dann noch die gemischten Terme $c_{\text{H1s}}c_{\text{F2p}_\text{z}}S_{1s2p}$, die man zwischen den beiden Atomen hälftig aufteilt, was eine gewisse Beliebigkeit darstellt.[3] Diese Ladungstrennung führt zu den Dipolmomenten der Moleküle, einer Ladungsverschiebung zwischen den Atomen. Atomare Ladungen sind also keine wohldefinierten quantenmechanischen Größen,[4] wohl aber die Dipolmomente, da man die Erwartungswerte des Dipoloperator berechnen kann, was eine eindeutig bestimmte quantenmechanische Größe ist (Abschn. 13.2.2).

Ionische Bindung Im Extremfall großer Energieunterschiede zwischen den Ausgangs-AOs verschwindet ein MO-Koeffizient, und der andere ist gleich 1. D. h., die Ladung geht ganz auf das eine Atom über (NaCl), dies nennt man ionische Bindung.

[3] S_{1s2p} ist die Überlappmatrix. Man kann aber beispielsweise auch die Ladungsdichte $e|\phi_{\sigma_b}|^2$ berechnen, und diese auf die beiden Atome aufteilen, indem man eine geometrische Aufteilung des Raums vornimmt, und die Teilräume den beiden Atomen jeweils zuordnet. Aber auch dies ist nicht eindeutig.

[4] Siehe z. B. Angew. Chem. 2008, 120, 10176, J Comput Chem 28: 15–24, 2007 und Chem. Soc. Rev., 2012, 41, 4671.

25.3 Charakterisierung der Molekülorbitale

Die Molekülorbitale der Dimere sind aus zwei Atomorbitalen zusammengesetzt, und die Atomorbitale sind durch die **Quantenzahlen** l und m charakterisiert. Welche Quantenzahlen kann man nun einem Molekülorbital zuordnen? Die MOs kann man sich nun aus zwei Grenzfällen entstanden denken, z. B. am Beispiel des H_2:

- Vom Heliumatom ausgehend zieht man die beiden Protonen (+Neutronen) auseinander. Dann werden aus den atomaren 1 s-Orbitalen der Heliumtome die (anti-)bindenden Orbitale des H_2 entstehen.
- Von den zwei Wasserstoffatomen ausgehend wird der Kernabstand bis zur Bindungslänge verkleinert.

In beiden Modellen gibt es am Anfang die Quantenzahlen n, l, m_z und s, die Quantenzahl l ist aber nur für ein kugelsymmetrisches Potenzial definiert.

Nehmen wir nun an, das Molekül sei entlang der der z-Achse ausgerichtet. Damit fällt bei der Bildung des Moleküls aus den Atomen die Kugelsymmetrie weg, es ist nur die Rotationssymmetrie um die z-Achse erhalten. Bei der Kombination der Orbitale zu Molekülorbitalen entlang der z-Achse, geht also die Kugelsymmetrie verloren, aber die Rotationssymmetrie um die z-Achse ist in der Orbitalstruktur erhalten. Wie wirkt sich das auf die Quantenzahlen aus?

- Das Elektron an einem Atom wird einem elektrischen Feld in z-Richtung durch das andere Atom ausgesetzt. Dieses Feld stellt eine Störung dar, und $\hat{L}^2$ kommutiert in diesem Fall nicht mehr mit dem Gesamt-Hamiltonian, d. h., l ist keine **gute Quantenzahl** mehr (Abschn. 19.3). Es gibt aber noch eine Rotationssymmetrie um die z-Achse, d. h., die z-Projektion des Bahndrehimpulses bleibt eine gute Quantenzahl, wir können also noch die m_z-Werte verwenden, um die Elektronenzustände zu klassifizieren.
- Vergleichen wir nun dieses elektrische Feld mit einem magnetischen Feld in z-Richtung (Abschn. 19.2): Auch dieses hebt die Kugelsymmetrie auf. Aber zudem unterscheidet das Magnetfeld ‚zwischen der „Drehrichtung" des Elektrons', die Energie des Atoms im Magnetfeld hängt davon ab, welche m_z-Werte vorliegen, d. h., von der z-Ausrichtung des magnetischen Moments. Daher führen die unterschiedlichen Magnetquantenzahlen $m_l = -l \ldots, 0, \ldots + l$ zu einer unterschiedlichen Wechselwirkung, und zu einer energetischen Aufspaltung der Orbitale, wie in Abb. 19.2 dargestellt.

  Dies trifft auf das elektrische Feld des zweiten Kerns nicht zu, im Gegensatz zum Magnetfeld ergibt sich keine ‚$\pm$-Aufspaltung' der Energie. Es unterscheidet nicht nach der ‚Drehrichtung' des Elektrons, sondern es spaltet nur nach dem Betrag des Drehimpulses in z-Richtung auf.

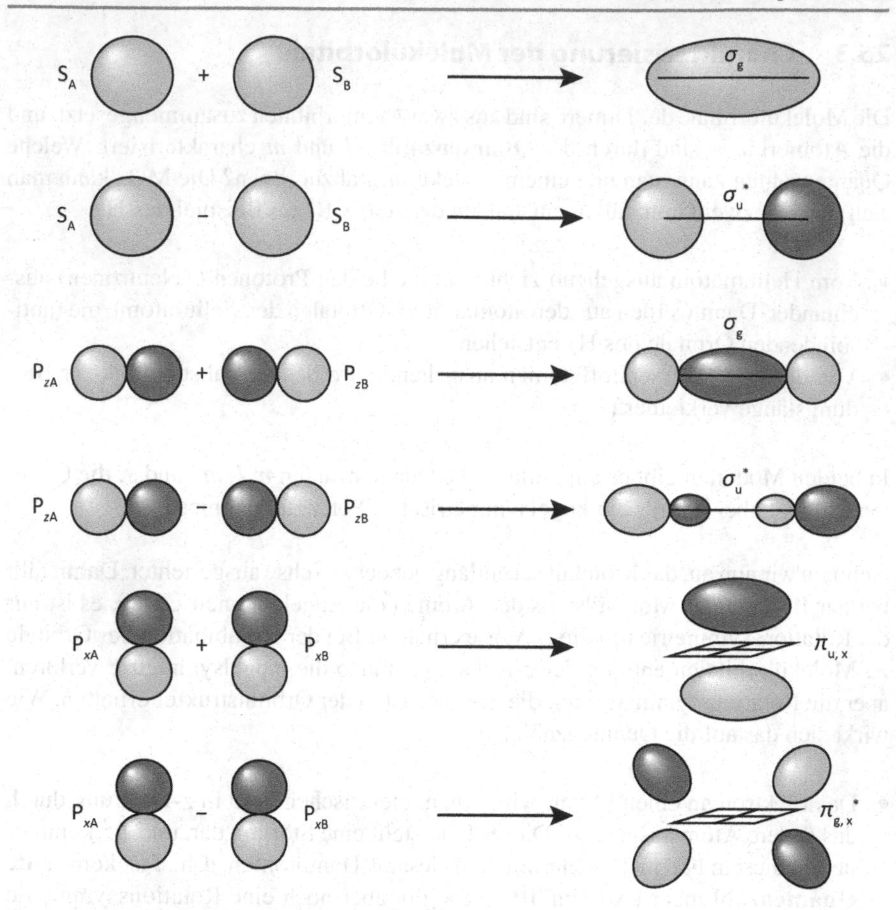

Abb. 25.9 Kombination von Atomorbitalen zu Molekülorbitalen. Die Farbe kodiert positive und negative Werte der Wellenfunktion, wenn man Atomorbitale mit dem ‚–'-Zeichen kombiniert, ändert sich also effektiv die Farbkodierung dieses Orbitals, was sich in dem resultierenden MO spiegelt. Siehe die Darstellungen in Kap. 10 und 11

- Damit sind die Elektronen energetisch nur durch $|m_z|$ zu unterscheiden, man führt daher eine neue Quantenzahl für Moleküle ein,

$$\lambda = |m_z| = 0, \ldots, l.$$

s-Orbitale Das 1 s-Orbital des Atoms, das zu einem MO beiträgt, hat ein Elektron mit Komponente des Drehimpulses um die Kernverbindungsachse (z-Achse) von $\lambda = |m_z| = 0$. Wenn zwei s-Orbitale von den beiden Orbitalen kombinieren, ist die z-Komponente des Drehimpulses 0. Das resultierende Orbital wird σ-Molekülorbital genannt.

p-Orbitale Das 2p-Orbital hat ein Elektron mit der Komponente des Drehimpuls um die Kernverbindungsachse (z-Achse) von $\lambda = |m_z| = 0, 1$. Hier muss man nun unterscheiden.

- Kombinieren die beiden Orbitale mit $|m_z| = 0$, das sind die p-Orbitale, die entlang der Kernverbindungsachse (z-Richtung) ausgerichtet sind (siehe Abb. 11.5), so erhält man den resultierenden Drehimpuls 0. Man nennt diese dann ebenfalls σ-Molekülorbitale.
- Kombinieren die beiden Orbitale mit $|m_z| = 1$, das sind die p-Orbitale, die senkrecht zur Kernverbindungsachse ausgerichtet sind (p_x und p_y), so kombinieren zwei Orbitale mit dem Drehimpuls 1 (siehe Abb. 11.6). Die entstehenden Molekülorbitale werden π-Orbitale genannt.

Den Drehimpulssymbolen s, p, d ...entsprechen dann im Fall der MOs die Symbole σ, π etc., wie in Tab. 25.1 zusammengefasst.

1. Durch $\pm$-Kombinationen der Orbitale, wie beim LCAO-Ansatz des H_2^+, erhält man jeweils bindende und antibindende Orbitale, siehe Abb. 25.9, mit der entsprechenden Aufspaltung der Energie, wie oben diskutiert.
2. Jedes MO kann zwei Elektronen mit entgegengesetztem Spin aufnehmen.
3. Die bindenden und antibindenden σ-Orbitale sind rotationssymmetrisch um die z-Achse (Kernverbindungsachse), sie entstehen, wie in Abb. 25.9 gezeigt, aus zwei s- oder p_z-Orbitalen.
4. Die p_x und p_y-Orbitale sind energetisch entartet, ihre (reellwertige) Darstellung hatten wir aus der Kombination der beiden Orbitale mit $m_z = \pm 1$ erhalten (Abschn. 11.5.1). Diese beiden Orbitale haben also eine Drehimpulskomponente entlang der z-Achse, sie bilden dann jeweils zwei bindende und zwei antibindende π-Orbitale. Diese haben eine Knotenebene, welche die z-Achse enthält.
5. δ-Orbitale besitzen zwei Knotenebenen, welche die Kernverbindungsachse (z-Achse) enthalten. Diese gehen aus den atomaren d-Orbitalen mit $m_z = \pm 2$ hervor. Also auch hier wieder zwei bindende MOs und zwei antibindende MOs mit $\lambda = 2$. Die atomaren d-Orbitale mit $m_z = \pm 1$ kombinieren zu (vier) π-MOs, die mit $m_z = \pm 0$ zu (zwei) σ-MOs.
6. **Symmetrie:** Betrachtet wird die **Inversion** am Mittelpunkt der Kernverbindungsachse. Symmetrische Orbitale werden mit g (gerade), unsymmetrische mit u bezeichnet, z. B. σ_u, π_g
7. Antibindende Orbitale werden oft mit einem ‚*' versehen, z. B.: σ^*, π^* etc.

Tab. 25.1 m_z Werte und Quantenzahl λ der Molekülorbitale

m_z	0	± 1	± 2	± 3
λ	0	1	2	3
Symbol	σ	π	δ	ϕ

8. Oft wird die ,Herkunft' der Orbitale noch indiziert, z. B. $\sigma_g^* 2\,s$ ist das antibindende, gerade Orbital (Abb. 25.9), die ,2 s' bedeuten, dass das σ-Orbital aus zwei 2 s-Orbitalen entstanden ist.

25.4 Charakterisierung der Gesamtwellenfunktion

25.4.1 Gesamtenergie und Vielteilchenwellenfunktion

Die Vielteilchenwellenfunktion Bei der obigen Diskussion muss man immer im Auge behalten, dass die **Orbitale** eine Lösung der effektiven Schrödinger-Gleichung sind, diese also nicht den **Vielelektronenzustand** darstellen. Rekapitulieren Sie das Vorgehen in Kap. 23: Wir sind mit einem anti-symmetrischen Ansatz für die Wellenfunktion gestartet, in der Hartree-Fock-Theorie wird diese durch die Slater-Determinanten repräsentiert. Aus diesen haben wir dann mit dem Variationsprinzip die effektive Schrödinger-Gl. 25.1 abgeleitet: Die Orbitale sind also eigentlich nur Hilfsgrößen, um die Vielelektronenwellenfunktion ($s = \alpha, \beta$):

$$\Psi(1, 2, \dots N) = \frac{1}{\sqrt{N}} \det |\phi_1(1)s(1)\phi_2(2)s(2) \dots \phi_N(N)s(N)| \quad (25.7)$$

darzustellen. Die ϕ_i sind nun die Orbitale, die man für den Molekülhamiltonian findet, man nennt sie daher Molekülorbitale.

Gesamtenergie Die Summe der Orbitalenergien ϵ_i aus Gl. 25.1 stellt demnach auch nicht die elektronische Gesamtenergie des Moleküls dar, diese erhält man mit Gl. 23.19. Aber auch hier fehlt noch die Kern-Kern-Abstoßung. Erst nach Hinzufügung dieser kann man beispielsweise **Bindungsenergien** berechnen, wie am Beispiel H_2^+ in Kap. 16 berechnet.

Die Energien **elektronischer Anregungen** sind nicht einfach Differenzen von Orbitalenergien ϵ_i, man erhält nicht das einfache Bild, wie bei H_2^+, dass ein Elektron bei einer Anregung von Orbital Φ_i ins Orbital Φ_j befördert wird und wir die Anregungsenergie als Differenz der Orbitalenergien berechnen können. Für Vielelektronenmoleküle ist die Situation aufgrund der **Elektron-Elektron-Wechselwirkung** komplizierter, dies werden wir in Kap. 33 genauer besprechen.

25.4.2 Spektroskopische Symbole

In dem Orbitalmodell reden wir noch von einzelnen Elektronen mit Bahndrehimpuls und Spin. Allerdings koppeln diese wie bei den Atomen, es gibt auch für die Moleküle eine Wechselwirkung von Spin und Bahndrehimpuls, was zu einer weiteren Aufspaltung der Orbitalenergien führt. Zum anderen sind aber die Drehimpulszustände der einzelnen Elektronen keine guten Quantenzahlen mehr, diese liegen einfach nicht mehr vor, und man kann als Observable wieder nur die gekoppelten Drehimpulse betrachten.

Gesamtzustände Deshalb führt man wieder entsprechende Symbole für den Gesamtdrehimpuls ein. Beim Gesamtdrehimpuls addiert man die Bahndrehimpulse der einzelnen Elektronen $\lambda_i = m_l$, die schon parallel zur z-Achse liegen,

$$\Lambda = |M_L| = |\sum m_l|. \tag{25.8}$$

1. Die Zustände mit den Werten

$$\Lambda = 0, 1, 2, 3 \ldots$$

werden entsprechend mit den Symbolen Σ, Π, Δ etc. bezeichnet.
2. Auch hier wird wieder die Inversionssymmetrie betrachtet und die Zustände entsprechend mit ‚g' und ‚u' indiziert. In der Gesamtwellenfunktion müssen wir nun die Symmetrien der Orbitale kombinieren. Beispielsweise ist die Konfiguration von He_2^+ durch $(1\sigma_g)^2(1\sigma_u^*)^1$ gegeben. Nun müssen wir betrachten, wie die Multiplikation der Orbitale sich paarweise auf die Inversionssymmetrie auswirkt, wir erhalten die Kombinationen: ‚g' * ‚g' = ‚g'; ‚u' * ‚g' = ‚u'; ‚u' * ‚u' = ‚g'. Für He_2^+ bedeutet dies, dass wie den Wert ‚u' der Gesamtwellenfunktion zuweisen.
3. Zudem wird untersucht, ob ein Vorzeichenwechsel der Wellenfunktion stattfindet, wenn die Wellenfunktion an der Ebene gespiegelt wird, die die Kernverbindungsachse enthält. Gibt es keinen Vorzeichenwechsel, so wird das Symbol mit ‚+' indiziert, mit ‚−' sonst. Hier ergeben sich analog zur Inversionssymmetrie die Kombinationen: ‚+' * ‚+' = ‚+'; ‚−' * ‚−' = ‚+'; ‚+' * ‚−' = ‚−'.

Gesamtspin Für den Gesamtspin betrachten wir wieder die Multiplizität $2S + 1$, wie bei den Atomen, und dessen Projektion auf die z-Achse

$$M_S = \sum m_s. \tag{25.9}$$

Termsymbole Während also σ, π, δ die einzelnen MOs ϕ_i bezeichnen, beziehen sich die Symbole Σ, Π, Δ auf die Gesamtwellenfunktion $\Psi(r_1, r_2, \ldots r_N)$, die Spinmultiplizität $(2S + 1)$ wird bei den Termsymbolen ebenfalls angegeben.

$$^{2S+1}\Lambda_{g/u}^{+/-}.$$

Um die Termsymbole für den **Grundzustand** zu bestimmen, starten wir bei den Elektronenkonfigurationen der Orbitale, und errechnen daraus die Λ, (2S+1) Werte sowie die Symmetrieeigenschaften, siehe Tab. 25.2.

Angeregte Zustände Im Fall des Sauerstoffmoleküls gibt es drei Möglichkeiten, die beiden Elektronen in den zwei π_g^*-Orbitalen unterzubringen, siehe Abb. 25.6. Sie

Tab. 25.2 Elektronenkonfigurationen und Termsymbole einiger Dimere

Molekül	Konfiguration	Λ	S	Termsymbol
H_2^+	$(1\sigma_g)^1$	0	$\frac{1}{2}$	$^2\Sigma_g^+$
H_2	$(1\sigma_g)^2$	0	0	$^1\Sigma_g^+$
He_2^+	$(1\sigma_g)^2(1\sigma_u^*)^1$	0	$\frac{1}{2}$	$^2\Sigma_g^+$
Li_2	$(1\sigma_g)^2(1\sigma_u^*)^2(2\sigma_g)^2$	0	0	$^1\Sigma_g^+$
B_2	$(1\sigma_g)^2(1\sigma_u^*)^2(2\sigma_g)^2$ $(2\sigma_u^*)^2(3\sigma_g)^2(1\pi_u)^1$ $(1\pi_u)^1$	0	1	$^3\Sigma_g^-$

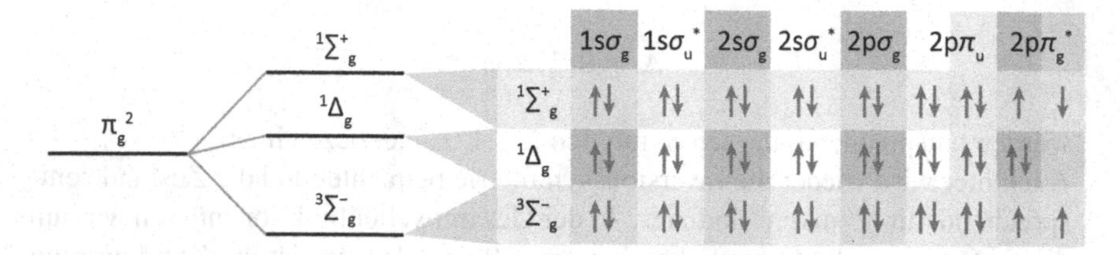

Abb. 25.10 Konfigurationen der Elektronen in O_2 und Termsymbole

können mit parallelem oder antiparallelem Spin in unterschiedlichen Orbitalen sein, oder mit antiparallelem Spin in nur einem, wie in Abb. 25.10 gezeigt. Wie schon bei den Atomen diskutiert, ist der Triplett nach der Hund'schen Regel der energetisch tiefste Zustand.[5]

Abb. 25.11 zeigt Elektronenkonfigurationen und die Termschemata für H_2 im Grundzustand und für einige angeregte Zustände. Für diese Übergänge findet man die **Auswahlregeln** $\Delta\Lambda = 0, \pm 1$ und $\Delta S = 0$. Weitere Auswahlregeln beziehen sich auf $u \to g$ und $- \to +$ Übergänge, die wir nicht im Detail erörtern wollen. Sie ergeben sich aus der Berechnung der Übergangsdipolmomente, die wir in Kap. 30 diskutieren werden. In Kap. 16 haben wir die Zustände in Abhängigkeit von dem Kernabstand R_{ab} betrachtet, und Potenzialenergiekurven in Abb. 16.5 dargestellt. Dies geht für die Zustände der mehratomigen Moleküle analog. Für H_2, beispielsweise, bekommt man Morse-ähnliche Potenziale auch für die angeregten Zustände, wobei die Minima aber zu größeren Kernabständen hin verschoben sind. Dies liegt an der schwächeren Bindung im angeregten Zustand aufgrund der Besetzung antibindender Orbitale.

[5] Die zwei Bahndrehimpulse können offensichtlich zu $M_L = 0, 2$ kombinieren, daher die Symbole Σ und Δ. Die beiden Elektronen können jeweils die Zustände $m_l = \pm 1$ und $m_s = \pm\frac{1}{2}$ haben, was insgesamt 6 Konfigurationen ergibt, die zu den drei doppelt entarteten Vielelektronenzuständen führen.

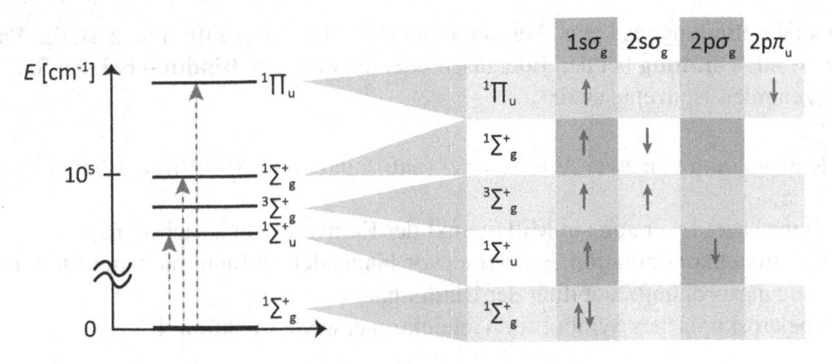

Abb. 25.11 Angeregte Zustände und Elektronenkonfigurationen für H_2

25.5 Zusammenfassung und Fragen

Zusammenfassung Methodisches Vorgehen Für Moleküle mit N Elektronen schreiben wir:

- $\eta_\mu(\boldsymbol{r})$: AO, Basisfunktion, 1 Koordinate r für 1 Elektron.
- $\phi_i(\boldsymbol{r})$: MO, Orbital, 1 Koordinate r für 1 Elektron.
- $\Psi(r_1, r_2, r_3 \ldots r_N)$: Gesamtwellenfunktion für N Elektronen. r_i ist die Koordinate des i-ten Elektrons.

Dies macht die Quantenchemie so kompliziert: Wir bauen die **MOs** $\boldsymbol{\phi_i(r)}$ aus den **AOs** η_μ durch den **LCAO-Ansatz** auf. Nun müssen wir die Gesamtwellenfunktion $\boldsymbol{\Psi}$ aus den **MOs** $\boldsymbol{\phi_i(r)}$ zusammensetzen. Dazu hat man in der Quantenchemie verschiedene Methoden (Modelle) entwickelt, die unterschiedlich genaue Wellenfunktionen zur Folge haben, wie etwa HF oder die Konfigurationswechselwirkung (CI) und die Dichtefunktionaltheorie DFT (Kap. 26).

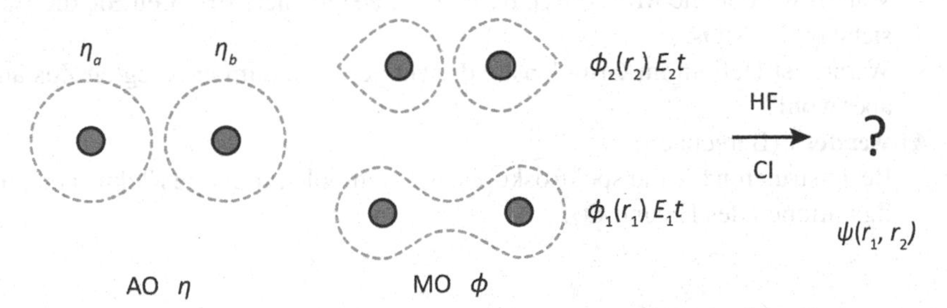

Kovalente Bindung: In diesem Kapitel wurden die Grundlagen der **kovalenten Bindung** besprochen. Diese ist charakterisiert durch die Kombination von AOs zu MOs, die Stärke der Bindung hängt von der Bindungsordnung ab. Das ist die zentrale Einsicht. Es gibt Fälle mit Bindungsordnung = 0. In diesen Fällen gibt es keine kovalente Bindung, es kann aber ein anderer Bindungstyp auftreten, z. B. die **Van-der-Waals-Bindung** bei den Edelgasen oder die **ionische Bindung** bei den Salzen. Die zentralen Konzepte sind:

- Kombination von zwei AOs zu zwei (anti-)bindenden MOs: Bezeichnung durch σ, π, δ...
- Symmetrie: Inversion am Mittelpunkt der Kernverbindungsachse: **u, g.**
- Elektronenkonfiguration: Besetzung von bindenden und antibindenden Orbitalen:
- Bindungsordnung: Stabilität der Bindung.
- Spektroskopisches Symbol für Vielelektronenwellenfunktion $\Psi(r_1, r_2, \dots r_N)$.

$$^{2S+1}|M_L|^{+/-}_{g/u}$$

- Heterodimere: MO-Koeffizienten, Bindungstypen (ionisch, kovalent), IP, EA Elektronegativität, Koopmans' Theorem.

Und man sollte sich immer wieder vor Augen halten, dass das Orbitalschema ein Modell ist, das durch bestimmte Ansätze bedingt ist. Das einfache Bild von einzelnen Elektronen in Orbitalen ist ein extrem nützliches Konzept in der Chemie, das aber mehr und mehr undeutlich wird, je genauer man die Ansätze macht (Kap. 26). Die Implikationen diskutieren wir in den Kap. 28 und 29.

Fragen

- **Erinnern:** (Erläutern/Nennen)
  - Was ist das Verhältnis von Ψ, ϕ und η?
  - Wie werden die MOs bezeichnet?
  - Was ist die Bindungsordnung? Erläutern Sie die Stabilität der Homodimere an einigen Beispielen.
  - Erläutern Sie die spektroskopischen Symbole für Moleküle.
- **Verstehen:** (Erklären)
  - Warum werden die MOs durch σ, π, δ ... bezeichnet? Erklären Sie die Entstehung der MOs.
  - Warum ist Helium im Grundzustand nicht gebunden, im angeregten Zustand aber wohl?
- **Anwenden:** (Berechnen)
  - Rekonstruieren Sie die spektroskopischen Symbole für einige Elektronenkonfigurationen des H_2 und O_2.

Methoden der Quantenchemie

26

Für Moleküle benötigt man einen Ansatz für die Wellenfunktion, der meist auf der Darstellung der Molekülorbitale durch Atomorbitale beruht. Historisch wurde der **Valenz-Bond-Ansatz** zuerst eingeführt, der zu einer lokalisierten Beschreibung der chemischen Bindung führt. Orbitale erstrecken sich in einer Bindung über zwei Atome, wie für die Dimere in Kap. 25 diskutiert. Dieses Bild bleibt bestehen, auch wenn man zu Molekülen mit mehreren Atomen übergeht. Der **LCAO-Ansatz** vermittelt dagegen eher ein delokalisiertes Bild, wie wir in Kap. 27 sehen werden.

Die Diskussion um eine sehr gestreckte H_2-Geometrie zeigt die Grenzen beider Ansätze und deckt auch auf, warum die Hartree-Fock-Näherung in der Chemie quantitativ nicht wirklich erfolgreich ist und qualitativ für bestimmte Situationen komplett zusammenbricht. Man braucht wesentlich komplexere Ansätze für die Wellenfunktion. Näherungsweise kann man die dadurch beschriebenen Effekte aber durchaus in einer Einteilchentheorie unterbringen, dies ist das Thema der **Dichtefunktionaltheorie.**

26.1 Das LCAO-Verfahren

Das MO-Bild des LCAO-Verfahrens ist durch den Ansatz

$$\phi_i(\boldsymbol{r}) = \sum_\mu c^i_\mu \eta_\mu(\boldsymbol{r})$$

bestimmt. Hier können beliebige Atomorbitale $\eta_\mu(\boldsymbol{r}_1)$ zu einem Molekülorbital beitragen, wie viel und ob sie beitragen, wird durch die Koeffizienten c^i_μ angezeigt. Die Bestimmung der Koeffiizienten durch das lineare Gleichungssystem in Kap. 25 geht letztendlich auf das Variationsprinzip zurück: Es wird die Zusammensatzung der MOs durch die AOs so bestimmt, dass die Energie minimal wird.

© Springer-Verlag GmbH Deutschland, ein Teil von Springer Nature 2021

M. Elstner, *Physikalische Chemie II: Quantenmechanik und Spektroskopie*,
https://doi.org/10.1007/978-3-662-61462-4_26

Diese Orbitale können sehr lokalisiert sein, z. B. erstrecken sie sich nur über eine Bindung, wie oben bei den Dimeren diskutiert. Dann tragen z. B. nur die jeweiligen benachbarten s- und p-AOs zu den MOs bei. Die MOs können jedoch auch sehr delokalisiert sein, wie etwa in ausgedehnten konjugierten Systemen (Kap. 27). Hier erstreckt sich das MO über das ganze Molekül, siehe die Abbildung zu Butadien Abb. 27.3. Analoge Bilder erhält man für Benzol, aber auch für längere Polyene. Denken sie hier an die Diskussion des Teilchens im Kasten (Kap. 14), dort hatten wir das Orbital als über das ganze Molekül erstreckt modelliert. Dies findet sich in der MO-Theorie wieder.

26.2 Valenzbindungstheorie (VB)

26.2.1 Ansatz und Bindung

Für zwei Wasserstoffatome, die weit voneinander entfernt sind, sind die Elektronen jeweils in dem 1s-Orbital, man kann formal die Gesamtwellenfunktion als

$$\phi(\boldsymbol{r}_1, \boldsymbol{r}_2) = \eta_a(\boldsymbol{r}_1)\eta_b(\boldsymbol{r}_2)$$

ansetzen. Wir sehen, es wird ein **Produktansatz** für die beiden Orbitale verwendet.[1] Elektron 1 ist in Orbital η_a, Elektron 2 in Orbital η_b. Nun nehmen wir an, dass bei Annäherung der beiden Atome durch die Wechselwirkung die Form der Orbital nicht signifikant verändert wird, im Sinne der Störungstheorie 1. Ordnung, allerdings wird sich durch die Wechselwirkung die Energie ändern. Wir wollen die Bindungssituation im Grundzustand beschreiben, werden daher den antisymmetrischen Spinanteil wählen, daher müssen wir nach Abschn. 23.1 die Wellenfunktion als symmetrisch ansetzen und normieren,

$$\phi(\boldsymbol{r}_1, \boldsymbol{r}_2) = \frac{1}{\sqrt{2}} \left[\eta_a(\boldsymbol{r}_1)\eta_b(\boldsymbol{r}_2) + \eta_a(\boldsymbol{r}_2)\eta_b(\boldsymbol{r}_1)\right].$$

Den Spinzustand (Singulett) können wir über die Spinfunktion σ^- berücksichtigen, $\phi\sigma^-$ ist dann antisymmetrisch. Nun kann man mit diesem Ansatz die Energie berechnen, dies geht analog zu dem Vorgehen, wie wir es für das H_2^+-Beispiel vorgemacht haben. Man bekommt bindende und antibindende Orbitale, analog zum LCAO-Ansatz.

[1] Dies ist eigentlich der Ansatz, mit dem wir in Kap. 22 für das Heliumatom gestartet sind, und den wir dann in Hartree-Fock antisymmetrisiert haben. Für H_2 sind die beiden Atomorbitale allerdings nicht mehr an einem Kern zentriert, sondern an Zweien.

26.2.2 Hybridisierung

Für mehratomige Moleküle tritt nun ein Problem auf: Wenn z. B. die Bindung durch p-Orbitale vermittelt wird, so würde man vermuten, dass bei Bindungen nur 90°-Winkel auftreten, wie in Abb. 26.1a gezeigt. Die Erklärung der Bindungswinkel wie z. B. bei Methan von ca. 109° geht dann über den Begriff der Hybridisierung.

sp^3-Hybridisierung Denn zunächst sollte ein C-Atom nur zwei Hs binden können, da es nur zwei Elektronen in seinen p-Orbitalen hat. Mit jeder Bindung wird die Energie des Moleküls um einen bestimmten Betrag abgesenkt, und dieser reicht nun aus, zunächst ein Elektron aus dem 2s in das dritte 2p ‚anzuheben' (Promotion). Durch die Bindung von H-Atomen werden die 2s- und 2p-Orbitale des Weiteren in ihrer Energie angeglichen. Wir können Linearkombinationen der 2s und 2p bilden, nämlich:

$$
\begin{aligned}
h_1 &= s + p_x + p_y + p_z \\
h_2 &= s - p_x - p_y + p_z \\
h_3 &= s - p_x + p_y - p_z \\
h_4 &= s + p_x - p_y - p_z .
\end{aligned}
$$

Diese Kombinationen ergeben die bekannten sp^3-hybridisierten Orbitale.

Hybridisierung und LCAO Die Energie der Elektronen in diesen Hybridorbitalen ist zwar auf den ersten Blick höher als in den genuinen Atomorbitalen, aber dadurch, dass mehr Bindungen möglich werden, wird die Gesamtenergie niedriger. Hier sieht man die Verbindung zum LCAO-Ansatz: Dort wird von Anfang an eine Linearkombination aller Atomorbitale angesetzt, und das Variationsprinzip ermittelt dann die Kombination niedrigster Energie, was dieser Hybridisierung entspricht. Eine Hybridisierung ist daher im LCAO-Ansatz nicht explizit nötig, dieses Konzept ist also mit der VB-Theorie verknüpft.

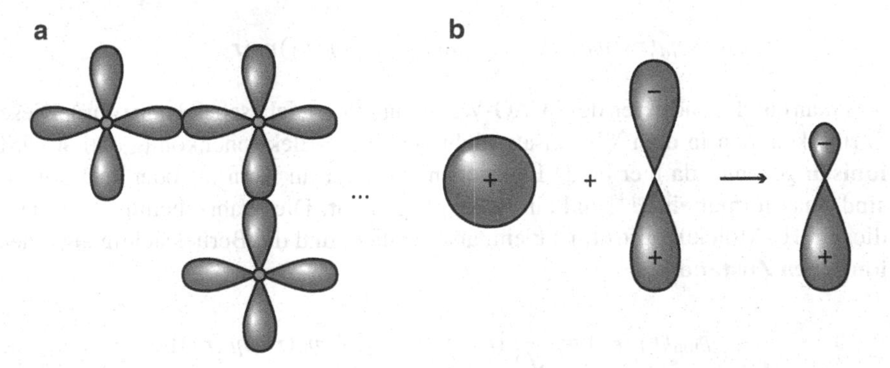

Abb. 26.1 **a** Kombination von p-Orbitalen führt zu rechten Winkeln in der Bindung, **b** s-p-Hybridorbital

sp^2-Hybridisierung und σ-π-Separation Ähnlich verfährt man bei der sp^2-Hybridisierung. Das p_z-Orbital bleibt unverändert, und die drei anderen Orbitale werden kombiniert. Betrachten wir nun zwei sp^2-Kohlenstoffatome. Hier sind jeweils 2s, $2p_x$ und $2p_y$ hybridisiert, man sieht, dass diese AOs zu den σ-Orbitalen beitragen. Die beiden p_z sind nicht in die σ-Bindung involviert, sie bilden ein π-Orbital, wie oben bei den Dimeren. D. h., in diesem Fall sind die σ- und π-Systeme voneinander getrennt, unterschiedliche AOs tragen zu den unterschiedlichen MOs bei, d. h., man kann schreiben:

$$\sigma = \sum c_s \eta_s + \sum c_{px/py} \eta_{px/py}, \qquad \pi = \sum c_{pz} \eta_{pz}. \tag{26.1}$$

Dies ist eine wichtige Erkenntnis, die in der **Hückel-Theorie** (Kap. 27) ausgenutzt wird.

26.3 Kovalente und ionische Zustände

Betrachten wir hier als Beispiel das H_2-Molekül. In der **Valenz-Bond-Methode** ist das MO also durch eine Kombination

$$\phi_{\text{kov}}(\boldsymbol{r}_1, \boldsymbol{r}_2) = \frac{1}{\sqrt{2}} [\eta_a(\boldsymbol{r}_1)\eta_b(\boldsymbol{r}_2) + \eta_a(\boldsymbol{r}_2)\eta_b(\boldsymbol{r}_1)]$$

beschrieben. Diese Wellenfunktion ordnet jedem Atom ein Elektron zu, und repräsentiert die dominante Elektronenkonfiguration in der kovalenten Bindung, daher wird dieser Elektronenzustand **kovalent** genannt. Berechnet man nun $|\phi_{\text{kov}}(\boldsymbol{r}_1, \boldsymbol{r}_2)|^2$ stellt man fest, dass die Wahrscheinlichkeit, beide Elektronen an einem Kern zu finden, gleich Null ist. Bei einem LCAO-Ansatz ist dies aber nicht der Fall. Dieser Fall, dass beide Elektronen am selben Kernort sind, wird beschrieben durch die Produkte der Atomorbitale

$$\eta_a(\boldsymbol{r}_1)\eta_a(\boldsymbol{r}_2) \qquad \text{und} \qquad \eta_b(\boldsymbol{r}_1)\eta_b(\boldsymbol{r}_2),$$

was man durch quadrieren der LCAO-Wellenfunktion leicht sehen kann (s. u.). Diese Terme kommen in dem VB-Ansatz nicht vor. Diese Elektronenkonfiguration wird **ionisch** genannt, da hier beide Elektronen entweder an Kern ‚a' oder an Kern ‚b' sind, man formal ein H^+ und ein H^- vorliegen hat. Die Wahrscheinlichkeit, dass dies im H_2-Molekül auftritt, ist klein, aber endlich, und die Berücksichtigung eines **ionischen Zustands**

$$\phi_{\text{ion}}(\boldsymbol{r}_1, \boldsymbol{r}_2) = \frac{1}{\sqrt{2}} [\eta_a(\boldsymbol{r}_1)\eta_a(\boldsymbol{r}_2) + \eta_b(\boldsymbol{r}_2)\eta_b(\boldsymbol{r}_1)]$$

ist durchaus wichtig für eine quantitativ genaue Beschreibung der Energie. Man kann die VB-Wellenfunktion verbessern, wenn man folgenden Ansatz macht,

$$\phi = \phi_{\mathrm{kov}} + c\phi_{\mathrm{ion}},$$

wobei die Konstante c bestimmt werden muss und den kleinen Anteil ionischer Beimischung repräsentiert.

Der **LCAO-Ansatz** jedoch hat diese ionischen Anteile von Anfang an berücksichtigt, für das bindende und anti-bindende MO macht man den Ansatz

$$\sigma_1 = \frac{1}{\sqrt{2}}\left[\eta_a(\boldsymbol{r}_1) + \eta_b(\boldsymbol{r}_2)\right], \qquad \sigma_2 = \frac{1}{\sqrt{2}}\left[\eta_a(\boldsymbol{r}_1) - \eta_b(\boldsymbol{r}_2)\right].$$

Die Zweielektronenwellenfunktion ist dann durch Grundzustand

$$\Phi_1(\boldsymbol{r}_1, \boldsymbol{r}_2) = \frac{1}{\sqrt{2!}} \det |\sigma_1\alpha\sigma_1\beta|$$

gegeben. Berechnet man nun die Aufenthaltswahrscheinlichkeit $|\Phi_1|^2$ durch Einsetzen von σ_1 in die Determinante und Ausmultiplizieren, so findet man Terme der Art

$$\eta_a(\boldsymbol{r}_1)\eta_b(\boldsymbol{r}_2), \qquad \eta_a(\boldsymbol{r}_1)\eta_a(\boldsymbol{r}_2), \qquad \eta_b(\boldsymbol{r}_1)\eta_b(\boldsymbol{r}_2),$$

wobei der erste den kovalenten Zustand und die anderen beiden ionischen Zustände beschreiben. Die ionischen Zustände sind also bei der LCAO-Methode automatisch berücksichtigt.

- Für den Bindungsbereich wirkt sich das positiv aus, da ionische Zustände beitragen.
- Wenn allerdings H_2 bei großen Abständen betrachtet wird, forciert der LCAO-Ansatz einen teilweise ionischen Charakter, daher ist die Dissoziationsenergie nicht gleich der Energie der beiden H-Atome. Die ionischen Beiträge haben einen kleinen Anteil für den H_2-Gleichgewichtsabstand, aber keinen Beitrag im Dissoziationslimit. Die LCAO-Methode hat hier also einen gravierenden Fehler eingebaut, der sich in einer viel zu hohen Dissoziationsenergie (Abb. 26.2) bemerkbar macht. Der VB-Ansatz, im Vergleich, wurde vom Dissoziationslimit her konstruiert, daher ist dieser hier korrekt. Allerdings muss beim VB-Ansatz im Bindungsbereich etwas ionischer Charakter über die Konstante c beigemischt werden, im Dissoziationsbereich sollte dieser verschwinden.

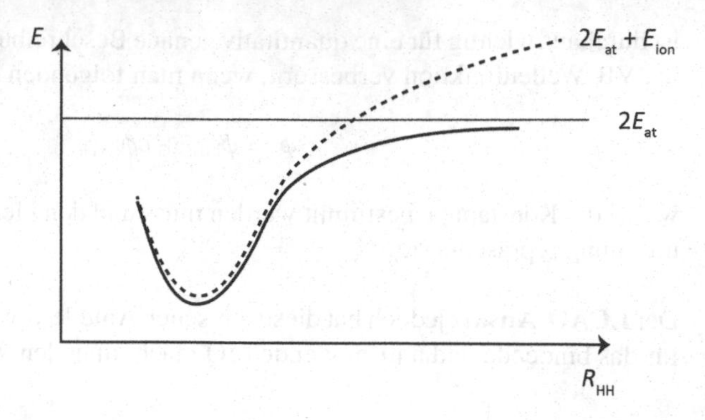

Abb. 26.2 Energieverlauf vs. H-H-Abstand. Die HF-Wellenfunktion dissoziiert in einen Zustand, zu dem die ionischen Konfigurationen signifikant beitragen. Das dissoziierte Dimer wird also z. T. als Ionenpaar beschrieben, während die VB-Methode korrekt dissoziiert, da es ihrem Ansatz eingeschrieben ist

26.4 Konfigurationswechselwirkung und Dichtefunktionaltheorie

Konfigurationswechselwirkung Man kann allerdings versuchen, diese beiden Ansätze zu kombinieren: Betrachten wir das antibindende Orbital σ_2 des LCAO-Ansatzes und den daraus aufgebauten doppelt angeregten Zustand (beide Elektronen im antibindenden Orbital),

$$\Phi_2 = \frac{1}{\sqrt{2!}} \det |\sigma_2 \alpha \sigma_2 \beta|.$$

Berechnet man nun die Aufenthaltswahrscheinlichkeit $|\Phi_2|^2$ durch Einsetzen von σ_2 in die Determinante und Ausmultiplizieren, so findet man Terme der Art

$$\eta_a(\boldsymbol{r}_1)\eta_b(\boldsymbol{r}_2), \qquad -\eta_a(\boldsymbol{r}_1)\eta_a(\boldsymbol{r}_2), \qquad -\eta_b(\boldsymbol{r}_1)\eta_b(\boldsymbol{r}_2),$$

d. h., die ionischen Terme treten bei Φ_2 und Φ_1 auf und haben entgegengesetzte Vorzeichen. Wenn man im LCAO-Verfahren eine Wellenfunktion als Kombination

$$\Phi_{CI} = a_1\Phi_1 + a_2\Phi_2$$

von Grundzustand und doppelt angeregtem Zustand wählt und nun $|\Phi|^2$ berechnet, so sieht man, dass Φ_2 die ionischen Beiträge aus Φ_1 kompensiert. Diese Wellenfunktion bei Wahl gleicher $a_1 = a_2$ liefert im Dissoziationslimit also die korrekte VB-Wellenfunktion.

Nun kann man einen variablen Ansatz wählen, der **Configuration Interaction (CI)** genannt wird. Er ist eine Erweiterung der LCAO-HF, indem zur HF-Grundzustandsdeterminante auch noch Determinanten der angeregten Zustände hinzugewählt werden. Wenn man die a_i zu jedem Kernabstand so wählt, dass die Energie minimal ist (Variationsprinzip), dann wird automatisch im Bindungsbereich a_2 klein sein; hier treten dann ionische Beiträge auf, und im Dissoziationsbereich wird a_2 groß sein, sodass die ionischen Beiträge verschwinden.

Wieso mischt man im Bindungsbereich angeregte Konfigurationen hinzu, die doch eine höhere Energie haben? Das sollte doch energetisch ungünstig sein! Nun, das ist ähnlich wie bei der Hybridisierung: Indem man zunächst Energie aufwendet, um Elektronen anzuregen, ermöglicht man ihnen, sich im antibindenden Orbital aufzuhalten. Dort ist die Elektronendichte im Bindungsbereich reduziert, d. h., die Elektronen können sich effektiver ‚aus dem Weg gehen', was ihre gegenseitige Coulomb-Abstoßung reduziert. Im Endeffekt wird dadurch faktisch die Energie erniedrigt. Die Koeffizienten a_1 und a_2 werden ebenfalls durch das Variationsprinzip bestimmt: D. h., man mischt immer so viel des angeregten Zustands bei, dass im Ergebnis eine Absenkung der Energie erreicht wird.

Dichtefunktionaltheorie Wir hatten in Kap. 23 im Rahmen der Hartree-Fock-Theorie die **Austauschkorrelationen** kennengelernt. Durch das Prinzip der Antisymmetrie der Wellenfunktion entsteht das **Austauschloch,** was eine erniedrigte Aufenthaltswahrscheinlichkeit um ein Elektron für ein anderes Elektron bedeutet, sofern dies den gleichen Spin hat (s. Abschn. 28.4.3). Dies haben wir in einer **effektiven Schrödinger-Gleichung** durch das **Austauschpotenzial** $\boldsymbol{v_x}$ berücksichtigt.

Aber Elektronen entgegengesetzter Spins werden dadurch nicht ausgebremst, sie kommen sich immer noch zu nahe, da man für Elektronen entgegengesetzter Spins faktisch noch mit der Hartree-Näherung arbeitet. Dies ist ein Artefakt des Ansatzes, und wir haben gerade gesehen, wie man den Ansatz verbessern und damit die Energie des Moleküls besser beschreiben kann. Die antibindenden Orbitale führen dazu, dass sich auch Elektronen antiparalleler Spins mehr aus dem Weg gehen und dadurch ihre gegenseitige Abstoßung geringer wird. Dies wird im CI-Verfahren wiederum durch die Wellenfunktion bedingt. Dieses gegenseitig Sich-aus-dem-Weg-gehen heißt, dass auch die Bewegung von Elektronen unterschiedlicher Spins korreliert ist, man nennt dies **Coulomb-Korrelationen**. Diese Korrelationen führen ebenfalls dazu, dass die Aufenthaltswahrscheinlichkeit von Elektronen in der unmittelbaren Nachbarschaft eines anderen Elektrones stark vermindert ist.

In der Hartree-Fock-Theorie haben wir gesehen, wie der Wellenfunktionsansatz zu einem Potenzial v_x in der Einteilchen-Schrödinger-Gleichung führt. Im Rahmen der **Dichtefunktionaltheorie** (DFT) kann man nun auch ein Potenzial für die **Coulomb-Korrelationen** ableiten, dies wird mit v_c bezeichnet. Man erhält nun eine zu Gl. 23.17

$$\left[-\frac{\hbar^2}{2m}\nabla^2 + v_{\text{eff}}(\rho)\right]\phi_i = \epsilon_i\phi_i \tag{26.2}$$

völlig analoge Gleichung, nur dass hier nun noch das Korrelationspotenzial v_c enthalten ist,

$$v_{\text{eff}}(\rho) = -\frac{1}{4\pi\epsilon}\frac{Ze}{r_2} + \frac{e^2}{4\pi\epsilon}\int\frac{\rho(r_1)}{r_{12}}\mathrm{d}^3 r_1 + v_x + v_c. \tag{26.3}$$

Die Potenziale v_x in der HF- und DFT-Theorie unterscheiden sich, in der DFT sind aus theoretischen Gründen sowohl v_x als auch v_c nur näherungsweise bekannt. Dies führt zum einen zu Ungenauigkeiten in der Beschreibung, DFT ist keine perfekte Methode, aber auf der anderen Seite sind die Coulomb-Korrelationen zumindest in guter Näherung enthalten, weshalb die DFT-Bindungseigenschaften von Molekülen i. A. wesentlich besser beschreibt als HF, aus den oben genannten Gründen. Allerdings bleibt das Problem der Dissoziation: Dieses kann nur durch Berücksichtigung mehrerer Elektronenkonfigurationen behoben werden, und in allen chemischen Situationen, in denen das nötig ist, wird DFT Probleme haben.

26.5 Zusammenfassung und Fragen

Die LCAO- und Valenz-Bond-Methoden verwenden unterschiedliche Ansätze, aus den AOs die MOs zu bilden. Dies führt auch zu unterschiedlichen Bildern der chemischen Bindung. Valenz-Bond-Methoden verwenden das Konzept der Hybridisierung, um die verschiedenen Bindungstypen zu beschreiben, bei LCAO erhält man dieses automatisch aufgrund des Variationsprinzips.

Die beiden Theorien führen also zu unterschiedlichen Bildern der chemischen Bindung. Im VB-Bild sind die MOs immer aus zwei benachbarten AOs gebildet, die zwei Elektronen beherbergen. Man hat damit immer ein **lokalisiertes Bild** der chemischen Bindung, während die MO-Theorie in vielen Fällen delokalisierte Bindungen vorhersagt, was ist nun richtig? Hier muss man sagen, weder noch, beides sind Näherungen, und die Wellenfunktion ist keine physikalische Observable. Entscheidend ist das Quadrat der Gesamtwellenfunktion, d. h. die **Elektronendichte,** und nicht wie diese sich aus Atomorbitalen zusammensetzt. Es gibt viele unterschiedliche Möglichkeiten, eine Elektronendichte durch eine Orbitaldarstellung zu erhalten, von lokalisierten bis hin zu delokalisierten Darstellungen. Genauer diskutieren wir das in Abschn. 28.4.

Beide Methoden jedoch haben bestimmte Vor- und Nachteile, die sich am H_2-Molekül für die Gleichgewichtsgeometrie und die gestreckte Bindung erläutern lassen: Die Kombination der Methoden ist eine Illustration eines allgemeinen Verfahrens, quantenmechanische Effekte jenseits der HF-Theorie einzubeziehen: Während HF die **Austauscheffekte** gut beschreiben kann, sind **Coulomb-Korrelationen,** welche die CI-Methoden beschreiben können, vernachlässigt. Die DFT-Methoden können diese Beiträge z. T. näherungsweise berücksichtigen. Die Energetik beim Gleichgewichtsabstand in Abb. 26.2 kann wesentlich besser beschrieben werden, das Dissoziationslimit bleibt aber ein Problem.

Fragen

- **Erinnern:** (Erläutern/Nennen)
  - Was ist der Ansatz bei LCAO und VB?
  - Was sind kovalente und ionische Zustände?
- **Verstehen:** (Erklären)
  - Warum kann die LCAO-Methode delokalisierte Zustände beschreiben, die VB-Methode aber nur lokalisierte?
  - Welche ist die richtige Beschreibung? Warum kann man das so nicht entscheiden?
  - Warum und wie müssen die VB- und MO-Methoden erweitert werden, um Gleichgewichtsgeometrie und Dissoziation gleichermaßen beschreiben zu können?
  - Was ist der Unterschied von HF und DFT? Wie berücksichtigt DFT die Coulomb-Korrelationen?

27 Näherungen für mehratomige Moleküle

In Kap. 25 wurde das LCAO-Verfahren auf Dimere angewendet. Dabei werden die Molekülorbitale als Überlagerung der Atomorbitale dargestellt (Gl. 25.3), das Variationsprinzip erlaubt die Bestimmung der MO-Koeffizienten c^i_μ durch Lösung des Eigenwertproblems Gl. 25.6 großer Matrizen. Die Anzahl der Zeilen und Spalten dieser quadratischen Matrizen entspricht der Anzahl N der Atomorbitale.

Bei der Beschreibung größerer Systeme wird die Berechnung daher sukzessive aufwändiger, der Rechenaufwand steigt kubisch mit der Dimension der Matrix, d. h., mit N^3.[1] Daher wurden Näherungsverfahren eingeführt. Zunächst wird der Einfluss der Kernelektronen auf die chemische Bindung vernachlässigt, im Rahmen der Hückel-Theorie wird eine Aufspaltung in σ- und π-Orbitale verwendet, um das Problem weiter zu vereinfachen. Diese Theorie gibt schon ein gutes qualitatives Bild der chemischen Bindung in konjugierten Molekülen.

27.1 Valenz-Elektronen-Näherung

In Kap. 25 haben wir gesehen, wie die Lösung der **effektiven Schrödinger-Gleichung**

$$\hat{H}_{\text{eff}}\phi_i = \left[-\frac{\hbar^2}{2m}\nabla^2 + v_{\text{eff}}(\rho)\right]\phi_i = \epsilon_i\phi_i, \tag{27.1}$$

mit dem LCAO-Ansatz Gl. 25.3

$$\phi_i(\boldsymbol{r}) = \sum_{\mu=1}^{N} c^i_\mu \eta_\mu(\boldsymbol{r}) \tag{27.2}$$

[1] Bei HF sogar formal mit N^4, allerdings erlauben Rechentricks heute eine wesentlich bessere Skalierung.

© Springer-Verlag GmbH Deutschland, ein Teil von Springer Nature 2021

M. Elstner, *Physikalische Chemie II: Quantenmechanik und Spektroskopie*,
https://doi.org/10.1007/978-3-662-61462-4_27

auf ein lineares Gleichungssystem Gl. 25.6 führt, das man durch Auswertung der Determinante lösen kann (Abschn. 25.1.3):

$$\det \begin{pmatrix} H_{11} - \epsilon & H_{12} - \epsilon S_{12} & \ldots & H_{1N} - \epsilon S_{1N} \\ \ldots & H_{22} - \epsilon & \ldots & \ldots \\ \ldots & \ldots & \ldots & \ldots \\ \ldots & \ldots & \ldots & \ldots \\ H_{N1} - \epsilon S_{N1} & H_{N2} - \epsilon S_{N2} & \ldots & H_{NN} - \epsilon \end{pmatrix} = 0.$$

Als Lösung erhält man die Orbitalenergien ϵ_i und die MO-Koeffizienten c^i_μ, aus denen man mit Hilfe der (bekannten) N Atomorbitale $\eta_\mu(r)$ dann die MOs darstellen kann. Die Matrixgröße, und damit die Rechenzeit die Determinanten zu lösen, ist durch die Anzahl N der Atomorbitale bestimmt, die Rechenzeit ist proportional N^3. Die Elemente in dieser Matrix sind durch die Hamilton-Matrix und Überlappmatrix

$$H_{\mu\nu} = \int \eta^*_\mu \hat{H}_{\text{eff}} \eta_\nu \mathrm{d}^3\boldsymbol{r}, \qquad S_{\mu\nu} = \int \eta^*_\mu \eta_\nu \mathrm{d}^3\boldsymbol{r} \tag{27.3}$$

mit den Atomorbitalen η_μ gegeben. Diese Matrixelemente müssen zwischen allen N Atomorbitalen in dem Molekül berechnet werden.

27.1.1 Pseudopotenziale

Schon bei den Atomen hatten wir festgestellt, dass die Kernelektronen das Kernpotenzial gegenüber den Valenzelektronen abschirmen, man kann sich daher ein effektives Kernpotenzial vorstellen, das die kombinierte Wechselwirkung der Kerne und z. B. der 1s-Elektronen widerspiegelt, wie in Abb. 27.1 dargestellt. Da die Kernelektronen, z. B. die 1s-Elektronen bei Li-F nicht zur chemischen Bindung beitragen, kann man diese näherungsweise aus den Rechnungen eliminieren. Sie schirmen die Kernladungen für die anderen Elektronen ab. Zerlegt man die Elektronendichte ρ in Gl. 27.1 in Anteile, die aus den Kern ρ_c- und Valenzelektronen-ρ_v resultieren, so

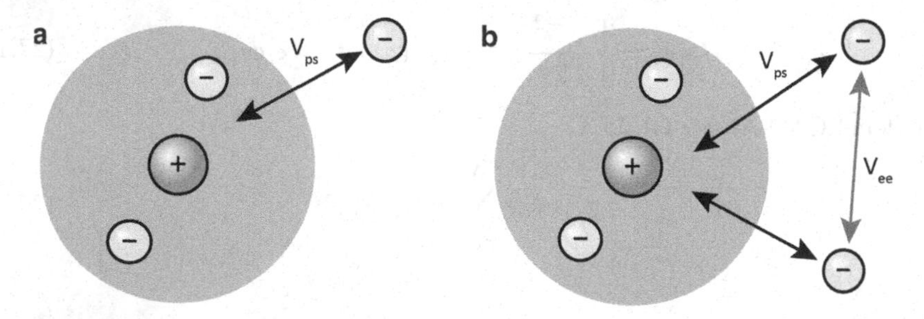

Abb. 27.1 Darstellung durch ein Pseudopotenzial: dieses repräsentiert in **a** eine effektive Kernladung +1, im Fall **b** eine effektive Kernladung +2. Für das Bindungsverhalten sind die Valenzelektronen ausschlaggebend, diese sind durch das Pseudopotenzial an den Kern gebunden und haben eine gegenseitige Abstoßung, die als effektive Wechselwirkung dargestellt wird

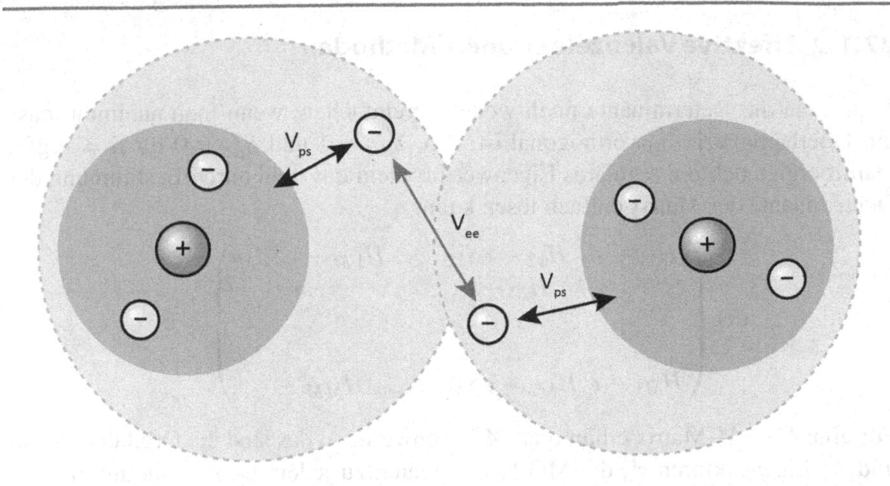

Abb. 27.2 Darstellung durch ein Pseudopotenzial: Die beiden Atome mit einem Valenzorbital können wie ‚effektive' Wasserstoffatome betrachtet werden. Die beiden Orbitale der Valenzelektronen kombinieren analog zur Situation in H_2. Dies ist entsprechend für mehrere Valenzelektronen erweiterbar

kann man mit dem Potenzial der Atomkerne v_{eK} ein sogenanntes **Pseudopotenzial** wie folgt definieren:[2]

$$v_{ps} = v_{eK} + v_{eff}(\rho_c).$$

Dies ist ein effektives, abgeschirmtes Kernpotenzial das für die Elemente der 1. Reihe beispielsweise die Ladung Z-2 enthält, ρ_c ist die Dichte der beiden 1s-Elektronen, die nun als fest angenommen wird. Das resultierende effektive Potenzial hängt dann nur noch von der Valenzelektronendichte ab, d. h., wir müssen lösen

$$\left[-\frac{\hbar^2}{2m}\nabla^2 + v_{ps} + v_{eff}(\rho_v)\right]\phi_i = \epsilon_i\phi_i. \tag{27.4}$$

Wir haben also nun die beiden Kernelektronen z. B. des C-Atoms in das Potenzial v_{ps} integriert, diese treten also als Elektronen gar nicht mehr explizit auf, wie in Abb. 27.1 skizziert. Explizit müssen wir nun nur noch die M Valenzelektronen behandeln, d. h., auch die LCAO-Entwicklung Gl. 27.2 enthält nur noch die M Summanden über die Valenz-AOs. Die ϕ_i sind nun nur noch die Orbitale für die Valenzelektronen, die Orbitale der Kernelektronen werden nicht mehr explizit bestimmt. Die Dimension der Matrizen wird reduziert, und damit die Rechenzeit. Die Situation für die Bindung kann man sich nun wie in Abb. 27.2 dargestellt vorstellen, das effektive Potenzial wirkt nun nur auf die Valenzelektronen.

[2]Siehe nochmals die Diskussion von Gl. 24.2 in Abschn. 24.1.

27.1.2 Effektive Valenzelektronen-Methoden

Man kann die Determinante noch weiter vereinfachen, wenn man annimmt, dass die Überlappmatrix $S_{\mu\nu}$ orthogonal ist, d. h. $S_{\mu\mu} = 1$ und $S_{\mu\nu} = 0$ für $\mu \neq \nu$ gilt. Damit ergibt sich ein reguläres Eigenwertproblem das man durch Bestimmung der Determinante der Matrix einfach lösen kann.

$$\det \begin{pmatrix} H_{11} - \epsilon & H_{12} - \epsilon S_{12} & \ldots & H_{1M} - \epsilon S_{1M} \\ \ldots & H_{22} - \epsilon & \ldots & \ldots \\ \ldots & \ldots & \ldots & \ldots \\ \ldots & \ldots & \ldots & \ldots \\ H_{M1} - \epsilon & H_{M2} - \epsilon S_{M2} & \ldots & H_{MM} - \epsilon \end{pmatrix} = 0.$$

Für eine $M \times M$-Matrix erhält man M Eigenwerte ϵ_i, das sind die Orbitalenergien, und M Eigenvektoren $\boldsymbol{c}^i$, die MO-Koeffizienten zu jedem Orbital, die mit den M Valenzelektronen besetzt werden. Zur Auswertung der Determinanten benötigen wir also die Matrixelemente $H_{\mu\nu}$. Diese kann man mit Hilfe von Computerprogrammen heute sehr einfach mit Gl. 27.3 ausrechnen. Die Integrale bzw. Matrixelemente, die auftreten können, sind schon in Abb. 25.3 veranschaulicht, wir wollen diese nochmals kurz verdeutlichen:

- Wenn man Materialien betrachtet, die nur einen Atomtyp enthalten, wie z. B. den Kohlenstoff in Diamant, Graphit, Fullerenen etc., sind die Diagonalelemente $\epsilon_s = H_{ss}$ und $\epsilon_p = H_{pp}$ alle identisch, was den Energien der 2s- und 2p-Orbitale im C-Atom entspricht.
- Als Nächstes benötigt man die Matrixelemente:[3]

  $$\langle s|H_{\text{eff}}|s\rangle \qquad \langle s|H_{\text{eff}}|p\rangle \qquad \langle p|H_{\text{eff}}|p\rangle$$

  wobei sich die s/p-Orbitale jeweils auf benachbarten Atomen befinden.[4] Es werden nur Integrale zwischen benachbarten Atomen betrachtet, da die Integrale für Abstände zweiter Nachbarn sehr klein werden. Damit bleiben in obiger Matrix nur die Diagonalelemente und Nebendiagonalelemente stehen, der Rest der Matrixelemente verschwindet (außer für zyklische Moleküle, s. u.).
- Dabei gibt es vier verschiedene Matrixelemente: Zum einen i) die s-s-, s-p- und p-p-σ-Matrixelemente, welche die σ-Orbitale aufbauen und ii) die p-p-π-Matrixelement, bei denen die zwei p-Orbitale von benachbarten Atomen ein π-Orbital bilden. Im Übrigen gelten die Regeln, die wir bei der Diskussion der

---

[3]Dies sind abkürzende Schreibweisen für die Integrale Gl. 27.3, $\langle s|H_{\text{eff}}|s\rangle$ entspricht dem Integral H_{ss} für zwei s-Orbitale an den beiden Atomen.

[4]Diese Integrale sind abhängig vom Abstand der Atomkerne, d. h., man benötigt sie für alle im System auftretenden Abstände, wenn man nicht Moleküle bzw. Materialien mit gleichen Abständen betrachtet. Dazu kann man diese Matrixelemente für einen Atomabstand R_{ab} bestimmen und dann mit $\exp(-aR_{ab})$ multiplizieren, da sie exponentiell mit dem Abstand kleiner werden. Die a kann man so anpassen, dass experimentelle Ergebnisse gut reproduziert werden.

Dimere gefunden haben: Die Matrixelemente verschwinden für bestimmte Anordnungen der s-p- und p-p-Matrixelemente.

- Und hier tritt ein Unterschied zu den Dimeren in Kap. 25 auf: Das Matrixelement s-p spielt auch eine Rolle für die Bindung zwischen zwei gleichen Atomen. Bei den linearen Dimeren traten diese nicht auf, in beliebigen Kohlenstoffmodifikationen jedoch ist die Anordnung der Atome nicht mehr linear, sodass diese Integrale einen Beitrag leisten können. In der LCAO-Theorie, wie hier angewendet, sieht man schlicht anhand der MO-Koeffizienten c^i_μ, dass diese Elemente beitragen, im Rahmen der Valenz-Bond-Theorie wird dies unter dem Konzept der Hybridisierung verhandelt (Kap. 26)
- Vor allem in linearen und planaren Molekülen ist es so, dass π-Orbitale von einem bestimmten Satz von AOs aufgebaut wird (also z. B. p_z-AOs) und σ-Orbitale von den restlichen AOs, d. h., dass also die beiden Systeme klar voneinander separiert sind. Dies ist die σ-π-Separation, die wir in Abschn. 26.2 mit Gl. 26.1 kurz diskutiert haben. Dies erhält man einfach aus der Lösung der Determinanten: Die MO-Koeffizienten $\boldsymbol{c}^i$, die erhalten werden, sind dergestalt, dass zu den MOs nach Gl. 27.2 nur die AOs beitragen, wie in Gl. 26.1 dargestellt.

27.2 Das Hückel-Verfahren

Eine weitere Vereinfachung stellt das Hückel-Verfahren dar, das sich auf die Beschreibung von konjugierten π-Elektronensystemen beschränkt. Man macht hier folgende Annahmen:

- Alle C-Atome sind sp^2-hybridisiert, bilden also drei σ-Bindungen zu benachbarten C- oder H-Atomen aus.
- Diese σ-Bindungen legen die Molekülstruktur fest und haben immer den gleichen Beitrag zur Gesamtenergie.
- Wir orientieren das Molekül in der x-y-Ebene. Dann steuert jedes C-Atom ein p_z-Orbital zum π-System bei, die σ-Elektronen sind von den π-Elektronen entkoppelt (s. o.).

Wenn diese Annahmen zutreffen, dann werden bei der Lösung des Gleichungssystems wie oben schon angesprochen zwei Typen von MOs resultieren, einer, bei dem alle MO-Koeffizienten c_{pz} verschwinden, d. h., die MOs sind σ-Orbitale

$$\phi_\sigma = \sum c_{\mathrm{s}}\eta_{\mathrm{s}} + \sum c_{\mathrm{p}x/\mathrm{p}y}\eta_{\mathrm{p}x/\mathrm{p}y},$$

und ein zweiter Typ, bei dem alle MO-Koeffizienten c_{s} und $c_{\mathrm{p}x/\mathrm{p}y}$ verschwinden, d. h., die MOs sind π-Orbitale

$$\phi_\pi = \sum c_{\mathrm{pz}}\eta_{\mathrm{pz}}.$$

Im Prinzip ist das genau die Situation, die wir bei den Dimeren besprochen haben, es koppeln nicht alle Orbitale untereinander, sondern viele Kombinationen treten aus Symmetrie- oder Energiegründen nicht auf.

Wenn wir nun nur an den π-Orbitalen interessiert sind, können wir aus obiger Determinante alle

$$\langle \mathrm{s}|H_{\mathrm{eff}}|\mathrm{s}\rangle \quad \langle \mathrm{s}|H_{\mathrm{eff}}|\mathrm{p}\rangle \quad \langle \mathrm{p}|H_{\mathrm{eff}}|\mathrm{p}\rangle$$

rausstreichen, für die $\mathrm{p} = \mathrm{p}_x$ oder $\mathrm{p} = \mathrm{p}_y$ gilt, d. h., wir verwenden nur noch die Matrixelemente $\langle \mathrm{p}_z|H_{\mathrm{eff}}|\mathrm{p}_z\rangle$. Dies bedeutet, dass wir drei von vier Integralen streichen, die neue Matrix ist also nur noch 1/4 so groß.

- Wenn die beiden p_z auf einem Atom a ‚sitzen', so nennen wir dieses Integral $\alpha = \langle \mathrm{p}_z^a|H_{\mathrm{eff}}|\mathrm{p}_z^a\rangle$. Dies sind die Diagonalelemente der obigen Matrix. α hat eine einfache Interpretation, es ist der Erwartungswert des Hamilton-Operators für das p_z-Orbital, es ist also die Energie des Elektrons in diesem Orbital.
- Wenn die Orbitale auf verschiedenen Atomen sitzen, so nennen wir diese Integrale $\beta = \langle \mathrm{p}_z^a|H_{\mathrm{eff}}|\mathrm{p}_z^b\rangle$. Dies sind die Nebendiagonalelement der Matrix.

Da die Lösungen der σ- und π-Orbitale voneinander entkoppeln, lösen wir also nur den Teil der Determinante, der zu den π-Orbitalen beiträgt, damit haben wir die Determinanten weiter drastisch reduziert.

Beispiele Die Moleküle seien in der x-y-Ebene angeordnet.

1. **Ethylen:** Wir betrachten hier dann nur die beiden p_z-Orbitale, d. h., wir haben zwei Orbitale auf zwei Atomen. Dies ist dem H_2-Problem mathematisch äquivalent, wir bekommen eine 2×2-Matrix und haben Folgendes zu lösen:

$$\begin{pmatrix} \alpha - \epsilon_i & \beta \\ \beta & \alpha - \epsilon_i \end{pmatrix} \begin{pmatrix} c_a^i \\ c_b^i \end{pmatrix} = 0,$$

d. h., eigentlich müssen wir die beiden Lösungen finden:

$$\begin{pmatrix} \alpha - \epsilon_1 & \beta \\ \beta & \alpha - \epsilon_1 \end{pmatrix} \begin{pmatrix} c_a^1 \\ c_b^1 \end{pmatrix} = 0, \qquad \begin{pmatrix} \alpha - \epsilon_2 & \beta \\ \beta & \alpha - \epsilon_2 \end{pmatrix} \begin{pmatrix} c_a^2 \\ c_b^2 \end{pmatrix} = 0.$$

Zur Lösung schreibt man daher oft mit $\epsilon = \epsilon_{1/2}$ und $c_{a/b} = c_{a/b}^{1/2}$

$$\begin{pmatrix} \alpha - \epsilon & \beta \\ \beta & \alpha - \epsilon \end{pmatrix} \begin{pmatrix} c_a \\ c_b \end{pmatrix} = 0,$$

Lösung:

$$\det \begin{bmatrix} \alpha - \epsilon & \beta \\ \beta & \alpha - \epsilon \end{bmatrix} = 0,$$

$$(\alpha - \epsilon)^2 - \beta^2 = 0$$

$$\epsilon_{1/2} = \epsilon_{\pm} = \alpha \pm \beta.$$

Wenn man $\epsilon_{\pm}$ in die Matrixgleichung einsetzt, erhält man die c_a und c_b. In diesem Fall sind sie 1 und $\pm$ 1, siehe Abb. 27.3. Die ‚+'-Lösung führt also zur Energieabsenkung um β (das negativ ist) gegenüber der Energie des Elektrons im p_z-Orbital, α. Der Energiegewinn durch eine π-Bindung ist also 2β, da der bindende Zustand zweifach besetzt ist.

2. **Butadien:** Wir haben vier p_z-Orbitale:

$$\begin{pmatrix} \alpha - \epsilon & \beta & 0 & 0 \\ \beta & \alpha - \epsilon & \beta & 0 \\ 0 & \beta & \alpha - \epsilon & \beta \\ 0 & 0 & \beta & \alpha - \epsilon \end{pmatrix} \begin{pmatrix} c_a \\ c_b \\ c_c \\ c_d \end{pmatrix} = 0,$$

Wir erhalten vier MOs mit den Energien $\epsilon_1 = \alpha + 1.62\beta$, $\epsilon_2 = \alpha + 0.62\beta$, $\epsilon_3 = \alpha - 0.62\beta$ und $\epsilon_4 = \alpha - 1.62\beta$. In den ersten beiden MOs sind jeweils zwei Elektronen, wir erhalten also eine Energie von:

$$E = 4\alpha + 2 \cdot 1.62\beta + 2 \cdot 0.62\beta = 4\alpha + 4.48\beta.$$

Wenn sich hier zwei isolierte Doppelbindungen ausbilden würden, wäre die Energie nach der Rechnung für Ethylen:

$$E = 4\alpha + 4\beta,$$

die Delokalisierung der Elektronen über das ganze System ergibt einen energetischen Vorteil von 0.48β. Für das HOMO-1 erhält man die Wellenfunktion

$$\phi_1 = c_a^1 \eta_a + c_b^1 \eta_b + c_c^1 \eta_c + c_d^1 \eta_d$$

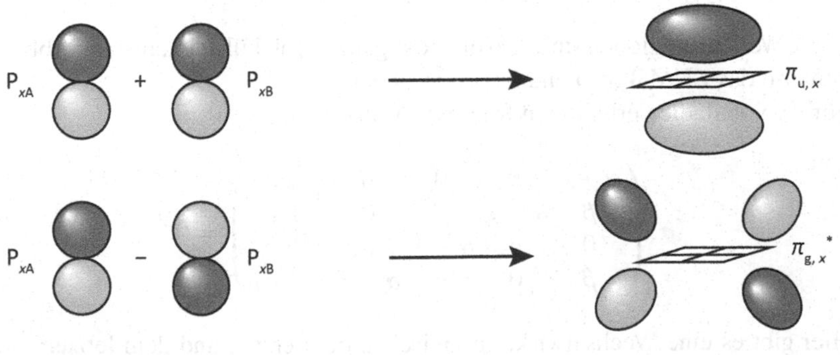

Abb. 27.3 Orbitale nach dem Hückel-Modell in Ethylen

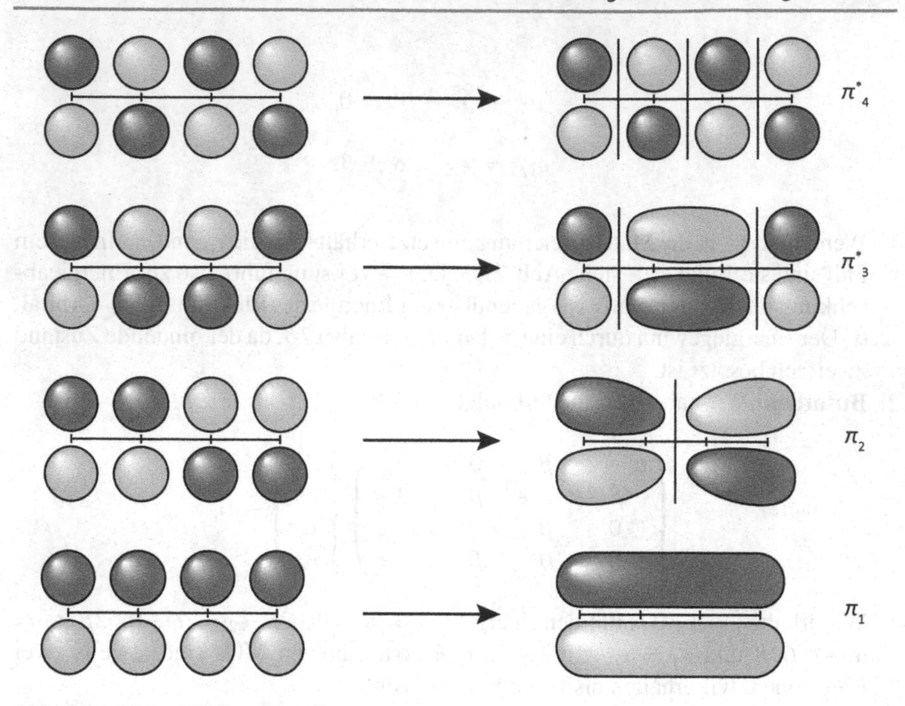

Abb. 27.4 Die π MOs von Butadien

mit den Koeffizienten

$$\phi_1 = 0.372\eta_a + 0.602\eta_b + 0.602\eta_c + 0.372\eta_d$$

und für das HOMO

$$\phi_2 = c_a^2\eta_a + c_b^2\eta_b + c_c^2\eta_c + c_d^2\eta_d$$

mit den Koeffizienten

$$\phi_2 = 0.602\eta_a + 0.372\eta_b - 0.372\eta_c - 0.602\eta_d.$$

Diese Wellenfunktionen sind also über das ganze Molekül delokalisiert (Abb. 27.4), genauso das LUMO (ϕ_3) und LUMO+1 (ϕ_4).
Für Cyclobutadien erhält man folgende Matrix:

$$\begin{pmatrix} \alpha-\epsilon & \beta & 0 & \beta \\ \beta & \alpha-\epsilon & \beta & 0 \\ 0 & \beta & \alpha-\epsilon & \beta \\ \beta & 0 & \beta & \alpha-\epsilon \end{pmatrix} \begin{pmatrix} c_a \\ c_b \\ c_c \\ c_d \end{pmatrix} = 0.$$

Hier gibt es eine Wechselwirkung zwischen dem ersten und dem letzten Atom, was durch das Integral β in der Matrix rechts oben und links unten beschrieben wird. Die Gesamtenergie ergibt sich hier zu $E = 4\alpha + 4\beta$, ist also schlechter als bei Butadien. Man erhält somit keinen Gewinn aus dem π-System. Allerdings gibt es eine weitere Sigma-Bindung.

3. **Benzol** Wir erweitern die Matrix auf sechs Orbitale und haben die Kopplung zwischen dem ersten und sechsten Atom eingefügt, wie schon bei Cyclobutadien besprochen.

$$\begin{pmatrix} \alpha-\epsilon & \beta & 0 & 0 & 0 & \beta \\ \beta & \alpha-\epsilon & \beta & 0 & 0 & 0 \\ 0 & \beta & \alpha-\epsilon & \beta & 0 & 0 \\ 0 & 0 & \beta & \alpha-\epsilon & \beta & 0 \\ 0 & 0 & 0 & \beta & \alpha-\epsilon & \beta \\ \beta & 0 & 0 & 0 & \beta & \alpha-\epsilon \end{pmatrix} \begin{pmatrix} c_a \\ c_b \\ c_c \\ c_d \\ c_e \\ c_f \end{pmatrix} = 0.$$

Die Lösung ergibt nun sechs MOs mit der Gesamtenergie $E = 6\alpha + 8\beta$, ist also 2β tiefer als drei isolierte Doppelbindungen.

Empirische Parameter Wir sind oben davon ausgegangen, dass wir zur Lösung der Determinanten die Matrixelemente α und β explizit ausrechnen müssen, Nun sehen war aber, dass man die Determinanten in Abhängigkeit dieser Parameter berechnen kann, wir bekommen beispielsweise die vier Energiezustände ϵ_1-ϵ_4 in Butadien in Abhängigkeit von α und β. Polyene haben wir schon in Kap. 14 untersucht, die Energiezustände als Eigenfunktionen des Kastenpotenzials in Abb. 14.5 diskutiert, beispielsweise Butadien in Abb. 14.6. Experimentell sind diese Energiezustände sehr gut bestimmt, man kennt daher die Werte von ϵ_1-ϵ_4 aus Experimenten. Das gleiche gilt für andere Poylene. Man kann daher die Parameter α und β auch so durch einen Fit bestimmen, dass sie die experimentellen Daten gut reproduzieren. Dies ist die Grundlage empirischer Hückel-Verfahren, die ihre Parameter aus Experimenten beziehen.

27.3 Zusammenfassung

Ausgehend von der effektiven Schrödinger-Gleichung haben wir eine Reihe von Näherungen eingeführt:

- Beschränkung auf Valenzelektronen: Kernelektronen und Atomkerne bilden ein effektives Potenzial (Pseudopotenzial).
- **Hückel-Näherung:** Separation von σ- und π-Bindungen: Aufstellung der Matrixgleichungen nur für die π-Elektronen mit den Parametern α und β.
  - Lösen der Hückel-Matrix führt auf MO-Koeffizienten, d. h. explizite Form der MOs.
  - Eigenenergien der Orbitale werden ebenfalls erhalten: ϵ_i sind Funktionen der Parameter α und β.

Fragen

- **Erinnern:** (Erläutern/Nennen)
  - Was ist ein Pseudopotenzial?
  - Welche AOs werden in der Hückel-Methode zu MOs kombiniert?
  - Schreiben Sie die Hückel-Matrix für Ethylen, Butadien und Benzol auf.
  - Skizzieren Sie die MOs für diese drei Moleküle.
  - Skizzieren Sie das Energieniveauschema für Ethylen und Butadien.
- **Verstehen:** (Erklären)
  - Erläutern Sie die Näherungen, die zu der Hückel-Methode führen.
  - Erklären Sie, was die α- und β-Parameter der Hückel-Methode darstellen.
  - Warum sieht das Energieniveauschema von Ethylen wie das von H_2^+ aus?

Formalismus IV

28

Sobald wir zwei und mehr Teilchen quantenmechanisch betrachten wollen, benötigen wir eine Vielteilchenwellenfunktion $\Psi(r_1, \ldots\ r_N)$, die wir aus Einteilchenwellenfunktionen $\Phi(r)$ aufbauen. Für Elektronen muss das aber so geschehen (Kap. 23), dass Ψ **antisymmetrisch** ist. Das **Pauli-Prinzip** ist eine sehr abstrakte Bedingung, der die Wellenfunktion gehorchen muss. Es hat aber ziemlich drastische physikalische Konsequenzen:

- Der Zustand des Vielteilchensystems wird durch eine Wellenfunktion beschrieben, bei der die Einteilchenzustände in einer Superposition sind. Dieser Vielteilchenzustand ist nicht **separabel.** D. h., man kann den einzelnen Elektronen keine eigenen Zustände zuordnen. Solche miteinander verketteten Zustände von Teilchen heißen **verschränkte Zustände.**
- Man kann nur der Gesamtwellenfunktion Quantenzahlen zuordnen, die Eigenschaften der einzelnen Elektronen sind **unbestimmt.** Man kann die einzelnen Elektronen nicht durch lokale, nur sie betreffende, Quantenzahlen auszeichnen. Es gibt kein Kriterium, nach dem man zwei Elektronen voneinander unterscheiden könnte, sie sind **ununterscheidbar**
- Eine unmittelbare Konsequenz aus dieser **Verschränkung** ist die **Nicht-Lokalität** der Wellenfunktion. Dies macht sich bei einer Messung bemerkbar: Wenn man an einem Teilchen in einem verschränkten Zustand eine Messung vornimmt, dann kollabiert der Zustand dieses Teilchens, aber auch der des anderen verschränkten Teilchens. Dies kann instantan über beliebig große Abstände passieren.

Nicht-Lokalität und **Verschränkung** sind zwei weitere Quantenphänomene, die direkt aus der Beschreibung durch **antisymmetrische** Wellenfunktionen resultieren. Wir erhalten hier wieder Effekte, die kein klassisches Pendant haben, und die wir zu den Quantenphänomenen in Abschn. 4.2.1 hinzufügen können. Wir werden diese wieder in einem separaten Kap. 29 interpretieren.

© Springer-Verlag GmbH Deutschland, ein Teil von Springer Nature 2021

M. Elstner, *Physikalische Chemie II: Quantenmechanik und Spektroskopie*,
https://doi.org/10.1007/978-3-662-61462-4_28

28.1 Ununterscheidbarkeit

Das Pauli-Prinzip Gl. 23.1 fordert für **Fermionen** die **Antisymmetrie** der Wellenfunktion

$$\Psi(\boldsymbol{r}_1, \boldsymbol{r}_2) = -\Psi(\boldsymbol{r}_2, \boldsymbol{r}_1). \tag{28.1}$$

Dadurch erhält man (Kap. 23) eine Superposition der Orbitale und Spinkomponenten. Warum ist das so, und was bedeutet das? Wichtig sind zwei Aspekte, die wir im Folgenden diskutieren wollen.

28.1.1 Antisymmetrie und Unterscheidbarkeit

Ist ein System in einem Eigenzustand kommutierender Operatoren, dann kann man dem System die entsprechenden Eigenschaften zuweisen (Abschn. 5.1.7). Man kann sagen, die Teilchen **haben** die entsprechenden Eigenschaften. Bei den Wasserstofforbitalen sind das dann Energie, Bahndrehimpuls und Spin. Die Produktwellenfunktion

$$\Psi(\boldsymbol{r}_1, \boldsymbol{r}_2) = \phi_1(\boldsymbol{r}_1)\phi_2(\boldsymbol{r}_2) \tag{28.2}$$

impliziert also, dass ein Elektron mit der Koordinate r_1 in dem Orbital ϕ_1 **ist,** das andere mit Koordinate r_2 ist in Orbital ϕ_2. Der Spin ist durch die Spinfunktionen beschrieben,

$$\sigma_1(1, 2) = \alpha(1)\beta(2) \qquad \sigma_2(2, 1) = \alpha(2)\beta(1). \tag{28.3}$$

Mit diesem analogen Produktansatz $\sigma_1(1, 2)$ nehmen wir an, dass Elektron ‚1' Spin α habe und Elektron ‚2' Spin β bzw., dass bei σ_2 die vertauschte Situation vorliegt. Es wird damit behauptet, dass die beiden Elektronen in Eigenzuständen sind, und man ihnen die entsprechenden Eigenschaften zuordnen kann.

Nummerierbarkeit Dabei ist vorausgesetzt, dass man die einzelnen Elektronen irgendwie auseinanderhalten kann, denn wir wollen mit der Nummerierung sagen können, das **eine** sei in Orbital ϕ_1, das **andere** in Orbital ϕ_2. Und wir können die beiden vertauschen, wie durch Gl. 28.3 ausgedrückt. Damit muss man die Elektronen irgendwie **nummerieren** können, wir ordnen dem einen Elektron die Zahl ‚1' zu, dem anderen die Zahl ‚2' und nummerieren ihre Koordinaten mit $\boldsymbol{r}_1$ und $\boldsymbol{r}_2$. Aber woran kann man das festmachen, wie kann man die Elektronen stabil durchnummerieren?

Unterscheidbarkeit Klassische Objekte **unterscheidet** man gewöhnlich anhand ihrer Eigenschaften, Masse, Farbe, Ladung etc. Aber wie unterscheidet man die Elektronen? Sie haben die gleichen **klassischen Eigenschaften** wie Masse, Ladung und Spin (Abschn. 5.1.6). Bei Billardkugeln der gleichen Masse und Farbe kann man sich z. B. noch eine Markierung durch eine aufgemalte Nummer oder eine Delle denken. Aber so etwas würde einfach den Kugeln eine weitere Eigenschaft mitgeben, die zur Unterscheidung dient. Bei Elektronen geht das nicht, sie können sich nur durch ihre **dynamischen Eigenschaften** unterscheiden (Abschn. 5.1.6), d. h., Eigenschaften wie Ort, Impuls, Drehimpuls, die durch Operatoren repräsentiert sind. Die Eigenschaften der Elektronen sind dann durch die Eigenwerte dieser Operatoren gegeben, und diese sind durch die **Quantenzahlen des Zustands** markiert, in dem sie sich befinden.[1]

Die Gl. 28.2 und 28.3 ermöglichen uns nun genau dieses: Wir ordnen jedem Elektron einen Zustand zu, und über die Quantenzahlen dieser Zustände sind dann die Eigenschaften der Elektronen eindeutig identifizierbar. Die durch Gl. 28.2 und 28.3 beschriebenen Quantenteilchen sind also **unterscheidbar.**

Superpositionen Sind zwei Elektronen in unterschiedlichen Orbitalen, zwingt uns das Pauli-Prinzip Gl. 28.1 dazu, einen Ansatz wie folgt zu machen:

$$\Psi(\boldsymbol{r}_1, \boldsymbol{r}_2) = \frac{1}{\sqrt{2}} \left[\phi_1(\boldsymbol{r}_1)\phi_2(\boldsymbol{r}_2) - \phi_1(\boldsymbol{r}_2)\phi_2(\boldsymbol{r}_1)\right]. \tag{28.4}$$

Dies scheint eine Überlagerung von zwei Elektronenkonfigurationen zu sein, wo zum einem Elektron ‚1' in Orbital ϕ_1 und Elektron ‚2' in Orbital ϕ_2 ist, und zum anderen die vertauschte Situation vorliegt. Analog für den Spin: Betrachten wir den Fall, dass die beiden Elektronen dem selben Orbital sind, so genügt keiner der Ansätze in Gl. 28.3 dem Pauli-Prinzip, wir wurden zu folgendem Ansatz genötigt (Kap. 23),

$$\sigma_-(1, 2) = \frac{1}{\sqrt{2}} \left[\alpha(1)\beta(2) - \alpha(2)\beta(1)\right]. \tag{28.5}$$

Wir sehen, dass der Ansatz jeweils durch eine **Superposition** (Kap. 12/13) beschrieben wird, die Elektronen sind in einer Superposition bezüglich der Orbitale und des Spins. Wie man Orts- und Spinfunktionen für die verschiedenen Fälle kombiniert, haben wir in Kap. 23 ausgeführt.

Unterscheidbarkeit und Vielteilchenzustände Durch die Superposition kann man nun aber den einzelnen Elektronen gar keinen eindeutigen Zustand mehr zuweisen, und damit auch keine eindeutigen Eigenschaften. Denn diese, wie gerade dargelegt, sind ja genau mit dem Zustand verknüpft.

Der Zustandsbegriff ist zentral für die Quantenmechanik, in Kap. 5 haben wir das für den Zustand **eines** Teilchens ausgeführt. Bei mehreren Teilchen haben wir einen **Vielteilchenzustand,** und es stellt sich die Frage, wie man diesen bestimmt.

[1] Denken sie hier z. B. an ein 1s und ein 2p Orbital. Die Elektronen **haben** dann eine unterschiedliche Energie und einen unterschiedlichen Bahndrehimpuls, denn sie sind in unterschiedlichen Eigenzuständen. D. h., die Eigenschaften der Elektronen, durch die sie unterscheidbar sind, sind durch die Zustände bestimmt, in denen sie sich befinden.

Offensichtlich kann man in einer klassischen Sichtweise Elektronenkonfigurationen betrachten, die sich nur durch die Vertauschung zweier Teilchen unterscheiden. In der Quantenmechanik kollabieren diese in einen Zustand. Da nur das Quadrat der Wellenfunktion eine physikalische Bedeutung hat, sind die Zustände $\sigma_{-}(1,2)$ und $\sigma_{-}(2,1)$ physikalisch äquivalent (Kap. 23).

> Ununterscheidbarkeit heißt, dass wir die beiden Spinzustände in Gl. 28.3 nur als einen betrachten, gegeben durch Gl. 28.5. Analoges gilt für die Orbitale.

28.1.2 Unwissen und Unbestimmtheit

Was bedeutet das nun? Betrachten wir zunächst ein Beispiel.

Beispiel 28.1

Zwei Spins Wir betrachten zwei gleiche Quantenobjekte, die gemeinsam erzeugt werden, und die sich dann räumlich voneinander entfernen, z. B. zwei Photonen oder zwei Elektronen. Nehmen wir an, die zwei Elektronen im He-Grundzustand werden durch eine Einwirkung aus dem Atom ‚geschleudert' und entfernen sich voneinander. Sie sollen sich entlang der positiven und negativen x-Achse bewegen. Wir bezeichnen das Elektron mit ‚1', das sich in positive x-Richtung bewegt, mit ‚2' dasjenige, das sich in negative x-Richtung bewegt. Der Spin der Elektronen soll durch die Einwirkung nicht beeinflusst werden. Da anfangs der Gesamtspin $S = 0$ (Singulett) vorlag, wissen wir, dass die Elektronen entgegengesetzten Spin haben.

- Hier sieht man sehr schön: Wir können die beiden Elektronen nummerieren, wenn sie sich in unterschiedlichen Quantenzuständen befinden. Diese sind in Beispiel 28.1 definiert durch die Ausbreitungsrichtung. Und so machen wir das eigentlich immer. In allen praktischen Anwendungen unterscheiden wir Teilchen anhand unterschiedlicher Eigenschaften. Dies erlaubt dann auch, sie zu Nummerieren.
- Das Beispiel sieht nun zunächst nach **klassischem Unwissen** aus: Offensichtlich wissen wir nicht, welches Elektron welchen Spin hat. Hat Elektron ‚1', nun Spin ‚up' oder ‚down'? Was können wir darüber nun aussagen, wie codieren wir das im Formalismus?

◀

‚Klassisches' Unwissen Das Beispiel sieht zunächst so aus, als würde ein Elektron mit Spin α und das andere Elektron mit Spin β vom He-Kern wegfliegen. Aber wir wissen einfach nicht, welche Spinausrichtung Elektron ‚1' und Elektron ‚2' haben. Wir erwarten, dass bei Messung zu 50 % Elektron ‚1' Spin α und Elektron ‚2' Spin β haben, zu 50 % ist es umgekehrt. Dies sieht eigentlich aus, wie eine Situation **klassischer Unkenntnis,** betrachten wir das folgende Beispiel.

Beispiel 28.2

Handschuhe Sie packen jeweils einen Handschuh des Paars in ein gesondertes, gleich aussehendes Paket, und notieren nicht, welcher Handschuh in welchem Paket ist. Sie haben also dann keine genaue Information darüber, welcher Handschuh in welchem Paket ist. Dann schicken Sie ein Paket nach Hamburg, das andere nach Berlin. Was ist die Wahrscheinlichkeit, dass der ‚linke' Handschuh nach Berlin geht, und wie formuliert man die Wahrscheinlichkeit? ◀

Quantenmechanische Unbestimmtheit Wenn wir über Wahrscheinlichkeiten reden wollen, müssen wir die Wellenfunktion Gl. 28.5 quadrieren, wir erhalten:

$$\begin{aligned}|\sigma_-(1,2)|^2 &= \frac{1}{2}|\alpha(1)|^2|\beta(2)|^2 + \frac{1}{2}|\alpha(2)|^2|\beta(1)|^2 \\ &- \alpha(1)\beta(2)\alpha(2)\beta(1)\end{aligned} \tag{28.6}$$

Wir sehen hier eine Parallele zu der Diskussion in Abschn. 12.1.2 die Erwartungswerte und Quadrate der Wellenfunktion betreffend. Solange die Interferenzterme vorliegen, können wir die p_n in Gl. 12.10 nur als Wahrscheinlichkeiten von Messwerten interpretieren, aber nicht hinsichtlich des Vorliegens von Zuständen unabhängig von einer Messung. Analog hier: Wir können die Vorfaktoren $\frac{1}{2}$ nicht als die Wahrscheinlichkeit auffassen, dass Teilchen ‚1' in Zustand α und Teilchen ‚2' in Zustand β **ist,** sondern nur, dass wir bei Messung die korrespondierenden Eigenwerte finden werden. Der Interferenzterm ‚vermischt' die Zustände, wie wir in Abschn. 12.1.2 ausgeführt haben.

Das klassische **Unwissen** ist also nur nach Verschwinden des Interferenzterms durch eine Gleichung wie

$$|\sigma_-(1,2)|^2 \rightarrow \frac{1}{2}|\alpha(1)|^2|\beta(2)|^2 + \frac{1}{2}|\alpha(2)|^2|\beta(1)|^2 \tag{28.7}$$

ausgedrückt, was wir als Kollaps in Kap. 20 besprochen haben. Dies ist die klassische Situation der Handschuhe in Beispiel 28.2. Klassisch ist zu erwarten, dass wir mit einer Wahrscheinlichkeit von 50 % den linken Handschuh in Berlin finden werden, wenn wir das Paket öffnen, und mit 50 % Wahrscheinlichkeit den Rechten. Aber hier wissen wir, dass der entsprechende Handschuh schon vor Öffnen des Pakets in Berlin ist, bei den Spins beschrieben durch Gl. 28.6 wissen wir das erst nach dem Öffnen. Werden die Spins aber durch Gl. 28.7 beschrieben, ist die Situation den Handschuhen analog.

In Kap. 23 haben wir auch Superpositionen des Ortsteils betrachtet. Für die **Aufenthaltswahrscheinlichkeit** der Elektronen im Triplettzustand Gl. 23.1.3 erhalten wir

$$|\Psi_4(r_1,r_2)|^2 = \frac{1}{2}|\phi_1(\boldsymbol{r}_1)|^2|\phi_2(\boldsymbol{r}_2)|^2 + \frac{1}{2}|\phi_2(\boldsymbol{r}_1)|^2|\phi_1(\boldsymbol{r}_2)|^2 \qquad (28.8)$$
$$- \quad \phi_1(\boldsymbol{r}_1)\phi_2(\boldsymbol{r}_2)\phi_2(\boldsymbol{r}_1)\phi_1(\boldsymbol{r}_2),$$

Hier gilt das Gleiche, wie für den Spinanteil gerade ausgeführt. Eine klassische Unkenntnis würde sich nur auf die p_n beziehen, die Interferenzterme fügen die quantenmechanische Unbestimmtheit hinzu.

Ein Produktansatz impliziert die Unterscheidbarkeit der Teilchen, man kann jedes Teilchen in einem bestimmten Orbital verorten, mit dem eindeutig definierte Eigenschaften verbunden sind. Die Antisymmetrieforderung führt zu einer Superposition, die genau diese eindeutige Identifikation von Teilchen mit Eigenschaften unmöglich macht. Daher sind die Elektronen ununterscheidbar.

Diese Ununterscheidbarkeit ist keine klassische Unkenntnis, sondern quantenmechanische Unbestimmtheit (siehe auch Abschn. 13.1).

28.2 Separabilität und Verschränkung

Separabilität, oder auch **Separierbarkeit,** bedeutet, dass man zusammengesetzte Systeme, wie die beiden Elektronen mit unterschiedlichem Spin, voneinander getrennt behandeln kann. **Verschränkung,** ein von Schrödinger eingeführter Ausdruck, bedeutet dann das Gegenteil von Separabilität.

Klassische Physik Ein System von zwei Teilchen wird in der klassischen Mechanik durch die Zustände (x_1, p_1) und (x_2, p_2) beschrieben. Den Teilchen kann man Orte, Impulse, Drehimpulse zuordnen, und sie dadurch auch unterscheiden. Wenn die beiden Objekte nicht miteinander wechselwirken, ist die Gesamtenergie einfach $E = E(x_1, p_1) + E(x_2, p_2)$, wenn noch ein Wechselwirkungspotenzial V zwischen diesen Objekten vorliegt, z. B. eine Coulomb-Wechselwirkung, so wird diese addiert. Die Eigenschaften des Gesamtsystems ergeben sich also aus den Eigenschaften der Teilsysteme plus der Wechselwirkung. Zudem können die beiden Objekte beispielsweise auch einen Eigendrehimpuls (Spin) haben. Man sagt also, Teilchen 1 hat Spin-1, Teilchen 2 hat Spin-2. Wenn in großer Entfernung Spin-2 gemessen wird, hatte das Teilchen diesen vor dem Experiment, es sei denn, er wurde durch die Wechselwirkung V verändert.

Klassische Objekte sind separabel: Ihre Zustände können getrennt beschrieben werden, und sie haben individuelle Eigenschaften, die getrennt voneinander existieren.

Separabilität in der Quantenmechanik. Wenn man Quantenteilchen durch eine Produktwellenfunktion wie beispielsweise

$$\Psi(r_1, r_2) = \phi_1(r_1)\alpha\phi_2(r_2)\alpha, \tag{28.9}$$

darstellen könnte, würde man die Separabilität beibehalten.

- Wenn wir zwei Wasserstoffatome in sehr großem Abstand voneinander betrachten, dann kann man diesen Ansatz machen. Hier sind die beiden Elektronen jeweils in dem 1 s-Orbital, die Zustände sind klar separierbar, dies ist ein guter Ansatz.
- Diesen Ansatz hatten wir auch in Kap. 22 für die beiden Elektronen im Heliumatom verwendet. Der Zustand Gl. 28.9 beschreibt zwei Elektronen mit Spin α, eines in Orbital ϕ_1, das andere in Orbital ϕ_2.

Die z-Komponente des Gesamtspins wird durch den Spinoperator

$$\hat{S}_z = \hat{s}_z^1 + \hat{s}_z^1 \qquad \hat{S}\Psi(r_1, r_2) = (s_z^1 + s_z^2)\Psi(r_1, r_2)$$

beschrieben. Dessen Anwendung auf Gl. 28.9 ergibt einfach die Summe der einzelnen Spinkomponenten, da

$$\hat{s}_z^1\Psi(r_1, r_2) = \hat{s}_z^1\phi_1(r_1)\alpha\phi_2(r_2)\alpha = s_z^1\Psi(r_1, r_2), \tag{28.10}$$

gilt, analog für Spin $\hat{s}_z^2$. D. h., der Spin der einzelnen Teilchen ist für diesen Zustand bestimmbar. Ebenso ist $\Psi(r_1, r_2)$ eine Eigenfunktion der beiden Drehimpulsoperatoren $\hat{l}_z^1$ und $\hat{l}_z^2$, auch hier erhält man durch Anwendung ein Eigenwertproblem mit den Eigenwerten der Drehimpuls der beide Elektronen gemäß den Orbitalen ϕ_1 und ϕ_2. Wenn diese das 1 s- und 2p-Orbital sind, erhält man die Drehimpulseigenwerte ‚0' und ‚1'.

Der Ansatz Gl. 28.9 würde also die klassische Redeweise erlauben: Das Atom/Molekül ist derart aufgebaut, dass sich in jedem Orbital zwei Elektronen mit unterschiedlichem Spin befinden. Wir sagen hier also Elektron 1 hat Spin 1, analog für Elektron zwei. Der Gesamtspin kann beliebige Werte annehmen, nämlich alle Kombinationen der Einzelspins.

Für ein quantenmechanisches System, das aus mehreren Teilsystemen besteht, bedeutet separabel,

- dass man jedem Teilsystem einen ‚eigenen' Zustand zuweisen kann.
- dass man durch lokale quantenmechanische Operatoren den Teilsystemen Eigenschaften zuweisen kann.

Eine lokale Eigenschaft ist eine Eigenschaft, die ein System an einem Ort hat und die nicht davon abhängt, was an einem anderem Ort los ist. Beispiele sind die Operatoren $\hat{s}_z^1$ und $\hat{s}_z^2$, die Eigenschaften der einzelnen Elektronen repräsentieren.

Verschränkung Für eine **antisymmetrische Wellenfunktion** sind die Teilsysteme, d. h. die beiden Elektronen im Beispiel, nicht mehr separabel, man sagt, sie sind verschränkt. Wenn wir die Wellenfunktion Gl. 28.5 verwenden, hat dies drastische Konsequenzen:

- Zum einen ist nun der Gesamtspin quantisiert, d. h., es sind nur noch bestimmte Werte für $\hat{S}$ möglich. Die Wellenfunktion ist Eigenfunktion von $\hat{S}$.
- Die Spinwellenfunktion $\sigma_-(1,2)$ ist keine Eigenfunktion von $\hat{s}_z^1$ und $\hat{s}_z^2$, d. h., die Eigenwerte der Einzelspins liegen nicht vor. Denn die Wellenfunktion ist nun als Superposition der Spineigenfunktionen dargestellt. Man kann nun nicht mehr sagen, Elektron 1 hat Spin-1 und Elektron 2 hat Spin-2. Die beiden Elektronen sind also jeweils in einer Superposition der Spineigenschaft, und damit ist der Spin der einzelnen Elektronen unbestimmt, nur der Gesamtspin ist bestimmt. Der Zustand des Gesamtsystems lässt sich nicht durch die Quantenzahlen der einzelnen Elektronenspins charakterisieren. Die Spins der einzelnen Elektronen haben keine Bedeutung.

Beispiel 28.3

Wenden Sie den Spinoperator $\hat{S}_z = \hat{s}_z^1 + \hat{s}_z^2$ auf die Spinfunktion $\sigma_-(1,2)$ Gl. 28.5 an. Bilden Sie den Spinerwartungswert. Man sieht dann, dass man einen Wert bekommt, der für beide Elektronen über beide Spineinstellungen summiert. Nun ist nicht mehr klar, welches Elektron welchen Spin hat, die Spins sind unbestimmt. ◀

28.3 Kollaps und Nicht-Lokalität

Betrachten wir das auseinanderfliegende Elektronenpaar aus Beispiel 28.1. Die Elektronen seien nun sehr weit voneinander entfernt, sodass die Wechselwirkung über ein Potenzial, z. B. das Coulomb-Potenzial der beiden negativen Ladungen, vernachlässigbar ist. Nun führen wir Stern-Gerlach-Messungen nach Kap. 21 durch.

- In Kap. 21 hatten wir gesehen, was die Superpostion bezüglich der Spineigenzustände bedeutet: Man kann nicht sagen, das Teilchen habe sich schon vor der Messung in dem gemessenen Zustand befunden, es kommt erst durch den Kollaps in den Zustand.

- Wenn wir den Spin an Teilchen 1 messen, dann kollabiert die Wellenfunktion in eine der beiden Zustände, z. B. in $\alpha(1)$[2].
- Da wir aber eine **verschränkte Wellenfunktion** Gl. 28.5 haben, kollabiert auch die Wellenfunktion von Teilchen ‚2', man erhält

$$\sigma_{-}(1,2) \rightarrow \alpha(1)\beta(2). \tag{28.11}$$

Wir wissen also, wenn bei Teilchen ‚1' der Spin α gemessen wird, dass Teilchen ‚2' den Spin β hat.

- Zunächst ist das gar nicht so verwunderlich, scheint das doch dem Beispiel 28.2 der zwei Handschuhe analog. Die Drehimpulserhaltung muss gelten, d. h., wenn wir an dem einen Elektron den einen Spin messen, **muss** das andere Elektron den entgegengesetzten Spin haben. In Kap. 29 werden wir diskutieren, dass und warum hier ein himmelweiter Unterschied besteht.
- Interessant aber ist: Spin ‚2' war vor dem Kollaps durch Messung an Teilchen ‚1' in einer Superposition, d. h., der Spinzustand war unbestimmt. Der Kollaps an Teilchen ‚1' hat also den Spinzustand von ‚2' bestimmt. Es hat den Zustand der Superposition von Spin ‚2' in einen Spineigenzustand überführt.

Im Prinzip haben wir also an ‚2' einen Kollaps durchgeführt, der nur durch eine Messung passieren kann (Kap. 20 und 21). Und das ist schon erstaunlich, wie kann man das verstehen, dass man an einer Stelle misst und dadurch einen Kollaps an einer ganz anderen Stelle bewirkt? In Kap. 21 hatten wir diskutiert, dass der Kollaps nicht durch eine Wechselwirkung, z. B. durch ein Potenzial, hervorgerufen sein kann, dies ist nochmals die Bestätigung: Die Wechselwirkung des Stern-Gerlach-Magnetfelds geschieht an Teilchen ‚1', trotzdem gibt es einen Kollaps an Teilchen ‚2', und das passiert **instantan** und über **unendliche** Entfernungen.

Nicht-Lokalität Was ist nun das Besondere daran? Vergleichen wir das mit dem klassischen Fall:

- **Klassisches** Unwissen über die Ausrichtung der Spins wird durch Gl. 28.7 beschrieben. Man weiß nicht, welches Elektron in welchem Spinzustand ist, man weiß aber, dass sie in definierten Spinzuständen sind. Klassische Messungen sind **‚lokal'** in dem Sinn, dass sie nur das **auslesen,** was im Objekt an diesem Ort vorliegt. Wenn man Teilchen ‚1' misst, erhält man zunächst nur Information über die lokale Variable. Durch die Korrelation kann man dann aber darauf schließen, was am Ort ‚2' vorliegt. Man erhält eine Information über den anderen Ort, aber die Messung wird den Zustand an dem anderen Ort nicht instantan beeinflussen.

[2] D. h., man führt den Stern-Gerlach-Versuch, z. B. zur Messung der y-Komponente des Spins, durch, sodass Teilchen ‚1' diesen durchläuft: Da es sich um nur ein Teilchen handelt, wird dieses jeweils mit 50% Wahrscheinlichkeit in $\pm y$-Richtung abgelenkt, siehe Kap. 20 und 21.

Wenn sich der Zustand ‚1‘ durch die Messung beispielsweise verändert, dann kann das den Zustand von Teilchen ‚2‘ durchaus beeinflussen, aber das geht dann immer nur durch eine Wechselwirkung, beschrieben durch Potenziale oder Kräfte. Und diese Beeinflussung kann sich dann maximal mit Lichtgeschwindigkeit ausbreiten.

- **In der Quantenmechanik** geschieht die Beschreibung durch Gl. 28.6. Über die Interferenzterme haben wir eine Kopplung der beiden Untersysteme, ihre lokalen Zustände sind in einer Superposition. Kollabiert aber Zustand ‚1‘ durch die Messung, dann kollabiert auch Zustand ‚2‘, und zwar instantan. In Abschn. 20.1.4 haben wir gesehen, dass dieser Kollaps eine nicht-triviale Änderung des Zustands bedingt, und in Abschn. 21.1 haben wir diskutiert, dass sich durch diesen Kollaps durchaus die mit dem Zustand verbundenen Eigenschaften verändern können. Quantenmechanische Messungen sind also **nicht-lokal,** indem sie **instantan** auch den Zustand eines weit entfernten Objektes beeinflussen können: Durch den Kollaps ist Elektron ‚2‘ nun in einem Spineigenzustand. Es **hat** nun die Eigenschaften, die diesem Eigenzustand korrespondieren. Eigenschaften, die es vorher nicht hatte.

Bei einer quantenmechanischen Verschränkung erhält man bei einer Messung an ‚1‘ nicht nur eine Information, was bei ‚2‘ **vorliegt,** sondern der Zustand ‚2‘ wird durch die Messung verändert, was messbare Konsequenzen zeigt. Wir werden dies in Abschn. 29.2 im Detail diskutieren.

- Dies gilt aber nur, wenn die beiden Objekte so präpariert wurden, dass sie durch eine verschränkte Wellenfunktion beschrieben werden, und nicht etwa durch eine Produktwellenfunktion.
- Wichtig ist: Diese Nicht-Lokalität ist eine Eigenschaft, die durch die Darstellung über die Wellenfunktion vermittelt wird und nicht durch physikalische Wechselwirkungen, die wir als Potenziale darstellen.

28.4 Orbitale und Potenziale

Vielektronenwellenfunktionen Die Wellenfunktion gibt den Zustand des N-Elektronensystems an. Den Hamilton-Operator für dieses System aufzustellen ist einfach, aber eine Lösung der Wellenfunktion anzugeben nicht. Bisher haben wir verschiedene Ansätze für die Vielelektronenwellenfunktionen $\Psi(r_1, ..., r_N)$ kennengelernt, die auf Orbitalen basieren:

- **Produktwellenfunktionen** Diese Zustände kann man so interpretieren, dass sich N Elektronen in $N/2$ Orbitalen befinden (Grundzustand). Diese Orbitale sind Eigenfunktionen bestimmter lokaler Operatoren, d. h., diese Zustände sind separabel. Wir sagen, die einzelnen Elektronen sind in bestimmten Orbitalen, haben damit eine bestimmte Energie, einen Drehimpuls und Spin. Das Problem ist aber dass die Produktwellenfunktionen nicht antisymmetrisch sind, d. h., keine zulässige Repräsentation der Vielelektronenzustände sind.

- **Slater-Determinanten (Hartree-Fock: HF)** Diese Wellenfunktionen sind antisymmetrisch, aber nicht separabel. Die Eigenschaften der Elektronen sind unbestimmt, und die geläufige chemische Sprechweise, wie für die Produktwellenfunktion ausbuchstabiert, ist daher nicht zulässig.
- **Configuration Interaction (CI)** In Kap. 26 haben wir gesehen, dass man den HF-Ansatz noch erweitern muss: Im Prinzip kann man einen Ansatz machen, bei dem Elektronenkonfigurationen angeregter Zustände kombiniert werden, siehe vor allem auch Abschn. 33.5, in dem dieser Aspekt vertieft wird. Damit wird auch das Bild der besetzten und unbesetzten Zustände im Grundzustand undeutlich. Denn nun betrachten wir eine Situation, in der die Elektronen teilweise auch in unbesetzten Orbitalen sind.

Orbitale In Abschn. 23.1.6 haben wir die **effektive Schrödinger-Gleichung** Gl. 23.17

$$\left[-\frac{\hbar^2}{2m}\nabla^2 + v_{\text{eff}}(\rho)\right]\phi_i = \epsilon_i \tag{28.12}$$

eingeführt. Diese Gleichung sieht wie eine Schrödinger-Gleichung für ein Elektron aus, dessen Wechselwirkung mit den Atomkernen und den anderen Elektronen über ein effektives Potenzial v_{eff} vermittelt wird (Gl. 23.18):

$$v_{\text{eff}}(\rho) = -\frac{1}{4\pi\epsilon}\frac{Ze}{r_2} + \frac{e^2}{4\pi\epsilon}\int\frac{\rho(r_1)}{r_{12}}\mathrm{d}^3 r_1 + \boldsymbol{v}_x. \tag{28.13}$$

- Bei einem Produktansatz würde der letzte Potenzialbeitrag $\boldsymbol{v}_x$, das Austauschpotenzial, fehlen. Damit wäre eine klassische Interpretation möglich, da der Vielelektronenzustand separabel ist. Hier hat jedes Elektron eine Energie ϵ_i, einen Drehimpuls und einen Spin. Das Atom/Molekül wäre also aus den einzelnen Elektronen aufgebaut, die durchnummerierbar sind.
- Bei einem Determinantenansatz kommt das Potenzial $\boldsymbol{v}_x$ dazu. Wenn wir diese Gleichungen immer noch klassisch interpretieren, so stellen wir den Effekt der Antisymmetrie als zusätzliches Potenzial dar. Und wir tun dann noch so, als ob das Elektron sich in dem Orbital ϕ_i befinde, in dem es eine kinetische Energie, eine bestimmte Wechselwirkung mit den Atomkernen sowie eine Wechselwirkung mit den anderen Elektronen habe. Das Potenzial $\boldsymbol{v}_x$ integriert die quantenmechanischen Austauscheffekte in effektive Wechselwirkungen in der Einteilchengleichung. Über die Darstellung der Austauscheffekte durch ein Zusatzpotential scheint zunächst eine klassische Anschauung möglich.

Zudem taucht die Frage auf, ob den Orbitalen ϕ_i in der Wirklichkeit etwas entspricht (Kap. 6) oder ob sie reine Rechengrößen sind. Die Born'sche Interpretation ist da eigentlich glasklar: Den Orbitalen entspricht nichts in der Natur.

Elektronenstruktur Die Einführung von Orbitalen gibt dem mikroskopischen Geschehen eine Struktur, eine Ordnung, man redet von einer Elektronenstruktur, in der die Zustände separabel erscheinen. Allerdings lässt die Quantenmechanik diese Interpretation an keiner Stelle zu. Die Orbitale sind eindeutig mathematische Hilfsgrößen, die selber nicht weiter interpretierbar sind. Physikalische Bedeutung hat nur das Quadrat von $\Psi(r_1, ...r_N)$, aber nicht das Quadrat von $\phi_i(r)$. D. h., man kann über die Aufenthaltswahrscheinlichkeit bestimmter Elektronen, also z. B. Elektron ‚1' nicht reden. Man kann nur darüber reden, mit welcher Wahrscheinlichkeit man ein beliebiges Elektron in einem Volumenelement findet. Experimentell ist nur die Gesamtelektronendichte bestimmbar, die Elektronenstruktur ist also eine mathematische Konstruktion.

Modell Und dennoch ist das Orbitalbild aus der Chemie nicht wegzudenken, denn mit dieser fiktiven Struktur lässt sich arbeiten. Genauso, wie sich in Grenzen mit dem Bohr'schen Atommodell arbeiten lässt. In weiten Bereichen kann man mit ihnen ein qualitatives Verständnis chemischer Vorgänge erhalten und damit Einsichten erzielen, die forschungsleitend sind. Daher kann man diese Elektronenstrukturen als **Modelle** auffassen. Man muss sich ber im Klaren sein, dass im strengen Sinn nur die Vielteilchenwellenfunktion, bzw. ihr Quadrat, eine physikalische Bedeutung hat. Die Modelle sind also nicht ‚wahr', in dem Sinne, dass die die Natur der Dinge abbilden würden, sondern extrem nützlich, da sie Vorhersagen erlauben, die im abgesteckten Rahmen brauchbar sind.

28.4.1 Pauli-Prinzip

In der Chemie verwenden wir oft das Bild der Elektronen in Orbitalen (Abb. 23.3), was die Vorstellung suggerieren könnte, dass die Elektronen mit den Eigenschaften, die durch die Quantenzahlen n, l, l_z, s, s_z gegeben sind, in den Orbitalen sitzen. In diesem Bild unterscheiden sich die Elektronen jeweils in mindestens einer Quantenzahl, dies ist eine Formulierung, die man oft findet. Eine Version des Pauli-Prinzips ist die Formulierung, nach der keine zwei Elektronen in allen Quantenzahlen n, l, m und s übereinstimmen dürfen. Dies setzt voraus, dass alle Elektronen bestimmte Quantenzahlen **haben,** und sie sich jeweils in mindestens einer unterscheiden. D. h., dass immer nur zwei Elektronen pro Orbital mit entgegengesetzten Spins angeordnet sein dürfen.

Diese landläufige Formulierung passt aber offensichtlich nicht zu dem, was in diesem Kapitel über die Ununterscheidbarkeit gesagt wurde: Nämlich, dass alle Elektronen in Superpositionen bezüglich aller ihrer Eigenschaften sind.[3] Offensichtlich setzt diese Redeweise eine Produktdarstellung der Wellenfunktion voraus: Nur in diesem Fall kann man den Elektronen eindeutig alle Quantenzahlen zuschreiben.

[3] So schreibt Scerri: „According to quantum mechanics the assignment of four quantum numbers to each electron in a many-electron atom, which is another way of characterizing an orbital, is an approximation". E. Scerri, Have orbitals really been observed, J. Chem. Edu. 77:1492 (2000)

Da aber, aufgrund der Antisymmetrieforderung, die Wellenfunktion als Superposition der Eigenfunktionen **aller** Observablen (Eigenschaften) zu schreiben ist, muss man eher sagen, kein Elektron **hat** keine der angesprochenen Eigenschaften. Auch eigenartig!

> Die Elektronen sitzen also nicht in den Orbitalen wie die Hühner auf der Leiter. Denn das würde bedeuten, dass man für jedes Elektron einen Zustand angeben kann, d.h., der Zustand jedes Elektrons wäre durch $\phi_i(r)$ mit der entsprechenden Spinangabe gegeben. Die $\phi_i(r)$ sind jedoch reine Hilfsgrößen, und mögliche Eigenschaften von Elektronen in diese Orbitalen lassen sich nicht als Observable in der Quantenmechanik ausweisen.

28.4.2 Orbitale

Zunächst sind Orbitale ein **mathematisches Hilfsmittel,** um die komplexen Hartree-Fock-DFT-)Gleichungen zu lösen. Es gibt auch Ansätze in der Quantenchemie, die ohne Orbitale auskommen. Daher muss man aufpassen, dass man die Orbitalstruktur nicht überinterpretiert.[4]

- **Eindeutigkeit** Zum einen sind Orbitale nicht eindeutig. Das haben wir schon in Abschn. 11.5 gesehen: Die Orbitale, die wir in der Chemie zum Aufbau der Molekülorbitale verwenden, sind Superpositionen der Eigenfunktionen des atomaren Hamilton-Operators. Und analog kann man aus den Orbitalen ϕ_i, die Lösung der effektiven Schrödinger-Gleichung in Gl. 28.12 sind, eine Vielzahl weiterer Orbitalsätze erhalten. Diese beschreiben die Gesamtwellenfunktion und Gesamtenergie genauso gut.
- **Delokalisierung** Die Orbitale der LCAO-Methode sind meist stark delokalisiert, Beispiele sind konjugierte Systeme, wie in Kap. 27 vorgestellt. Man kann aber genauso gut Orbitale berechnen, die sehr lokalisiert sind, also z. B. immer nur zwei benachbarte Kohlenstoffe überdecken. Die Delokalisierung der Molekülorbitale sagt nichts darüber aus, wie stark die Elektronen delokalisiert sind. Hier gibt es verschiedene Verfahren, die Delokalisierung zu berechnen.
- **Orbitalenergien** Die Orbitalenergien haben keine physikalische Bedeutung, das ist eine direkte Konsequenz der Nicht-Separabilität. So wie den einzelnen Elektronen kein bestimmter Spin zugeordnet werden kann, so kann man ihnen auch keine bestimmte Orbitalenergie zuweisen. Vor allem ist auch die Summe der Orbitalenergien nicht die Gesamtenergie (Abschn. 33.5). Dennoch können die HOMO- und LUMO-Energien näherungsweise mit dem IP und EA identifiziert werden. Hier gibt es Theoreme (Koopman), die diese Verbindung herstellen.

[4]Dies ist sehr schön in dem Artikel von Autschbach J (2012) J Chem Educ 89:1032–1040 dargestellt. Wir werden hier nur einige der Aspekte kurz erwähnen.

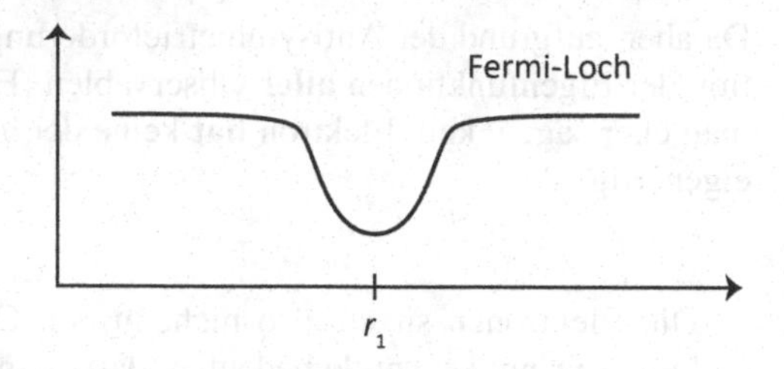

Abb. 28.1 Schematische Darstellung des ‚Austauschlochs': Die Kurve repräsentiert die Aufenthaltswahrscheinlichkeit anderer Elektronen in der Umgebung eines Elektrons mit der Koordinate r_1

Dennoch ist das Orbitalschema, basierend auf den LCAO-MOs[5] in vielen Fällen ein extrem nützliches Konzept, dessen Modellcharakter nur nicht vergessen werden sollte.

Messbare Orbitale? Kann man Orbitale sehen oder messen? Definitionsgemäß nicht, man muss sehr vorsichtig sein, was man hier meint. $|\Psi|^2$ allerdings ist eine Observable, die z. B. durch Röntgenbeugung bestimmt werden kann. Auf diese Weise erhält man Elektronendichten, mit deren Hilfe man die molekulare Struktur modellieren kann. Mit Hilfe anderer Methoden, z. B. der Bestimmung von Tunnelströmen durch Moleküle (STM: Scanning Tunneling Microscopy), kann ebenfalls die Elektronendichte bestimmt werden. Auch hier muss auf Orbitale zurückgerechnet werden, ein Orbital wurde bisher nicht direkt bestimmt, und das ist auch nach Axiom 1 der Quantenmechanik unmöglich.[6]

28.4.3 Korrelation

Austauschwechselwirkungen Für eine antisymmetrische Wellenfunktion gilt, dass sich Elektronen mit gleichem Spin nicht am gleichen Ort aufhalten können. Die Aufenthaltswahrscheinlichkeit beider Elektronen mit gleichem Spin am selben Ort verschwindet. Damit ist garantiert, dass zwei Elektronen gleichen Spins nicht im selben Orbital sein können. Man kann nun zeigen, dass die Aufenthaltswahrscheinlichkeit eines zweiten Elektrons mit der Koordinate r_2 in der Umgebung eines Elektrons mit der Koordinate r_1 stark reduziert ist. Anschaulich sagt man, die Elektronen ‚graben ein Loch' um sich, ein Loch in der Aufenthaltswahrscheinlichkeit der anderen Elektronen gleichen Spins, **Austauschloch** genannt. Andere Elektronen gleichen Spins dürfen sich nicht in ihrer Nähe aufhalten, wie schematisch in Abb. 28.1 dargestellt. Dadurch sind die Elektronen **korreliert:** Da, wo eines ist, ist die Wahrscheinlichkeit der anderen vermindert, d. h., die Wahrscheinlichkeit der Elektronen ist nicht unabhängig davon, wo sich andere Elektronen befinden. Die Form des Austauschlochs ist stark vom System abhängig[7].

---

[5] Den sogenannten kanonischen Orbitalen.

[6] Siehe Abschn. 35.2.2.

[7] Für anschauliche Beispiele siehe: Koch W, Holthausen M (2008) A chemist's guide to density functional theory, Kap. 2.3. Wiley VCH.

Das Austauschloch ist also Ausdruck davon, dass durch den Ansatz einer antisymmetrischen Wellenfunktion erzwungen wird, dass die Elektronen gleichen Spins sich stärker aus dem Weg gehen, d. h., dass sie im Mittel größere Abstände voneinander haben, als dies bei einem Produktansatz der Fall wäre. Dadurch wird effektiv der Elektron-Elektron-Abstand vermindert, da dieser mit $1/r_{12}$ bei zunehmendem Abstand abfällt. Da in dem **Loch um das Elektron** die Dichte anderer Elektronen reduziert ist, ist die abstoßende Wechselwirkung $\boldsymbol{J}$ zwischen den Elektronen reduziert, und zwar genau um den Beitrag $\boldsymbol{K}$. Diese **Pauli-Korrelation** betrifft nun nur Elektronen gleichen Spins und ist in der Hartree-Fock-Theorie berücksichtigt.

Coulomb-Korrelationen Aber auch Elektronen unterschiedlicher Spins sind korreliert: Denn die Elektronen stoßen sich durch ihre **Coulomb-Wechselwirkung** ab; wo ein Elektron ist, ist es daher unwahrscheinlicher, ein anderes in seiner Nähe zu finden, das analog zur Pauli-Korrelation entstehende ‚Wahrscheinlichkeitsloch' wird **Coulomb-Loch** genannt. Man erhält ein ähnliches Bild wie in Abb. 28.1, nur diesmal auch für Elektronen ungleichen Spins. Dieser Effekt ist nicht in der Hartree-Fock-Theorie berücksichtigt und ist ein Hauptthema der Quantenchemie.
Und so kann man sehen, wie diese Korrelationseffekte als effektive Potenziale dargestellt werden können: Wenn die Aufenthaltswahrscheinlichkeit irgendwo reduziert ist, kann man das als eine Wirkung eines Potenzials darstellen, das die Energie dieser Konfigurationen erhöht.[8]

Die Ansätze für die Wellenfunktion stellen nicht nur Näherungen in dem Sinn dar, dass die Lösungen der Schrödinger-Gleichung nicht exakt sind. Die Näherungen ermöglichen überhaupt erst eine Interpretation des molekularen Geschehens, sie ermöglichen Vorstellungen, die für die Chemie wichtig sind. So z. B. die Vorstellung, dass sich jeweils zwei Elektronen mit unterschiedlichem Spin in einem Orbital befinden. Dieses Bild entsteht beispielsweise durch den Produkt(Hartree)-Ansatz, wir haben aber gesehen, dass dieser nicht einmal zu einer qualitativ richtigen Beschreibung der chemischen Bindung führt. Komplexere Ansätze erlauben eine qualitativ richtige und z. T. quantitativ genaue Beschreibung, lassen aber chemische Modellvorstellungen verblassen. Denn nun bilden wir Superpositionen von Orbitalen, sogar unter teilweiser Berücksichtigung angeregter Zustände.

[8] In HF wird nur das Austauschloch als Potenzial dargestellt. Die sogenannte Dichtefunktionaltheorie führt dies weiter und stellt auch noch das Coulomb-Loch als Potenzial dar, siehe Kap. 26.

28.5 Zusammenfassung

Das **Pauli-Prinzip** erzwingt die **Antisymmetrie** der Vielelektronenwellenfunktion. Als eine direkte Konsequenz sind die einzelnen Elektronen **ununterscheidbar,** denn man kann ihnen keine distinkten Eigenschaften zuordnen. Nichts in dem quantenmechanischen Formalismus erlaubt es zu sagen, Elektron ,1' habe die Eigenschaften x, y und z. Dies ist eine direkte Folge des Operatorformalismus und der Wellenfunktion.

- **Eigenschaften einzelner Elektronen:** Denn die Eigenschaften der einzelnen Teilchen wären Eigenwerte der entsprechenden Operatoren, z. B. $\hat{l}_z$, $\hat{s}_z$ etc. Für ein Einteilchenproblem wie das Wasserstoffatom kommutieren diese Operatoren mit dem Hamilton-Operator des Systems, in einem Vielteilchensystem gilt dies aber nur noch für die Operatoren des Gesamtdrehimpulses $\hat{J}$. Damit liegen diese Eigenschaften eben nicht vor, man kann sie nicht berechnen.
- **Separierbare Wellenfunktion:** Die Gesamtwellenfunktion zerfällt eben nicht in ein Produkt von Wellenfunktionen der einzelnen Elektronen. Es liegen für die einzelnen Elektronen eben keine **separaten** Wellenfunktionen vor, sie haben keine **separaten** Zustände.

Diese Verschränkung der einzelnen Elektronenzustände ist der Grund für die **Nicht-Lokalität** der Wellenfunktion. Denn die Teilsysteme sind über die Wellenfunktion gekoppelt, auf eine Weise, die der klassischen Mechanik unbekannt ist. Dort kann eine Wechselwirkung immer nur über Potenziale vermittelt werden, und die Wechselwirkung kann sich nicht schneller als mit Lichtgeschwindigkeit ausbreiten. In der Quantenmechanik ist das anders. Dies klärt nochmals über den Messprozess auf, die Einwirkung im Messprozess ist keine, die auf einer physikalischen Störung beruht.

Die chemische Vorstellung, dass einzelne Elektronen mit unterschiedlichen Eigenschaften in verschiedenen Orbitalen ,sitzen', ist eine Modellvorstellung. Sie ist aber für die ,Buchhaltung' sehr nützlich, so basiert z. B. das ,Aufbauprinzip' genau darauf. Und in vielen Fällen können Orbitale auch wichtige Einsichten in das System geben, die Grenzen diskutieren wir in Kap. 35.

Interpretation IV

29

Die antisymmetrische Form der Wellenfunktion wird durch das Pauli-Prinzip erzwungen und führt dazu, dass die Eigenschaften der Elektronen untereinander korreliert sind (Kap. 28). Die Zustände sind jeweils Superpositionen der jeweiligen Eigenzustände der Observablen. Das hat eine Reihe von Konsequenzen, die wir in diesem Kapitel diskutieren wollen.

- **Ununterscheidbarkeit** Wir hatten in Kap. 28 diskutiert, dass der Ansatz einer antisymmetrischen Wellenfunktion die Nicht-Unterscheidbarkeit von Teilchen beinhaltet, man findet in diesem Zusammenhang oft die Rede von identischen Teilchen. Was genau heißt nun **ununterscheidbar,** was heißt **identisch?** Ist das das Gleiche, und wenn nicht, wo liegt der Unterschied?
- **Nicht-Lokalität** ist ein zentrales Konzept der Quantenmechanik; die Eigenschaften der Teilchen sind untereinander gekoppelt, auch wenn die beiden Systeme weit voneinander entfernt sind: D. h., wenn man an einem Teilsystem einen Kollaps herbeiführt, dann tritt der auch an dem anderen auf, und zwar instantan.
- **Korrelation und Verschränkung** Diese eigenartige Korrelation der Teilchen, die nicht aus einer physikalischen Wechselwirkung, d. h. aus einem Potenzial, resultiert, sondern dem Ansatz der Wellenfunktion geschuldet ist, nennt man Verschränkung.
- **Verschränkung und Messung** In Kap. 21 konnten wir die Phänomene der hintereinander ausgeführten Stern-Gerlach-Versuche noch nicht vollständig mathematisch fassen, dies gelingt nun mit dem Konzept der Verschränkung. Wir werden eine Messung als Verschränkung mit dem Messgerät verstehen.

Die Quanteneigenschaften, die für die Teile I–IV relevant waren, wurden in Abschn. 4.2.1 eingeführt. Sobald wir es mit zwei Teilchen zu tun haben, kommen aber noch **Verschränkung** und **Nicht-Lokalität** hinzu. Für diese gilt ebenfalls, wie in Kap. 13 ausgeführt, dass sie genuin neue Eigenschaften der Quantenwelt sind, die nicht durch eine klassische Erklärung auf bekannte Phänomene zurückgeführt

© Springer-Verlag GmbH Deutschland, ein Teil von Springer Nature 2021

M. Elstner, *Physikalische Chemie II: Quantenmechanik und Spektroskopie*,
https://doi.org/10.1007/978-3-662-61462-4_29

werden können. Dieses Kapitel beschäftigt sich mit zwei Fragen: Welche Auswirkungen die Beschreibung durch antisymmetrische Wellenfunktionen i) auf unser Bild der Quantenobjekte hat (Abschn. 29.1) und ii) welches Verhalten der Quantenteilchen aus diesem Umstand resultiert (Abschn. 29.2).

29.1 Antisymmetrie, Ununterscheidbarkeit und Identität

Unterscheidbarkeit In Abschn. 28.1 haben wir gesehen, wie die Darstellung eines Vielteilchenzustands durch eine Wellenfunktion und die **Unterscheidbarkeit** der Teilchen zusammenhängen. Gegenstände können wir an ihren Eigenschaften unterscheiden.

- Dies können klassische Observable wie Masse, Ladung und Spin sein, aber auch dynamische Observable, die in der Quantenmechanik durch Operatoren repräsentiert werden (Abschn. 5.1.6). Diese werden durch die Quantenzahlen des Zustands angegeben, d. h., man kann Teilchen durch den Zustand unterscheiden, in dem sie sich befinden.
- Eine spezielle Unterscheidungsmöglichkeit sind Trajektorien, d. h. Orte und Impulse. Da diese in der klassischen Mechanik eindeutige Bahnkurven sind, kann man mit ihrer Hilfe Teilchen unterscheiden.

Identität In Abschn. 28.1 haben wir nur von Unterscheidbarkeit gesprochen. In der Literatur findet man aber oft auch die Rede von Identität der Teilchen. Was ist der Unterschied? Offenbar sind unterscheidbare Teilchen nicht identisch, aber kann man das auch über nicht-unterscheidbare Teilchen sagen? Wenn man sagt, Elektron ‚1' sei in einem Orbital, Elektron ‚2' im anderen, beide mit gleichem Spin, hat man kein anderes Unterscheidungsmerkmal als über die Orbitale und die damit verbundenen Eigenschaften Energie und Bahndrehimpuls. Aber haben die Elektronen darüber hinaus noch eine **Identität**, d. h., kann man sagen, im Moment ist Elektron ‚1' in Orbital ϕ_1, aber gestern war es in Orbital ϕ_2? Wir haben die Intuition, dass das gehen sollte, wir denken z. B. an klassische Kugeln, die vielleicht in allen Eigenschaften wie Farbe, Größe, Masse etc. übereinstimmen, aber die wir trotzdem als **unterschieden** ansehen. Wir scheinen von einer Einheit und Persistenz der Dinge auszugehen, auch wenn wir sie nicht anhand von Eigenschaften unterscheiden können. Das scheint mit der Rede von Identität gemeint. Aber auf welcher Grundlage machen wir das? **Unterscheidbarkeit** hat einen praktischen Bezug, man kann Eigenschaften benennen, die helfen, die Teilchen auseinanderzuhalten, **Identität** scheint aber auf etwas Fundamentaleres zu verweisen. Dass man ein Teilchen als dieses Eine ausweisen und beispielsweise mit einer Nummer versehen kann.[1]

[1] So wie man eine Schafherde durchzählen kann, sozusagen jedes Schaf mit einer gedachten Nummer versieht und sich vorstellt, dass die Schafe von nun an diese gedachten Nummern haben.

Objekte sind immer identisch mit sich selbst, mathematisch haben wir die Relation ‚$a = a$‘, aber zwei Gegenstände der Realität können nie identisch sein, wie es der Philosoph Lewis (zitiert nach [44]) ausgedrückt hat. Schon die Frage danach, ob zwei Dinge identisch seien, ist gewissermaßen paradoxal, setzen wir doch mit der Formulierung der Frage schon eine Unterscheidung voraus. Gibt es also, neben dem Unterschied in Eigenschaften und den Trajektorien, noch eine dritte Möglichkeit, Teilchen als voneinander verschiedene Einheiten auszuweisen? Haben die Teilchen etwas, das man als **metaphysische Identität** bezeichnen könnte [44]? Etwas, das nicht auf einer Unterscheidbarkeit anhand physikalischer Eigenschaften beruht, sondern irgendwie über die physikalische Individuierbarkeit hinausgeht? Es geht hier um Individuierung und die daraus folgende Identität der Teilchen, wir wollen im Folgenden die Begriffe Individualität und Identität synonym verwenden.[2]

29.1.1 Identität und Unterscheidbarkeit in der klassischen Physik

Individualität Wie zeichnen wir die Individualität eines Gegenstandes aus? Völlig unstrittig ist, dies über seine Eigenschaften zu machen:

> Die Individualität eines Objektes ist durch die Gesamtheit seiner Eigenschaften gegeben. **Damit würden wir sagen, es handelt sich dann nicht um Identisches, wenn Eigenschaften vorliegen, hinsichtlich derer sich Objekte unterscheiden.**

Wie aber gerade ausgeführt, scheint das nicht immer zu reichen, auch bei Übereinstimmung in allen Eigenschaften gibt es Situationen, in denen man zwei Dingen darüber hinaus eine (‚metaphysische‘) Individualität zuweisen möchte, betrachten Sie dazu folgendes Beispiel:

Beispiel 29.1

Eine Maschine der Science-Fiction-Serie Star Trek ist in der Lage, eine exakte Kopie eines Menschen anzufertigen, jedes Molekül ist an genau derselben Stelle. Obwohl nun diese beiden Menschen sich durch keine Eigenschaft unterscheiden, möchte man dennoch sagen, der eine Mensch sei das ‚Original‘ und der andere die ‚Kopie‘. Ohne auf moralische Probleme einzugehen, soll diese Bezeichnung nur zur Identifikation dienen, soll sagen, obwohl sie in allen Eigenschaften und ihrer molekularen Zusammensetzung gleich und ununterscheidbar sind, sind sie doch nicht identisch. ◄

---

[2]Die folgende Diskussion orientiert sich an zwei Übersichtsartikeln [18,44], die auch einen Überblick über weiterführende Literatur geben.

Wir haben also die starke Intuition einer Identität trotz empirischer Ununterscheidbarkeit. Aber auf welcher Grundlage machen wir das? Offensichtlich wollen wir die Frage der **Identität** von der **empirischen Unterscheidbarkeit** trennen, das eine ist eine ontologische Frage, d. h. das Wesen der Dinge betreffend, das andere eine epistemische, nämlich das betreffend, was wir von den Dingen erkennen können.[3] An dieser Stelle gibt es verschiedene philosophische Vorschläge, wie das zu denken sei, siehe z. B. die Ausführungen in [18] oder [44]. Diese gehen aber über das Instrumentarium der Physik hinaus: Wir haben gesehen, die Quantenmechanik redet über Zustände und Eigenwerte von Operatoren. Und die Zustände selbst sind wieder durch die Quantenzahlen, d. h. die Eigenwerte der Operatoren, charakterisiert (denken Sie hier an n, l und m des Wasserstoffatoms), d. h., es scheint nur die empirische Unterscheidbarkeit zu zählen, ‚metaphysische Betrachtungen' scheinen völlig irrelevant. In Kap. 28 haben wir kein einziges Mal von Identität oder Individualität gesprochen! Was ein Gegenstand seinem Wesen nach ist, scheint ebenfalls nicht Thema der klassischen Mechanik, sondern ausschließlich, dass er sich als Punktmasse darstellen lässt. Jede Aussage über einen Gegenstand darüber hinaus scheint nicht die Sache der Physik zu sein. Und dennoch, sobald wir uns einen Reim auf das Ganze machen wollen, wird diese Frage offensichtlich virulent. Wie gehen wir damit um, wenn die Physik unsere grundlegenden Intuitionen, welche die Philosophie begrifflich zu fassen versucht, gar nicht thematisieren kann?

Trajektorien Bezüglich der Frage nach Original und Kopie hat die klassische Mechanik noch einen Trumpf im Ärmel, nämlich die **Trajektorien:** Die ‚Kopie' wurde an einer anderen Raumstelle kreiert als das ‚Original', Menschen sind klassische Objekte, daher kann man diese immer anhand der Trajektorien identifizieren, d. h. eine Identität zuordnen. Wir können die Identität klassisch mit einer raumzeitlichen Lokalisierbarkeit verknüpfen. Man kann sagen, dieses Objekt ist hier und das andere dort, auch wenn die Objekte sonst in allen Eigenschaften übereinstimmen. Und diese Einheit der Objekte kann man auch für spätere Zeiten garantieren, denn es gibt **eindeutige** Bahnkurven (Trajektorien), die die Identität der Objekte in der Zeit garantiert.

Zentral zur Festlegung der Identität in der klassischen Mechanik ist die Existenz von Trajektorien der Objekte.

In der klassischen Physik gehen wir davon aus, dass Teilchen Bahnkurven folgen, ob wir diese nun explizit berechnen oder nicht. In der kinetischen Gastheorie, beispielsweise, verwenden wir nur eine Wahrscheinlichkeitsverteilung. Dennoch haben wir die Vorstellung, dass die Gasatome im Behälter bestimmten Trajektorien folgen.

[3]Zu der Unterscheidung ‚epistemisch-ontologisch', siehe Abschn. 6.3.

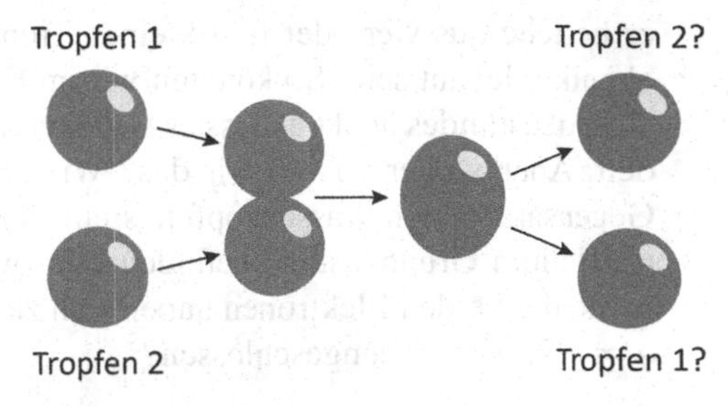

Abb. 29.1 Zwei Wassertropfen gleicher Größe fliegen aufeinander zu, bilden für kurze Zeit einen Tropfen und fliegen dann als zwei gleich große Tropfen wieder auseinander

Und wir können diese Beschreibungsweise auch jederzeit verwenden, z. B. mit Hilfe von Computersimulationen die Newton'schen Trajektorien von einigen Millionen Atomen berechnen. Wir nehmen also an, dass es prinzipiell möglich ist, die Teilchen zu nummerieren und damit mit einem eindeutigen Label zu versehen, was z. B. bei Computersimulationen auch passiert. D. h., wir nehmen an, dass die Objekte in der Realität diesen Trajektorien **folgen,** wir haben nur keine Kenntnis der Trajektorien. Da wir in der kinetischen Gastheorie auf die Trajektorien verzichten, kennen wir auch die Orte und Impulse nicht genau, sondern nur deren Wahrscheinlichkeiten. In Kap. 5 haben wir die Ignoranzinterpretation dieser Wahrscheinlichkeiten eingeführt. Wenn wir an dieser Stelle auf Trajektorien rekurrieren, dann hängen wir die Identität an die Existenz von Trajektorien, man hat es sozusagen mit einer **Ignoranzinterpretation** der Identität zu tun. Wir sehen, die Frage der Identität, auch wenn nicht explizit thematisiert, kann dennoch in der klassischen Mechanik adressiert werden.

Undurchdringlichkeit Das mit den Trajektorien funktioniert für Punktmassen der klassischen Mechanik, denn die Trajektorien sind mathematisch **eindeutig.** Es gibt keinen Punkt der Trajektorien, an dem die Orte und Impulse der beiden Teilchen identisch sind. Schwierig wird das aber mit komplexeren Objekten, wie das Tropfenbeispiel in Abb. 29.1 illustriert. An diesem Beispiel entzünden sich zwei Fragen:

- Während man vor der Kollision ganz klar von zwei individuierten Tropfen reden und das Gleiche natürlich auch nach der Kollision machen kann, stellt sich aber die Frage, ob die Tropfen noch dieselben sind. Hier kann man sich vorstellen, dass die Tropfen Wassermoleküle untereinander ausgetauscht haben, also nicht mehr aus ‚denselben' Wassermolekülen bestehen, wie vorher. Wir verknüpfen die Individuierung damit an die Unterscheidbarkeit der Bestandteile. Wenn wir sagen, die Wassertropfen sind nun nicht mehr dieselben, da sie Wassermoleküle ausgetauscht haben, müssen wir voraussetzen, dass wir die Wassermoleküle individuieren können, z. B. durch Trajektorien.
- Bei der Kollision entsteht vorübergehend ein großer Wassertropfen. Kann man sagen, dieser sei aus zwei Wassertropfen zusammengesetzt? Das scheint nicht so recht Sinn zu ergeben, man würde nicht sagen, der große Tropfen besteht in Wirklichkeit aus zwei kleinen.[4] Denn das ist beliebig, genauso kann man sagen,

[4]Wohl aber kann man sagen, er ist durch die Fusion von zwei Tropfen entstanden.

er bestehe aus vier oder fünf kleinen Tropfen. Dies könnte für die Quantenmechanik relevant sein. So könnten wir im Falle der zwei Elektronen des Helium-Grundzustandes denken, dass es sich hier um zwei individuierbare Teilchen handelt. Aber woher wissen wir das? Wie können wir die beiden Elektronen, im Gegensatz zu den Wassertropfen, sinnvoll individuieren? Wie können wir sagen, im Helium Grundzustand befinden sich zwei Elektronen im selben Orbital, und nicht, die beiden Elektronen haben sich zu einem ‚großen' Elektron mit Ladung $q = -2e$ zusammengeschlossen?[5]

Diffusion Auch in der klassischen Mechanik gibt es ununterscheidbare Teilchen, z. B. Gasatome, die sich in allen Eigenschaften gleichen. Dadurch, dass diese Teilchen als Punktmassen und sich auf Trajektorien bewegend beschrieben werden, findet die ‚metaphysische Individualität' im Prinzip ein Kriterium der Unterscheidung. Dieses erlaubt uns zu sagen, zwei Teilchen seien prinzipiell unterschieden, auch wenn wir aus praktischen Gründen gerade den Überblick verloren haben. Klassische Teilchen können ununterscheidbar sein, wenn man Trajektorien nicht hinzuzieht, aber sie können nie identisch sein. Wenn wir eine weiße Kugel zu zehn anderen ununterscheidbaren Kugeln in eine Box legen, haben wir immer die Intuition, dass wir, wenn wir wieder hineingreifen, entweder **dieselbe** oder eben eine andere der zehn Kugeln wieder herausziehen.

29.1.2 Identität und Unterscheidbarkeit in der Quantenmechanik I

In Abschn. 6.2.1 haben wir Vorstellungen der Quantenteilchen diskutiert. Welches Bild der Quantenteilchen gibt uns die Quantentheorie? Wenn Teilchen durch Wellenpakete dargestellt werden, hat man dann genau das Problem, wie in Abb. 29.1 gezeigt? Ersetzen Sie einfach die Tropfen durch zwei Wellenpakete aus Abb. 4.3. Die Schrödinger-Gleichung würde die Ausbreitung von zwei Wellenzügen beschreiben, die sich treffen, und dann wieder trennen, aber was ist mit den Teilchen, kann man die individuieren?

Wir können aber auch ein Teilchenbild verwenden und mit der Unbestimmtheitsrelation argumentieren. In Abb. 29.2 fliegen zwei in allen Eigenschaften gleiche Kugeln in einen Kasten, und kommen auf der anderen Seite wieder heraus.

- Bei klassischen Kugeln kann man nun sagen, diese befänden sich auf Trajektorien, je nachdem, wie die Stöße im Kasten ausfallen, fliegt entweder Teilchen 1 oder 2 oben rechts aus dem Kasten. Die Teilchenidentität ist also festgelegt, wir können nur aus praktischen Gründen in diesem Fall keine Zuordnung machen, wie beim obigen Beispiel der Diffusion ausgeführt. Prinzipiell aber wären die Trajektorien feststellbar.

[5] Sie sagen: ‚Aber klar, die haben doch unterschiedlichen Spin!' Nun, weiter unten werden wir sehen, auch der Spin wird durch eine Superposition dargestellt und taugt daher nicht zur Individuierung.

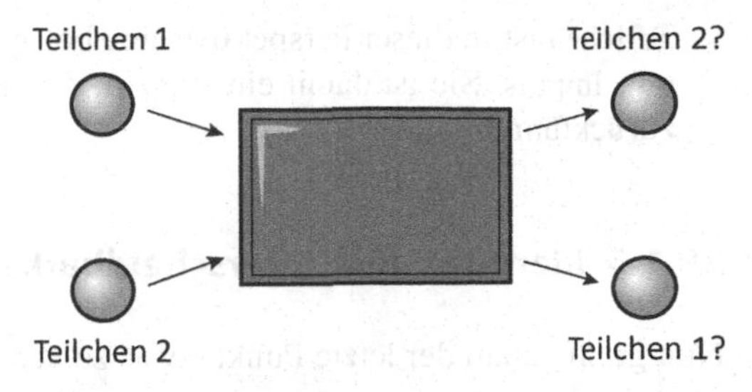

Abb. 29.2 Zwei gleiche Teilchen fliegen aufeinander zu, kollidieren im Kasten und fliegen danach wieder auseinander

- Die quantenmechanischen Objekte sind nun durch Wellenpakete dargestellt, die eine Orts- und Impulsunbestimmtheit haben. Die Größe des Kastens soll nun genau dieser Ortsunbestimmtheit entsprechen. Damit ist es **unmöglich** zu sagen, welches Teilchen am Ende des Kastens nun oben und welches unten herauskommt. Aufgrund der Impulsunbestimmtheit kann man diese auch nicht an ihren Impulsen oder der Ausbreitungsrichtung identifizieren. Wir wissen einfach nicht, ob sie kollidieren, sodass Teilchen 2 nach unten und Teilchen 1 nach oben reflektiert wird, oder ob sie einfach aneinander vorbeilaufen.

Damit scheint das obige Kriterium der Unterscheidbarkeit anhand von Trajektorien nicht mehr anwendbar. Folgt daraus, dass die **metaphysische Identität** nicht denkbar ist?

Nun, es scheint noch einen Ausweg zu geben: Man kann sagen, es gibt zwar Trajektorien, wir können sie nur nicht feststellen. Damit wäre eine **metaphysische Identität** gegeben, nur wäre sie für uns nicht empirisch feststellbar. Dies könnte man beispielsweise basierend auf Heisenbergs Modell der ‚Messung = Störung' (Abschn. 13.3.1) formulieren: Die Teilchen bewegen sich demnach durchaus auf Trajektorien, die man nur prinzipiell nicht mehr feststellen kann, da jeder Versuch eine Störung darstellt. Und die Unbestimmtheitsrelation ‚gilt nicht wirklich', sondern beschreibt nur unsere Messeingriffe. Die Teilchen bewegen sich also in ‚Wirklichkeit' auf Trajektorien und damit wäre die Identität wie in der klassischen Mechanik denkbar. Man kann das Problem der Trajektorien also auf zwei Weisen formulieren:

- **Epistemisch** Die Teilchen bewegen sich in Wirklichkeit auf Trajektorien, wir können nur nicht auf diese zugreifen. Damit gibt es eine metaphysische Individualität, auch wenn wir empirisch die Teilchen nicht unterscheiden können, es ist also ein epistemisches Problem. Es geht um das, was wir über die Natur wissen können. Nun haben wir in Abschn. 13.3 starke Argumente gegen Heisenbergs Auffassung der Messung vorgebracht, man kann diese Version sicher zu den Akten legen.[6]
- **Ontologisch** Wenn man jedoch sagt, dass die Quantenmechanik, speziell aufgrund der Unbestimmtheitsrelation, die Existenz von Trajektorien ausschließt, dann ist der Zugang zu einer Identität verbaut. Die Nicht-Individuierbarkeit von

[6]Dies gilt aber nicht für die De-Broglie-Bohm-Version der Quantenmechanik, die explizit auf Trajektorien beruht (Abschn. 6.2.3). Im Rahmen der OQM ist die epistemische Variante jedoch nicht mehr relevant.

Teilchen ist in dieser Perspektive eine Folge der Unbestimmtheitsrelation für Ort und Impuls. Sie ist damit ein Prinzip, das sich auf die Unbestimmtheitsrelation zurückführen lässt.

29.1.3 Identität und Unterscheidbarkeit in der Quantenmechanik II

Nun greift genau der letzte Punkt etwas zu kurz:

- Es wird impliziert, dass die Ununterscheidbarkeit eine Folge der Unbestimmtheitsrelation für Ort und Impuls ist. Aber im Formalismus wurde das nirgends so abgeleitet: Ganz im Gegenteil, die Ununterscheidbarkeit resultiert aus der Antisymmetrie der Wellenfunktion, und diese ist ein weiteres Prinzip (Axiom), das wir fordern müssen. In Kap. 28 haben wir gesehen, dass die Ununterscheidbarkeit alle Observablen betrifft, nicht nur Ort und Impuls. Das Problem der Ununterscheidbarkeit ist also allgemeiner, und nicht eine Folge der speziellen UR für Ort und Impuls.
- Zudem lässt die Fokussierung auf die UR für Ort und Impuls in Abb. 29.2 noch den Ausweg, dass man die Teilchen zwar nicht mehr an den Trajektorien unterscheiden kann, aber vielleicht dann an unterschiedlichen Spins. So könnte man zwar im He-Grundzustand, der ein Singulett ist, die Teilchen nicht anhand von Bahnkurven unterscheiden[7] aber vielleicht anhand der Spins?

Das Pauli-Prinzip fordert uns aber auf, in Gl. 28.5 auch die Spins durch eine **Superposition** zu beschreiben. Damit sind die Teilchen auch nicht mehr über diese Eigenschaft zu unterscheiden. Wir sehen an diesem Beispiel, wie die Ununterscheidbarkeit weit über die Unbestimmtheit von Ort und Impuls hinausgeht. Die ganze Sache scheint grundlegender zu sein, lassen wir dazu E. Schrödinger zu Wort kommen:[8]

> Wenn wir es ja in theoretischen Überlegungen mit zwei oder mehr Teilchen derselben Art zu tun haben, beispielsweise mit den zwei Elektronen eines Heliumatoms, dann müssen wir die Individualität dieser zwei gleichen Teilchen verwischen. Wenn wir das nicht tun, so werden die Resultate, die wir aus der Theorie ableiten einfach falsch, sie stimmen nicht mit der Erfahrung überein. Wir müssen zwei Situationen, die sich durch Rollentausch der zwei Elektronen im Heliumatom unterscheiden, nicht etwa bloß als gleich ansehen – das wäre selbstverständlich – sondern wir müssen sie als eine und dieselbe zählen. Das macht den Unterschied aus. Zählt man sie als zwei gleiche, dann kommt Unsinn heraus, d. h., etwas, was nicht mit der Erfahrung in Einklang ist. [...] Dass die Einzelpartikel kein wohl abgegrenztes Dauerwesen von feststellbarer Identität oder Dasselbigkeit ist, und die eben angeführten Gründe dafür, wird heute glaube ich von den meisten Theoretikern zugegeben. Trotzdem spielt in ihren Vorstellungen, Überlegungen, Gesprächen und Schriften das Einzelteilchen immer noch eine Rolle, der ich nicht beipflichten kann.

[7] Eine Vorstellung, die nach Abschn. 13.2 eh unsinnig ist!
[8] Schrödinger E (1952) Br J Philos Sci 3:233.

Superposition In der klassischen Physik, z. B. bei der Diffusion, gibt es Elemente der Realität, in diesem Fall die Trajektorien, die der Vorstellung einer Individualität eine Basis geben. Wir können immer sagen, die Teilchen seien zu einer bestimmten Zeit in einem Zustand (x, p). Dies könnte man in dem quantenmechanischen Formalismus aufrechterhalten, wenn man einen Produktansatz wie in Gl. 28.2 oder Gl. 28.3 machen könnte. Dann können wir nach Abschn. 5.1.7 sagen, die Teilchen **seien** in den entsprechenden Zuständen und wir können ihnen bestimmte Eigenschaften zuschreiben. Wir sagen, sie **haben** diese Eigenschaften (Abschn. 6.1.2). Dies alles bricht zusammen, da wir durch das Pauli-Prinzip gezwungen sind, die Zustände als Superpositionen nach Gl. 28.4 und 28.5 zu schreiben.

Nun sind alle – aber auch alle – dynamischen Observablen unbestimmt, der Zustand ist eine Superposition der Orbitale und Spinanteile der Einteilchenwellenfunktionen. In Abschn. 28.2 haben wir gesehen, dass man in diesem Fall keine einzige Eigenschaft für keines der Elektronen als Eigenwert berechnen kann. Alle Eigenschaften sind unbestimmt, das Vielelektronensystem ist **nicht separabel.** Damit gibt es keine Möglichkeit, ein Elektron von einem anderen zu unterscheiden. Nicht durch Aufenthaltsort, Energie, Impuls, Drehimpuls, Spinausrichtung. In Abschn. 28.4 haben wir betont, dass man sich nicht vorstellen kann, dass sich die Elektronen in Orbitalen befinden, und damit z. B. eine bestimmte Energie haben. Für ein Elektron in einem Mehrelektronensystem ist ein Energieeigenwert nicht berechenbar, die Energie ist unbestimmt. Und damit stellt sich die Frage, welche Vorstellung wir z. B. von zwei Teilchen im Helium 1 s-Zustand haben können? Sie haben offensichtlich nicht unterschiedliche Spins, keine unterschiedlichen Orte, Energien etc. Verschmelzen sie zu ‚Superelektronen'? Ist unsere Vorstellung, sie durchnummerieren zu können wie Schafe, obsolet?

Ununterscheidbarkeit und Nummerierbarkeit Der Wellenfunktionsansatz führt dazu, dass die Vielteilchenzustände nicht **separabel** sind. Es gibt einen Gesamtdrehimpuls, man kann diesen nicht in Beiträge der einzelnen Teilchen aufdröseln. Alle Eigenschaften des Atoms/Moleküls beziehen sich nun auf die Gesamtheit der Elektronen, aber nicht mehr auf die einzelnen Elektronen. Darüber hinaus gibt es aber im Formalismus nichts, das uns auf einzelne Elektronen in Atomen/Molekülen ‚zeigen' lässt, es gibt nichts, das gemäß Abb. 6.1 auf einzelne Elektronen verweist, d. h., man kann im Rahmen der Quantentheorie gar nicht sinnvoll über einzelne Elektronen reden. Wenn wir diese nicht anhand ihrer Eigenschaften identifizieren können, dann scheint uns die Möglichkeit, Mengen mit identischen Teilchen sozusagen virtuell durchzunummerieren, abhanden zu kommen. Um ihnen eine Nummer anheften zu können, muss man sie in eine Reihe stellen können, sonst kommt man durcheinander. Stellen Sie sich eine Herde Schafe vor, die Sie durchzählen wollen: Die Schafe sehen auf den ersten Blick alle gleich aus, um nicht komplett durcheinander zu kommen, müssen sie alle durch ein enges Gatter treiben, also unterscheidbar machen. Das ist für die N Elektronen in einem Atom oder Molekül so offensichtlich nicht möglich.

Dies bedeutet, dass wir die Teilchen nicht durchnummerieren können. Am Anfang von Abschn. 28.1 haben wir den Teilchen Nummern gegeben und sie beim Produktansatz in verschiedene Orbitale gesteckt. Dann haben wir durch den antisymmetrischen Ansatz Superposition der Eigenzustände erhalten, sodass die Eigenschaften, aufgrund derer wir sie unterscheiden wollen, gar nicht mehr vorliegen. Und wenn wir die Teilchen gar nicht unterscheiden können, dann können wir sie auch nicht durchnummerieren. Es scheint, hier geht etwas gewaltig schief: Man setzt Unterscheidbarkeit voraus, um Ununterscheidbarkeit herzustellen.

Oder muss man das vielleicht anders lesen? Mit dem Produktansatz kann man zwei Zustände für die beiden Elektronen angeben, wie z. B. die zwei Spinzustände in Gl. 28.3. Mit dem antisymmetrischen Zustand werden diese beiden in einen Zustand 28.4 überführt. Es gibt also gar keine zwei Zustände, in denen die Teilchen jeweils unterschiedliche Eigenschaften haben, es gibt nur einen, in dem die Eigenschaften der beiden unbestimmt sind.

Ordinalität und Kardinalität Nehmen wir ein Molekül mit N Elektronen und geben ein Elektron dazu, wir erhalten ein Anion mit Ladung $N + 1$. Dann ionisieren wir dieses wieder, und ein Elektron fliegt davon. Klassisch stellen wir uns nun $N + 1$ geladene Kugeln vor, die ihre Bahnen ziehen, und es kann durchaus sein, dass dieselbe Kugel, die auf das Molekül getroffen ist, wieder davonfliegt. Quantenmechanisch haben wir jedoch massive Probleme, in diesem $N + 1$ Elektronenzustand von individuierten Elektronen zu reden, es scheint eher eine Analogie mit dem Wassertropfenmodell zu geben (Abb. 29.1). Der klassischen Idee, dass man sozusagen einem Elektron ‚virtuell' folgen könnte, indem man es mit der Nummer ‚$N + 1$' versieht – dass alle Elektronen durch virtuelle Nummern versehen sind – scheint die Grundlage entzogen. In der Mathematik nennt man dies die **Ordinalität** einer Menge, die Möglichkeit, die Elemente der Menge stabil durchzunummerieren, jedem Element der Menge stabil eine Nummer zuzuordnen. Die Rede von identischen Teilchen in der Quantenmechanik handelt davon, dass diese nicht mehr in dieser Weise ‚gedacht' individuierbar sind. Sie haben zwar eine Anzahl N (**Kardinalität** einer Menge), denn wir reden von N Elektronensystemen, aber diese sind nicht mehr stabil nummerierbar. N allerdings ist eine feste Größe, wir normieren die Wellenfunktion derart, dass N eindeutig bestimmt ist.

Physikalische Bedeutung der Interferenzterme In Abschn. 29.1.2 haben wir eine epistemische Position diskutiert: Das Problem der Individualität der Quantenteilchen ist mit dem Problem verknüpft, dass wir keinen Zugriff auf Trajektorien haben. Ist es also einfach unser Unwissen, welches die Probleme generiert? In Abschn. 28.1.2 haben wir den Unterschied von Unwissen und Unbestimmtheit angesprochen, es geht hierbei um die Deutung der Interferenzterme in Gl. 28.6. Besonders einfach lässt sich dies am Doppelspaltversuch verdeutlichen (Abschn. 13.1.3). Wir haben gesehen, dass man klassische Ensemble präparieren kann, die sich gerade durch des Fehlen der Interferenzterme auszeichnen. Versuch 1 beschreibt genau die Situation, dass man zwar weiß, dass das Teilchen durch einen der Spalte gegangen ist, man weiß nur nicht durch welchen, das Fehlen der Interferenzterme beschreibt genau diesen statistischen Fall des **Unwissens.** Analog beschreibt Gl. 28.7 den Fall, dass man nicht weiß, welches Teilchen welchen Spin **hat,** man weiß aber sicher, dass die Teilchen jeweils einen bestimmten Spin besitzen.

Das Auftreten der Interferenzterme dagegen charakterisiert die quantenmechanische Unbestimmtheit, es ist nicht möglich, den einzelnen Elektronen bestimmte Spinzustände zuzuweisen. Aber die Interferenzterme beschreiben nicht nur eine weitere Dimension der Unbestimmtheit: Der Zustand mit Interferenztermen hat völlig andere Eigenschaften als ohne. Beim Wellenpaket ist es die Lokalisierung, beim Doppelspalt das Interferenzmuster am Schirm, beim Stern-Gerlach Versuch (Abb. 21.1) die Ablenkung in ein oder zwei Strahlen, beim Atom das Auftreten des Hertz'schen Dipols (Abschn. 21.3.4) etc. Die Interferenzterme haben eine physikalische Auswirkung. Für Elektronen in Atomen und Molekülen ist diese Auswirkung die Absenkung der Energie durch die K-Integrale, wie sie in Gl. 23.13 auftreten.

Wir haben nun mehrere Beispiele gesehen, wie Zustände präpariert werden können, in denen die Interferenzterme auftreten oder nicht vorhanden sind. In allen Fällen haben die Interferenzterme eine physikalische Auswirkung. Wenn man also ein Vielteilchensystem so präpariert, dass es durch eine verschränkte Wellenfunktion beschrieben wird, dann sind die Teilchen ununterscheidbar. Und wir wollen dies in einem absoluten Sinne formulieren: Während der Formalismus der Mechanik durch die Beschreibung des Zustands zweier Teilchen durch (x_1, p_1) und (x_2, p_2) immer eine Unterscheidbarkeit, und damit Individuierbarkeit garantiert (Abschn. 28.2), gibt es im (‚orthodoxen') quantenmechanischen Formalismus nichts dergleichen. Es gibt keine Formel, die sich so interpretieren lässt, dass sich durch antisymmetrische Wellenfunktionen beschriebene Teilchen individuieren lassen. Und damit sind wir wieder, wie schon an anderen Stellen in diesem Buch, auf das Verhältnis von Mathematik und Welt verwiesen. Ist die Welt so, wie die Mathematik sagt, oder ist sie anders, ist die Theorie einfach nicht in der Lage, die Wirklichkeit anständig zu repräsentieren?

29.2 Verschränkung, Korrelation und Nicht-Lokalität

Schon in Abschn. 5.1.7 haben wir die Frage aufgeworfen, was es bedeutet, dass man keinen definiten Wert einer Observablen berechnen kann, wenn das Quantenteilchen nicht in einem Eigenzustand des entsprechenden Operators $\hat{O}$ ist. Man kann aber immerhin einen Erwartungswert $\langle \hat{O} \rangle$ berechnen, und erhält dann eine Streuung $\Delta \hat{O}$. Der Wert der Observablen ist **unbestimmt,** und die Kap. 13 und 21 haben an einigen Beispielen einen Eindruck davon vermittelt, welche unterschiedlichen Interpretationen hier diskutiert werden. Nach Abb. 6.1 und der entsprechenden Diskussion in Kap. 6 könnte das zwei Gründe haben:

- Die Quantenmechanik gibt eine vollständige Beschreibung der Natur: Dann haben die Objekte die entsprechenden Eigenschaften nicht. Was das bedeuten soll, können wir uns einfach nicht vorstellen. Das könnte Feynman meinen, wenn er behauptet, dass niemand die Quantenmechanik verstehe (Abschn. 6.4).
- Oder aber es bedeutet, dass diese Unmöglichkeit der Angabe eines Eigenwerts nur ein Unvermögen der Theorie ist – dass diese die Wirklichkeit nicht korrekt abbildet bzw. beschreibt. Irgendwas könnte fehlen, die Theorie könnte **unvollständig** sein.

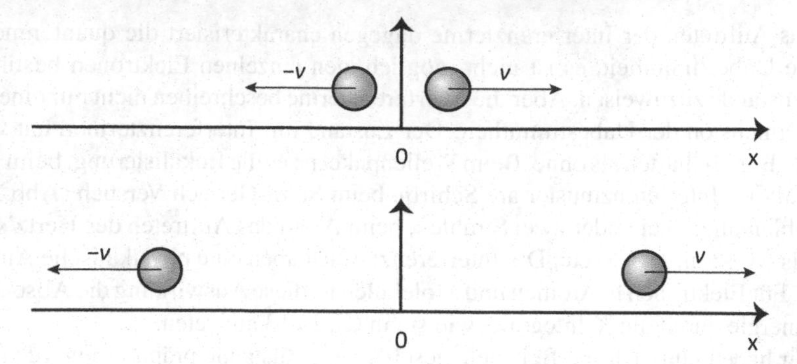

Abb. 29.3 Zwei Teilchen stehen anfangs in Wechselwirkung, aufgrund derer sie auseinanderfliegen. Es gilt Impuls- und Energieerhaltung, daher kann man aus dem Impuls des einen auf den Impuls des anderen schließen

29.2.1 Einstein, Podolsky und Rosen (EPR)

Einstein und seine Mitarbeiter Podolsky und Rosen (EPR) haben Letzteres durch ein Gedankenexperiment (Abb. 29.3) nachweisen wollen.[9] Wir wollen zuerst die zentralen Konzepte diskutieren, die hier vorausgesetzt werden.

Vollständigkeit Aus der Situation in Abb. 29.3 kann man sofort einen Widerspruch zur Quantenmechanik konstruieren: Man misst den Ort des linken Teilchens und gleichzeitig den Impuls des rechten. Aus diesem kann man auf den Impuls des linken Teilchens schließen. Damit kann man offensichtlich für ein Teilchen Ort und Impuls bestimmen, was die Quantenmechanik selber nicht erlaubt, denn es gilt ja die Unbestimmtheitsrelation für Ort und Impuls. Es scheint, wenn das Gedankenexperiment richtig ist, dass die Unbestimmtheitsrelation gar nicht wirklich gilt, sie könnte also nur ein Artefakt einer nicht angemessenen Theorie sein, die Quantenmechanik könnte in derselben Weise unvollständig sein, wie die kinetische Gastheorie (Abschn. 5.2.3). Dass man mit der Quantenmechanik nicht gleichzeitig Impuls und Ort eines Teilchens bestimmen kann, hat dieselben Gründe wie bei der kinetischen Gastheorie: Es fehlen einige Parameter in der Beschreibung.

Realität Zentral für das EPR-Argument ist ein Konzept des Realismus. Wir haben die damit zusammenhängenden Probleme in Abschn. 6.1.2 schon angesprochen, und auch das Realitätskonzept aus der EPR-Arbeit dargestellt: „Wenn ohne jede Störung des Systems der Wert einer Größe mit Bestimmtheit vorausgesagt werden kann, dann existiert ein Element der physikalischen Realität, das dieser Größe entspricht.“ Nun wird an dem einen Teilchen nur der Ort gemessen, auf den Impuls wird durch die Messung am anderen Teilchen geschlossen. Da man nun dem Teilchen ‚ohne Störung‘ einen Impuls zuschreiben kann, wird mit dem Realitätskonzept gesagt, dass

[9] Phys Rev 47:777 (1935).

es einen Impuls **hat,** auch ohne direkte Verifikation durch eine Messung. Das ist der Kern des Realitätskonzepts. Zudem: Wir können aus der Theorie auf eine Eigenschaft schließen oder sie berechnen; wenn man diese Eigenschaft dann misst, gab es sie schon vor bzw. unabhängig von der Messung. Wir erkennen nun die Tragweite des Gedankenexperiments: In Abschn. 4.2.4 haben wir ausgeführt, dass die Rede von Wahrscheinlichkeiten sich immer auf eine Messung beziehen muss, und in den verschieden Kapiteln zum Formalismus und Interpretation haben wir dies immer weiter ausformuliert. All dies geschah auf der Basis des quantenmechanischen Formalismus. Nun sind wir mit der Frage konfrontiert, ob dieser Formalismus eventuell nicht korrekt ist.

Lokaler Realismus: Lokalität und Separabilität In Abschn. 28.2 haben wir gesehen, dass die klassische Mechanik lokal ist, man kann jedem Teilchen einen Satz von Eigenschaften unabhängig von den anderen Teilchen zuordnen. Die Teilchen **haben** diese Eigenschaften. Dies nennt man einen **lokalen Realismus.** Natürlich kann es durch Wechselwirkung mit den anderen Teilchen zu einer Störung dieser Eigenschaften kommen: Diese Störung wird aber immer durch einen Energie- oder Impulsübertrag vermittelt, der maximal mit Lichtgeschwindigkeit stattfinden kann. Im EPR-Argument wird also verwendet, dass der Impuls des Teilchens, an dem der Ort gemessen wird, vor der Messung vorliegt, und nicht instantan durch die Impulsmessung an dem anderen Teilchen gestört wird. Nach der Diskussion in Abschn. 28.3 schwant uns schon: Diese Voraussetzung trifft für die Quantenmechanik nicht zu. Haben wir da nicht explizit gezeigt, dass die Quantenmechanik weder Separabilität noch Lokalität unterstützt? Und die Versuche zu Spins in Abschn. 20.1.4 sowie die Diskussion speziell in Abschn. 21.1.3 hat doch deutlich gemacht, dass dieses Realitätkonzept so nicht korrekt sein kann.

Aber: Das sind ja ‚nur' Theorieaussagen, und Theorien können bekanntlich falsch sein oder nur Aspekte richtig beschreiben. Diese Voraussagen der Quantenmechanik könnten ja falsch sein, und wenn man das irgendwie experimentell erhärten könnte, würde man nach einer besseren, d. h. vollständigen, Theorie suchen. Also: Kann man Experimente durchführen, die die Vorhersagen der Quantenmechanik als unzutreffend ausweisen?

29.2.2 Spins, Bell und Aspect

Der Physiker David Bohm schlug vor, Orte und Impulse in dem Beispiel Abb. 29.3 durch Spins zu ersetzen, und das System in Beispiel 28.1 zu betrachten, wie in Abb. 29.4 gezeigt. In der Quelle werden Spin-Singulett-Paare erzeugt, die in entgegengesetzter Richtung in die beiden Stern-Gerlach-Apparaturen fliegen. Die beiden Elektronen bewegen sich in entgegengesetzter Richtung entlang der x-Achse. Wenn man nun links eine z-Messung des Spins macht und rechts eine y-Messung, kann man analog zum Ort-Impuls-Beispiel gleichzeitig die z- und y-Komponenten des Spins messen, im Gegensatz zur Vorhersage der Quantenmechanik, wo diese Observablen nicht kommutieren. Ist das so?

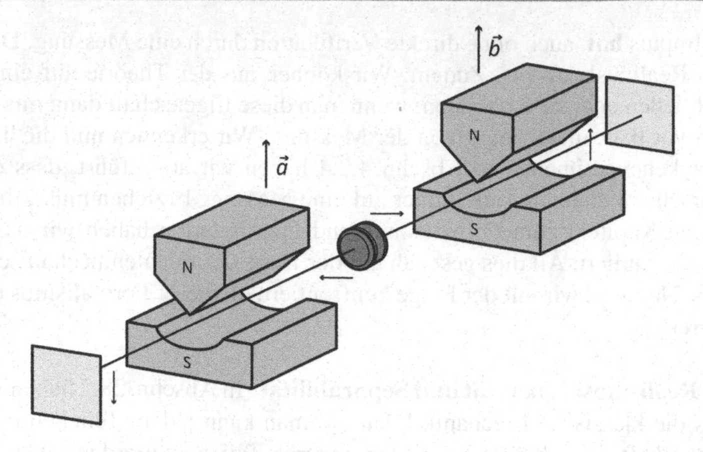

Abb. 29.4 Messung der beiden Spins mit Stern-Gerlach-Apparaturen. Diese können in die gleiche Raumrichtung ausgerichtet sein, aber auch unterschiedlich ausgerichtet sein in jede beliebige Richtung **a** und **b** in der Ebene senkrecht zur Ausbreitungsrichtung

Klassische Annahmen Wenn man Messungen an beiden Spins durchführt, wird man eine **Korrelation** der Spins feststellen: Misst man für Elektron 1 Spin α, wird man für Elektron 2 zwangsläufig Spin β finden. Gibt es hier einen Unterschied zu der klassischen Korrelation, wie sie z. B. im Handschuhbeispiel 28.2 auftritt? Wenn die Sache mit den Spins genauso wie mit den Handschuhen wäre, dann würden die Annahmen von EPR gelten (siehe nochmals die Diskussion der Konzepte in Kap. 28):

- Jedes Elektron **hat** einen bestimmten Spin und behält diesen bei, bis er ausgelesen wird **(Realität)**.
- Der Zustand der Elektronen ist **separabel,** der Gesamtspin ist einfach eine Summe der Komponenten, die man jederzeit durch lokale Operationen, wie beispielsweise durch Gl. 28.10 gegeben, feststellen kann.
- **Lokalität:** Die Messung an dem einen Spin kann den anderen nicht beeinflussen. Ein Einfluss ist nur über klassische Wechselwirkungen denkbar, z. B. über Gravitations- oder elektrostatische Potenziale. Die Elektronen sollen aber so weit entfernt voneinander gemessen werden, dass diese Wechselwirkung ausgeschlossen ist.

Aufbau und klassische Vermutung Mit der Apparatur in Abb. 29.4 können wir beliebige Richtungen **a** und **b** an beiden Seiten messen. Wir wollen uns nun auf drei verschiedene Richtungen, nennen wir sie (**a**, **b**, **c**), beschränken. Wir können also die beiden Flügel jeweils auf drei Winkel drehen.[10] Nehmen wir an, der Versuch ist entlang der x-Koordinate ausgerichtet, dann kann man die beiden Flügel des Versuchs in der y-z-Ebene drehen.

[10] Wir folgen hier der Diskussion in [54]. Dies ist eine sehr einfache Darstellung der Bell'schen Ungleichung.

- Beispielsweise könnte man den Spin in z- und y-Richtung messen (**a** und **b**), und ebenfalls entlang der Winkelhalbierenden (**c**). Man würde dann viele Elektronenpaare erzeugen und den Spin der beiden Elektronen für die jeweils gewählte Ausrichtung **a**, **b** oder **c** messen, diese Ausrichtungen können auf den beiden Seiten unterschiedlich sein.
- Die Annahmen **Realität** und **Separabilität** besagen, dass es sich bei der Trennung der beiden Elektronen entscheidet, welches Elektron welchen Spin hat und damit was an den beiden Seiten gemessen wird. D. h., es würde beim Verlassen der Quelle feststehen, welche Messwerte man für die drei Richtungen bekommt. Denn dies hängt nur an der Ausrichtung des Spins, den das Elektron beim Verlassen der Quelle **hat.** So könnte es beispielsweise einen Spin haben, der auf Winkelhalbierenden zwischen der z- und y-Richtung liegt, also genau der **c**-Richtung entspricht. Dann hätte der Spin-Vektor positive Komponenten in z- und y-Richtung. Dann würde es bei allen drei Messungen systematisch in eine Richtung abgelenkt, die wir mit der α-Komponente bezeichnen wollen und man kann diesem Teilchen die Spinausrichtung (α, α, α) zuordnen. Da der Spin des anderen Elektrons entgegengesetzt ist (sie bilden ein Singulett), muss für dieses dann (β, β, β) gelten. Wir haben nun die Spins analog zu dem Handschuhbeispiel modelliert. Wir nehmen also an, dass wir den Elektronen klassische Drehimpulsvektoren zuordnen können, die mit dem Verlassen der Quelle vorliegen und die bei der Messung nur ausgelesen werden.

Klassische Korrelationen Tab. 29.1 zeigt alle möglichen Kombinationen, die vorliegen könnten. D. h., die Spins der Teilchen, die in der klassischen Vorstellung als Vektoren eine bestimmte Ausrichtung im Raum haben, lassen sich durch diese möglichen Messwerte klassifizieren. Der Spin, der entlang **c** ausgerichtet ist, wird, wie oben ausgeführt, in die erste Klasse mit (α, α, α) fallen. Nun werden aber an nicht jedem Paar alle drei Ausrichtungen gemessen, sondern immer nur eine pro Elektron des Paars. Man könnte beispielsweise in Abb. 29.4 links entlang der **a**-Richtung einen Spin α und rechts entlang der **b**-Richtung einen Spin α messen. Diese Werte kann man offensichtlich zwei Klassen zuordnen, der Klasse N_3 oder zu N_4 in Tab. 29.1, und nur diese beiden Klassen haben diese Kombination. Ein solches Messergebnis soll mit $(\alpha, \alpha|ab)$ bezeichnet werden. Nun machen wir N Versuche, vermessen also N Elektronenpaare. Die Anzahlen N_i repräsentieren dann verschiedene Klassen von

Tab. 29.1 Anzahlen N_i für die jeweilige Ausrichtung. In der ersten Zeile sind die Spinausrichtungen des ersten Elektrons, in der zweiten Zeile die des zweiten Elektrons angegeben. Dies sind die Ausrichtungen bezüglich der Messrichtungen **a**, **b** und **c**. Die Ausrichtungen werden mit α und β bezeichnet und als Tripel für die jeweilige Messrichtung (**a**, **b**, **c**) eingetragen

N_1	N_2	N_3	N_4	N_5	N_6	N_7	N_8
(α, α, α)	(α, α, β)	(α, β, α)	(α, β, β)	(β, α, α)	(β, α, β)	(β, β, α)	(β, β, β)
(β, β, β)	(β, β, α)	(β, α, β)	(β, α, α)	(α, β, β)	(α, β, α)	(α, α, β)	(α, α, α)

Messungen,[11] sie sind die Häufigkeiten, mit denen man solche Spineinstellungen im Experiment erwartet.

Aus dieser Tabelle kann man nun Aussagen über relative Häufigkeiten der Ereignisse treffen. So ist es relativ trivial einzusehen, dass eine Ungleichung

$$N_3 + N_4 \leq (N_3 + N_7) + (N_4 + N_2) \tag{29.1}$$

gilt, da die Anzahlen positive Zahlen sind. Wenn wir die Gesamtzahl der Messungen kennen, $N = \sum_i N_i$, so können wir Wahrscheinlichkeiten P für bestimmte Messergebnisse $(\alpha, \alpha|ab)$, $(\alpha, \alpha|ac)$ und $(\alpha, \alpha|cb)$ wie folgt berechnen,

$$P(\alpha, \alpha|ab) = \frac{N_3 + N_4}{N}, \qquad P(\alpha, \alpha|ac) = \frac{N_2 + N_4}{N}, \qquad P(\alpha, \alpha|cb) = \frac{N_3 + N_7}{N}.$$

Wird dies in Gl. 29.1 eingesetzt, erhält man folgende Ungleichung,

$$P(\alpha, \alpha|ab) \leq P(\alpha, \alpha|ac) + P(\alpha, \alpha|cb). \tag{29.2}$$

Nun kann man Messungen durchführen und muss nur die relativen Häufigkeiten der einzelnen Ereignisse bestimmen. Daher der ganze Aufwand: Man muss das physikalische Problem in eine Form bringen, die durch Messungen überprüft werden kann. Wir stellen die Apparaturen auf die Winkel (**a**, **b**), (**a**, **c**) und (**b**, **c**) und zählen dann jeweils, wie oft auf beiden Seiten der gleiche Spin α gemessen wird. Der Physiker J. S. Bell hat Ungleichungen des Typs Gl. 29.2 als Erster aufgestellt, daher werden diese **Bell'sche Ungleichungen** genannt.

Verborgene Parameter Wir kommen nun auf die Frage zurück, die wir am Eingang dieses Abschnittes 29.2 gestellt haben, und die sich schon in Abschn. 5.1.7 aufgedrängt hat: Die Quantenmechanik kann nur eine Komponente der Spinausrichtung (z. B. a) bestimmen, die beiden anderen (b und c) bleiben unbestimmt. Man kann also niemals die Messwerte in alle drei obigen Richtungen simultan berechnen. Liegt das daran, dass die Natur so ist, oder ist die Quantenmechanik unvollständig, wie wir das für die kinetische Gastheorie in Abschn. 5.2.3 angesprochen haben? Wäre sie nun eine statistische Theorie wie die kinetische Gastheorie, dann fehlten ihr einfach Parameter, um das Ergebnis festzulegen. Bei der Gastheorie sind das die Orte und Impulse der Teilchen. Bei der Quantenmechanik fehlen uns genaue Angaben zu Orten und Impulsen. Wir haben ja, wie in der kinetischen Gastheorie, am Ende auch nur eine ‚Verteilungsfunktion' für Orte und Impulse $|\Psi|^2$. Zudem fehlen auch Angaben zu den Spins, wir können immer nur den Betrag und eine Spinkomponente berechnen. Nehmen wir daher an, es gäbe eine Theorie, die zusätzliche Parameter – nennen wir sie λ – zur Verfügung hat, um das mikroskopische Detail genauer zu beschreiben, d. h. die Spinausrichtungen in Tabelle genau 29.1 vorherzusagen. Eine

[11] $N = \sum_i N_i$.

um λ erweiterte Theorie würde also erlauben, alle Spinkomponenten zu berechnen, im Gegensatz zur herkömmlichen Quantenmechanik. Diese Theorie würde also auf den Annahmen der **Realität, Separabilität und Lokalität** beruhen, also einen **lokalen Realismus** behaupten. Die Aussage ist also die:

- Wir haben die Vermutung, dass in der Natur durchaus nicht-kommutierende Observablen gleichzeitig vorliegen, d. h. die Objekte diese Eigenschaften haben.
- Die Quantenmechanik ist aber, ähnlich der kinetischen Gastheorie, nicht in der Lage, diese Realität vollständig abzubilden.
- Eine erweiterte oder verbesserte Theorie, so die Vermutung, könnte unsere Vorstellungen davon, wie es in der Natur zugeht, besser abbilden. Dazu gehören definitiv **Realität, Separabilität und Lokalität,** kurz, ein **lokaler Realismus.** Die Erweiterung um die zusätzlichen Parameter λ würde uns erlauben, beispielsweise über Trajektorien von Teilchen oder von Spinrichtungen (alle drei Komponenten!) zu reden.
- Eine solche Theorie würde dann aber Messergebnisse voraussagen, die Ungleichungen vom Typ Gl. 29.2 gehorchen.

Nun können wir die Theorie experimentell testen: Wenn das Experiment Ungleichungen des Typs Gl. 29.2 bestätigt, dann wissen wir, dass die Quantenmechanik unvollständig ist. Denn die Quantenmechanik verletzt diese Ungleichungen.

29.2.3 Orsay-Experimente und quantenmechanische Vorhersagen

Die Messungen wurden mit den berühmten Experimenten von Aspect und Mitarbeitern (Orsay-Experimente) zum ersten Mal ausgeführt.[12] Dabei wurde gefunden, dass die experimentellen Daten nicht den Bell'schen Ungleichungen entsprechen. Damit kann die Theorie bzw. die Annahmen, die zu diesen Ungleichungen führen, nicht stimmen.

> Experimentell werden die Bell'schen Ungleichungen verletzt. Zentral für die Herleitung der Ungleichungen war zum einen die Annahme der **Lokalität/Separabilität** und zum anderen die **Realitätsannahme**. Eine der Annahmen muss also falsch sein.

[12]Dabei wurde nicht die Spinrichtung als Observable verwendet, sondern die Polarisation von Photonen. In Bezug auf Aussagen und Ergebnisse sind aber die beiden Systeme äquivalent.

Quantenmechanik Es wurden in den Experimenten also andere Korrelationen gefunden, als von einer klassischen Theorie verborgener Parameter vorausgesagt. Man kann zeigen, dass die Quantenmechanik

- ebenso die Bell'schen Ungleichungen verletzt. Es scheint also definitiv entweder die Separabilität, oder die Realitätsannahme verletzt, oder beides.
- die experimentell gefundenen Korrelationen hervorragend reproduzieren kann, also in völliger Übereinstimmung mit dem Experiment ist.

Klassische vs. quantenmechanische Korrelationen: Warum verletzt die Quantenmechanik die Bell'schen Ungleichungen? Klassische und quantenmechanische Korrelationen unterscheiden sich grundlegend. Das Paar Handschuhe mag ein Vertreter der klassischen Korrelation sein, das Spinpaar verhält sich aber statistisch völlig anders. Klassische Korrelationen, wie die des Handschuhbeispiels (Beispiel 28.2), würden den Bell'schen Ungleichungen folgen, quantenmechanische verletzen diese.

In Abschn. 29.1.3 haben wir diskutiert, was die Unbestimmtheit für die Bestimmung der Identität der Teilchen bedeutet. Die Teilchen sind in einer Superposition ihrer lokalen Zustände. Neben der klassischen Unsicherheit, in welchem Zustand die Teilchen sind, treten zusätzlich immer Interferenzterme auf, die klassisch nicht interpretierbar sind. Die Bedeutung der Interferenzterme lässt sich exemplarisch am besten am Doppelspalt in Abschn. 13.1.3 diskutieren, denn dieses Beispiel macht den Unterschied zwischen klassischer Unsicherheit und quantenmechanischer Unbestimmtheit sehr deutlich. Analoges gilt also hier für die Korrelationen, bzw. den Unterschied zwischen den klassischen und quantenmechanischen Korrelationen. Letztere basieren nicht auf einer ‚klassischen' Unsicherheit, sondern beruhen auf einer ‚Kopplung' der Zustände durch die Interferenzterme. Das ist der Grund für die Nichtlokalität: Die räumlich getrennten Zustände sind gekoppelt, und damit weder lokal noch separabel. D. h., durch die Messung an einem Spin findet ein Kollaps auch am anderen Spin statt: Diese Korrelation durch die nicht-lokale Verschränkung ist stärker als eine klassische Korrelation, die nur durch eine gemeinsame Entstehungsgeschichte bedingt ist.

29.2.4 Konsequenzen

Orthodoxe Quantenmechanik In diesem Buch diskutieren wir die Standardversion der Quantenmechanik, die wir in Abschn. 6.2.3 als orthodoxe Quantenmechanik bezeichnet haben. Wir sind nun in der Lage, ihren Status genauer zu charakterisieren.

- **Separabilität und Nichtlokalität** In Abschn. 28.2 haben wir gesehen, dass die Quantenmechanik, wie wir sie in diesem Buch vorstellen, nicht separabel und lokal ist. Dies liegt an der Antisymmetrie der Wellenfunktion (Abschn. 28.3).

- **Realität** Die Verletzung der Bell'schen Ungleichungen zeigt, dass die Beschreibung des Mikrokosmos nicht durch eine Theorie erfolgen kann, die **lokal realistisch** ist. Nun ist die Quantenmechanik eindeutig nicht-lokal, kann sie also dennoch eine realistische Beschreibung der Wirklichkeit erlauben? Diese wäre dann **nicht-lokal realistisch.**
  - **Antirealismus** Befindet sich ein Teilchen in einem Zustand, der kein Eigenzustand eines Operator $\hat{O}$ ist, dann sind die korrespondierenden Eigenschaften O_n unbestimmt. Sind sie damit nicht real? In der orthodoxen Quantenmechanik kann man das einfach nicht entscheiden, deshalb kam die Diskussion in Abschn. 6.2.1 bezüglich des Antirealismus zunächst zu keinem Abschluss. Wir konnten kein logisch zwingendes Argument für den Antirealismus entwickeln.
  - Wir haben in Abschn. 21.1.3 weitere starke Argumente kennengelernt, die eine realistische Sichtweise verhindern. Aufgrund der Uneindeutigkeit einer Basisdarstellung verbietet sich eine **Ignoranzinterpretation,** man erhält also keine realistische Repräsentation der Wirklichkeit. Vor einer Messung können wir keine Aussage über den Wert einer Observablen machen.
  - Das PBR-Theorem jedoch macht deutlich, dass eine epistemische Interpretation zusammen mit einem lokalen Realismus nicht haltbar ist, die analoge Konsequenz resultiert aus der Verletzung der Bell'schen Ungleichungen.

Vollständige Theorie Da die Experimente die Bell'schen Ungleichungen verletzen, und die Quantenmechanik in Übereinstimmung mit den Ergebnissen dieser Experimente ist, kann eine lokal realistische Theorie nur im Konflikt mit der experimentellen Evidenz sein. Es ist also nicht möglich, die Quantenmechanik so zu erweitern, dass sie einen **lokalen Realismus** unterstützt.

Dies ist die Stelle, an der wir einen Anschluss an das PBR-Theorem machen können. Denn eine Interpretation der Quantenmechanik analog zur kinetischen Gastheorie, bzw. mit dem Konzept des QK-Ensembles, wäre solch eine lokal-realistische Theorie, die im Anschluss an die EPR-Diskussion als unzulässig erwiesen wurde. Und das ist auch die Aussage des PBR-Theorems (Abschn. 6.3.1). Wir können die Wellenfunktion nicht als eine Repräsentation eines nicht-vollständigen Wissens über eine Realität verstehen, so wie dies in der kinetischen Gastheorie der Fall ist. Es ist nicht so, dass es eine Wirklichkeit gibt, welche von der Wellenfunktion nur halbherzig abgebildet wird. Es gibt keine fehlende Information, welche die Quantenmechanik zu einer lokal-realistischen Theorie vervollständigen könnte.

> Es gibt keine Möglichkeit die Quantenmechanik so zu erweitern, dass sie eine lokal-realistische Theorie wird. In diesem Sinne ist sie keine unvollständige Theorie.

Eine solche Erweiterung würde dann z. B. die Bell'schen Ungleichungen erfüllen, welche aber im Widerspruch zu den experimentellen Ergebnissen stehen.

Klassische Modelle In Kap. 13 haben wir verschiedene klassische (Interpretations-) Modelle betrachtet, die unter das PBR-Verdikt fallen. Damit ist es nicht erlaubt, z. B. die Beispiele des Wellenpakets oder Teilchens im Kasten als klassische Ensemble zu betrachten. Analoges gilt für das Vektormodell des Drehimpulses. In einer klassisch-statistischen Interpretation wird angenommen, dass die nicht-kommutierenden Observablen (x, p) und (S_x, S_y, S_z) durchaus gleichzeitig definite Werte haben. Denn mit diesen Modellen wird die Unbestimmtheitsrelation so aufgefasst, dass prinzipiell nur die **Kenntnis** dieser Werte nicht möglich ist. Wir nehmen mit diesen Modellen also ‚Elemente der Realität' an, welche die Quantenmechanik nicht ausweisen kann. Dies aber führt zu Folgeproblemen (Abschn. 13.2.3): Man muss dann eine Dynamik der Quantenobjekte annehmen, wenn sie den Gesetzen der klassischen Physik folgen sollen, die quantenmechanisch nicht nachvollziehbar ist (Abschn. 21.3.5). Analog zu der EPR-Argumentation müsste dann ein Fall eintreten, in dem diese Vorstellung im Widerspruch zu experimentellen Ergebnissen stehen sollte. Dies diskutieren wir am Beispiel der NMR in Abschn. 34.5.3.

Verborgene Parameter In den bisherigen Kapiteln haben wir die Analogie der orthodoxen Quantenmechanik zur kinetischen Gastheorie diskutiert. In beiden haben wir nur eine Verteilungsfunktion zur Hand: Die Information, die diese zur Verfügung stellt, reicht aber nicht aus, es fehlen Parameter für eine deterministische Beschreibung. Und die orthodoxe Quantenmechanik versucht an keiner Stelle, von solchen Parametern Gebrauch zu machen. Durch Hinzufügung solcher **verborgener Parameter** scheint ein Realismus möglich, allerdings muss man die **Nichtlokalität** beachten.[13] Was auf alle Fälle **falsch** ist, ist ein **lokaler Realismus.** Also die Annahme, dass die Spins für jedes Teilchen **lokal** eine Realität haben, unabhängig von dem anderen Teilchen. Was möglich scheint, ist ein **nicht-lokaler Realismus,** wo die ‚Realität' für das eine Elektron – ja, wie drücken wir das aus? – davon abhängt, welche Eigenschaften das andere Elektron gerade hat. Egal, wie weit dieses entfernt ist. Die Eigenschaften, die ein Teilchen hat, hängen von seinem Kontext ab. Hier begegnet uns wieder der Bezug auf eine Messung. In Abschn. 21.1.3 haben wir gesehen, dass man eine Darstellung in einer Basis nur bezüglich konkreter Experimente vornehmen kann. Das wäre hier der Kontext (**Kontextualität der Quantenmechanik**). Aber wie koppeln die Teilchen an diesen ‚Kontext'? Das sehen wir uns im nächsten Abschnitt genauer an.

Nichtlokalität Das EPR-Beispiel ist suggestiv, da es an unsere klassische Intuition appelliert, die Lokalität voraussetzt. Man misst den Ort des einen Teilchens, nennen wir es Teilchen ‚1' und den Impuls des anderen. Um der Unbestimmtheitsrelation zu genügen, müsste diese Impulsmessung an Teilchen ‚2', welche den Impuls von Teilchen ‚1' bestimmt, den Zustand von Teilchen ‚1' so verändern, dass dessen Ort

[13]Dies passiert explizit in der De-Broglie-Bohm'schen Mechanik (Abschn. 6.2.3). Hier werden verborgene Parameter eingeführt, die Positionen der Teilchen: Die Teilchen bewegen sich damit auf Trajektorien, unter Berücksichtigung der Nichtlokalität der Quantenmechanik. Wir können hier leider nicht näher darauf eingehen.

nun unbestimmt wird. Hier sehen wir die Auswirkungen der Nichtlokalität. Und genau das passiert, wie schon in Abschn. 28.3 beschrieben. Durch Messung an einer Stelle erfolgt ein instantaner Kollaps an einer anderen Stelle, was durch Gl. 28.11 zum Ausdruck kommt. Die Messung an Teilchen ‚2' führt zu einem Kollaps an Teilchen ‚1', was zu einer Ortsunbestimmtheit führen könnte. Dies ist analog zu den Spin-Messungen nicht-kommutierender Observablen in Abschn. 20.1.4, wo allerdings sukzessive Messungen an den gleichen Teilchen vorgenommen wurden. Hier haben wir es nun mit einem Kollaps durch Messungen an räumlich weit entfernten Teilchen zu tun. Es gibt Experimente, die genau dies zeigen, wie wir nun sehen werden.

29.3 Welcher-Weg-Experimente

Wie in Abschn. 13.1.3 zum Doppelspalt ausgeführt, sieht man kein Interferenzmuster, wenn man weiß, durch welchen Spalt (Weg) die Teilchen gegangen sind bzw., wenn man sicher ist, dass die Teilchen durch einen der beiden Spalte (Wege) gegangen sind. Kenntnis des Weges und Interferenzmuster schließen sich nach der Quantenmechanik auf die gleiche Weise aus, wie die gleichzeitige genaue Kenntnis nicht-kommutierender Observabler. Kann man die Quantenmechanik austricksen, analog zur Idee des EPR-Versuchs, indem man den Weg feststellt, dabei aber die Teilchen in keiner Weise beeinflusst?

Sogenannte ‚Welcher-Weg-Experimente' wurden ursprünglich als Gedankenexperiment vorgeschlagen und erst später experimentell realisiert.[14] Beispielsweise wird ein Doppelspaltexperiment mit Atomen durchgeführt, wie in Abb. 29.5 gezeigt. Vor den Spalten sind jeweils Kavitäten, die durchlaufen werden müssen. Wenn man den Versuch mit elektronisch angeregten Atomen macht und die Dimension der Kavität und Geschwindigkeit der Atome richtig wählt, kann das Atom durch Resonanz in der Kavität elektronisch abgeregt werden, es emittiert ein Photon in den Hohlraum: Durch die Messung dieses Photons weiß man dann, durch welchen Hohlraum, und damit durch welchen Spalt, das Teilchen gegangen ist.[15] In der Arbeit von Scully, Engler und Walter wurde gezeigt, dass durch die Wechselwirkung mit der Kavität, d. h. durch die Abgabe des Photons, keine Impulsänderung der Atome stattfindet.

[14] Scully M, Engler B, Walther G (1991) Quantum optical tests of complementarity. Nature 351:111. Experimentell realisiert in: Dürr S, Nonn T, Rempe G (1998) Origin of quantum-mechanical complementarity probed by a ‚which-way' experiment in an atom interferometer. Nature 395:33. Siehe auch Ma X, Kofler J, Zeilinger A (2016) Delayed-choice gedanken experiments and their realizations. Rev Mod Phys 88:015005. Ananthaswamy A (2018) Through two doors at once – the elegant experiment that captures the enigma of our quantum reality. Dutton, New York.

[15] In Abschn. 3.3 wurde darauf hingewiesen, dass die Rede von Photonen bei klassischen Lichtquellen problematisch sein kann. Hier aber wird Licht portionsweise in eine Kavität abgegeben, das sich durch die Randbedingungen als ebene Welle beschreiben lässt, also der Fall ist, auf den sich die Quantenelektrodynamik bezieht [39]. Die Rede von Photonen ist daher sinnvoll.

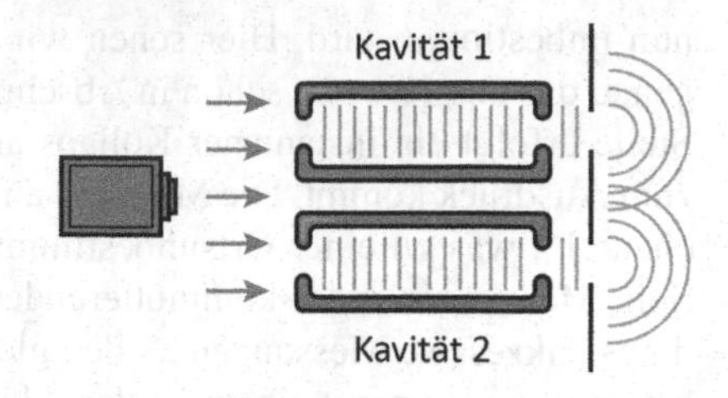

Abb. 29.5 Welcher-Weg-Experiment. Die angeregten Atome werden in den Kavitäten vor dem Doppelspalt abgeregt, das Licht kann dann in der Kavität detektiert werden

Denn diese würde sich im Verschwinden des Interferenzmusters bemerkbar machen. D. h., die De-Broglie-Wellenlänge des Atoms wird nicht verändert.[16]

Drei Fälle Man könnte nun den Atomstrahl so verdünnen, dass immer nur ein Atom die Apparatur durchläuft. Dann könnte man das Atom auf dem Schirm registrieren und gleichzeitig wissen, wenn man die Information der Kavität ausliest, welchen Weg es gegangen ist **(Welcher-Weg-Information).** Man macht das viele Male, bekommt ein Muster auf dem Schirm und weiß für jeden Einschlag, welchen Weg das Teilchen gegangen ist. Betrachten wir drei Fälle:

1. **Fall** Wir lesen die Messungen an den Kavitäten aus, wie beschrieben. In diesem Fall findet man, dass kein Interferenzmuster auftaucht! D. h., durch die Messung müssen die Interferenzterme verschwunden sein. Wie wir gleich sehen werden, liegt dies nicht an einer physikalischen Störung der Atome, sondern an einer Verschränkung mit dem Detektor.
2. **Fall** Nachdem ein Atom den Detektor durchlaufen hat, bleibt ein Photon im Detektor zurück, im Detektor liegt damit die sogenannte **Welcher-Weg-Information** vor.

- Diese Information kann man aber löschen, indem man beispielsweise die beiden Kavitäten in Abb. 29.5 verbindet. Dann befindet sich das emittierte Photon in beiden Kavitäten, und man hat keine Information mehr über den Weg.
- Löscht man die Detektorinformation, nachdem das Atom den Doppelspalt passiert hat, aber bevor es am Schirm ankommt, dann tritt ein Interferenzmuster auf. Das scheint paradox, das Teilchen hat doch mit dem Detektor in Wechselwirkung gestanden, es ist doch durch einen Spalt gegangen und hat dort ein Photon hinterlassen. Wie kann man nur durch Löschen der Information die Interferenz wieder herstellen? Aber Achtung: Diese ganze Beschreibung ist eine klassische Beschreibung, denken Sie an den Versuch in Abschn. 21.1.2! Wir kommen darauf zurück.
- Damit ist aber auch gezeigt, dass nur die Emission eines Photons im Detektor die Interferenzfähigkeit nicht beeinträchtigt. Denn diese hat ja stattgefunden,

[16]Damit Interferenz auftritt, benötigt man Teilchen gleicher De-Broglie-Wellenlänge. Wenn nun bei einer Weg-Messung sich die Wellenlänge z. B. durch einen Stoß ändert, kann keine Interferenz mehr auftreten, das ist das Modell ‚Messen = Stören' (Abschn. 13.3.1).

und wenn diese physikalische Wechselwirkung die De-Broglie-Wellenlänge signifikant geändert hätte, gäbe es auch nach Löschen des Detektors keine Interferenz.

3. **Fall** Wir löschen die Detektorinformation nicht, aber wir lesen sie auch nicht aus. D. h., die Information über den Weg sollte in dem Detektor ***sein***, man könnte sie jederzeit auslesen. Auch in diesem Fall verschwindet das Interferenzmuster.

Wichtig dabei scheint zu sein, dass der Weg, den ein Atom nimmt, mit einem weiteren quantenmechanischen Freiheitsgrad **korreliert** ist, so wie die Spins beim EPR-Versuch korreliert sind. In diesem Versuch ist der Weg also mit einem dem Atom äußeren Freiheitsgrad korreliert, mit dem Detektorfreiheitsgrad. Sobald solch eine Korrelation, wie beim EPR-Versuch, vorliegt, verschwindet die Interferenz.

29.3.1 Mathematische Formulierung

Superposition Der Atomstrahl sei durch die Wellenfunktionen $\Phi_1(x)$ und $\Phi_2(x)$ der beiden Spalte beschrieben, wie in Abschn. 13.1.3 dargelegt, der Detektor durch die Wellenfunktion Θ. Beim Durchgang durch die Kavität emittiert das Atom ein Photon, das in der Kavität bleibt und dort detektierbar ist. Wenn in Weg ‚1‘ ein Photon emittiert wird, soll der Detektor in Zustand $\Theta(1,0)$ sein, wenn das in Weg ‚2‘ passiert, entsprechend in $\Theta(0,1)$. Das erste Argument bezieht sich auf ‚Kavität 1‘, das zweite auf ‚Kavität 2‘. Das Argument ‚1‘, bedeutet, dass ein Photon in die Kavität emittiert wurde, ‚0‘ bedeutet kein Photon in der Kavität.

Beschreiben wir nur die Atome wie in Abschn. 13.1.3, so bilden wir die Superposition

$$\Psi(x) = c_1\Phi_1(x) + c_2\Phi_2(x). \tag{29.3}$$

Nun wissen wir, wenn ein Atom durch Spalt ‚1‘ geht, ist der Detektor in Zustand $\Theta(1,0)$, analog für Spalt ‚2‘. Die Wellenfunktionen der Atome und des Detektors sind also korreliert, analog wie beim Beispiel der beiden Spins im Singulett-Zustand.[17] Für die Wellenfunktion, die Atomstrahl und Detektor beschreibt, erhalten wir also[18]

$$\Psi(x) = c_1\Phi_1(x)\Theta(1,0) + c_2\Phi_2(x)\Theta(0,1). \tag{29.4}$$

Die Wellenfunktion beschreibt also den Zustand der Atome (Koordinate x) und den Zustand des Detektors.

---

[17] $\sigma = [\alpha(1)\beta(2) - \alpha(2)\beta(1)]/\sqrt{2}$.

[18] Für die Wellenfunktion, die radioaktives Präparat und Katze beschreibt (Abschn. 13.1.4), macht man einen analogen Ansatz $\Psi = c_1\psi_u\phi_l + c_2\psi_z\phi_t$. Damit kann man dann eine analoge Analyse machen.

Interferenzterme Wenn wir nun nach der Wahrscheinlichkeit fragen, quadrieren wir[19]

$$|\Psi(x)|^2 = |c_1|^2|\Phi_1(x)|^2|\Theta(1,0)^2 + |c_2|^2|\Phi_2(x)|^2|\Theta(0,1)|^2 \\ + c_1^* c_2 \Phi_1^*(x)\Theta^*(1,0)\Phi_2(x)\Theta(0,1) + \text{cc.} \quad (29.5)$$

Wir sehen hier, die Wellenfunktionen von Atomen und Detektor sind **verschränkt,** analog zu den Spins im EPR-Experiment. Diese Wellenfunktion beschreibt die **Korrelation** der beiden Variablen, die Orte ‚x' der Atome mit den Photonen in dem Detektor. Was uns aber interessiert, ist nur die Verteilung einer Variablen, nämlich des Ortes der Atome am Schirm.

Mittelung Um dies zu erhalten, kann man über die zweite Variable mitteln, betrachten wir dazu ein vertrautes Beispiel:

Beispiel 29.2

Zweidimensionale Maxwell-Verteilung In Bd. I/Kap. 16 haben wir die Maxwell-Verteilung $f(v)$ diskutiert. $f(v)\mathrm{d}v$ ist die Wahrscheinlichkeit, ein Teilchen mit der Geschwindigkeit im Intervall zwischen v und $v + \mathrm{d}v$ zu finden. Betrachtet man die Bewegung in zwei Dimensionen, so erhält man

$$F(v_x, v_y)\mathrm{d}v_x\mathrm{d}v_y = f(v_x)f(v_y)\mathrm{d}v_x\mathrm{d}v_y.$$

Dies ist nur ein Beispiel für eine Verteilungsfunktion, die von zwei Variablen v_x und v_y abhängt. Sie gibt die Wahrscheinlichkeit an, ein Teilchen mit der Geschwindigkeit der x-Komponente im Intervall zwischen v_x und $v_x + \mathrm{d}v_x$ zu finden, für v_y analog. Wenn man nun $F(v_x, v_y)$ kennt, aber nur die Verteilung in x-Richtung wissen möchte, dann muss man über die y-Komponente mitteln. Beim Mitteln summieren wir über alle v_y-Geschwindigkeiten, da es sich um eine kontinuierliche Variable handelt, integrieren wir über v_y. Man erhält

$$\int_y F(v_x, v_y)\mathrm{d}v_x\mathrm{d}v_y = f(v_x)\mathrm{d}v_x \int_y f(v_y)\mathrm{d}v_y = f(v_x)\mathrm{d}v_x.$$

Hier ist diese Integration sehr einfach, da v_x und v_y nicht korreliert sind (Bd. I/Kap. 16) und $F(v_x, v_y)$ daher durch ein Produkt der Verteilungen beschrieben wird. Das Integral über v_y ist eins, da $f(v_y)$ normiert ist. ◄

[19] ‚cc.' bedeutet das komplex konjugierte des letzten Ausdrucks.

29.3.2 Verschränkung von Weg und Messgerät

Das machen wir nun mit unserer ‚Verteilungsfunktion' Gl. 29.5 analog. Der Detektor kann zwei Zustände haben, nennen wir sie $\alpha = \Theta(0, 1)$ und $\beta = \Theta(1, 0)$. Dies ist mathematisch analog zu dem Spinformalismus, wo durch die Mathematik auch nur zwei mögliche Zustände beschrieben werden. Um die Mittelung über die Detektorzustände durchführen zu können, verwenden wir daher zu Vereinfachung schlicht den Spinformalismus. Dies ist einfach eine andere mathematische Darstellung des physikalischen Sachverhalts, und wir sind mit dem Formalismus schon etwas vertraut. Wir setzen in Gl. 29.5 Spinfunktionen ein und mitteln über diese:

$$|\Psi(x)|^2 = |c_1|^2|\Phi_1(x)|^2 \int |\alpha|^2 \mathrm{d}\sigma + |c_2|^2|\Phi_2(x)|^2 \int |\beta|^2 \mathrm{d}\sigma$$
$$+ c_1^* c_2 \Phi_1(x)\Phi_2(x) \int \alpha\beta \mathrm{d}\sigma + \mathrm{cc}. \tag{29.6}$$
$$\to |c_1|^2|\Phi_1(x)|^2 + |c_2|^2|\Phi_2(x)|^2. \tag{29.7}$$

Im letzten Schritt haben wir die Regeln für den Spin in Abschn. 18.2.3 verwendet (Gl. 18.12–18.14). Integration über einen Spin, d. h. $|\alpha|^2$ oder $|\beta|^2$, ergibt ‚1', das Integral über die gemischten Spins, d. h. $\alpha\beta$ oder dessen komplex konjugiertes, verschwindet. Durch die Integration über den Spin erhalten wir die Wahrscheinlichkeitsverteilung nur für die Orte, wir haben die Spinvariablen ausintegriert.

Orthogonalität der Detektorzustände Die Spinzustände α und β sind orthogonal, daher fallen die gemischten Terme, welche die Interferenzterme darstellen, weg. Damit haben wir angenommen, dass die Detektorzustände $\Theta(1, 0)$ und $\Theta(0, 1)$ orthogonal sind. Und warum sind die orthogonal? Weil wir annehmen, dass sie einen definiten Messwert anzeigen, und damit anaog zu Eigenzuständen von Operatoren anzusehen sind, die orthogonal sind. Wenn man über das Produkt orthogonaler Funktionen integriert, dann verschwindet das Integral.[20]

Physikalische Wechselwirkung und Korrelation Wenn also der Weg der Atome mit einer anderen Variablen korreliert ist und diese gemessen wird **(Fall 1),** dann verschwinden die Interferenzterme. Dies liegt nur an der Korrelation, nicht aber an einer physikalischen Störung. Gl. 29.7 zeigt das Verschwinden der Interferenzterme, ohne dass wir über einen Wechselwirkungs-Hamiltonian $\hat{H}_1$ die Wechselwirkung explizit betrachtet haben. Und das ist analog zur Messung der Spins im EPR-Paar: Wenn der Spin des einen Elektrons gemessen wird, kollabiert die Wellenfunktion des anderen. Auch hier gibt es keine physikalische Störung. Es hängt also nur davon ab, ob in dem korrelierten Freiheitsgrad ein Unterschied im Zustand vorliegt, d. h., ob die Zustände des korrelierten Freiheitsgrades orthogonal sind.

[20] Ein Beispiel dafür haben wir in Abb. 12.5 diskutiert.

Neues Quantenphänomen, neuer ‚Mechanismus' Wir sehen hier nun einen Mechanismus, der zum **Verschwinden der Interferenzterme** führen kann, es ist die **Verschränkung** mit der Wellenfunktion eines anderen Systems, in diesem Fall die des Detektors. Wenn am Detektor distinkte Messwerte abgelesen werden, dann wissen wir, dass das System in einem der entsprechenden Eigenzustände ist.

Wir verstehen also **Fall 1** aus Abschn. 29.3: Durch die Messung des Photons haben wir eine verschränkte Wellenfunktion, und das Feststellen des Photons führt zu einem Verschwinden der Interferenzterme. Im Prinzip ist dieser Fall 1 dann mit dem **Versuch 1** in Abschn. 13.1.3 identisch: Man kennt für jedes Atom den Durchgangsort, damit verschwindet die Interferenz.

Wir haben also ein neues Paradigma für die Messung: Messung ist nicht Störung des Systems, wie von Heisenberg ursprünglich vorgeschlagen (Abschn. 13.3.1), sondern Verschränkung mit dem Messgerät. Dadurch findet der Kollaps der Wellenfunktion statt.

Mechanismus: Physikalisch vs. Mathematisch Wir können nun das Verschwinden der Interferenzterme durchaus **verstehen:** Es liegt an der Orthogonalität der Detektorzustände und der Verschränkung von Detektor mit den Atomen. Aber dieses **Verständnis ist mathematisch, nicht physikalisch**. Wir haben mit der Nichtlokalität und Verschränkung ein neues Quantenphänomen kennengelernt, das wir zu den Phänomenen in Abschn. 4.2.1 hinzufügen können.[21] Diese Phänomene sind unerklärt, wir finden keinen **physikalischen Mechanismus,** der diese Kopplung von Detektor und Atomen vermittelt. Bei der ganzen Beschreibung haben wir nicht mit einem Wechselwirkungs-Hamiltonian operiert, wie z. B. in Kap. 19. D. h., die **physikalische Wechselwirkung** zwischen Messgerät und Atomen, bei der Impuls und Energie übertragen wird, ist für dieses Phänomen gar nicht wichtig. Durch die Wechselwirkung mit dem Detektor wird die De-Broglie-Wellenlänge der Atome nicht verändert. Unter einer Wechselwirkung V könnten wir uns etwas vorstellen, dagegen wissen wir nicht, was die Verschränkung der Wellenfunktion bedeuten soll. Zumal die Interpretation der Wellenfunktion selbst umstritten ist. Daher finden wir hier keine Erklärung für das Phänomen.

Oft wird hier ein Problem gesehen, da wir keine **Erklärung** dafür haben, wie diese Wechselwirkung über große Distanzen stattfindet. Wir haben hier keine Idee, wie diese *spooky action* über große Entfernungen, wie dies manchmal genannt wird, zustande kommen soll. Aber erinnern wir uns an Newton in Kap. 1, er hatte es mit der Gravitationskraft auch mit genau einer solchen *spooky action* über große Entfer-

[21] Und wir haben in Abschn. 6.4 gesehen, dass wir alle genuinen Quantenphänomene nicht physikalisch, wohl aber mathematisch verstehen können.

nungen zu tun. Nach der in Abschn. 6.4 entwickelten Argumentation erwarten wir also, dass in jeder Theorie Phänomene auftreten, welche im Rahmen dieser Theorie nicht **erklärt** werden können. Wohl aber wird mit der Theorie eine **mathematische Beschreibung** entwickelt, welche diese Phänomene quantitativ erfasst. In der Newton'schen Mechanik ist das die instantane Gravitationswechselwirkung, in der Quantenmechanik u. a. die Nichtlokalität, die mathematisch durch die Verschränkung der Wellenfunktion erfasst wird. Sie wird einer quantitativen Beschreibung zugänglich, wie wir nun im Folgenden sehen werden. Wichtig ist dabei der Theorierahmen: Es ist natürlich immer möglich, dass eine grundlegendere Theorie diese Phänomene erklären kann, wie wir in Abschn. 6.4 am Beispiel der Thermodynamik vs. kinetische Gastheorie erläutert haben.

Und dennoch kann man durchaus von einem ‚Mechanismus' der Dekohärenz sprechen, analog zu dem Mechanismus **Messung = Störung:** Dieser Mechanismus beruht auf einer Wechselwirkung der Atome mit einem anderen System, die allerdings über die Verschränkung der Wellenfunktion bedingt ist. Wir haben also wieder eine Situation, wie in 6.4 für die anderen Quantenphänomene ausgeführt. Wir erhalten eine **Beschreibung** der Geschehnisse bei den Welcher-Weg-Experimenten: **Wenn** in dem Messgerät ein Kollaps stattfindet, dann wird dieser auch in den Atomen induziert. Das ist nun völlig analog wie bei den EPR-Experimenten diskutiert, und mathematisch ist das völlig klar, wie in Abschn. 28.3 ausgeführt.

29.3.3 Quantum-eraser-Experimente und Messproblem

Nun betrachten wir obigen **Fall 2:** Wir löschen die Detektorinformation wieder, nachdem die Atome die Kavitäten durchlaufen haben, aber bevor sie am Schirm ankommen. Wenn man die Korrelation mit den Kavitäten aber wieder löscht (‚erase'), dann bleibt die Interferenz erhalten. Wie kann man das verstehen?

Quatum-eraser Löschen heißt, dass beide Kavitäten im gleichen Zustand sind, d. h., es gilt für die Wellenfunktionen $\Theta_1 = \Theta_2$. Löschen ist also dem Fall äquivalent, in dem der Durchgangsort gar nicht erst registriert wurde. Für das Spinbeispiel in Gl. 29.7 wäre das durch den gleichen Spin realisiert. D. h., im Interferenzterm stände anstatt $\int \alpha\beta d\sigma$ beispielsweise $\int \alpha\alpha d\sigma$: In diesem Fall verschwinden die Interferenzterme nicht, da sich für dieses Integral über den Spin ‚1' ergibt. Die Quantenmechanik kann also auch diesen Fall **beschreiben,** d. h., ihre Formeln ergeben das richtige Ergebnis.

Im Prinzip ist dies nun mit dem Versuch in Abb. 21.1 identisch, ja, wir können diesen Versuch nun auch besser verstehen: In diesem reversiblen Stern-Gerlach-Versuch ist der Spin der Teilchen mit dem Weg verschränkt: Wenn man den Weg misst und der Weg mit dem Spin des Teilchens verschränkt ist, dann kollabiert bei Messung des Weges auch der Spinteil der Wellenfunktion, und ein bestimmter Spin liegt vor. Wird also der Weg gemessen, spaltet sich der Strahl in Abb. 21.1, wird er nicht gemessen, gibt es nur eine Ablenkung.[22]

Wenn also keine Messung stattfindet, gibt es Interferenz. Das spannende an diesen sogenannten ‚quantum-eraser-Experimenten' ist, dass durch die Nichtlokalität der Wellenfunktion eine Entscheidung dafür, ob man den Durchgangsort messen möchte oder nicht, auch nach dem Durchgang der Teilchen durch den Spalt gefällt werden kann. Wenn man den Durchgangsort feststellt, dann kollabiert die Wellenfunktion des Detektors, und damit auch die der Atome. Wird die Detektorinformation nach Spaltdurchgang gelöscht, so wird der Detektor in einen Zustand gebracht, der eine Superposition der Teilchenwege beschreibt. Damit tritt Interferenz auf.

Nochmals Messproblem: Fall 3 Warum treten in Fall 3 aus Abschn. 29.3 keine Interferenzterme auf? Nach dem, was wir bisher gelernt haben, verschwinden die Interferenzterme ja nur, wenn für die Detektorzustände ein Kollaps auftritt. Allerdings ist der Detektor in einer Superposition, wie zerfallen dessen Interferenzterme? In Abschn. 21.2 haben wir drei Aspekte des Messproblems diskutiert: Problem I lässt sich durch die Verschränkung lösen, aber Problem II, die Superposition des Messapparats, bleibt bestehen. Problem III, die Frage nach dem Mechanismus, ist partiell gelöst: Wir haben einen **mathematischen Mechanismus** für die Dekohärenz der Superposition der Atomwellenfunktion kennengelernt, warum und wie der Detektor dekohäriert, bleibt uneingelöst.

Nun kann man sagen, der Detektor koppelt an die Umgebung, dann müsste man eine Wellenfunktion für die Umgebung einführen. Dann ist aber auch die Umgebung in einer Superposition, wie dekohäriert diese dann? Durch Ankopplung an eine Umgebung der Umgebung? Wir kommen in einen infiniten Regress. Wie wir sehen werden, wird dies einfach dogmatisch abgebrochen und durch Modelle einer **mathematischen Beschreibung** zugeführt. Dies ist das Thema der Dekohärenztheorie. Am Ende können wir nicht erklären, wo letztlich die Interferenzterme bleiben, denn eine Beschreibung von System, Messgerät und Umgebung mit der Schrödinger-Gleichung führt nie zu einem Verschwinden der Interferenzterme (Abschn. 20.1.5).

29.4 Dekohärenz

Die beiden Teilstrahlen der Atome Φ_1 und Φ_2 im Doppelspalt werden kohärent genannt, solange die Interferenzterme vorhanden sind, sie also interferieren können. **Dekohärenz** ist dann der Prozess, der zur **Zerstörung der Interferenzterme** führt [59].

[22] Im Prinzip kann man mit diesem Versuch das Gleiche machen, wie mit dem Doppelspalt und den Kavitäten, siehe Am J Phys 88:298 (2020).

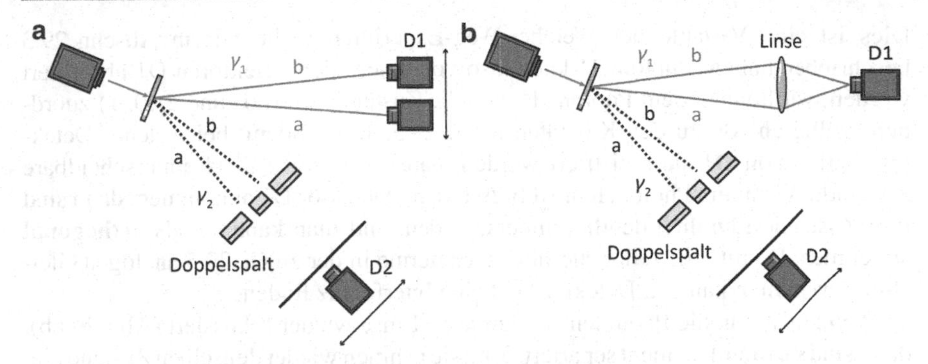

Abb. 29.6 Ein Kristall wird mit Licht bestrahlt, der ein verschränktes Photonenpaar emittiert. D. h., die Ausbreitungsrichtung der beiden abgestrahlten Photonen ist stark korreliert, die Ausbreitungsrichtung der beiden Photonen unterscheidet sich durch einen bestimmten Winkel. Beispielsweise breiten sie sich entweder entlang der Wege ‚a' oder der Wege ‚b' aus. **a** Aus der Messung an Photon 1 an Detektor D1 kann man den Spaltdurchgang von Photon 2 bestimmen. **b** Wenn Photon 1 durch eine Linse auf einen Punkt gebündelt wird, kann man daraus nicht mehr auf den Weg von Photon 2 schließen. Der Detektor D2 nimmt in Fall **b** ein Interferenzmuster auf, in Fall **a** nicht

29.4.1 Ein weiteres Welcher-Weg-Experiment

Eine weitere sehr schöne Realisierung der Welcher-Weg-Versuche mit Photonen ist in Abb. 29.6 gezeigt.[23] Dies funktioniert völlig analog zu dem Versuch mit Kavitäten.

- Ein Kristall wird mit Licht bestrahlt und emittiert ein Photonenpaar, das in unterschiedliche Richtungen abgestrahlt wird.[24] Die abgestrahlten Wellenlängen sind bekannt, und damit die Impulse. Diese müssen, aufgrund der Impulserhaltung, mit dem Impuls des eingestrahlten Photons übereinstimmen. Daraus ergibt sich eine Korrelation der Richtungen, d. h., aus der Ausbreitungsrichtung von Photon ‚1' kann man auf die Ausbreitungsrichtung von Photon ‚2' schließen.
- Wenn die Weg-Information von Photon ‚1' ausgelesen wird (Abb. 29.6a), dann verschwindet das Interferenzmuster von Photon ‚2'. Wir haben nun Photon ‚1' (in Kombination mit D1) als Messgerät etabliert, das die Welcher-Weg-Information generiert.
- Man kann auch die Photonen ‚1' durch eine Linse bündeln, sodass man an ihnen nicht mehr unterscheiden kann, welchen Weg Photon ‚2' genommen hat (Abb. 29.6b). Dann taucht das Interferenzmuster wieder auf.

[23] Adaptiert aus: Zeilinger in Spektrum der Wissenschaft 11/08, siehe auch Ma, Kofler, Zeilinger (2016) Rev Mod Phys 88:015005.

[24] Wie bei den Kavitäten ist in diesem Beispiel die Rede von Photonen sinnvoll. Bei diesem Versuch wird ein korreliertes Photonenpaar (durch parametrische Fluoreszenz/parametric down-conversion) erzeugt und die Messung durch einen Koinzidenzzähler zwischen D1 und D2 ausgewertet, wie in Abschn. 3.3.3 besprochen.

Dies ist eine Variante der Welcher-Weg-Experimente, die wir in Abschn. 29.3 beschrieben haben. Photon ‚1' kann also von einem der Detektoren D1 absorbiert werden, wir können dem Photon ‚1' also die Zustände $\Theta(1,0)$ und $\Theta(0,1)$ zuordnen, völlig analog zu den Kavitäten in Gl. 29.5. Je nachdem, bei welcher Detektorposition von D1 sie registriert werden, haben sie physikalisch unterscheidbare Zustände. Wenn die Photonen in Abb. 29.6a) am Detektor D1 ankommen, dann sind ihre Zustände räumlich deutlich unterschieden, und man kann sie als **orthogonal** annehmen. Damit aber fallen die Interferenzterme in der zu Gl. 29.5 analogen Gleichung weg, man kann an Detektor D2 keine Interferenz finden.

Wenn man nun die Photonen ‚1' durch die Linse wieder fokussiert (Abb. 29.6b), dann sind sie räumlich nicht separiert, d. h., sie nehmen wieder denselben Zustand ein. Damit verschwinden die Interferenzterme in Gl. 29.5 nicht, und man sieht Interferenz an D2, wenn die Linse vor D1 einbaut ist. Dies ist analog zu Fall 2 beim Welcher-Weg-Experiment.

29.4.2 Modell für Streuung im Doppelspaltexperiment

Stellen wir uns nun vor, im Doppelspaltversuch sei neben dem Atomstrahl noch ein Füllgas vorhanden. Die Atome des Strahls stoßen mit den Gasteilchen, und dadurch können die Interferenzterme verschwinden. D. h., wenn ein Füllgas vorhanden ist, verschwindet das Interferenzmuster auf dem Schirm, abhängig von der Konzentration des Füllgases. Wir müssen hier zwei **‚Mechanismen'** unterscheiden:

- **Physikalische Wechselwirkung:** Durch die Stöße wird Impuls übertragen, sodass die De-Broglie-Wellenlänge so stark geändert wird, dass die Interferenz verschwindet. Dies ist das Heisenberg-Modell der Messung, wie in Kap. 13 diskutiert.
- **Dekohärenz:** Durch die Wechselwirkung werden die Teilchen und Gasatome mit dem Atomstrahl **verschränkt.** Der Stoß kann analog zu der Verschränkung in Abb. 29.6 verstanden werden: Die Gasatome tragen Welcher-Weg-Information mit sich, die zum Verschwinden der Interferenzterme führt. Der Impulsübertrag kann dabei so klein sein, dass die physikalische Störung vernachlässigt werden kann. Dies ist analog zu den obigen Welcher-Weg-Experimenten zu sehen.

Diese Unterscheidung wurde u. A. von dem Physiker W. Zureck[25] herausgearbeitet und gilt als eine Grundlage der Theorie der Dekohärenz.

Betrachten wir nun einen Atomstrahl in einem Stern-Gerlach-Versuch oder Doppelspaltversuch, der aufgrund der Strahlteilung durch eine räumliche Superposition $\Psi(x) = c_1\Phi_1(x) + c_2\Phi_2(x)$ beschrieben wird.

[25]Zureck W (1991) Physics Today, 44:36, Decoherence and the Transition from Quantum to Classical–Revisited. Los Alamos Science 27 (2002), Decoherence, Einselection and the quantum origins of the classical. Rev Mod Phys 75:715 (2003).

Viskosität und Relaxation Die Ausbreitung der Atome ist durch die Viskosität η des Mediums charakterisiert (Bd. I, Kap. 21). Diese bestimmt dann beispielsweise, wie stark die Atome durch Stöße mit den Gasteilchen abgebremst oder abgelenkt werden. Denn die Viskosität hängt direkt mit der Konzentration des Füllgases zusammen, und man kann hier eine Relaxationszeit τ_R assoziieren. Diese bestimmt, in welcher Zeit die Geschwindigkeit der Atome durch Stöße signifikant verändert wird. Das ist natürlich relevant für die De-Broglie-Wellenlänge. Ist die Konzentration des Füllgases hoch, erwarten wir also ein Verschwinden der Interferenzterme durch die Stöße mit dem Füllgas. Denn dann wird sich durch jeden Stoß der Impuls, und damit die De-Broglie-Wellenlänge verändern, damit verliert der Atomstrahl seine Interferenzfähigkeit.

Dekohärenz Aber es gibt noch einen zweiten Effekt: Nehmen wir an, ein Wellenpaket teilt sich und wird dann z. B. durch zwei Gauß-Funktionen im Abstand Δx beschrieben. Dies kann z. B. durch die Aufspaltung beim Stern-Gerlach-Versuch, oder im Doppelspaltexperiment geschehen. Der Spaltabstand charakterisiert dann die Ausdehnung der räumlichen Delokalisierung der Atome.[26] Man kann die Ausbreitung von Teilchen unter diesen Bedingungen berechnen, und findet, dass die Interferenzterme exponentiell abklingen, mit einer Zeitkonstante von

$$\tau_D = \tau_R \left(\frac{\hbar}{\Delta x \sqrt{2\, m k_\mathrm{B} T}} \right)^2 . \qquad (29.8)$$

Die sogenannte **Dekohärenzzeit** τ_D ist um Größenordnungen kleiner als die gerade diskutierte Relaxationszeit τ_R, innerhalb derer sich die De-Broglie-Wellenlänge so ändert, dass aufgrund von Impulsübertrag die Interferenzfähigkeit verloren geht. Wir sehen hier wieder: Physikalische Wechselwirkungen, wie mit dem Heisenberg-Modell der Messung vorgeschlagen, haben durchaus einen Einfluss. Aber die Dekohärenz, d. h. das Verschwinden der Interferenzterme, kann wesentlich schneller geschehen.

Die Dekohärenzzeit hängt also durchaus von der Konzentration des Füllgases ab, nämlich über τ_R, welches wiederum von der Viskosität abhängt. Es sind also Wechselwirkungen mit den Füllgasmolekülen, die zum Verschwinden der Interferenzterme führen. Allerdings ist es nicht primär der Energie-/Impulsübertrag, sondern eine Verschränkung der Wellenfunktion von Atomstrahl und Füllgasmolekülen.

Umgebung als Messgerät? Wie kann man das verstehen? Wir haben bei den **Welcher-Weg-Experimenten** gesehen, dass die Verschränkung mit dem Messgerät zum Verlust der Interferenzterme führt. Wenn wir das Füllgas als Umgebung betrachten, wie kann man dann das Problem als eine Verschränkung mit der Umgebung, d. h. mit den Freiheitsgraden der umgebenden Körper, darstellen?

[26] Oder die Größe der räumlichen Aufspaltung des Atomstrahls im Stern-Gerlach-Versuch.

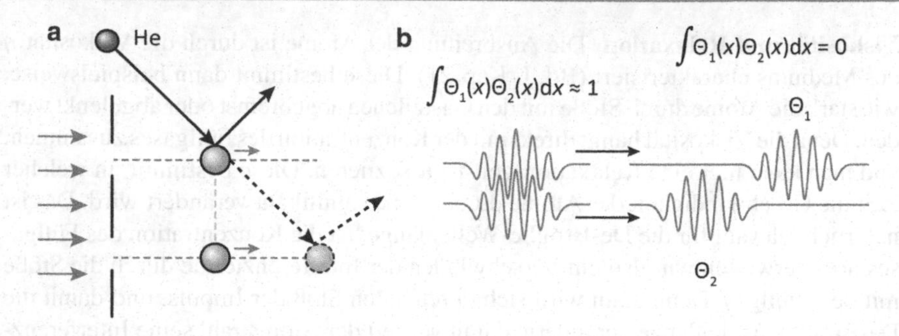

Abb. 29.7 Streuung eines Gasteilchens (He) an dem Atomstrahl: **a** Die Superposition der Atome, die durch den Doppelspalt gehen, ist durch die beiden Kugeln auf den gestrichelten Linien dargestellt. Die Streuung des einfallenden He-Atom wird dann auch durch eine Superposition dargestellt. Die Superposition der Atome wird auf das He-Atom übertragen, was nun durch eine Superposition der Wege des He-Atoms dargestellt wird. **b** Schematische Darstellung der Superposition der He-Wellenpakete entlang des Streuweges. Durch die unterschiedliche Streuung spaltet sich die Wellenfunktion in zwei Teile Θ_1 und Θ_2 auf, mit der Zeit wird der Überlapp der beiden Wellenpakete kleiner, bis er verschwindet

Wir modellieren das analog zu dem Experiment in Abb. 29.6: Die Gasteilchen sollen nach dem Stoß mit den Atomen **Welcher-Weg-Information** mit sich führen, dies kann man sich vorstellen wie in Abb. 29.7a schematisch dargestellt. Die räumliche Superposition der Atome sei durch die beiden Kugeln dargestellt, das Gasteilchen, z. B. ein leichtes Heliumatom, durch die einfallende Kugel am oberen Bildrand. Die Superposition der Wege des Atomstrahls überträgt sich in eine Superposition der Streuwege des He-Atoms. Die He-Atome sollen sich langsam bewegen und viel leichter sein als die Atome des Strahls, sodass der Impulsübertrag durch die Streuung nur eine kleine Störung darstellt, die zu keinem signifikanten Verlust der Interferenzfähigkeit führt.

Wenn das He-Atom an dem oberen Atom streut, ergibt sich ein anderer Weg, als wenn es an dem Atom streut, das durch den unteren Spalt gelaufen ist. Da das Atom in einer Superposition ist, befindet sich das gestreute He-Atom nun auch in einer Superposition der Wege. Wenn wir das He-Atom sozusagen als einfachst mögliche Repräsentation der ‚Umgebung' des Atomstrahls betrachten, ist nun die Umgebung in einer Superposition. Wir haben eine Verschränkung der Wellenfunktion der Umgebung mit der des Atomstrahls. Man kann nun sagen, dass die **Welcher-Weg-Information** in der Umgebung ist. Die Umgebung hat nun die gleiche Funktion, wie die Detektoren bei den Welcher-Weg-Experimenten.

In Abb. 29.7b wird das He-Gasteilchen durch Wellenpakte dargestellt: Dies ist eine modellhaft-schematische Darstellung, die einen Aspekt des Geschehens bildlich darstellen soll. Das Wellenpaket ist ja eine Darstellung der Ortsunbestimmtheit freier Teilchen. Durch den Stoß wird das Wellenpaket des einfallenden He-Teilchens geteilt: Direkt nach dem Stoß ist die Position des He-Atoms nicht sehr unterschiedlich, ob es mit dem unteren oder oberen Atom wechselwirkt, der Überlapp ist nahe ‚1'. Danach aber laufen die beiden Pakete auseinander, und mit der Zeit verschwindet der Überlapp, die beiden Wellenpakete sind orthogonal. Damit werden die Zustände des

Gasteilchens unterscheidbar, und sie repräsentieren eine Welcher-Weg-Information. Diese Darstellung ist eine sehr überzeichnet vereinfachende Darstellung des Geschehens, sie soll nur modellhaft verdeutlichen, wie man sich eine Verschränkung mit der Umgebung vorstellen kann. Diese führt wesentlich schneller zu einem Abklingen der Interferenzterme, als es durch das Abbremsen der Atome durch Stöße geschieht, wie Gl. 29.8 verdeutlicht.

29.4.3 Modelle der Dekohärenz

Dekohärenz, so stellt man heute fest, ist ein wichtiger Prozess, wenn man das Verhalten von Quantensystemen verstehen möchte.

- Die Berücksichtigung ist wichtig bei der Modellierung von photochemischen Reaktionen, Elektronen- und Energietransferprozessen, um nur einige zu nennen. Auch hier treten Superpositionen der unterschiedlichen Ladungs- und Energiezustände auf, und die Dekohärenz hat eine sehr wichtige Bedeutung, die man modellhaft einbeziehen kann.
- Auch werden Superpositionen generell durch die Wechselwirkung mit der Umgebung sehr schnell in Eigenzustände übergehen. Dies betrifft z. B. die Spins in einem Magnetfeld, aber auch jede andere Superposition von Eigenzuständen eines Potenzials, wie in Teil II diskutiert. Kohärenzen gehen durch die Ankopplung an die Umgebung sehr schnell verloren, und das muss berücksichtigt werden.

Daher muss bei der Beschreibung ein Modell der Dekohärenz verwendet werden. Modelle der Dekohärenz, wie oben mit Gl. 29.8 beispielhaft eingeführt, können die Ankopplung an die Umgebung effektiv behandeln, u. a. durch den Parameter τ_R. Die wichtige Größe ist dann Δx, d. h. die räumliche Ausdehnung der Delokalisierung, was man in praktischen Rechnungen verwenden kann. Die Dekohärenzzeit hängt zum einen von dem System selbst ab, beispielsweise geht in τ_D (Gl. 29.8) die Masse m der Teilchen ein, zudem aber vor Allem auch die Konzentration des Füllgases. Damit versteht man, dass heute Interferenzversuche mit Molekülen bis zu 2000 Atomen möglich sind [16]. Und da scheint noch Luft nach oben zu sein.[27]

Und umgekehrt werden z. B. beim Quantencomputing gerade Superpositionen von Quantenzuständen verwendet. Hier ist die Kontrolle der Kohärenz, d. h. eine Abschirmung gegen Umgebungseinflüsse, ein zentraler Punkt. Man möchte eine lange Dekohärenzzeit τ_D, und an Gl. 29.8 sieht man, dass tiefe Temperaturen helfen. Zugleich muss man die physikalische Kopplung an die Umgebung, die durch τ_R repräsentiert wird, möglichst klein machen.

[27] Üblicherweise wird der Übergang der Quantenmechanik zur klassischen Mechanik als von der Größe $\hbar$ abhängig beschrieben. Nun gibt es aber Situationen, in denen man beispielsweise die Fullerene C60 als klassische Teilchen beschreiben kann, ja in der Quantenchemie werden sogar meist die Atomkerne klassisch beschrieben. Auf der anderen Seite aber gibt es Interferenzversuche mit C60. Offensichtlich ist das mit dem sogenannten Grenzübergang $\hbar \to 0$ nicht so einfach.

29.4.4 Ist das Messproblem damit gelöst?

Es könnte nun scheinen, dass dadurch das Messproblem (Abschn. 21.2.2) vollständig gelöst ist. Einen Teil des Problems haben wir oben schon diskutiert. Das Problem aber, dass das Messgerät durch den Messprozess selber in Superposition gerät, ist noch offen. Dies beschreibt ja die paradoxe Konsequenz, wie am Beispiel Schrödingers Katze diskutiert, dass die Zeiger des Messgeräts selbst in Superposition sind, wir also gar keine klare Zeigerstellung ablesen können.

Nun können wir anhand Abb. 29.7b verstehen, was die Dekohärenztheorie leistet, und was nicht: Denn die Umgebung ist nach Aussage der Quantenmechanik immer noch in einer Superposition, in einem Schrödinger'schen Katzenzustand. Es ist die Superposition der Orte des gestreuten He-Atoms. Und die Dynamik der Schrödinger-Gleichung, wie in Abschn. 20.1.5 diskutiert, führt nie zum Verlust der Kohärenz. Damit aber eine Dekohärenz des Atomstrahls stattfinden kann, muss die Umgebung selbst einen Kollaps durchgemacht haben in dem Sinn, dass die Interferenzterme der Umgebung verschwinden sind. D. h., hier müssen wir einen Kollaps immer voraussetzen.[28]

Dies ist nun die Stelle, an der es wirklich ernst wird. Wir haben die Quantentheorie ausgereizt, eine Lösung kann nun nicht mehr innerhalb der Quantentheorie generiert werden. Sie kann nicht selber erklären, wie man verstehen kann, dass bei Messung definite Messwerte festgestellt werden. Und irgendwie scheint das zirkulär, denn wir haben mit den Axiomen ja gerade gefordert, dass Eigen- und Erwartungswerte den Messwerten entsprechen. Wie dem auch sei, hier muss man etwas hinzufügen, z. Z. gibt es einige Vorschläge, jedoch scheint bisher keiner der Vorschläge eine Mehrheit der Quantenforscher überzeugt zu haben [60]:[29]

- Man nimmt den Kollaps für die Umgebung einfach an, als weiteres Axiom der Quantenmechanik.
- Man nimmt keinen Kollaps an und sagt, die Korrelationen (Interferenzterme) seien noch ‚da', sie seien nur irgendwo in der Umgebung, die ja makroskopische Dimensionen hat (so einige Vertreter der **Dekohärenztheorie**). Sie seien nur lokal, d. h. für die Atome, verschwunden.
- Die Schrödinger-Gleichung kann den Kollaps nicht beschreiben, da sie eine lineare partielle Differentialgleichung ist. Wenn man nicht-lineare Terme addiert, dann kann ein Kollaps im Rahmen der Schrödinger-Dynamik stattfinden. Dies wird in sogenannten Kollaps-Theorien ausgeführt und bedeutet eine Abänderung der Quantenmechanik (**Ghirardi-Rimini-Weber-Theorie** (GRW)).
- Man kann sagen, der Kollaps findet statt, wir sehen ihn nur nicht, am Katzenbeispiel: Mit der Katze kommt auch der Beobachter in eine Superposition, d. h., es gibt zwei Möglichkeiten: Er sieht eine tote oder eine lebendige Katze, aber dies

[28] Bitte beachten Sie, in Abschn. 20.1.5 haben wir zwei Versionen des Kollaps besprochen. Was wir hier nur benötigen, ist die zweite Version, das Verschwinden der Interferenzterme.
[29] Für einen Überblick über einige der Ansätze, siehe Ref. [19].

als Superposition. In diesem Moment spalte sich die Welt in zwei Welten, und jede der Möglichkeiten ist real in nun unterschiedlichen Welten (**Viele-Welten-Theorie**).

- Man kann die Quantenmechanik um verborgene Parameter erweitern, solange die Theorie nicht-lokal ist. Dann kann man die ‚Realität hinter' den Superpositionen beschreiben. Realisiert ist das in der **De-Broglie-Bohm-Variante** der Quantenmechanik. Es ist eine Alternative zur Quantenmechanik, nur dass Teilchenpositionen explizit als Variablen der Theorie auftauchen.
- In Abschn. 21.2.4 wurde diskutiert, dass der Kollaps für eine epistemische Interpretation trivial ist: Wenn man sagt, die Wellenfunktion gebe nur das Wissen des Beobachters wieder, dann gibt die Messung ein ‚update' dieses Wissens, d. h., die Wellenfunktion kollabiert in dem Moment, in dem der Beobachter neues Wissen erhält. Moderne Varianten solch epistemischer Interpretationen sind der **Quanten-Bayesianismus (QBism)** oder R. Healy's ‚Pragmatist Quantum Realism'.[30]

Was die Dekohärenztheorie leistet Offensichtlich kann die Dekohärenztheorie keine für alle zufriedenstellende Antwort darauf geben, **warum** die Interferenzterme der Umgebung zerfallen. Es gibt keinen physikalischen Mechanismus dafür. Fakt ist aber, es findet Dekohärenz statt, denn wir finden ja eindeutige Zeigerstellungen an Messgeräten. Und dieser Umstand zeigt sich im **Fall 3** des Welcher-Weg-Experiments in Abschn. 29.3: Auch wenn der Weg nur registriert wird, aber nicht ausgelesen, verschwindet die Interferenz. Es muss also faktisch ein Kollaps der Wellenfunktion des Messgeräts stattgefunden haben. Warum das passiert, können wir nicht weiter auflösen (außer durch einen infiniten Regress der Verschiebung der Interferenzterme in Umgebungen).

Aber kann man Modelle finden, die sagen, **wie,** d. h. **wie schnell** die Interferenzterme zerfallen, eine sehr simplifizierte Anschauung gibt Abb. 29.7. Sie zerfallen so schnell, wie die Umgebungszustände orthogonal werden. Das gibt wichtige Einsichten, die für die Modellierung dieser Prozesse zentral sind. Aber, und auch das muss man klar sehen, es wird dabei davon ausgegangen, dass sobald der Überlapp der Umgebungszustände verschwunden ist, auch die Interferenzterme verschwunden sind, also ein Kollaps in der Umgebung stattgefunden hat. Wohin die Interferenzterme allerdings verschwunden sind, darüber kann die Dekohärenztheorie keine Aussagen machen. Daher wird das Messproblem als ungelöst angesehen.[31] In dieser Perspektive gibt die Dekohärenztheorie eine phänomenologische Lösung des Problems, sie erlaubt eine mathematische Modellierung, d. h. eine Beschreibung, ohne allerdings das Phänomen zu erklären. Das kommt uns bekannt vor (Abschn. 6.4). Wir finden keine letztendliche Begründung des Phänomens, können es aber mathematisch formulieren und als Grundlage von Erklärungen verwenden, die darauf auf-

[30]Dargestellt z. B. in Healy R (2016) Quantum-Bayesian and pragmatist views of quantum theory. Stanford Encyclopedia of Philosophy.

[31]Adler S (2003) Why decoherence has not solved the measurement problem. Stud Hist Philos Sci Part B 34:135.

bauen. Insofern kann man sagen, Dekohärenz findet in Quantensystemen statt, da durch Wechselwirkung mit der Umgebung eine Verschränkung mit Umgebungszuständen auftritt. Das sieht nach einer Art Mechanismus aus, der das Verschwinden der Interferenzterme zu erklären scheint.

29.5 Zusammenfassung

Verschränkung Wir haben ein **neues Quantenphänomen,** die Verschränkung kennengelernt. Diese resultiert aus der Art und Weise, wie wir – gezwungen durch das Theorem von Pauli – Wellenfunktionen für Mehrteilchensysteme ansetzen. Dies ist eine weitere Forderung, wie die anderen Axiome, die bestimmte mathematische Konsequenzen hat. Und diese mathematischen Konsequenzen schlagen sich in folgendem **physikalischen** Verhalten der Quantenobjekte nieder:

Nicht-Separabilität Nehmen wir das Beispiel Elektronen in Atomen/Molekülen: Diese werden durch eine verschränkte Wellenfunkion beschrieben, was es unmöglich machte, diese Teilchen durch ihre Eigenschaften zu unterscheiden. Wir können damit die Elektronen nicht **individuieren,** d. h. irgendwie auf sie zeigen und die Einheit dieser Objekte in der Zeit ausweisen. Damit sehen wir, warum die Rede von **Elektronenstrukturmodellen** ist: Hier wird von einzelnen Elektronen in bestimmten Orbitalen und mit festgelegtem Spin geredet. Diese **modellhafte** Redeweise ergibt sich nur auf einer bestimmten Theorieebene, z. B. bei Verwendung der HF- und DFT-Elektronenstrukturmodelle. Hier sieht es so aus, als ließe sich das quantenmechanische Problem durch separable Operatoren beschreiben, wie es Gl. 28.12 suggeriert. Formal korrekt ist das aber nur für die Hartree-Theorie, da hier die Wellenfunktion separabel ist.

Nicht-Lokalität Die Verschränkung betrifft auch räumlich getrennte Quantenobjekte. Damit bleibt die Nicht-Separabilität von Elektronen auch über große Abstände erhalten, was die Grundlage der **starken quantenmechanischen Korrelationen ist,** die in den Experimenten zum Test der Bell'schen Ungleichung auftreten.

Vollständigkeit Die Quantenmechanik ist keine unvollständige Theorie, wie es z. B. die kinetische Gastheorie ist. D. h., man kann sie nicht durch Hinzufügung von Parametern derart ergänzen, sodass sie ein Bild der Welt zur Verfügung stellt, wie wir es aus der klassischen Mechanik kennen. Denn genau das war die Intention hinter dem EPR-Argument.

Wir können die Welt nicht in klassischen Begriffen beschreiben. Daher ist es so wichtig, die neuen, quantenmechanischen Begrifflichkeiten und Konzepte zu verwenden, wie in Kap. 13 ausgeführt.

Kein lokaler Realismus EPR haben aufgrund klassischer Erwartungen auf eine Realität geschlossen, die so nicht existieren kann. Theorien, die auf diesen Erwartungen basieren, d. h. lokal-realistisch sind, sind nicht im Einklang mit den experimentellen Ergebnissen. Das Besondere an den Bell'schen Ungleichungen und den Aspect'schen Experimenten ist, dass sie direkt zeigen, dass einige unserer klassischen Konzepte nicht anwendbar sind.

Eine **lokal-realistische Theorie** ist nicht möglich. Eine **nicht-lokal-realistische Theorie** ist aber nicht ausgeschlossen und sogar in der Form der **De-Broglie-Bohm-Theorie** entwickelt worden. Die Quantenmechanik aber, die wir hier vorgestellt haben, ist nicht-lokal, aber auch nicht-realistisch. Wenn man nicht auf eine andere Theorie ausweicht, kann man mit ihr nicht darüber reden, was **in der Wirklichkeit** passiert. Wir haben das in Kap. 13 diskutiert und in Kap. 21 weitergeführt. So erhalten wir für viele Phänomene im Rahmen der orthodoxen Quantenmechanik kein mikroskopisches Bild, z. B. bei der Diffusion, der ‚Elektronenbewegung' in Atomen, bei optischen Übergängen oder der Bewegung von Spins.

Teil VI Spektroskopie

In den bisherigen fünf Teilen dieses Buches haben wir dargestellt, wie das Phänomen der Energiequantisierung bei verschiedenen molekularen Freiheitsgraden auftritt. In Teil III haben wir grundlegende Modellvorstellungen entwickelt und gesehen, dass Rotation, Schwingung und elektronische Anregungen sehr verschiedene Energieaufspaltungen zeigen. Die Größenordnungen dieser Energieaufspaltungen sind in Tab. 15.1 wiedergegeben. In Teil IV kam ein weiteres Phänomen hinzu, die Energieaufspaltung der Spinzustände in einem magnetischen Feld. Die hier relevanten Energien sind, wie wir in Kap. 34 sehen werden, nochmals kleiner als die der Rotation.

Die Energiedifferenzen sind von der molekularen Struktur abhängig, daher können sie über diese Aufschluss geben. Das ist die zentrale Idee der Spektroskopie. Die unterschiedlichen spektroskopischen Methoden sind damit chemische Analysewerkzeuge, und funktionieren immer nach demselben Prinzip: Man untersucht, welche Wellenlängen der auf eine Probe eingestrahlten elektromagnetischen Wellen absorbiert werden und welche Wellenlängen emittiert werden. Dies gibt direkt Aufschluss über die im Molekül vorhandenen Energielücken, aus welchen man Information über die atomare und elektronische Struktur der Moleküle erhält.

In Kap. 30 werden wir zunächst die allgemeinen Prinzipien der Absorption und Emission von elektromagnetischen Wellen vorstellen, diese sind Grundlage für alle folgenden Spektroskopien. Rotationsanregungen finden im Mikrowellenbereich statt, Schwingungsanregungen im infraroten Bereich, für kleine Moleküle sind diese gekoppelt, wie wir in Kap. 31 sehen werden. Die Schwingungsanregungen basieren auf zwei Prinzipien, man unterscheidet Infrarot- und Ramanspektroskopie (Kap. 32). Die optische Spektroskopie verwendet Licht im sichtbaren Bereich, hier werden elektronischen Übergänge angeregt (Kap. 33). Die Kernspinresonanzspektroskopie schließlich operiert am anderen Ende der Wellenlängenskala (Kap. 34). Sie verwendet Radiowellen, ist daher minimal invasiv und ist inzwischen eine Methode, mit der man Strukturinformation auch für sehr große Biomoleküle erhalten kann.

Lernziele von Teil VI Die Studierenden sollten

- erklären können, in welchem Wellenlängenbereich die unterschiedlichen Methoden operieren und wie die entsprechende Energiequantisierung zustande kommt.
- die Details der NMR, IR, Raman und optischen Spektroskopie erklären und darlegen können, für welche Fragestellungen die jeweiligen Methoden geeignet sind.
- die Prinzipien der Anregung, Emission und Resonanz wiedergeben können.
- die Struktur der unterschiedlichen Spektren erklären können. Zudem sollten sie darlegen können, welche Einsichten in die molekulare und elektronische Struktur damit möglich werden.
- verstanden haben, warum bestimmte Linien in den verschiedenen Spektren auftauchen und wie die jeweilige Linienform (Höhe und Breite) zu verstehen ist.

30 Absorption und Linienbreite

In Teil III haben wir gesehen, wie einfache Modelle schon ein qualitatives Bild molekularer Spektren geben können. Licht der entsprechenden Wellenlänge kann absorbiert werden, das Quantensystem wird in einen höheren Energieeigenzustand angeregt. Welcher das ist, hängt vom Quantensystem ab, wir haben einige Modelle kennengelernt:

- Das Kastenpotenzial ist ein Modell für die **Translationsbewegung** von Atomen und Molekülen.
- Der Rotor ist ein Modell für die **Rotation** von Moleküldimeren.
- Der harmonische Oszillator ist ein Modell für **Molekülschwingungen.**
- **Elektronische Anregungen** können für spezielle Moleküle (Polyene etc.) durch das Kastenpotenzial modelliert werden, das zentrale Modellsystem für die chemische Bindung ist das H_2^+-Molekül. Die angeregten Zustände von Molekülen können mit den quantenchemischen Methoden aus Teil V berechnet werden.

Rotationsübergänge absorbieren im **Mikrowellenbereich,** Schwingungsübergänge im **Infrarotbereich** und elektronische Übergänge im **sichtbaren bzw. ultravioletten Bereich** des elektromagnetischen Spektrums (Tab. 15.1).

Dieses Kapitel hat drei Themen: i) zum einen werden wir phänomenologische Theorien von Absorption und Emission einführen, die **kinetische Beschreibung** Einsteins und das phänomenologische Gesetz von **Lambert-Beer,** das die Abnahme der Lichtintensität beim Durchgang durch ein Medium beschreibt. Zudem werden wir die **Auswahlregeln** diskutieren. ii) Die Modelle aus Teil III beschreiben die Absorption von Licht genau einer Wellenlänge, d. h., man würde in einem Spektrum eine scharfe Linie für jeden Übergang erwarten, experimentell findet man aber immer **Linienverbreiterung.** Es gibt mehrere Faktoren, die zu solch einer Verbreiterung führen und die bei der Beschreibung experimenteller Spektren daher berücksichtigt

© Springer-Verlag GmbH Deutschland, ein Teil von Springer Nature 2021

M. Elstner, *Physikalische Chemie II: Quantenmechanik und Spektroskopie*,
https://doi.org/10.1007/978-3-662-61462-4_30

werden müssen. iii) Als Vertiefung diskutieren wir ein **semi-klassisches Modell** der Emission von Licht. Die **quantenmechanische Behandlung** der Übergänge erlaubt uns ein Verständnis der Auswahlregeln, der Ansatz der Wellenfunktion als Superposition führt zu Termen, die als **Hertz'scher Dipol** interpretierbar sind, was die Abgabe von (klassischer) elektromagnetischer Strahlung bei den Übergängen erklärt.

30.1 Absorption und Emission

Stimulierte und spontane Prozesse Atome und Moleküle können sowohl Licht absorbieren, aber auch emittieren. Hier kennt man drei verschiedene Prozesse.

- **Stimulierte (induzierte) Prozesse:** Wenn man mit einem Laser mit definierter Wellenlänge, d. h., mit einem monochromatischen Laser, ein Quantensystem bestrahlt, dann kann das Licht zwei unterschiedliche Vorgänge induzieren:
  - **Stimulierte (induzierte) Absorption:** Wie in Abb. 30.1a dargestellt, kann Licht absorbiert werden, wenn die Lichtwellenlänge mit der Anregungsenergie übereinstimmt. Dabei geht das System in den angeregten Zustand über.
  - **Stimulierte (induzierte) Emission:** Wie in Abb. 30.1b dargestellt, kann Licht die Emission induzieren, es wird Licht derselben Wellenlänge emittiert. Dabei geht das System in einen Zustand niedrigerer Energie über.
- **Spontane Emission:** Wenn ein System in einem angeregten Zustand ist, dann kann es spontan in einen Zustand niedrigerer Energie übergehen und dabei Licht emittieren (Abb. 30.1c).

Erhaltungssätze und Auswahlregeln Damit eine Anregung oder Emission stattfinden kann, müssen drei Bedingungen erfüllt sein:

- **Energiebedingung:** Es wird Licht einer bestimmten Wellenlänge absorbiert oder emittiert, es gilt die Energieerhaltung. Die Energie (Wellenlänge) des Lichts muss der Anregungsenergie entsprechen.
- **Drehimpulserhaltung:** Da Licht einen Drehimpuls hat (Abschn. 3.1.4), können nur solche Übergänge stattfinden, die eine Drehimpulserhaltung gewährleisten.

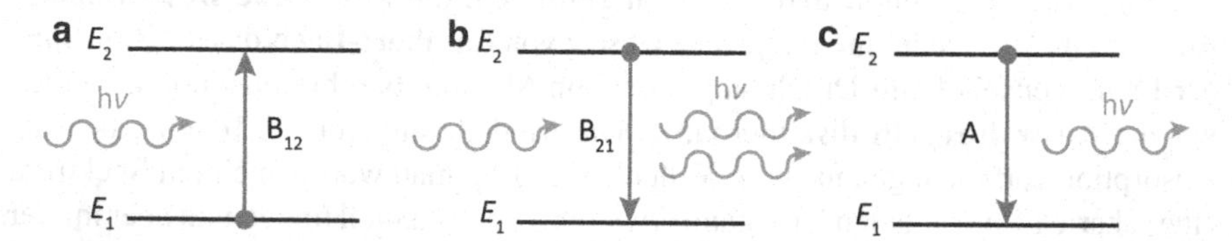

Abb. 30.1 Stimulierte Absorption (**a**) oder Emission von Licht (**b**), dabei wird die Lichtenergie komplett absorbiert oder abgegeben. **c** Spontane Emission

D. h., ein Übergang ist nur möglich, wenn sich der Drehimpuls des Zustands entsprechend ändert.
- **Auswahlregeln** Diese wurden schon in Kap. 15 angesprochen: Wir hatten bemerkt, dass beim harmonischen Oszillator nur Anregungen $n \rightarrow n+1$ und beim Rotor nur $J \rightarrow J+1$ möglich sind. Zudem wird Licht bei verschiedenen Übergängen unterschiedlich stark absorbiert und emittiert. In Abschn. 30.1.3 und Kap. 32 werden wir sehen, wie diese Bedingungen berechnet werden können.

Die ersten beiden Bedingungen resultieren aus den Erhaltungssätzen (Abschn. 1.2.3), die allgemein gelten. Die Auswahlregeln basieren auf quantenmechanischen Ausdrücken, die für die einzelnen Modelle explizit berechnet werden können. Damit kann man die experimentellen Spektren, also nicht nur die Wellenlängen, sondern auch die Intensitäten der Absorption und Emission, quantenmechanisch berechnen.

Lichtquellen Licht aus gewöhnlichen Lichtquellen, wie z. B. Quecksilberlampen, Sonnenlicht etc., besteht aus einer Vielzahl von Wellenlängen, d. h., das Quantensystem wird in diesem Fall die ‚passende' Wellenlänge absorbieren. Durchstimmbare Laser erlauben es, die Wellenlängen in einem Bereich kontinuierlich zu variieren, und so die Absorption in diesem Wellenlängenbereich zu untersuchen. Die Emission erfolgt in alle Raumrichtungen, d. h., die Emission misst man am besten senkrecht zur Einfallsrichtung, da man dann nur das emittierte Licht detektieren wird, wie in Abb. 30.2 skizziert.

Es gibt noch andere Formen der Wechselwirkung von Licht mit Quantensystemen:

- Die bisher besprochenen Anregungen geschehen mit Licht, das kontinuierlich eingestrahlt wird. Man kann allerdings auch kurze Laserpulse verwenden (gepulste Laser), bei denen das Licht die Form eines Wellenpakets hat. Dies führt zu einer Überlagerung von angeregten Zuständen in der Art, dass die Anregung ebenfalls die Form eines Wellenpakts hat, wie im Anhang 30.5 schematisch dargestellt.
- Die Raman-Spektroskopie (Kap. 32) verwendet nicht eine Anregung in Energieeigenzustände, wie in Abb. 30.1 schematisch dargestellt, sondern eine Streuung an sogenannten Resonanzen. Diese Resonanzen kann man sich in einem klassischen Bild durch Oszillationen der Elektronenwolke vorstellen. Einfallendes Licht regt solch eine Oszillation, **Resonanz** genannt, an und wird sofort wieder

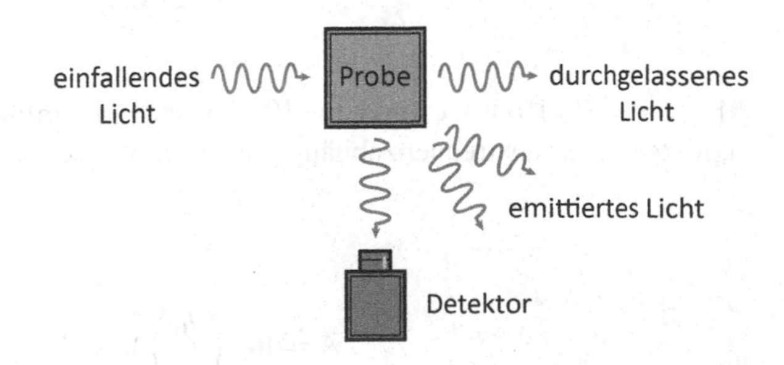

Abb. 30.2 Aufbau eines Spektrometers. Das einfallende Licht wird zum Teil absorbiert und dann in alle Richtungen emittiert

emittiert. Es findet kein Absorptionsprozess wie in Abb. 30.1 statt, man redet von einer Streuung des Lichts an der Resonanzschwingung der Elektronen.

30.1.1 Lambert-Beer-Gesetz

Absorbanz I_0 sei die auf die Probe (Abb. 30.2) einfallende Lichtintensität und I die durchgelassene. Die **Transmission** wird als

$$0 \leq T = \frac{I}{I_0} \leq 100\,\%$$

definiert. Die **Absorbanz** oder **optische Dichte** ist wie folgt definiert:

$$A = \log\left(\frac{I_0}{I}\right) = -\log T .$$

Bei der optischen Dichte von 1 wird also 10% des Lichtes transmittiert, bei einer optischen Dichte von 2 nur noch 1%.

Lambert-Beer Die Änderung der Intensität I des Lichts beim Durchlaufen einer Küvette mit einer absorbierenden Substanz ist proportional zur Konzentration c dieser Substanz und zur Länge der Küvette (l), man findet eine lineare Abnahme mit der durchlaufen Wegstrecke dx,

$$\mathrm{d}I = -\alpha c I \mathrm{d}x .$$

α ist eine stoffspezifische Proportionalitätskonstante. Diese Differentialgleichung können wir nun leicht integrieren, analog zu den Ratengleichungen der Kinetik (Bd. I, Abschn. 17.2) und erhalten das **Lambert-Beer'sche Gesetz**

$$\ln\frac{I}{I_0} = -\alpha c l \quad \text{bzw.} \quad I = I_0 \mathrm{e}^{-\alpha c l} . \tag{30.1}$$

Mit $\ln x = (\ln 10) \log x$ und $\epsilon \log 10 = \alpha$ und der Einführung des Extinktionskoeffizienten $\epsilon(\nu)$, der frequenzabhängig ist, schreibt sich die Absorbanz als:

$$A = \log\left(\frac{I_0}{I}\right) = \epsilon c l . \tag{30.2}$$

Die Absorption ist also abhängig von der Konzentration c und dem Durchmesser der Küvette l. Je größer c und l, desto stärker die Absorption. Dies heißt nichts anderes, als dass das Licht stärker absorbiert wird, je mehr Moleküle es auf dem Weg durch die Probe trifft.

30.1.2 Ratengleichungen

Kann man auch etwas zu dem zeitlichen Verlauf der Absorption und Emission sagen? Zeitverläufe chemischer Reaktionen kennen wir aus der Kinetik, wir werden nun etwas Analoges für die Wechselwirkung mit Licht einführen. Zentrale Parameter der Kinetik sind die Konzentrationen der Stoffe, und die Ratenkonstanten. Diese werden wir nun ebenfalls für Absorption und Emission einführen, man benötigt aber zuerst ein Maß für die ‚Konzentration des Lichts'.

Energiedichte des eingestrahlten Lichts Eine wichtige Größe bei der Beschreibung dieser Prozesse ist die **spektrale Energiedichte** $u(\nu)$, wie in Abschn. 2.3.3 eingeführt. Diese gibt die Energiedichte (Energie pro Volumen) bei einer bestimmten Frequenz (Wellenlänge) an. In Abschn. 2.3.3 haben wir gesehen, dass diese proportional zur elektrischen Feldstärke ist. In Abschn. 3.1 haben wir die Energiedichte Gl. 3.3

$$u(\nu, T) = \frac{8\pi\nu^2}{\mathrm{c}^3}\frac{\mathrm{h}\nu}{\mathrm{e}^{\mathrm{h}\nu/\mathrm{k}T} - 1} \tag{30.3}$$

des **schwarzen Strahlers** diskutiert, siehe auch Abb. 3.2. Wir können uns leicht vorstellen, dass die Anzahl der induzierten Prozesse vor allem auch davon abhängt, ‚wie viel' Licht der dem Übergang entsprechenden Wellenlänge eingestrahlt wird. Die Energiedichte als Energie pro Volumen ist sozusagen die ‚Menge des Lichts' pro Volumen. Je größer die Energiedichte, desto wahrscheinlicher, dass eine Anregung stattfindet. Damit haben wir hier mit $u(\nu)$ eine Größe, welche die Wahrscheinlichkeit angibt, dass Licht auf ein Molekül in einem bestimmten Volumenelement trifft und dieses dann anregt.

Kinetisches Modell Einstein hat die obigen Prozesse zunächst mit Ratengleichungen beschrieben, wie wir sie aus der chemischen Kinetik (Bd. I) kennen. Dabei hat er einen Ansatz wie folgt gemacht: Seien N_1 und N_2 jeweils die Anzahlen der Quantensysteme in Zustand ‚1' und Zustand ‚2', siehe Abb. 30.1. Die Wahrscheinlichkeit einer Anregung hängt zum einen davon ab, wie viele Quantensysteme in Zustand ‚1' sind, und zum anderen, wie viel Licht auf die Probe trifft. Daher ist die Wahrscheinlichkeit, dass eine

- **stimulierte Absorption** stattfindet, proportional zu $N_1 u(\nu)$.
- **stimulierte Emission** stattfindet proportional zu $N_2 u(\nu)$.

- **spontane Emission** stattfindet proportional zu N_2. Diese hängt nicht von der Lichtintensität ab, sondern als spontaner Prozess nur von der Anzahl der angeregten Systeme.[1]

Die Wahrscheinlichkeit der stimulierten Prozesse ist also proportional zur Energiedichte des Lichts und der Population des Zustands. Einstein hat nun, wie in der Kinetik für die chemischen Reaktionen durchgeführt, Ratenkonstanten (Geschwindigkeitskonstanten) für die einzelnen Prozesse eingeführt: B_{12} für die Absorption, B_{21} für die stimulierte und A für die spontane Emission. Damit kann man, wie in der chemischen Kinetik, **Zeitgesetze** für die zeitlichen Änderungen der Populationen N_1 und N_2 der beiden Zustände formulieren,

$$\frac{\mathrm{d}N_1}{\mathrm{d}t} = -\frac{\mathrm{d}N_2}{\mathrm{d}t} = -B_{12}N_1u(\nu) + B_{21}N_2u(\nu) + AN_2. \tag{30.4}$$

Die Population N_1 nimmt also mit den Emissionsprozessen zu und mit der Absorption ab. Jetzt nehmen wir an, dass Licht mit konstanter Energiedichte $u(\nu)$ eingestrahlt wird. Nach einer gewissen Zeit wird sich ein Gleichgewicht einstellen, in dem sich die Populationen nicht mehr ändern, d. h., $\frac{\mathrm{d}N_i}{\mathrm{d}t} = 0$. Man erhält dann, wenn man nach $u(\nu)$ auflöst,

$$0 = -B_{12}N_1u(\nu) + B_{21}N_2u(\nu) + AN_2, \quad \rightarrow \quad u(\nu) = \frac{A/B_{12}}{N_1/N_2 - B_{21}/B_{12}}. \tag{30.5}$$

In Kap. 15 hatten wir gesehen, dass sich das Verhältnis der Populationen im **thermischen Gleichgewicht** durch Gl. 15.9 ausdrücken lässt. Wenn die Zustände nicht entartet sind, erhalten wir mit $E_2 - E_1 = \mathrm{h}\nu$

$$\frac{N_2}{N_1} = \mathrm{e}^{-(E_2-E_1)/\mathrm{k}T} = \mathrm{e}^{-\mathrm{h}\nu/\mathrm{k}T}.$$

Setzt man dies in Gl. 30.5 ein und vergleicht mit der Energiedichte Gl. 30.3,[2] erhält man folgende Beziehungen zwischen den **Einstein-Koeffizienten:**

$$B_{12} = B_{21} = B \quad \rightarrow \quad A = \left(\frac{8\pi \mathrm{h}\nu^3}{\mathrm{c}^3}\right) B. \tag{30.6}$$

- Die Koeffizienten für stimulierte Emission und Absorption sind somit gleich.

[1] Die spontane Emission kann man analog zum spontanen radioaktiven Zerfall verstehen. Die Anzahl der pro Zeit zerfallenden Atome ist nur von der Anzahl der Atome abhängig (Bd. I, Abschn. 17.2).

[2] Wir nehmen also an, dass die Strahlungsquelle die Frequenzverteilung eines schwarzen Strahlers hat.

- Die Bedeutung der spontanen Emission wächst mit der Frequenz. Für große Frequenzen, wie sie bei optischen Übergängen auftreten, ist die spontane Emission daher ein wichtiger Faktor, bei Infrarot- und Mikrowellenübergängen ist sie aber wegen der kleinen Frequenzen vernachlässigbar (im Verhältnis zu den induzierten Prozessen).

Lebensdauer und Halbwertszeit Für die spontane Emission setzen wir $B_{12} = B_{21} = 0$ in Gl. 30.4 und erhalten das bekannte exponentielle Zerfallsgesetz für den angeregten Zustand,

$$-\dot{N}_2 = AN_2 \quad \rightarrow \quad N_2(t) = N_2^0 \mathrm{e}^{-At}. \tag{30.7}$$

Dieses beschreibt, wie die Anfangspopulation N_2^0 mit der Zeit abnimmt. Die spontane Emission ist ein Zufallsprozess und kann analog den spontanen (radioaktiven) Zerfällen von Atomen verstanden werden. Für einen einzelnen Übergang ist keine deterministische Aussage möglich, sondern nur eine Wahrscheinlichkeitsaussage.[3] Die **Halbwertszeit $\tau_{1/2}$** charakterisiert die Zeit, nach der die **Hälfte eines Ensembles** angeregter Atome oder Moleküle in den Grundzustand übergegangen sind. Das Inverse der Ratenkonstanten entspricht in der Kinetik Reaktionszeiten, im Fall der spontanen Emission spricht man von der **Lebensdauer**

$$\tau = \frac{1}{A} \quad \rightarrow \quad \frac{N_2(t)}{N_2^0} = \frac{1}{\mathrm{e}} \tag{30.8}$$

des angeregten Zustands.

Warnung:
Dies ist eine der prädestinierten Stellen, an denen Missverständnisse um die Aussagen der Quantenmechanik entstehen können. Die Ratengleichungen geben uns die Vorstellung, dass N_2 Quantenteilchen im angeregten Zustand und N_1 Quantenteilchen im Grundzustand **sind.** Und nichts wäre falscher als dies! Ratengleichungen sind eben klassische Gleichungen. Man hat hier die Vorstellung eines klassischen Ensembles, im Gegensatz zu dem vorliegenden quantenmechanischen Ensemble, siehe die Diskussion in Kap. 13.

Die *Wahrheit* ist: Das System befindet sich in einer **Superposition** von Grund- und angeregtem Zustand. Wir werden dies in Abschn. 30.3 ausführen. Mit all den in Kap. 21 aufgezeigten Konsequenzen für unsere sprachliche und visuelle Darstellung.

---

[3] Siehe hier die Diskussion in den Kap. 20 und 21.

30.1.3 Auswahlregeln

Die Auswahlregeln sind deshalb zentral für die Spektroskopie da sie angeben, welche Übergänge überhaupt möglich sind, und zudem bestimmen, wie stark bei diesen erlaubten Übergängen Licht absorbiert/emittiert wird. Zur Bestimmung der Auswahlregeln benötigt man das **Dipolmoment:** Wenn zwei Ladungen $+e$ und $-e$ in einem Abstand r voneinander platziert sind, so lässt sich das Dipolmoment dieser Ladungsverteilung als[4]

$$\boldsymbol{\mu} = e\mathbf{r}$$

angeben, in der Quantenmechanik wird daraus ein Operator $\hat{\mu}$. Seien nun Φ_1 und Φ_2 die Wellenfunktionen der beiden Zustände, zwischen denen ein Übergang stattfinden könnte, dann wird

$$\mu_{12} = \int \Phi_1 \hat{\mu} \Phi_2 \mathrm{d}^3 r \tag{30.9}$$

als **Übergangsdipolmoment** bezeichnet.

- Wenn es verschwindet, ist kein Übergang möglich, dies ist die Grundlage der **Auswahlregeln.**
- Wenn es nicht verschwindet wird, je nach numerischem Wert des Integrals, ein Übergang stärker oder schwächer im Spektrum vertreten sein. Wir müssen also die Eigenfunktionen unserer Modelle (Rotor, harmonischer Oszillator, Wasserstoffatom) in Gl. 30.9 einsetzen und diese Werte ausrechnen.
- Warum μ_{12} die Stärke der Lichtabsorption oder Emission beschreibt, ist in Abschn. 30.3 für die spontane Emission, und in Kap. 32 für die induzierte Absorption und Emission ausgeführt. Man erhält dies aus der quantenmechanischen Behandlung dieser Prozesse.

Elektronische Übergänge in Atomen Für das **Wasserstoffatom** und die anderen Atome mit nur einem Elektron (‚wasserstoffartige Atome‘) sind aufgrund der Drehimpulserhaltung nur Übergänge mit $\Delta l = \pm 1$ erlaubt. Hier kann man die Übergangsdipolmomente relativ leicht ausrechnen, man muss nur die Wellenfunktionen aus Kap. 11 in das entsprechende Integral einsetzen, man erhält

$$\Delta l = \pm 1 \quad \Delta m_l = 0, \pm 1.$$

---

[4]Entsprechend kann man für beliebige Ladungsverteilungen ein Dipolmoment berechnen.

Es sind also Übergänge für alle Δn erlaubt, nicht aber Übergänge z. B. vom 2s-in das 1 s-Orbital, wohl aber vom 2p ins 1 s. Das 2 s-Orbital kann nicht durch eine reine Lichtemission in den Grundzustand übergehen, es ist ein sogenannter metastabiler Zustand. Wohl aber kann dies durch einen Stoß mit einem anderen Atom geschehen, hier gelten die Auswahlregeln in der Form nicht, denn dann wird die Drehimpulserhaltung über den Stoß gewährleistet.

Bei **Mehrelektronenatomen** (Kap. 24) sind Bahndrehimpuls und Spin über ihre magnetischen Momente miteinander gekoppelt, daher sind nicht mehr alle Spin- und Bahndrehimpulseinstellungen unabhängig voneinander möglich, sondern nur noch solche, für die die Quantisierungsregeln für J gelten. L und S sind gekoppelt und folgen somit gekoppelt den Drehimpulsquantenregeln, es gilt:

$$\Delta S = 0 \quad \Delta L = \pm 1 \quad \Delta J = 0, \pm 1,$$

wobei der Übergang $J = 0$ nach $J = 0$ verboten ist. $\Delta S = 0$ resultiert aus dem Umstand, dass es keine Wechselwirkung des Lichts mit dem Spin gibt, es ist also nicht möglich, durch Lichteinstrahlung z. B. einen Übergang von einem Singulett- in einen Triplett-Zustand zu induzieren. Dies gilt nur so lange, wie die Angabe von S und L sinnvoll ist (Russel-Saunders-Kopplung), bei starker j-j-Kopplung werden, mit zunehmender Kernmasse, auch die Auswahlregeln zunehmend gegenstandslos.

Für **Moleküle** muss man berücksichtigen, dass bei elektronischen Anregungen immer gleichzeitig auch Schwingungen (und eventuell auch Rotation) angeregt werden, dies behandeln wir in Kap. 33, Rotations- und Schwingungsübergänge in Kap. 32.

30.2 Linienverbreiterung

Bisher haben wir immer Energieeigenzustände berechnet. Übergänge zwischen diesen werden dabei durch Licht mit genau bestimmter Frequenz induziert. Wenn man das so modelliert (Kap. 15), bestehen die Spektren aus wohldefinierten Linien (Abb. 15.2 und 15.3). Experimentell findet man aber immer Spektren, bei denen die einzelnen Linien verbreitert sind, und dafür gibt es mehrere Mechanismen.

30.2.1 Dopplerverbreiterung

Aus dem Alltag kennt man den Dopplereffekt sehr gut: Wenn eine **Schallquelle** auf einen Beobachter zukommt, ist der Ton erhöht, wenn sich die Schallquelle entfernt, ist der Ton tiefer. D. h., die Frequenz der ankommenden Welle ist größer, wenn sich die Schallquelle in Richtung Empfänger bewegt und kleiner, wenn sie sich entfernt. Sei $u << c$ (c: Lichtgeschwindigkeit) die Geschwindigkeit der Schallquelle und ν_0 die Frequenz der von der Schallquelle emittierten Welle, dann kann man mit Hilfe der **speziellen Relativitätstheorie** die Frequenzverschiebung nähern als:

$$(\nu - \nu_0) \approx \pm \nu_0 \frac{u}{c}.$$

Die Frequenzverschiebung um ν_0 ist durch $(\nu - \nu_0)$ gegeben.

Dies kann man ebenso auf bewegte **Lichtquellen** anwenden. Die Geschwindigkeitsverteilung der Atome/Moleküle, die elektromagnetische Strahlung abgeben, ist in einer Probe durch die Maxwell-Boltzmann-Verteilung beschrieben. D. h., ein Molekül, das sich bei Emission von elektromagnetischer Strahlung mit $\pm u$ relativ zum Detektor bewegt, strahlt je nach Bewegungsrichtung rot- oder blauverschobene Wellen aus. Da die Geschwindigkeitsverteilung gaußförmig ist, ist auch die Linie im Spektrum gaußförmig verbreitert, und man erhält durch Einsetzen in die Maxwell-Verteilung:

$$I(\nu) \sim \mathrm{e}^{\frac{mc^2}{2kT\nu_0^2}(\nu-\nu_0)^2}, \quad \Delta\nu = \frac{\nu_0}{c}\sqrt{\frac{8kT \ln 2}{m}}.$$

Man erhält also eine **gaußförmige Verbreiterung** der einzelnen Linien im Spektrum. Die **Linienbreite** wird durch die Halbwertsbreite $\Delta\nu$ der Verteilung angegeben. Diese Verbreiterung kann man durch Kühlung reduzieren. Man kann alternativ auch Experimente mit dem Molekularstrahl durchführen. Hier werden die Geschwindigkeiten der Moleküle durch einen Geschwindigkeitsfilter selektiert (siehe Abschn. 5.2), was die Streuung der Geschwindigkeiten reduziert.

30.2.2 Natürliche Linienbreite

Aber selbst bei Reduktion der Dopplerverbreiterung bleibt noch eine gewisse Linienbreite bestehen, die sogenannte natürliche Linienbreite. Diese diskutiert man am einfachsten in dem klassischen Ratenbild der **spontanen Emission,** wie in Abschn. 30.1.2 vorgestellt.

- Wir betrachten ein Ensemble von Molekülen im angeregten Zustand. Je mehr Moleküle pro Zeiteinheit Licht emittieren, desto größer die Intensität des ausgesandten Lichts,

$$I \sim \frac{dN_2}{dt}.$$

  Da die Anzahl N_2 der angeregten Moleküle, die Licht emittieren können, exponentiell abnimmt (Gl. 30.7), ergibt sich ebenfalls ein exponentielles Abfallen der Intensität

$$I(t) = I_0 \exp(-\gamma t)$$

  des abgestrahlten Lichts, die **Lebensdauer** $\tau = 1/\gamma$ haben wir schon mit der Ratengleichung Gl. 30.8 bestimmt.

- Die Schwingungsfrequenz ω des abgestrahlten Lichts lässt sich mit $\hbar\omega = \Delta E = E_2 - E_1$ aus dem Unterschied der Energieniveaus in Abb. 30.1 berechnen. Betrachten Sie nun nochmals Abb. 2.10. Das Licht der Frequenz ω hat eine Komponente des elektrischen Feldes, die durch

$$\mathbf{E}(t) = \mathbf{E}_0 \sin(\omega t)$$

beschrieben wird.

- Da die die Intensität I exponentiell abfällt, muss das wegen $I \sim |\mathbf{E}|^2$ (Abschn. 2.3.3) für die elektrische Feldstärke ebenfalls gelten, man erhält

$$\mathbf{E}(t) = \mathbf{E}_0 \sin(\omega t) e^{\frac{-\gamma}{2}t}. \tag{30.10}$$

Der Dämpfungsfaktor ist nun $\gamma/2$, da wir $\mathbf{E}(t)$ quadrieren müssen, um I zu erhalten.

Der Verlauf von $\mathbf{E}(t)$ nach Gl. 30.10 ist in Abb. 30.3a dargestellt. Man sieht die Oszillationen der Feldstärke, die Frequenz entspricht dem Energieunterschied $E_2 - E_1$. Die Intensität resultiert aber aus der Emission des gesamten Ensembles. Da im Laufe der Zeit immer weniger Moleküle im angeregten Zustand sind, nimmt die Intensität ab, dies ist durch die exponentielle Abnahme der Einhüllenden dargestellt.

Wenn also ein zeitlich begrenztes Lichtsignal ausgesendet wird, können wir die Frequenzbeiträge dieses Signals, wie in Abschn. 2.1.3 am Wellenpaket gezeigt, durch eine Fourier-Transformation analysieren. Man erhält für die Frequenzbeiträge das sogenannte **Lorentz-Profil** (Beweis 30.1, siehe unten)

$$I(\omega) = I_0 \frac{(\gamma/2)^2}{(\omega - \omega_0)^2 + (\gamma/2)^2}, \tag{30.11}$$

wie in Abb. 30.3b abgebildet.

Das ist interessant: Obwohl also jedes Quantensystem die Energie $\Delta E = E_2 - E_1$ abgibt (Abb. 30.1), resultiert aus der endlichen Zeit der Abstrahlung eine endliche

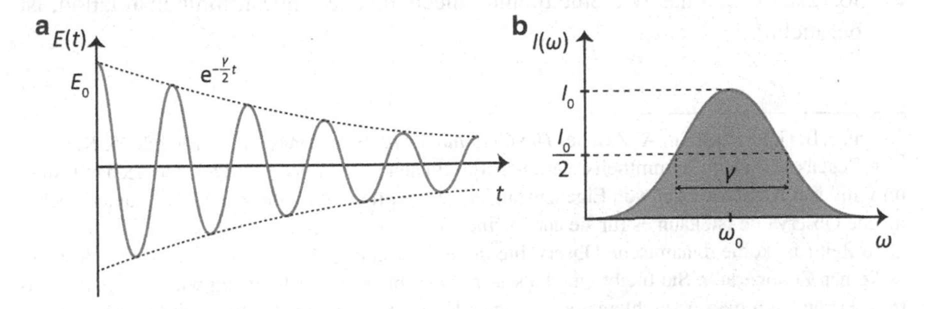

Abb. 30.3 **a** Exponentielles Abklingen der Amplitude des abgestrahlten Lichts, **b** Lorentz-Profil der Frequenzbeiträge

Frequenzverteilung des Lichts. Und da Frequenz und Wellenlänge über die Dispersionsrelation zusammenhängen (Abschn. 2.3), erhält man auch eine Verteilung der Wellenlängen. Dies ist ein **generelles Wellenphänomen**. Wann immer Wellen in Pulsen erzeugt werden, kann dieser Wellenzug (Puls) nicht durch eine einzige Frequenz beschrieben werden, dieses Phänomen kennt man z. B. auch aus der Akustik[5] und resultiert mathematisch aus der Fourier-Transformation.

Energie-Zeit-Unschärfe Man kann nun nach der **Breite der Frequenzverteilung** in Abb. 30.3 fragen, diese wird üblicherweise durch die Intensität $I = \frac{1}{2}I_0$ definiert, wie in Abb. 30.3b gezeigt. Wenn man dies in Gl. 30.11 einsetzt, erhält man $\omega - \omega_0 = \gamma/2$. D. h., die volle Breite des Spektrums in Abb. 30.3b ist durch

$$\Delta\omega = \gamma$$

gegeben. Mit $\gamma = 1/\tau$ und $\Delta E = \hbar\Delta\omega$ erhalten wir $(\tau = \Delta t)$

$$\Delta\omega\tau = 1 \quad \rightarrow \quad \Delta E \Delta t = \hbar. \tag{30.12}$$

Beispiele 30.1

Die Lebensdauer beträgt bei elektronischen Anregungen in etwa 10^{-8} s, was zu einer natürlichen Linienverbreiterung von 10^{-4} cm^{-1} führt. Schwingungs- und Rotationslebensdauern sind wesentlich länger. ◄

Energieunschärfe und Zeitdauer Ein (zeitlich) begrenztes Signal zeigt eine Streuung in der Energie. Wir hatten genau diesen Zusammenhang schon beim Wellenpaket in Abschn. 2.1.4 angesprochen, in Kap. 21 hatten wir gesehen, dass eine Unbestimmtheit in der Energie zu zeitabhängigen Phänomenen führt, deren Zeitdauer in Beziehung zu der Energieunbestimmtheit steht. Unschärferelationen[6] gibt es auch in der klassischen Physik, prominent eben bei der Darstellung von Wellenphänomenen. Gl. 30.12 sieht nun aus wie eine quantenmechanische Unbestimmtheitsrelation, ist es aber nicht.[7]

---

[5]Siehe z. B. G. Greenstein, A. Zajonc, *The Quantum Challenge,* Jones and Bartlett 2005, Kap. 3.

[6]Im Gegensatz zu Unbestimmtheitsrelationen, die ein neues Phänomen der Quantenmechanik sind, und mit dem Nichtvorliegen von Eigenzuständen verknüpft sind. Da die Zeit keine quantenmechanische Observable ist, kann es für sie auch keine Unbestimmtheitsrelation geben.

[7]Die Zeit t ist keine dynamische Observable in der Quantenmechanik (Abschn. 5.1.6), daher gibt es keinen Zeitoperator. Sie bleibt eine klassische Variable der Beschreibung wie in Kap. 1 diskutiert. Damit kann man Δt nicht analog zu den anderen Observablen als **Streuung** (der Messwerte) interpretieren. Es gibt keine Zeitunbestimmtheit in demselben Sinn, wie es z. B. eine Impulsunbestimmtheit gibt. Die Zeit, als Parameter, hat immer genau bestimmte Werte. Daher wird Δt oft als eine **Zeitdauer** interpretiert, wie oben, als Dauer der Abstrahlung eines Lichtpulses. Damit

Beweis 30.1 (Lorentz-Profil) Dazu stellt man eine beliebige zeitlich veränderliche Funktion als Überlagerung von Sinus-/Kosinusfunktionen dar. D. h., man fragt, welche Schwingungsfrequenzen zu dieser Kurve beitragen und stellt Gl. 30.10 als **Fourier-Integral** dar:

$$E(t) = \frac{1}{2\pi} \int_{-\infty}^{\infty} a(\omega) \mathrm{e}^{\mathrm{i}\omega t} \mathrm{d}\omega.$$

$a(\omega)$ gibt an, welche Frequenzen zum Signal beitragen. Die zeitlich veränderliche Funktion $E(t)$ wird also als Überlagerung von Sinus-/Kosinus-Schwingungen der Frequenz ω und Amplitude $a(\omega)$ dargestellt. $a(\omega)$ kann durch eine Fourier-Transformation erhalten werden, wenn man $E(t)$ aus Gl. 30.10 einsetzt,

$$a(\omega) = \int_{-\infty}^{\infty} E(t) \mathrm{e}^{-\mathrm{i}\omega t} \mathrm{d}\omega = E_0 \left(\frac{1}{\mathrm{i}(\omega - \omega_0) - \gamma/2} + \frac{1}{\mathrm{i}(\omega + \omega_0) + \gamma/2} \right).$$

Da $\omega \approx \omega_0$ und $\omega >> \gamma$, kann man den zweiten Term gegenüber dem ersten vernachlässigen. Die Intensität des abgestrahlten Lichts bei einer bestimmten Frequenz ist

$$I(\omega) \sim a^*(\omega) a(\omega) = E_0^2 \frac{1}{(\omega - \omega_0)^2 + (\gamma/2)^2}. \tag{30.13}$$

Wenn man die Intensität nun noch so normiert, dass I_0 das Maximum der Verteilung angibt, so erhält man Gl. 30.11.

30.2.3 Stoßverbreiterung

Eine endliche Lebensdauer, die zu einer Linienverbreiterung führt, resultiert aus zwei Mechanismen: Der natürlichen Lebensdauer und der endlichen Lebensdauer, die durch Stöße zwischen Molekülen auftritt. Durch die Stöße zwischen Molekülen kann ein Übergang zwischen den Zuständen induziert werden. Analog verkürzt das die Lebensdauer und führt zu einer Linienverbreiterung, wie gerade diskutiert. Die Anzahl der Stöße pro Zeit, und damit die Intensität der Emission, hängt von der **mittleren freien Weglänge** (s. Bd. I, Kap. 20), und damit vom Druck des Gases ab. Daher wird sie auch **Druckverbreiterung** genannt.

Aus der mittleren freien Weglänge kann man eine mittlere Zeit Δt zwischen zwei Stößen abschätzen (s. Bd. I, Abschn. 20.1), und aus Δt kann man mit Gl. 30.12 die Energieverbreiterung ΔE berechnen.

---

korrespondiert dann eine **Unschärfe** in der Energie des Lichtpulses. Dies ist eine klassische Relation, wie sie bei klassischen Wellenphänomenen auftritt. Diese Unschärferelation und ihre Bedeutung wird in Abschn. 20.2.3 allgemein eingeführt und diskutiert.

30.3 Vertiefung: Semi-klassisches Modell der Emission

Dieser Abschnitt vertieft die Darstellung der quantenmechanischen Übergänge und kann beim ersten Lesen übersprungen werden. Der Abschnitt baut direkt auf den Ausführungen in Abschn. 20.3.4 *auf, für das Verständnis ist es aber sehr hilfreich, die beiden Abschnitte* 20.2 *und* 20.3 *vorab zu lesen. Für die Interpretation konsultieren Sie bitte noch Abschn.* 21.3.4.

Die bisherige Darstellung der Übergänge lässt noch einige Fragen offen:

- Das kinetische Modell und die Behandlung der natürlichen Linienbreite sind vollkommen **klassische Betrachtungen,** braucht man denn keine **Quantenmechanik?** Offensichtlich benötigt man sie, denn die **Übergangsdipolmomente** Gl. 30.9 wurden nur vorgestellt, aber nicht abgeleitet. Wie kommt man darauf, und was bedeuten diese?
- Die Ratengleichungen **beschreiben,** wie sich die **Populationen** N_i der Zustände ändern:
  - Kann man auch **erklären, warum** die Übergänge stattfinden? Was ist der Mechanismus der Anregung/Emission? Wie koppelt das Licht an die Quantensysteme und bringt sie dazu, den Zustand zu ändern? Wieso wird bei der spontanen Emission Licht abgegeben? Wieso passieren diese Übergänge?
  - Welche Aussagen kann man über ein **einzelnes System** machen? Passiert der Übergang langsam unter kontinuierlicher Abgabe von Licht, oder schlagartig?

Wir werden nun sehen, inwieweit man diese Fragen durch eine quantenmechanische Behandlung beantworten kann. Hier wollen wir auf die **spontane Emission** fokussieren, die induzierten Prozesse werden am Beispiel von Rotation und Schwingung in Abschn. 32.2 diskutiert.

Phänomenologischer Zugang Im Gegensatz zu den induzierten Prozessen, bei denen das elektromagnetische Feld als **äußere Störung** einen Übergang **bewirkt,** kann man im Rahmen der hier vorgestellten Quantenmechanik keine **Ursache** für den Übergang angeben: Denn Φ_2 ist eine Lösung der zeitunabhängigen Schrödinger-Gleichung, damit ist der Zustand stabil, nach der hier vorgestellten Quantenmechanik würde das Quantenobjekt ewig in Φ_2 bleiben. Wir müssen also ‚von Hand' nachhelfen. Dies ist eine **phänomenologische Beschreibung,** der Effekt wird effektiv mathematisch abgebildet, ohne dass Ursachen dafür angegeben werden.

- $\Phi_1(x)$ und $\Phi_2(x)$ sind beides stationäre Zustände, da wir nun Übergänge betrachten, diese also zeitabhängig sind, müssen wir zunächst ihre Zeitabhängigkeit einbeziehen, wie in Abschn. 20.2 beschrieben. Man multipliziert die Wellenfunktionen mit den Phasenfaktoren.
- Wir wissen, dass ein Übergang von Zustand Φ_2 in den Zustand Φ_1 stattfindet und dass dieser Übergang durch ein exponentielles Gesetz beschrieben wird. Dies werden wir in dem Ansatz für die Wellenfunktion berücksichtigen.

Superpositionen In dem klassischen Modell haben wir die Populationen N_1 und N_2 angesetzt, die sich zeitlich ändern. Nun stellt sich die Frage, wie man das durch die Wellenfunktionen $\Phi_1(x)$ des Grundzustands und $\Phi_2(x)$ des angeregten Zustandes darstellen kann. Am Anfang wird das System in $\Phi_2(x)$ sein, am Ende in $\Phi_1(x)$, dazwischen in einem ‚Zwischenzustand', den man in der Quantenmechanik durch eine **Superposition** wie folgt darstellt,

$$\Psi(x,t) = a_1(t)\Phi_1(x)\mathrm{e}^{-\mathrm{i}\omega_1 t} + a_2(t)\Phi_2(x)\mathrm{e}^{-\mathrm{i}\omega_2 t}. \qquad (30.14)$$

Dieser Ansatz wirft drei Fragen auf:

- **Warum** $\mathrm{e}^{-\mathrm{i}\omega_n t}$? Dies wird in Abschn. 20.2 im Detail ausgeführt. In Kürze: In Abschn. 4.4 haben wir gezeigt, dass die stationären Lösungen die Form Gl. 4.39 haben, d. h., durch die Wellenfunktionen $\Phi_1(x)$ und $\Phi_2(x)$ gegeben sind. Wir haben die Zeitabhängigkeit durch den **Separationsansatz** absepariert. Da wir nun ein zeitabhängiges Phänomen haben, müssen den Faktor $\mathrm{e}^{-\frac{\mathrm{i}}{\hbar}Et}$ wieder hinzufügen ($\omega_n = E_n/\hbar$).
- **Warum Superposition?** Die Superposition von zwei elektronischen Zuständen haben wir in Abschn. 20.3.4 am Beispiel des Wasserstoffatoms betrachtet, siehe Gl. 20.18. In der Quantenmechanik stellen wir eine Überlagerung von Zuständen eigentlich immer durch eine solche Superposition dar. Mit dem Ansatz Gl. 30.14 treten **Interferenzterme** auf, die eine ‚Mischung' der beiden Zustände darstellen. Diese sind der Schwerpunkt der Diskussion in Kap. 12 und 13. Wie wir unten sehen werden, sind die Interferenzterme zentral für die Beschreibung.
- **Zeitabhängigkeit der** $a_i(t)$**?:** Diese beschreibt die Zeitabhängigkeit der ‚Mischung' der beiden Zustände. Diese müssen wir nun ‚von Hand' einführen.

Exponentielle Dämpfung Wir wissen, dass die Population des angeregten Zustands exponentiell abnimmt, die Koeffizienten müssen zeitabhängig sein. Zum Anfangszeitpunkt $t = t_0$ gilt $a_2(t_0) = 1$ und $a_1(t_0) = 0$, aber mit der Zeit wird a_1 wachsen und a_2 abklingen, die Population des angeregten Zustands, dargestellt durch $|a_2(t)|^2$, muss genauso abnehmen wie N_2, d. h.,

$$|a_2(t)|^2 = \mathrm{e}^{-t/\tau}.$$

Entsprechend wächst $|a_1(t)|^2$ mit der Zeit an. Die $|a_i|^2$ beschreiben die Wahrscheinlichkeit, dass der angeregte Zustand besetzt ist, und diese Wahrscheinlichkeit nimmt exponentiell ab. Bitte beachten Sie: In der Quantenmechanik, wie hier vorgestellt, sind die Zustände Φ_1 und Φ_2 **stationäre Zustände**. D. h., sie ändern sich nicht, im Rahmen der hier vorgestellten Quantenmechanik gibt keinen Grund für die spontane Emission.[8] Wir kennen aber das Ergebnis, nämlich das exponentielle Abklingen der

[8] Das Vorgehen ist analog zu dem, was wir zur Beschreibung von Schrödingers Katze gemacht haben, siehe Kap. 13. In der Quantenelektrodynamik kann man eine ‚Erklärung' der spontanen Emission erhalten, nämlich durch Ankopplung an die Vakuumfluktuationen des elektromagnetischen Feldes. Eine relativ einfache Darstellung findet man z. B. in Milonni, Am. J. Phys. 52 (1984), 340.

Populationen. Das implementieren wir hier dann in die Zeitabhängkeit der Koeffizienten.[9]

Dipolmoment und Hertz'scher Dipol Durch den Übergang wird **elektromagnetische Strahlung** abgegeben. Aus Abschn. 1.3.5 wissen wir, dass ein oszillierendes Dipolmoment einen **Hertz'schen Dipol** darstellt, der eben diese Strahlung aussendet. Daher berechnen wir nun den Erwartungswert des Dipolmoments[10] für die Superposition Gl. 30.14,

$$\begin{aligned} \langle \hat{\mu} \rangle &= \int \Psi^*(t) \hat{\mu} \Psi(t) \mathrm{d}x = \\ &= |a_1(t)|^2 \int \Phi_1 \hat{\mu} \Phi_1 \mathrm{d}x + |a_2(t)|^2 \int \Phi_2 \hat{\mu} \Phi_2 \mathrm{d}x \\ &\quad + a_1^*(t) a_2(t) \mathrm{e}^{-\frac{\mathrm{i}}{\hbar} \Delta E t} \int \Phi_1 \hat{\mu} \Phi_2 \mathrm{d}x + \mathrm{cc}. \end{aligned} \tag{30.15}$$

- Bei den ersten beiden Termen heben sich die zeitabhängigen Beiträge $\mathrm{e}^{-\mathrm{i}\omega_i t}$ aus Gl. 30.14 auf. Der Erwartungswert des Dipolmoments enthält also zum einen die Dipolmomente des Grundzustandes, $\mu_1 = \int \Phi_1 \hat{\mu} \Phi_1 \mathrm{d}x$, und des angeregten Zustandes $\mu_2 = \int \Phi_2 \hat{\mu} \Phi_2 \mathrm{d}x$.
- Im letzten Term bleibt die Zeitabhängigkeit aber bestehen.

$$\mu_{12} = \int \Phi_1 \hat{\mu} \Phi_2 \mathrm{d}x \tag{30.16}$$

ist kein Erwartungswert, da links und rechts des Operators nicht dieselbe Wellenfunktion steht. Dennoch hat dieses Integral eine wichtige Bedeutung: Es wird **Übergangsdipolmoment** genannt. Dieser Beitrag oszilliert, da $\mathrm{e}^{-\frac{\mathrm{i}}{\hbar}\Delta E t} \sim \sin(-\frac{1}{\hbar}\Delta E t)$ gilt. Das Dipolmoment oszilliert also, und zwar mit einer Frequenz $\omega_{12} = \omega_2 - \omega_1$, die sich aus der Anregungsenergie $\Delta E = \hbar\omega_{12}$ berechnet. Zudem nimmt diese Oszillation exponentiell ab, da $a_2(t)$ exponentiell abnimmt, wir finden also das gleiche Verhalten wie für das elektrische Feld in Gl. 30.10.

[9]Für eine allgemeine Darstellung, siehe etwa [12] Abschn. 2.8, die phänomenologische Einbeziehung der Emission findet man in Abschn. 2.8.5.
[10]Zur Definition des Dipolmoments, siehe Abschn. 30.1.3 und Kap. 32.

Es sieht also so aus, als würde das gedämpft oszillierende Dipolmoment elektromagnetische Strahlung abgeben, da man es als Hertz'schen Dipol auffassen kann. Dies kann man in einer klassischen Analogie noch etwas vertiefen.

Semi-klassisches Modell: Strahlungsleistung Wir können das oszillierende Dipolmoment als klassischen oszillierenden Dipol **p** betrachten, wie in Abschn. 1.3.5 eingeführt. Im klassischen Fall kann man die mittlere Strahlungsleistung P des durch den oszillierenden Dipol der Frequenz ω abgestrahlten Feldes wie folgt berechnen,[11]

$$\langle P \rangle = \frac{2}{3} \frac{\omega^4 \langle p^2 \rangle}{4\pi\epsilon_0 c^3}.$$

$\langle p^2 \rangle$ ist der Mittelwert des Quadrats des Dipolmoments. Man kann nun diesen Mittelwert durch das Quadrat des Übergangsdipolmoments ersetzen, und erhält

$$\langle P_{12} \rangle = \frac{2}{3} \frac{\omega_{12}^4}{4\pi\epsilon_0 c^3} |\mu_{12}|^2. \tag{30.17}$$

Die mittlere Leistung des beim Übergang von Φ_2 nach Φ_1 abgestrahlten Lichts hängt von der Frequenz ω_{12} und dem Quadrat des Übergangsdipolmoments ab. Durch Vergleich der abgestrahlten Leistung mit dem kinetischen Modell erhält man für den Einstein-Koeffizienten:

$$A_{12} = \frac{2}{3} \frac{\omega_{12}^4}{\epsilon_0 h c^3} |\mu_{12}|^2. \tag{30.18}$$

Wie haben die Überlegungen hier am Beispiel des Übergangs Φ_2 nach Φ_1 angestellt, sie gelten natürlich allgemein für beliebige Übergänge. Dies ist eine **semi-klassische Beschreibung,** da wir ein Quantensystem haben, aber die Strahlung klassisch wie in Kap. 2 beschreiben, also keine Quantentheorie des Lichts verwenden.

Semi-klassisches Modell: Auswahlregeln Die semi-klassische Betrachtung erlaubt einen anschaulichen Zugang zu den Übergangsdipolmomenten. Betrachten wir als Beispiel den Übergang in Atomen, wie in Abschn. 20.3.4 vorgestellt. Der Erwartungswert $\langle r^2 \rangle(t)$, r ist der Kern-Elektron-Abstand, kann als Maß für die Atomausdehnung angesehen werden, Diesen kann man bestimmen, indem man in Gl. 30.15 r^2 statt $\hat{\mu}$ einsetzt. Man erhält die analoge Gleichung und sieht, dass nun $\langle r^2 \rangle(t)$ analog zum Dipolmoment oszilliert.

- Betrachten wir die Superposition 30.14, wobei der Grundzustand das 1 s und der angeregte Zustand das 2 s-Orbital des Wasserstoffatoms sein soll. Beide Orbitale sind sphärisch symmetrisch, d. h. bei der ‚Oszillation' des Atoms (Abb. 20.6),

[11] Für Details, siehe z. B. [13] Kap. 7

gegeben durch $\langle r^2 \rangle(t)$, ändert sich das Dipolmoment nicht. Um Licht abzustrahlen, braucht man aber einen oszillierenden Dipol (Hertz'scher Dipol). Damit kann in dieser Superposition kein Licht abgestrahlt werden. Als Folge verschwindet das Übergangsdipolmoment μ_{12} zwischen diesen beiden Zuständen,[12] ein Übergang ist nicht möglich, denn die Energiedifferenz muss ja als Strahlung abgegeben werden.

- Anders ist dies bei dem Übergang vom 2p ins 1 s. Hier gibt es ein oszillierendes Übergangsdipolmoment, Strahlung kann abgegeben werden, und man findet, dass μ_{12} von null verschieden ist.

Ergebnisse Wir haben nun gesehen, welche der eingangs gestellten Fragen beantwortet werden können, und welche nicht.[13]

- **Ursache?** Wir verstehen nicht, **warum spontane Emission passiert,** die Erklärung bleibt einer fundamentaleren Theorie, der Quantenelektrodynamik, vorbehalten. Wir wissen, dass es einen exponentiellen Abfall der Population gibt, dies implementieren wir über einen phänomenologischen Ansatz.
- **Auswahlregeln** Wir verstehen nun die **Bedeutung der Übergangsdipolmomente:** Wenn diese verschwinden, dann kann kein Übergang stattfinden und es wird keine Strahlung abgegeben. Die Größe der Übergangsdipolmomente ist ein Maß für die Größe des entsprechenden klassischen oszillierenden Dipolmoments. Für manche Übergänge verschwindet dieses Dipolmoment und damit kann dieser Übergang zu keinem Hertz'schen Dipol führen, und damit nicht zur Abgabe von Strahlung. Daher findet dieser Übergang nicht statt.
- **Intensität der Spektren** Die Übergangsdipolmomente sind ein **Maß** für die Intensität der abgegebenen Strahlungsleistung (Gl. 30.17). Je größer sie sind, desto stärker die Emission von Strahlung bei diesem Übergang. Dies gilt auch für die induzieren Prozesse, wie in Kap. 32 besprochen. Damit ist die Größe der Übergangsdipolmomente direkt mit der Höhe der (verbreiterten) Linie im Spektrum verknüpft.
- **Lebensdauer** Sobald das System in einer Superposition ist und $\mu_{12} \neq 0$ gilt, strahlt es Energie ab, und muss damit in den Grundzustand übergehen. Je schneller es Energie abstrahlt, desto schneller der Übergang in den Grundzustand. Daher muss die **Ratenkonstante** A, wie in Gl. 30.18 gezeigt, direkt mit der Größe der Übergangsdipolmomente einerseits, und mit der Anregungsenergie ΔE andererseits, zusammenhängen. Je größer diese sind, desto kürzer die Lebensdauer.

[12] Bzw. kann ausrechnen, dass μ_{12} verschwindet, wenn man in Gl. 30.16 die 1s- und 2s-Wellenfunktionen einsetzt.

[13] Im Rahmen der hier vorgestellten Quantentheorie! Siehe zur Vertiefung Abschn. 21.3.4

Die **semi-klassische** Betrachtung anhand eines Einzelsystems wird oft zur Veranschaulichung der Vorgänge verwendet, ist aber definitiv keine quantenmechanisch korrekte Darstellung des Geschehens, wie in Abschn. 21.3.4 diskutiert. Die Erwartungswerte beziehen sich auf Ensemble und nicht auf einzelne Quantenobjekte. Wir erhalten kein Bild der individuellen Prozesse, die Dynamik bezieht sich auf die Population der Zustände.

30.4 Zusammenfassung und Fragen

Zusammenfassung Eingestrahltes Licht kann Quantenübergänge induzieren, dabei wird es absorbiert.

- Phänomenologisch wird dies durch das **Lamber-Beer'sche Gesetz** beschrieben.
- Die Übergänge zwischen Quantenzuständen können durch Licht **induziert** werden oder **spontan** stattfinden. Man kann dies, ebenfalls phänomenologisch, durch **klassische Ratengleichungen** beschreiben. Die Ratenkonstanten heißen **Einstein-Koeffizienten,** und erlauben es, ein Verhältnis von induzierten und spontanen Raten anzugeben. Angeregte Zustände haben gewisse **natürliche Lebensdauern** und sind durch einen exponentiellen Zerfall charakterisiert.
- Die **Auswahlregeln** zeigen auf, welche Übergänge stattfinden können. Diese müssen der **Energie- und Drehimpulserhaltung** genügen, zudem aber hängt die Stärke der Anregung von den Übergangsdipolmomenten ab.

Die natürliche Lebensdauer führt zu einer **Verbreiterung** des Spektrums des emittierten Lichts. Man erhält eine Relation zwischen Energie und Lebensdauer, die auch als **Energie-Zeit-Unschärferelation** bekannt ist. Allerdings ist dies eine klassische Unschärferelation und hat nichts mit der quantenmechanischen Unbestimmtheit zu tun, da die Zeit ein klassischer Parameter ist und nicht durch Operatoren dargestellt wird. Es gibt noch weitere Faktoren, die zur Linienverbreiterung führen, und dies betrifft dann auch das Absorptionsspektrum. Diese resultieren aus dem **Dopplereffekt** und **Stößen** mit anderen Molekülen.

Ein wichtiges Konzept sind die **Übergangsdipolmomente:** Wir haben diese für die spontane Emission eingeführt, aber sie haben auch eine zentrale Bedeutung für die induzierten Prozesse, wie in Kap. 32 diskutiert. Zum Verständnis verwendet man hier oft ein klassisches Konzept von Übergangsdipolmomenten, an die ein (ebenfalls klassisches) elektromagnetisches Feld ankoppeln kann.

Fragen

- **Erinnern:** (Erläutern/Nennen)
  - Skizzieren und Erläutern Sie die Prozesse der Absorption und Emission.
  - Wie ist ein Spektrometer aufgebaut?
  - Geben Sie die Einstein'schen Ratengleichungen an.
  - Erläutern Sie die Lebensdauer und Halbwertszeit von angeregten Zuständen.
  - Was ist die spektrale Energiedichte?
  - Was sind die Einstein-Koeffizienten?
  - Was ist das Verhältnis der Einstein-Koeffizienten, und warum hat die spontane Emission für Rotationsanregungen eine geringere Bedeutung?
  - Geben Sie das Lambert-Beer'sche Gesetz an und diskutieren Sie dessen Aussage.
  - Was führt zur Linienverbreiterung?
  - Was sind Auswahlregeln?
- **Verstehen:** (Erklären)
  - Warum wird zur Ableitung der Ratengleichung die spektrale Energiedichte verwendet?
  - Was ist das Verhältnis von Lebensdauer der angeregten Zustände und Frequenzbreite des ausgestrahlten Lichts?
  - Warum muss die spontane Emission empirisch berücksichtigt werden?
  - Wie kann man die spontane Emission quantenmechanisch modellieren?
  - Was ist das Übergangsdipolmoment? Was ist das Problem bei dessen Interpretation?

30.5 Anhang: Vertiefung

Anregung mit einem Wellenpaket Wie in Kap. 2 besprochen, führt eine Überlagerung vieler ebener Wellen zu sogenannten Wellenpaketen (Abb. 2.6). Dies macht man sich zunutze, um Laserpulse zu erzeugen, heute kann man standardmäßig Femtosekundenpulse erzeugen, d. h., die Pulslänge ist im Femtosekundenbereich. Diese Lichtpulse führen dazu, dass kein einzelner elektronischer Zustand angeregt wird, sondern dass die Anregung selbst durch eine Superposition dargestellt wird, das Lichtwellenpaket erzeugt ein Wellenpaket im harmonischen Oszillator, d. h. eine Superposition (s. Kap. 12) von Schwingungszuständen.

$$\Psi(x,t) = \sum_n c_n \Phi_n(x) e^{iE_n t}.$$

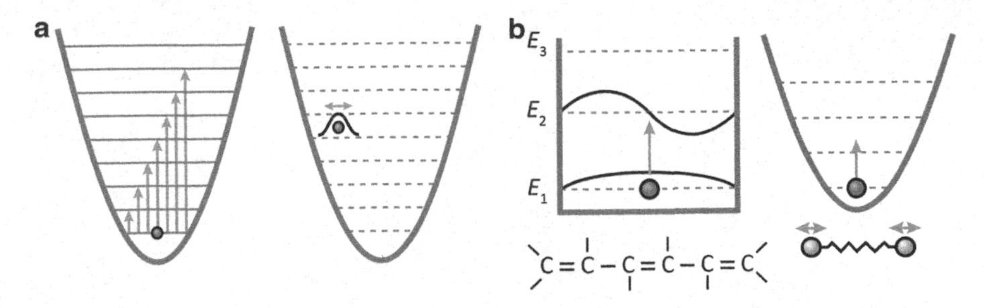

Abb. 30.4 **a** Eine Anregung mit einem gepulsten Laser erzeugt ein Wellenpaket von Schwingungszuständen **b** Licht mit genau definierter Wellenlänge erzeugt eine genau definierte Anregung

Dies ist in Abb. 30.4 schematisch für den harmonischen Oszillator dargestellt, Analoges gilt für das Teilchen im Kasten. Dieses ist nun kein Energieeigenzustand, d. h. keine stehende Welle mehr, daher wird es sich in dem Potenzial bewegen. Wenn durch einen entsprechenden Laserpuls ein Gauß'sches Wellenpaket erzeugt wird, so kann dieses im Potenzial des harmonischen Oszillators eine harmonische Schwingung ausführen, wie in Abschn. 20.3.3 ausgeführt.

Rotations- und Schwingungsspektroskopie

31

In Kap. 15 haben wir gezeigt, wie die Modelle der Quantenmechanik (Teil II), die zunächst nur ein Teilchen beschreiben, durch Relativkoordinaten auf Dimere anwendbar sind. Damit ist das **Prinzip,** nach dem Dimere durch Anregung von Schwingungs- und Rotationszuständen Strahlung absorbieren, verstehbar. Wir haben Modelle der Physik, den **harmonischen Oszillator** und den **starreren Rotor** verwendet, um eine **chemische Modellvorstellung** zu entwickeln.

Nun stellen wir sukzessive Erweiterungen dieser chemischen Modelle vor, die zu einer quantitativ besseren Beschreibung der Eigenschaften führen, in diesem Kapitel sind das drei Erweiterungen:

- Wir werden einen Oszillator betrachten, der **anharmonische Effekte,** d. h., Näherungen über die 2. Ordnung der Taylor-Reihe hinaus, einbezieht. Zudem werden wir Näherungen für einen **nicht-starren Rotor** betrachten.
- Wir werden die Kopplung von Rotation und Schwingung betrachten, in den Spektren wird man immer beide Phänomene zusammen sehen.
- Wir werden die Modelle für Moleküle mit mehr als zwei Atomen erweitern.

31.1 Anharmonischer Oszillator

In Abschn. 1.3.4 haben wir das Modell des harmonischen Oszillators entwickelt und gezeigt, wie dieser auf Molekülschwingungen angewendet werden kann. Die wichtigsten Schritte sind:

- **Bindungsenergiekurven für Moleküldimere:** In Kap. 16 haben wir am Beispiel von H_2^+ gesehen, wie man eine Bindungsenergiekurve für Moleküldimere

© Springer-Verlag GmbH Deutschland, ein Teil von Springer Nature 2021

M. Elstner, *Physikalische Chemie II: Quantenmechanik und Spektroskopie*,
https://doi.org/10.1007/978-3-662-61462-4_31

berechnen kann. Für komplexere Dimere kann man dies **numerisch** machen mit den Methoden, wie in Kap. 23 vorgestellt.

- **Morse-Potenzial:** Die einfachste **analytische Darstellung** solcher Bindungsenergiekurven ist durch das Morse-Potenzial gegeben (Abb. 1.10, Abschn. 1.3.4). Dies ist eine einfache Näherung an diese Kurve, man kann mit den beiden Parametern die Potenzialtiefe D_e und den Gleichgewichtsabstand r_0 einstellen und damit an die verschiedenen Bindungen anpassen.
- **Harmonischer Oszillator:** Dieses Potenzial haben wir dann in Abschn. 1.3.4 durch eine Taylor-Entwicklung bis zur 2. Ordnung genähert, die 1. Ableitungen verschwinden bei $x = x_0$ (horizontale Tangente), die 2. Ableitungen $V'' = k$ stellen die Federhärte dar. Den Parameter $a = \sqrt{\frac{k}{2D_e}}$, der in dem Morse-Potenzial auftaucht, erhält man durch die 2. Ableitung k und die Potenzialtiefe D_e.
- **Moleküldimere:** In Kap. 8 haben wir dann die quantenmechanischen Lösungen des harmonischen Oszillators vorgestellt, und in Kap. 15 haben wir diesen als Modell für die Molekülschwingungen angewendet.

Der harmonische Oszillator kann nur für kleine Schwingungen angewendet werden, für größere Auslenkungen benötigt man Korrekturen über die 2. Ordnung hinaus. Wie wirken sich diese Korrekturen auf das Schwingungsspektrum aus? Schon 1929 hat P. Morse die exakte Lösung der Schrödinger-Gleichung für das Morse-Potenzial vorgestellt, die Energieniveaus dieses anharmonischen Oszillators sind (ohne Beweis)

$$E_{\text{vib}} = \hbar\omega(n + \frac{1}{2}) - \frac{(\hbar\omega)^2}{4D_e}(n + \frac{1}{2})^2. \tag{31.1}$$

Durch Umformen

$$E_{\text{vib}} = \hbar\omega(n + \frac{1}{2})\left(1 - \frac{\hbar\omega}{4D_e}(n + \frac{1}{2})\right) \tag{31.2}$$

sieht man, dass die Schwingungsfrequenz des harmonischen Oszillators effektiv durch einen modifizieren Ausdruck ersetzt wird (Abb. 31.1),

$$\omega \to \omega\left(1 - \frac{\hbar\omega}{4D_e}(n + \frac{1}{2})\right).$$

Dies hat eine Reihe von Konsequenzen, wie aus Abb. 31.2 ersichtlich:

- Die Energieabstände $\Delta E = E_n - E_{n-1}$ werden für große n immer kleiner, das Energiespektrum wird also nach oben hin ‚gestaucht'. Man erhält nicht mehr nur eine Linie für alle Übergänge (wie in Kap. 15), sondern eine Folge von Linien. Wenn man ΔE vs. n grafisch aufträgt, kann man durch Extrapolation die Dissoziationsenergie D_0 bestimmen.

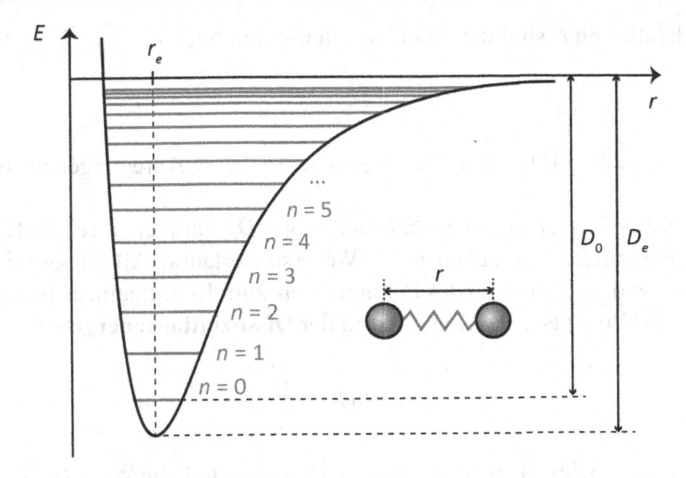

Abb. 31.1 Spektrum des anharmonischen Oszillators.

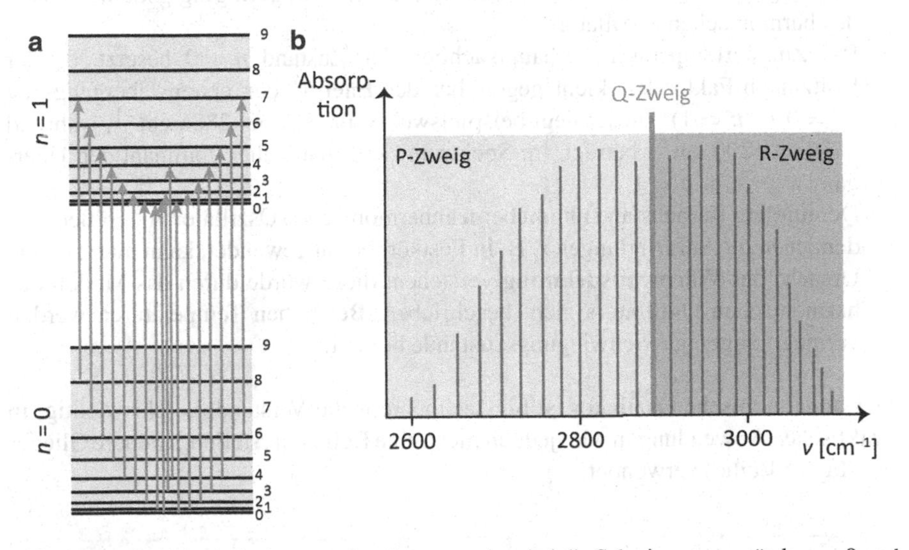

Abb. 31.2 **a** Rotationsschwingungsübergänge, gezeigt sind die Schwingungszustände $n = 0$ und $n = 1$, sowie die jeweiligen Rotationszustände $J = 0 \quad ... \quad 9$ zu jedem n. **b** Rotationsschwingungsspektrum. Die Energie in Gl. 31.3 bzw. ΔE ist in Elektronenvolt berechnet, um auf Wellenzahlen umzurechnen teilt man durch hc (Kap. 15).

- Die **Auswahlregel** des harmonischen Oszillators gilt nicht mehr,[1] es sind auch höhere Anregungen, **Obertöne** genannt, mit

$$\Delta n = \pm 1, \pm 2, \pm 3 \quad ...$$

---

[1]Denn diese resultiert ja aus der Berechnung der Dipolmatrixelemente (Abschn. 30.1.3) mit den Eigenfunktionen des harmonischen Oszillators. Für die Eigenfunktionen des Morse-Potenzials gelten dann andere Auswahlregeln.

möglich, allerdings sind die relativen Intensitäten wie

$$1 : x_e^{\Delta n}$$

verteilt ($x_e = \hbar\omega/4D_e$), d. h., die Intensitäten höherer Anregungen nehmen rasch ab.

- Das höchste Energieniveau liegt bei der Energie D_e, darüber gibt es ein Kontinuum von Zuständen (freies Teilchen, alle k-Werte sind erlaubt). Allerdings misst D_e die Energie von dem Minimum des Potenzials bis zum Kontinuum, es berücksichtigt nicht die Nullpunktsenergie. Dies ist in der **Dissoziationsenergie**

$$D_0 = D_e - \frac{1}{2}\hbar\omega$$

berücksichtigt. Dies ist auch der experimentell zugängliche Wert, D_e ist eine reine Rechengröße. Auch ist die Nullpunktsenergie ($n = 0$) geringfügig kleiner als die des harmonischen Oszillators.
- Bei Zimmertemperatur ist hauptsächlich der Zustand $n = 0$ besetzt, da der Boltzmann-Faktor $\mathrm{k}T$ klein gegenüber der Energie des ersten Übergangs ist ($n = 0 \to n = 1$). Dieser liegt beispielsweise für HCl bei 2886 cm^{-1}, während $\mathrm{k}T/\mathrm{hc} \approx 200\ \mathrm{cm}^{-1}$ beträgt. Im Spektrum sieht man daher dominant den Übergang $n = 0 \to n = 1$.
- Der mittlere Kernabstand nimmt beim anharmonischen Oszillator mit größer werdenden n zu. Auf Bindungen z. B. in Festkörpern angewendet, kann man nun die Ursache der **Wärmeausdehnung** verstehen; diese würde durch das Modell des harmonischen Oszillators nicht beschrieben. Bei hohen Temperaturen werden vermehrt angeregte Schwingungszustände besetzt.

Der anharmonische Oszillator ist für das theoretische Verständnis sehr wichtig, in praktischen Anwendungen wird jedoch meist eine Reihendarstellung (höhere Glieder der Taylor-Reihe) verwendet.

31.2 Rotationsschwingungsspektren zweiatomiger Moleküle

Die Energie zur Anregung von Rotationen ist so gering (wenige cm^{-1} Kap. 15), dass dabei keine Schwingungen angeregt werden, umgekehrt ist dies aber nicht der Fall. I. A. werden bei Schwingungsanregungen immer auch Rotationsanregungen stattfinden.

Zweige des Spektrum In einem ersten Ansatz addieren wir daher einfach die Energien der Rotation und harmonischen Schwingungen, wie in Kap. 15 abgeleitet,

d. h., die Energie des gekoppelten Systems aus Rotations- und harmonischen Schwingungsanregungen lässt sich mit Gl. 15.3 und 15.5 wie folgt schreiben:[2]

$$E_{n,J} = \hbar\omega(n + \frac{1}{2}) + B\text{hc}J(J+1). \tag{31.3}$$

Die Energiedifferenz berechnet sich mit den Auswahlregeln für harmonische Schwingungen ($\Delta n = \pm 1$) und Rotation ($\Delta J = \pm 1$), die Spektren werden in drei Bereiche (Zweige) klassifiziert, siehe Abb. 31.2:

- **Q-Zweig:** reine Schwingungsanregung, d. h. $\Delta n = 1$, $\Delta J = 0$. Dieser Zweig ist in der Regel verboten. Das absorbierte Photon hat einen Drehimpuls von $\hbar$, d. h., aufgrund der Drehimpulserhaltung muss eine Rotationsanregung stattfinden.
- **P-Zweig:** Rotationsschwingungsanregung mit $\Delta n = 1$, $\Delta J = -1$, der Energieunterschied ist durch
$$\Delta E = \hbar\omega - 2BJ\text{hc}$$
gegeben.
- **R-Zweig:** Rotationsschwingungsanregung mit $\Delta n = 1$, $\Delta J = +1$, der Energieunterschied ist durch
$$\Delta E = \hbar\omega + 2B(J+1)\text{hc}$$
gegeben.

Vibrationsrotationskopplung: Die bisherige Darstellung ist eine Näherung. Nicht berücksichtigt ist die

- **Anharmonizität:** Für höhere Schwingungsanregungen wird der Atomabstand größer, d. h., das Trägheitsmoment I der Rotation wird größer und der Energieabstand kleiner. Quantitativ beschreibt man dieses Verhalten, indem man annimmt, dass sich die oben verwendete Rotationskonstante B (für den starren Rotator bei festem Atomabstand) mit höheren Schwingungsquantenzahlen n linear verändert:
$$B_n = B - \alpha(n + \frac{1}{2}). \tag{31.4}$$
$\alpha << B$ ist eine molekülspezifische Konstante. Dies hat dann auch einen Einfluss auf die Auswahlregeln.
- **Ausdehnung des Abstands bei größerem Drehimpuls:** Durch die Rotation entstehen Fliehkräfte, sodass sich der Atomabstand bei größerem J vergrößert. Damit wird I größer und der Energieabstand kleiner. Dies führt dazu, dass der P-Zweig ‚auseinanderläuft' und der R-Zweig komprimiert wird. Dies ist in Abb. 31.2b schon angedeutet.

[2]Wir verwenden hier die Energie E_J aus Gl. 15.3, multiplizieren also F_J mit hc.

Die Veränderung der Energie für die Rotationsschwingungszustände kann man dann mit diesen beiden Faktoren und der Anharmonizität schreiben als:

$$E_{n,J} = \hbar\omega(n+\frac{1}{2}) - \frac{(\hbar\omega)^2}{4D_e}(n+\frac{1}{2})^2 + \mathrm{hc}B_n J(J+1) - \mathrm{hc}D_n J^2(J+1)^2.$$

Der zweite Term berücksichtigt die Anharmonizität, der dritte Term den Einfluss dieser auf die Rotationsenergien, und der letzte Term beschreibt die Reduzierung der Energieabstände durch die Dehnung der Bindung durch die Rotation. D_n wird Rotationsdehnungskonstante genannt.

31.3 Mehratomige Moleküle

Nun wird das Vorgehen bei mehratomigen Molekülen skizziert.

31.3.1 Rotation

Hier geht es darum, das **Trägheitsmoment** für komplexere Moleküle zu berechnen. Allgemein haben Moleküle **drei Rotationsachsen.** Wenn man die Moleküle entlang der Koordinatenachsen entsprechend der **Molekülsymmetrie** so orientiert, dass die Atome den Abstand r_i von dieser Achse haben und um diese Achse rotieren, dann ist das **Trägheitsmoment** durch

$$I = \sum_i m_i r_i^2 \tag{31.5}$$

gegeben. Für jede Rotationsachse wird es also ein Trägheitsmoment geben. I. A. wird ein Molekül Trägheitsmomente entlang der x-, y- und z-Achse haben, die nicht gleich sind. Allgemein schreibt sich die Energie der Rotation als

$$E_{\mathrm{rot}} = \frac{L_x^2}{2I_x} + \frac{L_y^2}{2I_y} + \frac{L_z^2}{2I_z}. \tag{31.6}$$

Man muss also die Trägheitsmomente bestimmen, dazu kann man die Moleküle in vier Klassen einteilen:

- **Sphärische Kreisel:** Hier gilt $I_x = I_y = I_z = I$, und typische Beispiele sind CH_4, SF_6 etc. Die Rotationsenergie ist

  $$E_{\mathrm{rot}} = \frac{L_x^2 + L_y^2 + L_z^2}{2I} = \frac{L^2}{2I},$$

  d. h., man kann einfach die Formel des quantenmechanischen Rotors für sphärische Kreisel verwenden, denn diese haben die gleichen Lösungen.

- **Symmetrische Kreisel:** $I_x = I_y \neq I_z$. Beispiele: NH_3, C_6H_6.
- **Lineare Kreisel:** Hier gilt $I_x = I_y$, $I_z = 0$, und Beispiele sind H_2, CNH etc. Dieser Rotortyp wurde oben schon behandelt. Für mehratomige Moleküle ergibt sich hier das gleiche Spektrum wie für den zweiatomigen Rotor.
- **Asymmetrische Kreisel:** Hier gilt $I_x \neq I_y \neq I_z$, und diese sind aufwändiger zu berechnen, was hier nicht geschehen soll.

31.3.2 Schwingungsmoden in mehratomigen Molekülen

Beim Dimer gibt es nur eine Koordinate, den Atomabstand r, diese Koordinate beschreibt also die sogenannte Schwingungsmode. Bei mehr als zwei Atomen wird es komplizierter: Betrachten Sie das System gekoppelter Pendel (Abb. 31.3a). Es ist klar, dass hier keine Kugel mehr für sich schwingen kann, denn ihre Auslenkung führt sofort zu einer Kraft auf die Nachbarkugel, die sich durch das ganze System fortsetzt.

Normalmoden Das ist die gleiche Situation wie in einem Molekültrimer (Abb. 31.3b): Die Atome können keine unabhängigen Schwingungen ausführen, die Oszillationen der jeweiligen Bindungen werden gekoppelt sein. Für Moleküle findet man daher, dass zumindest immer eine Gruppe von Atomen gekoppelte Schwingungen durchführen. Um die Art der Schwingungen zu bestimmen, muss man zunächst die Energie eines N-atomigen Moleküls berechnen. Diese hängt von den Koordinaten der Atome R_i ab,

$$E(R_1, R_2, \dots\ R_N).$$

Für den harmonischen Oszillator in Kap. 8 haben wir dann die Energie bis zur 2. Ordnung entwickelt, die 2. Ableitung der Energie nach der Koordinate r ist die Federhärte. Etwas Analoges macht man nun für die N Atomkoordinaten, man erhält nun eine Vielzahl von Ableitungen, die die ‚Federhärten' für die Wechselwirkungen zwischen den Atomen angeben. Man bekommt ein System von gekoppelten Bewegungsgleichungen der Atome, und wenn man diese löst, erhält man die **Schwingungsmoden,** die die kollektive Schwingung beschreiben.

Für ein dreiatomiges lineares Molekül findet man vier kollektive Schwingungsmoden, jede dieser Schwingungsmoden hat eine bestimmte Frequenz (Abb. 31.4). Die einzelnen Atome schwingen dann so, wie von den Pfeilen im Bild angedeutet, mit

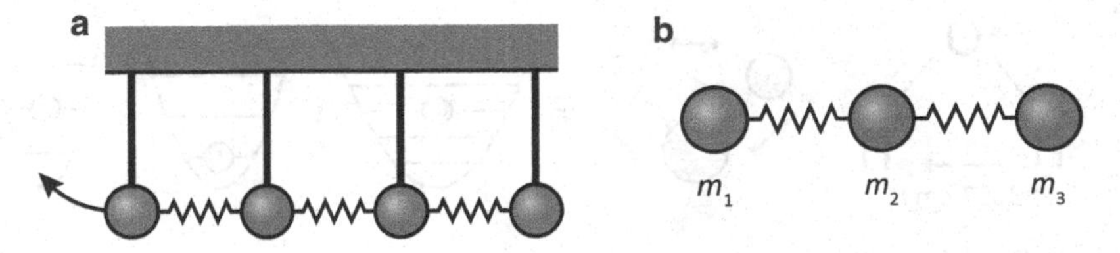

Abb. 31.3 Schwingungen **a** gekoppelter Pendel und **b** der Atome eines dreiatomigen Moleküls.

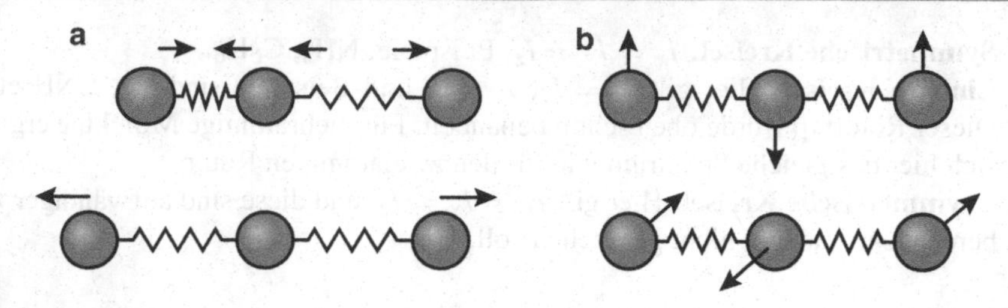

Abb. 31.4 Schwingungsmoden eines linearen dreiatomigen Moleküls. Die Moden in **a** zeigen die Schwingungen mit Auslenkungen nur entlang der Molekülachse, die Moden in **b** zeigen Schwingungen innerhalb der beiden Ebenen.

durchaus unterschiedlichen Amplituden, aber mit der gleichen Frequenz innerhalb der einen Schwingungsmode.

Anzahl der Schwingungsmoden Es gibt prinzipiell so viele Schwingungsmoden, wie das N-atomige Molekül **Schwingungsfreiheitsgrade** hat. Und das sind i. A. $\mathbf{3N-6}$. Jedes Atom hat drei Freiheitsgrade, d. h., Richtungen, in die es sich bewegen kann, im Molekül sind dann $3N$ Freiheitsgrade. Das Molekül hat selbst **drei Translationsfreiheitsgrade und drei Rotationsfreiheitsgrade,** die abgezogen werden müssen. Das sind die Bewegungen des Moleküls, die alle Atome zusammen vollziehen. Daher erhält man $\mathbf{3N-6}$ Schwingungsfrequenzen $\boldsymbol{\omega_i}$. Eine Ausnahme bilden lineare Moleküle: Diese haben nur zwei Rotationsfreiheitsgrade, denn Rotationen um die Molekülachse treten nicht auf (Punktmassen!). Daher haben diese Moleküle $\mathbf{3N-5}$ Schwingungsfreiheitsgrade.

Beispiel $\mathbf{H_2O}$: Das Wassermolekül hat drei Atome, also $3 \times 3 = 9$ Freiheitsgrade. Nach Abzug der sechs Translations- und Rotationsfreiheitsgrade ($\omega_1, \ldots, \quad \omega_6$) bleiben noch drei Freiheitsgrade für interne Vibrationen übrig. Man findet (Abb. 31.5a) also drei **Schwingungsmoden** (auch **Normalmoden** genannt) mit den **Schwingungsfrequenzen** $\omega_7 = 1595\,\mathrm{cm}^{-1}$ für die Winkeldeformationsschwingung und $\omega_8 = 3657\,\mathrm{cm}^{-1}$ für die symmetrische Streck- und $\omega_9 = 3756\,\mathrm{cm}^{-1}$ für die asymmetrische Streckschwingung.

Quantenmechanische Darstellung Die Schwingungsmoden kommen aus einer rein klassischen Analyse, wir haben die Energie des Moleküls nach den N Atomko-

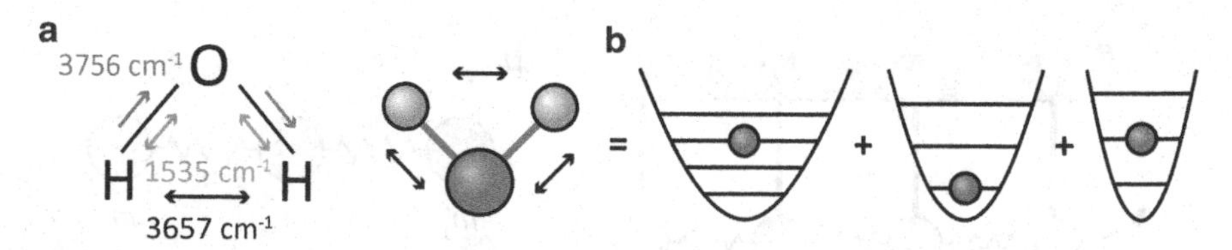

Abb. 31.5 **a** Schwingungsmoden des Wassermoleküls, **b** diese drei Moden werden durch harmonische Oszillatoren dargestellt.

ordinaten abgeleitet und die $3N-6$ klassischen Schwingungsmoden gefunden. Jede dieser Moden kann als quantenmechanischer Oszillator aufgefasst werden. Damit kann man die Schwingung des Wassermoleküls durch drei Quantenoszillatoren mit den entsprechenden Energieniveaus darstellen (Abb. 31.5b). Die drei Moden können nun durch Licht unterschiedlicher Wellenlänge angeregt, oder thermisch besetzt werden. Aufgrund der hohen Schwingungsfrequenz wird dies jedoch nicht bei Raumtemperatur geschehen.

Anharmonizität und Kopplung der Moden Diese Moden sind nun in der harmonischen Näherung, d. h., wenn man die Energie nur bis zur 2. Ordnung entwickelt, ungekoppelt. D. h., wenn man eine Mode anregt, dann oszilliert diese ungestört durch die anderen Moden. In einem anharmonischen Modell, d. h., wenn man eine Entwicklung in höherer Ordnung durchführt, treten Kopplungen zwischen den Moden auf. Nun wird Energie zwischen den Moden fließen.

31.4 Zusammenfassung und Fragen

Zusammenfassung Das Morse-Potenzial ist ein einfaches Modell für den **anharmonischen Oszillator,** das analytisch gelöst werden kann. Man erhält ein Energiespektrum, bei dem die Energieabstände mit wachsendem n kleiner werden. Zudem sind weitere Anregungen erlaubt, **Obertöne** genannt.

Bei Schwingungsanregungen von Dimeren werden immer auch Rotationen angeregt. In der einfachsten Form beschreibt man dies einfach durch die Addition der Energien des harmonischen Oszillators und starren Rotors,

$$E(n, J) = \hbar\omega(n + \frac{1}{2}) + B\text{hc}J(J+1),$$

Mit den Auswahlregeln erhält man dann einfach eine Überlagerung der beiden Spektren, das Spektrum wird in die Zweige (Q, P, R) eingeteilt. Auf dieser Kopplung aufbauend kann man die Anharmonizität einbeziehen, sowie die Modifikation der Rotationsspektrums durch die Verlängerung des Bindungsabstandes aufgrund der Anharmonizität und der Rotationsdehnung.

Für mehratomige Moleküle kann man die Ergebnisse des starren Rotors z. T. verwenden, wenn bestimmte Symmetrien vorliegen, man berechnet das Trägheitsmoment als $I = \sum_i m_i r_i^2$ und setzt es in die entsprechende Formel ein. Schwingungsmoden mehratomiger Moleküle sind etwas komplexer, hier taucht das Konzept der Normalmoden auf. Ein Molekül mit N Atomen hat $3N$ Freiheitsgrade. Durch die Kopplung der Atome über Bindungen ergeben sich 3 Translations- und 3 Rotationsfreiheitsgrade, sowie $3N-6$ Schwingungsfreiheitsgrade, die durch die Normalmoden dargestellt werden. Bei linearen Molekülen treten $3N-5$ Schwingungsmoden auf.

Fragen

- **Erinnern:** (Erläutern/Nennen)
  - Zeichnen Sie das Morse-Potenzial und geben Sie die Formel an.
  - Zeichnen Sie schematisch die Energieniveaus in das Potenzial. Was ist D_e und D_0?
  - Was sind Obertöne?
  - Zeichnen Sie schematisch ein Rotationsvibrationsspektrum, und erläutern Sie die Zweige.
  - Geben Sie die Energieformel dafür an. Was ist der Abstand der Linien?
  - Welche Korrekturen kann man berücksichtigen?
  - Wie behandelt man die Rotation mehratomiger Moleküle?
  - Erläutern Sie das Konzept der Normalmoden.
- **Verstehen:** (Erklären)
  - Wie kann man die Wärmeausdehnung von Feststoffen verstehen?

IR- und Raman-Spektroskopie

32

In Kap. 31 haben wir gezeigt, wie man die einfachen Modelle des harmonischen Oszillators und starren Rotors aus Kap. 15 erweitert, sodass die **Energetik** der Spektren quantitativ besser beschrieben wird. Zudem haben wir die kollektiven Bewegungen der Atome in **mehratomigen Molekülen** diskutiert. Wichtig ist hier vor allem das Konzept der Normalmoden, d. h. der **kollektiven Schwingungsmoden** in Molekülen. Was aber bisher fehlt, oder nur ad hoc eingeführt wurde, ist:

- Was sind die physikalischen Eigenschaften von Molekülen, die vorhanden sein müssen, dass Absorption stattfinden kann? Dies ist die Frage nach den **allgemeinen Auswahlregeln**.
- Warum gibt es keine Absorption zwischen allen möglichen Energieniveaus, d. h., welche **Übergänge** sind überhaupt möglich? Dies sind die **speziellen Auswahlregeln.**
- Und damit direkt verbunden: Wie stark absorbiert ein Übergang? Die Linien in einem Spektrum haben nicht alle die gleiche Größe, d. h., einige Übergänge absorbieren mehr Licht, andere weniger.
- Was ist der Unterschied zwischen Absorptions- und Raman-Spektroskopie?

Dazu betrachten wir in diesem Kapitel zunächst die Ankopplung von elektrischen Feldern an Moleküle. Wichtig sind die Konzepte der **permanenten** und **induzierten** Dipolmomente von Molekülen. Im Anschluss werden wir die **klassische** Beschreibung der Absorptionsspektroskopie und Raman-Streuung behandeln.

© Springer-Verlag GmbH Deutschland, ein Teil von Springer Nature 2021

M. Elstner, *Physikalische Chemie II: Quantenmechanik und Spektroskopie*,
https://doi.org/10.1007/978-3-662-61462-4_32

Danach wird eine **semi-klassische** Behandlung[1] der Absorptionsspektroskopie und Raman-Streuung einführt. Hier werden wir die **Übergangsdipolmomente** und die daraus resultierenden **Auswahlregeln** vertiefen. Im Anschluss werden wir die klassische Beschreibung des Problems behandeln.

32.1 Moleküle in elektrischen Feldern

32.1.1 Grundlagen

Elektrische Dipolmomente von neutralen Molekülen Die wichtige Größe in diesem Kapitel ist das Dipolmoment eines Moleküls. Polare Moleküle, wie beispielsweise das HF-Molekül, können ein **permanentes Dipolmoment** haben, das durch die spezifische Verteilung der Ladung im Molekül entsteht. In einem einfachen Bild kann man die Ladungsverteilung von neutralen Molekülen durch atomare Ladungen darstellen. Das Dipolmoment von zwei Ladungen $-q$ und $+q$, mit dem Verbindungsvektor $\mathbf{r}$ von der negativen zur positiven Ladung, ist gegeben als

$$\boldsymbol{\mu} = q\mathbf{r}. \tag{32.1}$$

Allgemein kann man das wie folgt beschreiben: Die Abstandsvektoren $\mathbf{r_a}$ und $\mathbf{r_b}$ geben die Lage der Ladungen im Raum bezüglich des Koordinatenursprungs an, das Dipolmoment des HF-Moleküls berechnet sich damit zu:[2]

$$\boldsymbol{\mu} = \mathbf{r_a}q_a + \mathbf{r_b}q_b. \tag{32.2}$$

Für ein Molekül mit N Atomen und den **Partialladungen** q_i hat man dann

$$\boldsymbol{\mu} = \sum_{i=1}^{N} \mathbf{r_i}q_i, \quad \rightarrow \quad \boldsymbol{\mu} = \int \mathbf{r}\rho(r)\mathrm{d}^3\mathbf{r}. \tag{32.3}$$

Genauer als durch Punktladungen wird die Ladungsverteilung natürlich durch eine kontinuierliche Ladungsdichte $\rho(x)$ bestimmt. Diese setzt sich dann aus der Verteilung der Punktladungen der Kerne und der Ladungsverteilung der Elektronen zusammen. Letztere kann man aus der Wellenfunktion der Elektronen berechnen (Kap. 23). $\rho(r)\mathrm{d}^3\mathbf{r}$ ist die Ladung in einem Volumenelement, es wird dann über das Gesamtvolumen integriert.

---

[1] In dem klassischen Zugang werden elektromagnetische Felder und Moleküle mit Hilfe der klassischen Physik betrachtet, in dem semi-klassischen Zugang wird das Feld klassisch, das Molekül aber mit der zeitabhängigen Schrödinger-Gleichung behandelt.

[2] Moleküle können auch komplexere Ladungsverteilung haben, die sich z. B. durch ein Quadrupolmoment etc. ausdrücken.

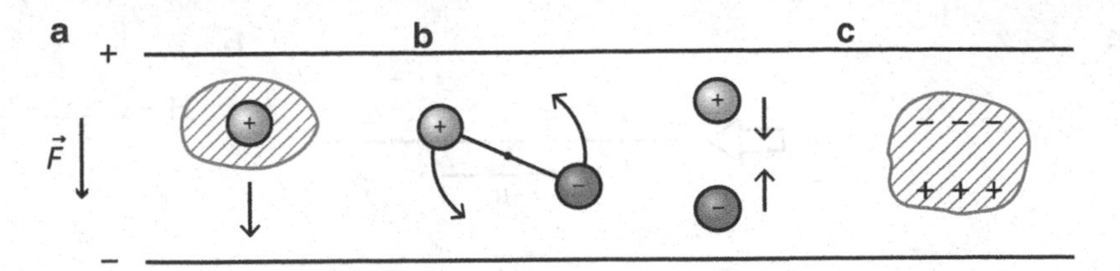

Abb. 32.1 **a** Bewegung geladener Moleküle, **b** Rotation oder Verformung von Molekülen mit Dipolmoment und **c** Polarisation des Moleküls, d. h. Erzeugung eines **induzierten Dipolmoments.**

Moleküle in einem elektrischen Feld: Energie und Kräfte Bringt man Moleküle in elektrische Felder, so wirken Kräfte auf die Atome aufgrund der Ladungsverteilung im Molekül, was wir uns nun genauer ansehen wollen. Wir betrachten zunächst die Energie eines Moleküls in einem konstanten elektrischen Feld $\mathbf{F}$, wie es beispielsweise in einem Kondensator auftritt. Die Feldlinien verlaufen von den positiven Ladungen in der oberen Kondensatorplatte zu den negativen Ladungen der unteren Kondensatorplatte (Abb. 32.1). E_0 ist die Energie des Moleküls ohne Feld, und durch die Wechselwirkung mit diesem Feld treten weitere Energieterme bzw. Kräfte auf:

- **Geladene Moleküle:** Wenn das Molekül geladen ist, resultiert eine Wechselwirkung der Molekülladung mit dem Feld. Als Folge bewegt es sich entlang der Feldlinien, das elektrische Feld $\mathbf{F} = (F_x, F_y, F_z)$ übt also eine Kraft

$$\mathbf{K} = q\mathbf{F}$$

  auf die Ladung aus (Abb. 32.1a). Dies wollen wir im Folgenden nicht berücksichtigen, wir betrachten **neutrale** Moleküle, die aber **polar** und **polarisierbar** sein können.
- **Polare Moleküle** zeichnen sich durch ein Dipolmoment aus. Die elektrostatische Wechselwirkungsenergie eines Dipolmoments in einem elektrischen Feld ist durch $E_{\text{int}} = -\boldsymbol{\mu}\mathbf{F}$ gegeben.[3] Wenn das Molekül ungeladen ist, aber ein **permanentes Dipolmoment** $\boldsymbol{\mu}$ hat, kann man die Energie wie folgt schreiben:

$$E = E_0 - \boldsymbol{\mu}\mathbf{F} = E_0 - \sum_{i=1}^{3} \mu_i F_i. \tag{32.4}$$

[3]Zur Konvention der Energie betrachten wir den polaren Dimer in Abb. 32.1b. Beachten Sie die obige Definition des elektrischen Feldes, die Feldvektoren verlaufen von den positiven zu den negativen Ladungen, und die Definition des Dipolmoments, dieses ‚zeigt' von den negativen zu den positiven Ladungen. Wenn $\boldsymbol{\mu}$ und $\mathbf{F}$ die gleiche Richtung haben, hätte man einen Dimer, dessen positive Ladung ‚unten' und die negative Ladung ‚oben' ist. Diese Ausrichtung ist energetisch stabiler als die entgegengesetzte Ausrichtung, die in Abb. 32.1b gezeigt ist. Die energetisch stabilere Ausrichtung hat die niedrigere Energie, daher wird diese Energie mit einem negativen Vorzeichen versehen.

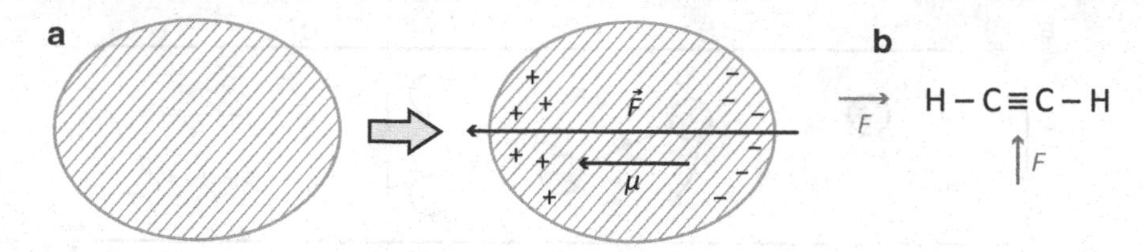

Abb. 32.2 **a** Polarisation durch ein elektrisches Feld, **b** Anisotropie der Polarisierbarkeit, Ladung wird sich entlang der Molekülachse leichter verschieben lassen, als senkrecht dazu

E_0 ist die Energie des Moleküls ohne Feld, der zweite Beitrag beschreibt die Wechselwirkung des Dipolmoments des Moleküls mit dem Feld. Das ungeladene Molekül wird sich nicht entlang der Feldlinien bewegen, das elektrische Feld führt aber zu Kräften an dem Molekül, die eine Rotation oder Verformung bewirken können (Abb. 32.1b), da Kräfte auf die Atome mit den Partialladungen wirken.

- **Polarisierbare Moleküle** Dies sind Moleküle, in denen sich die Ladungsverteilung verschieben kann. Durch das elektrische Feld findet eine Ladungsverschiebung statt, wie in Abb. 32.1c skizziert, das Molekül wird **polarisiert.**
  - Diese Ladungsverteilung erzeugt ein elektrisches Feld, welches dem Feld **F** des Kondensators entgegengerichtet ist, bzw. ein Dipolmoment, das in Feldrichtung zeigt (Abb. 32.2a). Dieses zusätzliche Dipolmoment, das zu dem permanenten Dipolmoment nun hinzukommt, wird **induziertes Dipolmoment** μ_{ind} genannt.
  - Die **Polarisierbarkeit** $\boldsymbol{\alpha}$ gibt an, wie stark ein Molekül polarisiert wird, wenn ein elektrisches Feld angelegt wird, d. h., wie groß das induzierte Dipolmoment sein wird, man findet:

$$\boldsymbol{\mu}_{\text{ind}} = \alpha \mathbf{F} \tag{32.5}$$

  - Polarisierbare Moleküle können unpolar sein, wie z. B. Benzol. Auch hängt die Polarisation von der Feldrichtung ab, so wird sich Ladung in Benzol leichter innerhalb der Molekülebene verschieben lassen als senkrecht dazu. Moleküle können daher eine sogenannte **anisotrope Polarisierbarkeit** besitzen, das bedeutet einfach, dass die Polarisierbarkeit des Moleküls nicht in alle Raumrichtungen gleich ist (Abb. 32.2b).

32.1.2 Anregung von Schwingung und Rotation

Betrachten wir nochmals den Kondensator in Abb. 32.1, der ein statisches elektrisches Feld erzeugt. Wenn man die Polarität periodisch wechselt, wird ein elektrisches Wechselfeld erzeugt, welches, bei entsprechender Frequenz, eine Rotation und

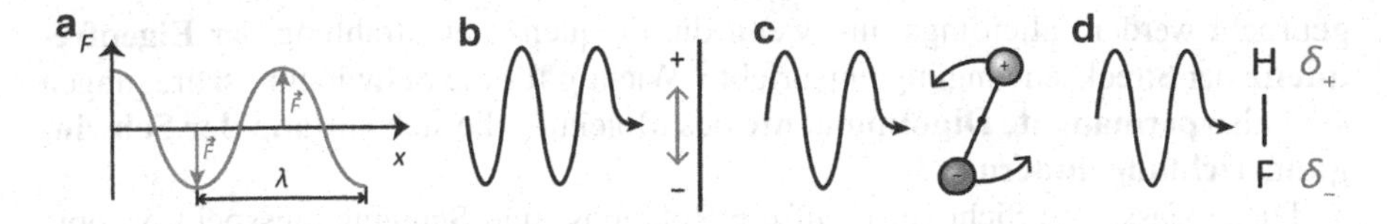

Abb. 32.3 **a** Elektromagnetische Welle: Gezeigt ist nur die elektrische Feldstärke F (siehe Abb. 2.10), **b** Hertz'scher Dipol, **c** Anregung von Molekülrotationen und **d** Molekülschwingungen

Schwingung des polaren Dimers in Abb. 32.1(b) anregen könnte. Das Feld in Gl. 32.4 wird nun zeitabhängig, wir schreiben $\mathbf{F}(t)$.[4]

- Nun ersetzen wir den Kondensator durch eingestrahltes Licht, das aus oszillierenden elektrischen und magnetischen Feldern besteht (Abschn. 2.3), die bestimmte Schwingungsfrequenzen ν und Wellenlängen λ haben (Abb. 32.3a).
- Die Wechselwirkung des elektrischen Feldes $\mathbf{F}(t)$ mit Materie wird am Modell des Hertz'schen Dipols (Abschn. 1.3.5) verdeutlicht. Dieser ist im Prinzip eine Antenne, welche die Energie elektrischer Wechselfelder aufnehmen und abstrahlen kann. Das Wechselfeld wird absorbiert, indem es einen oszillierenden Dipol induziert (Abb. 32.3b), der mit der gleichen Frequenz schwingt wie die einfallende Welle. Ebenso kann der oszillierende Dipol Strahlung abgeben (siehe auch Abschn. 1.3.5).

Rotationsanregung Die elektromagnetischen Wellen erzeugen am Molekül ein zeitlich veränderliches elektrisches Feld (Abb. 32.3c). Man nimmt dabei an, dass die Wellenlänge groß gegenüber den Molekülabmessungen ist, d. h. die gleiche Feldstärke am ganzen Molekül anliegt, die sich nur zeitlich ändert, aber nicht räumlich. Wenn das Molekül ein **permanentes Dipolmoment** besitzt, führt die Rotation zu einem oszillierenden Dipolmoment, ganz wie beim Hertz'schen Dipol, welches durch das oszillierende Feld angeregt werden kann. Der oszillierende Dipol kann also elektromagnetische Strahlung absorbieren oder aussenden. Wichtig für die Rotationsanregungen sind also **permanente Dipolmomente.**

Schwingungsanregungen Analog funktioniert die Schwingungsanregung: Ein äußeres elektrisches Feld wird nun, je nach Richtung, die beiden Ladungen entweder ‚zusammenstauchen' oder den Atomabstand vergrößern, da auf eine Ladung in einem elektrischen Feld eine Kraft wirkt (Abb. 32.3d). Damit verändert sich die Geometrie, d. h. der Bindungsabstand r des Moleküls bei angelegtem äußeren Feld. Wie man aus Gl. 32.2 ersehen kann, ändert sich das Dipolmoment mit der Bindungslänge. D. h., wenn das Dimer schwingt, führt das zu einem oszillierenden Dipolmoment. Durch das oszillierende elektrische Feld kann damit das Molekül zum Schwingen

[4]Im Folgenden wird das elektrische Feld mit **F** bezeichnet und nicht mit **E**, um eine Verwechslung mit der Energie E zu vermeiden.

gebracht werden, allerdings nur, wenn die Frequenz der Strahlung der **Eigenfrequenz** der Streckschwingung entspricht.[5] Wichtig für die Schwingungsanregungen sind also **permanente Dipolmomente** des Moleküls, die sich **entlang der Schwingungsrichtung ändern**.

Diese klassische Sichtweise auf die Rotations- und Schwingungsspektroskopie gibt uns einen ersten Einblick in die Wechselwirkung von elektromagnetischer Strahlung mit Molekülen, wir werden das in Abschn. 32.3 vertiefen. Nun wollen wir das Problem zunächst quantenmechanisch betrachten.

32.2 Quantenmechanische Beschreibung von Infrarot- und Raman-Spektren

Nehmen wir an, ein elektromagnetisches Feld fällt auf ein Molekül, das durch den Hamilton-Operator $\hat{H}_0$ beschrieben wird.

- Dieser repräsentiert beispielsweise den Moleküldimer mit der kinetischen Energie in Relativkoordinaten und dem harmonischen Potenzial $V(r)$, wie in Kap. 15 besprochen.
- Lösungen der **zeitunabhängigen Schrödinger-Gleichung** sind die Zustände des harmonischen Oszillators (bzw. Rotors), die durch die Quantenzahlen n charakterisiert sind, die entsprechenden Wellenfunktionen sind die Φ_n mit den zugehörigen Energien $E_{n,}$ (Kap. 8).

Hamilton-Operator und elektrisches Feld Jetzt bringen wir das Molekül in ein elektromagnetisches Feld. Mit Gl. 32.4 haben wir die klassische Energie angegeben, in der Quantenmechanik ergänzen wir entsprechend den Hamilton-Operator um die Wechselwirkung des Dipols mit dem elektrischen Feld,

$$\hat{H} = \hat{H}_0 - \hat{\mu}\mathbf{F}(t), \tag{32.6}$$

das Dipolmoment wird als Operator $\hat{\mu}$ repräsentiert. Dies ist die quantenmechanische Variante von Gl. 32.4 und völlig analog zum Vorgehen bei der zeitunabhängigen Störungstheorie, wo $\hat{H}_0$ um die entsprechende Wechselwirkung mit dem magnetischen Feld ergänzt wurde (Kap. 19). Im Gegensatz zu dem bisherigen Vorgehen müssen wir nun eben die **zeitabhängige Schrödinger-Gleichung** lösen, da $\mathbf{F}(t)$ zeitabhängig ist.

$$\mathrm{i}\hbar\dot{\Psi}(r,t) = \hat{H}\Psi(r,t), \quad \Psi(r,t) = \Phi(r)\mathrm{e}^{-\frac{\mathrm{i}}{\hbar}Et}. \tag{32.7}$$

[5] Denken Sie dabei an das berühmte ‚Brückenbeispiel': Eine Kompanie Soldaten kann eine Brücke durchaus zum Schwingen bringen, wenn die ‚Gleichschrittfrequenz' die Eigenfrequenz der Brücke trifft.

Damit wird auch die Wellenfunktion zeitabhängig, wie in Abschn. 4.4 ausgeführt (Gl. 4.39).[6]

Ansatz für die Wellenfunktion Nun kennen wir schon die Lösungen von $\hat{H}_0$, das sind beispielsweise die Wellenfunktionen des harmonischen Oszillators. Wenn das System in einem der Eigenzustände Φ_n ist, dann ist die Lösung der zeitabhängigen Schrödingergleichung 32.7 durch

$$\Psi_n(r,t) = \Phi_n(r)\mathrm{e}^{-\mathrm{i}E_n t/\hbar}, \tag{32.8}$$

gegeben, solange das Feld $\mathbf{F}(t)$ ausgeschaltet ist.[7] Wenn wir das Feld nun anschalten, wird es Anregungen in energetisch höher liegende Zustände geben. Um dies beschreiben zu können, müssen wir diese Zustände im Ansatz für die Wellenfunktion berücksichtigen. Zur Lösung der zeitabhängigen Schrödingergleichung mit Feld macht man daher den folgenden Ansatz für die Wellenfunktion:

$$\Psi(r,t) = \sum_n c_n(t)\Phi_n(r)\mathrm{e}^{-\mathrm{i}E_n t/\hbar}. \tag{32.9}$$

- Wir machen also einen Ansatz, der eine Überlagerung der Eigenzustände Φ_n von $\hat{H}_0$ darstellt, eine **Superposition.** Dies ist analog zur zeitunabhängigen Störungstheorie (Kap. 19), wo die Wellenfunktion $\Psi(r,t)$ durch die Eigenfunktionen $\Phi_n(r)$ von $\hat{H}_0$ darstellt wird. Einen analogen Ansatz haben wir auch bei dem LCAO-Verfahren gemacht, wo die Wellenfunktion als Linearkombination aller Atomorbitale dargestellt wurde. Die Wellenfunktionen bzw. Orbitale, die zur Lösung beitragen können, werden in dem Ansatz berücksichtigt.[8]
- Die Koeffizienten $c_n(t)$ sind nun ebenfalls zeitabhängig, da sich durch Anregung eben die Besetzung der Zustände Φ_n ändern kann.[9]

Lösung und Übergangsdipolmomente Die Lösung erhält man, indem man den Ansatz Gl. 32.9 mit Gl. 32.6 in die Schrödinger-Gleichung 32.7 einsetzt (siehe Anhang 32.5.1), wir erhalten:

$$\mathrm{i}\hbar\dot{c}_n(t) = \sum_m c_m(t)\mathbf{F}(t)\mu_{nm}\mathrm{e}^{-\mathrm{i}(E_n-E_m)t/\hbar}. \tag{32.10}$$

---

[6] Wir verwenden nun als Koordinate nun den Atomabstand r im Dimer, anstatt der Koordinate x.

[7] Dies haben wir in Abschn. 20.2 erläutert. Es ist daher zum besseren Verständnis empfehlenswert, diesen kurzen Abschnitt zu rekapitulieren.

[8] Bitte beachten Sie nochmals die Diskussion in Abschn. 20.2 und insbesondere Abschn. 20.3.4 und 30.3

[9] In Abschn. 30.3 haben wir die Zeitabhängigkeit der $c_n(t)$ als exponentiell angesetzt, da die Wellenmechanik keine Beschreibung der spontanen Emission zulässt. Wir haben die Zeitabhängigkeit sozusagen dem Formalismus von außen aufgedrückt. Für die induzierten Prozesse kann man die Zeitabhängigkeit aber explizit berechnen: Das Feld $\mathbf{F}(t)$ in Gl. 32.6 bestimmt diese, sie folgt direkt aus der Lösung der zeitabhängigen Schrödinger-Gleichung 32.7.

Wenn man Gl. 32.9 quadriert erhält man die Aufenthaltswahrscheinlichkeit, die $|c_n(t)|^2$ geben also die Populationen der Zustände Φ_n an. Diese Gleichung zeigt also, dass sich die $c_n(t)$ zeitlich verändern, d. h., Anregungen stattfinden. Und die Gleichung ist den Ratengleichungen der Kinetik nicht unähnlich: Dort ist die Änderung der Konzentration eines Stoffes $c_i(t)$ von den Konzentrationen der anderen Stoffe $c_j(t)$ abhängig. Anstatt der Ratenkonstanten k stehen hier die letzten drei Terme der Gleichung, die offensichtlich dafür verantwortlich sind, wie schnell die Übergänge stattfinden, von Bedeutung ist also das Feld und die Übergangsdipolmomente:

- Wir haben oben angenommen, dass die Wellenlänge des elektromagnetischen Feldes groß gegenüber der Molekülausdehnung ist. Wir betrachten daher nur ein Feld, das sich zeitlich periodisch mit der Frequenz ω_p ändert, $\mathbf{F}(t) = \mathbf{F}_0 \sin(\omega_p t)$.
- Wir definieren eine Schwingungsfrequenz $\omega_{nm} = (E_n - E_m)t/\hbar$. Damit können wir $\mu_{nm} e^{-i\omega_{nm}t} \sim \mu_{nm} \cos(\omega_{nm} t)$ als ein (Übergangs-) Dipolmoment, verstehen, das mit der Frequenz ω_{nm} oszilliert,[10] siehe zur Vertiefung Abschn. 20.3.4.

Damit das Feld die Dipolschwingungen anregen kann, müssen die Frequenzen übereinstimmen, $\omega_p = \omega_{nm}$. Man nennt dies **Resonanz.** In diesem Fall regt das oszillierende Feld $\mathbf{F}$ den Dipol μ_{nm} zum Schwingen an, dabei wird die Energie aus dem Feld in die Dipolschwingungen übertragen. Die Anregung von Φ_m nach Φ_n lässt sich also durch dieses klassische Bild veranschaulichen.

- **Anfangsbedingung** Zur Lösung der Schrödinger-Gleichung benötigen wir die Lösungen des ungestörten Problems, Φ_n und E_n, zudem müssen wir zur Anfangszeit $t_0 = 0$ die Koeffizienten vorgeben: Wir starten beispielsweise mit $c_0 = 1$ und $c_n = 0$ für $n > 0$, d. h., der harmonische Oszillator ist anfangs im Grundzustand. Nun wollen wir sehen, wie sich dieser Zustand mit der Zeit ändert.
- **Kein Feld $\mathbf{F}(t) = 0$:** In diesem Fall bleibt das System im Grundzustand, d. h., die Koeffizienten $c_n(t)$ werden sich nicht zeitlich ändern. Die Φ_n sind die Eigenfunktionen von $\hat{H}_0$, daher passiert nichts.
- **Feld $\mathbf{F}(t) \neq 0$:** Das Feld induziert mit der Zeit auch angeregte Zustände, was durch $0 \leq |c_n(t)|^2 \leq 1$ angezeigt wird. D. h., die Zusammensetzung der Wellenfunktion Gl. 32.9 ändert sich mit der Zeit, das Auftreten angeregter Zustände zeigt die Anregungen an, die $|c_n(t)|^2$ direkt die Population der entsprechen Zustände.

[10] $e^{-ix} = \cos x - i \sin x$

Übergänge in angeregte Zustände werden allerdings nur **induziert,** wenn die

Übergangsmatrixelemente

$$\mu_{nm} := \int \Phi_n \hat{\mu} \Phi_m \mathrm{d}r \tag{32.11}$$

ungleich null sind. Diese wurden in Abschn. 30.1.3 eingeführt, und werden auch Übergangsdipolmomente genannt. Sie enthalten die Wellenfunktionen Φ_n und Φ_m, die den jeweiligen Übergang beschreiben.

- Wenn diese Integrale verschwinden, findet der Übergang nicht statt, man nennt dies einen **verbotenen** Übergang.
- Durch den Hamilton-Operator Gl. 32.6 betrachten wir hier die Ankopplung an ein elektrisches Feld **F**, die Übergänge sind also durch dieses Feld **induziert.**

Mathematisch verstehen wir nun, was vor sich geht: Entscheidend sind die μ_{nm}, diese verschwinden für bestimmte Kombinationen der Wellenfunktionen Φ_n und Φ_m. Damit sind diese Übergänge nicht möglich. Die Übergangsmatrixelemente geben also an, wie stark ein Molekül Strahlung der Wellenlänge absorbiert, die dem entsprechenden Übergang entspricht.

Übergangswahrscheinlichkeit Thomas Fermi hat eine Näherungsformel für die Wahrscheinlichkeit von Übergängen hergeleitet: Die **Wahrscheinlichkeit** eines Übergangs pro Zeit ist:[11]

$$\mathrm{P}(n \rightarrow m) \sim |\mu_{nm}|^2. \tag{32.12}$$

Dies gilt für den **Resonanzfall,** d. h., wenn die Energie der eingestrahlten Welle $\hbar\omega_p$ gleich der Energie des Übergangs $\Delta E = E_m - E_n = \hbar\omega_{mn}$ ist. Die **Intensität** eines Übergangs ist demnach proportional dem Quadrat des Übergangsmatrixelements.

32.2.1 Absorptionsspektroskopie

Offensichtlich finden **lichtinduzierte Übergänge** nur statt, wenn die Übergangsdipolmomente Gl. 32.11 nicht verschwinden. Diese wollen wir für die **Schwingungseigenzustände** Φ_n und **Rotationseigenzustände** Y_{lm} betrachten.

[11] Dies ist auch als Fermis goldene Regel bekannt.

Schwingungsspektren In Kap. 8 hatten wir den eindimensionalen harmonischen Oszillator gelöst und die Lösungen $\Phi_n(r)$ durch die **Hermite'schen Polynome** ausgedrückt.

Die Diskussion in Abschn. 32.1.2 hat gezeigt, dass eine Änderung des Dipolmoments entlang der Schwingungsachse nötig ist, damit Schwingungsanregungen durch Strahlung möglich sind, und die klassische Beschreibung in Abschn. 32.3 hat dies vertieft und bestätigt. Um zu sehen, wie sich das Dipolmoment entlang der Schwingungskoordinate r ändert, entwickeln wir das Dipolmoment wie folgt:

$$\mu = \mu_0 + \left[\frac{d\mu}{dr}\right]_{r_0} (r - r_0). \tag{32.13}$$

r_0 ist der Gleichgewichtsabstand der Atome, μ_0 das **permanente Dipolmoment** für diesen Abstand, das sich entlang der Schwingungskoordinate ändert. Dies setzen wir nun in die Matrixelemente Gl. 32.11 ein:

$$\int \Phi_n \mu \Phi_m dr = \left(\mu_0 - r_0 \left[\frac{d\mu}{dr}\right]_{r_0}\right) \int \Phi_n \Phi_m dr + \left[\frac{d\mu}{dr}\right]_{r_0} \int \Phi_n r \Phi_m dr. \tag{32.14}$$

μ_0, r_0 und $\frac{d\mu}{dr}$ sind konstant[12], daher können sie vor das Integral gezogen werden. Der erste Term auf der rechten Seite verschwindet wegen der Orthonormalität der Eigenfunktionen, und für den zweiten kann man sehr leicht zeigen, dass er nur von null verschieden ist, wenn

$$n = m \pm 1$$

gilt (**Beweis** 32.1). Das sind genau die in Kap. 15 eingeführten Auswahlregeln für den harmonischen Oszillator. Es sind nur solche Übergänge erlaubt, bei denen sich das Dipolmoment des Moleküls ändert. Die Änderung des Dipolmoments $\frac{d\mu}{dx}$ bestimmt dann die Größe des Übergangsdipolmoment, und dieses wiederum die Wahrscheinlichkeit des Übergangs.

- Polare Moleküle zeigen daher in der Regel eine IR-Absorption.
- Für Homodimere, beispielsweise, verschwinden die Dipolmatrixelemente, daher sind diese nicht infrarot-aktiv.

Allgemeine Auswahlregeln Die Absorption hängt also davon ab, ob sich das Dipolmoment entlang der Schwingungsrichtung ändert, mathematisch ausgedrückt:

[12] Die Ableitung $\frac{d\mu}{dr}$ wird an der Stelle r_0 ausgewertet und ist daher konstant.

$$\frac{\partial \mu_i}{\partial r} \neq 0$$

Dies ist von zentraler Bedeutung für die Absorptionsspektroskopie, denn nur wenn $\frac{\partial \mu_i}{\partial r}$ nicht verschwindet, kann der Übergang angeregt werden.

Die Übergangsdipolmomente bestimmen also, wie stark Licht absorbiert wird, d. h. die Intensität der Absorption:

- Die Regel $n \to n \pm 1$ gilt nur für den **harmonischen Oszillator,** da nur für diesen die Hermite'schen Polynome die Eigenfunktionen sind.
- Für den **anharmonischen Oszillator** muss man die Matrixelemente mit den Eigenfunktionen für das Morse-Potenzials ausrechnen. Hier bekommt man dann die Obertöne (Kap. 31), d. h. auch Absorption $n \to n \pm 2$, $n \to n \pm 3$ etc., allerdings mit wesentlich geringerer Intensität.
- Analoges gilt auch für die **3N – 6 Normalmoden mehratomiger Moleküle,** wie bei der klassischen Betrachtung schon diskutiert: Man wird hier Absorption unterschiedlicher Intensität finden.

Rotationsspektren Bei der Rotation oszilliert das Dipolmoment (Abschn. 32.1.2), was einen Hertz'schen Dipol darstellt. Zum Verständnis der Rotationsspektren betrachten wir nochmals die Darstellung der Kugelkoordinaten in Abb. 10.4. Die Lösungen der Schrödinger-Gleichung, die Kugelflächenfunktionen Gl. 10.40 haben wir in diesen Koordinaten dargestellt. Mit Hilfe dieser Funktionen müssen wir nun die Übergangsmatrixelemente Gl. 32.11 auswerten. Dazu stellen wir das **permanente Dipolmoment μ_0** ebenfalls in Kugelkoordinaten dar, wir verwenden Gl. 10.17:

$$\mu_x = \mu_0 \sin\theta \cos\phi, \quad \mu_y = \mu_0 \sin\theta \sin\phi, \quad \mu_z = \mu_0 \cos\phi.$$

Das Übergangsdipolmoment hat also drei Komponenten, diese werten wir aus, indem wir sukzessive μ_x, μ_y und μ_z und die Kugelflächenfunktionen in Gl. 32.11 einsetzen. Damit diese Matrixelemente nicht verschwinden, müssen zwei Bedingungen gelten:

- Das permanente Dipolmoment μ_0 darf nicht verschwinden, und
- $$\Delta l = \pm 1.$$

  Die Integrale verschwinden also, wenn die Wellenfunktionen Y_{lm_l} und Y_{km_k} in Gl. 32.11 für Φ_n und Φ_m eingesetzt werden, und die Bedingung $l = k \pm 1$ nicht erfüllt wird. Es sind damit nur Rotationsübergänge $l \to l \pm 1$ möglich, analog zum harmonischen Oszillator.

Damit gibt es Rotationsübergänge nur für polare Moleküle, für die das **permanente Dipolmoment** μ_0 nicht verschwindet, wie

$$\mathrm{HCl}, \quad \mathrm{H_2O}, \quad \mathrm{OCS} \quad \text{etc.},$$

d. h. hauptsächlich für polare lineare und asymmetrische Kreisel. Es gibt sie nicht für

- A_2-Moleküle (H_2, O_2 etc.),
- sphärische Kreisel (SF_6, CH_4 etc.),
- lineare Moleküle ohne Dipolmoment (CO_2, HCCH etc.),
- Moleküle mit Inversionszentrum (C_6H_6, C_2H_4 etc.).

Als Bedingung für die Absorption hatten wir zwei übergreifenden Bedingungen diskutiert, die **Energie- und Drehimpulserhaltung.** Licht hat einen Drehimpuls, wird es von einem Molekül absorbiert, muss dieser Drehimpuls berücksichtigt werden. Dies geschieht beispielsweise durch die Änderung des Drehimpulszustands des Dimers. Daher werden immer Rotations- und Schwingungsübergänge zusammen angeregt, es gibt keinen Q-Zweig im Spektrum (Abb. 31.2).

Beweis 32.1 ***(Auswahlregeln harmonischer Oszillator)*** Für die Hermite-Polynome gilt die folgende Rekursionsformel (Kap. 8):

$$yH_m(y) = mH_{m-1} + \frac{1}{2}H_{m+1}.$$

Damit erhält man für die Integrale ($y = bx$):

$$\int \Phi_n x \Phi_m \mathrm{d}x \sim \int H_n(y)\mathrm{e}^{-y^2/2} x H_m(y)\mathrm{e}^{-y^2/2}\mathrm{d}y =$$

$$= b^{-1} \int H_n(y) y H_m(y)\mathrm{e}^{-y^2}\mathrm{d}y =$$

$$= mb^{-1} \int H_n(y)H_{m-1}\mathrm{e}^{-y^2}\mathrm{d}y + \frac{1}{2}b^{-1} \int H_n(y)H_{m+1}\mathrm{e}^{-y^2}\mathrm{d}y.$$

Wegen der Orthonormalität (Gl. 8.2) der Hermite-Polynome ist das erste Integral nur von null verschieden für $n = m - 1$ und das zweite für $n = m + 1$.

32.2.2 Raman-Spektroskopie

Polarisation Ein elektrisches Feld $\mathbf{F}$ führt nach Gl. 32.5 zu einem induzierten Dipolmoment, ein mit der Frequenz ω_p oszillierendes Feld $\mathbf{F}(t) = \mathbf{F}_0 \cos(\omega_p t)$ zu einem oszillierenden Dipolmoment,

$$\mu_{\mathrm{ind}}(t) = \alpha F_0 \cos(\omega_p t). \tag{32.15}$$

Kopplung an die Molekülbewegung Da sich das Molekül bewegt, schwingt oder rotiert, ändert sich α zeitlich durch diese Bewegung. Dies kann die folgenden Ursachen haben:

- Die Polarisierbarkeit verändert sich mit der Geometrie, d. h., mit dem Bindungsabstand im Dimer, $\frac{\partial \alpha}{\partial r} \neq 0$. Damit wird $\alpha(t)$ mit der Schwingungsperiode ω_v oszillieren, $\alpha(t) = \alpha_0 \cos(\omega_v t)$.
- Es handelt sich um ein Molekül mit anisotroper Polarisierbarkeit, siehe Abb. 32.2b. Dann wird sich die Polarisierbarkeit aufgrund der Rotation ändern, für verschiedene Rotationswinkel ist diese unterschiedlich, dies werden wir unten veranschaulichen.

Die Kopplung von äußerem Feld $\mathbf{F}(t)$ der Frequenz ω_p und der dadurch induzierten Oszillation der Polarisation mit den Molekülbewegungen der Frequenz ω_v führt zu einem induzierten Dipolmoment, das eine Überlagerung von drei Frequenzen aufweist, wie im Anhang 32.5.2 am Beispiel der Schwingung abgeleitet:

$$\begin{aligned}\mu_{\text{ind}}(t) = {}& \alpha_0 F^0 \cos(\omega_p t) + \\ & + \frac{1}{2} u F^0 \frac{\mathrm{d}\alpha}{\mathrm{d}r} \left[\cos((\omega_p - \omega_v)t) + \cos((\omega_p + \omega_v)t)\right]. \end{aligned} \quad (32.16)$$

Für die Rotation findet man hier eine leichte Variation, wie unten ausgeführt.

Rayleigh, Stokes, Anti-Stokes Gl. 32.16 bedeutet, dass in einem Molekül, das mit elektromagnetischen Wellen der Frequenz ω_p bestrahlt wird, ein oszillierendes Dipolmoment $\mu_{\text{ind}}(t)$ induziert wird. Dieses besteht aber nun aus einer Überlagerung von drei Frequenzen, und daher strahlt dieser oszillierende Dipol auch elektromagnetischen Wellen mit drei verschiedenen Frequenzen ab:

- $\boldsymbol{\omega_p}$: Dies ist die Frequenz der eingestrahlten Welle, diese Wellen regen damit eine Dipolschwingung an, die mit der gleichen Frequenz wieder abstrahlt wird. Dabei wird das Licht in alle Richtungen abgestrahlt, d. h., effektiv wird das einfallende Licht gestreut. Diesen Effekt nennt man **Rayleigh-Streuung** (Warum ist der Himmel blau?).
- $\boldsymbol{\omega_p - \omega_v}$: Diese Linien nennt man **Stokes-Linien.**
- $\boldsymbol{\omega_p + \omega_v}$: Diese Linien nennt man **Anti-Stokes-Linien.**
- Das Interessante am Raman-Effekt ist, dass die Frequenz der eingestrahlten Welle ω_p nicht gleich der Schwingungsfrequenz ω_v des harmonischen Oszillators sein muss, wie bei der Absorptionsspektroskopie. In der Regel ist sie wesentlich größer als die Schwingungs- oder Rotationsfrequenzen.

Gl. 32.16 kann man so interpretieren, dass die einfallende Strahlung der Frequenz ω_p die Elektronenhülle zum Schwingen bringt, und durch Überlagerung mit der Molekülbewegung bei den drei Frequenzen wieder abgestrahlt wird, wie in Abb. 32.4a skizziert. Es wird eine Elektronenschwingung angeregt, die sofort wieder Strahlung abgibt, daher wird das **Resonanz** genannt.

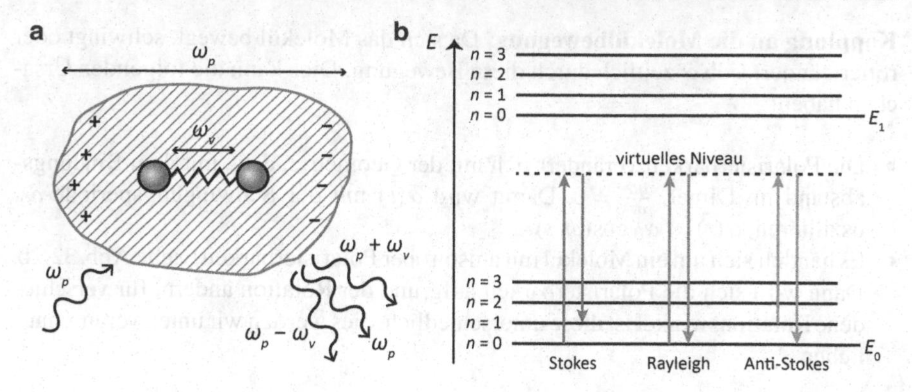

Abb. 32.4 Raman- und Rayleigh-Streuung. **a** Klassische Streuung durch Anregung einer Polarisationsschwingung im Molekül, **b** quantenmechanische Darstellung des elektronischen Grundzustands E_0 und des ersten elektronisch angeregten Zustands E_1. Diese können sich dann in der Schwingungsquantenzahl n unterscheiden

In einer **quantenmechanischen Beschreibung** wird die Anregung von solchen Resonanzen durch **virtuelle Energieniveaus** dargestellt. Das sich ergebende Bild lässt sich an Abb. 32.4b diskutieren. Die Anregung der Resonanz wird durch die Absorption von Licht in ein virtuelles Niveau symbolisiert, das irgendwo zwischen dem elektronischen Grundzustand und dem ersten elektronisch angeregten Zustand ist. Die im klassischen Bild als Oszillation der Polarisation beschriebene Schwingung der Elektronenhülle mit der Frequenz ω_p wird hier als **virtuelles Energieniveau** bezeichnet. Dieses unterscheidet sich von den elektronischen Energieniveaus des Moleküls dadurch, dass es keine Lösung der stationären Schrödinger-Gleichung, und damit keine optische Anregung mit definierter Lebensdauer $\tau = 1/A$ ist, wie in Kap. 30 beschrieben. Die Emission kann dann in das gleiche oder in einem um $\Delta n = \pm 1$ verschiedenes Schwingungsniveau n stattfinden, welches durch den Energieunterschied $\Delta E = \hbar\omega_v$ charakterisiert ist. Man erhält dann die Rayleigh-, Stokes- oder Anti-Stokes-Streuung. Durch Messung der gestreuten Strahlung kann man also ebenfalls die Schwingungsniveaus bestimmen. Nun aber für Moleküle bzw. Schwingungsmoden, die nicht infrarot-aktiv sind. Man kann also mit der Raman-Spektroskopie auch Moleküle untersuchen, die kein **permanentes Dipolmoment haben,** wie z. B. Homodimere.

Die eingestrahlte Frequenz ω_p entspricht einer Energie, die zwischen dem elektronischen Grundzustand und dem ersten elektronisch angeregten Zustand liegt, d. h., die Energie ist im Elektronenvoltbereich und damit wesentlich größer als die Schwingungsenergien. Typischer Weise werden Lichtquellen mit einer Wellenzahl von ca. 800 bzw. 1000 cm^{-1} verwendet, diese Anregungsenergie ist deutlich größer als die Energie der Schwingungsanregungen, aber niedriger als die Anregungsenergien $E_1 - E_0$ der elektronischen Zustände, wie in Abb. 32.4b schematisch dargestellt.

Schwingungsspektren Betrachten wir den Fall, dass sich die Polarisierbarkeit entlang der Schwingungskoordinate r ändert,

$$\mu_{\text{ind}} = \alpha F, \quad \alpha = \alpha_0 + \left[\frac{\mathrm{d}\alpha}{\mathrm{d}r}\right]_{r_0} (r - r_0).$$

Nun müssen wir die Übergangsdipole μ_{nm} Gl. 32.11 mit diesem induziertem Dipolmoment berechnen, wir setzen diese beiden Gleichungen einfach in Gl. 32.11 ein und erhalten,

$$\mu_{nm} = \mathrm{F} \int \Phi_n \alpha \Phi_m \mathrm{d}r = \mathrm{F}\left(\alpha_0 - \left[\frac{\mathrm{d}\alpha}{\mathrm{d}r}\right]_{r_0} r_0\right) \int \Phi_n \Phi_m \mathrm{d}r + \mathrm{F}\left[\frac{\mathrm{d}\alpha}{\mathrm{d}r}\right]_{r_0} \int \Phi_n r \Phi_m \mathrm{d}r. \quad (32.17)$$

Das erste Integral auf der rechten Seite verschwindet aufgrund der Orthonormalität der Eigenfunktionen des harmonischen Oszillators, der Übergang hängt damit direkt von $\frac{\mathrm{d}\alpha}{\mathrm{d}r}$ und dem Integral $\int \Phi_n r \Phi_m \mathrm{d}r$ ab. Das ist analog zur IR-Spektroskopie. Raman-Schwingungsübergänge sind demnach möglich für $\Delta n = \pm 1$.

Für die $3N - 6$ Schwingungsmoden von Molekülen mit N Atomen erhält man:

- Eine Mode ist **IR-aktiv,** wenn sich entlang der Schwingungskoordinate das Dipolmoment ändert, sie ist
- **Raman-aktiv,** wenn sich entlang der Schwingungskoordinate die Polarisierbarkeit ändert.
- **Obertöne:** Für die Raman-Spektroskopie gelten ebenfalls in der **harmonischen Näherung** die Auswahlregeln $\Delta n = \pm 1$. Für den anharmonischen Oszillator sind höhere Anregungen erlaubt, es gibt also auch Raman-Linien mit $\omega_p \pm 2\omega_v$, $\omega_p \pm 3\omega_v$ ...

Rotationsspektren Eine Bedingung für Rotations-Raman-Spektren ist, dass Moleküle eine **anisotrope Polarisierbarkeit** besitzen, wie z. B. für lineare Moleküle in Abb. 32.2 illustriert. Sphärische Moleküle sind nicht Rotations-Raman-Aktiv. Dies kann man leicht anhand von Abb. 32.5a verstehen: Während der Rotation ändert sich das induzierte Dipolmoment nicht.

Die **Auswahlregeln** für lineare Moleküle weichen von den Auswahlregeln bei der Absorption ab, es gilt:

$$\Delta J = 0, \pm 2.$$

Dies führt dazu, dass die Raman-Verschiebung sich zu

$$\omega_p \pm 2\omega_{\text{rot}}$$

berechnet. Die Rechnung wertet, wie bei der Mikrowellenspektroskopie, die Übergangsmatrixelemente mit Hilfe der Kugelflächenfunktionen aus.

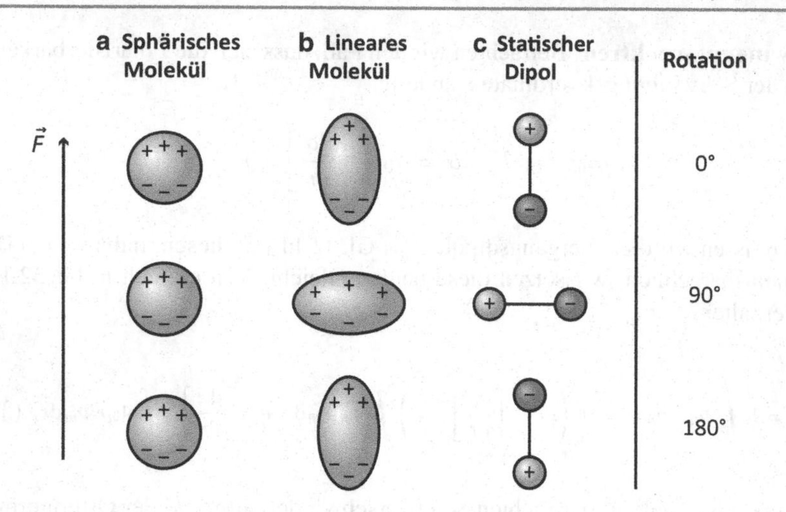

Abb. 32.5 **a** Polarisation bei einer Rotation eines sphärischen und **b** linearen Moleküls. **c** Im Vergleich dazu die Rotation eines Dipols

Dies soll hier nicht geschehen, man kann das qualitativ unterschiedliche Verhalten jedoch anhand von Gl. 32.16 verstehen. Gl. 32.16 wurde für die Schwingungsspektroskopie abgeleitet, hier ist ω_υ die Schwingungsfrequenz des Dimers. Das induzierte Dipolmoment ändert sich kontinuierlich während einer Periode, es nimmt bei $\omega_\upsilon t = 2\pi$ seinen Ausgangswert wieder an. Dies ist analog zum permanenten Dipolmoment bei der Rotation, wie in Abb. 32.5c gezeigt. Erst bei einer Drehung um 360° (2π) ist der Anfangswert des Dipolmoments wieder erreicht.

Vergleichen wir damit die Polarisation des Dimers (Abb. 32.5b) bei einer Rotation. Das induzierte Dipolmoment ändert sich doppelt so schnell wie das permanente. Dieses nimmt seinen Anfangswert erst bei einer Rotation um 360° wieder an, während das bei dem induzierten Dipolmoment schon nach 180° der Fall ist. D. h., bei einer Rotationsfrequenz ω_{rot} des Dimers hat der oszillierende induzierte Dipol die Frequenz $2\omega_{\text{rot}}$. Bei einer expliziten Rechnung für die Rotation würde man in Gl. 32.16 $2\omega_{\text{rot}}$ anstatt ω_υ erhalten, d. h., die Stokes- und Anti-Stokes Linien sind um $2\omega_{\text{rot}}$ gegenüber ω_p verschoben.

Die **Auswahlregeln** kann man aus der Drehimpulserhaltung motivieren. Bei der Raman-Streuung wird Licht nur gestreut, nicht absorbiert:

- Daher kann es auch reine Schwingungsübergänge geben, es gibt einen **Q-Zweig** im Raman-Spektrum. Dabei wird Licht mit dem gleichen Drehimpuls emittiert werden wie es von der Resonanz kurzzeitig absorbiert wird.
- Es kann aber auch Licht mit entgegengesetztem Drehimpuls emittiert werden, dann muss das Molekül einen Drehimpuls $L = 2\hbar$ kompensieren. Daher die Auswahlregel $\Delta J = \pm 2$.

32.3 Klassische Beschreibung von Infrarot- und Raman-Spektren

Dieses Kapitel widmet sich der klassischen Beschreibung der IR- und Raman-Spektroskopie. Es kann bei einem ersten Lesen übersprungen werden, es ermöglicht eine Vertiefung und eine Perspektive auf die Spektroskopie, die das Verständnis der quantenmechanischen Behandlung erweitert und eventuell vereinfacht. Vor allem bei der Raman-Spektroskopie erhalten wir eine klassische Modellvorstellung, die den Mechanismus hinter dieser Methode etwas greifbarer macht.[13]

Im Folgenden wollen wir von elektrisch neutralen Molekülen ausgehen. Sind diese in einem statischen elektrischen Feld (Abb. 32.1), so wirken Kräfte, die das Molekül drehen und die Bindungslänge verändern. Werden diese Moleküle mit Licht bestrahlt, so sind sie in einem elektrischen Feld, dessen Richtung sich periodisch ändert. Es wirken also periodisch sich ändernde Kräfte auf sie, was sie in Rotation oder Schwingung versetzt. Dies ist die Grundlage der Rotations- und Schwingungsspektroskopie.

32.3.1 Dipolmoment und Polarisierbarkeit

Permanentes Dipolmoment Die Energie des Moleküls hängt von der Wechselwirkung mit einem elektrischen Feld ab, diese Abhängigkeit können wir mathematisch dadurch ausdrücken, dass wir die Energie als Funktion des Feldes **F** schreiben,

$$E = E(\mathbf{F}) = E(F_x, F_y, F_z).$$

Wenn wir annehmen, dass die Energie nur schwach durch das Feld verändert wird, können wir die Energie in eine Taylor-Reihe nach dem Feld entwickeln, d. h., nach den Feldkomponenten F_i (um $F_i = 0$):

$$E(\vec{F}) = E_0 + \sum_i \left[\frac{\partial E}{\partial F_i}\right]_0 F_i + \frac{1}{2}\sum_{ij}\left[\frac{\partial E^2}{\partial F_i \partial F_j}\right]_0 F_i F_j \quad ... \tag{32.18}$$

Ein Vergleich von Gl. 32.18 mit 32.4 ergibt:

$$\mu_i^0 = -\left[\frac{\partial E}{\partial F_i}\right]_0. \tag{32.19}$$

Der Index ‚0' indiziert, dass die Ableitung an der Stelle $F_i = 0$ gebildet wird, es sich bei μ_i^0 also um das Dipolmoment des Moleküls bei verschwindendem Feld handelt.

[13] Der klassische Zugang hat jedoch eine große Bedeutung in praktischen Rechnungen der Quantenchemie. Um IR und Raman-Spektren auszurechnen, ist genau dieser Zugang in den gängigen Softwarepaketen der Quantenchemie implementiert.

Damit gibt der Term 1. Ordnung in der Taylor-Reihe die Energie des **permanenten Dipolmoments** des Moleküls in dem elektrischen Feld wieder, Gl. 32.4 ist die Energie in 1. Ordnung der Taylor-Entwicklung.

Induziertes Dipolmoment und Polarisierbarkeit Mit Gl. 32.4 wird die Wechselwirkung des **permanenten Dipolmoments** eines Moleküls mit dem elektrischen Feld berechnet. Im Feld nun aber ändert sich das molekulare Dipolmoment durch die Polarisation, es tritt das **induzierte Dipolmoment** auf, welches ebenfalls in Wechselwirkung mit dem äußeren Feld steht.

Diese **Änderung des Dipolmoments** im elektrischen Feld können wir wieder durch eine Taylor-Reihe nach dem Feld darstellen:

$$\mu_i(\vec{F}) = \mu_i^0 + \sum_i \left[\frac{\partial \mu_i}{\partial F_j}\right]_0 F_j + ... \tag{32.20}$$

μ_i^0 ist das **permanente Dipolmoment** des Moleküls, das ohne äußeres Feld aus der Ladungsverteilung im Molekül resultiert. Die **Polarisierbarkeit** $\boldsymbol{\alpha}$ beschreibt, wie ‚leicht' ein Dipolmoment durch ein elektrisches Feld induziert werden kann. D. h., sie beschreibt, wie stark sich das Dipolmoment ändert, wenn ein elektrisches Feld angelegt wird, siehe Gl. 32.5,

$$\alpha = \frac{\mu_{\text{ind}}}{F} = \frac{\mu - \mu_0}{F} = \frac{\Delta\mu}{\Delta F} \rightarrow \frac{\partial \mu}{\partial F}.$$

Dabei haben wir verwendet, dass sich das Dipolmoment eines Moleküls aus permanentem und induziertem Dipolmoment zusammensetzt, und dass $\Delta F = F - F_0$ einfach das äußere Feld bezeichnet, mit $F_0 = 0$. Damit können wir identifizieren,

$$\alpha_{ij} = \left[\frac{\partial \mu_i}{\partial F_j}\right]_0 = -\left|\frac{\partial E^2}{\partial F_i \partial F_j}\right]_0. \tag{32.21}$$

Die Polarisierbarkeit lässt sich offensichtlich als 2. Ableitung der Energie nach dem Feld schreiben, sie ist damit eine etwas kompliziertere Größe: So beschreibt α_{xx}, wie leicht ein Dipolmoment in x-Richtung durch ein Feld in x-Richtung erzeugt werden kann. Das ist leicht einsichtig. Darüber hinaus kann ein Feld beispielsweise in x-Richtung einen Dipol in y-Richtung induzieren, was durch α_{xy} beschrieben wird. Dies ist eine zunächst ungewohnte Vorstellung, die aber aus der Polarisierbarkeit eine Matrixgröße macht.

Nun setzen wir Gl. 32.19 und 32.21 in Gl. 32.18 ein,

$$E(\vec{F}) = E_0 - \sum_i \mu_i F_i - \frac{1}{2} \sum_{ij} \alpha_{ij} F_i F_j \quad ... \tag{32.22}$$

Diese Formel ist nur eine andere Darstellung und Näherung der Energie, die aus einem feldunabhängigen Teil (E_0) besteht, und zwei weiteren Beiträgen, die von dem

Dipolmoment des Moleküls und seiner Polarisierbarkeit abhängen. Das Molekül wechselwirkt mit dem elektrischen Feld durch sein (permanentes) Dipolmoment. Zusätzlich **induziert** das Feld ein Dipolmoment, welches dann ebenfalls mit dem äußeren Feld wechselwirkt. Das ist durch den Term in 2. Ordnung beschrieben. Wie groß diese Wechselwirkung ist, hängt von der Feldstärke und der Polarisierbarkeit des Moleküls ab.

32.3.2 Kräfte

Nun wollen wir die Kräfte, die in einem Molekül auf die einzelnen Atome wirken, explizit berechnen, wir beschränken uns dabei auf einen Moleküldimer: Dieser hat eine Relativkoordinate, den Abstand r der beiden Atome. Kräfte erhält man durch die Ableitung der Energie des Systems nach der Koordinate, d. h.,

$$K = -\frac{\partial E}{\partial r}.$$

Wir sind interessiert an den Kräften, die in Gegenwart eines elektrischen Feldes auftreten, daher setzen wir für E Gl. 32.22 ein und erhalten:

$$K = -\frac{\partial E_0}{\partial r} + \sum_i \frac{\partial \mu_i}{\partial r} F_i + \sum_{ij} \frac{\partial \alpha_{ij}}{\partial r} F_i F_j. \tag{32.23}$$

Offensichtlich macht es keinen Sinn, das äußere Feld nach r abzuleiten, daher tritt nur die Ableitung von E_0, dem permanenten Dipolmoment und der Polarisierbarkeit nach der Koordinate r auf. Betrachten wir die drei Beiträge gesondert:

- Ohne Feld, d. h., für $F_i = 0$ ist der Gleichgewichtsabstand r_0 des Dimers durch das Minimum des Potenzials (Abb. 1.10) gegeben. Diesen Abstand finden wir, wenn wir die Energie E_0 in Gl. 32.22 nach dem Abstand ableiten und die Nullstelle bestimmen:

$$\frac{\partial E(\vec{F} = 0)}{\partial r} = \frac{\partial E_0}{\partial r} = 0. \tag{32.24}$$

  Wir nehmen nun für das Folgende an, dass sich das Molekül ohne Feld im Gleichgewichtsabstand befindet, dann fällt dieser 1. Term weg.
- **Absorptionsspektroskopie:** Wir betrachten nun den Fall, dass sich nur das Dipolmoment mit dem Abstand r ändert, damit trägt nur der 2. Term in Gl. 32.23 zur Kraft bei. Dies ist die Grundlage der Absorptionsspektroskopie (Abschn. 32.3.3).
- **Raman-Spektroskopie:** Wenn dagegen die Änderung der Polarisierbarkeit mit dem Dimerabstand der dominante Effekt ist, dann bestimmt der 3. Term in Gl. 32.23 die Kräfte auf die Atome (Abschn. 32.3.4).

32.3.3 Absorptionsspektroskopie

Hierbei wird, wie in Kap. 30 besprochen, Licht einer bestimmten Wellenlänge absorbiert. Dadurch wird eine Schwingung (Infrarotbereich (**IR**)) oder Rotation (Mikrowellenbereich) angeregt, elektronische Anregungen werden in Kap. 33 behandelt.

Kräfte auf die Atome Das Molekül sei in seiner Gleichgewichtsgeometrie, und nun schalten wir ein Feld ein. Die wirkende Kraft ist durch die Änderung des Dipolmoments mit dem Abstand bestimmt, also durch den zweiten Term in Gl. 32.23,

$$K = \sum_i \frac{\partial \mu_i}{\partial r} F_i. \tag{32.25}$$

Elektrisches Wechselfeld Nun betrachten wir ein elektrisches Wechselfeld (Abb. 32.3a), i. e., die Einstrahlung z. B. von Laserlicht mit der Frequenz ω_p

$$F_i = F_i^0 \sin(\omega_p t).$$

Dies setzen wir in Gl. 32.25 ein.

$$K(t) = \sum_i \frac{\partial \mu_i}{\partial r} F_i^0 \sin(\omega_p t).$$

Da sich die Feldrichtung periodisch ändert, ändert sich auch die Kraft periodisch, was zu einer sinusförmigen Kraft auf die Atome des Dimers führt.

Um eine Schwingungsmode anregen zu können, muss das Laserlicht die gleiche Frequenz wie die Schwingungsfrequenz $\omega_v = \sqrt{k/\mu}$ des Dimers (Abschn. 15.2) haben, man nennt dies eine **Resonanzbedingung,**

$$\omega_p = \omega_v$$

Dagegen können in dieser klassischen Betrachtung Rotationen beliebiger Frequenz angeregt werden, hier gibt es kein Resonanzphänomen.

Stärke der Absorption Dies ist ein wichtiges Ergebnis: Wie stark ein Molekül durch ein äußeres Feld ausgelenkt wird, hängt also davon ab, wie stark sich das Dipolmoment entlang der Auslenkung ändert. Das äußere Feld ‚koppelt' also an die Änderung des Dipolmoments entlang der Schwingungskoordinate. Analog koppelt es an die Dipolmomentänderung bei der Rotation.

Die Größe der Kraft – also die Änderung des Dipolmoments mit der Geometrie – bestimmt, wie stark das Molekül bei angelegtem Feld schwingt oder rotiert. Wenn es stark schwingt, wird seine Schwingungsenergie groß sein, und diese bezieht es ja aus dem Feld. D. h., es wird das Feld entsprechend schwächen, da es die Strahlung absorbiert, welche dann im Transmissionsspektrum fehlt. Für die **Intensität** der Absorption gilt daher:

$$\text{Intens.} \sim \frac{\partial \mu_i}{\partial r}.$$

Wichtig sind die zwei Bedingungen:

- **IR-aktive Schwingungsmoden:** Das Dipolmoment ändert sich entlang Schwingungsmode (repräsentiert durch die Koordinate r). Für **Rotationsanregung im Mikrowellenbereich** gilt, dass das Molekül ein permanentes Dipolmoment haben muss. Nur dann kann das oszillierende elektrische Feld eine Rotation anregen,
- **Resonanz:** Die Lichtfrequenz (ω_p) entspricht der Schwingungsfrequenz (ω_v). Dagegen können beliebige Rotationsfrequenzen angeregt werden.

Normalmoden Bisher haben wir ein Molekül mit einer Schwingungsmode, dem Dimerabstand **r** betrachtet. Wie wir in Kap. 31 gesehen haben, haben mehratomige Moleküle $3N - 6$ komplexe **Schwingungsmoden,** die verschiedene Schwingungsfrequenzen haben. Jede dieser **Moden** bedeutet eine Geometrieauslenkung, d. h. eine Änderung der Bindungsabstände (Winkel) im Molekül.

- Die Änderung des Dipolmoments entlang der Normalmoden kann unterschiedlich groß sein. Dann haben diese Moden unterschiedliche Intensitäten im Spektrum, da sie das Licht unterschiedlich stark absorbieren. Ein Molekül kann also bei bis zu $3N - 6$ Frequenzen im IR-Spektrum absorbieren. Die Änderung des Dipolmoments entlang der Moden bestimmt die Intensität.
- Wenn sich mit dieser Auslenkung das Dipolmoment nicht ändert, ist die Mode **IR-inaktiv** (allgemeine Auswahlregel).

32.3.4 Raman-Spektroskopie

Raman-aktive Moden Bei der Absorptionsspektroskopie absorbieren solche Schwingungsmoden elektromagnetische Strahlung, deren Dipolmoment sich entlang der Schwingungsmode ändert. Dies ist nicht bei allen Moden der Fall, vor Allem nicht bei unpolaren Molekülen, die von vorneherein kein Dipolmoment besitzen. Nun betrachten wir Moden, bei denen sich die Polarisation entlang der Schwingungsmode (bzw. Rotation) verändert, nach dem 3. Term in Gl. 32.23 ergeben sich daraus Kräfte auf die Atome

$$K = \sum_{ij} \frac{\partial \alpha_{ij}}{\partial r} F_i F_j \ldots \tag{32.26}$$

Polarisation Abb. 32.2a zeigt das durch das angelegte Feld **induzierte Dipolmoment** (Gl. 32.20), mit Gl. 32.20 und 32.21 erhalten wir

$$\mu_i^{\text{ind}} = \mu_i(\vec{F}) - \mu_i^0 = \sum_i \alpha_{ij} F_j.$$

μ_i^{ind} hat drei kartesische Komponenten. Im Folgenden lassen wir zur Vereinfachung die Indizes weg.

Bei der Absorptionsspektroskopie gilt, dass die Frequenz des eingestrahlten elektrischen Feldes ω_p mit der Frequenz der Eigenschwingung ω_v (Eigenmode) übereinstimmen muss. Bei der Raman-Spektroskopie ist diese Bedingung etwas modifiziert.

- Ein statisches elektrisches Feld erzeugt eine Polarisation, ein elektrisches Wechselfeld mit der Frequenz ω_p erzeugt dann ein periodisch oszillierendes induziertes Dipolmoment:

$$\mu^{\text{ind}}(t) = \alpha F(t) = \alpha F^0 \cos(\omega_p t). \tag{32.27}$$

  Betrachten Sie Abb. 32.1c und stellen sich vor, der Kondensator erzeuge ein Wechselfeld der Frequenz ω_p, dann würden die abgebildeten Ladungen mit dieser Frequenz hin- und herschwingen, dies ist die durch das Wechselfeld erzeugte oszillierende Polarisation.
- Durch die Molekülbewegung mit der Frequenz ω_v kann sich die Polarisierbarkeit α des Moleküls ebenfalls mit dieser Frequenz ändern:
  - Wenn diese sich mit der Schwingungskoordinate r ändert, d. h., $\frac{\partial \alpha}{\partial r} \neq 0$, wie in Gl. 32.26, dann erhält man eine Oszillation von α mit ω_v.
  - Wenn das Molekül eine anisotrope Polarisierbarkeit hat, wie in Abb. 32.2 dargestellt, dann wird sich α bei Rotation des Moleküls periodisch mit dem Drehwinkel ändern.

Für eine durch die Molekülbewegung periodisch oszillierende Polarisierbarkeit $\alpha(t)$ in Gl. 32.27 zeigen wir in Anhang 32.5.2 am Beispiel der Schwingung, dass gilt:

$$\mu^{\text{ind}}(t) = \alpha_0 F^0 \cos(\omega_p t) + \\ + \frac{1}{2} u F^0 \frac{\mathrm{d}\alpha}{\mathrm{d}r} \left[\cos((\omega_p - \omega_v)t) + \cos((\omega_p + \omega_v)t)\right]. \tag{32.28}$$

Die Zeitabhängigkeit von $\mu^{ind}(t)$ ist durch drei Frequenzen bestimmt, diese sind einander überlagert. Das induzierte Dipolmoment oszilliert also mit drei verschiedenen Frequenzen, ω_p, $\omega_p - \omega_v$ und $\omega_p + \omega_v$, die sogenannten Rayleigh, Stokes- und Anti-Stokes Linien, wir haben diese in Kap. 32.2.2 besprochen. D. h., im Prinzip haben wir hier drei Hertz'sche Dipole, die Strahlung bei diesen drei Frequenzen abgeben.

- Offensichtlich werden die Schwingungen des Dipolmoments mit ω_p durch die Schwingungen der Kerne mit ω_v moduliert. Dies gilt allerdings nur, wenn sich die Polarisierbarkeit entlang der Schwingungsmoden ändert, d. h., $\frac{\mathrm{d}\alpha}{\mathrm{d}r} \neq 0$.
- Damit man Rotationsramanspektren erhält, muss das Molekül eine anisotrope Polarisierbarkeit haben, wie wir bei der quantenmechanischen Behandlung gesehen haben.
- Im Schwingungsfall ist $\mu^{\mathrm{ind}}(t)$ desto größer, je größer $\frac{\mathrm{d}\alpha}{\mathrm{d}r}$ ist. Und je stärker das induzierte Dipolmoment schwingt, desto mehr Energie wird aus der Strahlung bei Absorption aufgenommen, oder bei Emission abgegeben.

Die **Raman-Intensität** hängt in der klassischen Beschreibung von der Änderung der Polarisation entlang der Schwingungsmode ab, man erhält:

$$\text{Raman-Intens.} \sim \frac{\partial \alpha_{ij}}{\partial R} = \frac{\partial^3 E}{\partial F_i \partial F_j \partial R}. \tag{32.29}$$

Interpretation In dieser **klassischen Beschreibung** haben wir also folgendes Bild:

- Die Elektronen des Moleküls können mit elektromagnetischer Strahlung zu Schwingungen der Frequenz ω_p angeregt werden. Klassisch schwingt also die Elektronenhülle mit dieser Frequenz.
- Die Schwingungsmoden der Atomkerne haben eine viel kleinere Frequenz ω_v (bzw. Rotationsfrequenzen).
- Licht der Frequenz ω_p regt also diese Elektronenschwingungen an, wird aber **nicht** absorbiert wie bei der Absorptionsspektroskopie (Abb. 14.3a), sondern sofort wieder abgestrahlt. Das Licht wird an der Dipolschwingung der Elektronenhülle gestreut, wie in Abb. 32.4a skizziert. Diese Dipolschwingung ist wie ein Hertz'scher Dipol, der durch die einfallende elektromagnetische Welle zum Schwingen angeregt wird, aber die Energie auch sofort wieder abstrahlt.
- Solch einen intermediären Zustand der kurzzeitigen Anregung nennt man **Resonanz.** Das Licht wird also sozusagen an einer Resonanz **gestreut,** daher redet man von **Rayleigh- und Raman-Streuung.**
- Offensichtlich wird ein Hertz'scher Dipol mit ω_p angeregt, man erhält aber durch Kopplung an die Molekülbewegungen drei Hertz'sche Dipole mit den Frequenzen ω_p, $\omega_p - \omega_v$ und $\omega_p + \omega_v$, die Licht abgeben.

Die klassische Beschreibung der Schwingung und Rotation ist extrem nützlich und findet vielfach bei der Modellierung von von Schwingungs- und Rotationsspektren in der Quantenchemie eine Anwendung.

32.4 Zusammenfassung und Fragen

In diesem Kapitel wurde die klassische und quantenmechanische Beschreibung von Infrarot (IR)- und Raman-Spektren dargestellt.

- Die IR-Spektroskopie ist eine Absorptionsspektroskopie: Hier wird Licht absorbiert, und das Quantensystem geht in einen angeregten Zustand über.
- Bei der Raman-Spektroskopie findet keine Absorption und Anregung statt, hier wird das Licht am Atom/Molekül gestreut. Klassisch stellt man das als kurzzeitige Anregung von Schwingungen der Elektronenhülle dar, quantenmechanisch redet man hier von Resonanzzuständen.

Absorptionsspektroskopie Klassisch erhält man als Bedingung für die Absorption, dass sich das Dipolmoment entlang der Schwingungskoordinate ändert bzw. für die Rotation ein permanentes Dipolmoment auftritt. Quantenmechanisch wird dies durch die Dipolmatrixelemente beschrieben, die auch die Auswahlregeln bestimmen. Diese erhält man durch Auswertung der Dipolmatrixelemente mit den Lösungen des harmonischen Oszillators bzw. des starren Rotors:

$$n \rightarrow n \pm 1, \quad J \rightarrow J \pm 1$$

Raman-Spektroskopie In der klassischen Beschreibung findet man die Bedingung, dass sich entlang der Schwingungskoordinate die Polarisierbarkeit ändern muss. Bei der Raman-Spektroskopie wird Licht nicht in stationäre Zustände absorbiert, sondern an sogenannten Resonanzen gestreut, was man in einem klassischen Bild verdeutlichen kann. Für die Schwingungsanregungen gelten die gleichen Auswahlregeln wie bei der IR Absorption. Für die Rotation erhält man

$$\Delta J = 0, \pm 2$$

Fragen

- **Erinnern:** (Erläutern/Nennen)
  - Wie sind Dipolmoment und Polarisierbarkeit definiert? Geben Sie hier die Formeln an.
  - Was ist in der klassischen Darstellung die Bedingung für Infrarotabsorption, was für Raman-Anregungen?
  - Was sind die Auswahlregeln für Schwingungs- und Rotationsanregungen bei der IR- und Raman-Spektroskopie? Was muss man dazu berechnen? Welche Näherungen gehen dabei ein?
- **Verstehen:** (Erklären)
  - Warum werden polare Dimere in elektrischen Feldern ‚gestaucht und gedreht'?
  - Erklären Sie, wie in einer klassischen Sichtweise die Rotations- und Schwingungsanregung von polaren Dimeren durch ein elektromagnetisches Feld geschehen kann. Für welche Moleküle gibt es keine Anregungen?

- Erklären Sie, warum bei der Raman-Streuung drei emittierte Frequenzen auftreten. Erläutern Sie die klassische und quantenmechanische Darstellung. Wie heißen diese Linien?
- Erklären Sie die Auswahlregeln für Schwingungs- und Rotationsanregungen bei der IR- und Raman-Spektroskopie.

32.5 Anhang

32.5.1 Anhang: Zeitabhängige Störungstheorie

Die Lösungen von der **zeitabhängigen Schrödinger-Gleichung** Gl. 32.7 ohne Feld sind die Eigenzustände von $\hat{H}_0$,

$$\Psi_n(x,t) = \phi_n(r)\mathrm{e}^{-\mathrm{i}E_n t/\hbar}. \tag{32.30}$$

Wir haben hier die Zeitabhängigkeit über die Phasenfaktoren $f_n(t)$ berücksichtigt. Das **Superpositionsprinzip** besagt (Kap. 5 und 12), dass jede beliebige Kombination der Lösungen wieder eine Lösung ist:

$$\Psi(x,t) = \sum_n c_n \phi_n(r)\mathrm{e}^{-\mathrm{i}E_n t/\hbar}. \tag{32.31}$$

Dabei geben die $|c_n|^2$ die Wahrscheinlichkeit an, das System in dem Zustand k zu finden. Im Grundzustand gilt $c_0 = 1$, alle anderen Koeffizienten verschwinden. Für diese Wellenfunktion wollen wir nun die zeitabhängige Schrödinger-Gleichung Gl. 32.7 lösen.

Wenn wir nun das elektrische Feld $\mathbf{F}(t) = \mathbf{F}_0 \sin(\omega_p t)$ einschalten, wird es Übergänge geben, d. h., die c_n mit $n \neq 0$ werden mit der Zeit Werte $\neq 0$ annehmen, d. h., die c_n sind zeitabhängig:

$$\Psi(x,t) = \sum_n \boldsymbol{c_n(t)} \phi_n(r)\mathrm{e}^{-\mathrm{i}E_n t/\hbar}. \tag{32.32}$$

Nun setzen wir $\Psi(x,t)$ und $\mathbf{F}(t) = \mathbf{F}_0 \sin(\omega_p t)$ in die zeitabhängige Schrödinger-Gleichung ein, definieren

$$W_{nm} = \mathbf{F} \int \phi_n \hat{\mu} \phi_m \mathrm{d}r \tag{32.33}$$

und erhalten:

$$\mathrm{i}\hbar \dot{c}_n(t) = \sum_m c_m(t) W_{nm} \mathrm{e}^{-\mathrm{i}(E_n - E_m)t/\hbar}. \tag{32.34}$$

Die $c_n(t)$ ändern sich also mit der Zeit. Wenn Anfangs $c_0 = 1$ gilt, und alle anderen Koeffizienten verschwinden, dann werden endliche $c_n(t)$ mit der Zeit nur dann auftreten wenn W_{0n} nicht verschwindet:

- Für $W_{nm} = 0$ sind die $c_n(t)$ konstant, d. h., das Atom (Molekül) bleibt unverändert in seinem Zustand (Orbital, z. B. Grundzustand). Dies kann daran liegen, dass
  - $\mathbf{F}_0 = 0$, d. h., dass kein elektromagnetisches Feld anliegt oder dass
  - die **Übergangsmatrixelemente**

    $$\mu_{nm} = \int \phi_n \hat{\mu} \phi_m \mathrm{d}r$$

    verschwinden. Diese definieren die **Auswahlregeln.** Wenn sie verschwinden, ist ein Übergang **optisch verboten.**
- Für $W_{nm} \neq 0$, ändern sich die $c_n(t)$ zeitlich, z. B. wird bei einer Anregung aus dem Grundzustand in den ersten angeregten Zustand c_0 kleiner, während c_1 mit der Zeit größer wird.

32.5.2 Anhang Raman

Das Molekül schwingt entlang der Koordinate x mit Frequenz ω_v, d. h., die Geometrie ändert sich zeitlich wie:

$$x(t) = x_0 + u \cdot \cos(\omega_v t), \quad x(t) - x_0 = u \cdot \cos(\omega_v t) \tag{32.35}$$

($u = x - x_0$: Amplitude der Auslenkung um Ruhelage). Entlang der Schwingungskoordinate x ändert sich die Polarisierbarkeit α. Um diese Änderung zu beschreiben machen wir eine Taylor-Entwicklung:

$$\alpha(r) = \alpha_0 + \frac{\mathrm{d}\alpha}{\mathrm{d}x}(x - x_0) + \ldots \tag{32.36}$$

Gl. 32.36 und 32.35 in Gl. 32.27 eingesetzt ergibt:

$$\mu_{\mathrm{ind}}(t) = \alpha F(t) = F^0 \cos(\omega_p t) \left[\alpha_0 + u \frac{\mathrm{d}\alpha}{\mathrm{d}x} \cos(\omega_v t) \right]. \tag{32.37}$$

Wenn man die Identität

$$\cos a \cdot \cos b = \frac{1}{2}(\cos(a+b) + \cos(a-b))$$

verwendet erhält man:

$$\begin{aligned} \mu_{\text{ind}}(t) = {} & \alpha_0 F^0 \cos(\omega_p t) + \\ & + \frac{1}{2} u F^0 \frac{\mathrm{d}\alpha}{\mathrm{d}x} \left[\cos((\omega_p - \omega_v)t) + \cos((\omega_p + \omega_v)t)\right]. \end{aligned} \tag{32.38}$$

Elektronische Spektren von Molekülen

33

Die Beschreibung der Anregung von Elektronen in Molekülen benötigt einige Konzepte wie das der **Born-Oppenheimer-Näherung,** der **Potenzialenergieflächen,** des **Franck-Condon-Prinzips** und der **elektronischen Übergangsdipolmomente,** die wir in diesem Kapitel einführen wollen. Damit kann man die **Absorptionsspektren** von Molekülen verstehen. Die Spektren weisen eine Vibrationsfeinstruktur auf, da auch Schwingungen des Kerngerüsts mit angeregt werden.

Die elektronisch angeregten Zustände haben nur eine begrenzte Lebensdauer, dann wird die Energie diese Zustände wieder abgegeben. Dies kann durch **Emission** von Licht geschehen, wie schon in Kap. 30 ausgeführt, man nennt dies die **Fluoreszenz** von Molekülen. Allerdings kann auch ein Übergang in einen wesentlich langlebigeren Triplett-Zustand stattfinden, dessen Übergang in den Grundzustand wird **Phosphoreszenz** genannt. Dabei wird aber nie Licht der gleichen Wellenlänge wieder abgestrahlt, wie in Abb. 30.1 suggeriert. Zudem gibt es Fälle, in denen gar kein Licht mehr abgestrahlt wird, diese Übergänge in den Grundzustand nennt man **strahlungslos.**

33.1 Grundlegendes

Lassen Sie uns nochmals das bisherige Vorgehen rekapitulieren, um uns die wichtigen Komponenten der Beschreibung zu vergegenwärtigen.

Potenziale und Kernbewegung Bei der Berechnung der Rotations- und Schwingungsanregungen in Kap. 15 haben wir ein Potenzial zwischen den Atomkernen zunächst vorausgesetzt, welches die Bindung der Atome modelliert. Dabei haben wir sowohl ein harmonisches, als auch ein anharmonisches Potenzial (Kap. 31, Morse-Potenzial) untersucht. Die Lösungen der Schrödinger-Gleichung mit diesen

© Springer-Verlag GmbH Deutschland, ein Teil von Springer Nature 2021

M. Elstner, *Physikalische Chemie II: Quantenmechanik und Spektroskopie*,
https://doi.org/10.1007/978-3-662-61462-4_33

Potenzialen sind Wellenfunktionen für die Atomkerne, welche die Schwingung der Dimere beschreiben.

Elektronische Zustände und Potenzialenergiekurven Das Potenzial, durch das die beiden Atomkerne im Dimer gebunden sind, haben wir zunächst am Beispiel des H_2^+-Moleküls mit Hilfe der Quantenmechanik berechnet. Das Potenzial ist im Prinzip durch die Gesamtenergie des Moleküls bei verschiedenen Kernabständen gegeben. Diese resultiert beim H_2^+-Molekül aus der **Kern-Kern-Abstoßung** und **Elektron-Kern-Anziehung.** Bei Molekülen mit mehreren Elektronen kommt dann noch die **Elektron-Elektron-Abstoßung** hinzu, deren Berechnung wir in Kap. 23 vorgestellt haben. Das Potenzial lässt sich aus der Gesamtenergie des Moleküls erhalten, indem man diese Energie für verschiedene Kernabstände berechnet. Dabei werden, wie am H_2^+-Molekül gezeigt, die Atomkerne zunächst als klassische Punktladungen behandelt. Auf diese Weise kommt man auf das Konzept einer **Potenzialenergiekurve,** wie z. B. in Abb. 16.5 gezeigt.

Die elektronischen Zustände sind quantisiert, und für unterschiedliche elektronische Zustände erhält man unterschiedliche Potenzialenergiekurven. Diese Potenzialenergiekurven sind die Grundlage zur Beschreibung der Kernbewegung. i) Dies kann klassisch geschehen, dann verwendet man die klassische Mechanik, man erhält Kräfte auf die einzelnen Atome einfach als Ableitung der Gesamtenergie, und kann Trajektorien der Teilchen berechnen. ii) Oder man verwendet die Potenzialenergiekurve, um die Schrödinger-Gleichung für die Kernwellenfunktionen zu berechnen, wie in Kap. 15 und 31 geschehen. Die quantenmechanischen Lösungen sind etwas schwieriger als die klassischen, wir brauchen weitere Näherungen: So haben wir in Abb. 16.5b durch die Parabel die harmonische Näherung verdeutlicht, die zu dem Modell des harmonischen Oszillators führt. Hier können wir die quantenmechanischen Lösungen sofort angeben. Oder man nähert den bindenden Zustand in Abb. 16.5b durch das Potential des anharmonischen Oszillators, dessen Lösungen kennen wir nun ebenfalls.

Elektronische Anregungen Die Energiequantisierung basiert auf einem ganz einfachen Prinzip, der räumlichen Beschränkung der Wellenfunktion durch ein Potenzial. Je nach Potenzialform, wie wir in Teil II gesehen haben, erhält man unterschiedliche Wellenfunktionen und damit unterschiedliche Energieabstände. Prinzipiell jedoch lässt sich das Phänomen am Kastenpotenzial verdeutlichen (Abschn. 14.1.2). Elektronische Anregungen haben in dieser reduzierten Darstellung einfach deshalb eine so viel größere Anregungsenergie als Schwingungsanregungen, weil die Teilchenmasse m in die Formel eingeht. Elektronen- und Kernmasse unterscheiden sich um ca. drei Größenordnungen (Tab. 15.1). Daher finden elektronische Anregungen von Molekülen durch Licht typischerweise im sichtbaren und (schwachen) UV-Bereich statt, d. h. in einem Wellenlängenbereich zwischen 800–350 nm (ca. 1.5–4.5 eV). In diesem Energiebereich handelt es sich meist um Anregungen der Valenzelektronen, die Anregungsenergien von ‚Kernelektronen' (z. B. 1s bei CNO) sind wesentlich höher.

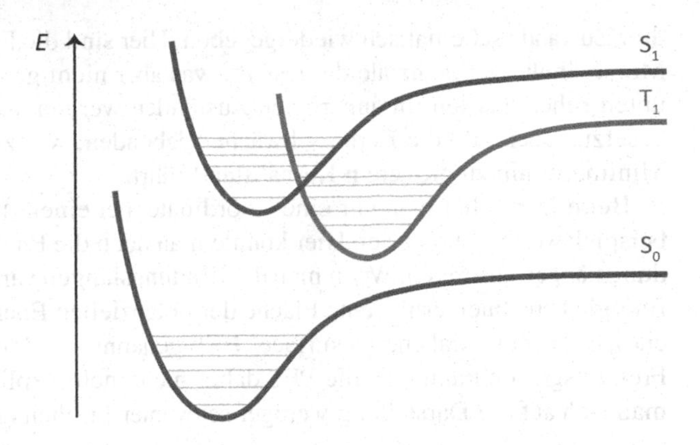

Abb. 33.1 Schematische Darstellung der Potenzialkurven des Grundzustandes (S_0), des ersten angeregten Singulett-Zustands (S_1) sowie des ersten anregten Triplett-Zustands (T_1)

Vielektronenwellenfunktion In Teil V haben wir die elektronischen Zustände von vielen Elektronen in Atomen und Molekülen besprochen. Eine wichtige Unterscheidung ist die zwischen **Orbitalen** ϕ_i und den **N-Elektronen-Wellenfunktionen** Ψ_n, welche in der einfachsten Form aus Determinanten von Orbitalen zusammengesetzt sind. Elektronische Anregungen sind aber i. A. nicht einfach Übergänge von Elektronen in unbesetzte Orbitale, sondern es gibt einen Übergang des N-Elektronensystems von Ψ_k nach Ψ_l. Den Energiewerten E_i in Abb. 30.1 entsprechen also nicht Übergänge zwischen Orbitalen ϕ_i nach ϕ_j, sondern Übergänge von Ψ_k nach Ψ_l, für eine detailliertere Diskussion siehe Anhang 33.5. Es handelt sich um die Vielelektronenzustände, wie an den Beispielen H_2 und O_2 in Abb. 25.11 und 25.10 diskutiert. Das Energiespektrum, das wir in diesen Abbildungen gezeigt haben, bezieht sich auf nur einen Dimerabstand, z. B. den Gleichgewichtsabstand. Für jeden dieser Zustände erhält man also eine Potenzialenergiekurve, wie wir sie in Abb. 33.1 schematisch diskutieren werden.

33.2 Anregungen elektronischer Zustände

Um zu verstehen, was bei der Anregung elektronischer Zustände passiert, müssen wir zunächst einige neue Konzepte einführen.

33.2.1 Potenzialenergieflächen

In Teil V haben wir die Zustände und Energien für eine feste Konfiguration der Atomkerne bestimmt. Bei einem Dimer ist diese durch einen festen Kernabstand R gegeben. Für Moleküle mit abgeschlossenen Schalen ist der Grundzustand ein Singulett-Zustand und wird mit S_0 bezeichnet, die höher liegenden Singuletts dann entsprechend S_n. Angeregte Zustände können dann aber auch als Tripletts vorliegen, und werden entsprechend mit T_n bezeichnet. Wir können nun den Zustand und die Energie für verschiedene Kernabstände berechnen, man erhält dann eine Energiekurve für den entsprechenden elektronischen Zustand, wie in Abb. 33.1 für drei Zustände schematisch wiedergegeben. Hier sind die Energieverläufe durch drei Morse-ähnliche Potenziale dargestellt, was aber nicht generell der Fall ist, wie wir unten sehen werden. In angeregten Zuständen werden auch antibindende Orbitale besetzt, daher sind die Kerne schwächer gebunden, was zu einer Verschiebung des Minimums hin zu größerem Kernabstand führt.

Beim Dimer hat man nur eine Koordinate, bei einem linearen Trimer, wie CO_2 beispielsweise, schon zwei. Hier könnte man noch die Energie über den beiden Bindungslängen auftragen. Wenn man die Bindungslängen variiert und dafür jeweils die Energie berechnet, erhält eine Fläche der potenziellen Energie (Potenzialenergiefläche), engl. ‚potential energy surface' **PES** genannt. Für Moleküle mit mehr als zwei Freiheitsgraden kann man die PES daher nicht mehr explizit darstellen, dann muss man sich auf die Darstellung weniger relevanter Freiheitsgrade beschränken.

33.2.2 Born-Oppenheimer-Näherung

Bisher waren die Kerne statisch, und wir haben die Energie der Elektronen für jede festgehaltene Kernkonfiguration bestimmt. Was passiert nun, wenn sich die Kerne bewegen? Da die Elektronen wesentlich leichter als die Kerne sind, kann man in guter Näherung annehmen, dass die Elektronen den Kernen instantan folgen, so wie ein um die Erde kreisender Satellit der Erdbewegung um die Sonne folgt. Damit sind zu jeder Kernkonfiguration die Elektronen in einem stationären Zustand (Grund- oder angeregter Zustand), d. h., für jede Kernkonfiguration löst man die Schrödinger-Gleichung für die Elektronen. Man erhält damit das Bild, dass die Kernbewegung auf den Energiekurven (PES) in Abb. 33.1 stattfindet. Dies wird als **Born-Oppenheimer-Näherung** bezeichnet.

Wenn man die Potenziale der unterschiedlichen elektronischen Zustände in Abb. 33.1 jeweils durch das des anharmonischen Oszillators nähert, können wir für die quantenmechanische Lösung der Kernbewegung direkt auf Kap. 31 zurückgreifen. Für jede der Energiekurven in Abb. 33.1 bekommt man also ein Bild, wie schon in Abb. 31.1 zu sehen, das ist in Abb. 33.2a dargestellt.

Kern- und Elektronen-Wellenfunktionen Abb. 33.2a gibt die Kernwellenfunktionen wieder, d. h. die Schwingungseigenzustände derAtomkerne.

- Für die Elektronen haben wir die Wellenfunktion

$$\Psi_i(\boldsymbol{r}_1, ..., \boldsymbol{r}_N)$$

und deren Energie E_i bestimmt, allerdings jeweils für eine festgehaltene Kernkonfiguration $(\boldsymbol{R}_1, ..., \boldsymbol{R}_M)$. Im allgemeinen Fall haben wir M Atomkerne und N Elektronen. Die Potenzialkurven geben also die Energie $E_i(\boldsymbol{R}_1, ..., \boldsymbol{R}_M)$ des Zustands in Abhängigkeit von den Kernkoordinaten wieder.

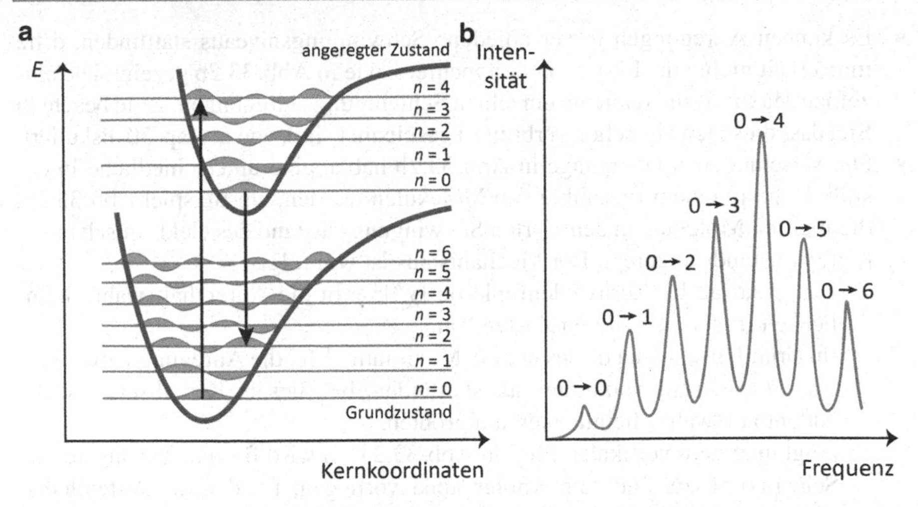

Abb. 33.2 **a** Vibronische Zustände für den Grund- und angeregten Zustand. **b** Vibronische Struktur eines Anregungsspektrums. Indiziert sind die Schwingungsquanten jeweils des Grund- und angeregten Zustands

- Die Kernwellenfunktionen sind dann die Lösung der Schrödinger-Gleichung für die jeweilige Energiefläche, die wir im Folgenden mit

$$\chi_i^n(\boldsymbol{R}_1, ..., \boldsymbol{R}_M)$$

bezeichnen. Für jede Energiefläche i gibt es also die n Schwingungslösungen des anharmonischen Oszillators, wie in Abb. 33.2a eingezeichnet.

Wir haben also die Situation, dass das Potenzial, in dem sich die Kerne befinden, durch die elektronische Wellenfunktion Ψ_i bestimmt ist, und die quantenmechanische Lösung für die Kerne dann auf die Wellenfunktionen χ_i^n führt.

33.2.3 Absorptionsspektren

Was passiert bei einer Anregung durch Licht? Hier müssen wir drei Umstände bedenken:

- Die Elektronen sind sehr viel leichter als die Kerne, man kann also annehmen, dass sich die Kerne während der Anregung kaum bewegen. Daher wird die Anregung in Abb. 33.2a **vertikal** stattfinden, was bedeutet, dass sich der elektronische und der Vibrationszustand ändert, jedoch bei gleichbleibendem Kernabstand der Dimere. Diese **vertikale Anregung** ist durch den Pfeil in Abb. 33.2a angedeutet. Das ist das **Franck-Condon-Prinzip.**

- Es können Anregungen in verschiedene Schwingungsniveaus stattfinden, d. h., man erhält nicht eine Linie, sondern mehrere, wie in Abb. 33.2b gezeigt. Die einzelnen Maxima sind dann die einzelnen Schwingungsanregungen. Bitte beachten Sie, dass diese jeweils schon verbreitert gezeichnet sind, wie in Kap. 30 diskutiert.
- Die verschiedenen Übergänge in Abb. 33.2b haben eine unterschiedliche Intensität. D. h., in einem Ensemble von Molekülen werden, am Beispiel Abb. 33.2b, die meisten Moleküle in den vierten Schwingungszustand des elektronisch angeregten Zustands angeregt. Der Mechanismus ist wie folgt:
  - Das Quadrat der Kernwellenfunktion $|\chi_i^n|^2$ gibt die Aufenthaltswahrscheinlichkeit in dem jeweiligen Zustand an.
  - Im Grundzustand hat dieses nur ein Maximum, d. h., die Anregung wird dominant von diesem Maximum aus stattfinden, bei diesem Kernabstand ist die Aufenthaltswahrscheinlichkeit am größten.
  - Folgt man dem vertikalen Pfeil in Abb. 33.2a, so wird für manche angeregten Schwingungszustände ein Knotenpunkt vorliegen, für den die Aufenthaltswahrscheinlichkeit gering ist. D. h., in diesen Zustand ist dann eine Anregung sehr unwahrscheinlich. Dagegen ist eine Anregung sehr wahrscheinlich für einen Schwingungszustand, der für diese Kernkonfiguration ein Maximum ausweist.

  Dieses Prinzip bestimmt die Höhe der einzelnen Maxima in dem Spektrum.

Den letzten Punkt kann man mathematisch noch besser ausführen. Dazu benötigen wir einen Ansatz für die Gesamtwellenfunktion von Atomkernen und Elektronen. Der einfachste Ansatz ist ein **Produktansatz** aus den beiden oben diskutieren Wellenfunktionen für N Kerne und M Elektronen, im Grundzustand erhalten wir:

$$\Xi_{\mathrm{G}}(\boldsymbol{R}_1, ..., \boldsymbol{R}_M, \boldsymbol{r}_1, ..., \boldsymbol{r}_N) = \chi_{\mathrm{G}}^n(\boldsymbol{R}_1, ..., \boldsymbol{R}_M)\Psi_{\mathrm{G}}(\boldsymbol{r}_1, ..., \boldsymbol{r}_N). \tag{33.1}$$

‚G‘ steht für Grundzustand, für den angeregten Zustand ‚A‘ schreibt man die Wellenfunktion analog. ‚n‘ indiziert den jeweiligen Schwingungszustand.

Übergangsdipolmomente (bzw. Übergangsmatrixelemente) In Abschn. 30.1.3 haben wir die Bedeutung der Übergangsdipolmomente Gl. 30.9 diskutiert. Diese bestimmen ob ein Übergang stattfinden kann, und sind auch direkt ein Maß für dessen Intensität. Dazu müssen wir das molekulare Dipolmoment bestimmen, das sich aus dem der Elektronen und der Kerne zusammensetzt. D. h., wir betrachten den Dipoloperator der Elektronen und der Kerne

$$\hat{\mu} = \hat{\mu}_{\mathrm{el}} + \hat{\mu}_{\mathrm{K}},$$

und berechnen mit der Wellenfunktion Gl. 33.1 dessen Erwartungswert (Beweis 33.1):

$$\begin{aligned}\langle\hat{\mu}\rangle &= \int \chi_{\mathrm{A}}^{n}(\boldsymbol{R}_1, ..., \boldsymbol{R}_M)\chi_{\mathrm{G}}^{m}(\boldsymbol{R}_1, ..., \boldsymbol{R}_M)\mathrm{d}^3\boldsymbol{R} \int \Psi_{\mathrm{A}}(\boldsymbol{r}_1, ..., \boldsymbol{r}_N)(\hat{\mu}_{\mathrm{el}}) \\ &\quad \Psi_{\mathrm{G}}(\boldsymbol{r}_1, ..., \boldsymbol{r}_N)\mathrm{d}^3\boldsymbol{r} \\ &=: \langle\chi_{\mathrm{A}}^{n}|\chi_{\mathrm{G}}^{m}\rangle\boldsymbol{R}_{\mathrm{e}}. \end{aligned} \tag{33.2}$$

Die Beiträge mit $\hat{\mu}_{\mathrm{K}}$ verschwinden, und in der zweiten Zeile haben wir die **elektronischen Übergangsmatrixelemente**

$$R_{\mathrm{e}} = \int \Psi_{\mathrm{A}}(\boldsymbol{r}_1, ..., \boldsymbol{r}_N)\hat{\mu}_{\mathrm{el}}\Psi_{\mathrm{G}}(\boldsymbol{r}_1, ..., \boldsymbol{r}_N)\mathrm{d}^3\boldsymbol{r}$$

und eine abkürzende Schreibweise für die **Schwingungsüberlappintegrale**

$$\langle\chi_{\mathrm{A}}^{n}|\chi_{\mathrm{G}}^{m}\rangle = \int \chi_{\mathrm{A}}^{n}(\boldsymbol{R}_1, ..., \boldsymbol{R}_M)\chi_{\mathrm{G}}^{m}(\boldsymbol{R}_1, ..., \boldsymbol{R}_M)\mathrm{d}^3\boldsymbol{R}$$

definiert.

Intensität eines Übergangs In Kap. 32 hatten wir gesehen, dass die **Intensität** eines Übergangs gegeben ist durch

$$I_{\mathrm{A}\leftarrow\mathrm{G},m\leftarrow n} \sim |\langle\hat{\mu}\rangle|^2 = R_{\mathrm{e}}^2|\langle\chi_{\mathrm{A}}^{n}|\chi_{\mathrm{G}}^{m}\rangle|^2. \tag{33.3}$$

Wir haben also zwei Faktoren, die diese Intensität bestimmen:

- **Franck-Condon-Faktoren** $\langle\chi_{\mathrm{A}}^{n}|\chi_{\mathrm{G}}^{m}\rangle$**:** Diese sind Integrale über die Kernwellenfunktionen im Grund- und angeregten Zustand, betrachten Sie dazu nochmals Abb. 33.2a. Ein solches Integral hatten wir schon einmal in Abschn. 12.3.2 diskutiert (Abb. 12.5), es beschreibt den räumlichen Überlapp von zwei Funktionen. Wenn dieser Überlapp groß ist, ist das Integral groß und eine Anregung wahrscheinlich. Dies deckt sich mit der obigen qualitativen Diskussion der Wahrscheinlichkeit von Anregungen.
- **Elektronische Übergangsdipolmomente** $\boldsymbol{R}_{\mathrm{e}}$ Diese sind Teil der Auswahlregeln und geben an, wie stark die Ankopplung an ein elektromagnetisches Feld ist, mit dem das Molekül Energie austauschen kann.

Die **Franck-Condon-Faktoren** legen also fest, mit welcher Wahrscheinlichkeit ein Schwingungszustand populiert wird. Die Intensität, wie z. B. in Abb. 33.2b gezeigt, ist dann die Folge dieser Regel. Bei der elektronischen Anregung werden daher auch Schwingungsübergänge induziert, ähnlich wie bei den Rotationsvibrationsspektren, wo wir eine Überlagerung von Rotations- und Schwingungsspektren gefunden hatten.

Die $\boldsymbol{R}_{\mathrm{e}}$ legen fest, wie stark ein Übergang zwischen zwei elektronischen Zuständen angeregt wird, die Franck-Condon-Faktoren bestimmen, welche Schwingungsübergänge dabei stattfinden.

Beweis 33.1

$$\begin{aligned}
\langle\hat{\mu}\rangle &= \int\int \Xi_{\mathrm{A}}(\boldsymbol{R}_1,...,\boldsymbol{R}_M,\boldsymbol{r}_1,...,\boldsymbol{r}_N)\hat{\mu}\,\Xi_{\mathrm{G}}(\boldsymbol{R}_1,...,\boldsymbol{R}_M,\boldsymbol{r}_1,...,\boldsymbol{r}_N)\mathrm{d}^3\boldsymbol{r}\mathrm{d}^3\boldsymbol{R}\\
&= \int\int \chi_{\mathrm{A}}^n(\boldsymbol{R}_1,...,\boldsymbol{R}_M)\Psi_{\mathrm{A}}(\boldsymbol{r}_1,...,\boldsymbol{r}_N)(\hat{\mu}_{\mathrm{el}}+\hat{\mu}_{\mathrm{K}})\chi_{\mathrm{G}}^m(\boldsymbol{R}_1,...,\boldsymbol{R}_M)\Psi_{\mathrm{G}}(\boldsymbol{r}_1,...,\boldsymbol{r}_N)\mathrm{d}^3\boldsymbol{r}\mathrm{d}^3\boldsymbol{R}\\
&= \int\int \chi_{\mathrm{A}}^n(\boldsymbol{R}_1,...,\boldsymbol{R}_M)\Psi_{\mathrm{A}}(\boldsymbol{r}_1,...,\boldsymbol{r}_N)(\hat{\mu}_{\mathrm{el}})\chi_{\mathrm{G}}^m(\boldsymbol{R}_1,...,\boldsymbol{R}_M)\Psi_{\mathrm{G}}(\boldsymbol{r}_1,...,\boldsymbol{r}_N)\mathrm{d}^3\boldsymbol{r}\mathrm{d}^3\boldsymbol{R}\\
&\quad+ \int\int \chi_{\mathrm{A}}^n(\boldsymbol{R}_1,...,\boldsymbol{R}_M)\Psi_{\mathrm{A}}(\boldsymbol{r}_1,...,\boldsymbol{r}_N)(\hat{\mu}_{\mathrm{K}})\chi_{\mathrm{G}}^m(\boldsymbol{R}_1,...,\boldsymbol{R}_M)\Psi_{\mathrm{G}}(\boldsymbol{r}_1,...,\boldsymbol{r}_N)\mathrm{d}^3\boldsymbol{r}\mathrm{d}^3\boldsymbol{R}\\
&= \int \chi_{\mathrm{A}}^n(\boldsymbol{R}_1,...,\boldsymbol{R}_M)\chi_{\mathrm{G}}^m(\boldsymbol{R}_1,...,\boldsymbol{R}_M)\mathrm{d}^3\boldsymbol{R}\int \Psi_{\mathrm{A}}(\boldsymbol{r}_1,...,\boldsymbol{r}_N)(\hat{\mu}_{\mathrm{el}})\Psi_{\mathrm{G}}(\boldsymbol{r}_1,...,\boldsymbol{r}_N)\mathrm{d}^3\boldsymbol{r}\\
&\quad+ \int \Psi_{\mathrm{A}}(\boldsymbol{r}_1,...,\boldsymbol{r}_N)\Psi_{\mathrm{G}}(\boldsymbol{r}_1,...,\boldsymbol{r}_N)\mathrm{d}^3r\int \chi_{\mathrm{A}}(\boldsymbol{R}_1,...,\boldsymbol{R}_M)(\hat{\mu}_{\mathrm{K}})\chi_{\mathrm{G}}^m(\boldsymbol{R}_1,...,\boldsymbol{R}_M)\mathrm{d}^3\boldsymbol{R}\\
&= \int \chi_{\mathrm{A}}^n(\boldsymbol{R}_1,...,\boldsymbol{R}_M)\chi_{\mathrm{G}}^m(\boldsymbol{R}_1,...,\boldsymbol{R}_M)\mathrm{d}^3\boldsymbol{R}\int \Psi_{\mathrm{A}}(\boldsymbol{r}_1,...,\boldsymbol{r}_N)(\hat{\mu}_{\mathrm{el}})\Psi_{\mathrm{G}}(\boldsymbol{r}_1,...,\boldsymbol{r}_N)\mathrm{d}^3\boldsymbol{r}.
\end{aligned}$$

Da die elektronischen Wellenfunktionen für Grund- und angeregten Zustand orthogonal sind,

$$\int \Psi_{\mathrm{A}}(\boldsymbol{r}_1,...,\boldsymbol{r}_N)\Psi_{\mathrm{G}}(\boldsymbol{r}_1,...,\boldsymbol{r}_N)\mathrm{d}^3r = 0,$$

verschwindet die vorletzte Zeile.

33.3 Emission

Angeregte Zustände haben in der Regel eine begrenzte Lebensdauer, und es gibt verschiedene Mechanismen, je nach Molekül, wie der Grundzustand wieder erreicht wird. Man kann zwischen strahlenden und strahlungslosen Übergängen unterscheiden.

33.3.1 Strahlende Übergänge: Fluoreszenz und Phosphoreszenz

Fluoreszenz Die Fluoreszenz ist ein Übergang zwischen zwei Singulett-Zuständen, also z. B. zwischen dem S_1 und dem S_0 in Abb. 33.1. Es ändert sich also der Spin bei dem Übergang nicht, und typische Lebensdauern liegen im Nano-Sekunden-Bereich, wie in Kap. 30 besprochen (‚spontane Emission'). Das Geschehen beim Übergang kann man quantenmechanisch und klassisch modellieren:

- **Quantenmechanisch:** Dazu betrachten wir nochmals Abb. 33.2a: Da das Minimum des angeregten Zustands gegenüber dem Grundzustand zu längerem R ver-

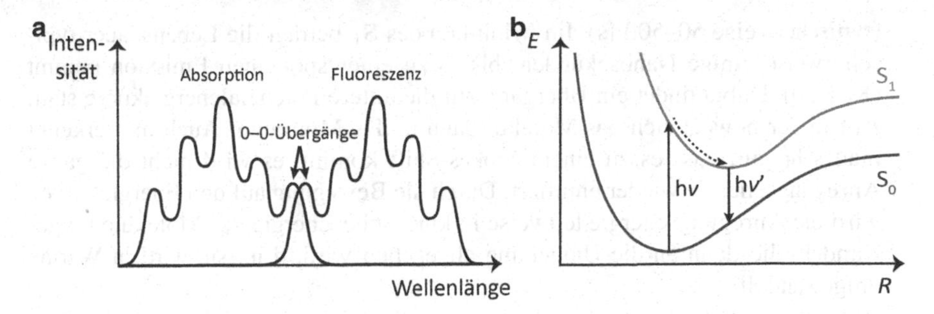

Abb. 33.3 **a** Absorptions- und Fluoreszenzspektrum. **b** Klassisches Bild der Fluoreszenz

schoben ist, verändert sich die Struktur des Dimers entsprechend. Nach der Anregung in ein angeregtes Schwingungsniveau ($n = 4$ in dem Beispiel), wird es im elektronisch angeregten Zustand zu einer Relaxation in ein unteres Schwingungsniveau ($n = 0$) kommen. Die Emission wird dann also von diesem niedrigeren Schwingungsniveau ausgehen. Betrachten Sie dazu den nach unten gehenden Pfeil in Abb. 33.2a. Durch die Emission wird ein vibronisch angeregter Zustand im elektronischen Grundzustand angeregt, dies liegt wieder an den Franck-Condon Faktoren. Man sieht zweierlei:

- Es wird zwar Energie in Form von Licht abgestrahlt, aber das Molekül wird auch in Schwingungen versetzt, d. h., die Moleküle erhalten mehr kinetische Energie.
- Das abgestrahlte Licht hat eine geringere Energie als das eingestrahlte, diese Verschiebung der Wellenlänge nennt man **Stokes-Shift,** wie in Abb. 33.3a schematisch dargestellt.

Ein Absorptionsemissionsspektrum sieht daher qualitativ so aus wie in Abb. 33.3a gezeigt. Man sieht die verschiedenen Vibrationszustände, die zu einer Verbreiterung des Spektrums führen. Dabei wurde für jede Anregung schon eine Linienverbreiterung berücksichtigt, wie in Kap. 30 besprochen. Oft aber sind die einzelnen Vibrationsbeiträge so breit, dass man eine im Großen und Ganzen gaußförmige Kurve erhält.[1]

- **Klassisch:** Vor allem größere Moleküle haben komplexere Energieflächen, die man nicht gut durch harmonische Oszillatoren nähern kann. Hier bietet es sich dann an, die Kerne als klassische Punktmassen zu modellieren. Betrachten Sie die schematischen Energiekurven in Abb. 33.3b: Im Grundzustand führen die Kerne eine Schwingungsbewegung auf der unteren S_0-Potenzialkurve aus. Nach der Anregung in den S_1 bewegen sich die Kerne auf der oberen Potenzialkurve bis in ein Minimum, was innerhalb einiger Femtosekunden stattfindet

[1] Allerdings ist die Situation für größere Moleküle noch komplexer. Zum einen können weitere elektronische Übergänge beitragen (z. B. neben dem S_1 ein tiefliegender S_2). Dies macht sich z. B. in einer ‚Schulter' des ansonsten eher gaußförmigen Spektrums bemerkbar. Zum anderen können komplexere Moleküle mehrere energetisch äquivalente Molekülstrukturen haben (Isomere), die zu leicht unterschiedlichen Anregungsenergien führen und alle in dem Spektrum enthalten sind.

(typischerweise 50–500 fs). Im Minimum des S_1 beträgt die Lebensdauer typischerweise einige Nanosekunden, bis es zu einer spontanen Emission kommt (Kap. 30). Dabei findet ein Übergang auf die untere Potenzialenergiekurve statt. Auf dieser bewegt sich das Molekül dann in das Minimum. Auch hier erkennt man sehr gut, dass es zu einem Stokes-Shift kommt, es wird nicht die ganze Anregungsenergie wieder emittiert. Durch die Bewegung auf den Energiekurven wird die Anregungsenergie teilweise in kinetische Energie der Moleküle umgewandelt, die dann an die Umgebung abgegeben wird, d. h., sie wird in Wärme umgewandelt.

Interne Konversion Je nach eingestrahlter Lichtwellenlänge werden auch energetisch höhere Zustände angeregt, wie z. B. der S_2. Dieser kann dann in den S_1 übergehen, da hoch angeregte Schwingungszustände des S_1 eine Energie ähnlich dem S_2-Zustands haben können. In diesem Fall kann eine Abregung des S_2 ohne Strahlungsabgabe stattfinden (analog S_3 ...). Der hochangeregte Schwingungszustand im S_1 relaxiert dann, wie oben beschrieben. Dies wird **interne Konversion** genannt (Abb. 33.4), der S_1 kann dann durch Fluoreszenz in den Grundzustand übergehen.

Phosphoreszenz Übergänge von einem Singulett (S_1) in einen Triplett (T_1)-Zustand werden **Interkombination,** bzw. auf Englisch **Inter-System-Crossing (ISC),** genannt. Den Übergang des T_1 durch Abgabe von Strahlung in den S_0 nennt man **Phosphoreszenz** (Abb. 33.4). Da sich der Spin ändert, verschwinden aber die entsprechenden Dipolmatrixelemente. Nach den bisher diskutierten Regeln sollte dieser Übergang nicht auftreten. Daher heißen dies Übergänge **Spin-verboten,** da die Drehimpulserhaltung verletzt ist. Sie sind nur möglich, wenn ein weiterer Faktor hinzukommt, der die Drehimpulserhaltung garantiert. Dies kann ein Stoß mit einem anderen Molekül sein, ein häufig auftretender Mechanismus geht über die Spin-Bahn-Kopplung (Kap. 19). Wenn diese groß ist, kann die Drehimpulsänderung des Spins durch eine Bahndrehimpulsänderung kompensiert werden. Dennoch ist die

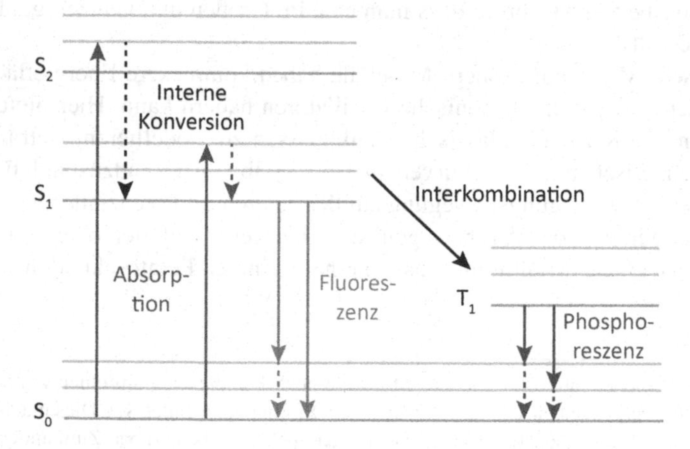

Abb. 33.4 Jablonski-Diagramm

Wahrscheinlichkeit für solch einen Übergang klein, damit ist der T_1 ein langlebiger Zustand, verglichen mit Singulettübergängen, welche diese Einschränkung nicht haben. Während die Fluoreszenz auf einer Nanosekundenzeitskala abläuft, kann man Phosphoreszenz für viel längere Zeiten beobachten, dies geht von einigen Millisekunden bis hin zu Stunden.

Jablonski-Diagramm Die beiden Prozesse werden üblicherweise in einem sogenannten Jablonski-Diagramm zusammengefasst (Abb. 33.4).

33.3.2 Strahlungslose Übergänge

Die Anregungsenergie kann allerdings auch komplett in kinetische Energie der Moleküle umgewandelt werden, d. h., es wird kein Licht abgestrahlt. Dies passiert, wenn die Energieflächen im Grund- und angeregten Zustand eine bestimmte Form haben, und sich an einer Stelle kreuzen. Diese Stelle heißt **konische Durchschneidung** (engl. ‚conical intersection' (CI)). Dies ist in der organischen Chemie ein sehr häufig auftretender Mechanismus, den wir hier in einem klassischen Bild für die Kernbewegung diskutieren wollen. Hierzu zwei Beispiele:

Dissoziation Ein Molekül kann im angeregten Zustand dissoziieren, wenn die Energiekurve (bzw. Fläche) des angeregten Zustandes mit dem Kernabstand im Dimer stetig abfällt, wie in Abb. 33.5a gezeigt. Im angeregten Zustand wird die Energie mit Kernabstand immer kleiner bis zu einem Punkt, an dem sich die Energiekurven schneiden (CI). Das Molekül kann damit dissoziieren, es kann allerdings in der CI auch auf die Grundzustandskurve wechseln und wieder eine stabile Bindung eingehen. In diesem Fall wurde die ganze Anregungsenergie in kinetische Energie umgewandelt, die durch Stöße an die Umgebung abgegeben werden muss, damit das Molekül stabil bleibt.

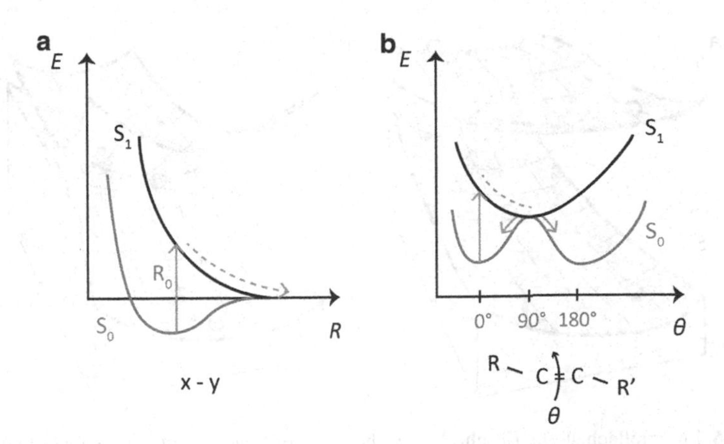

Abb. 33.5 **a** Dissoziation und **b** Isomerisierung im ersten angeregten Zustand

Isomerisierung Polyene oder auch andere konjugierte lineare Moleküle können im angeregten Zustand isomerisieren. Hierzu betrachtet man die Energiekurven für eine Drehung um eine zentrale C = C-Doppelbindung, wie in Abb. 33.5b gezeigt. Im Grundzustand findet man für die Rotation um diese Bindung eine hohe Barriere von 100 kJ/Mol und mehr, im angeregten Zustand passiert aber Folgendes: Direkt nach der Anregung ändert sich die Bindungslänge dieser Bindung, im angeregten Zustand wird diese zu einer Einfachbindung. Bei konjugierten Ketten ändert sich die Bindungsalternanz entlang der ganzen Kette, d. h., Doppelbindungen werden zu Einfachbindungen und umgekehrt. Die Torsion um diese Bindung zeigt nun ein Minimum bei 90°, und an dieser Stelle kreuzen die Energien von S_0 und S_1. D. h., man erhält eine CI, was einen sehr schnellen, strahlungslosen Übergang in den S_0 ermöglicht. Im Grundzustand kann das Molekül dann weiter isomerisieren zu 180°, dann erhält man als Photoprodukt den isomerisierten Zustand, oder aber es kann in den Grundzustand bei 0° zurückrelaxieren. Das Verhältnis von Grund- und isomerisiertem Zustand nennt man **Quantenausbeute** dieser Reaktion.

Als Reaktionskoordinate hatten wir bisher der Einfachheit halber nur den Kernabstand R für die Dimere eingeführt und den Torsionswinkel bei der Isomerisierung. Zur Beschreibung der Isomerisierung ist das aber eine starke Vereinfachung, es ändert sich ja noch die Bindungsalternanz, d. h. die Differenz zwischen Doppel- und Einfachbindungslängen. Diese sollte daher auch als **Reaktionskoordinate** berücksichtigt werden. So wird die Geometrie von Butadien im angeregten Zustand nicht im Energieminimum sein, die anschließende Relaxation aus dem **Franck-Condon-**Punkt invertiert die Bindungsalternanz, Doppelbindungen werden zu Einfachbindungen und umgekehrt. Diese komplexe Reaktion kann man jedoch recht einfach wieder auf einer generalisierten Koordinate auftragen ($\boldsymbol{R}_1$ = Bindungsalternanz). Oft ist auch eine Isomerisierung von Interesse, die Koordinate R_2 ist dann ein Dihedralwinkel. Abb. 33.6b zeigt dann schematisch, wie solche Flächen aussehen können, die sich in einer CI treffen. Abb. 33.6a zeigt den Fall der Fluoreszenz, die Flächen treffen sich nicht.

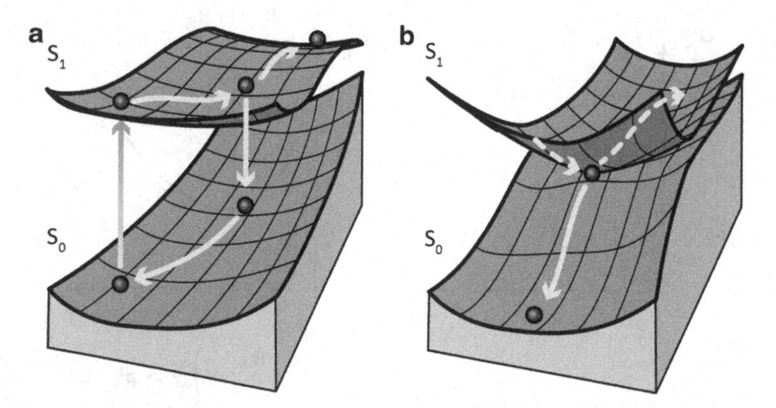

Abb. 33.6 Energieflächen zur Beschreibung photochemischer Reaktionen. **a** Zwei Flächen, die sich nicht schneiden, dies ist der Fall der Fluoreszenz, **b** zwei sich schneidende Flächen. Eine Koordinate kann der Torsionswinkel sein, die andere die Bindungsalternanz

33.4 Zusammenfassung und Fragen

Zur Beschreibung der elektronischen Übergänge haben wir einige wichtige Konzepte kennengelernt:

- Die angeregten Zustände werden durch eine Vielelektronenwellenfunktion beschrieben, man kann sich die Übergänge nur in speziellen Fällen, und da nur als Näherung, als Übergänge von einzelnen Elektronen von einem Orbital in ein anderes vorstellen.
- Da immer auch Schwingungen mit angeregt werden, benötigen wir das Konzept der **Potenzialenergiefläche (PES).** Diese gibt an, wie sich die Energie mit den für diese Anregung relevanten Kernbewegungen ändert.
- Wir führen die **Born-Oppenheimer-Näherung (BO)** ein, welche besagt, dass sich die Kerne auf den PES bewegen bzw. dass diese PES die Energieflächen sind, für die das quantenmechanische Problem der Kernbewegung zu lösen ist.
- Das **Franck-Condon-Prinzip** verwendet die BO-Näherung und besagt, dass der Schwingungszustand am meisten angeregt wird, der den größten Überlapp mit dem Schwingungszustand im Grundzustand hat.
- Die Intensität der Übergänge wird durch die **Franck-Condon-Faktoren** und **elektronischen Dipolmatrixelemente,** bestimmt.

$$I_{\mathrm{A}\leftarrow\mathrm{G},m\leftarrow n} \sim R_{\mathrm{e}}^2 |\langle \chi_{\mathrm{A}}^n | \chi_{\mathrm{G}}^m \rangle|^2$$

- Das **Jablonski-Diagramm** gibt die strahlenden Übergänge in einem quantenmechanischen Bild der Kerne wieder, die **Fluoreszenz** und **Phosphoreszenz.**
- Daneben gibt es nicht-strahlende Übergänge, dies betrifft die **interne Konversion** und die Übergänge durch **konische Durchschneidungen.**

Fragen

- **Erinnern:** (Erläutern/Nennen)
  - Was ist die Born-Oppenheimer-Näherung?
  - Skizzieren Sie Potenzialenergiekurven für den Grund- und angeregten Zustand.
  - Zeichnen Sie Schwingungszustände in die Kurven ein.
  - Zeichnen Sie nun einen vertikalen Übergang ein.
  - Skizzieren Sie ein Anregungsemissionsspektrum mit vibronischer Feinstruktur. Erläutern Sie die Skizze.
  - Was ist der Stokes-Shift?
  - Zeichnen Sie ein Jablonski-Diagramm und erläutern Sie die Übergänge.
  - Erläutern und skizzieren Sie mögliche Prozesse nach einer optischen Anregung in einem klassischen Bild. Wie und wieso hängen diese von der Form der Potenzialfläche ab?

- **Verstehen:** (Erklären)
  - Erläutern Sie, warum die Orbitale nur eine Näherung darstellen.
  - Erläutern Sie, warum die Anregungsenergie nicht nur die Differenz von Orbitalenergien ist, wie z. B. noch im Hückel-Schema näherungsweise angenommen.
  - Erläutern Sie an dem oben gezeichneten Schema das Franck-Condon-Prinzip.
  - Was sind die Franck-Condon-Faktoren und was bedeuten sie?

33.5 Anhang: Orbitale und Wellenfunktionen

Der Zusammenhang von Orbitalen und **Vielelektronenwellenfunktion Ψ** war Thema in mehreren Kapiteln von Teil V.

Elektronische Wellenfunktionen Zunächst muss man die **elektronischen Zustände** Ψ_i genauer bestimmen, die den Energiewerten E_i in Abb. 30.1 entsprechen. D. h., die Wellenfunktionen für den Grundzustand und die angeregten Zustände.

- **Orbitale** Für das Wasserstoffatom und das H_2^+Molekül ist das recht einfach, es sind die Orbitale, wie in Kap. 11 und 16 berechnet. Die Molekülorbitale des H_2^+-Moleküls sind einfach eine Kombination der Atomorbitale des Wasserstoffatoms. Orbitale $\phi(r)$ sind Funktionen einer Variablen r und stellen die **elektronischen Zustände** aber nur für den Einelektronenfall dar.
- **Mehrelektronen-Wellenfunktionen** Für N Elektronen müssen wir jedoch Wellenfunktionen bilden, die alle N Elektronenkoordinaten enthalten,

$$\Psi(\boldsymbol{r}_1, \boldsymbol{r}_2 ..., \boldsymbol{r}_N).$$

  Wir haben gesehen (Kap. 23), dass wir diese nicht als ein **Produkt aus Orbitalen** darstellen können, die einfachste Darstellung, die mit dem Pauli-Prinzip verträglich ist, sind die **Slater-Determinanten.** Diese **Hartree-Fock-Theorie** ist jedoch immer noch eine Näherung. Die Diskussion am H_2-Molekül in Kap. 26 zeigt, dass man eine Erweiterung des Ansatzes benötigt. In einer einfachen Variante wird für H_2 noch der doppelt angeregte Zustand hinzugenommen, man verwendet das **Configuration-Interaction-Verfahren (CI).**

Elektronische Wellenfunktionen von Mehrelektronensystemen sind also nicht Orbitale, aber man kann sie als Kombination von Orbitalen annähern. Wie wir am Beispiel des H_2-Moleküls gesehen haben, ist die Beimischung des doppelt angeregten Zustands für eine Geometrie im Gleichgewichtsabstand zwar sehr gering, führt aber zu einer wichtigen Korrektur in der Energie.

Elektronische Energie E_i Die Energie des i-ten Zustands $\Psi_i(\boldsymbol{r}_1, \boldsymbol{r}_2..., \boldsymbol{r}_N)$ wird dann als Erwartungswert der Vielelektronen-Wellenfunktion berechnet als,[2]

$$E_i = \langle \Psi_i(\boldsymbol{r}_1, \boldsymbol{r}_2..., \boldsymbol{r}_N)|\hat{H}|\Psi_i(\boldsymbol{r}_1, \boldsymbol{r}_2..., \boldsymbol{r}_N)\rangle.$$

Diese ist von den Kernkoordinaten $(\boldsymbol{r}_1, ...\boldsymbol{R}_M)$ abhängig, die Darstellung Abb. 33.1 zeigt die Energie in Abhängigkeit von dem Dimerabstand.

Elektronische Anregungen zwischen Orbitalen?

- Im Wasserstoffatom führt die Lichtabsorption einfach zu einer Besetzung von Orbitalen höherer Energie, so kann das Elektron des Wasserstoffatoms beispielsweise vom 1 s- in das 2p-Orbital angeregt werden. Analog kann man das im H_2^+-Molekül beschreiben.
- Für aromatische Moleküle hatten wir das Modell des Kastenpotenzials Kap. 14 verwendet: Auch hier sieht es so aus, als würde eine Anregung von einem HOMO-Orbital z. B. in das LUMO-Orbital stattfinden.
- Kann man das dann auf Moleküle übertragen? Kann man sich vorstellen, dass bei Dimeren eine elektronische Anregung daraus besteht, dass ein Elektron beispielsweise in Abb. 25.5 von einem besetzen in ein unbesetztes Orbital befördert wird? Und analog bei komplexeren Molekülen wie Butadien: Kann man sich elektronische Übergänge als Umbesetzungen von Orbitalen in Abb. 27.3 vorstellen?

Schauen wir uns das genauer an!

Energien angeregter Zustände Die Energien der Orbitale ϵ_i haben wir mit Einteilchen-Schrödinger-Gleichungen berechnet. Wenn eine Anregung von einem Orbital i zu einem Orbital j stattfinden würde, dann wäre die Anregungsenergie

$$\Delta E = \epsilon_j - \epsilon_i.$$

Dem ist aber nicht so, denn:

- Dann müsste die Energie eines Moleküls durch

  $$E = \sum_i^{N/2} \epsilon_i$$

  gegeben sein. Wenn man ein Elektron aus einem besetzten in ein unbesetztes Orbital anhebt, erhält man mit dieser Formel genau die Energiedifferenz ΔE.

[2] So haben wir in Abschn. 23.1.3 die Energie des Grundzustands Ψ_1 und des angeregten Zustands Ψ_4 berechnet. Dort nur mit Slater-Determinanten, was für genaue Rechnungen eine zu ungenaue Näherung darstellt. In der Quantenchemie verwendet man oft Verfahren, die auf der Dichtefunktionaltheorie oder der CI-Methode beruhen.

Wie in Kap. 23 diskutiert, ist die Gesamtenergie gerade nicht nur die Summe der Orbitalenergien. Sie wird durch einen Term, der die Coulomb-Abstoßung zwischen den Elektronen darstellt, modifiziert. D. h., diese einfache Vorstellung funktioniert aus prinzipiellen Gründen nicht, denn:

- Wenn wir ein Elektron in ein angeregtes Molekülorbital bringen, hat dieses nun eine andere Wellenfunktion, d. h., z. B. eine andere räumliche Ausdehnung. Damit wird sich aber die Wechselwirkung mit allen anderen Elektronen verändern, was in der einfachen Summenformel nicht berücksichtigt ist.
- Denn die Orbitalenergien ϵ_i wurden für den Fall berechnet, dass alle Elektronen im Grundzustand eine bestimmte Elektron-Elektron-Wechselwirkung haben. Wenn diese Wechselwirkungen im angeregten Zustand anders sind, so würden sich auch die Orbitalenergien verändern. D. h., eigentlich müsste man alle Orbitale für den Fall berechnen, dass ein Elektron im angeregten Zustand ist.[3]
  - Das ist ja schon im Grundzustand nicht exakt richtig: In Kap. 26 haben wir gesehen, dass man die Beschreibung des Grundzustands von H_2 durch Einbeziehung doppelt angeregter Zustände verbessern kann. Prinzipiell könnte man dem Grundzustand die Summe aller Determinanten angeregter Zustände hinzufügen, wie in Abb. 33.7 angedeutet.
  - Und genau dasselbe Vorgehen macht man dann für die angeregten Zustände: Diese sind dargestellt als Summe von angeregten Slater-Determinanten. In vielen Fällen findet man, dass diese durch die HOMO-LUMO-Anregung dominiert ist, d. h., die entsprechende Slater-Determinante hat den größten Beitrag in dieser Summe.

Was ist dann der Unterschied zwischen dem Grundzustand und angeregten Zuständen, wenn beide auch durch angeregte Slater-Determinanten charakterisiert sind? Nun, im Grundzustand trägt z. B. der doppelt angeregte Zustand, wie in Kap. 26 diskutiert, nur geringfügig bei, der Koeffizient liegt bei einige Prozent, dominant ist die Slater-Determinante des Grundzustands. Bei angeregten Zuständen sind genau die angeregten Determinanten dominant. Es kann aber sein, dass zu einem Zustand verschiedene Anregungen ‚gleich stark' beitragen. Daher ist das Bild, in dem einzelne Elektronen die MO's wechseln, i. A. nicht richtig.

Einbeziehung weitere Determinanten In der Hartree-Fock-Theorie entsteht das Bild von Orbitalen, die einfach oder doppelt besetzt sind. Betrachten wir dazu ein schematisches Bild der Orbitalenergien ϵ_i eines Moleküls in Abb. 33.7.

- **Grundzustand** Wie oben angesprochen, ist die Annahme einer Determinanten, d. h. einer Besetzung wie in Abb. 33.7 (links), eine Näherung. Diese kann man verbessern, indem man angeregte Zustände hinzunimmt, man kommt zu dem

[3] Und das klappt nur in speziellen Fällen, die Anwendung des Variationsprinzips befördert das Elektron dann während der Rechnung wieder in den Grundzustand: Man hat also hier ein technisches Problem in der Umsetzung.

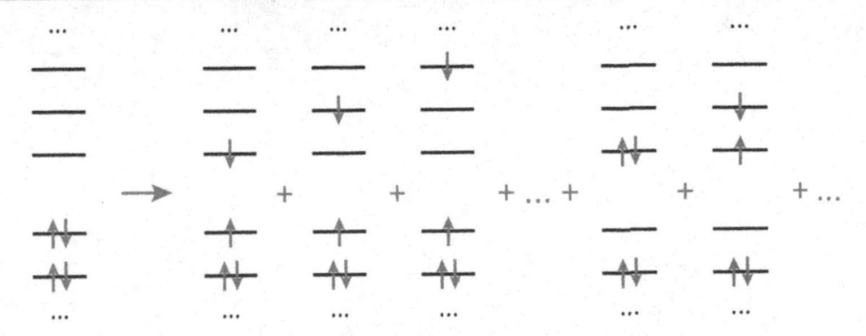

Abb. 33.7 In der Hartree-Fock-Theorie wird der Grundzustand eines N-Elektronensystems durch eine Konfiguration beschrieben, bei der $N/2$ Orbitale doppelt besetzt sind. Diese Molekülorbitale werden zu einer Determinante kombiniert (links). Ausgehend von dem Hartree-Fock-Grundzustand, können Determinanten gebildet werden, die einfache Anregungen der Orbitale enthalten, (Mitte), doppelte Anregungen (rechts) sowie Dreifach- und höhere Anregungen

Configuration-Interaction-Verfahren, das prinzipiell exakt, aber rechnerisch viel zu aufwändig ist.[4]

- **Angeregte Zustände** Für einen angeregten Zustand machen wir das nun analog:

Während für den Grundzustand die Anregungen relativ wenig beitragen, ist das bei angeregten Zuständen oft nicht der Fall. Meist ist ein angeregter Zustand eine **Superposition** von Anregungen in verschiedene Orbitale, d. h., mehrere Konfigurationen aus Abb. 33.7 tragen zu dem Zustand bei. Man erhält also nie ein Bild eines reinen HOMO-LUMO-Übergangs. Bei vielen aromatischen Molekülen wird der S_0-S_1-Übergang zwar von dem HOMO-LUMO-Übergang dominiert, es tragen aber noch andere Anregungen zu dem Übergang bei. Der optisch erlaubte Übergang in Polyenen ist aber ein doppelt angeregter Zustand. Hier besteht die Anregung gerade nicht aus dem Übergang von **einem** Elektron von dem HOMO in das LUMO.

Immer aber ist die HOMO-LUMO-Energiedifferenz $\Delta E = \epsilon_{\text{HOMO}} - \epsilon_{\text{LUMO}}$, wie oben ausgeführt, eine sehr schlechte Näherung für die Anregungsenergie.[5]

[4] Wie wir am H_2-Molekül gesehen haben, fügt man einen doppelt angeregten Zustand hinzu. Man kann zeigen, dass generell die ersten angeregten Zustände keinen Einfluss auf die Energie des Grundzustands haben (Brillouin-Theorem).

[5] Für Moleküle mit einer Anregungsenergie von beispielsweise 3–4 eV erhält man eine Orbitalenergiedifferenz von ca. 2–3 eV, was komplett unbrauchbar ist.

Kernspinresonanzspektroskopie

34

Elementarteilchen wie Elektronen, Protonen oder Neutronen haben ein magnetisches Moment, das in Magnetfeldern detektiert werden kann. Entweder über eine Ablenkung der Flugbahnen wie im Stern-Gerlach-Versuch (Kap. 18) oder durch die Energieaufspaltung im Magnetfeld (Kap. 19). Entsprechend findet man für Atomkerne, die aus Protonen und Neutronen zusammengesetzt sind, ein kernmagnetisches Moment.

Die Kernspinresonanz- (NMR-) Spektroskopie macht sich genau dies zunutze, um molekulare Strukturen aufzuklären. Die Energieaufspaltung ist aufgrund der sehr kleinen magnetischen Momente sehr gering, daher können Übergänge mit niederfrequenter elektromagnetischer Strahlung im Radiowellenbereich induziert werden. Zentral dabei ist, dass die Energieaufspaltung der Kernzustände durch die Elektronenhülle sowie durch umliegende Spins modifiziert wird, man kann damit anhand der Resonanzfrequenzen der Kerne auf die chemische Umgebung schließen. Dies kann man zur Aufklärung der Struktur der Moleküle nutzen.

34.1 Spin, magnetisches Moment und Magnetfelder

Spin und magnetisches Moment Der Spin von Elementarteilchen wird über ihre magnetischen Momente festgestellt. Dazu verwendet man die Energieaufspaltung in einem Magnetfeld, welche zu der Ablenkung von Atomstrahlen in Stern-Gerlach-Apparaturen (Kap. 18), oder zu einer Energieaufspaltung der elektronischen Spektren in einem Magnetfeld führt (Kap. 19). Wir haben die Energieaufspaltung der Atomspektren durch den Elektronenspin diskutiert, was als **Feinstruktur** der Spektren bezeichnet wird.

Drehimpuls und magnetisches Moment haben wir über die klassische Vorstellung einer rotierenden Ladung in Abschn. 18.1 durch 18.2, $\mu = \frac{q}{2m} L$, verknüpft. Daran

© Springer-Verlag GmbH Deutschland, ein Teil von Springer Nature 2021

M. Elstner, *Physikalische Chemie II: Quantenmechanik und Spektroskopie*,
https://doi.org/10.1007/978-3-662-61462-4_34

wurde die quantenmechanische Behandlung des Drehimpulses L angeschlossen, die klassischen Größen werden zu Operatoren.

Magnetisches Moment und Magnetfelder Für ein Magnetfeld in z-Richtung betrachten wir die z-Komponenten der Drehimpulse und der entsprechenden magnetischen Momente. Für Elektronen erhalten wir mit Gln. 18.7 und 18.9

$$(\mu_l)_z = -g_l \beta m_l, \quad (\mu_s)_z = -g_s \beta m_s. \tag{34.1}$$

Wichtig dabei ist:

- Die Magnetquantenzahlen haben die Werte $m_l = -l, -(l-1), \ldots 0 \ldots, l+1, l$ und $m_s = -\frac{1}{2}, \frac{1}{2}$.
- Drehimpuls und magnetisches Moment sind bei Elektronen aufgrund der negativen Elektronenladung $q = -e$ entgegengesetzt (daher das ‚–'-Zeichen).
- Wir verwenden das Bohr'sche Magneton für Elektronen $\beta = \frac{e\hbar}{2m} = 5.7884 \cdot 10^{-5}$ eV/T.
- Der ***g*-Faktor** (Gl. 18.9) drückt aus, dass das Verhältnis von Drehimpuls zu magnetischem Moment nicht der klassischen Erwartung folgt. Für den Bahndrehimpuls erhält man $g_l = 1$, für den Spin $g_s = 2$.

Ohne Spin-Bahn-Kopplung sind die Energien der Elektronen nur durch die Quantenzahlen n und l bestimmt und bezüglich der m_l und m_s entartet. In einem Magnetfeld ist diese Entartung aufgehoben (Kap. 19). Ist das Magnetfeld in z-Richtung orientiert, so haben wir mit Hilfe der Störungsrechnung schon ausgerechnet ($m_z = m_l, m_s$):

$$E_{m_z} = g \beta m_z B_z. \tag{34.2}$$

Man findet dann eine Energieaufspaltung, wie in Abb. 19.2 gezeigt (Zeeman-Effekt). Die negative Elektronenladung resultiert hier in einem positiven Vorzeichen der Energie. Betrachten wir nur den Spin, erhalten wir eine Aufspaltung in zwei Energiezustände mit einem Energieabstand von

$$\Delta E = E_{\frac{1}{2}} - E_{-\frac{1}{2}} = g \beta B_z, \tag{34.3}$$

der entsprechende Übergang kann von elektromagnetischer Strahlung der Energie $\Delta E = h\nu$ induziert werden, wie in Kap. 30 besprochen.

34.2 Der Kernspin

In den 1920er-Jahren entdeckte man eine weitere Aufspaltung der Atomspektren, die drei Größenordnungen kleiner ist als die Energieaufspaltung der Feinstruktur und damit **Hyperfeinstruktur** genannt wird. Mit der Annahme eines weiteren Spins, des **Kernspins,** können diese Effekte erklärt werden, analog zur Feinstruktur. In den

Tab. 34.1 Beispiele einiger Kernspins

Kern	p^+	n	I	Kern	p^+	n	I	Kern	p^+	n	I
^{1}H	1	0	$\frac{1}{2}$	^{3}H	1	2	$\frac{1}{2}$	^{13}C	6	7	$\frac{1}{2}$
^{2}H	1	1	1	^{14}N	7	7	1	^{19}F	9	10	$\frac{1}{2}$

1930er-Jahren wurden die Spins der Protonen und Neutronen vermessen. Prinzipiell könnte man das bewerkstelligen, indem man einen Neutronenstrahl durch eine Stern-Gerlach-Apparatur laufen lässt.[1] Diese Experimente konnten nun ein magnetisches Moment des Neutrons ausweisen, was sehr erstaunlich ist: Beim Elektron hatten wir noch die Vorstellung einer rotierenden Ladung als Ursache dieses Moments, dies fällt beim Neutron weg. Dies erfordert, den Spin, bzw. das magnetische Moment der Teilchen, als elementare Eigenschaft zu deuten, die man nicht auf andere Eigenschaften zurückführen kann. Denn auch die Erklärung über eine rotierende Ladung funktioniert nicht sonderlich gut, siehe Abschn. 18.2.4, hinzu kommen die anomalen magnetischen Eigenschaften (g-Faktor). Daher wird der Spin als grundlegende Eigenschaft von Teilchen postuliert und als weiteres Axiom eingeführt (Abschn. 18.2.1).

Atomkerne bestehen aus Protonen p^+ und Neutronen n, die beide Fermionen mit jeweils Spin $s = 1/2$ sind. Die Spins der einzelnen Elementarteilchen kombinieren zu einem Gesamtkernspin I, für den wieder die generellen Regeln der Drehimpulse gelten:[2]

$$I_I = \hbar\sqrt{I(I+1)}, \quad I_z = \hbar m_I, \tag{34.4}$$

mit $m_I = -I, -(I-1)...I-1, I$. Die Spins der Protonen und Neutronen kombinieren wie folgt:

- Für eine gerade Anzahl von Protonen und Neutronen findet man: $I = 0$.
- Ist eine Anzahl gerade, die andere ungerade, so gilt: $I = \frac{1}{2}, \frac{3}{2}...$
- Sind beide Anzahlen ungerade, erhält man $I = 1, 2, 3...$

So erhält man für die Kerne ^{12}C und ^{16}O den Kernspin $I = 0$, für die unten diskutierte Kernresonanzspektroskopie muss man dann andere Isotope dieser Elemente verwenden, deren Kernspin nicht verschwindet. Einige Beispiele für Kernspins sind in Tab. 34.1 angegeben.

Mit dem Kernspin ist nun, so wie zuvor beim Elektronenspin, ein magnetisches Moment verbunden. Damit kann man das magnetische Moment der Kernspins und die Energieaufspaltung im magnetischen Feld B_0, das in z-Richtung orientiert sei,

---

[1]Die Probleme liegen im Detail, weshalb man etwas anders vorgehen musste. Man nutzt aber das gleiche Prinzip, und zwar die Streuung aufgrund magnetischer Effekte [58].

[2]Das ist analog zu den Eigenwerten des Drehimpulsoperators L_l in Gl. 18.5. Eigentlich berechnet man die Eigenwerte von $\hat{L}^2$, L_l ist deren Wurzel (Gl. 10.45).

Tab. 34.2 g-Faktoren einiger Elementarteilchen und Kerne

	Neutron	Proton(^{1}H)	^{13}C
g_N	−3.83	5.59	1.40

wie folgt schreiben:

$$(\mu_I)_z = g_N \beta_N m_I, \quad E_{m_I} = -g_N \beta_N m_I B_0. \tag{34.5}$$

Die Energie ist quantisiert, was durch das Auftauchen von $\hbar$ in β_N angezeigt ist. β_N gibt die Größenordnung der Kernspins an, damit sind Kernspineffekte sehr klein, und man benötigt starke Magnetfelder, um sie deutlich hervortreten zu lassen, wie an der Energieformel klar wird. Wichtig dabei ist:

- Das magnetische Moment des Kerns ist wesentlich kleiner als das des Elektrons, daher definiert man ein **Kernmagneton** $\beta_N = \frac{e\hbar}{2m_p}$ analog zum Bohr'schen Magneton β_e für die Elektronen. Dabei berücksichtigen wir nun die Protonenmasse m_p anstatt der Elektronenmasse m_e, die beiden Konstanten unterscheiden sich damit genau um das Verhältnis der Massen, es gilt $\beta_e = 1836\beta_N$.
- Klassisch beschreibt das **gyromagnetische Verhältnis** γ die Abhängigkeit des magnetischen Moments von dem Drehimpuls, $\mu = \gamma L$. Dementsprechend bietet es sich an, für die Kerne nach Gl. 34.5 die folgende Definition vorzunehmen, $\gamma = g_N \beta_n / \hbar$, da wir den Drehimpuls L mit $m_I \hbar$ identifizieren.
- Drehimpuls und magnetisches Moment sind für ein Proton nun gleichgerichtet, im Gegensatz zum Elektron Gl. 34.1 und dem Neutron.[3] Die magnetischen Momente können daher das gleiche oder das entgegengesetzte Vorzeichen des Drehimpulses haben. Dies wird jeweils durch ein positives oder ein negatives Vorzeichen in g_N repräsentiert, Tab. 34.2 gibt einige g_N-Faktoren wieder. Diese Faktoren sind für Proton und Neutron recht groß, die Abweichung von der klassischen Erwartung ist also signifikant, siehe die Diskussion in Abschn. 18.2.1 und 18.2.4.

34.3 Verwendung in der Spektroskopie

Bringt man einen Kernspin in ein externes Magnetfeld, so ergibt sich aus der Richtungsquantelung der Spins eine Aufspaltung in $2I + 1$ nicht mehr entartete Energiezustände, für Spin $\frac{1}{2}$ Kerne wie Protonen oder ^{13}C ergeben sich zwei verschiedene Niveaus, völlig analog zum Elektronenspin (Kap. 19). Die Aufspaltung ist proportional zum Magnetfeld, wie in Abb. 34.1 schematisch gezeigt.

[3] Bei den positiv geladenen Protonen kann man hier, analog zum Elektron, in Bezug auf diesen Aspekt auf eine klassische Vorstellung zurückgreifen. Beim neutralen Neutron greift diese Vorstellung dagegen nicht.

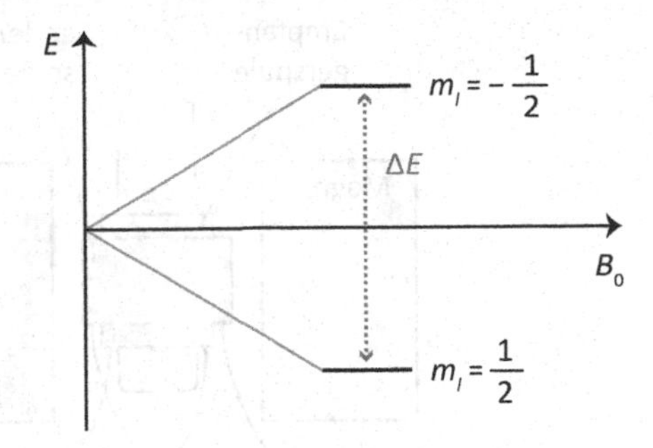

Abb. 34.1 Der Kern-Zeeman-Effekt: Aufspaltung der Kernspinenergieniveaus in einem Magnetfeld

34.3.1 Magnetresonanz

Grundlage der NMR-Spektroskopie ist es, diese Energieübergänge zwischen Kernspinzuständen durch elektromagnetische Anregungen zu vermessen. Für Spin-$\frac{1}{2}$-Teilchen sind damit Übergänge zwischen den beiden Niveaus mit $m_{\frac{1}{2}}$ und $m_{-\frac{1}{2}}$ möglich.

Frequenz Betrachtet man Übergänge mit $\Delta m_l = \pm 1$, so kann man mit Gl. 34.5 die Frequenz der elektromagnetischen Welle, die diesen Übergang induziert, leicht bestimmen:

$$\mathrm{h}\nu = \Delta E = E_{-\frac{1}{2}} - E_{\frac{1}{2}} = \hbar\gamma B_0, \quad \rightarrow \quad \nu = \frac{\gamma B_0}{2\pi}. \tag{34.6}$$

Wenn also Magnetfeld und eingestrahlte Frequenz in einem bestimmten Verhältnis stehen, wird die Strahlung absorbiert, das wird als **magnetische Resonanz** bezeichnet. Die schwache magnetische Wechselwirkung und die kleinen magnetischen Momente der Kerne lassen Kernspinübergänge also bei sehr niedrigen Energien erfolgen. Mit $\omega_L = 2\pi\nu$ kann man Gl. 34.6 auch schreiben als

$$\omega_L = \gamma B_0. \tag{34.7}$$

ω_L wird **Larmor-Frequenz** genannt.

Beispiel 34.1

Proton Für das Proton gilt bei einem starken Magnetfeld von 5 T (Tesla):

$$\Delta E = 0.08 \text{ J/mol}, \quad \nu = 212 \text{ MHz}, \tag{34.8}$$

die Larmor-Frequenz ist dann im Radiowellenbereich. ◂

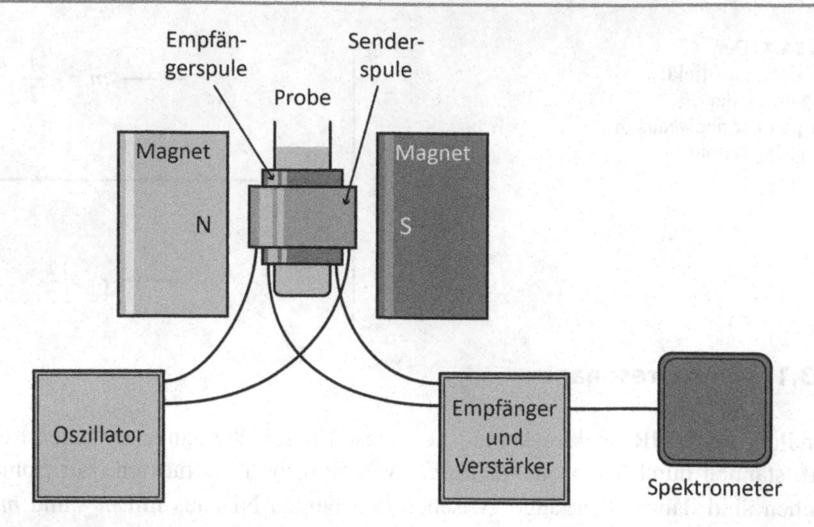

Abb. 34.2 Aufbau eines NMR-Spektrometers

34.3.2 Technische Realisierung

NMR-Spektrometer Das Prinzip eines NMR-Spektrometers ist in Abb. 34.2 gezeigt. Die Probe befindet sich in einem Magnetfeld großer Homogenität und Flussdichte, das zur Anregung der Kernspins nötige Wechselfeld wird senkrecht zum Magnetfeld eingestrahlt, was es erlaubt, gezielt nach der magnetischen Resonanz zu suchen. Das emittierte Feld wird durch die Empfängerspule detektiert. Wie das Beispiel 34.1 bzw. Gl. 34.7 zeigen, sind Magnetfeld und Frequenz der absorbierten Strahlung direkt proportional, man kann die Apparatur dann sowohl durch das Magnetfeld (T) als auch durch die Larmor-Frequenz (MHz) charakterisieren. Verwendete Magnetfelder liegen zwischen 5–20 T und höher.[4]

Intensität Das eingestrahlte Feld führt zur induzierten Absorption aus dem unteren Niveau in Abb. 34.1 und zur induzierten Emission aus dem oberen, die Einsteinkoeffizienten beider Prozesse sind gleich (Kap. 30). Eine effektive Absorption wird nur gemessen, wenn die Population beider Zustände unterschiedlich ist, bei gleichen Populationen führt das eingestrahlte Feld in gleichem Maße zu induzierter Absorption und Emission. In Kap. 15 haben wir gesehen, dass die thermische Besetzung der

[4] Im klassischen NMR-Versuch ist die Frequenz fest, und das Magnetfeld wird variiert (‚continuous wave'). Heute kann der Stromkreis der Spulen durch integrierte Kondensatoren in Grenzen abgestimmt werden. Die eingestrahlte Frequenz wird so gewählt, dass die größte Empfindlichkeit des Probenkopfs erreicht wird (‚tune & match').

Zustände von der Energie abhängt, $N_i \sim \mathrm{e}^{-E_i/\mathrm{k}T}$ (Gl. 15.7), d. h., das Verhältnis der Populationen ist ($E_2 = E_{-\frac{1}{2}}$, $E_1 = E_{\frac{1}{2}}$)

$$\frac{N_2}{N_1} = \mathrm{e}^{-(E_2-E_1)/\mathrm{k}T}. \tag{34.9}$$

Der Unterschied in der Population von Grund- und angeregtem Zustand lässt sich mit Gl. 34.6 wie folgt darstellen ($\mathrm{e}^{-a} \approx 1 - a$),

$$\frac{N_1 - N_2}{N_1 + N_2} = \frac{1 - (N_2/N_1)}{1 + (N_2/N_1)} = \frac{1 - \mathrm{e}^{-(E_2-E_1)/\mathrm{k}T}}{1 + \mathrm{e}^{-(E_2-E_1)/\mathrm{k}T}} = \frac{\gamma \hbar B_0}{2\mathrm{k}T}. \tag{34.10}$$

Bei Raumtemperatur verschwindet dieses Verhältnis, d. h., es gilt $N_1 \approx N_2$. Die Nachweisempfindlichkeit kann also durch Erhöhung der magnetischen Feldstärke und Verringerung der Temperatur deutlich verbessert werden.

34.4 Anwendung in der Strukturaufklärung

Nach den bisherigen Ausführungen wäre zu erwarten, dass jeder Kern, also z. B. alle Protonen in einem Molekül, bei der gleichen Frequenz absorbieren. Dann wären sie nicht zu unterscheiden. Wesentlich für den Einsatz der NMR in der Strukturaufklärung ist, dass die Elektronenhülle diese Frequenzen modifiziert und damit, je nach chemischer Umgebung, leicht unterschiedliche Resonanzfrequenzen zu finden sind (Abschn. 34.4.1). Zudem gibt es Wechselwirkungen zwischen den Kernen, die eine weitere Aufspaltung der Signale bedingen (Abschn. 34.4.2).

34.4.1 Chemische Verschiebung

Chemische Abschirmung Die Resonanzfrequenz ν in Gl. 34.6 hängt vom Magnetfeld am Kernort ab. In der bisherigen Ableitung haben wir die Kerne isoliert betrachtet, dann ist das Magnetfeld B_0 die relevante Größe. Die Elektronen um den Kern jedoch führen zu einer Veränderung des Magnetfelds am Kern.

- Ein Magnetfeld in einer Spule oder Leiterschleife induziert einen Kreisstrom (Lenz'sche Regel). In einem einfachen Bild modellieren wir diese induzierte Elektronenbewegung um den Kern als Kreisstrom, wie in Abb. 18.1 eingeführt.

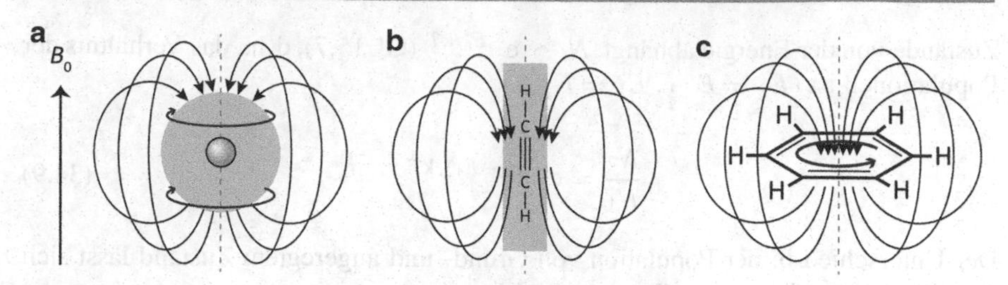

Abb. 34.3 **a** Durch ein äußeres Magnetfeld induzierter Kreisstrom in einem Atom. Das induzierte Feld B ist am Kern dem äußeren Magnetfeld B_0 entgegengerichtet. **b** Durch eine Nachbargruppe in Ethin erhöhte Abschirmung an den Protonen, das induzierte Feld wirkt B_0 an den H-Kernen entgegen. **c** Bei Benzol ist das induzierte Feld B_{ind} an den Wasserstoffkernen, die sich außen an dem Benzolring befinden, dem Magnetfeld B_0 gleichgerichtet, d. h., es resultiert eine verminderte Abschirmung

- In dem Atom erzeugt dieser Kreisstrom ein induziertes Magnetfeld B_{ind} (Feldlinien in Abb. 34.3a), welches dem angelegten Magnetfeld B_0 am Atomkern entgegengerichtet ist.[5] Dies nennt man eine **diamagnetische Reaktion.**
- Durch die Reaktion der Elektronenhülle auf das Magnetfeld B_0 entsteht also ein sehr schwaches zweites Magnetfeld, das wir wie folgt schreiben:

$$B_{ind} = -\sigma B_0.$$

Da B_{ind} dem äußeren Magnetfeld B_0 entgegengesetzt ist, sagt man, es schirmt den Kern ab. Die **Abschirmkonstante σ** ist nun ein Maß dafür, wie stark das induzierte entgegengesetzte Magnetfeld ist und hängt von der elektronischen Umgebung des Kerns ab.[6]

Chemische Verschiebung Um die Absorptionsfrequenz des Kerns zu erhalten, müssen wir also in Gl. 34.6 das äußere Magnetfeld B_0 durch das effektiv am Atomkern wirkende Magnetfeld B ersetzen, wir erhalten

$$B = B_0 - B_{ind} = (1 - \sigma)B_0, \quad \nu = \frac{\gamma B}{2\pi} = \frac{\gamma B_0}{2\pi}(1 - \sigma). \qquad (34.11)$$

Betrachten wir als Beispiel die Protonen-NMR einer Flüssigkeit. Die Änderung von ν durch die Abschirmung σ ist sehr gering, daher wird für verschiedene Protonen nicht deren Absolutwert angegeben, sondern man bezieht sich auf eine Referenz.

[5] Wichtig ist das Feld am Atomkern selbst, das Feld B_0 wird hier durch das induzierte Feld abgeschwächt. ‚Außerhalb' des Atoms ist das induzierte Feld parallel zu B_0, wie man in Abb. 34.3a sieht.

[6] Neben den diamagnetischen Effekten gibt es noch sogenannte **paramagnetische** Effekte, die zu einer Verringerung der Abschirmung führen. D. h., die resultierenden magnetischen Momente haben die gleiche Richtung wie B_0. Darauf soll aber im Folgenden nicht weiter eingegangen werden.

Um unterschiedliche Protonen in einem Molekül identifizieren zu können, benötigt man nur jeweils die relative Verschiebung gegenüber geeignet gewählten Referenzprotonen. Hierzu wird Tetramethylsilan (TMS) verwendet, da es stabil und inert ist und eine scharfe Absorptionsbande außerhalb des Bereichs normaler chemischer Verbindungen besitzt. Für dieses wird die Referenzfrequenz

$$\nu_{\text{ref}} = \frac{\gamma B_0}{2\pi}(1 - \sigma_{\text{ref}})$$

bestimmt, und die Messwerte für andere Protonen werden in Bezug auf diese Referenzsubstanz wie folgt angegeben. Mit

$$\nu - \nu_{\text{ref}} = \frac{\gamma B_0}{2\pi}(\sigma_{\text{ref}} - \sigma)$$

definiert man die **chemische Verschiebung**

$$\delta = \frac{\nu - \nu_{\text{ref}}}{\nu_{\text{ref}}} 10^6. \qquad (34.12)$$

Die Frequenzverschiebung ist sehr klein gegenüber der Referenzfrequenz, daher wird ein Faktor 10^6 eingeführt, δ ist einheitenlos und wird als ppm (‚parts per million') wiedergegeben.

Verschiedene Abschirmeffekte Die Abschirmung, d. h. der Wert von σ, hängt nun von verschiedenen Faktoren ab:

- **Lokale Abschirmung:** Betrachtet man zunächst nur die direkte Elektronenhülle des Atoms (Abb. 34.3a), so wird die Abschirmung von der Anzahl der Elektronen in der Hülle abhängen. Damit erhält man unterschiedliche Abschirmungen für verschiedene Atomtypen, die von ^{13}C wird größer sein als von ^{1}H.
- Die Elektronendichte eines Atoms hängt auch von den Nachbaratomen ab. Da Sauerstoff elektronegativer als Kohlenstoff ist, wird ein an O gebundenes Wasserstoffatom eine geringere Ladungsdichte, und damit eine schwächere Abschirmung, haben, als ein an C gebundenes. Wir erwarten daher unterschiedliche Verschiebungen bei unterschiedlichen Bindungspartnern.
- **Beiträge benachbarter Gruppen:** Benachbarte Gruppen können induzierte magnetische Felder erzeugen, die die Abschirmung am betrachteten Atomkern verstärken (Abb. 34.4b), es gibt aber auch Fälle, in denen diese Felder der Abschirmung entgegenwirken, wie das Beispiel Benzol (Abb. 34.3c) zeigt. Hier verstärkt das durch den Benzolring induzierte magnetische Feld das externe Magnetfeld B_0.

Ein NMR-Spektrum gibt die Intensität auf der y-Achse und δ auf der x-Achse wieder, Beispiele chemischen Verschiebungen sind Abb. 34.4a gezeigt. Betrachten wir nun das Spektrum von Ethanol in Abb. 34.4b etwas genauer. Aus der Form des NMR-Spektrums lassen sich drei wichtige Informationen entnehmen:

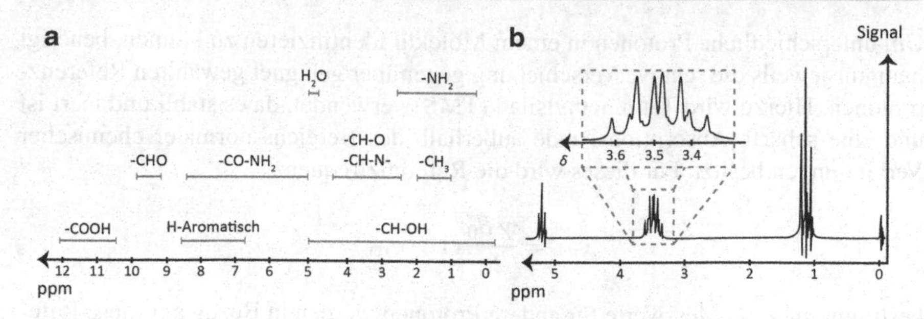

Abb. 34.4 **a** Abschirmung verschiedener Gruppen, **b** Protonenresonanzspektrum von Ethanol

- **Lage der Signale:** In Abb. 34.4b sehen wir drei unterschiedliche Signalgruppen, die deutlich voneinander getrennt sind. Diese lassen auf die unterschiedlichen Protonen in dem Molekül schließen.
- **Intensität der Signale:** Das in der Spule erzeugte Feld ist direkt proportional zur Anzahl der Kerne, die bei der gleichen Frequenz in Resonanz treten (Kap. 30). Daher ist die Intensität ein Maß für die Anzahl chemisch und magnetisch äquivalenter Protonen. Die Intensität ist durch die Fläche unter der Kurve gegeben, die Analyse der integrierten Fläche unter den Signalen zeigt, das diese das Verhältnis 1:2:3 haben. Daraus kann man schließen, dass die CH_3-Protonen bei $\delta \approx 1$ sind, die CH_2-Protonen bei $\delta \approx 3.5$ und das OH-Proton bei $\delta \approx 5$ zu finden ist.
- **Feinstruktur des Spektrums:** Jedes Signal ist bei genauerer Auflösung nochmals unterteilt (vergrößerte Darstellung in Abb. 34.4b): Dies kann man durch die Wechselwirkung der Spins untereinander verstehen.

Die Auflösung wird verbessert, wenn stärkere Magnetfelder verwendet werden können. Denn dann wird die Aufspaltung der Energie der Spinzustände vergrößert, die Resonanzfrequenzen der verschiedenen Kerne sowie die unterschiedlichen Protonen liegen weiter auseinander, und können so deutlicher unterschieden werden.

34.4.2 Spin-Spin-Kopplung und Feinstruktur

Kopplung zwischen zwei Kernen Betrachten wir als Beispiel für die Wechselwirkung zweier Kernspins Abb. 34.5. Die beiden Protonen erfahren aufgrund der unterschiedlichen Nachbargruppen eine unterschiedliche Abschirmung σ_1 und σ_2. Wenn keine Wechselwirkung zwischen den Spins besteht, addieren sich die Energien zu einer Gesamtenergie im Magnetfeld B_0 als

Abb. 34.5 Kopplung zwischen den Kernspins zweier Protonen

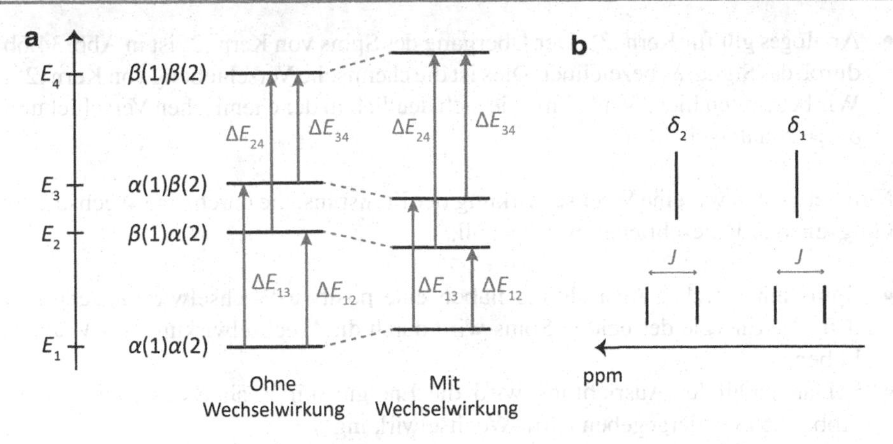

Abb. 34.6 **a** Energieschema ohne und mit Wechselwirkungen der Spins. **b** Aufspaltung der Linien in Dubletts durch die Spin-Spin-Wechselwirkung

$$E = -\gamma\hbar B_0(1 - \sigma_1)m_1 - \gamma\hbar B_0(1 - \sigma_2)m_2. \tag{34.13}$$

Mit den Funktionen α und β (Abschn. 18.2.3) beschreiben wir die Spinausrichtungen der beiden Kerne, damit ergeben sich durch Einsetzen von $m_{1,2} = \pm 1/2$ in die Energieformel Gl. 34.13 vier mögliche Gesamtenergien:[7]

$$E_1^0[\alpha(1)\alpha(2)] = -\frac{\gamma\hbar B_0}{2}(2 - \sigma_1 - \sigma_2), \quad E_2^0[\beta(1)\alpha(2)] = -\frac{\gamma\hbar B_0}{2}(\sigma_1 - \sigma_2),$$
$$E_3^0[\alpha(1)\beta(2)] = +\frac{\gamma\hbar B_0}{2}(\sigma_1 - \sigma_2), \quad E_4^0[\beta(1)\beta(2)] = +\frac{\gamma\hbar B_0}{2}(2 - \sigma_1 - \sigma_2).$$

E_2^0 und E_3^0 unterscheiden sich, wenn die beiden Protonen unterschiedliche Verschiebungen haben. Diese Energien sind in Abb. 34.6a gezeigt, die Übergänge $E_1 \leftrightarrow E_2$, $E_1 \leftrightarrow E_3$, $E_2 \leftrightarrow E_4$ und $E_3 \leftrightarrow E_4$ mit den jeweiligen Anregungsenergien sind eingezeichnet (‚Ohne Wechselwirkung').

- Für Kernspin ‚1' sind die beiden Übergänge $\alpha(1)$ nach $\beta(1)$ mit identischen Energien $\Delta E_{12} = \Delta E_{34}$ möglich. Dieser Übergang des Spins von Kern ‚1' ist in Abb. 34.6b durch ein einziges Signal repräsentiert, das mit δ_1 bezeichnet ist. Dies ist die chemische Verschiebung von Kern ‚1'. Der Unterschied der beiden Übergänge ΔE_{12} und ΔE_{34} liegt nur im Spin des Kerns ‚2'. Da zunächst keine Spin-Spin-Wechselwirkung betrachtet wird, ist der Kernspin ‚2' für diesen Übergang nicht relevant, die Energieunterschiede sind gleich. Der Übergang des Spins von Kern ‚1' ist in Abb. 34.6b durch das Signal δ_1 bezeichnet.

---

[7] $\alpha \leftrightarrow m_z = \frac{1}{2}, \quad \beta \leftrightarrow m_z = -\frac{1}{2}$.

- Analoges gilt für Kern ‚2‘. Der Übergang des Spins von Kern ‚2‘ ist in Abb. 34.6b durch das Signal δ_2 bezeichnet. Dies ist die chemische Verschiebung von Kern ‚2‘. Wir betrachten hier zwei Kerne, die sich deutlich in der chemischen Verschiebung $\delta_2 > \delta_1$ unterscheiden.

Nun betrachten wir eine Wechselwirkung der Kernspins, die durch eine Wechselwirkungsenergie V beschrieben werden soll.

- Spins mit gleicher Ausrichtung haben eine positive Wechselwirkungsenergie, d. h., die Energie der beiden Spins wird durch die Wechselwirkung um V angehoben,
- bei antiparalleler Ausrichtung wird die Energie um V abgesenkt. Dies ist in Abb. 34.6a wiedergegeben (‚Mit Wechselwirkung‘).

Damit verändern sich die Energieunterschiede für die Anregungen. Für den Kernspin ‚1‘ erhalten wir nun zwei unterschiedliche Anregungsenergien $\alpha(1) \rightarrow \beta(1)$, je nach Orientierung von Kernspin ‚2‘. ΔE_{12} ist um $2V$ verringert, ΔE_{34} um $2V$ erhöht. Damit ist das Signal δ_1 in zwei Signale aufgespalten, und der Abstand der beiden Signale ist gleich $4V$. Der Energieunterschied wird durch die **Kopplungskonstante** $J = 4V$ angegeben. Diese kann man direkt aus den Spektren ablesen, wie in Abb. 34.6b schematisch dargestellt. Analoges gilt für Kernspin ‚2‘.

Kopplung mehrerer Kerne Die Aufspaltung wie in Abb. 34.6 haben wir für den Fall diskutiert, dass der Unterschied der chemischen Verschiebung $\delta_2 - \delta_1$ wesentlich größer als die Kopplung J ist. Für den Fall $\delta_2 = \delta_1$ findet keine Aufspaltung statt. Man spricht hier von **magnetisch äquivalenten** Kernen. Die Anordnung im Molekül ist derart, dass sie eine identische Abschirmung erfahren. Dies ist der Fall für die beiden Protonen in der CH_2-Gruppe und die drei Protonen der CH_3-Gruppe in Ethanol Abb. 34.4b. Für die jeweils isolierten Gruppen ergibt sich daher jeweils nur eine Linie für die Protonen. Die Protonen innerhalb der jeweiligen Gruppe koppeln nicht miteinander. Die Aufspaltung, wie in Abb. 34.4b gezeigt, resultiert daher nicht aus einer Wechselwirkung innerhalb der Gruppe, sondern durch die Wechselwirkung jeweils mit den Nachbargruppen.

Kopplungen in der Ethylgruppe Betrachten wir das Proton H_A in der Ethylgruppe H^A-HC-CH_3^B, für das wir die Aufspaltung schematisch wiedergeben. Dieses Proton ist durch seine chemische Verschiebung δ_A charakterisiert, und diese Linie wird durch die Kopplung J_{AB1} an ein Proton (B1) aufgespalten, wie oben diskutiert. Die Kopplung an das zweite Proton (B2) spaltet diese beiden Linien auf, dadurch fallen zwei Linien zusammen. Das dritte Proton führt zu einer weiteren Aufspaltung. Man erhält das Intensitätsverhältnis dieser Linien von 1:3:3:1, wie in Abb. 34.7a schematisch dargestellt.

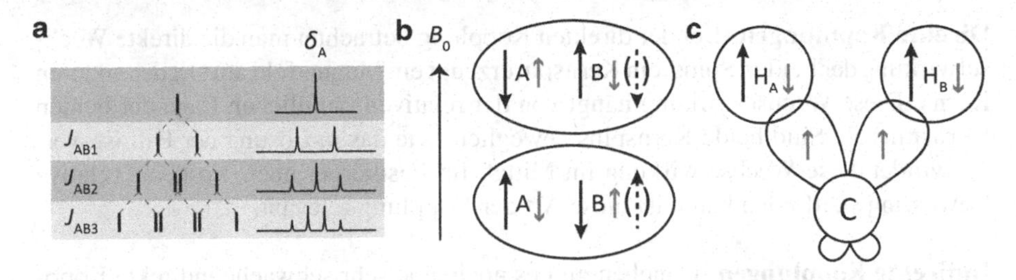

Abb. 34.7 **a** Aufspaltung der Linie des H_A-Protons der CH-Gruppe durch die drei Protonen einer Methylgruppe. **b** Indirekte Kopplung durch eine Bindung. **c** Indirekte Kopplung über zwei Bindungen. Die Kernmomente sind durch die größeren Pfeile gekennzeichnet, die Elektronenspins durch die kleineren. Der gestrichelte Pfeil in Klammer **b** soll andeuten, dass eine parallele Konfiguration der Kernspins auch möglich ist, nur energetisch um J ungünstiger. Analog für die Kopplung über zwei Bindungen

Nochmals Ethanol Damit kann man die Aufspaltung in Ethanol Abb. 34.4b verstehen. Wir betrachten nur den Einfluss der benachbarten Gruppen, da die Kopplung mit wachsendem Abstand sehr schnell klein wird.

- Die beiden Protonen der CH_2-Gruppe sind äquivalent, d. h., sie erfahren jeweils die gleiche Aufspaltung, wie in Abb. 34.7a gezeigt. Ihre chemische Verschiebung platziert sie bei 3–4 ppm, und man erhält eine Aufspaltung von 1:3:3:1, wie gerade diskutiert. Man erhält ein Quartett, das durch die OH-Gruppe nochmals in ein Oktett aufgespalten werden kann. Denn das H des Sauerstoffs kann jede der Linien in Abb. 34.7a nochmals spalten.
- Die drei Protonen der CH_3-Gruppe werden jeweils nur zweimal aufgespalten durch die beiden Protonen der CH_2-Gruppe. Man erhält, wie man aus Abb. 34.7 ersehen kann, eine Aufspaltung im Verhältnis 1:2:1. Eine weitere Aufspaltung durch das H des Sauerstoffs findet aufgrund des großen Abstands nicht statt.
- Für die OH-Gruppe erwarten wir eine Aufspaltung in ein Triplett durch die CH_2-Gruppe. Allerdings hängt das Verhalten der OH-Gruppe sehr von Temperatur und Lösungsmittel ab. Bei Raumtemperatur in wässriger Lösung, beispielsweise, käme es zu einem schnellen Austausch des Protons mit den Wassermolekülen. Die ausgetauschten Protonen haben zufällige Spinorientierungen, sodass die Lebensdauer eines Protons mit einer bestimmten Spinorientierung zeitlich begrenzt ist. Dies führt zu einer Linienverbreiterung (Kap. 30), sodass die Aufspaltung nicht auflösbar ist. Derselbe Effekt tritt dann auch für die Wechselwirkung mit der CH_2-Gruppe auf, sodass für diese kein Oktett, sondern nur ein Quartett zu sehen ist.

34.4.3 Mechanismen der Kopplung

Die Kopplung der Spins kann auf zwei verschiedene Weisen zustande kommen, man spricht von einer direkten und indirekten Kopplung.

Direkte Kopplungen Bei der direkten Kopplung betrachtet man die direkte Wechselwirkung der beiden Spins, ein Kernspin erzeugt ein Magnetfeld am Ort des anderen Kerns. Diese Wechselwirkung hängt von der relativen räumlichen Lage der beiden Kernspins ab. Sind beide Kernspins beweglich, wie das in Lösung der Fall ist, verschwindet diese Wechselwirkung im Mittel. Im Festkörper aber, wo keine relative Bewegung stattfinden kann, ist diese Art der Kopplung relevant.

Indirekte Kopplungen Daneben gibt es noch eine sehr schwache indirekte Kopplung über die Bindungselektronen. Grundlage ist, dass Kern- und Elektronenspins in einem Atom sich in der energetisch günstigeren antiparallelen Konfiguration ausrichten werden. Liegt nun eine chemische Bindung zwischen den Kernspins, wie in Abb. 34.7b skizziert, dann werden sich die Bindungselektronen in diesem Orbital aufgrund des Pauli-Prinzips antiparallel ausrichten. Dies führt zu einer Kopplung, in der die energetisch stabilere Konfiguration aus antiparallelen Kernspins besteht. Die parallele Konfiguration der Kernspins (gestrichelt gezeichnete Spins) ist ebenfalls möglich, eben um den Wert der Kopplungskonstanten J energetisch höher liegend.

Abb. 34.7c zeigt diese Kopplung über zwei Bindungen. Nun ist zu beachten, dass aufgrund der Hund'schen Regel die beiden Elektronenspins am C-Atom gleiche Spinausrichtung haben. Daher kommt es zu einer Kopplung, die parallele Kernspins begünstigt. Dies führt zu einer negativen Kopplungskonstante J, das Energieschema Abb. 34.7a ist dann so abzuändern, dass parallele Spins energetisch abgesenkt, antiparallele energetisch angehoben werden.

34.5 Pulse in der NMR

Dieser Abschnitt ist weiterführend, und baut auf den Ausführungen in Abschn. 20.2 *auf. Es ist empfehlenswert, diesen ganzen Abschnitt zu lesen, auch wenn auf die Spindynamik speziell in Abschn.* 20.3.5 *eingegangen wird.*

Warum Pulse? Die in Abschn. 34.3.2 vorgestellte NMR-Technik beruht auf der Abstimmung von Magnetfeld und Frequenz der Spule auf die einzelnen magnetischen Resonanzen der Kernspins. Die Aufnahme eines ganzen Spektrums ist daher zeitaufwändig und es ist schwierig, aufgrund von Hintergrundstörungen rauscharme Signale zu erhalten. Pulstechniken dagegen, hier werden zeitabhängige Magnetfelder mit begrenzter Dauer verwendet, erlauben eine effiziente Aufnahme ganzer Spektren.

Formalismus In der NMR betrachten wir Spins in einem Magnetfeld, das in z-Richtung ausgerichtet sein soll, wir bezeichnen dieses als B_z^0. Die Kernspin-Eigenzustände bezeichnen wir, wie im Fall der Elektronen (Abschn. 18.2.3), mit α^z und β^z. Die Energie dieser Zustände ist aufgespalten, wie in Abb. 34.1 gezeigt.

Einen allgemeinen Spinzustand können wir als Superposition (Gl. 20.21) dieser beiden Eigenzustände schreiben,

$$\Psi(t) = a_\alpha^z \alpha^z \mathrm{e}^{-\mathrm{i}E_{1/2}t/\hbar} + a_\beta^z \beta^z \mathrm{e}^{-\mathrm{i}E_{-1/2}t\hbar}. \tag{34.14}$$

Dieser Zustand beschreibt eine eindeutige Spinausrichtung, die durch die beiden Koeffizienten a_α^z und a_β^z bestimmt ist. Insbesondere können wir auch die spinpolarisierten Zustände in x- und y-Richtung mit Gl.20.1 als Superpositionen dieser Eigenzustände darstellen, beispielsweise erhält man

$$\alpha^x = \frac{1}{\sqrt{2}}\left(\alpha^z + \beta^z\right). \tag{34.15}$$

Dies ist einer der Eigenzustände für ein Magnetfeld, das entlang der x-Koordinate ausgerichtet ist, dieser Zustand liegt daher in der x-y-Ebene. Wir werden sehen, dass wir mit einem Puls die Spinausrichtung von der z-Achse in die x-y-Ebene drehen können. Die anschließende Relaxation der Spins zurück in die z-Richtung wird zur Aufnahme der NMR-Signale genutzt.

Eigenwerte, Erwartungswerte und Magnetisierung Für Spins kann man nur den Eigenwert von $\hat{S}^2$ sowie eine kartesische Komponente, also beispielsweise von $\hat{S}_z$, berechnen. Die anderen Komponenten sind unbestimmt. Man kann aber immer die Erwartungswerte von $\hat{S}_x$ und $\hat{S}_y$ berechnen, d. h., man kann $\langle s_x\rangle(t)$, $\langle s_y\rangle(t)$ und $\langle s_z\rangle(t)$ ermitteln. Damit kann man einen Vektor (S. Abschn. 20.3.5)

$$\mathbf{s}(t) = \left(\langle s_x\rangle(t), \langle s_y\rangle(t), \langle s_z\rangle(t)\right) \tag{34.16}$$

definieren, der wie ein klassischer Drehimpuls aussieht. Nur muss man dann bei der Interpretation aufpassen: Da er aus Erwartungswerten der Spinkomponenten besteht, ist $\mathbf{s}(t)$ ein eindeutig definierter Vektor. Die Erwartungswerte, die sich immer auf die Auswertung ganzer Ensembles von Spins beziehen, sind streng genommen Mittelwerte von Spinmessungen. Bei ihnen tritt **keine Unbestimmtheit** auf, im Gegensatz zu dem Spin einzelner Elektronen oder Kerne (Abschn. 20.3.5 und 21.3.5). Auch tritt für $\mathbf{s}(t)$ **keine Quantisierung auf,** weder im Betrag des Vektors, er kann beliebige Längen annehmen, noch in der Richtung, es tritt keine Richtungsquantisierung auf. Den Vektor dieser drei Erwartungswerte $\mathbf{s}(t)$ kann man nach Gl. 20.25 als einen Drehimpulsvektor auffassen, der mit $\gamma = e/m$ ein mittleres **magnetisches Moment,**

$$\boldsymbol{\mu}(t) = \gamma\mathbf{s}(t), \quad \mathbf{M}(t) = \gamma N\mathbf{s}(t), \tag{34.17}$$

bzw. eine **makroskopische Magnetisierung** für ein Ensemble von N Teilchen beschreibt. Dies ist die Interpretation der Erwartungswerte, die wir nach der Diskussion in Abschn. 21.3.5 verwenden wollen: $\mathbf{M}(t)$ beschreibt die Magnetisierung einer Probe mit N Spins, $\boldsymbol{\mu}(t)$ ist dann das mittlere magnetische Moment dieser

Spins. $\mu(t)$ bezieht sich also nicht auf einen einzelnen Spin und dessen Dynamik, sondern auf einen mittleren Spin.[8]

34.5.1 Dynamik der Spin-Erwartungswerte in Magnetfeldern

Die Wechselwirkung der Spins mit dem Magnetfeld B_z^0 wird durch einen Hamilton-Operator in Gl. 19.11 beschrieben, wie in Kap. 19 ausgeführt. Dort haben wir mit Hilfe der Störungstheorie die **zeitunabhängige Schrödinger-Gleichung** gelöst, und die Energieaufspaltung der Spinzustände in Abb. 19.2 berechnet, das entsprechende Bild für die Kernspins ist Abb. 34.1.

Nun kann man mit diesem Hamilton-Operator auch die **zeitabhängige Schrödinger-Gleichung** lösen.[9] Für dieses Magnetfeld findet man eine Zeitabhängigkeit der Erwartungswerte (Gl. 20.22 und 20.23), wie in Abschn. 20.3.5 berechnet,[10]

$$\langle s_z \rangle = (p_\alpha - p_\beta)\frac{\hbar}{2} \tag{34.18}$$

$$\langle s_x \rangle(t) = a_\alpha^z a_\beta^z \hbar \cos \omega_L t, \qquad \langle s_y \rangle(t) = -a_\alpha^z a_\beta^z \hbar \sin \omega_L t. \tag{34.19}$$

$\omega_L = \gamma B_z^0$ ist die Larmor-Frequenz (Abschn. 20.3.5). Für Kernspins gilt $\gamma = g_N \beta_N / \hbar$, wie mit Gl. 34.7 eingeführt.

- Ist das System in einem Spineigenzustand α^z in Richtung des Magnetfeldes, d. h., für $a_\alpha^z = 1$ und $a_\beta^z = 0$ in Gl. 34.14, so findet man mit Gl. 34.17 und Gl. 34.18 eine konstante Magnetisierung **M**, die vollständig in z-Richtung ausgerichtet ist. Dies liegt daran, dass im α^z-Zustand die Erwartungswerte $\langle s_x \rangle = \langle s_y \rangle = 0$ verschwinden.
- Für einen Spinzustand wie α^x, der in der x-y-Ebene liegt, findet man eine Präzession der Magnetisierung $\mathbf{M}(t)$ mit der Larmor-Frequenz ω_L (Abschn. 20.3.5). Diese Präzession kann man vollständig in einer klassischen Weise verstehen. In Abschn. 19.3.2 haben wir die Präzession eines klassischen magnetischen Moments in einem Magnetfeld diskutiert, wie in Abb. 19.3b grafisch dargestellt. Gl. 34.19 beschreibt genau die Rotation der x-y-Komponenten der Magnetisierung $\mathbf{M}(t)$ (Gl. 34.17), die z-Komponente ist konstant. D. h., Gln. 34.18

---

[8] Bitte beachten Sie die Diskussion in Abschn. 13.2 die elektrischen Dipolmomente betreffend. Diese sind ebenfalls gemittelte Größen, wie Atomradien, Lebensdauern angeregter Zustände, etc.

[9] Das ist ein bisschen aufwändiger, man benötigt hierzu eine Formulierung basierend auf den Spinmatrizen in Abschn. 18.4. Daher haben wir das in diesem Buch nicht abgeleitet, sondern auf die Literatur verwiesen.

[10] In Abschn. 20.3.5 wurden die Gleichungen für Elektronen vorgestellt, zur Berücksichtigung der positiven Ladung der Protonen müssen wir das Vorzeichen der Larmor-Frequenz umdrehen, $\omega_L \rightarrow -\omega_L$

und 34.19 beschreiben die klassische Präzession eines magnetischen Moments, wie in Abb. 19.3b gezeigt. Die Erwartungswerte des Spins, bzw. des magnetischen Moments, verhalten sich also wie klassische magnetische Dipole in einem Magnetfeld.

Thermisches Gleichgewicht In Abschn. 34.3.2 haben wir die Population der Spins im thermischen Gleichgewicht behandelt, die durch Gl. 34.10 gegeben ist. Wie in Abschn. 20.3.5 diskutiert, kann eine spinpolarisierte Wellenfunktion 34.14 einen solchen thermischen Zustand nicht beschreiben, wir benötigen einen Prozess, der das Verschwinden der Interferenzterme in Gl. 20.27 beschreibt, d. h., die Dekohärenz (Abschn. 29.2). Nach einer Dekohärenzzeit kann man das Quadrat der Wellenfunktion Gl. 34.14 durch[11]

$$|\Psi|^2 = |a_\alpha^z|^2|\alpha^z|^2 + |a_\beta^z|^2|\beta^z|^2 \tag{34.20}$$

darstellen: Mit $p_\alpha = |a_\alpha^z|^2$ und $p_\beta = |a_\beta^z|^2$ verstehen wir nun Gl. 34.18: $N\gamma\langle s_z\rangle$ ist die Magnetisierung, die resultiert, wenn der Zustand α^z mit Np_α Spins besetzt ist, der Zustand β^z mit Np_β Spins. Je nach Temperatur können wir also eine unterschiedliche Magnetisierung bekommen. Diese kann verschwinden, wenn beide Zustände gleich besetzt sind, und kann maximal $N\gamma\frac{\hbar}{2}$ betragen.

Man sieht, der Vektor $\mathbf{s}(t)$ bzw. $\boldsymbol{\mu}(t)$ kann beliebige Längen (Beträge) annehmen, und auch beliebige Ausrichtungen im Raum. Es tritt keine Quantisierung mehr auf, d. h., bei $\boldsymbol{\mu}(t)$ handelt es sich nicht im das magnetische Moment eines Kerns, sondern um einen Mittelwert eines Ensembles von Kernspins.

Pulse in der NMR Man kann die zeitabhängige Schrödinger-Gleichung auch für den Fall lösen, dass in dem Hamilton-Operator zusätzlich zu dem **statischen** B_z^0-Magnetfeld noch ein **zeitabhängiges** Magnetfeld

$$B^1(t) = (B_x^1, B_y^1, B_z^1) = (F^1 cos(\omega_L t), F^1 sin(\omega_L t), 0) \tag{34.21}$$

enthalten ist, das mit der Larmor-Frequenz ω_L in der x-y-Ebene rotiert. Das System soll sich zunächst nur im B_z^0-Magnetfeld befinden, das $B^1(t)$-Magnetfeld mit Amplitude F^1 wollen wir zu einem Zeitpunkt $t = 0$ zusätzlich anschalten. Man erhält mit der Definition $\Omega = \gamma F^1$ die folgenden dynamischen Gleichungen für die Erwartungswerte[12]

[11] Bitte beachten Sie: Dies ist immer noch eine vereinfachte Beschreibung. Im Prinzip müsste man zur korrekten Beschreibung der Formalismus der Dichteoperatoren verwenden.

[12] Wir folgen hier wieder den Ausführungen in H. Haken, H. C. Wolf, Atom- und Quantenphysik, Springer 2004, Kap. 14. Allerdings wurde dort die Ableitungen für Elektronen durchgeführt, wir modifizieren diese hier für Protonen. Für eine kompaktere Ableitung im Dichtematrixformalismus, siehe z. B. [24]. Dort werden direkt die Bloch-Gleichungen (s. u.) abgeleitet.

$$\langle s_x \rangle = -\frac{1}{2}\hbar \sin(\Omega t) \sin \omega_L t \tag{34.22}$$
$$\langle s_y \rangle = -\frac{1}{2}\hbar \sin(\Omega t) \cos \omega_L t$$
$$\langle s_z \rangle = -\frac{1}{2}\hbar \cos(\Omega t).$$

Im Vergleich zu Gl. 34.18 und 34.19 kommt hier schlicht die Dynamik mit der Kreisfrequenz Ω hinzu.[13] Diese Gleichungen beschreiben die Dynamik eines Spinvektors $\mathrm{s}(t)$, die aus zwei Komponenten besteht: Die x-y-Komponenten präzedieren in der x-y-Ebene mit ω_L, das ist identisch zu Gl. 34.19. Die Frequenz Ω beschreibt die Bewegung senkrecht zur x-y-Ebene, also entlang der z-Achse, induziert durch den Puls $B^1(t)$. Das Magnetfeld B^1 hat nur Komponenten in der x-y-Ebene; es übt also ein Drehmoment auf die Magnetisierung aus, die dadurch in die Ebene gedreht wird, wenn sie anfänglich entlang der z-Achse ausgerichtet war. Zunächst liegt nur das statische Feld B_z^0 an, betrachten wir nun die Bewegung nach dem Einschalten von $B^1(t)$ bei $t = 0$:

- **$t = 0$:** Hier gilt $\cos(\Omega t) = 1$ und $\sin(\Omega t) = 0$, d. h., der Spin zeigt in negative z-Richtung, $\langle s_x \rangle$ und $\langle s_y \rangle$ verschwinden.
- **$0 < t \leq t_1$:** $\sin(\Omega t)$ nimmt zu, $\cos(\Omega t)$ wird kleiner, d. h., die z-Komponenten wird kleiner, die x-y-Komponenten werden größer. Die Magnetisierung wird in die x-y-Ebene gedreht. Sobald die Magnetisierung aber von der z-Achse ausgelenkt wird, bringt B_z^0 diese zur Präzession, was durch $\sin \omega_L t$ und $\cos \omega_L t$ beschrieben wird. Diese Präzession, d. h., die Rotation in der x-y-Ebene, die wir mit Abb. 19.3 diskutiert haben, wird durch die Gl. 34.19 beschrieben. Die Dynamik der Magnetisierung ist in Abb. 34.8a dargestellt.
- **$t_1 = \pi/2\Omega$:** Nun gilt $\cos(\Omega t) = 0$ und $\cos(\Omega t) = 1$, d. h. die Magnetisierung rotiert in der x-y-Ebene. Diesen Puls, der die Magnetisierung aus der z-Richtung in die x-y-Ebene dreht, nennt man einen $\pi/2$-Puls, da er die Magnetisierung um 90° dreht.
- **$t_2 = \pi/\Omega$:** Nun gilt $\cos(\Omega t) = -1$ und $\cos(\Omega t) = 0$, d. h. die Magnetisierung zeigt in positive z-Richtung. Dieser π-Puls invertiert also die Spinrichtung. Der Verlauf der Magnetisierung folgt nach t_1 also einer Spirale analog zu der zwischen t_0 und t_1, nur jetzt in positive z-Richtung.

Klassische Erklärung Mit der Magnetisierung $\mathbf{M}(t)$ kann man diesen Prozess vollständig im Rahmen der klassischen Physik verstehen. Wir starten in einem α^z-Zustand, der Magnetisierungsvektor ist durch $\mathbf{M}(t) = \gamma N\,(0, 0, \langle s_z \rangle)$ gegeben, das System ist in einem B_z^0-Feld in z-Richtung magnetisiert. Wenn man nun ein Feld beispielsweise in x-Richtung anlegt, wir nennen es B_x^1, dann wirkt eine Kraft auf

[13] Es wird in Gl. 34.18 und 34.19 der Startwert $p_\beta = 1$ und $p_\alpha = 0$ für $t = 0$ gewält.

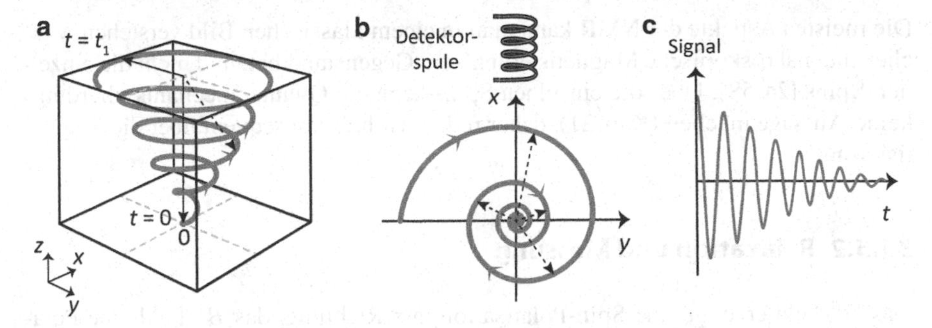

Abb. 34.8 **a** Dynamik der Magnetisierung $\mathbf{M}(t)$. Anfangs liegt nur das B_z^0-Feld an, die Magnetisierung ist in $-z$-Richtung ausgerichtet. Mit Anschalten von $B^1(t)$ wird die Magnetisierung in die x-y-Ebene gedreht, dabei fängt sie mit ω_L an zu präzedieren. Daher muss das $B^1(t)$-Magnetfeld der Präzessionsbewegung mit der gleichen Frequenz folgen, dadurch drückt es die Magnetisierung kontinuierlich in die x-y-Ebene. Daraus ergibt sich die Spiralform der Bewegung. **b** Projektion der Relaxation von $\mathbf{M}(t)$ in die x-y-Ebene. Die Rotation der Magnetisierung führt zu einer periodischen Induktion der Spule, die aber abnimmt. **c** Dies resultiert in einer gedämpften periodischen Oszillation des in der Spule induzierten Stromes

die Magnetisierung, die versucht, die Magnetisierung auf die x-Achse zu drehen. Sobald aber die Magnetisierung aus der z-Richtung ausgelenkt wird, entsteht durch das B_z^0-Feld ein Drehmoment, das zu einer Präzession der Magnetisierung mit der Larmor-Frequenz ω_L führt (Abb. 19.3). Damit weiter eine Bewegung in die x-y-Ebene möglich ist, muss das B^1 also mit der Frequenz ω_L mit der Magnetisierung ‚mitrotieren', wir benötigen also ein B^1-Feld, das in der x-y-Ebene mit der Frequenz ω_L rotiert. Die Magnetisierung $\mathbf{M}(t)$ folgt der Spirale in Abb. 34.8a, Das $B^1(t)$-Feld muss also genau so rotieren, wie die Projektion von $\mathbf{M}(t)$ auf die x-y-Ebene. Dann kann es zu jedem Zeitpunkt der Bewegung ein Drehmoment auf $\mathbf{M}(t)$ ausüben, welches diesen Vektor dann kontinuierlich in die x-y-Ebene drückt. Dieses Feld muss für die Dauer t_1 anliegen, man benötigt einen $\pi/2$-Puls. Und genau dies ist der Gehalt der Gl. 34.22.

Die Bloch-Gleichungen Wenn man die Gl. 34.22 nach der Zeit ableitet, erhält man

$$\frac{d}{dt}\mathbf{s}(t) = \boldsymbol{\mu}(t) \times \mathbf{B}(t),$$

was wie die klassische Bewegungsgleichung eines magnetischen Moments in einem Magnetfeld aussieht.

- Für $\mathbf{B}(t) = (0, 0, B_z^0)$, ein statisches Magnetfeld in z-Richtung, beschreibt dies die Präzession der Magnetisierung, wie in Abb. 19.3 gezeigt, wenn die Magnetisierung gegen die z-Achse verkippt ist.
- Wenn wir dann das oszillierende Magnetfeld in der x-y-Ebene dazuschalten, dann beschreibt die Magnetisierung die Spirale aus Abb. 34.8a.

Die meisten Aspekte der NMR kann man in einem klassischen Bild verstehen, welches die makroskopische Magnetisierung zum Gegenstand hat, und nicht die einzelnen Spins [24,58]. Über die einzelnen Spins kann die Quantenmechanik allerdings keine Aussage machen (Kap. 21), daher reden wir hier konsequent über die Magnetisierung.

34.5.2 Relaxation und Messung

Das B^0-Feld erzeugt eine Spin-Polarisation in z-Richtung, das B^1-Feld eine Polarisation in der x-y-Ebene, man nennt letztere eine **transversale Polarisation.** Nun wird ein Ensemble von Kernspins in einem B^0-Feld, wie oben beschrieben, einem $\pi/2$-Puls ausgesetzt. Man erhält eine Magnetisierung, die in der x-y-Ebene rotiert (präzediert). Die nun folgende Bewegung der Magnetisierung wird aber durch die Wechselwirkung mit der Umgebung abgebremst, sie wird einem Gleichgewichtswert zustreben, d. h., es werden Relaxationsprozesse ins Gleichgewicht stattfinden. Man unterscheidet zwei Relaxationstypen:

- **Transversale Relaxation:** Die Rotation in der x-y-Ebene wird durch Wechselwirkung der Spins untereinander und mit anderen Freiheitsgraden des Systems abgebremst, die Energie der Bewegung dissipiert. Als Folge wird die zeitliche Veränderung der $\langle s_x \rangle$ und $\langle s_y \rangle$ langsamer. Man kann dies als eine Kinetik erster Ordnung beschreiben,

$$\frac{d}{dt}\langle \hat{s_x} \rangle = -k_2 \langle \hat{s_x} \rangle, \quad \frac{d}{dt}\langle \hat{s_y} \rangle = -k_2 \langle \hat{s_y} \rangle \tag{34.23}$$

  Das Inverse der **Ratenkonstante** k_2 ergibt eine typische Zeitdauer, die als **Relaxationszeit** $\tau_2 = 1/k_2$ bezeichnet wird. Damit finden wir, wie für die Kinetik erster Ordnung bekannt, eine exponentielle Relaxation dieser Komponenten.
- **Longitudinale Relaxation:** Das B_z^0-Feld führt zu einer Aufspaltung der Energien (Abb. 34.1), die Besetzung der Zustände kann thermisch oder durch gezielte Anregung mit elektromagnetischer Strahlung geschehen (Kap. 14). Je nach Temperatur erhalten wir mit Gl. 34.10 eine Spinverteilung, die zu einer Magnetisierung der Probe führt. Wir wollen diese mit s_z^0 bezeichnen. Betrachten wir nun eine Anregung durch einen Puls, der zu einer nicht-thermischen Besetzung führt. Beispielsweise invertiert ein π-Puls der Dauer t_2 die Magnetisierungsrichtung. Nach der Anregung relaxieren diese Spins, man erhält wieder die ursprüngliche thermische Verteilung s_z^0. Auch diese Relaxation können wir über eine Kinetik erster Ordnung beschreiben,

$$\frac{d}{dt}\langle \hat{s_z} \rangle = -k_1 \left(\langle \hat{s_z} \rangle - s_z^0 \right), \tag{34.24}$$

  mit der **Relaxationszeit** $\tau_1 = 1/k_1$.

Und diese Relaxation findet natürlich auch nach einem $\pi/2$-Puls der Dauer t_1 statt. Zu der transversalen Relaxation kommt also noch die longitudinale, d. h., es wird die ursprüngliche thermische Verteilung s_z^0 wiederhergestellt. Diese Relaxationsdynamik der drei Komponenten ist im Prinzip die Umkehrung der Bewegung in Abb. 34.8a. Allerdings kann die Zeitskala eine andere sein, denn diese ist ja nun durch τ_1 und τ_2 bestimmt, d. h., durch die effektive Kopplung an andere Freiheitsgrade des Systems, während t_1 über Ω von der magnetischen Feldstärke F_1 abhängt. Diese Relaxationszeiten, die experimentell bestimmbar sind, geben Aufschluss darüber, wie stark die Spins an die Umgebung koppeln.

Messung einer Resonanz Wenn man die Probe in eine weitere Spule einbettet, wie in Abb. 34.8b schematisch gezeigt, dann wird bei jeder Umdrehung von $\mathbf{M}(t)$ ein negativer und ein positiver Induktionsstrom erzeugt. Während der Relaxation ins Gleichgewicht schwächt sich dieser langsam ab, da die x-y-Komponenten von $\mathbf{M}(t)$ abnehmen, und die z-Komponente zunimmt. Das entsprechende Signal ist in Abb. 34.8c dargestellt. Betrachten wir Abb. 30.3, so sehen wir die Analogie: In Abschn. 30.2.2 haben wir das Abklingen der Amplitude der elektromagnetischen Strahlung betrachtet, und durch Fouriertransformation die Frequenz der Schwingung ermittelt. Hier geht das analog: Da die Oszillation mit der Larmor-Frequenz ω_L stattfindet, erhalten wir durch Fouriertransformation die Resonanzfrequenz des entsprechenden Kerns.

Aufnahme eines Spektrums Mit Gl. 34.21 haben wir ein oszillierendes Magnetfeld mit genau der Resonanzfrequenz eines Übergangs verwendet. Nun kann man auch mit einer davon leicht abweichenden Frequenz $\omega_0 \neq \omega_L$ immer noch das Umklappen der Spins erreichen. Wie wir in Abschn. 30.2.2 gesehen haben, haben Pulse endlicher Dauer immer eine gewisse Frequenzbreite. Daher wird man mit einem endlichen Puls immer eine gewisse Anzahl von unterschiedlichen Kernspins zum Umklappen bringen. Da diese eine unterschiedliche Larmor-Frequenz ω_L haben, präzedieren sie unterschiedlich schnell, d. h., die x-y-Komponente der Spins wird sich schneller ausmitteln. Dies ist ein weiterer Faktor, der die τ_2 Relaxation bestimmt.

Damit aber wird die abklingende Induktion in Abb. 34.8c nicht eine so schön exponentiell abklingende Kurve mit einer Schwingungsfrequenz sein, sie ist eine Überlagerung mehrerer solcher Kurven für die unterschiedlichen angeregten Kernspins. Nach der Fouriertransformation wird man nun nicht nur eine (Lorentz-verbreiterte) Resonanz wie in Abb. 30.3 finden, sondern mehrere. Wir sehen nun, durch einen Puls erhalten wir Aufschluss über mehrere Resonanzen, wir können ein ganzes Spektrum in einem Versuch aufnehmen, wie eingangs angesprochen.

34.5.3 Vektormodell in der NMR und klassische Erklärungen

In Kap. 21 haben wir ausgeführt, dass die Quantenmechanik nicht in der Lage ist, die Dynamik einzelner Spins darzustellen. Wohl aber stellt sie Bewegungsgleichungen für die Erwartungswerte zur Verfügung, welche die Dynamik der

Spinerwartungswerte, d. h., der makroskopischen Magnetisierung, hervorragend beschreiben. Wie Rigden [58] darstellt, ist die NMR von Anfang an mit Hilfe klassischer Konzepte beschrieben worden.[14] Wir haben hier bewusst die klassische Darstellung verwendet, und nicht das Vektormodell des Spins: Denn eine klassische Beschreibung funktioniert nur für die Magnetisierung, die eine makroskopische Größe ist, und nicht für die einzelnen Spinfreiheitsgrade, die als quantenmechanische Größen der Quantisierung und Unbestimmtheit unterworfen sind. An $\mathbf{M}(t)$ dagegen ist nichts unbestimmt, und auch nichts quantisiert.

In der folgenden Diskussion greifen wir die Diskussion der Interpretationskapitel auf und zeigen, dass diese für das Verständnis der Pulstechniken relevant ist. Es scheint, dass wir hier ein Beispiel vor uns haben, bei dem die **Interpretationsmodelle** (s. Kap. 6 und Kap. 13) scheitern. Konkret, die Spins als klassisches Ensemble (KK-Ensemble, s. Abschn. 6.2.1) zu modellieren, funktioniert nicht. Nun ist das für das Verständnis der NMR kein Problem, denn wir können ja, wie oben ausgeführt, auf ein klassisches Bild ausweichen, das völlig adäquat ist. Nur sollten wir dieses nicht mit mikroskopischen Darstellungen einzelner Spins vermischen.

Problem der Kegeldarstellung Wir haben in den Interpretationskapiteln die klassischen (Interpretations-)Modelle diskutiert, und einige ihre Probleme herausgearbeitet. Das Vektorbild des Spins gehört zu dieser Klasse von Modellen: Es kann einerseits einige Aspekte der Quantenmechanik anschaulich darstellen, wie in Abschn. 10.3.3 und 19.3.3 dargestellt. Anderseits aber gibt es Aspekte, in denen dieses Modell zu kurz greift. Betrachten wir dazu nochmals den α^z-Zustand in einem statischen B_z^0 Magnetfeld:

- Im Magnetfeld muss eine Präzessionsbewegung auftreten. Das machen klassische Drehimpulse nun mal so. Zudem, wenn sich die Drehimpulse auf einem Kegel befinden, dann muss auf alle Fälle eine Bewegung stattfinden (Abschn. 13.2.3), um das Verschwinden der $\langle \hat{s}_x \rangle$ und $\langle \hat{s}_y \rangle$ Erwartungswerte zu erklären.
- Diese Bewegung der Einzelspins ist jedoch experimentell nicht feststellbar (Abschn. 21.3.5) hat also fiktiven Charakter.
- In einem Ensemble von Spins, wie in Abb. 21.3a dargestellt, muss man dann annehmen, dass die einzelnen Spins statistisch unabhängig voneinander präzedieren, damit sich die x-y-Komponenten auch im Ensemble ausmitteln. Die Spins rotieren also nicht gleichförmig mit gleicher Phase.
- Um ein magnetisches Moment mit einem $\pi/2$-Puls um 90° zu drehen, wie in Abb. 34.8a dargestellt, muss das (B^1-) x-y-Magnetfeld genau die gleiche x-y-Ausrichtung haben, wie das magnetische Moment $\mathbf{M}(t)$. Es muss sich also mit dem magnetischen Moment mitdrehen, ihm auf der Spiralbahn in die x-y-Ebene folgen. Und das B^1-Magnetfeld muss mit der selben Frequenz in der x-y-Ebene rotieren, wie die Spins präzedieren.

[14] Bzw. gab es zwei ‚Schulen' der NMR, die eine verwendete konsequent klassische Konzepte, die andere quantenmechanische.

Wenn wir nun aber die Spins in einem Ensemble durch eine Präzession auf dem Kegel modellieren, dann entsteht folgendes Problem: Die Spins rotieren völlig unkoordiniert auf ihren Kegeln, jeder zwar mit der gleichen Frequenz, aber mit einer anderen Phase, sodass $\langle \hat{s_x} \rangle = \langle \hat{s_y} \rangle = 0$ resultiert. Damit kann aber ein einziger $\pi/2$-Puls gar nicht alle auf einmal kippen; man benötigt für jeden einzelnen von ihnen einen ‚individuellen' $\pi/2$-Puls, denn sie präzedieren ja phasenverschoben auf den Kegeln.

Das ist also die Konsequenz, wenn man sich die Spins als klassische magnetische Momente auf einem Kegel vorstellt. Im Gegensatz dazu kippt in der Quantenmechanik ein Puls alle Spins auf einmal, es ist ein **kohärentes Phänomen,** denn die Spins scheinen eine kohärente Bewegung auszuführen, die man durch ein klassisches Ensemble weder beschreiben, noch erklären kann. Das klassische Ensemble ist **inkohärent,** es fehlen die Interferenzterme, die die Bewegung der Spins zu einem kollektiven Phänomen werden lässt. Man kann also die Kopplung von Magnetfeldern, allgemeiner, die Kopplung von elektromagnetischer Strahlung an die Dynamik der Spins nicht in einem klassischen Bild fassen.[15] Dagegen verstehen wir das Verhalten der Spins sehr gut, wenn wir nur die Erwartungswerte Gl. 34.22 betrachten: Bei $t = 0$ liegt nur eine z-Komponente $\langle \hat{s_z} \rangle$ vor, die beiden anderen Komponenten verschwinden. Und diese z-Komponente wird durch den B^1-Puls in die x-y-Ebene gedreht.

Wir verstehen die **Ehrenfestdynamik** der Erwartungswerte nun etwas besser: Zum einen erhalten wir tatsächlich klassisches Verhalten für die Erwartungswerte. Allerdings treten auch Interferenzphänomene auf, die auf die Kohärenz im Ensemble zurückgeht.

L. G. Hanson [24] hat einige der Fehlvorstellungen thematisiert, die bei der Beschreibung von NMR-Experimenten auftreten. Dazu gehört die Vorstellung, dass die Vektoren durch den Puls auf dem Kegel in eine Richtung konzentriert werden können, wie in Abb. 34.9 dargestellt. Wir sehen hier, wie uns das Kegelmodell in die Irre führen kann, wenn man sich des klassischen Charakters nicht bewusst ist. Zum einen kann durch keinen Puls der Welt die Verteilung der Spins auf dem Kegel verändert werden. Wie gerade ausgeführt, müsste man dazu jeden Spin einzeln adressieren können. Zum anderen haben wir den Trichter ja eingeführt, um die Unbestimmtheit

[15] Dies ist analog zu den elektronischen Übergängen in Abschn. 21.3.4. Hier haben wir ebenfalls gesehen, dass die Modellierung mit einem klassischen Ensemble, in dem die Interferenzterme fehlen, die Übergänge und die Kopplung an das Strahlungsfeld nicht beschreiben kann. Denken Sie hier auch an die Bewegung im Kastenpotenzial (Abschn. 20.3.2): Die Erwartungswerte folgen klassischen Bewegungsgleichungen, die Wiederkehrzeiten sind aber nur mit Hilfe der kohärenten Dynamik, d. h., als Interferenzeffekte, verstehbar.

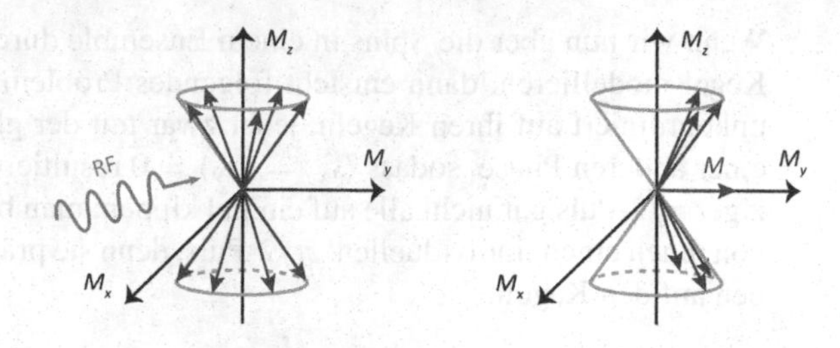

Abb. 34.9 Fehlvorstellung des Umklappens von Spins, die zu einer Magnetisierung führt, adaptiert von Hanson [24]

klassisch zu veranschaulichen. Und das heißt in diesem klassischen Bild, dass man den Spin nicht genauer als irgendwie auf dem Kegel liegend bestimmen kann. Damit kann man aber experimentell nicht auf die Positionen auf dem Trichter zugreifen, und diese modifizieren: Denn damit würde man ja die Unbestimmtheit aushebeln. Zudem, wenn der Spin in x-Richtung ausgerichtet ist, dann kippt in diesem klassischen Bild der ganze Kegel in x-Richtung, wie in Abb. 12.7 für den Bahndrehimpuls veranschaulicht. Wenn $\mathbf{M}(t)$ rotiert, dann rotiert $\mathbf{s}(t)$, und um die Unbestimmtheit anzuzeigen, müsste man dann den Kegel mit dem Feld $B^0 + B^1$ mitrotieren lassen.

Superpositionen Mit Gl. 20.1 haben wir gesehen, dass man die unterschiedlichen Spineigenzustände jeweils als Superpositionen schreiben kann, wie also z. B. α^x in Gl. 34.15. Ein $\pi/2$-Puls kann also einen α^z Eigenzustand in einen α^x Eigenzustand überführen, der als Superposition der z-Eigenzustände darstellbar ist. Dieser wird dann im Magnetfeld präzedieren. Dies ist ein Beispiel dafür, wie Superpositionen gezielt angeregt werden können, die möglicherweise für die neuen Quantentechnologien, wie Quantencomputer, relevant werden. Und in der Tat, Spinzustände werden z. Z. für die Realisierung der ersten Prototypen von Quantencomputern verwendet.

NMR als kohärentes Phänomen NMR ist ein schillerndes Phänomen: Zum einen scheint sich das System klassisch zu verhalten, die Ehrenfestdynamik beschreibt eine klassische Bewegung der Magnetisierung (Bloch-Gleichungen), die Dynamik der Erwartungswerte zeigt keine Quantisierung.

Auf der anderen Seite aber ist sie ein kohärentes Phänomen: Wenn wir das System als ein klassisches Ensemble modellieren, dann vernachlässigen wir in Gl. 20.4 die Interferenzterme. Die Bewegung der Spins ist **kohärent** d. h., sie zeigen eine quantenmechanische Kopplung, die durch keine klassische Wechselwirkung beschrieben werden kann.

Hier sehen wir den eigenartigen Doppelcharakter der Ehrenfestdynamik: Auf der einen Seite beschreibt die Dynamik der Erwartungswerte Phänomene, die klassischen Bewegungsgleichungen folgen. Auf der anderen Seite ist die Bewegung kohärent, d. h., die Interferenzterme haben eine zentrale Bedeutung für die Dynamik.

NMR und EPR An diesem Beispiel kann man auch die Bedeutung des **Antirealismus** (Kap. 6) bezüglich der Spinkomponenten im α^z-Zustand erläutern: Im klassischen Ensemble, d. h., einem Ensemble von Spinvektoren auf Kegeln, **haben** die Atome bestimmte Spins, nur ist die genaue Lage dieser Drehimpulsvektoren auf den Kegeln nicht bekannt. Wir nehmen in dieser Sichtweise an, die Spins hätten ebenfalls x-y-Komponenten, wir kennen sie nur nicht. In der Sprache des EPR-Gedankenexperiments (Kap. 29) nehmen wir damit **Elemente der Realität** an, die den x-y-Komponenten des Spinvektors entsprechen. Dies hat eine Konsequenz: Wir haben gesehen, dass man damit Pulstechniken nicht erklären kann. Und diesen Umstand kann man durchaus verstehen, ja, es muss sogar so sein, dass diese Vorstellung scheitert.

Die Diskussion der Bell'schen Ungleichungen in Kap. 29 hat gezeigt, dass die Annahme dieser klassischen Realität im Widerspruch zu experimentellen Ergebnissen steht. Eine Ignoranzinterpretation der Wahrscheinlichkeiten, die besagt, dass die x-y-Komponenten in der Natur zwar vorliegen, wir sie aber nicht genau kennen, und daher nur Wahrscheinlichkeitsaussagen treffen können, ist widerlegt (siehe auch das PBR-Theorem, Kap. 5 und Kap. 6). Die Annahme dieser Elemente der Realität ist nicht im Einklang mit den quantenmechanischen Vorhersagen, die experimentell sehr gut bestätigt sind. D.h., die Vorstellung von Drehimpulsvektoren, die man einzelnen Spins zuweisen kann, ist falsch. Der **Antirealismus** würde an dieser Stelle sagen, diese Komponenten existieren nicht.

Nach der Quantenmechanik **gibt** es nur eine z-Komponente. Und diese z-Komponente kann durch einen $\pi/2$-Puls in die x-y-Ebene gedreht werden. Genauer gesagt, die Quantenmechanik selbst macht natürlich keine Aussage über Existenz oder Nichtexistenz, dies ist eine Interpretationsfrage. Aber die Quantenmechanik sagt, dass nur eine Komponente bestimmbar ist. Über die anderen Komponenten kann keine Aussage gemacht werden. Aber, und das ist die Brisanz des Bell'schen Theorems, eine lokal-realistische Erweiterung der Quantenmechanik, und damit auch eine entsprechende Interpretation, ist im Widerspruch zur empirischen Evidenz. Man darf also nicht annehmen, dass die Spins schon vorliegen, wir nur die genauen Werte der Komponenten nicht kennen (Ignoranzinterpretation). Wir müssen eigentlich sagen, **es gibt keine** x-y-Komponenten des Spins, denn wenn es sie gäbe, würden wir die NMR-Experimente nicht verstehen.

34.6 Zusammenfassung und Fragen

Zusammenfassung Der Kernspin

$$|\hat{I}| = \hbar\sqrt{I(I+1)}, \quad I_z = \hbar m_I$$

mit $m_I = -I, -(I-1) \dots I-1, I$ folgt den üblichen Regeln für Drehimpulse, und mit ihm ist wie beim Elektron ein magnetisches Moment $\boldsymbol{\mu}_I = \gamma \mathbf{I}$ verbunden. In einem äußeren Magnetfeld B_0 kommt es zu einer Aufspaltung der Energieniveaus

$$E = -\mu_z B_0 = -g_N \beta_N m_I B_0,$$

bei einem Kernspin $I = \frac{1}{2}$ gibt es zwei Zustände mit $m_I = \pm\frac{1}{2}$. Die Größe dieser Aufspaltung ist durch das **Kernmagneton** $\beta_N = \frac{e\hbar}{2m_p}$ bestimmt, analog zum Bohr'schen Magneton für Elektronen. Da β_N die Protonenmasse enthält, sind kernmagnetische Effekte um etwa den Faktor 2000 kleiner als die des Elektronenspins. Daher werden Kernzustände mit elektromagnetischen Wellen im Megahertzbereich angeregt (Radiowellen). Die Anregungsfrequenz, auch Larmor-Frequenz

$$\omega_L = \gamma B_0$$

genannt, ist direkt vom angelegten Magnetfeld abhängig.

Durch die Elektronenstruktur liegt aber nicht B_0 am Kernort an, vielmehr wird ein weiteres schwaches Magnetfeld B_{ind} induziert, das dieses vermindert,

$$B = B_0 - B_{\text{ind}} = (1 - \sigma) B_0,$$

was durch die chemische Abschirmung σ beschrieben wird. Mit einem NMR-Spektrum misst man dann die Verschiebung der Signale bezüglich einer Referenzstruktur, diese Verschiebung wird in ppm (‚parts per million') angegeben. Bei der Protonen-NMR kann man die Lage der Verschiebungen sehr gut in einem Spektrum charakterisieren, d. h. Aufschluss über die chemische Umgebung dieser Protonen erhalten. Zusätzlich gibt es noch eine Kopplung der Kernspins, die eine weitere, schwächere Aufspaltung des Spektrums bedingen, Feinstruktur genannt. Aus dieser lassen sich weitere Information über den Molekülbau erhalten.

Fragen

- **Erinnern:** (Erläutern/Nennen)
  - Wie hängen magnetisches Moment und Spin zusammen? Erläutern Sie die einzelnen Faktoren.
  - Was ist der Kern-Zeeman-Effekt?
  - Wie hängen absorbierte Wellenlänge und äußeres Magnetfeld B_0 zusammen?
  - Warum wird im Bereich der Radiofrequenzen absorbiert? Vergleichen Sie das mit den anderen spektroskopischen Methoden.
  - Skizzieren Sie ein NMR-Spektrometer. Warum benötigt man tiefe Temperaturen für eine bessere Auflösung?
  - Was ist die chemische Abschirmung, was die chemische Verschiebung?
  - Welche Mechanismen der Spin-Spin-Wechselwirkung gibt es?

- **Verstehen:** (Erklären)
  - Warum kann man den Spin des Neutrons nicht so erklären wie den des Protons oder Elektrons?
  - Erklären Sie die Mechanismen, die zur Abschirmung führen. Was sind die Mechanismen der Spinkopplung?
  - Erläutern Sie das Spektrum von Ethanol. Warum hängt das Spektrum von Umgebungsbedingungen ab?

Interpretation V

35

Interpretationen der Quantenmechanik Es gibt eine Vielzahl von Interpretationen der Quantenmechanik. Alle versuchen eine Antwort darauf zu geben, wie denn die Welt aussehen könnte, die von der Quantenmechanik beschrieben wird. Und das geht bis hin zu der Auffassung, dass die Quantenmechanik genau darüber keine Aussage machen kann. In den Kapiteln zur Interpretation wurden die grundlegenden Konzepte, Probleme und begrifflichen Unterscheidungen dargelegt, die der Vielfalt der Interpretationen zugrunde liegen.[1] Es ging nicht darum, bestimmte Interpretationen als besonders angemessen auszuweisen, sondern die Konsequenzen für die Darstellung der Quantenmechanik in Lehre und Forschung auszuloten. Welche Erklärungen können wir mit der Quantenmechanik geben, was können wir verstehen und welches Bild der Welt erhalten wir? Und in diesem Kontext stellte sich die Frage, ob die Axiome und die Born'sche Interpretation, die wir üblicherweise voraussetzen, dafür schon ausreichen, oder ob wir immer schon – mehr oder weniger stillschweigend – weitere Annahmen mit einfließen lassen.

Pragmatisch-realistische Interpretationen Wenn man die philosophische Diskussion betrachtet, so wirkt diese aus der Perspektive der Anwendung, z. B. von Wissenschaftlern der physikalischen, aber auch organischen oder anorganischen Chemie, oft etwas abstrakt. Dabei gerät leicht aus dem Blick, dass wir im wissenschaftlichen Alltag und in der Lehre mit genau diesen Interpretationsproblemen konfrontiert sind. Wir beschreiben, was Elektronen machen, wir reden bildhaft, als könnten wir das mit Hilfe der Quantenmechanik genau darlegen. Spins präzedieren, Elektronen wechseln

[1] Dies zeigt eine die Offenheit der Quantenmechanik gegenüber unterschiedlichen konzeptionellen Zugriffen. Siehe z. B. Wallace D (2020) On the plurality of quantum theories. In: French S, Saatsi J Scientific realism and the quantum. Oxford University Press

© Springer-Verlag GmbH Deutschland, ein Teil von Springer Nature 2021

M. Elstner, *Physikalische Chemie II: Quantenmechanik und Spektroskopie*,
https://doi.org/10.1007/978-3-662-61462-4_35

die Moleküle, wir haben eine Vorstellung des Atom- und Molekülbaus, wir reden von Photonen und beschreiben die Vorgänge der optischen Anregung und Rückkehr in den Grundzustand etc. Während in der philosophischen Diskussion die Interpretation der Quantenmechanik sehr kritisch und kontrovers diskutiert wird, scheint uns in der Anwendung kaum etwas zu fehlen, oder doch? Dies sollte nicht als rhetorische Frage aufgefasst werden, im Gegenteil, es war die leitende Frage der Interpretationskapitel: Wenn wir heute denken, in einem gewissen Rahmen ein Bild des Mikrokosmos zu haben, was genau ist dieser Rahmen? Und was machen wir, um diesen auszuformulieren? Gelingt uns das in konsistenter und nachvollziehbarer Weise? Wenn nicht, dann könnte das ein Problem für die Lehre darstellen. Und es könnte sein, dass wir uns dann auch in der Forschung in unserer Begrifflichkeit verheddern. Betrachten wir das folgende Zitat von Werner Heisenberg:[2]

> Ich fragte Bohr daher: ‚Wenn die innere Struktur der Atome einer anschaulichen Beschreibung wenig zugänglich ist, wie Sie sagen, wenn wir eigentlich keine Sprache besitzen, mit der wir über diese Struktur reden können, werden wir Atome dann überhaupt jemals verstehen?‘ Bohr zögerte einen Moment und sagte dann: ‚Doch. Aber wir werden dabei gleichzeitig erst lernen, was das Wort verstehen bedeutet.‘

Das ist stark, haben wir das in den letzten 100 Jahren gelernt? Auf den ersten Blick scheint es, wir hätten heute eine Sprache, die es erlaubt, über die ‚innere Struktur‘ der Atome zu reden. Dabei beziehe ich mich auf die Darstellung in Lehrbüchern und die Art und Weise, wie wir in der Physik, Chemie und Biologie über die auftretenden Quantenphänomene reden. Wir reden die ganze Zeit über die ‚innere Struktur‘ von Atomen und Molekülen, reden vom Aufbau der Atome, und dies scheint eine zufriedenstellende Beschreibung zu sein. Zumindest ist es nicht so, dass die Wissenschaftler sich dauernd beschweren würden, dass man das alles gar nicht verstehen kann. Wenn dem so ist, dann kann man sich fragen, was seit der Anfangszeit der Quantenmechanik passiert ist? Was bedeutet heute ‚verstehen‘? Die Ausführungen in den Interpretationskapiteln hatten das Ziel freizulegen, woraus genau diese Sprache besteht und welches Bild des Mikrokosmos sie uns vermittelt. Könnte es sein, dass dieses Bild größtenteils ein ‚modellhaftes‘ ist? Wir haben verschiedene Typen von Modellen kennen gelernt, die uns eine **Beschreibung,** aber auch **Erklärung,** des Mikrokosmos erlauben, wo die Quantenmechanik sich selber etwas ziert, sich genauer festzulegen.

35.1 Modelle und genaue Lösungen

Wir haben den Formalismus der Quantenmechanik kennen gelernt, bestehend aus Axiomen und dem mathematischen Formalismus. Dieser erlaubt, Wellenfunktionen, Eigenwerte und Erwartungswerte zu berechnen.

[2] Heisenberg W (1969) Der Teil und das Ganze.

Modelle Meist aber, wenn wir etwas Konkretes ausrechnen und Aussagen über die Natur machen, verwenden wir Modelle. Wir haben verschiedene Typen von Modellen kennen gelernt, die entscheidende Einsichten in die Struktur der Materie überhaupt erst ermöglicht haben. Werfen wir zunächst noch einmal einen Blick auf die Modelle, die wir kennengelernt haben:

- **Modelle ‚vor einer Theorie':** Dazu gehören das Bohr'sche Atommodelle oder Modelle des Photons, wie in Kap. 3 beschrieben. Diese basieren auf Elementen der klassischen Theorien und zusätzlichen Ad-hoc-Hypothesen.
- **Potenzialmodelle und chemische Konzepte:** Dies sind die vereinfachten mathematischen Modelle der Wechselwirkungen in Teil II, die analytische Lösungen der Schrödinger-Gleichung ermöglichen. Darauf bauen die wesentlichen chemischen Konzepte auf, die in Teil III eingeführt wurden. Diese Modelle erlauben ein grundlegendes konzeptionelles Verständnis chemischer Probleme. Sie sind für Einteilchenprobleme entwickelt worden, d. h., man betrachtet ein Teilchen, das sich im effektiven Potenzial anderer Teilchen befindet, das tunnelt, oder Dimere, die schwingen oder rotieren. Man kann die Modellvorstellung dann aber z. T. auch auf mehratomige Moleküle übertragen, wie z. B. bei der Diskussion der Normalmoden in Kap. 31 geschehen.
- **Modelle der Quantenchemie:** Sobald mehrere Elektronen ins Spiel kommen, erlaubt die Verschränkung keine Rede mehr von einzelnen Elektronen und ihren Eigenschaften (Abschn. 29.1). Hier kommen die Quantenchemiemodelle, z. B. die Hartree-Fock und DFT-Methoden, ins Spiel, die uns eine Vorstellung des Aufbaus der Atome und Moleküle geben und eine zentrale Rolle in der chemischen Forschung spielen. Wir reden von Elektronen und ihren Spins, Orbitalen, in denen diese sich befinden, Besetzungszahlen, Spin-Spin-Wechselwirkung etc. Wir bekommen ein Bild der Atome und Moleküle, und wichtige Elemente sind die Orbitale sowie die zugehörigen Energiezustände, die wir nach bestimmten Regeln besetzen. Während die Quantenmechanik selbst nur über eine Elektronendichte von N Teilchen reden kann, die strukturlos ist und von Elektronen handelt, die ununterscheidbar sind (Abschn. 29.1), bringen die Modelle eine Ordnung in das Geschehen, mit der sich arbeiten lässt. Wir erhalten sogenannte **Elektronenstrukturmodelle,** die aus der Forschung nicht mehr wegzudenken sind.
- **Interpretationsmodelle:** Wir reden von einem Elektron im 1 s-Orbital, schreiben diesem eine Energie, Drehimpuls und Spin zu, d. h., zumindest in den ‚Materialwissenschaften' (z. B. Chemie, Festkörperphysik) reden wir von Quantenteilchen, die bestimmte Eigenschaften **haben.** Wir schreiben den Quantenteilchen bestimmte Eigenschaften zu (EPR-Realitätskriterium), die sich bei Auswertung der Eigenwertprobleme kommutierender Operatoren ergeben. Das Problem sind dann die Eigenschaften, die unbestimmt bleiben: Wie erklärt man die Streuung der Observablen, ohne Bezug auf Messungen nehmen zu müssen? Hier kommen die Interpretationsmodelle ins Spiel, i) **Schrödingers Materiewelle,** ii) **Heisenbergs Potenzialität,** iii) die **statistische Interpretation,** die das PVE verwendet, und das **Vektormodell** des Drehimpulses. Mit Materiewellen deutet man die Unbestimmtheit als Verschmierung, in der Ensembleinterpretation sind die

verschiedenen möglichen Werte auf die Teilchen des Ensembles ‚verteilt', bei Heisenbergs Potenzialitätskonzept sind sie in einem Teilchen als mögliche Werte integriert, und beim Vektormodell des Drehimpulses wird die Unbestimmtheit durch den Kegel repräsentiert. Diese Modelle ermöglichen eine Rede über die Quantenobjekte, indem sie der Unbestimmtheit eine klassische Anschauung geben, die sich auf die Objekte selbst bezieht und keine Referenz auf den Messprozess erfordert, in dem diese Eigenschaften erst realisiert werden. Es sind genuin klassische Konzepte (wie eine kontinuierliche Materieverteilung), die eine Veranschaulichung der Unbestimmtheit ermöglichen, und damit eine objektive Rede erlauben. Und für diese Interpretationsmodelle gilt natürlich das, was wir in Kap. 3 über das Bohr'sche Atommodell gesagt haben: Sie ermöglichen, bestimmte Aspekte der Quantenmechanik durch Projektion auf Konzepte der klassischen Physik in ein Bild zu fassen, werden aber anderen Problemen nicht, oder nur teilweise, gerecht (Abschn. 13.1.5 und 34.5.3). Und das ist uns eigentlich klar, denn wir haben das Modell der Materiewelle schon in Kap. 4 als unzureichend ausgewiesen. Und klassisch statistische Darstellungen, die auf der Ignoranzinterpretation und dem PVE beruhen, sind schlicht falsch: Das ist die Aussage des PBR-Theorems und Ergebnis der Diskussion um das EPR-Argument.[3]

Genaue Lösungen Wir können heute die Schrödinger-Gleichung sehr exakt lösen, wir können bei der Berechnung der molekularen Eigenschaften über die Born-Oppenheimer-Näherung hinaus gehen und Quanteneffekte der Kerne mit einbeziehen. Wir können anharmonische Oszillatoren betrachten. Wir können also Rechnungen durchführen, die über die Grenzen der Modelle hinausgehen, indem wir i) die Potenziale in der Schrödinger-Gleichung immer genauer annähern, ii) immer bessere Ansätze für die Wellenfunktionen verwenden und iii) auch Beiträge z. B. der relativistischen Quantenmechanik und Quantenelektrodynamik einbeziehen. Wenn wir aber beispielsweise ein Configuration-Interaction-Verfahren für die Elektronen verwenden, dann verschwimmt das Orbitalbild, wir bilden eine Superposition, die auch die angeregten Zustände einbezieht, man nähert sich dem Bild einer Menge ununterscheidbarer Elektronen, wie in Kap. 29 diskutiert. Zumal auch über die Gesamtspinwellenfunktionen die Spins der einzelnen Elektronen als Superpositionen darstellt werden.

Die Modelle geben uns also einen klaren konzeptionellen Rahmen, der für eine große Klasse von Phänomenen eine qualitative, und in vielen Fällen auch eine näherungsweise quantitative, Beschreibung ermöglichen. Bei einer quantitativ genauen Beschreibung scheinen die Bilder zu verblassen,[4] oder scheinen teilweise nicht mehr anwendbar. So werden beispielsweise Bindungstypen gefunden und durch genaue

---

[3]Dass sie trotzdem weiter verwendet werden, wurde als ‚Skandal' der Quantenmechanik bezeichnet [28].

[4]So z. B. auch das Bild der Normalmoden, wie in Kap. 31 dargestellt. Wenn man über die harmonische Näherung hinaus geht, koppeln die unterschiedlichen Moden, und das Bild von scharf getrennten kollektiven Schwingungen verblasst zunehmend, je nach Stärke der Kopplung.

Lösungen der Schrödinger-Gleichung beschrieben, die mit dem Standardmodell der chemischen Bindung durch Orbitalüberlapp nicht befriedigend erklärt werden können (s. u). Hier erlaubt die genaue Berechnung eine mathematische Beschreibung der Bindung, die mit den Modellen nicht erklärt werden kann.

35.2 Realismus

Die orthodoxe Quantenmechanik ist **nicht-lokal, nicht-separabel** und unterstützt keinen **lokalen Realismus.**[5] D. h., bestimmte **Elemente der Realität,** die wir für ein anschauliches Bild der Materie benötigen und aus der klassischen Mechanik gewohnt sind, stellt die Quantenmechanik einfach nicht zur Verfügung. Beispiele dafür, die wir diskutiert haben, sind Trajektorien oder eine genaue Bestimmung aller drei Komponenten der Drehimpulsvektoren. Wir haben gesehen, dass als Folge die Eigenschaften von Quantenteilchen immer nur in Bezug auf mögliche Messergebnisse adressiert werden können, wir können nicht in derselben Weise über das Mikrogeschehen reden, wie wir es von den klassischen Theorien gewohnt sind. Im wissenschaftlichen Alltag verwenden wir aber meist eine Rede, die von Quantenobjekten und ihren Eigenschaften unabhängig von der Messung handelt, also ein objektiv beschreibbares Naturgeschehen unterstellt. Das wirft Fragen auf:

- Mogeln wir, wissen wir eigentlich gar nicht genau, worüber wir da reden?
- Oder liegt das daran, dass wir die Wirklichkeit immer nur modellhaft adressieren können? Ist dies vielleicht sogar ausreichend? Es ist ja nicht so, dass die Forschung in den letzten 100 Jahren nicht erfolgreich war.
- Oder müssen wir nach einer Variante der Quantenmechanik, bzw. nach einer konsistenten Interpretation, Ausschau halten, die eine realistische Rede ermöglicht - die also das einlöst, was wir faktisch schon immer machen?[6]

35.2.1 Modelle des Mikrokosmos

In Kap. 13 und 21 haben wir an den verschiedenen Beispielen gesehen, dass die **Interpretationsmodelle** recht selektiv angewendet werden, oft für das Problem nicht wirklich adäquat sind und daher keine Grundlage für eine realistische Interpretation sein können. Denn sie sind im Kern klassische Konzepte und können damit das ‚Neue' der quantenmechanischen Phänomene nicht fassen. Der Formalismus der Quantenmechanik hat eine reichhaltigere Struktur, beispielsweise kann man mit Hilfe von Superpositionen eine Vielzahl von physikalischen Zuständen darstellen, die klassisch nicht auftreten. Und dies ist kein mathematisches Artefakt, sondern

[5]Dabei ist ein nicht-lokaler Realismus, wie er z. B. in der De-Broglie-Bohm'schen Variante der Quantenmechanik implementiert ist, möglich.

[6]Die Vertreter der in Abschn. 6.2.3 aufgeführten Theorien machen genau diesen Punkt stark.

wird möglicherweise handfeste technische Realisierungen haben, wie etwa in der Form von Quantencomputern. Wie wir gesehen haben, äußern sich die Superpositionen in den Interferenztermen, und genau diese sind es, die über die klassische Physik hinausgehen. Am Beispiel von Gl. 12.10: Die klassische Physik kennt nur die Ausdrücke, in denen die p_n auftreten, die Interferenzterme $a_n^* a_m$ haben keine Entsprechung in der klassischen Physik; und gerade diese erlauben es, die Quantenphänomene mathematisch darstellen. Ein Bild, das eine klassische Anschauung der Interferenzterme ermöglicht, muss zwangsläufig zu kurz greifen, wie in Kap. 13 diskutiert.

Zum einen ist also die Quantenmechanik nur abstrakt **mathematisch** in ihrer umfassenden Aussage zu verstehen (s. Abschn. 6.4), und das ist nicht wirklich so schwer. Wir verstehen die Orts-Impuls-Unbestimmtheit über das Wellenpaket: Die Orts- und Impulsverteilungen (Abb. 4.3) sind über eine Fourier-Transformation verbunden, ihre Breiten sind damit voneinander abhängig. Und analog können wir die anderen Phänomene, wie Verschränkung, Nichtlokalität oder Dekohärenz mathematisch verstehen. Allerdings kann man dann nicht alle Terme **physikalisch** deuten, zumindest nicht wie in der klassischen Mechanik gewohnt. Das aus der mathematischen Darstellung folgende Verhalten passt nicht zu dem, was Punktteilchen üblicherweise machen. Die Interpretationsmodelle setzen genau hier an, sie geben eine schöne Anschauung, aber sind nicht in der Lage, den Gehalt der Quantenmechanik vollständig wiederzugeben, wie in Kap. 13 ausgeführt. Der physikalische Gehalt der Superpositionen ist nur im abstrakten Formalismus aufgehoben, d. h., das was die Teilchen in einer Superposition machen, ist **mathematisch beschreibbar,** aber lässt sich nicht veranschaulichen, es ist in unseren gewohnten Bildern nicht **darstellbar.** Dies weist auf ein grundlegendes Dilemma, wie z. B. bei Greca und Freire ausgeführt : Ein Teil der Forscher (und Lernenden) kann sehr gut mit einem abstrakten Formalismus operieren und damit ein Verständnis der Quantenmechanik erlangen, ein anderer Teil scheint anschauliche Modelle für ein wirkliches Verständnis zu benötigen, ein rein abstrakter Zugang scheint nicht jedem möglich.

Auf der anderen Seite haben wir die Grenzen der Interpretationsmodelle deutlich kennen gelernt,

- sie erlauben zwar eine **Anschauung der Unbestimmtheit** (Abschn. 10.3.3) und ermöglichen eine Rede über Quantenobjekte unabhängig von der Messung,
- zwingen uns dann aber dazu, den Quantenteilchen Eigenschaften zuzuschreiben, die nicht beobachtbar sind (Abschn. 13.2.3)
- und führen zu Situationen, in denen wir die Physik nicht mehr verstehen, wenn wir sie mit diesen Modellen beschreiben (Abschn. 34.5.3).

All dies liegt daran, dass sie **Elemente der Realität** im Sinne des EPR-Arguments behaupten, welche der quantenmechanische Formalismus nicht hergibt und die in der Konsequenz im Konflikt mit den Experimenten stehen. Wir bekommen eben keine klassische (lokale) Beschreibung einer Realität auf der Quantenebene.

Es scheint, als sei unser Verständnis der mikroskopischen Vorgänge an die Verwendung von Modellen geknüpft, so haben wir die zentralen Konzepte für die Chemie in Teil III eingeführt. Es kann also nicht darum gehen, die Modelle komplett zugunsten einer reinen Berechnung von quantenmechanischen Observablen zu verabschieden. Es bleibt uns womöglich nichts anderes übrig, als die Stärken und Grenzen modellhaften Verstehens genauer auszuloten und mögliche Fallstricke sehr gut zu beleuchten.[7]

35.2.2 Neue Terminologie und Quantenrealismus

Das eingangs aufgeführte Heisenberg-Zitat deutet an, dass die Art und Weise, wie wir über den Mikrokosmos **reden** und ihn zu **verstehen** versuchen, sich verändert haben könnte. Wir haben die neuen Konzepte der **Delokalisierung, Unbestimmtheit** und **Superposition** (Kap. 13) kennen gelernt, und später die **Nichtlokalität, Nicht-Separabilität** und **Verschränkung** (Kap. 29). Haben diese Konzepte die Art und Weise zu reden verändert? Beschreiben und erklären wir in der Quantenmechanik nun anders, vielleicht auf diesen neuen Konzepten aufbauend? Wenn in der klassischen Mechanik die Konzepte der Trajektorien (Ort, Impulse) und Wechselwirkung via Energie-/Impuls-Übertrag in Erklärungen auftauchen, dann könnten im Mikrokosmos vielleicht eher die neuen quantenmechanischen Konzepte eine tragende Rolle haben.

Beispiel Orbitale Die Erklärung der chemischen Bindung basiert auf der Kombination von Atomorbitalen. Hier benötigen wir keine detailliertere Information über Orte und Geschwindigkeiten von Elektronen. Offensichtlich sind nun Orbitale die irreduziblen Elemente, die chemischen Erklärungen zugrunde liegen. Dies setzt sich dann mit den Molekülorbitalen fort, die eine vielfältige Rolle z. B. bei angeregten Zuständen, Transfer von Elektronen etc. haben.

Man kann sich natürlich immer noch vorstellen, dass die Ladung der Elektronen über die Orbitale ‚verschmiert' ist oder dass die Elektronen an allen Stellen ‚gleichzeitig sind'. Aber dies fügt der Erklärung der anvisierten Eigenschaften keinen weitergehenden Aspekt hinzu. Anstatt eines der klassischen Interpretationsmodelle zu verwenden kann man auch sagen, dass der Ort des Elektrons im Bereich der Orbitale nicht weiter bestimmt ist, diese repräsentieren sozusagen die Unbestimmtheit. Dies kann einen Bezug auf eine mögliche Messung haben, die Orbitale sind eben der Bereich, in dem man die Elektronen bei Messung antreffen würde. Eine neue wissenschaftliche Ausdrucksweise zu lernen heißt in diesem Fall, mit den Orbitalen operieren zu lernen; wir müssen das Geschehen ‚im Orbital' gar nicht weiter auflösen. Denn genau dies trägt zu einer chemischen Erklärung nicht substantiell bei. Wir

[7] Solange wir die OQM nicht zugunsten alternativer Formulierungen verlassen wollen (Abschn. 6.2.3).

lernen, die Orbitale als nichthintergehbare Elemente der Beschreibung zu verwenden, die Frage nach einer Dynamik innerhalb der Orbitale ergibt keine Antwort, die sinn- und gehaltvoll ist (Abschn. 13.2). Wir reden daher von **Delokalisierung,** was schlicht eine **Bezeichnung** dieses neuen Phänomens ist. Wir haben dieses Phänomen in einem Begriff gefasst, wir können es aber nicht erklären, wie in Abschn. 6.4 ausgeführt. Mit Delokalisierung ist gemeint, dass für die Elektronen in einem Orbital die Unbestimmtheitsrelation gilt und wir darauf verzichten, eine **Ignoranzinterpretation** der Wahrscheinlichkeiten zu verwenden; wir also nicht in die Falle tappen, eine irgendwie geartete Bewegung von Punktteilchen in Orbitalen anzunehmen. Analoges gilt für die Frage, was die Spins auf den Trichtern machen. Schon die Vorstellung, dass die Spins auf Trichtern liegen, ist eine klassische Modellvorstellung, die eben nur Aspekte des Geschehens verdeutlichen kann. Es gibt aber keine konsistenten Antworten auf alle möglichen Fragen, die man nun über die so dargestellten Spins aufwerfen kann.[8] Und es trägt ebenfalls nichts zu den Erklärungen bei, die mit dem Vektormodell gegeben werden können, z. B. die Kombination von Drehimpulsen betreffend, die mit diesem Modell anschaulich gemacht werden kann.

Beispiel Verschränkung Bei der Rezeption der Newton'schen Theorie war die Fernwirkung der Gravitationskraft das große Rätsel und ein wichtiger Ansatzpunkt der Kritik. Man suchte nach Mechanismen, die eine Übertragung der Wirkungen (s. Abschn. 1.1 und Abschn. 6.4), z. B. über ein Medium, erklären. Ein Medium, das den Raum füllt und verdeutlichen kann, wie ein Körper ohne direkten Kontakt zu einem anderen Körper die Anziehungskraft vermitteln kann. Heute haben wir die Fragen nach dem Transmissionsmechanismus fallen lassen und akzeptieren die Gravitation als grundlegendes Phänomen. Man kann sagen, wir haben uns daran gewöhnt, dass solche Kräfte wirken und wir haben eine Formel, welche die entsprechende Wirkungen quantifizieren kann.[9]

Dagegen werden die Fernwirkungen der Quantenmechanik, wie wir sie in Kap. 29 diskutiert haben, als ‚spukhaft' und eigenartig wahrgenommen. Und in der Tat gibt es einen Unterschied zur klassischen Fernwirkung, sie wird im Formalismus anders repräsentiert: Im klassischen Fall beruht sie auf Potentialen, im quantenmechanischen auf einer Verschränkung der Wellenfunktion. Und dennoch, die **Mathematik der Verschränkung** ist einfach zu verstehen, auch der nichtlokale Kollaps der Wellenfunktion, wie in Kap. 28 besprochen, ist frappierend einfach. Was Kopfzerbrechen bereitet, ist sich vorzustellen, was da **physikalisch** passiert. In Abschn. 29.3 haben wir vorgeschlagen, die Kopplung von Systemen über die Verschränkung ebenfalls als einen Mechanismus zu verstehen. Wir können nun, ausgehend von diesem Phäno-

[8]So führt ein klassischer Eigendrehimpuls geladener Teilchen zu einem magnetischen Moment, welches in einem Magnetfeld zwangsläufig präzedieren muss (Abschn. 13.2.3). Dass quantenmechanisch keine Präzessionsbewegung einzelner Spins darstellbar ist zeigen die Artefakte, die eine klassische Darstellung quantenmechanischer Sachverhalte nach sich ziehen (Abschn. 21.3.5) und Probleme bei der Beschreibung von Experimenten nach sich ziehen können (Abschn. 34.5.3).

[9]Bzw. verweisen wir auf die Allgemeine Relativitätstheorie, die das Problem anders angeht, es aber nicht unbedingt verständlicher macht.

men, Erklärungen geben: Warum verschwindet das Interferenzmuster im Welcher-Weg-Experiment? Weil es eine Verschränkung mit dem Messgerät gibt, und dieses ausgelesen wurde. Damit kollabiert auch die Wellenfunktion der Teilchen im Versuch, und das Interferenzmuster verschwindet. Wir sehen, man kann mit Hilfe der Verschränkung eine Verkettung nach klaren Regeln formulieren, was man als Mechanismus auffassen kann. Eine Erklärung ist eine Antwort auf ‚warum'-Fragen, und basierend auf der Verschränkung können wir nun einige solcher Fragen beantworten. Und so können wir, ausgehend von der Verschränkung, ein Modell für die Dekohärenz entwickeln, welches das Verschwinden der Interferenzterme plausibel macht. Newton sprach von mathematischen Prinzipien der Natur, so der Titel seines Hauptwerks, ganz analog haben wir es bei der Verschränkung und Dekohärenz mit mathematischen Prinzipien zu tun, die das Verhalten der Quantenobjekte beschreiben. Legen wir die Verschränkung zu Grunde, verstehen wir nun, auf welche Weise Interferenzterme verschwinden und eine klassisch statistische Beschreibung möglich wird. Verschränkung ist ein Prinzip der Natur, das wir nun in unsere Erklärungen einbinden können.

Gesetz von der Erhaltung der Rätsel Aber natürlich bleiben Rätsel: Wir verstehen nicht, warum Eigenschaften der Quantenteilchen unbestimmt sind. Wir haben gesehen, dass wir das nicht erklären können, sondern im Gegenteil, dass dies durch die mathematische Darstellung im Formalismus schlicht enthalten ist. Zudem verstehen wir, auf welche Weise das im Formalismus enthalten ist (Fourier-Transformation), aber nichts im Formalismus gibt uns einen mikroskopischen Mechanismus an die Hand, der uns dieses genuine Quantenverhalten erklärt. Analog die Verschränkung: Wir verstehen nicht, wie wir uns vorstellen können, dass die Teilchen über große Abstände gekoppelt sind. Wir wissen nur, dass es so ist, und sehen, dass diese Kopplung in der mathematischen Beschreibung verankert ist. Wenn an einem Teilchen ein Kollaps stattfindet, dann auch instantan am anderen (Abschn. 28.3). Und das größte Rätsel ist vielleicht, dass die Quantenmechanik an dieser Stelle keinen Abschluss hat. Wir können Modelle der Dekohärenz entwickeln, d. h., für alle praktischen Anwendungen können wir die Dekohärenz absolut angemessen in unsere Beschreibung einbeziehen. Die Schrödinger-Dynamik aber kann das Verschwinden der Interferenzterme letztendlich nicht erklären (Abschn. 21.2), wir müssen an einer Stelle einen Schnitt machen und sagen: Nun sind die weg.[10] Wir implementieren das als Kollaps, wenn die Wellenfunktion des Messgeräts kollabiert, dann verstehen wir über den ‚Mechanismus' der Verschränkung, dass nun die Interferenzterme auch am Quantenobjekt verschwunden sind. Wir sehen, dass die **Beschreibung** von Quantenobjekten sowie die **Erklärung** ihres Verhaltens auf den neuen, quantenmechanischen Prinzipien basieren muss. Und wie in Kap. 6 ausgeführt, können diese wiederum nicht erklärt und schon gar nicht auf die klassische Mechanik zurückgeführt werden. Wir haben sie **entdeckt,** in **mathematische Formeln gekleidet,** und als neue **konzep-**

[10] In der Dekohärenztheorie wird gesagt, dass sie nicht wirklich weg sind, sondern nun in den (sehr vielen!) Freiheitsgraden der Umgebung versteckt sind .

tionelle Grundbausteine der Theorie etabliert, welche diese als **Grundprinzipien der Erklärung** verwendet. Eine Erklärung ist damit der Ausweis, dass – und auf welche Weise – ein komplexes Phänomen des Mikrokosmos auf den grundlegenden Quanteneffekten wie Unbestimmtheit und Verschränkung beruht.

Wenn wir akzeptieren, dass die Quantenmechanik Neues in Begriffe kleidet und mathematisch beschreibt, dann können wir kaum gleichzeitig hoffen, dieses Neue verlustfrei auch in klassischen Begriffen ausdrücken zu können. Wir können das Problem auf verschiedene Weisen formulieren, aber nie komplett auf Bekanntes und schon Erklärtes zurückführen.[11] Die Natur verhält sich im Kleinen (und Großen) auf eine Art und Weise, die unserem Alltagsverstand schwer bis gar nicht verständlich ist. Das heißt aber nicht, dass wir hier in ein hilfloses Staunen verfallen, denn wir kommen dem in der mathematischen Beschreibung bemerkenswert gut bei, allerdings mit der Konsequenz, dass sich die Art, wie wir Phänomene verstehen und erklären – wie Bohr ausgeführt hat – verändert. Das ist der Punkt, an dem die Wissenschaft über den Alltagsverstand hinausgeht. Sie kann verlässliches Wissen generieren, macht das aber auf eine Weise, die die Möglichkeiten unserer Anschauung übersteigt.

Grenzen der Modelle Wir haben oben eine Gegenüberstellung der Modelle mit den exakten Rechnungen vorgenommen. Die Elektronenstrukturmodelle basieren auf Orbitalen und erlauben eine Vorstellung vom Aufbau der Atome und Moleküle (Einelektronenbild), während mit zunehmender Exaktheit der Rechnung dieses Bild verschwimmt: Auch die genauen quantenchemischen Rechnungen starten beispielsweise bei einem Hartree-Fock-Modell (HF), bringen dann aber durch erweiterte Ansätze die Elektronen (CI) in eine Superposition der Orbitale und Spineinstellungen. Man kann dann nicht mehr von einzelnen Elektronen und ihren Eigenschaften sprechen, wie in Kap. 29 ausgeführt. Im Prinzip wurde damit schon auf der HF-Ebene angefangen, nur wurden dort die Austauschwechselwirkungen noch als Zusatzpotenzial dargestellt, welches sich in das Bild separierbarer Elektronen fügt. Wir machen also die eigenartige Feststellung, dass, je genauer wir rechnen, desto mehr unser Bild der Elektronenstruktur verschwindet. Es ist nur auf einer bestimmten Näherungsebene (HF, DFT) präsent, und doch bestimmt es unser Reden über die Materie.

Denn für viele Moleküle und Materialien sind die Korrekturen klein, sodass die HF- oder DFT-Terme dominant sind. Und hier funktioniert beispielsweise auch das in diesem Buch vorgestellte Modell der chemischen Bindung, welches auf dem Überlapp der Atomorbitale beruht. Das gilt aber nicht allgemein und es gibt inzwischen viele Beispiele, die zu Kontroversen führten, da sich in diesen Fällen die **Mecha-**

[11] Es sind offensichtlich alternativen Formulierungen der Quantenmechanik möglich, wie in Abschn. 6.2.3 angemerkt. Diese verschieben auf sehr pfiffige Weise das Rätsel im Formalismus, aber lösen es nicht letztendlich, was dann eben neue Fragen aufwirft. Daher fand keine dieser Theorien bisher eine breite Akzeptanz in der wissenschaftlichen Gemeinschaft .

nismen der Bindung nicht so einfach formulieren lassen.[12] Das nun auftauchende Problem ist sehr schön in diesem Zitat dargestellt:[13]

> Just performing computations on these materials often reproduces the experimental observations, ... But that doesn't teach researchers anything about the possible routes to designing new materials. ‚This is where chemical bonding becomes the key,' she observes. ‚We need to find the critical elements in the electronic structure ... that explain the experimental results.'

Eine Rechnung, die nur eine Zahl liefert, hilft uns oft nicht weiter: Wenn wir neue Materialien mit spezifischen Eigenschaften finden wollen, benötigen wir eine Suchrichtung, d. h., wir benötigen eine modellhafte Vorstellung davon, wonach wir suchen sollen, was wir verändern müssen, um bestimmte Moleküleigenschaften gezielt zu modifizieren. Wir brauchen Mechanismen, die uns bei der Suche leiten. Die üblichen Modelle der Lehrbücher können hier zu kurz greifen und man muss neue Konzepte entwickeln, die nun greifen. Aber auch andere Aspekte der Elektronenstrukturmodelle, wie das Aufbauprinzip und die Hund'sche Regel, sind nicht überall anwendbar, wie an einigen Beispielen gezeigt wurde.[14]

> These examples illustrate the obsolescence of qualitative rules, such as aufbau principle and Hund's multiplicity rule, given the contemporary understanding of the complex electronic configurations. These artifact textbook dogmas, therefore, should not remain a hindrance to future discoveries of molecules with unusual spin states and properties.

Der obige Hinweis, dass viele unserer Erklärungen in der Chemie stark auf Orbitalen basieren, reflektiert also zwei Umstände: i) Dass wir in der Tat klassische Konzepte wie Trajektorien in diesem Kontext nicht mehr benötigen, dass wir, wie Bohr anmerkt, neue Konzepte gefunden haben, die uns ein Verständnis ermöglichen. Aber auch ii) dass die Erklärungen selber modellhaft sind. Sie funktionieren sehr gut in einem z. T. großen Bereich, sind aber nicht allgemeingültig. Aber welchen Status haben die Orbitale dann?

Der Umstand, dass die Orbitale, d. h. Einelektronenwellenfunktionen, weder observabel, noch eindeutig sind, hat nach mehreren Behauptungen, dass Orbitale experimentell messbar seien, zu einer Debatte geführt.[15] Man muss unterscheiden zwischen dem mathematischen Konstrukt, das in HF- und DFT-Rechnungen auftritt, und innerhalb der Theorie eine Hilfsgröße zur Berechnung von Eigenschaften darstellt (siehe die Diskussion in Abschn. 28.4), und dem experimentell Messbaren, was sich auf eine Aufenthaltswahrscheinlichkeit bezieht. Wir müssen nicht die

---

[12] Shaik et al (2013) Angew Chem Int Ed 52:3020; Alvarez et al (2009) Chem Eur J 15:8358; Frenking, Krapp (2007) J Comput Chem 28:15; Schwarz WHE (2001) Theor Chem Acc 105:271; Ball P, What is a bond? Chemistry World, 30.1.2014.

[13] Zitiert nach: Ritter A (2016) The art of the chemical bond. ACS Cent Sci 2:769.

[14] Zitat aus: Gryn'ova et al (2015) WIREs Comput Mol Sci 5:440.

[15] Scerri E (2000) J Chem Educ 77:1492; Mulder P (2011) Int J Philos Chem 17:24; Pham B, Gordon M (2017) J Phys Chem A 121:4851; Schwarz W (2006) Angew Chem 118:1538; Autschbach J (2012) J Chem Educ 89:1032.

Realität der Orbitale behaupten, um sie in Erklärungen sinnvoll einsetzen zu können. Es reicht, wenn sie in der Lage sind, die chemischen Daten zu strukturieren. Dieses Schicksal teilen die Orbitale mit vielen anderen physikalischen Größen, wie etwa Gravitationspotenzialen, Entropie etc., was in Abschn. 6.1.2 kurz angesprochen wurde.[16] Aber wir müssen sehen, dass sie theoretische Konzepte sind, welche die chemischen Daten eben nur in einem, z. T. sehr weiten, Bereich strukturieren, aber bei neuen interessanten Anwendungen durchaus an ihre Grenzen kommen können.

35.3 Eigenzustände, Eigenwerte und Erwartungswerte

Bei der Charakterisierung des quantenmechanischen Formalismus ist uns aufgefallen, dass er verschiedene mathematische Elemente in sich vereint, die ihn wie eine Mischform der drei klassischen Theorien aussehen lassen (Abschn. 5.2): Der Hamilton-Operator lässt uns glauben, wir beschreiben ein einzelnes System, die Schrödinger-Gleichung weist auf eine kontinuierliche Wellenbeschreibung, und die Erwartungswerte werden gebildet wie statistische Mittelwerte in der kinetischen Theorie. Die Born'sche Interpretation verwendet einen ‚statistischen Trick', um die ausgedehnte Welle auf einen Punkt kollabieren zu lassen, bezieht sich aber auf Anzeigen von Messgeräten (Abschn. 4.2.4).

Diese Mischform in der Beschreibung führt zu Folgendem: Für einen Satz kommutierender Observabler können wir genaue Werte der Observablen berechnen, wenn das System in dem entsprechenden Eigenzustand ist, für alle anderen Observablen erhalten wir Erwartungswerte. Während sich erstere als Eigenschaften der Quantenteilchen interpretieren lassen, sind letztere nur auf ein Ensemble sinnvoll beziehbar. Die Wellenfunktion hat hier also eine Zwitterfunktion. Aber, wir haben gesehen, dass diese Ensemblemittelwerte durchaus sinnvoll zur Charakterisierung einzelner Quantenobjekte verwendet werden können, über das Konzept der typischen und mittleren Eigenschaften. Wir reden eben sinnvoll über Dipolmomente und Lebensdauern, welche eine wertvolle Information über die betrachteten Teilchen enthalten. Wir verwenden offensichtlich Information über die Einzelteilchen und statistische Information auf ergänzende Weise bei der Beschreibung der Quantenobjekte.

In der Chemie haben wir es in vielen Anwendungen mit Ensembles zu tun, wir betrachten eine bestimmte Stoffmenge, für die wir durchaus eine Sprache entwickelt haben, die uns ein Verständnis der Mikrowelt vermittelt. Wenn allerdings einzelne Quantensysteme untersucht werden, scheint eine abstraktere Ausdrucksweise angebracht, wie in Abschn. 35.4 ausgeführt.

[16] Jenkins Z (2003) Do you need to believe in orbitals to use them? Philos Sci 70:1052.

35.3.1 Elemente der Realität, typische und mittlere Eigenschaften

Die Interpretationsmodelle sind die eine Möglichkeit, über die Minimalinterpretation hinauszugehen, und zu Aussagen über Quantenobjekte unabhängig von der Messung zu kommen, mit den oben beschriebenen Problemen. Nun betrachten wir die Interpretation der Eigenwerte und Erwartungswerte: Denn nach den Axiomen der Quantenmechanik beziehen sich diese ebenfalls nicht auf Eigenschaften der Teilchen selbst, sondern auf Ergebnisse von Messungen, d. h. im Prinzip auf Anzeigen von Messgeräten. Um über die Teilchen selbst und ihre Eigenschaften reden zu können, müssen wir daher die Minimalinterpretation um einige Elemente anreichern. Vielleicht führt das zu einer konsistenteren Redeweise.

- **EPR-Realitätskriterium** Wir betrachten einen Satz kommutierender Operatoren und ihre Eigenfunktionen. Ist das System in einer dieser Eigenfunktionen, so sagen wir, es **hätte** die den Eigenwerten entsprechenden Eigenschaften (Abschn. 6.1.2). Dies setzt ein Wissen um das System bzw. gegebenenfalls eine Präparation des Systems voraus und reflektiert unsere übliche Redeweise, wenn wir sagen, das Elektron im 1 s-Zustand des H-Atoms **hätte** eine Energie und einen Spin, aber keinen Drehimpuls ($l = 0$).
- **Typische Eigenschaften** Hier assoziieren wir Erwartungswerte, die ja eigentlich Ensembleeigenschaften sind, mit einzelnen Quantenobjekten (Abschn. 13.2.2). Denn eigentlich kann man Erwartungswerte einzelnen Teilchen nicht zuordnen. Niemand würde sagen, dass **ein** Teilchen gemäß der kinetischen Gastheorie eine mittlere Geschwindigkeit $\langle v \rangle$ **hat.** Wir wissen, dass es sich hier um einen Mittelwert handelt. Und doch sind wir gewillt zu sagen, das Wassermolekül **habe** ein elektrisches Dipolmoment von ca. 1,9 Debye. Molekulare Dipolmomente aber werden auch als Erwartungswerte berechnet und es stellt sich die Frage, warum wir hier in der Praxis nicht in einen Antirealismus verfallen (‚ein Dipolmoment gibt es nicht unabhängig von einer Messung‘). Im Gegenteil sind wir durchaus gewillt, Molekülen solche Eigenschaften zuzuschreiben, obwohl sie sich von Orts- und Impulserwartungswerten nicht prinzipiell unterscheiden. Es ist nämlich für eine Typisierung oft gar nicht nötig, die individuellen Details zu kennen, sondern eine Beschreibung gelingt gerade auch in Abstraktion davon.[17] Und dieses Vorgehen ist nicht so unterschiedlich zu den Verfahren im Makroskopischen, wo man auch oft auf individuelle Details verzichtet, oder verzichten muss.[18] Wir sind oft mit prinzipiellen Unsicherheiten konfrontiert, die entweder eine genauere

[17] Wobei hier ja nicht die Zuschreibung so funktioniert, dass man zuerst individuelle Details hat und in seiner Rede von denen abstrahiert; sondern dass man umgekehrt Erwartungswerte berechnet und dann über Teilchen als ‚Typen‘ oder ‚Vertreter eines Typs‘ adressiert.

[18] So wollen wir womöglich unseren genauen Todeszeitpunkt gar nicht wissen, sondern leben ganz gut mit der Kenntnis der Lebenserwartung. Für die Planung der finanziellen Ressourcen werden Schwankungen dann durch das ‚ Ensemble‘ ausgeglichen (Rentenversicherung).

Beschreibung unmöglich machen oder aber bei denen genauere Angaben für den Zweck der Beschreibung gar nicht benötigt werden.[19]

- **Mittlere Eigenschaften** Bei der Diskussion der elektronischen Übergänge und der Spindynamik in Kap. 20 und 21 haben wir gesehen, dass man Erwartungswerte durchaus als gemittelte Eigenschaft auffassen kann, denn wir reden hier von einem Ensemble von N Teilchen. In diesem Sinn kann man sich das System aus Einzelteilchen vorstellen, die im Mittel diese Eigenschaft haben (Abschn. 21.3.5). Offensichtlich ergibt dies nicht in allen Fällen Sinn, denn was sollte ein Mittelwert aus toten und lebenden Katzen bedeuten? Aber in vielen Fällen beschreiben wir Situationen mit der Quantenmechanik, die Anwendungen der klassischen Statistik nicht unähnlich sind: So reden wir von einem mittleren Bierkonsum von 100 ln pro Jahr, was auch Säuglinge und Antialkoholiker umfasst. Die Rede von einem mittleren Spin könnte sich aus der Magnetisierung motivieren, die aus den Spinerwartungswerten der N Teilchen des Ensembles resultiert. Man kann sich hier N Teilchen mit einem mittleren Spin vorstellen. Allerdings hängt dies kritisch vom Zustand ab: Im thermischen Grundzustand in einem B_z-Magnetfeld spricht man vermutlich eher von $N|a_1|^2$ Spins im Zustand α^zs und $N|a_2|^2$ Spins im Zustand β^z (Abschn. 20.3.5), da man hier ein klassisches statistisches Ensemble annehmen kann. Man sieht, die Rede von mittleren Eigenschaften ist situationsspezifisch, es gibt keine ‚black-box'-Regel welche die Anwendung bestimmt. Sie hängt von den äußeren Umständen ab, äußeren Feldern, der Temperaur oder aber der Präparation, wie im Falle von Teilchengeschwindigkeiten (Kap. 5). Aber wir können situativ sehr gut entscheiden, wann eine solche Rede sinnvoll ist.[20] Das ist im Alltag nicht anders: So ergibt die Angabe eines mittleren Kalorienbedarfs durchaus Sinn, aber nicht die Angabe einer mittleren Haarfarbe. D. h., wir kommen gar nicht umhin, bei jeder Anwendung der Statistik die Angemessenheit der resultierenden Beschreibung zu beurteilen, dies muss nicht zentral im Formalismus verankert sein.

Rede über einzelne Quantenobjekte Der springende Punkt ist: Wir reden oft über einzelne Atome oder Moleküle in einem Ensemble, und häufig basiert das auf den obigen Interpretationsmodellen, mit den geschilderten Konsequenzen. Wenn man dennoch eine Rede über einzelne Quantenobjekte aufrechterhalten möchte, könnte man alternativ den einzelnen Quantenobjekten Eigenwerte und Erwartungswerte zuweisen. So ist die Rede von Dipolmomenten als typischen Eigenschaften in der Chemie fest verwurzelt, die Rede von mittleren Spins vielleicht weniger: Dennoch ist das gut zu motivieren, die Magnetisierung als makroskopisches Phänomen ist unstrittig, diese durch N zu teilen und auf die Atome zu projizieren, scheint für manche Fälle sinnvoller als das Vektormodell des Spins. Denn letzteres basiert auf dem PVE und der Ignoranzinterpretation, während die Zuweisung von Erwartungswerten

[19] So benötigt ein Supermarkt für die Planung des Einkaufs nicht den individuellen Bierkonsum jedes einzelnen Kunden, sondern den mittleren in dieser Gegend.

[20] Hier geht es nicht darum, eine neue Interpretation vorzustellen. Vielmehr soll die Rede, die man oft im wissenschaftlichen Kontext vorfinden kann, rekonstruiert werden: Was wird hier vorausgesetzt, um so über die Quantenteilchen reden zu können?

als mittlere Eigenschaften keine Eigenschaften impliziert, welche die Quantenmechanik nicht zu berechnen erlaubt. Wenn man eine solche Einteilchenperspektive ablehnt, dann müsste man eine Ensembleperspektive einnehmen, in der über die einzelnen Spins keine Aussage gemacht wird, sondern nur noch über die makroskopische Magnetisierung zu reden ist. Auch kein großer Schaden.

Typische und mittlere Eigenschaften In beiden Fällen ist der springende Punkt, dass wir nun von Eigenschaften der Teilchen selbst reden, und nicht von Messwerten (Abschn. 21.3.4 und 21.3.5). Dies ist sicher im Fall der Magnetisierung $\mathbf{M}(t)$ gerechtfertigt: Wir haben gezeigt, dass die Magnetisierung eine klassische Größe ist, die klassischen Bewegungsgleichungen (Bloch-Gleichungen) gehorcht (Abschn. 34.5). Und der spannende Aspekt ist, dass sich diese klassischen Gleichungen aus den Ehrenfestgleichungen direkt ergeben. Die Ehrenfestgleichungen ermöglichen damit unmittelbar eine Sprache, die sich direkt auf Geschehnisse in der Natur beziehen, unabhängig von einer Messung. Und die Rede von mittleren Spins etc. überträgt dies auf die statistischen Eigenschaften der einzelnen Teilchen.

Nun ist ein mittlerer Spin sicher keine typische Eigenschaft, denn er hängt von dem Magnetfeld ab; ein molekulares (statisches) Dipolmoment aber schon, so wie wir das eingeführt haben. Was ist der Unterschied? Nun, den könnte man wie folgt charakterisieren: Die mittleren Eigenschaften hängen von der Präparation (Impuls, Spin), d. h. von einer **äußeren Einwirkung** auf die Quantenteilchen, ab. Die typischen Eigenschaften erklären sich aus der **inneren Struktur** der Teilchen: Das Dipolmoment hängt von der atomaren Zusammensetzung ab und ist charakteristisch für den Aufbau der Moleküle, der mittlere Atomradius hängt von der Elektronenzahl und Kernladung ab und reflektiert die Schalenstruktur der Atomhülle. Lebensdauern von angeregten Zuständen sind ebenfalls charakteristisch für die einzelnen Moleküle und Typen von Anregungen (Singulett-Triplett), da sie von der Energielücke und dem Übergangsdipolmoment abhängen Typische Eigenschaften lassen sich mit dem atomaren/molekularen Hamiltonoperator eindeutig als Erwartungswerte berechnen. Der Hamiltonoperator repräsentiert sozusagen diese innere Struktur.

Diese typischen Eigenschaften haben eine wichtige Funktion für unsere Rede über Materie bzw. unser Bild der Welt: Die Atome **haben** eben eine bestimmte Größe, die wir z. B. in einem Schalottenmodell visualisieren, die Materie ist so aufgebaut, **als ob** die Atome eine Größe hätten. Wir verstehen wesentliche Eigenschaften von Wasser, da wir wissen, dass die Wassermoleküle recht starke Dipolmomente haben. Zu sagen, diese Bausteine der Materie **hätten** keine Größe und Dipolmomente unabhängig von einer Messung, wie wir das noch beim Stern-Gerlach-Versuch einzelner Atome machen mussten (Abschn. 21.1.3), ist offensichtlich wenig sinnvoll. Im Prinzip hat die Dekohärenztheorie die Aufgabe, den Übergang in die klassische Welt durch den Verlust der Interferenzterme zu beschreiben. In der semi-klassischen Darstellung, die wir hier gewählt haben, stellen wir fest, dass gerade eine kohärente Dynamik makroskopische Wirkungen erzielt: Die elektronischen Übergänge erzeugen ein elektromagnetisches Feld, der klassische oszillierende Dipol resultiert aus den Interferenztermen der Dynamik (Abschn. 20.3.4), analog ist es mit der Spindynamik. Die Dekohärenztheorie gibt ein Modell für das Abklingen der Interferenzterme und ist damit für die Simulation vieler chemischer Prozesse (Photochemie, Elektronentransfer etc.) von Bedeutung. Der Hertz'sche Dipol aber resultiert aus den Interferenztermen, und dennoch werten wir ihn als ein klassisches Phänomen. Das ist die Besonderheit der Ehrenfestdynamik, die, wie in Kap. 20 und 21 festgestellt, eine beobachterunabhängige Beschreibung ermöglicht, sobald es sich um Ensembles handelt. D. h., die Dekohärenztheorie löst nicht alle Probleme, welche eine objektive Beschreibung der Materie betreffen. Offensichtlich haben wir auch eine objektive Beschreibung, die wesentlich kohärente Phänomene umfasst.

Das bringt uns zurück zu der Feststellung am Anfang dieses Abschnittes, dass die Quantenmechanik formal als eigenartige Mischform klassischer Theorien auftritt. Dies spiegelt sich in unserer Rede über die Eigenschaften einzelner Teilchen wieder: Die Rede über Energie und Spins des Wasserstoffelektrons funktioniert über das EPR-Realitätskriterium analog wie in der klassischen Physik. Die Rede von typischen und mittleren Eigenschaften weicht davon ab. Denn hier werden Ensemblemittelwerte einzelnen Teilchen zugeordnet. Aber das ist uns aus dem Alltag nicht unbekannt, wir hatten auf die Parallelen zum täglichen Kalorienbedarf oder zur Lebenserwartung hingewiesen (Abschn. 13.2.2).

35.3.2 ‚Fuzzy' Eigenschaften

Die Quantenmechanik stellt eine Reihe von Observablen zur Verfügung, aus denen sich aber viele wichtige Konzepte der Chemie nicht direkt berechnen lassen. Hier geht es um Eigenschaften wie Aromatizität, Oxidationszahlen, atomare Ladungen, Elektronegativität, Bindungsstärken oder Konjugation. Diese lassen sich weder als quantenmechanische Eigen-, noch als Erwartungswerte berechnen, was Fragen zu dem Status dieser Größen aufwirft. Wie kann es sein, dass diese chemisch so wichtigen Konzepte keine Basis in der Quantenmechanik haben? Ist das der Grund, warum die Chemie ein eigenständiges Fach ist und sich nicht vollständig auf die Physik reduzieren lässt? Mit Hilfe von Quantenchemieprogrammen gibt es jedoch Möglichkeiten, diese Konzepte quantitativ auszuwerten. Diese sind jedoch nicht eindeutig, in der Regel gibt es mehrere Wege, diese chemischen Größen auszurechnen, daher wurden sie , fuzzy' genannt.[21] Auch hier handelt es sich um Eigenschaften, die wir den Molekülen zuschreiben. Und die Quantenmechanik erlaubt es uns, diese zu berechnen. Genau diese Eigenschaften erklären das chemische Verhalten der Moleküle, eine Anbindung dieser Eigenschaften an einen Messprozess reflektiert in keinster Weise die chemische Rede.

Wie kann man das verstehen? Wir stellen uns hier objektive Eigenschaften von Molekülen vor, doch die Quantenmechanik selbst erlaubt eine solche Objektivierung in keinster Weise. Typische und fuzzy Eigenschaften haben eine Gemeinsamkeit: Sie lassen sich beide aus der Struktur der Moleküle berechnen. Hat man einen

[21] Siehe z. B. Gonthier et al (2012) Chem Soc Rev 41:4671; Jansen, Wedig (2008) Angew Chem 120:10176; Coote, Dickerson (2008) Aust J Chem 61:163.

molekularen Hamiltonian, wie in Kap. 23 eingeführt, so kann man diese Eigenschaften bestimmen, und diese Eigenschaften den Molekülen zuweisen. Man könnte hier also das EPR Realtitätskriterium (Abschn. 6.1) anwenden, und ihnen eine Realität zusprechen. Praktisch machen wir das immer schon so, wir reden von Dipolmomenten und vergleichen Moleküle bezüglich ihrer fuzzy Eigenschaften. Wir verwenden diese Eigenschaften sogar, um neue Moleküle für technische Anwendungen zu identifizieren. Wir kommen in der wissenschaftlichen Rede fast gar nicht umhin, von objektiven Eigenschaften der Moleküle zu reden, unabhängig von einer Messung.

Nun basiert dieser molekulare Hamiltonoperator aber auf der molekularen Struktur, einer klassischen Eigenschaft (eindeutige Positionen), die in der Quantenmechanik so erst einmal nicht vorkommt. Wie diese zu verstehen ist, ob diese eventuell auch aus der Dekohärenz resultiert, ist ein lang diskutiertes Problem, das wir nun nicht weiter vertiefen können. Und das Problem der Dekohärenz, nämlich dass sie keine abschließende Lösung des Messproblems leistet, haben wir nun mehrmals erläutert. Unsere Rede von objektiven Eigenschaften von Molekülen, die nicht auf Eigenwerten eines Hamiltonoperators basieren, sich aber dennoch direkt mit seiner Hilfe berechnen lassen, basieren jedoch auf diesem klassischen Konzept. Es scheint, wir haben hier eine zentrale Voraussetzung unser Rede von objektiven molekularen Eigenschaften, die auf einer pragmatischen Lösung eines Grundlagenproblems basiert.

35.4 Und was können wir nicht berechnen?

Wir importieren Observable wie Ort, Impuls, Drehimpuls, Energie etc. aus der klassischen Mechanik und stellen sie durch Operatoren dar. Allerdings kommutieren diese nicht vollständig untereinander. Ist das System in einem Eigenzustand eines Satzes kommutierender Operatoren, kann nur diesen ein definiter Messwert zugewiesen werden.

Kein Realismus Dieses Fehlen von definiten Werten einiger Observabler ist der Grund dafür, dass wir kein Bild des Mikrokosmos analog zu dem der klassischen Mechanik erhalten. Nach dem EPR-Realitätskriterium heißt das, dass bestimmte Elemente der Realität, wie wir sie aus der klassischen Physik gewohnt sind, in der Quantenmechanik so nicht auftauchen. Es lag zunächst nahe, die Quantenmechanik als **unvollständige Theorie** aufzufassen, eine bessere Theorie hätte eventuell ein vollständigeres Bild vermitteln können.

Die Diskussion um das EPR-Argument hat aber gezeigt, dass dies nicht der Fall sein kann, es kann keine **lokal-realistische** Vervollständigung der Quantenmechanik geben. Wir erhalten also auf keinen Fall ein lokal-realistisches Bild. Dass wir keine der klassischen Physik analoge Beschreibung des Mikrokosmos bekommen, liegt also nicht an einer Unvollständigkeit der Theorie, die man beheben könnte. Daher dürfen wir die Wahrscheinlichkeiten nicht mit einer Ignoranzinterpretation belegen. Es ist nicht so, dass wir da etwas über die Wirklichkeit nicht wissen, es scheint eher so zu sein, dass es da nichts zu wissen gibt. Das ist der Hintergrund des Antirealismus.

Sehen wir uns noch einmal ein paar Beispiele an, die in der Standardinterpretation der Quantenmechanik nicht weiter aufgelöst werden:

- **Diffusion** Wie kommen die Teilchen von A nach B? Nicht auf Trajektorien, aber wie dann? Z. B. haben wir mit dem Wellenpaket eine Gauß'sche Verteilung am Anfang (A) und Ende (B). Man kann keine definite Aussage darüber machen, wo ein Teilchen zur Zeit t_B ist, wenn es am Anfang beispielsweise am Maximum der Verteilung war. Man kann nur Wahrscheinlichkeiten angeben. Auch über die Art und Weise, wie es von A nach B kommt, kann man nichts aussagen.[22]
- **Harmonischer Oszillator** Was genau schwingt da? Wir beschreiben dieses System durch stationäre Zustände, das klassisch durch eine oszillierende Bewegung ausgezeichnet ist.
- **Orbitale** Dies ist analog zum harmonischen Oszillator: Wir haben keine Idee, was Elektronen in den Atom- oder Molekülorbitalen ‚machen'. Sie bewegen sich nicht auf Trajektorien, sie hüpfen nicht, sie sind auch nicht über das Orbital verschmiert.
- **Doppelspaltexperiment:** Hier gibt uns die Quantenmechanik keine Idee, auf welchen Bahnen sich die Teilchen bewegen, bevor sie am Schirm zur Interferenz kommen (Kap. 13).
- **Spin** Als wir den Stern-Gerlach-Versuch in Kap. 18 eingeführt haben, kamen wir nicht umhin, von einer Wechselwirkung des magnetischen Moments mit dem Magnetfeld zu reden. Später (Kap. 21) sahen wir, dass der Kollaps gar nicht mit der Wechselwirkung mit dem Feld eintritt: Was wechselwirkt da also? Wir bekommen keine mikroskopische Vorstellung davon, wie diese Wechselwirkung vor sich geht. Entsprechend haben wir der Spinpräzession nur eine makroskopische Bedeutung geben können, nämlich der Präzession der Magnetisierung $\mathbf{M}(t)$ (Abschn. 21.3.5). Über einzelne Spins können wir nichts aussagen, nur über ihre Erwartungswerte. Wir haben gesehen, dass ein genaueres Bild der Spinbewegung, wie es das Vektorbild des Spins zu geben scheint, durch das PBR-Theorem ausgeschlossen ist. Denn es weist allen Komponenten des Spins einen Wert zu (PVE) und verwendet eine Ignoranzinterpretation.
- **Elektronische Übergänge** Analoges gilt für elektronische Übergänge in Atomen und Molekülen (Kap. 21). Die Oszillationen der Übergangsdipole haben wir mit der Emission von Licht in Verbindung gebracht, sie lassen sich aber nicht auf einzelne Atome beziehen. Es ist offensichtlich nicht die Ladungsdichte eines Atoms, die da schwingt. Die Ladungsdichte selbst ist ein statistisches Konzept, es bezieht sich immer schon auf ein Enemble. Aber wenn man ein einzelnes Atom betrachtet, wie kommt das Elektron aus dem angeregten Zustand in den Grundzustand, wie lange dauert das, wie kann man den Zwischenzustand beschreiben etc.? Dies ist offensichtlich analog zur Diffusion, wir bekommen kein Bild des Übergangs eines Elektrons. Die Anwendung der Born'schen Regel gibt uns nur

[22] Hier sieht man, wie fest verwurzelt die Vorstellung einer Materiewelle ist, denn das scheint das dominante Bild zu sein, das man bei Nachfrage findet. Und die Materiewelle vermittelt ein kausaldeterministisches Bild. Analog die folgenden Beispiele.

Wahrscheinlichkeiten, ein Elektron im angeregten oder Grundzustand zu finden. Sie erlauben eine statistische Beschreibung der Populationen der Zustände, geben aber keine Beschreibung – geschweige denn Erklärung – der Prozesse bei Übergängen einzelner Quantenteilchen.

Wie das verstehen? Alle diese Vorgänge werden auf der Einzelteilchenebene durch objektive Wahrscheinlichkeiten beschrieben. Diese Wahrscheinlichkeiten reflektieren nicht ein Unwissen über Details der Vorgänge, denn dies hieße, die Interferenzterme als bloßes Unwissen zu charakterisieren. In all diesen ‚Vorgängen' sind die Zwischenzustände als Superpositionen charakterisiert. Die Quantenmechanik ist in der Lage, eben über solche Superpositionen wesentlich mehr physikalische Zustände auszuzeichnen als die klassische Mechanik. Und damit scheint es, lassen sich diese Zustände nicht mehr in klassischen Bildern interpretieren.[23] Wenn uns eine realistische Beschreibung dieser Zwischenzustände fehlt, dann ist es genau nicht der Fall, dass diese Zustände mathematisch schlecht definiert wären, sondern dass uns ein klassisches Bild dazu fehlt. Im Gegenteil, wir können diese Zustände sogar experimentell herstellen, so etwa in den ersten Realisierungen der Quantencomputer. Hier werden Superpositionen, z. B. von Spinzuständen, gezielt genutzt (Abschn. 13.1.5).

35.4.1 Modifikationen der Dynamik

Die Quantenmechanik als unvollständig aufzufassen bedeutet, nach einer Erweiterung zu suchen, welche die Unmöglichkeit einer Detailkenntnis so in eine Theorie integriert, dass daraus Unwissen wird. In diesem Fall bekäme man ein Bild obiger Vorgänge, man erhielte eine Theorie, welche die Prozesse auf der Ebene einzelner Teilchen auflösen könnte. Dies ist z. B mit der Bohm'schen Theorie (Abschn. 6.2.3) für die Diffusionsvorgänge gelungen, man kann Teilchentrajektorien bestimmen, die z. B. die Wege der Teilchen im Doppelspaltexperiment oder im Stern-Gerlach-Versuch beschreiben.[24] Die sogenannte ‚Quantum Trajectory Theory' (QTT) wurde entwickelt, um moderne spektroskopische Experimente an einzelnen Quantenteil-

---

[23] Obwohl genau das oft mit Hilfe der **Interpretationsmodelle** gemacht wird. Eingangs tauchte die Frage auf, ob wir hier mogeln oder immer nur modellhaft beschreiben? Hmm, sieht so aus!

[24] Die Kritik an dieser Theorie ist jedoch vielfältig, u. a. wird in Zweifel gezogen, dass die berechneten Trajektorien überhaupt eine Bedeutung haben können, *‚It is pointed out that Bohm's pilot wave theory is successful only because it keeps Schrödinger's (exact) wave mechanics unchanged, while the rest of it is observationally meaningless and solely based on classical prejudice', H. D. Zeh, Why Bohm's Quantum Theory? Found. Phys. Lett. 1999, 12, 197. Oder es wird darauf hingewiesen, dass diese Trajektorien sehr eigenartige Formen annehmen, Englert et al.., Surrealistic Bohm Trajectories, Z. Naturforsch. 1992, 47a, 1175. Und bei stationären Zuständen bewegt sich gar nichts, im Wasserstoff 1 s-Orbital stände das Elektron einfach unbeweglich an einer Stelle . Ob diese Beschreibung wesentlich bessere Einsichten erlaubt, als die OQM, scheint Geschmackssache zu sein.*

chen, z. B. Atomen, beschreiben zu können.[25] Bei solchen Modifikationen muss man dann aufpassen, dass sie kompatibel zu der Standardformulierung bleiben: Denn diese ist hervorragend bestätigt in ihren Vorhersagen, sie lässt nur keine Beschreibung und Interpretation einzelner Quantenobjekte zu, denn sie macht in diesem Fall nur statistische Aussagen. Diese Erweiterungen unterscheiden sich aber grundlegend von den kritisierten, einfachen Interpretationsmodellen: Sie sind nicht nur eine klassische Ausdeutung der Interferenzterme, sondern eine gezielte Erweiterung der Schrödinger'schen Quantenmechanik.

Übergangszeiten Dies wird vor allem relevant, da seit einiger Zeit eine gezielte Untersuchung einzelner Quantensysteme, z. B. die optische Anregung und Fluoreszenz einzelner Atome, möglich geworden ist. Dabei werden Aspekte wichtig, die bei der bisherigen Thematisierung in diesem Buch nicht abgedeckt wurden.

- In Abschn. 3.3 haben wir darauf hingewiesen, dass für die Spektroskopie, wie sie in der Chemie verwendet wird, eine klassische Darstellung des Lichts ausreichend ist. Dies betrifft die mathematische Beschreibung durch Wellenpakete und die klassische Wellengleichung, d. h. den Verzicht auf die Quantenelektrodynamik (QED), die ja eine Quantentheorie des Lichts darstellt. In Abschn. 29.2 haben wir dann über Experimente gesprochen, in denen die Rede von Photonen unverzichtbar erscheint, da hier einzelne Lichtquanten z. B. in eine Kavität emittiert werden. Das Licht, das von einzelnen Atomen und auch von einzelnen Molekülen emittiert wird, unterscheidet sich in seinem statistischen Verhalten von klassischem Licht.[26] Während bei klassischem Licht Wellenpakete ausgesandt werden, deren Photonenzahl > 1 ist (Abschn. 3.3), werden bei nichtklassischem Licht die Photonen so emittiert, dass sich keine lokale Häufung bei ihrer Emission einstellt, man nennt dies **antibunching.** Diese fehlende Korrelation ihrer Emission war ja auch eine der Voraussetzungen der Rede von einzelnen Photonen in Abschn. 3.3.3 (Versuch von Hanburry-Brown und Twiss) und ist die Basis der Korrelationsexperimente von Aspect und Mitarbeitern (Abschn. 29.2.3). Dies deutet darauf hin, dass wir diese Prozesse anders beschreiben müssen, also unter Einbeziehung der QED.
- In dieser Hinsicht sind Experimente interessant, die endliche Übergangszeiten, z. B. beim Photoeffekt oder bei der Emission von Licht, feststellen.[27] Findet man hier einen Prozess, d. h. ein Geschehnis, das zwischen den beiden Endzuständen stattfindet? Es scheint nun, als müsse man die Prozesse auflösen können, die einzelne Atome beim elektronischen Übergang durchlaufen.

[25] Plenio, Knight (1998) Rev Mod Phys 70:101; Ball P (3/2019) The quantum theory that peels away the mystery of measurement. Quanta Mag. Siehe auch die Literatur zum Wikipedia-Eintrag ‚Quantum Trajectory Theory'.

[26] Und damit wird die ganze Sache auch für die Chemie interessant, da nun mehr und mehr Experimente mit einzelnen Molekülen, und nicht mehr ausschließlich mit Ensembles, möglich werden.

[27] Ossiander et al (2018) Nature 6561:374; Minev et al (2019) Nature 570:200.

- Wenn man nun eine endliche Zeitdauer dieser Prozesse feststellt, so macht dies ein Problem der Standardformulierung der Quantenmechanik deutlich: Nämlich die Beschränkung auf Ensembles, wogegen nun eine konsistente Formulierung individueller Prozesse erforderlich wird. Für die einzelnen Atome sind nur Wahrscheinlichkeiten angebbar, aber was heißt das für die elektronischen Übergänge? Finden die instantan statt? Diese Vorstellung findet sich in der Rede der **Quantensprünge** wieder: Man denkt, dass ein Elektron schlagartig den Zustand wechselt. Das ist natürlich eine eigenartige Vorstellung, denn dies wäre eine unstetige Bewegung, wie man sie sonst nicht in der Natur findet. Und es ist natürlich eine Konsequenz der Born'schen Regel, die sagt, wie man die Koeffizienten der Superposition in Wahrscheinlichkeiten umsetzt: Am Ende ist dies eine Rechenregel und es stellt sich die Frage, ob dieser Regel ein physikalischer Prozess entspricht, der eine verschwindende Zeitdauer hat?

Als eine mögliche Lösung wird die QTT diskutiert, und es ist spannend zu sehen, welche Elemente bei einer Beschreibung der Einzelprozesse wichtig werden.

Doch Bezug auf Messung? Die Quantenmechanik hat auch deshalb so viel öffentliches Interesse geweckt, da sie einen irreduziblen Bezug auf die Messung aufweist. Dies haben wir auch im Gang der Diskussion herausgearbeitet (Abschn. 12), aber dann gesehen, wie wir dieses Problem faktisch durch Interpretationsmodelle eliminieren, sodass wir am Ende über die Objekte selbst reden können und den Bezug auf die Messung fallen lassen.[28] Die QTT nun braucht einen expliziten Bezug auf die Messung, sie implementiert direkt den Effekt der Messung auf das Verhalten der Teilchen. Die Trajektorien, die dabei auftreten, sind nicht in derselben Weise realistisch zu interpretieren, wie die Bahnen in der Bohm'schen Formulierung, es sind Pfade in einem abstrakten Funktionenraum, in dem die Superpositionen dargestellt werden. Und genau diese Superposition können wir eben nicht durch klassische Bilder visualisieren. Man findet aber eine Beschreibung, welche diese Prozesse als zeitlich veränderliche Superpositionen mathematisch fassen kann. Dadurch erhalten die Übergänge zwischen den beiden Zuständen eine gewisse Zeitdauer, man muss sie nicht als instantan auffassen, wie das die Born'sche Regel nahe zu legen scheint. Zudem erhält man eine Beschreibung, die eine Abhängigkeit vom Messgerät aufweist.

Darstellung der abstrakten Funktionen In all diesen Problemen tauchen Superpositionen als nicht anschaulich verstehbare Zustände auf Vergleichen Sie dazu nochmals die Diskussion in Abschn. 13.1.5 und 21.1.4. Wenn wir es mit Experimenten an einzelnen Quantenteilchen zu tun haben, dann bleibt am Ende nur die abstrakte

---

[28] Ja, eben auch unter Verwendung von Modellen, die zweifelhaft oder falsch sind. Auch die Rede davon, dass im Doppelspaltversuch ein Teilchen durch beide Spalte , gleichzeitig' gehe, fällt unter dieses Verdikt. Denn eigentlich müssten wir sagen, dass die Observable Weg ohne Bezug auf eine Messung den Teilchen nicht zugeschrieben werden kann!

mathematische Sprache. Und es ist interessant zu sehen, wie das gemacht wird.[29] Wir haben an einigen Beispielen gesehen, wie das Vektorbild des Spins, das diesen im ‚realen', d. h. dreidimensionalen Raum, den wir aus dem Alltag gewohnt sind, darstellt, zu kurz greift. Dies ist eben einerseits ein anschauliches Bild, da es die gleiche Anschauung verwendet, die wir auch für andere Vektoren, wie z. B. Kräfte auf Atome, verwenden. Aber anderseits ist es ein Modell, das in der Darstellung dem quantenmechanischen Formalismus implizit etwas hinzufügt, was durch das PBR-Theorem ausgeschlossen ist. Man muss also eine andere Darstellung verwenden, und diese setzt an den Vektoren an, wie in Abschn. 18.4 kurz dargestellt. Es wird nun in einem abstrakten Raum gearbeitet, man verwendet für die Darstellung der Zustände α^z und β^z die Vektoren $(1, 0)$ und $(0, 1)$. Man kann diese Zustände, und alle ihre Superpositionen, dann grafisch auf einer Kugel darstellen, der sogenannten **Bloch-Kugel,** und damit eine gewisse Anschaulichkeit erzielen, die diesmal aber nicht im Widerspruch zu den Aussagen der Quantenmechanik steht. Wir sind fast am Ende dieses Buches angelangt und können dies leider nicht weiter vertiefen, hoffen aber, durch die Ausführungen die Grundlagen für ein Verständnis der Probleme und für eine weiterführende Lektüre gelegt zu haben.

Vielschichtigkeit der Superpositionen Wie in den Abschn. 13.1.5 und 21.1.4 diskutiert werden mit Superpositionen physikalische Zustände mathematisch dargestellt, die in der klassischen Mechanik nicht auftreten. Darauf beruht das Potential der neuen Quantentechnologien. Einige der durch Superpositionen repräsentierten Zustände sind durchaus verstehbar, wie z. B. die Drehimpulszustände. Eine Superposition von zwei Drehimpulskomponenten ergibt die Dritte. Wir verstehen also, was das Resultat der Superposition ist, es ist ein Drehimpulszustand. Dann aber gibt es Zustände, für die wir keine physikalische Anschauung haben, wie das Kastenpotential, die atomaren Übergänge oder Schrödingers Katze. Hier wissen wir nicht, was dieser superponierte Zustand physikalisch bedeuten soll. Was soll die Superposition von lebendiger und toter Katze darstellen? Und wir haben gesehen, dass solche unanschaulichen Superpositionen bei der Beschreibung vieler wichtiger chemischer Phänomen auftreten, bei der Bindung, den Orbitalen oder der Wechselwirkung von Licht mit Molekülen.

Das ist der Grund, weshalb sämtliche Interpretationsmodelle zu kurz greifen, da sie die Superposition nur als mangelndes Wissen in Bezug auf die Zustände Φ_n fassen wollen, durch welche die Superposition Ψ mathematisch dargestellt werden. Sie fokussieren auf den Aspekt, dass es unbestimmt ist, in welchen der Zustände Φ_n das System bei Messung kollabieren wird, bzw. dass es nicht möglich ist, eine Aussage über den entsprechenden Zustand unabhängig von einer Messung zu machen.

Dennoch ist auch dies ein wichtiger Aspekt der Superpositionen. Eine Möglichkeit damit umzugehen ist, die **Unbestimmtheit** analog zur **klassischen Unsicherheit**

[29]Eine sehr schöne und einfache Darstellung findet man in: Dür W, Heusler S (2012) Was man vom einzelnen Qubit über Quantenphysik lernen kann, Physik und Didaktik in Schule und Hochschule PhyDid 1/11:1–16.

zu behandeln. Wir operieren dann mit statistischen Größen, mit denen man auch einzelne Objekte z. T. sinnvoll beschreiben kann, was sich in der Rede über typische und mittlere Eigenschaften niederschlägt. Wie in der klassischen Welt macht aber die Zuschreibung des statistisch erwartbaren Verhaltens nicht in allen Anwendungen Sinn.

35.5 Zusammenfassung

Die Quantenmechanik gilt als schwer verständliche Theorie, und das liegt nicht primär am mathematischen Formalismus. Die Mathematik, wie wir sie hier dargelegt haben, mag etwas komplexer sein als in der Thermodynamik oder Kinetik, aber nicht so, dass sich ein unüberbrückbarer Graben auftäte. Es könnte also an der Interpretation liegen. Wir haben gesehen, wie Formalismus und Modelle ineinandergreifen, um Aussagen über die Welt zu ermöglichen. Dass die Bedeutungen der Theorieausdrücke nicht sofort auf der Hand liegen, mag zu einer Befremdung führen, und es bedarf einiger Anstrengung zu verstehen, wie Modelle zu neuen Konzepten führen und zur Veranschaulichung eingesetzt werden.

Es gibt vermutlich keinen einfachen Weg aus dieser Situation, denn wir scheinen auf modellhafte Betrachtungen angewiesen zu sein. Daher kann man nur versuchen, die Reichweite und Grenzen dieser greifbar zu machen. Wie unser Bild der Welt aus diesen Modellen resultiert und wie es wieder verschwindet, wenn wir über die Modelle hinausgehen. Wenn man die philosophische Diskussion um die Quantenmechanik der letzten 100 Jahren verfolgt, so ist diese geprägt von dem Ringen um ein Bild der Natur kulminierend in dem Ausspruch ‚Es gibt keine Quantenwelt', welcher nach der EPR-Debatte und dem PBR-Theorem aktuell wie nie ist. Dagegen steht die Praxis in den Materialwissenschaften wie Festkörperphysik und Chemie, in denen von Elektronen, ihrem Transfer, ihren Spins, dem Aufbau der Atome manchmal mit gleicher Anschaulichkeit geredet wird, wie über die Eigendrehung der Erde und den Aufbau des Sonnensystems. Diese Ausdrucksweise, d. h. unser mikroskopisches Bild der Materie in der Chemie zu rekonstruieren und verständlich zu machen, war das Ziel der Interpretationskapitel. Die Reichweite und Grenzen der dabei verwendeten Begriffe und Konzepte zu verstehen, so scheint es, ist der springende Punkt.

Wir haben die grundlegend neuen Phänomene der Quantenmechanik als elementare Phänomene eingeführt (Abschn. 4.2.1), die durch den **mathematischen Formalismus** dargestellt werden, aber nicht durch einen **physikalischen Mechanismen** erklärt werden können (Abschn. 6.4). Diese sind sozusagen schon in die grundlegende mathematische Beschreibung ‚eingebaut', sie folgen aus den Axiomen, die wir der Theorie voranstellen (Abschn. 5.1.1). Damit ist gesagt, dass in der Quantenwelt Phänomene auftreten, die in einer klassischen Beschreibung nicht auflösbar sind, man kann auch sagen, dass sie in dieser Perspektive ein ‚Rätsel' bleiben. Wir können diese nicht erklären, und damit auch nicht verstehen, wenn wir mit ‚verstehen' die Angabe eines physikalischen Mechanismus meinen. Wir haben aber auch darauf hingewiesen, dass dies nicht ungewöhnlich ist, das Gleiche ist passiert, als Newton die Formel für die Gravitationskraft abgeleitet hat (Abschn. 1.1) oder als man versucht hat, die Ausbreitung von elektromagnetischen Wellen zu verstehen. Man hat in beiden Fällen anfangs viel in mechanische Modelle investiert, diese aber irgendwann fallen lassen, was blieb, waren die mathematischen Formeln. Warum sollte die Quantenmechanik dieses Schicksal nicht teilen? Demgegenüber können wir sehr gut nachvollziehen, wie man auf den Formalismus gekommen ist, wie die Phänomene durch die Formeln beschrieben werden, und wir können die Phänomene sogar mathematisch verstehen. Wir haben hier versucht, die Mathematik auf dem Niveau einzuführen, das für ein Verständnis erforderlich ist. Die Quantenphänomene treten auch in Molekülen auf, daher ist die Quantenmechanik für die Chemie unverzichtbar. Das heißt aber auch, dass Erklärungen nicht auf den Konzepten der Mechanik basieren, sondern auf den neuen Konzepten aufbauen; also z. B. Orbitale verwenden, welche die Quantenphänomene wie Unbestimmtheit gewissermaßen schon ‚eingepreist' haben (Abschn. 35.2.2). Eine Orbitalbeschreibung zu verwenden heißt, die Frage nach dem Ort und der Geschwindigkeit des Teilchens in dem Moment nicht zu stellen und zu sehen, dass sie irrelevant für die Erklärung ist.

Die Quantenmechanik kommt mit einem intrinsischen Bezug auf das Experiment: Die Quadrate der in der Quantentheorie auftretenden Entwicklungskoeffizienten, die in der mathematischen Darstellung einer Superposition vorkommen (Abschn. 21.1.3), lassen sich nur im Bezug auf ein konkretes Experiment als Wahrscheinlichkeiten interpretieren. Dies ist subtil, wird üblicherweise als Messproblem bezeichnet, und ist der Hintergrund des Problems, eine objektive Beschreibung der Quantenwelt angeben zu können.

Für diese sind wir jedoch nicht unbedingt auf die Interpretationsmodelle angewiesen, sondern eine Ensembleperspektive ist durchaus in der Lage, die entsprechenden Mittel zur Verfügung zu stellen (Abschn. 35.3). In dieser Perspektive kann man in Grenzen statistische Größen zur Charakterisierung der einzelnen Quantenobjekte eines Ensembles verwenden. Wir reden dann von typischen und mittleren Eigenschaften, und das ist oft nicht sehr verschieden davon, wie wir im Makroskopischen vorgehen. Dort tritt eine solche Rede auf, wenn wir mit prinzipiellen Unsicherheiten konfrontiert sind oder eine genauere Auflösung für den Zweck der Beschreibung gar nicht nötig ist. In dieser Perspektive sind die Details, beispielsweise der atomaren Übergänge bei der Lichtemission, überhaupt nicht erforderlich; um die emittierte Lichtintensität zu bestimmen, sind Ensemblegrößen wie Lebensdauer und Übergangsdipole ausreichend. Und letztere können als ein Maß für die Fähigkeit der Atome verstanden werden, elektromagnetische Strahlung zu absorbieren. Hier haben wir wieder einen Maßbegriff, der gar nicht auf mikroskopische Details eingeht, sondern im Ensemble die Stärke der Absorption von Licht beschreibt.

Die mikroskopischen Details werden bei modernen Methoden, wie der Einzelmolekülspektroskopie, wichtig, und hier bleibt die Standardinterpretation der Quantenmechanik in aufreizender Weise stumm (Abschn. 35.4). Wenn man sich nur auf die Born'sche Interpretation bezieht, so sieht es aus, als seien diese Übergänge instantan, neuere Experimente scheinen dem zu widersprechen. Wir beschreiben den Übergang als Superposition. Dazu wurden theoretische Methoden entwickelt, die dem Übergang auch mikroskopisch eine Zeitdauer zuordnen können, allerdings scheint nun die Ankopplung an ein Experiment notwendig zu sein.

Nach dem bisher Gesagten ist klar, dass wir keine ‚lokal realistische' Beschreibung dieses Geschehens bekommen werden, d. h., die Prozesse einzelner Quantenteilchen, die wir nur über eine Superposition fassen können, werden wir nicht in eine uns vertraute mechanische Anschauung umsetzen können. Dies bedeutet keinesfalls eine Begrenzung der Theorie, denn die neuen Quantentechnologien basieren ja genau auf der Kontrolle einzelner Quantenobjekte. Wir haben neue Redeweisen entwickelt, die von den klassischen dezidiert abweichen (Abschn. 35.2.2), und am Ende kommen wir nicht umhin, die abstrakte mathematische Darstellung der Natur ernst zu nehmen (Abschn. 35.4). Seit Newton suchen wir nach den *mathematischen Prinzipien der Natur*, das Naturgeschehen drückt sich in der Mathematik aus, was sich nicht immer umstandslos in unsere Alltagssprache übersetzen lässt.

Literatur

1. Auletta, G., Wang, S.-Y.: Quantum Mechanics for Thinkers. Pan Stanford Publishing, Singapore (2014)
2. Baggot, J.: Mass. Oxford University Press, Oxford (2017)
3. Baily, C., Finkelstein, N.: Refined characterization of student perspectives on quantum physics. Phys. Rev. Spec. Top. – Phys. Educ. Res. **6**, 020113 (2010)
4. Baily, C., Finkelstein, N.: Teaching quantum interpretations: Revisiting the goals and practices of introductory quantum physics courses. Phys. Rev. Spec. Top. – Phys. Educ. Res. **11**, 020124 (2015)
5. Ballentine, L.E.: The statistical interpretation of quantum mechanics. Rev. Mod. Phys. **42**, 358 (1970)
6. Ballentine, L.E.: Limitations of the projection postulate. Found. Phys. **20**, 1329 (1990)
7. Ballentine, L.E., Yang, Y., Zibin, J.P.: Inadequacy of Ehrenfest's theorem to characterize the classical regime. Phys. Rev. A **50**, 2854 (1994)
8. Bush, P.: The time-energy uncertainty relation. In: Muga et al. (Hrsg.) Time in Quantum Mechanics. Springer, Berlin, Heidelberg (2007)
9. Bush, P., Heinonen, T., Lahti, P.: Heisenberg's uncertainty principle. Phys. Rep. **452**, 155 (2007)
10. Carnap, R.: Einführung in die Philosophie der Naturwissenschaft. Nymphenburger Verlagshandlung (1976)
11. Chakravartty, A.: Scientific realism. In: Zalta, E.N. (Hrsg.) The Stanford Encyclopedia of Philosophy (Summer 2017 Edition). https://plato.stanford.edu/archives/sum2017/entries/scientific-realism/ (2017)
12. Demtröder, W.: Laser Spectroscopy I. Springer, Berlin, Heidelberg (2014)
13. Demtröder, W.: Atoms, Molecules and Photons. Springer, Berlin, Heidelberg (2017)
14. Eisenbud, L.: On the classical laws of motion. Am. J. Phys. **26**, 144 (1958)
15. Faye, J.: Copenhagen interpretation of quantum mechanics. In: Zalta, E.N. (Hrsg.) The Stanford Encyclopedia of Philosophy. https://plato.stanford.edu/archives/win2019/entries/qm-copenhagen/ (2019)
16. Fein, Y.Y., et al.: Quantum superposition of molecules beyond 25 kDa. Nat. Phys. **15**, 1242 (2019)
17. Feynman, R.: The Character of Physical Law. MIT-Press, Cambridge (1967)
18. French, S.: Identity and individuality in quantum theory. In: Zalta, E.N. (Hrsg.) The Stanford Encyclopedia of Philosophy. https://plato.stanford.edu/archives/sum2017/entries/qt-idind/ (2017)

© Springer-Verlag GmbH Deutschland, ein Teil von Springer Nature 2021

M. Elstner, *Physikalische Chemie II: Quantenmechanik und Spektroskopie*,
https://doi.org/10.1007/978-3-662-61462-4

19. Friebe, C., et al.: Philosophie der Quantenphysik: Einführung und Diskussion der zentralen Begriffe und Problemstellungen der Quantentheorie für Physiker und Philosophen. Springer, Berlin, Heidelberg (2018)
20. Ghirardi, G., Bassi, A.: Collapse theories. In: Zalta, E.N. (Hrsg.) The Stanford Encyclopedia of Philosophy (Summer 2017 Edition). https://plato.stanford.edu/archives/sum2017/entries/scientific-realism/ (2019)
21. Goldstein, S.: Bohmian mechanics. In: Zalta, E.N. (Hrsg.) The Stanford Encyclopedia of Philosophy (Summer 2017 Edition). https://plato.stanford.edu/archives/sum2017/entries/scientific-realism/
22. Greca, I., Freire, O.: Teaching introductory quantum physics and chemistry: caveats from the history of science and science teaching to the training of modern chemists. Chem. Educ. Res. Pract. **15**, 286–296 (2014)
23. Greenstein, G., Zajonc, A.: The Quantum Challenge. Jones and Bartels Publishers, Sudbury (2016)
24. Hanson, L.G.: Is quantum mechanics necessary for understanding magnetic resonance? Concepts Mag. Reson. Part A **32A**, 329–340 (2008)
25. Healy, R.: Quantum-Bayesian and pragmatist views of quantum theory. In: Zalta, E.N. (Hrsg.) The Stanford Encyclopedia of Philosophy (Summer 2017 Edition). https://plato.stanford.edu/archives/sum2017/entries/scientific-realism/ (2019)
26. Hecht, E.: There is no really good definition of mass. Phys. Teach. **44** (2006)
27. Heisenberg, W.: Physik und Philosophie. Hirzel Verlag, Stuttgart (2011)
28. Henry, R.: The real scandal of quantum mechanics. Am. J. Phys. **77**, 869 (2009)
29. Hentschel, K.: Lichtquanten. Springer Spektrum, Berlin, Heidelberg (2017)
30. Hilgevoord, J.: The uncertainty principle for energy and time. Am. J. Phys. **64**, 1451 (1996)
31. Home, D., Whitaker, M.A.B.: Ensemble interpretations of quantum mechanics. A modern perspective. Phys. Rep. **210**, 223 (1992)
32. Hoyer, U.: Ist das zweite Newtonsche Bewegungsaxiom ein Naturgesetz? Zeitschrift für allgemeine Wissenschaftstheorie **VIII/2**:292 (1977)
33. Jammer, M.: Concepts of Force. Harvard University Press (1957)
34. Jammer, M.: Das Problem des Raumes. Wissenschaftliche Buchgesellschaft Darmstadt (1960)
35. Jammer, M.: Der Begriff der Masse in der Physik. Wissenschaftliche Buchgesellschaft Darmstadt (1964)
36. Jones, J.: Realism about what? Philos. Sci. **58**, 185–202 (1991)
37. Kidd, R., Ardini, J., Anton, A.: Evolution of the modern photon. Phys. Today **25**, 38 (1972)
38. Kuhn, W.: Ideengeschichte der Physik. Springer Spektrum, Berlin, Heidelberg (2016)
39. Kuhn, W., Strnad, J.: Quantenfeldtheorie. Photonen und ihre Deutung. Vieweg Studium, Wiesbaden (1995)
40. Lamb, W.E.: Anti-Photon. Appl. Phys. B **60**, 77–84 (1995)
41. Lisinga, L., Elby, A.: The impact of epistemology on learning: a case study from introductory physics. Am. J. Phys. **73**, 372 (2005)
42. Ludwig, G.: Zur Deutung der Beobachtung in der Quantenmechanik. Physikalische Blätter **11**, 489–494 (1955)
43. Ludwig, G.: Einführung in die Grundlagen der Theoretischen Physik. Verlagsgruppe Bertelsmann (1974)
44. Lyre, H.: Quantenidentität und Ununterscheidbarkeit. In: Friebe, C., et al. (Hrsg.) Philosophie der Quantenphysik. Springer, Berlin, Heidelberg (2018)
45. Markosian, N.: Time. In: Zalta, E.N. (Hrsg.) The Stanford Encyclopedia of Philosophy (Summer 2017 Edition). https://plato.stanford.edu/archives/sum2017/entries/scientific-realism/ (2016)
46. Maudlin, T.: The nature of the quantum state. In: Ney, A. (Hrsg.) The Wave Function. Oxford University Press, Oxford (2013)
47. Meya, J.: Elektrodynamik im 19. Jahrhundert. Springer Fachmedien, Wiesbaden (1990)
48. Meyn, J.-P.: Zur Geschichte des Photons. Praxis der Naturwissenschaften Physik in der Schule **62**, 24 (2013)
49. Mittelstädt, P.: Philosophische Probleme der modernen Physik. BI Wissenschaftsverlag (1981)

50. Mittelstädt, P.: Sprache und Realität in der modernen Physik. BI Wissenschaftsverlag (1986)
51. Müller, R., Wiesner, H.: Die Energie-Zeit-Unbestimmtheitsrelation - Geltung, Interpretation und Behandlung im Schulunterricht. Physik in der Schule **35**, 420 (1997)
52. Müller, R., Wiesner, H.: Die Interpretation der Heisenbergschen Unbestimmtheitsrelation. Physik in der Schule **35**, 176, 218 (1997)
53. Muthukrishnam, A., Scully, M., Zubairy, M.: The concept of the photon – revisited. OPN Trends, Seiten 18–27 (2003)
54. Passon, O.: Bohmsche Mechanik. Verlag Harri Deutsch (2010)
55. Passon, O., Grebe-Ellis, J.: Was besagt die Heisenberg'sche Unschärferelation? Physikdidaktik Universität Wuppertal. https://www.physikdidaktik.uni-wuppertal.de/fileadmin/physik/didaktik/Forschung/Publikationen/Passon/Passon_Grebe-Ellis_2015_Was_besagt_die_HUR.pdf. Zugegriffen: 1. Mar. 2020
56. Pusey, M.F., Barrett, J., Rudolph, T.: On the reality of the quantum state. Nat. Phys. **8**, 475 (2012)
57. Putnam, H.: What is mathematical truth? In: Matter and Method in Mathematics. Cambridge University Press, Seiten, S. 60–78 (1975)
58. Rigden, J.: Quantum states and Precession: The two discoveries of NMR. Rev. Mod. Phys. **58**, 433 (1986)
59. Schlosshauer, M.: Decoherence, the measurement problem, and interpretations of quantum mechanics. Rev. Mod. Phys. **76**, 1267 (2005)
60. Schlosshauer, M., Kofler, J., Zeilinger, A.: A snapshot of foundational attitudes toward quantum mechanics. Stud. Hist. Phil. Mod. Phys. **44**, 222 (2013)
61. Scully, M., Lamb, W.E.: Appl. Phys. B **60**, 77–84 (1995)
62. Scully, M., Sargent, M.: The concept of the photon. Phys. Today **25**, 38 (1972)
63. Singh, C.: Student understanding of quantum mechanics. Am. J. Phys. **69**, 885 (2001)
64. Styer, D.F.: Common misconceptions regarding quantum mechanics. Am. J. Phys. **64**, 31 (1996)
65. Uffink, J., Hilgevoord, J.: Uncertainty principle and uncertainty relations. Found. Phys. **15**, 925 (1985)
66. Vaidman, L.: Many-worlds interpretation of quantum mechanics. In: Zalta, E.N. (Hrsg.) The Stanford Encyclopedia of Philosophy (Summer 2017 Edition). https://plato.stanford.edu/archives/sum2017/entries/scientific-realism/ (2019)
67. Weinstock, R.: Laws of classical motion: What's F? What's m? What's a? Am. J. Phys. **29**, 698 (1961)
68. Wiesner, H., Müller, R.: Die Ensemble-Interpretation der Quantenmechanik. Physik in der Schule **34**, 343 (1996)
69. Wiesner, H., Müller, R.: Teaching quantum mechanics on an introductory level. Am. J. Phys. **70**, 200 (2002)
70. Zeh, D.: Physik ohne Realität: Tiefsinn oder Wahnsinn. Springer, Berlin, Heidelberg (2012)
71. Zhu, G., Singh, C.: Improving students understanding of quantum mechanics via the Stern Gerlach experiment. Am. J. Phys. **79**, 499 (2011)
72. Zwirn, H.: Foundations of physics: the empirical blindness. In: Brenner A., Gayon J. (Hrsg.) French Studies in The Philosophy of Science. Boston Studies in The Philosophy of Science, vol 276, Springer, Dordrecht (2009)

Stichwortverzeichnis

© Springer-Verlag GmbH Deutschland, ein Teil von Springer Nature 2021
M. Elstner, *Physikalische Chemie II: Quantenmechanik und Spektroskopie*,
https://doi.org/10.1007/978-3-662-61462-4

Y

Z

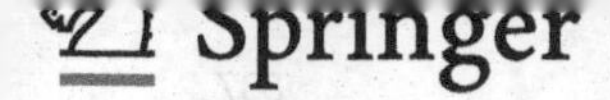

springer.com

Willkommen zu den Springer Alerts

Unser Neuerscheinungs-Service für Sie: aktuell | kostenlos | passgenau | flexibel

Mit dem Springer Alert-Service informieren wir Sie individuell und kostenlos über aktuelle Entwicklungen in Ihren Fachgebieten.

Abonnieren Sie unseren Service und erhalten Sie per E-Mail frühzeitig Meldungen zu neuen Zeitschrifteninhalten, bevorstehenden Buchveröffentlichungen und speziellen Angeboten.

Sie können Ihr Springer Alerts-Profil individuell an Ihre Bedürfnisse anpassen. Wählen Sie aus über 500 Fachgebieten Ihre Interessensgebiete aus.

Bleiben Sie informiert mit den Springer Alerts.

Jetzt anmelden!

Mehr Infos unter: springer.com/alert

Part of SPRINGER NATURE

A82259 | Image: © Molnia / Getty Images / iStock

Printed in the United States
by Baker & Taylor Publisher Services